U0305838

Dictionary of Petrochemical Technology

石油化工辞典

朱洪法　蒲延芳　主编

金盾出版社

内 容 提 要

本辞典主要解释石油化学工业中的基本原材料、中间体、产品、生产工艺及方法、分析仪器及使用方法、常用化工设备及机械、仪表及自动化、安全及环境保护等方面词目及相关的石油化工基本术语词目。收词约 4800 条。每条词目按中文名、英文名、化学式、结构式、理化性质、用途、简要制法等予以说明。

本书可供从事石油化工研究、技术开发、生产管理、营销人员及广大工程技术人员参考，也可供大专院校师生阅读参考。

图书在版编目(CIP)数据

石油化工辞典/朱洪法，蒲延芳主编 . -- 北京：金盾出版社，2012.6

ISBN 978-7-5082-7345-7

Ⅰ.①石… Ⅱ.①朱…②蒲… Ⅲ. 石油化工—词典 Ⅳ. TE65-61

中国版本图书馆 CIP 数据核字(2011)第 269800 号

金盾出版社出版、总发行

北京太平路 5 号(地铁万寿路站往南)
邮政编码：100036 电话：68214039 83219215
传真：68276683 网址：www.jdcbs.cn
封面印刷：北京精美彩色印刷有限公司
正文印刷：北京万友印刷有限公司
装订：北京万友印刷有限公司
各地新华书店经销
开本：850×1168 1/32 印张：28.875 字数：976 千字
2012 年 6 月第 1 版第 1 次印刷
印数：1～4 000 册 定价：99.00 元

前　言

　　石油化学工业简称石油化工,是以石油及天然气为原料,既生产石油产品,又生产石油化学品的工业。从人们认识并开始使用石油起,已经历了三四千年。随着科学技术的发展和石油产品的深度开发,石油已成为世人所竞相争夺的"黑色金子"。目前,石油已成为世界消费量最大的基础资源,任何国家和地区,经济要发展,人们生活水平要提高,都离不开石油。我国从上世纪 60 年代发现大庆油田以来,相继建成了一大批石油炼制及石油加工大型企业,而中、小型石油化工加工及生产企业更是遍及全国各地。石油及石油化工不仅是国民经济的基础产业,也是我国工业产值最高的产业,在国民经济及社会发展中有着举足轻重的地位,对国家综合国力及人民生活水平有着重要的影响。在半个多世纪的发展中,为交通运输业、机械制造业、农业、建筑业、轻工业、国防工业及汽车制造业等提供必不可少的基础材料,如汽油、柴油、煤油、塑料、合成橡胶、化纤、农膜、涂料、胶黏剂、表面活性剂、化肥、合成洗涤剂及医用高分子材料等等。

　　我国加入 WTO 后,石油及石化产品市场化进程在不断加快,新建和扩建的石油及石化装置规模大、技术先进,从而推动了我国石化产品的升级换代。我国也将从石油化工生产大国向石油化工科技强国迈进。

　　尽管我国石油化工的发展已有数十年历史,但到目前为止,国内还尚未出版过一本石油化工专业性辞典。编者在北京化工研究院从事石油化工研究数十年,早就萌生了想编写一部能方便读者查阅有关石油化工产品、工艺、设备及相关领域资料、数据的综合性辞典。多年来,在相继出版了"实用化工辞典"、"精细化工常用原材料手册"、"催化剂手册"、"环境保护辞典"、"工业助剂手册"、"简明英汉化学化工词典"、"催化剂制备及应用技术"等基础上,完成了"石油化工辞典"的编写工作,在金盾出版社大力支持下组织出版。

　　由于石油化工是一个庞大而复杂的工业领域,包括数千种产品及数十个产业,限于篇幅,本书词目所涉及的内容主要为:石油及石化产品、中间体的组成和性质,燃料油及芳烃主要生产工艺(蒸馏、催化裂化、催化重整、加氢裂化、加氢精制、延迟焦化、热转化、烷基化等),润滑油生产工艺(溶剂精制、脱蜡、脱沥青等),烯烃生产及分离技术,催化反应及催化材料,聚合工艺及催化剂,主要有机合成工艺及方法,常用塑料、合成橡胶、合成纤维产品及性质,塑料及橡胶工业常用助剂,表面活性剂,石油化工常用设备及机械,仪表及自动化,常用分析方法,安全、节能及环境保护等。

　　石油化工涉及面广、发展迅速,在编写中虽尽了很大努力,在所选词目上仍难以覆盖整个石油化工领域;由于知识水平有限,书中错误和不妥之处在所难免,敬请广大读者批评指正。

　　参加本书编写的有朱玉霞、朱双霞、朱剑青、张治芬、王捷、吴晓光、吴桦、刘畅、朱旭东、茅胜媛等。

作者

总　目　录

编辑说明

一、本辞典主要解释石油化学工业中的原材料、中间体、产品、生产工艺、分析方法、设备及机械、仪表及自动化、安全及环境保护等方面词目及相关的石油化工基本术语词目。

二、词目按汉字第一个字的笔画数由少到多进行排列,笔画数相同时,按横(一)、竖(丨)、撇(丿)、点(丶)折(フ、乚、乀)的顺序排列。第一个汉字相同时,按第二个字的笔画数的笔顺排列,依次类推。词目的词首、词中间的阿拉伯数字及外文字母等均不参加排序。

三、凡遇一词多义的,则用①、②…等分别叙述。

四、词目释义中需参阅的其他词条,采用参见的方式,用"见×××"表示。

五、相对密度一般指20℃时液体或固体的密度与4℃水的密度之比,特殊情况均注明;气体(蒸气)相对密度指在标准状态下气体(蒸气)的密度与空气密度的比值;沸点指在标准状态下的数值,特殊情况均注明;温度采用摄氏温度(℃)表示;闪点分开杯及闭杯,未注明者为开杯;爆炸极限一般用可燃气体或蒸气在混合物中的体积百分数表示,释文中用%表示。

六、正文前有《汉语拼音检字表》,后面的数字为所有词目的首字首次出现的正文页码。

七、正文后附有词目的英文索引。索引按词目英文名第一个字母的顺序排列,第一个字母相同时,按第二个字母顺序排列,依次类推。

词 目 目 录

三画
【一】

五画
【一】

六画
【一】

八画
【一】

【丶】

【丶】

十七画

【一】

【丨】

【丿】

汉语拼音检字表

	A	
阿	a	294
氨	an	453
安	an	232
胺	an	462
奥	ao	581
鳌	ao	679

	B	
八	ba	40
钯	ba	385
拔	ba	320
靶	ba	595
白	bai	160
百	bai	188
半	ban	165
伴	ban	264
拌	ban	321
板	ban	317
薄	bao	680
保	bao	400
包	bao	162
饱	bao	345
爆	bao	695
鲍	bao	621
贝	bei	74
背	bei	380
钡	bei	385

焙	bei	582
杯	bei	317
本	ben	121
苯	ben	311
泵	beng	376
比	bi	68
吡	bi	259
闭	bi	229
毕	bi	201
边	bian	172
变	bian	346
标	biao	370
表	biao	309
苄	bian	245
丙	bing	114
冰	bing	231
博	bo	543
铂	bo	447
玻	bo	368
波	bo	362
伯	bo	262
不	bu	63
补	bu	291
卟	bu	137
布	bu	131
捕	bu	434

	C	
槽	cao	673

参	can	367
残	can	376
藏	cang	688
采	cai	266
彩	cai	510
测	ce	410
侧	ce	337
层	ceng	292
次	ci	230
刺	ci	319
磁	ci	659
差	cha	408
插	cha	556
产	chan	228
柴	chai	444
潮	chao	678
超	chao	541
常	chang	502
车	che	67
沉	chen	289
尘	chen	201
成	cheng	191
程	cheng	575
澄	cheng	678
赤	chi	244
翅	chi	425
齿	chi	328
初	chu	291
除	chu	416

触	chu	620
储	chu	616
抽	chou	321
稠	chou	603
臭	chou	457
冲	chong	230
垂	chui	335
吹	chui	260
纯	chun	295
醇	chun	675
穿	chuan	415
传	chuan	211
床	chuang	274
促	cu	401
醋	cu	675
猝	cu	515
粗	cu	524
催	cui	605
萃	cui	494
淬	cui	535
脆	cui	459

	D	
大	da	53
带	dai	375
待	dai	401
袋	dai	506
单	dan	350
担	dan	321

氮	dan	574		**E**		蜂	feng	602	功	gong	121
弹	dan	538				封	feng	370	汞	gong	243
当	dang	204	额	e	679	缝	feng	632	拱	gong	377
导	dao	237	俄	e	401	弗	fu	166	共	gong	179
道	dao	582	恶	e	422	氟	fu	386	刮	gua	335
涤	di	479	恩	en	445	呋	fu	258	关	guan	229
第	di	506	蒽	en	591	浮	fu	478	冠	guan	415
缔	di	591	二	er	16	福	fu	632	官	guan	364
滴	di	670		**F**		腐	fu	666	管	guan	661
迪	di	329				辐	fu	601	惯	guan	517
狄	di	273	发	fa	172	辅	fu	557	光	guang	202
地	di	184	阀	fa	406	釜	fu	462	广	guang	53
低	di	262	法	fa	353	富	fu	587	骨	gu	384
等	deng	576	凡	fan	53	复	fu	399	钴	gu	446
淀	dian	535	钒	fan	334	附	fu	295	鼓	gu	591
点	dian	380	反	fan	94		**G**		固	gu	329
碘	dian	599	返	fan	265				归	gui	136
电	dian	144	范	fan	316	改	gai	293	硅	gui	498
叠	die	632	芳	fang	246	钙	gai	384	规	gui	310
丁	ding	35	防	fang	240	甘	gan	120	葵	gui	417
定	ding	362	放	fang	347	感	gan	599	锅	guo	565
钉	ding	261	非	fei	325	干	gan	50	国	guo	329
度	du	405	飞	fei	56	高	gao	463	过	guo	194
端	duan	667	废	fei	348	钢	gang	385		**H**	
煅	duan	624	费	fei	416	刚	gang	210			
短	duan	574	沸	fei	361	格	ge	421	海	hai	477
断	duan	524	分	fen	87	隔	ge	589	含	han	270
对	dui	174	吩	fen	259	各	ge	225	焓	han	519
堆	dui	497	酚	fen	496	给	gei	419	汉	han	166
钝	dun	385	焚	fen	541	根	gen	422	航	hang	462
多	duo	223	粉	fen	475	构	gou	318	毫	hao	515
动	dong	179	风	feng	98	工	gong	48	号	hao	137
			峰	feng	445	公	gong	98	合	he	218

核	he	422	几	ji	41	界	jie	382	控	kong	502
鹤	he	679	计	ji	100	金	jin	342	快	kuai	275
恒	heng	405	季	ji	336	锦	jin	603	喹	kui	560
呼	hu	333	剂	ji	347	堇	jin	493	宽	kuan	486
弧	hu	366	加	jia	166	浸	jin	485	矿	kuang	319
互	hu	69	夹	jia	192	劲	jin	295	框	kuang	421
滑	hua	587	甲	jia	137	进	jin	243	扩	kuo	193
化	hua	82	假	jia	508	精	jing	668			

L

环	huan	297	价	jia	212	晶	jing	560	拉	la	321
还	huan	252	尖	jian	201	睛	jing	345	蜡	la	659
缓	huan	590	间	jian	275	净	jing	353	兰	lan	165
换	huan	444	监	jian	445	静	jing	633	郎	lang	487
黄	huang	493	简	jian	604	径	jing	339	劳	lao	249
磺	huang	680	碱	jian	655	竞	jing	473	老	lao	182
灰	hui	190	减	jian	524	就	jiu	582	雷	lei	600
辉	hui	557	检	jian	492	矩	ju	449	累	lei	504
挥	hui	377	剪	jian	523	聚	ju	634	冷	leng	279
回	hui	205	建	jian	366	绝	jue	419	离	li	468
混	hun	529	键	jian	603	军	jun	232	锂	li	564
活	huo	411	渐	jian	528	均	jun	249	理	li	491
火	huo	99	降	jiang	366				立	li	163

K

后	hou	217	桨	jiang	476	卡	ka	136	沥	li	281
红	hong	242	交	jiao	228	开	kai	57	粒	li	524
			焦	jiao	579	康	kang	515	联	lian	540

J

			胶	jiao	459	糠	kang	693	连	lian	252
基	ji	495	搅	jiao	556	抗	kang	253	链	lian	562
击	ji	110	阶	jie	239	苛	ke	316	炼	lian	406
机	ji	183	接	jie	501	颗	ke	659	两	liang	251
积	ji	455	截	jie	634	可	ke	135	量	liang	558
激	ji	687	节	jie	110	克	ke	244	列	lie	191
极	ji	244	结	jie	417	空	kong	363	裂	lie	553
集	ji	579	解	jie	621	孔	kong	101	临	lin	380
己	ji	53	介	jie	86						

邻	lin	266	毛	mao	86	逆	ni	409	起	qi	423
鳞	lin	691	锚	mao	603	尼	ni	166	气	qi	75
磷	lin	688	茂	mao	316	粘	nian	524	汽	qi	284
零	ling	601	盲	mang	349	黏	nian	691	器	qi	682
菱	ling	493	蒙	meng	592	尿	niao	292	铅	qian	449
灵	ling	291	美	mei	408	脲	niao	515	前	qian	408
馏	liu	619	每	mei	261	镍	nie	676	浅	qian	353
硫	liu	549	镁	mei	660	凝	ning	687	嵌	qian	562
流	liu	479	煤	mei	622				羟	qiang	523
锍	liu	565	米	mi	230	**O**			强	qiang	588
炉	lu	349	醚	mi	680	偶	ou	506	切	qie	69
露	lu	696	蜜	mi	672				亲	qin	404
卤	lu	256	密	mi	537	**P**			球	qiu	491
六	lu	99	灭	mie	134	派	pai	414	巯	qiu	590
陆	lu	293	面	mian	375	泡	pao	359	轻	qing	378
路	lu	602	皿	min	151	配	pei	426	倾	qing	457
乱	luan	261	模	mo	633	佩	pei	212	氢	qing	389
卵	luan	274	摩	mo	677	喷	pen	558	清	qing	527
罗	luo	333	磨	mo	683	膨	peng	682	氰	qing	566
螺	luo	690	默	mo	682	疲	pi	473	腈	qing	582
络	luo	419	莫	mo	422	偏	pian	508	区	qu	70
漏	lou	671	膜	mo	665	漂	piao	670	取	qu	316
笼	long	506	目	mu	137	贫	pin	346	曲	qu	204
滤	lü	626	钼	mu	447	品	pin	383	去	qu	111
氯	lü	566				平	ping	132	全	quan	217
绿	lü	539	**N**			屏	ping	415	炔	que	350
铝	lü	504	纳	na	295	破	po	429	裙	qun	588
			钠	na	386	曝	pu	694			
M			耐	nai	375	普	pu	582	**R**		
马	ma	56	萘	nai	493				燃	ran	684
吗	ma	210	难	nan	490	**Q**			染	ran	414
麦	mai	242	内	nei	73	歧	qi	329	热	re	434
脉	mai	403	能	neng	489	齐	qi	227	人	ren	40

壬	ren	80	渗	shen	536	塑	su	625	桶	tong	493

壬	ren	80	渗	shen	536	塑	su	625	桶	tong	493
韧	ren	243	升	sheng	81	酸	suan	651	头	tou	166
容	rong	486	生	sheng	155	随	sui	539	透	tou	455
溶	rong	627	湿	shi	585	羧	suo	624	突	tu	414
熔	rong	667	失	shi	160	缩	suo	672	涂	tu	479
乳	ru	340	十	shi	33				湍	tuan	585
软	ruan	324	石	shi	122	**T**			推	tui	501
锐	rui	565	实	shi	362	塔	ta	544	脱	tuo	510
润	run	482	时	shi	258	钛	tai	384	椭	tuo	541
弱	ruo	487	食	shi	403	肽	tai	345			
			室	shi	414	弹	tan	538	**W**		
S			事	shi	319	碳	tan	656	瓦	wa	70
赛	sai	671	试	shi	365	炭	tan	383	外	wai	161
噻	sai	682	视	shi	365	套	tao	433	完	wan	291
塞	sai	632	世	shi	122	陶	tao	488	烷	wan	519
散	san	543	收	shou	237	羰	tang	677	往	wang	339
三	san	41	手	shou	81	特	te	455	微	wei	616
扫	sao	192	受	shou	342	腾	teng	620	危	wei	222
色	se	225	疏	shu	589	体	ti	261	维	wei	539
砂	sha	376	输	shu	602	提	ti	555	位	wei	264
刹	sha	345	叔	shu	327	天	tian	57	温	wen	586
筛	shai	577	数	shu	626	填	tian	595	文	wen	98
闪	shan	164	树	shu	374	添	tian	528	紊	wen	473
烧	shao	473	甩	shuai	162	调	tiao	487	稳	wen	660
商	shang	517	双	shuang	102	条	tiao	273	鎓	weng	677
熵	shang	677	顺	shun	402	铁	tie	447	涡	wo	476
设	she	232	瞬	shun	690	烃	ting	406	沃	wo	289
蛇	she	504	水	shui	104	停	ting	508	卧	wo	325
射	she	457	丝	si	178	通	tong	490	乌	wu	98
舌	she	210	死	si	192	同	tong	204	污	wu	230
伸	shen	262	四	si	151	铜	tong	504	无	wu	60
砷	shen	429	似	si	217	酮	tong	597	五	wu	66
深	shen	535	速	su	428	筒	tong	578	雾	wu	601

物	wu	336	蓄	xu	592	阴	yin	239	择	ze	322
戊	wu	131	絮	xu	590	银	yin	505	增	zeng	673
芴	wu	245	悬	xuan	503	引	yin	101	憎	zeng	678
X			选	xuan	386	吲	yin	260	闸	zha	349
			旋	xuan	515	茚	yin	316	渣	zha	583
吸	xi	206	循	xun	581	英	ying	316	战	zhan	380
烯	xi	517	**Y**			应	ying	274	着	zhao	523
稀	xi	575				荧	ying	374	折	zhe	253
洗	xi	410	压	ya	185	硬	ying	545	针	zhen	261
细	xi	368	哑	ya	382	优	you	212	真	zhen	423
系	xi	273	亚	ya	182	尤	you	66	振	zhen	434
下	xia	53	烟	yan	474	游	you	587	正	zheng	111
先	xian	210	淹	yan	528	油	you	354	蒸	zheng	593
酰	xian	597	盐	yan	424	有	you	188	支	zhi	63
现	xian	309	研	yan	375	诱	you	415	直	zhi	311
线	xian	367	衍	yan	401	永	yong	166	值	zhi	456
限	xian	367	延	yan	212	余	yu	270	执	zhi	193
香	xiang	393	氧	yang	450	预	yu	488	职	zhi	494
厢	xiang	498	阳	yang	238	元	yuan	60	纸	zhi	296
相	xiang	371	铗	yang	505	圆	yuan	446	置	zhi	602
箱	xiang	677	腰	yao	620	原	yuan	430	酯	zhi	599
响	xiang	383	遥	yao	582	远	yuan	243	脂	zhi	458
橡	xiang	673	噎	ye	676	晕	yun	445	指	zhi	377
消	xiao	477	液	ye	529	运	yun	243	止	zhi	70
硝	xiao	546	一	yi	1	**Z**			智	zhi	575
小	xiao	55	医	yi	256				滞	zhi	585
校	xiao	421	移	yi	505	杂	za	221	质	zhi	337
斜	xie	509	仪	yi	160	载	zai	423	制	zhi	334
辛	xin	274	乙	yi	3	再	zai	184	轴	zhou	378
新	xin	621	异	yi	232	在	zai	188	终	zhong	368
形	xing	243	抑	yi	253	暂	zan	557	中	zhong	70
溴	xiu	627	翼	yi	694	造	zao	454	重	zhong	393
序	xu	274	易	yi	333	皂	zao	264	仲	zhong	212

珠	zhu	421	转	zhuan	322	灼	zhuo	279	总	zong	409
逐	zhu	433	状	zhuang	278	准	zhun	476	组	zu	368
主	zhu	162	装	zhuang	557	自	zi	213	阻	zu	294
柱	zhu	374	锥	zhui	603	紫	zi	557	族	zu	515
助	zhu	258	浊	zhuo	410	综	zong	540	最	zui	557
专	zhuan	63								

一画

【一】

一乙醇胺 monoethanolamine $NH_2-CH_2CH_2OH$ 化学式 C_2H_7NO。又名单乙醇胺、2-氨基乙醇。无色黏稠液体，有氨味和强碱性。可燃。蒸气有毒！相对密度 1.018。熔点 10.5℃，沸点 170.5℃，闪点 93℃。折射率 1.4541。蒸气相对密度 2.11，蒸气压 0.80kPa（60℃）。蒸气与空气形成爆炸性混合物，爆炸极限 2.5%～13.1%。与水、甲醇、乙醇及丙酮混溶，水溶液呈碱性。微溶于苯。有极强的吸湿性，能吸收酸性气体，加热后又可将吸收的气体释放。有乳化及消泡作用。用作天然气、炼厂气及合成气中酸性组分（H_2S、CO_2）的吸收净化剂，也用作乳化剂、橡胶硫化剂、切削油及润滑油的添加剂、抗静电剂，是重要的有机合成中间体。由环氧乙烷与氨反应制得。

一次加工过程 primary processing 指将原油用蒸馏的方法分离成不同馏分的过程。它包括原油预处理、常压蒸馏及常减压蒸馏。一次加工原油装置的能力代表炼油厂的生产规模。一次加工产品可分为：①轻质馏分油（沸点在 370℃以下的馏出油），如汽油馏分、煤油馏分、柴油馏分等；②重质馏分油（沸点在 370～540℃的重质馏出油），如重柴油、各种润滑油馏分、裂化原料等；③渣油，如常压重油、减压渣油等。

一次发汗蜡 crude wax 见"一蜡"。

一次冷凝 primary condensation 见"平衡冷凝液"。

一次污染 primary pollution 指由各种污染源向大气或水域中排放的有害物质。由于它们的性质、浓度及其停留时间等影响，能在环境中产生直接污染，而造成危害，就称为一次污染。对这类污染物就称为一次污染物或原发污染物。一次污染一般由那些进入环境后物理、化学性质不发生变化的污染物所造成，是环境污染中的主要污染物类型。如汽车排放到大气中的一氧化碳、氮氧化物等所产生对大气的污染就称为由汽车引起的大气一次污染，而一氧化碳、氮氧化物等就称为一次污染物。

一次污染物 primary pollutant 见"一次污染"。

一次汽化 primary vaporization 见"平衡汽化"。

一次汽化曲线 primary vaporization curve 见"平衡汽化曲线"。

一次空气 primary air 又称一次风。指在总燃烧空气中，首先与燃料混合的那部分空气。如重油燃烧时用于燃烧雾化的空气。而为使燃料达到完全燃烧，补充一次空气的不足，向燃料供给的辅助空气则称为二次空气，或称二次风。

一次能源 primary energy resources 见"能源"。

一级反应 first order reaction 反应

速率只与反应物浓度的一次方成正比的反应。如五氧化二氮分解反应（$N_2O_5 \rightarrow N_2O_4 + \frac{1}{2}O_2$）、顺丁烯二酸转变为反丁酸二酸的分子重排反应：

$$H-C-COOH \quad \quad H-C-COOH$$
$$\| \quad \quad \rightarrow \quad \|$$
$$H-C-COOH \quad \quad HOOC-C-H$$

都是一级反应。

一段加氢裂化 one-stage hydrocracking 见"单段加氢裂化"。

一段串联加氢裂化 one-stage series hydrocracking 见"单段串联加氢裂化"。

一氧化二氮 nitrous oxide 化学式 N_2O。又名氧化亚氮。俗称笑气。无色微有甜味气体，相对密度 1.977。熔点 $-90.8℃$，沸点 $-88.5℃$。微溶于水，溶于乙醇、乙醚及浓硫酸。300℃ 以上时开始离解成氧和氮。能助燃。高温时是强氧化剂。与氢、氨、一氧化碳混合并加热时，或与某些易燃物混合时可引起爆炸。对神经有奇异作用，吸入少量时，可产生歇斯底里症、狂笑，吸入过多能引起窒息。用作防腐剂、制冷剂、发泡剂、助燃剂及气溶胶喷射剂等。可由硝酸铵加热分解制得。

一氧化碳 carbon monoxide 化学式 CO。无色、无臭、无味、无刺激性有毒气体。气体密度 1.25g/L，液体密度 0.789g/cm³（$-191.5℃$）。熔点 $-199℃$，沸点 $-191.5℃$，自燃点 605℃。临界温度 $-140.2℃$，临界压力 3.5MPa。与空气混合形成爆炸性混合物，爆炸极限 12%～74%。易燃，在空气中燃烧时，火焰为蓝色。一氧化碳对细胞有直接毒害作用，吸进肺里后会与血液里的血红蛋白结合成稳定的碳氧血红蛋白，随血液流遍全身，妨碍了机体的输氧功能。通常所称的煤气中毒，主要是由于室内空气中一氧化碳过多引起机体急性缺氧所致，严重时可以致死。一氧化碳为强还原剂，高温下可还原各种重金属氧化物，与过渡金属生成各种羰基化合物。也是合成气的主要组分及有机化工原料，用于制造甲醇、乙酸、碳酸二甲酯、甲酸、草酸等。可由焦炭或煤的不完全燃烧而得，或由水煤气或煤气分离而得。

一氧化碳助燃剂 carbon monoxide combustion promotor 添加于催化裂化催化剂再生过程中的少量助剂。可促使烧焦完全和由一氧化碳转化为二氧化碳，提高再生温度及轻质油收率，使催化剂含碳量降低，并减少一氧化碳对大气的污染。常用一氧化碳助燃剂主要有铂助燃剂及钯助燃剂。铂是过渡金属，有较强的吸附性能，在空气中能吸附氧原子形成 PtO，PtO 能再吸附氧和一氧化碳，使一氧化碳和氧反应生成二氧化碳。

一氧化碳变换 carbon monoxide shift conversion 又称一氧化碳转化。烃水蒸气转化制氢过程之一。即在一氧化碳含量较高的混合气中，加入适量水蒸气，在催化剂作用下，使一氧化碳与水蒸气反应转化为二氧化碳和氢。变换生成的混合气称为变换气。根据使用催化剂活性及温度高低,可分为中温变换及低温变换。一氧化碳变换的方法,不但广泛应用于合成氨中,而且在合成甲醇及合成汽油等过程中,也通过一氧化碳变换反应来调整原料气中氢气与一氧化碳的比例。

一氯二乙基铝 diethylaluminium chloride $(C_2H_5)_2AlCl$ 化学式 $C_4H_{10}AlCl$。又名氯化二乙基铝。无色透明液体。相对密度 0.958(25℃)。熔点 −50℃,沸点 208℃,闪点 −18.33℃。溶于汽油、二甲苯等有机溶剂。遇水剧烈反应,放出大量的热,并能引起爆炸。遇空气会自燃。蒸气与空气形成爆炸性混合物。一般保存在 $C_5 \sim C_7$(如己烷)的溶剂中,不得与水及空气接触。对呼吸道及眼黏膜有强刺激及腐蚀作用。用作丙烯聚合的助催化剂,与钛系催化剂配合使用可制取高等规度聚丙烯。也用作芳烃加氢催化剂及制造避孕药的中间体。由氯乙烷与铝粉反应生成倍半乙基氯化铝,再与金属钠或氯化钠作用而得。

一蜡 crude wax 又称一次发汗蜡。常温下为微黄色、易流动产物,熔点不低于 31℃。是以大庆油为原料,经常减压蒸馏所得蜡油,经冷榨脱蜡、发汗脱油所得到的蜡下油。可用作催化裂化、裂解烯烃的原料,也可用作其他化工产品的生产辅料。

【乙】

乙 二 胺 ethylenediamine $H_2NCH_2CH_2NH_2$ 化学式 $C_2H_8N_2$。又名 1,2-二氨基乙烷。无色透明黏稠性液体,有氨气味。相对密度 0.8995。熔点 10.7℃,沸点 117℃,闪点 43℃(闭杯),自燃点 365℃。蒸气相对密度 2.07,蒸气压 1.43kPa(20℃)。易燃。蒸气能与空气形成爆炸性混合物,爆炸极限 5.8%~11.1%。呈碱性,易吸湿,能从空气中吸收二氧化碳。易溶于水、乙醇,微溶于乙醚。能溶解各种染料、树脂、虫胶及纤维素等。与无机酸反应生成溶于水的盐。对皮肤、黏膜及呼吸道有刺激性和腐蚀性。用于制造离子交换树脂、表面活性剂、染料、医药、香料等。也用作环氧树脂固化剂、橡胶硫化促进剂、电镀光亮剂、焊接助熔剂等。可由 1,2-二氯乙烷或乙醇胺与氨反应制得。

乙二胺四乙酸 ethylenediamine tetraacetic acid $(HOOCCH_2)_2NCH_2CH_2N(CH_2COOH)_2$ 化学式 $C_{10}H_{16}N_2O_8$。无色结晶性粉末。无臭、无味。熔点 240℃(分解)。微溶于水,不溶于乙醇及一般有机溶剂,溶于二甲基甲酰胺及氢氧化钠、碳酸钠溶液。能与碱金属、稀土元素和过渡金属形成十分稳定的配合物。常见的钠盐有乙二胺四乙酸一钠(盐)、乙二胺四乙酸二钠(盐)、乙二胺四乙酸四钠(盐)等。加热至 150℃时易发生脱羧,而在水溶液中储存和煮沸时稳定。对人体无毒,在人体内不分解。能络合人体内的微量金属元素而排出体外,从而引起缺钙、低血压及肾功能障碍等症状。用于制造乙二胺四乙酸的金属盐。也广泛用作螯合剂、配合剂、稳定剂、染色助剂及定量分析试剂等。可由氯乙酸与乙二胺经缩合反应制得。

乙二醇 ethylene glycol $HOCH_2CH_2OH$ 化学式 $C_2H_6O_2$。俗名甘醇。无色无臭透明黏稠液体。味甜。有吸湿性。相对密度 1.1155。熔点 $-11.5℃$，沸点 $198℃$，闪点 $116℃$，自燃点 $412℃$。折射率 1.4318。蒸气相对密度 2.14，蒸气压 6.21kPa（20℃）。黏度 25.6mPa·s（16℃）。蒸气与空气形成爆炸性混合物，爆炸极限 3.2%～15.3%。与水、甘油、丙酮等混溶，难溶于乙醚、苯、氯仿。不溶于油类及烃类溶剂。有醇类化学通性，与酸反应生成酯，脱水生成二噁烷、乙醛等。用于制备聚酯纤维、聚酯树脂、增塑剂、表面活性剂等，也用于配制汽车冷却系统的防冻剂，用作非燃料型液压流体的添加剂、气体脱水剂、溶剂、萃取剂等。由环氧乙烷直接水合或催化水合制得。

乙二醇二乙醚 ethylene glycol diethyl ether $CH_2OCH_2CH_3 | CH_2OCH_2CH_3$ 化学式 $C_6H_{14}O_2$。又名 1,2-二乙氧基乙烷。俗称二乙基溶纤剂。无色液体，稍有醚的气味。相对密度 0.8417。熔点 $-74℃$，沸点 $121.4℃$，闪点 $35℃$，自燃点 $205℃$。折射率 1.3925。蒸气相对密度 4.07，蒸气压 1.25kPa（20℃）。不溶于水，与乙醇、乙醚等混溶。易燃。蒸气

与空气能形成爆炸性混合物。有麻醉性及刺激性。用作橡胶、树脂及硝酸纤维素等的溶剂。由环氧乙烷与乙醇反应制得。

乙二醇单乙醚 ethylene glycol monoethyl ether $HOCH_2CH_2OC_2H_5$ 化学式 $C_4H_{10}O_2$。又名 2-乙氧基乙醇，俗称乙基溶纤剂。无色透明液体，略有清香味。易燃，有吸湿性。相对密度 0.9297（40℃）。熔点 $-70℃$，沸点 $135℃$，闪点 $44℃$（闭杯），自燃点 $237.8℃$。蒸气相对密度 3.0（空气＝1）。蒸气压 0.707kPa（25℃）。与水、乙醇、乙醚、丙酮等混溶，能溶解油脂、蜡、树脂及硝酸纤维素等。遇高热及氧化剂有着火危险。蒸气刺激眼睛及呼吸系统。用作喷气燃料防水添加剂、刹车油稀释剂，也用作溶剂、脱漆剂、乳液稳定剂等。可由环氧乙烷与乙醇反应制得。

乙二醇单丁醚 ethylene glycol monobutyl ether $HOCH_2CH_2O(CH_2)_3CH_3$ 化学式 $C_6H_{14}O_2$。又名 2-丁氧基乙醇。俗称丁基溶纤剂。无色透明液体，微有香味。相对密度 0.9015。熔点 $-74℃$，沸点 $171.1℃$，闪点 $61℃$（闭杯），自燃点 $472℃$。折射率 1.4158。蒸气相对密度 4.7。蒸气压 0.117kPa（25℃）。黏度 3.15mPa·s（25℃）。蒸气与空气形成混合物，爆炸极限 1.1%～10.6%。微溶于水，溶于乙醇、乙醚、苯及矿物油。长期暴露于空气中或受高热易生成爆炸性的有机过氧化物。有毒！蒸气刺激眼睛及皮

肤。用作溶剂、萃取剂、脱漆剂、分散剂、农药分散剂及有机合成中间体。在催化剂存在下，由正丁醇与环氧乙烷反应制得。

乙二醇单甲醚 ethylene glycol monomethyl ether $HOCH_2CH_2OCH_3$ 化学式 $C_3H_8O_2$。又名2-甲氧基乙醇，俗称甲基溶纤剂。无色透明液体。有清凉气味及吸湿性。易燃。相对密度0.9647。熔点$-85.1℃$，沸点$125℃$，闪点$46.1℃$（闭杯），自燃点$288.3℃$。蒸气相对密度2.6（空气$=1$），蒸气压826.5Pa。与水、乙醇、苯、乙二醇等混溶，能溶解油脂、硝酸纤维素、天然及合成树脂、染料等。遇高热及氧化剂有引起燃烧的危险。有毒！蒸气刺激眼睛及呼吸系统，经常吸入低浓度蒸气能引起贫血症。用作喷气燃料及航空汽油的防冰添加剂，也用作溶剂、分散剂、匀染剂及快干剂等。可在催化剂存在下，由环氧乙烷与甲醇反应制得。

乙二醛 glyoxal OHCCHO 化学式 $C_2H_2O_2$。无色或淡黄色结晶，易吸湿潮解。相对密度1.14。熔点$16℃$，沸点$50.4℃$。折射率$1.3826（20.5℃）$。易溶于水及乙醇、乙醚等常用有机溶剂。化学性质活泼。氧化时生成甲酸。纯品不稳定，商品常为浓度$30\%\sim40\%$的水溶液。有中等毒性，强烈刺激黏膜及皮肤。因易与氨、硫化氢、胺等反应而使之无臭化，可用除臭剂。也用作纤维素及淀粉交联剂、织物防缩抗皱整理剂、鞣革剂、土壤固化剂等，以及用于

制造医药、农药、香料等。可由乙二醇催化氧化或乙醛经硝酸氧化制得。

乙丙共聚物 ethylene-propylene copolymer $-[CH_2-CH_2]_n-[CH_2-CH]_n-$
$\qquad\qquad\qquad\qquad\qquad CH_3$
又称乙烯-丙烯共聚物。透明或微透明的浅黄色或黄色黏稠液体。密度$860\sim880kg/m^3$，具有优良的剪切稳定性、热稳定性及增稠能力，并有良好的低温启动性及泵送性。广泛用作润滑油黏度指数改进剂，调制内燃机油及汽柴油发动机油等。可由乙丙橡胶经热或机械降解制得，或由乙烯与丙烯在催化剂作用下聚合而成。

乙丙橡胶 ethylene-propylene rubber 乙烯与丙烯共聚制得的合成橡胶。仅由乙烯、丙烯共聚制得的称二元乙丙橡胶；如加入非共轭双烯（如1,4-己二烯、双环戊二烯、亚乙基降冰片烯）作为第三单体，与乙烯、丙烯共聚制得的称三元乙丙橡胶。二元乙丙橡胶是完全饱和的橡胶，分子链上无双键；三元乙丙橡胶主链也饱和，仅在侧链上有少量不饱和第三单体。两者基本性能差异不大。乙丙橡胶的相对密度0.86，脆性温度$-94℃$。具有极好的耐臭氧、耐大气老化、耐热、耐低温、耐化学腐蚀及电绝缘性。耐老化性是通用橡胶中最好的，在阳光下暴晒3年不见裂纹，可在$150℃$下长期使用。其主要缺点是硫化速度慢，自粘性及互粘性都很差，不易粘合。主要用于制造汽车零部件、电线电缆、耐热运输带、建筑防水材料及胶

管等,也用作与其他橡胶及塑料的共混及改性。

乙阶树脂　B-stage resin　见"酚醛树脂"。

乙纶　polyethylene fibre　见"聚乙烯纤维"。

乙苯　ethyl benzene　〈苯环〉—CH_2CH_3　化学式 C_8H_{10}。又名乙基苯。无色透明或微带黄色液体,有芳香气味。相对密度 0.8672。熔点 $-94.4℃$,沸点 $136.2℃$,闪点 $15℃$(闭杯),自燃点 $432℃$。折射率 1.4932。蒸气相对密度 3.66,蒸气压 1.33kPa($25.9℃$)。临界温度 $344℃$,临界压力 3.6MPa。爆炸极限 $1\% \sim 6.7\%$。不溶于水,与乙醇、乙醚、苯等溶剂混溶。用于制造苯乙烯、对硝基苯乙酮、乙基蒽醌及医药等。也用作溶剂、油漆稀释剂等。可由苯与乙烯反应制得。

乙苯脱氢　ethyl benzene dehydrogenation　在催化剂作用下,乙苯的乙基脱去两个氢原子生成苯乙烯的反应。为可逆吸热反应。升高反应温度,乙苯转化率及苯乙烯收率提高。但温度超过 $600℃$ 时,裂解副反应增多,副产物苯、甲苯、苯乙炔等也增多。适宜的反应温度为 $580℃$ 左右。常用催化剂活性组分有 Fe_2O_3、ZnO 等,助催化剂有 K_2O、Cr_2O_3 等。并以水蒸气为惰性稀释剂,进行固定床气相催化脱氢。水蒸气的存在可降低生成物分压,脱除催化剂表面的积炭,延长催化剂使用寿命。

乙炔　acetylene　$CH \equiv CH$　化学式 C_2H_2。最简单的炔烃,俗称电石气。无色易燃气体。工业乙炔因含杂质有使人不愉快的大蒜气味。气体相对密度 0.91,液体相对密度 0.6181($-82℃$)。熔点 $-81.8℃$,$-83.6℃$ 升华。闪点 $-17.78℃$,燃点 $335℃$。临界温度 $35.2℃$,临界压力 6.45MPa。爆炸极限 $2.55\% \sim 80.5\%$。遇明火、高热会引起燃烧或爆炸。微溶于水,溶于醇、酮。有弱麻醉作用,高浓度吸入可引起单纯窒息。用作金属焊接、切割的燃料气。大量用作石油化工原料,制造氯乙烯单体、氯丁橡胶、乙醛、乙酸、炭黑等。可由电石和水作用制得。或由天然气(甲烷)部分氧化或石油馏分高温裂解制得。

乙炔化反应　ethynylation　又称炔化反应。乙炔在加热加压及催化剂(乙炔银、乙炔铜等)存在下与羰基化合物、醇及一氧化碳等化合物起加成缩合等反应。如乙炔与甲醛缩合生成 2-丁炔-1,4-二醇的反应。

乙炔水合法　acetylene hydration process　由乙炔和水直接或间接作用生产乙醛的方法。技术成熟,乙醛纯度高。但此法以电石水解制得的乙炔为原料,能耗较大。同时使用硫酸汞作催化剂,毒性大,环境污染及设备腐蚀严重。随着石油和天然气制炔技术及非汞催化剂的研究开发,此法仍有一定发展前途。

乙胺　ethylamine　$CH_3CH_2NH_2$　化学式 C_2H_7N。又名一乙(基)胺、氨基

乙烷。常温下为无色气体,冷却或加压时易液化。有氨的气味。可燃。相对密度 0.6829。熔点 - 80.6℃,沸点 16.6℃,闪点-17℃(闭杯)。爆炸极限 3.5%～14%。溶于水、乙醇、乙醚及多种有机溶剂,水溶液呈碱性。对光不稳定,与光气反应生成碳酰氯。具有一般胺化合物的毒性,强烈刺激皮肤及黏膜。用于制造表面活性剂、离子交换树脂、抗氧剂、医药、染料等,也用作油脂萃取剂、溶剂、选矿剂等。可在催化剂存在下,由乙醇与液氨反应制得。

乙基化 ethylization 向有机物分子中引入乙基(C_2H_5-)的合成反应。如乙烯和苯在三氯化铝或分子筛催化剂及少量氯化氢或氯乙烷的引发下发生烷基化反应生成乙苯($C_6H_5C_2H_5$)。

乙基叔丁基醚 ethyl *tert*-butyl ether $C_2H_5OC(CH_3)_3$ 化学式 $C_6H_{14}O$。简称 ETBE。无色液体,相对密度 0.7681。沸点 73.1℃。折射率 1.3794。微溶于水,与乙醇、乙醚、苯等有机溶剂混溶。与汽油混溶性好。用作高辛烷值汽油添加组分,比甲基叔丁基醚有更高的辛烷值,抗爆性更好。与汽油混合后,可降低调和汽油的蒸气压,减少挥发损失。由于与水的水溶性比甲基叔丁基醚差,可减少对水的污染。可在催化剂存在下,由叔丁醇或异丁烯与乙醇反应制得。

乙基液 ethyl fluid 又称抗爆液。由四乙基铅与有机卤代化合物调制而得的抗爆剂混合液。有用于车用汽油及用于航空汽油的。前者是由四乙基铅、二溴乙烷及三氯乙烷三组分调和制得;后者是由四乙基铅与二溴乙烷调制而得。为显示有毒,车用乙基液加橙色染料,航空乙基液加天蓝色或红色染料。乙基液中的二溴乙烷及二氯乙烷称为铅携带剂。它能使燃料中四乙基铅分解出的铅与溴或氯化合生成可挥发物质,随燃烧尾气排出气缸外。由于铅对人体健康有危害,以及保护环境,近年来各国都严格限制甚至禁止使用含铅汽油。

乙烯 ethylene $CH_2=CH_2$ 化学式 C_2H_4。最简单的烯烃,无色微甜可燃性气体。天然存在于成熟水果中。气体密度 1.2604g/L,液体密度 0.5699g/cm³ (- 103.9℃)。熔点 -169.4℃,沸点 - 103.71℃,自燃点 425℃。临界温度 9.9℃,临界压力 4.95MPa。与空气形成爆炸性混合物,爆炸极限 3%～29%。难溶于水,微溶于丙酮、苯,溶于乙醇、乙醚。在-181℃时凝固成单斜柱状结晶。低浓度时有刺激作用,高浓度时有较强麻醉性。化学性质活泼。分子中含有双键,能进行加成、氢化、卤化、氧化、聚合等反应。当有机过氧化物、烷基锂等引发剂存在时,易发生聚合,放出大量的热。高温或接触氧化剂能引起燃烧或爆聚。是石油化工及有机合成的基本原料。用于制造聚乙烯、氯乙烯、环氧乙烷、乙二醇、苯乙烯等有机产品及聚合物,也用作果实催熟剂。可由天然气、油田伴生气、炼厂气分离制得，或从重油、柴油-轻油等裂解制得。

乙烯-乙酸乙烯酯共聚物 ethylene-vinyl acetate copolymer 又称乙烯-乙酸乙烯酯弹性体。是由乙烯与乙酸乙烯酯经溶液聚合制得的聚合物。因共聚物分子链中含有足够的起物理交联作用的聚乙烯结晶具有热塑性，而将其归于热塑性弹性体，简称EVA。由于乙烯为基础的共聚物，也将其与乙丙橡胶归于一类，作为橡胶型的乙烯-乙酸乙烯酯，简称EVM。其性能与乙酸乙烯酯（VAc）含量有关。当VAc含量小于10%时，比聚乙烯柔软，而冲击强度高，用于制造薄膜、注塑鞋底、玩具、电缆覆层；当VAc含量10%～20%时，透明性好、耐应力裂开，用于制造农膜、医疗用具等；当VAc含量45%～55%时，有良好的粘接性，用于制造热熔胶；当VAc含量50%～70%时，用作特种橡胶，具有良好的柔软性、弹性、低温性、耐屈挠性及抗冲击性，耐热耐老化性优良，可在170～180℃下连续使用，但耐油、耐溶剂性差。

乙烯工厂 ethylene plant 烃类裂解生产乙烯的工厂。在生产乙烯的同时还副产氢气、甲烷、丙烯、丁烯、芳烃及焦油等。不同裂解原料在生产相同乙烯产品的条件下，副产物量却相差很大。如以乙烷为原料的乙烯工厂，产品除乙烯外，仅副产氢气及甲烷；而以馏分油为裂解原料的乙烯工厂，除生产乙烯外，还副产丙烯、混合碳四、裂解汽油、燃料油等。以乙烯工厂为核心的石油化工联合企业，除需安排乙烯的加工利用之外，尚需安排大量副产品的加工和利用。

乙烯化作用 vinylation 又称乙烯化反应。指乙炔和活泼氢化合物（如醇类、羧酸、胺类等）在碱性催化剂（如KOH）存在下反应生成乙烯基化合物（如乙烯基甲醚、乙酸乙烯酯等）的过程。这些乙烯化合物可用作聚合中间体。

乙烯水合法 ethylene hydration method 乙烯水合制乙醇的方法。有间接水合法及直接水合法。间接水合法是乙烯用硫酸吸收再经水解制取乙醇。此法需耗用大量浓硫酸，并产生大量稀酸需处理且对设备腐蚀严重，已逐渐被淘汰；直接水合法又称一步法，是乙烯和水在催化剂作用下经直接加成制取乙醇的方法。所用催化剂有磷酸/硅藻土、磷酸/硅酸铝等。此法不需要消耗硫酸，工艺流程简单，但需使用高纯度（96%以上）乙烯为原料，乙烯单程转化率低（4%～5%），气体需多次循环，其电量消耗较大。由于乙烯工业的发展，提供高纯度乙烯已不是生产成本的关键，乙烯直接水合法已成为目前主要方法。

乙烯共聚物 ethylene copolymer 指由乙烯与其他单体共聚所得聚合物的总称。如乙烯-乙酸乙烯酯共聚物、乙烯-丙烯酸酯共聚物、乙烯-甲基丙烯酸共聚物、乙烯-马来酸酐共聚物等。其性质随其共聚成分的种类、含量不同而有很大差异。

乙烯低聚 ethylene oligomerization 又称乙烯齐聚。指乙烯在催化剂作用下进行简单的叠加聚合过程。是生产 α-烯烃的主要方法。乙烯低聚反应的主要产物是高碳 α-烯烃及高碳醇。如乙烯在 $80\sim120℃$ 和 20MPa 下逐步低聚，然后改变条件为 $245\sim300℃$ 及 $0.7\sim2.0MPa$，乙烯再将低聚分子段置换出来形成链状 α-烯烃。乙烯通过低聚和氧化两步反应则可直接生成不同链长的伯醇。

乙烯衍生物 ethylene derivative 指乙烯与某些亲电子型化学物质反应或聚合而形成的又一类化合物。如乙烯氧化可生成环氧乙烷、乙醛等；乙烯卤化可生成二氯乙烷、三氯乙烯、溴乙烷等；乙烯水合可制得乙醇；乙烯低聚可制得 α-烯径；乙烯聚合可制得高密度或低密度聚乙烯；乙烯经羰基化反应可制得丙醛等。乙烯衍生物是化学工业的重要原料，其应用十分广泛，乙烯已成为石油化工产品的重要基础原料。

乙烯络合氧化法 ethylene complex oxidation process 见"瓦克乙醛制造法"。

乙烯氧化法 ethylene oxidation method 指乙烯与空气或纯氧在银催化剂上进行直接氧化生产环氧乙烷的方法。反应温度 $220\sim280℃$，反应压力 $2\sim2.3MPa$。乙烯氧化生产环氧乙烷的关键在于催化剂。乙烯在绝大部分金属或其氧化物上氧化时，生成产物为 CO_2 及 H_2O，只有采用银催化剂才可得到环氧乙烷。主催化剂银含量为 $10\%\sim20\%$。载体为低比表面积、大孔径、热稳定性高的 α-Al_2O_3。添加 Ba、Ca、Li、K 等助催化剂可促进银粒分散并防止结块。同时还需加入非金属 Cl、Br、Se 和 Fe 等化合物作抑制剂，以抑制 CO_2 及 H_2O 的生成，避免深度氧化。

乙烯氧氯化 ethylene oxychlorination 指在金属氯化物催化剂存在下，由乙烯、氯化氢及氧气（或空气）生成 1,2-二氯乙烷的反应。我国目前采用乙烯法生产氯乙烯是按三步氧氯化法方案进行的：①乙烯直接氯化制取 1,2-二氯乙烷；②1,2-二氯乙烷热裂解得到氯乙烯及氯化氢；③乙烯氧氯化生成 1,2-二氯乙烷。由乙烯、氯及氧制取氯乙烯时，氯化氢在全部生产过程中，始终保持平衡，不需补充，也不需处理，此即平衡氧氯化法。用此法生产氯乙烯，具有原料单一、工艺流程简单、基建费用较低等特点。

乙烯氧氯化催化剂 ethylene oxychlorination catalyst 用于乙烯氧氯化制 1,2-二氯乙烷反应的催化剂，分为含铜催化剂及非铜催化剂。含铜催化剂以 $CuCl_2$ 为主活性组分，载体为 γ-Al_2O_3，铜含量为 $3\%\sim12\%$，最好是 $3.5\%\sim7.0\%$。为了提高单铜催化剂的活性及热稳定性，常添加碱金属或碱土金属的氯化物（如氯化钾），可以降低熔点，提高氯的吸附能力及对二氯乙烷的选择性，抑制催化剂升华及中毒，延长催化剂使用寿命。非铜催化剂有 Pt、Mo、W 及 TeCl₄、TeOCl₂ 等，但其工业应用较少。

乙烯基 vinyl　乙烯分子中去掉一个氢原子后剩下的基团（$CH_2\!=\!CH\!-$）。含有乙烯基的化合物可用通式 $CH_2\!=\!CH\!-\!Y$（Y 为一价基团）表示。如氯乙烯（$CH_2\!=\!CH\!-\!Cl$）、苯乙烯（$C_6H_5\!-\!CH\!=\!CH_2$）、丙烯腈（$CH_2\!=\!CH\!-\!CN$）、乙酸乙烯酯（$CH_3COOCH\!=\!CH_2$）等。这些乙烯基化合物都是重要单体，经聚合可制取胶黏剂、塑料等各种化工产品。

乙烯基单体 vinyl monomer　一般指含有乙烯基（$CH_2\!=\!CH\!-$）的化合物，如丙烯、氯乙烯、丙烯腈、丙烯酸、乙酸乙烯酯等。它们自身之间或与其他分子能进行反应而生成聚合物。广义的乙烯基类单体，除结构单体（$CH_2\!=\!CH\!-\!Y$）外，也包括 1,1-二取代的乙烯单体，如偏二氯乙烯、甲基丙烯酸甲酯等。

乙烯基树脂 vinyl resin　指由乙烯或
$$\left[\!\!\begin{array}{c} CH_2\!-\!CH \\ | \\ R \end{array}\!\!\right]_n$$
乙烯取代物经加聚制得的一大类合成树脂的总称。结构式中取代基 R 可以是氢、卤素、烷基、芳香基、氰基等。如聚氯乙烯、聚乙烯醇、聚偏氯乙烯、聚乙烯醇缩醛、聚乙酸乙烯酯、聚乙烯吡咯烷酮等。乙烯基树脂在高分子化合物中占有极大比例，也是三大合成材料的重要组成部分。

乙烯脲 ethylene urea　化学式

$$\begin{array}{c} HN\quad NH \\ \diagdown\quad\diagup \\ C \\ \| \\ O \end{array}$$

$C_3H_6N_2O$。又名亚乙基脲、环亚乙基脲。无色或微黄色针状结晶。熔点 131℃。溶于水、甲醇、丁醇、丙酮、氯仿等。用于配制胶黏剂、增塑剂。也用作甲醛消除剂，用于除去脲醛树脂、三聚氰胺甲醛树脂等整理后残存于织物中的甲醛。由乙二胺、尿素及水经环化反应制得。

乙烯渣油 ethylene residuum　石油烃类经高温蒸气裂解生成乙烯后的副产品。其性质及生成数量与蒸气裂解原料及工艺操作条件有关。一般是杂原子含量及金属含量较低，而芳烃和沥青质含量较高。可用作延迟焦化的原料。加热过程中，由于沥青质反应活性高，是快速反应组分，所以单独用作延迟焦化原料时，易在加热炉管快速结焦，影响延迟焦化装置的操作周期。

乙烯酮 ketene　$CH_2\!=\!C\!=\!O$　化学式 C_2H_2O。无色有刺激性气体。熔点 -151℃，沸点 -56℃。溶于乙醇。微溶于乙醚、芳烃、卤代烃及酯类。化学性质活泼。与水作用生成乙酸，与胺类作用生成乙酰胺，与醇类作用生成酯。主要用作乙酰化剂，如制取乙酸乙酯、乙酸酐等。由丙酮或乙酸酐经热分解制得。

乙烷 ethane　CH_3CH_3　化学式 C_2H_6。最简单的碳碳单键低级烷烃。无色无臭可燃气体，相对密度 1.049。熔点 -172℃，沸点 -88.5℃，闪点 -64.84℃，燃点 514.84℃。临界温度

32.24℃,临界压力 4.88MPa。蒸气与空气形成爆炸性混合物,爆炸极限 3.2%～12.5%。微溶于水,溶于乙醇、苯。常温下稳定,高温下可分解成乙烯及氢气。易燃。高浓度有窒息及轻度麻醉作用。用于生产乙烯、氯乙烷、二氯乙烷、溴乙烷、硝基乙烷等,也用作燃料及冷冻剂。存在于湿天然气、石油气及炼厂排出气体中,可由天然气、石油气及石油裂解气分离而得。

乙硫醇 ethyl mercaptan CH_3CH_2SH 化学式 C_2H_6S。又称硫氢乙烷。无色易挥发液体。有强烈的蒜臭味。相对密度 0.8391。熔点 $-147℃$,沸点 35℃,自燃点 299℃。蒸气与空气形成爆炸性混合物,爆炸极限 2.8%～18%。微溶于水,溶于乙醇、乙醚及碱液。遇热或明火易燃烧。接触酸或酸雾,能产生有毒的硫的氧化物气体。遇次氯酸钙发生剧烈反应,并可引起爆炸。毒性很强,液体及蒸气能刺激眼睛、呼吸道及黏膜。常其他硫化物一起存在于原油及天然气中。是天然气、石油气最常用的加臭剂,以作为这些气体泄漏的警报气。是农药的重要中间体,用于生产乙拌磷、异丙磷等农药,也用作橡胶硫化剂。可由无水乙醇、发烟硫酸及硫氢化钠反应而得,或由硫氢化钠与氯乙烷反应制得。

乙腈 acetonitrile CH_3CN 化学式 C_2H_3N。又名甲基氰、氰基甲烷。无色透明液体,有芳香气味。相对密度 0.7857。熔点 $-45.7℃$,沸点 81.6℃,闪点 5.6℃。蒸气相对密度 1.42,蒸气压 13.33kPa(27℃)。折射率 1.3460(15℃)。蒸气与空气形成爆炸性混合物,爆炸极限 3%～16%。与水、乙醇、苯、四氯化碳及各种不饱和烃混溶,也能溶解硝酸银、溴化镁等无机盐。在酸或碱存在下会水解生成酰胺,进一步水解生成乙酸。受热分解释出剧毒的氰化氢气体和氧化氮,毒性较强。吸入蒸气或经皮肤吸收均能中毒。用作涂料、树脂、纤维素、橡胶等的溶剂,脂肪酸及丁二烯的萃取剂,也用于制造乙胺、香料及维生素 B_1 等。在催化剂存在下,由乙酸或乙炔与氨反应制得。

乙腈抽提丁二烯过程 acetonitrile extraction butadiene process 一种以乙腈为溶剂从蒸气裂解产物的碳四馏分中分离丁二烯的过程。使用含水 8%～12% 的乙腈水溶液,在 114℃ 及 0.45MPa 压力下,在抽提塔中进行逆流抽提,再通过汽提和再蒸馏得到高纯度的丁二烯,乙腈溶液经浓缩及净化再生后可重复使用。

乙酰化 acetylation 在含有羟基、胺基的有机化合物的氮、氧或碳原子上引入乙酰基($CH_3CO—$)的反应。如乙醇与乙酰氯于惰性溶剂中进行反应,生成乙酸乙酯及盐酸。能使有机化合物分子中的氮、氧、碳等原子上引入乙酰基的试剂则称为乙酰化剂。常用的乙酰化剂有乙酰氯及乙酸酐等。乙酰化是酰化反应的一种形式。

乙酰化剂 acetylating agent 见"酰

化剂"。

乙酰胺 acetamide　化学式 C_2H_5ON。

$$CH_3-\overset{\overset{\displaystyle O}{\|}}{C}-NH_2$$

无色透明单斜晶系结晶。纯品无臭,含杂质时有鼠臭味。相对密度 1.159。熔点 81℃,沸点 221℃,闪点＞104℃(闭杯)。折射率 1.4270(80℃)。受热分解放出有毒烟雾。溶于水、甘油、乙醇、吡啶、热苯等溶剂。微溶于乙醚,能溶解多数无机盐。水溶液加热时易发生水解生成乙酸铵。呈弱碱性。可燃。低毒! 蒸气对皮肤及黏膜等有刺激性。长期反复接触高浓度乙酰胺有致癌危险。用于制造医药、农药。熔融乙酰胺是多种有机物及无机物的优良溶剂,也用作增塑剂的稳定剂、有机合成卤化剂。可由乙酰氯、乙酐或乙酸乙酯与氨作用制得。

乙酰基 acetyl　CH_3CO-　乙酸(CH_3COOH)失去一个羟基(—OH)后剩余的原子团。

乙酰值 acetyl value　表示聚合物、油脂、蜡及脂肪等样品中羟基(—OH)含量的指标。以 1g 乙酰化的样品,经水解后,中和生成的乙酸所需氢氧化钾的毫克数表示。可测定聚合物中羟基含量,以及聚合物末端基的羟基量。胺、醛、易皂化的酯等对此测定有干扰。

乙酰氯 acetyl chloride　CH_3COCl化学式 C_2H_3ClO。又名氯乙酰。无色透明液体,在空气中发烟,有刺激性气味。相对密度 1.1051。熔点－112℃,沸点 51℃,闪点 4℃,自燃点 390℃。折射率 1.3898。溶于乙醚、乙酸、丙酮,遇水剧烈分解,生成乙酸,并放出氯化氢。受热时分解,能放出光气及氯化氢。有酰卤的通性,可进行水解、醇解、氨解等反应。有毒! 对眼睛、皮肤及黏膜等有强刺激性及腐蚀性。用作有机合成的酰化剂、羧酸氯化时的催化剂,也用于制造农药、医药及水处理剂等。可由冰乙酸与三氯化磷反应制得。

乙酸 acetic acid　CH_3COOH　化学式 $C_2H_4O_2$。又名醋酸。无色透明液体。有刺激性酸味,一种典型的脂肪酸。相对密度 1.0492。熔点 16.6℃,沸点 118℃,闪点 57℃,自燃点 427℃。折射率 1.3716。蒸气相对密度 2.07。蒸气压 1.52kPa(20℃)。蒸气与空气形成爆炸性混合物,爆炸极限 4%～17%。为弱酸,与碱类起中和反应,生成乙酸盐;与醇类起酯化反应,生成各种酯类。与水、乙醇、甘油及苯等混溶。易燃。低浓度无毒,高浓度有较强腐蚀性。普通乙酸溶液中含纯乙酸 36%。98%～100%乙酸在 16℃时凝固成冰状物,俗称冰乙酸。用于合成乙酸盐、乙酸酯、乙酸乙烯酯及氯代乙酸等,也用作溶剂、酸味剂、消毒剂及油井井温低于 70℃时的铁离子稳定剂等。由甲醇与一氧化碳在催化剂作用下制得,或由乙醛氧化制得。

乙酸乙烯酯 vinyl acetate　$CH_3COOCH=CH_2$ 化学式 $C_4H_6O_2$。又名醋酸乙烯酯。无色透明液体,有甜的醚样香味。相对密度 0.9317。熔点

－93.2℃，沸点 72.7℃，闪点－1.1℃，燃点 427℃。爆炸极限 2.6%～13.4%。微溶于水，溶于醇、醚、芳烃等多数有机溶剂。光照下能自发聚合，在过氧化物、偶氮化合物等引发剂存在下更易聚合。也能进行水解、加成、酯交换等反应。可燃。用途很广。大量用于生产乙酸乙烯酯的聚合物及共聚物，是生产聚乙烯醇及维尼纶的主要原料。也用于制造胶黏剂、涂料、食品包装薄膜及口香糖基料等。可在催化剂存在下，由乙烯、乙酸及氧气经气相反应制得。

乙酸乙酯 ethyl acetate $CH_3COOCH_2CH_3$ 化学式 $C_4H_8O_2$。又名醋酸乙酯。无色透明液体，有醚样气味及水果香气。易挥发。相对密度 0.9006。熔点－83.8℃，沸点 77.1℃，闪点 7.2℃，燃点 426℃。折射率 1.3723。蒸气相对密度 3.04，蒸气压 9.704kPa(20℃)。蒸气与空气形成爆炸性混合物，爆炸极限 2.2%～11.4%。微溶于水，与醇、醚、丙酮等混溶，能溶解松香、乳香、树脂。易燃。对黏膜有刺激作用，对中枢神经系统有麻醉作用。是一种快干性工业溶剂，大量用于配制香精。也用作油漆稀释剂、萃取剂，以及用于制造医药、染料、人造革等。可在催化剂存在下，由乙酸、乙酐与乙醇反应制得。

乙酸乙醛氧化法 acetic acid acetaldehyde oxidation method 一种工业生产乙酸的主要方法。是在常压或加压下，以锰、钴、镍等金属乙酸盐为催化剂，由乙醛与氧气或空气进行液相氧化生产乙酸的方法。当以纯氧为氧化剂时，反应温度 55～85℃，反应压力 0.15MPa 左右。反应物经蒸馏除去未反应的乙醛、氮及副产物即可得到乙酸产品。此法具有工艺简单、技术成熟、收率高、成本低等特点，是目前我国生产乙酸的主要方法。

乙酸丁烷氧化法 acetic acid butane oxidation method 一种用丁烷（或轻油馏分）氧化制乙酸的方法。用纯氧或空气作氧化剂，用含钴、锰等金属的乙酸盐或环烷酸盐作催化剂，在一定温度、压力下液相氧化，生成含乙酸、丙酸、丁酸、醛、酮、酯等混合氧化物，经分离提纯制得乙酸及其他副产品。由于副产物较多，分离过程复杂，只有少数国家仍在采用。但随着石油化工的发展，C_4～C_8 馏分的不断增多，此法仍有一定发展前景。

乙酸丁酯 *n*-butyl acetate $CH_3COO(CH_2)_3CH_3$ 化学式 $C_6H_{12}O_2$。又名醋酸丁酯、乙酸正丁酯。无色透明液体，有强烈水果香气。易挥发，相对密度 0.8825。熔点－76.9℃，沸点 126℃，闪点 27℃(闭杯)，燃点 421℃。折射率 1.3951。蒸气相对密度 4.0，蒸气压 2kPa(25℃)。蒸气与空气形成爆炸性混合物，爆炸极限 1.4%～8.0%。微溶于水，与醇、醚等溶剂混溶，能溶解松香、乳香、聚氯乙烯、聚苯乙烯等。易燃。蒸气对眼、呼吸道、黏膜等有刺激性。是优良的溶剂，广泛用于硝化纤维清漆、人造革、橡胶、喷漆,塑料加工过程中用作溶剂。也用作萃取剂及用于配制香精。由乙酸与正丁醇反应制得。

乙酸甲酯 methyl acetate CH_3COOCH_3 化学式 $C_3H_6O_2$。又名醋酸甲酯。无色透明易挥发液体,有果香香气,味略苦。相对密度 0.9330。熔点 −98.1℃,沸点 57℃,闪点 −10℃(闭杯),燃点 502℃。折射率 1.3595。蒸气相对密度 2.8,蒸气压 22.6kPa(20℃)。蒸气与空气形成爆炸性混合物,爆炸极限 4.1%～13.9%。溶于水,与醇、醚及烃类溶剂混溶。易燃。低毒! 具有麻醉及刺激作用。用作低沸点溶剂、油脂萃取剂及制造香料等。可在硫酸存在下,由乙酸与甲醇反应制得。

乙酸异丙酯 isopropyl acetate $CH_3COOCH(CH_3)_2$ 化学式 $C_5H_{10}O_2$。又名醋酸异丙酯。无色透明液体,有水果香气,相对密度 0.8718。熔点 −73.4℃,沸点 89.5℃,闪点 16℃,燃点 460℃。折射率 1.3773。蒸气相对密度 3.52,蒸气压 5.33kPa(17℃)。蒸气与空气形成爆炸性混合物,爆炸极限 1.8%～8.0%。微溶于水,与乙醇、乙醚等溶剂混溶。易燃。遇水或潮湿空气会缓慢水解。蒸气对眼睛、黏膜及皮肤有刺激作用。用作纤维素及其衍生物、涂料、油墨、树脂等的溶剂,药物萃取剂,脱水剂等,也用于配制香精。由乙酸与异丙醇反应制得。

乙酸纤维素 cellulose acetate 又称醋酸纤维素、纤维素乙酸酯。为纤维素分子中羟基被乙酸酯化所得的一种纤维素酯高聚物。按反应条件不同,可制得含乙酸酯基团数量不同的产物,其中以二乙酸纤维素及三乙酸纤维素的产量最大。市售品为白色小片状。无毒、无臭、无味。加热后软化,软化点 180～240℃。能溶于氯仿、二氯甲烷、苯酚等溶剂。应用广泛。二乙酸纤维素常用于制造录音胶带、香烟过滤嘴、眼镜框架、保温绝缘材料、塑料笔杆等;三乙酸纤维素主要用于制作电影胶片、X 射线片片基、隔膜、绝缘薄膜等。由纤维素与乙酸酐或冰乙酸反应制得。

乙酸苯汞 phenyl mercuric acetate

化学式 $C_8H_8HgO_2$。又名醋酸苯汞,商品名赛力散。白色菱形或针状结晶,味略涩。相对密度 2.58。熔点 149℃,150℃升华分解,闪点 37.8℃。微溶于水,溶于乙醇、乙酸、苯、丙酮等有机溶剂。可燃。剧毒! 是一种高毒性杀菌剂,曾用作防治水稻稻瘟病及小麦黑穗病的农药,但由于残留毒性较高,我国已禁止使用。医药上用作制造避孕药原料及外科局部消毒剂。由氧化汞、汞及乙酸反应制得。

乙酸酐 acetic anhydride 化学式 $C_4H_6O_3$。又名乙酐、醋酸酐。是两个乙酸分子失去一个水分子后的缩合物。

无色易挥发液体,具有强烈刺激性气

味。相对密度 1.082。熔点－74.13℃，沸点 138.63℃，闪点 49℃，自燃点 388.9℃。折射率 1.390。蒸气相对密度 3.52，蒸气压 1.33kPa(36℃)。蒸气与空气形成爆炸性混合物，爆炸极限 2.7%～10.3%。遇水即分解而生成乙酸。能溶于乙醇、乙醚、苯等有机溶剂。眼和皮肤直接接触液体可致灼伤，蒸气对眼有刺激性。用于制造乙酸乙烯酯、乙酸纤维、医药、染料、香料等，也用作乙酰化剂、脱水剂及聚合引发剂等。由乙酸催化裂解生成乙烯酮后，再用乙酸吸收制得。或由过乙酸与乙烯反应制得。

乙酸羰基合成法 acetic acid oxo-synthesis 美国孟山都公司开发的甲醇和一氧化碳经羰基化反应制造乙酸的方法。以铑配合物(如三氯化铑)为主催化剂、碘化物(如碘甲烷)为助催化剂，反应温度 175～240℃，反应压力 1.4～1.6MPa。甲醇转化率接近 100%，乙酸选择性达 99% 以上。产出的乙酸质量比任何一种工业合成法都好。该法的主要缺点是，使用贵金属铑为催化剂，反应条件极为严格，碘化物及乙酸腐蚀严重，需采用特殊合金钢作为反应器材质。

乙醇 ethanol CH_3CH_2OH 化学式 C_2H_6O。俗称酒精。无色透明液体。有醇香气味及辛辣刺激味。易燃，易挥发。密度 $0.7893g/cm^3$。熔点－117.3℃，沸点 78.3℃，自燃点 390～430℃。蒸气相对密度 1.59。蒸气与空气形成爆炸性混合物，爆炸极限 4.3%～19%。能与水、乙醚、烃类衍生物、氯仿、酯等混溶。

能进行氧化、脱氢、取代、成酯等反应。其脱水有分子内脱水及分子间脱水两种，分子内脱水生成乙烯，分子间脱水生成乙醚。是重要工业原料，广泛用于制造医药、染料、洗涤剂、橡胶、涂料、化妆品及其他化工原料，也是常用溶剂，还可用作乙醇汽油组分或添加剂。医疗上用作杀菌、消毒剂。可由乙烯水合制得，或由糖质及淀粉原料发酵而得。

乙醇汽车 ethanol vehicle 指全部用乙醇或用乙醇和汽油的混合燃料作发动机燃料的汽车。乙醇的来源多为经各种谷物或糖质原料发酵或由化工合成。添加乙醇可有效地提高汽油的辛烷值以提高抗爆性，如含 22% 乙醇的汽油可完全替代含铅汽油的作用。与汽油车相比，乙醇燃料车排放的 CO 和 NO_x 分别要低 20%～30% 和 15% 左右;乙醇燃料车排放的苯、1,3-丁二烯和颗粒物也要低得多。但使用乙醇混合汽油时，发动机油耗增加，其起动性及动力性有所下降，在环境温度很低时，有可能因启动困难而造成较高的冷启动排放。在目前国际油价居高不下的形势下，推广使用乙醇汽车，有利于缓解我国对国际原油的依赖。

乙醇汽油 ethanol gasoline 指在不添加含氧化合物的液体烃中，加入一定量变性燃料乙醇后用作点燃式发动机的燃料，体积分数加入量为 10.0%，称为 E_{10}。所谓变性燃料乙醇是指加入变性剂后不能饮用，只作燃料用的乙醇。目前，国内汽车厂生产的汽车元器件,绝大部分都能适应使用乙醇汽油的要求。乙醇汽油在我国是一种清洁车用燃料,它既能为汽车提供有效的动力,又能减少有害气体的排放,并能与目前市场市售汽油混合使用。

乙醇酸 glycollic acid $HOCH_2COOH$　化学式 $C_2H_4O_3$。又称羟基乙酸、甘醇酸。最简单的醇酸。无色结晶。熔点80℃,分解温度100℃。溶于水、乙醇、丙酮、乙醚及乙酸等。对皮肤及黏膜有刺激性。用于制造乙二醇、乙醇酸酯及医药等,也用作羊毛及耐纶的助染剂。可由氯乙酸水解、乙二醇氧化等方法制得。

乙醛 acetaldehyde CH_3CHO　化学式 C_2H_4O。又名醋醛。无色挥发性液体,有刺激性。天然存在于苹果、菠萝等水果中。相对密度0.7780。熔点 -123.5℃,沸点20.8℃,闪点 -38℃(闭杯)。折射率1.3311。蒸气相对密度1.52,蒸气压98.6kPa(20℃)。蒸气与空气形成爆炸性混合物,爆炸极限4%～57%。与水、乙醇、乙醚、苯等混溶。具有醛类的通性,可进行加成、缩合、聚合等反应。易燃。久置于空气中会生成不稳定的有爆炸性的过氧化物。有毒!有刺激作用,对中枢神经系统有抑制作用。用于制造乙酸、丁醇、辛醇、季戊四醇、三氯乙醛及合成树脂、染料等。可由乙烯直接氧化,或由乙醇氧化脱氢制得。

乙醚 ethyl ether $C_2H_5OC_2H_5$　化学式 $C_4H_{10}O$。又名二乙醚。无色透明液体,有芳香及刺激性气味。易挥发,味甜。密度 $0.7143g/cm^3$。熔点 -116.3℃,沸点34.6℃,自燃点180～190℃。蒸气相对密度2.56。蒸气与空气形成爆炸性混合物,爆炸极限1.85%～48%。微溶于水,能与乙醇、苯、氯仿及石油醚等多数有机溶剂混溶。能溶解油脂、蜡、橡胶、树脂及生物碱等。与浓硝酸或浓硫酸与浓硝酸混合物反应会发生爆炸。与空气接触时,逐渐生成有爆炸性的过氧化物,受热能着火或爆炸。受热或在强日光下会自行膨胀,较汽油更危险。储存时常加入抗氧化剂。对人有麻醉性。用作溶剂、萃取剂及麻醉剂,也是柴油机启动燃料的主要成分。在生产无烟火药、照相软片及火棉胶时,与乙醇混合用于溶解硝化纤维素。可在催化剂存在下,由乙醇脱水制得。

二画

【一】

二乙二醇 diethylene glycol $HOCH_2CH_2OCH_2CH_2OH$。化学式 $C_4H_{10}O_3$。又称二甘醇、一缩二乙二醇。无色无臭透明液体,具吸湿性及辛辣的甜味。相对密度1.1184。熔点 -6.5℃,沸点244～245℃,闪点143℃,自燃点289℃。与水、乙醇、乙醚及乙二醇等混溶,不溶于苯、甲苯及四氯化碳,能溶解油脂、硝酸纤维素。用作重整生成油芳烃抽提溶剂、气体脱水剂、纺织品的润滑剂、软化剂,也用于制造不饱和聚酯、增塑剂及防冻液等。可由环氧乙烷水合制乙二醇的副产物回收而得。

二乙胺 diethylamine $(C_2H_5)_2NH$ 化学式 $C_4H_{11}N$。又名 N-乙基乙胺。无色易挥发可燃性液体,有氨气味。相对密度 0.7056。熔点 -49℃,沸点 55.9℃,闪点 -17.8℃(闭杯),燃点 312℃。与水、乙醇、乙醚、脂肪酸等混溶,水溶液呈碱性。能与无机酸生成可溶于水的盐。对皮肤、黏膜有强腐蚀性及刺激性。是一种优良的萃取剂及选择性溶剂。用于制造医药、农药、杀虫剂等。也用于配制橡胶硫化促进剂、阻聚剂、杀菌剂、发动机防冻剂及印染助剂等。可在催化剂存在下,先由乙醇、氢及氨反应生成一乙胺、二乙胺及三乙胺的混合物,再经分离得到二乙胺。

二乙烯三胺 diethylenetriamine $H_2NCH_2CH_2NHCH_2CH_2NH_2$ 化学式 $C_4H_{13}N_3$。又名二亚基三胺。无色或淡黄色透明油状液体,有氨的气味及刺激性。相对密度 0.9542。熔点 -39℃,沸点 207℃,闪点 94℃。溶于水、乙醇、丙酮,不溶于乙醚。有强碱性,与酸作用生成相应的盐。有吸湿性,易吸收空气中的水分及二氧化碳,在空气中形成白色烟雾。可燃。对皮肤、黏膜及呼吸道有强刺激性。用于制造聚酰胺树脂、离子交换树脂,也用作环氧树脂固化剂、金属螯合剂、气体净化剂及纸张增强剂等。可由二氯乙烷与氨水反应制得。

二乙醇胺 diethanolamine $HN(CH_2CH_2OH)_2$ 化学式 $C_4H_{11}NO_2$。又名双羟基乙基胺。无色或淡黄色透明液体。冷冻时为白色结晶体。相对密度 1.0919。熔点 28℃,沸点 269.1℃,闪点 146℃。折射率 1.4776。蒸气相对密度 3.65,蒸气压 0.67kPa(138℃)。蒸气与空气形成爆炸性混合物,爆炸极限 1.6%~9.8%。溶于水、甲醇、乙醇、丙酮,微溶于苯。有吸湿性,呈碱性。可燃。对呼吸道、皮肤有刺激性。用于脱除炼厂气、天然气中的酸性组分(H_2S、CO_2 等)。也用作油类乳化剂、皮革软化剂、增稠剂,以及用于合成表面活性剂、医药、农药等。由环氧乙烷与氨反应制得。

二丁胺 di-n-butylamine $[CH_3(CH_2)_3]_2NH$ 化学式 $C_8H_{19}N$。又名二正丁胺。无色液体,有氨的气味。相对密度 0.7601。熔点 -60℃,沸点 160℃,闪点 57℃。折射率 1.4177。溶于水、丙酮。易溶于乙醇、乙醚。用于制造医药、染料、农药、橡胶硫化促进剂、抗氧剂等。在催化剂作用下由正丁醇与氨反应制得。

二丁基二硫代氨基甲酸锌 zinc dibutyl dithiocarbamate

$(C_4H_9)_2NC\overset{\|}{\underset{S}{}}S\!-\!Zn\!-\!S\overset{\|}{\underset{S}{}}CN(C_4H_9)_2$

化学式 $C_{18}H_{36}N_2S_4Zn$。白色至浅黄色粉末。相对密度 1.24。熔点 > 104℃。不溶于水,溶于苯、氯仿及二硫化碳。对橡胶硫化有促进作用。用作内燃机油的抗氧抗腐剂,天然及合成橡胶、胶乳的硫化促进剂,胶黏剂及胶泥的稳定剂。可由水溶性锌盐溶液和二正丁基二硫代氨基甲酸的碱金属盐反应制得。

二元乙丙橡胶 ethylene-propylene rubber 见"乙丙橡胶"。

二元化合物 binary compound 由两种元素的原子组成的化合物。金属间二元化合物如 CuZn；非金属间二元化合物如 P_2O_5；金属和非金属的二元化合物如 NaCl、CaO。

二元酸 binary acid 分子中含有两个可电离氢的酸，如 H_2SO_4、H_2CO_3；有机化合物中主要指含两个羧基的酸，如乙二酸（HOOCCOOH）、丙二酸（$HOOCCH_2COOH$）。

二元醇 binary alcohol 分子含有两个羟基的醇。如乙二醇（$HOCH_2CH_2OH$）、丙二醇（$CH_3CH_2OHCH_2OH$）。

二甘醇二甲醚 diethylene glycol dimethyl ether $(CH_3OCH_2CH_2)_2O$ 化学式 $C_6H_{14}O_3$。又名一缩二乙二醇二甲醚，俗称二甲基卡必醇。无色透明液体。具有醚的臭味，易燃。无毒！相对密度 0.9451。熔点$-68℃$，沸点 $162℃$，闪点 $70℃$。折射率 1.4097。蒸气压 400Pa($20℃$)。与水、醇及烃类溶剂等混溶。为非质子强极性溶剂，常用作阴离子聚合反应及烷基化反应等的溶剂。也用作油漆类及橡胶等的溶剂。可由二甘醇与氯甲烷反应制得。

二甘醇单丁醚 diethylene glycol monobutyl ether $C_4H_9OCH_2CH_2OCH_2CH_2OH$ 化学式 $C_8H_{18}O_3$。又名一缩二乙二醇单丁醚。无色无臭透明液体。相对密度 0.9536。熔点$-60℃$，沸点 $230℃$，闪点 $78℃$（闭杯），自燃点 $228℃$。折射率 1.4316。溶于水、乙醇、乙醚及多种有机溶剂。能溶解油脂、松香、染料及天然树脂等。易燃。用作油漆、油墨及纤维素的溶剂、液压制动器液体稀释剂及制造增塑剂的原料。由环氧乙烷与正丁醇反应制得。

二戊基二硫代氨基甲酸锌 zinc dipentyl dithiocarbamate

淡黄色透明液体，相对密度 0.985。闪点 $171℃$。黏度 $9.4mm^2/s$($100℃$)。不溶于水，溶于燃料油及润滑油。具有良好的抗氧性、抗磨性及防腐性，是非铁金属优良的钝化剂，能为重载、高温条件下的铜-铅轴瓦提供良好的保护。可用作汽车柴油发动机油、汽油发动机油、船舶柴油发动机油、各类工业油的抗氧抗腐剂。在发动机油中常与二硫代磷酸锌类添加剂配合使用。

二甲苯 xylene

化学式 C_8H_{10}。

无色透明液体,有芳香气味。有邻位、间位及对位三种异构体。工业品是邻二甲苯、间二甲苯、对二甲苯及少量乙苯的混合物。相对密度约为 0.86。易燃。蒸气与空气形成爆炸性混合物,爆炸极限 1.09%～6.6%。不溶于水,与乙醇、苯等混溶。能溶解松香及大部分油脂。在煤碳化生成的焦炉气及煤焦油中含有多量的二甲苯,汽油中二甲苯含量约为 9.9%。根据来源及制法不同,可分为石油二甲苯及焦化二甲苯。用于制造苯二甲酸、涤纶、聚苯乙烯、洗涤剂及医药,也用作溶剂及树脂改性剂等。石油二甲苯可由直馏汽油经催化重整、溶剂抽提及芳烃精馏制得;焦化二甲苯从煤焦油或焦炉气的轻油中分离而得。

二甲胺　dimethyl amine $(CH_3)_2NH$　化学式 C_2H_7N。常温下为无色气体,在冷却及加压下易变成无色液体,有氨的气味。相对密度 0.654。熔点 $-96℃$,沸点 $6.9℃$,自燃点 $400℃$。蒸气与空气形成爆炸性混合物,爆炸极限 2.8%～14.4%。极易溶于水,溶于乙醇、乙醚。水溶液呈碱性。与无机酸、有机酸等作用生成盐。对皮肤、黏膜及眼睛有刺激性,并具催吐作用。用于制造表面活性剂、橡胶硫化剂、抗氧剂、医药、农药等。也用作汽油稳定剂、皮革脱毛剂及溶剂等。可在催化剂存在下,由氨与甲醇反应制得。

二甲基二硫　dimethyl disulfide $(CH_3)_2S_2$　化学式 $C_2H_6S_2$。又名二甲基二硫醚。无色至淡黄色液体,有恶臭气味。相对密度 1.063。熔点 $-84.7℃$,沸点 $109.6℃$,闪点 $24℃$。加热至 $390℃$ 时分解,并释出有毒气体。不溶于水,与乙醇、乙醚混溶。是一种强溶剂,可溶解碳氢化合物,并能溶解或导致树脂及塑料溶胀。液体或蒸气对眼睛、皮肤等有刺激性。由于硫含量(68%)高、分解温度低、且分解后只产生少量不饱和烃,不形成积炭,常用作加氢精制及重整催化剂的预硫化剂。也用作溶剂、结焦抑制剂及制造农药。可由硫酸二甲酯与二硫化钠反应制得。

2,2-二甲基丁烷　2,2-dimethyl butane　$CH_3CH_2—\overset{\displaystyle CH_3}{\underset{\displaystyle CH_3}{\overset{|}{\underset{|}{C}}}}—CH_3$　化学式 C_6H_{14}。又名新己烷。无色透明液体。相对密度 0.6485。熔点 $99.7℃$,沸点 $49.7℃$,闪点 $-48℃$ 以下。折射率 1.3688。蒸气与空气形成爆炸性混合物,爆炸极限 1.2%～7.0%。不溶于水,与醇、醚、丙酮、石油醚等混溶。化学性质较稳定。光照下能与卤素反应生成卤素衍生物。有很高的辛烷值(马达法辛烷值 93.4,研究法辛烷值 97)。用作汽油添加剂、溶剂及有机合成原料。由乙烯与异丁烯经烷化而得。

2,3-二甲基丁烷　2,3-dimethyl butane　$CH_3—\overset{\displaystyle H}{\underset{\displaystyle CH_3}{\overset{|}{\underset{|}{C}}}}—\overset{\displaystyle H}{\underset{\displaystyle CH_3}{\overset{|}{\underset{|}{C}}}}—CH_3$　化学式

C_6H_{14}。又名双异丙烷、异丙基二甲基甲烷。无色液体。相对密度 0.6616。熔点 $-138℃$，沸点 57.9℃，闪点 $-29℃$。折射率 1.3749。不溶于水，溶于醇、醚、酮等溶剂。易燃。有很高的辛烷值（马达法辛烷值 94.3，研究法辛烷值 106）。用作高辛烷值燃料及色谱分析标准物，也用于有机合成。由异丁烷与乙烯在三氯化铝催化下经烷基化制得。

二甲基甲酰胺 dimethyl formamide 化学式 C_3H_7NO。

$$HC\!\!-\!\!N(CH_3)_2$$
$$\overset{O}{\overset{\|}{}}$$

无色至微黄色透明液体，略有氨的气味。相对密度 0.9440（25℃）。熔点 $-60.4℃$，沸点 153℃，闪点 67℃，燃点 445℃。折射率 1.4304。蒸气相对密度 2.51，蒸气压 0.351kPa（20℃）。蒸气与空气形成爆炸性混合物，爆炸极限 2.2%～15.2%。与水、乙醇、乙醚、丙酮、氯仿及酯类溶剂等混溶。为非质子极性惰性溶剂，能溶解聚乙烯、聚氯乙烯、聚氨酯等合成树脂。加热至 350℃ 时分解成二甲胺与一氧化碳。对皮肤、黏膜有刺激性。是丁二烯、乙炔及多种高聚物的良好溶剂，也用于制造医药、农药，还用作硫化氢吸收剂、萃取剂、极谱分析的非水溶剂、非水溶液滴定溶剂等。可以甲醇钠为催化剂，由二甲胺与一氧化碳反应制得。

二甲基甲酰胺抽提丁二烯过程 dimethyl formamide extraction butadiene process 一种以二甲基甲酰胺为萃取剂，从碳四馏分中抽提丁二烯的过程。该工艺采用二级萃取精馏和二级普通精馏相结合的流程，包括丁二烯萃取精馏、烃萃取精馏、普通精馏和溶剂净化四部分。由于二甲基甲酰胺对丁二烯具有极优良的选择溶解能力，故此法具有产品纯度高、热利用好、生产成本低等特点。

二甲基亚砜 dimethyl sulfoxide 化学式 C_2H_6SO。无色透明液体。无臭、味微苦。相对密度 1.1014。熔点 18.5℃，沸点 189℃，闪点 95℃，燃点 300～302℃。折射率 1.4795。蒸气相对密度 2.7，蒸气压 0.053kPa（20℃）。蒸气与空气形成爆炸性混合物，爆炸极限 2.6%～28.5%。与水、乙醇、乙醚、苯、甘油等混溶，也能溶解油脂、色素、糖类、二氧化硫、二氧化氮等。是一种非质子极性溶剂，对聚丙烯腈、聚对苯二甲酸乙二醇酯等多种高聚物有良好溶解性。用作重整油芳烃抽提溶剂、酸性气体吸收剂、燃料油添加剂、合成纤维的染色载体及纺丝溶剂、防冻剂、脱漆剂等。也用于制造农药、染料等。由二甲基硫醚与二氧化氮反应制得。

$$CH_3\!\!-\!\!\overset{O}{\overset{\|}{S}}\!\!-\!\!CH_3$$

二甲基硅油 polydimethyl siloxane fluid

又名聚二甲基硅氧烷液体。无色透明油状液体。无毒、无臭。相对密度 $0.761\sim0.977(25℃)$。黏度 $0.65\sim3\times10^4 mm^2/s(25℃)$。熔点 $-68\sim-44℃$。沸点 $99.5\sim230℃$。折射率 $1.3750\sim1.4035$。黏度随分子中硅氧链节数 n 增大而增大。按黏度大小不同分成若干个品级。溶于苯、乙醚、汽油、氯仿及煤油等溶剂。不溶于水。具有优良的耐热性、耐寒性、防水性、电绝缘性、透光性及化学稳定性。可在170℃下长期使用,在$-50℃$下使用不凝固。广泛用作合成润滑油及润滑脂基础油、润滑油或液压油的消泡剂、脱模剂、抛光剂等。可由八甲基环四硅氧烷与六甲基二硅氧烷在四甲基氢氧化铵或浓硫酸催化下,经调聚反应制得。

2,6-二甲酚 2,6-dimethyl phenol

化学式 $C_8H_{10}O$。又名 2,6-二甲基苯酚。无色针状或片状结晶。相对密度 $1.131(25℃)$。熔点48℃,沸点201℃。微溶于水,溶于多数常用有机溶剂及碱液。粉体与空气可形成爆炸性混合物。遇明火、高热时,会发生粉尘爆炸。低毒!毒性低于苯酚。对皮肤及黏膜有刺激及腐蚀性。用于制造聚苯醚工程塑料、照相用药剂、增塑剂、杀虫剂等。可在氧化镁催化下,由苯酚与甲醇经甲基化反应制得。或从煤焦油混合二甲酚馏分中分离而得。

3,4-二甲酚 3,4-dimethyl phenol

化学式 $C_8H_{10}O$。又名3,4-二甲基苯酚。无色至浅黄色针状结晶。相对密度 0.9830。熔点 62.5℃,沸点 225℃。微溶于水,溶于乙醇,与乙醚混溶。可燃。粉体与空气可形成爆炸性混合物。有毒!对皮肤、黏膜有刺激及腐蚀性。用于制造聚酰亚胺、染料、农药、增塑剂等。也用作消毒剂及木材防腐剂。可由邻二甲苯经硫酸磺化后再经碱熔、酸化制得,或从煤焦油混合二甲酚馏分中分离而得。

3,5-二甲酚 3,5-dimethyl phenol

化学式 $C_8H_{10}O$。又名3,5-二甲基苯酚。无色至浅黄色针状结晶。相对密度 $1.112(25℃)$。熔点66℃,沸点 219.5℃。能升华。微溶于水,溶于多数常用有机溶剂及碱液。可燃。粉体可与空气形成爆炸性混合物。有毒!对皮肤、黏膜等有刺激及腐蚀性。用于制造酚醛树脂、增塑剂、染料、杀虫剂、炸药及香料等,也用作消毒剂。可由间二甲苯经硫酸磺化后再经碱熔、酸化制得。或从煤焦油混合二甲酚馏分中分离而得。

二 甲 硫 dimethyl sulfide

$H_3C\!-\!S\!-\!CH_3$ 化学式 C_2H_6S。又名甲硫醚、二甲硫醚。无色透明油状液体,有挥发性及不愉快气味。相对密度0.8458。熔点$-83℃$,沸点37.3℃,闪点$-17.8℃$(闭杯),自燃点206℃。蒸气相对密度 0.8450，蒸气压 56kPa（20℃）。折射率 1.4438。蒸气与空气形成爆炸性混合物，爆炸极限 2.2%～19.7%。微溶于水，溶于乙醇、乙醚及苯等有机溶剂。受高热分解或与酸反应会产生有毒的硫化物烟气。有毒！能刺激皮肤，并经皮肤吸收引起中毒。用于制造二甲基亚砜的中间体。也用作加氢催化剂的硫化试剂、煤气加臭剂、工业溶剂等。由甲醇与二硫化碳或硫化氢反应制得。

二甲醚 dimethyl ether CH_3OCH_3 化学式 C_2H_6O。又名甲醚。最简单的脂肪醚。常温下是无色气体，有轻微醚香味，易液化。蒸气密度 1.92g/L（25℃），液体密度 0.661g/cm³。熔点 $-141.5℃$，沸点 $-24.9℃$，自燃点 350℃。与空气形成爆炸性混合物，爆炸极限 3.45%～26.7%。溶于水、四氯化碳、苯、丙酮及汽油等。分子中含有甲基和甲氧基，可进行甲基化、羰基化、氧化偶联、氧化及脱水等反应。在催化剂存在下，高温脱水生成乙烯及丙烯。遇强热或氧化剂有着火危险。有轻度麻醉性。可用作溶剂、气雾抛射剂、甲基化剂、杀虫剂及氯氟烃的代用品。二甲醚也是具有发展前景的汽车燃料，用作柴油机代用燃料。二甲醚具有十六烷值高、不含氮、硫等杂质、自燃温度低、环境性能好、污染少等特点。二甲醚可由天然气、煤、石油焦炭取，或以生物质为原料制取。目前工业上用的主要方法是甲醇气相脱水工艺及由合成气（H_2、CO、CO_2）直接合成二甲醚工艺。

N,N′-二亚水杨基-1,2-丙二胺 N,N′-disalicylidene-1,2-propylenediamine

化学式 $C_{17}H_{18}N_2O_2$。又名 T1201 金属钝化剂。纯品为黄色结晶，熔点 46℃。工业品为棕红色液体，相对密度 ≥1.05，折射率 ≥1.580。可燃。遇明火、高热或接触氧化剂有燃烧或爆炸危险。粉体与空气可形成爆炸性混合物。在车用汽油、喷气燃料、柴油中用作金属钝化剂，可抑制活性金属离子（如铜、铁、镍、锰等）对油品的催化氧化作用。

N,N′-二仲丁基对苯二胺 N,N′-di-sec-butyl-p-phenyldiamine

化学式 $C_{14}H_{24}N_2$。又名 N,N′-二仲丁基-1,4-苯二胺。红色至棕色液体。相对密度 0.94。熔点 18℃，沸点 98℃（26.6Pa）。难溶于水、稀碱液，溶于无机酸及烃类溶剂。长期受光照或暴露于空气中会缓慢氧化生成胶质。有毒！可燃。用作塑料、合成橡胶抗氧剂，汽油添加剂。

二冲程发动机 two stroke engine 内燃机的一种类型。其曲轴旋转一圈，汽缸活塞走两个冲程,完成一个工作循环并输出一次功。有二冲程汽油机及二冲程柴油机,而以前者应用较广,除用于摩托车外,也用于舷外机、雪地牵引车及农林机械。与四冲程汽油机的分离润滑相比较,二冲程汽油机主要采用燃料预先混合机油进入气缸,在汽油机内部循环,使轴承、汽缸、活塞等润滑后,一部分在燃烧室内燃烧,另一部分则以未燃烧状态排到汽油机外部。

二冲程汽油机油 two stroke gasoline engine oil 又称二冲程内燃机油。二冲程汽油发动机的专用润滑油。是由原油常减压蒸馏的润滑油馏分油和丙烷脱沥青的轻脱油馏分油经精制得到的润滑油基础油,加入适量高效复合添加剂、低分子聚丁烯及稀释油调制而成。具有良好的清洁、润滑、排烟及混溶性。适用于不同类型的风冷及水冷二冲程汽油发动机,如摩托车、链锯、割草机、雪橇等。二冲程发动机如果不使用专用机油,则极易引起各种故障。

二次加工过程 secondary processing 以一次加工过程产物为原料的再加工过程。是以提高轻油收率或产品质量、增加油品种为目的的加工过程。主要是将重质馏分油和渣油采用各种裂化方法生产轻质油的过程,如催化裂化、加氢裂化、热裂化、焦化等。此外还包括催化重整及石油产品精制。

二次污染 secondary pollution 指进入环境中的某些一次污染物,受环境因素的作用或影响发生物理、化学反应或被生物体作用,生成毒性更强的污染物,对环境产生再次污染的现象。通常把排放到环境中的污染物质从一态变为另一态而称为二次污染。如不完全焚烧可将固态污染物转化为气态污染物;用活性炭处理废水,污染物质被活性炭吸附,排放的废水可以达到要求,但积累的活性炭就称为二次污染物(或称继发性污染物)。

二次污染物 secondary pollutant 见"二次污染"。

二次空气 secondary air 见"一次空气"。

二次能源 secondary energy resources 见"能源"。

二次蒸汽 secondary steam 工业上在沸腾情况下进行水溶液蒸发时,作为供给热能的热源水蒸气称为加热蒸汽;水溶液本身蒸发时所产生的蒸汽称为二次蒸汽。二次蒸汽也常用作操作压力较低的另一台蒸发器的加热热泵,以使热力资源再次利用。在多效蒸发操作中,有时并不将某效产生的二次蒸汽完全引到下一效去作加热蒸汽,而引出一部分用作它用。这种由某效所引出的,不通入下一效而用于别处的二次蒸汽,称为额外蒸汽。

二次燃烧 secondary combustion ①指燃料气在火嘴前方未完全燃烧,即烟气前进到氧气充足的地方又开始燃烧的现象。它会使炉温变得难以控制,并有在某处发生爆燃的危险。这种二次燃烧一般是由于火嘴的一次风和二次风总量偏低引起的,通过增大对火嘴的供风量可避免二次燃烧。②催化裂化催化剂再生过程中,因床层中碳的燃烧不完全,所生成的一氧化碳又在稀相空间或旋风分离器内发生燃烧的现象。如处理不及时,会因温升过高而烧坏设备。应及时通入水蒸气熄灭燃烧,并调整再生用风量。

二异丁烯 di-isobutylene

$$CH_2{=}CC H_2C{-}CH_3$$

化学式 C_8H_{16}。又名 2,4,4-三甲基-1-戊烯。二丁烯的二聚物。无色液体。相对密度 0.7227(15.6℃)。熔点-93.6℃,沸点 101~104℃。折射率 1.4079。不溶于水,溶于乙醚、苯、氯仿。具有烯烃的化学性质,可进行氧化、加成、聚合、氨化等反应。用于制造辛基酚,进而与环氧乙烷反应制成辛基酚聚氧乙烯醚系列表面活性剂。也用于制造橡胶增黏剂、紫外线吸收剂、阻聚剂、聚氯乙烯稳定剂及增塑剂等。可由碳四馏分分离而得。

二异丙基醚 diisopropyl ether $(CH_3)_2CHOCH(CH_3)_2$ 化学式 $C_6H_{14}O$。又称异丙醚。简称 DIPE。无色透明液体,有醚样气味。相对密度 0.7258。熔点-85.9℃,沸点 68.3℃,闪点-28℃。折射率 1.3678(23℃)。蒸气压 16.03(20℃)。爆炸极限 1.4%~7.9%。微溶于水,与乙醇、乙醚、苯等混溶。遇明火、高热及氧化剂有着火及爆炸危险。在空气中长期放置能生成不稳定的过氧化物,受热即爆。商品需加入对苯二酚、萘酚或 20%氢氧化钠溶液以抑制过氧化物生成。毒性比乙醚大。溶液及蒸气对眼睛、皮肤有刺激作用,高浓度蒸气有麻醉作用。用作溶剂,与异丙醇的混合物用于油脱蜡及蜡脱油。也用作汽油抗爆剂组分,其抗爆指数为 105。加入汽油中的效果与甲基叔丁基醚接近,但雷德蒸气压更低。可在催化剂存在下由丙烯与异丙醇缩合制得。

二异丙醇胺 diisopropanolamine $[CH_3CH(OH)CH_2]_2NH$ 化学式 $C_6H_{15}NO_2$。又名 2,2'-二羟基二丙胺。常温下为白色结晶性固体,有氨的气味。相对密度 0.9890(45℃)。熔点 44~45℃,沸点 249~250℃,闪点 126℃,自燃点 374℃。蒸气与空气形成爆炸性混合物,爆炸极限 1.1%~5.4%。与水、乙醇混溶,溶于多数有机溶剂。用作天然气及炼厂气的酸性气体组分(CO_2、H_2S 等)的吸收剂、电泳涂料的中和剂、切削油及涂料等的乳化剂等,也用于制造洗涤剂、杀虫剂等。为制造异丙醇胺的联产物。

二级反应 second order reaction 反应速率与反应物浓度的二次方成正比的反应。也即在反应速率方程中反应物浓度的指数和等于 2。如乙酸乙酯的水解反应:$CH_3COOC_2H_5+H_2O{=\!=}CH_3COOH+C_2H_5OH$。当反应在稀溶液中进行时,反应前后水的浓度几乎不发生变化,反应表现为一级反应;如反应在浓溶液中进行,则酯和水的浓度变化对反应速率均有影响,此时反应表现为二级反应。二级反应最为常见,如乙烯、丙烯和异丁烯的二聚、酯类皂化、甲醛热分解等都是二级反应。

二环己胺 dicyclohexylamine

化学式 $C_{12}H_{23}N$。无色透明油状液体,有刺激性氨味。相对密度 0.9123。熔点 $-0.1℃$,沸点 $256℃$(分解),闪点 $99℃$,自燃点 $>230℃$。折射率 1.4842。蒸气相对密度 6.27,蒸气压 $4.51Pa(25℃)$。微溶于水,与乙醇、乙醚及苯等混溶。呈强碱性,能与各种酸反应生成盐。可燃。蒸气与空气能形成爆炸性混合物。毒性比环己胺强,对皮肤和黏膜有强刺激性,是一种致痉挛毒物。用于制造染料、橡胶硫化促进剂、硝化纤维素漆、杀虫剂,也用作萃取剂、气相缓蚀剂、酸性气体吸收剂等。由苯胺催化加氢制得。

二苯胺 diphenylamine

化学式 $C_{12}H_{11}N$。又名N-苯基苯胺。单斜晶系白色结晶,遇光变灰色或黄色。相对密度 1.16。熔点 $54\sim55℃$,沸点 $302℃$,闪点 $153℃$(闭杯),自燃点 $634℃$。难溶于水,溶于乙醇、丙酮、吡啶,易溶于乙醚、苯及无机酸。遇弱酸水解,遇强酸形成盐。高毒!中毒症状类似苯胺。对皮肤、黏膜有刺激性。用作烯烃、二烯烃及一些不饱和单体的阻聚剂,塑料及橡胶防老化剂,液体干燥剂。也用于制造抗氧剂、医药、染料等。可在催化剂存在下由苯胺缩合制得。

二苯醚 diphenyl ether

化学式 $C_{12}H_{10}O$。又名联苯醚。无色片状或针状结晶,熔点以上时为淡黄色油状液体。有桉叶油气味。相对密度 1.0863。熔点 $28℃$,沸点 $258.3℃$,闪点 $115℃$,燃点 $617.8℃$。折射率 $1.5780(27℃)$。蒸气相对密度 5.85,蒸气压 $2.7Pa$ $(25℃)$。爆炸极限 $0.8\%\sim1.5\%$。难溶于水,溶于乙醇、乙醚,易溶于苯。具有醚的性质,在碱性水溶液中较稳定。对热稳定,和联苯的混合物广泛用作热载体,在 $1MPa$ 压力下加热至 $400℃$ 不分解。也用于制造合成树脂及皂用香精。低毒!长期接触可引起皮炎。可在氧化铜催化下,由苯酚钠与氯苯反应制得。

二茂钴 bis(cyclopentadienyl)cobalt

化学式 $(C_5H_5)_2Co$,或 $C_{10}H_{10}Co$。又名双环戊二烯基钴。简称茂钴。一种茂金属配合物。紫黑色结晶。相对密度 1.49。熔点 $173\sim174℃$,在真空中 $40℃$ $(13Pa)$升华。溶于烃类溶剂,溶液呈深紫色。遇水反应生成二茂钴阴离子及氢气。对氧气敏感,易氧化成稳定的 $[(C_2H_5)_2Co]^+$ 阳离子。在空气中能自燃。一般在芳烃溶剂中保存。用作炔烃与腈反应合成吡啶类化合物的催化剂,也用作烯烃聚合反应抑制剂、硫化促进剂、油漆催干剂及氧气吸收剂等。

二茂铁 bis(cyclopentadienyl)iron

化学式$(C_5H_5)_2Fe$或$C_{10}H_{10}Fe$。一种茂金属配合物。为夹心金属化合物。橙黄色晶体（乙醇溶液中析出）。晶体中两个环戊二烯环呈交错结构。熔点173~174℃，沸点249℃。能升华。溶于乙醇、苯、乙醚，不溶于水。在煮沸的碱液或盐酸中不溶也不分解，加热至400℃以上仍稳定。耐紫外光作用。在空气中稳定。用作有机合成催化剂、紫外线吸收剂、硅橡胶硫化剂、火箭燃料添加剂。也用作汽油抗爆添加剂、柴油燃料消烟剂等。可由环戊二烯钠与氯化亚铁在四氢呋喃中反应制得。

二茂镍 bis(cyclopentadienyl)nickel

化学式$(C_2H_5)_2Ni$或$C_{10}H_{10}Ni$。又名双环戊二烯基镍。简称镍茂。一种茂金属配合物。深绿至暗绿色针状晶体（由石油醚析出）。相对密度1.47。熔点171~173℃（分解）。遇空气缓慢氧化。不溶于水，溶于有机溶剂。溶液对空气较敏感，在空气中会氧化为较不稳定的黄橙色阳离子$[(C_5H_5)_2Ni]^+$，故在惰性气体中储存。有毒！用作烃类精制催化剂、加氢催化剂、交叉偶联反应催化剂、自由基聚合反应抑制剂、硫化促进剂、燃料抗爆燃剂等。也用于制取高纯镍。由氯化镍与茂基钾在液氨中或与茂基钠在乙醚中反应制得。

2,6-二叔丁基对甲酚 2,6-di-tert-butyl-4-methylphenol 化学式$C_{15}H_{24}O$。

又名2,6-二叔丁基-4-甲基苯酚、抗氧剂264。一种受阻酚类抗氧剂。纯品为白色结晶粉末，工业品常因遇光氧化而呈淡黄色。相对密度1.048。熔点68~71℃，沸点257~265℃，闪点127℃。折射率1.4859（25℃）。不溶于水，溶于苯、丙二醇、油脂及稀碱溶液。呈弱酸性，与强碱可发生中和反应，生成酚盐。受撞击易爆炸。可燃。化学稳定性及抗氧化性好。毒性很低。用作塑料、合成橡胶、汽油、液压油、变压器油、透平油及不饱和脂肪酸涂料等的抗氧剂。可由甲酚及异丁烯经烷基化反应制得。

1,1-二叔丁基过氧化环己烷 1,1-di(tert-butyl peroxy)cyclohexane

化学式$C_{14}H_{28}O_4$。又名1,1-双（过氧化叔丁基）环己烷、引发剂DP-275B。无色液体。相对密度0.995。熔点-5℃，闪点70℃。分解温度153℃（半衰期1min）、97℃（半衰期10h）。不溶于水，溶于丙酮、苯等有机溶剂。遇高热、摩擦、震动或光照会发生剧烈分解，甚至爆炸。蒸气对呼吸道及眼睛有刺激性。

用作苯乙烯聚合、乙烯低压聚合的引发剂，硅橡胶、乙丙橡胶及不饱和聚酯等的交联剂。

2,6-二叔丁基苯酚　2,6-di-*tert*-butyl phenol

$$(CH_3)_3C \underset{}{\overset{OH}{\bigcirc}} C(CH_3)_3$$

化学式 $C_{14}H_{22}O$。无色至淡黄色棱柱状结晶。相对密度 0.914。熔点 36.9℃，沸点 250℃，闪点 98.9℃。折射率 1.5001(25℃)。不溶于水及稀碱液，溶于热乙醇、苯、丙酮等。可燃。粉体与空气可形成爆炸性混合物。可用作聚烯烃、天然或合成橡胶的抗氧剂，也用于制造各种受阻酚型抗氧剂、紫外线吸收剂、光稳定剂等。在三苯酚铝催化下，由苯酚与异丁烯反应制得。

1,1-二氟乙烯　1,1-difluoro ethylene $CH_2{=}CF_2$　化学式 $C_2H_2F_2$。又名偏氟乙烯。无色易燃气体，有轻微醚的气味。液体相对密度 0.815(0℃)。熔点 -144℃，沸点 -83℃。临界温度 30.1℃，临界压力 4.29MPa。蒸气与空气形成爆炸性混合物，爆炸极限 5.8%～20.3%。微溶于水，溶于乙醇、乙醚。能与溴、氯、次氯酸等发生加成反应。易自聚，可与六氟丙烯、三氟氯乙烯等共聚制成氟橡胶。用于制造聚偏氟乙烯树脂、氟塑料及含氟弹性体等。由 1,1-二氟乙烷与氯气混合后经热裂解脱氯化氢制得。

二段变换　two-stage shift conversion 指烃水蒸气转化制氢过程中，将一氧化碳转化为二氧化碳的中温（350～550℃）及低温(180～280℃)两段变换过程。中温变换（简称中变）为铁铬系催化剂，一般含 Fe_2O_3 80%～90%，含 Cr_2O_3 7%～11%，并含有 K_2O、MgO 及 Al_2O_3 等成分；低温变换（简称低变）为铜或硫化钴-硫化钼为主体的催化剂。

二氧化硫　sulfur dioxide　化学式 SO_2。又名亚硫酸酐。无色气体，具辛辣和窒息性臭味。于常压、-10℃或常温、0.405MPa 下，二氧化硫即可液化成无色液体。气体相对密度 2.358，液体相对密度 1.46(-10℃)。熔点 -72℃，沸点 -10℃。溶于水部分变成亚硫酸。也溶于乙醇、乙醚、氯仿及乙酸等。在催化剂存在下易被氧化成三氧化硫。加热到 2000℃ 不分解，不燃烧。为强还原剂。二氧化硫是大气中最常见的酸性污染物，一切含硫燃料（煤、焦炭、含硫石油等）燃烧都能产生二氧化硫。它在大气中可被自由基氧化成三氧化硫，再与溶于空气中的水分形成硫酸雾。硫酸雾可凝成大颗粒，形成硫酸雨。二氧化硫对呼吸道及黏膜有强刺激性。用于制造三氧化硫、硫酸、亚硫酸盐、硫代硫酸盐、保险粉、合成洗涤剂等。也用作冷冻剂、防腐剂、漂白剂等。液体二氧化硫也用于油品（汽油、柴油等）低温精制。可由焙烧黄铁矿或硫黄等矿石而得。

二氧化氯　chlorine dioxide　化学式 ClO_2。又名过氧化氯。常温下为黄绿色气体，有刺激性气味。温度低于 10℃

时为红褐色液体,低于－59℃时为橙黄色固体。气体相对密度 3.09(11℃),液体相对密度 1.642(0℃)。熔点－59℃,沸点 10℃。易溶于水,溶于冰乙酸及四氯化碳。为强氧化剂,氧化能力为氯的 2.6 倍。遇撞击或与有机物、可燃物接触易发生爆炸。腐蚀性极强。毒性与氯气相似,吸入高浓度气体会侵入中枢神经使人致死。不燃,可助燃。通常用惰性溶剂吸收,制成饱和溶液,即二氧化氯水溶液。用作氧化剂、漂白剂、消毒剂、脱臭剂等。可在硫酸介质中,用二氧化硫或甲醇还原氯酸钠制得。

二氧化氮 nitrogen dioxide 化学式 NO_2。红褐色气体,具有刺激性臭味。常温下与四氧化二氮(N_2O_4)混合而存在,高温时即成二氧化氮。相对密度 1.446。熔点－9.3℃,沸点 21℃。溶于水而生成亚硝酸及硝酸,溶于浓硝酸时生成发烟硝酸。也溶于液碱、二硫化碳及氯仿。有很强的氧化作用,能与许多有机化合物起激烈反应。遇衣物、锯末及可燃物可引起燃烧。吸入二氧化氮可出现鼻、喉疼痛及胸部有灼热感。是污染大气的氮氧化物的主要有毒成分。它来自汽车排放尾气、含硝酸盐催化剂及催化剂载体焙烧产生的废气,以及石化燃料燃烧、硝酸厂排出的废气等。可用作亚硝基法制硫酸的催化剂。可由浓硝酸与铜屑反应而得。

二氧化碳 carbon dioxide 化学式 CO_2。又名碳酸气、碳酸酐。常温常压下为无色、无臭气体,略有酸味。既无可燃性也无助燃性。加压易被液化成液体二氧化碳,也可压缩、冷却成白色固体(干冰)。气体密度 1.977g/L,液体密度 0.9295g/cm³($0℃$)。熔点－56.6℃($5.27 \times 10^5 Pa$),沸点－78.5℃。易溶于水成碳酸,溶于甲醇、乙醇、苯等。大量用于制造纯碱、小苏打、铅白、尿素和碳酸氢铵等,还可用作试剂、灭火剂、保鲜制冷剂等,也可用于制造饮料。可由煅烧石灰石制得,或由葡萄糖等发酵的副产物而得。二氧化碳也是大气中主要的温室气体。它来自化石燃料及木材等有机物的燃烧,人类及动植物的呼吸排放,以及大气中各种含碳物质的光化学氧化。由于二氧化碳能吸收地面的长波辐射,对地球起到保温作用,故由二氧化碳带来的全球气候变化问题已促使世界各国联合起来制定条约削减二氧化碳的排放。

二氧化碳灭火器 CO_2 fire extinguisher 利用充装于器内的液态二氧化碳的蒸气压将二氧化碳喷出而灭火。其充装量一般有 2kg、3kg、5kg、7kg 等四种手提式规格和 20kg、25kg 两种推车式规格。二氧化碳灭火器适用于扑救600V 以下的带电电器,贵重设备、仪器仪表、图书资料等的初起火灾,以及一般可燃液体的火灾。

二烯烃 alkadiene 分子中含两个双键的链状或环状的烃。按两个双键相对位置的不同分为:①累积二烯烃。两个双键连接在同一碳原子上,如丙二烯(CH_2=C=CH_2)。②共轭二烯烃。两个双键被一个单键隔开，如1,3-丁二烯（CH_2＝CH—CH＝CH_2）。③孤立二烯烃。两个双键被两个以上单键隔开，如1,4-己二烯（CH_3—CH＝CH_2—CH_2—CH—CH_2）。与单烯烃相似，二烯烃也易起加成及聚合反应。

二烯值 diene number 表示试样中共轭双键含量的数值。取试样100g与马来酸酐反应，将所耗马来酸酐量表示为等摩尔的碘量，以克碘每百克试样表示。

二烯聚合 diene polymerization 常指带有共轭双键的烯烃的聚合，如丙二烯、丁二烯、异戊二烯等的聚合。丁二烯及异戊二烯聚合分别可制得顺丁橡胶及异戊橡胶等。

二烷基二苯胺 dialkyldiphenylamine

R—〈 〉—NH—〈 〉—R 一种无灰型抗氧剂。浅黄色透明液体。相对密度0.945～0.995。闪点＞180℃。运动黏度100～350mm^2/s（40℃）。总碱值152～172mgKOH/g，具有优良的高温抗氧性及油溶性。用于调制高档通用内燃机油、导热油、透平油、液压油及润滑脂等，添加量0.25％～0.5％。由二苯胺与烯烃经烷基化反应制得。

二烷基二硫代磷酸锑 antimony dialkyl dithiophosphate 一种发动机润滑油极压抗磨剂及抗氧剂。琥珀色液体。相对密度1.03～1.20。闪点＞150℃。锑含量＞7.0％。具有良好的热稳定性，在各类基础油中均有良好的溶解性，并有良好的极压抗磨性及抗氧性能。用于调制曲轴箱油、汽车及工业齿轮油、液压油及润滑脂等。可由五硫化二磷硫磷化后与锑的氧化物进行金属化而制得。

2,4-二硝基苯胺 2,4-dinitroaniline 化学式$C_6H_5N_3O_4$。黄色针状结晶。相对密度1.615(14℃)。熔点187～188℃，闪点223.9℃。不溶于水，微溶于乙醇，溶于苯及酸溶液。具氧化性。受热释出有毒气体，急剧受热会发生剧烈分解，甚至爆炸，剧毒！对皮肤、黏膜有强刺激性，可经皮肤吸收而引发皮炎及发绀，并可能引起高铁血红蛋白血症。用于制造染料、有机颜料、农药、防腐剂，也用作印刷油墨的调色剂。由2,4-二硝基氯苯加压氨解制得。

2,4-二硝基苯酚 2,4-dinitrophenol 化学式$C_6H_4N_2O_5$。浅黄色至黄色针状或片状结晶。相对密度1.683（24℃）。熔点113～116℃。蒸气相对密度6.35。能随水蒸气挥发，缓慢加热时升华。不溶于冷水，稍溶于乙醇，溶于丙酮、乙酸乙酯及碱溶液。含水量小于15％时易爆炸。属剧毒化学品，可经皮肤、呼吸道及胃肠道吸收而中毒，皮肤反复接触可使皮肤染黄，引起湿疹样皮炎。用作苯乙烯阻聚剂，也用于制造苦味酸、染料及杀虫剂等。由2,4-二硝基氯苯在碱性溶液中水解而得。

2,4-二硝基氯苯　2,4-dinitrochloro-benzene　化学式 $C_6H_3ClN_2O_4$。又名1-氯-2,4-二硝基苯。淡黄色针状结晶，有苦杏仁味。存在 α、β、γ 三种异构体。其中，β、γ 为不稳定型，α 为稳定型。相对密度 1.697（22℃）。熔点 52~54℃，沸点 315℃，闪点 194.5℃。折射率 1.5857（60℃）。蒸气与空气形成爆炸性混合物，爆炸极限 2%~22%。难溶于水，溶于热乙醇、乙醚及苯等。受热剧烈分解，甚至爆炸。剧毒！对皮肤有强刺激性及高度致敏性，可经皮肤及呼吸道吸收，产生高铁血红蛋白血症。用于制造有机染料、农药、糖精、苦味酸、二硝基苯胺等。由氯苯用硫酸及硝酸混酸硝化后，经分离制得。

二硫化物　disulfide　含—S—S—键的有机化合物。为不溶于水、能与烃类互溶的无色无臭液体。石油中的二硫化物含量显著少于硫醚，一般不超过全部含硫化合物的 10%，主要集中于较轻的馏分中。其性质与硫醚相似。无腐蚀性，但对汽油感铅性有不良影响。

二硫化钼　molybdenum disulfide　化学式 MoS_2。有金属光泽的灰黑色粉末，触之有滑腻感。相对密度 4.80（14℃）。熔点 1185℃。高于 1300℃ 时分解。不溶于水、稀酸及有机溶剂，溶于浓硫酸、王水。热稳定性好，在常态下于 400℃ 开始氧化，540℃ 急剧氧化成三氧化钼。能形成化学和热稳定的薄膜，沿水平方向滑动而分层，可用作固体润滑剂及润滑剂的组分。摩擦系数随水分增加而增大，空气中加热超过 350℃ 时，因发生分解而失去润滑性。大量用作机械设备的固体润滑剂，也用作金属脱模剂，管道及塔釜的防腐剂、氢化催化剂等。可由硫或硫化氢与三氧化钼作用制得。

二硫化碳　carbon disulfide　化学式 CS_2。无色或微黄色透明液体。纯品有甜味及乙醚臭味，含杂质时有恶臭气味。易燃。相对密度 1.3506。熔点 −111.6℃，沸点 46.2℃。蒸气与空气形成爆炸性混合物，爆炸极限 1.3%~50%。微溶于水，能与乙醇、乙醚、苯、氯仿等混溶，也能溶解油脂、蜡、沥青、橡胶及硫、磷、碘等。在空气中会逐渐氧化而呈黄色，并产生臭味。受日光作用会发生分解。蒸气有麻醉性，对眼睛、皮肤、黏膜有强刺激作用。用于制造黏胶纤维、玻璃纸及四氯化碳等，也用作溶剂、加氢催化剂的预硫化剂、去脂剂、脱漆剂、农用杀虫剂及航空煤油的抗烧蚀添加剂等。可由木炭与硫黄反应制得，或以天然气为原料与气相硫反应制得。

1,1-二氯乙烯　1,1-dichloroethylene　$CH_2{=}CCl_2$　化学式 $C_2H_2Cl_2$。又名偏二氯乙烯。无色透明液体。有类似氯仿气味，易挥发。相对密度 1.2129。熔点 −122.5℃，沸点 31.7℃，闪点 −15℃，燃点 513℃。折射率 1.4247。爆炸极限 7.3%~16.0%。不溶于水，

溶于乙醇、乙醚等溶剂。化学性质活泼。在空气中易与氧发生自氧化反应，生成有爆炸性的过氧化物。储存时要加入少量对苯二酚或酚类作稳定剂。易聚合，也可与丙烯腈、氯乙烯等共聚。用于制造偏氯乙烯树脂、1,1,1-三氯乙烷等，也用作溶剂及石油脱蜡剂。由乙炔与氯经加成反应制得。

1,2-二氯乙烯　1,2-dichloroethylene　CHCl=CHCl　化学式 $C_2H_2Cl_2$。又名均二氯乙烯。无色液体，有类似氯仿样气味。有顺式及反式两种异构体。顺式：相对密度 1.2837、熔点-80℃、沸点60.63℃、折射率 1.4490、闪点 3.9℃（闭杯）；反式：相对密度 1.2547、熔点-49.8℃、沸点 47.67℃、折射率 1.4462、闪点 3.9℃。顺式及反式的蒸气均能与空气形成爆炸性混合物，爆炸极限 9.7%～12.8%。微溶于水，与乙醇、乙醚等多数有机溶剂混溶，也能溶解油脂、树脂、橡胶等。常加入少量酚类作稳定剂。主要用作脂、蜡等的溶剂、萃取剂、制冷剂等，也用于与其他单体制造共聚树脂。由 1,1,2-二氯乙烷催化脱氢可制得顺式及反式两种异构体。

1,2-二氯乙烷　1,2-dichloroethane　CH_2ClCH_2Cl　化学式 $C_2H_4Cl_2$。无色透明油状液体，有类似氯仿的气味，味甜。密度 $1.2569g/cm^3$。熔点-35.3℃、沸点83.5℃。蒸气相对密度 3.35。蒸气与空气形成爆炸性混合物，爆炸极限6.2%～15.6%。自燃点413℃。微溶

于水，能与乙醇、乙醚、氯仿、四氯化碳等混溶，能溶解油脂、蜡、天然树脂等。常温时稳定，在空气中光照下会缓慢分解，颜色变深，酸度增加。加入少量烷基胺可防止分解。高温时裂解生成氯乙烯及氯化氢。干燥时对金属无腐蚀性，微量水存在时，因释出氯化氢而腐蚀金属。有毒！有麻醉性，对眼睛及呼吸道有刺激作用，皮肤接触可引起皮炎、皮肤干燥及脱屑等。国际癌症研究中心将其定为人类可疑致癌物。主要用于制造氯乙烯、乙二胺。也用于调制乙基液，以及用作溶剂、萃取剂、脱脂剂、谷物熏蒸剂等。可由乙烯与氯气直接合成，或由乙烯、氯化氢、氧气经氧氯化反应制得。

二氯乙烷裂解　ethylene dichloride pyrolysis　指 1,2-二氯乙烷在高温下脱去氯化氢生成氯乙烯的过程。裂解在管式炉中进行。炉体由对流段和辐射段组成。在对流段设置原料二氯乙烷的预热管，反应管设置在辐射段。二氯乙烷经预热后进入反应管，在一定压力下升温至 500～550℃，进行裂解反应生成氯乙烯及氯化氢。从化学平衡角度讲提高压力不利于分解反应进行，但在实际生产中常采用加压操作。原因是为维持适宜的空速，避免局部过热及积炭。目前生产中有低压法（约0.6MPa）、中压法（1 MPa）及高压法（大于 1.5MPa）等几种。

2,2′-二氯乙醚　2,2′-dichlorodiethyl-ether　$ClCH_2CH_2OCH_2CH_2Cl$　化学

式 $C_4H_8Cl_2O$。无色液体，有刺激性气味。相对密度1.22。熔点－50℃，沸点178℃，闪点55℃。折射率1.4570。不溶于水，溶于醇、醚、酮、酯等有机溶剂。蒸气有毒！用作脂肪、油、蜡、树脂及橡胶等的溶剂，也用作干洗剂及用于制造涂料。由乙醚氯化或氯乙醇脱水制得。

1,2-二氯丙烷 1,2-dichloropropane $CH_2ClCHClCH_3$ 化学式 $C_3H_6Cl_2$。又名二氯化丙烯。无色液体，有类似氯仿气味。相对密度1.156。熔点－100.4℃，沸点96.4℃，闪点4℃。折射率1.4394。蒸气相对密度3.9，蒸气压5.33kPa(19.4℃)。蒸气与空气形成爆炸性混合物，爆炸极限3.4%～14.5%。不溶于水，溶于多数有机溶剂。用作脂肪、油、蜡、树脂及树胶等的溶剂，也用作防霉剂、杀菌剂及有机合成中间体。由氯气与丙烯反应制得。

二氯甲烷 dichloromethane 化学式 CH_2Cl_2。无色透明液体，有类似醚的刺激性气味，易挥发。是惟一不燃性低沸点溶剂。相对密度1.326。熔点－95.1℃，沸点39.75℃。折射率1.4244。临界温度237℃，临界压力6.10MPa。蒸气相对密度2.93，蒸气压57.96kPa(25℃)。爆炸极限14%～25%。微溶于水，与水、乙醇、丙酮、乙醚、苯等混溶。能溶解油脂、树脂、橡胶、纤维素。低毒！有麻醉作用，高浓度时对呼吸道有刺激性。除用作有机合成外，可替代易燃的石油醚和乙醚，用作脂肪和油的萃取剂，也用作溶剂、冷冻剂、麻醉剂、灭火剂等。可由氯甲烷高温氯化制得。

二氯异丙醚 dichloroisopropyl ether $[ClCH_2CH]_2O$（CH₃）化学式 $C_6H_{12}Cl_2O$。无色液体。相对密度1.114。熔点－96.8～－101.8℃，沸点187℃，闪点85℃。蒸气压74.65Pa(20℃)。微溶于水，与乙醇、乙醚、苯等多数有机溶剂混溶，也能溶解蜡、油类及润滑脂。可燃。蒸气与空气能形成爆炸性混合物。在空气中会缓慢氧化形成极不稳定的有机过氧化物。受热受撞击会引起爆炸。蒸气对眼睛及呼吸道有刺激作用。用作溶剂、脱漆剂、萃取剂及去垢剂等。可由丙烯与次氯酸反应，再经脱水制得。

二噁烷 dioxane 化学式 $C_4H_8O_2$。又名二氧六环、二氧杂环己烷。无色液体。相对密度1.0338。熔点11.8℃，沸点101.3℃，闪点15.6℃。蒸气与空气形成爆炸性混合物，爆炸极限1.97%～22.5%。与水及多数有机溶剂混溶，能溶解天然树脂、虫胶、乙基纤维素、氯化橡胶等。有毒！毒性比乙醚强2～3倍。化学性质与一般的饱和醚相似。在空气中氧的作用下，会形成爆炸性过氧化物。用于制造药物，农药、增塑剂及油漆等，也用作溶剂、防腐剂、脱漆剂等。由乙二醇与硫酸共热后脱水制得。

二聚作用 dimerization 又称二聚

化反应,即两个单体相连接而成二聚体的反应。如在催化剂存在下,由丙烯或丁烯经二聚生成异庚烯及辛烯等的反应。

二聚体 dimer 由两个单体聚合反应得到的聚合物。如由两个丙烯分子聚合成的丙烯二聚物。根据所使用催化剂的不同,可选择性地合成链状二聚体及环状二聚体。

十一集总 eleven lumping 一种集总方法。即先将复杂的裂化原料油先分为重原料油($>340℃$)及轻原料油($221\sim340℃$)两个馏分,再将轻原料油馏分为烷烃、环烷烃、芳环、芳环取代基团四个集总,将重原料油馏分为烷烃、环烷烃、两环以下芳环、三环以上芳环和芳环取代基团五个集总,最后将产品分为汽油和气体加焦炭两个集总,这样将裂化原料和产品共分为十一集总,并将十一集总组分所进行的动力学研究称为十一集总催化裂化反应动力学模型。参见"集总动力学模型"。

10-十一碳烯酸 10-undecenoic acid $CH_2=CH(CH_2)_8COOH$ 化学式 $C_{11}H_{20}O_2$。又名10-十一烯酸。无色至浅黄色油状液体或无色至乳白色片状结晶。相对密度 $0.9075(25℃)$。熔点 $24.5℃$,沸点 $275℃$(分解),闪点 $148℃$。折射率 1.4464。微溶于水,与乙醇、乙醚、苯、氯仿及丙酮等混溶。用于制造增塑剂、表面活性剂、香料,也用作抗菌剂。可由蓖麻油与甲醇经酯交换反应所得蓖麻油酸甲酯,经高温裂解后分离而得。

1-十二烯 1-dodecene $CH_2=CH(CH_2)_9CH_3$ 化学式 $C_{12}H_{24}$。又名1-十二碳烯。无色可燃液体。相对密度 0.7584。熔点 $-35.2℃$,沸点 $213.8℃$。折射率 1.4300。不溶于水,溶于醇、醚、酮及烃类溶剂。有刺激性及麻醉性。具有烯属烃的性质。用于制造十二烷基苯、十二烯基丁二酸及增塑剂、医药、树脂等。可在催化剂存在下由丙烯四聚制得。

十二烷基苯 dodecylbenzene $CH_2(CH_2)_{10}CH_3$ 化学式 $C_{18}H_{30}$,又名1-苯基十二烷。无色或微黄色透明液体。相对密度 0.856。熔点 $3℃$,沸点 $331℃$,闪点 $140.5℃$。折射率 1.4824。蒸气相对密度 8.47。不溶于水,易溶于石油醚及烃类溶剂。苯环上可发生卤化、硝化、烷基化等反应,易与发烟硫酸或三氧化硫发生磺化反应,生成十二烷基苯磺酸。易燃。蒸气与空气能形成爆炸性混合物。吸入高浓度蒸气刺激中枢神经,皮肤反复接触会引起脱脂性皮炎。用于制造表面活性剂,合成洗涤剂等。可由1-十二烯与苯在氟化氢催化下制得,或由正卤代烷与苯在三氯化铝催化下反应制得。

十二烷基苯磺酸 dodecyl benzene sulfonic acid $C_{12}H_{25}$——————SO_3H 化学式 $C_{18}H_{30}SO_3$,一种阴离子表面活

性剂。淡黄色至棕色黏稠液体。相对密度 1.050。黏度 1900mPa·s。沸点 >204℃。溶于水,微溶于苯、二甲苯,易溶于甲醇、乙醇、乙醚等有机溶剂。对眼睛,皮肤有刺激作用及腐蚀性。具有乳化、去污、分散等作用。主要用于制造阴离子表面活性剂烷基苯磺酸的钠盐、钙盐及铵盐等。也用作氨基烘漆的固化催化剂。由十二烷基苯与发烟硫酸经磺化反应制得。

十二烷基苯磺酸钠 sodium dodecyl benzene sulfonate $C_{12}H_{25}$—⬡—SO_3Na 化学式 $C_{18}H_{29}O_3SNa$。一种烷基苯磺酸盐阴离子型表面活性剂。白色粉末。表观密度 0.5~0.65g/cm³。熔点 5℃,浊点(1%水溶液)0℃。易溶于水,具有良好的去污、洗涤、发泡能力。是合成洗涤剂工业中产量最大、用途最广的表面活性剂,大量用于民用洗衣粉中。也用作金属脱脂剂、乳化剂、分散剂、渗透剂、防结块剂及染色助剂等。其特点是洗涤废液排出后可经生物降解而消失。由直链烷基苯经三氧化硫或浓硫酸磺化、氢氧化钠中和而制得。

十六烷 cetane $CH_3(CH_2)_{14}CH_3$ 化学式 $C_{16}H_{34}$。又称鲸蜡烷。无色液体,低温时为无色叶状固体。相对密度 0.7733。熔点 18.1℃,沸点 286.5℃。折射率 1.4345。不溶于水,溶于乙醇、乙醚、丙酮。用作有机合成中间体、溶剂及气相色谱固定液。也是测定柴油十六烷值的标准燃料之一。

可由鲸蜡经水解、催化加氢制得。

十六烷值 cetane number 简称 CN。是表示柴油在发动机中发火性能的一个约定量值。在规定条件下的标准发动机试验中,通过和标准燃料进行比较来测定,采用和被测定燃料具有相同发火滞后期的标准燃料中十六烷的体积百分数表示。柴油的十六烷值主要决定于其化学成分,以烷烃的十六烷值最高,芳烃的十六烷值最低,环烷烃介于烷烃及芳烃之间。在一定程度上,柴油的十六烷值越高,则发火延迟时间越短,柴油自燃温度越低,燃烧性能也越好,发动机容易发动而且工作平稳。但柴油十六烷值过高,也会使燃烧不完全而发生冒烟现象,污染大气,并使耗油量增大。而十六烷值如低于使用要求,会使燃烧延迟和不完全,以致发生爆震现象,降低发动机功率。一般转速为 1000~1500r/min 的柴油机,其所用柴油的十六烷值为 40~45,转速高于 1500r/min 时,要求柴油的十六烷值为 45~60。加入少量十六烷值改进剂可提高柴油的十六烷值。

十六烷值改进剂 cetane number improver 用以提高柴油的十六烷值,从而改善其着火性能的添加剂。为极易分解成自由基以引发连锁反应而缩短柴油着火延迟期的物质。可显著降低氧化反应开始的温度,扩大燃烧前阶段的反应范围和降低燃烧温度。十六烷值改进剂种类很多,如不饱和脂肪烃类(丙烯、丁二烯)、含氧有机化合物、金属化合物(如硝酸钡、二氧化锰)、硝酸酯及硝基化合物等,但实际广泛应用的主要是硝酸戊酯、硝酸异戊酯、硝酸异辛酯及二硝基丙烷等。

十六烷值指数 cetane number index 简称CNI。又称计算十六烷值。柴油的十六烷值实测结果虽然十分可靠,但测定装置及测定方法均较复杂。试验证明柴油的十六烷值与柴油的化学组成密切相关,并总结出用柴油的相对密度和50%馏出温度来计算十六烷值的方法。为与实测十六烷值相区别,将计算所得的十六烷值称为十六烷值指数,计算公式为:

$$CNI=162.41(\frac{\lg T_{50}}{\rho_{20}})-418.51$$

式中 T_{50}—试验柴油50%馏出温度,℃

ρ_{20}—试验柴油20℃时的相对密度。

柴油十六烷值计算法适用于直馏或催化裂化柴油或两者混合物,不适用于加有提高十六烷值添加剂的柴油、合成烃燃料、烷基化合物或煤焦油等产品。柴油十六烷值还有其他一些算法。无论何种算法都不能完全代替实验机测得的十六烷值,计算值只是作为一个大概值。当发生争议时,应以实测十六烷值为准。

十六烷值测定 cetane number test 是在规定条件下,用标准单缸试验机测定柴油试样的发火性能,并与标准燃料(指用不同体积的正十六烷和α-甲基萘

配合而成的一系列标准燃料)的发火性能相比较。由于正十六烷的自燃点低、发火性能好,人为规定它的十六烷值为100,而纯α-甲基萘的自燃点高,发火性能很差,人为规定其十六烷值为零。当柴油试样的发火性与某一体积比的标准燃料发火性相等时,则标准燃料中的十六烷值所占的体积百分数,即为柴油试样的十六烷值。目前用七甲基壬烷(十六烷值为15)来替代纯α-甲基萘,用其与正十六烷按不同体积比配制成的混合物,作为标准燃料来测定柴油的十六烷值。

十氢化萘 decalin 化学式 $C_{10}H_{18}$。又称萘烷。无色液体,稍有薄荷醇气味。有顺式及反式两种异构体。以反式异构体为稳定。顺式十氢化萘:相对密度0.8963,熔点-43.3℃,沸点195.8℃,折射率1.4811;反式十氢化萘:相对密度0.8699,熔点-30.4℃,沸点187.3℃,折射率1.4696。不溶于水,溶于甲醇、乙醇、氯仿、乙醚。工业品常为顺、反异构体的混合物。用作萘、脂芳、油类、石蜡及树脂等的溶剂,也用于制造鞋油、地板蜡等。可由萘经催化饱和加氢制得。

1,3-丁二烯 1,3-butadiene $CH_2=CHCH=CH_2$ 化学式 C_4H_6。略带芳香气味的无色可燃性气体。易液化。气体相对密度1.87,液体相对密度0.6211。熔点-108.9℃,沸点-4.45℃。临界温度161.8℃,临界压力4.26MPa。蒸气与空气形成爆炸性

混合物,爆炸极限 $2.16\% \sim 11.47\%$。不溶于水,易溶于乙醇、乙醚、苯、氯仿、丙酮等。化学性质活泼。能与卤素或卤化氢加成生成二氯丁烯。在催化剂作用下可进行烷基化、羰基化、氧化及聚合等反应。在氧气存在下易聚合。工业品含有 0.02% 的对叔丁基邻苯二酚阻聚剂。高浓度时有麻醉作用。是合成橡胶及合成树脂的重要单体,主要用于生产氯丁橡胶、顺丁橡胶、丁苯橡胶及 ABS 树脂等。也用于生产丁二腈、己二腈、苯二甲醇及涂料。可由轻柴油裂解副产物碳四馏分中提取,或由丁烯氧化脱氢制得。

1,4-丁二胺　1,4-butaunediamine　$H_2N(CH_2)_4NH_2$　化学式 $C_4H_{12}N_2$。又名 1,4-二氨基丁烷。无色透明液体或固体。相对密度 0.877。熔点 27℃,沸点 158℃。折射率 1.4569。溶于水、乙醇、乙醚,水溶液呈碱性。可与无机酸或有机酸反应生成盐。可燃。蒸气对眼睛、黏膜及皮肤有刺激性。与己二酸反应可制得尼龙-46,也用于制造医药等。可由丁腈催化加氢或丁二酸催化氨化制得。

丁二腈　butanedinitrile　$NCCH_2CH_2CN$　化学式 $C_4H_4N_2$。又名琥珀腈。无色蜡状结晶。相对密度 0.987(60℃)。熔点 57.8℃,沸点 267℃,闪点 132℃。折射率 1.4173(60℃)。蒸气相对密度 2.1,蒸气压 0.267kPa(25℃)。溶于水,易溶于乙醇、乙醚,微溶于己烷、二硫化碳。在酸

存在下,易水解生成丁二酸,还原生成丁二胺。可燃。剧毒! 有类似氰化物的中毒作用。可用作石油馏分中抽提芳烃的溶剂、矿物浮选剂及制造聚酰胺-4等。可在碱性条件下,由丙烯腈与氢氰酸反应而得。

丁二醇　butanediol　化学式 $C_4H_{10}O_2$。有 1,2-丁二醇,1,3-丁二醇,1,4-丁二醇及 2,3-丁二醇四种异构体,而以 1,4-丁二醇应用最广。用作溶剂及制造合成树脂、增塑剂等。

1,4-丁二醇　1,4-butanediol　$HOCH_2CH_2CH_2CH_2OH$　化学式 $C_4H_{10}O_2$。又名 1,4-二羟基丁烷。无色黏稠状液体。相对密度 1.069。熔点 20.1℃,沸点 229℃,闪点 >121℃。折射率 1.4461。与水、乙醇、丙酮混溶。难溶于苯、乙醚、环己烷及卤代烃等。具有饱和二元醇的化学性质。与稀硝酸反应可生成丁二酸,在催化剂存在下,脱水生成醚,与二异氰酸酯反应生成聚氨酯,与二元羧酸反应生成聚酯树脂。在丁二醇的四种异构件中,它是毒性最大的。对金属无腐蚀性。用于制造四氢呋喃、γ-丁内酯、N-甲基吡咯烷酮、聚氨基甲酸酯等,也用作溶剂、明胶软化剂。可由乙炔与甲醛催化加氢制得,或由丁炔二醇或顺酐加氢而得。

γ-丁内酯　γ-butyrolactone　$CH_2CH_2CH_2CO$ 或 化学式 $C_4H_6O_2$。又名 γ-羟基丁酸内酯。无色透明油状液体,有类似丙酮气味。天然

存在于炒榛子、咖啡中。相对密度1.129。熔点－44℃,沸点204℃,闪点98℃,燃点455℃。折射率1.4348。与水混溶。溶于多数有机溶剂。遇热分解。在热碱溶液中易水解。水解是可逆的,当pH值等于7时,又生成内酯。化学性质活泼,可进行卤代、酯化、缩合、羰基化及开环等反应。可燃。低毒! 对金属无腐蚀性。用于制造2-吡咯烷酮、N-乙烯基吡咯烷酮、丁酸等,也是优良溶剂及分散剂。由1,4-丁二醇催化脱氢或顺酐催化加氢制得。

丁、辛醇合成 butanol-octanol synthesis 又称丁醇-辛醇合成。一种由丙烯、一氧化碳及氢在羰基钴或羰基铑催化剂作用下生成正丁醛及异丁醛,再经催化加氢生成丁醇、辛醇的反应过程。工业上有高压法(以羰基钴为催化剂)及低压法(铑催化剂)两种。由于丁醇及辛醇(2-乙基己醇)可在同一装置中用羰基合成法生产,故习惯称为丁、辛醇。

丁苯胶乳 styrene-butadiene rubber latex 丁二烯与苯乙烯经乳液聚合制得的合成胶乳。按结合苯乙烯含量可分为高聚苯乙烯及低聚苯乙烯胶乳;按胶乳的总固含量可分为高固胶乳(总固含量63%～69%)、中固胶乳(总固含量40%～50%)及一般胶乳(总固含量30%～35%)。不同品种的胶乳其性能及用途也不同,主要用作纸张加工、纤维加工、地毯背衬及建筑材料的胶黏剂,也用于涂料制品。

丁苯橡胶 styrene-butadiene rubber 是以丁二烯与苯乙烯为单体,在催化剂作用下,在乳液或溶液中共聚制得的高分子弹性体。按聚合条件不同,可分为高温共聚丁苯橡胶、低温共聚丁苯橡胶、充油丁苯母炼胶、充炭黑丁苯母炼胶、充油充炭黑丁苯母炼胶、溶聚丁苯橡胶、醇烯橡胶等。丁苯橡胶是不饱和的非极性碳链橡胶,与天然橡胶同属一类。丁苯橡胶的耐磨性能、耐龟裂性能优于天然橡胶,耐溶剂性能及电性能与天然橡胶相近,但弹性不如天然橡胶。主要用于轮胎工业,如制造轿车胎、小型拖拉机胎及摩托车胎,也用于运输带的覆盖胶及制作输水胶管、胶鞋大底、胶辊、防水橡胶制品等。

丁胺 n-butylamine $CH_3$$(CH_2)_3NH_2$ 化学式$C_4H_{11}N$。又名正丁胺,1-氨基丁烷。无色透明易挥发液体,有刺激性气味。可燃。相对密度0.7392。熔点－50.5℃,沸点77℃,闪点－14℃,燃点312.2℃。蒸气与空气形成爆炸性混合物,爆炸极限1.7%～9.8%。与水、乙醇、乙醚及脂肪烃类相混溶。有强碱性及腐蚀性,对皮肤、眼睛及黏膜有刺激性。用于制造染料、农药、医药等,也用作汽油抗氧剂、橡胶硫化剂及乳化剂等。由丁醇与氨气反应制得。

丁基橡胶 butyl rubber 又称异丁橡胶。由异丁烯与少量异戊二烯共聚制得的合成橡胶。异戊二烯含量一般为1.5%～4.5%。外观为黄白色黏弹性固体,有冷流性。相对密度0.92。玻

璃化温度－67～－69℃。具有良好的化学稳定性、耐水性、绝缘性、阻尼性，但弹性较差。在通用橡胶中，丁基橡胶有最好的气密性，即有很小的气体渗透率。主要用于轮胎业，特别适用于作内胎、胶囊、气密层、胎侧以及胶管、防水建材、防腐制品、电气制品及耐热传送带等。

丁烯 butene 化学式 C_4H_8。一种四碳烃。呈气态，可燃，易液化。大量来自炼油厂的副产物和丁烷、粗汽油或柴油等各种裂解过程。有 1-丁烯、顺-2-丁烯、反-2-丁烯及异丁烯四种异构体。用于生产各种化工原料及化学中间体，如仲丁醇、乙酸、甲乙酮、顺酐、甲基丙烯酸等。

1-丁烯 1-butene $CH_3CH_2CH=CH_2$ 化学式 C_4H_8。双键在链端的丁烯。常温下为无色可燃性气体。易液化。气体相对密度 2.582，液体相对密度 0.5951。熔点－185.35℃，沸点－6.26℃，闪点－80℃，燃点 440℃。临界温度 146.4℃，临界压力 4.02MPa。蒸气与空气形成爆炸性混合物，爆炸极限 1.6％～10％。不溶于水，易溶于乙醇、乙醚。主要用作线型低密度聚乙烯的共聚单体，也用于制造丁二烯、仲丁醇、异辛烷、顺酐、甲乙酮等。可从石油裂解气碳四馏分中分离而得，实验室可由正丁醇脱水制得。

2-丁烯 2-butene $CH_3—CH=CH—CH_3$ 化学式 C_4H_8。双键在中间的丁烯。有顺-2-丁

烯（

）及反-2-丁烯

（

）两种异构体。分别参见"顺-2-丁烯"及"反-2-丁烯"。

2-丁烯-1,4-二醇 2-butene-1,4-diol $HOCH_2CH=CHCH_2OH$ 化学式 $C_4H_8O_2$。又名 1,4-丁烯二醇。无色黏稠状液体，可燃。有顺、反两种异构体，常见者为顺式体。相对密度 1.080（顺）、1.070（反）。熔点 11.77℃（顺）、25.5℃（反），沸点 235℃（顺）、235～238℃（反）。折射率 1.4716（顺）、1.4755（反）。与水、乙醇、丙酮、乙醚等混溶，难溶于苯、卤代烃及低级脂肪烃。具有一般烯烃及伯醇的性质，能进行加成、取代、异构化、酯化及环化等反应。尤以顺式异构体反应性强。加热至165℃以上时脱水而逐渐聚合。低毒！对皮肤有刺激性。用作醇酸树脂增塑剂、合成树脂交联剂，也用于制造尼龙、医药、农药等。由丁炔二醇催化加氢制得。

丁烯酸 butenoic acid $CH_3CH=CHCOOH$ 化学式 $C_4H_6O_2$。又名巴豆酸。丁烯酸有三种异构体（巴豆酸、异巴豆酸及 3-丁烯酸），而以巴豆酸性质稳定，也最为重要。巴豆酸为无色针状结晶。相对密度 1.018（15℃）。熔点 71.4～71.7℃，沸点 185℃，闪点87.8℃。折射率 1.4228（80℃）。易溶于温水，水溶液呈酸性。也溶于乙醇、

乙醚、丙酮及甲苯。分子结构中含烯键及羧基,反应性很强,能进行聚合、卤化、酯化及氨基化等反应。用于制造合成树脂、增塑剂、胶黏剂、涂料及香料等。可由巴豆醛催化氧化制得。

丁烯醛 butenal $CH_3CH=CHCHO$ 化学式 C_4H_6O。又名巴豆醛、β-甲基丙烯醛。有顺式及反式两种异构体。商品为反式异构体。无色透明液体,有辛辣刺激性气味。易燃。相对密度 0.8495(25℃)。熔点 $-69℃$,沸点 102.2℃,闪点 13℃,燃点 233℃。折射率 1.4384。蒸气与空气形成爆炸性混合物,爆炸极限 2.1%～15.5%。易溶于水,与乙醇、苯、汽油等混溶。化学性质活泼,易进行氧化、还原、加成、加氢、缩合、聚合等反应。遇空气逐渐氧化成丁烯酸。遇氢氧化钠、氨等碱性物质即快速聚合。商品常含有稳定剂。对眼、皮肤及黏膜有强刺激性。用于制造丁醛、丁醇、山梨酸等有机体,也用作橡胶促进剂、鞣革剂等。可在催化剂存在下,由乙醛先缩合成丁醇醛后再经脱水制得。

丁烷 butane 化学式 C_4H_{10}。有正丁烷及异丁烷两种异构体。都是可燃性气体,有天然气气味。极稳定,是石油加工或天然气生产中的副产物。可用作工业及家用燃料,也是生产高辛烷值汽油及合成橡胶的原料。参见"正丁烷"、"异丁烷"。

丁烷-丁烯馏分 butane-butene fraction 指由催化裂化气或烃类高温裂解制乙烯的副产气中分离而得的碳四馏分,主要成分为正丁烷、异丁烷、正丁烯及异丁烯。可不经分离直接将混合物作为叠合或烷基化过程的进料,以生产叠合汽油或烷基化油。也可进行分离而用作有机合成原料。

丁烷异构化 butane isomerization 指将正丁烷催化转化为异丁烷的过程。如用三氯化铝作催化剂,氯化氢为助催化剂,可使正丁烷异构化为异丁烷。使反应物循环通过催化剂,最终转化率可达90%以上。

丁烷脱氢 butane dehydrogenation 一种固定床工艺丁烷催化脱氢生产丁烯及丁二烯的过程。催化剂活性组分为氧化铬(或氧化镍及氧化钛),载体为氧化铝。在常压及 566～593℃ 的温度下进行脱氢反应,通常用多个反应器轮换操作。催化剂失活时用空气烧焦再生。

丁烷脱氢环化 butane dehydrocyclization 指在催化剂作用下,丁烷脱氢生成丁烯,二个丁烯分子再进一步加成并环化生成苯、甲苯、二甲苯及碳九以上芳烃的过程。如用含镓沸石作催化剂,芳烃总产率可达 60% 以上,并副产高纯氢气。产品具有高的辛烷值,可用作汽油高辛烷值的调和组分,也可直接蒸馏制取苯、甲苯及二甲苯。

丁腈胶乳 butadiene-acrylonitrile rubber latex 丁二烯与丙烯腈经乳液聚合的合成胶乳。根据丙烯腈含量及稳定剂的不同而有多种牌号。丙烯腈含量一般为 20%～40%,总固形物约40%。呈碱性,对亲水物质有良好的黏结性;胶膜有较高的机械强度及耐磨性,但不耐热耐光。主要用作纸张、皮革及布料的浸渍材料,也用作树脂改性剂、胶黏剂及涂料。

丁腈橡胶 acrylonitrile - butadiene rubber 丁二烯与丙烯腈经乳液共聚制得的合成橡胶。产品牌号很多。按结合丙烯腈含量的高低可分为极高丙烯腈含量(42%～51%)、高丙烯腈含量(36%～41%)、中高丙烯腈含量(31%～35%)、中丙烯腈含量(25%～35%)及低丙烯腈含量(18%～24%);按聚合温度高低分为热聚丁腈橡胶(聚合温度40℃)及冷聚丁腈橡胶(聚合温度 5～10℃)。此外还有特殊外形的丁腈胶,如液体丁腈胶、粉末丁腈胶等。丁腈橡胶具有良好的耐油、耐热、耐磨及耐老化性能。其耐油性是普通橡胶中最好的,耐石油基油类、苯等非极性溶剂的能力远优于天然橡胶、丁苯橡胶、丁基橡胶等。广泛用于制造耐油、耐溶剂的橡胶制品,如油管、垫圈、隔膜、油衬、胶辊、耐油胶布、胶鞋等。液体丁腈橡胶主要用作胶黏剂。

丁酸酐 butyric anhydride ($CH_3CH_2CH_2CO$)$_2$O 化学式 $C_8H_{14}O_3$。又名酪酸酐。无色透明液体,有刺激性气味。相对密度 0.9668。熔点－75℃,沸点 198℃,闪点 87.8℃,燃点 307℃。折射率 1.4070。蒸气相对密度 5.4,蒸气压 40Pa(20℃)。溶于水并分解生成丁酸。溶于乙醚。与醇类反应生成酯类。遇高热有燃烧的危险。与氧化剂接触剧烈反应。低毒! 有腐蚀性,液体能灼伤皮肤及眼睛。用于制造丁酸酯、丁酸纤维素、医药、香料等,也用作溶剂。可由丁酸与乙酐在催化剂存在下反应制得。

【人】

八苯并萘 octabenzo naphthalene

化学式 $C_{32}H_{14}$。又称卵苯。是由九个芳环并在一起的稠环芳烃。熔点 473℃。它和六苯并苯都是重油高温加工中生焦的母体,对重油蒸气裂解制乙烯的炉管及废热锅炉的结焦影响很大。一般规定其在原料重油中的含量应不高于 $40×10^{-6}$。

八面沸石笼 octahedral zeolite cage 见"笼"。

人工汗 artificial sweat 指模仿人汗成分而制得的含氯化钠、尿素和乳酸的甲醇蒸馏水溶液。用以替代人汗考察对金属的腐蚀性。如在金属试片上涂上一层试样油,再印上人工汗,然后放入湿润槽中,经规定时间观察印汗面的锈蚀情况,以评价试样油对人汗的抵抗能力。

人造石油 artificial oil 是指由固体

或气体燃料制成的类似天然石油的产品。其主要成分和天然石油相接近,为各种烃类,有些未加氢精制的初级产物还含有氧、氮、硫等有机化合物。目前生产人造石油的主要技术有煤炭直接液化、煤炭间接液化、油页岩及油砂的低温干馏、生物质炼油技术,以及用天然气为原料的合成油技术等。

人造纤维 artificial fiber 指以某些天然的线性高分子或其衍生物为原料所制得的一类化学纤维的统称。根据化学组成可分为人造蛋白质纤维(如人造乳酪纤维、人造大豆蛋白纤维)、再生纤维素纤维(如黏胶纤维、铜氨纤维)、纤维素酯纤维(如醋酯纤维)及其他纤维等。与化学纤维中的合成纤维比较,人造纤维的吸湿性及染色性较好,但强度稍低。主要用于制造各种服装、床上用品、装饰用品及工业用纤维制品等。

人造橡胶 artificial rubber 见"合成橡胶"。

几何异构体 geometrical isomer 构型异构体的一种。指因双键不能自由旋转或由于成环碳原子的单键不能自由旋转造成原子或基团在空间排布方式不同而产生的异构体。它包括双键的 Z 构型和 E 构型异构体和环状化合物的顺、反异构体。双键的 Z 构型和 E 构型按下述方式确定:用基团次序规则确定双键碳所连两个基团的排列次序,当双键的两个碳上连接的"较优"原子或基团处于双键同侧时,其构型用 Z 表示,处于双键异侧时,其构型用 E 表示。如

$$\underset{H}{\overset{H_3C}{}}C=C\underset{H}{\overset{CH_3}{}}$$

(Z)-2-丁烯

$$\underset{H}{\overset{H_3C}{}}C=C\underset{CH_3}{\overset{H}{}}$$

(E)-2-丁烯

环状化合物的顺型和反型按下述规定确定:两个取代基在环平面同侧为顺型,在环平面两侧为反型。

三画
【一】

三乙胺 triethylamine $(C_2H_5)_3N$ 化学式 $C_6H_{15}N$。又名 N,N-二乙基乙胺。无色透明油状液体,有强烈氨的气味,易燃。相对密度 0.7275。熔点 $-114.7℃$,沸点 $89.6℃$,闪点 $-6.7℃$。蒸气与空气形成爆炸性混合物,爆炸极限 $1.2\%\sim8.0\%$。在空气中微发烟。在 18.7℃ 以下时可与水混溶,超过此温度仅微溶于水。易溶于丙酮、苯,溶于乙醇、乙醚。有碱性,与无机酸作用生成可溶性盐。用于制造农药、医药、表面活性剂、离子交换树脂、染料等。也用作橡胶硫化促进剂、聚氨酯聚合促进剂、高能燃料添加剂及脱漆剂等。可在催化剂存在下,由乙醇、氢气及氨反应生成一乙胺、二乙胺及三乙胺混合物,再经分离得到三乙胺。

三乙基铝 triethyl aluminium $(C_2H_5)_3Al$ 化学式 $C_6H_{15}Al$。无色透明液体。相对密度 0.835。熔点 $-50℃$,沸点 194℃,闪点 $-18.33℃$。$120\sim125℃$ 开始分解。蒸气压 0.13kPa

(62.2℃)。临界温度 405℃,临界压力 13.4MPa。为强还原剂,遇水会剧烈反应,甚至爆炸。接触空气或湿气会冒烟自燃。对呼吸道及眼结膜有强刺激及腐蚀作用。用作烯烃聚合的助催化剂,与四氯化钛形成齐格勒催化剂。也用作生产长链醇的催化剂,还用于气相涂铝、制备其他有机金属化合物等。由乙烯、氢和铝在压热器内反应制得。

三乙烯四胺 triethylene tetramine $NH_2C_2H_4NHC_2H_4NHC_2H_4NH_2$ 化学式 $C_6H_{18}N_4$。又名三亚乙基四胺、二缩三乙二胺。浅黄色黏性液体。相对密度 0.9818。熔点 12℃,沸点 266～267℃,闪点 135℃,自燃点 338℃。折射率 1.4971。蒸气与空气形成爆炸性混合物,爆炸极限 1.1%～6.4%。溶于水、乙醇,微溶于乙醚。水溶液呈碱性。可燃。蒸气对呼吸道、皮肤及眼睛有刺激作用,皮肤接触有致敏作用。用于制造聚酰胺树脂、离子交换树脂,也用作溶剂、环氧树脂固化剂、气体净化剂、光亮剂及去垢剂等。可由二氯乙烷与氨水反应制得。

三乙醇胺 triethanolamine $N(CH_2CH_2OH)_3$ 化学式 $C_6H_{15}NO_3$。又名三羟乙基胺。无色至淡黄色透明黏稠液体,微有氨的气味。相对密度 1.1242。熔点 20～21℃,沸点 335.4℃,闪点 185℃。折射率 1.4852。易溶于水、乙醇、甘油及乙二醇,微溶于苯。水溶液呈碱性。具吸湿性,能吸收二氧化碳及硫化氢等酸性气体。用作酸性气体吸收剂、橡胶硫化活化剂、润滑油抗腐蚀添加剂、中和剂、分散剂等,也用于制造表面活性剂。由环氧乙烷与氨反应制得。

三元乙丙橡胶 ethylene-propylene-diene rubber 见"乙丙橡胶"。

三甘醇 triethylene glycol $HO(CH_2CH_2O)_2CH_2CH_2OH$ 化学式 $C_6H_{14}O_4$。又名二缩三乙二醇。无色透明或微黄色黏稠液体,稍有甜味。有吸湿性。可燃。相对密度 1.1254。熔点 -7℃,沸点 289.4℃,闪点 166℃,自燃点 371℃。折射率 1.4561。蒸气与空气形成爆炸性混合物,爆炸极限 0.9%～3.2%。与水、乙醇互溶,不溶于石油醚、苯、汽油,微溶于乙醚。具有醇和醚的化学性质。毒性极微。用作橡胶、油漆等的优良溶剂,芳烃抽提剂、聚氯乙烯增塑剂、烟草防干剂、油墨及涂料润湿剂等。可由环氧乙烷水合制乙二醇时的副产品中回收而得,或由二甘醇与环氧乙烷反应制得。

三甲苯 trimethyl benzene 化学式 C_9H_{12}。又名三甲基苯。含有三个甲基的碳九芳烃。存在于重整芳烃中,约占重芳烃的二分之一。有均三甲苯、偏三甲苯及连三甲苯三种异构体。工业上开发利用较多的是均三甲苯及偏三甲苯。混合三甲苯则是优良的溶剂。

1,2,3-三甲苯 1,2,3-trimethylbenzene 化学式 C_9H_{12}。又名连三甲苯。无色透明液体,易燃。相对密度 0.8944。熔点

－25.4℃,沸点 176℃,闪点 48℃。折射率 1.5149。不溶于水,溶于乙醇、乙醚、苯等有机溶剂。有毒! 液体或蒸气对皮肤、黏膜及眼睛有刺激性。用于制造醇酸树脂,也用作色谱分析的标准物。可由原油催化重整或裂解所得石油芳烃中分离而得。也可由 2,3-二甲基苄基三甲基碘化铵和钠汞齐反应制得。

1,2,4-三甲苯 1,2,4-trimethylbenzene 化学式 C_9H_{12}。又名偏三甲苯、假枯烯。无色透明液体。易燃。相对密度 0.8758。熔点 －43.8℃,沸点 169.3℃,闪点 48℃。折射率 1.5048。蒸气相对密度 4.1,蒸气压 1.33kPa (51.6℃)。临界温度 379.5℃,临界压力 3.23MPa。蒸气与空气形成爆炸性混合物,爆炸极限 0.9%～7.0%。不溶于水,溶于乙醇、乙醚、苯等溶剂。有毒! 液体和蒸气对黏膜及中枢神经系统等有刺激性。用于制造偏苯三酸酐、不饱和聚酯树脂、增塑剂、表面活性剂等。可由原油催化重整和石脑油裂解所得 C_9～C_{10} 芳烃中分离而得。

1,3,5-三甲苯 1,3,5-trimethylbenzene 化学式 C_9H_{12}。又名均三甲苯。无色透明液体,有特殊气味。易燃。相对密度 0.865。熔点 －44.7℃,沸点 164.7℃,闪点 44℃,自燃点 550℃。折射率 1.4994。临界温度 364.1℃,临界压力 3.12MPa。蒸气压 1.33kPa(48.8℃)。蒸气与空气形成爆炸性混合物,爆炸极限 0.87%～6.09%(100℃)。不溶于水,溶于乙醇、乙醚、苯等溶剂。化学性质活泼,易发生卤化、硝化、磺化等反应。毒性与二甲苯相似。用于制造苯三酸、2,4,6-三甲苯酚、抗氧剂、增塑剂,也用作环氧树脂固化剂、溶剂、色谱分析标准物等。可由原油重整芳烃或煤焦油芳烃中分离而得。也可由偏三甲苯异构化制得。

三甲胺 trimethyl amine $(CH_3)_3N$ 化学式 C_3H_9N。无水物为无色气体,有鱼腥气味。相对密度 0.632。熔点 －117.2℃,沸点 2.9℃,闪点 －6.7℃ (闭杯),自燃点 190℃。蒸气与空气形成爆炸性混合物,爆炸极限 2.0%～11.6%。溶于水、乙醇、乙醚、苯等。水溶液呈强碱性,反应性能活泼。与无机酸、有机酸、氯化物等生成盐或配盐,加热至 380～400℃时发生热解。商品 40%三甲胺水溶液的相对密度 0.827 (15.5℃)。沸点 26℃,闪点 －17.78℃。用于制造表面活性剂、离子交换树脂、医药、香料等。也用作缩聚催化剂、燃气加臭警报剂等。可由氨与甲醇反应制得。

三异丁基铝 triisobutyl aluminium $[(CH_3)_2CHCH_2]_3Al$ 化学式 $C_{12}H_{27}Al$。无色透明液体。相对密度 0.7876。熔点－5.6℃,沸点 212℃,闪点＜0℃,自燃点 3.9℃。蒸气压 0.133kPa(47℃)。约 50℃开始分解,性质十分活泼。遇空气自燃。遇水反应并放出易燃气体及大量热。遇高温急剧分解。高毒! 对皮肤、呼吸道、黏膜有腐蚀及刺激作用。储存于干燥、阴凉处，并用氮气保护。用作烯烃聚合、顺丁烯橡胶聚合催化剂，喷气发动机的高能燃料，制备其他金属有机化合物的中间体等。由异丁烯、铝粉及氢气反应制得。

三级反应 third order reaction 反应速率与反应物浓度的三次方成正比的反应。三级反应在气相反应中很少见，已有的反应可归纳为 $2A+B\longrightarrow$ 反应产物的类型，如一氧化氮与氧的反应：$2NO+O_2\longrightarrow 2NO_2$。

"三同时"制度 three contemporary system 指一切新建、改建、扩建的建设项目（包括技改项目、自然开发项目）中的环境保护设施（包括防治污染和其他公害的设施及防止生态破坏的设施）必须与主体工程"同时设计、同时施工、同时投产使用"的法律制度。是中国环境管理的基本制度之一，是控制新污染源产生，实现预防为主原则的一条重要途径。

三足式离心机 link-suspended basket centrifuge 一种人工卸料的间歇式离心机。主要部件是一篮式转鼓，壁面钻有许多小孔，内壁衬有滤布或金属丝网。整个机座和外罩凭借三根拉杆弹簧悬挂于三足支柱上，以减轻运转时的振动。悬浮液加入转鼓后，当电机带动转鼓旋转时，滤液穿过转鼓壁于机座下部排出，滤渣沉积于转鼓内壁上成为滤饼。必要时也可于滤渣表面洒清水进行洗涤，洗净后从上部卸出滤饼。其优点是结构简单、操作平稳、占地面积小、适应性强；缺点是间歇操作，卸料劳动条件较差，转动部位位于机座下部，检修不便。主要适用于过滤周期长、处理量不大、要求滤饼含液量较低的场合。

"三废" three waste 废气、废水及废渣的总称。是工农业生产、交通运输、人类生活活动中排放的三类环境污染物。为保护自然环境，防止其受到污染和破坏，必须对"三废"进行综合治理，并回收其有用物质，减少资源浪费。

三相点 triple point 单组分体系中三个相态同时平衡共存时的温度和压力。三相是指气-液-固或液-液-固等。对于单组分体系，根据相律，$F=3-P$（F 为自由度，P 为相数），当 $P=3$ 时，则 $F=0$，体系成为无变量体系，温度和压力都不能改变。所以，当单组分体系中三个相态平衡共存时的压力和温度即为三相点。如冰、水、水蒸气三相同时存在的温度为 273.16K，压力为 611.6Pa，此即为水的三相点。

三相相转移催化剂 triphase phase transfer catalyst 指将可溶性相转移催化剂固载到高分子载体上，制得既不溶于水、又不溶于有机溶剂的固载化相转移催化剂。如将季铵盐与强碱型阴离子交换树脂键合，冠醚、聚乙二醇和季磷盐作为侧键末端交联在聚苯乙烯上等所制得的催化剂。因这类催化剂与可溶性相转移催化剂相比多一个催化剂固相（树脂相），故使其具有不溶于水、酸、碱及有机溶剂，反应结束后可回收重复使用,挥发性小等特点。所用载体除聚苯乙烯树脂外,还可用氯化聚氯乙烯、硅胶、氧化铝等。

三氟化铈 cerium trifluoride 化学式 CeF_3。又名氟化铈、氟化亚铈。白色六方形结晶或粉末。相对密度 6.16。熔点 1460℃,沸点 2180℃。不溶于冷水及酸。有毒!具有层状结构及良好的润滑性能。用作润滑抗磨及极压添加剂,性能优于石墨,高温安定性也比二硫化钼好。由铈与氟化氢反应制得。

三氟化硼 boron trifluoride 化学式 BF_3。无色不燃也不助燃的气体,有窒息性。气体相对密度 2.99,液体相对密度 1.57(-100.4℃),固体相对密度 1.87(-130℃)。熔点-128℃,沸点-101℃。临界温度-12.25℃,临界压力 4.985MPa。蒸气压 1013.25kPa(-58℃)。溶于冷水及苯、三氯甲烷、浓硫酸、煤油等,遇潮湿空气则生成浓密的白烟。化学性质活泼,能与含 N、O、S 原子的分子结合而形成配位化合物。高温下与氢反应生成硼。300~500℃时,在铝、钠等作用下与氢反应生成乙硼烷。剧毒!对呼吸道、黏膜、眼睛等有强刺激作用。以路易斯酸的形式,在烷基化、聚合、异构化、硝化、磺化、环化等有机反应中用作催化剂,有"万能催化剂"之称。也用于制造元素硼、卤化硼、硼烷等,还用作环氧树脂固化剂。由硼砂与氢氟酸反应后,再与发烟硫酸反应制得。

三氟氯乙烯 trifluorochloroethylene $CF_2=CFCl$ 化学式 C_2ClF_3。又名氯三氟乙烯。无色气体,有轻微醚的气味。易液化。液体相对密度 1.54(60℃)。熔点-157.5℃。沸点 26.8℃。临界温度 105.8℃,临界压力 4.07MPa。易燃。不溶于水,溶于乙醇、乙醚、丙酮等常用有机溶剂。化学性质活泼,可进行加成、卤化、氨化等反应。可以自聚,也可与乙烯、苯乙烯、氯乙烯及四氟乙烯等共聚。有氧及水存在时,可分解成乙二酸、氟化氢及氯化氢等。用于制造聚三氟氯乙烯、氟橡胶、氟塑料及含氟弹性体等,也用作制冷剂。剧毒!在空气中易氧化分解放出光气,对人体神经系统、心血管有毒害作用。由三氟三氯乙烷在醇溶液中用锌粉脱氯而得。

三氧化硫 sulfur trioxide 化学式 SO_3。又名硫酸酐。常温下为无色固体或液体。存在 α、β、γ 三种同素异形体,其熔点分别为 62℃、32.5℃ 及 16.8℃。自然状态下的三氧化硫一般为三种异形体不同比例的混合体,熔点不恒定,容易升华。在潮湿空气中挥发呈雾状。溶于水成硫酸,溶于浓硫酸而成发烟硫酸。与氯化氢进行氯磺化反应生成氯磺酸。为强氧化剂。与水及氧气、氟、磷及四氟乙烯等剧烈反应。对皮肤、眼睛及黏膜等有强刺激性及腐蚀性。用于制造硫酸、氯磺酸、合成洗涤剂、染料等。也用作缩聚反应催化剂、磺化剂及氧化剂等。在钒催化剂存在下,由二氧化硫氧化而得。

三氯化钛 titanium trichloride 化学式 $TiCl_3$。又名氯化亚钛。存在两种变体，一种是暗紫色鳞状结晶，在440℃以上分解，它又有 α、γ、δ 三种晶型；另一种是 β 型的粉红色结晶，在178℃以上分解。相对密度2.64。溶于乙醇、盐酸，不溶于乙醚及苯。遇水及空气立即分解，生成氯化氢及钛的氧化物、氢氧化物及氯氧化物等。干燥粉末在空气中能自燃、冒火星。α、γ、δ 型结晶对烯烃聚合具有较高立体定向能力。有强还原性，应在二氧化碳等惰性气体中储存。对呼吸道有强刺激作用及腐蚀性。用作乙烯、丙烯及 α-烯烃聚合的催化剂。也用作还原剂，以及用于偶氮染料分析和比色测定 Cu、Fe、V 等。由四氯化钛与氢气在高温下反应制得。

三氯化磷 phosphorus trichloride 化学式 PCl_3。无色澄清液体，有强烈刺激性臭味，相对密度1.574（21℃）。熔点 -112℃，沸点76℃。折射率1.520（15.4℃）。蒸气压 1.33×10^4 Pa（21℃），蒸气相对密度4.75。溶于苯、氯仿、乙醚。在潮湿空气中迅速分解，生成亚磷酸及氯化氢，产生白烟。遇水及乙醇分解。与有机物接触会燃烧。化学性质活泼，易与硫、氧等发生加成反应，分别生成三氯硫磷及三氯氧磷。有毒！对眼睛、黏膜及皮肤有强刺激性及腐蚀性。用于制造有机磷农药、药物、阻燃剂、增塑剂、表面活性剂等。也用作有机合成催化剂、氯化剂、缩合剂等。由氯气与熔融白磷反应制得。

三氯甲烷 trichloromethane 化学式 $CHCl_3$。又名氯仿。无色透明易挥发液体，稍有甜味。相对密度1.4984（15℃）。熔点 -63.5℃，沸点61.2℃。折射率1.4467。蒸气相对密度4.12，蒸气压21.3kPa。临界温度263.4℃，临界压力5.48MPa。难溶于水，与乙醇、乙醚、苯等混溶。对脂肪、蜡、树脂、矿物油等有较强溶解能力。易水解，生成甲酸和氯化氢。不易燃烧，但直接接触火焰也能燃烧，并生成光气。有很强的麻醉性，蒸气有刺激性。用作溶剂、萃取剂、兽用麻醉剂等。也用于制造氟里昂、医药及染料中间体等。可由三氯乙醛与氢氧化钙反应而得。

三氯氧磷 phosphorus oxychloride 化学式 $POCl_3$。又名磷酰氯、氯氧化磷、氧氯化磷。纯品为无色透明强发烟液体，有强刺激性及特殊臭味。相对密度1.675。熔点2℃，沸点105.3℃。折射率1.460（25℃）。蒸气相对密度5.3，蒸气压0.533kPa（27.3℃）。在潮湿空气中迅速水解生成磷酸及氯化氢。遇水及醇、酸分解。可与溶于非水溶剂的某些金属氯化物（如 $TiCl_4$、$SnCl_4$）等生成配合物。有毒！对眼睛、皮肤及黏膜有强刺激性及腐蚀性。用于制造有机磷酸酯、有机氯农药、表面活性剂及阻燃剂等。也用作有机合成催化剂、氯化剂、螯合剂。由三氯化磷与氧气反应而得。

三辊研磨机 three-roller mill 又称三辊机。一种润滑脂、油漆及油墨制造用的均化设备。将三个钢质滚筒安装在铁制的机架上,中心在一直线上,可水平或稍作倾斜安装。滚筒间距及压力可以调节。滚筒为空心,可通水冷却。物料在中辊或后辊间加人,由于三个滚筒的旋转方向不同,从而产生研磨均化作用。物料经研磨后被装在前辊前面的刮刀刮不。其缺点是设备较庞大、生产效率低、污染环境。

三聚物 trimer 由三个相同单体分子聚合而成的聚合物。如三聚甲醛、三聚乙醛、三聚丙烯等。

三聚氰胺 cyanuramide 化学式 $C_6H_6N_6$。又名蜜胺、氰尿酰胺。白色棱柱状结晶。相对密度1.573。熔点354℃(分解)。折射率1.8721。稍溶于水、乙二醇、甘油、吡啶,微溶于乙醇,不溶于乙醚、苯,四氯化碳等。加热升华,急剧加热则分解。遇酸、碱会缓慢水解。与无机酸反应生成盐。与甲醛缩聚可制取三聚氰胺-甲醛树脂。不燃。低毒! 受高温分解会释出氰化物。用于制造树脂、医药、染料、农药等。也用作阻燃剂。可由尿素催化分解后再经缩合制得。

三聚氰胺树脂 melamine resin

又名蜜胺树脂、三聚氰胺-甲醛树脂。氨基树脂的一种。白色粉末或颗粒。相对密度1.5。熔点156～157℃。难溶于冷水,溶于80℃热水及稀酸,不溶于乙醇、乙醚及苯等有机溶剂。其水溶液不稳定,在微碱性介质中易产生分子间聚合,酸性胶液久置时也会逐渐变成凝胶水。具有较好的耐碱、耐电弧性能。用作纸张湿强剂、织物防缩防皱整理剂、酚醛树脂改性剂等,也用于制造装饰板、日用品、餐具及电气零配件等。可在中性或碱性介质中,由三聚氰胺与甲醛缩聚而得。

三聚氰酸 tricyanic acid 化学式 $C_3H_3N_3O_3$。又名氰尿酸。白色结晶。有两种互变异构体。无臭、味微苦。相对密度2.50。熔点360℃。二水合物加热到150℃时失去结晶水。溶于热水、热乙醇、吡啶、浓硫酸及氢氧化钾溶液,不溶于甲醇、乙醚、丙酮及苯。分子结构中存在着稳定的三嗪环及多个活泼氢,从而可制取多种衍生物。加热时因不经熔融而直接分解成氰酸和异氰酸,故有剧毒,并有刺激性。用于制造氰酸、二氯异氰尿酸、合成树脂、胶黏剂、玻璃钢及涂料等。也用作漂白剂、消毒剂、杀菌剂等。可由尿素经高温热解而得。

三聚氰酸二酰胺 cyanuric acid diamide 化学式 $C_3H_5N_5O$。又名氰尿二酰胺、4,6-二氨基对称三嗪-2-酚。白色结晶性粉末。分解温度＞350℃。不溶于水、乙醇、乙醚、乙酸,溶于无机酸及碱溶液。具有良好的热稳定性及化学安定性,用它作稠化剂制得的润滑脂,可在300～350℃高温下使用,并可显著延长基础油的使用寿命。由于三聚氰酸二酰胺的稠化能力不强,作稠化剂时用量较大,常与其他稠化剂并用,可制得性能优良的润滑脂。

工艺节水 technical saving water 指在各种工业生产过程中,通过改进生产工艺、生产方法及所用设备或改革用水方式,减少生产用水的一种节水途径。如改变生产布局及产品结构,改变生产工艺流程及生产规模,改变用水方式等从根本上减少生产用水,同时还可减少废水排放,节省能源和设备运行费用。是在提高水的重复利用率的基础上更高一级的节水途径。

工业凡士林 industrial vaseline 是由石油脂、地蜡、矿物油等加工调制而成的淡褐色至深褐色均质无块软膏。具有良好的化学稳定性、防锈性及一定的润滑性和粘附性。适宜作一般机械部件、金属零件、轻负荷机械轴承等的防锈、润滑。也用作橡胶型密封胶的软化剂及用于配制印刷油墨等。

工业气相色谱仪 industrial gas chromatography 见"过程气相色谱仪"。

工业公害 industrial nazard 指工业生产引起的大气污染、水污染、土壤污染、噪声、振动及恶臭等对环境所造成的危害的总称。

工业用水 industrial water 指工、矿企业在生产各过程(如加工、制造、冷却、洗涤、中和、空调、锅炉等)使用的水及厂内职工生活用水的总称。主要包括生产用水、辅助生产用水及附属生产用水等三大部分。生产用水按用途可分为工艺用水、间接冷却水;辅助生产用水包括机修用水、锅炉及水处理站用水,污水处理场用水,空压机用水及化验用水等;附属生产用水主要包括食堂、卫生间、环境绿化及清洁、浴室及其他用水等。

工业有机合成 industrial organic synthesis 见"有机合成"。

工业异辛烷 industrial isooctane 见"烷基化"。

工业汽油 industrial gasoline 指馏程为45～190℃的直馏汽油。主要用于洗涤机器配件和零件;橡胶工业上作打浆溶剂及制造雨鞋时作上光油漆用;也用作工业用溶剂、打火机及喷灯的燃料等。

工业齿轮油 industrial gear oil 用于各种工业机械的传动齿轮及蜗轮蜗杆的润滑油。是以矿物基础油或合成油为主,加入极压抗磨剂和专用添加剂调合而成。为防止油膜破裂造成齿面磨损、擦伤,延长使用寿命和提高传递功率效率,普遍加入硫-磷或硫-磷-氮型极压抗磨剂。按齿轮封闭形式不同,齿轮传动装置有闭式和开式两种形式。工业齿轮油也分为工业闭式齿轮油及工业开式齿轮油。每一类中又根据黏度不同分为若干个牌号。可根据工业用齿轮类型、使用条件及黏度牌号进行选择。

工业废水 industrial waste water 工业生产过程中排出的废水、污水及废液的总称。包括来自生产车间或矿场的工艺过程用水、设备冷却水、烟气洗涤水、设备及场地清洗水等。按生产过程中所用的原料产品来分，工业废水可分为含无机物的废水（如氧化铝及催化剂生产废水）、主要含有机物的废水（如炼油、塑料、油漆工业的废水），含大量有机物及无机物的综合废水（如化肥厂排放的废水）；按废水的酸碱性，还可将废水分为酸性废水，碱性废水及中性废水等。工业废水的水质繁杂多样，有的还含有有毒物质，一般应经处理后才能排放到自然水体或城市排水管网中。

工业毒物 industrial poison 指在工业生产过程中进入人体引起暂时或永久病理状态的物质。可为成品、半成品、中间体、副产品、原材料及废弃物等。按毒物的物理形态分为气体、蒸气、雾、烟尘、粉尘等。常见的工业毒物有以下几类：①金属、非金属、类金属及其化合物（如铅、砷、镉、硫等）；②窒息性或刺激性气体（如硫化氢、氯气、一氧化碳等）；③有机溶剂（如甲苯、二氯乙烷等）；④芳香族氨基及硝基化合物（如苯胺、硝基苯等）；⑤农药（如杀虫剂、除草剂、杀鼠剂等）；⑥放射性物质（如镭、钚等）。

工业润滑系统 industrial lubricating system 指工业生产过程中向机器或机组的摩擦点供送润滑剂的系统。包括润滑剂的输送、分配、调节、冷却和净化，以及对其压力、流量和温度等参数进行报警、监控的整套装置。按润滑剂的使用方式不同，可分为分散润滑系统和集中润滑系统两大类，每一类又可分为全损耗性系统及循环润滑系统。全损耗性系统是指润滑剂送至润滑点后，不再回收循环使用，常用于润滑剂回收困难或无需回收的场合，如空压机气缸、蒸汽机车等的润滑；循环润滑系统是润滑剂送至润滑点润滑后，又流回油箱再循环使用。

工作锥入度 worked cone penetration 润滑脂或石油脂的锥入度测定法之一。是模拟脂在摩擦表面工作状态的测定方法。即在一定温度下，将脂装入捣脂器中，以一定速度捣动一定时间（一般为 60 次往复工作），以破坏皂纤维骨架，然后测定其锥入度。不经捣动直接测得的锥入度称为非工作锥入度。目前按工作锥入度范围将润滑脂分为 9 个牌号。

工程塑料 engineering plastics 指具有优良的机械强度或耐摩擦、耐热、耐腐蚀特性，在高、低温下仍能保持其优良性能，可代替金属、陶瓷作为工程材料或结构材料的塑料。一般分为通用工程塑料及特种工程塑料两种。前者如聚酰胺、聚碳酸酯、聚甲醛、聚酯及改性聚苯醚；后者如聚酰亚胺、聚苯硫醚、聚芳酯、聚砜、聚芳醚酮等。

干天然气 dry natural gas 经过脱水过程而将水分减少后的天然气,或水蒸气含量的摩尔分数不超过 0.005% 的天然气。

干气 dry gas 指在常温、常压下不含易液化组分(如 C_3、C_4 组分)的石油气,也即主要为甲烷和乙烷的石油气。C_3、C_4 以上的重质气体含量为 $50g/m^3$ 以下。有时也将炼厂气经吸收后含液态烃极少的气体称为干气。

干式气柜密封油 seal oil for waterless gas holder 一种用于石油化工、冶金、城市煤气等行业的干式煤气柜密封用油。是由原油常减压蒸馏所得馏分油经精制得到的基础油,加入适量添加剂调合制得的。具有良好的抗氧化安定性、防锈性及水分离性,可长期循环使用。按 50℃ 运动黏度分为 1 号、2 号、3 号三个牌号。1 号油可在黄河流域冬夏通用,2 号油可在长江流域冬夏通用,3 号油可在华南地区冬夏通用。

干式空冷器 dry air cooler 空气冷却器的一种。是单纯以空气作为冷却介质的冷却设备。其冷却能力受气温影响很大,被冷却介质的出口温度通常高于气温 15～20℃。由于冷却效率较低,其应用受到一定限制。参见"空气冷却器"。

干式减压蒸馏 dry reduced pressure distillation 又称干式真空蒸馏。一种不用汽提蒸气的减压蒸馏过程。其采用压力降低、传质效率高的新型金属填料及相应的液体分布器,取代了全部或大部分传统的板式塔盘,并采用三级抽空器以保证塔顶高真空。因此可在塔和炉管内不注入蒸气的情况,使塔的闪蒸段在较高的真空度(一般残压 2000～3332.5Pa)和较低的温度(360～370℃)下操作,从而可不用汽提蒸气而将所需减压馏分蒸出。与湿法减压蒸馏比较,具有能耗低、处理能力高等特点。

干板 dry plate 精馏塔塔板无液体存在时称干板。干板状态下塔板不具备精馏作用。

干板压降 dry plate pressure drop 指气体通过无液体存在的塔板时的压力损失,是板式塔塔板总压降的一个主要部分。其值与通过塔板上各部件的局部气速的平方成正比,又与阻力系数成正比,而阻力系数则与塔板形式有关。降低干板压降有利于降低塔板的总压降。

干性油 drying oil 指当以薄膜状态暴露于空气中时极易吸收空气中的氧而转变成坚韧、有弹性涂膜的一类植物油。一般为浅黄色液体。碘值在 130 以上。如亚麻子油、桐油、红花油、脱水蓖麻油等。广泛用于制造涂料、油墨、油布等。

干法预硫化 dry method presulfurization 又称气相预硫化。加氢催化剂预硫化的方法之一。即将挥发性外加硫化物(硫化氢、二硫化碳等)在氢气存在下,直接注入反应系统进行气相硫化。干法硫化具有不需要烃类硫化油的优点。但因无携带热量的硫化油以及无预吸湿吸附过程，故硫化速度相对较慢，并需注意防止超温。一般适用于含分子筛的加氢裂化催化剂的预硫化，可预防因预硫化而引起的积炭和催化剂活性下降。

干法脱硫　dry method desulfurization　脱硫方法的一种，包括固体吸收剂的脱硫方法及加氢脱硫法两类。前者是采用活性炭、氧化锌、氧化铜、氧化铁等吸收剂，用固定床或流化床工艺进行脱硫，一般用于硫化氢及有机硫含量较低的气体净化；后者是使用钴钼、钨钼或镍钼等加氢催化剂，采用固定床将有机硫化合物转化为硫化氢后再用氧化锌除去。

干点　dry point　又称终馏点。指在馏程实验测定时油品馏出最后一滴凝液时的温度。也即在规定条件下蒸馏时，达到蒸馏瓶内温度计所指温度不再上升，而开始下降时的最高温度。

干胶　xerogel　见"干凝胶"。

干粉灭火剂　fire extinguishing powder　又称化学粉末灭火剂。是一种易流动的微细固体粉末。一般借助于专用灭火器中的气体压力，将干粉喷出，以粉雾形式抑制中断有焰燃烧的链式反应过程而实现灭火。同时，干粉在高温下可吸收部分热量，生成 CO_2、水蒸气等物质，对燃烧区内的氧浓度有稀释作用。按使用范围分为普通干粉灭火剂（适用于扑救可燃液体、气体及带电设备的火灾）及多用途干粉灭火剂（除

可用于扑救可燃液体、气体及带电设备的火灾外，还可用于扑救某些固体的火灾）。干粉灭火剂具有不导电、不腐蚀、扑救火灾速度快、对人畜无害、可长距离输送等特点。其缺点是灭火后有残渣，不宜用于扑救精密机械、仪器及旋转电机等的火灾。而且由于干粉冷却性较差，不能扑灭阴燃火灾，容易发生复燃。

干粉灭火器　dry powder fire extinguisher　以液态二氧化碳或氮气作为动力，将灭火器内干粉灭火剂喷出而进行灭火的器具。按充装的药剂分为磷酸氢钠干粉灭火器（又称 BC 干粉灭火器）、磷酸铵盐干粉灭火器（又称 ABC 干粉灭火器）；按加压方式可分为储气瓶式及储压式；按移动方式可分为手提式及推车式。干粉灭火器具有灭火速度快、灭火效率高的特点。磷酸氢钠干粉灭火器适用于扑救易燃、可燃液体、气体及带电设备的初起火灾。而磷酸铵盐干粉灭火器还可用于扑救固体类物质的初起火灾。但两者都不能扑救活泼金属火灾。

干球温度　dry-bulb temperature　用干球温度计（即普通温度计）测得的湿空气的温度。单位为 0℃ 或 K。干球温度为湿空气的真实温度。

干基含水量　dry-basis water content　湿物料含水量表示方法之一。指单位干物料中所含水分的质量。即干料中的水分质量分数。用 D 表示干基含水量时，可写成：

$$D=\frac{湿物料中水分的质量}{湿物料的总质量-湿物料中水分的质量}$$

单位为 kg水/kg干料。

干湿联合式空冷器 dry-wet combined air cooler 是由干式空冷器与湿式空冷器组合使用的一种空气冷却器。实际上是增湿型湿式空冷器与喷淋型湿式空冷器的联合使用。兼有喷水增湿冷却及喷水蒸发冷却的作用。空气流向先通过低温管束,再通过高温管束,管内介质的流向相反。通过低温管束后的空气已增温,将低温管束的出风作为高温管束的进风,是对湿空气的二次利用,增强高温管束的冷却能力。由于采用组合形式,风机公用,因此结构紧凑,占地面积减少。参见"空气冷却器"。

干酪根 kerogen 又称油母质。分散在沉积岩中,不溶于非氧化性酸、碱溶剂及常用有机溶剂的有机质。是由生物聚合物(脂类、蛋白、碳水化合物、木质素等)通过沉积、埋藏演化而成。是沉积有机质中分布最广、数量最多的一类,也是地球上有机碳的最重要形式。它比煤和储层中石油的有机碳含量的总和还要丰富约 1000 倍,比非储层中的沥青和其他分散的石油中的有机碳丰富约 50 倍。干酪根呈无定形粉末,外观为褐色或黑色。其组成与结构十分复杂,主要由碳、氢、氧组成,还含有少量氮、硫、磷等元素。按不同来源,干酪根可分为三种类型:① Ⅰ型干酪根。具有高的原始 H/C 原子比(一般＞1.5),较低的 O/C 原子比,主要组成为脂肪族链的脂类物质,是一种高产石油的干酪根。② Ⅱ型干酪根。H/C 原子比为 1.5～1.0,O/C 原子比为 0.1～0.2。原始有机质来源于浮游生物,多含芳香核,是油气、油田的生油、生气物质。③ Ⅲ型干酪根。H/C 原子比＜1.0,O/C 原子比为 0.2 或 0.3。多含芳香核、杂原子酮及羧基。原始有机质来源于高等植物。它的热解产量少、生油能力低。

干馏 dry distillation 又称碳化。指煤、油页岩、木材等固体燃料在隔绝空气条件下加热,使其受热分解为液体(焦油)、固体(焦炭或半焦)和气体(干馏煤气)的热化学加工方法。可分为低温干馏(500～600℃)、中温干馏(700～800℃)及高温干馏(900～1000℃)。

干燥 drying 是将湿物料加热使其所含液体或水分汽化蒸发而取得干固体产物的操作。按供热方式可将干燥分为传导干燥、对流干燥、辐射干燥及介电加热干燥等;按操作压力分为常压干燥及真空干燥;按操作方式可分为连续干燥及间歇干燥。工业上常用的干燥器有厢式干燥器、转筒干燥器、带式干燥器、沸腾床干燥器及喷雾干燥器等。应根据欲干燥物料的形态及性质、供热方式、产品质量要求及能源价格等因素来选择适用的干燥器。

干燥速率 drying rate 指单位时间内、单位干燥面积上汽化的水分质量。单位为 kg水/(m²·s)。干燥速率用实验测定。影响干燥速率的因素有物料的性质和形状、物料温度及含水量、干燥介质的温度和湿度、干燥介质的流速与流向、干燥器构造等。

下脚油 foots oil 见"蜡下油"。

大气污染 atmosphere pollution 指由于人类活动或自然过程引起某些物质进入大气中，呈现出足够的浓度，持续了足够的时间，并因此危害了人体的舒适、健康和福利或危害了环境。世界卫生组织定义的大气污染主要是指由人为原因引起的大气污染。大气污染的危害可以是全球性、区域性或局地性。全球性大气污染主要表现为臭氧层耗损及全球气候变暖；区域性大气污染主要是酸雨；城市范围和局地大气污染表现在烟雾日益增多、能见度降低及城市热岛效应等。

大气污染物 atmospheric pollutants 指由于人类活动或自然过程排放到大气中，对人或环境产生不利影响的物质。可分为两类，一类是国际公约规定的污染物，主要是二氧化碳和氯氟烃（CCl_3F、CCl_2F_2）；另一类是全国性的大气污染物，主要有粉尘、二氧化硫、氮氧化物、一氧化碳、光化学氧化剂、过氧乙酰硝酸酯及其他。其中又以粉尘、二氧化硫及氮氧化物为主要污染物。按大气污染物的形成过程又可分为一次污染物及二次污染物。

大呼吸损耗 large breathing loss 又称大呼吸损失。指储油罐收油时，液面不断升高，罐内油蒸气和空气的混合气体被压缩，使罐内压力不断增大，当罐内气体空间的压强大于呼吸阀压力阀的控制值时，压力阀被顶开，排出罐内的油蒸气和空气的混合气，从而产生损耗。

【丿】

凡士林 vaseline 又称石油脂。一种油膏状石油产品。主要成分为 $C_{16}H_{34} \sim C_{32}H_{66}$ 饱和烃和少量不饱和烃。白色至黄棕色均质膏状物，无臭无味或微带矿物油气味。化学惰性。相对密度 $0.815 \sim 0.830$。熔点 $38 \sim 60℃$，闪点（开杯）高于 $190℃$。几乎不溶于水，易溶于乙醚、苯、氯仿、石油醚及松节油等。有良好的化学稳定性、亲油性及粘附性。在空气中不会变质。加热成为透明液体。用于配制各种油膏，橡胶工业中用作软化剂及增塑剂。以不同黏度石油润滑油馏分为原料，经脱油所得蜡膏，掺和机械油而得。按其精制程度可分为白凡士林、黄凡士林、医药凡士林、工业凡士林、电容器凡士林、化妆品用凡士林等。

【丶】

广义酸 generalized acid 见"路易斯酸"。

广义碱 generalized base 见"路易斯碱"。

【乛】

1,6-己二胺 1,6-hexanediamine

$H_2N(CH_2)_6NH_2$　　化学式 $C_6H_{16}N_2$。又名 1,6-二氨基己烷。白色片状结晶，有吡啶样臭味，相对密度 0.883(30℃)。熔点 42℃，沸点 205℃，闪点 81℃。折射率 1.4498（40℃）。蒸气压 2kPa（90℃）。爆炸极限 0.7%～6.3%。易溶于水，微溶于乙醇、乙醚及苯。易潮解，在空气中易变色并吸收水分及二氧化碳。水溶液呈碱性。可燃。对皮肤及黏膜有刺激作用，可引起结膜炎及上呼吸道炎。主要用于制造尼龙 66、尼龙 610。也用作脲醛树脂、环氧树脂的固化剂、有机合成和聚合反应的催化剂、橡胶硫化促进剂、纸张漂白剂、密封胶交联剂等。由己二腈催化加氢制得。

己二腈　adiponitrile　$CN(CH_2)_4CN$　化学式 $C_6H_8N_2$。又名 1,4-二氰基丁烷。无色油状液体。易燃。相对密度 0.965。熔点 2.3℃，沸点 295℃，闪点 93℃，自燃点 550℃。折射率 1.4380。蒸气相对密度 3.73。爆炸极限 1.7%～5%。难溶于水，溶于甲醇、乙醇、氯仿。水解后生成己二酸，还原后生成己二胺。有毒！经口吸入或皮肤吸收均能中毒。用于制造己二胺、己二酸、橡胶硫化促进剂、除草剂及增塑剂等。可由己二酸氨化脱水或丙烯腈电解偶联制得。

己二酸　adipic acid　$HOOC(CH_2)_4COOH$　化学式 $C_6H_{10}O_4$。又名肥酸。白色单斜棱柱状结晶，有骨头烧焦气味。能升华，可燃。相对密度 1.360（25℃）。熔点 152℃，沸点

337.5℃（分解），闪点 209.85℃，燃点 231.85℃。蒸气压 0.0728Pa(18.5℃)。爆炸极限 10～15mg/L（粉尘）。微溶于水，溶于沸水，易溶于甲醇、乙醇。具有二元酸的一般通性，可以酯化而生成单酯或二酯。是制造尼龙 66 及聚氨酯泡沫塑料的原料。也用于合成己二酸酯类、增塑剂、润滑剂。也用作酸味剂、缓冲剂。可由环己烷氧化制得环己酮与环己醇的混合物后，再经硝酸氧化而得。

己二酸二丁酯　dibutyl adipate　化学式 $C_{14}H_{26}O_4$。

$$\begin{array}{l} CH_2CH_2COOC_4H_9 \\ | \\ CH_2CH_2COOC_4H_9 \end{array}$$

无色透明液体。可燃。相对密度 0.9652。熔点 -37.5℃，沸点 305℃，闪点 110℃。折射率 1.4369。不溶于水。与醇、醚、酮等溶剂混溶。蒸气对眼睛、黏膜及皮肤有刺激性。用作有机合成中间体及溶剂，也用作乙烯基树脂、纤维素树脂及合成橡胶的增塑剂。可在硫酸存在下，由己二酸与正丁醇反应制得。

己二酸二辛酯　dioctyl adipate　化学式 $C_{22}H_{42}O_4$。

$$\begin{array}{l} CH_2CH_2COOC_8H_{17} \\ | \\ CH_2CH_2COOC_8H_{17} \end{array}$$

无色透明油状液体，无臭。可燃，微毒。相对密度 0.9268。熔点 -67.8℃，沸点 214℃（0.667kPa），闪点 194℃（闭杯）。折射率 1.4466(25℃)，几乎不溶于水，溶于乙醇、乙醚、丙酮、苯等溶剂，也能溶解苯乙烯、氯乙烯及硝酸纤维素等。用作聚氯乙烯、聚苯乙烯、氯乙烯共聚物及合成橡胶等的耐寒

增塑剂,也用作高温润滑油。可在硫酸催化下,由己二酸与正辛醇反应制得。

ε-己内酰胺 ε-caprolactam 化学式 $C_6H_{11}NO$。无色或白色片状结晶。有吸湿性。相对密度 1.02(75℃)。熔点 69.2℃,沸点 262.5℃,闪点 125℃,自燃点 375℃。折射率 1.4965(31℃)。蒸气压 0.39kPa(100℃)。爆炸极限 1.4%～8%。溶于水、乙醇、甲乙酮、环己酮、氯代烃及石油馏分。受热易聚合。可燃,燃烧时产生有毒和刺激性烟气。有毒!可经呼吸道、皮肤及胃肠道吸收,对眼、皮肤和呼吸道有直接刺激作用。用于制造聚己内酰胺树脂、聚己内酰胺纤维、人造革、增塑剂及医药等。由环己酮肟在硫酸存在下经贝克曼重排制得。

ε-己内酯 ε-caprolactone 化学式

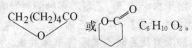

$CH_2(CH_2)_4CO$ 或 $C_6H_{10}O_2$。

又名内酯。无色油状液体,有芳香气味。易燃,低毒!相对密度 1.0693。熔点-15℃,沸点 235.3℃,闪点 109℃。折射率 1.4630。易溶于水、乙醇、苯,不溶于石油醚。不稳定,能被碱水解。加热能自聚。储存时需充氮气,并加入少量亚磷酸酯类稳定剂。用于制造己内酰胺、己二酸、合成纤维、弹性体、胶黏剂等。掺入合成树脂中可提高树脂光泽度、透明度及防粘性。由过乙酸与环己酮作用制得。

1-己烯 1-hexene $CH_2{=}CH{-}(CH_2)_3CH_3$ 化学式 C_6H_{12}。又名丁基乙烯。无色易挥发液体。相对密度 0.67。熔点-139.9℃,沸点 64.5℃,闪点-28.33℃。折射率 1.3837。蒸气相对密度 3.0,蒸气压 41.32kPa(38℃)。不溶于水,溶于乙醇、乙醚、丙酮等溶剂。具有烯烃的化学性质,可发生加成反应,遇高热易聚合。有刺激作用及麻醉性。用于生产聚 α-烯烃合成油。与乙烯共聚制造线型低密度聚乙烯及高密度聚乙烯,也用于制造增塑剂,表面活性剂及合成脂肪酸。可由相应的醇经脱水制得。

己烷 hexane $CH_3(CH_2)_4CH_3$ 化学式 C_6H_{14}。又名正己烷。无色透明微带异臭的液体。易燃。相对密度 0.6594。熔点-95℃,沸点 68.6℃,闪点-23℃,燃点 260℃。蒸气相对密度 2.97,蒸气压 13.33kPa(15.8℃)。爆炸极限 1.2%～6.9%。不溶于水,溶于乙醇、乙醚及酮类等溶剂。是典型非极性溶剂,可溶解各种烃类及卤代烃。蒸气有麻醉及刺激作用,长期接触可致周围神经炎。主要用作溶剂,可作各种油脂、精油类的萃取用溶剂,天然色素萃取剂,丙烯聚合用溶剂等。主要从石油中提取,由烷烃烷基化或烯烃加氢制得。

小呼吸损耗 small breathing loss 指油品在油罐中静储存时,由于昼夜温度变化而引起的损耗。白天油罐吸收阳光的辐射热时,罐内气体积膨胀和液面蒸发,促使罐内压力增大,当压力值达到一定值时,呼吸阀压力阀自动打开,罐内混合气就被排出罐外,造成损耗;夜间罐内温度及液面温度逐渐下降时,气体空间压力也随之降低,在低于真空阀的控制压力时,真空阀自动打开,吸入空气,使罐内混合气中的油气浓度稀释,从而促使油品加速蒸发。这一过程加速了油罐气体空间压力的回升,提高混合气中油气浓度,为下一次的呼出增加了部分新的油分子。

飞溅润滑 splash lubrication 借助旋转的机件或附加在轴上的甩油盘、甩油器将油溅散于运动零件上来保持润滑的方式。操作简单。由于只能用于封闭机构,故能防止润滑油的污染。具有润滑油循环使用、油料消耗少、润滑效果好等特点。但飞溅润滑装置使用时必须保持容器中的油位,定期清洗更换润滑油。

马达法 motor method 测定汽油辛烷值的一种方法。测试装置是一台可以连续调整压缩比的单缸四行程发动机(ASTM·CFR 发动机),机上装有测量爆震强度的仪器(包括信号发生器、爆震仪和爆震表)。在发动机转速900r/min 及混合气温度 149℃的条件下,将待测汽油与已知辛烷值标准燃料进行对比评定,来测定汽油的抗爆性能。评定结果用马达法辛烷值表示。

马达法辛烷值 motor octane number 简称 MOR。用马达法测得的辛烷值。即表示发动机在较高的混合气温度(149℃)及较高转速(900r/min)下运转时的抗爆性能。它代表车辆在重负荷条件下高速行驶或高速长途行驶时汽油的抗爆性能。由于马达法的测试条件比研究法苛刻,因此所测出的辛烷值较低。同一种汽油,当用马达法测出的辛烷值为 85 时,用研究法测出的辛烷值为 92,马达法为 90 时,研究法为 97。目前加油站采用的是研究法辛烷值。

马来酸 maleic acid 见"顺丁烯二酸"。

马来酸二丁酯 dibutyl maleate 化学式 $C_{12}H_{20}O_4$。又名顺丁烯二酸二丁酯。

$$\begin{array}{l} CHCOOC_4H_9 \\ | \\ CHCOOC_4H_9 \end{array}$$

无色透明液体。相对密度 0.9964。熔点 $< -80℃$,沸点 280℃,闪点 141℃。折射率 1.4435(25℃)。蒸气压 0.021kPa(25℃)。不溶于水,与乙醇、乙醚等多种溶剂混溶。可燃,低毒! 可与氯乙烯、苯乙烯、丙烯酸酯类及乙酸乙烯酯等单体共聚。用作合成树脂的内增塑剂,也用作杀虫剂、杀菌剂及防锈添加剂等。可在酸催化剂存在下,由顺丁烯二酸酐与丁醇反应制得。

马来酸二辛酯 dioctyl maleate

$$\begin{array}{l} \quad\quad\quad\quad C_2H_5 \\ \quad\quad\quad\quad | \\ HCCOOCH_2CH(CH_2)_3CH_3 \\ || \\ HCCOOCH_2CH(CH_2)_3CH_3 \\ \quad\quad\quad\quad | \\ \quad\quad\quad\quad C_2H_5 \end{array}$$

化学式 $C_{20}H_{36}O_4$。又名马来酸二(2-乙基己酯)、顺丁烯二酸二辛酯。近于无色的清亮液体。相对密度 0.944 (25℃)。熔点 － 50℃，沸点 203℃ (0.667kPa)，闪点 180℃。折射率 1.4521(25℃)。不溶于水，溶于乙醇、丙酮、苯等多数有机溶剂，与多数天然及合成树脂相容。低毒！反应性能活泼，可自聚，或与氯乙烯、苯乙烯、丙烯酸酯等单体共聚。用于制造从硬到软且有塑性的各种树脂。也用于制造离子交换树脂、胶黏剂及表面活性剂等，以及用作氯乙烯、聚苯乙烯等的增塑剂。可由顺丁烯二酸酐与2-乙基己醇反应制得。

马来酸酐 maleic anhydride 见"顺丁烯二酸酐"。

四画
【一】

开孔剂 opening agent 一种发泡助剂。由于一般的聚氨酯硬泡交联密度高，发泡中泡孔壁膜强度大，故常为闭孔的泡孔结构。使用开孔剂则可制得开孔硬质聚氨酯泡沫塑料。用于消声、过滤等制品。开孔剂为一类表面活性剂，含有疏水性和亲水性链段或基团。其作用是降低泡沫的表面张力，促使泡孔破裂，形成开孔的泡沫结构，改善因闭孔造成的软质、半硬质、硬质泡沫塑料制品收缩等现象。常用开孔剂有聚氧化丙烯-氧化乙烯共聚醚、聚氧化烯烃-聚硅氧烷共聚物、石蜡分散液、二甲基硅油等。

开环作用 ring opening 在一定条件下将环状化合物中的环打开而形成链状化合物的反应。如内酰胺经水解生成氨基酸，苯、吡啶经高压加氢分别生成己烷和正戊胺的反应。

开环聚合 ring-opening polymerization 环状单体 σ 键断裂后而聚合成线形聚合物的反应。杂环开环聚合物是杂链聚合物，其结构类似缩合物。因反应时无低分子副产物产生，故又有些类似加聚反应。如环氧乙烷开环聚合成聚氧乙烯，己内酰胺开环聚合成聚己内酰胺。常见用于开环聚合的单体类型有：环醚（环氧乙烷、环氧丙烷）、环酰胺（己内酰胺）、环酯（γ-丁内酯）、环烯烃、环硫化物、环缩醛等。

开杯闪点 open-cup flash point 见"闪点测定法"。

开放体系 open system 见"体系"。

开链烃 open-chain hydrocarbon 又称链烃、脂肪族链烃。分子中各碳原子以链状连结而无环状结构的碳氢化合物的总称。碳链可以是直链或带支链。按分子中所含碳氢原子的比数，可分为饱和烃（如乙烷 $CH_3—CH_3$）及不饱和烃（如乙烯 $CH_2=CH_2$、乙炔 $CH\equiv CH$）。

天然气 natural gas 是蕴藏在地层内的无色可燃性气体。是一种低分子量的饱和烃类气体混合物。主要成分是甲烷、丙烷、乙烷等烃类气体，有些含有氮、二氧化碳、硫化氢等非烃类气体。

天然气有纯天然气（又称油田气）、含油天然气、石油伴生气及煤层开采中伴生的煤层气。与煤、石油同属化石燃料。具有热值高、生产成本低、含碳量低等特点，是理想的清洁、高效的燃料。目前全球天然气工业发展迅速，许多城市把天然气用作燃料。

天然气化工　natural gas chemical industry　以天然气为原料生产各种化工产品的工业。以天然气为原料的化工产品可分为直接生产的产品和间接生产的产品。直接生产的产品又可分为由分离获得的化工产品（如硫黄、天然汽油、液化石油气及氨等）及通过各种化学反应获得的产品（如乙炔、二硫化碳、炭黑、甲烷氯化物、氢氰酸等）；间接生产的产品是先用天然气经蒸气转化制成合成气，再生产合成氨、甲醇及液态燃料等，由此再可生产一系列化工产品。目前以天然气为原料生产的合成氨及甲醇占这两种产品的 80% 以上。

天然气水合物　natural gas hydrates　一种由水分子和碳氢气体分子组成的结晶状简单化合物。其外形如冰雪状，通常呈白色，也有黄色、橙色。结晶体以紧密的格子构架排列，水分子通过氢键结合成笼形晶格，气体分子则在范德华力作用下被包围在晶格的笼形孔室中。由于天然气水合物通常含有大量甲烷或其他碳氢气体，极易燃烧，故又称为可燃冰，其密度为 $0.88 \sim 0.90 g/cm^3$。常见组分的水合物分子式为 $CH_4 \cdot 6H_2O$、$C_2H_6 \cdot 8H_2O$、$C_3H_8 \cdot 17H_2O$、$iC_4H_{10} \cdot 17H_2O$、$H_2S \cdot 6H_2O$、$CO_2 \cdot 6H_2O$ 等。形成天然气水合物的主要气体是甲烷，对甲烷分子含量超过 99% 的天然气水合物通常称为甲烷水合物。天然气水合物在自然界广泛分布在大陆、岛屿的斜坡地带、极地大陆架以及海洋和一些内陆湖的深水环境。其资源量丰富，是未来的燃料。

天然气加臭　gas odorizing　城市燃气（天然气或煤气）是具有一定毒性的爆炸性气体，一旦发生泄漏有引起着火、爆炸及人员中毒的危险。因此，要求对无臭的燃气加臭，以便在发生漏气时引起察觉。加臭使用加臭剂，常用的加臭剂是氢噻吩、乙硫醇及三丁基硫醇等。一般天然气中加臭剂的合理用量是，当空气中天然气浓度为 1% 时，即可被正常人的嗅觉鉴别到。

天然气制甲醇方法　synthetic methanol by natural gas　由天然气生产甲醇的主要工序为天然气脱硫、制合成气、甲醇合成及精馏等。原料天然气进入转化制合成气工序前需脱硫净化至含硫量小于 $(0.1 \sim 0.3) \times 10^{-6}$。脱硫天然气制合成气有蒸气转化、催化或非催化部分氧化等方法，而以蒸气转化法应用最广。是在高温下，在管式炉中于常压或加压下进行。甲醇合成是在一定温度、压力及催化剂作用下，由 CO、CO_2 与 H_2 反应生成含有高级醇、醚、酮及水分等杂质的粗甲醇。经精馏后制得精甲醇产品。

天然气制合成油　natural gas to synthetic oil 以天然气为原料制造合成油的技术。它主要由合成气生产、费-托合成、合成油处理及反应水处理四部分组成。生产合成气的方法有蒸气转化法、部分氧化法、自热转化法等；费-托合成是在镍、钴、铑等催化剂作用下，将 CO 高压加氢制成烃类混合物，可用以制取液体燃料及石蜡等；合成油加工是对石蜡或其他合成油产品进行加氢处理及产品分馏，以获得所需产品；反应水处理是将含有酸、醇、醛等物质的反应水经处理回收有用物质后再回用或排放。

天然气净化 natural gas purification 又称天然气调质、天然气处理。指除天然气中的含硫化合物、二氧化碳、水及固体物质等有害成分，必要时还添加必需组分的处理方法。使净化的天然气符合商品气标准或管输标准。

天然气轻烃回收 light hydrocarbon recovery of natural gas 又称天然气轻油回收。指脱除天然气中烃液，回收乙烷以上烃类的工艺过程。回收目的为：①控制烃露点，使其在管线输送时烃液不被析出，以免影响输气效率；②回收乙烷、液化石油气及天然汽油等组分，可掺回原油或直接对外销售，提高经济效益。回收轻烃的方法有吸附法、油水分离法及低温冷凝分离法等，而以低温冷凝分离法应用较广。

天然气脱水 dehydration of natural gas 指天然气进入输气系统前脱除天然气中的饱和水，使其在管线输送或冷却处理时不生成水合物，对含 CO_2 及 H_2S 的天然气可减缓对管线及容器的腐蚀。天然气脱水的常用方法有喷注水合物抑制剂、用溶剂（如甘醇）吸附脱水、使用固体吸附剂（如硅胶、分子筛、氧化铝等）脱水以及固-液联用法脱水等。

天然汽油 natural gasoline 又称稳定轻烃。指从天然气凝液中提取的、以戊烷及戊烷以上的烃类混合物。主要为饱和烃，也可能有少量芳烃。常温常压下为液体。其终沸点不高于 190℃。可用于调合车用汽油或用作裂解制烯烃的原料。

天然表面活性剂 natural surfactant 指由油脂等天然原料生产的表面活性剂。所用原料除油脂外，还包括以下物质：①以天然物质存在的表面活性物质，如卵磷脂、胆汁酸、甾醇等；②由天然物分解产物中得到的表面活性物质，如含水羊毛脂、高级脂肪醇等；③由天然物构成要素的再结合体得到的表面活性物质，如脂肪酸单甘油酯、失水山梨醇酯、蔗糖酯等；④由天然物质构成要素经化学处理得到的表面活性物质，如氨基酸单甘油酯和高级醇与环氧乙烷加成的产物。其中第一类产量有限，第二类已广泛用作洗涤剂及化妆品的原料；第三、四类由于安全无毒、易生物降解，日益受到重视。天然表面活性剂与以石油为原料生产的产品相比，具有安全无毒、易生物降解等优点。但在乳化、增溶、洗涤等方面性能稍差。经化学加工，其性能也能与合成表面活性剂的性能相接近。

天然焦 natural coke 又称自然焦。是煤层受岩浆热液高温烘烤、受热干馏而形成的焦炭。外观多呈钢灰色,常呈致密块状,垂直柱状发育、参差断口。有较高的硬度及抗碎强度,但有严重热爆性,大块焦在气化或燃烧时易碎裂成小块甚至粉末。有较高的燃点及灰分,其挥发分随产地变化较大。块状焦除可供立窑烧水泥和石灰外,经250℃以下加热预处理后可用作气化原料;低灰的天然焦可用于制造活性炭和代替焦炭用于生产电石。

天然橡胶 natural rubber 是橡胶树上流出的胶乳,经过凝固、干燥等工序加工而成的弹性固状物。橡胶烃含量达90%以上,还含有少量蛋白质、脂肪酸、糖分及灰分等。目前橡胶工业使用的,大都是三叶橡树上采集的天然橡胶,其基本成分为顺式-1,4-聚异戊二烯;而古塔波橡胶、巴拉塔橡胶、马来树胶、杜仲橡胶均为反式-1,4-聚异戊二烯,用途有限,产量甚微。按制法不同,天然橡胶可分为通用类、特种类及改性类。各类又可按质量水平或原料不同而分级。如通用天然橡胶又可分为颗粒胶、烟片胶、风干片胶及绉片胶等。天然橡胶具有优良的弹性、机械强度及良好的加工性能,易与同填料及配合剂混合,并可与多数合成橡胶并用。主要用于制造工业轮胎和民用橡胶制品。其主要缺点是耐油耐溶剂性及耐老化性较差,在非极性溶剂中会膨胀。

元反应 elementary reaction 见"基元反应"。

元素分析 elementary analysis 对有机化合物中的碳、氧、氢、氮、硫、磷、卤素等组成元素的分析方法。分为定性分析及定量分析两种。前者用于鉴定有机化合物中含有哪些元素;后者用于测定有机化合物中所含元素的百分含量。定性分析能为化合物类型和官能团定性提供依据;而纯化合物则可通过定量分析确定它的实验式。

元素有机聚合物 element organic polymer 见"高分子链"。

无机润滑脂 inorganic grease 指以微细粒结构的无机物经表面处理成为表面亲油的无机稠化剂后,稠化润滑油所制成的润滑脂。如膨润土润滑脂、硅胶润滑脂、炭黑润滑脂。它们具有较高的化学稳定性及热安定性。适用于高温、重负荷、低转速的机械润滑。

无机稠化剂 inorganic thickener 稠化剂的一类。指具有稠化作用的无机物。常用的有膨润土、硅胶、氮化硼及炭黑等。膨润土是以蒙脱石为主体的矿物,主要化学成分是 SiO_2、Al_2O_3。用作润滑脂稠化剂的膨润土需经表面改性,使其由亲水变为亲油,干燥粉碎后成为有良好耐高温性能的稠化剂。硅胶的主要成分是 SiO_2,按制备方法不同分为沉淀硅胶、气凝胶硅胶及发烟硅胶(即白炭黑)。硅胶稠化剂耐高温性能好、稠化能力强。但硅胶润滑脂的防护性及摩擦性能较差,不宜用作抗磨润滑脂的稠化剂,适宜用作密封或阻尼润滑脂的稠化剂。氮化硼稠化剂的耐高温性能优良,稠化能力也较强,可用作高温润滑脂的稠化剂。其缺点是制备较困难,价格较高。

无灰清净分散剂 ashless detergent dispersant 见"清净分散剂"。

无皂乳液聚合 soap-free emulsion polymerization 又称无表面活性剂或乳化剂的乳液聚合。是聚合前不加或只加入微量乳化剂(乳化剂浓度小于临界胶束浓度)的乳液聚合。多采用可离子化的引发剂,如阴离子型的过硫酸盐、阳离子型的偶氮烷基氯化铵盐等。这些引发剂可形成类似于离子型乳化剂结构的带离子性端基的聚合物链,起到乳化剂的作用。无皂乳液聚合克服了传统乳液聚合由于加入乳化剂而带来的诸如影响产物电性能、光学性能、表面性能及耐水性差、乳化剂消耗大等不足。可制备出单分散、表面光洁并带有各种功能基团的聚合物粒子。

无纸记录仪 paper-free recorder 一种无纸、无笔的电子化记录仪表。它也是一种图像显示设备,属于智能仪表范畴。是传统机械式记录仪的更新换代产品。它采用常规仪表的标准尺寸,以微处理器为核心,内置大量随机(存取)存储器,存储多个过程变量的大量历史数据,能够显示出过程变量的百分值和工程单位当前值、历史变化趋势曲线、过程变量报警状态、流量累积值等,提供多个变量值的同时显示,并进行不同变量在同一时段内变化趋势的比较,以便于进行生产过程运行状况和故障原因分析等。

无规立构聚合物 atactic polymer 又称无规聚合物。指构型单元或取代基在聚合物主链上呈无规则排列的聚合物。与等规聚合物及间规聚合物相比,由于立构规整性差,因而难以结晶,且熔点低,密度小,硬度小,机械强度差。如无规聚丙烯是甲基侧基在丙烯主链平面两侧无规则排列的一种聚丙烯立体异构体。其性能与等规聚丙烯相差很大,即在室温下呈胶状,不结晶,硬度及强度都小,仅可用于黏合剂、橡胶配合剂及铺路材料等。

无规共聚物 random copolymer 两种以上单体共同形成的大分子链中不同单体单元的排序是无规则的。如 M_1、M_2 两种单体共聚在得到的分子链中呈随机分布,没有一种单体能在分子链上形成单独的较长链段:
$$\sim M_1M_2M_2M_1M_2M_2M_1M_1M_2M_1M_1M_1M_2M_2 \sim$$
烯类单体自由基引发聚合时通常得到的是无规共聚物。如氯乙烯-乙酸乙烯酯共聚物。无规共聚物的性质与相应的均聚物有所不同,通常可获得两种均聚物性能综合的高聚物。

无规预聚物 random prepolymer 指未反应的官能团无规分布,聚合物的结构是不确定的。如酚醛树脂、脲醛树脂、醇酸树脂等。这类聚合物通常在加热、加压或加催化剂的情况下就可以进行交联固化,但交联反应比较难控制。

无规聚丙烯 atactic polypropylene 见"无规立构聚合物"。

无油润滑 oil-free lubrication 又称自润滑。运动机械的摩擦部分使用具有自润滑性的材料，如聚四氟乙烯、聚甲醛、聚酰亚胺等，无需再使用润滑油的润滑方式。如无油润滑压缩机系采用聚四氟乙烯、石墨等自润滑性材料制造活塞环、导向环、填料环等。由于不再向气缸内注油润滑，因而排出气体不带油，不污染环境。尤适用于要求纯度高或不能与润滑油接触的介质（如氧、乙烯、氢等）的输送或压缩。

无油润滑压缩机 oil-free lubrication compressor 见"无油润滑"。

无定形硅酸铝 amorphous aluminum silicate 见"硅酸铝"。

无损检测 non-destructive examination 又称无损探伤、非破坏性检验。为检测设备、压力管道及金属材料所存在各种缺陷而采取的非破坏性测试方法。常用检测方法有射线透照检测、超声检测、磁粉检测、电磁涡流检测及渗透检测等。

无铅汽油 unleaded gasoline 指含铅量在 0.013g/L 以下的汽油。无铅汽油中只含有来源于原油的微量的铅。在调和过程中不添加抗爆剂四乙基铅或四甲基铅，而是用其他方法提高汽油的辛烷值。如加入甲基叔丁基醚、甲基叔戊基醚、叔丁醇、甲醇等。使用无铅车用汽油可以减少汽车尾气排放中的铅化合物，减少环境污染。

无氧酸 hydracid 又称氢酸。由不含氧的多原子阴离子或单个原子阴离子与氢原子结合成的酸。常见的有氢氰酸（HCN）、氢碘酸（HI）、硫氰酸（HSCN）、六氟合硅酸（H_2SiF_6）等。

无烟火焰高度 smokeless-flame height 见"烟点"。

无焰炉 flameless furnace 一种采用无焰燃烧器的管式加热炉。一般由辐射室、对流室、余热回收系统、燃烧及通风系统等部分组成。炉体多为长方形，对流室在辐射室顶部，辐射室炉管在中间，可以立式或卧式排列。燃烧器在两侧炉墙上，使整个侧壁成为均匀辐射面，炉管排与炉墙距离较近。炉膛空间小，温度高。炉管受双面辐射，受热均匀，热强度大，并可分区调节温度。多用于乙烯高温裂解及烃类蒸气转化等过程。

无焰燃烧 flameless combustion 加热炉的一种燃烧形式。是气体燃料预先与空气按所需比例混合（一般混合气体内的空气过剩系数为 1.05～1.10）后在具有特殊结构的烧嘴表面发生的燃烧。由于燃料与空气混合均匀，又有烧嘴的分散及高温壁表面作用，整个燃烧是在完全燃烧方式下进行，因而不产生或基本不产生火焰。多用于大型辐射炉。

无焰燃烧器 flameless burner 又称无焰火嘴。一种高温辐射裂解炉常用的预混式气体燃烧器。主要由混合器及燃烧室两部分组成。气体燃料按比例先与空气混合,然后在燃烧器表面燃烧,燃烧火焰长度很短,燃烧所需时间极短。具有燃烧温度高、加热均匀、热效率高等特点。但只能使用气体燃料,且气体压力必须保持稳定。常用类型有板式无焰燃烧器、碗形无焰燃烧器及辐射墙式无焰燃烧器等。

专用沥青　special asphalt　又称特种沥青。指经特殊加工,具有特殊性质和专项用途的石油沥青的总称。种类很多,如电器绝缘沥青(用于电器工业及电力工程)、油漆沥青(可溶于溶剂配制成各种沥青漆)、管道防腐沥青(用于地面及埋入地下的管道涂敷或电缆的防腐、防潮)及乳化沥青(用于铺路、防水及防渗工程)等。

支化　branching　高分子聚合时,由于链转移或副反应而产生支化聚合物的过程。其产物称作支链型高分子化合物。如乙烯聚合时,单体分子能产生链自由基,并与其他单体分子聚合而形成支链化合物。表征支化高分子支化程度的物理量称作支化度或支化密度,可用红外光谱法或凝胶色谱法等方法测定支化度。聚合物的支化度是影响物性的重要因素,如其热塑性及可溶性等会随支化度不同而改变。

支化度　branching degree　见"支化"。

支化结构　branched structure　见"支链"。

支化聚合物　branched polymer　线型聚合物的一种。是线型长链分子上带有长短不等的支链的聚合物。如低密度聚乙烯,主链上带有 $C_3 \sim C_5$ 或更长的支链。它的密度及结晶度都低于线型低压聚乙烯。

支链　branched chain　又称侧链。有分支结构的开链化合物中接在主链上且较主链短的链。连结在环状烃上的开链也称作支链。高分子主链上带有一些长短不一的支链的分子结构称为支化结构。而向聚合物主链侧方向分支增长聚合链的反应则称为支链反应。凡是具有两个官能基团以上的单体都可产生支链反应,生成支链及网状结构,如双烯烃的共聚。

支链反应　branching reaction　见"支链"。

不可逆中毒　irreversible poisoning　又称永久性中毒。催化剂中毒类型之一。指毒物与催化剂活性组分相互作用,在活性中心位置形成了稳定的化合物,或造成其结构破坏,难以用一般方法将其除去,从而使催化剂永久地丧失部分或全部活性。如 Cu-Zn-Al 系低温变换催化剂氯中毒时出现新的物相,如 $Cu_7Cl_4(OH)_{10}(H_2O)$。表明催化剂结构已改变,即使将原料气中的氯毒除去,催化剂活性也不能恢复。

不可逆反应　irreversible reaction　在一定条件下,只能向一个方向进行的化学反应。也即逆反应速率可忽略的反应。当平衡常数很大,平衡显著倾向于生成物方面,或反应中生成气体、沉淀或很难离解的弱电解质时,均可认为是不可逆反应。而从化学动力学角度看,当正反应的活化能很小,逆反应的活化能很大时,则反应速率可忽略不计。

不对称分子 asymmetric molecule 又称手性分子。人的左右手具有实物与镜像的关系,但不能叠合。因此将一个物体或一种分子不能与其镜像叠合的性质称为手性。具有手性的分子,一般在一个碳原子上按四面体方式连接上四个互不相同的基团,形成手性分子。不具有手性的分子称为非手性分子。凡不具有任何对称因素的分子或只具有旋转轴对称因素的分子是手性分子。而一切具有更迭旋转对称轴的分子是非手性分子。所有手性分子都有旋光性,并导致产生对映异构体。乳酸是手性分子,无任何对称因素,它和它的镜像不能叠合。有左旋乳酸及右旋乳酸。

不对称合成 asymmetric synthesis 又称手性合成或不对称反应。指底物分子整体中的非手性单元经过反应剂不等量地生成立体异物产物的途径转化为手性单元的反应。也即是将潜手性化合物或潜手性单元转化为手性化合物或手性单元,以产生不等量的立体异构产物的过程。其中,反应剂可以是化学试剂、催化剂、溶剂或物理力(如圆偏振光等)。如 D-(+)-甘油醛是一个右旋的手性化合物,当在这个含有一个手性中心的不对称分子中的醛基发生氰解时,又生成一个新的不对称中心,结果得到一对非对映异构体:D-苏力糖腈和 D-苏藓糖腈,但这两种非对映异构体在量上是不相等的。不对称合成又可分为化学计量的不对称反应及催化不对称反应,而以后者反应效率更高。

不对称催化剂 asymmetric catalyst 又称手性催化剂。用于合成不对称分子即具有旋光性的手性分子所用的催化剂。无论是均相还是多相不对称催化剂,总含有旋光性物质作为不对称源,对反应起立体选择性的诱导作用。铑、铱金属配以不对称功能团作配位体就是一类重要的不对称催化剂。如在手性膦配体与过渡金属铑配合物对 α-酰胺基丙烯酸进行催化氢化合成光活性 α-氨基酸的反应中,铑与手性膦配体的配合物是不对称催化剂。目前这类反应使用的中心金属大多为铑及铱,手性配体多数为三价膦配体。

不对称碳原子 asymmetric carbon atom 又称手性碳原子。具有四面体结构的碳原子,即有机化合物中四个键与完全不同的原子或原子团相连结的碳原子。如乳酸中间的碳原子

$$CH_3-\overset{\displaystyle H}{\underset{\displaystyle OH}{C}}-COOH$$

形成手性中心。在分子结构式中,常以 C^* 表示不对称碳原子。多数含手性碳原子的分子为手性分子,并有旋光性。但也有少数含手性碳原子的分子不是手性分子。

不皂化物 unsaponifible matter 指

在规定的条件下不能与碱(氢氧化钠或氢氧化钾)起皂化反应的物质,如烃类、醇类、醛类、酮类等。是合成脂肪酸及石油酸的质量指标之一。通常以百分数表示。

不完全燃烧 incomplete combustion 见"燃烧产物"。

不饱和气 unsaturated gas 不饱和烃中的气态烃的总称,如乙烯、乙炔、丙烯、丁烯、丁二烯等。主要在天然气或石油裂解及其他化学反应时生成,是重要的石油化工原料。

不饱和烃 unsaturated hydrocarbon 分子结构中含有碳碳重键(碳碳双键或碳碳叁键)的开链碳氢化合物。与相同碳原子数的饱和烃相比,分子中的氢原子要少。烯烃(如乙烯、丙烯)、炔烃(如乙炔)、环烯烃(如环戊烯)都属于不饱和烃。不饱和烃几乎不存在于原油及天然气中,而存在于石油二次加工产品中。其化学性质较活泼,易在双键或叁键处发生加成、氧化、聚合等反应,也是引起油品性质不安定的因素。

不饱和脂环烃 unsaturated alicyclic hydrocarbon 见"脂环烃"。

不饱和脂肪酸 unsaturated aliphatic acid 见"脂肪酸"。

不饱和基团 unsaturated group 分子中含有双键或叁键的官能团。如乙烯基(—CH＝CH$_2$)、乙炔基(—C≡CH)、羰基(C＝O)、羧基(—COOH)及氰基(—C≡N)等。

不饱和溶液 unsaturated solution 在一定温度和压力下,某物质的溶液还能继续溶解该溶质时,称该溶液为不饱和溶液。不饱和溶液的特点是溶液里不存在溶解平衡,而且溶质的质量分数小于同温度、同种溶质的饱和溶液的质量分数。与过饱和溶液一样,不饱和溶液也是不稳定的。

不饱和聚酯 unsaturated polyester 分子主链中含有碳-碳不饱和双键(—C＝C—)的聚酯。如由饱和二元酸(己二酸、间苯二甲酸或对苯二甲酸、邻苯二甲酸酐等)和不饱和二元酸(马来酸酐等)的混合酸与二元醇共缩聚制得的线形聚酯。由于具有较好的光泽、硬度及耐磨性,其常用于制造涂料、胶黏剂及玻璃钢。不饱和聚酯的固化通常采用自由基引发剂(如过氧化二苯甲酰),同时配以适量的烯类单体(如苯乙烯、α-甲基苯乙烯等)。

不饱和酸 unsaturated acid 含有不饱和烃基的羧酸。如丙烯酸(CH$_2$＝CHCOOH)、2-丁烯酸(CH$_3$CH＝CHCOOH)。羧酸中的羟基(—OH)可以被卤原子、烷氧基、羧酸根及氨基所取代,分别生成酰卤、酯、酸酐及酰胺等羧酸的衍生物。

不饱和键 unsaturated bond 指烃分子结构中的碳原子间的双键或叁键。含不饱和键的有机化合物称为不饱和化合物,主要为不饱和烃及其衍生物。如乙烯、乙炔、氯乙烯、烯丙醇、丙烯腈等。不饱和化合物性质活泼,易在碳-碳双键或碳-碳叁键上进行加成,氧化、聚合等反应。

不挥发物 non-volatile matter 在规定试验条件下加热挥发后所得的残余物。

不相容性 incompatibility 组合物或共混物中两种或多种组分不能掺混成均匀混合物的性质。结果会产生诸如分离、沉淀、发浑、失光、起粒等影响制品性能的现象。

不溶物 insolubles 指石油或石油产品中不溶于正庚烷、正戊烷、苯及喹啉等的杂质。随着重油催化裂化技术的开发,对原料油的控制指标中,正庚烷不溶物是不可缺少的分析项目。正庚烷不溶物难以裂化,它的含量与催化剂积炭密切相关。正戊烷不溶物测定除用于裂化原料外,也用于加氢精制及加氢裂化原料油的控制分析,以避免过快污染催化剂,提高催化剂使用寿命。测定不溶物的方法有薄膜过滤法、离心-重量法、抽提-重量法等。

不稳态流动 unsteady flow 见"稳态流动"。

不凝气 incondensable gas 一般指减压蒸馏塔顶馏出物冷凝冷却时不能凝结下来的气体。主要为 $C_1 \sim C_4$ 烃类、水蒸气及少量空气的混合物。其来源主要是设备在负压下密封不严而漏入的空气、热分解放出的气体或因溶解度下降而析出的溶解气体等。不凝气虽然含量不多,如不及时排除则会使传热效果恶化。

尤迪克斯抽提过程 Udex extraction process 1952 年由美国环球油品公司(UOP)开发的芳烃抽提方法。此法早期采用二乙二醇醚及三乙二醇醚等二元醇作抽提溶剂。目前已改用四乙二醇醚作抽提溶剂,使生产能力提高、选择性改善、溶剂比降低。常用于重整生成油的芳烃抽提。

五氧化二钒 vanadium pentoxide 化学式 V_2O_5。又名钒酸酐。橙红色或红棕色斜方晶系针状结晶。无臭、无味。相对密度 3.357(18℃)。熔点690℃。700℃以上显著蒸发,其蒸气损害人的呼吸器官、眼黏膜及皮肤。1750℃分解。微溶于水,水溶液易成胶态,呈黄色并呈酸性。易溶于无机强酸和碱。化学性质不稳定,易被还原成低价氧化物。为两性氧化物,中等强度的氧化剂。属剧毒化学品,可经呼吸道、消化道进入人体内。广泛用作催化剂,也用于制造金属钒、钒化合物、瓷釉、涂料、染料等。可由偏钒酸铵热分解而得。

五氧化二磷 phosphorus pentoxide 化学式 P_2O_5。又名磷酸酐。白色晶体或粉末。相对密度 2.30。熔点420℃,沸点 340℃。升华温度 360℃。在空气中吸湿潮解。易与水化合成磷酸并放出大量热。溶于硫酸,不溶于丙酮和氨。有强腐蚀性,易聚合。在空气中与有机物接触会引起燃烧。用于制造高纯磷酸、磷酸盐、有机磷农药、光学玻璃等。也用作气体干燥剂、有机合成脱水剂、缩合反应催化剂、合成纤维抗静电剂等。可由黄磷熔融后经氧化燃烧而得。

五硫化二磷 phosphorus pentasulfide 化学式 P_2S_5。浅黄色至黄绿色结晶。有硫化氢的臭味及强吸湿性。相对密度 2.09(17℃)。熔点 286～290℃，沸点 513～515℃，燃点 300℃。蒸气压 0.13kPa(300℃)。溶于氢氧化钠溶液生成硫代硫酸钠，并放热变成黄色。遇水及湿空气能分解成硫化氢和磷酸。受摩擦易着火，燃烧后生成五氧化二磷和二氧化硫。与酸接触放出硫化氢有毒气体。易燃。有毒！粉末对眼睛、皮肤及黏膜有强刺激性及腐蚀性。用于制造含磷或含硫化合物、有机磷农药、表面活性剂等，也用作矿物浮选剂、硫磷型极压抗磨润滑油添加剂。由硫黄与黄磷直接反应而得。

五羰基铁 pentacarbonyl iron 化学式 $Fe(CO)_5$。黄色至深红色黏稠液体。相对密度 1.453。熔点 -20～-19.5℃，沸点 102.8℃，闪点 15℃。蒸气相对密度 6.74，蒸气压 5.332kPa(130.3℃)。几乎不溶于水、液氨，易溶于苯、乙醚、丙酮等溶剂。加热至180℃分解为 Fe 和 CO。在空气中能自燃，并生成 Fe_2O_3。在暗处稳定，遇光分解成 $Fe_2(CO)_9$ 及 CO。与浓硝酸和浓硫酸作用分别生成三价和二价铁盐。用作羰基化反应、异构化反应、不饱和脂肪酸酯加氢反应及聚合反应等有机合成催化剂，以及用作汽油抗爆燃剂。也用于制造高纯铁粉、磁带、磨蚀材料等。由铁粉与一氧化碳在高温高压下反应制得。

车用乙醇汽油 automotive alcohol gasoline 指在汽油组分油中，按体积比加入一定比例的变性燃料乙醇混配形成的一种车用燃料，也是汽车发动机专用的一种环保燃料，可有效降低和减少有害尾气的排放。它的标号有 E90#、E93#、E95#、E97# 等，即在汽油标号前加写字母"E"作为车用乙醇汽油的标号。

车用机油 motor oil 见"汽油机润滑油"。

车用汽油 automobile gasoline 汽油的一类，主要用作汽车、摩托车、拖拉机等汽化器式发动机的燃料。外观洁净透明，挥发性很强，闪点低。其组成为碳原子数约为 5～11 的各种烃类，已分离出的单体烃及有机硫化物达 500 多种。沸点范围 30～205℃，相对密度 0.70～0.78。空气中含量为 74～123g/m^2 时会遇火爆炸。车用汽油是按其辛烷值的高低以牌号来区分，国内目前使用的车用汽油牌号有 4 种：90 号、93 号、95 号及 97 号。90 号车用汽油的辛烷值在 90 以上，97 号车用汽油的辛烷值在 97 以上，余此类推。我国车用汽油的牌号采用研究法测定的数值。

车轴油 axle oil 用于润滑铁路机车、客货车辆的轴瓦、上下滑板、各部销轴、弹簧吊杆等的润滑油。是由矿物油馏分经脱蜡等工艺或加入降凝剂、增黏剂等添加剂调合而得。具有较低凝点、较高的黏度指数及抗磨性能。分为三个品种，即冬用油、夏用油及通用油。环境温度在5℃以上时使用夏用油，在5℃以下时使用冬用油，两者不能混用。冬季进入严寒地区的列车，需添加凝点在-55℃以下的防冻油。

车辆齿轮油　vehicle gear oil　用于车辆齿轮传动系统润滑油的总称。是各种车辆的变速器、驱动桥、转向器等齿轮传动机构所用的润滑油。系以石蜡基中性油或聚烯烃合成油为基础油，加入抗氧剂、防锈剂、抗泡剂及极压剂等添加剂调合制得。具有良好的油性、极压性、黏温特性和低温流动性，并具有较大的黏度。按使用性能分为普通车辆齿轮油、中负荷车辆齿轮油及重负荷车辆齿轮油三种类型，每一类中又根据黏度不同分为若干个牌号。可根据车辆齿轮类型选择合适性能等级，根据地区气温条件选择适当的黏度等级。

比电阻　specific resistivity　见"电阻率"。

比色分析法　colorimetric method　是通过比较溶液颜色的深浅来区别光的相对强弱，从而测定物质含量的方法。分为比较法及标准曲线法两种。比较法是将待测物质与含已知待测组分量的标准溶液在相同的条件下，同时配成有色溶液，装在厚度相同的比色皿内，分别测量其吸光度；标准曲线法是先制备一系列不同浓度的标准溶液，显色后，分别测量其吸光度，然后以浓度为横坐标，吸光度为纵坐标，绘出标准曲线，分析样品时也将样品与标准溶液作相同处理，测得吸光度后，即可从标准曲线上查出溶液的浓度。比色分析中常用的方法有目视比色法、光电比色法及分光光度法；而对气体物质的比色常采用检测管分析法。比色分析适于测定微量组分，测定物质的最低浓度为$10^{-6} \sim 10^{-7}$mol/L。

比色板色度　color-plate color　指用石油产品颜色测定法测定的色度。即用标准颜色玻璃制成的比色板，对比测定的石油产品的颜色分度。比色板系以0.5为间隔，将颜色由浅到深，从0.5～8.0共分为16个色号。当试样颜色与某一色号的标准玻璃比色板相同时，记录该色号，即为试样的色号。如果试样颜色介于两个色号之间，则以两个色号中较高的一个作为试样色号，并在色号前加"小于"字样。

比表面积　specific surface area　指单位固体物质的表面积，常指固体催化剂及吸附剂。催化剂的比表面积指单位重量催化剂的外表面及内孔表面的总和，用m^2/g表示。不同催化剂具有不同的比表面积。虽然许多催化剂的活性与其比表面积并不成简单的正比关系，但比表面积却是催化剂的最重要性质之一。通过比表面积测定可以了解催化剂的烧结、失活及中毒等情况。测定比表面积的方法有BET法及色谱法等。

比转数　specific speed　表示风机、离心泵、轴流泵等流体输送机械的性能及形状的指标之一。指在相似条件下，改变一个叶轮的大小，使之在单位总扬程下获得单位流量时每分钟的转数。比转数大小可以表明风机和泵的流量与扬程间的关系。同一型号的泵，比转数越大，则扬程越低，而流量越大。

API 比重 API gravity 美国石油学会制定的一种石油及石油产品的比重单位。用°API 表示。其范围从 0～100。它与比重 60/60°F 的关系为：

$$°API = \frac{141.5}{比重\ 60/60°F} - 131.5$$

或

$$°API = \frac{141.5}{d_{15.6}^{15.6}} - 131.5$$

由上式可知，相对密度越小，其相应的°API越大，而越重的原油则°API越小。

API 比重计 API hydrometer 以°API为标度的比重计。用于石油及石油产品的度量。当液体比重为 1 时，其API比重为 10。

比活性 specific activity 催化活性的表示法之一。指被测试的催化剂的空间速度，与标准催化剂达到被测试催化剂相同转化率时空间速度之比。

比热 specific heat 见"质量热容"。

比热容 specific heat capacity 见"质量热容"。

比容 specific volume 单位质量物质的体积，单位为 m^3/kg。即比容与密度成倒数关系。

比黏度 specific viscosity 见"相对黏度"。

切割 cut 将原油或其他液体混合物分馏成不同组分的操作。切割一个馏分的温度分界点称为切割点，每个馏分的初沸点或终沸点都是切割点。而按要求切割出来的馏分油称为切割馏分。

切割点 cut point 见"切割"。

切割馏分 cut fraction 见"切割"。

互变异构体 tautomer 构造异构体的一种。指由于分子中某一原子可以在分子中两个位置移动而产生的两种异构体。是官能团异构体的一种特殊形式。常见的互变异构是氢原子在分子中两个位置上互相变化，形成可逆平衡。如丙酮（$CH_3—\overset{\overset{O}{\|}}{C}—CH_3$）与 2-丙烯醇（$CH_3—\underset{\underset{OH}{|}}{O}=CH_2$）。

互穿聚合物网络 interpenetrating polymer network 简称 IPN。一类高分子合金。是由两种或多种互相贯穿的交联聚合物组成的共混物。其中至少有一种组分是紧邻在另一种组分存在下交联或聚合的。其特点是组分聚合物均各自独立交联（可以是化学也可以是物理交联），形成某种程度互穿的网络。按结构划分有：①全 IPN，为含两种不同化学交联网络的聚合物；②半 IPN，为含两种相同化学交联网络的聚合物；③接枝型 IPN，为一种线形高分子接在另一种聚合物网络上的产物；④物理交联 IPN（又称热塑性 IPN），为含玻璃化微区、离子微区和结晶微区之一的两种聚合物组成的 IPN。此外，按合成方法划分,还可分为分步 IPN、梯度 IPN、同步 IPN、胶乳 IPN 及共混 IPN 等。

瓦克乙醛制造法 Wacker process for acetaldehyde 又称乙烯络合氧化法。是乙烯在 $PdCl_2$-$CuCl_2$ 催化剂作用下,用空气或氧气直接氧化生产乙醛的方法。反应由三个基本氧化还原反应组成:①乙烯在催化剂水溶液中选择氧化,被氯化钯氧化成乙醛,同时析出金属钯;②金属钯被氯化铜溶液氧化,使钯盐的催化性能恢复,而氯化铜被还原为氯化亚铜;③氯化亚铜在盐酸溶液中迅速被氧化为氯化铜。反应中 $PdCl_2$ 是催化剂,$CuCl_2$ 实质上是氧化剂,也称共催化剂。没有 $CuCl_2$ 的存在就不能完成此催化过程,氧的存在也是必要的。其作用是将低价铜重新氧化转变为高价铜,以使反应过程顺利进行。此法工艺过程简单、乙醛收率高、副反应少,是目前生产乙醛最经济的方法。

瓦斯油 gas oil 原油分馏得到的一种馏分。沸点范围为 200～500℃。由常压塔蒸馏出的瓦斯油称为常压瓦斯油或粗柴油。因曾用作制造照明用气的原料,故名瓦斯油。常压瓦斯油为 200～380℃馏分。用于制造航空煤油、轻柴油及重柴油。由减压塔馏出的瓦斯油称作减压瓦斯油或蜡油。用于生产变压器油或润滑油,也用作催化裂化进料。瓦斯油也可用作生产烯烃的裂解原料,但乙烯收率较低、副产物较多。

区域熔融法 zone melting method 见"熔融结晶"。

【 丨 】

止回阀 check valve 又称止逆阀、单向阀。用于防止管路中流体逆向流动的阀门。当介质顺向流动时,阀瓣开启;介质逆向流动时,阀瓣自动关闭。按结构不同,可分为旋启式及升降式两种。前者的阀瓣是围绕密封面作旋转运动,阻力比升降式小,但密封性较差;后者的阀瓣垂直于阀体通道作升降运动。止回阀一般应安装在水平管道上,但立式升降式止回阀必须安装在垂直管道上。小尺寸的旋启式止回阀也可安装在垂直管道上。

中子活化分析 neutron activation analysis 简称 NAA。是一种测定元素和同位素的仪器分析方法。待测样品中的稳定核素在辐照中与轰击粒子(中子)发生核反应,产生指示放射性核素,指示放射性核素在衰变过程中会产生不同种类的射线,检测这些射浅(特别是 γ 射线)便可进行定性、定量分析。其特点是能对试样中痕量和超痕量组分精确定量。常用于环境样品及高纯物质分析。

中心离子 center ion 见"配位化合物"。

中心馏分 heart cut 见"中间馏分"。

中水 reclamied water 指各种排水经处理后,达到规定的水质标准,可在生活、市政、环境等范围内杂用的非饮用水。它以水质作为区分标志。其水质介于生活自来水（上水）与排入管道内污水（下水）之间，故得名。

中水系统　reclamied water system　指供应中水的系统。是由中水原水收集、贮存、处理及中水供给等工程设施组成。按服务范围可分为建筑中水系统、区域中水系统及城镇中水系统三种。建筑中水系统是在一栋或几栋建筑物内建立的中水系统；区域中水系统及城镇中水系统是在小区及城镇内建立的中水系统。小区主要是居住小区，也包括学校、机关大院等集中建筑区，统称建筑小区。

中平均沸点　mean average boiling point　石油和石油产品平均沸点表示法之一。指立方平均沸点与实分子平均沸点的算术平均值。用于求油品的氢含量、特性因数、假临界压力、燃烧热及平均相对分子质量等。参见"平均沸点"。

中央循环管式蒸发器　evaporator with central downcomer　又称标准蒸发器。一种广为使用的竖管式蒸发器。加热室如同列管式换热器一样，由 1～2m 长的竖式管束组成，称为沸腾管。中间有一直径较大的管子，称为中央循环管。其截面积等于其余加热管总截面积的 40%～100%。由于截面积较大，管内的液体量比小管要多，而小管的传热面积相对较大。加热时小管内的液体温度比大管中高，液体在小管内沸腾，自下而上流动，再由中央循环管

自上而下流动，不断地循环。这种蒸发器结构简单，操作可靠。但溶液循环速度低，一般为 0.4～0.5m/s 以下。故传热系数较小，不适用于蒸发黏度较大及容易结垢的溶液。

中压加氢改质　medium pressure hydroupgrading　其基于加氢裂化的基本原理，将中压加氢裂化及缓和加氢裂化所加工的原料延伸到催化裂化柴油馏分，在中压条件下使富含芳烃的催化裂化柴油馏分加氢脱硫、部分芳烃加氢饱和开环裂解，生产部分高芳烃潜含量的石脑油，降低柴油馏分中的芳烃含量，提高其十六烷值的改质工艺过程。操作压力一般为≤10MPa。

中压加氢裂化　medium pressure hydrocracking　一种中压条件下的加氢型裂化技术。操作压力一般为≤10.0MPa，转化率＞40%。可在低投入下最大限度地生产中间馏分油。但在原料性质较差时，难以生产高质量的中间馏分油产品。

中间体　intermediate　又称中间化合物。指在有机合成过程中得到的各种中间产物的总称。一般指石油化工、有机合成等生产中结构较为简单的化工产品。它可以是其他产品的原料或本身是一种产品。如苯经硝化成硝基苯，再经还原成苯胺，苯胺是生产染料、树脂、药物等多种产品的中间体。

中间试验　pilot plant test　又称放大实验、半工业实验，简称中试。一种新技术、新工艺、新产品开发过程中，从

实验研究到工业生产过程的一个中间步骤。其目的是为工程放大取得必要的数据，并取得一定量的目的产品供鉴定或工业应用试验所用。中间试验所用物料、工艺条件及设备结构应与工业生产条件一致，以揭示放大产生的工程问题，降低过程开发的风险。中间试验的规模主要决定于实验内容及工艺类型。

中间基原油 intermediate base crude oil 又称混合基原油。性质介于石蜡基原油与环烷基原油之间的一类原油。其特性因素 K 值为 11.5～12.1。这类原油的烷烃和环烷烃含量基本相近。我国按原油类别的不同，制订出润滑油基础油的规格，其中包括以中间基原油生产的中间基础油系列。

中间馏分 middle fraction 又称中心馏分或中间馏分油。指原油蒸馏时，沸程处于轻馏分与重馏分之间的中段馏分。如常压蒸馏时，处于塔顶汽油和塔底重油之间的侧线馏分。一般指煤油、柴油馏分。

中间馏分回流 heart cut recycle 见"循环回流"。

中变催化剂 median temperature shift conversion catalyst 即一氧化碳中温变换过程使用的催化剂。是以 Fe_3O_4 为主要活性组分的铁铬系催化剂。一般含 Fe_2O_3 80%～90%，含 Cr_2O_3 7%～11%，并含有 K_2O、MgO 及 Al_2O_3 等成分。其中 Cr_2O_3 的作用是将活性组分 Fe_2O_3 分散，使其具有更丰富的微孔结构和较大的比表面积，防止 Fe_2O_3 结晶长大，提高催化剂的机械强度和使用寿命。K_2O 有促进催化剂活性的作用，MgO 及 Al_2O_3 可提高催化剂耐热性。由于 Fe_2O_3 对一氧化碳变换反应无催化作用，只有用氢气或一氧化碳将其还原成 Fe_3O_4 后才具催化活性。

中性油 neutral oil 润滑油基础油黏度等级按赛氏通用黏度等级划分，其数值为某黏度等级基础油运动黏度所对应的赛氏通用黏度整数近似值。低黏度组分称为中性油，黏度等级以 40℃赛氏通用黏度(s)表示；高黏度组分称为光亮油，黏度等级以 100℃赛氏通用黏度(s)表示。

中性含硫化合物 neutral sulfur compounds 见"含硫化合物"。

中油 middle oil 煤炭干馏所得煤焦油分馏中 170～230℃ 的馏分。其中富含萘、苯酚、吡啶、香豆酮等成分。将此馏分精馏时，所得 210～230℃ 的馏分称为酚油；210～218℃ 的馏分称为萘油。酚油可用于加工成苯酚、甲酚、二甲酚等；萘油可加工成萘、甲基萘及吡啶等。

中沸点溶剂 mid-boiling solvent 沸点范围在 100～150℃ 的一类溶剂，如丁醇、戊醇、甲苯、二甲苯、氯苯、环己酮、乙酸戊酯、碳酸二乙酯等。常用于橡胶加工或再生、硝基喷漆等。

中毒 intoxication 指人体在有毒化学品作用下发生功能性及器质性改变后出现的疾病状态。在生产过程中由于接触化学毒物引起的中毒称为职业中毒。根据中毒症状发展的快慢，一般可分为急性中毒、亚急性中毒及慢性中毒。常见的职业中毒有刺激性气体（如氯气、光气、二氧化硫）中毒、窒息性气体（如二氧化碳、一氧化碳、硫化氢）中毒、铅中毒、汞中毒、苯中毒等。

中和热 heat of neutralization 指在酸和碱的稀溶液中，发生中和反应生成 1 摩尔水时放出的热量。强酸和强碱在稀溶液中发生中和反应的中和热是个常量。

$$H^+ + OH^- \longrightarrow H_2O + 57.32kJ$$

弱酸与弱碱参加的中和反应的中和热则低于此值。弱酸、弱碱在溶液中不能完全电离，中和反应的同时，继续发生电离而吸收热量，导致中和热降低。弱酸及弱碱不同，它们发生中和反应时的中和热也不尽相同。

中和滴定法 neutralization titration method 见"酸碱滴定法"。

中段循环回流 intermediate circulating reflux 见"循环回流"。

中温双功能异构化催化剂 medium temperature dual functional isomerization catalyst 见"异构化催化剂"。

中温变换 median temperature shift conversion 见"二段变换"。

内回流 internal reflux 又称热回流。指在精馏塔的精馏段内从塔顶逐层溢流下来的液体。即在塔顶装有部分冷凝器，将塔顶蒸气部分冷凝成液体回流，回流温度与塔顶温度相同（为塔顶馏分的露点）。由于它只吸收潜热，所以，取走同样的热量，热回流量比冷回流量大。除塔顶的第一层塔板外，塔内各层板上的液相回流一般为热回流。热回流也可有效地控制塔顶温度。由于塔顶部分冷凝器安装困难、易腐蚀，因此炼油厂很少采用。但因其密封性好，对有毒易聚合的产品用热回流较好，故常用于小型化工厂。

内回流比 internal reflux ratio 指精馏塔的塔顶冷凝回流量与塔顶总蒸出量（即塔顶冷凝回流量与塔顶产品量之和）的比值。

内标物 internal standard matter 见"内标法"。

内标法 internal standard method 指在已知量的试样中加入能与所有组分完全分离的已知量的内标物（一种纯物质），用相应的校正因子校准待测组分的峰面积并与内标物的峰面积进行比较。按下列公式求出被测组分的百分含量：

$$X_i\% = \frac{m_s \cdot A_i f_{si}}{mA_s} \times 100$$

式中，X_i 为试样中某组分 i 的百分含量；A_i 为组分 i 的峰面积；A_s 为内标物的峰面积；m_s 为内标物的质量；m 为试样的质量；f_{si} 为组分 i 与标准物质相比的校正因子。

采用内标法时，所用内标物应是试样中不存在的物质，纯度要高，既能和样品互溶，又不能有化学反应，而且能完全分离。内标物的峰还应在被测组分峰的附近。

内配合物 inner complex 见"螯合

物"。

内盐 inner salt　有机分子中同时存在着酸性基及碱性基,由它们相互作用而在分子内形成盐的化合物。为两性离子化合物或偶极离子化合物。如甜莱碱、卵磷脂、氨基苯磺酸等。自然界广泛存在的氨基酸,因其分子中同时存在 α-氨基及羧基,故主要以内盐形式存在。以内盐形式存在的有机化合物,有较强的分子极性及亲水性,一般熔点都较高。

内浮头式换热器 internal floating head exchanger　见"浮头式换热器"。

内浮顶罐 internal floating roof tank　见"浮顶罐"。

内混式蒸气雾化燃烧器 internal mixing type steam atomizing burner　见"燃油燃烧器"。

内酯 lactone　又称环酯。由羟基酸分子内羟基(—OH)和羧基(—COOH)脱去一分子水而成的环状结构的酯。按环的大小可分内 α-内酯、β-内酯、γ-内酯及 δ-内酯等,常见的有 β-丙内酯、γ-丁内酯、δ-戊内酯、ε-己内酯等。一般是液体或易熔的固体。与苛性碱作用,开环而生成相应的盐。也可在催化剂作用下发生开环聚合反应,生成高分子量脂肪酸族聚酯。

内循环微分反应器 internal recycle differential reactor　见"微分反应器"。

内增塑剂 internal plasticizer　按增塑剂加入到聚合物中的方式可分为外增塑剂及内增塑剂。平常所说的增塑剂主要指外增塑剂,是通过物理混合方法加入到聚合物中的一种增塑剂。内增塑剂是在聚合过程中加入并能起到增塑作用的第二单体,含有能通过化学反应增塑聚合物的化学基团来改善聚合物可塑性能。如氯乙烯与乙酸乙烯酯共聚制成的树脂,比氯乙烯均聚物更加柔软。内增塑剂的使用温度较窄,通常仅用于可挠曲的塑料制品中。

内醚 inner ether　见"环醚"。

内燃机 internal combustion engine　指按内燃循环工作的一种发动机。按所用燃料不同可分为汽油机、柴油机、航空喷气发动机及煤气机等;按其运动特性,可分为往复式发动机及转子发动机;按完成一个循环所需的往复次数,可分为二冲程发动机及四冲程发动机。内燃机广泛用于机车、汽车、拖拉机、船舶等。

内燃机润滑油 internal combustion engine oil　又称发动机润滑油。指供各种内燃机润滑、冷却、密封及清洗用的润滑油。它包括汽油机润滑油、柴油机润滑油、内燃机车润滑油、航空喷气机润滑油及 $20^{\#}$ 航空润滑油等。它们是以深度精制的矿物油或合成烃油为基础油并添加专用添加剂所制成的优质润滑油。润滑的部位主要有主轴承、凸轮轴、连杆轴、减速齿轮、活塞环及汽缸内壁等。

贝壳松脂-丁醇试验 kauri-butanol test　测定石油系烃类溶剂溶解能力的

常用方法。试验时将 100g 贝壳松脂溶于 500g 丁醇中配制成标准溶液。在温度为(25±2)℃下,取 20g 贝壳松脂-丁醇溶液滴加烃类溶剂,测定至出现沉淀或浑浊时的毫升数。数值越大表示烃类溶剂的溶解能力越强。一般芳香烃溶剂的数值高,脂肪烃溶剂的数值低。

贝壳松脂-丁醇值 kauri-butanol number 又称 KB 值。指由贝壳松脂-丁醇试验所得数值。用以判别石油系烃类溶剂的溶解能力。如石油醚、戊烷、己烷、庚烷及辛烷的 KB 值分别为 25、25、30、35.5、32;工业纯苯、甲苯及二甲苯的 KB 值分别为 107、106、103。

【丿】

气化 vaporization 见"汽化"。

气动工具油 pneumatic tool oil 见"风动工具油"。

气动输送 pneumatic transport 见"稀相输送"。

气体灭火剂 gas extingushing agent 以气体作为灭火介质的灭火剂。可以由一种气体组成,也可以由多种气体组成。按其物理性质可分为液化气体灭火剂及非液化气体灭火剂。二氧化碳气体灭火剂的灭火作用在于窒息、冷却,而且不导电、不污损仪器设备,适用于扑救各种易燃液体火灾及电气火灾。卤代烷灭火剂由一些具有不同程度灭火作用的低级烷烃的卤代物组成,如二氟-氯-溴甲烷、三氟-溴甲烷等。适用于扑救各种可燃、易燃固体、液体火灾和电气火灾。由于卤代烷灭火剂对大气臭氧层有破坏作用,我国于 1994 年起在非必要场所停止使用,至 2005 年停止生产,2010 年全部淘汰卤代烷灭火剂。目前,作为卤代烷灭火剂的替代物—新型的洁净气体灭火剂已开始应用,常用的有七氟丙烷灭火剂、烟烙尽灭火剂、三氟甲烷灭火剂等。

气体压缩机 gas compressor 指用于压缩和输送除空气以外的其他气体的压缩机。如天然气压缩机、烃类气体(如乙烯、丙烯、丙烷等)压缩机、惰性气体(CO、CO_2、氩、氮等)压缩机、化学活性气体(如氯气)压缩机、其他气体(如氧气、一氧化二氮等)压缩机等。广泛用于石油化工、钻探、冶金等行业。这类压缩机往往需使用专用的润滑油。参见"压缩机"。

气体压缩机油 gas compressor oil 用于润滑气体压缩机零件(气缸、阀门),并用作压缩室密封介质的润滑油。按组成和特性分为五种,即 DGA(矿油型)、DGB(特定矿油)、DGC(常用合成液)、DGD(非烃合成液)、DGE(常用合成液)。如 DGA 气体压缩机油可用于压力小于 10^4kPa 的氮、氢、氨、氩、二氧化碳等气体压缩机及任何压力下的氦、氩、二氧化硫、硫化氢等气体压缩机。

气体吸收 gas absorption 见"吸收"。

气体空间速度 gas hourly space velocity 简称 GHSV。又称气体空速、气

体时空速度。指单位时间内通过单位催化剂量(或单位有效反应容积)的反应气体量。以 h^{-1} 表示。

气体直接压缩式热泵精馏 gas direct compression heat pump distillation 热泵精馏技术的一种。是直接以精馏塔塔顶蒸汽作为工质的热泵精馏。塔顶蒸汽直接进入压缩机压缩升温,之后作为热源进入塔釜再沸器,其冷凝热供釜液再沸,冷凝液经节流阀后进入塔顶冷凝器进行冷凝,一部分回流,一部分作为产品采出。主要适用于塔顶蒸汽无腐蚀性及塔顶和塔釜温差较小的场合。而对沸点差较大物系的分离,可采用双塔式热泵精馏流程。此法的主要缺点是压缩机操作范围较窄,控制不便,易引起塔操作的不稳定。

气体脱硫 gas desulfurization 通常指脱除天然气、油田气、炼厂气、液化气或其他烃气中的硫化氢。方法很多,基本上分为干法脱硫及湿法脱硫两大类。干法脱硫是利用脱硫剂对某些有机硫转化吸收或利用物理、化学吸收脱除原料中 H_2S 的过程。具有脱硫精度高、设备简单、操作平稳等特点。常用干法脱硫剂有氧化锌脱硫剂、活性炭脱硫剂、氧化铁脱硫剂、铁锰脱硫剂等。湿法脱硫是用液体吸收剂洗涤气体,以除去气体中的硫化物。按所用吸收剂不同,可分为采用有机溶剂为吸收剂的物理吸收法、采用弱碱性溶液为吸收剂的化学吸收法,以及采用碱性溶液为吸收剂的湿式氧化法等。我国炼厂干气脱硫常采用以弱碱性溶液(醇胺类)为吸收剂,吸收干气中的酸性气体 H_2S,同时也吸收 CO_2 及其他含硫杂质。

气体输送设备 gas transporation facilities 用于压缩及输送气体设备的统称。主要用于气体输送、产生高压气体及产生真空等用途。按结构分有离心式、往复式及旋转式等类型。一般按其终压(出口表压)或压缩比(气体加压后与加压前的绝压之比)将气体输送设备分为四类:① 通风机,终压不大于 15kPa;②鼓风机,终压为 15～300kPa,压缩比小于 4;③压缩机,终压在 300kPa 以上,压缩比大于 4;④真空泵,在容器或设备内造成真空。

气体溶解度 gas solubility 见"溶解度"。

气体膜分离 gas membrane separation 是指利用气体混合物中各组分在膜中渗透速率的不同而使各组分分离的过程。其原理是以压差为驱动力,依据气体组分在膜内的溶解度和扩散系数的差别实现分离。气体分子先被吸附到膜的表面溶解,然后沿浓度梯度在膜中扩散,最后从膜的另一侧解吸出来。使用时要根据分离对象选择合适的膜。目前,气体膜分离技术已用于合成氨弛放气中回收氢气、天然气提氢、三次采油中 CH_4/CO_2 的分离等。所用气体分离膜产品有氮氢膜分离器及膜法空气富氧技术等。

气体燃料 gas fuel 常温常压下呈气体状态的燃料。可分为天然气体燃料(如天然气、油田伴生气、沼气等)及合成气体燃料(如水煤气、发生炉煤气、焦炉气及氢气等)。此外还有由石油加工所得的石油气及炼铁过程中产生的高炉气等。按气体燃料发热值高低可区分为低热值气体(如发生炉煤气、高炉气)、中热值气体(如焦炉气)及高热值气体(如天然气、炼厂气等)。用于供热、发电或作为发动机能源,也用作化工原料。

气体燃烧器 gas burner 又称燃气燃烧器或燃气火嘴。一种燃烧气体的装置。按燃料与空气混合情况可分为:①预混式气体燃烧器。燃料气和空气在喷嘴内已预先混合均匀,燃烧过程在燃烧道内完成,炉膛内无火焰,故又称无焰燃烧器。②外混式气体燃烧器。燃料气与空气在喷嘴之外一边混合一边燃烧。常用的有双火道气体燃烧器。③半预混式气体燃烧器。燃料气在喷嘴内同一部分空气(一次风)预先混合,另一部分空气(二次风)靠外部供给。常用的有辐射墙式无焰燃烧器。

气阻 vapor lock 指汽油在未进入气缸以前,在输油管路中提前气化,造成油路输油量不稳,从而使进入气缸的汽油量时多时少,影响正常燃烧的现象。其原因之一是该汽油中轻组分过多,从而使油品的气化能力太强所致;另一原因是当地气温太高,从而使油品的蒸发能力加大所致。防止气阻的措施是,冬夏季和不同气候的地区采用不同标准的汽油。

气态污染物 gaseous pollutant 大气污染物的存在状态之一,以气体状态存在于大气之中。主要的气态污染物有含硫化合物(如二氧化硫、硫化氢、三氧化硫)、含氮化合物(如一氧化氮、二氧化氮、氨)、碳的氧化物(如一氧化碳、二氧化碳)、卤素化合物(如氯化氢、氟化氢)以及碳氢化合物(如甲烷)等。气态污染物主要来源于化石燃料燃烧、工业废气、汽车排放尾气等。

气态烃 gaseous hydrocarbon 指常温常压下以气体形式存在的低分子碳氢化合物。包括 $C_1 \sim C_4$ 的烷烃、烯烃及炔烃。气态烃是炼厂气的主要成分,炼厂气有的含有烷烃,有的含烯烃,有的还含有少量非烃组分及 H_2、H_2S、CO_2、CO、NH_3 等无机组分。天然气中大部分也为甲烷及乙烷等气态烃。气态烃是高热值的民用及工业燃料,也是石油化工的原料。

气味试验 odor test 指用闻气味的方法判断油品精制程度。如优质石蜡没有臭味,而某些石蜡具有臭味是由于其中含有有臭味的杂质(如含硫、含氧、含氮化合物及一些芳烃)所致,表明其精制程度较差。气味试验是将涂片试样置于无气味的纸或玻璃纸上,由评定员用闻气味的方法对试样进行气味评定,并给出适合于试样气味强度的等级号。

气固输送 gas-solid transportation 指气体和固体颗粒在管道中按工艺要求的方向稳定流动,不出现倒流和堵塞等异常现象的输送过程。通常分为稀相输送及密相输送。一般将输送系统气固混合密度小于 $100kg/m^3$ 或空隙率大于 90% 称作稀相输送，反之称为密相输送。气固输送是催化裂化装置的一项重要技术，要求气固接触均匀、颗粒磨损小、操作平稳、输送效率高且易控制。

气油比 gas-to-oil ratio　指标准状态下（273℃、0.1MPa）循环气体积流量与进料体积流量之比。单位为 Nm^3（气）/m^3（油）。影响气油比的因素有循环气量、原料进料量及系统压力降等因素。

气泡相 bubble phase　见"聚式流态化"。

气相回流 gas phase reflux　指分馏塔提馏塔中上升的蒸气。气相回流是由塔底再沸器供热或从塔底引入过热蒸汽，促使较轻组分平衡汽化形成的。其作用是利用气相回流与提馏段下降液体的接触，使液体提浓变重，成为合格产品从塔底抽出。

气相色谱法 gas chromatography　又称气相层析法。是以气体作为流动相的色谱法。作为流动相的气体称为载气，如氮、氢、氦、二氧化碳等。根据使用的固定相不同可分为两类，即气-固色谱及气-液色谱。以多孔型固体为固定相的为气-固色谱；将固定液涂在惰性载体上作固定相的为气-液色谱。气相色谱法的特点是灵敏度高、选择性好、样品用量少、分析速度快、应用范围广。缺点是不能用于热稳定性差、蒸气压低

及离子型化合物等的分析。

气相防锈油 vapor anti-rust oil　指在润滑防锈两用油基础上加入油溶性气相缓蚀剂的一类防锈油。是由矿物基础油、油溶性防锈剂（如石油磺酸钡、石油磺酸钠）、气相缓蚀剂（如辛胺二环己胺、三丁胺基辛酸盐、癸酸三丁胺、苯三唑三丁胺等）及其他辅助添加剂等调制而成的。使防锈油既具有良好的接触防锈性，又有一定的不接触防锈性。作为发动机、传动装置、齿轮箱、压缩机、高压油泵等密闭系统内腔金属表面的防锈与润滑两用油。具有使用方便、可中和氢溴酸及抗盐水性强等特点。

气相非均一系 gas phase non-uniform system　又称气相悬浮系。指在气体中悬浮着固体或液体微粒的系统。它是以气体为分散介质（分散外相），作为分散物质的固体或液体微粒，则悬浮其中。根据所含悬浮粒子的大小和性质不同，可分为机械性及凝聚性两类。机械性微粒主要为飞扬而悬浮于气体中的尘灰，微粒大小通常在 $5\sim10\mu m$ 之间；凝聚性微粒系由气体或蒸气质点的凝聚，或由两种气体或蒸气经过化学反应所形成。凝聚形成的微粒，固体称为烟，液体称为雾。如氯化氢与氨气相遇形成氯化铵烟，三氯化硫与水蒸气相遇形成硫酸雾。烟与雾的大小通常在 0.3 $\sim3\mu m$ 之间。在气相非均一系中，悬浮的微粒可通过离心力、重力、过滤及电学等方法使其沉降捕集。

气相氧化反应 gas phase oxidation

reaction　见"催化氧化"。

气相预硫化　gas phase presulfurization　见"干法预硫化"。

气相悬浮系　gas phase suspension system　见"气相非均一系"。

气相缓蚀剂　vapor corrosion inhibitor　又称挥发性防锈剂、气相防锈剂。是指一类具有挥发性或升华性，散布在周围空气中，并能吸附在金属表面上，防止金属生锈的物质。种类很多，有无机盐类、有机胺类、酯类等。能防护铁、铝金属的有亚硝酸钠、苯甲酸钠；能防护铜、镉和合金的有苯甲酸钠、二乙醇胺；能防护钢、铁的有亚硝酸二环己胺、癸酸三丁胺、苯三唑三丁胺、碳酸环己酯等。

气相催化反应　gas phase catalytic reaction　均相催化反应的一种。反应物及催化剂均为气体的催化反应。如乙醛的气相热分解，在不加催化剂时，其热分解反应为：

$$2CH_3CHO \longrightarrow 2CH_4 + 2CO_2$$

在加入催化剂碘蒸气后，反应分成两步进行：

$$CH_3CHO + I_2 \longrightarrow CH_3I + HI + CO$$

$$CH_3I + HI \longrightarrow CrI_4 + I_2$$

在上述气相催化反应中，催化剂加入使反应历程发生改变，并使反应的活化能从 $190kJ \cdot mol^{-1}$ 降低到 $13.6kJ \cdot mol^{-1}$。

气相聚合　vapor phase polymerization　单体在气态下或以气态方式进料所进行的聚合。如以齐格勒-纳塔催化剂进行的烯烃聚合。是生产聚乙烯或聚丙烯的主要聚合方法。实际上，气相聚合只是反应初期为气相，随着分子的增长，即逐步形成液相或固相。该过程随聚合所采用的温度及压力而定。

气瓶　bottled gas cylinder　指在正常环境下（$-40 \sim 60℃$）可重复充气使用的、公称工作压力为 $1.0 \sim 30MPa$（表压）、公称容积为 $0.4 \sim 1000L$ 的盛装永久气体、液化气体或溶解气体的移动式压力容器。按工作压力分为高压气瓶（工作压力＞$8MPa$）及低压气瓶（工作压力＜$5MPa$）；按容积 V 分为大容积气体（$100L < V \leqslant 1000L$）、中容积气瓶（$12L < V \leqslant 100L$）、小容积气瓶（$0.4L \leqslant V \leqslant 12L$）；按盛装介质的物理状态，可分为永久气体气瓶（如氢气、氧气、氮气、空气、一氧化碳等气瓶）、液化气体气瓶（如氨、丙烷、异丁烯、环氧乙烷、液化石油气等气瓶）、溶解乙炔气瓶等。

气浮法　air floatation process　用于去除污水中处于乳化状态的油或密度接近于水的微细悬浮颗粒状杂质的一种方法。其原理是使水中产生大量的微细气泡，从而形成水、气及被去除物质的三相混合体，在界面张力、气泡上升浮力及静水压力差等多种力的共同作用下，促使微细气泡粘附在被去除的杂质颗粒上，因粘合体密度小于水而上浮至水面，从而使水中杂质被分离。气浮法可用于电镀废水、造纸废水、含油污水隔油后的处理。

气流干燥器　pneumatic dryer　是利

用高速流动的热空气使物料悬浮于气流中,在气力输送状态下完成干燥过程的一种连续式干燥器。操作时,热空气以 20～40m/s 的速度在管内向上流动,湿物料悬浮于高速气流中,与热空气一起向上流动,由于气固之间的传热及传质系数都很大,故物料水分很快被除去,被干燥后的物料和废气经旋风分离器分离后,废气由升气管上部排出,干燥产品则由分离器下部引出。气流干燥器具有结构简单、干燥时间短、便于实现自动控制,对热敏性物料不易引起变质等特点。其主要缺点是气流阻力大、动力消耗多、产品易磨损。

气流式雾化器 pneumatic atomizer 又称气流式喷嘴。喷雾干燥的关键部件之一。是利用压缩空气或过热蒸汽以高速(一般为 200m/s 以上)从喷嘴喷出,并与料液在出口处相遇,靠气液两相间的速度差所产生的摩擦力,使料液分散为雾滴。雾滴的大小与气体喷射速度、料液及气体的物理性质、雾化器的几何尺寸以及气液量之比等因素有关。这种雾化器可处理高黏度料液,产生的雾滴粒径小且均匀(一般为 10～60μm)。其主要缺点是喷嘴效率低、动力消耗大。

气流搅拌 gas flow agitation 见"搅拌"。

气液平衡 gas-liquid equilibrium 指气态组分与液态组分的相平衡关系,即在一定温度及压力下,气相组成和液相组成间的关系。它与汽液平衡有一些共同规律。两者的区别是,气液平衡至少有一种组分是非凝性气体,而汽液平衡的各组分都是可凝性的。气液平衡数据主要用于吸收、解吸操作;而汽液平衡数据则主要用于蒸馏、分馏、冷凝等操作。

气溶胶 aerosol 见"胶体"。

气雾剂 aerosol dispenser 指装在耐压雾罐中的液体制剂和抛射剂的混合制品。使用时借助于罐内压力,抛射剂带着制剂自动喷射至指定的表面或空间。罐内压力来源是抛射剂。常用的抛射剂有氢氟烃、氢氯氟烃、烃类化合物(丙烷、丁烷)、二甲醚及压缩气体(CO_2、N_2、压缩空气)。根据用途不同,气雾剂产品有清洁气雾剂、上蜡气雾剂、消毒气雾剂、杀虫气雾剂、喷漆气雾剂、润滑用气雾剂等。选用气雾剂时要了解产品用途及所用溶剂,不同溶剂会有不同气味。保存时要远离火源、防止暴晒、远离食品、禁忌儿童玩耍。

壬二酸 nonandioic acid HOOCC $(CH_2)_7$COOH 化学式 $C_9H_{16}O_4$。又名杜鹃花酸。无色或浅黄色针状或叶片状结晶粉末。相对密度 1.225(25℃)。熔点 106.5℃,沸点 226℃(1.33kPa)。折射率 1.4303(110℃)。320～340℃ 发生脱羧分解。易溶于热水、醇及热苯,微溶于水、醚及冷苯。用于制造壬二酸酯、壬二腈、醇酸树脂、增塑剂、聚酯合成润滑油等,也用作聚合物改性剂。可由油酸氧化或由蓖麻油热解而得。

壬二酸二辛酯 dioctyl azelate $H_{10}C_5$

$(C_2H_5)CH_2OOC-(CH_2)_7COOCH_2$ $(C_2H_5)C_5H_{10}$ 化学式 $C_{25}H_{48}O_4$。又名壬二酸二(2-乙基己)酯。无色透明液体。相对密度 0.917(25℃)。熔点 -65℃,沸点 376℃,闪点 227℃。折射率 1.4512。不溶于水,溶于乙醇、乙醚等多数常用有机溶剂。与聚氯乙烯、聚苯乙烯、乙基纤维素等有良好的相容性。可燃。蒸气与空气能形成爆炸性混合物。用作乙烯基树脂、纤维素树脂等的耐寒增塑剂。也用作丁腈橡胶、丁苯橡胶及氯丁橡胶等的增塑剂。可在酸催化剂作用下,由壬二酸与 2-乙基己醇反应制得。

壬基 nonyl $C_9H_{19}-$ 含有九个碳原子的烷基[$CH_3(CH_2)_7CH_2-$]。

壬基酚 nonyl phenol

化学式 $C_{15}H_{24}O$。又名壬基苯酚。淡黄色黏稠性液体。商品是多种异构体的混合物。相对密度 0.953。熔点 1℃,沸点 293～297℃,闪点 148.9℃。折射率 1.5110(27℃)。低温下形成玻璃状体,但不析出结晶。不溶于水及冷碱液,微溶于低沸点烷烃、石油醚,溶于乙醇、乙醚、丙酮等有机溶剂。有毒!具有酚类化学性质。主要用于制造非离子表面活性剂,也用于制造增塑剂、树脂改性剂、乳化剂、防腐剂等。由壬烯与苯酚经催化缩合制得。

1-壬烯 1-nonene $CH_2=CH(CH_2)_6CH_3$ 化学式 C_9H_{18}。无色可燃性液体。相对密度 0.730(21℃)。熔点 -81.3℃,沸点 146.9℃。折射率 1.4257。不溶于水,溶于乙醇、乙醚。用于制造壬基酚、壬基苯、癸醇及石油制品添加剂。由丙烯三聚制得。

手性分子 chiral molecule 见"不对称分子"。

手性合成 chiral synthesis 见"不对称反应"。

手性催化剂 chiral catalyst 见"不对称催化剂"。

手性碳原子 chiral carbon atom 见"不对称碳原子"。

升气管 riser 泡罩塔盘上引导蒸气上升入泡罩的短管。由下层塔盘上升的蒸气经升气管进入环形通道,再经泡罩的条形孔流散到泡罩间的液层中进行充分的传热及传质。

升华 sublimation 见"升华结晶"。

升华结晶 sublimation crystallization 升华是物质由固态直接相变而成为气态的过程。其逆过程是蒸气骤冷直接凝结成固态晶体,称为升华结晶。对于易升华的物质(如萘、硫、水杨酸等),工业上常用升华结晶的方法来生产高纯结晶产品。

升华热 sublimation heat 又称升华焓。具有升华性能的物质在一定温度及其饱和蒸气压下升华时所吸收的热量。纯物质升华时所吸收的热量称为升华潜热。升华热数据主要由物质的蒸气压和其 PVT 关系计算而得。难于估算时,可将汽化热与熔融热之和近似作为升华热。

化石燃料 fossil fuel 又称矿物燃料。指从地层下开采出来的煤、原油、天然气等。它是在远古时代的动植物遗体或沉积有机质经历漫长地质条件下,在温度和压力的作用下逐渐形成的。按其存在形态可分为固体可燃性矿产(如煤、油页岩)、液体可燃性矿产(如原油)及气体可燃气矿产(如天然气)。化石燃料属不可再生资源,其储量是有限度的。目前仍然是 21 世纪最重要的能源资源,也是各种油品及石油化工产品的重要原料。化石燃料利用过程中所排放的 SO_2、NO_x、CO_2 及粉尘等污染物也使得大气环境受到严重破坏。

化妆凡士林 cosmetic vaseline 白色至微黄色均质软膏状物,几乎无臭无味。滴点 $45\sim59℃$。重金属(Pb)含量不大于 30×10^{-6},砷含量不大于 2×10^{-6}。用于制作发蜡、香脂、润肤脂等化妆品原料。可由石油脂与机械油掺合,经硫酸及白土精制而得。

化学分析 chemical analysis 是以能定量地完成某化学反应为基础的分析方法。它是先使被测组分在溶液中与试剂作用,再由生成物的量或消耗试剂的量来确定组分含量的方法。按分析目的可分为定量分析及定性分析。定量分析主要有重量分析法(如气化法、沉淀法等)及滴定分析法(如酸碱滴定法、氧化还原滴定法、配位滴定法及沉淀滴定法等)。化学分析一般适用于常量分析,不适宜测定含量很低的物质。

化学平衡 chemical equilibrium 在一定条件下的可逆反应中,当正反应速率与逆反应速率相等时,反应混合物中各组成成分保持一定的平衡状态,称作化学平衡状态,简称化学平衡。可逆反应达到平衡状态后,反应条件(如温度、浓度、压力等)变化时,平衡混合物中各组成物质的含量也随着改变而达到新的平衡状态,这一过程称作化学平衡的移动。影响平衡移动的因素是浓度、压力及温度。使用催化剂能同时同等地改变正、逆反应速率,但对平衡移动无影响。

化学发光法 chemiluminescence method 一种分析石油产品中氮含量的方法。测定时将试样引入石英裂解管,使其在 800℃ 下气化,再经高温(1050℃)氧化裂解,使样品中的氮化物定量地转化为 NO。反应气由载气携带入化学发光反应室,使 NO 与臭氧反应,部分 NO 转化为激发态的 NO_2^*,当激发态的 NO_2^* 跃回基态时,其能量以光的形式放出,用光电倍增管检测放出的光强度,可求得试样中的氮含量。具有测定准确度高、选择性好、抗干扰能力强、分析速度快等特点。特别适用于重质石油产品氮含量的测定,还可用于环境监测中氮氧化物含量的分析。

化学发泡剂 chemical foaming agent 见"发泡剂"。

化学动力学 chemical kinetics 又

称化学反应动力学。研究化学反应的速率及机理的科学。其基本任务是研究温度、压强、浓度及催化剂等对化学反应速率影响的各种规律,并考察化学反应实际进行时要经历的步骤,即反应机理的问题。与化学热力学不同,热力学只从反应体系的始态与终态来考虑,不管反应的过程,因此只能判断反应进行的可能性、方向及限度,不能确定反应的速率问题。而化学动力学要研究化学变化经由的途径、中间步骤及影响反应速率的各种因素,以推测化学反应机理。按发生化学反应的物相分,化学动力学常分为单相反应动力学及多相反应动力学,或称为均相反应动力学与非均相反应动力学;按有无催化作用分,又可分为催化反应动力学及非催化反应动力学。

化学吸收 chemical absorption 指气体被吸收剂溶解时伴有化学反应的吸收过程。如用碱液吸收二氧化碳,或用三乙醇胺吸收硫化氢,碱液及三乙醇胺则称为化学吸收剂。化学吸收可用于除去混合气体中不需要的组分和有用组分的回收,也可用于制造气液间反应生成物,如用水吸收二氧化氮生成硝酸。参见"吸收"。

化学吸收剂 chemical absorbent 见"化学吸收"。

化学吸附 chemical adsorption 气体分子以类似于化学键的力和固体表面相互作用而产生的一类吸附。类似于化学反应,一般是形成表面配合物。吸附质于吸附剂表面的结构特性变化很大,吸附热也较大,吸附速率一般较慢,需在较高温度下进行。化学吸附大都是不可逆的,有选择性,并呈单分子层。在多相催化过程中,化学吸附是一重要阶段。吸附后,反应物分子与催化剂表面原子之间形成吸附化学键。与原反应物分子相比,由于某些键被减弱,而使反应活化能降低,从而加快催化反应速度。

化学交联 chemical crosslink 见"交联反应"。

化学安定性 chemical stability 又称化学稳定性。通常是指正在使用或储存条件下,物质对水、氧、酸、碱等化学因素作用所表现的安定性。化学安定性越好的物质,使用及储存越久。

化学纤维 chemical fibre 纤维中的一大类。指以天然或合成的线性高分子化合物为原料所制得的各种纤维的总称。按所用原料不同,分为人造纤维及合成纤维两类。前者以天然高分子化合物为原料制得,后者以合成高分子化合物为原料制得。

化学还原法 chemical reduction process 向废水中投加还原剂,还原废水中的有毒有害物质,使其转化为无毒无害或毒性较小的新物质的方法。选用的还原剂应对水中特有杂质有良好的还原作用,而且在常温下反应迅速,反应后的生成物无害并易从废水中分离。化学还原法主要用于含铜、锌、铅、铬、汞等重金属离子废水的处理。常用的方法有亚硫酸盐还原法、硫酸亚铁还原法等。

化学辛烷值 chemical octane number 指在汽油中加入了高辛烷值组分或抗爆剂而增加的那部分辛烷值,以区别于机械辛烷值。

化学沉淀法 chemical precipitation process 指向废水中投加某种可溶性药剂,使其与废水中呈离子状态的无机污染物产生化学反应,生成难溶于或不溶于水的盐类沉淀下来,从而使废水得到净化的方法。投入废水中的药剂称为沉淀剂,常用的沉淀剂有石灰、硫化物及钡盐等。化学沉淀法是一种传统的水处理方法,广泛用于水质处理的软化过程,也用于处理含汞、铅、铜、锌、六价铬、硫、氰、氟、砷等有害化合物的废水。

化学肥料 chemical fertilizer 简称化肥,又称矿质肥料。是以石油、天然气、磷灰石、钾矿石等矿物与水、空气等为原料进行化学或机械加工制成的肥料。品种很多,按所含营养元素可分为氮肥、磷肥、钾肥、镁肥、钙肥等及含锌、锰、钼、硼等元素的微量元素肥料。产品大部分为无机物,也有有机物质(如尿素)。其特点是植物能利用的营养元素比农家肥料数量多,形态简单,大多能溶于水或弱酸,便于储存及使用,能直接被植物吸收利用,肥效快而猛但不持久。长期施用化肥,会使土壤板结并产生其他不良影响,尤其是氮肥,会对环境造成污染。

化学性爆炸 chemical explosion 见"爆炸"。

化学泡沫灭火剂 chemical fire foam agent 泡沫灭火剂的一种。是通过两种药剂(如硫酸铝和碳酸氢钠)的水溶液发生化学反应生成含二氧化碳的灭火泡沫。其中还含有防腐剂、泡沫稳定剂等添加剂。由于化学泡沫灭火设备较为复杂、投资大、维护费用高,故这类灭火剂一般制成小型灭火设备(如灭火器),用于扑救一般可燃、易燃液体及一般固体火灾。

化学泡沫灭火器 chemical fire foam extinguisher 充装有酸性(硫酸铝)和碱性(碳酸氢钠)两种化学药剂水溶液的灭火器具。使用时,两种溶液混合引起化学反应产生泡沫,并在压力的作用下喷射出去进行灭火。可分为手提式、舟车式及推车式三种。适用于扑救一般 B 类火灾,如石油产品、油脂等的火灾,也可用于扑救 A 类火灾。但不能用于扑救水溶性可燃、易燃液体火灾(如醇、醚等物质的火灾),也不能扑救带电设备以及 C 类、D 类火灾。

化学试剂 chemical reagent 见"试剂"。

化学氢耗量 chemical hydrogen consumption 指在烃类加氢反应中,消耗于化学反应中的氢量。如加氢精制、加氢裂化、烯烃及芳烃饱和等过程都要耗用一定数量供化学反应的氢。化学氢耗量可从分析原料和产品分布以及各自的氢含量,通过氢平衡计算而得出。

化学氧化法 chemical oxidation process 向废水中投加氧化剂,氧化废水中的有毒有害物质,使其转化为无毒无害或毒性较小的新物质的方法。选用的氧化剂应该对水中特有杂质有良好的氧化作用,而且在常温下反应迅速,反应后的生成物应无害并易从废水中分离。根据所用氧化剂不同,常用的方法有空气氧化法、氯氧化法、臭氧氧化法及光氧化法等。

化学致癌物 chemical carcinogen 能使人群或试验动物群体中恶性肿瘤发生率明显增加的化学物质。根据化学致癌物与人类关系分为三种类型:①有充分证据证明对人类具有致癌性的化学物质,也称确认致癌物,如氯乙烯、苯并[a]芘、煤焦油、二甲基亚硝胺、砷等;②现有证据对人类可能具致癌性的化学物质,又称可疑致癌物,如多氯联苯;③有动物致癌性报告,但现有资料还不能确认对人类的致癌危险性的化学物质,又称潜在致癌物。

化学烧伤 chemical burn 由强酸、强碱、三氯化磷等化学物质所引起的烧伤。它可分为皮肤化学烧伤、呼吸道化学烧伤、消化道化学烧伤及眼化学烧伤等。化学烧伤多因搬运、倾倒、配制酸碱等物质时粗心大意,或因设备泄漏、爆炸等事故引起。化学烧伤有以下特点:①烧伤多呈进行性损害,如不及时清除致伤物质,可使组织的损害加重,直至脂肪或肌肉;②烧伤多呈外轻内重,如镁烧伤可发生深度溃疡及肉芽肿;③早期因症状轻、烧伤面积小易被忽视,对烧伤程度常会估计不足,如浓度低于40%的氢氟酸对皮肤的损害较缓慢,一般在接触2~4h后才加重。

化学萃取 chemical extraction 指在萃取过程中伴有化学反应(即在溶质与萃取剂之间存在化学作用)的传质过程。化学萃取过程的化学反应有阳离子交换反应、离子缔合反应、络合反应等。由于溶质与萃取剂之间有化学作用,因而使它们在两相中以多种化学态存在,其相平衡关系要较物理萃取更为复杂。化学萃取主要用于金属的提取和分离,也可用于极性有机稀溶液(如工业含酚废水)的分离。

化学腐蚀 chemical corrosion 由单纯化学作用引起的腐蚀。如金属与干燥气体(如二氧化硫、硫化氢、氯气等)接触时,在金属表面生成相应的化合物而产生的腐蚀。温度对化学腐蚀的影响较大,如钢材在常温及干燥空气中并不腐蚀,而在高温下易被氧化生成铁锈。

化学精制 chemical refining 指用化学药剂对油品进行精制的过程。如用硫酸及液碱对汽油、煤油、柴油等轻质油品进行处理的过程。

化学需氧量 chemical oxygen demand 简称 COD。指在一定条件下,用化学氧化剂氧化水中有机污染物时所需的氧化剂量。以每升水消耗氧化剂的毫克数表示(mg/L)。它是表示水中还原物质多少的一个指标。水中的还原性污染物有多种有机物、亚硝酸盐、硫化物、亚铁盐等，但主要是有机物。所以，化学需氧量常用作衡量水中有机物质含量多少的指标。化学需氧量越大，表示水体受有机物污染越严重。

化学键 chemical bond 又称价键。表示分子或原子团中，或原子在形成原子团时，各原子间因电子配合关系而产生的结合力或相互作用力。通常分为离子键、共价键及金属键三种类型。在分子结构中常用短直线表示化学键。

毛细管电泳法 capillary electrophoresis method 电泳是在外电场作用下，离子或带电的胶体粒子在介质中作定向泳动的现象。由于离子或粒子带电量不同以及分子量、几何体积不同，在电场作用下的泳动方向、速度和距离也不同，从而得以分离。这种分离方法称为电泳法。毛细管电泳法是以毛细管为分离室，以高压直流电场为驱动力，在毛细管中按淌度差别而实现分离的高效电泳技术。具有分析速度快、样品用量少、应用范围广等特点。根据毛细管内分离介质及分离原理的不同，毛细管电泳法有毛细管区带电泳、毛细管凝胶电泳、毛细管等速电泳、毛细管等电聚焦及毛细管电色谱等多种分离模式。

介孔分子筛 mesoporous molecular sieve 指孔径在 2～5nm 范围内，具有有序介孔孔道结构的多孔材料。与一般微孔分子筛材料相比具有以下特点：①具有较大的孔径，并有规则的孔道结构；②孔径分布窄，且可在 1.5～10nm

之间调变；③颗粒具有规则外形，并可在微米尺度内保持高度的孔道有序性；④孔隙率高、比表面积大，可高达 1000m^2/g；⑤表面富含不饱和基团，并有较高的热稳定性及水热稳定性。品种很多，尤以 MCM-41 及 MCM-48 应用较广。可用作吸附分离材料、介孔薄膜材料及光学材料。也作为催化剂，用于烃类加氢裂化、烷基化、酰基化及聚合等反应。可由水热合成法制得。

介电击穿电压 dielectric breakdown voltage 见"击穿电压"。

介电击穿强度 dielectric breakdown strength 见"绝缘强度"。

介电加热干燥 dielectric heating drying 干燥方法的一种。是将湿物料置于高频电磁场内，在高频电磁场作用下，物料吸收电磁能量后在内部转化为热能用于蒸发湿分从而达到干燥目的。电场频率在 300MHz 以下的称为高频加热，电场频率在（300～300×10^5）MHz 的称为微波加热。介电干燥加热速度快、加热均匀、能量利用率高，但设备投资大、操作费用高。

介电系数 dielectric constant 见"介电常数"。

介电极化 dielectric polarization 又称介质极化。指电介质中分子的电荷受外电场作用发生相对位移，造成电荷重新分布的现象。在同一电极系统中，电容器填充电介质（如绝缘油）时其电容量比真空时增大，是由于介电极化所致。当电场强度不变时，介电极化率越高,则相对介电常数也就越大。

介电损耗 dielectric loss 又名介质损耗。衡量电介质(如电器用绝缘油)质量的指标之一。指电介质在电场作用下,单位时间内所消耗的能量。损耗的能量转化为热能而引起介质温度升高。变压器工作时发热部分是由于介电损耗所引起。产生介电损耗的原因是由于电介质的微小导电性及所含微量极性组分(如含氧、氮、硫的化合物及微量水)所致。所以,电介质导电能力强,损耗电能也大,从而使介质温度升高。介电损耗常用介电损耗角的正切值来表示,称为介电损耗角正切($\tan\delta$)或介电损耗因数。$\tan\delta$ 越大,表示介电损耗越大,电介质的绝缘性越差。所以要求电器用油的 $\tan\delta$ 越小越好。

介电损耗因数 dielectric dissipation factor 见"介电损耗"。

介电损耗角正切 dielectric loss tangent 见"介电损耗"。

介电常数 dielectric constant 又称介电系数、电容率。评定电容器油的质量指标之一。电容器中储存的电量 Q 与两平板电极间的电压 V 和电容 C 的关系式为:

$$Q=CV$$

电容器的电容 C 的大小则与平板电极的面积 S 成正比,和极片间距离 d 成反比,其比例系数 ε 称为介电常数,即

$$C=\varepsilon\times\frac{S}{d}$$

介电常数的单位为 F/cm。当 V、S、d 一定时,电容器的电量 C 只与介电常数有关,也即只与电介质的性质有关。如绝缘油的介电常数大,则电容器储存的电量也多。通常油品的电容率常用相对介电常数来表示。它是在一定温度下,装有绝缘油的电容器的电容与同一电极系统的真空时电容器的电容的比值。

介电强度 dielectric strength 见"绝缘强度"。

介质极化 dielectric polarization 见"介电极化"。

介质损耗 dielectric loss 见"介电损耗"。

分子扩散 molecular diffusion 见"扩散"。

分子吸收光谱法 molecular absorption spectroscopy 一种常用仪器分析方法。其原理是以各种物质分子对不同波长的辐射光具有选择性吸收的特性为基础。它与比色法及红外线分析的原理很相近,都是基于被测样品对光的选择吸收。但比色法或红外线分析不要求对光源发出的光进行分解,就可直接照到样品上;分子吸收光谱法则需要采用分光元件(光栅或棱镜),把辐射光分解成波长范围很窄的单色光,提高分析的灵敏度和精确度。主要包括红外吸收光谱法、紫外及可见光吸收光谱法。

分子间力 intermolecular force 见"范德华力"。

分子量调节剂 molecular weight modifier 又称聚合调节剂、链长调节剂、链转移剂,简称调节剂。是一种能

在聚合反应中控制、调节聚合物分子量和减少聚合物链支化作用的物质。它是一类链转移常数较大的高活性物质，容易和自由基发生链转移反应，终止活性链，使之变成具有特定分子量的终聚物。从结构上看都是一些含有弱共价键的化合物，如偶氮键、二硫键等。按其组成与结构可分为脂肪族的硫醇类、黄原酸二硫化合物类、卤化物、多元酚、硫黄及各种硝基化合物等。对于多数单体和乳液聚合反应，应用最广的分子量调节剂是硫醇，包括正硫醇和带支链的硫醇。

分子筛 molecular sieve 一种具有骨架结构的硅铝酸盐晶体。其基本结构单元是硅氧和硅氧四面体。四面体通过氧桥连接成环，环上的四面体再通过氧桥相互连接，便构成三维骨架孔穴（笼或空腔）。因其均一的微孔结构能将比孔径小的分子吸附在空腔内部，而将不同大小的分子分开，故称为分子筛。常具有很大的比表面积及很强的吸附能力。分子筛无臭、无味、无毒、无腐蚀性，热稳定性高（700℃以下晶格不破坏）。常用的合成分子筛有 A 型、X 型、Y 型、ZSM 型及丝光沸石等。广泛用于干燥、烃类吸附分离，也是重要的催化剂及载体。

3A 分子筛 molecular sieve 3A type 化学式 $0.4K_2O \cdot 0.6Na_2O \cdot Al_2O_3 \cdot 2SiO_2 \cdot 4.5H_2O$。又名 KA 型分子筛、钾 A 型分子筛。具有立方晶格及均一微孔结构的白色粉末或颗粒。无臭、无味、无毒。有效孔径 $3.2\text{Å}(0.32\text{nm})$。粉末堆密度 $0.50\sim0.55\text{kg/L}$。溶于强酸、强碱，不溶于水及有机溶剂。热稳定性好。具有很高的比表面积。其微孔结构将能直径小于分子筛孔径的分子吸附到空穴内，起到筛分分子的作用。能吸附 H_2O、He、Ne、O_2、N_2、H_2 等分子。用作石油裂解气、炼厂气、油田气及烯烃等的干燥剂。也用作石油炼制及有机合成的催化剂载体、色谱分析担体等。以水玻璃、烧碱及偏铝酸钠等为原料，经水热合成法制得。

4A 分子筛 molecular sieve 4A type 化学式 $Na_2O \cdot Al_2O_3 \cdot 2SiO_2 \cdot 4.5H_2O$。又名 NaA 型分子筛、钠 A 型分子筛。灰白色粉末或颗粒。无臭、无味、无毒。有效孔径 $4.2\text{Å}(0.42\text{nm})$。溶于强酸、强碱。不溶于水及有机溶剂。除能吸附 3A 分子筛所能吸附的物质外，还能吸附 Ar、Kr、Xe、CO、CO_2、NH_3、CH_4、C_2H_2、C_2H_4、C_2H_6、CH_3CN、CH_3OH、CH_3NH_2、C_2H_5OH、CS_2、CH_3Cl 及 CH_3Br 等物质。用于甲烷、乙烷及丙烷的分离。也用作各种气体及液体的高效干燥剂、洗涤助剂、催化剂载体及色谱担体等。以水玻璃、烧碱及偏铝酸钠等为原料，经水热合成法制得。

5A 分子筛 molecular sieve 5A type 化学式 $0.7CaO \cdot 0.3Na_2O \cdot Al_2O_3 \cdot 2SiO_2 \cdot 4.5H_2O$。又名 CaA 型分子筛、钙 A 型分子筛。具有均一微孔结构的白色粉末或颗粒。无臭、无味、无毒。有

效孔径 5Å（0.5nm）。松装堆密度 >0.60kg/L。具有高吸附能力和按分子大小选择吸附的特点。除能吸附 3A、4A 分子筛能吸附的分子外，还能吸附 $C_3 \sim C_4$ 正构烷烃、$C_1 \sim C_2$ 卤代烷烃、$C_1 \sim C_2$ 胺等分子。对水有极大的亲和力。用于多种气体及液体的深度干燥及精制，石油和石油气脱硫，正、异构烷烃的分离，氧和氮的分离，天然气脱水及脱硫等。也用作催化剂及载体、色谱担体等。先用水热合成法制得 Na-A 型分子筛，再用氯化钙进行离子交换制得。

Ag-X 分子筛 molecular sieve Ag-X type 化学式 $0.7Ag_2O \cdot 0.3Na_2O \cdot Al_2O_3 \cdot (2.5 \sim 3)SiO_2 \cdot (6 \sim 7)H_2O$。又称银 X 型分子筛。灰色至稍带灰色颗粒。有效孔径 9Å（0.9nm）。它是在硝酸银溶液中与 13X 型分子筛进行交换，达到银所要求的交换度后而制得的含多种阳离子的分子筛。无臭、无味、无毒、不燃，具有很强的吸附性能。其氧化态可除去稀有气体、氮气、烯烃类气体中的杂质氢；还原态可将多种气体（H_2、N_2、He 及烃类）中的微量氧脱除至百万分之一（10^{-6}）以下，效果优于钯催化剂。还可利用其吸附性能同时除去气体中的 CO_2、水分、硫化物及酸性气体。可用作多用途脱氧净化剂及高效脱氧脱氢催化剂。与钡型分子筛复合使用，可用于海水淡化。

β-分子筛 β-zeolite 化学式 $Na_n[Al_nSi_{64-n} \cdot O_{128}](n > 7)$。又称 β-沸石。一种大孔高硅沸石，属立方晶系。一般合成产品的 SiO_2/Al_2O_3 为 $30 \sim 50$。是由三个互成直角的多晶体通过十二员环相互连接的三维体系。其孔道是十二员环组成的椭圆形结构，孔道直径 $0.64 \times 0.76nm$，介于八面沸石与丝光沸石之间。沸石中的阳离子可以被完全交换。是高硅沸石中唯一具有大孔三维结构、十二员环孔道系统的沸石。具有良好的热稳定性及水热稳定性，耐酸性及抗结焦性好。可用作加氢裂化、异构化、烷基化及稀烃水合等的催化剂及催化剂载体。可由硅源、铝源的水溶液加入模板剂（如四乙基氢氧化铵）经水热合成法制得。

Ca-Y 分子筛 molecular sieve Ca-Y type 化学式 $0.7CaO \cdot 0.3Na_2O \cdot Al_2O_3 \cdot (3-6)SiO_2 \cdot (7-9)H_2O$。又称钙 Y 型分子筛、Y 型人造泡沸石。白色至灰白色微晶体，成型后为灰白色或微红色球状或条状物。有效孔径 $9 \sim 10Å$（$0.9 \sim 1.0nm$）。堆密度 $0.9 \sim 0.8kg/L$，孔容约 $0.4mL/g$，比表面积可达 $900 \sim 1000m^2/g$。在晶体结构上比 13X 分子筛具有更多的硅氧四面体和较少的金属离子。吸附、脱附及离子交换能力较强，是一种典型的酸催化剂。具有较高选择性、耐酸性、抗中毒性及催化活性。用作催化裂化、烷烃加氢异构化催化剂，也用作液体石蜡、航空煤油等的精制及催化剂载体。由 Na-Y 分子筛经用氯化钙离子交换制得。

Cu-X 分子筛 molecular sieve Cu-X

type 化学式 $0.16CuO \cdot 0.84Na_2O \cdot Al_2O_3 \cdot (2.5 \pm 0.5)SiO_2 \cdot (6.5 \pm 0.5)H_2O$。又称 205 分子筛、铜分子筛。绿色条状物。一种由 13X 分子筛用氯化铜进行离子交换而制得的含多种阳离子的分子筛。无臭、无味、无毒、不燃。热稳定性高、活性稳定。主要用于航空汽油及相应馏分的煤油、液态烃、异丙醇、丙烷等产品脱硫醇。可使其硫醇含量从 100×10^{-6} 降至 5×10^{-6} 以下。

KBaY 分子筛 molecular sieve KBaY type 化学式 $(K_2O \cdot BaO) \cdot Al_2O_3 \cdot 4SiO_2 \cdot 9H_2O$。又称钾钡 Y 型分子筛。白色球形颗粒。有效孔径 10Å (1.0nm)。表观密度 $0.58 \sim 0.62kg/L$。晶体结构与八面沸石相似，是将 Ba^{2+} 与 K^+ 同时交换到 NaY 型分子筛上所得的产物。用于液体物质的分离及纯化。它可从对-、间-、邻-二甲苯和乙苯的混合物中有选择性地吸附对-二甲苯，从而分离出纯度很高的对-二甲苯。由 NaY 分子筛原粉经钾离子及钡离子交换后制得。

Na-Y 分子筛 molecular sieve Na-Y type 化学式 $Na_2O \cdot Al_2O_3 \cdot (3 \sim 6)SiO_2 \cdot (7 \sim 9)H_2O$。又称钠 Y 型分子筛。白色至灰白色或灰褐色粉末或颗粒。是硅铝比为 $3 \sim 6$ 的 Y 型分子筛。有效孔径 $9 \sim 10Å(0.9 \sim 1.0nm)$。成型制品常为灰白色或微红色球状或条状物。具有优良的热稳定性、耐酸性及抗中毒性能，晶格破坏温度 $890 \sim 950℃$，加热脱水成为一种多孔性强吸附剂。

对于分子大小、极性、沸点及饱和程度等不同的物质具有选择吸附、分离的性能。性能基本上与 X 型分子筛相似，但催化活性、选择性、热稳定性及抗中毒性能优于 X 型分子筛。用作催化裂化、加氢异构化催化剂。由水玻璃、偏铝酸钠及液碱按一定摩尔比反应制得。

Re-Y 分子筛 molecular sieve Re-Y type 化学式 $Re_2O_3 \cdot Al_2O_3 \cdot 5SiO_2 \cdot 8H_2O$。又称稀土分子筛、稀土 Y 型分子筛。淡黄色粉末或粒状物。有效孔径 $9 \sim 10Å(0.9 \sim 1.0nm)$。是以稀土离子置换晶体中的钠离子后的 Y 型分子筛。稀土含量 $\geqslant 17\%$。具有多微孔结构，比表面积可达 $900 \sim 1000m^2/g$。晶格破坏温度为 $900 \sim 950℃$。不溶于水及有机溶剂，溶于强酸、强碱。用作催化裂化催化剂、加氢裂化催化剂。具有催化活性高、选择性好、焦化倾向小等特点。也用作助催化剂及甲苯歧化反应等的活性组分之一。由水玻璃、液碱、偏铝酸钠按一定比例混合，用水热合成法加入硫酸及导向剂反应，再将结晶用稀土元素(Re)的氯化物进行离子交换制得。

SAPO 分子筛 SAPO zeolite 化学式 $(0 \sim 0.3)R(Si_xAl_yP_z)O_2$。式中，$x$，$y$，$z$ 分别代表 Si、Al、P 的摩尔分数，其中：$x = 0.01 \sim 0.98$，$y = 0.01 \sim 0.60$，$z = 0.01 \sim 0.52$，$x+y+z=1$；R 代表有机胺或季铵离子。一种晶体硅铝酸盐系列产品。是将 Si 原子引入磷酸铝骨架中而得。其骨架由 PO_4^-、AlO_4^- 及

SiO_4 的四面体构成,因而可得负电性骨架。具有可交换的阳离子,并具有质子酸性,是一种非沸石型分子筛。具有优越的热稳定性及水热稳定性。其中,SAPO-16、20 是具有六员环通道的最小孔径分子筛,孔径约 0.3nm,只能吸附很小的分子(如 NH_3、H_2O);SAPO-17、34、35、42、44 为具有八员环通道的小孔分子筛,能吸附正构烷烃,但不吸附异构烷烃;SAPO-11、41、40、31 为介孔分子筛,可用作催化剂、催化剂载体及吸附剂。可在 $SiCl_4$ 蒸气中处理磷酸铝($AlPO_4$)分子筛而得,或由水热合成法制得。

10X 分子筛 molecular sieve 10X type 化学式 $0.7CaO \cdot 0.3Na_2O \cdot Al_2O_3 \cdot (2\sim3)SiO_2 \cdot 6N_2O$。又称 CaX 型分子筛、钙 X 型分子筛。白色至灰白色或灰褐色粉末或颗粒,无臭、无味、无毒。粉末松堆密度 $0.5\sim0.55kg/L$。有效孔径 $9\sim10\text{Å}(0.9\sim1.0nm)$。既能吸附又能脱水干燥,特别具有 CO_2 与 H_2O、H_2S 与 H_2O 的共吸附功能。其他能吸附的物质及物理性能与 10X 分子筛相近。有较好的催化活性;抗酸性稍强于 A 型分子筛。用作催化加氢、异构化、催化裂化及催化重整等的催化剂及载体,也用于固体石蜡净化、气体干燥及净化、汽油脱硫、溶剂提纯等。由水玻璃、偏铝酸钠、液碱按一定摩尔混合,加入导向剂,经水热合成法制得。

ZSM-5 分子筛 ZSM-5 zeolite 化学式 $(0.9\pm0.2)M_{2/n} \cdot Al_2O_3 \cdot (5\sim100)$ $SiO_2 \cdot (0\sim40)H_2O$(M 为 Na^+ 和有机铵离子,n 为阳离子价数)。

ZSM 分子筛系列之一。是一种含有机铵阳离子的新型结晶硅铝酸盐。斜方晶系晶体,具有较高硅铝比和阳离子骨架密度,晶体结构十分稳定。比表面积可达 $450\sim560m^2/g$,孔径大多在 0.6nm 左右。耐酸性、耐碱性及耐水蒸气稳定性好。在孔道走向上不存在笼,因而不易发生碳沉积现象,并可选择性地吸附芳烃及支链烃,具有优良的择形催化性能。可用作烷基化、异构化、芳构化、临氢降凝及甲苯歧化等反应的催化剂。可由水玻璃、硫酸、硫酸铝及有机胺等为原料制得。

分子筛脱蜡 molecular sieve dewaxing 一种油品吸附脱蜡方法。利用分子筛(如 5A 分子筛)特殊的孔道结构,仅能吸附正构烷烃分子,无法吸附非正构烷烃,从而先将正构烷烃和非正构烷烃分开,再用溶剂吹扫,除去分子筛外部的非正构烷烃,然后使用气态脱附剂或液体脱附剂,将分子筛中的正构烷烃顶替出来。所用油品主要为煤油或轻柴油馏分,脱蜡后可得到低凝点煤油或柴油,同时得到液体石蜡。

分子蒸馏 molecular distillation 又称短程蒸馏。一种高真空(残压 $0.01\sim1.33Pa$)下的膜式蒸馏方法。其蒸发面与冷凝面之间的距离小于气体分子平均自由程,这样在不需要加热至沸腾的情况下,便可使气体分子无阻碍地从蒸馏的液体表面逸出到冷凝面而被冷凝,最终达到分离目的。分子蒸馏的必要条件是：蒸馏装置的蒸发面与冷凝面间的距离要小于被分离物质在相应压力下气体分子的平均自由程；蒸发面与冷凝面的温度差不低于 100℃，以使经冷凝的分子不再重新蒸发；被分离混合物中各组分的蒸发速度差别要较大。分子蒸馏多用于分离提取高分子物质及易分解物质。在重质油轻质化技术上，也可用于拔出重油馏分，分析重油馏分的烃类组成。

分布板 distributing plate 指气-固相流化床的分布板。是流化床重要构件之一。其作用是支承催化剂或其他固体物料，使气体的初始均匀分布，气泡能既稳定又均匀地产生，造成良好的流化条件。在近分布区由于气体中未反应物料浓度高，气-固相接触状态好，在分布板控制区内含有较高的转化率。为保证床内良好的流化质量，在分布板上不发生沟流。设计分布板时必须保证分布板有适宜的压降，一般要求分布板压降不小于床层压降的 $10\%\sim40\%$。

分压强 partial pressure 简称分压。在同一温度下，个别气体单独存在而且占有与混合气体相同体积时所具有的压强，称为分压强。而混合气体中所有组分共同作用于容器壁单位面积上的力，则称为总压强。混合气体的总压强等于各组分的分压强之和，即：

$$p = p_1 + p_2 + p_3 + \cdots$$

式中，p 为混合气体总压强，p_1，p_2，p_3 分别为混合气体中组分 1、2、3 的分压强。

分光光度计 spectrophotometer 见"分光光度法"。

分光光度法 spectrophotometry 是利用物质本身对光的吸收特性或借助加入显色剂使被测物质显色，根据其对不同波长单色光的吸收程度而对物质进行定性和定量分析的一种仪器分析方法。所用仪器称分光光度计。其主要部件包括光源、单色器、吸收池、检测器及测量系统等。具有灵敏度高、准确度好等特点。可用于测定试样中 $1\%\sim0.001\%$ 的微量成分，甚至可测至 $10^{-6}\sim10^{-7}$ 的痕量成分。几乎可对所有无机离子及多数有机化合物进行测定。其中用可见光测定有色物质的方法称为可见分光光度法，所用仪器称为可见分光光度计；用紫外光源测定无色物质的方法称为紫外分光光度法，所用仪器称为紫外分光光度计。两种仪器的结构原理相同，合并于一个仪器中统称为紫外及可见分光光度计。

分配比 distribution ratio 见"分配定律"。

分配色谱法 partition chromatography 利用各组分在两种互不混溶介质中（一为流动相，一为固定相）的溶解度差异来达到分离的一种色谱方法。如一介质为气体，另一介质为难挥发性液体，即为气-液分配色谱。如两介质均为互不混溶液体，即为液-液分配色谱。在液-液分配色谱中，如将极性较大的固定液分散在细小的惰性载体上作为固定相，而用作流动相的溶剂的极性相对较弱，称为正相分配色谱；如使用弱极性的固定相和极性流动相，则称为反相分配色谱。

分配系数 distribution coefficient 见"分配定律"。

分配定律 distribution law 即在一定温度下，一种溶质与两种几乎不互溶的溶剂混合时，它会分配在两液相中，在达到平衡时，如果溶质在两相中的分子状态相同（分子量相同），则溶质在两相中的浓度比为一定值。此定值等于该溶质在两种溶剂中的溶解度之比，称为分配比或分配系数。根据这一定律，可选择适当的抽提用溶剂。在抽提中分配系数值越大，每次提取所得的分离效果越好，抽提效率越高。

分离柱 separation column 指填充了色谱填料、用于混合物分离的柱管。又称色谱柱。参见"色谱柱"。

分离度 separation degree 又称分辨率。是色谱柱对相邻两物质分离效能的指标。符号为 R。为相邻两组分色谱峰保留值之差与该两组分色谱峰底宽度总和一半的比值：

$$R = \frac{t_{r2} - t_{r1}}{\frac{1}{2}(w_1 + w_2)}$$

式中，t_{r1}、t_{r2} 分别为组分 1 及组分 2 的保留时间；w_1、w_2 分别为组分 1、2 的色谱峰底宽度。用 R 值可定量评价柱效能，R 值越大，表示两相邻峰分离得越好。

分散介质 dispersion medium 见"分散剂"。

分散体系 dispersion system 又称分散系、分散系统。指一种或几种物质分散成很小的微粒分布在另一种物质中所组成的体系。被分散的物质称为分散质、分散相，能够分散其他物质的物质称为分散剂、分散介质。分散质、分散剂均可以是气态、液态或固态。分散系依据分散质微粒直径的大小可分为溶液、悬浊液、乳浊液及胶体等四类。

分散剂 dispersant 又称分散介质、扩散剂。指能降低分散体系中固体或液体粒子聚集的一类物质。它可吸附于液-液或液-固界面并能显著降低界面自由能和微滴黏合力，致使固体颗粒能均匀分散于液体中，使之不再聚集·或防止微滴发生附聚。品种很多，按基本性能，可将分散剂分为水溶性高分子物及非水溶性无机盐类。而按组成及性质可分为天然高分子化合物（如明胶、淀粉）、合成高分子化合物（如聚乙烯醇）、无机高分子化合物及金属氧化物（如膨润土、石灰石）、难溶性无机盐（如碳酸钡、碳酸钙）及表面活性剂等。分散剂广泛用于涂料、油墨、胶黏剂、润滑剂等行业。

分散相 dispersion phase 见"分散体系"。

分散控制系统 distributed control system 见"集散控制系统"。

分散添加剂 disperse additive 见"清净分散剂"。

分散聚合 dispersion polymerization 将单体分散于不溶解单体及聚合物的介质中所进行的聚合。常指以水为介质，用大量水溶性分散剂，经剧烈搅拌使单体成细小液滴分散悬浮于水中,并用水溶性引发剂聚合得到粒径为0.5～10μm聚合物的聚合方法。主要用于生产聚乙酸乙烯酯乳液。也可直接用作涂料、胶黏剂及织物或纸张的处理剂。

分馏 fractional distillation 是依据原料中各组分的沸点差异(也即挥发度不同),将原料混合物中的各种组分加以分离的过程。在石油加工中,是对蒸馏及精馏过程的总称。各种石油产品的分馏难易程度大致可用恩氏蒸馏50%点之差来衡量。恩氏蒸馏50%点的差别越大,相当于这些馏分之间的相对挥发度越大,越容易分离。参见"恩氏蒸馏"。

分馏系统 fractionation system 催化裂化装置的组成部分之一。主要包括分馏塔、轻柴油汽提塔、分馏系统换热设备及粗汽油罐等。其主要任务是将反应系统的高温油气脱过热后,根据各组分沸点的不同切割为富气、汽油、柴油、回炼油及油浆等。来自反应器的高温反应产物油气从底部进入分馏塔,经底部的脱过热段后在分馏段分割为几个中间产品。塔顶为汽油及富气,侧线有轻柴油、重柴油及回炼油,塔底产品是油浆。轻柴油及重柴油分别经汽提后,再经换热、冷却后引出装置。循环油浆可用泵直接送提升管反应器回炼,或经冷却送出装置。

分馏段 fractionation section 见"精馏段"。

分馏精确度 sharpness of fractiona-tion 又称分离精确度。指分馏塔对各线馏出油之间馏程分割程度。对于二元体系,是指轻、重两组分之间是否达到有效分离;对于多元体系,则是指轻、重关键组分之间的分离程度。两相邻馏分间馏程温度重迭越小,则分馏精确度越高。由于重迭意味着一部分轻馏分进入到重馏分中,或是一部分重馏分进入轻馏分中,所以,重迭是分馏精确度较差引起的。

分辨率 resolution 见"分离度"。

分壁精馏塔 divided wall distillation coloum 是在热耦精馏塔基础上发展的一种精馏技术。它采用立式隔板将塔从中间分割为两部分,实现了两塔的功能,从而可在一个塔内完成三元混合物的分离。分隔壁的作用是将一个常规塔分成上段、下段及由隔板分开的精馏进料段及中间采出段四部分。其结构可看作是热耦精馏塔的主塔与副塔置于同一塔内。其进料侧相当于热耦精馏塔的副塔,被分隔壁分开的与进料侧相对的另一侧相当于热耦精馏塔的主塔。用这种结构的塔分离三组分混合物时,得到纯的产物。与传统的二塔常规流程相比只需一个精馏塔、一个再沸器及一个冷凝器,设备投资及能耗均大为降低。现已广泛应用于石油精制、化学品及气体精制等领域。

反-2-丁烯 trans-2-butene 化学式 C_4H_8。无色易燃气

体。相对密度 0.6042。熔点 -105.8℃,沸点 0.88℃,燃点 324℃。折射率 1.3848。蒸气压 324kPa(37.8℃)。临界温度 155℃,临界压力 4.2MPa。爆炸极限 1.7%～9.7%。不溶于水,溶于乙醇、乙醚、苯。有弱麻醉性及刺激作用。具有烯烃的化学性质。可用作燃料、化工原料,制取丁二烯、异辛烷等。可由高温裂解气分离而得。

反丁烯二酸 fumaric acid 化学式 $C_4H_4O_4$。又名富马酸。单斜晶系无色针状或小叶状结晶,有水果的酸味。相对密度 1.635。熔点 286～287℃,290℃升华。加热至 300℃时失水而成顺丁烯二酸酐。微溶于水、乙醚、丙酮及乙酸等,溶于乙醇。化学性质十分活泼,能进行聚合、酰化、酰胺化、卤化、加氢、水合、烷基化等反应。有很强的缓冲性能,能使水溶液的 pH 值维持在 3.0 左右。用于制造不饱和聚酯、农药、医药、胶黏剂等。可由顺丁烯二酸经催化异构化反应制得。

反应机理 reaction mechanism 又称反应历程。指实现一个化学反应所需经历的若干基元反应序列的总称。反应机理包括同时或连续在总反应中的一切基元反应。有时对某一个反应的机理还要给出其中所经历的每一步骤的详细立体化学图形,诸如原子间的距离和角度的几何结构。反应机理通常通过实验进行判别,同一反应在不同条件下会有不同的反应机理。

反应-再生系统 reaction-regeneration system 指由流化催化裂化的反应过程与催化剂再生过程所组成的工艺过程。在流程、设备、操作方式等方面有多种类型。如密相床流化催化裂化反应-再生系统、提升管流化催化裂化反应-再生系统。反应-再生系统主要包括新鲜进料预热系统、反应部分、再生部分、催化剂储存和输送部分、主风和再生烟气部分及其他辅助部分。

反应级数 reaction order 当化学反应速率与各反应物浓度的一定方次成正比时,各反应物浓度的方次数之和即为反应级数。如反应速率:$r=kC_A^\alpha C_B^\beta C_C^\gamma\cdots$,式中 k 为速率常数,C_A、C_B 及 C_C 为反应物 A、B、C 的浓度。各浓度的方次 $\alpha、\beta、\gamma$ 等依次为对 A、B、C 而言的反应级数。反应的总级数 $n=\alpha+\beta+\gamma+\cdots$。反应级数可为 0 至 4 的各整数,也可为分数或负数。基元反应的级数与化学计量系数一致,复杂反应常不具备简单的级数,须由实验测定。

反应沉淀结晶 reaction precipitated crystallization 因化学反应生成的产物以结晶或无定形物析出的过程。如用硝酸中和偏铝酸钠生成氢氧化铝的沉淀。沉淀过程首先是反应形成过饱和条件,然后成核、晶体成长。与此同时,还往往包含了微小晶粒的成簇及熟化现象。此时,反应物组成、温度、pH 值及加料方式等反应条件,对最终产物晶粒的粒度和晶型有很大影响。

反应性表面活性剂 reactive surfactant 一种功能性表面活性剂。指在完成其表面活性剂作用后,可在一定条件下使其分解或失去其功能的表面活性剂。类型很多,如在碱性条件下可分解的反应性表面活性剂、受热可分解的反应性表面活性剂、光致分解性表面活性剂,有聚合性能的单体型表面活性剂等。目前已合成出多种缩醛型表面活性剂,都是亲水基和疏水基之间的连接基含有缩醛基的两亲化合物,有离子型及非离子型两类。它们都可利用在酸性条件下缩醛键不稳定的特点,在酸性条件下被水解。使用反应性表面活性剂可避免制品中因残留表面活性剂而引起的产品质量降低。

反应性单体 reactive monomer 又称活性单体。在聚合反应后使所形成聚合物具有再反应能力或功能基团的单体。通常应具有两个反应性基因,在聚合反应后仍存在反应基团或呈现其功能的基团。如丙烯酰胺、丙烯酰氯为可进一步反应的单体。用反应性单体聚合可控制高分子反应的位置及数量。

反应性聚合物 reactive polymer 又称活性聚合物。带活性侧基或末端基的聚合物。如带活性磺酰氯侧基的氯磺化聚乙烯、带活性侧基的氯甲基化苯乙烯都为活性聚合物。前者可用于制取聚乙烯弹性体,后者用于制造阴离子交换树脂。在线形聚合物的两端均带有特定反应性基团的一类聚合物称作遥爪聚合物,应用较广的是端羟基或端羧基聚丁二烯。由于端基含有可反应性基因,故可以通过化学反应进一步改变端基的化学结构,或进一步扩链反应制取嵌段共聚物。

反应速率 reaction rate 又称化学反应速率。指化学反应进行的快慢程度。反应速率用单位时间内反应物或生成物的物质的量的变化来表示。如反应是在一定容积的容器中或一定体积的溶液中发生,通常也用单位时间内反应物浓度的减少或生成物浓度的增大来表示。单位是 $mol/(L \cdot min)$ 或 $mol/(L \cdot s)$。影响化学反应速率的因素有内因及外因两个方面。内因主要是参加反应的物质的性质;外因主要是浓度、温度、压力及催化剂。同一反应,不同物质表示的反应速率一般不同,但各物质的化学反应速率之比应等于该反应式中的系数之比。

反应速率常数 reaction rate constant 又称反应比速、比速率。化学反应动力学的一个基本参数。即反应速率方程 $r = kC_A^\alpha \cdot C_B^\beta \cdots$ 中的比例常数 k。式中 $\alpha, \beta \cdots$ 为反应物 A,B$\cdots$ 的反应级数,$\alpha + \beta + \cdots = n$ 称为总反应级数。显然,反应速率相当于各反应物浓度都等于 1 时的反应速率常数。不同反应,k 值不同。对于同一个反应,反应速率常数随温度、溶剂及催化剂等的改变而不同。k 值的大小直接显示出反应速率的快慢和反应的难易。

反应热 reaction heat 物质在化学反应时出现的热量变化。放热反应的反应热为正值,吸热反应的反应热为负值。反应热又可分为等压反应热及等容反应热。通常化学反应在等压条件下进行,如不加说明,反应热是指等压反应热。根据反应类型及研究对象不同,反应热可分为生成热、分解热、中和热、燃烧热及溶解热等。反应热的测定一般以 25℃、101.325kPa 时的值为准,或换算成 25℃、101.325kPa 时的值。

反应器 reactor 用于实现化学反应过程的设备。种类很多。按用途可分为催化裂化反应器、加氢裂化反应器、催化重整反应器、氨合成塔、氯乙烯聚合釜等;按物料的相态,可分为均相反应器及非均相反应器;按操作方式可分为连续操作式、间歇式及半间歇操作式反应器;按结构形式可分为釜式、管式、塔式、流化床及固定床反应器等。

反洗 back washing 又称反向洗涤。①压力式过滤器或板框压滤机等操作一定周期后,用清液或清水反向冲洗滤料层,以清除堵塞、恢复滤料或滤布过滤效率的过程;②离子交换树脂再生的一个操作过程,使水由下而上反向流过树脂床,除去附着在树脂上的胶状物质或气泡的操作。

反相分配色谱 reverse partition chromatography 见"分配色谱法"。

反相乳液聚合 inverse emulsion polymerization 一种油包水(W/O)体系的乳液聚合方法。是以水溶性单体的水溶液作为分散剂,与水不混溶的有机溶剂作为连续相,在油包水型乳化剂存在下,形成油包水型乳液。所用乳化剂的

HLB值(亲水亲油平衡值)为 3~9,一般为 5 以下。常采用非离子型乳化剂,如斯盘系列、OP 系列等。使用最多的单体是丙烯酰胺、(甲基)丙烯酸及其钠盐。

反相胶束法 inverse micelle method 见"微乳液法"。

反胶团 reversed micelle 又称逆胶团。在非极性溶液(如烃类)中,随着双亲分子或双亲物质浓度的增大,也能形成聚集体。这种聚集体通常以亲水基相互靠拢,而亲油基朝向溶剂,其构型与水相中的胶团正好相反,故被称为反胶团或逆胶团。如在水/油/非离子表面活性剂体系中,低温时表面活性剂在水相形成胶团,而随着温度升高,表面活性剂逐步转移到油相,并形成反胶团。

反离子 gegenion 又称抗衡离子或平衡离子。离子型聚合反应中带有与活性中心离子相反电荷的离子。离子型聚合的生长链带电荷,为了抵消其电荷,在活性中心近旁就要有一个带相反电荷的离子存在,此即为反离子。当活性中心与反离子之间的距离小于某一个临界值时被称作离子对。离子对既可以是紧密离子对,也可以是被溶剂隔开的离子对等。反离子及离子对的存在对离子型聚合活性增长链及聚合物的立体构型都有影响,条件适当时可以得到立体规整的聚合物。

反渗透 reverse osmosis 见"渗透"。

反渗透脱盐 reverse osmosis desalinating 是以压力为驱动力,并利用反

渗透膜只能透过水而不能透过盐分的选择性使水溶液中盐分与水分离的技术。与传统的水处理技术相比,反渗透技术具有工艺简单、操作方便、易于自动控制、无污染、运行成本低等优点。能有效地除去水中的无机盐及有机物,而实现反渗透的关键是反渗透膜。它必须具有很好的分离透过性及物理化学稳定性。此外反渗透膜的使用压力较高(1～10MPa),产水量较低,膜受污染时的清洗处理也较烦杂。

公害 Public nuisance　指由于人类活动引起的环境污染与破坏,以及对公众的生命、健康、财产的安全及生活环境的舒适性等造成的危害。由于大气污染、水体污染、噪声污染、恶臭及振动等所影响和侵害的是不特定的公众,因而将由此产生的危害常称为公害。目前,人们通常将因环境污染和破坏而对公众和社会所造成的危害都称作公害。

乌洛托品 urotropine　见"六亚甲基四胺"。

风化 efflorescence　结晶水合物在常温和较干燥的空气中失去部分或全部结晶水,使原有晶形破坏,于表面出现粉末覆盖物的现象。如水合硫酸钠、水合碳酸钠等晶体在空气中会逐渐风化而成白色粉末。

风动工具油 pneumatic tool oil　又称气动工具油。用于各种风动动力机械(如风钻、风磨、风铲、风锤、风镐等)的润滑油。是由精制矿物油为基础油加入抗氧防腐剂、抗磨极压剂、防锈剂、消泡剂等添加剂调合制成。其润滑方式是由自动加油器注入动力空气,带入活塞与气缸之间、来复杆与帽之间等润滑部位进行润滑。为此要求风动工具油具有适宜的黏度,优良的耐冲击性及耐负荷性,良好的耐水性及防锈性,并且无毒无臭味。

【丶】

文丘里除尘器 Venturi dust collector　一种湿法除尘设备。其结构与文丘里流量计相似,由收缩管、喉管及扩散管三部分组成。不同的是喉管四周均匀地开有若干径向小孔,小孔通过管子与液体(通常为水)相通。操作时,含尘气体以 50～100m/s 的速度通过喉管,将液体吸入喉管,并喷成很细的雾滴,于是尘粒被润湿并凝结变大,随后引入旋风分离器或其他分离设备进行分离。具有结构简单紧凑、造价低、操作简便等特点。但其阻力较大,压力降一般为 2000～5000Pa,须与其他分离设备联合使用。

文丘里管 Venturi tube　又称文氏管。一种截面由中间向两端逐渐扩大的管子,中间截面最小处称为喉颈。当流体从一端流入时,由于截面积逐渐缩小,流速逐步增大,静压相应地逐渐降低,在喉颈处流速最大而静压最小。如在此处引入另一流体,则流体被产生的负压吸入并被高速气流冲散,从而使两种流体充分混合而达到冷却、吸收、反应等目的。此外,流体通过文丘里管时,由于节流作用,在文丘里管前和截面积最小处产生一压力差。此压差值与流体的流速有关,可根据此压差值计算流量。文丘里管流量计,即是以文丘里管为节流装置,并联接压差计组成的。

文丘里管流量计 Venturi tube flowmeter 见"文丘里管"。

六方棱柱笼 hexagonal prism cage 见"笼"。

六亚甲基四胺 hexamethylene tetramine 化学式 $C_6H_{12}N_4$。又名乌洛托品、

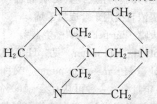

1,3,5,7-四氮杂金刚烷。无色有光泽结晶或白色粉末,略有甜味。吸湿性强。相对密度 1.27(25℃)。蒸气压 0.53Pa (25℃)。230℃开始升华,263℃以上则部分分解。无明显熔点。闪点 250℃。溶于水、乙醇、氯仿、液氨,水溶液呈碱性。在弱酸性溶液中分解为氨及甲醛。可与许多无机物形成配位化合物。易燃。燃烧产物含有有毒的氧化氮、甲醛及氨气。粉末能与空气形成爆炸性混合物。中等毒性:皮肤接触能引起皮炎或湿疹。用作酚醛及脲醛树脂固化剂、橡胶硫化促进剂、塑料发泡剂、织物防缩剂、润滑油稳定剂、消毒杀菌剂等。由甲醛与氨水经缩合反应制得。

六苯并苯 hexabenzobenzene 化学

式 $C_{24}H_{12}$。又称晕苯。其分子结构像王冠,是由六个苯环组成的平面稠环芳烃。浅黄色针状结晶。熔点 436～440℃。溶于苯,不溶于水及冷浓硫酸。在有机溶剂中呈蓝紫色荧光。化学性质稳定。它和八苯并萘都是重油高温加工过程中生焦的母体。特别对重油蒸汽裂解制乙烯的炉管和废热锅炉的结焦影响很大。因此其在原油重油中的含量应不大于 15×10^{-6}。

火灾分类 fire classification 凡在时间或空间上失去控制的燃烧所造成的灾害都为火灾。国家标准《火灾分类》(GB4968—85)中,按物质燃烧特性,将火灾分为 A、B、C、D 四类。A 类火灾指固体物质火灾,如木材、棉、毛、麻、纸张火灾等;B 类火灾指液体火灾和可熔化的固体物质火灾,如汽油、煤油、原油、甲醇、乙醇、沥青、石蜡火灾等;C 类火灾指气体火灾,如煤气、天然气、甲烷、乙烷、丙烷、氢气火灾等;D 类火灾指金属火灾,如钾、钠、镁、钛、锆、锂、铝镁合金火灾等。

火灾探测器 fire detector 一种火灾自动报警系统的传感器。是基于火灾发生时常伴随着产生烟雾、火光、高温,可通过各种探测器,将烟、光、热转变为电信号发出报警。可分为感烟火灾探测器、感温火灾探测器、感光火灾探测器(又称火焰探测器)及可燃气体探测器等类型。

火炬 flare 炼油厂为产气装置开停工和事故处理用的安全设施,系处理多余石油气体的燃火。火炬类型可分为高空火炬和地面火炬。高空火炬由烟囱、火炬头、长明灯、辅助燃料系统、点火器及其他辅助设备组成。

火炬气 flare gas 引至火炬燃烧的石油气,特指火炬头上点燃长明灯的气体。火炬气设有密封系统,是为了防止排放气倒流和空气流入火炬系统发生爆炸燃烧事故而设置。

火炬系统 flare system 炼油厂独立的安全设施之一。通常由火炬气分离罐、火炬气密封罐、火炬烟囱及火炬管道等部分组成。

火炬烟囱 flare stack 连接火炬管线和大气,用以燃烧火炬气的设施。顶端设有长明灯,并装有自动点火设施。一般为铁制,高度在30m以上。烟囱高度需符合环境质量标准的规定。

火焰离子化检测器 flame ionization detector 又称氢火焰离子化检测器。是以氢气在空气中燃烧产生的热量为能源,被测组分在氢焰中反应生成离子,同时在电场作用下形成离子流,经放大器放大后,将电流信号变成电压信号输出,经记录仪记录得到色谱图。绝大多数有机物都在该检测器上有很高的响应。其特点是灵敏度高,对含碳化合可达到 10^{-12} g/s,检测限低,可检出 10^{-9}(ppb)级的痕量组分,而且结构简单,易于操作。

火焰裂解法 flame pyrolytic process 烃类高温完全氧化裂解法的一种。是直接利用燃料气与氧或空气在燃烧嘴中燃烧成高温火焰,产生2000℃以上的高温烟气作为热载气,使从混合段进入的原料烃迅速升温到1500～1700℃,在反应室发生裂解反应,然后进行急冷,将裂解气在百分之几秒的短时间内冷至80～100℃,以防止裂解产物(乙烯及乙炔)进一步分解成氢和碳以及聚合、缩合成焦等二次反应。火焰裂解法是以石油烃为原料联产乙烯、乙炔的重要途径,其制得的乙烯、乙炔混合气可不经提浓直接用于合成氯乙烯。

火嘴 burner 见"燃烧器"。

pH计 pH meter 见"pH值测定"。

计量泵 metering pump 又称比例泵、定量泵。一种可从0%～100%调节流量的容积式泵,多为往复泵。与一般泵比较,具有体积小、重量轻、结构紧凑、操作方便、排量精确,不随压力及流体物性变化而变化等特点。常用来按比例定量输送各种添加剂、药剂等。

计算十六烷值 cetane number calculated 见"十六烷值指数"。

计算机监督控制系统 supervisory computer control system 简称SCC系统。是指计算机根据生产过程的信息(测量值)和其他信息(给定值等),按照描述生产过程的数学模型去自动改变或重新设定模拟调节器或直接数字控制工控机的设定值,从而使生产过程处于最优化的工况下。它可分为计算机监督控制加模拟调节器的控制系统及计算机监督控制加直接数字控制的控制系统。可以实现生产过程的最优化控制。

计算机控制系统 computer control system 是将数字计算机作为自动化装置的过程控制系统。其自动控制的基本单元由检测变送仪表、工业控制计算机和执行器等组成。除能完成常规过程控制系统所能完成的控制功能外，还能进行直接数字控制、特殊规律控制及按生产情况进行操作的优化控制。按生产过程的复杂程度和要求不同，有不同的控制方案，如数据采集和处理系统、直接数字控制系统、操作指导控制系统、计算机监督控制系统、分级控制系统等。

【ㄧ】

引发剂 initator 又称聚合引发剂。在聚合反应中能引起单体分子活化而产生自由基的物质。由于使用量小而又能使大量单体在较温和条件下反应，故又视作催化剂或聚合催化剂。种类很多，常用的自由基型引发剂有过氧化物类、偶氮化合物类及氧化-还原体系类。过氧化物类引发剂具有过氧键结构—O—O—，受热后分解生成两个自由基。它又可分为有机过氧化物引发剂及无机过氧化物引发剂。不同的聚合方式及工艺条件应选用不同的引发剂。对本体聚合、悬浮聚合及溶液聚合应选用偶氮化合物类或油溶性有机过氧化物类引发剂；而乳液聚合及水溶液聚合则应选用过硫酸盐水溶性引发剂或氧化-还原体系引发剂。

孔体积 pore volume 又称孔容、比孔容。指单位质量的多孔性物体（如固体催化剂、吸附剂等）颗粒内部的微孔总体积。单位为 mL/g。常用四氯化碳法测定。即在一定的四氯化碳蒸气压力下，利用四氯化碳将孔充满并在孔中凝聚，凝聚了的四氯化碳体积，就等于催化剂内孔体积。为了简单起见，也可用水滴法代替四氯化碳吸附法进行测定，但水滴法测定值会稍高于四氯化碳法测定值。

孔板流量计 orifice flowmeter 差压式流量计的一种。主要部件为一片带有圆孔的金属板。孔板中心位于管道的中心线上。流体流过孔口时，因流道截面突然缩小，使管内平均流速增大，动压头增大，而静压头下降，即孔口下游的压强比上游低。流量越大，压差也越大，根据压差计测得的数值可以计算出管内流体的流量。具有结构简单、制造及安装方便等特点。其缺点是流体通过孔板时的能量损失较大。

孔径分布 pore size distribution 指多孔性颗粒（如固体催化剂、吸附剂）内各种大小的孔占孔体积的体积百分数。它表示催化剂的孔体积随孔径的变化情况。通常将催化剂颗粒中孔径大小分为三部分：孔半径小于 10nm 为细孔（或微孔）；10～200nm 为过渡孔；大于 200nm 为大孔（或粗孔）。测定孔隙分布的方法随孔径范围不同而异,大孔可用光学显微镜或压汞法测定,细孔可用气体吸附法测定。以测得的孔径为横坐标,以孔体积为纵坐标作图,则可画出孔径分布曲线。而曲线最高点相对应的孔径则称作最可几孔径。

孔容 pore volume 见"孔体积"。

孔蚀 pitting corrosion 又称点蚀、坑蚀。一种金属的局部腐蚀形态。腐蚀集中在金属表面很小范围内,并向深度扩展,穿透金属而形成小孔。孔有大有小,孔径或宽度约为深度的4～10倍。是一种危害严重的腐蚀形式。小而深的孔可引起物料渗漏、火灾、爆炸等事故。通常发生在表面钝化膜或有保护膜的金属,如铝合金、不锈钢等。防止孔蚀的方法有消除设备防锈死角、阴极保护及加缓蚀剂等。

孔隙率 porosity 又称孔隙度。指一定体积的多孔性颗粒(如固体催化剂、吸附剂)中孔的体积,占所取多孔性颗粒体积的分数。如所指为开口型孔的总体积占所取多孔性颗粒体积的分数,则称为表观孔隙率。

双功能催化剂 dual function catalyst 指含有两种不同催化性能的组分并具有两种催化作用的催化剂。如双功能重整催化剂既含有能促进加氢/脱氢作用的金属组分,又含有能促进异构化、裂化反应的酸性组分。又如加氢裂化催化剂也必须兼有加氢及裂化两种性能。

双动滑阀 double acting slide valve 见"滑阀"。

双向烧焦 two-way decoking 一种加热炉管清焦技术。在加热炉进出口管线分别设置烧焦蒸气及空气接管。在实际操作中可由入口至出口进行正常烧焦。当加热炉靠近炉入口部位管内结焦严重,采用正常方向烧焦不能有效清除时,还可由出口至入口进行反向烧焦。

双环戊二烯 dicyclopentadiene

化学式 $C_{10}H_{12}$。又名二聚环戊二烯。无色挥发性结晶或透明液体,有樟脑样气味。相对密度 0.979。熔点 31.5℃。沸点 170℃(分解),闪点 26℃,燃点 680℃。折射率 1.5073。蒸气相对密度 4.55,蒸气压 1.33kPa(47.6℃)。爆炸极限 1%～10%。不溶于水,溶于乙醇、乙醚。遇酸、高热及引发剂(如过氧化物、烷基锂等)时快速聚合。对呼吸道有轻度刺激性。用于生产聚异戊二烯橡胶、石油树脂、环氧树脂、香料、医药等。可由烃裂解生成的 C_5 馏分,经加热二聚、减压蒸馏分离而得。或由环戊二烯二聚制得。

双金属催化重整 bimetallic catalytic reforming 采用双金属催化剂的重整过程。常用双金属催化剂有铂-铼、铂-锡、铂-铱等。重整催化剂的金属活性功能主要是由贵金属提供的。第二金属组元铼能促进铂的分散,抑制主剂铂的凝聚,并可提高催化剂稳定性及延长催化剂使用寿命。锡能促进选择性的提高,使 C_5^+ 液收显著增加,但稳定性欠佳。铱具有良好的脱氢环化功能,能提高催化剂稳定性,但它的氢解及裂化性能较强,且价格较贵。

双金属催化重整催化剂 bimetallic catalytic reforming catalyst 见"双金属催化重整"。

双炉裂化 dual-furnace cracking 指对原料中的轻、重馏分分别用两个加热炉进行的热裂化方法。它可根据原料各自特点进行选择性裂化,即重馏分易裂化,只需进行轻度裂化,轻馏分难裂化,需进行深度裂化。在双炉裂化中,轻油加热炉主要生产汽油,重油加热炉主要生产轻循环油。近来,为增产柴油和提高装置处理能力,将双炉裂化改为单炉轻度裂化。

双组分萃取 two-component extraction 见"多组分萃取"。

双亲分子 amphiphilic molecule 见"两亲分子"。

双面辐射炉管 double sides radiant heater tube 管式加热炉中,布置在炉膛中间(一排或两排)两面受火焰及高温烟气辐射加热的炉管。相对于单面辐射炉管,双面辐射炉管热量分布更均匀,热强度周向不均匀系数低,降低了管壁峰值温度和最大局部热强度,提高平均热强度,可减少总辐射面积约 $25\%\sim35\%$,并延长了加热炉操作周期。因此,双面辐射加热炉的热效率及处理量都比单面辐射加热炉高。

双氧水 hydrogen peroxide 见"过氧化氢"。

双基终止 bimolecular termination 见"链终止"。

双酚 A bisphenol A 化学式 $C_{15}H_{16}O_2$。

又名 2,2-双酚基丙烷。白色针状或片状结晶,稍有苯酚的气味。相对密度 1.195(25℃)。熔点 155~158℃,沸点 250~252℃(1.74kPa),闪点 79℃。难溶于水、苯,微溶于四氯化碳,溶于乙醇、乙醚、丙酮及碱液。加热至 220℃分解(1.067kPa)。化学性质与酚相似,可以被烃化、磺化、硝化、卤化及羧基化。有毒!长时间接触会出现口苦、头痛等症状,对上呼吸道、眼睛及皮肤有刺激作用。能降低血液中血红素的含量,误食可使人恶心、胃痛,严重时会引起死亡。用于制造环氧树脂、聚碳酸酯、聚酰亚胺、聚砜、聚芳酯、阻燃剂、抗氧剂、紫外线吸收剂等,可在硫酸或盐酸存在下,由苯酚与丙酮反应制得。

双酚 A 型聚碳酸酯 bisphenol A polycarbonate 见"聚碳酸酯"。

双烯合成 diene synthesis 见"狄尔斯-阿尔德反应"。

双塔流程 two tower scheme 见"单塔流程"。

双膜理论 two-film theory 描述气

液两种流体在相界面传质动力学的理论之一。主要论点是：①在气液两相接触时，两相间存在有一个稳定的相界面，在相界面两侧各存在一层有效薄层，称为气膜层及液膜层，在任何流体力学条件下，两层膜内始终保持层流状态，吸收质分子以分子扩散方式通过膜层，膜层厚度随流速增大而减少；②在相界面上吸收质达到相平衡，界面上不存在传质阻力；③膜层以外的流体主体中，吸收质浓度分布均匀，两相主体中没有浓度梯度，传质阻力完全集中在两个膜层内。因此双膜理论也称作双阻力理论。双膜理论将传质机理大为简化，而变为通过两层薄膜的分子扩散过程。虽然在反映实际情况上双膜理论仍存在局限性，但目前仍作为吸收装置设计的主要依据。

双端面机械密封 mechanical double seals 机械密封按密封端面的数量和布置方式可分为单端面、双端面及多端面机械密封。两组密封端面"背靠背"或"面对面"布置的密封称作双端面机械密封。它适用于有毒、易燃易爆、易挥发、易结晶、高温、低温或工作介质是气体的密封，也用于高真空度等工作条件下的密封。

双键 double bond 在化合物分子中两个原子以共用两对电子而形成的共价键。常用两条短线表示。双键中的两个键一般是不等同的，其中一对电子形成的是 σ 键，另一对电子形成的是 π 键。如乙烯分子存在 C=C 双键：

由于 π 键易断裂，含有双键的有机化合物具有不饱和性，易起加成及聚合反应。

双键加成反应 double bond addition reaction 双键中的 π 键打开，两个一价的原子或基团分别加到双键两端的碳原子上，形成两个新的 σ 键的反应。可用下式表示：

加成反应是具有不饱和键化合物的典型反应，也是烯烃的主要反应。通过双键加成反应（如加氢、加卤素、加卤化氢、加水、加硫酸等反应），可以制取许多重要的有机化工产品。

水工沥青 hydraulic works asphalt 用于土石坝沥青混凝土斜墙及心墙工程的沥青。由于水工沥青混凝土不受汽车等载荷的反复碾压作用，其裂缝的自愈能力不及道路沥青混凝土强。而且作为水坝的防渗材料，微小的表面裂缝将会造成严重的后果，再加上坝体常出现下沉变形等因素，要求水工沥青需具有极好的防渗能力、良好的抗变形能力及抗震能力、有较低的感温性能及对水质和周围环境不产生污染等。

水力直径 hydraulic diameter 见"当量直径"。

水力旋流器 hydraulic cyclone 见"旋风分离器"。

水气比 water-gas ratio 在一氧化

碳变换反应中,转化气进入中变、低变反应器时的水蒸气量与干气中的 CO 量的体积比。即水气比(H_2O/CO)=$\dfrac{水蒸气量(Nm^3/h)}{CO 量(Nm^3/h)}$。水气比增大,表示反应物浓度增大,有利于平衡向降低 CO 浓度方向移动,可提高变换率。但水气比过大,不仅变换率提高不明显,还会浪费蒸汽。适宜的水气比为 1 左右。

水击 water hammer 指在压力管路中,由于某种原因发生流速突然变化时,引起管内压力的突然变化。由于管壁和液体的弹性作用,造成压力波在管内迅速传递,并可听到对管壁的锤击声音。由于凝结水的积存蒸汽管道也常发生水力冲击震动现象。水击现象的主要危害是使管路中的压力发生剧变,严重时可使管道断裂或爆裂。

水处理剂 water treatment chemicals 用于水处理的化学药剂的总称。在原水、工业用水、生活用水及废水处理过程中,加入各种类型的水处理剂不仅可以提高各种用水的质量,保证循环水系统的正常运行,进而达到节水目的,而且还可使废水或污水在排放前得到净化,减轻接受水体的污染。水处理剂品种繁多,按用途不同,有混凝剂、絮凝剂、缓蚀剂、阻垢剂、分散剂、螯合剂、杀菌灭藻剂、吸收剂及离子交换剂等。广泛用于石油、化工、轻工、日化、医药及环保等行业。

水处理清洗剂 water treatment cleaning agent 应用于水处理中化学清洗的各类化学药剂的总称。可分为清洗主剂及清洗助剂两大类。清洗主剂又可分为无机酸类(如盐酸、硫酸)、有机酸类(如柠檬酸、草酸)、螯合剂、碱洗剂等;清洗助剂有缓蚀剂、还原剂、润湿剂、铜溶解剂及溶解加速剂等。化学清洗需根据清洗对象的结构、材质、水垢等情况,采用不同的清洗剂配方。一般不采用单一的清洗剂,而是将若干种清洗剂组分按不同的浓度组合起来,并采用不同的使用条件,才能发挥清洗剂的良好作用。

水华 plankton bloom 又称水花。由于浮游生物的异常繁殖致水体变色的现象。江河湖泊、水库等水域的植物营养成分(主要为氮、磷)的过量富集,致使水体出现富营养化,浮游生物(主要是藻类)大量繁殖造成生物密度过高,由于占优势的浮游生物颜色不同,而使水面呈现红色、蓝色、棕色、棕白色等颜色。在淡水中发生的这种现象称为水华,水华现象发生在海水中就称为赤潮现象。

水合反应 hydration reaction 含双键或叁键等不饱和键的化合物与水发生的加成反应。一般为离子型加成。如烯烃在酸的催化作用下与水加成生成羟基化合物的反应,是制备各种醇的重要方法;再如炔烃在汞盐催化下与水加成先生成不稳定的烯醇,继而互变异构为醛酮,是制备醛酮的一种方法。

水合物 hydrate 又称结晶水合物。含有一定量水分子的晶态物质。如 Cu-

$SO_4 \cdot 5H_2O$、$KAl(SO_4)_2 \cdot 12H_2O$、$Al_2O_3 \cdot H_2O$、$CH_4 \cdot nH_2O$ 等。水分子的组成可以一定,也可以在一定范围内变动。酸、碱、单质、有机分子都可生成水合物。同一化合物还可形成一种以上的水合物,如硫酸钠就有一水合物、七水合物及十水合物等。环境水蒸气的分压大小是决定水合物稳定性的主要因素。失去结晶水为风化,吸收水分增加结晶水为潮解。水合物受热时,水分子被逐个驱出后则成无水物。

水合肼 hydrazine hydrate $H_2NNH_2 \cdot H_2O$ 化学式 $N_2H_4 \cdot H_2O$。又名水合联氨。无色发烟液体。相对密度1.032。熔点 $< -40℃$,沸点 119.4℃,闪点 72.8℃,自燃点 270℃。折射率1.4284。蒸气压 0.67kPa(25℃)。爆炸极限 4.7%～100%。与水、乙醇混溶,不溶于乙醚、氯仿。具强碱性、还原性及腐蚀性。受热分解并释出有毒的氧化氮气体。可燃。液体或蒸气对眼、鼻和呼吸道有强刺激性,直接接触皮肤可致皮炎及致敏。对玻璃及橡胶有腐蚀性。用于制医药、火箭燃料、炸药等,也用作大型锅炉给水脱氧剂、显影剂、发泡剂等。由次氯酸钠、氯气及氢氧化钠反应制得。

水合氢离子 hydronium ion 指水与氢离子结合形成的水合离子,或结合一个水分子的质子。通常表示为 H_3O^+,简单的表示符号为 H^+。存在于纯水和一切水溶液中。任何质子给予体与水反应即生成水合氢离子。实际水溶液中的水合氢离子要复杂得多,由于 H_3O^+ 可以参与形成三个氢键,水合氢离子也可生成四水合离子 $H_9O_4^+$。

水杨酸 salicylic acid 化学式 $C_7H_6O_3$。又名邻羟基苯甲酸。白色针状结晶,有辛辣味。相对密度1.443。熔点 159℃,沸点 211℃(2.66kPa),闪点 157.2℃。折射率1.565。76℃升华。难溶于水,溶于沸水、乙醇、乙醚、苯等。易溶于丙酮。水溶液呈酸性,在空气中稳定,遇光照颜色变深。有较强防腐作用及解热镇痛作用。用于制造水杨酸盐、水杨酸酯及医药、染料、香料等。也用作防腐剂、消毒剂、橡胶防焦剂。其钙盐可用作润滑油清净分散剂。可由苯酚钠与二氧化碳反应生成水杨酸钠盐后再经硫酸酸化制得。

水体污染 water body pollution 指排入水体的污染物数量上超过了该物质在水体中的本底含量和水体环境容量,从而导致水体的物理、化学及微生物特性发生变化,破坏了水中固有的生态系统及水体的功能。根据对环境污染危害程度不同,水体污染物主要有固体污染物,耗氧有机物,酸、碱等无机物,氮及磷等营养性污染物,汞、镉、钒等无机有毒污染物,油类污染物及生物污染物等。根据排入水体的污水来源不同,水体污染源可分为工业污染源、生活污染源及农业污染源等。其中,工业污染源产生的废水量大、组成复杂、含污染物多、处理也困难。它来自炼油、石油化工、矿山、冶金、造纸、纺织等行业所排放的废水。

水体富营养化 water body entrophication 指水体中氮、磷等营养物质富集,引起藻类及其他浮游生物大量繁殖,水体溶解氧含量下降,造成鱼类等水生生物衰亡、水质恶化,从而破坏水体生态平衡的污染现象,水体富营养化使水体外观呈现出蓝色、红色、棕色等颜色,并散发出土腥味、霉腐味、鱼腥味及出现鱼尸漂浮现象。不但影响风景旅游功能,而且破坏水体生态平衡,危害人体健康。水体中的氮磷来源:一是天然的(如降水),二是人为排放的城市生活污水及工业废水。啤酒、皮革、食品及屠宰等生产废水及城市生活污水均属于富养化废水。

水含量 water content 又称含水量。指石油及石油产品的含水量。水含量是大部分石油产品的限制指标。测出油品水分,根据水含量多少,可确定脱水方法,防止造成如下危害:①油品中水分蒸发时要吸收热量,会使发热量降低;②轻质油品中的水分会使燃烧过程恶化,并将溶解的盐带入气缸内,造成积炭,增加气缸磨损;③低温下,燃料中的水会结冰而堵塞燃料导管和滤清器;④油品有水时会加速油品的氧化及胶化;⑤润滑油中有水时会腐蚀发动机零件,并在高温时会破坏油膜,导致金属表面磨损。

水环式真空泵 water-ring vacuum pump 又称水环泵。一种湿式真空泵。是由带叶片的偏心转子在泵内旋转时形成水环的真空泵。泵内充有一定高度的水,转子旋转时,水在泵内沿泵体形成旋转水环。水环具有液封作用,并与叶片之间形成许多大小不同的密封空室。当叶轮旋转时,左边空室逐渐扩大形成真空,并从吸入孔吸入气体。右边空室逐渐缩小,气体受到压缩并从排出孔排出。这种泵的真空度最高可达85%,即形成15kPa的压强。具有结构简单紧凑、制造及维修容易、没有阀件、不需润滑、气体免遭污染、排气量均匀等特点。适用于抽吸含有液体的气体和有腐蚀性、有爆炸性、不溶于水和不含固体颗粒的气体。

水的软化 demineralization of water 将工业用水进行处理,以减少或除去硬水中的钙、镁离子的过程。常用方法有:①化学软化法。是在水中加入药剂(如石灰、纯碱),将水中的钙、镁离子转变为难溶的化合物而经沉淀除去。②热力软化法。是将水加热至100℃或100℃以上,在煮沸过程中,使水中的钙、镁的碳酸氢盐转变为 $CaCO_3$ 及 $Mg(OH)_2$ 沉淀而去除。③离子交换法。是利用离子交换剂活性基团中的 H^+、Na^+ 等阳离子与水中的硬度成分 Ca^{2+}、Mg^{2+} 进行离子交换,从而除去 Ca^{2+}、Mg^{2+} 以达到软化的目的。除此以外,还有电渗析软化法。其中常用的软化法是离子交换法及化学软化法。

水的硬度 hardness of water 见"硬

水"。

水热合成　hydrothermal synthesis
是指在水存在下经高温高压反应,在液相中制备特殊材料的一种方法。一般是在密闭反应器(高压釜)中以水溶液作为反应体系,通过将水溶液加热至临界温度(或接近临界温度),使无机或有机化合物与水化合,通过对加速渗析反应及物理过程的控制,调节产物的组成、结构及形貌,再经过滤、洗涤、干燥制得高纯、超细颗粒。水热合成法又可分为水热沉淀法及水热结晶法。可用于制取常温常压下难以制取的一些特殊材料,如沸石分子筛、石英单晶、氧化锆钠米微晶等。

水热稳定性　hydrothermal stability
评价裂化催化剂的性能指标之一。裂化催化剂在高温下再生时会与少量水蒸气接触,因此在高温和水蒸气存在下的水热稳定性成为催化剂的一个重要指标。要求催化剂在经受高温后,保持其结构不受破坏,能保持较高的平衡活性。测定方法是:在实验条件下,先将催化剂在高温下经水蒸气处理,使其性能近似于装置中平衡催化剂的水平,然后用与反应装置相接近的条件,通入标准原料油,测定产物中汽油加气体的收率。对分子筛催化剂是在 800℃下通水蒸气处理 4h。

水基切削液　water base cutting fluid
见"金属切削液"。

水基防锈剂　water base anti-rust additive　一种以水为稀释剂的防锈材料。是由混合型缓蚀剂、成膜树脂、乳化剂、辅助添加剂及软化水等按一定比例调制而成的。具有无毒、无味、防锈、润滑及清洗性优良等特点。使用时将其浸涂于金属表面,待水分蒸发后会形成一层保护膜而达到防锈效能。适用于金属加工工序间防锈。也可稀释后用作清洗液、切削液及磨削液等。

水基润滑剂　water base lubricant
又称切削液。一种由矿物油、皂类物质、软化水及少量乳化剂配制成的白色乳化液。主要用作金属切削加工时工件及刀具的冷却剂,具有冷却及一定润滑作用,可减少刀具磨损,降低动力消耗,提高工件表面光洁度。

水氯比　water-chlorine ratio　指重整反应器进料(包括原料油及循环氢)中水的总摩尔数与氯的总摩尔数之比值。是使用全氯型催化剂重整过程的重要工艺参数之一。即进入反应区的水和氯必须适当,水氯比过大或过小,都会破坏双功能催化剂的金属功能与酸性功能的合理匹配,导致催化剂性能降低。

水氯平衡　water-chlorine equilibrium
指进入重整反应系统的水氯比比较适当。在这种状态下能使催化剂的活性、选择性及稳定性获得最佳效果,通常将这种状态称为水氯平衡。影响水氯平衡的因素有催化剂初始氯含量、循环气中水含量、催化剂载体性能及反应操作条件等。当系统失去水氯平衡时,需通过注水或注氯加以调整。

水蒸气转化过程 steam reforming process 见"轻烃水蒸气转化过程"。

水蒸气蒸馏 steam distillation 又称蒸汽蒸馏。由水蒸气直接鼓泡通入油料中的蒸馏。原油中的重组分沸点很高,而当加热到370℃以上时,一些高分子烃类会发生分解,使油品分子结构发生变化,一些润滑油组分和蜡油组分就会因分解而损失。采用水蒸气蒸馏可以降低油品分压,使重组分在较低温度下汽化。通过在蒸馏塔的塔底及侧线汽提塔的塔底,直接吹入过热水蒸气,可使油品在较低沸点下发生汽化。

水煤气 water gas 又称合成气。是以蒸汽为气化剂,以无烟块煤、型煤或焦炭为原料,在煤气发生炉中气化所产生的煤气。主要成分为 H_2 和 CO。H_2 含量达 50%,CO 平均为 37%,CO_2 约为 6.5%,N_2 约为 6%,CH_4 约为 0.5%。其热值比混合发生炉煤气高约一倍,低位发热量达 2100～2500kcal/m^3。水煤气经净化和 CO 变换等工序,对 H_2 及 CO 的比例进行调整后可供生产甲醇用。当用于生产合成氨时,在鼓水蒸气制气阶段,适当掺入一定数量的空气,即生产半水煤气。半水煤气中的 (H_2＋CO) 与 N_2 之比大于 3,可用于生产合成氨及碳铵、尿素等产品,也可用作燃料,但热值较低。

水煤气变换 water gas shift 指在变换催化剂作用下,使水煤气中的一氧化碳与水进行反应,生成易脱除的二氧化碳,然后用吸收法除去二氧化碳,以生产氢气的过程。变换反应是放热反应。通常采用两段变换过程,即将一氧化碳转化为二氧化碳的中温变换和低温变换。

水煤浆 coal water slurry 是将具有一定粒度级配的固态煤炭经一定的物理加工工艺制成的具有一定流动性和稳定性的煤基流体洁净燃料。工业应用代油燃烧的水煤浆常分为两类,即作为燃料用的高浓度水煤浆燃料和供德士古造气用的水煤浆原料。前者既保持煤炭原有的物理特性,又具有石油样的流动性,运输方便且储存稳定,故又称作液态煤炭产品。具有似重油的液态燃料应用特点,燃烧效率高,约 2.1t 水煤浆可替代 1t 燃油。水煤浆技术旨在利用水煤浆代油、代气燃烧,用作锅炉及窑炉燃料。亦可作为气化原料,用于生产合成氨、合成甲醇等。

水溶性酸碱 water soluble acid and alkali 指石油产品在加工、储存、运输过程中从外界进入的可溶于水的无机酸或碱。无机酸主要指硫酸及其衍生物,包括酸性硫酸酯、磺酸;水溶性碱主要是氢氧化钠、碳酸钠。油品中的水溶性酸碱不但会腐蚀金属及机器设备,而且还会催化油品氧化,使油品安定性下降。因此,出厂油品要求不含水溶性酸碱。

水溶液聚合 water solution polymerization 见"溶液聚合"。

水解 hydrolysis 化合物由于水的作用分解生成两个或几个产物的反应。

常指盐类的水解,强酸弱碱盐、强碱弱酸盐和弱酸弱碱盐均易水解,强酸强碱盐不水解。许多有机化合物与水作用也会发生水解反应,但大多在酸性或碱性介质中进行,以加速反应。如脂肪族及芳香族卤代物(如 CH_3Cl 及 C_6H_5Cl)中的氯原子和芳环上的氯原子易与水发生水解得到相应的醇。常用的水解剂为 $NaOH$、$Ca(OH)_2$ 及 Na_2CO_3 的水溶液。一些生物高分子化合物(如淀粉、多糖、蛋白质等),水解时生成相应的单体。

水碳比 water-carbon ratio 烃类水蒸气转化法制氢过程的一个重要操作参数。是指转化炉混合进料中水蒸气分子数和原料中碳原子总数之比,可以水蒸气流量和碳流量的比值求得。水蒸气是转化反应的反应物之一。增大水碳比,即增加水蒸气流量,也就增加了反应物浓度,可提高烃类的转化率,使转化气 CH_4 含量降低,CO 及 H_2 的浓度增加,还可避免催化剂结焦、保持催化剂活性。而水碳比过小则会使结炭倾向增加。但水碳比过大时会导致能耗增大及转化催化剂的钝化。工业制氢装置控制的水碳比一般为 $3.5\sim5.5$。

水凝胶 hydrogel 所含液体为水的凝胶。它在水溶液中形成,如硅胶、硅铝胶等。所有水凝胶的外表很相似,呈半固体状,无流动性。在新形成的水凝胶中,不仅分散相(搭成网结)是连续相,分散介质(水)也是连续相。这是凝胶的主要特征。水凝胶脱水(或干燥)后即成干胶。市售硅胶、明胶及阿拉伯胶等均为干胶。

五画
【丨】

击穿电压 breakdown voltage 又称绝缘击穿电压、介电击穿电压。是衡量电器用油绝缘性能的一项指标,是高压电器应具有的重要特性。绝缘油处于高压电场条件下,当升高其电压至某一极限时,电介质中瞬间会有很大电流通过,绝缘油即失去绝缘能力而产生导电,这一现象称为"击穿"。而在规定条件下,电器用油在电场作用下所能承受的最高电压称作击穿电压,单位为 kV。击穿电压越高,表明绝缘性能越好。当油品中含有微量水分时,其击穿电压急剧下降。

节水 saving water 指采取必要的切实可行的工程措施和非工程措施,以减少用水过程中不必要的损失和浪费,提高水的利用率,更加科学合理及有效地利用水资源。节水是我国的一项重大国策,它可以缓解城乡缺水状况、保护环境、保证社会安定团结和保障可持续发展。

节流式流量计 throttling flowmeter 见"差压式流量计"。

节涌 slugging 见"腾涌"。

节涌床 slugging bed 见"聚式流态化"。

节流阀 throttle valve　通过减小阀门流通截面的方法使流体压力降低的一类阀门。阀芯是抛物线状的圆锥体或针形。在冷冻装置中,节流阀用来使温度已降低的蒸汽或气体膨胀,温度再下降,故又称其为膨胀阀。节流阀对通过的流体介质有很大的阻力,从而产生很大的压力降。

节流膨胀制冷 throttle expansion refrigeration　指气体由较高的压力通过节流阀迅速膨胀到较低的压力时,由于过程进行得很快,来不及与外界发生热交换,膨胀所需的热量必须由自身供给,从而引起温度降低而制冷。如裂解气分离的脱甲烷流程中,利用脱甲烷塔顶尾气的自身节流膨胀,可获得$-160\sim-130℃$的低温。

节能 energy conservation　又称节约能源。有狭义节能和广义节能两层含义。狭义节能是指以追求提高能源利用率为目标,节约直接消耗的、有形的能源;广义节能是指在满足相同需要或为了达到相同目的条件下的广泛性的节能。既包括直接节能,又包括由于节省人力、物力、财力、自然资源和提高经济效益所引起的一切间接节能在内的全部节能。节能可以缓解我国长期面临能源供求紧张的局面,也是保护环境、造福后代的需要。

去离子水 deionized water　见"纯水"。

正丁基锂 n-butyl lithium $CH_3CH_2CH_2CH_2Li$　化学式 C_4H_9Li。又名丁基锂。无色晶状固体。由于其高活性及高溶解性,常呈黏液状态。相对密度 0.765(25℃)。熔点$-76℃$,沸点$80\sim90℃(0.0133Pa)$。易溶于戊烷、己烷、苯等多数有机溶剂。约在100℃时缓慢分解,150℃时快速分解。在空气中易自燃,遇水分解生成丁烷及氢氧化锂。通常在烃类溶剂中或低温保存。用作链烯烃聚合催化剂,丁二烯、异戊二烯及苯乙烯等的聚合引发剂,烃基化试剂及汽油抗爆剂等。由氯代丁烷与金属锂在己烷的分散体系经低温反应制得。

正丁烯氧化脱氢 n-butene oxidative dehydrogenation　在催化剂作用下,正丁烯氧化脱氢生成丁二烯的反应。丁烯氧化脱氢反应是一个复杂过程,常伴有多种副反应发生,为抑制副反应,提高主反应的选择性,常在反应过程中使用催化剂。已用于工业上的催化剂有钼酸铋系催化剂及尖晶石型铁系催化剂。所采用的反应器又可分为流化床反应器及固定床反应器两类。

正丁烷 n-butane $CH_3CH_2CH_2CH_3$　化学式 C_4H_{10}。又名丁烷。无色可燃气体,有轻微不愉快气味。气体相对密度 2.046(空气=1),液体相对密度 0.601($-0.5℃$)。熔点$-138.4℃$,沸点$-0.5℃$,闪点$-60℃$(闭杯),燃点405℃。临界温度152.01℃,临界压力3.797MPa。爆炸极限 1.6%～8.5%。微溶于水,溶于乙醇、乙醚、氯仿等溶剂。在一定条件下,能与氧气、臭氧、二氧化氮、卤素等氧化剂发生剧烈反应,甚至燃烧或爆炸。吸入时有弱刺激及麻醉作用。用于有机合成,与丙烷混合作为液化气大量用作燃料。还可用作脱蜡剂、烯烃聚合用溶剂、树脂发泡剂及渣油脱沥青溶剂等。可由油田气、湿天然气及石油裂解气中分离而得。

正丁烷氧化法 *n*-butane oxidation process 指在 $V_2O_5 \cdot P_2O_5$ 系催化剂存在下,由正丁烷与空气经气相氧化生成顺丁烯二酸酐的过程。反应温度 $300 \sim 500℃$,压力为常压,丁烷转化率为 82.5%,顺酐选择性为 $66\% \sim 67.5\%$。此法具有生产成本低、污染少、原料来源丰富等特点。随着新型催化剂的不断出现,丁烷转化率及顺酐选择性的不断提高,有逐步取代苯法生产顺酐的趋势。

正丁酸 *n*-butanoic acid $CH_3CH_2CH_2COOH$ 化学式 $C_4H_8O_2$。又名丁酸、酪酸。无色油状液体,有腐败黄油的臭味。相对密度 0.959。熔点 $-4.26℃$,沸点 163.7℃,闪点 77℃。折射率 1.3984。蒸气相对密度 3.04,蒸气压 0.10kPa(25℃)。爆炸极限 $2\% \sim 10\%$。与水、乙醇、乙醚混溶。用于合成丁酸酯类、丁酸纤维素、增塑剂、医药、香料等。也用作溶剂、萃取剂、脱钙剂等。由正丁醛催化氧化制得。

正丁醇 1-butanol $CH_3CH_2CH_2CH_2OH$ 化学式 $C_4H_{10}O$。又名1-丁醇。无色透明液体,有酒的气味。相对密度 0.8097。熔点 $-89.8℃$,沸点 117.7℃,闪点 35℃(闭杯),自燃点 365℃。折射率 1.3993。蒸气相对密度 2.55,蒸气压 0.93kPa。爆炸极限 $1.45\% \sim 11.25\%$。溶于水,与乙醇、乙醚、苯等溶剂混溶。能溶解油脂、蜡、橡胶。具有醇类通性。易燃,低毒,高浓度蒸气有麻醉性。主要用于制造邻苯二甲酸、脂肪族二元酸及磷酸正丁酯类增塑剂。也用作溶剂、萃取剂、脱蜡剂等。由丙烯、氢气经羰基合成制得。

正丁醛 *n*-butyl aldehyde $CH_3CH_2CH_2CHO$ 化学式 C_4H_8O。又名酪醛。无色透明液体,有特殊刺激性臭味。相对密度 0.8017。熔点 $-99℃$,沸点 75.7℃,闪点 $-6.67℃$,燃点 230℃。折射率 1.3843。蒸气相对密度 2.5,蒸气压 12.2kPa(20℃)。爆炸极限 $1.9\% \sim 2.5\%$。微溶于水,溶于乙醇、乙醚、丙酮等有机溶剂。具有醛的化学通性,可进行加成、加氢、氧化、聚合等反应。易燃,长久暴露于空气中会生成不稳定的有爆炸性的过氧化物。低浓度对眼、呼吸道有轻微刺激,高浓度吸入有麻醉作用。有致敏性。用于制造聚乙烯醇缩丁醛、丁酸及香料、增塑剂、医药等。由丙烯、氢气及一氧化碳经羰基合成制得。

正壬烷 *n*-nonane $CH_3(CH_2)_7CH_3$ 化学式 C_9H_{20}。又名壬烷。无色透明液体。相对密度 0.7176。熔点 $-53.5℃$,沸点 150.8℃,闪点 30℃。蒸气相对密度 4.4,蒸气压 1.33kPa(39℃)。折射率 1.4054。爆炸极限

0.7%～5.6%。不溶于水，微溶于乙醇，溶于乙醚。易燃。遇明火及高热能引起燃烧爆炸。蒸气对黏膜有刺激作用及麻醉性。用作有机合成原料、溶剂、油漆稀释剂、仪器清洗剂及干洗剂等。

正丙醇　1 - propanol $CH_3CH_2CH_2OH$　化学式 C_3H_8O。又名1-丙醇。无色透明液体，有乙醇样气味。相对密度 0.8036。熔点 $-126.2℃$，沸点 97.2℃，闪点 27℃，自燃点 439℃。折射率 1.3856。蒸气相对密度 2.07，蒸气压 1.33kPa（14.7℃）。爆炸极限 2.6%～13.5%。与水、乙醇、乙醚及烃类等多种溶剂混溶。能溶解油脂及天然树脂。易燃。低毒！高浓度蒸气有麻醉性及刺激性。用于制造正丙胺、胶黏剂、涂料等，也用作溶剂、洗涤剂。可由丙烯催化水合制得。

正戊烷　n-pentane $CH_3(CH_2)_3CH_3$ 化学式 C_5H_{12}。又名戊烷。有芳香味的无色易燃液体。相对密度 0.626。熔点 $-129.8℃$，沸点 36.1℃，闪点 $<-49℃$，燃点 309℃。蒸气相对密度 2.48。临界温度 196.4℃，临界压力 3.37MPa。爆炸极限 1.7%～9.75%。微溶于水，与乙醇、乙醚、丙酮等混溶。化学性质稳定，常温常压下与酸碱不作用，与臭氧、次氯酸钠、高锰酸钾、卤素等氧化剂会发生反应。对眼及呼吸道有一定刺激作用。含于直馏汽油中，有时也含于热裂化及催化裂化汽油中。用作测定废机油中正戊烷不溶物的溶剂、聚苯乙烯发泡剂、渣油脱沥青溶剂、

萃取剂、麻醉剂等。可由天然气或石油催化裂化制得。

正戊醇　n - pentanol $CH_3CH_2CH_2CH_2CH_2OH$　化学式 $C_5H_{12}O$。又名戊醇、1-戊醇。无色透明液体，有特殊香气味。易燃。相对密度 0.8144。熔点 $-78.2℃$，沸点 137.5℃，闪点 51℃。折射率 1.4099。爆炸下限 1.2%。微溶于水，与乙醇、乙醚、丙酮、苯、四氯化碳等混溶，能溶解油脂、松香及乙基纤维素等。蒸气对眼睛、呼吸道有刺激性，并有麻醉性。用于制作乙酸乙酯、药物，也用作溶剂、萃取剂等。可由碳四烯烃羰基合成或正戊烷光氯化制得。

正辛烷　n-octane $CH_3(CH_2)_6CH_3$ 化学式 C_8H_{18}。又名辛烷。无色透明液体。相对密度 0.7036。熔点 $-56.5℃$，沸点 125.7℃，闪点 13℃，自燃点 220℃。折射率 1.3976。蒸气相对密度 3.86，蒸气压 1.88kPa（25℃）。临界温度 296℃，临界压力 2.49MPa。爆炸极限 0.8%～6.5%。不溶于水，微溶于乙醇。与乙醚、丙酮、苯等混溶。易燃。有麻醉性。用于有机合成，也用作溶剂及汽油添加剂。可由溴丁烷与金属钠反应制得。

正辛醇　1 - octanol $CH_3(CH_2)_6CH_2OH$　化学式 $C_8H_{18}O$。又名1-辛醇。无色透明油状液体，有刺激性香味。相对密度 0.8239。熔点 $-15.2℃$，沸点 194.5℃，闪点 91℃。折射率 1.4292。蒸气相对密度 4.48，蒸气

压 0.011kPa(25℃)。几乎不溶于水,与乙醇、乙醚、氯仿等混溶。能溶解油脂、树脂、橡胶等。具有伯醇的通性。在催化剂存在下脱水成辛烯,与酸反应生成酯。可燃。对皮肤及眼睛有刺激性。用于制造增塑剂、香料等。也用作消泡剂、润滑油添加剂及溶剂。可由 1-庚烯羰基化生成醛,再经加氢制得。

正构烷烃 normal paraffin hydrocarbon 指分子主链上没有支碳链的烷烃,如甲烷、乙烷、丙烷、丁烷等。正构烷烃的熔点及沸点均随分子中碳原子数的增加而升高。在常温、常压下与多数试剂(如强碱、强酸、强氧化剂及强还原剂)都不起反应,或反应速度极慢。但在高温、高压及催化剂存在下,也能起氧化、磺化、裂化、烷基化、卤代等反应。

正庚烷 normal heptane $CH_3(CH_2)_5CH_3$ 化学式 C_7H_{16}。又名庚烷。含有七个碳原子的直链正构烷烃。无色易挥发透明液体。相对密度 0.684。熔点－90.6℃,沸点 98.4℃,自燃点 233℃。爆炸极限 1.0%～6.0%。不溶于水。与乙醇、乙醚及氯仿等混溶。在气缸中燃烧爆炸时震动很剧烈。它的辛烷值定为零。与异辛烷(辛烷值定为 100)配成各种比例的混合物。常用作测定汽油辛烷值的标准燃料。也用作溶剂、脱漆剂及油脂萃取剂。可由石油馏分经分离而得。

正相分配色谱 positive parition chromatography 见"分配色谱法"。

正盐 normal salt 酸的氢离子全部被碱所中和,或碱的氢氧基全部被酸所中和的化合物。是仅由金属离子(包括 NH_4^+)和酸根离子组成的盐。正盐的水溶液可以呈中性反应(如氯化钠、硫酸钠的溶液),也可以呈酸性反应(如硫酸铝、硝酸铵的溶液)及碱性反应(如碳酸钠、磷酸钠的溶液)。

正离子聚合 cationic polymerization 见"阳离子聚合"。

正硅酸乙酯 ethyl ortho silicate $(C_2H_5O)_4Si$ 化学式 $C_8H_{20}O_4Si$。又名原硅酸乙酯、四乙氧基硅烷。无色或淡棕色液体,有刺激性气味。相对密度 0.9320。熔点－77℃,沸点 165～166℃,闪点 51.7℃。折射率 1.3928。蒸气相对密度 7.22,蒸气压 0.13kPa(20℃)。爆炸极限 1.3%～23%。难溶于水,遇水缓慢分解,析出硅酸及氧化硅。溶于乙醇、丙酮。易燃。低毒。对皮肤、黏膜及眼睛有刺激作用。用于制造耐热涂料、有机硅化合物、精密铸造胶黏剂等。由四氯化硅与无水乙醇经酯化反应制得。

丙二烯 propadiene $CH_2=C=CH_2$ 化学式 C_3H_4。又名二亚甲基甲烷。最简单的含累积双键的碳氢化合物。无色气体。易液化。液体相对密度 0.584(25℃)。熔点－136.2℃,沸点－34.4℃。折射率 1.4168。化学性质活泼,在催化剂存在下,可与氢发生反应。主要用于制造环丁烷及环辛烷的衍生物。存在于裂解气碳三馏分中,可由精馏分离而得。

1，2 - 丙二醇 1，2 - propanediol $CH_3CH（OH）CH_2OH$ 化学式 $C_3H_8O_2$。又名1,2-二羟基丙烷。无色黏稠液体。易燃。有吸湿性。相对密度1.0381。熔点$-60℃$，沸点187.3℃，闪点99℃（闭杯）。折射率1.4329。爆炸极限2.6%～12.5%。与水、乙醇、丙酮、氯仿等混溶。溶于苯、乙醚。具有醇的通性。与二元酸反应生成聚酯，脱水生成氧化丙烯。毒性较小。用于制造不饱和聚酯、增塑剂、表面活性剂等。也用作溶剂、防腐剂及热载体等。由环氧丙烷直接或间接水合制得。

丙三醇 propanetriol 见"甘油"。

丙炔 propyne $CH_3—C≡CH$ 化学式 C_3H_4。又称甲基乙炔。无色气体。气体相对密度1.293,液体相对密度0.607(25℃)。熔点$-102.7℃$,沸点$-23.2℃$。蒸气压516.76kPa(20℃)。临界温度127.65℃，临界压力5.35MPa。爆炸极限1.7%～11.7%。易燃。化学性质与乙炔相似,能进行加成、氧化、聚合等反应。有麻醉及刺激作用。用于制造丙酮、丙烯酸、丙烯醛等。也用作气相色谱对比样品。可由乙炔与碘甲烷或硫酸甲酯作用而得,或由1,2-二溴丙烷与氢氧化钾反应制得。

丙烯 propylene $H_2C≡CHCH_3$ 化学式 C_3H_6。无色可燃性气体,略带烃类特有的气味。气体相对密度1.46,液体相对密度0.5139。熔点$-185.2℃$,沸点$-47.7℃$,闪点$-72.2℃$,燃点

497.2℃。临界温度91.4～92.3℃,临界压力4.6MPa。爆炸极限2.0%～11.0%。微溶于水,溶于乙醇、乙醚。高浓度时有麻醉作用及窒息性。化学性质活泼,能进行加氢、卤化、氧化、聚合等反应。为重要化工原料。用于制造聚丙烯、丙烯腈、甘油、异丙醇、丙烯酸、环氧丙烷、乙丙橡胶等。主要由石油烃裂解制得,为乙烯的联产品,或由炼厂气催化裂化气回收而得。

丙烯二聚 propene dipolymerization 一种近年来发展的烯烃二聚过程。指以丙烯为原料,在镍的配位物和烷基铝、有机膦等复合催化剂作用下,聚合成以异己烯为主要产物的过程。丙烯二聚物异己烯的马达法辛烷值为82左右,研究法辛烷值可达96,是优良的汽油辛烷值调合组分。

丙烯水合法 propylene hydration process 一种制异丙醇的方法。分为硫酸间接水合法及气相直接水合法。硫酸间接水合法是由丙烯与硫酸发生水合反应生成硫酸一异丙酯和硫酸二异丙酯,然后再经水解反应生成异丙醇的过程。由原料至产品需经两步反应。由于此法存在流程复杂、能耗高、设备腐蚀及环境污染较严重、产品收率低等缺点,故已逐渐被直接水合法所替代。气相直接水合法是以磷酸/硅藻土为催化剂,在190～200℃、2MPa压力下由丙烯与水直接反应生成异丙醇。所用原料丙烯纯度要求大于99%。是目前生产异丙醇的主要方法。

丙烯低聚物 propylene oligomer 丙烯在三氯化铝、磷酸等酸性催化剂作用下生成的分子量不大的液态聚合物，如二聚丙烯、四聚丙烯等。前者可作为高辛烷值调合组分，后者曾用作生产十二烷基苯磺酸钠洗涤剂的原料。后因发现四聚丙烯大多为带支链的异构十二烯，以它制得的洗涤剂不像从直链正十二烯制得的产物容易生物降解，为保护环境起见，已不再用四聚丙烯作为合成洗涤剂的原料。

丙烯衍生物 propylene derivative 指由丙烯出发经各种反应生成的一系列化合物。如丙烯氧化生成丙烯醛；丙烯氨氧化生成丙烯腈；丙烯水合生成乙醇；丙烯高温氯化生成氯丙烯；丙烯聚合生成聚丙烯；丙烯经羰基合成生成丁醛等。由于丙烯衍生物应用范围广泛，用途多样，因而丙烯已成为石油化工产品的重要基础原料。

丙烯氨氧化 propylene ammoxidation 指在催化剂存在下，由丙烯、氨、氧气在470℃下反应生成丙烯腈的过程。除生成丙烯腈外，还有乙腈、氢氰酸、丙烯醛、二氧化碳等多种副产物生成。所用催化剂主要有 Mo 系及 Sb 系催化剂两类。钼系催化剂的结构可用 $[RO_4(H_2XO_4)_n(H_2O)_n]$ 表示。R 为 P、As、Si、Ti、Mn、Cr、Th、La、Ce 等；X 为 Mo、W、V 等。其代表性的催化剂为美国 Sohio 公司的 C-41、C-49 及我国的 MB-82、MB-86 等。其中 Mo、Bi 为催化剂的主要活性组分，其余为助催化剂；

锑系催化剂的活性组分为 Sb、Fe，助催化剂有 V、W、Mo、B、P、Te、Mg、Al 等。

丙烯氧化法 propylene oxidation process 一种丙烯直接氧化生产丙酮的方法。是以含少量氯化钯、氯化铜的水溶液为催化剂，在 100℃下经均相配位催化氧化制得丙酮。丙烯的羰基化反应和氯化铜的氧化反应分别在羰基化反应器和氧化反应器中进行，类似于由乙烯经均相配位催化氧化制乙醛的二段法。本法丙烯可全部转化，不需循环，丙酮收率为 93%。

丙烯腈 acrylonitrile $H_2C{=}CHCN$ 化学式 C_3H_3N。又名乙烯基氰。无色透明液体，有桃仁气味。易挥发。相对密度 0.8060。熔点 $-$83.55℃，沸点 77.3℃，闪点 0℃，燃点 481℃。折射率 1.3888。蒸气相对密度 1.83，蒸气压 13.33kPa(22.8℃)。爆炸极限 3.05%～17%。微溶于水，与甲醇、乙醚、丙酮及苯等互溶。易自聚成白色粉末，也可与丙烯酸、乙酸乙烯酯、苯乙烯单体等单体共聚。易燃。剧毒! 可经呼吸道、胃肠道及完整皮肤进入体内，在体内析出氰根，抑制呼吸酶。接触液体可致皮炎。主要用于生产聚丙烯腈纤维，也用于制造丁腈橡胶、ABS 树脂、丙烯酰胺、己二腈、医药、染料等。由丙烯、氨及空气经氨氧化反应制得。

丙烯腈-丁二烯-苯乙烯共聚物 acrylonitrile-butadiene-styrene copolymer 见"ABS 树脂"。

丙烯酰胺 acrylamide $CH_2\!\!=\!\!CHCONH_2$ 化学式 C_3H_5NO。无色无臭片状结晶。相对密度 1.122(30℃)。熔点 84.5℃，沸点 125℃(3.33kPa)，闪点 138℃，自燃点 424℃。蒸气压 0.21kPa(84.5℃)。溶于水、乙醇、乙醚、丙酮，不溶于苯。常温下稳定，受紫外线照射或达熔点温度时易聚合。也可与丙烯酸酯、苯乙烯等共聚。能进行加成、水解、还原等反应。加热至 175℃ 以上时会分解，并释出一氧化碳、氨气及氢气。可燃。高毒！为蓄积性神经毒物，易通过皮肤、黏膜被人体吸收和累积。主要用于制造丙烯酰胺的均聚物及共聚物，也用于制造乳液胶黏剂、压敏胶、涂料等。由丙烯腈经水合反应制得。

丙烯酸 acrylic acid $H_2C\!\!=\!\!CHCOOH$ 化学式 $C_3H_4O_2$。又名乙烯基甲酸、败脂酸。无色液体，有刺激性气味。熔点以下成针状结晶。相对密度 1.0511。熔点 13.5℃，沸点 141.6℃，闪点 68.3℃。折射率 1.4185(25℃)。蒸气相对密度 2.45，蒸气压 1.33kPa(39.9℃)。爆炸极限 2.4%～8.0%。与水、乙醇、乙醚混溶。易燃。化学性质活泼，遇光、热、过氧化物等容易发生聚合。商品丙烯酸都添加少量阻聚剂。是聚合速度非常快的乙烯类单体，可以共聚及均聚。常用于制造丙烯酸酯或盐类产品，也可与丙烯腈、苯乙烯、氯乙烯等单体共聚。其聚合物用于合成树脂、高吸水树脂、胶黏剂、涂料等。可由丙烯氧化而得。

丙烯酸乙酯 ethyl acrylate $CH_2\!\!=\!\!CHCOOC_2H_5$ 化学式 $C_5H_8O_2$。无色透明液体，有辛辣的刺激气味。相对密度 0.9535。熔点 －72℃，沸点 99.4℃，闪点 9℃(闭杯)，自燃点 350℃。折射率 1.404。蒸气相对密度 3.45，蒸气压 3.9kPa(20℃)。爆炸极限 1.4%～14%。微溶于水，与乙醇、乙醚混溶，溶于氯仿。易自聚，也能与乙酸乙烯酯、苯乙烯、丙烯腈等单体共聚。通常商品加有阻聚剂。易燃。有强烈刺激性。长期接触可致皮肤损害，并影响中枢神经系统。用于制造合成树脂、塑料、胶黏剂、涂料、皮革加工处理剂及纺织助剂等。可由丙烯腈与硫酸、乙醇反应制得，或由丙烯酸与乙醇经液相酯化反应制得。

丙烯酸丁酯 butyl acrylate $CH_2\!\!=\!\!CHCOOCH_2(CH_2)_2CH_3$ 化学式 $C_7H_{12}O_2$。又名丙烯酸正丁酯。无色透明液体，有特殊臭味。相对密度 0.8998。熔点 －64.6℃，沸点 147.4℃，闪点 41℃(闭杯)，自燃点 267℃。折射率 1.4185。爆炸极限 1.2%～9.9%。微溶于水，与乙醇、乙醚混溶。易自聚，也能与乙酸乙烯酯、苯乙烯、丙烯腈及丙烯酸酯类其他单体进行共聚。易燃。有强烈刺激性，对中枢神经系统有兴奋或抑制作用。用于制造合成树脂、合成橡胶、胶黏剂、涂料、皮革加工助剂等。可由丙烯酸与丁醇经酯化反应制得。

丙烯酸甲酯 methyl acrylate

$CH_2=CHCOOCH_3$ 化学式 $C_4H_6O_2$。丙烯酸酯中最简单的同系物。无色透明易挥发液体，有很强的辛辣气味。相对密度 0.9535。熔点 -76℃，沸点 80.3℃，闪点 -3℃。蒸气相对密度 2.97，蒸气压 13.33kPa(28℃)。自燃点 393℃。爆炸极限 2.8%～25%。聚合物玻璃化温度 3℃。微溶于水，溶于乙醇、乙醚、丙酮、苯等溶剂。化学性质活泼。易自聚，也易与苯乙烯、乙酸乙酯及丙烯酸酯类其他单体共聚。通常商品加有阻聚剂。易燃。蒸气有强烈刺激作用，长期接触可致皮肤损害。用于制造合成树脂、塑料、胶黏剂、涂料等。可由丙烯腈与硫酸及甲醇反应制得，或由丙烯酸用甲醇酯化而得。

丙烯酸系树脂 acrylic resin 丙烯酸或甲基丙烯酸酯类、腈类、酰胺类等单体自聚或共聚而得的树脂的总称。可分为热塑性及热固性两大类。热塑性树脂中主要是丙烯酸或甲基丙烯酸的甲酯、乙酯、丁酯和辛酯的均聚物或共聚物。品种很多，除固体外，还有溶液、分散液等类型。常用作胶黏剂，保护性涂层或罩面漆等。热固性树脂的单体分子上含有活性官能团，如丙烯酸-β-羟乙酯、丙烯酸羟丙酯、甲基丙烯酸、甲基丙烯酰胺等。经溶液或乳液聚合所制得的热固性树脂，有优良的透光性、耐候性、耐水性及耐油性，并具有一定机械强度。可用于制造塑料、涂料等。

丙烯酸系塑料 acrylic plastics 由丙烯酸系树脂经加工成型所制得的各类制品。如聚甲基丙烯酸甲酯的板状制品俗称有机玻璃。丙烯酸系塑料有良好的透光性及耐候性。常用于制造光学透镜、透明制品、汽车及仪表的透明部件及各种塑料制品等。参见"丙烯酸树脂"。

丙烯酸酯 acrylate $CH_2=CHCOOR$ 丙烯酸及其同系物的酯类的总称。是由丙烯酸和醇类缩合制成。比较重要的有丙烯酸甲酯、丙烯酸乙酯、丙烯酸丁酯、丙烯酸 2-乙基己酯等。酯基的碳原子数目越大，所得聚合物的玻璃化温度越低，甚至低于室温，呈现黏流状态，故适合用作黏合剂。调节各种单体的用量或与苯乙烯、甲基丙烯酸甲酯等所谓"硬性"单体共聚，可制得有适当玻璃化温度的共聚物。丙烯酸甲酯、丙烯酸丁酯主要用于生产乳胶涂料，如丙烯酸丁酯与苯乙烯经乳液聚合得到的共聚乳液用作苯丙乳胶漆的基料。

丙烯酸酯橡胶 acrylate rubber 是以丙烯酸烷基酯单体与少量具有交联活性基团单体经共聚制成的一种特殊合成橡胶。按其单体组成可分为：丙烯酸乙酯/氧乙基乙烯醚、丙烯酸乙酯/丙烯腈、丙烯酸丁酯/丙烯腈等主要品种。聚合物主链是饱和型，且含有极性的酯基，从而赋予其优良的耐氧化性、耐臭氧性及耐烃类溶剂性，对多种气体具有耐透过性。耐温性比丁腈橡胶高，但耐水及耐寒性差，加工性能不很好。主要用于汽车工业上的活塞柱密封及变速箱密封，也用于海绵、隔膜、特种胶管及胶带、电线电缆护套等制品,还可用以制备固体燃料的胶黏剂等。

丙烯醛 acrolein CH_2=CHCHO 化学式 C_3H_4O。又名败脂醛。为含碳-碳双键的最简单不饱和脂肪醛。无色透明液体,有辛辣刺激气味。易挥发。相对密度 0.8410。熔点 $-86.9℃$,沸点 $53℃$,闪点 $-17.8℃$,燃点 $277℃$。蒸气相对密度 1.94,蒸气压 27.99kPa($20℃$)。爆炸极限 $2.8\%\sim30\%$。溶于水及乙醇、乙醚、苯等。化学性质活泼,可进行氧化、加氢、加成、水合、聚合等反应。氧化时生成丙烯酸,光照或有氧存在时易聚合成二聚丙烯醛。通常加入少量对苯二酚作稳定剂。易燃。有毒!误服或吸入蒸气会中毒。用于制造合成树脂、医药,也用作油田注入水的杀菌剂及有机合成中间体。可由丙烯催化氧化或甘油脱水而得。

丙烷 propane $CH_3CH_2CH_3$ 化学式 C_3H_8。常温下为无色无臭气体。气体相对密度 1.46(空气=1),液体相对密度 0.531($0℃$)。熔点 $-189.7℃$,沸点 $-42.1℃$,闪点 $-104.1℃$,自燃点 $466℃$。临界温度 $96.7℃$,临界压力 4.25MPa。爆炸极限 $2.4\%\sim9.5\%$。常温下经压缩能液化。微溶于水,溶于醇、醛和各种烃类溶剂。液体丙烷是一种非极性溶剂,可溶解石蜡、油脂等。在溶剂脱沥青的烃类溶剂中,是选择性最好的溶剂。用作裂解制乙烯、丙烯,与丁烷混合作雾化剂,用作金属零件淬火、渗碳的保护气,也用于渣油脱沥青、

润滑油精制及脱蜡等。易燃。是液化石油气的主要成分。可由炼油厂液化石油气经脱硫后分离而得。吸入丙烷会有不同程度的头晕,长期低浓度吸入丙烷会出现神经衰弱综合征。

丙烷脱沥青 propane deasphalting 简称 PDA。一种常用溶剂脱沥青过程。是以液体丙烷作溶剂的抽提过程。液体丙烷在一定温度下对润滑油组分和蜡有相当大的溶解能力,而对沥青质、胶质则难溶或几乎不溶。残渣油中加入丙烷后,油和蜡都溶于丙烷,沥青质及胶质则少溶或不溶于丙烷。因密度差分为上下两层,上层为丙烷、油、蜡溶液,下层为沥青、胶质、丙烷溶液层。分离后再蒸出丙烷溶剂,即可获得脱沥青油和沥青。主要用于生产优质高黏度润滑油料,并副产沥青。近年来,在润滑油加工中已出现用丙/丁烷混合溶剂代替丙烷溶剂的趋势。其优点是可使抽提在较高温度下进行,有利于传质,使抽提塔底部的沥青黏度改善,能多得催化裂化原料和性能优良的道路沥青。

丙酮 acetone CH_3COCH_3 化学式 C_3H_6O。最简单的饱和酮。无色有微香液体,微甜。相对密度 0.7899。熔点 $-95.35℃$,沸点 $56.1℃$,闪点 $-17.8℃$(闭杯),自燃点 $538℃$。折射率 1.3590。蒸气相对密度 2.0,蒸气压 53.3kPa。爆炸极限 $2.5\%\sim13\%$。与水、乙醇、乙醚等有机溶剂混溶,能溶解大部分油脂、纤维素、聚酯等。化学性质活泼,能进行加成、加氢、氧化、缩合、卤代等反应。

易燃。遇高热、明火能引起燃烧爆炸。毒性与乙醇相似。对中枢神经有抑制作用,皮肤长期反复接触可致皮炎。用于制造乙酐、氯仿、环氧树脂、双酚A、甲基丙烯酸甲酯等,也用作溶剂、稀释剂、萃取剂、清洗剂等。由异丙醇催化脱氢或催化氧化制得,或由淀粉发酵制得。

丙酮氰醇 acetone cyanohydrin $(CH_3)_2C(OH)CN$ 化学式 C_4H_7NO。又名丙酮合氰化氢、2-羟基-2-甲基丙腈。无色至淡黄色液体。相对密度 0.9267(25℃)。熔点 -19℃,沸点 95℃,闪点 63℃,燃点 688℃。折射率 1.3992。蒸气相对密度 2.93,蒸气压 3.07kPa(82℃)。爆炸极限 2.2%～12%。与水、醇、醚及多数有机溶剂混溶。化学性质活泼,可进行加氢、水解、酯化等反应。易发生碱性水解生成丙酮与氰化氢。受热时易分解,放出剧毒的氰化氢。可燃。剧毒! 可经呼吸道、皮肤及消化道吸收而中毒。用于制造甲基丙烯酸、甲基丙烯酸甲酯、偶氮二异丁腈等,也用作自由基引发剂。可在碱性条件下,由丙酮与氢氰酸反应而得。

丙酸 propanoic acid CH_3CH_2COOH 化学式 $C_3H_6O_2$。无色透明油状液体,有辛辣刺激性气味,相对密度 0.9934。熔点 -21.5℃,沸点 141.1℃,闪点 65.5℃,燃点 485℃。折射率 1.3848(25℃)。蒸气相对密度 2.56,蒸气压 1.33kPa(39.7℃)。爆炸极限 2.9%～12.1%。与水混溶,溶于乙醇、乙醚、丙酮等溶剂。易燃。接触高浓度丙酸,可

致皮肤、黏膜及眼睛局部损伤。用于制造丙酸盐、丙酸酯。是安全的食品防腐剂,也用作饲料添加剂、溶剂及增塑剂。可由低碳烃直接氧化而得,或由丙腈水解或丙醛氧化制得。

丙醛 propionaldehyde CH_3CH_2CHO 化学式 C_3H_6O。又名甲基乙醛。无色透明液体。相对密度 0.8071。熔点 -81℃,沸点 49℃,闪点 -9℃,燃点 207℃。折射率 1.3636。蒸气相对密度 2.0,蒸气压 34.4kPa(20℃)。爆炸极限 2.9%～17%。溶于水、乙醇,与乙醚混溶。具有醛的化学通性,能进行加氢、氧化、加成、聚合等反应。易燃。中等毒性。对皮肤、黏膜及眼睛有刺激性,也有轻度催泪性。用于制造醇酸树脂、丙酸、橡胶促进剂、防老剂等。也用作消毒剂、防腐剂及香料。由乙烯、氢、一氧化碳经羰基合成制得。

甘油 glycerol 化学式 $C_3H_8O_3$。又名丙三醇、1,2,3-三羟基丙烷。

$$\begin{array}{c} CH_2OH \\ | \\ CHOH \\ | \\ CH_2OH \end{array}$$

无色无臭而有甜味的黏稠性液体。有强吸湿性。相对密度 1.2613。熔点 18.18℃,沸点 290℃(分解),闪点 177℃。折射率 1.4746。黏度 1499mPa·s(20℃)。与水、乙醇、胺类、酚类等混溶,水溶液呈中性。不溶于苯、石油醚、氯仿。溶于丙酮及三氯乙烯。失水时生成双甘油或聚甘油。能发生氧化、还原、硝化、酯化等反应。能降低水的冰点。可燃。与强氧化剂接触能引起燃烧或爆炸。用作溶剂时,可被氧化成丙烯醛而有刺激性。

是重要化工原料。用于制造合成树脂、表面活性剂、化妆品、医药等。也用作溶剂、吸湿剂、润滑剂、防冻剂等。可由环氧氯丙烷或天然油脂在碱性溶液中水解制得，或由丙烯水合而得。

甘油脂肪酸酯 glycerin fatty acid esters

$$CH_2\text{—}OR_1$$
$$|$$
$$CH\text{—}OR_2$$
$$|$$
$$CH_2\text{—}OR_3$$

（R_1、R_2、R_3—脂肪烃基）

又称脂肪酸甘油酯、甘油酯。是由甘油和脂肪酸（饱和或不饱和的）所形成的酯。常见的是硬脂酸、油酸、月桂酸与蓖麻醇酸的部分甘油酯。是一类用途很广的非离子表面活性剂。甘油有三个羟基，与脂肪酸反应时，可以生成脂肪酸单甘油酯、脂肪酸二甘油酯及脂肪酸三甘油酯。高碳的脂肪酸甘油酯是天然油脂的主要成分。根据脂肪酸的碳数及甘油结合的脂肪酸分子数不同，所形成的甘油酯有黏稠状液体、半流动凝胶状液体、蜡状固体及粉末等。不溶于水，溶于有机溶剂。常用作乳化剂、润湿剂等。

本体聚合 bulk polymerization 指不加其他介质，单体在引发剂或催化剂，或热、光、辐射等其他引发方法下进行的聚合。各种聚合反应几乎都可采用本体聚合，如自由基聚合、离子聚合、配位聚合等。固相缩聚、熔融缩聚一般都属于本体聚合。乙烯、苯乙烯、氯乙烯及甲基丙烯酸甲酯等气、液态单体均可进行本体聚合。其特点是体系组成简单、产物纯净。适用于制造板材、型材等透明制品。但在本体聚合时，在链式聚合过程中产生的聚合热会因聚合黏度增大而很难除去，所以存在局部过热的缺点。严重时会导致聚合反应失控，引起爆聚。控制聚合热并及时散热是本体聚合必须解决的重要工艺技术。由于这一缺点，也使本体聚合的应用受到限制，不如悬浮或乳液聚合应用广泛。

本菲尔德过程 Benfield process 美国联合碳化物公司开发的改良热碳酸钾溶液气体脱二氧化碳及硫化氢的方法。国内烃类水蒸气转化制氢装置普遍采用本菲尔德溶液吸收法进行氢气提纯。采用本菲尔德溶液吸收法的装置，只有 CO_2 与吸收剂起化合吸收反应，不产生氢耗，因而氢收率高，再生解吸得到的 CO_2 纯度也高，可以直接回收利用。

本菲尔德溶液 Benfield solution 在本菲尔德过程中所使用的溶液。其组成为碳酸钾 25%～30%，二乙醇胺 1%～3%，五氧化二钒 0.7%～0.8%。碳酸钾属强碱弱酸盐，呈碱性，是吸收剂。二乙醇胺是活化剂，它可以降低溶液表面上的 CO_2 平衡分压，有利于吸收净化。适中的活化剂浓度，既能使溶液保持稳定，又起到较好的活化作用。五氧化二钒是缓蚀剂，它可以离解成四价及五价钒离子。其中五价钒离子能在设备内金属表面形成一层致密的钒化膜，减轻溶液对受浸金属的腐蚀。

功能材料 functional materials 一类新兴材料。指材料在受到外界环境

（化学或物理）刺激时能给出可利用的功能信号的材料。它具有能量转换的特异功能，通常是将光、磁、声、热和机械力等的能量转换为相应的电信号，然后通过电信号来控制或接收这些能量与信息。如电脑、电眼、电鼻等器件，就是分别采用记忆、光电、气敏等材料制成。常用功能材料分为以下三类：①信息功能材料，如集成电路材料、记忆合金材料、信息储存材料、光导纤维等；②能源功能材料，如超导材料、永磁材料、太阳能转换材料、功能高分子、生物功能模拟材料等；③生物材料及智能材料。功能材料属于高新技术范畴，是21世纪重点发展的科技领域。

功能高分子 functional polymer 指分子链上带有特定反应功能的一类高分子。种类繁多，按性质及功能大致可分为：①反应功能高分子。如高分子试剂、高分子催化剂、高分子药物、固定化酶等。②分离功能高分子。如吸附树脂、吸水树脂、吸油树脂、离子交换树脂、螯合树脂等。③膜用高分子。如分离膜、缓释膜、半透性膜等。④电活性高分子。如导电聚合物、电致发光及电致变色高分子等。⑤光敏高分子。如光刻胶、光导材料、感光材料、光稳定剂等。⑥高分子智能材料。如高分子记忆材料、信息储存材料等。⑦高性能工程材料。如高分子液晶材料、功能纤维材料等。

功能基 functional group 见"官能团"。

世界燃料契约 World Wide Fuel Charter 由汽车和发动机制造商提出的燃料规格。该契约的第一版于1998年出版，2000年作了修订，2005年再次修订出版。该契约主要内容包括：①将汽油及柴油分成四个级别；②公布使用这些严厉的规格要求能够明显降低排放的试验结果；③由调整国家燃料规格的立法机构执行这些燃料规格要求；④进一步将清洁燃料推向更高水平，特别是有关汽油和柴油的颗粒的形成。

石灰/石灰石烟气湿法脱硫 flue gas wet desulfurization with lime and/or limestone 石灰/石灰石烟气脱硫技术是目前烟气脱硫工艺中最成熟、运行最稳定的一种方法。它是用石灰浆液或石灰石作为脱硫剂，与含有SO_2的烟气在脱硫塔内充分接触，SO_2被浆液中的碱性物质所吸收，生成$CaSO_3$或$CaSO_4$，从而被分离去除。它又可分为石膏法及抛弃法两种。石膏法是强制使$CaSO_3$氧化成石膏（$CaSO_4$），而利于回收。此法工艺成熟，脱硫率大于90%。抛弃法是将脱硫工艺中产生的固体废渣不再回收而直接抛弃。此法的运行费用低、设备投资及能耗小，脱硫率为70%～80%。

石英管法硫含量 sulfur by quartz tube metlod 见"管式炉法硫含量"。

石油 petroleum 一种常规能源。开采所得的石油称作原油，为深褐色或青褐色黏稠液体。是多种烃类（烷烃、环烷烃、芳香烃）的复杂混合物。主要化学成分为碳、氢、氧、氮、硫等。其中碳和氢占98％以上（碳占80％～90％，氢占10％～14％）。其他元素（氧、硫、氮等）占1％左右，有时可达2％～3％。石油的组分包含以下几个部分：①油质。几乎全部由碳氢化合物组成的黏性液体。②胶质。带淡黄或黑褐色的黏性或玻璃质的半固体或固体物质。③沥青质。暗褐色或黑色的脆性固体物质，温度高于300℃时分解成气体和焦炭。④碳质。不溶于有机溶剂的非碳氢化合物。胶质及沥青质是石油中含杂质较多的重质组分。当其含量高时，原油的质量就变差。

石油乙炔 petroacetylene 指以石油原料（主要为石脑油）裂解所制得的乙炔，以区别于由煤或焦炭制得的电石（碳化钙）所制乙炔。生产方法有火焰分解法、电弧法、蓄热炉法、部分燃烧法等。用于制造氯乙烯、乙酸乙烯酯等。

石油气 petroleum gas 指油田气、天然气、炼厂气及石油裂解气等的总称。主要为 C_5 以下的气态烃。可直接用作民用或工业原料，也可用于制造高辛烷值汽油的组分及用作石油化学工业的原料。

石油化工催化剂 catalyst for petrochemical industry 用于石油化工各生产过程的催化剂。品种繁多。主要的催化过程有：催化加氢与脱氢；选择性催化氧化、氨氧化及氧氯化；催化水合与脱水；烯烃聚合与低聚，芳烃烷基化、脱烷基、歧化及烷基转移反应；异构化

与芳构化反应；羰基合成等。

石油化学 petroleum chemistry 一门研究石油的组成、性质及将其加工成为发动机燃料、润滑油及石油化学品过程中的化学问题的学科。它是有机化学、分析化学及物理化学等基础科学在石油领域中的应用。其内容主要包含：石油及其产品的化学组成与性质；石油热转化及催化转化的化学原理；润滑油及添加剂化学；石油化学品合成化学原理等。

石油化学工业 petrochemical industry 简称石油化工。指以石油和天然气为起始原料的化学工业。通常包括以下四大生产过程：①基本有机化工生产过程。是以石油和天然气为起始原料，经过裂解（裂化）、重整、分离制得三烯（乙烯、丙烯、丁烯）、三苯（苯、甲苯、二甲苯）、乙炔和萘等基本有机原料。②有机化工生产过程。是在三烯、三苯、乙炔、萘等的基础上，经过各种有机合成反应制得醇、酸、醛、酮、酯、醚及腈类等有机原料。③高分子化工生产过程。是在各种有机原料基础上，经过各种聚合、共聚、缩聚等反应制得合成树脂、合成纤维、合成橡胶等产品。④精细化工生产过程。是以各种有机原料为基础，生产具有专门功能的高档末端材料，如催化剂、表面活性剂、塑料及合成橡胶用助剂、油品添加剂、胶黏剂等。

石油化学品 petroleum chemicals 指全部或部分以石油或天然气为起始原料而制得的各种化学产品的总称。包括作为基本有机原料的三烯（乙烯、

丙烯、丁烯)、三苯(苯、甲苯、二甲苯)等和由它们所转化的各种中间产品,如乙醇、乙醛、乙酸、丙酮、苯乙烯、丙烯酸、苯酐、顺酐、环氧乙烷等,以及由中间产品制成的各类合成树脂、塑料、合成橡胶、合成纤维等。

石油甲苯 petroleum toluene 指以直馏汽油为原料,经催化重整、溶剂抽提及芳烃精馏制得的甲苯。为无色透明液体。密度 $0.865\sim0.868\mathrm{g/cm^3}$。易燃。易挥发。有毒!不溶于水,溶于乙醇、乙醚、石油醚、氯仿等有机溶剂。用于制造染料、香料、苯甲酸、苯甲醛及其他有机化合物。也用作树脂、树胶、乙酸纤维素等的溶剂及植物成分的浸出剂等。

石油加工 petroleum processing 又称石油炼制。指将原油经过分离和反应,生产燃料(如汽油、煤油、柴油、燃料油、液化燃料气)、润滑油、化工原料(如苯、甲苯、二甲苯等)及其他石油产品(如沥青、石蜡等)的过程。习惯上将原油的常压和减压蒸馏称为一次加工,把以一次加工得到的半成品为原料的催化裂化、加氢裂化、焦化等加工过程称为二次加工,而将以二次加工为原料制取基本有机化工原料的过程称为三次加工。

石油产品 petroleum product 指由石油直接生产的产品,一般不包括以石油为原料的各种石油化工产品。石油产品约有 800 多种,可分为燃料、润滑剂、溶剂和石油化工原料、石油沥青、石

油蜡及石油焦等六大类。燃料主要包括汽油、喷气燃料、柴油等发动机燃料及灯用煤油、燃料油等;润滑剂包括润滑油及润滑脂;溶剂和石油化工原料一般是石油中低沸点馏分,包括制取乙烯和生产芳烃的原料等;石油沥青是由多种碳氢化合物及其非金属衍生物组成的复杂混合物,主要用于道路及防水等方面;石油蜡包括石蜡、微晶蜡、石油脂、液蜡及特种石油蜡等,是轻工、化工及食品等工业部门的原料;石油焦包括延迟石油焦、针状焦及特种石油焦等,用于炼铝、炼钢及核工业等部门。

石油产品标准 petroleum product standard 指将石油及石油产品的质量规格按其性能和使用要求规定的主要指标。在我国主要执行中华人民共和国强制性国家标准(GB)、推荐性国家标准(GB/T)、石油和石油化工行业标准(SH)和企业标准。涉外的按约定执行。

石油发酵 petroleum fermentation 又称烃发酵。是以各种烃类为发酵原料,借助微生物的新陈代谢作用,而生成各种代谢产品的过程。可制取石油蛋白、氨基酸、脂肪酸、维生素及糖类等。能利用的微生物有分枝杆菌、产碱杆菌、芽孢杆菌、小球菌、棒状杆菌等。

石油污染 petroleum pollution 指石油在开采、运输及加工过程中对环境产生的污染,尤其是石油类物质对水体的污染。污染水体的石油类物质主要来自船舶运输事故及海底石油开采造成的泄漏、石化企业的含油废水排放、

大气中石油烃的沉降等。石油一经排入水体，便浮在水表面形成油膜，并进一步扩展成薄膜。每升石油的扩展面积可达 $1000\sim10000m^2$。油膜会阻碍水的蒸发，影响大气和水体间的热交换，阻止氧气进入水体，降低水的自净能力及溶解氧，减少进入水体表面的日光辐射。其结果会导致浮游生物及鱼类因缺氧而死亡，鱼、贝、虾类在含油废水中生存会导致其肉内含石油臭味而不能食用，浮油漂至水域岸边也会危害岸边生物生存，降低海滨岸滩的使用价值。

石油芳香烃 petroleum aromatics 又称石油芳烃。指由催化重整生成油经芳烃抽提、精馏等工艺制得，或由裂解汽油加氢油制得的芳香烃。区别于从煤焦油中取得的芳香烃。石油芳香烃主要包括石油苯、石油甲苯、石油混合二甲苯及重芳烃。均属于易燃、易爆及有毒物品。

石油沥青 petroleum asphalt 是以原油经蒸馏后得到的减压渣油为主要原料制得的一类石油产品。由饱和分、芳香分、胶质、沥青质等组分所组成。饱和分、芳香分作为分散介质，使胶质与沥青质分散于其中形成胶体结构。外观呈黑色固态或半固态黏稠状，在低温下易转变为脆硬的玻璃态，并易发生开裂。沥青的理化性能主要有针入度、软化点、延度。按其用途可分为道路沥青、电缆沥青、橡胶沥青、建筑沥青、涂料沥青等。由于具有良好的粘附性、不透水性和耐腐蚀性，广泛用于道路铺设及建筑工程上，也用于管道防腐、电器绝缘及油漆涂料等。

石油苯 petroleum benzene 指以催化重整油或裂解汽油的加氢精制油等为原料，经溶剂抽提、芳烃精馏而制得的苯。为无色透明液体。密度 $0.878\sim0.881g/cm^3$。易燃。易挥发。有毒！不溶于水，溶于乙醇、乙醚、丙酮、氯仿等有机溶剂。用于制造乙苯、烷基苯、锦纶中间体等化工产品，也用作溶剂。

石油制甲醇方法 synthetic methanol by oils 工业上用石油制甲醇的油品主要有石脑油及重油两类。以石脑油为原料生产甲醇原料气的主要方法是加压蒸气转化法。是在催化剂存在下进行烃类蒸气转化反应。转化生成气体的组成可直接满足合成甲醇的要求。以重油为原料制取甲醇原料气有部分氧化法及高温裂解法两种。重油部分氧化法是通过重质烃类与氧气燃烧反应，使部分碳氢化合物发生热裂解，裂解产物再经氧化、重整反应，最终得到以 H_2、CO 为主，及少量 CO_2、CH_4 的合成气供甲醇合成使用。高温裂解法是在 1400℃ 以上的高温下，在蓄热炉中将重油裂解制取供合成甲醇的合成气。但此法设备复杂，操作麻烦，生成炭黑量多。

石油重芳烃 petroleum heavy aromatics 又称重芳烃。指 C_9 以上的单环、双环或多环芳烃的总称。来自催化加工或热加工所得的石油芳烃产品中。沸点范围一般在 $150\sim250$℃ 之间。主要来源于：①炼油厂的重整、抽提装置，经分离苯、甲苯及二甲苯后所得的副产；②化纤厂通过宽馏分重整、抽提、分离出苯，再经 $C_7 \sim C_9$ 芳烃歧化、分离二甲苯后所得的副产；③石油裂解生产乙烯时联产的汽油，经抽提苯、甲苯及二甲苯后所得的副产；④催化裂化柴油、回炼油和澄清油中的重芳烃；⑤催化裂解生产烯烃时联产轻油馏分中的重芳烃。重芳烃是生产精细化学品的重要原料，其中以偏三甲苯、均三甲苯及均四甲苯等应用广泛。

石油炼制 petroleum refining 见"石油加工"。

石油炼制催化剂 petroleum refining catalyst 石油炼制催化是指将不同沸程的石油馏分催化加工成各类燃料油、润滑油基础油和各种化工原料的过程。石油炼制催化剂种类繁多，主要包括催化裂化、加氢裂化、催化重整、加氢精制、烷基化、异构化及叠合等过程中所用的催化剂。

石油烃 petroleum hydrocarbon 石油中所含烃类物质的总称。常指液体石油烃。

石油脂 petrolatum 见"凡士林"。

石油萘 petroleum naphthalene 见"萘"。

石油混合二甲苯 petroleum xylenes 指由直馏轻汽油为原料，经催化重整、溶剂抽提及精馏而制得的二甲苯同分异构混合物。其中含有对二甲苯、邻二甲苯、间二甲苯及乙苯等四种单体芳烃。外观为透明液体。密度 0.86～0.87。纯度较高，稳定性好，含硫少，不含硫醇性硫和二硫化碳等杂质。主要用作化工原料及溶剂，用于制造涤纶、聚苯乙烯、油漆及合成洗涤剂等。也用作高辛烷值汽油组分。

石油蛋白 petroprotein 指利用酵母菌和细菌等微生物同化石油烃进行菌体增殖而获得的单细胞蛋白。石油烃原油主要是饱和正构烷烃，如煤油及柴油等石油馏分、甲烷等气态烃、固体石蜡等。石油蛋白含粗蛋白质 40%～80%，同时含丰富的氨基酸及维生素。由于原料烃所含毒性物质有无残留等安全性问题，所以目前石油蛋白尚不能作为人类食品，但可用作禽类及牲畜饲料添加剂。

石油焦 petroleum coke 一种以减压渣油等为原料经延迟焦化而制得的黑色或暗灰色的固体石油产品。是带有金属光泽、呈多孔性的无定形碳素材料。一般含碳 90%～97%，含氢 1.5%～8.0%，其余为少量的硫、氮、氧和金属。石油焦按加工方法不同，可分为生焦和熟焦；按硫含量高低不同，分为高硫焦、中硫焦及低硫焦；按其显微结构形态不同分为海绵焦、针状焦、蜂窝状焦等。石油焦用于制造炼铝及炼钢的电极、一般石墨电极和绝缘材料，也用作冶炼工业燃料及生产化工产品的原料。

石油焦挥发分 volatile fraction in petroleum coke 石油焦的一项质量指标。指石油焦在隔绝空气条件下，于

850℃下加热 3min 时,分解出的气体和蒸气。以质量百分数表示。是每种石油焦所必须控制的指标。因用户在进行加工时,通常要焙烧除去挥发物,故挥发分低,既可以减少焙烧损失,又能提高电极质量。

石油添加剂 petroleum additive 泛指用于各种石油产品的添加剂。它们都是以很少量添加于油品中,起到改进油品性能、节能和减少环境污染等作用。品种繁多,主要可分为油品添加剂及原油添加剂。油品添加剂按其用途,又可分为燃料添加剂及润滑油添加剂。分别参见"燃料添加剂"和"润滑油添加剂"。

石油蜡 petroleum wax 指由轻质、重质润滑油馏分及残渣油经冷榨或溶剂脱蜡所得蜡的总称。主要成分为正构烷烃,是石油炼制过程的副产品。主要分为石蜡、微晶蜡、液蜡、石油脂及特种石油蜡五类。其中,又以石蜡及微晶蜡为基本产品。石油蜡是重要化工原料,广泛用于制造炸药、蜡笔、胶纸带、密封胶、橡胶调配物等。

石油羧酸 petroleum carboxylic acid 指存在于石油中的脂肪酸、环烷酸及芳香酸等各种羧酸。石油中的脂肪酸主要是正构的,现已鉴定出碳数到 34 的全部正构脂肪酸。也存在轻度异构的脂肪酸。石油中的环烷酸分子中一般含有一个羧基,其环烷环数从一个到五个,多数为稠合环系。$C_6 \sim C_{12}$ 的低分子环烷酸主要为环戊烷的衍生物。石油中芳香酸的芳香环数从一个至四个,其中还具有环烷环。

石油酸 petroleum acid 从煤油、轻柴油馏分及轻质润滑油等碱洗所得碱渣,经酸化加工制得的游离酸混合物。主要是环烷酸、芳香酸及酚类的混合物。从低沸点馏分中分出的石油酸为黏度不大、有特殊气味的浅色液体。而从高沸点馏分中得到的石油酸为暗褐色黏稠液体或半固态物质。相对密度在 0.99 $\sim$ 1.02 之间。微溶于水,溶于烃类及多数有机溶剂。其钠盐易溶于水,是良好的水包油型表面活性剂。石油酸可用作喷气燃料抗磨添加剂、稀土金属萃取剂。石油酸的钙盐和镁盐可用作润滑脂稠化剂、内燃机润滑油添加剂;其铜盐及锌盐可用作木材及织物的防腐杀菌剂;其钴盐及锰盐可用作烃类氧化催化剂、油漆催干剂。

石油碱 petroleum base 指存在于石油中的碱性含氮化合物,如吡啶、吲哚、吡咯、咔唑、喹啉及其烷基衍生物(如烷基吡啶)。这些化合物对热和氧都比较稳定,脱去比较困难。

石油馏分 petroleum fraction 指在石油蒸馏时按不同沸点所分割出来的、具有一定沸程的馏分。常用两种方法表示石油馏分:一种方法是按所分离化合物的大致沸点范围来分,如 30 $\sim$ 205℃馏分;另一种方法是给不同馏分定一个名称,如 30 $\sim$ 205℃的馏分称为汽油馏分。

石油磺酸钡 petroleum barium sulfonate 化学式 $[RSO_3]_2Ba$（R =

$C_{14}H_{29}\sim C_{18}H_{37}$，又称石油添加剂701。黄色至棕红色透明稠状物。磺酸钡含量不小于45%，平均分子量不小于1000。溶于烃类溶剂，不溶于水。对黑色及有色金属有良好的防锈性能，能吸附于金属表面形成保护膜，防止对金属的腐蚀及锈蚀。在防锈油脂中作为防锈添加剂，用于配制置换型防锈油、工序间防锈油、封存用油和润滑防锈两用油等。可由生产白油的下脚料(石油磺酸钠)精制后先和氯化钡进行复分解，再经精制而得。

石油磺酸钠 petroleum sodium sulfonate 见"烷基磺酸钠"。

石油磺酸盐 petroleum sulfonate 由硫酸精制石油馏分所得副产物石油磺酸而制成的盐。先由芳烃含量高的石油馏分用磺化剂(如 SO_3)磺化，再用碱中和而得。由于石油馏分、磺化条件及所用碱不同，可制得多种石油磺酸盐。主要有油溶性及水溶性两种。石油磺酸钠、钾、铵等可用作乳化剂、缓蚀剂、驱油剂及润湿剂等；石油磺酸钙、钡、镁等可用作防锈剂、润滑油添加剂、发动机油清净剂等；石油磺酸铅可用作润滑脂极压添加剂等。

石油燃料 petroleum fuel 用作燃料的各种石油气体、液体和固体的统称。包括气体燃料(主要由甲烷、乙烷或它们混合组成)、液化气燃料(主要由 C_3、C_4 的烷烃、烯烃混合组成，并经加压液化)、馏分燃料(常温常压下为液态的石油燃料，包括汽油、柴油、煤油及重质馏分油)、残渣燃料(主要由蒸馏残渣组成)。石油燃料是从石油中加工生产的，用途广泛，是日常生活及许多工业的重要能源之一。

石油醚 petroleum ether 是石油的低沸点馏分，为低级烷烃(主要是戊烷和己烷)的混合物，不含芳烃。国内按其沸点不同分为30～60℃、60～90℃及90～120℃三类。商品主要为30号(沸点30～60℃)及60号(沸点60～90℃)两种。为水白色透明液体，有类似乙醚的气味。相对密度0.63～0.65(25℃)。闪点＜−20℃，自燃点280℃。爆炸极限1.1%～8.7%。不溶于水，与乙醇、苯、二硫化碳、三氯甲烷及油类混溶。易燃。低毒！大量吸入有麻醉作用，可引起多发性周围神经炎。用作油脂及香料萃取剂、溶剂、稀释剂、发泡塑料的发泡剂等。由石油炼制重整抽余油或直馏汽油经分馏、加氢或精制而得。

石脑油 naphtha 又名轻汽油。一部分石油轻馏分的泛称。由原油常压蒸馏或油田伴生气经冷凝液化而得。沸点范围一般在30～205℃之间。主要用作重整及石油化工原料。作为重整原料，当生产苯、甲苯、二甲苯等轻质芳烃时，采用70～145℃馏分，称为轻石脑油；当生产高辛烷值汽油组分时，采用70～180℃馏分，称为重石脑油。未经转化的石脑油亦可直接用作化工溶剂油或车用汽油调和组分。

石棉 asbestos 一种可以剥分为柔韧细长纤维的硅酸盐矿物的总称。分为蛇纹石石棉及角闪石石棉两类。一般为白色或黄绿色。化学性质不活泼。具有隔热、保温、耐酸、耐碱、绝缘、防腐等特性，常用于制造建材防火板、石棉水泥制品、绝缘材料及用作过滤介质及油漆填充物等。石棉本身无毒害，其最大危害来自它的微细纤维。当它被吸入体内就会附着并沉积在肺部，造成肺部疾病，如石棉肺、胸膜和腹膜的皮间瘤等。石棉已被国际癌症研究中心定为致癌物。

石蜡 paraffin wax 又称晶形蜡。是由原油蒸馏所得的润滑油馏分先经溶剂精制、溶剂脱蜡或经冷冻结晶、压榨脱蜡制得蜡膏，再经溶剂脱油，并补充精制制得的片状或针状结晶。主要成分为正构烷烃，也有少量带个别支链的烷烃和带长侧链的环烷烃。其烃类分子的碳原子数为 $C_{17} \sim C_{35}$。商品石蜡的碳原子数一般为 $C_{22} \sim C_{36}$。沸点范围为300～500℃。相对分子质量为360～500。按加工深度和熔点的不同，石蜡可分为粗石蜡、半精炼石蜡、全精炼石蜡及食品用石蜡等四类。

石蜡加氢精制 paraffin wax hydrofining 指在氢压下对蜡原料进行深度精制。与其他油品精制比较，石蜡加氢精制工艺特点是，要求在温和反应条件下达到深度精制。在不改变石蜡质量的主要指标（含油量、熔点、针入度、馏分、黏度等）情况下，降低稠环芳烃、着色物质和不稳定物质的含量，脱除硫、氧、氮等杂质，以改善颜色、气味和安定

性，生产食品级、全精炼及半精炼等各种石蜡产品。

石蜡发汗过程 wax sweating process 见"发汗法"。

石蜡成型 wax moulding 石蜡生产的最后一道工序，将石蜡产品成型成固定板状。目前主要采用链盘式连续成型机成型。即将蜡液加入预冷器，先冷却至58～70℃，由定量给料器将蜡液注入连续成型机的蜡盘内，再由链条传动送至冷却室冷却，使蜡液凝成固体，离开冷却室后，蜡盘自动翻转使蜡脱离，然后由皮带运输机送出包装。

石蜡烃 paraffin hydrocarbon 见"烷烃"。

石蜡氧化制仲醇 paraffin oxidation for secondary alcohol 又称石蜡氧化制脂肪醇。是在硼酸存在下用空气或氧气氧化正构烷烃（$n\text{-}C_{10} \sim n\text{-}C_{20}$），在不发生断链的情况制取脂肪醇。所用原料为低含油石蜡，硼酸为催化剂，在140～190℃常压下使用空气作氧化剂，氧化的脂肪醇产物几乎全是仲醇。仲醇中的碳原子数与正构烷烃中的相同。

石蜡基原油 paraffin-base crude 按烃类组成分类的一种原油。其特性因数 K 值大于12.1。这类原油以石蜡烃为主，高沸点馏分含蜡量较多。相对密度较小，非烃组分较低，凝点高。所产汽油的辛烷值较低，柴油的十六烷值较高，润滑油的黏度指数较高。适用于生产优质润滑油、石蜡等。大庆原油是典型的石蜡基原油。

石蜡基基础油　paraffin-base oil　见"石蜡基润滑油"。

石蜡基润滑油　paraffin-base lubricating oil　由石蜡基原油制得的润滑油。具有石蜡烃含量多、黏度指数高的特点。一般需经深度脱蜡,以降低凝点。广泛用作高级润滑油的基础油。我国按原油类别的不同,制订出润滑油基础油的规格。石蜡基基础油有以黏度指数大于 95 的以大庆石蜡基原油为代表的低硫石蜡基基础油系列。

石蜡裂解　paraffin wax cracking　又称蜡裂解。以石蜡为原料进行裂解制取烯烃的过程。一般使用熔点50～60℃的精炼蜡为原料,在 500～600℃、0.2～0.4MPa 压力下在管式裂解炉内进行反应。石蜡裂解时,正构烷烃分子中任意位置的碳-碳键都可发生断裂,生成不同链长的 α-烯烃及其他副产物。裂解产物含 α-烯烃90％～95％,其余是支链烯烃、二烯烃及环烷烃。精馏分离后得各种产品,产物组成复杂。国外已基本不用这种方法生产 α-烯烃,而国内仍有一些工厂用此法生产 α-烯烃。

石蜡稠环芳烃含量　condensed aromatics content of wax　定性衡量食品用蜡中致癌物含量合格与否的一项指标。经深度精制的石蜡,可生产食品用蜡及食品包装用蜡,也常用作口服药的组分、载体、压片等的蜡原料。因此需控制其中对人体有害的致癌物质的含量。稠环芳烃中有相当一部分属致癌物,其含量需加以测定并有效控制。测定方法按 GB/T 7363—1987 执行。此法的优点是不需要特殊的仪器及标准物质,易于推广。但对所用试样的纯度要求甚严,需建立一系列的试剂提纯方法,操作手续繁琐,故不易作为生产控制过程中的分析手段,而常用作出厂产品质量检验。

石蜡熔点　melting point of paraffin wax　评定石蜡耐热程度(或变形温度)的指标。石蜡不是单一熔点组成的物质,加热时它不立刻熔化,而是在一定温度范围内逐渐熔化。所以,石蜡熔点系表示固体蜡向液体转化的平均温度。石蜡产品的牌号是以熔点来划分的,以熔点间隔 2℃而分别为 50 号、52 号、54 号、56 号、58 号、60 号、62 号、64 号、66 号、68 号及 70 号。测定熔点的方法是根据熔化的石蜡在完全凝固时放出的潜热的原理而制定的。取熔化的石蜡在熔点测定管中凝固时出现的温度随时间变化最慢时的开始温度即其熔点。

石墨　graphite　化学式 C。一种晶态单质碳的变体,为金刚石的同素异形体,为六方晶系层状晶体。不透明,质软且有滑腻感,可污染手指成灰黑色。具金属光泽。相对密度 2.25。硬度 0.5～1.5。熔点大于 3500℃,软化点 2500～2600℃,沸点 4200℃。能导电。不溶于水。化学性质不活泼,与酸、碱不易反应。有耐腐蚀性,但易被强氧化剂(硝酸、硫酸等)氧化。在空气或氧气中受强热会缓慢燃烧，变成二氧化碳。石墨的导电率为一般非金属的 100 倍，碳钢的 2 倍。有良好的润滑性、可加工性及吸热性，广泛用于制造石墨坩埚、电极、电刷、铅笔芯、密封材料、润滑脂及导电材料。也用作催化剂载体。

石墨钙基润滑脂 graphite-calcium base grease 是由动植物油钙皂稠化机械油，并加有少量鳞片石墨所制得的润滑脂。具有较好的耐水性和抗压性能。适用于压力大、表面粗糙、潮湿，并且工作温度不超过 60℃ 的摩擦部位。如用于压延机的人字齿轮、汽车弹簧、起重机齿轮转盘、矿山机械绞车及钢丝绳等高负荷、低转速的粗糙机械的润滑。

石墨烃基润滑脂 graphite hydrocarbon base grease 又称胶体石墨润滑脂。是用 80 号地蜡稠化 8 号仪表油及冬用枪油，并加有胶体石墨所制得的润滑脂。除具有烃基脂的特性外，还具有良好的极压性。主要用在不定温度下工作的结合面及操纵系统钢丝绳的润滑和保护；也可用于在使用时定期加热到高温的钢管结合面和制品螺纹表面的润滑。

布朗斯台德酸 Brönsted acid 又称质子酸、B酸。指能释放质子(氢离子)的任何含氢原子的分子或离子。按酸碱质子理论，凡能释放质子的任何含氢原子的分子或离子都称为酸，而碱是能够与质子化合的分子或离子。用简式表示为：

$$酸 \underset{\text{共轭酸碱}}{\Longleftrightarrow} 碱 + H^+$$

例如：
$$H_2O \Longleftrightarrow OH^- + H^+$$
$$H_2PO_4^- \Longleftrightarrow HPO_4^{2-} + H^+$$
$$[Al(OH_2)_6]^{3+} \Longleftrightarrow [Al(OH)(OH_2)_5]^{2+} + H^+$$

上述各式中，左端为酸，并称为质子酸或 B 酸；右端为碱及氢离子。所定义的碱称为布朗斯台德碱，简称 B 碱。碱也可以是正、负离子或中性分子，因此，酸给出质子后，转变为碱，碱结合质子后，转变为酸。它们可互相转化，称为共轭酸碱对，简称共轭酸碱。式中 H_2O 和 OH^-、$H_2PO_4^-$ 和 HPO_4^{2-} 均为共轭酸碱。一些固体催化剂的质子来源于所含的少量结构水，其酸性主要来源于质子，故也称质子酸。

布朗斯台德碱 Brönsted base 见"布朗斯台德酸"。

1，3-戊二烯 1，3-pentadiene CH_2＝$CHCH$＝$CHCH_3$ 化学式 C_5H_8。又名间戊二烯。无色至淡黄色液体。易燃，有刺激性。有顺式及反式两种异构体。相对密度 0.6905(顺式)、0.6764(反式)。熔点 141℃(顺式)、87℃(反式)。沸点 44℃(顺式)、42℃(反式)。折射率 1.4363(顺式)、1.4300(反式)。爆炸极限 1%～7%。不溶于水，溶于乙醇、乙醚。用于制造石油树脂、环氧树脂用固化剂、环戊二烯、环戊烯等。由石油裂解制乙烯的副产物碳五馏分中分离而得。

1-戊烯 1-pentene CH_2＝$CHCH_2CH_2CH_3$ 化学式 C_5H_{10}。又称 α-正戊烯。无色液体。易挥发，有汽油气味。相对密度

0.64。熔点－165.2℃，沸点 29.9℃。折射率 1.3715。爆炸极限 1.6%～8.7%。不溶于水。溶于乙醇。与苯、乙醚混溶。化学性质较活泼，可进行加成、聚合、异构化等反应，高温时裂解成低级烃类。可燃。有麻醉性。用于有机合成，脱氢可制得异戊二烯。也用作高辛烷值汽油的掺合组分。可由戊烷脱氢，或由天然气分离而得。

2-戊烯 2-pentene 又名 β-正戊烯。

$$\begin{array}{cc} H_3C & C_2H_5 \\ \diagdown & \diagup \\ C = C \\ \diagup & \diagdown \\ H & H \end{array} \qquad \begin{array}{cc} H_3C & H \\ \diagdown & \diagup \\ C = C \\ \diagup & \diagdown \\ H & C_2H_5 \end{array}$$

　　　　顺式　　　　　　　反式

无色液体。有顺式及反式两种异构体。相对密度 0.6556（顺式）、0.6431（反式）。熔点－151.4℃（顺式）、－140.2℃（反式）。沸点 36.9℃（顺式）、36.3℃（反式）。折射率 1.383（顺式）、1.3793（反式）。不溶于水，溶于乙醇、苯、乙醚。化学性质较活泼，可进行加成、聚合、异构化等反应。可燃。用于有机合成。也用作聚合反应抑制剂。可由天然气分离而得。

戊烷 pentane 见"正戊烷"。

UOP 戊烷异构化过程 UOP Penex process 见"佩耐克斯过程"。

戊硫醇 amyl mercaptan $CH_3(CH_2)_3CH_2SH$ 化学式 $C_5H_{10}S$。戊基分子中氢原子被巯基（氢硫基，—SH）取代后的衍生物。挥发性液体。存在于汽油馏分中。有强烈恶臭。具弱酸性，能和碱作用成盐。常用作液化石油气的增味剂，以便于发现容器泄漏。可由氢硫化钾与氯戊烷作用制得。

平均孔径 average pore radius 指催化剂颗粒内微孔的平均孔径，为催化剂的孔体积与比表面积之比值。当以孔半径表示时，则为平均孔半径。实际上催化剂颗粒中孔的结构是复杂而无序的，孔具有不同的形状、直径及长度。为简化计算，采用圆柱毛细管模型，把所有孔看成是圆柱形的孔，其平均长度为 $\bar{L}$，平均直径为 $\bar{d}$（或平均半径 $\bar{r}$），根据测得的孔体积及比表面积，就可算出平均孔径或平均孔半径。

平均沸点 average boiling point 指石油及石油产品各组分沸点的平均值。可分为体积平均沸点、重量平均沸点、实分子平均沸点、立方平均沸点及中平均沸点。体积平均沸点可根据石油馏分恩氏蒸馏数据直接计算，其他几种平均沸点，由体积平均沸点和恩氏蒸馏曲线斜率求得。平均沸点主要用于工艺设计计算上，在一定程度上反映了馏分的轻重。

平均相对分子质量 average relative molecular mass 因为石油是各种化合物的复杂混合物，故石油馏分的相对分子质量取其各组分相对分子质量的平均值，称为平均相对分子质量。用不同的统计方法又可将其分为数均相对分子质量和质均相对分子质量。数均相对分子质量定义为体系中具有各种相对分子质量的分子的摩尔分率与其相应的相对分子质量的乘积的总和，也即体系的质量除以其中所含各类分子的物质的量(摩尔)总和的商;质均相对分子质量定义为体系中具有各种相对分子质量的分子的质量分率与其相对应的相对分子质量的乘积的总和。油品的平均相对分子质量常用来计算油品的汽化热、石油蒸气的体积、分压及石油馏分的某些化学性质。在炼油工艺计算中所用的一般是指其数均相对分子质量。

平均流速 average flow rate 见"流速"。

平流式隔油池 parallel flow intercepter 一种装有链条板式刮油刮泥机的隔油池。废水从池的一端进入,从另一端流出。由于池内水平流速较低,进水中相对密度小于1.0的轻油滴在浮力作用下上浮,并积聚在池的表面,池内的链带式刮油刮泥机的链带上每隔一定距离安装一刮板,当刮板移动至水面上时起刮油的作用,把隔油池表面上的油刮到集油管附近,定期转动集油管可将轻油排出;相对密度大于1.0的油滴则随悬浮物下沉到池底,也通过刮泥机排到收泥斗后定期排放。这种隔油池的除油效率可达70%以上,所能除去油粒的最小直径为100～150μm。

平衡冷凝 equilibrium condensation 又称一次冷凝。是平衡汽化的逆过程。指在恒压下,气相混合物部分冷凝所生成的液相始终与剩余的气相保持平衡接触状态,待混合相冷却到一定温度后才使液相与未凝气相分离。例如塔顶蒸气馏出物在冷凝器中的冷凝过程就是平衡冷凝。在平衡冷凝过程中液相量与原料量之比称为冷凝液。与平衡汽化相同,平衡冷凝的两相分离也是粗略的。

平衡汽化 equilibrium vaporization 又称平衡蒸发、一次汽化。液体混合物在一定压力下加热并汽化后,蒸气始终与液体保持接触,也即气相和液相始终保持平衡接触状态,只是在达到必要的加热温度后才最终降压进行气液分离的过程称为平衡汽化。平衡汽化可使混合物得到一定程度的分离,气相产物中含有较多的低沸点轻组分,而液相产物中含有较多的高沸点重组分。由于在平衡状态下,所有组分都同时存在于两相中,两相中的每一个组分都处于平衡状态,因此这种分离是较为粗略的。

平衡汽化曲线 equilibrium vaporization curve 又称一次汽化曲线,指在某一压力下,石油馏分或液体混合物在一系列温度下进行平衡汽化所得的汽化率和温度的关系曲线。平衡汽化的初馏点即0%馏出温度,为该馏分的泡点;终馏点即100%馏出温度,为该馏分的露点。平衡汽化曲线是炼油工艺的基本数据之一。

平衡转化率 equilibrium conversion rate 又称最高转化率或理论转化率。是达到平衡后反应物转化为产物的百分数。在实际情况或工业生产状况下,反应常不能达到平衡,故实际转化率要低于平衡转化率,而转化率的极限就是平衡转化率。工业生产过程中所表示的转化率大都是指实际转化率而不是平衡转化率。

平衡组成 equilibrium composition 在一定的温度、压强和原料配比条件下,化学反应达到其最大的反应限度时,即达到了平衡状态,此时反应体系的组成称为平衡组成。也即达到平衡组成即达到反应的限度,在温度、压强、以及原料配比不变条件下,反应不能超越该平衡组成的限制。但若能改变条件,则可找出更为有利的平衡组成。在一定温度下,当某一反应的平衡常数已知时,就可根据所给反应方程式及任意的起始组成(原料配比)求出该温度下的平衡组成。

平衡活性 equilibrium activity 见"平衡催化剂活性"。

平衡氧氯化法 equilibrium oxychlorination 见"乙烯氧氯化"。

平衡常数 equilibrium constant 表征化学反应达到平衡时,各物质的分压、浓度、摩尔分数之间的关系的物理量。有用平衡时各物质分压来表示的压强平衡常数 K_p;用平衡时各物质的浓度($mol \cdot m^{-3}$)表示的平衡常数 K_c;用平衡时各物质的摩尔分数表示的平衡常数 K_x 等。平衡常数是在给定条件下进行化学平衡计算的依据。其数值不仅与反应本身及温度有关,而且与反应方程式写法以及采用不同的平衡组成表示式有关。

平衡氯含量 equilibrium chlorine content 又称实际氯含量。为使重整催化剂有最佳活性,应具有适宜的氯含量。平衡氯含量是指催化剂处于不同水/氯平衡状态时的氯含量。其数值变化主要与系统状态有关。即与氧化铝载体上的表面羟基和氯含量的总和、系统的水/氯摩尔比,以及不同状态时的相平衡常数等变量有关。

平衡蒸发 equilibrium evaporation 见"平衡汽化"。

平衡催化剂 equilibrium catalyst 见"平衡催化剂活性"。

平衡催化剂活性 equilibrium catalyst activity 又称平衡活性。新鲜催化剂在开始投用的一段时间内活性下降很快,但降低到一定程度后则缓慢下降。此外,催化剂由于磨损而减量,需定期地或不断地补充一定量的新鲜催化剂。运转一段时间后,催化剂活性逐渐到达平衡而不再降低,保持在一个稳定的水平上,此时的活性被称为平衡催化剂活性,而系统内的催化剂称为平衡催化剂。平衡活性对装置生产有较大影响。活性过低,转化率就低;活性太高,催化剂消耗增加,成本提高。在重油催化装置中,分子筛催化剂的平衡活性多为 $60 \sim 70$。

灭火剂 fire extinguishing agent 能在燃烧区有效地破坏燃烧条件,达到抑制或中止燃烧的物质。常用的灭火剂有水、干粉、泡沫、卤代烷、二氧化碳等类型。各类灭火剂分别具有以下作用:冷却并降低燃烧温度、阻止或隔离空气及可燃物进入燃烧区、抑制连锁反应、稀释可燃气体及可燃液体浓度、降低空气中的氧含量等。每类灭火剂分别会具有上述作用的一种或数种，因此往往只适用于扑救某一类或几类火灾，而对其他类火灾则没有效果或效果很差。

灭火器　fire extinguisher　一种可由人力移动的轻便灭火器具。它能在内部压力作用下，将所充装的灭火剂喷出，用来扑救火灾。种类很多，按移动方式分为手提式及推车式；按驱动灭火剂的动力来源可分为储压式、化学反应式（主要指化学泡沫灭火器）；按所充装的灭火剂可分为泡沫、干粉、二氧化碳、四氯化碳、酸碱、卤代烷及清水等。

可比能耗　comparable energy comsumption　指在同行业中为实现能耗可比而制定的综合能耗。它可分为可比单位综合能耗及单位产品可比能耗。可比单位综合能耗，是指由同行业中或本企业的历史水平的能耗所计算出来的综合能耗量；单位产品可比能耗是指企业每生产单位产品，从各生产工艺直到成品配套生产所必需的能耗、企业燃料加工与运输能耗及企业能源亏损所分摊到每单位产品的能耗量之和。

可见分光光度法　visible spectrophotometry　见"分光光度法"。

可汽提炭　stripping-able carbon　又称可汽提焦、剂油比焦。指在催化裂化反应器汽提段因汽提不完全而残留在催化剂上的重质烃类。其氢碳比较高。可汽提炭的量与汽提段的汽提效率、催化剂的孔结构状况等因素有关。

可持续发展　sustainable development　可持续发展的概念来源于生态学，最初应用于农业及渔业，指使资源不受破坏，新成长的资源数量应是以弥补所获的数量，经济学家由此提出了可持续产量的概念。1987 年世界环境与发展委员会将"可持续发展"定义为：既满足当代人的需要，又不对后代人满足其需要的能力构成危害的发展。也就是在不超出支持可持续发展战略的生态系统的承载能力的情况下改善人类的生活质量。可持续发展把当代人类生存的地球及区域环境看作是由自然、社会、经济、文化等诸多因素的复合系统，它们之间既相互联系，又相互制约。要求人们改变对自然界的传统态度，建立新的道德和价值标准。人类必须学会尊重自然、保护自然、与自然和谐相处。

可逆中毒　reversible poisoning　又称暂时性中毒。毒物比较松散地吸附在催化剂表面上，可用简单的方法或很容易被纯的反应物移去，使催化剂活性恢复，这类中毒就称为可逆性中毒。如用镍催化剂进行烯烃加氢时，原料中的炔烃会吸附并覆盖在催化剂活性中心引起催化剂中毒，但如提高原料气中炔烃含量，则吸附的炔会脱附，催化剂活性则可以恢复，表明催化剂为可逆性中毒。

可塑性　plasticity　见"塑性"。

可燃气体　combustible gas　见"可

燃物"。

可燃冰 combustible ice 又名天然气水合物、甲烷水合物。一种由水分子和碳氢气体分子组成的结晶状简单化合物。其外形如冰雪状,通常呈白色,也有黄色、橙色。结晶体以紧密的格子构架排列,其结构与冰的结构十分相似。在这种冰状结晶体中,碳氢气体与水分子在低温及压力下稳定地结合在一起。通常含有大量甲烷或其他碳氢气体。因极易燃烧,故得名。按其产生环境可分为海底"可燃冰"及极地"可燃冰"两类。在海洋中,"可燃冰"主要分布在东、西太平洋和大西洋边缘,是一种极具发展潜力的新能源。

可燃物 combustible substance 指能与空气中的氧或氧化剂起剧烈反应的物质。包括可燃固体(如木材、煤、纸张、棉花等)、可燃液体(如酒精、汽油、甲醇等)、可燃气体(如一氧化碳、甲烷、氢气等)。可燃物的燃烧随可燃物的状态不同而有所不同。气体最易燃烧,只要达到本身氧化分解所需的能量便能快速燃烧;液体则必须有一个蒸发过程,然后蒸气氧化分解进行燃烧;固体的燃烧与其组成有关,硫、磷等单质受热时先熔化,然后蒸发,再燃烧。而化合物或复杂物质受热时先分解成气态及液态产物,然后气态物燃烧或液态物蒸发再燃烧。

可燃液体 combustible liquid 又称易燃液体。可燃物的一类。石油、石油产品及大多数溶剂都属可燃性液体。

通常按闪点高低区分为易燃液体及可燃液体。闪点小于45℃的属于易燃液体;闪点大于或等于45℃的属于可燃液体。可燃液体容易着火、燃烧或爆炸,使用时必须注意用密闭容器储存,并远离火源和避免日光照射。

【 I 】

卡诺定理 Carnot theorem 见"热机"。

卡诺循环 Carnot cycle 一种理想的热机循环。它在高温 T_1 与低温 T_2 的两个热源间工作,由四个过程组成:①气体工质在 T_1 下恒温可逆膨胀,由高温热源吸热 Q_1;②绝热可逆膨胀,气体温度下降至 T_2;③在 T_2 下恒温可逆压缩,这时向低温热源放热 Q_2(负值);④绝热可逆压缩,温度由 T_2 升至 T_1,系统复原,完成一次循环。这一循环由法国科学家卡诺(Carnot)于1824年提出。他以理想气体为工质,考察理想热机在两个热源之间,通过两个恒温可逆过程和两个绝热可逆过程所组成的可逆循环过程,得出了热转变为功的最大效率。

归一化法 normalization method 一种常用色谱定量方法。是在试样中全部组分都显示出色谱峰时,把各个峰面积乘以各自的相对校正因子并求和,此和值相当于所有组分的总质量,即所谓"归一"。每个组分的百分含量可用下式计算:

$$X_i\% = \frac{f_i \cdot A_i}{\sum(f_i \cdot A_i)} \times 100$$

式中, X_i 为试样中某组分 i 的百分含量; f_i 为组分 i 的校正因子; A_i 为组分 i 的峰面积。

目视比色法 visual colourimetry 一种比色分析法。是用眼睛观察比较溶液颜色的深浅来确定物质含量的方法,其原理是将标准溶液和被测溶液在相同条件进行比较,当溶液厚度相等、颜色深度相等时,两者的溶液浓度相同。目视比色法中常用的方法有标准系列法及比色滴定法两种。前者是通过与一系列标准溶液进行比较,实现样品测定的一种方法,适用于大批样品分析,测量稀溶液中的微量组分;后者适合于测定显色反应速度快的有色物质。

6 号溶剂油 No. 6 solvent oil 又称 6 号抽提溶剂油。无色透明液体。易燃、易挥发。初馏点不低于 60℃。98% 回收温度不大于 90℃。芳烃含量不大于 1.0%。具有溴指数小、安定性好、对植物油溶解能力强、不破坏被萃取物化学组成等特点。主要适用于植物油浸出工艺中作抽提溶剂,也可用作化工溶剂。采用原油经常减压蒸馏所得直馏馏分或重整抽余油、凝析油,经分馏、精制而得。

卟啉 porphyrin 旧称䏡族化合物。是一类以卟吩为母体的衍生物。广泛存在于自然界。如叶绿素、血红素、维生素 B_{12} 等。原油中的钒、镍和卟啉能形成稳定的、油溶性含氮分子内配合物。其含量虽很少,但组成与叶绿素的结构单元相类似。镍、钒卟啉配合物是强表面活性剂,能促使原油与水形成稳定乳状液,对原油从岩石表面顶出有较好作用。但这种配合物会引起催化裂化等催化剂的重金属中毒。

甲乙酮 methyl ethyl ketone $CH_3CH_2COCH_3$ 化学式 C_4H_8O。又名丁酮、甲基乙基甲酮。无色透明液体,有丙酮样气味。相对密度 0.8054。熔点 -86.7℃,沸点 79.6℃,闪点 -5.6℃。蒸气相对密度 2.42,蒸气压 9.49kPa(20℃)。折射率 1.3788。爆炸极限 1.81% ~ 11.5%。溶于水,能与醇、醚、酮等多数有机溶剂混溶,也能溶解油脂、树脂、纤维素衍生物等。易燃。毒性比丙酮强,长时间接触,对中枢神经有抑制作用。主要用作溶剂,广泛用于硝化纤维素、酚醛树脂、油墨、抗氧剂、胶黏剂等的生产。也用作润滑油酮苯脱蜡溶剂。可先由正丁烯水合制得仲丁醇后,再经催化脱氢制得。

甲阶树脂 A-stage resin 见"酚醛树脂"。

甲苯 toluene ⟨benzene ring⟩—CH_3 化学式 C_7H_8。无色透明易挥发液体,有芳香气味。可燃。相对密度 0.8667。熔点 -95℃,沸点 110.6℃,闪点 4.4℃(闭杯),自燃点 536℃。蒸气相对密度 3.14。临界温度 318.6℃,临界压力 4.11MPa。折射率 1.4967。爆炸极限 1.2% ~ 7%。不溶于水,与甲醇、乙醇、丙酮、苯等溶剂混溶。化学性质较苯活泼。按来源和制法不同,可分为石油甲苯及焦化甲苯。前者的气味比后者要小。吸入高浓度蒸气对中枢神经系统有麻醉作用,对皮肤、黏膜有刺激作用,长期接触可发生神经衰弱综合征。用于制造苯、苯甲酸、苯酚、苯甲醛、甲苯磺酸、甲苯二异氰酸酯等。也用作溶剂、萃取剂、清洗剂。石油甲苯可由直馏汽油经催化重整、溶剂抽提及芳烃精馏制得。焦化甲苯可从煤焦油或焦炉气的轻油中分离而得。

甲苯二异氰酸酯 toluene diisocyanate

（甲苯-2,6-二　　（甲苯 2,4-二
异氰酸酯）　　　异氰酸酯）

化学式 $C_9H_6N_2O_2$。又名二异氰酸甲苯。简称 TDI。有两种异构体(2,6-TDI 及 2,4-TDI)。按异构体含量不同,工业品有三种规格:①TDI-65,含 2,4-TDI 65%,2,6-TDI 35%;②TDI-80,含 2,4-TDI 80%,2,6-TDI 20%;③TDI-100,含 2,4-TDI 100%。工业品为无色或淡黄色透明液体,有刺激臭味。相对密度 1.2244。熔点因产品纯度而异,纯品为 19.5～21.5℃。沸点 251℃。闪点 132℃。折射率 1.569。爆炸极限 0.9%～9.5%(TDI-100)。溶于乙醚、丙酮、苯及煤油等。遇水缓慢反应放出二氧化碳。剧毒! 有刺激及致敏作用,

高浓度接触直接损害呼吸道黏膜,引起喘息性支气管炎。用于制造聚氨酯软泡沫塑料、橡胶、胶黏剂、涂料等。由甲苯二胺与光气反应制得。

甲苯歧化过程 toluene disproportionation process 指在催化剂作用下,将两个甲苯分子转化生成一个苯分子和一个二甲苯分子的过程。所使用的催化剂大多数是以固体酸为基础的含金属或金属氧化物的物质。根据所用载体不同可分为硅酸铝系(天然沸石)及分子筛系(合成沸石)等。其中以分子筛作载体的催化剂活性较高。甲苯歧化是调整苯、甲苯、二甲苯三种芳烃产量的一种重要手段。

甲苯脱烷基 dealkylation of toluene 指在氢气存在及加压下,使甲苯发生氢解反应脱去甲基生成苯的过程。常用的催化剂是氧化铬-氧化铝、氧化钼-氧化铝、氯化铬-氧化钼-氧化铝。为抑制芳烃裂解生成甲烷等副反应,常加入少量碱和碱土金属为助催化剂。其他烷基芳烃也可发生氢解反应脱去烷基生成母体芳烃和烷烃。

甲苯潜含量 toluene potential content 指重整原料油中的 C_7 环烷烃全部脱氢转化为甲苯的量,加上原料油中原有的甲苯量,总共占原料油的质量百分数。计算式为:

$$甲苯潜含量(m\%) = C_7 环烷(m\%) \times \frac{92}{98} + 甲苯(m\%)$$

甲胺 methyl amine CH_3NH_2 化学

式 CH_5N。又名一甲胺、氨基甲烷。常温下为无色可燃性气体,有氨的气味,液化后为发烟液体。相对密度 0.669 (11℃)。熔点 $-93.5℃$,沸点 $-6.3\sim-6.7℃$,闪点 0℃。分解温度 250℃。自燃点 430℃。爆炸极限 $4.95\%\sim20.75\%$。易溶于水,溶于乙醇、乙醚,不溶于丙酮、乙酸、氯仿。比氨具更强的碱性,与强酸反应生成盐。对皮肤、黏膜及眼睛有刺激性。用于制造表面活性剂、医药、农药、染料、硫化促进剂等,也用作溶剂、防腐剂。可在催化剂存在下,由氨与甲醇反应制得。

N-甲基二乙醇胺 N-methyldiethanolamine $CH_3N(CH_2CH_2OH)_2$ 化学式 $C_5H_{13}NO_2$。无色至深黄色油状液体。呈碱性。相对密度 1.0377。熔点 $-21℃$,沸点 247.2℃,闪点 260℃,自燃点 410℃。爆炸极限 $1.4\%\sim8.8\%$。与水、乙醇及苯混溶,微溶于乙醚。可燃,低毒! 蒸气对黏膜、呼吸系统等有刺激性。用天然气及合成气等的脱硫剂、酸性气体吸收剂。也用作乳化剂、杀虫剂、聚氨酯泡沫催化剂及制造抗肿瘤类药物的中间体。可由环氧乙烷与甲胺反应制得。

甲基丙烯酸甲酯 methyl methacrylate $CH_2{=}C(CH_3)COOCH_3$ 化学式 $C_5H_8O_2$。又名异丁烯酸甲酯。无色透明易挥发液体,有强烈臭味。相对密度 0.9440。熔点 $-48℃$,沸点 $100\sim101℃$,闪点 13℃,自燃点 430℃。折射率 1.4142。爆炸极限 $2.12\%\sim12.5\%$。

蒸气相对密度 2.86,蒸气压 5.33kPa (25℃)。微溶于水、乙二醇、甘油。与乙醇、乙醚及丙酮等混溶。易自聚,也可与丙烯酸酯类其他单体、乙酸乙烯酯单体等进行共聚。主要用于制造有机玻璃,也用于制造其他塑料、有机光缆、牙科材料、胶黏剂、涂料、皮革加工助剂等。可由异丁烯催化氧化制得,或由甲基丙烯酸与甲醇经酯化反应制得。

N-甲基甲酰胺 N-methylformamide $$\overset{\text{O}}{\underset{\text{HC—NHCH}_3}{\|}}$$ 化学式 C_2H_5ON。无色液体,有氨气味。相对密度 1.0075 (15℃)。熔点 $-40℃$,沸点 $180\sim185℃$,闪点 98℃。折射率 1.4319。蒸气压 0.05kPa (44℃)。溶于水、乙醇,与苯、乙酸乙酯混溶。可燃。蒸气与空气可形成爆炸性混合物。有毒! 有致畸性及胚胎毒性,对眼有刺激性。用于制造医药、染料,也用作有机合成反应溶剂、芳烃萃取剂等。由甲酸乙酯或一氧化碳与甲胺反应制得。

甲基异丁基酮 methyl isobutylketone $(CH_3)_2CHCH_2COCH_3$ 化学式 $C_6H_{12}O$。又名 4-甲基-2-戊酮、甲基异丁基甲酮。无色透明液体,有芳香气味。相对密度 0.8020。熔点 $-84.7℃$,沸点 116.8℃,闪点 22.78℃(闭杯),燃点 460℃。折射率 1.3962。蒸气相对密度 3.45,蒸气压 2.13kPa(20℃)。爆炸极限 $1.35\%\sim7.6\%$。溶于水及乙醇、乙醚等多数有机溶剂。具有酮的化学性质。能进行加成、卤代、加氢、缩合等反应,与氢气、四氢铝锂等强还原剂反应生成醇,与硝酸、三氧化铬等强氧化剂反应生成羧酸。易燃。有毒!有刺激性及麻醉作用。用作润滑油脱蜡及脱蜡油溶剂,油脂、天然及合成树脂、黏合剂及喷漆等的中沸点溶剂,脱漆剂,萃取剂等。也用于调制香精。由异亚丙基丙酮或丙酮催化加氢制得。

N-甲基-2-吡咯烷酮　N-methyl-2-pyrrolidone　化学式 C_5H_9NO。无色透明油状液体,微有氨的气味。相对密度 1.0279(25℃)。熔点 -24.4℃,沸点 204℃,闪点 95℃,燃点 346℃。临界温度 445℃,临界压力 4.76MPa。可与水混溶,几乎可与所有有机溶剂互溶。除低级脂肪烃外,能溶解大多数有机与无机化合物、惰性气体、天然及高分子化合物等。为极性溶剂,具有沸点及闪点高、熔点低、无腐蚀性、毒性小、易生物降解等特点。其溶解能力和热稳定性及化学稳定性方面比糠醛及苯酚强,选择性居中。近年来广泛用作润滑油精制溶剂,也用作树脂增塑剂、萃取剂及制造聚乙烯吡咯烷酮。可由 γ-丁内酯与甲胺经缩合反应制得。

N-甲基-2-吡咯烷酮精制　N-methyl-2-pyrrolidone refining　一种以 N-甲基-2-吡咯烷酮为溶剂的润滑油溶剂精制过程。基本工艺流程包括 N-甲基-2-吡咯烷酮抽提、从精制液和抽出液中回收 N-甲基-2-吡咯烷酮、N 甲基-2-吡咯烷酮循环。用 N-甲基-2-吡咯烷酮作溶剂,当处理量相同时,可用较小的溶剂比,并可得到较高的精制油收率;在精制油收率相同时,可以得到质量更好的精制油,同时由于较低的降解及毒性,可减少对环境及生态污染。

甲基叔丁基醚　methyl *tert*-butyl ether $CH_3OC(CH_3)_3$　化学式 $C_5H_{12}O$,简称 MTBE。又名 2-甲基-2-甲氧基丙烷。无色液体,有类似萜烯的臭味。相对密度 0.7407。熔点 -108.6℃,沸点 53～56℃,闪点 -10℃,燃点 460℃。折射率 1.3694。爆炸极限 1.65%～8.4%。微溶于水,与乙醇、乙醚、苯等混溶。易燃,遇明火、高热或接触氧化剂有燃烧爆炸危险。毒性很低,蒸气有轻度麻醉作用。主要用作汽油高辛烷值添加剂。其抗爆指数为 112,毒性比铅要低,可用于替代四乙基铅生产无铅或低铅汽油。也用于生产异丁烯。由于 MTBE 容易地下水造成污染,故其用作汽油辛烷值改进剂的前景也受到广泛关注。可在催化剂存在下由甲醇与异丁烯或叔丁醇经醚化反应制得。

甲基叔戊基醚　*tert*-amylmethyl ether（CH_3)$_3$CCH$_2$OCH$_3$　化学式 $C_6H_{14}O$。又名叔戊基甲醚。简称 TAME。无色液体。相对密度 0.770。沸点 86℃。雷德蒸气压 10.3kPa。辛烷值(R+M)/2 为 104.5。微溶于水,与乙醇、乙醚、苯等混溶。与汽油相溶性好。是优良的汽油抗爆剂,既可提高汽油的辛烷值,同时又能有效地降低汽油

中 C_5 烯烃的含量。可在氢型大孔强酸性阳离子交换树脂的催化作用下,甲醇与 2-甲基-1-丁烯或 2-甲基-2-丁烯反应制得。

α-甲基苯乙烯 α-methylstyrene 化学式 C_9H_{10}。又名 2-苯基丙烯。无色透明液体。相对密度 0.9082。熔点 −23.2℃,沸点 165.4℃,闪点 57.8℃,燃点 573℃。蒸气相对密度 4.1,蒸气压 0.27kPa(20℃)。爆炸极限 1.9%~6.1%。微溶于水,溶于甲醇、乙醚、苯等溶剂。受热或在催化剂存在下易聚合,也易自聚。工业品中常加有少量阻聚剂。用于制造合成树脂、丁苯橡胶、热熔胶、增塑剂及农药等。也用作聚酯树脂、醇酸树脂等的酸性剂。可由含异丙苯法制苯酚、丙酮时的副产物经处理而得。

1-甲基萘 1-methylnaphthalene 化学式 $C_{11}H_{10}$。又称 α-甲基萘。无色油状液体,有萘样气味。相对密度 1.02。熔点 −22℃,沸点 244.6℃。不溶于水,溶于乙醇、乙醚。能与蒸汽一同挥发。是一种燃烧性能极差的物质。用于测定柴油十六烷值的标准燃料之一。将其十六烷值定为 0,而将另一标准燃料的十六烷值定为 100。也用于有机合成。存在于煤焦油、催化重整油、柴油馏分的循环油中,可经分馏制得。

甲烷 methane 化学式 CH_4。最简单的有机化合物或脂肪族烷烃。广泛分布于自然界,是天然气、沼气、油井气及煤气等的主要成分之一。为无色无味可燃性气体。相对密度 0.5547。熔点 −184℃,沸点 −164℃。临界温度 −82.1℃,临界压力 4.54MPa。燃烧热 802.86kJ/mol(25℃)。爆炸极限 5%~15%。微溶于水,溶于乙醇、乙醚等有机溶剂。燃烧时呈青白色火焰。在氧气充足情况下,可完全氧化而生成二氧化碳和水。高温下可裂解生成乙炔及氢气。能被液化或固化。除用作燃料外,用于制造乙炔、氢气、合成氨、乙烯、甲醇、氯甲烷等的化工原料。可由天然气、油田气、炼厂气及焦炉气等分离而得。

甲烷化 methanation 指在镍催化剂作用下,使 CO、CO_2 与 H_2 作用转化成高热值甲烷气体的过程。是烃类水蒸气转化制氢的净化过程之一。在天然气化工中,甲烷化制得的气体在化学组成及燃料性能方面与天然气相似,有时称合成天然气。因甲烷化是强放热反应,故在加氢精制装置中,如在短时间内进入大量的 CO 及 CO_2,则会因甲烷化反应而引起操作飞温。

甲烷化催化剂 methanation catalyst 用于烃类水蒸气转化制氢甲烷化过程的催化剂。常为负载于 γ-Al_2O_3 上的金属镍催化剂。有时也加入 MgO、Cr_2O_3 作结构稳定剂及分散剂,加入稀土氧化物作促进剂。镍是催化剂的活性组分,以细小的微晶形式提供大的比表面积,甲烷化反应是在活性镍的表面上进行的。一般甲烷化催化剂是以氧化态形式提供,使用前需要还原。还原剂通常是脱碳后气体。将脱碳气通入床层,随着升温,催化剂也就被还原。甲烷化是强放热反应,一般规定甲烷化操作的极限温度是450℃。催化剂遇卤素或硫易产生中毒。

甲硫醇 methyl mercaptan CH₃—SH 化学式 CH_4S。无色易燃气体,具有极强的臭味。密度0.8665g/cm³。熔点$-121\sim-123℃$,沸点5.9℃。蒸气与空气形成爆炸性混合物,爆炸极限3.9%~21.8%。稍溶于水,溶于乙醇、乙醚、石油醚等。用于制造饲料添加剂蛋氨酸、农药倍硫磷、苄菊酯等,也用于制造塑料等。用作无臭气体(如天然气)的加臭剂,以作为气体泄漏的警报气。可由氯甲烷与氢氧化钠作用制得。

甲酰化 formylation 在有机化合物

$$H-\overset{\displaystyle O}{\overset{\displaystyle \|}{C}}-$$

分子中引入甲酰基(H—C—)的反应。所生成的化合物称为甲酰化合物。如甲酰氯($HCOCl$)、甲酰胺($HCONH_2$)。甲酰化反应很多,如苯及烷基苯的甲酰化、烯烃的氢甲酰化等。

甲酸 formic acid HCOOH 化学式 CH_2O_2。又名蚁酸。最简单的脂肪酸。无色透明发烟液体,有强烈刺激性酸味。相对密度1.220。熔点8.6℃,沸点100.8℃,闪点68.9℃,自燃点601℃。折射率1.3714。蒸气相对密度1.59,蒸气压5.33kPa(24℃)。溶于水、乙醇、甘油,微溶于苯,不溶于烃类。酸性较强,

有还原性,易被氧化成水和二氧化碳。易燃。有腐蚀性,能刺激皮肤起泡,且痊愈很慢。吸入蒸气可引起结膜炎、鼻炎。用于制造甲酸盐、甲酸酯、甲酰胺。也用作水泥促凝剂、助染剂、消毒剂及用于高温气(油)井的酸化。由甲醇或甲醛氧化制得,或由甲酸钠经硫酸酸化而得。

甲酸甲酯 methyl formate HCOOCH₃ 化学式 $C_2H_4O_2$。无色液体,有醚样气味。相对密度0.9742。熔点-99℃,沸点31.5℃,闪点-19℃(闭杯)。折射率1.3434。蒸气相对密度2.1,蒸气压65.3kPa(20℃)。爆炸极限5%~22.7%。溶于水,与乙醇、乙醚、丙酮、苯等混溶。易水解,在湿空气中也能使其水解成甲酸与甲醇,并呈酸性。易燃。蒸气对眼睛、鼻黏膜有强刺激性。重要有机中间体,可衍生许多反应。用于制造杀虫剂、杀菌剂、药物、香料等。也用作溶剂、有机合成甲酰化剂等。可在甲醇钠催化下,由甲醇与合成气中的一氧化碳反应制得。

甲醇 methanol CH₃OH 化学式 CH_4O。又名木醇、木精。无色透明液体。易燃、易挥发。纯品略带乙醇气味。相对密度0.7913。熔点-97.5℃,沸点64.6℃,闪点16℃,自燃点470℃。临界温度240℃,临界压力7.85MPa。爆炸极限6%~36.5%。与水、乙醇、乙醚、丙酮、苯等混溶。能溶解硝基纤维素、松香及多种染料,对油脂、橡胶的溶解性较小。具有醇类通性,能进行酯化、

脱氢、氧化、酯化、氨化、脱水、裂解等反应。饮用或吸入蒸气会造成中毒,其特征是刺激视神经及网膜,导致失明。是重要化工原料,用于制造甲醛、甲胺、氯甲烷、乙酸、甲醇钠、二甲醚及染料、医药等。也是常用溶剂。主要由一氧化碳与氢气在催化剂作用下合成制得。其原料路线,由原来的以煤和焦炭气化为主生产合成气的路线,发展到目前的以天然气为主,煤、石脑油、重油等并存的合成路线。

甲醇合成(中压法) methanol synthesis(median pressure method) 是综合了高压法及低压法合成甲醇的优缺点而发展的中压工艺过程。即以一氧化碳和氢气为原料,操作压力 10～27MPa,反应温度 235～315℃,采用铜基催化剂。原料可以天然气或石脑油为起始,经过重整转化为合成气,合成气通过催化剂生成粗甲醇,经精制得到甲醇产品。中压法的特点是处理气量大、设备较庞大、综合经济效益较好。目前发展较快,新建厂的规模也趋大型化。

甲醇合成(低压法) methanol synthesis(low pressure method) 是以一氧化碳及氢气为原料,使用铜基催化剂,在低压(5MPa)及温度为 275℃左右下合成甲醇的方法。此法于 1966 年首先由英国 ICI 公司开发,故又称为 ICI 低压法。1970 年,德国 Lurgi 公司用 Cu-Zn-Mn 或 Cu-Zn-Mn-V 氧化物铜基催化剂,建成年产 4000t 甲醇的低压生产装置。该法称为 Lurgi 低压法。低压法由于操作压力低,使得设备体积庞大,而且甲醇的合成收率也较低,在投资和经济评价上不如中压法。

甲醇合成(高压法) methanol synthesis(high pressure method) 指以一氧化碳及氢气为原料,使用锌-铬型催化剂,在 300～400℃、30～35MPa 的高温高压下合成甲醇的方法。自 1923 年首次用此法合成甲醇后,有 50～60 年时间,世界上合成甲醇都沿用此法。具有生产能力大、单程转化率较高的特点。其主要缺点是合成压力及反应温度高、设备投资及操作费用大、能耗高、副产物多、原料损失量大。后逐渐被中、低压合成法所取代。

甲醇汽车 methanol vehicle 指全部用甲醇或用甲醇和汽油的混合燃料作发动机燃料的汽车。甲醇的理化性质近似汽油,可部分或全部替代汽油或柴油在汽车上应用。甲醇汽车的优点是:①甲醇不含硫和复杂的有机物,与汽油相比,生成臭氧的活性很低,排放的有毒有害污染物(如苯及芳烃)低得多;②生产甲醇有广泛而丰富的原料(煤及天然气)来源,且易于贮存。目前甲醇汽车存在的问题是:①甲醇汽车的甲醛排放量要比汽油高达 5 倍之多,甲醛有毒并可能致癌;②冷启动较难,并会导致过量的烃类及一氧化碳排放;③甲醇为神经毒物,使用须小心。此外甲醇汽油对汽车零部件有腐蚀性。目前,许多国家都在对甲醇汽车进行研究开发,在商业上还未大面积推广使用。

甲醇汽油 methanol gasoline 掺有甲醇的车用汽油。如国外掺有 15% 甲醇的商品汽油称为 M15 汽油。甲醇是一种易燃液体,有良好的燃烧性能。其具有辛烷值高、动力性好、能耗率低、通用性强等特点。特别适于用作高压缩比的内燃机燃料,以代替部分汽油和柴油。而且使用甲醇汽油的有害排放物 CO、NO_x 等可大大降低,还可有效清除车辆供油及燃烧系统积炭,延长发动机使用寿命。甲醇汽油的动力性与普通燃油相接近,如能解决甲醇汽油在低温或高含水状态下的分层现象,则甲醇汽油的应用前景广阔。

甲醇钠 sodium methylate 化学式 CH_3ONa。白色无定形易流动粉末。熔点 127℃(分解)。溶于甲醇、乙醇,不溶于苯、已烷。遇水分解成氢氧化钠和甲醇。工业品为无色或微黄色黏稠液体,是含甲醇钠的甲醇溶液。总碱量 28%～30%。有强腐蚀性,蒸气刺激眼睛、呼吸道及鼻黏膜。用于制造染料、颜料、香料、医药、浓药等。也用作有机合成反应的缩合剂、还原剂、甲氧基化剂、油脂酯交换催化剂等。由氢氧化钠与甲醇加热脱水制得。

甲醛 formaldehyde HCHO 化学式 CH_2O。又名蚁醛。最简单的醛。常温下为无色气体。有强烈刺激性。气体相对密度 1.067,液体相对密度 0.8153(−20℃)。熔点 −92℃,沸点 −19.5℃,闪点 50℃,燃点 403℃。爆炸极限 7%～73%。易溶于水,水溶液浓度最高可达 55%。35%～55% 浓度的水溶液俗称福尔马林。溶于乙醇、乙醚、苯等有机溶剂。化学性质活泼。在催化剂存在下,易被氧化成甲醇。暴露于空气中可逐渐被氧化成甲酸。与氨反应生成六亚甲基四胺。工业品甲醛溶液中常添加 8%～12% 的甲醇作阻聚剂。为可疑致癌物。蒸气刺激眼睛及呼吸系统,液体与皮肤接触可引起皮肤局部坏死。广泛用于制造合成树脂、香料、染料、医药及有机中间体,也用作消毒剂、防腐剂。在催化剂存在下,由甲醇或天然气直接氧化制得。

甲醛缩合反应 formolite reaction 指在硫酸存在下,甲醛与石油产品内的不饱和环状烃及树脂类物质生成不溶于油的沉淀物的反应。利用这一反应,可以测定轻质油品中的胶质潜含量。

甲醚 methyl ether 见"二甲醚"。

电子型助催化剂 electron type promotor 见"助催化剂"。

电子显微分析 electron microanalysis 是利用聚焦电子束与试样物质相互作用产生的各种物理信号,分析试样物质的微区形貌、晶体结构和化学组成的一种仪器分析方法。它可以在极高分辨率下直接观察试样的形貌、结构。成像分辨率可达 0.2～0.3nm,可直接分辨原子,能在纳米尺度上对晶体结构及化学组成进行分析。电子显微分析的主要仪器是电子显微镜。是指利用电磁场偏析、聚焦电子及电子与物质作用产生散射的原理来研究物质构造及微细结构的精密仪器。目前常用的电子显微分析仪器有透射电子显微镜、扫描电子显微镜、电子探针等。电子显微分析可用于催化剂粒形态及粒径大小测定、载体的形貌观测、活性组分测定,也用于高分子材料的结晶结构及形态观察。

电子显微镜 electron microscope 见"电子显微分析"。

电子探针 electroprobe 又称电子探针 X 射线显微分析仪。是一种微区化学成分分析仪。是利用聚焦到很细且被加速到 $5\sim30\mathrm{keV}$ 的电子束,轰击用显微镜选定的待分析样品上的某"点",利用高能电子与固体物质相互作用时所激发出的特征 X 射线波长和强度的不同,来确定分析区域中的化学成分。它具有所需样品量少、分析速度快、释谱简单且不受元素化合状态影响等特点。可分析原子序数从 3 到 92 号之间的所有元素,是物质显微结构化学表征的有力手段。

电子探针 X 射线显微分析仪 electron probe X-ray microanalysis 见"电子探针"。

电气式压力计 electrical type manometer 指将被测压力转换成电信号输出,然后测量电信号的压力测量仪表。通常是由压力传感器、测量线路和显示装置等部分组成的。压力传感器能将被测压力检测出来,并转换成电信号输出;测量线路对已转换好的电信号进行放大、测量;最后由显示器、记录仪完成显示及记录功能。这类压力计应用较多的有霍尔片式压力传感器、应变式压力传感器、压阻式压力变送器及电容式差压变送器等。

电气绝缘油 electric insulating oil 指输变电设备,包括变压器、互感器、开关设备、整流器、电缆和电容器等的专用油。主要功能是冷却和绝缘,并具有消灭电路切断时产生电弧的作用。常用的有变压器油、电容器油、断路器油、电缆油等。其中又以矿物油型变压器用量最大。是以精制环烷基矿物油为基础油加入抗氧剂等添加剂调合制得。

电化学分析 electro chemical analysis 是根据电化学原理和物质在溶液中的电化学性质及其变化而建立的一类分析方法。它是将试样溶液以适当的形式作为化学电池的一部分,根据被测组分的电化学性质,通过测量某种电参量(如电极电位、电流、电阻、电导及电容等)来求得分析结果。常用的方法有电位分析法、库仑分析法、极谱分析法及溶出伏安法等。与其他分析方法比较,电化学分析法具有灵敏度及准确度高、分析速度快、所需仪器简单等特点。

电化学腐蚀 electrochemical corrosion 当金属和电解质溶液接触时,由于电化学作用引起的腐蚀。与化学腐蚀不同,电化学腐蚀是由于形成了原电池引起的。在腐蚀电池中,负极发生氧化反应,正极发生还原反应。负极常称作阳极,正极常称作阴极。发生电化学腐蚀时,活泼金属作为阳极失去电子而被腐蚀;阴极为不活泼金属,氧化剂在阴极得到电子,被还原。含杂质的金属在电解质溶液中即可组成原电池。金属的大气腐蚀、土壤腐蚀等都属于电化学腐蚀。

电化学催化氧化法 electrochemical catalytic oxidation method 一种有机物的氧化降解方法。是通过阳极反应直接降解有机物,或是通过阳极反应产生羟基自由基(—OH)及臭氧之类的氧化剂对有机物进行降解。具有有机物分解彻底、不易产生有毒中间产物、更符合环境保护等特点。其技术关键是选择合适的不溶性阳极材料,所选用的不溶性阳极材料必须针对所降解的有机化合物的电流效率能达到工业要求,而且有较长使用寿命。

电化学聚合 electrochemical polymerization 又称电聚合或电解聚合。指应用电化学方法在阴极或阳极上进行的聚合反应。与普通聚合反应相同,电聚合反应机理一般也分为链的引发、增长及终止三个阶段。电化学聚合反应的类型,可根据产生引发物质的电极类别或按照链增长的历程来区分。按前者可分为阴极聚合及阳极聚合;按后者可分为电化学加成聚合及电化学缩合聚合。利用电聚合可制备具有特殊功能的材料,如导电高聚物材料等。

电石 calcium carbide 见"碳化钙"。

电价键 electrovalence bond 见"离子键"。

电导分析法 conductance analysis 是以测量试样溶液电导而获得有关体系的物理化学信息的分析方法。可分为电导测定法及电导滴定法。电导测定法又称直接电导法,是将被测溶液放在由固定面积、固定距离的两个铂电极构成的电导池中,通过测量溶液的电导(或电阻)来确定被测物质含量的方法。常用于水质纯度的监测。电导滴定法是利用中和、沉淀、氧化还原、配位滴定等反应进行容量分析时,根据溶液的电导变化来确定滴定终点的方法。适用于不同电离度的混合酸及弱酸弱碱的电导滴定。

电导滴定法 conductance titration method 见"电导分析法"。

电导率 electrical conductivity 又称比电导。描述介质传导能力的物理量。电阻率的倒数。单位为西·米$^{-1}$($S \cdot m^{-1}$)。其意义是截面积为$1m^2$,长度$1m$的导体的电导。介质电导率越低,绝缘性越强。由于水溶液中溶解盐类都以离子状态存在,因此具有导电能力,所以电导率也可间接表示出溶解盐类的含量。纯石油产品的电导率很低。

电位分析法 potentiometric analysis 是利用电极电位和浓度的关系来测定被测物质浓度的一种电化学分析方法。在电位分析法中,由指示电极、参比电极与被测溶液构成一个电化学电池,通过测定该电池的电动势求得被测物质的含量。电位分析法分为直接电位法和电位滴定法。直接电位法是利用专用的指示电极(如离子选择性电极)先将被测物质的浓度变为电极电位值,然后根据能斯特(Nernst)方程式计算出该物质的含量;电位滴定法是利用电极电位的变化来指示滴定终点的容量分析方法。电位分析法操作简单、易于实现分析自动化,可以测定其他方法难以测定的多种离子,如碱金属及碱土金属离子、无机阴离子及有机离子等。

电位滴定法 potentiometric titration 是利用电极电位的变化来指示滴定终点的分析方法。在试样溶液中浸入指示电极和参比电极,根据滴定过程中滴定剂体积与指示电极和参比电极的电位差的关系确定滴定终点。适用于缺乏合适的指示剂,或者测定液混浊、有色,不能用指示剂指示滴定终点的滴定分析。

电位滴定法硫醇性硫 mercaptaneous sulfur by potentiometric method 一种喷气燃料中硫醇性硫含量定量测定法。测定时将试样溶解在含乙酸钠的异丙醇溶液中,用含硝酸银的异丙醇标准溶液进行电位滴定。试样中的硫醇与硝酸银生成难溶的硫醇银沉淀。用参比电极(甘汞)和指示电极(银-硫化银)之间的电位突跃来指示滴定终点,再计算出硫醇性硫的百分含量。本法对叔位结构的脂肪族硫醇,也能得到准确测定结果。但试样中含有 H_2S 则不适用于此法。此法测定范围:硫醇性硫含量 $3\sim100ng/\mu L$。

电阻系数 resistance coefficient 见"电阻率"。

电阻率 resistivity 又称比电阻、电阻系数、容积电阻系数。根据欧姆定律,在恒定的电压及温度下,绝缘介质的电阻值 R 与其长度 L 成正比,与其截面积 S 成反比,即

$$R = \rho \frac{L}{S}$$

式中,比例系数 ρ 称为容积电阻系数,简称比电阻或电阻率,单位为 $\Omega \cdot cm$。ρ 随温度升高而降低。任何介质的电阻率越大,其绝缘性越好。电器用油首先考虑用作绝缘介质,希望它是电的不良导体,要求电阻率越大越好。而对脱离子水而言,其电阻率与水中含盐量及离子浓度等有关,水越纯电阻率越大。

电极电位 electrode potential 又称电极电势。将一种金属浸入含有该金属离子的溶液中时,在金属和溶液界面间就会产生一个电位差,即金属与溶液的相间电位。为区别于两个电极之间的电位差,而将金属与溶液的相间电位称为电极电位。由于目前还无法测量电极电位的绝对值,只是选择一种参比电极,将其与待测电极组成一个原电池,通过测量两个电极的电位差,从而得到另一个电极的相对电极电位。通常采用标准氢电极作为参比电极中的基准电极,将其标准电极的电位值定为零,于是某一金属电极与标准电极所组成的原电池的电动势就称作该金属电极的电极电位。实际测量中,由于氢电极较为复杂,而常用甘汞电极作为参比电极。

电拌热 electrical heat tracing 指利用电伴热带对管内介质加热以补充在输送过程或停留期间的热损失,维持所需操作温度的拌热保温方法。电伴热具有安装及使用方便、无噪声、无污染、温度控制精确等特点。主要缺点是温度低、热量小、伴热温度通常低于250℃。电伴热所采用的电热带主要有自调控电伴热带、恒功率电伴热带、限功率电伴热带及串联型电伴热带等。其中前三种为并联型电伴热带,它们是在两条平行的电源母线之间并联电热元件构成的;后者是一种由电缆芯线作发热体的伴热带,即在具有一定电阻的芯线上通以电流,芯线就发出热量,主要用于长距离管道的伴热。

电炉法残炭 carbon residue by electric furnace method 指油品按电炉法所测得的残炭(值)。测定时将盛有规定量(7~8g)试样油的瓷坩埚,放入恒温到520℃±5℃的电炉中(用带毛细孔的坩埚盖盖上)。在不通入空气的条件下,使试样油蒸发、分解、缩合,引燃由毛细孔溢出的蒸气。火焰自动熄灭后,保持规定时间(15min),得到的焦黑色残留物即为残炭。用质量百分数表示。

电容式微量水分仪 capacitance type moisture analyzer 一种根据测量介质和水的介电常数差异较大的性质,测量所含微量水分的在线分析仪器。其敏感元件是氧化铝湿敏传感器。它不仅可测量气体中的微量水分,也可测量液体中的微量水分。仪器的测量电路主要包括电容参量变换器及测量放大电路。测量对象广泛,可测定天然气、乙烯裂解气、高纯气、惰性气体、聚乙烯及聚丙烯生产中的原料气、空气等气体中的含水量。也可测定液态苯、变压器油、汽油、柴油、环氧乙烷溶剂等液体中的水含量。既可测微量水分,也可测常量水分。

电容率 permitivity 见"介电常数"。

电容器油 capacitor oil 电气绝缘油的一种。用于浇铸和浸渍电器及无线电用的纸质电容器绝缘材料。是由原油常减压蒸馏的减二线馏分油,经深度精制后加入抗氧抗腐剂调合制得。具有优良的电气绝缘性及氧化安定性,黏度小、浸渍力强、凝点低。分1号油及2号油两个牌号。1号油为电力电容器油,2号油为电信电容器油,两者不得相互代用,也不宜混用。

电脱盐过程 electrical clesalting process 指利用高压电场进行原油脱盐的过程。是利用水将原油中的盐类溶解,然后在高压电场作用下,使水很快凝聚沉降分离,盐也随之除去。对于一些容易与水形成稳定乳化液的原油,还应选择加入定量的破乳剂,以加速水的沉降分离。原油脱盐可以减轻设备腐蚀及换热器结垢,减少裂化炉、焦化炉等炉管结盐、结焦,减轻催化裂化催化剂中毒,延长开工周期。

电离平衡 ionization equilibrium 又称弱电解质的电离平衡。当弱电解质溶于水时,在水分子作用下,弱电解质分子电离成阴、阳离子。阴、阳离子又能结合成分子。在一定条件(温度、压力、浓度等)下,当弱电解质电离成离子的速率和离子结合成分子的速率相等时,电离达到平衡状态。如乙酸的电离:$CH_3COOH \rightleftharpoons CH_3COO^- + H^+$。电离平衡是一种动态平衡。改变温度及浓度等条件,电离平衡也会移动。如升高温度,电离平衡向电离方向移动;降低温度,电离平衡向结合方向移动。增大分子浓度或降低离子浓度,都会使电离平衡向电离方向移动;减少分子浓度或增大离子浓度,则会使电离平衡向结合方向移动。

电离作用 ionization 是电解质溶于水或熔融时,离解成电荷和自由移动的离子的过程。大多数盐和金属离子化合物溶于水或熔融时,规则排列的阴、阳离子离解成自由移动的离子。某些共价化合物溶于水的同时,在极性水分子的作用下,共价化合物分子离解成阴、阳离子。因此,电解质溶液及熔融的电解质都能导电。广义地说,中性分子或原子形成离子的过程也称作电离作用。如在光或高能射线辐射下,气态分子或原子失去电子变成离子。

电离度 degree of ionization 指在一定温度条件下,一定浓度的弱电解质溶液中,弱电解质的电离达到平衡状态时,已电离的弱电解质分子数占弱电解质分子数的百分数。电离度表示在一定温度、浓度下,弱电解质电离程度的大小。根据不同弱电解质在同温、同浓度时的电离度大小,可比较弱电解质的相对强弱。影响电离度的主要因素是浓度及温度。在一定温度下,弱电解质的物质的量浓度越大,其电离度越小;如浓度越小,电离度反而增大。但应注意的是浓度增大时,电离度虽然减小,电离的弱电解质分子数或电离的浓度不会减小,而是有所增大。因此,弱酸弱碱溶液的浓度越大,溶液的酸性或碱性却相应地增强;而一定浓度的弱酸、弱碱溶液,温度越高,电离度越大,溶液的酸、碱性也越强。

电渗析 electrodialysis 渗析是一种自然发生的物理现象,如将两种不同含盐量的水用一张渗透膜隔开,就会发生含盐量大的水的电解质离子穿过膜向含盐量小的水中扩散,这种现象称为渗析。为了加快渗析速度,可在膜的两边施加一直流电场,促使带电粒子(或离子)在电场作用下,迅速通过膜进行迁移过程,这就称作电渗析。电渗析使用的半透膜是一种离子交换膜,可分为阳离子交换膜及阴离子交换膜。前者允许阳离子透过而排斥阻挡阴离子,后者允许阴离子透过而排斥阻挡阳离子。通过离子交换膜的选择透过性而使水达到脱盐目的。目前电渗析广泛用于海水淡化、水质软化、纯水及超纯水制备等。但电渗析只能除去水中的盐分,不能除去有机物。由于它的脱盐效率较低、装置比较庞大且组装要求高,故发展不如反渗透技术快。

电感耦合等离子体发射光谱法 inductively coupled plasma emission spectroscopy 一种新型多元素微量分析法。它是通过将高频电磁场负载于环绕石英炬管的螺线圈上,迫使炬管内通过的氩气(或氮气、或氩氮混合气)电离形成外观上类似火焰的高频电感耦合的等离子体(又称等离子炬焰)。在这种高频等离子体矩中,由于趋肤效应和气体动力学效应共同作用的结果,等离子体具有环状结构,环中心的温度较环周围的温度低。载气能有效地携带被雾化的分析物注入等离子体矩焰中,被加热至6000~7000K,使样品分解,并激发发射出各种特征的原子发射光谱线,再通过多色仪分光、检测和计算机数据处理而测得样品中的元素含量。可用于炼油、石化、环境监测等领域的多元素分析。

电缆沥青 cable asphalt 用作电缆外护层防腐涂料的石油沥青。具有良好的绝缘性、低温性能及防腐性能。在涂用时无需添加其他添加剂,涂层有较强的粘附力。按冷弯温度可分为1号、2号两种牌号。适用于电缆外层的浸渍防腐。电缆沥青由天然原油减压蒸馏所得半沥青,在一定条件下经氧化而制得。

电缆油 cable oil 电气绝缘油的一种。用作充油电缆中的浸渍和绝缘介质。是由环烷基原油的轻润滑油馏分经深度精制后加入抗氧剂等添加剂调合制得的。具有良好的介电性能及抗氧化安定性。适宜作110kV或35kV以下的油浸绝缘电缆和充油电缆用油。

电解 electrolysis 电流通过电解质溶液或熔化的电解质,引起氧化还原反应的过程。在这一过程中,电能转化为化学能。进行电解的装置称作电解池或电解槽。在电解池中,与外直流电源正极相连的极称作阳极,发生氧化反应;与外直流电源负极相连的极称作阴极,发生还原反应。电解的原理与原电池的原理正好相反。工业上广泛采用电解的方法制取各种无机及有机化工产品。

电解式微量水分仪 electrolytic moisture analyzer 又称库仑法电解湿度计。是依据法拉第电解定律制造的一种微量水分在线测定仪器。当被测气体经过特殊设计的电解池时,产生的电解电流正比于气体中的水含量,测出电解电流大小,即可测得水分含量。用于测量空气、氮、氢、氧、CO、CO_2、天然气、烷烃、芳烃、惰性气体及它们的混合气体中的微量水分。测量范围通常为1~1000μL/L。具有测量精度高、绝对误差小、使用方便等特点。

电解质 electrolyte 指在水溶液里或熔融状态时能导电的化合物。电解质溶于水或熔融时能电离出自由移动的阴、阳离子,在外电场的作用下,自由移动的阴、阳离子分别向两极运动,并在两极发生氧化、还原反应。酸、碱、盐、一些活泼金属氧化物、过氧化物、氢化物及离子型碳化物等都是电解质。

电解质溶液 electrolyte solution 由

电解质溶解在适当溶剂中形成的溶液。常用的溶剂是水。习惯上对电解质的水溶液常将"水"字略去，而对其他非水溶液则往往指明溶剂。酸、碱、盐等电解质溶入溶剂后部分或全部离解为相应的带正、负电荷的离子，因而电解质具有导电性及其他一系列电学特性。而酸、碱、盐之间的反应实际上也是离子间的反应。

电磁流量计 electromagnetic flowmeter 根据导体在磁场中作切割磁力线时产生电感应原理而制作的流量计。由于感应电压信号与流体平均流速成正比关系，不受液体的物理性质及状态（如密度、黏度、压力、温度等）变化的影响，故具有流量测量精度高，测量中几乎没有附加压力损失的特点。但电磁流量计只能用于测量导电液体（如工业水、污水、酸、碱、盐等）的流量，被测液体电导率不小于 $20\mu S/cm$，而不能测量气体、蒸气、石油产品、有机溶剂等非导电性流体及含有较多、较大气泡的液体流量。

皿式发汗 dish sweating 见"发汗法"。

四乙二醇 tetraglycol $HO(CH_2CH_2O)_3CH_2CH_2OH$ 化学式 $C_8H_{18}O_5$。又名四甘醇、三缩四乙二醇。无色无臭黏稠液体。相对密度 1.1248。沸点 327.3℃，闪点 173℃。蒸气压 0.0062Pa（26℃）。黏度 61.9mPa·s。溶于水、乙醇、乙醚，也能溶解硝酸纤维素及橡胶，对芳烃具有较高的选择性及

很大的溶解能力。而且热稳定性好、毒性及腐蚀性低，是有效的芳烃抽提溶剂。也用作润滑剂、软化剂及热载体等。可由环氧乙烷水合制乙二醇的副产物分离而得。

四乙二醇芳烃抽提过程 Tetra extraction process 由美国联合碳化物公司（UCC）开发的用四乙二醇作抽提溶剂，从重整油中抽提芳烃的过程。是在二乙二醇及三乙二醇为抽提溶剂的基础上发展起来的。四乙二醇具有溶解能力强、选择性好、毒性及腐蚀性低、热稳定性好等特点，使抽提的芳烃质量及芳烃回收率都有显著提高。

四乙基铅 tetraethyl lead $Pb(C_2H_5)_4$ 化学式 $C_8H_{20}Pb$。无色油状液体，稍有香味。相对密度 1.6528。熔点 -136℃，沸点 198～202℃（分解），闪点 93℃。折射率 1.5198。蒸气压 0.133kPa（38.4℃）。易燃！蒸气与空气形成爆炸性混合物，爆炸下限 1.8%。几乎不溶于水，溶于苯、汽油、石油醚。常温时缓慢分解，加热至 125℃时迅速分解，生成金属铅和自由基。为剧毒化学品，属神经毒物。吸入蒸气或经皮肤吸收可引起中枢神经、造血系统等严重损害。工业上称含四乙基铅的抗爆剂为乙基液，用于航空汽油和车用汽油。由于铅对人体危害，其用量逐年降低。也用作有机合成催化剂、引发剂及制造杀菌剂等。可在丙酮催化下，由铅钠合金与氯乙烷反应制得。

四乙烯五胺 tetraethylene pentamine $H_2N(CH_2CH_2NH)_3CH_2CH_2NH_2$ 化

学式 $C_8H_{23}N_5$。又名四亚乙基五胺、三缩四乙二胺。淡黄至橘黄色黏稠液体,有氨味。相对密度 0.9980。熔点 $-30℃$,沸点 333℃,闪点 103℃。折射率 1.5042。自燃点 321℃。溶于水及乙醇、丙酮。受热分解放出乙二胺及二乙烯三胺。可燃。皮肤接触可引起过敏反应。用于制造聚酰胺树脂、阳离子交换树脂,也用作环氧树脂固化剂、橡胶硫化促进剂、润滑油添加剂等。可由二氯乙烷与氨水反应制得。

四元环 four-membered ring 见"氧桥"。

四甘醇 tetraglycol 见"四乙二醇"。

四甲苯 tetramethyl benzene 化学式 $C_{10}H_{14}$。含有 4 个甲基的碳十芳烃。存在于重整重芳烃中,约占重芳烃的 $2\%\sim3\%$。有 1,2,3,4-四甲苯(又称连四甲苯,相对密度 0.9336,沸点 205℃),1,2,3,5-四甲苯(又称偏四甲苯,相对密度 0.8868,沸点 197.8℃)及 1,2,4,5-四甲苯(又称均四甲苯)三种异构体。目前已开发利用的主要为均四甲苯。

1,2,4,5-四甲苯 1,2,4,5-tetramethyl benzene 化学式 $C_{10}H_{14}$。又名均四甲苯、杜烯。无色叶片状结晶,有樟脑气味。相对密度 0.838(81℃)。熔点 79~81℃,沸点 191~193℃。折射率 1.479 (81℃)。溶于乙醇、乙醚、苯,不溶于水。可升华。氧化生成苯均四酸或苯均四甲酸二酐。用于制造聚酰亚胺树脂、增塑剂、表面活性剂、农药及染料等。可由石油重芳烃或煤焦油中分离而得,也可由二甲苯在无水三氯化铝存在下与氯甲烷作用后经分离制得。

四甲基铅 tetramethyl lead $Pb(CH_3)_4$ 化学式 $C_4H_{12}Pb$。无色透明液体,有臭味。相对密度 1.9952。熔点 $-30.2℃$,沸点 110℃。折射率 1.5128。蒸气压 3.2kPa(20℃)。黏度 0.572MPa·s。不溶于水,溶于乙醇、乙醚、丙酮、汽油、苯等有机溶剂。250℃ 以上分解生成金属铅及自由基。能与活泼金属、卤素及氧化剂等发生电子转移反应。有毒!可经皮肤吸收而中毒。用作汽油抗爆剂,效果不如四乙基铅。但沸点低,热安定性好,与四乙基铅合用,可改善铅在油中的分布性及使用效果,尤适用于富含芳烃的汽油。也用作有机合成甲基化剂、烯烃聚合催化剂、塑料稳定剂。可在催化剂存在下,由铅钠合金与氯甲烷反应制得。

四组分 four components 渣油的组成十分复杂,对其组成的研究是根据渣油在某些选择性溶剂中的溶解能力或其他物化性质不同,分成几种不同成分。而当分离条件变化时,所得各组分的性质及数量也会不同。广泛应用的方法是将渣油分离为饱和烃(族)(saturates)、芳香烃(族)(aromatics)、胶质(resins)及沥青质(asphaltenes)等四组分,并将其称作渣油四组分,简称

SARA。

四组分分析法　four components analytical method　又称 SARA 法。指对渣油中饱和烃、芳香烃、胶质、沥青质等四组分含量的测定方法。测定方法有液固吸附柱色谱法及高效液相色谱法等。这些方法是利用沥青质不溶于正庚烷的原理,先将渣油试样用正庚烷沉淀出沥青质,脱沥青质的部分再用氧化铝柱色谱或高效液相色谱法分离为饱和烃、芳香烃及胶质三部分,然后分别进行定量测定。四组分分析法简单易行,但往往满足不了对渣油结构组成的更深刻了解,又发展了多组分分析法。

四氟乙烯　tetrafluoroethylene $CF_2=CF_2$　化学式 C_2F_4。又名全氟乙烯。无色无味气体。气体相对密度 1.018(25℃),液体相对密度 1.519(−76.3℃)。熔点 −142.5℃,沸点 −76.3℃,燃点 620℃。临界温度 33.3℃,临界压力 0.392MPa。不溶于水,易溶于有机溶剂。易自聚生成聚四氟乙烯,也能与乙烯、氟乙烯、氟丙烯等共聚,生成含氟高聚物。需加入少量阻聚剂储存。易燃。有毒! 刺激眼睛,吸入后引起呕吐。用于制造聚四氟乙烯及其他氟树脂、氟橡胶。由二氟一氯甲烷高温裂解制得。

1,2,3,4-四氢化萘　1,2,3,4-tetrahydronaphthalene　化学式 $C_{10}H_{12}$。又名萘满。无色或淡黄色透明液体,有类似薄荷香气味。具刺激性,高浓度时有麻醉作用。相对密度 0.9695。熔点 −36℃,沸点 207℃,闪点 72℃(闭杯),燃点 384℃。折射率 1.5414。爆炸极限 0.8%~5%。不溶于水,与醚、醇、酮及苯等多数有机溶剂混溶,也能溶解油脂、松香、沥青等。长期暴露于空气中会生成氢过氧化物。蒸馏至残液时易引起爆炸。用于制造甲萘酚、润滑剂,并可与苯及乙醇配成混合内燃机燃料。也用作溶剂、脱漆剂及软化剂等。可由萘经催化加氢制得。

四氢呋喃　tetrahydrofuran　化学式 C_4H_8O。又名氧杂环

$$
\begin{array}{c}
H_2C\text{——}CH_2 \\
\ \ |\qquad\quad | \\
H_2C\qquad CH_2 \\
\ \ \diagdown\ \ /\ \\
O
\end{array}
$$

戊烷。无色透明液体,有类似醚的气味。相对密度 0.8892。熔点 −108℃,沸点 67℃,闪点 −17.2℃(闭杯),燃点 321℃。蒸气相对密度 2.5,蒸气压 15.2kPa(15℃)。折射率 1.405。爆炸极限 2.5%~11.8%。与水、乙醇、苯、氯代烃等混溶。长时间接触空气或光照,会缓慢氧化生成具有爆炸性的有机过氧化物。有毒! 对皮肤、黏膜等有刺激性,蒸气有麻醉性。用于制造己二酸、己二胺、四甲基乙二醇醚、聚氨酯人造革等。也用作萃取剂、脱漆剂、一氧化碳吸收剂等。在液化剂存在下,由糠醛脱醛基得到呋喃后,再经加氢而得。

四通阀　four way valve　延迟焦化装置上的一种专用阀门,有四个连接口。普遍使用的是手动四通阀,其切换旋转角度为 90℃。近来新设计的焦化装置大部分使用电动四通阀。是延迟焦化装置开停工切换用的重要设备。

四球法 four-ball method 用四球磨损试验机测定润滑剂极压和磨损性能的试验方法。见"四球磨损试验机"。

四球摩擦试验机 four-ball tester 又称四球机。用于测定润滑剂负荷承载能力的试验机。四球机由四个直径为 12.7mm 的钢球构成摩擦副。四个球中,下面三个固定在油样盒中并被测试油品淹没,上部一个球固定在转轴上随轴旋转,与下部三个球接触发生相对运动,产生点接触形式的滑动摩擦。在一定试验条件下摩擦副上出现的磨损、烧结情况可以用来表示润滑油的润滑性能。在四球法应用中,各国采用的方法及评定指标各有不同。我国制定的润滑剂承载能力测定法规定为:主轴转速 1400～1500r/min,温度为室温,负荷范围 58.8N(6kg)～7840N(800kg),共分 22 个负荷级,在规定的每一负荷下运转 10s,并测取钢球磨痕直径,然后在下一级负荷进行测定,直至钢球发生烧结为止,最后以最大无卡咬负荷、烧结负荷及综合磨损值三个指标表示润滑剂的承载能力。

四氯乙烯 tetrachloroethylene $Cl_2C=CCl_2$ 化学式 C_2Cl_4。又名全氯乙烯。无色透明液体,有醚样气味。相对密度 1.6226。熔点 −22.3℃,沸点 121.2℃。折射率 1.5055。蒸气相对密度 5.83,蒸气压 2.11kPa(20℃)。临界温度 347.1℃,临界压力 9.74MPa。几乎不溶于水,与乙醇、乙醚、苯等溶剂混溶,能溶解油类、脂肪、天然树脂。长时间在光、空气中或有水存在时,会逐渐分解成三氯乙醛和光气。商品中常加入少量酸类作稳定剂。吸入蒸气或口服能中毒。对眼、呼吸道有直接刺激作用。用作油脂萃取剂、干洗溶剂、传热介质、灭火剂及烟幕剂等。可由乙烯氯化或氧氯化制得。

四氯化钛 titanium tetrachloride 化学式 $TiCl_4$。无色至淡黄色透明液体。相对密度 1.726。熔点 −30℃,沸点 136.4℃。折射率 1.61(10.5℃)。临界温度 358℃。蒸气压 1.33kPa(20℃)。溶于乙醇、稀盐酸、氢氟酸。遇水分解,生成难溶的羟基氯化物及氢氧化物。化学性质不稳定,在潮湿空气中分解成 TiO_2 及 HCl,并冒白烟;与碱金属、碱土金属反应时被还原成钛、三氯化钛及二氧化钛等。有毒! 对皮肤、黏膜有强刺激性及腐蚀性。用于制造低压聚乙烯高效催化剂、聚丙烯高效催化剂、合成聚异戊二烯橡胶催化剂等,是第一代常规齐格勒-纳塔催化剂的主催化剂。也用作溶剂及制造有机钛化合物、钛白粉等。先由氯气氯化金红石或高钛渣制得粗四氯化钛,再经精制而得。

四氯化硅 silicone tetrachloride 化学式 $SiCl_4$。又名四氯硅烷。无色透明易发烟液体,有窒息性气味。相对密度 1.483。熔点 −70℃,沸点 57.6℃。折射率 1.4121。蒸气压 55.99kPa(37.8℃)。溶于苯、四氯化碳、二硫化碳及醚等有机溶剂。遇水剧烈水解生成硅酸和氯化氢。在潮湿空气中冒烟。化学性质活泼，与氢反应生成三氯甲硅烷；与胺、氨快速反应生成氮化硅聚合物；在1000℃下可被氢气还原而生成元素硅；有水存在时可腐蚀大多数金属。对皮肤、黏膜及呼吸器官等有强刺激性。用于制造有机硅油、硅树脂、硅橡胶、硅酸乙酯及高温绝缘漆等。也用作烟幕剂、铸造脱模剂等。由硅铁与氯气反应制得。

四氯化碳 carbon tetrachloride 化学式 CCl_4。又名四氯甲烷。无色透明易挥发液体。有特殊芳香气味，味甜。相对密度1.5940。熔点−22.95℃，沸点76.75℃。折射率1.4604。蒸气相对密度5.3，蒸气压15.33kPa(25℃)。微溶于水，能与醇、醚、二硫化碳及氯代烃等多数溶剂混溶。能溶解油脂、润滑油、生胶等。有湿气存在时，逐渐分解成光气和氯化氢。高温时热裂解放出氯气，同时生成四氯乙烷及六氯乙烷。与次氯酸钙、四氧化二氮等氧化剂能形成爆炸性混合物。为氯化甲烷中毒性最强者，可经呼吸道、消化道及皮肤吸收，吸入高浓度蒸气对肝、肾有严重损害。用作溶剂、干洗剂、制冷剂、灭火剂，也用于制造三氯甲烷、药物、农药等。由甲烷与氯气经高温热裂化制得，或由氯气与二硫化碳反应而得。

1,1,2,2-四溴乙烷 1,1,2,2-tetra-bromoethane $CHBr_2CHBr_2$ 化学式 $C_2H_2Br_4$。无色或浅黄色油状液体，有强樟脑样气味。相对密度2.9501。熔点0.1℃，沸点243.5℃。折射率1.6353。自然点335℃。蒸气相对密度11.9，蒸气压0.13kPa(65℃)。微溶于水，与乙醇、乙醚、氯仿等混溶。能溶解油脂、树脂。常温下稳定，加热至240℃时分解释出溴及溴出氢有毒气体。用作对二甲苯氧化制对苯二甲酸的助催化剂。也用作溶剂、制冷剂、矿物浮选剂及合成季铵化合物、染料中间体等。由乙炔与溴反应制得。

四聚物 tetramer 由四个相同单体分子聚合制得的聚合物，如四聚丙烯、四聚乙醛等。

四聚脲基润滑脂 tetrapolyurea base grease 以四聚脲为稠化剂制得的多效通用高级润滑脂。四聚脲是用二胺、二异氰酸酯及单胺按下式反应制得：

$$R_1NH_2+R_2NH_2+R_3NH_2+2OCNR_4NCO\longrightarrow$$

$$R_1NH-\underset{\overset{\|}{O}}{C}-NHR_4NH-\underset{\overset{\|}{O}}{C}-NHR_3NH-$$

$$\underset{\overset{\|}{O}}{C}-NHR_4NH-\underset{\overset{\|}{O}}{C}-NHR_2$$

四聚脲分子中含有多个脲基，且不含金属原子，使用中对基础油无催化老化作用。用它制成的润滑脂具有滴点高、抗氧化及热安定性、抗水性、抗磨性及抗辐射性、胶体安定性均好的特点。可用作与轴承共寿命的润滑脂。

【丿】

生化需氧量 biochemical oxygen demand 简称 BOD。指在有氧的条件下，好氧微生物在分解水中某些可氧化物质，尤其是有机物的生物化学氧化过程中所消耗的溶解氧量。单位为单位体积废水所消耗的氧量（mg/L）。通常把20℃、5 天测定的 BOD_5 作为衡量废水的有机物浓度指标。生化需氧量是反映水体被有机物污染程度的综合指标，也是考察废水的可生化降解性及生化处理效果的指标。BOD_5 小于 1mg/L，表示水体清洁，BOD_5 大于 3～4mg/L，则表示水体已受有机物污染；BOD_5 大于 20 则表示水体已严重恶化。

生成热 heat of formation 又称标准摩尔生成热、标准摩尔生成焓。是在 25℃、101.325kPa 下，由稳定的单质生成 1 摩尔化合物时吸收或放出的热量。单位为 kJ/mol。稳定的单质的生成热为零。利用各种反应物、生成物的生成热可以求算化学反应的反应热，即反应热可由所有生成物的生成热的总和减去所有反应物的生成热的总和而求得。

生石油焦 raw petroleum coke 见"生焦"。

生产性粉尘 industrial dusts 指工业生产中产生的、能较长时间漂浮于生产环境中的固体微粒。可来自固体物料的机械加工、爆破、不完全燃烧及物质加热所产生的蒸气凝结形成的固体微粒（如电焊烟尘）等。可分为无机粉尘及有机粉尘两大类。无机粉尘包括矿石粉尘、金属粉尘、石棉粉尘及水泥粉尘等；有机粉尘包括人工合成粉尘（塑料、橡胶、染料等）、植物性粉尘（木材、谷物等）、动物性粉尘（如毛皮、排泄物）及微生物粉尘（细菌、酶类等）。长期吸入矿物性粉尘可引起肺组织纤维化病变，形成尘肺。经常吸入生产性粉尘可产生对呼吸道及黏膜刺激，引起气管炎及支气管疾病。

生产能力 productive capacity 指一个工厂、一套装置或一个设备在单位时间内所生产的产量，或在单位时间内所处理的原料量。单位为 kg/h、t/d 或 kt/a、10^4t/a 等。某一装置或设备在最佳条件下可以达到的最大生产能力，称为设计生产能力。由于技术水平不同，同类装置或设备的设计能力可能不同，而使用设计能力大的装置或设备能降低投资和成本，提高生产率。

生产强度 production intensity 指设备单位特征几何量的生产能力，也即设备的单位体积或单位面积的生产能力。单位为 $kg/(h \cdot m^3)$、$t/(d \cdot m^3)$ 或 $kg/(h \cdot m^2)$、$t/(h \cdot m^2)$ 等。生产强度指标主要用于比较那些相同反应过程或物理加工过程的设备或装置的优异。在分析比较催化反应器的生产强度时，通常要比较单位时间内、单位体积催化剂（或单位质量催化剂）所获得的产品量，亦即催化剂的生产强度。

生物处理 biological treatment 又称二级处理或二级生物处理。利用微生物去除污水中溶解的有机污染物的方法。按微生物对氧气的要求，分为好气生物处理及厌气生物处理两类。好气生物处理是在有充分溶解氧条件下，利用好气性微生物的代谢作用，使水中有机物分解成 CO_2、NH_3 及 H_2O 等。如曝气法、活性污泥法、滴滤池法等属于这类方法。厌气生物处理是在污水缺氧情况下，利用厌氧性微生物，将水中有机物分解成 CO_2、CH_4、H_2S、NH_3 及 H_2O 等。一般采用消化法。

生物表面活性剂 biosurfactant 指由细菌、酵母和真菌等多种微生物产生的具有表面活性剂特征的化合物。微生物在代谢过程中会分泌出一些具有表面活性的代谢产物，其中存在着非极性的疏水基团和极性的亲水基团。按亲水基的不同，生物表面活性剂可分为糖脂系、酰基缩氨酸系、磷脂系、脂肪酸系及高分子表面活性剂等类别。生物表面活性剂一般无毒、易降解、不污染环境，并具有良好的乳化、抗菌性。目前已用于原油降黏、石油脱沥青、金属提浓及废水处理等方面。

生物转盘 biological rotating disc 又称浸没式生物滤池或转盘式生物滤池。是利用微生物的新陈代谢过程实现对废水中有机物氧化分解的生物处理法。其原理与生物滤池类似，只是生物膜生长在转盘的盘面上。转盘部分暴露在空气中，部分浸没在水中，转盘缓慢转动，使污水、空气分别与生物膜相接触，从而将污水中的有机物氧化分解，实现污水的净化。生物转盘具有设备结构简单、净化率高、维护简单、不产生噪声等特点，适用于处理城市污水及各种工业废水。

生物质能 biomass energy 指蕴藏在生物质（一切直接或间接利用绿色植物光合作用形成的有机物质）中的能量。是绿色植物通过光合作用将太阳能转化为化学能而储存在生物质内部的能量。天然气、石油及煤炭等化石能源也是由生物质能转变而成的。现代生物质能主要包括农业废弃物、木材及森林工业废弃物、油料作物、动物粪便、水生植物、城市及工业有机废弃物等。生物质能属可再生能源，具有种类多、分布广、数量庞大、形式多样及能量密度低等特点。利用物理、热化学或生物化学的方法可将生物质能转换成二次能源和高品位能源。用生物质能替代化石燃料不仅可以永续利用，而且环保及生态效果良好。

生物标志化合物 biological marker 指在原油中基本保存了原始生油物质的碳骨架，记载了其特殊的分子结构信息的有机化合物，诸如正构烷烃、类异戊二烯化合物、卟啉等。

生物降解 bio-degradation 指由微生物在其新陈代谢作用下对有机物进行破坏，使其降解为碳化物（如二氧化碳或甲烷）及其他小分子化合物的过程。根据降解能力大小，可将有机物分为易生物降解、难生物降解及不可生物降解等三类。易生物降解的有机物如蛋白质、淀粉、糖类等；难生物降解的有机物如纤维素、烃类、农药等；不可生物降解的有机物主要是一些塑料等高分子合成材料。

生物柴油 biological diesel oil 柴油分子是由 15 个左右的碳链组成的,而植物油分子则一般由 14～18 个碳链组成,与柴油分子的碳数相接近。基于这一原理,生物柴油就是一种用油菜籽等可再生植物油加工制得的新型燃料。其化学成分主要为高脂肪酸单酯,是以不饱和油酸 C_{18} 为主要成分的甘油酯分解而获得。生物柴油既可单独使用,又能以一定比例与柴油混合使用。汽车使用生物柴油的主要优点是,对环境污染物质排放量少,生物降解率高,使用安全,对柴油机不需作任何改动,而且资源丰富,可利用各种动植物油作原料等。目前,生物柴油的主要问题是生产成本高,而且由于油脂的分子较大、黏度较高、导致喷射效果较差,还由于其低挥发性,在发动机内不易雾化、燃烧不够完全等。就我国而言,柴汽比矛盾较为突出,而开发生物柴油有一定的原料基础,因此,生产和推广应用生物柴油有广阔的商业化前景。

生物流化床 biological fluidized bed 一种用于污水净化的高效生物处理工艺。它是以密度大于 1 的微粒状填料(如砂、玻璃珠、活性炭、多孔珠等)为微生物载体,借助流体(气体或液体)使表面生长着微生物的固体颗粒呈流化状态,通过不断生长的生物膜的吸附、氧化和分解作用,达到去除废水中污染物的目的。根据床内气、液、固三相的混合程度不同,以及供氧方式及床体结构等的差别,生物流化床又可分为两相生物流化床及三相生物流化床。生物流化床具有容积负荷高、微生物活性强及传质效果好等特点。缺点是设备磨损比固定床严重,载体颗粒在湍动过程会被磨损变小。

生物接触氧化法 biological contact oxidation process 又称淹没式生物滤池。是一种介于活性污泥法与生物滤池之间的生物膜法。主要设备是接触氧化池。池内设有填料,淹没在废水中,填料上长满生物膜,充氧的废水以一定流速流经池内的填料,通过与生物膜的不断接触完成营养物质的溶解和传质过程。在生物膜新陈代谢功能的作用下,废水中的有机污染物得到去除。此法的特点是操作简单,运行及维护方便,易去除难分解及分解速度慢的物质,其缺点是滤料间水流缓慢、接触时间长、曝气不均匀,剩余污泥往往会恶化处理水质。

生物脱硫 biological desulfuring 又称微生物脱硫。先使微生物与石油中的硫化物作用,再将生成物从油中除去,以降低硫分的过程。按所用细菌不同,分为还原法、氧化法及氧化还原法。主要用于对硫化氢及硫醇的脱除。还原法用生氢化酶的去硫弧菌;氧化法用氧化硫杆菌及排硫杆菌;氧化还原法用极毛杆菌、产碱杆菌、孢芽杆菌等。

生物脱蜡 biological dewaxing 又称微生物脱蜡、细菌脱蜡。先利用解脂假丝酵母菌与含蜡油一起发酵,使油中蜡被细菌吃掉形成菌体蛋白而浮于表面，再用离心机将脱蜡油分离出来。此法成本低，但发酵周期长，效率不高，仅适用于轻质润滑油脱蜡，而且生产规模受限制。

生物滤池 biological filter 是以土壤自净原理为依据，由过滤田和灌溉田逐步发展起来的人工生物处理法。在生物滤池中，废水通过布水器均匀地分布在滤池表面，滤池中装满了填料，废水沿着填料的空隙从上向下流动到池底。废水通过滤池时，填料截留了废水中的悬浮物，同时把废水中的胶体和溶解性物质吸附在自己的表面。其中的有机物使微生物得到繁殖，而微生物又进一步吸附废水中呈悬浮、胶体或溶解态的物质，逐渐形成了生物膜。生物膜成熟时，膜上的微生物摄取废水中的有机污染物作为营养，对废水中的有机物产生吸附氧化作用，从而使废水得到净化。它可分为普通生物滤池、高负荷生物滤池及塔式生物滤池等类型。

生物膜法 biological membrane process 采用生物手段治理污水的技术之一。其实质是使细菌一类的微生物和原生动物、后生动物一类的微型动物附着在滤料或某些载体上生长繁育，并在其上形成膜状生物污泥，这种污泥即称之为生物膜。经过充氧的污水以一定的流速流过滤料时，生物膜中的微生物吸收分解水中的有机物，使污水得到净化，同时微生物也得到增殖。常用的实现生物膜法的设施有生物滤池、生物转盘、生物接触氧化池及生物流化床等。

生命周期评价 life cycle assessment 简称 LCA。又称产品生命周期评价。是 20 世纪 60 年代开始发展的重要环境管理工具。联合国环境规划署对 LCA 的定义是：LCA 是一个产品系统生命周期整个阶段（从原材料的提取和加工，到产品生产、包装、市场营销、使用、再使用和产品维护，直至再循环和最终废物处置）的环境影响工具。生命周期评价主要应用于：①鉴别产品在生命周期的不同阶段改善其环境问题的机会；②为产业界、政府机构及非政府组织的决策提供支持；③选取环境影响评价指标，包括测量技术、产品环境标志的评估等；④市场营销战略，例如环境声明、环境标志或产品环保宣传等。

生炭因数 carbon production factor 表示裂化催化剂选择性的一种方法。指预测定催化剂在某一转化率下的焦炭产率与催化剂在相同转化率下的焦炭产率之比。生碳因数值越大，表示催化剂的选择性越差。

生胶安定性 gum stability 评定发动机燃料储存过程中生成胶质的倾向的指标。可通过胶质测定加以评定。通常以 100mL 发动机燃料中含有实际胶质的毫克数表示。

生焦 raw coke 又称生石油焦、原焦。指由延迟焦化装置的焦炭塔得到的多孔固状物。它含有较多的挥发分，强度较差。约含 85% 固定碳、约 10% 挥发分及 5％水分。将生焦经高温煅烧（1300℃）处理除去水分和挥发分后即为煅烧焦（又称熟焦）。煅烧焦再在 2300～2500℃下进行石墨化，使微小的石墨结晶长大，最后可以加工成电极或碳素制品。生焦也可用作高炉或铸造用焦，以及用作生产碳化钙、碳化硅等碳化物的原料。

失活 deactivation　由于各种因素导致催化剂活性下降甚至丧失的现象。引起失活的原因很多。如温度失控导致高温烧结或结构破坏、催化剂活性表面被积炭或反应物中带入的毒物所覆盖等。参见"催化剂失活"。

仪表油 instrument oil　用于润滑仪器仪表的轴承、齿轮等摩擦部位及工业自控装置用油部位的润滑油。按所用基础油不同，可分为矿物油型仪表油及合成油型仪表油。后者又有多种牌号。根据仪器仪表的润滑条件，仪表油应具有优良的黏温特性。黏度较小、不易蒸发及流失、凝点低、油品洁净、不含机械杂质、并具有良好的氧化安定性。

仪表润滑脂 instrument grease　一种专用烃基脂。由提纯地蜡与低黏度、低凝点润滑油调制而成。有1号通用仪表润滑脂、3号仪表润滑脂、特8号精密仪表脂等多种牌号。具有耐水、耐寒及良好的化学安定性，但不宜在高温下使用，工作温度 −60～+60℃。适用于飞机、光学、军械、无线电仪表及精密仪表的轴承和摩擦部位的润滑和防护。

仪器分析 instrumental analysis　是以物质的物理性质或物理化学性质（如颜色、光谱、电导率，溶解度、折射率、放射性等）为基础的分析方法。通常需使用复杂或特殊的仪器设备，故称为仪器分析。常用仪器分析法有：电化学分析法（如电导法、电位法、库仑分析法等）、光学分析法（如比色分析法、光谱分析法等）及色谱分析法（如气相色谱法、液相色谱法等）等。仪器分析法具有灵敏度高、分析速度快、重现性好、试样用量少等特点，适用于微量组分分析。但仪器设备一般较精密复杂，价格较高。

白土 clay　一种结晶或无定形物质，具有很大的比表面积及丰富的细孔结构。有天然白土与活性白土之分。天然白土是一种风化的天然土，有膨润土、高岭土。主要成分是硅酸铝。其化学组成为：SiO_2 54％～68％，Al_2O_3 19％～25％，H_2O 24％～30％，MgO 1％～2％，Fe_2O_3 及 CaO 各 1％～1.5％。活性白土是将白土用稀硫酸活化、干燥、粉碎而制得。比表面积可达 450m^2/g。其活性比天然白土大 4～10 倍。

白土活性度 activity of clay　活性度是判断活性白土对极性化合物吸附能力的一项重要指标，活性度越大，吸附能力越强。但有时活性度很高，精制效果并不强。活性度用在 20～25℃下，100g 白土吸收 0.1N NaOH 溶液的毫升数表示。活性度与白土的化学组成、颗粒大小、酸化处理程度、表面和孔隙是否清洁等因素有关。

白土精制过程 clay treating process

又称白土精制。是用活性白土在一定温度下处理油料,降低油品的残炭值及酸值(或酸度),改善油品颜色及安定性的过程。分为渗滤法及接触法。渗滤法主要用于汽油、煤油、柴油等轻质油品的精制。它是靠油料缓慢渗滤通过装在立式罐内的活性白土而得以精制。此法效率低而且油料损失大,现已很少采用。接触法又称白土接触精制过程。它是将白土和油混成浆状,通过炉管加热后送入蒸发塔,在塔内保持一定的接触吸附时间,并蒸出可能产生的气体和轻油,然后经过滤滤出精制油品。由于接触法主要用于各种润滑油的最后精制,故工业上又将其称为白土补充精制。

白石蜡 white paraffin 见"半精炼石蜡"。

白色污染 white pollution 是指人们抛弃在自然界中的白色废旧塑料制品,包括塑料袋、一次性塑料餐具及使用后的塑料地膜等。这些塑料制品埋在地下数十年也不会降解,不仅造成资源浪费,而且污染环境。因其多为白色或透明而被称为白色污染。

白矿脂 petroleum album 又称白凡士林。指脱沥青减压渣油经溶剂脱蜡所得含油地蜡,再经深度硫酸精制及白土处理所得含有少量油分的白色凡士林。用于化妆品及医药。

白油 white oil 无色、无臭、无荧光的透明油状液体。是由原油蒸馏所得轻质或中等黏度润滑油馏分,经溶剂脱蜡、化学精制或白土精制而制得。分工业白油及化妆用白油两类,每类白油又根据40℃运动黏度分为多种牌号。工业白油适用于化纤及铝材加工、橡胶及热熔胶增塑等用油,也可用作纺织机械、精密机械的润滑及压缩机密封用油。化妆用白油适用作化妆品原料,用于制作发乳、发油、唇膏、护肤脂等化妆品,还可用于食品及医药工业,制造软膏剂、擦剂、灌肠剂等。

外回流 external reflux 指由外部送入精馏塔的回流,包括塔顶回流及侧线回流。

外回流比 external reflux ratio 指精馏塔的塔顶冷回流量与塔顶馏出液量的比值。有时也将回流比称作外回流比。

外标物 external standard matter 见"外标法"。

外标法 external standard method 色谱分析中的一种定量方法。是在相同的操作条件下,分别将等量的试样和含待测组分的标准试样(外标物)进行色谱分析,比较试样与标准试样中待测组分的含量的方法。并按下式求出试样中组分 i 的含量 X_i:

$$X_i = E_i \cdot \frac{A_i}{A_E}$$

式中,E_i 为标准试样中组分 i 的含量;A_i 为试样中组分 i 的峰面积;A_E 为标准试样中组分 i 的峰面积。在外标法中,外标物应与被测组分为同一种物质但要求有一定的纯度,而且外标物浓度应与被测物浓度相接近。

外浮头式换热器 external floating head exchange 见"浮头式换热器"。

外浮顶罐 external floating roof tank 见"浮顶罐"。

外混式气体燃烧器 external mixing gas burner 见"气体燃烧器"。

外循环微分反应器 external recycle differential reactor 见"微分反应器"。

外源性化学物 xenobiotic 又称外源性化合物质。是指除了营养元素及维持正常生理功能及生命所需的必需物质以外的,存在于环境中,可与机体接触进入体内,引起机体发生生物学变化的物质。它又可分为天然的及合成的两种。天然化合物是自然界存在的,如有毒气体、有毒动植物及其产生的毒素、各种矿物等;人工合成的包括各种工业毒物、农药、毒品、食品添加剂、军用毒剂及环境污染物等。目前已用"外源性化学物"一词代替毒物,选用此词意味有双重含义:在不考虑接触条件时,没有一种外源性化合物是"安全"的;限制其接触剂量与接触条件时,没有一种外源性化学物在使用时是"不安全"的。

外增塑剂 external plasticizer 见"内增塑剂"。

包含物 clathrate compound 一种分子被包在大分子的空腔形成的化合物,或是一种分子通过范德华力或氢键形成晶态骨架,其中有较大的多面体孔穴包含另一种分子形成稳定的化合物。如天然气水合物又称笼形包含物。它是在一定条件(即适宜的温度、压力、pH值等)下由水和天然气组成的类似冰状的笼形结晶化合物,CH_4 分子包含在水分子骨架的多面体孔穴中。稀有气体水合物、尿素-烷烃加合物、分子筛等也是常见的包含物。

甩油浆 throw slurry oil 见"油浆"。

【丶】

主-客体化学 host-guest chemistry 又称超分子化学。研究超分子体系的结构、性质、形成机理的科学。超分子通常由两部分组成,一部分称为主体或受体,另一部分称为客体或底物。由分子结合成的有序高级结构,其内含已超出传统化学的原子、分子层次,故称为超分子。超分子具有识别记忆、传输及变换等基本功能。冠醚、环糊精、胶束、团簇、杯芳烃、分子筛、黏土矿物等构成了特殊的环境,可以这些材料的内腔或表面为主体,设计出具有在能量上和空间相互匹配的受体或底物,使它们相互结合成超分子。超分子具有特定的催化作用及反应性能,使反应具有很高的效率及选择性。

主-客体组装技术 host-guest assembly technique 一种在主-客体化学理论指引下发展起来的制备催化新材料的方法。是使客体物质包络在主体物质内所构成的材料体系。适合用作主体的物质可分为大环分子及多孔固体物质两大类,如环糊精、冠醚、杯芳烃、沸石分子筛、凝胶及高聚物等。凡形状和大小与主体结构相匹配或互补的化学物质都可作为客体,如金属簇化合物、金属或非金属离子、酸或碱的分子、金属有机配合物及半导体化合物等。目前由主-客体组装技术制成的催化体系主要涉及均相反应。

主链 main chain 见"高分子链"。

主增塑剂 primary plasticizer 按增塑剂与聚合物的相容性大小,可分为主增塑剂及辅助增塑剂。凡能与聚合物在合理的范围完全相容的增塑剂称为主增塑剂。可以单独使用。主增塑剂不仅能进入聚合物分子链的无定形区,也能插入分子链的部分结晶区,因而不会发生渗出或喷霜。辅助增塑剂又称次增塑剂,是与聚合物相容性较差的增塑剂。其分子只能进入聚合物分子的无定形区而不能插入结晶区,单独使用时会发生渗出或喷霜现象。一般只能与主增塑剂混合使用,以代替部分主增塑剂。

立方平均沸点 cubic average boiling point 石油和石油产品平均沸点表示法之一。以各组分体积百分数与各自沸点(K)立方根乘积之和的立方所表示的平均沸点。用于求油品的特性因数和运动黏度。参见"平均沸点"。

立式发汗 vertical sweating 见"发汗法"。

立式炉 straight-up furnace 一种管式加热炉。炉体呈长方形,对流室在炉顶部,烟囱安装在对流室上部。分为立管立式炉及卧管立式炉。立管立式炉的辐射管是直立的,燃烧器是底烧的,和圆筒炉的辐射管相似,炉管上下传热不太均匀,辐射管平均热强度较小。热负荷大的加热炉一般均采用立管立式炉。卧管立式炉的辐射管是水平的,一般辐射室的高度比立管立式炉低,燃烧有底烧,也有侧烧。由于辐射室较低、辐射传热均匀,故炉管平均热强度大、火墙温度较高。卧管立式炉常用于焦化装置上。

立式离心泵 vertical centrifugal pump 见"离心泵"。

立体异构体 stereoisomer 指分子的分子式和构造式都相同,只是原子在空间的排列不同而产生的异构体。立体异构体包括构型异构体及构象异构体。分子式相同、构型不同的分子称作构型异构体,它又包括旋光异构体及几何异构体;在分子的无穷个构象中,能量最低和较低的构象称作构象异构体,如正丁烷分子的对位交叉式构象和邻位交叉式构象是构象异构体。

立构规整度 degree of tactivity 又称等规度、间规度。指立构规整聚合物占聚合物总量的百分数。可由红外、核磁共振等波谱直接测定,也可由结晶度、密度、溶解度等物理性质来间接表征。对全同立构丙烯的立构规整度(也称全同指数),常用沸腾的正庚烷萃取法测得。即将不溶于沸腾正庚烷的部分所占质量分数代表等规立构聚丙烯含量:

聚丙烯全同指数＝

$$\frac{沸腾正庚烷萃取剩余物质量}{未萃取时的聚合物总质量}\times100\%$$

立管立式炉 stand pipe straight-up furnace 见"立式炉"。

闪点 flashing point 又称闪燃点。可燃性液体性质的指标之一。可燃性液体能挥发变成蒸气而进入空气中,温度升高,挥发加快。当挥发的蒸气和空气的混合物与火源接触能够闪出火花时,就将这种短暂的燃烧过程称作闪燃,将发生闪燃的最低温度称作闪点。液体的闪点即为可能引起火灾的最低温度,闪点越低,引起火灾的危险性就越大。闪点用标准仪器测定,可分为开杯式及闭杯式两种。一般前者用于测定闪点高的液体,后者用于测定低闪点的液体。闪点、燃点、自燃点都是衡量易燃物品或油品在储存、运输、保管及使用过程中安全程度的指标。

闪点测定法 flash point test 测定油品闪点的方法,有闭(口)杯法及开(口)杯法两种。为适应外贸需要,又制定了测定试样油品闪点和燃点的克利夫兰开(口)杯法。闭杯或开杯闪点测定时,先将试样油装入油杯,在规定条件下加热蒸发,测定油气和空气混合物接触明火时闪火的最低温度,即为试样油的闪点。闭杯法和开杯法的区别是仪器不同、加热及引火条件不同。闭杯法中的试样油在密闭油杯中加热,只在点火的瞬时才打开杯盖;开杯法的试油是在敞口杯中加热,蒸发的油气可以自由向空气中扩散,不易聚积达到爆炸下限的浓度。因此,测得的闪点较闭杯法高,一般相差 10～30℃。油品越重,闪点越高,差别也越大。开杯法多用于润滑油及重质石油产品的测定,闭杯法则多用于轻质油品的测定。当轻质油品选用闭杯法测定时,由于它与油品的实际储存和使用条件相似,故可以作为安全防火控制指标的依据。

闪蒸 flash vaporation 又称闪急蒸发。指将液体混合物在一定压力下加热,其中汽化的组分与未汽化的液相组分,始终成平衡状态混合存在,突然降低系统压力,汽液两相迅速分离,得到相应的汽相和液相产物的过程称为闪蒸。当汽液两相有足够的接触时间,达到了汽液平衡状态,则这种汽化方式称为平衡闪蒸或平衡蒸发。此时汽相产物的收率百分数称为汽化率。

闪蒸再沸式热泵精馏 flash evaporation reboil heat pump distillation 其流程与气体直接压缩式热泵精馏技术相似,但流程中无再沸器。是以釜液为工质,釜液由塔底引出后经膨胀阀减压降温,再进入塔顶冷凝器中吸热蒸发,形成低压气态工质进入压缩机压缩升温后返回塔釜。其适用对象与气体直接压缩式热泵精馏基本相同,但在塔压高时有利,而气体直接压缩式在塔压低时更有利。

闪蒸段 flash section 见"进料段"。

闪蒸塔 flash tower 又称蒸发塔,对原油、重油、馏分油等油品进行闪蒸分离的塔器。通常为无塔板的空塔，故又常称闪蒸罐。因在塔内系平衡汽化闪蒸，也称平衡闪蒸塔。

闪燃 flash combustion 见"闪点"。

兰氏残炭(值) Ramsbottom carbon residue 指油品按兰氏残炭测定法所测得的残炭值。测定时先将试样油用注射器注入到玻璃焦化瓶中，称准至0.1mg，然后放入恒温 550℃±5℃ 的金属炉内。试样油迅速受热、蒸发、分解、缩合、焦化，在加热的后阶段，焦或残炭进一步缓慢分解或由于空气可能吸入瓶内而轻微的氧化。试样油从放入金属炉内到试验结束时间为 20min±2min。最后取出焦化瓶，在干燥器内冷却后称重，计算出残留物占试样的质量百分数，即为兰氏残炭(值)。以此作为油品在使用中相对生焦倾向的指标。

半干性油 semi-drying oil 不饱和度和干性低于干性油的一种油。如豆油、棉籽油、向日葵油等。碘值在100～300之间。

半水煤气 semi-water gas 以适量空气(或富氧空气)及水蒸气同时作为气化剂吹入煤气发生炉中，与赤热的固体燃料(煤或焦炭)作用而产生的煤气。当所得气体组成中($CO+H_2$)与 N_2 的比例为 3.1～3.2 时，能满足生产合成氨对氢氮比的要求。也可用作燃料，但热值较普通水煤气要低。

半成品油 semi-finished oil 见"成品油"。

半再生式催化重整过程 semi-regenerative catalytic reforming process 见"固定床催化重整过程"。

半峰宽 peak width at half-height 见"色谱峰"。

半预混式气体燃烧器 semi-premix gas burner 见"气体燃烧器"。

半透膜 semi-permeable membrane 对不同质点的通过具有选择性的薄膜。一般是只允许某些溶剂(如水)及小分子溶质通过，而不允许透过大分子物质。如动物的膀胱膜允许水通过而不允许乙醇通过。半透膜有天然的(如脂肪膜、细胞壁)，也有人工制造的各种高分子材料(如胶棉膜)。依其性质及孔的大小，半透膜可分为大孔膜、小孔膜、凝胶膜及溶剂型膜等。可用于高分子溶液中低分子杂质的分离及精制，也用于废水处理。电渗析、反渗透及超滤等膜过程所用的都是半透膜。

半流体锂基润滑脂 semi-fluid lithium base grease 是由 12-羟基硬脂酸锂皂稠化优质矿物油，并加有抗氧、防锈添加剂制成的非极压型半流体润滑脂。具有良好的抗水性、机械安定性。使用温度范围－30～120℃。适用于农业机械、冶金机械、建筑机械等大型设备的集中润滑系统，以及齿轮、蜗轮等传动装置的润滑。

半精炼石蜡 semi-refined wax 又称白石蜡。是以原油经过常减压蒸馏所得润滑油馏分原料，经溶剂脱蜡或压榨脱蜡、发汗脱油，再经白土精制或加氢精制而得。质量优于黄石蜡，次于精白蜡。外观为白色固体，闪点、燃点较高，电阻大，有良好的绝缘性，并有一定的光安定性及化学稳定性。按熔点不同分为 50 号、52 号、54 号、56 号、58 号、60 号、62 号七个牌号。是石蜡产品中产量最大、应用最广的品种。适用于制造蜡烛、蜡笔、蜡纸及用作一般电讯器材、轻工、化工原料。

头部馏分 front end 又名前头馏分。常指原油蒸馏时所得前 10% 馏分。有时也指石油产品的轻质部分。重整汽油的头部馏分辛烷值低，后部馏分的辛烷值高。在汽油中掺入丁烷、异戊烷、异己烷等有助于改善汽油头部辛烷值，从而可改善汽油全馏分的燃烧和爆震性能。

汉倍尔蒸馏 Hempel distillation 又译为汉柏蒸馏或享普尔蒸馏。又称半分馏蒸馏。美国矿务局采用的一种半精馏装置。是在蒸馏瓶上装有一玻璃球填充柱进行初级分馏的一种蒸馏。其设备简单、操作方便、蒸馏速度快、用油量少，广泛应用于对原油作简易评价。由汉倍尔蒸馏可推算汽油、煤油、柴油、润滑油的近似收率，并可确定原油的基属。

永久中毒 permanent poisoning 见"不可逆中毒"。

永久性毒物 permanent poisons 指能使催化剂中毒丧失活性，且活性不能恢复的毒物。如氯是一氧化碳低温变换催化剂 Cu-Zn-Al 系的永久性毒物，砷、铅等是铂重整催化剂的永久性毒物等。

永久硬水 permanent hard water 见"硬水"。

【フ】

尼龙 Nylon 见"聚酰胺树脂"。

尼龙 6 Nylon 6 见"聚己内酰胺"。

尼龙 66 Nylon 66 见"聚己二酰己二胺"。

弗里德尔-克拉夫茨反应 Friedel-Crafts reaction 又称弗-克反应。在质子酸或路易斯酸（如 $FeCl_3$、$AlCl_3$、BF_3）催化剂作用下，芳烃苯环上的氢原子被烷基取代的反应，称为弗-克烷基化反应，被酰基取代的反应称为弗-克酰基化反应，上述两种反应统称为弗里德尔-克拉夫茨反应。是芳环上引入支链的重要手段，在工业上有广泛应用。

弗里德尔-克拉夫茨催化剂 Friedel-Crafts Catalyst 一种用于烃类烷基化、酰基化及异构化等过程的催化剂。由金属卤化物和相应的卤化氢组成。常用的是氯化铝（$AlCl_3$-HCl），还有氟化硼（BF_3-HF）、四氯化钛（$TiCl_4$-HCl）、三氯化铁（$FeCl_3$-HCl）及溴化铝（$AlBr_3$-HBr）等。这些催化剂的优点是催化活性高，缺点是选择性较差，结构欠稳定而且有较强腐蚀性。

加压过滤 pressure filtration 见"过滤"。

加成反应 addition reaction 一种化合物因含有不饱和键（如碳-碳双键、

碳-碳叁键、碳-氧双键、碳-氮双键等)而与另一化合物或单质作用生成一种新化合物的反应。如卤素对双键的加成,最简单的是乙烯对卤素分子的加成。按照反应历程可分为游离基型加成、离子型加成及环加成三类。其中离子型加成又可分为亲电加成及亲核加成;按反应物的不同,可分为碳-碳双键、碳-氧双键、碳-氮双键等的加成反应。加成反应是烯烃的特点,有与其他物质的加成反应,也有烯烃自身的加成反应(如乙烯聚合)。

加成共聚 addition copolymerization 指由两种或多种不饱和单体以加成反应方式进行共聚的反应。按进行加成聚合所采用的引发体系不同,可分为阳离子型、阴离子型、自由基型及配位络合型等多种类型。工业上常用的共聚物,如乙丙橡胶、氯丁橡胶、丁苯橡胶、聚乙烯-乙酸乙烯酯共聚树脂等都是利用加成共聚反应制得的。

加成卤化 addition halogenation 是利用卤素、卤化氢和其他卤化物与具有双键、叁键或某些芳环的有机物进行作用以制取卤化物的反应。其中以加成氯化在工业上应用最广。氯可加成到脂肪烃或芳香烃的不饱和双键或叁键上制取氯代烃。按卤化剂的不同,加成卤化包括卤素对不饱和键的加成(如乙烯与氯气加成生产二氯乙烷),卤化氢对不饱和键的加成(如氯化氢与乙炔加成生产氯乙烯),以及其他卤化剂对不饱和键的加成(如次氯酸与丙烯加成生产环氧丙烷)。

加成氯化 addition chlorination 见"加成卤化"。

加成聚合反应 addition polymerization 烯类、炔类、醛类等具有不饱和键的单体经加成反应相互连接形成高分子链的聚合反应。其产物称为加聚物。如氯乙烯加聚生成聚氯乙烯。由于加聚反应过程不伴随产生低分子(如水、氨、醇等),故加聚物的元素组成和单体相同,仅仅是电子结构有所变化。因此加聚物的分子量是单体分子量的整数倍。能进行加成聚合的烯类单体有乙烯、丙烯、氯乙烯、苯乙烯、丙烯腈、异戊二烯、1,3-丁二烯等。

加和性 additivity 又称相加性、加和效应。指两种或两种以上添加剂或药剂共用时,它们相互间不发生对抗性,共同所起的功效基本上为不同添加剂或药剂在不同数量上的简单加和。

加氢处理 hydrotreating 烃类在氢气和催化剂存在下,原料油的分子量不降低、而分子重排程度很小的加氢过程。如石脑油加氢处理,主要是降低硫、氮、氧等杂质和饱和烯烃,改进安定性,满足催化重整原料的要求和生产溶剂油。煤油加氢处理主要是降低硫含量、脱除臭味,饱和部分芳烃以改善其燃烧性能。加氢处理与加氢精制之间一般没有明确的分界线。加氢精制是石油产品在氢气存在下进行催化改质的,有时也称为加氢处理。

加氢补充精制 hydrofinishing 润滑油补充精制的方法之一,是在催化剂存在下进行缓和的加氢过程。反应压力 2～6MPa,反应温度 200～600℃,催化剂主要活性组分为 Mo、Ni 等。采用固定床反应器,精制后可部分脱除硫、氮、氧等的有机物,去掉微量杂质,改善油品的颜色,提高透光度、抗氧化安定性及光安定性。该过程基本上不改变烃类的结构及组成。

加氢技术 hydrogenation technique 指原料在氢压和催化剂存在下,通过加氢反应和(或)加氢裂化反应达到产品要求的一类工艺技术的总称。其特点是必须有催化剂,而且以加氢反应为主。因此,以氢作为稀释剂用于生产乙烯、丙烯的加氢裂解,以及以脱氢反应为主的催化重整都不属于加氢技术。加氢技术的主要任务是改变原料化学组成,脱除杂质,改善产品质量,使馏分油、渣油、页岩油及煤等轻质化。

加氢降凝 hydrodefreezing 见"催化脱蜡"。

加氢保护剂 hydrogenation protectant 又称加氢保护催化剂。指在加氢装置的反应器催化剂床层顶部,装填不同粒度、形状、空隙率和反应活性低的催化剂。在主催化剂前装填保护剂,可以改善加氢进料质量、脱除原料中的结垢物,抑制杂质对主催化剂孔道的堵塞和对活性中心的覆盖,保护主催化剂的活性和选择性,延长催化剂运行周期。目前,国内大型加氢装置一般都采用具有较大孔隙率和较低活性的大颗粒催化剂作保护剂。

加氢脱金属 hydrodemetallization 渣油加氢精制的反应之一。轻质馏分中的金属含量通常都很少,而重质馏分中含有 Fe、Ni、Cu、V、Pb、Co 等重金属以及 Na、As、Ca、Mg 等。其中危害性较大的是 V 及 Ni,其次是 Fe、Cu、Na 及 Ca 等。它们可导致催化剂发生永久性中毒。这些金属主要以络合物形式存在于胶质及沥青质中。在渣油加氢脱硫反应中,同时也伴随有加氢脱金属反应。在催化剂作用下,各种金属化合物与硫化氢反应生成金属硫化物沉积在催化剂上,从而得到脱除。

加氢脱氧 hydrodeoxidation 石油产品的精制反应之一。油品中的含氧化合物主要是环烷酸和酚类,是形成酸性物质的基础。在加氢催化剂及氢压作用下,可将它们转化为水和相应的烃类。如环烷酸在催化剂作用下,进行脱羧基或羧基转化为甲基的反应。苯酚中的 C—O 键较为稳定,通常需在苛刻的条件才能进行加氢反应。

加氢脱硫 hydrodesulfurization 石油产品加氢精制反应之一。油品中的含硫化合物主要有硫醇、硫醚、二硫化物及噻吩等。这些含硫化合物中的 C—S 键的键能比 C—C 键或 C—N 键要少得多。在催化剂及氢压作用下,C—S 键容易断裂而生成相应的烃类和硫化氢。各种硫化物加氢脱硫反应活性与分子大小和结构有关。分子大小相同时,脱硫活性为:硫醇＞二硫化物＞硫醚＞噻吩类。

加氢脱硫过程 hydrodesulfurization process 在催化剂作用下以脱硫为目的的加氢过程。按所处理的原料类型大致分为:①石脑油加氢脱硫;②中馏分油加氢脱硫,如煤油及柴油加氢脱硫;③减压瓦斯油(也包括催化裂化轻循环油、热裂化蜡油及脱沥青油等)加氢脱硫;④渣油加氢脱硫,如常压渣油及减压渣油等加氢脱硫。

加氢脱硫催化剂 hydrodesulfurization catalyst 加氢脱硫反应过程所用的催化剂。通常由金属活性组分及载体两部分组成。常用的金属活性组分是 Co、Ni、Mo、W 等,并以氧化物形式负载在载体上。载体主要是具有高孔隙率和耐高温的氧化铝。使用前催化剂需进行预硫化。柴油加氢脱硫过程以往多使用活性较低的 Co-Mo 催化剂,为了满足更严格的柴油低硫要求,必须除掉其中更复杂的硫化物,这就需要使用高活性的 Ni-Mo 催化剂。

加氢脱氮 hydrodenitrogenation 石油产品的精制反应之一。油品中的含氮化合物主要是杂环化合物,非杂环化合物含量较少。杂环氮化物又可分为非碱性杂环化合物(如吡咯)及碱性杂环化合物(如吡啶)。含氮化合物对产品质量的稳定性有较大危害,而且在燃烧时会排放 NO_x 而污染环境。在加氢催化剂及氢压作用下,可将含氮化合物转化为氨而将它们除去,从而改善油品的颜色及稳定性。常与加氢脱硫、加氢脱氧等同时进行。

加氢裂化 hydrocracking 是重质油料在氢气和催化剂存在下,进行加氢、裂化、异构化等反应,使大分子烃类裂解成小分子烃类,以生产液态烃、汽油、煤油、柴油等优良轻质油品和其他优质油料的二次加工方法。其特点是:①生产灵活性大,采用不同的催化剂和操作方案,用不同原料可以生产液化气、石脑油、喷气燃料、轻柴油及润滑油基础油等产品;②原料范围广,操作方案多,炼油厂可用加氢裂化组合出不同的加工流程,以最大量生产优质中间馏分油,是调整油品结构的重要手段;③产品质量好,液体产品产率高,可以最大量生产高芳烃潜含量的优质重整原料及高档润滑油基础油,也是惟一能在重质油轻质化同时制取低硫、低芳烃清洁燃料的工艺;④反应操作压力高、耗氢量大,装置建设费及操作费用较大。

加氢裂化反应器 hydrocracking reactor 加氢裂化装置的主要设备。是在高温(370～450℃)、高压(14～16MPa)及催化剂、氢气、硫化氢气体存在下操作的反应设备。根据介质是否直接与金属器壁接触,可分为热壁式及冷壁式两种;根据工艺特点又可分为固定床及沸腾床两种。常用的是下流式热壁固定床反应器或冷壁固定床反应器。器内设有分层设置催化剂的塔盘,并装有供取走反应热用的急冷氢管。反应器顶部设有物料分配器或盘式分配器。经加热的原料油和氢气从顶部进入反应器，通过催化剂床层反应后，生成产物由底部引出。

加氢裂化油 hydrocrackate 重质油料经加氢裂化过程所得液体产品的统称。加氢裂化具有对原料油适应性强、可加工原料的范围宽、液体产品收率高、产品方案灵活等特点。采用不同加工方案，可以生产石脑油、喷气燃料、低凝点柴油、高黏度指数润滑油、催化裂化及催化重整原料油等。

加氢裂化装置 hydrocracker 进行重质油加氢裂化的炼油装置。有多种类型，按反应器中催化剂状态，分为固定床及沸腾床两类。固定床又可分为一段法、二段法及串联法。采用何种装置主要取决于原料油性质、目的产品品种和质量、生产灵活性要求及经济效益。由于催化剂性能的改进和提高，多数炼油厂采用固定床一段加氢裂化，较重的渣油有时采用沸腾床加氢裂化。一段加氢裂化采用一台反应器，原料油的加氢精制及加氢裂化在同一台反应器内进行，所用催化剂为无定形硅铝催化剂。它具有加氢性能较强，裂化性能较弱及具有一定抗氮能力的特点，适合于最大量生产中间馏分油。一段串联加氢裂化采用两台反应器串联操作。原料油在第一反应器经深度加氢脱氮后，其反应流出物直接进入第二台反应器进行加氢裂化。与一段加氢裂化相比，具有产品方案灵活、原料适应性强的特点。

加氢裂化催化剂 hydrocracking catalyst 是由金属加氢组分和酸性载体组成的双功能催化剂，既有促进裂化、异构化功能，又有加氢、脱氢功能。大致可分为三类：①以无定形硅酸铝为载体的非贵金属（Ni、Mo、W、Co）催化剂；②以硅酸铝和贵金属（Pt、Pd）组成的催化剂；③以分子筛和硅酸铝为载体，分别含有上述两类金属的催化剂。在无定形硅酸铝中，加入一定量的分子筛，可以提高催化剂的活性、选择性、抗氮能力等，调节两种载体组成比例和金属组分，可适用于加工不同物料，获得不同目的产品。

加氢裂解法 hydrogenation pyrolytic process 是以氢作稀释剂进行烃类裂解制取烯烃的方法。与蒸汽裂解法相比，用氢气作稀释剂，可加快原料烃裂解速度，有选择性地增加乙烯收率，降低焦的生成量，延长清焦周期。参见"蒸汽裂解法"。

加氢催化剂 hydrogenation catalyst 加氢反应过程所用催化剂的泛称。种类很多，其活性组分的元素分布主要是第Ⅵ和第Ⅷ族的过渡元素。它们对氢有较强的亲合力，常用的有 Fe、Co、Ni、Pt、Pd 及 Rh 等，其次是 Cu、Mo、Zn、Cr、W 等。其氧化物或硫化物也可用作氢催化剂。而按催化剂形态区分，又可分为金属催化剂、骨架催化剂、金属氧化物催化剂、金属硫化物催化剂及金属络合催化剂等。

加氢精制 hydrorefining 指各种油品在氢压下进行催化改质的统称。是在一定温度、压力、氢油比及空速条件下，在加氢精制催化剂作用下，将油品中所含的硫、氮、氧等非烃类化合物转化成为相应的烃类及易于除去的硫化氢、氨和水。加氢精制是现代石油炼制工业的重要加工过程之一，是提高油品质量和生产石油化工原料的重要手段。如气态烃类、汽油、煤油、柴油、蜡油及润滑油等各种油品，均可选择合适的加氢精制或加氢处理工艺，制取相应的石油产品和石油化工原料。具有原料油范围宽、产品灵活性大、液体产品收率高等特点。与其他产生废渣的化学精制方法相比，还有有利于保护环境和改善劳动条件的好处。

加氢精制工艺过程 hydrorefining process 石油馏分加氢精制工艺过程的方法很多，但其基本原理及工艺流程大致相似，只是所用催化剂的性能有所差别。按原料的来源可分为一次加工馏分油的加氢精制，二次加工馏分油的加氢精制；按馏分油的种类可分为汽油（包括重整原料油）的加氢精制，煤油的加氢精制，柴油的加氢精制，润滑油的加氢精制，石蜡的加氢精制等；按加氢精制的精制深度可分为浅度加氢精制，深度加氢精制等。

加氢精制催化剂 hydrorefining catalyst 石油馏分加氢精制技术的关键是催化剂，它决定着加氢产品的质量和收率、合理的工艺流程及工艺条件的制定。加氢精制常采用混合型催化剂，由主金属（活性组分）、助催化剂及载体所组成。主金属除铂、钯等贵金属外，主要是周期表ⅥB族中的铬、钼、钨及Ⅷ族的镍、钴、铁等；助催化剂可以元素状态或化合物状态加入，可以是金属也可以是非金属，如铁、磷、氯等；载体主要为活性氧化铝，在其中加入少量二氧化硅可提高催化剂的脱氮活性和稳定性。

加速老化试验 accelerated aging test 高分子材料或合成材料的一种人工强化试验方法。是在和自然条件相同，但比其更苛刻的条件下，使试样短期内老化，观察其老化变质的程度。常用加热老化方法有：热空气老化试验、耐候老化试验、臭氧老化试验等。

加热炉 furnace 见"管式加热炉"。

加热蒸气 heating steam 见"二次蒸气"。

加臭 odorization 指在配气系统中加入少量具有明显可鉴别臭味的化合物的操作。常用的加臭物质是硫醇类化合物。如商品天然气具有无色无味的特点，为增强其使用安全性，常在商品天然气中添加少量乙硫醇或四氢噻吩等加臭剂，以便及时发现可能发生的泄漏，并检测泄漏点。加臭剂系通过加臭设备加入。加臭设备有滴入式，鼓泡式及蒸发式等多种形式。其基本原理是在压差作用下使部分气体进入设备携带臭味剂注入配气系统或管道中。天然气加臭剂的合理使用量应是空气中天然气浓度为1%时,即可被正常人鉴别出的量。

加臭剂 odorant 见"增味剂"。

加臭强度 odorization strength 加臭的程度。欧洲燃气研究集团工作规程按气味强弱将加臭强度分为以下七个等级。

加臭强度等级表

气味级别	定　义	备　注
0	未察觉出气味	
0.5	气味很弱	可察觉气味界限
1	气味弱	
2	气味中等	警戒气味级
3	气味强烈	
4	气味很强烈	
5	气味极大	气味强烈上升的上限

如天然气加臭剂浓度是按在空气中天然气的爆炸下限(约为4.5%～5%)而定,即按照"在达到天然气在空气中爆炸下限的1/5之前,其气味强度至少为气味2级"这一原则所决定。

加聚物 addition polymer 见"加成聚合反应"。

边界条件 boundary condition 在用微分方程求解某一化工设备的特性及各种状态参数间的关系时,为使数学物理有确定意义的解而给出的未知函数在求解区域边界上的值,称为边界条件。如有关设备的起始边界(如入口处)和终止边界(如出口处)的状态参数(如温度、压力、浓度等)。边界问题的求解完全由边界条件所决定,一般与时间无关。

边界润滑 boundary lubrication 摩擦表面被一层极薄的、呈非流动状态的润滑膜(约0.01μm)隔开时的润滑称为边界润滑。与流体润滑相比,边界润滑中润滑膜层能稳定地保持在摩擦表面,其形成不需要类似流体润滑的各种条件,并具有很高的承载负荷能力。按润滑膜的性质及形成原理不同,分为吸附膜边界润滑和反应膜边界润滑。依靠金属表面的吸附作用所形成的润滑膜层称为边界吸附膜。其厚度约为0.1～1μm,在重负荷、低转速或低滑动速度的摩擦部件上都能稳定地保持,起到可靠的润滑作用。但在更高负荷及温度下吸附膜也会受到破坏。化学反应膜边界润滑膜的形成依赖于油品中的极压添加剂,即含有硫、磷、氯等元素的有机化合物。它们在高温高压工作条件下与金属表面起化学反应,生成相应的金属化合物膜层,并可在数百度高温下稳定保持。反应膜边界润滑具有极高的承载和高温下润滑能力,适用于高温、高负荷的苛刻条件下进行润滑。

发生炉煤气 producer gas 又称混合发生炉煤气。是煤在空气-蒸汽混合煤气发生炉中进行气化所产生的煤气。其成分以N_2及CO为主,分别占45%～55%和20%～30%,居第三四位的是H_2占13%～16%,CO_2占5%～10%。煤气的低位发热值为1300～1500kcal/m³。其热值较低,主要用作工业燃料气。

发动机润滑油 engine oil 见"内燃机润滑油"。

发汗法 sweating process 又称石

蜡发汗过程。是从含油蜡中制取高熔点石蜡的一种方法。在将含油蜡膏冷却到熔点 $10\sim20℃$ 时,其中的石蜡以粗纤维状结晶出来,蜡膏中的油和溶于油中的石蜡则一起从结晶出的石蜡中"发汗"渗出,再缓慢加热蜡膏时,在油流出以后,熔点低的蜡则逐渐地从蜡膏中分离出(即转为蜡下油),从而可将石蜡分割成不同熔点的产品。工业上有立式发汗和分皿式(盘式)发汗。立式发汗主要为一立式发汗罐,间歇操作,结构类似管壳式换热器,壳程内为加热熔化的含油蜡,管程通冷却水。先通冷水使蜡结晶,然后通热水使低熔点蜡熔化后顺着蜡晶体间歇流出,似出汗一样。皿式发汗的主要设备为一长方形发汗皿,操作过程与立式发汗相似。无论是立式发汗还是皿式发汗都不能发汗微晶蜡。

发汗油 sweat oil 又称蜡下油。指在石蜡发汗过程中得到的蜡下油。为油与低熔点石蜡的混合物,常用作裂化原料。参见"发汗法"。

发汗蜡 sweated wax 指用发汗法脱油所得的粗石蜡。参见"发汗法"。

发泡级聚苯乙烯 expandable polystyrent 见"聚苯乙烯"。

发泡助剂 foaming promoter 又称助发泡剂。是一类活化发泡剂的物质。与发泡剂并用,可以降低发泡剂的分解温度、提高发气量、改善发泡剂的分散性、稳定泡沫结构。按作用不同,发泡助剂可分为发泡促进剂、发泡抑制剂、泡沫稳定剂、开孔剂及软化剂等。

发泡抑制剂 foaming inhibitor 又称泡沫控制剂。一类发泡助剂。指能使发泡剂钝化,延长发泡起始时间的一类物质。常用品种有有机酸(如马来酸、富马酸等)、酸酐(如马来酸酐、苯二甲酸酐等)、酰卤(如硬脂酰氯、苯二甲酸氯等)、多元醇(如丙三醇、乙二醇等)、多元酚(如对苯二酚、萘二酚等)、含氮化合物(如脂肪族胺、酰胺等)、含硫化合物(如硫醇、硫脲等)及磷酸盐等。

发泡剂 foaming agent 又称起泡剂、起沫剂。指能促成气泡或泡沫生成的物质。在塑料及橡胶加工中,发泡剂是指使塑料和橡胶形成泡孔结构而添加的助剂。它能在特定条件下产生大量气体,将塑料和橡胶形成多孔结构。发泡剂也用于洗涤剂、灭火剂、浮选剂、食品及污水处理等方面。按形态,发泡剂可分为固体、液体及气体三类;按作用及产气方式可分为物理发泡剂及化学发泡剂。物理发泡剂又称挥发性发泡剂。是通过本身物理状态变化达到发泡目的。它包括压缩性气体(如空气、氮气、CO_2 等)、低沸点挥发性液体(如戊烷、己烷)及可溶性固体(如聚乙烯醇)。化学性发泡剂又称分解性发泡剂。按化学结构又可分为无机发泡剂(如碳酸氢钠、碳酸氢铵等)及有机发泡剂(如亚硝基化合物、偶氮化合物及磺酰肼化合物等)。

发泡促进剂 foaming accelerator 一种发泡助剂。指可以降低发泡剂分解温度的一类物质。如在发泡剂偶氮二甲酰胺中加入少量发泡促进剂后可有效地降低其使用时的分解温度。常用的有有机酸（如水杨酸、硬脂酸、月桂酸等）、尿素及其衍生物和氨基化合物（如尿素、氨水、乙醇胺、二乙基胍等）、锌化合物（如氧化锌、乙酸锌、脂肪酸锌等）、铅化合物（如碳酸铅、亚磷酸铅、邻苯二甲酸铅、氧化铅、三碱式硫酸铅等）、镉化合物（如氧化镉、月桂酸镉、脂肪酸镉等）。

发烟硝酸　fuming nitric acid $HNO_3 + N_2O_4$（或 NO_2）　在含硝酸86%～97.5%的浓硝酸中，溶有适量二氧化氮（6%～15%）的红棕色溶液。在常温时二氧化氮与四氧化二氮处于平衡状态而混合存在。高温时为二氧化氮，温度下降至 $-11.2℃$ 时成无色四氧化二氮固体。随着硝酸中溶解二氧化氮的增加，颜色由微黄到褐棕色。其密度也随之增大。在空气中，发出二氧化氮、四氧化二氮的红棕色烟，具窒息性。能和水混合。有强腐蚀性。常用作强氧化剂及硝化剂，也用于制造硝基化合物及炸药。

发烟硫酸　fuming sulfuric acid $H_2SO_4 \cdot xSO_3$　无色或棕色油状稠厚的发烟液体。一般含 SO_3 5%～20%，最高达80%。其密度、熔点、沸点等都随 SO_3 含量的不同而不同。常见的是20%发烟硫酸（即104.5% H_2SO_4）。相对密度1.9。熔点 $-11℃$，沸点166.6℃。加热或减压时，逸出的 SO_3，遇湿空气便形成烟雾。与水混合时，SO_3 与水结合变为硫酸。具有强腐蚀性，是强氧化剂、磺化剂及硫酸化剂。与硝酸配合使用，

可用作硝化脱水剂。广泛用于制造硝化纤维、染料、炸药及洗涤剂等。也用于油脂精炼及石油精制等工业。由三氧化硫溶解在100%的硫酸中制得。

对二乙基苯　*p*-diethylbenzent　化学式 $C_{10}H_{14}$。

C_2H_5—〈苯环〉—C_2H_5

又名1,4-二乙基苯。无色透明液体。相对密度0.861。熔点 $-42.8℃$，沸点183.7℃，闪点56℃。折射率1.496。蒸气压0.132kPa（20℃）。爆炸极限0.7%～6%。不溶于水，与乙醇、丙酮、氯仿等有机溶剂混溶。易燃，遇明火、高热会引起燃烧爆炸。有麻醉性及刺激作用。用作吸附分离对二甲苯的解吸剂，也用作溶剂。

对二甲苯　*p*-xylene　化学式 C_8H_{10}。

CH_3—〈苯环〉—CH_3

又名1,4-二甲苯。二甲苯的一种异构物。无色透明液体。低温时呈片状或柱状结晶。相对密度0.861。熔点13.2℃，沸点138.5℃，闪点25℃（闭杯）。折射率1.4958（25℃）。自燃点529℃。蒸气相对密度3.66，蒸气压1.16kPa（25℃）。临界温度343℃，临界压力3.51MPa。爆炸极限1.08%～6.6%。不溶于水，与乙醇、乙醚等有机溶剂混溶。易燃。有毒！吸入高浓度蒸气能产生眩晕、头痛、恶心等症状。蒸气与液体对皮肤、黏膜有刺激性。用于制造对苯二甲酸及对苯二甲酸酯，进而生产聚酯纤维及树脂，也用于生产染料、农药、涂料等。可由甲苯歧化及烷

基转移法制得混合二甲苯,经分离而得对二甲苯,或从催化重整轻汽油经分馏而得。

对二氯苯　*p*-dichlorobenzene　化学式 $C_6H_4Cl_2$。又名1,4-二氯苯。白色结晶,有樟脑气味。常温下易升华。相对密度1.248(55℃)。熔点53.1℃,沸点174℃,闪点65.6℃(闭杯)。折射率1.5285(60℃)。蒸气相对密度5.08,蒸气压1.33kPa(54.8℃)。不溶于水,溶于乙醇、乙醚、苯等溶剂。易燃。中等毒性,蒸气对眼睛及黏膜等有刺激性。用于有机合成、制造染料、织物防蛀剂等,也用作熏蒸杀虫剂。可由苯催化氯化制得。

对比压力　reduced pressure　见"对比值"。

对比体积　reduced volume　见"对比值"。

对比状态　reduced state　又称对应状态。物质的实际状态与其临界状态相比称为对比状态。并用对比温度、对比压力、对比体积等参数来表征。对比状态系表示物质的实际状态与临界状态的接近程度。在对比状态下,各种物质有相似的特性,这时的压缩因子不受物质性质的影响。各种不同物质,如具有相同的对比温度及对比压力,则它们的对比体积及压缩因子也接近相同。这就是对比状态定律。利用对比状态的性质,不仅能计算高压下气体的压力、体积和温度之间的关系,还能用来计算一些热力学函数。

对比状态定律　reduced state law　见"对比状态"。

对比值　reduced value　指物质实际状态下的状态参数与该物质在临界状态下同种参数的比值。如对比温度是该物质的实际温度与其临界温度之比;对比压力是该物质的实际压力与其临界压力之比;对比体积是该物质在实际温度、压力下的体积与其临界状态下的体积之比。对比值是以物质临界状态的状态参数为基准,对该物质在其他状态下同种状态参数的量度,反映了这一状态与临界状态的相距程度。

对比温度　reduced temperature　见"对比值"。

对甲酚　*p*-cresol　化学式 C_7H_8O。又名4-甲基苯酚。无色结晶,有苯酚气味。相对密度1.0347。熔点34.7℃,沸点201.9℃,闪点86℃(闭杯),自燃点559℃。折射率1.5359。蒸气相对密度3.72,蒸气压0.13kPa(53℃)。爆炸下限1.06%。稍溶于水,溶于多数常用有机溶剂及碱液。易氧化,与空气接触时颜色变深。易燃。毒性与苯酚相似。能通过皮肤、消化道及呼吸道吸收,对皮肤、黏膜有强刺激及腐蚀作用。用于制造抗氧剂、橡胶防老剂、增塑剂、酚醛树脂、医药、染料等,也用作消毒剂。可以甲苯及硫酸为原料,经磺化、中和、碱熔及酸化而得。

对苯二甲酸　*p*-phthalic acid　化学式

COOH—〔苯环〕—COOH $C_8H_6O_4$。又名 1,4-苯二甲酸。无色或白色针状结晶。相对密度 1.510。闪点 260℃,自燃点 680℃。加热至 300℃可不经熔融而升华。不溶于水,难溶于乙醇、甲醇,溶于二甲基亚砜、碱液。具有二元羧酸的性质,可进行卤化、酯化等反应。遇高热可燃。低毒! 对皮肤及黏膜等有轻度刺激作用。用于制造聚酯切片、长短涤纶纤维、增塑剂、涂料及农药等。由对二甲苯经低温或高温催化氧化制得。

对苯二甲酸二甲酯 dimethyl terephthalate

H_3COOC—〔苯环〕—$COOCH_3$ 化学式 $C_{10}H_{10}O_4$。无色或白色斜方晶系针状结晶。相对密度 1.084(15℃)。熔点 141~142℃,沸点 283℃,闪点 146℃,自燃点 570℃。折射率 1.4752(15℃)。爆炸下限 0.03%。不溶于水,溶于甲醇、乙醚、氯仿等溶剂。可燃。低毒! 用于制造聚酯、绝缘漆及增塑剂等。可在催化剂存在下,由对苯二甲酸与甲醇反应制得。

对苯二酚 p-dihydroxy benzene 化学式 $C_6H_6O_2$。

HO—〔苯环〕—OH 又名氢醌、1,4-苯二酚、1,4-二羟基苯。白色或略带色泽的针状或棱柱状结晶。有甜味。相对密度 1.358。熔点 170~171℃,沸点 285~287℃,闪点 165℃,自燃点 515.5℃。蒸气压 0.13kPa(132.4℃)。易溶于热水、乙醇、乙醚,微溶于苯。水溶液在空气中因氧化而变成褐色。能升华而不分解。可燃,粉体与空气可形成爆炸性混合物。毒性比苯酚大,可经皮肤、呼吸道及胃肠道吸收而中毒。皮肤接触可引起皮炎、白斑。用作丙烯酸酯类、苯乙烯及其他乙烯基单体的阻聚剂、显影剂、橡胶防老剂、油脂抗氧剂,也用于制造药物及染料。由苯胺氧化成对苯醌后再经铁粉还原而得。

对苯醌 p-benzoquinone 见"苯醌"。

对叔丁基邻苯二酚 p-tert-butyl catechol 化学式 $C_{10}H_{14}O_2$。

$(CH_3)_3C$—〔苯环〕—OH(邻位)OH 又名对叔丁基儿苯酚、4-叔丁基-1,2-二羟基苯。无色或浅黄色晶体。相对密度 1.049(60℃)。熔点 53℃,沸点 285℃,闪点 130℃(闭杯)。不溶于水及石油醚,溶于醇、醚、酮类等溶剂。可燃。粉体与空气可形成爆炸性混合物。有毒! 与皮肤直接接触可引起烫伤及起泡。在低温时是有效的阻聚剂,高温下会分解并失去阻聚作用,但在 60℃时的阻聚效力比对苯二酚高 25 倍。用作苯乙烯、氯乙烯、丙烯腈、丙烯酸等单体蒸馏或储运时的高效阻聚剂,也用作抗氧剂、乳液聚合终止剂等。由叔丁醇与邻苯二酚反应制得。

对叔丁基苯酚 p-tert-butylphenol 化学式 $C_{10}H_{14}O$。

OH—〔苯环〕—$C(CH_3)_3$ 又名 4-叔丁基酚。白色结晶,有苯酚样臭味。相对密度 0.908(80℃)。熔点 98~

101℃,沸点 236～239.5℃,闪点 97℃。折射率 1.4787(114℃)。微溶于水,溶于乙醇、乙醚、丙酮等。可燃。粉体与空气可形成爆炸性混合物。有毒! 对皮肤、黏膜及眼睛有刺激性,并对皮肤有致敏性。用于合成酚系树脂、增塑剂、抗氧剂、农药、医药等。也用作油品倾点下降剂、杀虫剂等。可在磷酸催化剂存在下,由苯酚与叔丁醇反应制得,或由苯酚与异丁烯经烷基化反应制得。

对称膜 symmetric membrane　又称均质膜。一种分离膜。膜孔结构不随孔深度而变化的膜。是一种均匀的薄膜,膜两侧截面的结构及形态完全相同。包括致密的无孔膜和对称的多孔膜两种。厚度一般在 $10～20\mu m$ 之间。传质阻力由膜的总厚度所决定,降低膜的厚度可以提高透过速率。

对流干燥 convective drying　干燥方法的一种。热量通过干燥介质(如热气流)以对流方式传给湿物料的干燥方式。干燥过程中,干燥介质与湿物料直接接触,干燥介质供给湿物料汽化所需要的热量,并带走汽化后的湿分蒸汽。干燥介质在干燥过程中既是载热体又是载湿体。最常用的工业干燥介质是不饱和的热空气。对流干燥过程得以进行的必要条件是:物料表面产生的水汽分压必须大于空气中所含的水汽分压。两者差别越大,干燥进行得越快。为此需不断地提供热量使湿物料表面水分汽化,同时将汽化后的水汽移走,以维持一定的传质推动力。是干燥颗

粒、糊状或膏状物料最常用的干燥方式。被干燥的物料不易过热,但干燥介质离开干燥设备时,还有相当一部分热能。其热能利用程度较差。

对流扩散 convection diffusion　见"扩散"。

对流传热 convective heat transfer　又称热对流。是指流体中质点发生宏观位移而引起的热量传递。热对流仅发生在流体中。按引起流体质点宏观位移力的性质不同,又可分为自然对流及强制对流。由于流体内部各部分温度不同而产生密度的差异,造成流体质点相对运动,称为自然对流;由于外力(如搅拌、泵送)而引起的质点运动称为强制对流。在流体发生强制对流时,往往也伴随着自然对流,但强制对流的强度要比自然对流的强度大得多。

对流室 convection chamber　指在加热炉内,主要靠对流作用将燃烧器发出的热量传给对流盘管内物料的那一部分空间。也即靠辐射室排出的高温烟气的对流传热来加热物料。烟气以较高的速度冲刷炉管管壁,进行有效的传热,其热负荷占全炉的 $20\%～30\%$。对流室一般布置在辐射室之上,有的单独放在地面。为提高传热效果,多采用翅片管或钉头管。

对硝基苯胺 p-nitroaniline　化学式 $C_6H_6N_2O_2$。又名 4-硝基苯胺。

$$NH_2 \text{---} \boxed{} \text{---} NO_2$$

浅黄色至亮黄色针状结晶。相对密度 1.424。熔点 146～147℃,沸点 331.7℃,闪

点 199℃。260℃开始分解。微溶于水、苯,溶于乙醇、乙醚、丙酮,易溶于甲醇。可燃。受热易分解。暴露在空气中或光照下会生成爆炸性物质。高毒! 其毒性比苯胺大,是一种强烈的高铁血红蛋白形成剂,吸入蒸气或经皮肤吸收可引起血液中毒。用于制造染料、医药、农药、抗氧剂等,也用作腐蚀抑制剂。可由乙酰苯胺经硝化、水解制得,或由对硝基氯苯与氨反应而得。

对硝基苯酚 *p*-nitrophenol 化学式
$C_6H_5NO_3$。又名 4-硝基苯酚。

HO—⬡—NO_2

无色至浅黄色针状结晶,稍有甜味。相对密度 1.429。熔点 113～114℃,沸点 279℃(分解),闪点 105℃。能升华。微溶于冷水,易溶于热水、乙醇、乙醚。化学性质活泼,可进行卤化、硝化、磺化等反应。接触空气会因氧化而颜色变深。可燃。有毒! 吸入蒸气或经皮肤吸收能引起中毒及发生过敏症。用于制造染料、农药、医药等。也用作酸碱指示剂、皮革防霉剂等。可由苯酚直接硝化制得。

对硝基苯酚钠 *p*-nitrophenol sodium
化 学 式

NaO—⬡—NO_2　$C_6H_4NO_3Na$。又名 4-硝基酚钠。

淡黄色至橙黄色针状结晶。在 36℃ 以下形成含 4 个分子结晶水的淡黄色结晶,36℃ 以上形成含 2 个分子结晶水的结晶,两者均在 110～120℃ 失去结晶水,成为不含结晶水的固体。熔点

>300℃,闪点 90℃。溶于水及多数常用有机溶剂。受热后分解,释出有毒的氧化氮烟气。有毒及腐蚀性,能通过皮肤或消化道吸收引起高铁血红蛋白血症。用于制造医药(扑热息痛)、显影剂、染料、农药及对氨基苯酚等。由对硝基氯苯经液碱水解而得。

对氯硝基苯 *p*-chloronitrobenzene
NO_2—⬡—Cl　化学式 $C_6H_4ClNO_2$。又名对硝基氯苯。浅黄色棱柱状结晶。相对密度 1.520(18℃)。熔点 83.6℃,沸点 242℃,闪点 127℃(闭杯)。折射率 1.5376(100℃)。蒸气相对密度 5.43,蒸气压 0.03kPa(38℃)。300℃ 开始分解,并释出有毒的氧化氮和氯化物气体。不溶于水,溶于热乙醇、乙醚、丙酮等。化学性质活泼,能进行硝化、氯化、磺化等反应。剧毒! 可经呼吸道及皮肤吸收,引起高铁血红蛋白血症。对黏膜有刺激作用。用于制造染料、医药、农药、橡胶防老剂等。由氯苯用硝酸、硫酸混酸硝化后,经分离制得。

丝光沸石 mordenite 化学式 $Na_2O \cdot Al_2O_3 \cdot (10～12)SiO_2 \cdot (6～7)H_2O$。又称钠型丝光沸石。存在于自然界,也可人工合成。白色或灰白色粉末或颗粒,为高硅分子筛。合成丝光沸石可分为具有 4Å(0.4nm) 左右小孔道及具有 6.7Å(0.67nm) 大孔道等两种类型。具有热稳定性高,耐酸性好、催化性能强等特点。而且具有较多的酸性中心及较强的离子交换能力,对氮有强吸附性。可用于吸附分离、加氢裂化、甲苯

歧化及异构化等过程。

丝网波纹填料　screen corrugated packing　一种填料塔规整填料。按所用材料不同有金属丝网波纹填料、塑料丝网波纹填料及碳纤维波纹填料等。制造金属丝网填料的材料有不锈钢、铜、铝、镍等。其中不锈钢丝网波纹填料是由厚度为 $0.1\sim0.25mm$、相互垂直排列的不锈钢丝网波纹片叠合组成的盘状规整填料。相邻两片波纹的方向相反，在波纹网片间形成既相互交叉又相互贯通的三角形截面的通道网。每盘的填料高度为 $40\sim300mm$，直径略小于塔径。整盘交错叠合安装。操作时，液体均匀分布于填料表面并沿丝网表面以曲折路径向下流动，气体在网片间的交叉通道内流动，从而两相间进行充分传质传热。缺点是造价高，清洗较难。可用于大型塔器。

六画
【一】

动力黏度　dynamic viscosity　指液体在一定剪切应力下流动时的内摩擦力的量度。其值为将面积各为 $1cm^2$ 并相距 $1cm$ 的两层液体，以 $1cm/s$ 的速度作相对运动时所产生的内摩擦力。单位为 $Pa\cdot s$。旧用单位为 P（泊）和 cP（厘泊），换算关系为 $1Pa\cdot s=10P=1000cP$。

共价　covalence　一种非离子价。表示相同或不同元素的原子间通过共用电子对形成共价键的结合形式。例如，当由两个氢原子结合成氢分子时，电子不是从一个氢原子转移到另一个氢原子，而是两个氢原子各提供一个电子，形成共用电子对，通过共用电子对与两个核之间吸收作用而形成 H_2 分子。氢分子的形成可用电子式表示为：

$$H\cdot+xH=H\dot{x}H$$

故氢分子的结构式可表示为 H—H，短线表示一对共享电子对。

共价化合物　covalence compound　见"共价"。

共价键　covalent bond　通过共用电子对将原子结合在一起的化学键称作共价键。由共价键所形成的分子或化合物称作共价型分子或共价化合物。如 Cl_2、O_2、N_2、HCl 等。共价键的特征是具有饱和性及方向性。当一个原子中有几个未成对电子，就只能和几个自旋相反的电子配对成键，这就是共价键的饱和性。这也是氢只能形成 H_2，而不能形成"H_3"的原因。而为了形成稳定的共价键，电子云尽可能沿着密度最大的方向进行重叠，这就是共价键的方向性。这些都是与离子键的重要区别。

共价键的类型　type of covalent bond　共价键按电子云重叠方式不同可分为 σ 键及 π 键。σ 键是沿键轴（成键两原子核间的连线）方向以"头碰头"的方式重叠所形成的共价键；π 键是在键轴的两侧，以"肩并肩"的方式重叠所形成的共价键。一般共价化合物中的单键都是 σ 键，如 CH_4 分子中四个碳氢键都是 σ

键。C_2H_2 分子中除单键外还有双键，双键中一个是 σ 键，另一个是 π 键。共价键按成键电子对在两原子核间有无偏移，可分为极性共价键及非极性共价键。共用电子对有偏向的共价键称作极性共价键，简称极性键，如 HCl、H_2O 等分子中的 H—Cl、H—O 键。成键的电子对没有偏向的共价键称作非极性共价键，简称非极性键，如 H_2、N_2 等分子中的共价键。

共轭二烯烃 conjugated alkadiene
见"二烯烃"。

共轭双键 conjugated double bond
有机化合物分子结构中被一个单键隔开的两个双键。最简单的化合物是1,3-丁二烯（CH_2=CH—CH=CH_2）。具有共轭双键的化合物易加成、聚合等反应。如1,3-丁二烯和卤素、氢卤酸都容易发生亲电加成，而且可生成两种加成产物，一种是1,2-加成产物，另一种是1,4-加成产物。

共轭体系 conjugated system 在不饱和化合物中，如有三个或三个以上具有互相平行的 p 轨道形成大 π 键，这种体系称为共轭体系。其结构特征是各个 σ 键都在同一平面内，参加共轭体系的 p 轨道轴互相平行且垂直于这个平面，相邻 p 轨道之间从侧面重叠，发生键的离域。共轭体系大体分为：①π-π 共轭体系。如1,3-丁二烯分子那样双键、单键相间的共轭体系则为 π-π 共轭体系。②p-π 共轭体系。与双键碳原子相连的原子上有 p 轨道，这种 p 轨道与

π 键的 p 轨道形成 p-π 共轭体系，如烯丙基正离子 CH_2=CH$\overset{+}{C}H_2$、氯乙烯 CH_2=CH$\overset{..}{C}l$ 等均可形成 p-π 共轭体系。③超共轭体系。如丙烯分子中的甲基绕碳-碳 σ 键自由旋转，转到甲基上的 C—H σ 键轨道与C=C p 轨道接近平行时，π 键与 C—H σ 键相互重叠就形成 σπ 共轭体系。由于它比上述两种共轭作用弱得多，故称超共轭体系。

共轭环填料 conjugated ring packing
一种新型填料。综合吸取鞍形填料和环形填料优点，相当于将阶梯环沿轴向对半剖开，然后将其中的一半倒转 180° 连接而成，其中每个半圆形构件中间又有一个半环形肋片。肋片的作用是增大传质表面积，并防止散装时填料体之间发生叠合，使液体分布均匀。

共轭单体 conjugative monomer 含有共轭双键的烯烃类单体。也即分子结构中所含两个双键为一个单键所隔离或单键与双键有规则地交替排列的二烯类单体。如 1,3-丁二烯（CH_2=CH—CH=CH_2）等单体。

共轭效应 conjugative effect 共轭体系中由于电子的离域或键的离域而使整个体系能量降低，键长趋于平均化，分子更加稳定的效应。如苯分子中碳原子共平面，相邻的 π 键交叠而成共轭，使其六个碳-碳键的键长均等，使体系趋于稳定。在共轭体系中，由于原子的电负性不同和形成共轭体系的方式不同，会使共轭体系中电子离域有方向

性,从而产生以下两种共轭效应:①吸电子共轭效应。电负性大的原子以双键的形式连到共轭体系上,π电子向电负性大的原子方向离域,产生吸电子共轭效应。②给电子共轭效应。含有孤电子对的原子与双键形成共轭体系,则产生给电子共轭效应。共轭效应与超共轭效应都是分子内原子相互影响的电子效应,利用它们可以解释有机合成中的一些现象。

共轭聚合物 conjugated polymer 又称共轭高分子。在聚合物主链或侧链上具有双键链的聚合物。最简单的共轭聚合物是聚乙炔及聚苯乙炔。这类聚合物具有半导电性,可单独或与某些物质掺杂后作为导电性高分子使用。

共轭酸 conjugated acid 在布朗斯台德酸碱理论中,能释放出质子的分子或离子称为酸,能结合质子的分子或离子称为碱。一种碱与质子结合后所形成的酸即为这种碱的共轭酸。而一种酸释放质子后所形成的碱即为该酸的共轭碱。

共轭酸碱(对) conjugated acid-base (pair) 见"布朗斯台德酸"。

共轭碱 conjugated base 见"共轭酸"。

共沉淀法 coprecipitation method 一种通过液相化学反应合成金属氧化物微晶的方法。它是将沉淀剂加入混合后的金属盐溶液中,促使各组分均匀混合,然后加热分解以获得微细晶粒。沉淀剂的过滤、洗涤及溶液的 pH 值、浓度、水解速度、干燥方式、热处理方法等都会影响产物微粒的大小。共沉淀法是制备含有两种以上金属元素的复合氧化物超微细粉的重要方法。也常用于制备高含量的多组分催化剂或催化剂载体,组分之间的分散性及均匀性好。如制造低压合成甲醇用的 CuO-ZnO-Al$_2$O$_3$ 催化剂,乙烯氧氯化制二氯乙烷的 CuCl$_2$-Al$_2$O$_3$ 催化剂、硅酸铝微球催化剂等。

共沉淀催化剂 coprecipitated catalyst 指采用共沉淀方法制取的催化剂。如乙烯氧氯化制二氯乙烷的共沉淀催化剂。其优点是催化剂活性组分与载体之间结合紧密,分布均匀,有强的化学作用,催化剂中活性组分的量原则上不受限制,反应时也不易流失。其主要缺点是催化剂表面活性组分比例小,活性组分利用率低,制备技术要求较高。

共沸蒸馏 azeotropic distillation 见"恒沸精馏"。

共沸剂 azeotropic former 见"恒沸精馏"。

共沸点 azeotropic point 见"恒沸点"。

共沸混合物 azeotropic mixture 见"恒沸混合物"。

共聚反应 copolymerization 又称共聚合。指由两种或多种单体同时参与的聚合反应。产物称为共聚物。共聚物中各种单体的含量称为共聚组成。不同单体在大分子链上的相互连接情况称为序列结构。通常将参与共聚的单体种类称为"元"。因而将两种、三种或多种单体参与的共聚反应分别称为二元共聚、三元共聚及多元共聚。而按反应历程,又可分为自由基共聚、阳离子共聚、阴离子共聚等。根据大分子中结构单元的排列情况,二元共聚物可分为无规共聚物、交替共聚物、嵌段共聚物、接枝共聚物等类型。通过共聚合,可使有限的单体通过不同的组合得到多种聚合物。

共聚物 copolymer 见"聚合物"。

共聚单体 copolymerizable monomer 又称共单体。两种或两种以上能进行共聚合反应的单体。不是任何两种单体都能进行共聚。不少单体各自不能进行均聚,但可以与其他单体共聚。如顺酐不能均聚,但可与苯乙烯等其他单体共聚。两种单体共聚制得的共聚物的组成及性质与每种单体的浓度及反应条件等因素有关。

共聚组成 copolymer composition 见"共聚反应"。

共缩聚 co-condensation polymerization 见"逐步聚合"。

老化 ageing ①塑料、橡胶、纤维、涂料等高分子材料在加工、使用、贮存过程中,由于受化学因素(如氧、水、化学品)或物理因素(如光、热、辐射、机械力等)的作用,引起外观变色、弹性消失、变脆发硬及其他力学性能变坏的现象。在自然界中的老化,物理因素及化学因素往往同时并存,并伴有降解及交联等反应;②固体催化剂经过一定使用期活性减退的现象有时也称为老化。

老化试验 ageing test 一种使用人工强化方法进行材料或油品抗氧化性能的试验。如高分子材料的加速老化试验是通过强化外界作用因素(如提高温度,增加光强等),从而使高分子材料老化加速;油品老化试验是在规定温度下,向油中通入氧气或空气,以加速其氧化过程。经一定时间后,判断高分子材料或油品的抗氧化性能。

亚甲基 methylene 二价的烃基($CH_2=$)。其中碳原子具有其正常的四价。是由甲烷失去两个氢原子得到的,如甲烷高温氯化所生成的二氯甲烷(CH_2Cl_2)中即含有这一基团。

亚硝化反应 nitrosation reaction 有机化合物分子中引入亚硝基(—NO)而形成 C—NO 键的反应。与硝基化合物比较,亚硝基化合物显示不饱和键的性质,可进行氧化、还原、加成、缩合等反应。常用于制取各类中间体。典型的亚硝化过程有酚类亚硝化制取对亚硝基苯酚、1-亚硝基-2-萘酚;芳仲胺及芳叔胺的亚硝化制取相应的亚硝基化合物。亚硝化反应的亚硝化剂一般为亚硝酸。由于亚硝酸极不稳定,受热或在空气中易分解,通常是用亚硝酸钠(或亚硝酸钾)与盐酸或硫酸作用,生成的亚硝酸立即与作用物发生亚硝化反应。亚硝化反应的副反应主要是亚硝酸在水溶液中分解,生成 NO_2 及 NO 气体,在遇空气中的水分时会生成硝酸,硝酸又可氧化有机物。

亚硝化剂 nitrosation agent 见"亚硝化反应"。

亚磷酸 phosphorous acid 化学式 H_3PO_3。无色或略呈淡黄色晶体，有大蒜气味。相对密度 1.651(21.2℃)。熔点 73.6℃。沸点 200℃，同时分解成磷酸及磷化氢。易溶于水、乙醇。在空气中缓慢氧化成磷酸。酸性比磷酸强，有强还原性。不燃。能与活泼金属反应，生成氢气而引起燃烧或爆炸。有强吸湿性及潮解性。对皮肤有腐蚀作用。用于制造亚磷酸盐、有机磷农药、高效水处理剂、塑料稳定剂等，也用作还原剂、润滑油添加剂。由三氯化磷水解制得。

亚磷酸二丁酯 dibutyl phosphite $(C_4H_9O)_2POH$ 化学式 $C_8H_{19}O_3P$。无色透明液体。相对密度 0.986。沸点 116～117℃(1.067kPa)，闪点 49℃。折射率 1.4240。蒸气相对密度 6.7，蒸气压 0.133kPa。不溶于水。溶于醇、醚、酯等有机溶剂。易燃。低毒。蒸气对眼睛及皮肤有轻度刺激性。用作聚丙烯抗氧剂、汽油添加剂、阻燃剂。因具有较强的极压抗磨性，可配制齿轮油、切削油及用作其他润滑油极压添加剂。可由三氯化磷与正丁醇反应制得。

机械杂质 mechanical impurities 指存在于油品中所有不溶于所用溶剂（如汽油、苯等）的沉淀状或悬浮状物质。其组成有铁锈、泥沙、矿物盐、炭青质等。其含量及性质随石油的产地及加工方法不同而异。多数杂质是在加工精制、储运及油品中加入某些有机金属盐类添加剂时带入的。燃料油中的机械杂质会堵塞滤清器和喷油嘴，使供油不正常；润滑油中的机械杂质会加速机件磨损。多数油品都要求控制机械杂质的含量。测定方法是用溶剂稀释样品，用定量滤纸过滤，分出固体及悬浮粒子，再用溶剂洗涤机械杂质，以除去油分，烘干，称重。

机械安定性 mechanical stability 表示润滑脂在机械工作条件下抵抗稠度变化的能力。也即是保证润滑脂有一定的结构和使用后能够自动恢复原有状态的性能。试验方法是将润滑脂放入机械工作器中，经机械剪切 10000 次、50000 次和 100000 次，由剪切后的稠度变化，判断润滑脂的机械安定性。测定前润滑脂的针入度和万次工作后润滑脂的针入度的差值即为试样的机械安定性。

机械辛烷值 mechanical octane number 指通过机械设计的改进，使发动机改变对辛烷值要求的那部分辛烷值。如一种压缩比为 7.25 的发动机要求使用辛烷值为 88 的燃料，通过对燃烧室设计改进后，同样为辛烷值 88 的燃料，可适用于需要辛烷值为 94 的燃料、压缩比为 8 的发动机。这种机械上的改进取得了 6 个单位的机械辛烷值。

机械呼吸阀 mechanical breather valve 一种油罐呼吸阀。阀体由生铁或铝铸造。由压力阀和真空阀两部分组成,安装于储存轻质油料的油罐顶部。可自行调节罐内气压。当罐内气体空间温度或气体空间体积发生变化时,罐内气体压力也随着发生变化。当油气压力大于呼吸阀压力时,油气经压力阀外逸,而真空阀关闭;当油气压力小于油罐允许真空度时,新鲜空气通过真空阀进入罐内,而压力阀则处于关闭状态。其允许压力(或真空度)靠调节阀盘的重量来控制。呼吸阀失灵会造成油罐爆裂或被吸瘪的事故。

机械油 mechanical oil　是在条件不太苛刻的一般机械上使用的润滑油的总称。由石油润滑油馏分经脱蜡、溶剂精制及白土处理而得。分为高速机械油及普通机械油。在数量上,机械油仅次于发动机润滑油。

机械密封 mechanical seal　又称端面密封。一种流体旋转机械的轴封装置。主要由以下四部分组成:①由动环和静环组成的密封端面(也称摩擦副);②由弹性元件为主要零件组成的缓冲补偿机构,其作用是使密封端面紧密贴合;③辅助密封圈,其中有动环及静环密封圈;④使动环随轴旋转的传动机构。动环旋转时,静环固定不动,依靠介质压力和弹簧力使动静环之间的密封端面紧密贴合,从而阻止介质的泄漏。而静环密封圈则阻止介质沿静环和压盖之间泄漏。机械密封功率消耗低、泄漏量少,广泛用于各种机泵及搅拌釜的轴封上。

机械搅拌 mechanical agitation　见"搅拌"。

地蜡 earth wax　石油脂中的微晶蜡。为小片状结晶。相对分子质量为500～900,所含碳原子数为35～60。来源于重质润滑油馏分及渣油中。未精制的地蜡称为粗地蜡,呈黑褐色;经精制的地蜡称提纯地蜡,为黄白色或淡褐色。

再生 regeneration　采用物理或化学方法恢复物质原有性能,以供重新使用的过程。如将使用过的活性炭,通过加热除去被吸附质,使活性炭性能恢复,再用于吸附的操作;又如催化剂再生,是将活性及选择性下降至一定程度的催化剂,通过适当的处理使其活性和选择性甚至机械强度得到恢复。

再生水 renovated water　指城市污水及工业废水经过净化处理后,达到能再利用的水质标准而进行利用的水。按用途可分为工业用再生水、景观用再生水、农业用再生水及生活杂用再生水等。这些再生水的水质必须达到这些用水的水质标准。在工业企业内,将使用一次或多次的水经过一定处理后进行循环或回用等重复使用的水,一般不划为再生水的范围。

再生式换热器 regenerative heat exchanger　见"蓄热式换热器"。

再生剂 regeneration catalyst　见"再生催化剂"。

再生烧焦时间 regeneration cokeburning time　指在催化裂化催化剂再生过程中,循环催化剂在再生器内的停留时间。为再生器催化剂藏量与催化

剂循环量之比:

停留时间＝再生藏量/催化剂循环量

再生催化剂 regenerated catalyst 又称再生剂。即再生后的催化剂。是待生催化剂经空气或氧气烧去催化剂上的积炭后，使活性获得基本恢复的催化剂。

再生器 regenerator 进行催化剂烧焦再生的设备。其作用是烧去结焦催化剂上的焦炭，恢复催化剂的活性。催化裂化有多种形式的再生器，大体上可分为单段再生、两段再生及快速再生。再生器的基本结构是一个用钢板焊接而成的圆筒形壳体，壳体内的下部为密相床层（密相区），上部为沉降空间（稀相区）。烧焦空气从底部经空气分布器进入床层进行沸腾燃烧烧焦。稀相区装有旋风分离器，以回收被烟气带走的催化剂。按取热方式可分为内取热式及外取热式。由于内取热式操作灵活性差及热管易损坏，正逐渐为外取热式所替代。

再沸器 reboiler 又称重沸器。一种蒸发沸腾传热设备。常安装在分馏塔、解吸塔等塔下部，可使塔中已冷凝的液体再加热汽化并提供上升蒸汽流。可分为热虹吸式（又分为立式及卧式）及釜式两类。热虹吸式再沸器的安装位置低于塔底标高而形成一定位差，使塔底液体自动流入再沸器内，部分液体被加热汽化，形成密度变小的气液混合物，从而在再沸器入口与出口产生静压差，完成自然循环。釜式再沸器是一种管壳式换热器，其管束可以为浮头式、U形管式及固定管板式结构，常安装于塔底，本身有蒸发空间，蒸发空间可由产气量大小和所要求的蒸汽品质而定，允许汽化率高，操作弹性大。

再结晶 recrystallization 又称重结晶。利用某一固体物在某一溶剂中具有一定的溶解度这一性质，将不溶的固体物质溶于适当溶剂后再重新使其成为晶体析出以进行纯化的方法。主要用于单独一次结晶操作往往不能获得纯净结晶产品的场合。再结晶还具有细化晶粒、改变某些金属和合金的晶体结构的作用。

压力计 pressure gauge 见"压力测量仪表"。

压力计式温度计 filled-system thermometer 一种膨胀式温度计。主要由温包、毛细管及压力表组成。温包、毛细管及压力表弹簧管内腔充满工作介质，当温包处被测温度升高时，其内介质膨胀而使系统压力升高，通过检测压力可间接指示温度高低。按所充介质的不同，可分为蒸气压力温度计、气体压力温度计及液体压力温度计，而以前两者较为常用。蒸气式、气体式及液体式分别充以氯甲烷、氮气及水银工作介质。

压力式雾化器 pressure atomizer 又称压力喷嘴。喷雾干燥器的关键部件之一。是用高压泵使液体获得高压，当高压液体通过喷嘴时，将压力能转变为动能而高速喷出分散为雾滴。雾化器的锐孔直径一般为 0.3～3.8mm,泵送压力一般为 2.8～70MPa。雾化微粒的特性与雾化器的结构及孔径有关。由于喷出液体的流速很高,故喷嘴易磨损。雾化器的喷嘴常采用硬度很高的金属制造。

压力测量仪表 pressure measuring instrument 又称压力表、压力计。一种可以指示、测量介质压力,并可附加报警或控制装置的检测仪表。类型很多,按其转换原理不同,可分为液柱式压力计(如 U 形管式压力计)、弹性式压力计(如弹簧管压力表)、电气式压力计(如霍尔片式压力传感器、应变式压力传感器、压阻式压力变送器、电容式差压变送器)、活塞式压力计等。

压力给脂器 pressure grease feeder 用于机械设备多点润滑的定量给脂装置。由一个普通的凸轮来推动在润滑脂贮器下面的一系列柱塞泵。并利用往复的滑块或链条接在机器的一条轴上,有许多洞可使润滑脂下流到柱塞泵。给脂器随机器的启动、停止而运转。并用控制冲程的长度来调整各个柱塞泵。在所有润滑点上都装有单向阀,通常最多能供给 16 个点的润滑。

压力容器 pressure vessel 所有承受压力载荷的密闭容器都可称作压力容器。按工作压力可分为:低压容器(0.098～<1.6MPa)、中压容器(1.6～<10MPa)、高压容器(10～<100MPa)、超高压容器(≥100MPa)。根据《压力容器安全技术监察规程》,凡是同时满足以下条件的压力容器均为较危险的压力容器:①最高工作压力≥0.1MPa(不含液体静压力);②内径(非圆截面指断面最大尺寸)≥0.15m,且容积≥0.025m³;③介质为气体、液化气体或最高工作温度高于或等于标准沸点的液体。

压强计 pressure gauge 又称压力计、压力表。工业上用于测量器内或管道内流体压力强度的仪表。其读数表示器内或管道内的绝对压强与当地大气压之差。所表示的压强差,可以是表压,也可以是真空度。流体绝对压强与表压强或真空度的关系为:

流体绝对压强——大气压＋表压强

流体绝对压强——大气压－真空度

即前者是绝对压强大于大气压的情况;后者是绝对压强小于大气压的情况,即减压或负压情况。

压敏胶黏剂 pressure sensitive adhesive 简称压敏胶。一类在常温下具有良好黏接性,使用时只需施加轻度压力,即能与被粘物黏接的胶黏剂。为不干性胶,即无溶剂或分散剂存在下仍具有很高的黏性,而且不会转变为坚硬固体。主要用于制造压敏胶带、压敏标签及压敏纸等。通常以长链聚合物为基料,加入增黏剂及软化剂等。有橡胶型、丙烯酸酯型、苯乙烯嵌段共聚型等。

压缩比 compression ratio 指内燃机气缸内气缩冲程开始时气缸容积与冲程结束时气缸容积之比。压缩比越大,内燃机的功率越大,经济性也越好。

如柴油发动机压缩比越高,压缩终了时空气的温度和压力就越高,从而加快喷入柴油细滴的蒸发和氧化速度,缩短了滞燃期,改善燃烧情况。提高压缩比可以改善柴油燃烧性能,但高压缩比对内燃机材质要求也高。一般汽油机的压缩比为 7.5～9.5,柴油机的压缩比可达 16～20。

压缩机 compressor　一种输送气体和提高气体压力的机器。广泛用于石油化工、机械制造、采矿、冶金、建筑及制冷等工业。按工作原理可分为容积型压缩机及速度型压缩机。前者又分为往复式及回转式两种;后者可分为离心式、轴流式及混流式三种。按排气压力可分为低压(<1MPa)、中压(1～10MPa)、高压(10～100MPa)及超高压(>100MPa)压缩机。按润滑形式可分为无油压缩机、油润滑压缩机及喷油旋转压缩机。按压缩介质,可分为动力用压缩机及工艺用压缩机。前者压缩介质为空气,主要用于驱动气动机械、工具和物料输送;后者压缩介质为所有气体,用于工艺流程中气体的压缩和输送。

压缩机油 compressor oil　又称压缩机润滑油。用于润滑压缩机零件(汽缸、阀门),并用作压缩室密封介质的润滑油。是由润滑油基础油调合成适宜的黏度后,加入适量专用添加剂调合制得。不同品种的压缩机油所添加的添加剂品种和数量各异。可分为空气压缩机油、气体压缩机油、制冷压缩机油

及真空泵油等。由于工作特点不同,不同结构的压缩机对润滑油的质量要求也有所侧重。一般应具有适宜的黏度,有良好的热氧化安定性、抗乳化性、防锈防腐性及安全性能,积炭倾向性小。

压缩式发动机 compression ighition engine　见"柴油机"。

压缩因子 compressibility factor　又称压缩因数。衡量实际气体或液体偏离理想气体行为的一种因素,其关系式为

$$Z = pV/RT$$

式中　Z——压缩因子,p——压力,V——体积,R——气体常数,T——热力学温度。

对于理想气体,$Z=1$;对真实气体,Z值一般在 0.65～1 之间,在高温低压下,Z 值接近 1,而在很高压力下,$Z>1$;对于液体,Z 值一般都很小,小于 1。气体处于临界状态时,压缩因子称为临界压缩因子 Z_c。各种气体在临界状态时的压缩因子具有近似相同的数值,大多数气体的 Z_c 在 0.25～0.31 之间。

压缩制冷 compression refrigeration　又称压缩蒸发制冷。一种常用制冷方法。指利用压缩机作功,先将气相工作介质压缩,冷却冷凝成液相,然后使其减压膨胀,蒸发(气化),完成从低温热源取走热量并送到高温热源的过程。实际压缩制冷循环的基本过程包括在压缩机内进行绝热压缩、等压冷却与冷凝、节流膨胀、等压等温蒸发等。常用的工质有氨、氟里昂、乙烯、丙烯等。压

缩制冷装置是一个封闭系统,它由压缩机、冷凝器、节流阀及蒸发器四台主要设备及其他附属设备组成。各设备由管道连成一个整体,冷冻剂在系统内循环。

在线分析 on-line analysis 指将某些自动连续监测仪器直接与工艺生产过程相连,或放置在生产流水线旁,从生产线上引出一个旁路,使旁路中的样液自动流进或采进监测仪器,并进行自动连续测定,必要时仪器应含有过滤及温度调节等预处理设施。生产流水线的液流与样品流几乎同时进行,并及时显示监测结果,是当前连续化工业过程分析的主要形式。

在线分析仪器 on-line analyzers 又称过程分析仪器、在线质量分析仪。应用于在线分析的工业自动分析仪器的统称。石油化工常用的在线质量分析仪有色谱仪、光学分析仪、热学分析仪、电化学分析仪等。多用于工业生产过程产品的质量分析与控制。检测项目主要有馏程、密度、酸值、黏度、蒸气压、凝点、辛烷值、含硫量等。由于生产流水线与在线检测同步进行,分析物的瞬间浓度变化能及时反馈到控制调节系统,使生产操作达到平衡及实现最佳化。

在线清焦 on-line decoking 指在加热炉不停炉情况下对炉管内的结焦进行清除的操作。清焦方法有恒温法及变温法。恒温法是利用高速流动的蒸汽对焦垢层的冲刷作用及蒸汽在高温下与焦炭发生化学反应生成一氧化碳及氢气。它适用于结焦时间较短的焦化炉,可有效地去除管内生成的软焦层。变温法是利用炉管金属与管内焦垢层热膨胀系数的不同,通过快速升高及降低炉管温度,使焦炭层与炉管剥离。

百分之十蒸余物残炭 carbon residue of 10% distillation remines 柴油的一项质量指标。间接表示残油在发动机内燃烧时产生积炭的状况。测定柴油的方法,不是采取柴油的全油样,而是先将全油样在规定的蒸馏瓶中蒸出90%(体),然后从蒸馏瓶中剩余的10%(体)油中取样,进行残炭分析。我国最新国标 GB 252—2000 规定,10%蒸余物残炭不大于0.3%。这一指标与欧盟水平一致。

有机化合物 organic compound 除一氧化碳、二氧化碳、碳酸盐及某些金属碳化物(如 CaC_2)、氰化氢(HCN)等外的其他含碳化合物的总称。组成有机化合物的元素,除碳元素外,绝大多数还含有氢元素。从结构上看,可以将由碳和氢两种元素组成的化合物看作是有机化合物的母体,其他有机化合物可看作是这种母体中的氢原子被其他原子或基团取代而成的化合物。一般的有机化合物具有对热不稳定、容易燃烧,熔点及沸点低、难溶于水而易溶于有机溶剂、反应速度慢等特点。部分有机化合物来自动植物界,但大多数是以石油、天然气及煤等为原料经人工合成制得的。

有机合成 organic synthesis 指以

简单的有机物和无机物或元素为原料,利用有机反应制造新的、更复杂的有机化合物的过程。如由一氧化碳和氢气可合成甲醇,由乙烯氧氯化制成氯乙烯,进一步可聚合制成聚氯乙烯。通过有机合成,不仅能制造出自然界已有的物质,也能制造出自然界尚不存在,并具有各种特殊性能的物质。为适应大量生产的工业有机合成可分为基本有机合成及精细有机合成两类。基本有机合成的主要任务是,利用化学方法将廉价的天然资源(如煤、石油、天然气等)以其初加工产品和副产品(如电石、煤焦油等)合成为最基本的有机化工原料(如乙炔、乙烯、苯等),然后再进一步合成为其他有机化工原料(如乙醇、乙酸、丙酮等);精细有机合成的主要任务是,合成医药、农药、香料及染料等。其基本特点是产量小、品种多、产品附加值高等。

有机金属化合物 organometallic compound 见"金属有机化合物"。

有机玻璃 organic glass 系聚甲基丙烯酸甲酯、聚苯乙烯、聚氯乙烯、赛璐珞等无色透明塑料的总称。其中以聚甲基丙烯酸甲酯(简称 MMA)应用最广,一般所讲有机玻璃即指 MMA。是高透明无定形热塑性塑料。在塑料中透光最好,能透过 92%～93%光线。可透过可见光 99%,紫外光 73%。相对密度 1.19,仅为硅玻璃的 1/2。抗碎裂性能好,为硅玻璃的 7～18 倍。机械强度及韧性大于硅玻璃 10 倍以上。具有突出的耐候性及耐老化性,良好的电绝缘性及热塑加工性。但耐热性及耐磨损能较差。用于制造窗玻璃、照明器具、广告牌、光学透镜及眼镜、卫生洁具等。是由甲基丙烯酸甲酯在引发剂存在下,经本体聚合制得的。

有机氟润滑脂 organo-fluorine grease 以有机氟作稠化剂制得的润滑脂。含氟稠化剂有聚四氟乙烯、氯化乙烯丙烯聚合物、全氟聚苯等。具有良好的耐热性、抗磨性及化学安定性。如 7058 号高低温润滑脂是由含氟和含硅稠化剂稠化全氟醚油和硅油,并加有各种添加剂制成的。具有良好的高低温性及润滑性,可用于−40～+300℃温度范围的小型电机轴承和齿轮的润滑。

有机热载体 organic thermal support 见"热传导油"。

有机润滑脂 organic grease 指以有机化合物为稠化剂,稠化润滑油所制成的一类润滑脂。所用稠化剂有芳基脲、酞菁铜、阴丹士林染料、高分子聚合物、胺基衍生物等。这类润滑脂主要用于一般润滑脂所不能适用的特殊苛刻的场合,如高温、抗原子辐射等。

有机硅化合物 organo-silicon compound 简称有机硅。分子结构中含碳硅键(—C—Si—)的有机化合物。与有机碳化合物相似,有硅烷(如 SiH_4)、卤代硅烷(如 CH_3SiCl_3)、硅醇[如 $(CH_3)_3SiOH$]、硅醚[如 $(CH_3)_3Si$—O—$Si(CH_3)_3$]等。硅原子与同族的碳原子相似,能形成 4 价化合物,但硅的原子半径比碳大,因而在成键时表现出自身的特点。有机硅分子中 Si—Si 间只有单键,没有二键及叁键。有机硅化合物具有特殊性能,如具有耐热、耐水及良好的电绝缘性。可用以制造硅油、硅树脂、硅橡胶等。

有机硅油 organic silicon oil 见"硅油"。

有机硅树脂 organo-silicon resin 又称硅树脂。是以 Si—O—Si 为主链,硅原子上连接有机基团的交联型半无机高聚物。是由多官能度的有机氯硅烷(如甲基三氯硅烷、苯基三氯硅烷、甲基苯基二氯硅烷等),经水解缩聚而制得。在加热或催化剂存在下可进一步转变成三维结构的不溶不熔的热固性树脂(聚有机硅氧烷)。具有优良的耐热性、耐候性、电绝缘性、耐化学药品性、憎水性及阻燃性。种类很多。按主链构成划分,可分为纯硅树脂及改性硅树脂;按固化反应机理,可分为缩合型硅树脂、加成型硅树脂及过氧化物硅树脂;按固化条件,可分为加热固化型、常温干燥型、常温固化型、紫外线固化型树脂等;按产品形态可分为溶剂型、无溶剂型、水基型、乳液型树脂等。广泛用于制造电绝缘漆、涂料、脱模剂、防潮剂、层压材料、模塑料等。

有机硫化合物 organic sulfur compounds 硫原子直接与碳相连的有机化合物。种类繁多,数量上仅次于含氮、含氧有机化合物。是应用广泛的一类有机合成中间体。由于硫具有独特的化学性质,特别是它的 d 轨道能参与临近碳原子上负电荷的分散,使临近碳原子容易形成亲核的反应。石油及其产品中所含的有机硫化合物有噻吩及其同系物、环烃硫化物(通式为 $C_nH_{2n}S$)、砜类化合物、烷基硫化物、硫醇及烷基硫酸盐等。

有机稠化剂 organic thickener 稠化剂的一类。指金属皂和固体烃以外的有稠化作用的有机物。如脲基稠化剂、酰胺稠化剂、氟碳稠化剂、三聚氰酸二酰胺、酞菁染料及阴丹士林染料等。

有机酸 organic acid 带有酸性基的有机化合物的总称。包括羧酸(R—COOH)、磺酸(R—SO₂OH)、亚磺酸(R—SOOH)及硫代羧酸(R—COSH)等。但通常只指羧酸。参见"羧酸"。

有证标准物质 certified reference material 见"标准物质"。

有规立构聚合物 stereoregular polymer 又称立构规整聚合物。单体经定向聚合得到的聚合物。从理论上讲,结构单元含有立构中心的大分子链,原则上应能形成立体构型都相同的聚合物,但实际上很难合成出所有结构单元均为一种立体构型的大分子链。因此当大分子链上大部分结构单元(大于 75%)是同一种立体构型时,称该大分子为有规立构聚合物。反之则为无规立构聚合物。

灰分 ash content 指在规定条件下,油品被炭化后的残留物经煅烧所得的无机物。也即油品在规定条件下煅烧后所剩的不燃物质。以质量百分数表示。灰分的组成及含量系随油品的种类、性质及加工方法不同而异。原油的灰分主要是由少量无机盐和金属有机化合物及一些混入的杂质构成的。因此，灰分主要是 CaO、MgO、Fe_2O_3、Al_2O_3、SiO_2 等金属氧化物及少量 V、Ni、Na、Mn 等的化合物。通常油品中灰分含量都很小，约为万分之几或十万分之几。灰分大的油品在使用中会增加机件的磨损、腐蚀和结垢积炭。因此，灰分也可作为油品洗涤与精制是否正常的指标。而对加有防锈剂、缓蚀剂等的商品润滑油，其灰分在一定程度上可以评定润滑油在发动机零件上形成积炭的情况和了解添加剂的含量。

灰分分析　ash analysis　对试样油在规定条件下燃烧后剩余不燃物质的分析。对于不加添加剂的纯净油，灰分代表油的矿物机械杂质含量，常规定其上限值；对于加有含金属添加剂的油品（如汽油机油、柴油机油等），又规定其下限值，即规定金属添加剂的最低加入量。

列管式换热器　tube type exchanger　见"管壳式换热器"。

成品油　finished oil　又称成品油料。一个炼油厂的生产装置上可以生产出质量不同的汽油及柴油等油品。但这些产品一般难以全面符合产品质量的标准要求，不能作为合格产品出厂，这些产品则称作半成品油。每个国家会根据国内油品使用情况及环境保护要求的变化，定期对每一牌号的油品制定出一系列的国家标准，对于新油品也有一些行业或企业标准。全部达到油品某一标准的汽油、柴油等称为成品油。对成品油需标明所执行的哪一种标准。

成核剂　nucleating agent　又称部分结晶聚合物助剂。是一类改变不完全结晶树脂（如聚烯烃、聚甲醛等）的结晶行为，提高制品透明性、刚性、表面光泽、抗冲击韧性、热变形温度、缩短制品成型周期的物质。作用机理是：在熔融状态下，由于成核剂提供大量的非均相晶核，聚合物由原来的均相成核转变成异相成核，使结晶速度加快、晶粒结构微细化并生成大量微细球晶，从而提高制品的刚性、透明性及表面光泽，缩短加工周期及保持尺寸稳定性。按使用对象可分为聚丙烯成核剂、聚酰胺成核剂、聚甲醛成核剂及聚对苯二甲酸乙二醇酯成核剂等。

成漆板焦化试验　panel coker test　又称曲轴箱模拟试验。一种内燃机润滑油性能的模拟试验方法。是在一个倾斜的箱体中装入 170mL 试验油，由电机带动的溅油器使油飞溅起来，溅到箱内加热的铝板上，油温及铝板温度均有规定。经 6h 试验后，测定油品的黏度和酸值变化，以铝板表面生成的沉淀物量、颜色及油中悬挂铝片的质量来评定油品的热氧化安定性、高温清净性等。试验后以铝板的增重作为沉淀物的量，铝板表面漆膜颜色用标准色板对比进行评级。分为 0~10 级，0 级为清净，10

级为最差。

死区域 dead zone 见"死体积"。

死时间 dead time 色谱分析中不被固定相吸附或溶解的组分(如甲烷或空气),从进样开始到柱后出现浓度最大值所需时间。死时间也就是空气的保留时间,与色谱柱中空隙体积成正比。

死体积 dead volume 又称死区域。色谱分析中不被固定相滞留的组分,从进样开始到柱后出现峰最大值所需的载气体积。它是色谱柱在填充后柱管内固定相颗粒间所剩留的空间、色谱仪中管路和接头的空间以及检测器的空间的总和。当后两项很小而可忽略不计时,死体积就等于死区域。通常用死时间与载气流量的乘积来计算。

死空间 dead space 又称死角。指在反应器或设备内,由停滞流体所占据的空间。处于死空间的流体或物料不能与流动的主体流体或物料相混合。虽然不发生分子扩散的绝对死空间是不存在的,但因在死空间产生的混合作用很弱,所以是造成物料产生返混的因素之一,并会降低设备利用率。

夹带剂 entrainer 又称共沸剂。指在恒沸精馏时所加入的第三组分。夹带剂的选用对恒沸精馏至关重要,它关系到能否有效分离及工业放大时是否经济的问题。夹滞剂的选择要求是:①夹带剂应与欲分离的液体混合物中的一个组分形成恒沸物,而且所形成的恒沸物的沸点与被分离物的沸点有足够

大的差值,一般要大于10℃,否则难以实现分离;②夹带剂能与液体混合物中含量少的组分形成恒沸物,使夹带剂用量少,热量消耗低;③含夹带剂的恒沸物冷凝后能分为轻、重两相,使夹带剂分层回收容易;④夹带剂应无毒、无腐蚀性、热稳定性好、价格低廉等。

夹点 pinch 见"夹点技术"。

夹点技术 pinch technology 又称夹点分析法。所谓夹点是指冷热负荷温熵线上传热温差最小的地方,此处热通量为零。夹点技术是一种过程整合技术。它将热力学与系统工程学相结合,用以分析工业生产流程中的能量流动,提高能量利用率。由于夹点技术可以找出冷、热物流匹配不合理的部位以节约能源,故已应用在减少废气、污水排放,净化环境,优化投资等领域。

夹套反应器 jacketed reactor 一种带有夹套的立式反应器。器内装有机械搅拌器,外壁装有夹套。器内的反应物料和夹套内的加热剂(或冷却剂)隔着器壁进行换热,以为反应物料提供热量,或从反应物中取走反应热。常用蒸汽或导热油作加热剂,用水作冷却剂。其优点是结构简单、容易制造;其缺点是传热面积小,传热效率低,夹套内只能使用不易结垢的介质。

扫描电子显微镜 scanning electron microscope 简称 SEM。是依据电子与物质的相互作用分析物体表面形态的电镜。其原理是当用高能电子束轰击样品时,其激发的区域将产生二次电

子、俄歇电子、特征 X 射线、透射电子、以及不同能量的光子的信号。同时还可产生电子-空穴对、晶格振动、电子振荡等。通过电子和物质的相互作用，可以获取被测样品本身的各种物理、化学信息，如晶体结构、组成、形貌、电子结构和内部电场或磁场等。由于它具有较高的分辨率，而且解释试样成像及制作试样较容易，近期得到迅速发展及应用。如用于催化剂组成测定、催化新材料及高分子材料表面形态观察等。

执行机构 actuator 见"执行器"。

执行器 final control element 自动控制系统中按信号进行动作，以使被控参数达到预定值的机构。由执行机构和调节机构组成。执行机构是根据调节器控制信号产生推力或位移的装置，而调节机构是根据执行机构输出信号去改变能量或物料输送量的装置（常指调节阀）。执行器按其使用的能源可分为气动、电动及液动三类，分别适用于不同的场合。

扩散 diffusion 由于浓度差而造成的物质传递现象。在日常生活中十分普遍。如在空气中喷清新剂时，附近很快闻到香味，就是扩散的结果。按造成扩散的原因，可分为分子扩散及涡流扩散。因分子无规则热运动，使物质自动从浓度较高处转移到较低处传递的现象称为分子扩散。它发生在静止流体、层流流体以及层流内层中。如将糖放入水中水会变甜是分子扩散的结果。依靠流体质点的相对运动将物质从高浓度处转移至低浓度处的物质传递现象称为涡流扩散。如在室内空气中用风扇吹动清新剂向四处散发香味即是涡流扩散的结果。工业生产中，由于传质多发生在流体湍流状态下，因而分子扩散及涡流扩散往往同时发生。通常将主体与相界面间发生的传质（即分子扩散及涡流扩散同时存在）称为对流扩散，并可用类似对流传热的方法对其进行实验测定。

扩散系数 diffusion coefficient 表示物质扩散能力大小的物理量。指沿扩散方向，在单位时间内通过单位厚度的扩散层，当物质的浓度降为一个单位时，在单位面积上的传递量。单位为 m^2/s。主要决定于扩散物质种类、流体的温度以及某些物理性质。气体扩散系数为 $10^{-2} \sim 10^{-3}\ m^2/s$，液体扩散系数为 $10^{-6} \sim 10^{-8}\ m^2/s$。由于气体密度比液体小得多，分子间距又大于液体，因此分子在气体中的扩散速率要比在液体中快得多。扩散系数的数值由实验测定，有的也可用经验公式近似估算。

扩散泵 diffusion pump 又称扩散真空泵、扩散式蒸气流泵。是以低压高速蒸气流（如油、苯、双酯等的蒸气）作为工作介质来获得真空的一种射流真空泵。当泵被前级泵预抽到一定真空度后，泵底的工作介质经电加热，变为蒸气而上升，经各级喷嘴定向高速喷出，而被抽气体的分子由于热运动而扩散到蒸气流中，经蒸气射流逐级压缩被带到高压端而被前级泵抽出。与此同时，工作介质蒸气经泵壁冷凝而又回到泵底被重新加热,如此周而复始而获得高真空。根据工作介质不同,可分为油扩散泵、汞扩散泵等;按制造材料不同可分为玻璃扩散泵及金属扩散泵;按结构形式可分为单级、多级、卧式、立式等扩散泵。

扩散控制 diffusion control 对于多相催化反应,反应物分子到达催化剂表面及产物分子离开催化剂表面都依靠扩散。如果扩散速度比表面化学过程的速度小得多,因而整个反应的速度由扩散步骤来控制。即速控步骤是扩散控制。由于催化剂具有多孔结构,反应物必须通过扩散进入孔中才能与催化剂表面接触而反应。反应物分子向催化剂表面及孔内扩散属于内扩散;而反应产物向催化剂颗粒表面的扩散属于外扩散。

扩链剂 chain extender 又称链延伸剂或链增长剂。是能与线型聚合物链上的官能团作用而使分子链扩展、分子量增大的物质。通常专指用于制备聚氨酯时使链延伸扩展的化合物。扩链剂能与过量异氰酸酯进行二次反应,生成脲基甲酸酯或二脲结构而成交联剂。扩链剂为含羟基或氨基的低分子量多官能团的醇类和胺类化合物。如用于聚氨酯弹性体的扩链剂常分为二元胺和二元醇两类。常用二元胺扩链剂有 3,3′-二氯-4,4′-二氨基二苯甲烷、乙二胺、哌嗪;常用二元醇扩链剂有乙二醇、丙二醇、新戊二醇等。

过乙酸 peracetic acid CH_3COOOH 化学式 $C_2H_4O_3$。又名过醋酸、过氧乙酸。无色透明液体,有强烈刺激性乙酸气味。呈弱酸性。相对密度 1.226。沸点 110℃,熔点 0.1℃。折射率 1.3924。闪点 40.5℃(40%过乙酸溶液)。溶于水、硫酸、乙醇、甘油等。性质不稳定,易挥发,温度稍高即分解放出氧气而生成乙酸。高浓度(大于 45%)溶液经剧烈碰撞或加热会发生爆炸。为强氧化剂,可使烯烃环氧化和醛氧化成羧酸。用作氧化剂、环氧化剂、漂白剂、杀菌剂及消毒剂等,可由过氧化氢在硫酸催化下与乙酸反应制得。

过汽化量 over flash 原油蒸馏时,为保证分馏塔的拔出率和各线产品的收率,在汽化段必须有足够的汽化分率。为了使塔板有一定量的液相回流,原料入塔后的汽化率应比塔上部各种产品的总收率略高一些,其高出部分就称为过汽化量。过汽化量一般不宜大,否则要提高入塔原料的温度,增加装置的能耗。但过汽化量太低,则会造成产品馏分变宽。一般原油蒸馏装置的过汽化量为 2%~3%。

过汽化率 over flash rate 原油蒸馏时,以分馏塔进料的百分率表示的过汽化量。参见"过汽化量"。

过饱和度 supersaturation degree 见"过饱和溶液"。

过饱和溶液 supersaturated solution 指溶质的溶解量超过了在相同条件下的饱和溶液中的溶解量。过饱和溶液是不稳定的,只在特定的情况下发生,稍有扰动,会立即析出溶质,使溶液成为饱和溶液(即组成等于溶解度的溶液)。而过饱和溶液与饱和溶液间的组成之差即为溶液的过饱和度。过饱和是产生结晶的前提,而过饱和度是结晶过程的推动力。通常,过饱和度越大,晶体成长速度越快。但太大的过饱和度将析出大量晶核,影响晶体粒度。

过饱和蒸气 supersaturated vapor 凡温度低于该压力下饱和温度的蒸气,或压力大于该温度下的饱和蒸气压的蒸气均称为过饱和蒸气。它处于亚稳态,稍经扰动可立即凝结为液体。

过热水蒸气裂解法 superheated steam pyrolytic process 是以过热水蒸气为热载体使烃类热裂解的一种方法。因通常是在管式炉内进行,故又称内加热式管式炉裂解法。操作时,高于反应温度的过热水蒸气与已经预热但其温度低于反应温度的原料烃类混合进入管式炉,借其显热使原料烃发生裂解反应。水蒸气兼有热载体及降低烃分压稀释剂的双重作用。具有适用原料范围广、结焦少、烯烃收率高及连续运转时间长等优点。除可加工乙烷、石脑油外,还可裂解重原料油、柴油甚至原油。但需要大量过热水蒸气,对炉管材质要求苛刻。

过热度 degree of superheat 见“过热蒸气”。

过热蒸气 superheated steam 温度高于对应压力的饱和温度的蒸气称为过热蒸气。蒸气过热的程度称为过热度,在数值上等于过热蒸气温度减去对应压力下的饱和蒸气的温度。“过热”并不意味着一定是高温,如 0.1MPa 和 100K 时的氧也是过热蒸气,因 0.1MPa 下氧的饱和蒸气的温度为 90.2K。

过热蒸汽干燥 superheated steam drying 是利用过热蒸汽代替热空气、燃气或烟气等作为干燥介质,在对流式干燥器中提供所需热量,并将蒸发的水分带出而进行物料干燥的方法。由于过热蒸汽干燥产生的蒸汽在数量上等于干燥器中水分的蒸发量,有必要有效利用这部分额外蒸汽。过热蒸汽干燥适用于易燃、易爆及易氧化物料,以及能耗太高、产品价值很低物料的干燥,也用于需除去大量水分的干燥过程。

过氧化(2-乙基己酸)叔丁酯 *tert*-bu-

$$CH_3-(CH_2)_3-\overset{\underset{\displaystyle C_2H_5}{|}}{CH}-\overset{\underset{\displaystyle O}{\|}}{C}-O-\overset{\underset{\displaystyle CH_3}{|}}{\overset{\displaystyle CH_3}{\underset{\displaystyle |}{C}}}-CH_3$$

tyl peroxy(2-ethylhexanoate) 化学式 $C_{12}H_{24}O_2$,又名叔丁基过氧化-2-乙基己酸酯、引发剂 OT。淡黄色透明液体。相对密度 0.9(25℃)。闪点 88℃。折射率 1.428。理论活性氧含量≥7.17%。半衰期 13h、2.2h、0.4h 时的温度分别为 70℃、85℃、100℃。分解温度 135℃(半衰期 1min)、72℃(半衰期 10h)。受热、摩擦、撞击时会燃烧,并可引起爆炸。对眼睛有刺激作用。用作乙烯、甲基丙烯酸酯及丙烯酸类单体聚合引发剂,不饱和聚酯交联剂等。

过氧化二异丙苯 dicumyl peroxide

化学式 $C_{18}H_{22}O_2$。又名二异丙苯过氧化物、二枯基过氧化物、硫化剂 DCP。白色至微粉红色结晶性粉末,遇光颜色加深。相对密度 1.082。熔点 $39\sim41℃$,闪点 $130℃$。$120\sim125℃$ 迅速分解。在苯溶液中半衰期 10h、1h 及 1min 的温度分别为 $117℃$、$135℃$ 及 $172℃$。$100℃$ 以上形成高分子化合物。不溶于水,易溶于苯、甲苯、异丙苯,微溶于冷乙醇。为强氧化剂,与浓硫酸及高氯酸相遇则分解。对摩擦及振动不敏感,是有机过氧化物中使用最安全的一类。对皮肤、呼吸道有弱刺激性。用作高分子材料的引发剂、合成橡胶及聚乙烯树脂的硫化剂,聚烯烃及硅橡胶等的交联剂。可先用亚硫酸钠将氢过氧化异丙苯还原成苯基二甲基甲醇后,再在高氯酸存在下与氢过氧化异丙苯缩合制得。

过氧化二苯甲酰 dibenzoyl peroxide
$C_6H_5COOOCOC_6H_5$ 化学式 $C_{14}H_{10}O_4$。又名过氧化苯甲酰、过氧化苯酰、引发剂 BPO。白色结晶性粉末,稍有苯甲醛气味。相对密度 1.344(25℃)。熔点 $103\sim106℃$(分解并可引起爆炸),自燃温度 80℃。理论活性氧含量 6.62%。在溶液中半衰期 10h 及 1h 的温度分别为 72℃ 及 90℃。极微溶于水,微溶于甲醇、异丙醇,溶于乙醚、丙酮、苯等。为

强氧化剂。常温下稳定,干燥状态下,因撞击、摩擦及加热会引起爆炸。对皮肤、黏膜有刺激性。用作乙酸乙烯酯、丙烯酸酯、甲基丙烯酸等的聚合引发剂,聚酯、环氧树脂及离子交换树脂生产的催化剂,油脂精炼漂白剂,硅橡胶交联剂等。可由苯甲酰氯与双氧水、氢氧化钠反应制得。

过氧化二叔丁基 di-*tert*-butyl peroxide $(CH_3)_3COOC(CH_3)_3$ 化学式 $C_8H_{18}O_2$。又名二叔丁基过氧化物、过氧化二特丁基、引发剂 A。无色至微黄色透明液体。相对密度 0.794。沸点 111℃,熔点 $-40℃$,燃点 182℃。折射率 1.3890。活性氧含量 10.94%。半衰期 $t_{1/2}=1.6h(140℃)$、$10h(126℃)$。不溶于水,溶于乙醇、丙酮、苯乙烯及烃类。为强氧化剂。其蒸气与空气组成爆炸性混合物。室温下稳定,对撞击不敏感。对钢和铝无腐蚀作用。无明显毒性,但对皮肤、眼睛有刺激性。用作乙烯、苯乙烯高温聚合和乳液聚合引发剂,不饱和聚酯的中温和高温引发剂,天然橡胶及硅橡胶等的交联剂,烯烃的环氧化剂,柴油乳化促进剂。可先由叔丁醇与硫酸反应生成硫酸氢叔丁酯后,再与过氧化氢反应制得。

过氧化二碳酸二(2-乙基己基)酯 di-(2-ethylhexyl)peroxy dicarbonate $[OCOOCH_2CHC_2H_5(CH_2)_3CH_3]_2$ 化学式 $C_{18}H_{34}O_6$。无色透明液体,有特殊气味。相对密度 0.964。熔点低于 $-50℃$。分解温度 49℃。折射率

1.4310。理论活性氧含量 4.62%。溶液半衰期 $t_{1/2} = 10.33h（40℃）$、$1.5h$（50℃）。受热或光照下易分解成相应的自由基，在空气中能自燃。对眼睛、皮肤、黏膜有刺激性。用作氯乙烯本体或悬浮聚合引发剂，乙烯、丙烯酯、丙烯腈、偏氯乙烯等聚合的高效引发剂。先由 2-乙基己醇与光气反应生成氯甲酸-2-乙基己酯后，再与过氧化钠反应制得。

过氧化双（3,5,5-三甲基己酰） di-(3,5,5-trimethyl hexanoyl) peroxide

$$\left[CH_3-\underset{\underset{CH_3}{|}}{\overset{\overset{CH_3}{|}}{C}}-CH_2-\underset{\underset{}{}}{\overset{\overset{CH_3}{|}}{CH}}-CH_2-\overset{\overset{O}{\|}}{C}-O \right]_2$$

化学式 $C_{18}H_{34}O_4$。又名过氧化异壬酰、过氧化二异壬酰、引发剂 CP-10。无色液体，有刺激性气味。理论活性氧含量 3.8%。分解温度 59℃（半衰期 10h）、115℃（半衰期 1min）。蒸气与空气能形成爆炸性混合物。受热、撞击、摩擦易分解。遇强酸、强碱、硫化物会发生剧烈反应。痕量金属离子杂质会加速其分解。属强氧化剂。用作乙烯基单体自由基聚合反应的引发剂。

过氧化价 peroxide number 又称过氧化值。表示油品分子内含过氧基（—O—O—）的过氧化物总量的指标。先将测定试样用四氯化碳溶解及乙酸酸化，然后加入碘化钾与试样中的过氧化物反应，再用硫代硫酸钠溶液滴定析出的碘，以定量测定过氧化物含量。以 1000g 试样中活性氧的毫克当量数表示。常用于测定石油蜡中可氧化碘化钾的组分总量。用于白油测定时，所得值常称过氧化值。

过氧化苯甲酸叔丁酯 *tert*-butyl peroxy-

$$(CH_3)_3COO\overset{\overset{O}{\|}}{C}-\!\!\bigcirc \quad \text{benzoate} \quad 化$$

学式 $C_{11}H_{14}O_3$。又名过氧化苯甲酸特丁酯，叔丁基过氧化苯甲酸酯、引发剂 CP-01。无色至淡黄色透明液体，略带芳香气味。相对密度 1.036～1.045。熔点 8.5℃，沸点 112℃（分解）。折射率 1.495～1.499(25℃)。理论活性氧含量 8.24%。在溶液中半衰期 1.8h、2.8h、5.1h 及 8.9h 时的温度分别为 120℃、115℃、110℃ 及 105℃。不溶于水，溶于多数有机溶剂。有氧化性。对撞击及摩擦不太敏感。毒性较低。用作乙烯、丙烯、苯乙烯、乙酸乙烯酯、邻苯二甲酸二烯丙酯等聚合引发剂，也用作橡胶硫化剂、硅橡胶交联剂、油漆促干剂等。可由苯甲酰氯与叔丁基过氧化氢反应制得。

过氧化物 peroxide 分子中含有过氧基（—O—O—）、过氧离子 O_2^{2-} 的化合物。可看作是过氧化氢（H_2O_2）的衍生物。包括金属过氧化物、有机过氧化物、过氧酸及其盐、过氧配合物等。多数过氧化物性质不稳定，受热时可释放出活性氧原子。具有强氧化性，在某种情况下易引起爆炸。

过氧化氢 hydrogen peroxide 化学式 H_2O_2。俗称双氧水。纯品为无色透明黏稠液体,有苦味。相对密度 1.4422 (25℃)。熔点−89℃。凝固时为白色晶体。沸点 150.2℃。工业品分为 27.5%、35% 及 50% 三种规格。溶于水、乙醇、乙醚,不溶于石油醚。既有氧化性又有还原性,以氧化性为主。能氧化许多无机及有机化合物,也能还原氯、高锰酸钾等强氧化剂。不燃,可助燃。浓过氧化氢溶液受撞击、高温、光照时易发生爆炸。也能与汽油、煤油、溶剂油、糖、淀粉等物质形成爆炸性混合物。吸入蒸气或雾对眼及呼吸道有刺激性。用作氧化剂、漂白剂、消毒剂、脱氧剂,也用于制造火箭燃料、有机或无机过氧化物、泡沫塑料等。先由 2-乙基蒽醌在钯催化下氢化,再经氧化制得。

过氧化氢异丙苯 cumene hydroperoxide 化学式 $C_9H_{12}O_2$。又称过氧化氢枯烯、枯基过氧化氢。

$$\text{C}_6\text{H}_5\text{—}\underset{\overset{|}{\text{CH}_3}}{\overset{\overset{\text{CH}_3}{|}}{\text{C}}}\text{—OOH}$$

无色至淡黄色透明液体。相对密度 1.025 ∼ 1.045。闪点 79℃。蒸气压 0.08kPa(25℃)。与空气形成爆炸性混合物,爆炸极限 0.9%∼6.5%。为强氧化剂。不稳定,在 135℃ 下可发生自身分解连锁反应而引起爆炸。须在低温(<30℃)及隔绝空气下贮存。微溶于水,易溶于乙醇、丙酮。对眼及皮肤有刺激性。用作丁苯橡胶硫化剂,氯乙烯或丙烯酸的聚合引发剂,也是合成苯酚及丙酮的中间体。在催化剂存在下,由异丙苯经空气氧化制得。

过氧基 peroxy 过氧化氢(H_2O_2)失去两个氢原子形成的二价基团(—O—O—),为过氧化物含有的特征基团。

过氧化新戊酸叔丁酯 tert-butyl peroxypivalate

$$(\text{CH}_3)_3\text{C}\underset{\overset{\|}{\text{O}}}{\text{C}}\text{OOC}(\text{CH}_3)_3$$

化学式 $C_9H_{18}O_3$。又名过氧化特戊酸叔丁酯、引发剂 PV。无色液体。相对密度 0.854(25℃)。熔点<−19℃。闪点68∼71℃。折射率 1.410(25℃)。理论活性氧含量 6.8%∼7.0%。在溶液中半衰期 20h,1min 时的温度分别为 50℃、110℃。不溶于水、乙二醇,溶于多数有机溶剂。商品一般为浓度 75% 的己烷溶液。可燃。蒸气与空气形成爆炸性混合物。遇热、摩擦、撞击及光照会剧烈分解,甚至爆炸。吸入蒸气或误服有毒,对皮肤、黏膜有刺激性。用作乙烯、氯乙烯、乙酸乙烯酯等单体的聚合引发剂。也用于油漆、橡胶等行业。可由新戊酰氯与叔丁基过氧化氢反应制得。

过氧酸 peroxy acid 又称过酸。分子中含有过氧基(—O—O—)的酸类。含有过氧基的盐则称为过氧盐。过氧酸可分无机过氧酸(如过硫酸)及有机过氧酸(如过氧乙酸、过氧苯甲酸等)。过氧酸盐(如过硫酸钠、过硫酸钾)都是强氧化剂。

过硫酸钾 potassium persulfate 化学式 $K_2S_2O_8$。又名过二硫酸钾。无色或白色三斜晶系板状或柱状结晶。相对密度 2.477。100℃时完全分解放出氧而形成焦硫酸钾。溶于水,水溶液呈酸性。不溶于乙醇。在空气中稳定,遇潮易分解,水溶液在常温下也会缓慢水解生成过氧化氢。具强氧化性,与还原性较强的有机物接触易引起燃烧或爆炸。用作合成树脂及乳液聚合引发剂、有机合成氧化剂、漂白剂、消毒剂等。由电解硫酸氢钾水溶液或由过硫酸铵与碳酸钾反应制得。

过硫酸铵 ammonium persulfate 化学式$(NH_4)_2S_2O_8$。又名过二硫酸铵。无色单斜晶系结晶或白色粉末。相对密度1.982。120℃分解并放出氧气而形成焦硫酸铵。温度及溶液的pH值对分解速度有影响,pH>4时,半衰期$t_{1/2}$=38.5h(60℃)、2.1h(80℃)。干燥品稳定,潮湿空气中易受潮结块。易溶于水。有强氧化性,与有机物、金属及盐类接触产生分解,与还原性强的有机物混合可燃烧或爆炸。用于制造过硫酸盐及双氧水,也用作聚合引发剂、氧化剂、橡胶硫化剂、漂白剂、石油开采的压裂剂等。由硫酸加硫酸铵溶液经电解制得。

过程 process 体系状态发生变化的经过称作过程。如体系状态变化是在特定条件下进行的,则这些过程就给以特定的名称。如整个过程是在恒温下进行的则称为恒温过程;在恒压或恒容下进行的,则分别称为恒压过程或恒容过程;当体系与环境没有热交换,体系在绝热条件下进行的,则称为绝热过程。

过程气相色谱仪 process chromatography 又称工业气相色谱仪。一种直接装在生产线上的在线成分分析仪表。分析仪部分由取样阀、色谱柱、检测器、加热器及温度控制器等组成。均装在隔爆、通风充气型的箱体中。与实验室气相色谱仪的主要区别是:功能比较单一,检测器、色谱柱、样品和系统动作都是固定的,能自动连续可靠地重复运行;安装在取样点附近,结构上适合现场要求,在爆炸危险场所具有防爆功能;所有部件均在控制单元统一指挥下,自动完成取样分析和测量信号的处理。具有选择性好、灵敏度高、分析对象广及多组分分析等特点,广泛用于炼油、天然气、石油化工等领域。

过程分析仪表 process analyzer 见"在线分析仪器"。

过程能量优化技术 process energy optimization technique 是计算机技术与过程工业科学技术相结合,以更有效地利用能源和提高生产工艺水平为目的的边缘科学技术。它利用长期工业生产积累的成熟经验数据,由计算机编制出计算程序,经过反复的比较、测算、模拟,寻找最佳设计和工艺条件,实现工业生产物流和能流更高效利用,提高生产效率,降低消耗和生产成本,从而给企业带来较好的经济效益和环保效益,并获得较高的投资回报率。

过剩空气系数 excess air factor 又称余气系数。燃料燃烧过程中实际供给的空气质量与燃料完全燃烧所需要的理论空气质量的比值。它显示空气的过剩程度，通常以 α 表示，用以表示可燃混合气的浓度。当 $\alpha=1$ 时，可燃混合气称理论混合气或标准混合气；$\alpha>1$ 时，空气量过大，称稀混合气；$\alpha<1$ 时，空气量不足，称浓混合气。α 值也可用以判别炉内燃烧情况。α 值过大，表示烟气量增多，排烟损失增大；α 值过小，表示燃烧不完全。在保证完全燃烧的前提下，尽量减小 α 值。炼油厂加热炉根据燃料种类、火嘴形式及炉型不同，其 α 值在 $1.05\sim1.35$ 之间。

过剩空气率 excess air ratio　燃料燃烧时，过剩空气量与理论空气量的比值即为过剩空气率。而过剩空气量为实际空气量减去理论空气量的差值。因此，过剩空气率＝过剩空气系数－1。参见"过剩空气系数"。

过渡元素 transition element　通常指长周期表中ⅢB～Ⅷ族元素。它们都拥有参与成键的 d 轨道，价电子排布为 $(n-1)d^{1\sim9}ns^{1\sim2}$。所有过渡元素都是金属，具有熔点、沸点高，密度、硬度大，蒸气压低等特点，有表现多种价态的倾向，多数化合物具有美丽的颜色。其化学特性为容易形成稳定的配离子，并具有催化性能。

过渡金属催化剂 transition element catalyst　由过渡元素作为活性组分的催化剂。常指以周期表第Ⅷ族九种元素（Fe、Co、Ni、Ru、Re、Pd、Os、Ir、Pt）为活性组分的催化剂。这类催化剂可以活化诸如 H_2、O_2、N_2、CO 等双原子分子，并发生解离吸附，形成 H、O、N、C 等原子的吸附态，提供给另外的反应物或中间物种，进行化学反应。此外，这类金属的 d 能带是部分充满的，这种开放性的 d 能带是产生催化活性的来源。过渡金属催化剂广泛用于加氢、脱氢、氧化、异构化、环化、氢解、重整等反应。

过滤 filtration　一种用来分离固体粒子悬浮液的操作。是借助于一种能将固体粒子截留住而让液体通过的多孔介质，将固体物从悬浮物中分离出来。原有的悬浮液称为滤浆，截留在滤介质上的固体物称为滤饼，通过滤饼及过滤介质所得的澄清液体称为滤液。工业上常用真空泵使过滤介质一侧滤液的压强低于大气压，以增强过滤动力，提高过滤速度，称为真空过滤；或使过滤介质另一侧的压强高于大气压，称为加压过滤；也有将两者结合起来，称为真空加压过滤。

过滤介质 filtering medium　过滤操作中用来截留滤浆中固体粒子的多孔性物质。如多孔陶瓷、多孔塑料、滤纸、滤布、金属丝网、石棉、砂、活性炭等。对过滤介质的基本要求是具有多孔性、阻力小、耐热、耐腐蚀，并有足够的机械强度。

过滤机 filter　用于分离悬浮在气体或滤浆中固体颗粒的设备。类型很多。按操作方法不同，分为间歇式及连续式过滤机；按过滤推动力，分为重力、加压及真空过滤机；按结构形式，分为板框过滤机、转鼓式真空过滤机、离心式过滤机及圆形滤叶加压过滤机等。

过滤速度 filtration velocity 指过滤设备在单位时间单位面积所能获得的滤液体积,单位为 m^3/s。它表明了过滤设备的生产强度,也在一个方面反映了设备性能的优劣。实际上也反映了滤液通过滤面的表观速度。

过滤速率 filtration rate 指过滤设备在单位时间所能获得的滤液体积。它表明过滤设备的生产能力。过滤速率与过滤推动力成正比,与过滤阻力成反比。凡是影响过滤推动力(如重力、压差)及过滤阻力(如悬浮液的黏度)的因素都会对过滤速率产生影响。

毕托管 Pitot tube 又称测速管。它由两根弯成直角的同心套管组成,在管道中与流动方向平行安装。内管前端敞开,朝着流来的被测流体,测得流体的动压头;外管前端封闭,但管壁四周开有若干测压小孔,流体在小孔旁流过,可测得流体的静压头。内、外管另一端都露在管道外各部与压差计的一个接口相连,根据所测得的压力差,即可按一定的公式计算出流体的流速。其特点是结构简单、阻力小,适于测量大直径管道内的流速。缺点是不能直接测出平均速度,而且主要用于测气体,其压差读数小,常需放大才读得较准。

【丨】

尘肺 dust lung 指长期在生产活动中因吸入生产性粉尘而发生的肺部进行性纤维组织增生的全身性疾病。是我国目前职业病发病最严重的疾病之一,也是职业病中发病较严重的病种,迄今尚不能根治。如不进行有效治疗,其肺部病变呈现进行性加重的趋势,会给患者的呼吸功能、心血管功能等造成不同程度的障碍并诱发肿瘤。我国引入法定职业病范围的尘肺病总计13种,分别是矽肺、煤工尘肺、石墨尘肺、炭黑尘肺、石棉肺、滑石尘肺、水泥尘肺、云母尘肺、陶工尘肺、铝尘肺、电焊工尘肺、铸工尘肺、其他尘肺。其中以矽肺及石棉肺对患者伤害最重。

尖晶石 spinel 化学式 AB_2O_4(A 可以是 Mg^{2+}、Mn^{2+}、Ni^{2+}、Zn^{2+}、Fe^{2+}、Co^{2+}、Cu^{2+} 及 Li^+ 等一、二价离子;B 为 Al^{3+}、Cr^{3+}、Fe^{3+}、Ga^{3+}、V^{3+} 等三价离子)。一种复杂配位型的氧化物矿物,属立方晶系。有无色及红、蓝、黄等色。玻璃光泽。密度随配位离子不同而不同。硬度 $5\sim8$。熔点 $2115\sim2155℃$。主要亚种有镁尖晶石($MgAl_2O_4$)、铁尖晶石($FeAl_2O_4$)、锰尖晶石($MnAl_2O_4$)、锌尖晶石($ZnAl_2O_4$)。不溶于酸。尖晶石除天然形成的矿物外,也可按化学计量的质量配比在高温下合成获得。迄今已知具有尖晶石结构的化合物超过100种。其中,大多数是氧化物(AB_2O_4),少部分是硫化物(AB_2S_4)和硒化物(AB_2Se_4)及碲化物(AB_2Te_4),也有极少数卤化物(AB_2X_4)。大量用作耐火材料及搪瓷着色剂,也用作规整催化剂载体,尤用于催化燃烧反应。透明而色泽艳丽的尖晶石矿物是高档宝石材料。

光气 phosgene 化学式 $COCl_2$。又
名碳酰氯、氯甲酰氯。无
色至淡黄色气体，有烂干
草气味。易液化。商品
为无色至淡黄色液体。气体相对密度
3.503，液体相对密度 1.432($0℃$)。熔
点 －118℃，沸点 8.2℃。蒸气压
75.7kPa($0℃$)。临界温度 182℃，临界
压力 5.67MPa。微溶于水，并逐渐水解
生成氯化氢及二氧化碳。易溶于苯、甲
苯、二氯苯。加热至 300℃时分解成一
氧化碳或二氧化碳和四氯化碳。不燃。
剧毒！毒性约比氯气大 10 倍，主要损害
呼吸道，可引起化学性支气管炎、肺炎、
肺水肿。碱性溶液或氨能使碳酰氯中
和，破坏其毒性。用于制造医药、农药、
聚氨酯、聚碳酸酯及香料等，也用作氯
化剂及军用毒气。由一氧化碳和氯气
在光照或活性炭催化下反应制得。

光化学烟雾 photochemical smog
主要是由汽车尾气引起的一种大气污
染现象。该现象最初出现在美国洛杉
矶市，故又称洛杉矶型烟雾。汽车尾气
中所含氮氧化物及碳氢化物在通常情
况下并不发生化学反应。但二氧化氮
在阳光照射下，可以转化成一氧化氮及
活泼的氧原子。氧原子与尾气中的烃、
空气中的氧进一步反应，生成臭氧、醛
类及催泪性物质。如过氧乙酰硝酸酯
等氧化性较强的物质。多产生于城市
上空，烟雾呈蓝色，有强氧化性，刺激人
的眼睛及呼吸道，引起呼吸困难，并伤
害植物种子，使农作物减产。也可使橡
胶、塑料等材料老化，并使大气能见度
降低。

光引发聚合 photo-initiated poly-
merization 指烯类单体在光激发下产
生的自由基聚合。光引发聚合的关键
是单体吸收的光能必须大于待分解的 π
键能。可分为以下三种类型：①光直接
引发。选用波长较短的紫外光，其能量
大于单体的化学键能，就可直接引发聚
合。易聚合的单体有丙烯酰胺、丙烯
腈、丙烯酸、丙烯酸酯等。②光引发剂
引发。光引发剂(如偶氮二异丁腈、过
氧化二苯甲酰)吸收光能后，分解成自
由基而引发烯类单体聚合。③光敏剂
间接引发。光敏剂(如二苯甲酮及荧光
素、曙红等染料)吸收光能后，将光能传
递给单体或引发剂，而后引发聚合。光
引发聚合常用的紫外光源是高压汞灯。
石英汞灯波长 186～1000nm，经滤光器
可以分离出波长适当的光源。

光安定性 light stability 指石油产
品抵抗光照作用而保持其性质不发生
永久变化的能力。是评定石蜡及加氢
处理润滑油等油品储存安定性的指标。
石蜡光不安定的原因是石蜡中含有一
定量的油分，精制过程中未完全脱除的
微量硫、氮、氧化合物，及不稳定的芳烃
和烯烃组分。它们在紫外光(或日光)
照射下会氧化而使石油蜡颜色加深(或
变黄)。石蜡光安定性的测定是用
375W 紫外线高压汞灯照射按规定条件
制备的蜡样，60min 后进行比色，所得色

号与未经光照的试样用同样的方法测得的色号作比较,二者之差的色号即为石蜡光安定性。单位为"号"。其数值越大,表示光安定性越差。

光学抛光沥青　optical polishing asphalt　用于光学零件抛光过程中调制抛光胶的专用石油沥青。是将抛光沥青、松香及蜂蜡按 39∶60∶1 的比例熔化混合均匀后制成抛光胶。使用时根据抛光零件的形状将抛光胶熔化制成平面或球面的胶盘,在盘上不断涂抛光粉进行旋转抛光。抛光沥青的软化点一般为 90～110℃。具有良好的耐热性、适当的油性及弹性、与树脂及松香有良好的混溶性。

光学刻线沥青　optical scale asphalt　指在专刻光学仪器上刻划特细线条用的主要敷料。在光学仪器的玻璃片上(如刻度盘、标尺、物镜等)刻特细线条(3～4μm)所用方法有腐蚀法及真空镀金属法两种。这些方法在刻划、显痕过程中都要在玻璃上涂覆保护层敷料,所用敷料有蜂蜡型及沥青型两种。前者因涂层较厚,不易刻划特细线条,正逐渐为沥青型敷料所取代。光学刻线沥青要求的主要性能有:杂质少,可完全溶于苯及有机溶剂;沥青溶液能在玻璃表面形成均匀而牢固的薄膜;在一定温度下不软化、不变形;对 HF、H_2SO_4 有足够的耐蚀性等。

光亮剂　bright agent　一种提高金属工件淬火后表面光洁度、避免工件表面沉积黑色斑点的添加剂。常用的有甲基萘烯树脂、味唑啉油酸盐等。将其加入热处理油中,能分散淬火油中积炭大分子,防止炭黑等杂质在工件表面沉积,降低淬火油对工作表面的附着力,提高淬火工作表面光亮度,减轻后续清洗难度等。

光亮油　bright stock　见"中性油"。

光屏蔽剂　light screener　见"光稳定剂"。

光敏剂　sensitizer　又称敏化剂、增感剂、光引发剂。是一类能吸收一定波长的紫外线而产生自由基或离子并引发光聚合的化合物。光敏剂是光学光敏胶、光交联水分散性聚氨酯、光刻胶及光固化涂料的重要组分之一。常用的光敏剂有安息香及醚类、二苯甲酮类、苯偶酰类、苯乙酮衍生物、硫杂蒽类等。选用光敏剂时首先应根据主体材料光敏树脂的性质选用适当的光敏剂,同时考虑光敏剂的引发效率要高、用量要少、有一定热稳定性、无毒害及无环境污染。

光氯化法　light chlorination method　见"氯化"。

光催化　photocatalysis　指光促进下的催化作用。光催化反应是利用光能进行物质转化的一种方式。主要分为太阳能转化光催化及环境光催化两种。太阳能转化光催化主要致力于太阳能的开发及储能(水的光解)。其主要途径是利用太阳能光解水制氢。环境光催化由于其在室温下具有深度反应能力,能成功应用于有机污染物(如烷烃、烯烃、苯系物、芳烃、卤代烃等)、杀虫剂的降解。应用于污水处理、空气清洁除臭、杀菌等方面,具有所用化学品少、无二次污染等特点。

光稳定剂 light stabilizer 指能抑制高分子材料光老化而加入的助剂。种类很多。按作用机理可分为以下四类:①光屏蔽剂,又称遮光剂。是一类能吸收和反射紫外线的物质,具有滤光器的作用,可减少紫外线透入到材料内部,有效抑制光老化。如二氧化钛、氧化锌、炭黑等。②紫外线吸收剂。具有吸收日光紫外线的能力而本身结构不起变化的物质(如水杨酸酯类、二苯甲酮类及苯并三唑类)。③猝灭剂,又称激发态能量消除剂。它是将聚合物分子因吸收紫外线后所产生的激发态转移,快速而有效地将激发态的分子"猝灭",使其回到稳定的基态。主要有镍的有机络合物或镍盐的螯合物。④自由基捕获剂。指能通过捕获自由基、分解过氧化物、传递激发态能量等多种途径赋予聚合物以高度光稳定性的一类具有空间位阻效应的哌啶生物类光稳定剂,简称受阻胺光稳定剂。它几乎不吸收紫外线,但光稳定效果高出紫外线吸收剂的数倍,是目前光稳定剂的主要发展品种。

当量长度 equivalent leugth 计算流体流过管件或阀门产生的局部阻力时,为方便起见,将管路中管件、阀门的流动阻力折算为同一公称直径直管时的长度,这一长度称为当量长度。其数据可从相关的手册中查得。

当量直径 equivalent diameter 又称水力直径。指流体通过导管或设备的自由截面积的 4 倍与该截面被流体润湿的周边之比值。可用以计算非圆形截面导管或设备的直径。对于圆形导管,当量直径就是内径。

当量软化点 equivalent softening point 指沥青的针入度为 800(0.1mm) 或黏度为 1300Pa·s 时的温度。沥青的蜡含量越高,软化点与当量软化点的差别越大。对于蜡含量高的沥青,用当量软化点更能反映沥青的高温性能。参见"软化点"。

当量理论板高度 height equivalent to a theoretical plate 见"等板高度"。

曲轴箱模拟试验 crankcase simulation test 见"成漆板焦化试验"。

同分异构 isomerism 指化合物具有相同的分子式而组成分子的原子间因相互连接顺序不同或空间排列不同而致化合物具有不同物化性质的现象。能发生同分异构现象的化合物称为同分异构体。

同分异构体 isomer 又名异构体。具有同一分子式,但分子结构及物化性质不同的化合物。可分为构造异构体、立体异构体及电子互变异构体三类:

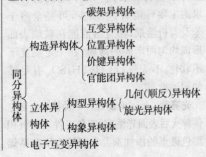

同系物 homolog 指结构相似,在分子组成上相差一个或若干个 CH_2 原子团的物质。如对烷烃而言,结构相似指碳原子以单键结合成链状,碳原子其余价健全部与氢原子结合,被氢原子所饱和。同系物具有结构相似、有相同通式的特征。如甲醇、乙醇、丙醇…癸醇等都属于直链醇,可用通式 $CH_3(CH_2)_nOH$ 表示。同系物的化学性质很相似,而物理性质随分子中碳原子数的递增发生规律性变化。

同离子效应 common ion effect 在弱电解质溶液中,加入与其具有相同离子的强电解质,可以使弱电解质的电离度减少的现象。利用同离子效应可以调节溶液的酸、碱性。如在弱酸溶液中,加入该弱酸的盐,可降低溶液中 H^+ 的浓度;向氨水中加入铵盐可以控制溶液中 OH^- 的浓度。在分析化学中,常利用同离子效应降低沉淀的溶解度以保证被沉淀离子沉淀完全。

回火 back-fire 当燃料气与空气的混合气体从燃烧器喷嘴处流出的速度低于火焰传播速度时,火焰会向喷嘴方向移动,最后在喷嘴内燃烧的现象。回火有时会引起爆振或熄火,严重时会引起爆炸事故。而当燃料气与空气的混合气体从燃烧器喷嘴流出的速度大于脱火极限时,燃料气离开喷嘴一段距离才着火,这种现象称作脱火。脱火使火焰燃烧不稳定,以至熄火。

回火油 temper oil 见"热处理油"。

回转叶片式真空泵 rotary vane vac-uum pump 见"旋转式真空泵"。

回转式压缩机 rotaing compressor 又称旋转式压缩机。容积型压缩机的一种。是利用气缸内一个或多个转子与缸壁间形成密闭空间而吸入、压缩及排出气体。有滑片式、螺杆式、液环式及转子式多种结构形式。其中,又以螺杆式压缩机应用最广。这类压缩机的特点是结构简单、运转平稳、转速较高、可靠性较强、体积小、气流脉动少。但功率消耗比往复式压缩机稍高,所能达到的压力不高,噪声较大。主要用于压缩或输送空气或其他气体。

回炼比 recycle ratio 又称循环比。在催化裂化或热裂化过程中,将回炼操作中的总回炼油量与新鲜原料量的比值称为回炼比;将总进料量与新鲜原料量的比值称为循环系数:

回炼比=总回炼油量(t/h)/新鲜原料量(t/h)
循环系数=总进料量(t/h)/新鲜原料量(t/h)

其中总回炼油量是指回炼油与回炼油浆的总和。回炼比与产品的产率分布、产品质量、装置热平衡及装置的处理能力等密切相关。

回炼油 recycle oil 又称循环油。指在催化裂化或热裂化过程中,与新鲜原料混合,重新进入裂化反应器或裂化炉管的那部分未参与反应的原料,即反应产品中沸程与原料油沸程相接近的馏分。目的是使更多的原料转化为轻质油品,提高其产率。

回炼操作 recycle operation 又称循环裂化。由于新鲜原料经过一次裂化反应后不能都变成所要求的产品，而从一次裂化反应产品中除去目的产品后，分出的一部分与原料油馏程相近的中间馏分，重新送回反应器与新鲜原料一起进行的再次裂化称作回炼操作。这部分中间馏分油即为回炼油或循环油。如这部分循环油不去回炼而作为产品送出装置，则这种操作称作单程裂化。

回流 reflux 精馏操作中，从精馏塔顶部引出的上升蒸气经冷凝后，部分液体作为塔顶产品的馏出液，部分液体送回塔内，后者则称为回流。回流是为精馏提供必要的条件，使塔内气液相充分接触，在各层塔板上建立浓度梯度及温度梯度，还可取出塔内多余的热量，维持全塔热平衡，以使精馏得以顺利进行。回流有冷回流、热回流及循环回流等方式；按回流返回部位可分为塔顶回流、侧线回流及塔底回流。液相回流可分为内回流及外回流两类。

回流比 reflux ratio 精馏操作中，由塔顶冷凝器返回塔内的液体量（即回流量）与送出塔外的馏出量（即产品量）之比称为回流比（有时也称外回流比）。是精馏塔的重要操作参数，其大小系根据各组分分离难易程度（即相对挥发度大小）以及产品质量要求而定。对于二元或多元物系则由精馏过程的计算而确定。对于原油蒸馏过程，常用经验或半经验方法设计，主要由全塔的热量平衡确定。

回流热 reflux heat 又称全塔过剩热量。指蒸馏过程中由回流取出的热量。分馏过程中，一般在泡点温度或气液混相条件下进料，在较低温度下抽出产品。因此，在全塔进料和出料热平衡中必须出现热量过剩。除极少量热损失外，绝大部分过剩热量要用回流来取出。根据回流热，再确定回流量。

回流萃取 reflux extraction 又称双组分萃取。指在萃取过程中，将部分萃取产品回流至萃取塔中，与料液进行相同接触传质，对料液进行高纯度分离的萃取方法。当原料混合液中 A、B 两组分在溶剂中的溶解度差别不大时，需采用回流萃取才能使两组分实现分离。其操作过程与精馏类似。即从萃取塔顶取得的萃取液用蒸馏的方法将溶剂分离后，部分作为萃取产品，其余作为回流液送到塔顶。在萃取塔中，料液进口至萃取剂进口各塔段称为萃取段，其间进行一般的逆流萃取，用萃取剂从料液中提出被分离组分；料液进口至回流进口各塔段称为回流段，用回流液提高来自萃取段的萃取液的浓度。多用于分离要求及萃取率要求高的场合，如芳烃萃取分离等。

吸电子共轭效应 electron attracting conjugative effect 见"共轭效应"。

吸收 absorption 又称气体吸收。一种气体分离方法。是利用气体混合物各组分在某溶剂中的溶解度不同，通过气液两相充分接触，易溶气体进入溶剂中，从而达到使混合气体中组分分离的过程。易溶气体为吸收（溶）质，所用溶剂称为吸收剂。吸收过程实质上是气相组分在液相溶剂中溶解的过程,也即溶质从气相转移到液相的过程。气体被吸收剂溶解时不发生化学反应的吸收过程称为物理吸收;气体被吸收剂溶解时伴有化学反应的吸收过程称为化学吸收。气体吸收的目的主要有分离混合气体、除去有害组分、回收有用组分或制备溶液(如氨水)及制备气液反应生成物等。

吸收光度法　absorption spectrophotometry　见"分光光度法"。

吸收汽油　absorption gasoline　指用有一定沸点、浊点及适当黏度的吸收油从天然气中吸收得到的汽油。一般为轻质汽油,辛烷值不高,可用作裂解原料或溶剂汽油。

吸收系数　absorption coefficient　在吸收速率方程式中表示吸收过程速率与吸收过程推动力之间比例关系的系数。是专用于吸收过程的传质系数。当传质推动力的表示形式变化时,便有不同形式的吸收系数,如气膜吸收系数、液膜吸收系数、气相吸收总系数、液相吸收总系数等。

吸收剂　absorbent　见"吸收"。

吸收速率　absorption rate　指吸收过程中单位时间内在单位相际传质面积上传递的溶质的量。描述吸收速率与吸收过程推动力、吸收过程阻力间关系的数学式称为吸收速率方程式。增加吸收系数、吸收推动力及吸收面积,均可提高吸收速率。

吸收塔　absorber　工业上用于吸收气体的塔器。常与解吸塔联用。按气液的相对流向可分为逆流操作和并流操作两种。催化裂化装置中用汽油吸收富气的过程就是在吸收塔中进行的。老装置吸收塔塔板多采用槽形和泡帽塔板,新装置多采用浮阀塔板。作为吸收剂的脱丁烷汽油和粗汽油分别由塔顶和塔上部入塔,平衡罐来的不凝油气由塔下部进入,贫气由塔顶排出,富气吸收汽油自塔底抽出。气、液两相在各层塔板经逐级接触,进行传质,从而完成吸收过程。

吸收稳定系统　absorbing-stabilizing system　指利用吸收和精馏的方法将裂化过程中产生的裂化气体与裂化汽油分开,取得稳定的成品汽油,并将裂化气体中的 C_2 以下干气与 C_3 及 C_3 以上的组分分开,得到液化石油气的工艺过程。吸收稳定系统主要包括吸收塔、解吸塔、稳定塔、再吸收塔和凝缩油罐、汽油碱洗沉降罐等。

吸附　adsorption　气体或液体中的某些组分被多孔结构固体吸着的现象。以分子间相互吸附的为物理吸附,一般吸附热及吸附力较小,当升高温度或用气体或液体冲洗时易发生脱附。气体或液体分子与吸附剂表面分子形成吸附化学键的吸附现象是化学吸附,一般吸附热较大,活化能较高,大都是不可逆的。吸附操作广泛用于炼油、石油化工、轻工及环境保护,可用于吸附气体或液体中的杂质和毒物,脱色,除臭,回收溶剂及深度干燥等。

吸附干燥 adsorption drying　又称除湿干燥或吸附减湿。是用活性氧化铝、硅胶、活性炭、分子筛等具有多孔结构及较大比表面积的固体吸附剂对气体或液体中的水分进行吸湿干燥的过程。所用装置是移动床、固定床及流化床等。在各类吸附剂中,活性炭及活性白土可用于一般的减湿干燥;活性氧化铝及硅胶有较高的减湿吸附容量,但当气体的相对湿度低时,其吸附能力也低;沸石分子筛的减湿吸附容量比活性氧化铝及硅胶要低,但在相对湿度较低及较高温度下,仍能保持较高的吸附能力;当相对湿度较高并要求深度干燥时,将活性氧化铝或硅胶与沸石分子筛串联使用,可取得较好的干燥效果。

BET 吸附方程 BET adsorption equation　由布伦纳尔(Brunuuer)、埃米特(Emmett)及特勒(Teller)三人扩展朗格缪尔(Langmuir)的单分子层吸附理论,提出多分子层吸附模型而导出的方程:

$$\frac{p}{V(p_0 - p)} = \frac{1}{V_m c} + \frac{c-1}{V_m c} \cdot \frac{p}{p_0}$$

式中,V 为吸附量;V_m 为表面形成单分子层所需的气体体积;p 为吸附时的平衡压力;p_0 为吸附气体在给定温度下的饱和蒸气压;c 为与吸附热有关的常数。如以 $\frac{p}{V(p_0 - p)}$ 对 $\frac{p}{p_0}$ 作图,可得一直线。由直线的斜率和截距可求得 V_m 和 c 值。如知道每个分子的横截面积,即可由 V_m 算得吸附剂的比表面积。BET 方程是广泛应用的吸附方程,常用于计算催化剂及载体等的比表面积。

吸附分离 adsorption separation　利用吸附剂对流体混合物进行分离的一种方法。根据混合物中各组分在多孔性固体吸附剂中的吸附力不同,使其中的一种或数种组分被吸附于吸附剂表面上,从而达到分离的目的。根据吸附剂表面和被吸附物之间的作用力不同,可分为物理吸附及化学吸附两种类型。常用的固体吸附剂有活性炭、活性氧化铝、硅胶、白土、硅藻土、分子筛等。

吸附平衡 adsorption equilibrium　在一定条件下,当气体或液体与固体吸附剂接触时,气体或液体中的吸附质将被吸附剂所吸附。吸附剂对吸附质的吸附,包含吸附质分子碰撞到吸附剂表面被截留在吸附剂表面的过程(吸附)和吸附剂表面截留的吸附质分子脱离吸附剂表面的过程(脱附),当吸附质在两相中的含量不再改变而互呈平衡时,称为吸附平衡。这种平衡关系决定了吸附过程的方向及限度。当流体中吸附质浓度高于其平衡浓度时,则吸附质被吸附;反之,如气体或液体中吸附质的浓度低于其平衡浓度,则已吸附在吸附剂上的吸附质将脱附。

吸附色谱法 adsorption chromatography　利用各组分在吸附剂与洗脱剂之间的吸附和解吸能力的差异而达到分离的一种色谱方法。分为气固吸附色谱和液固吸附色谱。前者用于分离气体和低沸点烃类;后者适用于非极性石油烃类、甾体化合物及芳香族异构体的分离。

吸附剂　adsorbent　指能对气体或液体中的溶质进行吸附的多孔性固体物质。常用的吸附剂有活性炭、硅胶、活性氧化铝、分子筛、白土及天然沸石等。这些吸附剂中有些也是石油化工中常用的催化剂载体。选择吸附剂的一般要求是:对吸附质有高的吸附能力及选择性,有较大的比表面积,有较高的机械强度及耐磨性,有良好的化学稳定性,而且颗粒大小均匀,容易再生。

吸附质　sorbate　指被吸附剂所吸附的物质。通常为气体或溶质。如被活性氧化铝所吸附的乙烯,被分子筛所吸附的二氧化碳,被活性炭吸附的有机物等。

吸附法处理废水　adsorption treatment of wastewater　是利用多孔性固态物质(吸附剂)吸附水中污染物来处理废水的一种常用方法。常用的吸附剂有活性炭、大孔吸附树脂、硅藻土、焦炭等。吸附过程一般分为三个步骤:首先由吸附质扩散通过水膜而到达吸附剂表面;然后是吸附质在吸附剂孔内扩散;最后为吸附质在吸附剂表面上发生吸附。总吸附过程速率由前两个步骤所控制。吸附法处理工业废水的装置有固定床、移动床及流化床等。可用于处理含酚废水、含苯废水、印染废水等。

吸附法脱臭　adsorption deodoring　利用吸附原理去除恶臭的方法。除臭工艺是将吸附剂置于吸附塔内,让含臭气体通过,从而达到除臭目的。所用吸附剂有活性炭、硅胶、分子筛、活性氧化铝、碱性气体吸附剂等。对于低浓度的挥发性有机化合物、二氧化硫、氮氧化物等气体,用吸附技术去除是一种较为有效而又简便易行的方法。吸附到达饱和后,用水蒸气脱附,吸附剂可循环使用。

吸附树脂　adsorption resin　一种具有立体结构的多孔性海绵状的热固性聚合物,是选择适当的单体合成出来的非极性到强极性的有不同表面特性的高分子吸附剂。外观为白色球形颗粒。有较大的比表面积及适当的孔径,可从气相或溶液中吸附某些物质。它与被吸附物质之间的作用主要是物理作用,如范德华力、偶极-偶极相互作用、氢键等较弱的作用力。可分为非极性、中等极性及强极性等不同类型。具有对有机物吸附能力强、化学稳定性高、经久耐用、耐辐射性能好、再生方便等特点。用于有机化工产品分离提纯、废水除酚、糖类脱色等。可由苯乙烯、甲基苯乙烯、丙烯酸甲酯等单体为原料经悬浮共聚制得。

吸附速率　adsorption rate　指单位时间内被吸附剂吸附吸附质的量。单位为 kg/s。通常一个吸附过程包括以下三个步骤:①外扩散。即吸附质分子从流体主体以对流扩散方式传递到吸附剂固体表面的过程。②内扩散。即吸附质分子从吸附剂的外表面进入其微孔道,进而扩散到孔道的内部表面的过程。③吸附。在吸附剂微孔道的内表面上,吸附质被吸附剂吸附。当外扩散速率比内扩散慢得多时,吸附速率由外扩散速率决定,称为外扩散控制;在较多情况下,内扩散速率比外扩散要慢,此时称为内扩散控制。

吸附热 adsorption heat 吸附过程伴随的热效应。吸附热决定于作用力的性质、吸附键的类型及强度。化学吸附的吸附热大于物理吸附的吸附热。同样是化学吸附,吸附热大则说明吸附键强,反之,则吸附键弱。对吸附热的考察,可以了解吸附作用力的性质、吸附键类型、表面均匀性及吸附分子间相互作用的性质。

吸附减湿 adsorption dehumidification 则"吸附干燥"。

吸附精制 adsorption refining 是利用吸附剂对极性化合物较强的吸附作用。用于脱除油品中的氮化物及其他含硫、含氧化合物,以改善油品的颜色及稳定性。所用吸附剂一般为极性较大的物质,如分子筛、氧化铝、硅藻土、白土等。用吸附法脱除汽油、柴油等油品中的含硫化合物,具有投资及操作费用低等特点。

吸热反应 endothermic reaction 见"放热反应"。

吗啉 morpholine 化学式 C_4H_9NO。又名四氢化-1,4-噁嗪、1,4-氧氮杂环己烷。无色油状液体,有吸湿性及氨的气味。相对密度

0.9994。熔点－4.9℃,沸点 128.9℃,闪点 37.8℃,燃点 310℃。折射率 1.4548。蒸气相对密度 3.0,蒸气压 0.93kPa(20℃)。爆炸极限 1.8%～11.2%。与水及多数常用有机溶剂混溶,也溶于松节油、蓖麻油等。是一种强碱。与酸发生放热中和反应生成盐和水,受热分解放出氧化氮烟气。易燃。有毒! 可经呼吸道、皮肤及消化道吸收,有刺激性及全身中毒作用。用于制造抗病毒药、有机磷农药、吗啉脂肪酸盐等。也用作染料、树脂及芳烃抽提等的溶剂、金属缓蚀剂、橡胶硫化促进剂等。由二乙醇胺经硫酸脱水、闭环而得。

刚性凝胶 rigid gel 见"非弹性凝胶"。

【丿】

先进过程控制技术 advanced process control technique 简称 APC 技术。是指在动态环境中,基于现代控制理论、数学模型和借助计算机的功能,以满足生产过程较复杂的被控对象的控制要求,在更高层次上考虑对象的控制方法,并实现较高级的控制策略。通过 APC 技术的应用,企业能使其设备运行更安全、更有效,取得更好的经济效益。一个先进控制技术一般包括动态数学模型、多变量预估控制器、工艺计算及实时优化等结构层次。

舌形塔盘 tab type tray 见"喷射式

塔盘"。

传导干燥 conductive drying 干燥方法的一种。湿物料与加热介质不直接接触,热量以传导方式通过固体壁面传给湿物料的干燥方式。此法热能利用率高,但物料温度不易控制,容易过热变质。常用于薄层物料或很湿的物料的干燥。如干燥膏状物料的桨叶式干燥器、内部装有蒸汽管的转筒干燥器、干燥薄层糊状物的转鼓干燥器均属传导加热干燥器。

传导传热 heat transfer by conduction 又称热传导或导热。是由于物质的分子、原子或电子的运动或振动而将热量从物体内高温处向低温处传递的过程。任何物体,不论其内部有无质点的相对运动,只要存在温度差,就必然发生热传导。但气体、液体及固体的热传导机理各不相同。在气体中,热传导是由不规则分子热运动引起的;在大部分液体和不良导体的固体中,热传导是由分子或晶格的振动传递动能来实现的;而在金属固体中,热传导主要靠自由电子的迁移来实现。热传导不能在真空中进行。

传质 mass transfer 指物质系统由于浓度差而引起的质量传递过程。传质的推动力是浓度差。当两相接触时,体系中某一组分就会由高浓度相转移至低浓度相。在静止或层流流动的内部,传质是由分子运动而引起的扩散作用造成的。传质可在一相中进行,也可在两相中进行。许多化工分离过程是以两相间的传质为基础的。如精馏及吸收属气-液系统的传质过程;萃取属液-液系统的传质过程。

传质单元高度 height of a transfer unit 简称 HTU。单位时间内通过填料塔单位横截面的物料量和传质系数与单位填料体积的有效传质界面的乘积之比。单位为 m。传质单元高度与填料塔的设备结构、气液流动状况及物系性质有关。传质单元高度越小,则完成同样吸收任务所需的填料层高度越小,传质效果越好。常用填料的传质单元高度为 0.15~1.5m。

传质单元数 number of transfer unit 简称 NTU。在填料塔内进行传质过程的混合物,在通过微元的填料层高度后,其中某组分所发生的组成变化和相应的推动力之比在整个填料层范围内的积分值,称为传质单元数。该值反映了吸收过程的难易,而与塔的结构及气液流动状况无关。传质单元数与传质单元高度的乘积即为整个填料塔填料层的总高度,即:

$$填料层高度=传质单元数×传质单元高度$$

传热 heat transfer 又称热量传递。在存在温度差的物系中,热量由高温区向低温区传递的过程。传热的基本方式有热传导、对流及辐射三种。工业上,传热的目的是将热流体的热量传递给冷流体,产生热量交换以达到生产工艺要求。工业上的换热方式可分为间壁式换热、混合式换热、蓄热式换热三种方式。

传热系数 heat transfer coefficient 表示固体壁两侧流体间传热强度的数值。在数值上等于单位传热面积、热流体与冷流体温度差为 1K 时换热器的传热速率。是评价换热器传热性能的重要参数。影响传热系数的因素有换热器的类型、流体种类及性质、操作条件等。在换热器工艺计算中,传热系数的来源可以取经验值、现场测定或由公式计算而得。

传热油 heat transfer oil 见"热传导油"。

优先污染物 priority pollutant 又称环境优先污染物。指在众多环境污染物中筛选出潜在危害大的种类作为优先控制对象。如我国水体中优先控制污染物种类有挥发性卤代烃类、氯代苯类、苯系物、酚类、硝基苯类、苯胺类、多环芳烃类、酞酸酯类与丙烯腈、亚硝胺类、氰化物、农药、重金属及其化合物等。

仲碳原子 secondary carbon atom 见"叔碳原子"。

价电子 valence electron 原子中可参与形成化学键的电子。一般指原子最外层能参加成键的电子。但在某些元素,特别是过渡金属元素的原子中,次外层的电子也能参加成键。如二价铜化合物就是由铜原子的最外层及次外层各失去一个电子。元素的原子价及许多化学性质常为价电子数目所决定。

价键 valence bond 见"化学键"。

价键异构体 valence bond isomer 构造异构体的一种,由于分子中某些价键的分布发生改变,导致分子几何形状变化所产生的异构体。如苯与杜瓦苯互为价键异构体:

苯　　　　　　　杜瓦苯

佩耐克斯过程 Penex process 又称 UOP 戊烷-己烷异构化过程。是美国环球油品公司(UOP)开发的 C_5/C_6 烷烃异构化提高辛烷值的过程。该工艺特别适合于戊烷、己烷及二者混合物的连续催化异构化。反应在氢气环境下进行。其特征为采用高活性氯化氧化铝为催化剂,物料一次通过。异构化汽油的研究法辛烷值为 $82 \sim 84$。UOP 公司是全球 C_5/C_6 异构化技术的领先专利商。第一套 Penex 装置于 1958 年建成投产,截至 2000 年 6 月,全球有 180 多套装置采用了 UOP 公司的 C_5/C_6 异构化技术。

延迟石油焦 delayed petroleum coke 也即普通焦。按硫含量高低可分为一级品和合格品(1A、1B、2A、2B、3A、3B)7 个牌号。一级品和 1A、1B 焦适用于炼钢工业中制作普通功率的石墨电极,也用于炼铝工业中制作铝用碳素;2A、2B 焦用于炼铝工业中作铝用碳素;3A、3B 用于化学工业作碳化物或燃料。延迟石油焦经粒级分类及煅烧,可生产用于冶金、机械及电子等行业的煅烧石油焦。

延迟焦化 delayed coking 一种由残炭含量较高的渣油转化为轻质油的工艺过程。其特点是原料在通过管式加热炉加热过程中,采用较高的流速和较高的加热强度,使油品在短时间内达到焦化反应温度,并迅速离开加热炉管,进入焦炭塔。由于原料在高温炉管内停留时间很短,使焦化反应推迟到焦炭塔内进行,因而称为"延迟"焦化。可以避免炉管内大量结焦,延长装置运转周期。其生产工艺分焦化及除焦两部分。焦化为连续操作,除焦为间歇操作。工业装置一般设有两个或四个焦炭塔,整个生产过程仍为连续操作。延迟焦化可处理直馏渣油、裂解焦油、焦油砂、沥青、脱沥青焦油、煤的衍生物、催化裂化油浆及炼厂污油等数十种原料。因此焦化装置是目前炼厂实现渣油零排放的重要装置之一。

延度 ductility 旧称伸长度。衡量沥青塑性及拉伸性能的指标。测定时,将沥青试样在模具内铸成规定的形状,其拉伸横截面积为 $1cm^2$,在(25 ± 0.5)℃温度下以每分钟(5 ± 0.25)cm的速度进行拉伸,至断裂时试样所伸长的距离即为沥青的延度。以 cm 表示。延度大,表明沥青的塑性变形好,不易出现裂纹,即使出现裂纹也容易自愈,道路的耐久性也就好。

自力式压力调节器 self-acting pressure controller 一种利用被控介质本身的能量作为能源工作的调节器。常用作减压调节器、气压给定的压力调节器、气动单元组合仪表给定器、石油产品在线质量自动分析器使用的压力调节器、装在放空管线上的背压调节器,以及控制精度要求不高的流量调节器等。主要由调节手轮、设定弹簧、膜片、阀杆、阀芯、阀座等部件组成。按工作原理可分为上游稳定压力调节器及下游稳定压力调节器等,分别为控制上游及下游流体压力稳定的调节器。广泛用于天然气集输、城市燃气及石油化工等生产部门。

自力式调节器 self-acting controller 又称直接作用式调节器。它不需要外加能源,是利用被控介质本身的能量推动调节机构工作的调节器。常用于就地调节温度、压力、流量等。如蒸气压力控制可以选用自力式压力调节器,用于调压、稳流等要求不高的就地控制系统。具有结构简单、价格便宜、使用方便等特点。

自由度 freedom 又称独立变量。指体系独立可变因素(如温度、压力、浓度等)的数目。常用符号 F 表示。这些因素的数值,在一定范围内,可以任意地改变而不引起相的数目的改变。如对液态水而言,在一定范围内,可以任意改变温度、压力,但仍能保持液态水的存在。因此其自由度 $F=2$。而对于汽液两相平衡体系,在温度及压力两个变量之中只有一个是独立可变的,规定了温度,则压力即平衡蒸气压也就随温度而定,不能任意指定,也即 $F=1$。

自由基 free radical 又称游离基。指有机化合物分子在光、热或引发剂等作用下,共价键发生均裂时所形成的具有不成对电子的原子或原子团。在原子、分子或离子中,只要有未成对的电子存在,都可称作自由基,如原子自由基($H\cdot$、$Na\cdot$)、分子自由基($O=N\cdot$、$\cdot O-O\cdot$)、离子自由基$[\cdot CH-C^+(CH_3)_2$、$\cdot CH-C^- HC_6H_5]$等。有很多方法可使共价键发生均裂生成自由基。在聚合反应中应用最多的是热解、氧化还原反应、光解、辐射等。在一般条件下自由基不能稳定存在,但有很强的反应活性,在有机化学中为一种活性中间体。在生物体内可引发病变加速衰老。

自由基捕获剂 radical scavenger 见"光稳定剂"。

自由基聚合 radical polymerization 又称游离基聚合。指由自由基活性中心引发单体形成单体活性中心,进而与单体间作用变成链增长最终得到高聚物的反应。其微观历程可分成链引发、链增长、链终止三个阶段。其中链引发是控制速率的关键步骤。可进行自由基聚合的单体有烯类单体、环状单体等。工业上很多重要聚合物都是由自由基聚合过程制得的,如聚氯乙烯、聚苯乙烯、聚丙烯腈等。

自发聚合 spontaneous polymerization 某些单体在无引发剂存在下所进行的聚合。如苯乙烯的热聚合是一种自引发聚合;4-乙烯基吡啶铵盐在水溶液中,即使无引发剂也能自发聚合得到4-乙烯吡啶季铵盐。

自动化 automation 指生产过程自动化。指在生产过程中,采用自动化仪表及装置,来控制、检测生产过程中的工艺参数,以替代操作人员的直接操作。随着各种技术特别是计算机技术、微电子技术及通信技术在自动化领域中的应用,进一步提高了自动化系统及仪表的性能,为过程控制提供了更准确而有效的手段。广泛用于炼油及石油化工行业。

自动化仪表 automatic instrument 指用于生产过程自动化的仪表。自动化仪表种类繁多。按其测量参数分类,可分为化工测量仪表(测量压力、温度、流量等)、成分分析仪表、电工测量仪表等;按其所使用能源分类,分为电动、气动及自力式仪表,它们分别使用电、压缩空气及被测介质自身能量作动力;按其在自动调节系统中的作用分类,分为变送器、控制器、执行器及显示记录仪等;按其仪表组合方式分类,分为基地式仪表及单元组合仪表,前者集变送、显示、调节各部功能于一体,构成一个固定的控制系统;后者将变送、控制、显示等功能制成各自独立的仪表单元,各单元间用统一的输入输出信号相联系,组成各种测量或控制系统。

自动加速效应 autoacceleration effect 见"凝胶效应"。

自动传动液 auto-transmission fluid 又称自动系统传动油、汽车自动传动油、自动变速器油。一种汽车自动变速传动装置用的多功能、多用途油液。除用于润滑和传递能量外，还具有冷却、液压控制、传动装置保护及有助于平滑变速等作用。具有适宜的高温黏度，较高的黏度指数，优良的氧化安定性及低温性，稳定的摩擦耐久特性，并且对铜部件无腐蚀，与密封件适应性好等特点。可根据车辆类型及性能选用，可四季通用。是以精制矿物油或合成油为基础油加入专用添加剂调合制得。

自动变速器油 automative transimission fluid 见"自动传动液"。

自动氧化反应 auto-oxidation 又称自氧化反应。将有机化合物放置在空气中，其中，C—H 键自动地氧化成 C—O—O—H 基团的反应。高温及光照能促进这一反应。橡胶老化、裂解汽油胶化等都与自动氧化有关。自动氧化反应具有自由基链式反应特征。在无催化剂存在下，反应也能自动进行，但需较长的诱导期。催化剂能加速链的引发，促进反应物引发成自由基，缩短或消除反应诱导期，加速氧化反应，称为催化自氧化。催化自氧化反应主要在液相中进行。常用过渡金属离子作催化剂，如用乙醛催化自氧化制乙酸。工业上也常用催化自氧化反应生产有机酸及过氧化物。

自动控制 automatic control 指用一些自动装置或仪表等技术工具来代替人工操作，自动完成某一工艺生产流程及控制设备有规律的生产或操作。对生产过程或设备进行自动控制，实现了生产工艺参数从测量、显示、记录到控制以及对生产设备的正常操作和维护等，从而可提高生产质量、减少工人的劳动强度，保证生产安全，延长设备使用寿命，降低能耗及生产成本。

自动控制系统 automatic control system 由自动化装置及被控对象相互作用而构成的回路系统。按被控变量可分为温度、流量、压力、液位等控制系统；按控制规律，可分为比例、比例积分、比例微分、比例微分积分控制系统；而按控制的参数值（即给定值）是否变化，可分为定值控制系统、随动控制系统及程序控制系统等。

自动调节仪表 automatic controlling instrument 与检测仪表、显示仪表及执行器等配套使用实现生产过程自动化的一类仪表。按结构不同，可分为基地式仪表、单元组合式仪表及数字式调节器；按所用能源不同，分为直接作用式及间接作用式。直接作用式调节器又称自力式调节器，它不需外加能源，是利用被控介质（如蒸气）作为能源工作的；间接作用式调节器，按外加能源不同，分为气动、电动及液动等类别，工业上常用的是气动及电动调节仪表。

自吸泵 self-priming pump 指不需在吸入管路内充满液体就能自动地将液体抽上来的离心泵。结构形式很多。其工作原理是：泵启动前，关闭排出管阀门，打开排气阀及吸入阀，并在泵壳内灌满液体（或泵壳内自身存有液体）。

泵起动后,浸没液体的叶轮带动液体旋转,在离心力作用下,液体沿叶轮槽道流向外缘,而后进入油气分离室,造成油的循环。在油循环过程中不断将吸入管中气体吸进泵中,并由排气管排放到外部,至吸入管造成足够的真空度后完成自吸过程。打开排出管阀门,关闭排气管阀口,泵即进入正常输液状态。自吸泵常与内燃机配套使用,可用于野外作业。

自热式转化制氢 autothermal reforming 一种部分氧化制氢方法。是在一个反应器中实现轻烃水蒸气转化和部分氧化。过程是将水蒸气和一部分一段制氢进料先进入反应器上部水蒸气转化段,在转化炉中发生吸热反应,第一段排出的 H_2、CO、CO_2、残余甲烷和水蒸气混合物被送入反应器的氧化段,与氧气及剩余部分制氢原料(第二段进料)相混并进一步转化。第二段产品气的显热直接用作第一段转化部分的热源。因无需燃料,也不排放烟气,完全是靠原料与氧气燃烧产生的高温气体为水蒸气转化提供热量,取消了常规的转化炉,所以具有占地及投资小的特点。适合制氢规模在 $100000Nm^3/h$ 以上且有廉价氧气来源的场所。

自热自燃 autothermal autogenous ignition 见"自燃"。

自润滑材料 self lubrication material 又称减摩材料。指摩擦系数小的材料。主要是一些聚合物、固体润滑材料及聚合物基复合材料。如尼龙、聚四氟乙烯、石墨、聚酰亚胺、聚苯酯、二硫化钼及金属基塑料等。常用于制造压缩机、循环机等的填料及活塞环。

自然焦 natural coke 见"天然焦"。

自催化 autocatalysis 又称自生催化或自动催化。指不加入催化剂,化学反应中某一反应物或产物能对反应起催化作用的现象。如乙酸甲酯水解时所产生的乙酸,能对水解本身起催化作用,使反应速度加快;油品在受热氧化时产生的带自由基的过氧化物,会显著加速油品氧化过程。通常化学反应速度随着时间推移而渐趋缓慢,而自催化反应的反应速度先要达到极大后再下降。

自燃 autogenous ignition 可燃物质被加热或由于缓慢氧化分解等自行发热至一定温度时,即使不遇明火也能自行燃烧的现象。可分为受热自燃及自热自燃。可燃物由于接触高温表面、加热、烘烤过度或受冲击、摩擦等使温度升高而导致自燃的现象称为受热自燃;某些物质在无外来热源影响下,由于物质内部所发生的化学、物理或生化过程而产生的热量积累,导致温度上升而引起的自燃现象称为自热自燃。引起自热自燃的因素有氧化热、分解热、聚合热等。常见的自热自燃物质有磷、锌粉、硝化棉、油脂等。

自燃物质 self-ignition material 凡不需外界火源作用,而靠本身受空气氧化而放出热量,或受外界温度影响积热不散,达到自燃点而引起自行燃烧的物质,称为自燃物质。按其反应速率及其危险性可分为一级自燃物质及二级自燃物质。一级自燃物质的自燃点低,在空气中能剧烈氧化,反应速率极快,极易自燃,燃烧激烈,危害性大,如黄磷、三乙基铅等;二级自燃物质的自燃点较高,在空气中氧化速率较缓慢,在积热不散的条件下能产生自燃,如含油脂的制品。

自燃点 autogenous ignition temperature 又称自燃温度。指某种物质受热发生自燃的最低温度。达到自燃温度时,可燃物质与空气接触,不需要明火就会发生自燃。由于自燃的发生取决于氧化时所放出的热量和向外散热的情况,因此,自燃点不是一个固定不变的数值。同一种可燃物质,由于氧化条件不同以及受不同因素的影响而有不同的自燃点。自燃点与闪点、燃点不同,后者要引火,前者不要引火,因此影响自燃点的因素与闪点是相反的。

似炭质 carbene-like 见"炭青质"。

似炭烯 carbene-like 见"炭青质"。

后加氢 back-end hydrogenation 见"前加氢"。

后脱氢 back-end dehydrogen 裂解气精馏分离的一种流程。是将裂解气经干燥和预冷后直接送入脱甲烷塔,而塔顶所得甲烷氢馏分再经冷凝分离而获得富甲烷馏分和富氢馏分,这种工艺流程称为后脱氢工艺流程。但在20世纪60年代后,这种工艺流程已逐渐为前脱氢工艺流程所替代。

全同立构聚合物 isotactic polymer 又称等规聚合物。指分子链上相邻的立体异构中心具有相同构型的聚合物。如将—C—C—主链拉直成锯齿形,使之处在同一平面上,取代基有规则地排列在平面的同侧,则成为等规聚合物。如等规聚丙烯:

$$\begin{array}{ccccccc} \text{H} & \text{CH}_3 & \text{H} & \text{CH}_3 & \text{H} & \text{CH}_3 \\ | & | & | & | & | & | \\ -\text{C}- & \text{C}- & \text{C}- & \text{C}- & \text{C}- & \text{C}- \\ | & | & | & | & | & | \\ \text{H} & \text{H} & \text{H} & \text{H} & \text{H} & \text{H} \end{array}$$

甲基在聚合物主链一侧有规则地排列。这种聚合物也称定向聚合物。通常具有高的结晶性,较高的熔点、硬度及机械性能。如等规聚丙烯可以制造各种塑料制品,也可纺丝。

全低温变换 all low temperature shift conversion 简称全低变。是相对一氧化碳中温变换而言,在中温串低温工艺上发展成的一种新型变换工艺。它采用低温活性优良的催化剂,反应一段热点温度可较中温变换下降$100\sim200\text{℃}$。由于反应温度下降,使气体体积缩小25%,系统阻力降低,能耗减少。但工艺所使用的钴钼系催化剂对水质及气质要求较高,在系统前和系统内要设置过滤装置,而且要用专门的硫化流程对催化剂进行硫化。

全板效率 overall plate efficiency 见"塔板效率"。

全氟聚醚油 fluoro-polyether 一种合成润滑油基础油。由四氟乙烯或六氟丙烯经催化聚合制得的共聚醚,以四氟乙烯为原料制得的称全氟甲乙醚,由六氟丙烯制得的称全氟异丙醚。外观为无色透明液体。具有优良的热稳定性、化学稳定性及低温性能。黏温性能优于氟氯碳油及氟碳油,可在20MPa压力以下环境中使用。适用于与强腐蚀介质接触的齿轮等设备的润滑及陀螺仪表的灌充液等。

全损耗系统用油 lubricating oil for total loss systems 又称机械油。一种通用润滑油。系用原油常减压蒸馏的馏分油经深度精制得到的润滑油基础油,按不同比例调合成所需黏度,加入适量降凝剂、抗泡剂调制而得。用于润滑工作温度为50～60℃以下的室内用各种轻负荷机械,如纺织机、各种机床及水压机等。在使用中油不与水蒸气、热空气与其他腐蚀气体接触,并采用非循环的润滑方式。我国L-AN类全损耗系统用油则是合并了原机械油、缝纫机油和高速机械油标准而形成的,按40℃运动黏度分为5、7、10、15、22、32、46、68、100、150等十个牌号。主要用于对润滑无特殊要求、低负荷机械润滑部件的全损耗系统,如锭子、轴承、齿轮等,也可用作普通淬火油的代用品。参见"工业润滑系统"。

全损耗性系统 total loss system 见"工业润滑系统"。

全馏程 full range 液体混合物或石油产品从初馏点到终馏点的全部馏程温度范围。

全精炼石蜡 fully refined wax 又称精白蜡。是以原油经过常减压蒸馏所得润滑油馏分为原料,经溶剂脱蜡或压榨脱蜡、发汗或溶剂脱油,再经白土精制或加氢精制而得。具有颜色洁白、含油量低、无杂质、无气味、防潮绝缘及可塑性好、收缩性小及安定性好等特点。根据熔点不同可分为52号、54号、56号、58号、60号、62号、64号、66号、68号、70号等十个牌号。主要用于高频瓷、复写纸、铁笔蜡纸、精密铸造等行业,也可用作冷霜等的化工原料。

合成天然气 synthetic natural gas 指在镍催化剂作用下,由CO和H_2进行甲烷化反应生成的甲烷气体;或是石脑油、煤、重油为原料生产的主要含H_2、CO、CO_2的可燃性气体,经甲烷化反应获得的以甲烷为主要成分的气体。其热值比CO及H_2要高。对缺乏天然气的地区,可以煤为原料用甲烷化法生产高热值的城市煤气替代天然气。

合成气 synthetic gas ①用于合成甲醇及其他有机合成产品的混合气,由一氧化碳和氢气按一定比例组成;②用于制取合成氨的混合气,由三份氢及一份氮组成。合成气可由天然气、石油、煤、焦炭等经气化、脱硫、转化、变换、净化等过程而制得。

合成石油 synthetic petroleum 由氢和一氧化碳经高温高压合成的类似石油的产品。如以天然气或水煤气转化制得的氢和一氧化碳混合气为原料,在高温(180～260℃)、高压(0.1～2.53MPa)及钴或铁基催化剂存在下反应,可获得主要成分为各种直链烃的合成石油,再经分馏可得到汽油、煤油及石蜡等产品。

合成压缩机油 synthetic compressor oil 是以烯烃聚合油、聚醚、硅油、酯类(双酯、新戊基多元醇酯)等为基础油,加入多种添加剂调合而得的压缩机润滑油。与矿物油润滑油相比,具有优良的综合性能,如高温氧化安定性好、残炭低、闪点高、挥发性低、低温性能好、使用温度范围宽及润滑性好等。可显著延长换油周期、减少过滤器和油气分离器更换,减少机械零件磨损。

合成纤维 synthetic fiber 化学纤维中的一大类。是以石油、天然气、煤及农副产品等为原料,经化学方法制得线型结构的高分子量树脂,经过适当方法纺丝得到的纤维。工业生产的合成纤维品种有:聚酯纤维(涤纶纤维)、聚丙烯腈纤维(腈纶纤维)、聚酰胺纤维(锦纶纤维或尼龙纤维)、聚丙烯纤维(丙纶纤维)、聚氯乙烯纤维(氯纶纤维)、聚乙烯醇缩甲醛纤维(维纶纤维)。而以前三种合成纤维的产量最大。另外,还有耐高温、耐辐射及耐腐蚀的特种用途合成纤维,如聚芳酰胺纤维、聚酰亚胺纤维等。与天然纤维相比,合成纤维具有强度高、耐化学腐蚀、耐摩擦、防虫蛀等特点。缺点是吸湿性较差,未经处理时易产生静电荷。

合成材料 synthetic materials 泛指用化学合成方法制得的各种材料。塑料、合成橡胶、合成纤维是重要的三大合成材料。主要特点是原料来源丰富,用化学合成法生产,品种繁多而性能多样化,加工成型方便,可制成各种形状的材料或制品,某些性能远优于天然材料。

合成表面活性剂 synthetic surfactant 指以石油、天然气等为原料通过化学方法合成制得的表面活性剂。其分子结构常包括长链疏水基团和亲水性离子基团或极性基团两部分。疏水基部分主要来源于石油烃类。有直链、支链、环状等不同结构。亲水基有离子型(阴离子、阳离子及两性)及非离子型两大类。离子型在水溶液中能离解为带电荷的、具有表面活性的基团及平衡离子,非离子型仅具有极性而不能在水中离解。

合成油 synthetic oil 指采用有机化工原料或低分子烯烃,以有机合成方法制得的具有某些特殊性能的润滑油基础油。如用乙烯聚合或以石蜡裂解的低分子烯烃聚合得到的合成烃。与矿物油相比较,具有黏温性能好、抗氧化及热安定性优良、低温性能好等特点。

合成树脂 synthetic resin 泛指用化学方法合成的类似天然树脂状的聚合物。其形态可为液态或脆性固体的具有反应活性的低聚物或为坚韧固态的高聚物。种类繁多。按合成反应可分为加成聚合合成树脂(如聚乙烯、聚丙烯)、逐步聚合合成树脂(如酚醛树脂、聚酯树脂);按受热后的变化行为可分为热塑性树脂(如聚乙烯、聚酰胺)及热固性树脂(如环氧树脂、脲醛树脂);按聚合物主链结构和聚合物化学结构可分为碳链合成树脂(如聚烯烃、聚氯乙烯)、碳-氧链合成树脂(如聚甲醛、聚醚)、碳-硫链合成树脂(如聚苯硫醚、聚砜)、碳-氮链合成树脂(如聚亚胺、聚脲)等。此外还可根据聚合物性质分为水溶性聚合物、离子聚合物、导电聚合物、液晶聚合物、耐高温聚合物等。广泛用于制造塑料、合成纤维、胶黏剂、涂料等。

合成型刹车液 synthetic brake fluid　应用最广泛的一种通用型汽车制动液。是以醇、醚、酯等有机溶剂为基础液加入抗氧剂、抗橡胶溶胀剂、防腐剂等专用添加剂调合而得。具有较高的沸点,良好的低温流动性和化学稳定性,对橡胶件的溶胀及腐蚀性小,吸水性低。适用于高速、大功率、重负荷和制动频繁的汽车,而且四季通用。根据所用基础液不同,其可分为醇醚型、酯型及硅酮型制动液。醇醚型制动液的基础液为二醇醚化合物,如乙二醇醚、二乙二醇醚、三乙二醇醚及水溶性聚醚等;酯型制动液的基础液为羧酸酯及硼酸酯;硅酮型制动液的基础液为烷基聚醚硅酸酯、聚烷基乙二醇桥基硼酸硅酸酯类化合物。

合成钙基润滑脂 synthetic calcium base grease　是以合成脂肪酸钙皂稠化中黏度润滑油而制得的润滑脂。所用合成脂肪酸以 $C_{16}\sim C_{18}$ 的高碳酸馏分为主。其性质与天然钙基脂相似,具有较好的剪切安定性及耐水性。适用于工业、农业、交通运输等轻或中等负荷机械设备的润滑。使用温度不超过 $60\,^{\circ}\mathrm{C}$。

合成复合钙基润滑脂 synthetic complex calcium grease　是以合成脂肪酸和低分子有机酸盐作复合剂稠化中黏度润滑油制得的润滑脂。所用合成脂肪酸以 $C_{16}\sim C_{18}$ 酸为主,所用低分子有机酸盐为水溶性 $C_1\sim C_4$ 的有机酸钙盐,有时也加入少量合成脂肪醇作润滑脂的结构改善剂。其性能及用途与复合钙基润滑脂基本相似。

合成洗涤剂 synthetic detergent　一类具有去污作用的化学产品。主要由表面活性剂及助洗剂组成。市售品有洗衣粉、洗衣块、洗衣膏、洗发膏、液体洗涤剂及洗发香波等。前三种是以烷基苯磺酸钠为主体,配以碳酸钠、硅酸钠、4A 沸石、三聚磷酸钠及荧光增白剂等助剂;后三种主要是非离子表面活性剂(如脂肪醇聚氧乙烯醚、烷基醇酰胺、烷基酚聚氧乙烯醚)及阴离子表面活性剂(如脂肪醇硫酸钠等)。使用合成洗涤剂后的手会发生涩感,是由于合成洗涤剂中的一些物质与皮肤蛋白形成复合物所致。合成洗涤剂的大量使用常引起水质污染,同时也会对饮用水的质量和环境生物的生存构成威胁。引起水体污染的化学物质主要是表面活性剂及多聚磷酸钠,后者已成为引起水体富营养化的污染物。

合成氨 synthetic ammonia　是指由

氢气和氮气在高温高压及催化剂存在下生产氨的过程。所用原料氢和氮多采用天然气、石油、煤或焦炭等为原料用气化方法制得。其中以煤为原料的成本最低。国内合成氨生产中，以煤为原料约占60%以上，以天然气为原料约占20%以上，以石油为原料约占10%以上。氨合成方法按其操作压力不同，一般分为高压法（70～100MPa）、中压法（22～32MPa）及低压法（7～15MPa）。其中以中压法应用最广。

合成润滑油 synthetic lubricating oil 指在化学合成基础油中加入特殊性质的添加剂所制成的润滑油。具有矿物油所不具备的独特性质，但产量只占润滑油总量的3%左右。主要用于航空、航天、核工业等特殊用途的润滑。根据所用合成基础油的化学结构，工业生产的合成润滑油有聚 α-烯烃、聚醚、聚酯、有机硅、有机氟化合物、磷酸酯等。它们具有优良的化学安定性及耐低温、耐高温、抗水防潮、耐辐射及高真空等性能。

合成橡胶 synthetic rubber 又称人造橡胶。是由单体经聚合或共聚制得的高弹性聚合物。经硫化加工可制成各种橡胶制品。某些种类的合成橡胶具有较天然橡胶更优良的耐热、耐磨、耐老化及耐油等性能。按产量及使用特性，可分为通用合成橡胶及特种合成橡胶两类。通用合成橡胶是指可以部分或全部代替天然橡胶使用的胶种，常用于生产轮胎、胶鞋、橡皮管等制品，如丁苯橡胶、顺丁橡胶、丁基橡胶、乙丙橡胶、氯丁橡胶、异戊橡胶等；特种合成橡胶是指具有耐高温、耐油、耐臭氧、耐老化、耐腐蚀等特殊性能并用于特种用途的胶种，如氟橡胶、硅橡胶、聚硫橡胶、丙烯酸酯橡胶、氯化聚乙烯橡胶等。

合成磺酸盐 synthetic sulfonate 用芳烃作原料，经硫酸磺化后再经中和制得的磺酸盐。其性能与石油磺酸盐相接近。品种很多。有的合成磺酸盐（如烷基苯磺酸钠）的水溶性优于石油磺酸盐，而且具有良好的乳化防锈能力。用于调制乳化切削油及防锈油等。

合成燃料油 synthetic fuel oil 指由煤炭通过直接液化或间接液化生产液体燃料的过程。煤炭液化是将固体状态的煤炭经过一系列化学加工过程，使其转化成液体产品（汽油、柴油、液化石油气等液态烃类燃料）的洁净煤技术。煤炭液化又称为煤制油，可分为直接液化及间接液化。直接液化中的氢来自于煤气化煤气，间接液化则是利用煤气化生成的合成气通过费-托合成实现煤制油。

杂多酸 heteropoly acid 是由两种或两种以上无机含氧酸缩合而成的复杂多元酸的总称，如 $H_3[PMo_{12}O_{40}]$、$H_3[PW_{12}O_{40}]$、$H_4[PMo_{11}VO_{40}]$ 等。其分子量可达4000。也可以是一种特殊的多核配合物。杂多酸盐是金属离子或有机胺类化合物取代杂多酸分子中的氢离子所生成的盐。而杂多酸化合物则是指杂多酸及其盐类。在杂多酸化合物中，其中心原子（或称杂原子，如

P、Si、Co 等)所形成的四面体和配位原子(或称多酸原子,如 Mo、W、V 等)所形成的八面体通过氧原子配位桥链组成有笼形结构的大分子。杂多酸(盐)大多易溶于水及一般有机溶剂,通常也有大量结晶水。是强酸,其酸性比组成元素相同氧化态的简单酸的酸性要强。杂多酸或杂多酸盐是一种多功能催化新材料,主要用作有机合成催化剂,如用于芳烃烷基化、酯化反应等,也用于吸附与分离及制造阻燃剂、离子交换剂等。

杂多酸化合物 heteropoly acid compound 见"杂多酸"。

杂多酸盐 heteropoly acid salt 见"杂多酸"。

杂链高聚物 heterochain polymer 见"高分子链"。

杂醇油 fused oil 无色至黄色油状液体,有特殊臭味及毒性。相对密度 0.811～0.832。主要成分为异戊醇(约占 45%)、异丁醇(约占 10%)、活性戊醇(5%)及丙醇(1.2%),还含有少量乙醇、丁醇、戊醇及水等。不溶于水,能与乙醇、乙醚、丙酮、苯及汽油等混溶。能溶解松香、虫胶、樟脑、天然橡胶及醇酸树脂等。易燃。蒸气有麻醉性。用作溶剂、萃取剂、浮选剂及燃料等,也可用于提取异戊醇。为发酵法生产酒精时的副产物。

危险化学品 hazardous chemicals 又称化学危险物。指具有易燃、易爆、腐蚀、毒害等危险特性,受到外界因素的影响能引起燃烧、爆炸、灼伤、中毒等人身伤亡或财产损失的化学危险物质。按其危险性质可分为爆炸品(如高氯酸),压缩气体及液化气体(如氢气、石油气),易燃液体(如乙醛、苯),易燃固体,自燃物品和遇湿易燃物品(如红磷、三氯化钛、金属钠),氧化剂和有机过氧化物(如氯酸铵、过氧化苯甲酰),有毒品(如各种氰化物、砷化物),放射性物品(如铀、钚等)及腐蚀品(如硫酸、氢氧化钠等)八类。

危险化学品事故 hazardous chemicals accident 指在危险化学品生产、运输、储存及使用过程中,由一种或数种危险化学品因受热、撞击、泄漏,或其能量意外释放造成的人身伤亡、财产损失或环境污染事故。按事故性质可分为火灾、爆炸、泄漏、中毒、窒息、灼伤、辐射事故及其他危险化学品事故等。危险化学品事故具有突发性、原因复杂性、危害严重性、对环境破坏持久性、严重时影响社会稳定性等特点。

危险废物 hazardous waste 指列入国家危险废物名录或者国家规定的危险废物鉴定标准及鉴别方法规定的具有危险特性的废物。我国根据《巴塞尔公约》将危险废物分为 47 个类别。按照危险特性大致分为易燃性废物、腐蚀性废物及反应性废物。危险废物具有易燃性、腐蚀性、反应性及毒害性等特性。这些特性表现出对人或生物所能造成的致病或致命性,或对环境造成生态危害。危险废物中浓集了许多污染组分,管理及处置不当,会转入大气、水体及土壤,污染环境。

危险度 hazardous degree 用于标记可燃气体(或蒸气)爆炸危险程度的一个参量,用 H 表示:

$$H=(L_2-L_1)/L_1$$

式中,L_1、L_2 分别为爆炸下限及爆炸上限。也即危险度为爆炸上下限之差除以爆炸下限值。经计算,乙炔的危险度为31.4,氢气的危险度为17.7,丙烯的危险度为3.3,氨的危险度为0.9。

多级干燥 multistage drying 又称组合干燥。指由两种或两种以上干燥方法组合的干燥技术。如喷雾-流化床组合干燥、喷雾-带式组合干燥、气流-流化床组合干燥、转鼓-盘式组合干燥、回转圆筒-流化床组合干燥等。组合干燥可以较好地控制整个干燥过程,节约能源,达到单一干燥形式所不能达到的干燥效果,尤适用于热敏性物料的干燥。是干燥技术发展趋势之一。

多层填料萃取塔 multilayer extractor 一种液-液两相连续接触、溶质组成发生连续变化的传质设备。由塔内的填料提供传质表面,所用填料有拉西环、鲍尔环及鞍型填料等。填料通常用栅板或多孔板支承,为防止沟流现象填料尺寸不应大于塔径的1/8。填料萃取塔结构简单、造价低廉、操作方便,适合于处理腐蚀性料液。尽管其传质效率较低,在液-液萃取过程仍有一定应用。

多环芳烃 polycyclic aromatic hydro-carbon 简称 PAH。分子中含有一个以上苯环的多环烃类化合物的总称。可分为两类:一类是非稠环型的,苯环与苯环之间各由一个碳原子相连,如联苯、联三苯等;另一类是稠环型的,两个碳原子为两个苯环所共有,如苯并[a]芘、萘、蒽等。多环芳烃主要是有机质不完全燃烧的产物,来自煤及废弃物的焚烧、石油化工以及有机物的热解、汽车尾气排放等。吸烟也是产生多环芳烃的重要途径。水体中多环芳烃主要来源于各类工业废水、沥青道路的径流、大气沉降物等。多环芳烃及其衍生物中很多具有致癌及致突变性。它们可通过吸入污染空气及被污染的水体或食物进入人体,导致肺癌、皮肤癌及阴囊癌的发生,对人类健康产生严重危害。

多齿配位体 multidentate ligand 见"单齿配位体"。

多组分精馏 multicomponent rectification 指精馏过程中涉及三个或三个以上组分分离的精馏操作。其原理与双组分精馏相同,但其流程及计算要复杂得多。当待分离混合液的处理量不大时,可通过间歇精馏分离。这时,只需一个精馏塔即可实现分离。即按挥发能力大小,依次从塔顶采出塔顶产品(最轻的组分先采出,依次类推),挥发能力最小的组分最后从塔底采出。当处理量较大时,通常采用连续精馏。它又可分为两种情况:其一是通过侧线采出,在一个塔中实现多组分分离(如原油分离);其二是通过多塔实现各组分的分离,产物组成可以达到很多。

多相反应 heterogeneous reaction
参加反应的物质不在同一相的反应。
如气体还原剂（H₂、CO 等）还原金属氧
化物的反应,以及氧化物或碳酸盐受热
分解的反应都是多相反应。

多相体系 heterogeneous phase system　又称多相分散体系。在分散体系
中,如被分散的物质以比分子大得多的
颗粒分散在分散介质中,分散相的每个
颗粒中包含有多个分子、原子或离子,
每个颗粒自成一相,与分散介质有明显
的界面,这种体系称为多相体系或非均
相体系。在多相分散体系中,分散相的
粒子半径大于 10^{-7} m 的称为粗分散体
系,如悬浮液、乳状液及泡沫等;分散相
粒子的半径介于 $10^{-9} \sim 10^{-7}$ m 之间者,
称为胶体分散体系。粗分散体系中分
散相颗粒粗大,不能透过滤纸,且易发
生沉降而与分散介质分开;胶体分散体
系由于分散粒子小、比表面积大,体系
处于热力学不稳定状态,小粒子能自发
聚结成大粒子,大粒子易于沉降并与分
散介质分离而聚沉。

多相泵 multiphase pump　用于输
送多相流体的泵。由于这类泵混输的流
体常是从油井直接采出的含油、气、水
及各种杂质的多相混合物,而且气相和
液相的体积分数往往超过常规泵或压
缩机的工作范围,因此多相泵是一种必
须具有泵和压缩机两种性能的特殊增
压装置。按工作原理不同可分为旋转
动力式多相泵及容积式多相泵两类。

常用的有轴流多相泵及双螺杆多相泵。

多相催化反应 heterogeneous catalytic reaction　又称非均相催化反应。
指催化剂与反应物不在同一相中的催
化反应。所用催化剂大多是固体,反应
是在固体催化剂表面上被吸附的气体
或液体反应物之间进行的。催化反应
速度通常与催化剂的浓度或表面积成
正比。在多相催化反应过程中,从反应
物到产物一般经历以下步骤：①反应物
分子向催化剂表面及孔内扩散;②反应
物分子在催化剂内表面上吸附;③吸附
的反应物分子在催化剂表面上相互作
用并进行化学反应;④生成的反应产物
自催化剂内表面脱附;⑤反应产物在孔
内扩散并向催化剂周围的介质扩散。
多相催化反应的进行过程与催化剂的
表面结构、性质及反应条件等因素有
关。

多相催化作用 heterogeneous catalysis　反应物与催化剂处于不同相的催
化作用。在多相催化反应中,催化作用
是在固体催化剂的表面上进行的,反应
物分子必须吸附到催化剂的表面上,然
后才能在表面上发生反应,生成产物。
而要使反应继续在表面上进行,必须将
吸附在催化剂表面上的产物解吸,扩散。

多相催化氧化 heterogeneous catalytic oxidation　见"非均相催化氧化"

多相聚合 heterogeneous polymerization　见"均相聚合"

多效蒸发 multieffect evaporation
常压下 1kg 100℃的水蒸发为 100℃的

蒸汽需热量 2257kJ。如只蒸发 0.5kg，然后利用蒸发的水蒸气加热剩余的水，就可节省一半的热能。为使先蒸发的水蒸气能加热剩余的水并使之汽化，先汽化的水必须比后汽化的水压力高，这样热量就被重复使用一次。如分为三次、四次或更多，热量的利用次数就更多。多于一次的蒸发称多效蒸发。在多效蒸发中，每一个蒸发器称为一效。凡通入加热蒸汽的蒸发器称为第一效，用第一效的二次蒸汽作为加热蒸汽的蒸发器称为第二效，依次类推。工业上常用的是两效蒸发及三效蒸发。常用于溶剂抽提和溶剂脱蜡过程。

多效蒸馏 multiple-effect distillation 其原理类似于多效蒸发，蒸馏系统由不同操作压力的精馏塔组成，利用高压塔塔顶的产品蒸汽作为相邻低压塔再沸器的热源，以达到分离均相液体混合物的目的。多效蒸馏的特点是使塔顶蒸汽的相变潜热被精馏系统自身回收利用。它只有一个再沸器用外来水蒸气加热，其余塔的再沸器的热源均来自另外塔的冷凝器。与一般精馏塔相比，它可以大幅度降低水蒸气的耗量，是一种降低能耗的节能精馏工艺。

多烷基苯 polyalkylbenzene 含有三个或三个以上烷基的苯。为得自重整装置塔底的一种混合芳烃，常称为重芳烃。可用作溶剂或生产石油树脂、炭黑等的原料。

多晶体 poly crystal 见"单晶体"。

多氯联苯 polychlorinated biphenyl 简称 PCB。为联苯分子中的氢不同程度地被氯取代后的化合物的总称。按取代氢的数目及位置不同而有多种化合物，商品都是不同化合物的混合物。常温下呈油状液体或蜡样固体。难溶于水，易溶于油及多数有机溶剂。广泛用作电容器、变压器的绝缘油，润滑油及印刷油墨等的添加剂，还用于涂料、合成橡胶等。多氯联苯因工业生产泄漏、蒸发、废弃及废水等途径进入水域环境后，会呈乳浊状或附着在固体上面存在于水中。目前在海水、河水、大气、土壤及人乳和脂肪都发现有多氯联苯的污染。多氯联苯可通过食物链富集而进入人体，聚集在脂肪组织、肝和脑中，引起皮肤及肝脏损害，并具有免疫抑制作用及生殖毒性，为人类可疑致癌物。

各向异性膜 anisotropic membrane 见"非对称膜"

色度 colourity 许多石油产品的质量指标之一。指石油产品颜色与标准比色液或玻璃色板相比较所得到的颜色标度。常以色号表示，色号越大，颜色越深。石油产品的颜色主要由有强染色能力的中性胶质所致。二次加工油品（如裂化、焦化汽柴油）的颜色主要由不饱和烃和非烃氧化聚合生成的胶质所致。测定油品颜色的方法主要有赛波特比色计法及石油产品颜色测定法。

ASTM 色度 ASTM color 按美国材料试验学会（ASTM）评定色度的标准和方法测得的石油产品的颜色标度。

色号为 0.5～8.0。每色号之间的间隔为 0.5,共 16 个色号。色号越大,表示油品颜色越深。

色散力 dispersive force 见"范德华力"。

色谱分配系数 chromatographic partition coefficient 在色谱分离时,溶质随着流动相向前迁移,在这个过程中,它既能进入固定相,又能进入流动相,即在两相之间进行分配。将在一定温度下,处于平衡状态时的组分在固定相中的浓度与在流动相中的浓度之比称为分配系数,常用 K 表示。对于稳定的色谱体系,K 值在低浓度和一定温度下是一个常数,其大小取决于溶质的溶解、吸附、离子交换等性质。在色谱分离过程中,K 值大的溶质在固定相的停留时间长,移动速度慢。两种化合物之间的 K 值相差越大,越容易分离。

色谱法 chromatography 又称色层法、层析法。一种对混合物进行分离的有效方法。是基于混合物中各组分在由互不相溶的两相(一相是固定的称为固定相,另一相是流动的称为流动相)所构成的流动体系中,具有不同的分配系数,当两相作相对运动时,这些物质随流动相一起流动,并在两相中进行反复多次分配,这样就使得那些分配系数只有微小差别的物质,在移动速度上产生很大差别,从而使各组分达到相互完全分离。具有灵敏度高、选择性好、分析效果好、分析速度快等特点。按流动相可分为气相色谱法、液相色谱法及超临界流体色谱法等;按固定相所处状态可分为柱色谱、纸色谱及薄层色谱等;按色谱过程的机理可分为吸附色谱、分配色谱、离子交换色谱、凝胶色谱及亲和色谱等。

色谱法比表面积 chromatographic surface area 用气相色谱法测定的 1g 多孔固体(催化剂、载体或吸附剂等)的总比表面积。是以被测定固体粒子为固定相,含吸附质(如苯、四氯化碳、甲醇等)的载气(氮气或氢气等)为流动相,通过色谱流出曲线计算相对压力及平衡吸附量,再用 BET 吸附公式计算出固体的比表面积。

色谱图 chromatogram 即色谱流出曲线图。是进样后色谱柱流出物通过检测器系统时,所产生的响应信号对时间或载气流出体积的曲线图。图中有几个色谱峰,就表示样品中有几个组分。它是计算相应组分在样品中含量的基础。

色谱柱 chromatographic column 柱色谱分离法使用的主要部件,也是气相色谱仪的"心脏"。样品的分离是在色谱柱上完成的。分为填充柱及毛细管柱两类。填充柱是常规分析使用的主要色谱柱。柱内径 2～6mm,柱长 0.5～10mm。所用材料有玻璃、不锈钢及聚四氟乙烯等。毛细管柱分为填充毛细管柱、多孔层开管柱及涂渍开管柱。常用柱材料有玻璃、不锈钢及弹性石英等。色谱柱的分离效能主要取决于固定相、制柱技术和色谱操作条件。

色谱峰 chromatogram peak 色谱柱流出组分通过检测器系统时产生的响应信号的微分曲线称为色谱峰。从峰的起点至峰的终点之间的直线称为峰底；峰与峰底之间的面积称为峰面积；在峰的两侧拐点处所作切线与峰底相交两点间的距离即为峰宽；从峰最大值至峰底的垂直距离称为峰高；通过峰高的中点作平行于峰底的直线，此直线与峰两侧相交两点之间的距离，称为半峰宽。

色谱模拟蒸馏 chromatographic simulation distillation 又称色谱蒸馏。是运用色谱技术模拟经典的实沸点蒸馏方法，来测定各种石油馏分的馏程。具有测定快速、准确，用样量少，自动化程度高的特点。除已用于部分石油加工过程控制、常减压塔蒸馏过程拔出率评价、原油调配方案制定外，并已扩展到对渣油馏分、渣油催化全馏分等的馏程测定。实践表明，由色谱模拟蒸馏所得数据与实沸点蒸馏所得结果相近似，但不能与经典蒸馏方法所得数据比较，这两者的数据相差较大。

【丶】

齐格勒-纳塔催化剂 Ziegler-Natta catalyst 由过渡金属卤化物与金属烷基化合物在无氧、无水条件下形成的配合物催化剂。因齐格勒与纳塔的贡献而得名。通常由两部分组成：由 IV-VIII 族过渡金属卤化物组成的主催化剂和由 I～III 族有机金属化合物组成的共催化剂。具有如下通式：$M_{IV-VIII}X + M_{I-III}R$。主催化剂是路易斯酸，为阳离子聚合引发剂；共催化剂是路易斯碱，为阴离子聚合引发剂。但由二者组成的齐格勒-纳塔催化剂，既不是阳离子聚合，也不是阴离子聚合，而是配位阴离子聚合。催化剂的性质取决于两组分的化学组成及配比、过渡金属的性质和化学反应等。齐格勒-纳塔催化剂可分为均相体系及非均相体系。非均相体系可用于生产高结晶度、高定向度的聚合物，在工业生产中十分重要。参见"纳塔催化剂"。

齐格勒法 Ziegler Process 见"齐格勒催化剂"。

齐格勒催化剂 Ziegler catalyst 又称齐格勒引发剂。由联邦德国化学家齐格勒首先研究出的一种定向聚合催化剂。是由过渡金属盐与烷基金属组成的配合物，典型的齐格勒催化剂是 $TiCl_4$-$Al(C_2H_5)_3$。其中 $TiCl_4$ 为主催化剂，$Al(C_2H_5)_3$ 为助催化剂。$TiCl_4$ 是液体，当 $Al(C_2H_5)_3$ 在庚烷中与 $TiCl_4$ 在 $-78℃$ 等摩尔反应时，得到暗红色的可溶性配合物液体，为均相催化剂。该溶液于 $-78℃$ 下可使乙烯很快聚合，但对丙烯聚合的活性不高。用齐格勒催化剂进行乙烯常压聚合制备聚乙烯的方法又称为齐格勒法。所得无支链的线型聚乙烯结晶度高、密度大，称为高密度聚乙烯。

产气率 rate of gas production 指液体石油产品裂解时，所获得的气体产物总量与原料量之比：

$$产气率 = \frac{气体产物总量}{液体原料总量} \times 100\%$$

一般比 C_4 烃（包括 C_4 烃）轻的产物均为气体。

产品生态设计 product ecological design 指利用生态学的思想，在产品开发阶段综合考虑与产品有关的生态环境问题，设计出既对环境友好、又能满足人们实际需求的一种新的产品设计方法。与传统的产品设计方法的最根本差异在于，生态设计将生态环境因子作为产品开发设计的一个重要指标，并兼顾产品制造成本、消费者的美学价值观及绿色消费功能。生态设计的目标是为消费者提供更安全、更环保及质量更好而又便宜的产品。

产率 yield 见"收率"。

交界酸 borderline acid 指酸性软硬特征介于硬酸与软酸之间的路易斯酸。如 Fe^{2+}、Cu^{2+}、Zn^{2+}、Ni^{2+}、Co^{2+}、Pb^{2+}、BBr_3、SO_2 等。以 Fe^{2+} 为例，其束缚外层电子能力较 Fe^{3+}（硬酸）弱，但比 Fe^0（软酸）要强。

交界碱 borderline base 广义酸碱之一。指酸性软硬特征介于硬碱与软碱之间的路易斯碱。如 Br^-、N_3^-、SCN^-、NO_2^-、SO_3^{2-}、N_2、C_6H_5N 等。如 $C_6H_5NH_2$ 与硬碱 RNH_2（R 为烷基）有相同的电子给予体原子 N，但由于前者的苯环中存在离域 π 键的影响，氮原子外层电子极

化性较高，故属交界碱。

交联反应 crosslinking reaction 简称交联。指使线性高分子链之间以共价键（含离子键）连接成网状或三维体形结构的高分子反应。可分为化学交联及物理交联两大类。借助于交联剂使大分子间由共价键结合起来的称作化学交联；而由氢键、极性键等物理力结合的，则称物理交联。交联作用可分为两类：一类为提高聚合物使用性能，人为地进行交联，如塑料交联以提高强度和耐热性，橡胶硫化以发挥高弹性，漆膜交联以固化；另一类为在使用环境中老化交联，性能变差，如变脆发硬、变色等。

交联剂 crosslinking agent 能使线性或支化高分子转变成网状结构高分子的试剂。常用交联剂是分子中含多个官能团的物质，如有机二元酸、多元醇等，或是分子内含有多个不饱和双键的化合物，如二乙烯基苯、二异氰酸酯等。此外也可按要交联的高分子和交联高分子的用途选择不同的交联剂，如橡胶的硫化反应（交联）选用硫黄作交联剂，而聚乙烯、二元乙丙橡胶及聚硅氧烷等无法通过硫黄硫化交联，但可通过氧化物交联，如过氧化二异丙苯交联。

交联黏土 cross-link clay 又称交联蒙脱石。以蒙脱土、累托石、斑脱石、拜来石等有序混层黏土为原料，采用离子交换或浸渍法将无机或有机交联剂引入黏土层间所获得的一种铝硅酸盐。

它具有较多的孔隙,含有二维孔道,其层间距可控制在 $0.9\sim4.0$nm,并可制备出约为 176×10^{-10} m 的大孔,能容许一些大于分子筛孔径的大分子进入这些通道。如经铝-交联黏土,同时存在 B 酸及 L 酸中心,高温焙烧后,比表面积可达 $180\sim380$m^2/g。由于交联黏土可通过交联方式将不同阳离子(如 Al、Zr、Co、Ni、Fe 等)引入晶体,以取代其中的 Si、Al 进行扩孔及改性,故用作催化剂载体时,负载的金属活性组分的分散度好。如用交联黏土负载 Pd 的催化剂,用于加氢裂化时,可将精制柴油转化为汽油。

交替共聚物 alternative copolymer 两种或多种单体共同形成的大分子链中单体结构单元是呈严格交替排列的共聚物,如苯乙烯-马来酸酐共聚物。对两种单体 M$_1$、M$_2$ 组成的交替共聚物可表示为:

$\sim\!\sim\!\sim$ M$_1$M$_2$M$_1$M$_2$M$_1$M$_2$M$_1$M$_2$M$_1$M$_2$ $\sim\!\sim\!\sim$

交替共聚物可以看作是嵌段共聚的特例,但这类共聚物的品种很少。

交酯 lactide 两分子 α-羟基酸相互酯化而生成的六元环状二酯。是六原子杂环化合物。最简单的交酯为乙交酯(通式中 R=H);由两个乳酸分子加热脱水可得到丙交酯(通式中 R=CH$_3$),丙交酯聚合时成聚丙交酯。交酯有酯的性质,与水共沸时,水解而成原来的 α-羟基酸。

(图:RHC 和 CHR 通过两个酯基 $-$C$=$O 和 O 连接成六元环;R 为烃基或 H)

闭杯闪点 closed-cup flash point 见"闪点测定法"。

闭链烃 closed-chain hydrocarbon 又称环烃。分子中碳原子相连成环状结构的碳氢化合物的总称。按结构可分为两类:①脂环烃。又称脂肪族环烃,是具有脂肪族性质的环烃,还可再分为饱和环烷烃(如环己烷)及不饱和环烯烃(如环己烯)。②芳环烃。大多为具有苯环基本结构和芳香性的环烃,如苯、萘等。

关联指数 correlation index 见"芳烃关联指数"

关键组分 key component 指在多组分精馏过程中所选定的两个有决定意义的组分,即轻关键组分及重关键组分。须规定它们在馏出液和釜残液的组成,以表示该精馏过程的主要分离界限,并以此进行多组分的精馏计算。通常以塔顶馏出物中最重的和塔釜残液中最轻的两个相邻组分分别作为重关键组分和轻关键组分。这样,进料中的轻关键组分和比它轻的组分的绝大部分都进入馏出液中;而进料中的重关键组分和比它重的组分的绝大部分进入塔釜残液中。

关键馏分 key fraction 指使用半精馏装置从原油中切割出的两个具有特定馏程的轻、重馏分。根据该两个馏分的密度可区分原油的类别。其中轻馏分称为轻关键馏分(或第一关键馏分),是常压下原油在 $250\sim275$℃的馏分;而重馏分称为重关键馏分(或第二关键馏分),是相当于常压下 $395\sim425$℃馏分。

原油按关键馏分密度分类如下：

API 度

	轻关键馏分	重关键馏分
石蜡基	≥40	≥30
中间基	33.1～39.9	20.1～29.9
环烷基	≤33	≤20

米勒指标 Miller index 见"晶面"。

冲击改性剂 impact modifier 又称抗冲改性剂、增韧剂。以改进高分子材料或塑料抗冲击性能为目的而添加的助剂。其作用原理是在龟裂发生初期及其蔓延之前，通过高分子材料或塑料变形来吸收冲击能。由于基础树脂结构和性能的差异，不同类型高分子材料的冲击改性机理及方法也不尽相同，所用冲击改性剂也有差别。如聚氯乙烯可使用甲基丙烯酸甲酯-丁二烯-苯乙烯共聚物、丙烯腈-丁二烯-苯乙烯共聚物、氯化聚乙烯及 ABS 树脂等作为冲击改性剂；聚丙烯可使用乙丙橡胶、苯乙烯-丁二烯-苯乙烯共聚物作为冲击改性剂；聚乙烯可采用苯乙烯-丁二烯-苯乙烯共聚物作为冲击改性剂。

冲塔 puking 见"液泛"。

次序反应加氢裂化 order reaction hydrocracking 是由循环油加氢裂化与未裂化油＋新鲜原料加氢裂化组成顺序加氢裂化反应组合所形成的加氢裂化技术。其特点是：①第二反应器放在第一反应器上游，第二反应器流出物作为第一反应器进料的一部分；②第二反应器未利用的氢气在第一个反应器再利用，降低循环氢量；③第二反应器流出物在第一反应器取热，降低冷氢量；④循环氢量小、高压蒸气消耗少、操作费用低。

次增塑剂 secondary plasticizer 见"主增塑剂"。

污水 sewage 指人类生产与生活活动时所排放的水的总称。在工业生产及人民日常生活中常要使用大量的水，水在每次使用后都可带入一些污染物，这些被污染的水就称为污水。按其来源可分为生活污水、工业废水、冲洗水及有污染地区的初期雨水等。生活污水是日常生活中使用过的水，来自城镇住宅区、工厂生活间及学校、医院；工业废水是各种工业生产过程及矿场中排出的污水。

污泥 sludge 在给水及废水处理中不同处理过程所产生的各类沉淀物及漂浮物的统称。一般以有机物为主要成分，其组成及性质十分复杂，主要取决于处理水的成分、性质及处理工艺。种类很多。根据污泥的来源，可分为给水污泥、生活污水污泥及工业废水污泥；根据污泥成分及性质，可分为有机污泥及无机污泥；根据不同处理阶段的分类命名，有生污泥、浓缩污泥、消化污泥、干燥污泥等。以有机物为主要成分的有机污泥也简称为污泥，生活污泥或混合污水污泥均为有机污泥；以无机物为主要成分的无机污泥常称为沉渣，某些工业废水在物理、化学过程中的沉淀物均属沉渣。

污泥处理方法 sludge treatment method 在给水及废水处理后产生的大量污泥中,含有多种有机物、氮、磷、微生物及有害物质,如不对其妥善处理,将会污染环境、传播病菌。污泥处理的目的是降低水分从而减少污泥体积,消除会散发恶臭及污染环境的有机物及病菌,改善污泥的成分及性质以利于利用及资源化。常用的污泥处理方法有浓缩、消化、脱水、干燥、焚烧、固化及综合利用等,也有采用填埋场卫生填埋的最终处理方法。

污染者承担原则 polluter pays' principle 指污染和破坏环境所造成的损失,由排放污染物和造成破坏的企业、组织和个人承担的一项环境管理的原则。目的在于提高企业、组织或个人保护环境和治理污染的责任感和紧迫感,推动污染者积极采取措施,综合治理环境污染。

污染炭 pollution carbon 又称污染焦。指在催化裂化反应中,由于重金属沉积在催化剂表面促进脱氢和缩合反应而产生的焦炭。污染炭的量与催化剂上的金属沉积量、沉积金属的类型及催化剂的抗污染能力等因素有关。

污染指数 pollution index ①以一定量标准为依据用于综合反映环境污染程度或环境质量等级的一种数量指标。用数学公式归纳环境的各种质量参数并用各种指数综合表示大气、水体及土壤污染程度或环境质量,如大气污染指数、水污染指数、土壤污染指数等。这些指数能以简明的数值反映环境质量,便于进行各地区环境质量比较,因而广泛应用于环境质量评价。②衡量裂化催化剂被重金属污染程度的方法。参见"催化剂污染指数"。

污染源 pollution resources 又称环境污染源。指排放各种污染物的源头。也即向环境排放有害物质或对环境产生有害影响的场所、设备及装置。它包括生产企业污染物排放口,固体废弃物的产生、储存、处置及利用排放点,防止污染设施排污口,以及污染事故区及生态污染区域等。按污染物排放类型,可分为大气污染源、水污染源、固体废物产生源、噪声源等;按污染源的分散性,可分为点污染源、面污染源;按污染的空间位置,可分为移动污染源及固定污染源等。

冰乙酸 glacial acetic acid 见"乙酸"。

冰点 ice point 指在标准大气压下冰与空气饱和水呈平衡时的温度。这一温度通常用作分度(标定)温度计的固定点,用 $0\,^{\circ}C$ 或 $32\,^{\circ}F$ 表示。油品出现结晶点后,加热试样油,使原来形成的烃类针状结晶消失时的最低温度称为油品的冰点,单位为$^{\circ}C$。是评定航空汽油、喷气燃料低温流动性能的指标之一。参见"结晶点"。

冰点降低 freezing point depression 又称凝固点降低。当稀溶液开始凝固时,如析出纯溶剂固体,则冰点(也即凝固点)将比纯溶剂冰点为低。可用于测定物质的分子量以及检验物质的纯度。

稀溶液的冰点降低仅与溶质的数量成正比,而与溶质的本性无关,是一种依数性。能降低溶液或液体冰点的物质,称为冰点降低剂或防冻剂。常用于降低水的冰点的物质有乙醇、乙二醇、丙三醇、氯化钙及食盐等。

冰点降低剂 freezing point depressant 见"冰点降低"。

安全生产 safety production 指在劳动生产过程中,努力改善劳动条件,克服不安全因素,防止伤亡事故发生,使劳动生产在保障劳动者安全健康和国家财产及人民生命财产安全的前提下进行顺利生产。安全生产涉及各行各业。我国的安全生产方针是"安全第一,预防为主,综合治理"。

安全阀 safety valve 一种由弹簧作用或由导阀控制的自动阀。当入口处静压超过设定压力时,阀瓣上升以泄放被保护系统的超压,当压力降至回座压力时,可自动关闭。用于防止受压容器、锅炉、塔器等因超压而引起的破坏。常用的有弹簧式安全阀、背压平衡式安全阀、导阀式安全阀、全启式安全阀及微启式安全阀等。

安全管理 safety management 指以国家法律、规章和技术标准为依据,采取各种手段,对企业生产的安全状况,实施有效制约的一切活动。主要包括行政管理、技术管理及工业卫生管理三个方面。包括企业安全决策及计划的制订,安全生产责任的落实,各种规章制度的执行,日常的安全教育及职业病防治等。

安定性 stability 又称稳定性。系指在正常的储存或使用条件下,石油产品保持其性质不发生永久变化的能力。按石油产品使用性能要求又可分为热安定性、氧化安定性、热氧化安定性、光安定性、剪切安定性、机械安定性及胶体安定性等。对于不同油品(如汽油、柴油、喷气燃料和润滑油等),评定安定性的指标也有所不同。

设计生产能力 designated productive capacity 见"生产能力"。

军用柴油 military diesel oil 一般为 $200\sim300℃$ 的石油馏分,都是直馏产品,基本不含烯烃。为淡黄色透明液体。具有十六烷值适当、胶质含量少、凝点低、安定性好、雾化性能及燃烧性好等特点。按凝点分为 -10 号、-35 号、-50 号 3 个牌号。主要用于大马力、高转速、舱室温度高的快艇、潜艇、高速护卫舰、扫雷舰等高速柴油机燃料。系以原油经常压蒸馏直馏馏分,经脱蜡、精制而得。

【フ】

异丁胺 isobutylamine $(CH_3)_2CHCH_2NH_2$　化学式 $C_4H_{11}N$。无色透明液体,有氨的气味。相对密度 0.7346。熔点 $-85℃$,沸点 $67.5℃$,闪点 $-9℃$,自燃点 $378℃$。折射率 1.3970。与水、甲醇、乙醇、乙醚、矿物油等混溶。加热时也能溶解石蜡。水溶液呈碱性。易燃。有毒! 接触皮肤时可起泡发炎。用于合成农药、精细化学品。也用作聚合催化剂、矿物浮选剂及汽油抗震剂等。可由异丙醇与氨反应制得,或由溴代异丁烷与对甲苯磺酸胺经综合、水解制得。

异丁烯 isobutylene $(CH_3)_2C{=}CH_2$ 化学式 C_4H_8。又名 2-甲基丙烯。丁烯的一种异构体。无色可燃性气体。易液化。气体相对密度 2.582,液体相对密度 0.5942。熔点 $-140.3℃$,沸点 $-6.9℃$,闪点 $-76℃$,燃点 $465℃$,临界温度 144.73℃,临界压力 3.99MPa。爆炸极限 1.8%～9.0%。不溶于水,易溶于有机溶剂。易起加成反应,也易聚合。有弱麻醉及刺激作用。是合成异戊橡胶、丁基橡胶、聚异丁烯橡胶及异戊二烯的重要单体,也用作润滑油黏度添加剂、汽油辛烷值改进剂等。可从石油裂解气碳四馏分中提取,或由异丁烷催化脱氢制得。

异丁烷 isobutane 化学式 C_4H_{10}。

$$CH_3CHCH_3$$
$$|$$
$$CH_3$$

又名 2-甲基丙烷。无色气体,有轻微气味。相对密度 2.063(空气 = 1)。液体相对密度 0.5934($-11.7℃$)。熔点 $-159.6℃$,沸点 $-11.7℃$,闪点 $-83.6℃$,燃点 420℃。临界温度 134.98℃,临界压力 3.65MPa。爆炸极限 1.9%～8.4%。微溶于水,溶于乙醇、乙醚。在一定条件下,能与氧气、臭氧、二氧化氮、卤素等氧化剂剧烈反应,甚至导致燃烧爆炸。吸入时有弱刺激及麻醉作用。用作烷基化装置原料、制冷工作介质、气雾剂的抛射剂、渣油脱沥青溶剂、聚苯乙烯发泡剂、打火机气体燃料等。可由石油液化气经脱硫、分馏而得。

异丁烷脱氢过程 isobutane dehydrogenation process 在催化剂作用下生产异丁烯的过程。异丁烷脱氢生成异丁烯的反应是强吸热反应,高温有利于平衡向目的产物转移。但在高温时,裂解反应比脱氢反应更有利,因而必须采用高效催化剂促进脱氢反应进行。有多种生产工艺,不同生产工艺所采用的催化剂也不相同,但主要分为贵金属催化剂(如 $Pt\text{-}Sn/Al_2O_3$ 系)及氧化物催化剂(如 Cr_2O_3/Al_2O_3 系)两大类。所用助催化剂主要有 K_2O、K_2CO_3 及 MgO 等,其目的是降低结焦和提高催化剂使用稳定性。

异丁酸 isobutyric acid $(CH_3)_2CHCOOH$ 化学式 $C_4H_8O_2$。又名 2-甲基丙酸。无色油状液体,有类似丁酸的刺鼻气味。相对密度 0.949。熔点 $-47℃$,沸点 152～156℃,闪点 76.67℃(闭杯)。折射率 1.3930。与水、乙醇、乙醚及氯仿等混溶。在催化剂存在下可被氧化或还原。浓溶液对皮肤有刺激性。用于合成异丁酸酯类、香料及增塑剂等,也用作杀虫剂、消毒剂及溶剂等。可由异丁醛或异丁醇氧化制得。

异丁醇 isobutyl alcohol $(CH_3)_2CHCH_2OH$ 化学式 $C_4H_{10}O$。又名 2-甲基-1-丙醇。无色透明液体,有类似戊醇气味。相对密度 0.8020。熔点

−108℃,沸点108℃,闪点27.5℃。折射率1.3959。燃点426.7℃。蒸气相对密度2.55,蒸气压1.33kPa。爆炸极限1.68%~10.6%。溶于水、丙酮。与乙醇、乙醚混溶。可燃。毒性与正丁醇相近。用于制造合成橡胶、增塑剂、抗氧剂、香料等。也用作溶剂、石油添加剂等。由丙烯与合成气经羰基合成制得。

异丁醛 isobutyl aldehyde $(CH_3)_2CHCHO$ 化学式 C_4H_8O。又名2-甲基丙醛。无色透明液体,有强刺激性气味。相对密度0.7938。熔点−65.9℃,沸点64.5℃,闪点−10.6℃,燃点254.4℃。蒸气相对密度2.5,蒸气压15.3kPa(20℃)。微溶于水,溶于乙醇、乙醚、苯等。具有醛的化学通性。可进行氧化、加氢、加成、聚合等反应。易燃,长久暴露于空气中会生成有爆炸性的过氧化物。低浓度对眼、呼吸道有刺激性;高浓度吸入有麻醉作用。用于制造异丁酸、异丁醇、甲基丙烯酸甲酯及橡胶促进剂、防老剂等。由丙烯、氢气及一氧化碳经羰基合成制得。

异丙苯 isopropyl benzene 化学式 C_9H_{12}。又名枯烯。无色液体,有芳香气味。相对密度0.8618。熔点−96℃,沸点152.4℃,闪点31℃。折射率1.4915。蒸气压2.48kPa(50℃)。临界温度358℃,临界压力3.21MPa。爆炸极限0.9%~6.5%。不溶于水,溶于乙醇、乙醚、苯等溶剂。易燃。有刺激性及麻醉作用。用于制造苯酚、丙酮、α-甲基苯乙烯、过氧化氢异丙苯,也用作提高燃料油辛烷值的添加剂、聚合引发剂,是合成香料、医药等的中间体。由丙烯和苯在无水三氯化铝存在下反应制得。

异丙胺 isopropylamine $(CH_3)_2CHNH_2$ 化学式 C_3H_9N。又名2-丙胺、2-氨基丙胺。无色透明液体,有氨的气味。具挥发性。相对密度0.6886。熔点−95.2℃,沸点33℃,闪点−37℃。与水、乙醇、乙醚混溶,溶于脂肪烃、矿物油及液体石蜡。可燃。呈强碱性。对皮肤及黏膜有刺激作用。广泛用于制造农药、医药、染料、表面活性剂等。也用作橡胶硫化促进剂、去垢剂、脱毛剂及溶剂等。由丙酮(或异丙醇)与氢气及氨反应制得。

异丙醇 isopropanol $(CH_3)_2CHOH$ 化学式 C_3H_8O。又名2-丙醇。无色透明液体。易燃。有乙醇样气味。相对密度0.7855。熔点−89.5℃,沸点82.4℃,闪点17.2℃(闭杯),燃点400℃。爆炸极限2.02%~8.0%。能与水、乙醇、乙醚及氯仿等混溶,能溶解橡胶、松香、合成树脂及生物碱。化学性质与正丙醇相似,但又有仲醇特性。与有机酸反应可生成酯。毒性、麻醉性及对黏膜的刺激性比乙醇强,而比正丙醇弱。广泛用作溶剂、防冻剂、脱水剂及防水剂,在异丙醇尿素脱蜡工艺中用作活化剂及稀释剂,也用于制取丙酮、甘油及医药、农药。可先用丙烯与硫酸反应制得异丙基硫酸氢酯,再经水解而得。

异丙醇尿素脱蜡 isopropyl urea dewaxing 见"尿素络合物"

异 戊 二 烯 isoprene
$CH_2=C(CH_3)—CH=CH_2$ 化学式 C_5H_8。又名2-甲基-1,3-丁二烯。无色具刺激性油状液体。相对密度0.6809。熔点-146℃,沸点34℃,闪点-48℃,燃点220℃。折射率1.4220。蒸气相对密度2.35,蒸气压53.32kPa(15.4℃)。爆炸极限1%～9.7%。不溶于水,溶于醇、醚及烃类溶剂。化学性质活泼,可与卤素、含卤化合物等发生加成反应,易发生聚合。工业品常加入阻聚剂,以防止运输及储存期间发生聚合。对眼睛、皮肤及黏膜等有刺激作用。主要用于制造顺式聚异戊二烯橡胶及丁苯橡胶,也用于制造香料、医药等。可由石油烃类裂解碳五馏分萃取蒸馏而得,也可由异戊烷、异戊烯脱氢制得。

异戊烷 isopentane 化学式 C_5H_{12}。
$$CH_3CHC_2H_5 \atop \qquad |{\atop CH_3}$$
又名2-甲基丁烷。无色透明易挥发液体,有芳香气味。相对密度0.6197。熔点-159.6℃,沸点27.8℃,闪点-51℃,自燃点395℃。蒸气相对密度2.48。临界温度187.8℃,临界压力3.33MPa。爆炸极限1.1%～8.7%。不溶于水,与乙醇、乙醚等多数溶剂混溶。易燃。与次氯酸钠、浓硫酸、高锰酸钾、臭氧等氧化剂会发生反应,甚至导致燃烧。对眼睛及呼吸道黏膜有刺激作用。存在于石油及天然气凝析油中。可用于提高汽油挥发性及辛烷值。也用作有机合成原料、溶剂、萃取剂。可由石油裂解产物或拔头馏分中分离而得。

异戊酸 isovaleric acid
$(CH_3)_2CHCH_2COOH$ 化学式 $C_5H_{10}O_2$。又名3-甲基丁酸。无色易燃液体,有不愉快酸败气味。相对密度0.931。沸点176℃。折射率1.4043。溶于水、乙醇、乙醚、氯仿。有毒!存在于烟草、蛇麻草油中。用于制造药物、香料等。可由异戊醇氧化制得。

异 戊 醇 isopentyl alcohol
$(CH_3)_2CHCH_2CH_2OH$ 化学式 $C_5H_{12}O$。又名3-甲基-1-丁醇、异丁基甲醇。无色透明易燃液体,有刺激性气味。相对密度0.8094。熔点-117.2℃,沸点131℃,闪点52℃(闭杯),燃点345℃。折射率1.4070。爆炸极限1.2%～9.0%。微溶于水,溶于丙酮、甲苯。与乙醇、乙醚、汽油等混溶。具有伯醇的化学通性。与浓硫酸反应生成异戊烯。对眼睛、呼吸道有刺激性。用于制造医药、香料、摄影药剂、炸药等。也用作矿物浮选剂、溶剂等。可由杂醇油中分离而得。

异 戊 醛 isovaleraldehyde
$(CH_3)_2CHCH_2CHO$ 化学式 $C_5H_{10}O$。又名3-甲基丁醛。无色透明液体。相对密度0.7986。熔点-51℃,沸点92.5℃。折射率1.3902。微溶于水,溶于乙醇、乙醚及非挥发性油等。易燃。遇高热及明火有着火危险。与强氧化剂剧烈反应。蒸气有刺激性及麻醉性。

用于制造异戊酸、异戊胺、药物、香料。也用作有机中间体、消泡剂等。可由异戊醇催化氧化制得。

异辛烷　isooctane　化学式 C_8H_{18}。

$$CH_3-\overset{\displaystyle CH_3}{\underset{\displaystyle CH_3}{CH}}-CH_2-\overset{\displaystyle CH_3}{\underset{\displaystyle CH_3}{C}}-CH_3$$

又名 2，2，4-三甲基戊烷。无色透明液体。相对密度 0.6918。熔点 $-107.4℃$，沸点 99.3℃，闪点 $-12℃$，自燃点 415℃。折射率 1.3914。爆炸极限 1.1% ～ 6.0%。不溶于水，微溶于乙醇，与乙醚、苯、丙酮等混溶。用作内燃机燃料时，具有抗震性。通常用作测定汽油抗震性的标准燃料，并规定其辛烷值为 100。也用作车用汽油、航空汽油等的添加组分及溶剂。可由异丁烯二聚后经氢化而得。或在氢氟酸存在下，由丁烷与丁烯反应制得。

异辛醇　isooctyl alcohol　化学式

$$CH_3(CH_2)_3\underset{\displaystyle C_2H_5}{CH}CH_2OH$$

$C_8H_{18}O$。又称 2-乙基-1-己醇。无色液体。相对密度 0.8344。沸点 182 ～ 185℃。折射率 1.43。几乎不溶于水，与醇、醚混溶。用于制造表面活性剂、增塑剂、合成切削油、液压油等，也用作溶剂、抗泡沫剂等。可先由正丁醛缩合、加热脱水生成 2-乙基己烯醛，再经加氢制得。

异构化反应　isomerization　指由一种异构体转变为另一种异构体的反应。直链烷烃和支链较小的烷烃，在适当的温度和催化剂作用下，可以异构化为带支链的或支链更多的烷烃。如正丁烷可以异构化为异丁烷。含碳原子较多的烷烃，异构化后的产物是多种异构体的混合物。在炼油工业中，利用异构化反应，将直链烷烃转变为带支链的烷烃，可以提高汽油的辛烷值，从而提高汽油产品的质量。其中轻质 C_5/C_6 正构烷烃异构化是炼厂提高汽油轻质馏分辛烷值的重要方法。

异构化汽油　isomerization gasoline　指在酸性催化剂或双功能催化剂作用下，由轻质 C_5/C_6 正构烷烃异构化制得的汽油。主要成分为异戊烷、二甲基丁烷等异构烷烃。直馏石脑油（C_5～C_6 馏分）是汽油调合组分中的低辛烷值组分。通过异构化反应，可将低辛烷值的正构烷烃转变为较高辛烷值的异构烷烃，还可将苯还原为甲基环戊烷，使轻直馏石脑油的研究法辛烷值提高 10～22 个单位，优化汽油结构，并对环境保护有重要作用。

异构化催化剂　isomerization catalyst　通常指 C_4、C_5、C_6 烷烃异构化过程所用的催化剂。早期使用的是弗里德尔-克拉夫茨型催化剂。其优点是催化活性高，但选择性较差，而且腐蚀性较强，目前已基本上被淘汰。近来使用的主要为双功能型催化剂，并采用在氢气压力下进行烷烃异构化的临氢异构化方法。所用催化剂与重整催化剂相似，是将镍、铂、钯等金属负载在氧化铝或泡沸石等固体酸性的载体上，组成双功能催化剂。根据操作温度不同又可分为低温双功能异构化催化剂及中温双功能异构化催化剂。前者是将铂负载于用三氯化铝处理过的 $\gamma\text{-}Al_2O_3$ 上制得，反应温度 $100\sim180℃$；后者是将镍、铂、钯等金属负载于酸性载体上制得，反应温度 $210\sim300℃$。

异构体 isomer 见"同分异构体"。

异构烷烃 iso-alkane 指分子结构上有支碳链的烷烃，如异丁烷、异辛烷、异戊烷等。

异氰酸甲酯 methyl isocyanate CH_3NCO 化学式 C_2H_3NO。又名甲基异氰酸酯。无色液体。有强烈刺鼻气味。相对密度 0.9599。熔点 $-45℃$，沸点 $59.6℃$，闪点 $-6℃$，自燃点 $534℃$。折射率 $1.3419(18℃)$。爆炸极限 $5.3\%\sim26\%$。溶于水而分解，生成甲酸及二氧化碳。易溶于乙醇、乙醚、丙酮等。性质不稳定，放置时易聚合成三聚异氰酸酯。遇明火或高热会引起燃烧或爆炸。剧毒！对皮肤、黏膜有强腐蚀性。对肺的刺激性为氯气的 7 倍。用于制造聚异氰酸酯、聚氨酯类胶黏剂、农药及医药等。由胺与光气，或由硫酸二甲酯与氰酸钾反应制得。

异氰酸酯 isocyanate 异氰酸（$H—N=C=O$）的各种酯的总称。单异氰酸酯的通式为 $R—N=C=O$，如异氰酸甲酯（CH_3NCO）、异氰酸丁酯（C_4H_9NCO）；二异氰酯的通式为 $O=C=N—R—N=C=O$，如甲苯二异氰酸酯。常为有刺激性气味的液体，用于制造合成树脂、合成纤维、泡沫塑料、胶黏剂等。可由伯胺与光气反应，或由异氰酸钾的烷基化等方法制得。

导轨油 rail oil 用于机床导轨，包括各种车床、刨床、磨床和铣床的滑动轴承导轨，能在使用环境下提供润滑保护的专用润滑油。其作用是使导轨在接近流体摩擦下工作，防止滑动导轨在低速重载工况下发生"爬行"现象，延长导轨使用寿命。具有良好的抗磨性、防锈、氧化安定性、金属湿润性、粘附性、极压性及防爬性。按 $40℃$ 运动黏度分为多种牌号。适用于镗床、磨床、滚齿机床、精密机床等导轨的润滑。是以精制矿物油为基础油，加入专用添加剂调合制成。

导热油 thermal conducting oil 见"热传导油"。

收率 yield 又称产率。指实际所得产物量与按通入反应器原料计算应得产物理论量的百分比：

$$收率=\frac{实际所得目的产物量}{按通入反应器反应物计算应得的产物理论量}\times100\%$$

$$=\frac{生成目的产物所消耗的原料量}{通入反应器的原料量}\times100\%$$

由于反应原料常是一些复杂混合物，其中各种物料都有转化成目的产物的可能，而其转化量又很难确定。这时常以原料质量为基准来计算收率，并称为质量收率：

$$质量效率=\frac{实际所得目的产物质量}{通入反应器的原料质量}\times100\%$$

在有循环物料时，收率与质量收率常

以总收率及总质量收率表示：

$$总收率 = \frac{生成目的产物所消耗的原料量}{新鲜原料量} \times 100\%$$

$$总质量收率 = \frac{实际所得目的产物质量}{新鲜原料质量} \times 100\%$$

收缩率 shrinkage rate 指绝缘胶或绝缘沥青在规定的两个温度之间的体积变化。以百分数表示。为绝缘胶或绝缘沥青的质量指标之一。

阳离子交换树脂 cation exchange resin 离子交换树脂的一种，分子中含有酸性交换基团的交换树脂。按酸性强弱可分为：①强酸性。分子中含有磺酸基（—SO_3H），如磺化苯乙烯-二乙烯苯共聚物。②中等酸性。分子中含有磷酸基（—H_2PO_4）或膦酸基（—H_2PO_3），如苯乙烯-二乙烯苯共聚物的膦酸化合物。③弱酸性，分子中含有羧基（—COOH）或酚羟基（—OH），如甲基丙烯酸与二乙烯苯的共聚物。阳离子交换树脂可在pH1～14 范围内与各种阳离子进行交换。广泛用于硬水软化、海水淡化及从废水中提取金属等，也用作酯化及水解等有机合成催化剂。

阳离子(型)表面活性剂 cationic surfactant 表面活性剂的一类。在水中能电离出具有疏水性阳离子的表面活性剂。多数为含氮有机化合物，而以季铵盐应用最广，最具代表性的是烷基二甲基苄基氯化铵。由于价格较高、去污能力较差，主要用作抗静电剂、防水剂、染色助剂、纤维柔软剂等，也用作杀菌剂、防腐剂、防锈剂及矿物浮选剂等。

阳离子(型)乳化沥青 cationic emulsified asphalt 见"乳化沥青"。

阳离子型破乳剂 cationic demulsifier 一种能在水中产生疏水性阳离子的化学合成破乳剂。主要有季铵盐、胺盐两类。如氯化十二烷基三甲基铵、溴化十二烷基三甲基铵、阳离子酰胺化合物等。它们通过与乳化剂反应形成不牢固吸附膜而引起破乳。主要用于水包油型乳化液破乳。

阳离子型聚丙烯酰胺 cationic-type polyacrylamide

又称阳离子PAM。聚丙烯酰胺的一类。有胶体状及粉状两种。胶体外观为半透明或透明胶体，固含量5%～10%，溶解时间小于 4h，1%水溶液黏度1000～5000MPa·s。粉状品外观为白色或微黄色粉末，固含量≥90%，溶解时间小于 4h，1% 水溶液的黏度为1000～5000MPa·s。为高分子电解质，带正电荷。对悬浮的有机胶体和有机化合物能有效地凝聚，并能强化固液分离。可作为絮凝剂用于固液分离过程，包括沉降、澄清、浓缩及污泥脱水等工艺。也用作助滤剂、纸张干强剂及酸性废水处理。可由非离子型聚丙烯酰胺胶体与甲醛和二甲胺反应制得。

阳离子聚合 cationic polymerization

又称正离子聚合,指链增长的活性中心或引发单体的活性中心是阳离子的离子型聚合,对于烯类单体其链增长活性中心则是碳阳离子。阳离子聚合的一个特点是:阳离子活性中心在聚合过程中会发生异构化,使空间位阻较大的单体也能聚合,并生成稳定的活性中心。能用于阳离子聚合的单体多是有供电子取代基的烯类单体,如异丁烯、苯乙烯、α-甲基苯乙烯、1,3-丁二烯、乙烯基醚等。所用引发剂均为亲电试剂,主要有两类,一类是强质子酸(如硫酸、高氯酸、甲磺酸);另一类是路易斯酸(如三氟化硼、三氯化铝、三氯化钛、三溴化铝)。反应需在惰性溶剂、低温、无氧、无水干燥下进行才能得到高分子量的聚合物。主要聚合物商品有聚异丁烯、丁基橡胶等。

阶梯环 cascade ring　一种新型短开孔环形填料,是填料塔常用填料。其结构类似于鲍尔环,但其高度减少一半,且填料的一端扩为喇叭形翻,不仅增加了填料环的强度,而且使填料在堆积时相互的接触由线接触为主变成以点接触为主。由此提高了填料颗粒的空隙,减少了气体通过填料层的阻力,并改善液体分布和提高传质效率。阶梯环的综合性能优于鲍尔环,是目前使用的环形填料中性能较优的种类之一。

阴离子交换树脂 anion exchange resin　离子交换树脂的一种。分子中含有碱性基团,在水溶液中能与其他阴离子进行交换的离子交换树脂,大致可分为两大类:①含有季铵碱活性基团的交换树脂,如苯乙烯-二乙烯苯氯甲醚-三甲胺树脂,可在酸性、碱性及中性溶液中使用;②含有弱碱性活性基团(如伯、仲、叔胺基等)的交换树脂,如间苯二胺-甲醛树脂,它们对羟基的亲和力很大,不能在碱性溶液中使用,常与阳离子交换树脂配合使用。用于硬水软化、海水淡化等。也用于除去废水中的有毒阴离子、稀有元素分离等。

阴离子(型)表面活性剂 anionic surfactant　表面活性剂的一类。在水中能电离出具有疏水性阴离子的表面活性剂。常用的阴离子表面活性剂有羧酸盐、烷基硫酸酯盐、烷基磺酸盐、磷酸酯盐等,其中以烷基苯磺酸钠的产量最大。这类表面活性剂一般都具有良好的渗透、润湿、乳化、分散、增溶、起泡、去污等作用。广泛用于洗涤剂、纺织、食品、化妆品及采油等工业部门。

阴离子(型)乳化沥青 anionic emulsified asphalt　见"乳化沥青"。

阴离子型破乳剂 anionic demulsifier　一种能在水中产生疏水性阴离子的化学合成破乳剂。主要为一些硫酸盐型、磺酸盐型表面活性剂,如太古油,疏水基为不饱和酸、烷基酸、烷基芳烃经甲基缩合的双烷基苯的磺化物等,其破乳效率不是太高。但由于原料易得、价廉,目前还在使用。

阴离子聚合 anionic polymerization　又称负离子聚合。指链增长的活性中心或引发单体的活性中心是阴离子的离子型聚合,能进行阴离子聚合的单体有 α-甲基苯乙烯、苯乙烯、丙烯腈、丁二烯、异戊二烯、甲基丙烯酸酯类、丙烯酸酯类等。所用引发剂是电子给体、亲核试剂,属于碱类。常用的有碱金属、烷基或芳基锂试剂、烷基铝,格氏试剂、萘钠复合物等。不同的单体和引发体系,由于它们的活性各不相同。存在着一种单体与引发体系的最佳匹配问题。阴离子聚合常用单体有丁二烯类及丙烯酸酯类。主要聚合物商品有低顺聚丁二烯、顺-1,4-聚异戊二烯、苯乙烯-丁二烯-苯乙烯嵌段共聚物等。

防水卷材 water-proofing roll-roofing 一种建筑防水材料。主要分为两大类:一类为高分子聚合物防水卷材,是将高分子聚合物及助剂经混练、压延或挤出等工序加工而成;另一类是沥青及改性沥青防水卷材,也称为油毡,是防水卷材的主要品种。它是在胎基上、下覆盖沥青等材料,经压延而成。防水卷材具有耐水性,对温度变化的稳定性,有一定的机械强度及抗断裂性,对大气作用有一定的抗老化性等性能。

防老剂 antiager 指能防止或抑制诸如光、氧、臭氧、热、重金属子等对高分子材料的破坏作用,延缓制品储存及使用寿命的一类物质。按其来源可分为天然防老剂及合成防老剂;按其作用性质,可分为抗氧剂、抗臭氧剂、紫外线稳定剂、有害金属抑制剂、曲挠龟裂抑制剂;按其是否与材料化学结合又可分为网络键合型防老剂,一般添加型防老剂;按其对材料是否有着色性可分为非污染型及污染型防老剂等。在合成橡胶及天然橡胶中使用较多的是萘胺类及胺类防老剂。

防冰剂 anti-icing additive 添加在汽油和航空喷气燃料内,防止在使用过程中汽油发动机的汽化器和航空发动机燃料系统因结冰而堵塞燃料管道的添加剂。防冰剂可分为两类:一类是醇或醚类或水溶性酚胺等,如乙醇、己基乙二醇、乙二醇甲醚、乙二醇乙醚,它们与燃料中的水分混合时,可生成低结晶点溶液而防止结冰;另一类是胺类和酰胺类具有表面活性的油溶性化合物,如二甲基甲酰胺,它可吸附在金属表面上,防止生成的冰的晶体粘附在金属表面,或在冰粒表面上形成皮膜,从而防止冰结晶增大。

防冻剂 antifreezing agent 又称抗冻剂,是降低液体或溶液的冰点,能使含水物体(如涂料、胶黏剂、冷却液等)在负温下不结冰或不凝胶的一些物质,如汽车冷却液或防冻液。按防冻剂成分不同可分为酒精型、甘油型、乙二醇型等。常用的有机防冻剂有乙二醇、乙醇、甲醇、甘油、丙二醇等;无机防冻剂有氯化钠、氯化钙、硝酸钙、尿素、亚硝酸钠等。广泛用于汽车、冷藏、混凝土等方面。

防冻液 antifreezing fluid 见"汽车防冻液"。

防垢剂 anti-scaling additive 见"阻垢剂"。

防胶剂 antigum inhibitor 又称抗氧防胶剂。习惯上将用于发动机燃料（汽油、煤油、柴油等）的抗氧化剂称作防胶剂，用以抑制油品，特别是二次加工油品的氧化速度，防止在储存过程中氧化生成胶质沉淀，以及在使用过程中原来溶解在燃料中的胶质因燃烧汽化、雾化而沉积于吸入系统、汽化器、喷嘴等而影响发动机的正常运转。常用防胶剂有酚型、芳胺型及酚胺型三种。如2,6-二叔丁基对甲酚、2,6-二甲酰基-4-叔丁基苯酚等。

防锈剂 anti-rust additive 见"防锈添加剂"。

防锈油 anti-rust oil 指用于润滑系统、精密仪器仪表、设备零配件等金属表面润滑及防锈的油品。通常由矿物油添加一种或多种防锈剂及辅助添加剂调制而成。具有良好的润滑性、抗氧化性、防锈性及抗泡性。属于暂时保护性产品。根据组成及性质不同，可分为溶剂型稀释防锈油、置换型防锈油、润滑型防锈油、气相防锈油、水基防锈剂、防锈脂等。

防锈脂 anti-rust grease 一类以石油蜡为稠化剂的防锈材料。主要指石油型防锈脂。是由矿物基础油、稠化剂（蜡、蜡膏）、防锈剂（羊毛脂镁皂、石油磺酸钡、苯并三氮唑）及辅助添加剂（聚异丁烯、乙丙橡胶、染料等）等调制而成的。具有油膜厚、不易流失和挥发、耐冲刷和摩擦、防锈期长等特点。适用于轴承、工具、大型机件、钢丝绳等的防锈及润滑。

防锈润滑两用油 rust-preventing lubricating oil 见"润滑油型防锈油"。

防锈添加剂 anti-rust additive 又称防锈剂。指能防止金属生锈，延迟或限制生锈时间，减轻生锈程度的添加剂。尤指用于润滑油脂、防锈油脂、乳化切削油等用来防止金属生锈的添加剂。主要是一类油溶性表面活性剂。其作用机理在于防锈剂分子中极性一端吸附于金属表面，烃基一端指向油层，形成分子定向排列的致密分子膜，从而阻止水分与氧渗入金属表面而产生锈蚀。常用的防锈剂有石油磺酸钡、石油磺酸钠、二壬基萘磺酸钡、十二烯基丁二酸及其半酯、环烷酸锌等。

防雾剂 antifogging agent 见"流滴剂"。

防腐剂 antiseptics 指能杀死、抑制和阻碍微生物的生长与繁殖，防止保护对象腐败变质的一类制剂。工业材料及其制品因含有水分和微生物生长的营养物质，较容易受到污染而发生腐烂、变色变臭及黏度下降等变质现象。在制品中加入适量防腐剂是防止由微生物引起腐败变质的有效手段之一。根据使用对象不同，可分为涂料防腐剂、木材防腐剂、食品防腐剂等。常用的防腐剂有苯甲酸钠、山梨酸、尼泊金酯类、丙酸及丙酸盐类、甲醛、水杨酸等。

防腐沥青 anti-corrosion asphalt 用于管道防腐及防水粘结材料的石油

沥青。包括管道防腐沥青及防水防潮石油沥青。具有较强的附着力及良好的抗水侵蚀性能。管道防腐沥青按针入度分为1号及2号。主要用于管道输送介质温度低于80℃的金属管道防腐。防水防潮石油沥青按针入度分为3号、4号、5号及6号。主要用作油毡涂覆材料、屋面及地下防水层粘结材料等。防腐沥青系由减压重油在一定条件下经氧化制得。

防霉剂 antifungal agent 指能抑制或杀灭霉菌、防止应用对象霉变的制剂。防霉剂与防腐剂、抗菌剂对微生物的作用一般没有严格的界限，有些防霉剂既有防霉作用，同时又有防腐效能。防霉剂按来源可分为合成防霉剂、微生物防霉剂；按溶解性可分为水溶性防霉剂及油溶性防霉剂；按用途可分为塑料、橡胶、涂料、胶黏剂、包装材料、皮革、木材等防霉剂；而按防霉剂化学结构可分为酚类化合物、醛类化合物、酯类化合物、酰胺类化合物、有机酸类化合物、有机硫化合物、杂环化合物及有机金属化合物等。

红外光谱法 infrared spectroscopy 又称红外吸收光谱法。分子吸收光谱法的一种。是应用物质的红外吸收光谱图进行的定性及定量分析。红外吸收光谱是在红外辐射的作用下，分子发生振动和转动能级跃迁时所产生的分子吸收光谱。不同分子的红外光谱不同，可用以对各种化合物进行定性或定量分析。在有机化合物的定性与结构分析上有广泛应用，也常用于测定催化剂表面羰基、催化剂的骨架振动及固体表面酸性的表征等。

红外线气体分析器 infrared gas analyzer 一种光谱式气体分析器。是利用红外线通过一定长度容器内的被测气体时，其红外线辐射强度随气体的浓度而改变的原理制成的。种类较多。按是否把红外光变成单色光来区分，可分为不分光型(非色散型)及分光型(色散型)两种；从光学系统划分，可以分为双光路和单光路两种。红外线气体分析器能测量单原子惰性气体(如He、Ne)、双原子分子气体(如N_2、H_2、O_2等)及CO、CO_2、NO、SO_2、CH_4、C_2H_4等气体。具有测量范围广、灵敏度高、测量精度好、选择性强等特点。

七画
【一】

麦格纳重整过程 Magnaforming process 由美国恩格哈德公司开发的半再生式催化重整过程。是一种分段混氢式(或称两段混氢式)催化重整过程。通常由四个反应器串联组成。其特点是按重整反应的特性来控制反应器的操作条件。由于环烷烃脱氢反应速度快，所以在前部反应器中进行，并采用高空速、低温、低氢油比操作，以抑制加氢裂化反应；烷烃的芳构化、异构化及加氢裂化等的反应速度慢，主要在后部反应器中进行，并采用低空速、高温、高氢油比操作,以利于脱氢环化反应,防止催化剂高温失活,延长运转周期。

韧性破坏 tough failure 指材料在外力作用下产生塑性变形过程中吸收能量的能力,也即材料抵抗断裂的能力。而由于产生大的永久变形所造成材料缓慢的破坏现象,则称为韧性破坏。

进料段 feed section 液体混合物或原料进入精馏塔的部位称为进料段。通常只是一个汽化空间,进料在此汽化闪蒸,故又称汽化段、闪蒸段或蒸发段。在此段以上的塔段为精馏段,以下的塔段为提馏段或汽提段。在进料段中,进料中的汽相部分与提馏段上来的汽相汇合上升至精馏段;而液相部分则与精馏段下来的液相汇合下降到提馏段。进料段可根据不同要求选择位置。如进料的汽化率越高,汽相中轻组分浓度越低,进料的位置也应该越低,即精馏段应有较多的塔板数。

U形管式换热器 U-tube heat exchanger 管壳式换热器的一种类型。其结构特点是只有一块管板,管束由多根U形管组成,管的两端固定在同一块管板上,管子可以自由伸缩,当壳体与U形换热管有温差时,不会产生热应力。具有结构简单、价格便宜、承受能力强的优点。但由于受管弯曲半径的限制,其换热管排布较少,管板利用率较低,管程流体易形成短路。适用于管、壳壁温差较大或壳程介质易结垢、

又不适宜采用浮头式和固定板式的场合,尤适用于管内通过清洁而不易结垢的高温、高压、腐蚀性大的物料。

运动黏度 kinematic viscosity 指液体在重力作用下流动时摩擦力的量度。其值为相同温度下液体的动力黏度与其密度之比。我国法定单位制SI中其单位为 m^2/s 或 mm^2/s。石油产品的规格中,大多采用运动黏度,润滑油的牌号很多也是根据其运动黏度的大小来规定的。

远红外干燥 far infrared drying 又称远红外辐射干燥。指将远红外辐射加热技术用于干燥过程,并作为其热源的干燥操作。它是通过电热元件(如电阻丝)加热远红外涂层,使其保持足够的温度,并向空间辐射出具有一定能量的远红外线,被加热物体通过分子振动吸收远红外线而达到加热、干燥的目的。远红外辐射加热装置由发热体、远红外涂层及其他附件构成。与传统的蒸汽、热风及电阻等加热方式相比,具有加热速度快、加热均匀、无污染、节能及生产费用低等特点。与电加热比较,可节电 30% 左右。广泛用于化工、食品、印染、机电及食品加工等方面。

汞中毒 mercury poisoning 摄入过量的汞使人产生的中毒症状。汞广泛用于温度计、气压计、扩散泵、汞开关及催化剂、电池等。汞中毒常发生在与汞长期接触的工作人员中间。汞主要以蒸气形式由呼吸道侵入人体,完整皮肤基本不吸收,消化道对其吸收甚微。汞

损害的靶部位主要是肾、脑、肺、消化道等。慢性中毒系长期接触一定浓度汞蒸气所致。急性中毒是由于短期内大量吸入汞蒸气所致。

赤潮 red tide 指在一定的环境条件下,尤其是海洋水体富营养化条件下,海水中的赤潮生物暴发性繁殖或高密度聚集而引起的海水变色现象的总称。按形成赤潮的赤潮生物不同,可呈现出不同的颜色。除常见的赤色外,也有粉红、土黄、灰褐、绿色、茶色及白色等颜色。目前发现的赤潮生物有 300 多种,主要为甲藻、硅藻等浮游生物。赤潮发生时会造成海水 pH 值升高,黏稠度增大,赤潮藻类毒素可污染海水,改变浮游生物的生态系统群落结构,会使鱼虾、蟹、蛤等大量死亡,毒素通过食物链进入贝类体内,人们误食后会引起中毒,严重时甚至死亡。

克利夫兰开杯闪点(测定)仪 Cleveland open-cup tester 一种由美国材料试验学会(ASTM)采用的,测定石油产品闪点和燃点的标准仪器。开口杯由黄铜或其他导热性相当的、不锈的金属制成,可允许使用煤气灯或酒精灯等任何方便的热源加热。主要用于测定除燃料油以外,闪点在 80℃ 以上的其他油品的闪点和燃点。

克劳斯硫黄回收法 Claus sulfur recovery process 英国化学家克劳斯提出的从含硫化氢酸性气体中回收硫黄的方法。其基本原理是使酸性气体在控制空气下进行燃烧,先使其中 1/3 的硫化氢燃烧成 SO_2,再在热和催化剂作用下,SO_2 与未燃烧的硫化氢反应生成硫黄。基本反应式为:

$$3H_2S + 3/2O_2 = 2H_2S + SO_2 + H_2O$$
$$2H_2S + SO_2 = 3/2S_2 + 2H_2O$$

多数工业装置采用两级催化反应器,可回收原料气中 90%～96% 的硫。硫黄纯度可达 99.9% 以上。

极压性 extreme pressure property 油品(润滑油或润滑脂等)在金属表面形成边界反应润滑膜的性质。它反映油品在苛刻条件下的润滑能力。具有极压性的润滑油或润滑脂可在高温、高负荷工作条件下与金属作用,在摩擦面上形成反应膜层,起到降低摩擦阻力、减小磨损、保证机械润滑的作用。润滑油的基础成分中烃类不能与金属发生化学反应,因而不具有极压作用。因此要使润滑油具有极压性,需在油品中加入极压添加剂。

极压润滑 extreme pressure lubrication 见"极压添加剂"。

极压添加剂 extreme pressure additive 又称极压抗磨剂、极压剂。指在重载、高温、高压下的边界润滑(习惯上将这种极苛刻的边界润滑称为极压润滑)状态下,能在金属表面形成化学反应膜,防止摩擦表面形成局部烧结的一类添加剂。主要是含有硫、磷、氯等元素的化合物。其作用是在摩擦高温下分解并与金属摩擦面起反应,生成剪切应力和熔点都比金属低的化合物,并流动到接触点周围表面上,使表面平顺光滑,从而使单位面积所承受的负荷下降。常用的极压添加剂有硫系极压剂(如硫化异丁烯)、磷系极压剂(如亚磷酸二丁酯、磷酸三甲酚酯)、氯系极压剂(如氯化石蜡、氯化烷基酚)、氮系极压剂(如硝基芳烃、环烷酸的氨基酚衍生物)及金属盐极压剂(如环烷酸铅、二烷基二硫代磷酸锌)。

极压锂基润滑脂 extreme pressure lithium base grease 是由 12-羟基硬脂酸锂皂稠化精制矿物油,并加有高效极压剂、抗氧剂和防锈剂制成的润滑脂。具有良好的抗水性、机械安定性及耐负荷能力。使用温度范围 $-20 \sim 120℃$。适用于压延机、锻造机、减速机等高负荷机械设备及齿轮、轴承的润滑。

极性分子 polar molecule 指分子中正负电荷中心偏离的分子。如 HCl 分子中共用电子对偏离氯原子,使氢原子一端带部分正电荷,从而使整个分子的电子层分布不均匀,造成正、负电荷中心偏离。在由极性键组成的多原子分子中,分子有无极性系取决于分子的空间构型。如 CO_2 分子中的 C＝O 键是极性键,但因 CO_2 是直线型对称结构 O＝C＝O,两个 C＝O 的极性互相抵消,正负电荷中心重合,故 CO_2 是非极性分子;NH_3 分子的空间构型为三角锥形

，三个 N—H 键的极性不能完全抵消,正负电荷中心偏离,故 NH_3 是极性分子。

极性溶剂 polar solvent 指含有羟基或羰基等极性基团的溶剂,如乙醇、丙酮等。这类溶剂极性强,介电常数大,容易溶解极性物质,也可溶解酚醛树脂、醇酸树脂等。

极性键 polar bond 见"共价键的类型"。

芴 fluorene 化学式 $C_{13}H_{10}$。白色片状结晶,有蓝色荧光。天然存在于煤焦油中。相对密度 1.203。熔点 116 ~ 117℃,沸点 295℃(分解)。真空中易升华。不溶于水,易溶于冰乙酸,溶于乙醇、乙醚、苯、二硫化碳等。分子结构中亚甲基上的氢原子易被碱金属所取代。有毒! 蒸气对眼睛及黏膜有刺激性。用于制造树脂、药物、染料、农药、有机半导体等。可由煤焦油的低萘洗油中分离而得。或在催化剂存在下,由联苯与二氯甲烷反应制得。

芴酮 fluorenone 化学式 $C_{12}H_8O$。又名芴氧。白色或浅黄色晶体。相对密度 1.0728。熔点 84℃,沸点 341.5℃。不溶于水,溶于乙醇、乙醚、苯等溶剂。可形成多种加成物。用于制造合成树脂、染料、防腐剂、杀虫剂等。可由煤焦油的低萘洗油和蒽油中分出。也可由芴经氧化而得。

苄基 benzyl 又称苯甲基。甲苯分子中的甲基去掉一个氢原子后剩下的基团。如苯甲

醇($C_6H_5CH_2OH$)、苄基氯($C_6H_5CH_2Cl$)、乙酸苄酯($C_6H_5CH_2OCOCH_3$)等分子结构中都含有苄基。苄基与其他功能基(如卤素、氨基、羟基、磺酸基等)相结合而成的化合物表现出较高的化学反应性,如易水解、氨解等。

芳杂环聚合物 aromatic heterocyclic polymer 在芳香族聚合物链上引入 N、O、S 等原子的杂环聚合物,如聚苯并咪唑、聚苯并噻唑、聚苯并噁唑等。大多具有较好的耐热稳定性及强度。

芳构化反应 aromatization reaction 指在铂、钯或镍等催化剂作用下,脂环烃经催化脱氢芳构化,生成芳香族化合物的反应。反应需在氢气存在下进行,碳原子数大于 6 的链烃在氧化铬-氧化铝催化剂存在下加热也能进行芳构化反应。六元脂杂环化合物也可通过芳构化反应转变为芳杂环化合物。芳构化反应是工业上制取苯、甲苯等芳烃的主要方法。

芳香环 aromatic ring 见"苯环"。

芳香烃 aromatic hydrocarbon 又称芳烃。是具有芳香性的环状碳氢化合物。按是否含有苯环以及所含苯环的数目和连结方式不同,可分为四类:①单环芳烃,分子中只含一个苯环的芳烃,如苯、甲苯、苯乙烯;②多环芳烃,分子中含有两个或两个以上独立苯环的芳烃,如联苯、三苯甲烷;③稠环芳烃,分子中含有两个或多个苯环,彼此间通过共用两个相邻碳原子稠合而成的芳烃,如萘、蒽;④非苯芳烃,分子中不含苯环,但具有与苯环相似的芳香性的环状烃类,如薁、环戊二烯负离子。芳烃是有机合成工业的三大基础原料之一,广泛用于合成材料、染料、农药、医药、炸药等工业。芳烃的主要来源是石油化工及煤化工。大量生产和利用的芳烃主要是苯、甲苯及二甲苯。

芳香胺 aromatic amine 见"胺"。

芳香族化合物 aromatic compound 泛指分子中含有苯环、多苯环、稠苯环及非苯系的有芳香性的碳环化合物。如苯、甲苯、苯酚、苯甲醇、萘、蒽、菲等。其性质不同于脂环化合物,而具有芳香性,即容易进行取代反应,难进行加成和氧化反应。环具有特殊稳定性,不易破裂。芳香族化合物是有机合成工业的重要原料。

芳香族聚合物 aromatic polymer 一类在主链中含有芳基的聚合物。包括芳香族聚碳酸酯、芳香族聚酰胺、芳香族聚酯、芳香族聚砜、芳香族聚磷酸酯等。由于聚合物的重复单元不同,其性质也有所不同。

芳香族聚酰胺纤维 aromatic polyamide fibre 又称芳香聚酰胺纤维,习称芳纶。为聚酰胺纤维的一种。是由芳香族二元酸和芳香族二元胺,或对氨基苯甲酸等经缩聚纺丝而制得的纤维。主要品种有聚对苯甲酰胺纤维(芳纶14)、对位芳香族聚酰胺纤维(芳纶1414)及间位芳香族聚酰胺纤维(芳纶1313)等。这些纤维分子链的刚性强、强度大、熔点高、耐燃、耐腐蚀。但耐光性较差并难染色。主要用于制造工作服、消防服、宇航服、电绝缘材料及工业滤布等。

芳香酸 aromatic acid 芳烃分子的氢被羟基取代的化合物,通式为 RCOOH(R 为芳烃基)。如苯甲酸(C_6H_5COOH)、苯乙酸($C_6H_5CH_2COOH$)、肉桂酸($C_6H_5CH=CHCOOH$)等。一般为难溶于水的固体。

芳香醇 aromatic alcohol 羟基间接与芳香环连接(或羟基与芳烃支链相连接)的醇。如苯甲醇($C_6H_5CH_3OH$)、肉桂醇($C_6H_5CH=CHCH_2OH$)等。当芳香环上的氢原子直接被羟基取代时,其取代物不属于醇而属于酚类。

芳烃 aromatic hydrocarbon 见"芳香烃"。

C_8 芳烃 C_8 aromatics 见"芳烃异构化"。

芳烃分离过程 aromatic separation process 指从富含芳烃的石油馏分中分离芳烃产品的过程。重整油、裂解加氢汽油等石油馏分中,除含有芳烃外,同时含有烷烃、环烷烃及烯烃等非芳烃。这些非芳烃不仅与芳烃的沸点接近,还会形成共沸物,难以用普通的蒸馏方法加以分离,因此需采用特殊的方法将两者加以分离。由重整油及裂解加氢汽油中分离芳烃的工业方法主要有溶剂液-液抽提法、吸附分离法及抽提蒸馏法等。

芳烃白土精制过程 aromatic clay treating process 指通过装填于白土塔中白土的吸附及催化作用,在 175~200℃的温度下,使芳烃中的不饱和烃(特别是二烯烃)被吸附除去的过程。由重整油分离芳烃混合物中所含的不饱和烃,也可用加氢处理除去,但操作费用较高。而利用活性白土上的酸性活性中心,可经济有效地吸附除去不饱和烃。白土只在一定温度下才具有活性,白土塔设计温度一般为 200℃。

芳烃关联指数 US Bureau of Mines correlation index 简称 BMCI。又称芳烃指数、美国矿务局关联指数、关联指数、相关指数。是表征石油馏分相关性质的主要指标之一。系依据油品的馏程和密度两个基本性质建立起来的关联指标。其数值大小表示油品芳烃含量的多少,即芳香性程度的大小。它以正己烷的 BMCI 值为 0,苯的 BMCI 值为 100。其表达式为:

$$BMCI = 473.7 \times d_{15.6}^{15.6} - 456.8 + \frac{48640}{T}$$

$$T = 273 + (t_{10\%} + t_{30\%} + t_{50\%} + t_{70\%} + t_{90\%})/5$$

式中 t 为油品馏程的馏出温度,℃;

　　　T 为石油馏分的体积平均沸点,K;

　　　$d_{15.6}^{15.6}$ 为相对密度。

BMCI 数值越高,表示芳烃含量越高。

芳烃异构化 aromatic isomerization 指在催化剂作用下,使 C_8 芳烃中各种异构体互相转化的过程。C_8 芳烃主要含有乙苯、对二甲苯、间二甲苯、邻二甲苯。其来源既有重整油,也有来自制取苯-甲苯后剩余的 C_8 物料。芳烃异构化主要是将混合芳烃中用途较少的间二甲苯和乙苯转化为邻二甲苯及对二甲苯，以用于制造对苯二甲酸、间苯二甲酸及邻苯二甲酸酐等合成纤维及合成树脂用的化合物。

芳烃含量 aromatic content 是溶剂油、灯用煤油及喷气燃料的质量指标之一。以百分数表示。芳烃在油品中的分布随馏分沸点的升高而逐渐增多。单环芳烃大多分布在汽油馏分中，少量分布在煤油、柴油和润滑油馏分中。芳烃的辛烷值一般较高，因而是汽油的良好组分。但由于芳烃的发热量比烷烃低，吸水性强，燃烧时生成积炭的倾向性较大以及燃烧游离碳的辐射热较高等原因，使其在轻质燃料油中的含量也受到限制。在有关油品质量指标中规定其含量上限值。测定方法是根据轻质油品中芳烃、烯烃在室温下可与浓硫酸起磺化和加成反应的原理，用98%以上浓硫酸处理试样，抽出其中不饱和烃和芳烃，按硫酸抽出烃的总量与不饱和烃含量之差来计算出芳烃的含量。

芳烃转化率 aromatic conversion 见"重整转化率"。

芳烃抽提过程 aromatic extraction process 指用溶剂液-液抽提法从重整油中分离芳烃的过程。工业中应用最广泛的是以三甘醇、四甘醇等甘醇为溶剂的Udex抽提法。此外还有以环丁砜为溶剂的Sulfolane法，以二甲基亚砜为溶剂的IFP法，以N-甲酰基吗啉为溶剂的Formex法及以N-甲基吡咯烷酮为溶剂的Arosolvan法等。芳烃抽提依据的原理是，由于烃类各组分在溶剂中的溶解度不同，即当溶剂与抽提原料进行液-液接触时，溶剂会对原料中的芳烃及非芳烃进行选择性地溶解，从而形成组成和密度都不同的两相，进而可将所需分离的组分从原料混合物中分离出去。抽出芳烃后的非芳烃剩余物称为抽余油或抽余液。

芳烃抽提系统 aromatic extraction system 指由芳烃抽提、溶剂回收及抽出油处理三个单元组成的芳烃抽提装置。基本任务是采用性能优异的抽提溶剂（如环丁砜、四乙二醇醚等）将原油中的芳烃和非芳烃加以分离，进而将混合芳烃分离成纯度合乎规格要求的苯、甲苯及二甲苯等产品。

芳烃抽提溶剂 aromatic extraction solvent 指从富含芳烃（苯、甲苯、二甲苯）的石油馏分（如重整油、加氢后的裂解汽油等）中提取芳烃所使用的溶剂。种类很多，如二甘醇、三甘醇、四甘醇、环丁砜、二甲基亚砜、N-甲基吡咯烷酮、氨基甲酸甲酯等。

芳烃指数 aromatic index 见"芳烃关联指数"。

芳烃基 aromatic group 见"芳基"。

芳烃碳 aromatic carbon 指在烃类混合物所含总碳原子数中，含在芳烃环中的碳原子数。以$C_A\%$表示。

芳烃潜含量 aromatic potential content 催化重整原料油的一个特性指标。指原料油中$C_6 \sim C_8$环烷烃全部脱氢转化为相应芳烃的质量占原料质量的百分数,再加上原料油原有的芳烃质量百分数。芳烃潜含量越高,重整油的芳烃含量也越高。芳烃潜含量的计算方法如下:

芳烃潜含量$(m\%)$=苯潜含量$(m\%)$+甲苯潜含量$(m\%)$+C_8芳烃潜含量

芳基 aryl 又称芳烃基。芳烃从形式上去掉一个氢原子后所剩下的基团。常用 Ar 表示。如苯基 C_6H_5—、苯甲基(苄基)$C_6H_5CH_2$—等。

劳动卫生标准 labour health standard 是为保护劳动者健康,针对劳动条件中有关卫生要求而制定的标准。是国家的一项技术法规,是劳动卫生立法的组成部分,也是进行卫生监督工作的重要依据。劳动卫生标准包括劳动生理卫生标准、生产环境气象卫生标准、工业企业噪声卫生标准及车间空气中有害物质最高容许浓度的卫生标准和分级标准等几个方面。此外与劳动卫生标准相关的还有职业病诊断及处理标准等。

均化 homogenization 利用强烈机械作用将液-液、固-液两相体系制成稳定的乳浊液或胶体分散体系的操作。能起到这种作用的混合装置统称为均化器或均质器。如润滑脂经过皂化、冷却、调合后,为改善产品外观、机械安定性及胶体安定性,还需进行均化处理。均化可使润滑脂皂块分散均匀,并使产品达到所需要的稠度和外观。所用均质机主要由柱塞泵以及与其组合的调

压装置及均质阀所组成。均化的过程为:柱塞泵将一定黏度的液态物料吸入泵体,调压装置使物料在特定压力下通过均质阀,然后经细化和均匀混合而达到均化。

均化器 homogenizer 见"均化"。

均苯四酸 pyromellitic acid 化学式 $C_{10}H_6O_8$。又名均苯四甲酸。

白色结晶粉末。二水合物熔点 271℃。稍溶于水,溶于乙醇,微溶于乙醚。高温下易脱水成酐。能升华。在空气中会缓慢吸潮。用于制造聚酯、聚酰胺及聚酰亚胺树脂和均苯四酸四辛酯增塑剂等。可由1,2,4,5-四甲苯氧化而得;或由二甲苯氯甲基化、氧化制得。

均苯四酸二酐 pyromellitic dianhydride 化学式 $C_{10}H_2O_6$。又名均苯四甲酸二酐。白色针状结晶。相对密度 1.68。熔点 286℃,沸点 397～400℃。能升华。暴露于湿空气中时,水解生成均苯四酸。溶于丙酮、乙酸乙酯、四氢呋喃、二甲基亚砜等。不溶于苯、乙醚、氯仿。有毒! 用作环氧树脂固化剂,常与苯酐或顺酐等混合使用,固化物热变形温度可达 200～250℃。也可用于制造聚酰亚胺、聚亚胺、聚酯树脂、增塑剂及表面活性剂等。可由偏三甲苯或均四甲苯经液相或气相氧化制得。

均质膜 amorphous membrane 见"对称膜"。

均相反应 homogeneous reaction 又称单相反应。指在同一相中进行的化学反应。如 NO 与 O_2 反应生成 NO_2 的气相反应；硫酸与氢氧化钠进行的液相中和反应。

均相体系 homogeneous system 由两种或两种以上不同物质所组成的均匀物系，在这种物系中的任何部分都具有相同的性质。在分散体系中，如果被分散的物质从分子、原子或离子的大小均匀地分散在分散介质中，这样形成的体系也称为溶液。溶液可分为固态溶液（如铜镍合金）、液态溶液（如食盐水）及气态溶液（如空气等气体混和物）。溶液中分散相的质点很少，粒子半径小于 10^{-9} m，不能形成相的界面，故称为均相体系。

均相催化反应 homogeneous catalytic reaction 又称单相催化反应。催化剂和反应物处于同相的催化反应。即催化剂与反应介质不可区分，它与介质中的其他组分形成均匀物相的催化反应体系。可分为气相催化反应及液相催化反应，而以液相反应居多。不论是反应原料还是催化剂都溶于反应介质中，且以独立的分子形态而分散。均相催化反应的特点是催化剂与反应物的接触均匀。具有活性及选择性高、散热快、工艺流程简单等优点，但也存在着催化剂回收困难、不利于连续操作等缺点。

均相催化作用 homogeneous catalysis 反应物与催化剂同处一个相（气相或液相）的催化作用。所用催化剂有酸碱催化剂及可溶性过渡金属化合物（配合物或盐类）两大类。它们都是以分子形式起催化作用。由于均相催化体系中的催化活性中心是以独立的分子形态存在的，故易于用现代色谱仪等分析手段对反应机理作出较确切的描述。

均相催化氢化反应 homogeneous catalytic hydrogenation 催化剂溶于反应介质中进行的催化氢化反应。常用的均相催化剂有铑、钌、铱等贵金属的三苯基膦配合物。如三（三苯基膦）氯化铑 $(Ph_3P)_3RhCl$，可用于碳-碳双键的加氢。催化剂先与氢形成金属氢化物，然后金属氢化物上二个氢原子转移至碳-碳双键上。与多相催化氢化反应相比，其具有反应活性高、不发生氢解等优点，但也存在催化剂分离较困难的缺点。

均相催化氧化 homogeneous catalytic oxidation 指催化剂与反应介质为同一相态的催化氧化过程。大多是气相或液相氧化反应。单纯的气相氧化因缺少合适的催化剂，且反应较难控制，在工业上很少采用。液相氧化选择性好、反应条件较缓和，但催化剂多为贵金属，需分离回收。均相催化氧化反应可分为催化自氧化反应及配位催化反应两种。乙醛氧化制乙酸常用过渡金属离子为催化剂，具有自由基链反应特点，属催化自氧化反应；乙烯催化氧化制乙醛的瓦克法，使用 $PdCl_2$-$CuCl_2$-

HCl 水溶液为催化剂,反应过程中,烯烃先与 Pd²⁺ 形成活性配合物,然后转化为产物,称为配位催化氧化或络合催化氧化。

均相聚合 homogeneous polymerization 指在均一体系中进行的聚合反应。聚合过程中,单体引发剂及生成的聚合物都必须溶于聚合体系中(如在均相溶液聚合时,即指溶于溶剂中)而不析出。如苯乙烯聚合时生成的聚苯乙烯溶于苯溶液中。反之,在聚合过程中生成的聚合物从体系中沉淀出的反应称为多相聚合。

均聚 homopolymerization 又称均一聚合或均聚反应。指只有一种不饱和的或环状单体分子进行的聚合反应。所得产物称为均聚物。如乙烯、丙烯经聚合生成聚乙烯、聚丙烯的反应。

均聚物 homopolymer 见"聚合物"。

均缩聚 homopolycoudensation 见"逐步聚合"。

两性化合物 amphoteric compound 又称两性物。遇强酸显碱性、遇强碱显酸性的化合物。兼有酸性及碱性。如氧化锌、氧化铝、氧化铬等无机两性氧化物。它们对应的氢氧化物,如氢氧化锌、氢氧化铝等也是两性化合物。有机化合物中,氨基酸,蛋白质等也是两性化合物,它们的分子中既含有酸性基团(—COOH),又含有碱性基团(—NH₂)。

两性(型)表面活性剂 amphoteric surfactant 指在水溶液中同一分子上可形成一阴离子及一阳离子,在分子内构成内盐的一类表面活性剂。按两性表面活性剂的亲水/亲油性质可分为水溶性及油溶性表面活性剂;按分子结构可分为甜菜碱型、氨基酸盐型、咪唑啉型及氧化胺型两性表面活性剂。这类表面活性剂在水溶液中的带电性质与介质 pH 值有关。pH 值低时显示阳离子表面活性剂性质,分子带正电;pH 值高时,分子带负电,显示阴离子表面活性剂性质;分子中正负电荷相等时之 pH 值为该两性型表面活性剂的等电点。两性表面活性剂的突出特点是在相当宽的 pH 值范围内都有良好的表面活性,且它与阴离子,阳离子及非离子型表面活性剂均能兼容。具有较强的杀菌作用,但其生产成本较高。多用于化妆品生产以及用作抗静电剂、纤维柔软剂,采油工业中也用作破乳剂、缓蚀剂等。

两性破乳剂 amphiprotic demulsifying agent 又称两亲性破乳剂。是指在水中可以离解成阳离子及阴离子两种活性基团的化学合成破乳剂。有羟酸类、磺酸类、硫酸酯类及磷酸酯类等。

两段加氢裂化 two-stage hydrocracking 由加氢精制、加氢处理或(和)加氢裂化反应组成一个高压系统,与另一加氢裂化反应组成的高压系统组合而形成的加氢裂化系统。此法采用两台反应器,原料先在第一段反应器进行加氢精制处理后,进入高压分离器进行气-液分离,分离出的富氢气体循环使用,液体流出物进入分馏塔进行切割分离成石脑油、喷气燃料及柴油等产品,塔底的未转化油再进入第二段反应器进行加氢裂化反应。两段反应器使用不同的催化剂。其优点是对原料油的适应性强,生产灵活性大,操作运转周期长;缺点是工艺流程较复杂,投资及能耗相对较高。

两段再生 two-stage regenation 流化催化裂化的一种催化剂强化再生技术。即将催化剂再生过程分为两段,第一段烧去全部氢和 80% 左右的炭,然后进入第二段,并向第二段送入新鲜空气,用提高氧浓度的方法弥补催化剂含碳量降低的影响,提高烧焦速度。按达到同样的再生效果进行比较,两段再生烧焦强度可提高 75% 左右,再生器总藏量比常规再生降低 20%～40%,两段再生可使催化剂上残留的炭降至 0.05% 以下。

两段重整过程 two-stage reforming process 指在前部反应器(如第 1、2 反应器和/或第 3 反应器)与后部反应器(如第 3 或/和第 4 反应器)分别装入两种不同牌号、不同性能的催化剂,以获得最佳重整效果的催化重整过程。如在前部反应器装入抗干扰能力强的催化剂,可更好地抵抗来自进料的水、硫、氮和重金属杂质等的干扰;在后部反应器装入稳定性好的催化剂可大为提高重整过程的液体收率。

两亲分子 amphiphilic molecule 又称双亲分子。指既含亲水(疏油)基团,又含亲油(疏水)基团的有机化合物分子。亲水基团有羟基、羧基、聚氧乙烯基、硫酸酯基等;亲油基团主要是碳氢链、碳氟链等。含 8 个碳原子以上的碳氢链的两亲分子具有强烈降低水的表面张力的能力,通常是一类表面活性剂。

还原剂 reductant 在氧化还原反应中,失去电子的物质称作还原剂。还原剂在失去电子的过程中被氧化,氧化数升高,它的反应产物称为氧化产物。常用的还原剂是含有能给出电子的原子或离子的物质,既包括氧化数易升高的物质,如活泼金属 Na、Mg、Zn、Fe 等,也包括氧化数低的元素离子或化合物,如 Sn^{2+}、Fe^{2+}、H_2S、KI 等。此外,C、H_2、CO 也是常用的还原剂。

连续再生式催化重整 continuous regeneratice catalytic reforming 又称连续重整。一种移动床催化重整过程。主要特征是设有专用的再生器,反应器及再生器均采用移动床反应器,具有较好耐磨性的催化剂在反应器和再生器之间不断进行循环反应和再生。可避免半再生重整因催化剂积炭而停止再生的缺点,能经常保持催化剂的高活性,从而可在低反应压力、低氢油比及较高反应温度下进行反应,显著提高重整生成油的辛烷值及液体收率。适用于大型生产装置。目前工业上主要采用美国环球油品公司开发的轴向重叠式连续重整工艺及法国石油研究院开发的径向并列式连续重整工艺。

连续重整 continuous reforming 见

"连续再生式催化重整"。

UOP 连续铂重整 UOP continuous platforming 见"环球油品公司连续再生铂重整"。

连续调合 continuous blending 见"管道调合"。

连续萃取 continuous extraction 见"萃取"。

连续精馏 continuous rectification 原料液不断地送入精馏塔内,馏出液和残液不断地排出的蒸馏方式。连续式精馏塔一般分为两段:进料段以上是精馏段,进料段以下是提馏段。塔内装有提供气液两相接触的塔板或填料。塔顶将产品冷凝冷却后部分进行回流,塔底由再沸器提供气相回流。气相和液相在塔板或填料上进行传质和传热,每一次气液相接触即产生一次新的气液相平衡,使气相中的轻组分和液相中的重组分别得到提纯。在塔顶得到较纯的轻组分,在塔底得到较纯的重组分。连续精馏可得到纯度很高的产品。

连锁反应 chain reaction 见"链反应"。

折射率 refractive index 又称折光率、折光指数。光波在不同的物质中传播的速度不同。折射率是指光在真空中传播的速度和在介质中传播的速度比值。通常用 n_D^{20} 表示折射率,系指在 20℃下,在折射仪中测定的,其数值是对钠光(D 表示钠光,其波长为 589nm)而言。折射率随物质的性质、温度和光波的波长而改变。对多数液态有机物而言,温度升高,其折射率减小。n_D^{20} 值越大,表示光在该物质中传播的速率越小。在相同碳原子的烃类中,折射率大小顺序为:芳烃>环烷烃>烯烃>异构烷烃>正构烷烃。芳烃中以苯的折射率最高,随着碳链增加,苯环占整个分子的比例减少,折射率也随之减小。

折流板 baffle plate 又称折流挡板。为阻止流体沿其自然方向流动所使用的一种挡板。如列管式换热器内用于改变壳程流体流向的挡板。可以延长流程,促进湍流,提高对流传热系数。常用的有弓形折流板、圆盘形折流板及螺旋折流板等。折流板的间距一般取为壳体内径的 20%～100%。

抑制剂 inhibitor 又称阻化剂。指能有选择地延缓或抑制某一反应的反应速度的少量添加物质,如聚合反应的阻聚剂、塑料抗氧剂、泡沫抑制剂等。广泛用于炼油、石油化工、高分子材料及油脂加工等领域,以用于改善产品质量、增强化学稳定性、延长使用及储存期限等。

抗水性 anti-water property 表示润滑脂在大气湿度条件下的吸水性能。要求润滑脂在储存和使用条件下不具有吸收水分的能力。以加水 10% 后工作 10 万次与无水工作 60 次后针入度的差值,或以加水和不加水滚筒试验微针入度的差值来表示。差值相对小的,其抗水性相对好些。润滑脂吸水后,会使稠化剂溶解而改变结构,降低滴点,引起腐蚀,从而降低保护作用。润滑脂的抗水性主要取决于稠化剂的抗水性及乳化性能。烃基稠化剂（如地蜡）抗水性好，钠基稠化剂抗水性差、易吸水、还会被水溶解。

抗冲改性剂 impact modifier 见"冲击改性剂"。

抗冻剂 antifreezing agent 见"防冻剂"。

抗乳化性 anti-emulsibility 见"破乳化性"。

抗乳化度 anti-emulsifying degree 见"破乳化值"。

抗泡剂 antifoam additive 见"消泡剂"。

抗烧蚀剂 anti-ablating agent 一种油溶性化合物。添加在喷气发动机燃料中，以防止镍铬合金制造的发动机燃气系统部件产生烧蚀现象。一般为 CS_2 等含硫化合物。参见"烧蚀"。

抗氧化性 anti-oxidation property 指原油中各种组分抵抗被氧化的性能。正构烷烃和异构烷烃的抗氧化性差；环烷烃及异构烷烃的抗氧化性较好；双环芳烃和多环芳烃的抗氧化性好，但氧化后易产生沉淀；石油中酚类含量不多，但酚类不稳定，易于氧化生成缩合产物；油中的含氮化合物及胶质也易被氧化，而含硫化合物的抗氧化性较强。

抗氧剂 antioxidant 又称抗氧化剂、氧化防止剂、抗氧化添加剂，在高分子材料中又称防老剂。是指能延缓或抑制氧化或阻止自动氧化过程的物质。主要用于石油产品、油脂、食品、塑料、橡胶、化纤等有机物。品种很多。按其功能可分为链终止型抗氧剂及预防型抗氧剂；按其来源可分为人工合成抗氧剂及天然抗氧化剂；按其毒性大小可分为有毒性及无毒性抗氧剂；按抗氧剂的变色及着色性大小，可分为着色性（或称污染性）抗氧剂与非着色性（或称非污染性）抗氧剂。常用的抗氧剂有 2,6-二叔丁基对甲酚、对羟基二苯胺等。

抗氧抗腐剂 anti-oxidation and corrosion additive 加入油品中可以抑制油品氧化并能防止或延缓金属发生腐蚀的添加剂。用作抗氧抗腐剂的物质主要是一些含硫、氮、磷和金属的有机化合物以及多种烷基酚。它们在高温下发生复杂的分解反应，分解产物能捕捉自由基而使链反应终止，同时又能使过氧化物分解。硫、磷化合物还可与金属表面反应形成保护膜。从而既可抑制油中酸性物质对金属的腐蚀，可抑制金属的氧化催化作用，达到抗氧抗腐蚀的作用。常用抗氧抗腐剂有 2,6-二叔丁基对甲酚、烷基二苯胺、二烷基二硫代磷酸锌、二异辛基二硫代磷酸锌等。

抗静电剂 anti-static agent 添加于塑料、橡胶、合成纤维、油品及涂料等物质中，以提高其导电率，防止静电荷蓄积的一类化学助剂。使用抗静电剂防止静电是应用最广而又简单的有效方法。抗静电剂种类很多，常用的有金属粉、炭黑类无机物，以及硅化合物、有机高分子及表面活性剂等。其中成为主流产品而应用最广的是表面活性剂。它可分为阳离子型、阴离子型、非离子型及两性离子型等，而按作用方式可分为涂布型（外用型）及混入型（内用型）两类。涂布型抗静电剂是通过喷涂、刷涂或浸蚀等方式涂敷于固体制品或纤维表面，见效快，但易因摩擦、溶剂或水的浸蚀而损失，难以持久；混入型是在配料时加入制品、纤维或油品中，效能持久。

抗衡离子 counter ion 见"反离子"。

抗磨防锈剂 wear and rust inhibitor 添加在喷气燃料中，以改善燃料的润滑性能，并防止金属表面生锈、腐蚀的添加剂。一般是含有极性基团的化合物。它可吸附在燃油泵柱塞头等摩擦部件的表面，避免金属之间的干摩擦。常用的燃料抗磨防锈剂是由二聚亚油酸、酸性磷酸酯及酚型抗氧剂三种组分组成的。

抗爆剂 anti-detonating agent 指能改善汽油爆震性能的添加剂。其作用是提高汽油的辛烷值，防止气缸中的爆震现象，减少能耗，提高功率。20世纪80年代以前主要以烷基铅（如四乙基铅、四甲基铅、三乙基—甲基铅）作为抗爆剂。它们具有价格低、使用效果好等特点。1990年代以后，随着汽车排放控制及保护环境的需要，国内外已限制或取缔向汽油中加入烷基铅，逐步实现汽油无铅化。非铅系抗爆剂可分为有机金属盐型和非金属型有机化合物。有机金属盐型有各种有机锰化合物、酯缩合锰化合物、桥构双环醚铁化合物、苯噻啉铁化物等；非金属型有机化合物有二烷基二羟基苯基硼化物、碳酸类有机化合物、芳香胺类、甲基叔丁基醚等。

抗爆性 antiknock properly 指发动机燃料在气缸内燃烧时产生爆震的程度。是发动机燃料的主要质量指标之一。汽油的抗爆性以辛烷值表示，辛烷值越高，抗爆性越好。组成汽油的烃类主要是含5～11个碳原子的烷烃、环烷烃、芳香烃和烯烃。各种烃类的热氧化安定性不同，开始氧化的温度和自燃点有一定差别，芳香烃最高，正构烷烃最低，环烷烃和烯烃居于两者之间，因而辛烷值也就不同，所以汽油的抗爆性主要取决于汽油的烃类组成和烃分子的化学结构。柴油的抗爆性通常以十六烷值表示。十六烷值高的柴油，抗爆性能好，燃烧均匀，不易发生爆震现象，发动机热功率效率相应较高。但十六烷值过高（如大于65），会使燃料燃烧不完全，部分烃类因热分解而形成炭粒，导致发动机排气冒黑烟。

抗爆组分 antiknocking components 指汽油或柴油分别在汽油机或柴油机内燃烧时，能抑制气缸爆震的组分。在汽油的烃类组成中，芳烃和异构烷烃的辛烷值高，抗爆性能好，正构烷烃的辛烷值低，抗爆性能差；在轻柴油的烃类组成中，正构烷烃的十六烷值高，抗爆性能好，芳烃和异构烷烃的十六烷值低，抗爆性能差。长期以来为提高汽油抗爆性而加入四乙基铅,进入 1990 年代由于铅污染而被禁用。近年来开发的甲基叔丁基醚作为高辛烷值添加剂,其毒性比铅要低,但因会对地下水造成污染,其应用也受到限制。

抗爆指数 antiknock index 又称辛烷值指数。采用不同试验方法所测定的辛烷值,在数值上有一定差异。无论是马达法或研究法辛烷值都不能全面反映车辆运行中燃烧的抗爆性能,因此提出了计算车辆运行中抗爆性能的经验公式:

抗爆指数 $=K_1 \cdot \mathrm{RON} + K_2 \cdot \mathrm{MON} + K_3$

RON 及 MON 分别为研究法辛烷值及马达法辛烷值。K_1、K_2、K_3 为系数,对不同类型的车辆其数值不同。它与发动机的运转特性及运转条件有关,都是通过典型的道路试验所确定的。一般简化式是总车辆数的平均抗爆性能,通常,$K_1 = 0.5$,$K_2 = 0.5$,$K_3 = 0$。即抗爆指数计算式为:

$$抗爆指数 = \frac{\mathrm{RON} + \mathrm{MON}}{2}$$

医药凡士林 medicinal vaseline 按精制深度分为医药白凡士林及医药黄凡士林。外观呈白色或淡黄色,并具有黏稠性的均匀无块状软膏。滴点 45～56℃。无臭无毒。用于配制医药用药膏、皮肤膏和化妆品原料,也可用作精密仪器及医疗器械上的临时防护,以及用于制造湿润丝织品的乳化剂。可以石油润滑油馏分为原料,经脱油制得蜡膏,再掺合机械油,然后经硫酸及白土精制而成。

【卤】

卤化 halogenation 又称卤化作用。指向化合物中引入卤素原子的反应。根据引入卤素原子的不同,可分为氟化、氯化、溴化及碘化。由于氯的衍生物制备最为经济,氯化剂来源广泛,所以氯化在工业中应用最广。溴化、碘化的应用较少。而氟的自然资源较广,许多氟化物具有突出的性能,因此近来对含氟化合物的合成十分重视。

卤化石蜡 halogenated paraffin 指通过化学反应使石蜡分子中氢原子被卤素原子取代后生成的产物。化学通式为 $C_n H_{2n+2-m} X_m$。其中,X 代表氯和溴元素。卤素包括氟、氯、溴、碘四种元素。由于氟太活泼,生产条件不易控制,而碳碘键不稳定,故在实用中均无氟化石蜡或碘化石蜡,只有氯化石蜡或溴化石蜡,或氯化及溴化产品的混合物。卤化石蜡按所含卤素类型可分为溴化石蜡、氯化石蜡及溴氯化石蜡;按产品形态可分为固态蜡及液态蜡;而按所用原料蜡不同,可分为半精炼固蜡、重液蜡、轻液蜡等。

卤化物 halogenide 氟化物、氯化物、溴化物及碘化物的总称。无机卤化物主要指卤素与比它电负性小的元素生成的二元化合物,如氯化钠、氟化钾、溴化钡、碘化钾等,以及不同卤素形成的复卤化物及络卤化物,如氟溴化钡

（BaBrF）、氯氧化铋（BiOCl）、氯铂酸钾（K₄PtCl₆）等；有机卤化物有卤代烃及酰卤等，如二氯乙烷（$C_2H_4Cl_2$）、乙酰氯（CH_3COCl）等。

卤代芳烃 halogeno-aromatics 是分子中含有芳环及卤原子两个官能团的化合物。可分为两类：一类是卤素原子取代芳烃侧链上的氢原子而生成的（如苄氯）；另一类是卤素原子取代芳环上的氢原子而生成的（如氯苯）。卤代芳烃广泛用作溶剂、制冷剂、阻燃剂、氯化剂及用于制造医药、农药、染料等。

卤代烃 halohydrocarbon 是烃分子中的一个或多个氢原子被卤素取代后生成的化合物。简称卤烃，又称烃的卤素衍生物。卤素原子是卤代烃的官能团。根据卤代烃中所含卤素原子数目的多少，可将卤代烃分为一元、二元及多元卤代烃；根据卤代烃中烃基结构的不同，卤代烃又可分为卤代烷烃、卤代烯烃及卤代芳烃。卤代烃是一类重要的有机化合物。在常温下，氯甲烷、氯乙烷、溴甲烷、氯乙烯、溴乙烯等是气体，其余卤代烃是液体或固体。它们的蒸气一般都有毒。所有卤代烃都不溶于水，而溶于醇和醚等有机溶剂，能以任意比例与烃类混溶，并能溶解多种有机化合物，因此可用作有机溶剂。

卤代烯烃 halogeno-olefins 是分子中含有双键和卤原子两个官能团的化合物。按卤代烯烃分子中卤原子和双键的相对位置不同，可将常见的一元卤代烯烃分为三类：①乙烯型卤代烯烃。卤原子与双键碳原子直接相连（如氯乙烯），通式为 $RCH=CHX$。其中的卤原子很不活泼，不易发生取代反应。②烯丙基型卤代烯烃。卤原子与双键相隔一个饱和碳原子（如 3-溴-1-丙烯），通式为 $RCH=CHCH_2X$。其中的卤原子很活泼，易发生取代反应。③隔离型卤代烯烃。卤原子与双键相隔两个或多个饱和碳原子（如 2-乙基-4-氯-1-丁烯）。通式为 $RCH=CH(CH_2)_nX$（$n \geqslant 2$）。其卤原子的活泼性与卤代烷中的卤原子基本相同。卤代烯烃同时具有烯烃及卤代烃的性质，是广为应用的一类化合物。

卤代烷烃 halogeno-alkane 简称卤烷。指在烷烃分子中，一个或几个氢原子被卤素原子取代后的化合物。其通式为 $C_nH_{2n+1}X$（X 为卤素原子）。根据与卤素原子相连碳原子的不同，卤代烷可分为伯卤代烷（如 CH_3Cl）、仲卤代烷（如 $CH_3\underset{Br}{C}HCH_2CH_3$）及叔卤代烷［如 $CH_3\underset{Br}{C}(CH_3)CH_2CH_3$］。除氯甲烷、氯乙烷及溴甲烷为气体外，其他常见一元卤代烷均为无色液体或固体。卤代烷均不溶于水，溶于醚、苯等溶剂。可进行亲核取代、水解、醇解、氨解、脱卤素等反应。有毒！对肝脏有毒害作用。卤代烷主要用作溶剂、干洗剂、制冷剂、麻醉剂及用于制造农药、塑料等。由烷烃经高温氯化制得。

卤磺化反应 halo-sulfonation reaction 见"磺化反应"。

助剂 assistant 见"添加剂"。

助催化剂 promotor 指加入到催化剂中的少量本身不具活性或活性很小的物质。但它能改变或部分改变催化剂的许多性质，如化学组成、离子价态、酸碱性、表面结构、晶粒大小、分散状态等，从而可提高催化剂的活性、选择性及使用寿命。按作用机理不同，可分为结构型及电子型两类。结构型助催化剂的作用是使活性组分的细小晶粒间隔开来，不易烧结，从而提高活性组分的分散性及热稳定性。如氨合成的铁催化剂中加入少量的 Al_2O_3，可使还原后的 α-Fe 晶粒保持高度分散状态；电子型助催化剂的作用是改变催化剂的电子结构。如合成氨催化剂中加入 K_2O，具有电子授体作用，将电子传给 Fe 的 d 轨道，使 Fe 原子的电子密度增加，从而提高催化剂的活性及选择性。

助滤剂 filter aid 一类性质坚硬、具有吸附能力的多孔颗粒物质。用于在过滤含有微小粒子或胶状沉淀的悬浮液时，改善滤饼结构、提高过滤速度。常用的有硅藻土、石棉、碳粉等，可将助滤剂加入悬浮液中，在形成滤饼时便能均匀地分散在滤饼中间，使液体得以畅通；或预敷于过滤介质表面以防止介质孔道堵塞。选用的助滤剂应有良好的化学稳定性，不与悬浮液反应，也不溶解于液相中，并能与滤渣形成多孔床层。助滤剂一般不宜用于滤饼需要回收的过滤过程。

助燃剂 combustion improver 又称燃烧促进剂。指添加于燃料油中，可使燃料油燃烧所需的活化能降低、自燃点下降、燃烧速度加快的一类添加剂。其作用是在燃料油燃烧过程中使树脂状物质和积炭沉淀物等分散，而助燃剂在燃烧时变为金属氧化物，起着催化氧化作用，促进燃烧。常用的助燃剂主要有环烷酸铜、环烷酸铅、辛酸锰、磺酸镍等，大都是 Pb、Mn、Cu、Co、Ba、Ca、Mg 等的金属盐。以极少量加入燃料油中，可明显提高燃烧效果，减少 NO_x、SO_2 等烟气产生。

时空收率 time space yield 又称空时收率。指单位时间内使用单位体积催化剂所能得到的反应产物的量。单位为 kg(或 kmol)产物/(m^3 催化剂·h)。

呋喃 furan 化学式 C_4H_4O。又名氧茂。芳香型杂环。无色易挥发液体，有特殊气味。存在于松木焦油中。相对密度 0.937。熔点 -85.6℃，沸点 31.4℃，自燃点 390℃。折射率 1.4216。蒸气相对密度 2.35。爆炸极限 1.3%～14.3%。不溶于水，易溶于乙醇、乙醚、丙酮等溶剂。化学性质较苯活泼，可进行取代及加成反应。易燃。长期暴露于空气中能形成不稳定的有机过氧化物。吸入蒸气对中枢神经系统有抑制作用，长期接触者，手、足可出现黄褐色色素沉着。用于制造四氢呋喃，也用作溶剂。可由糠醛高温催化脱去羰基而制得。

呋喃甲酸　furoic acid　化学式 $C_5H_4O_3$。又名糠酸。无色或淡黄色单斜棱柱状结晶。熔点 133～134℃。沸点 231～232℃。升华温度 130～140℃（8kPa）。溶于热水，易溶于乙醇、乙醚。用于有机合成及制造香料。也用作防腐剂、杀菌剂、熏蒸剂等。由糠醛氧化或经歧化反应制得。

呋喃树脂　furan resin　分子结构中含有呋喃环的一类热固性树脂。以糠醛、糠醇为主要原料，在酸性催化剂作用下，先缩聚成线型可溶性预聚物，再固化成不溶不熔性聚合物。固化前为棕黑色黏稠液体。与多种增塑剂、树脂等很好地混溶。品种很多，主要有糠醇树脂、糠醛树脂、糠酮树脂、糠酮环氧树脂等。用于制造耐水性胶黏剂、防腐涂料、胶泥及防腐衬里等。呋喃树脂耐热性高于酚醛树脂，但韧性较差，抗冲击强度不高，使用时需进行改性。

吡咯　pyrrole　化学式 C_4H_5N。无色透明液体，有特殊气味。天然存在于煤焦油及骨油中。相对密度 0.9691。熔点 −24℃，沸点 131℃，闪点 39℃（闭杯）。折射率 1.5085。临界温度 366.5℃，临界压力 5.67MPa。微溶于水，溶于苯、丙酮。与乙醇、乙醚混溶。有弱碱性，遇酸不能生成盐，而是吡咯环被破坏，产生二烯聚合。可进行卤化、偶合、硝化、烷基化及酰化等反应。在空气及氧作用下，

颜色会加深而成棕色，并产生树脂状物质。易燃。有毒！对皮肤及呼吸道有刺激性。用于制造环氧树脂固化剂、硫化促进剂及农药、药物等，也用作溶剂。可在催化剂存在下由呋喃与氨反应制得，或从煤焦油分离而得。

吡啶　pyridine　化学式 C_5H_5N。又称氮杂苯。无色或微黄色易燃液体，有恶臭及辛辣味。天然存在于煤焦油、煤气及石油中。相对密度 0.9831。熔点 −42℃，沸点 115℃，闪点 20℃（闭杯），燃点 482℃。临界温度 347℃，临界压力 6.18MPa。爆炸极限 1.8%～2.4%。与水、乙醇、苯及油类等混溶。水溶液呈碱性。与盐酸作用生成盐。对氧化剂较稳定，不被硝酸、高锰酸钾等所氧化，故在用高锰酸盐进行的氧化反应中可作溶剂使用。也是脱酸剂及酰化反应的优良溶剂。有毒！溶液和蒸气对皮肤及黏膜有刺激性。用于制造烟碱、异烟酰肼、维生素及农药等，也用作溶剂、催化剂、软化剂、缩合剂等。可在催化剂存在下，由乙醛、甲醛及氨反应制得。

吩噻嗪　phenothiazine　化学式 $C_{12}H_9NS$。又名硫代二苯胺、夹硫氮杂蒽。黄色或黄棕色棱柱状或片状结晶或无定形粉末。

熔点 186～189℃，沸点 371℃。能升华。微溶于水、乙醇，易溶于丙酮、苯。空气中易氧化。遇光颜色变深。对皮肤有刺激性。用作维尼纶阻聚剂及医药中

间体,也用作合成油高温抗氧剂及兽用除虫药。由二苯胺与硫黄反应制得。

吹灰器 soot blower 是利用喷射蒸汽或空气清除管式加热炉对流炉管表面积灰的一种器具。可分为长伸缩式吹灰器及电动固定旋转式吹灰器。长伸缩式吹灰器的吹灰管可以伸缩,吹灰时伸至炉内,管头部有喷口,边前进、边旋转、边吹灰,吹灰结束后又退出炉外。其吹灰管不易烧坏变形,但结构复杂,适合于烟气温度高于 600℃ 的部位使用。电动固定旋转吹灰器的吹灰管一直放在炉内,沿长度方向有蒸汽喷孔,由电机带动旋转,蒸汽从喷孔喷出。其结构简单、造价低,但吹灰管易烧坏变形。一般用于烟气温度低于 600℃ 的部位。

吹扫 purge 指用压缩空气、惰性气体、高压水或水蒸气等排除生产装置或设备内可能存在施工过程中遗留的焊渣、泥沙等杂物,施工周期内因腐蚀可能产生的铁锈,或停工时残留于内部的可燃性气体或残油等的作业。常在装置或设备开工前、停工后或检修前进行。吹扫应有足够的流量及压力,但不得超过设计压力。

吲哚 indole 化学式 C_8H_7N。又名2,3-苯并吡咯。无色片状

结晶,空气中或光照下易变红色,有强烈粪臭味,纯品稀释后有新鲜的花香味。存在于粪、煤焦油及橙花油中。熔点 52℃,沸点 254℃。溶于热水、乙醇、乙醚、苯等。呈弱酸性,与碱金属作用成盐,与酸作用则树脂化或聚合。用于制造药物、香料、染料及 β-吲哚乙酸。可由煤焦油 220~260℃ 馏分分出。或由邻氨基乙苯经脱氢、环化制得。

【丿】

针入度 penetration 表示石油沥青、石油蜡等的稠度或软硬度的指标。是在 25℃ 温度及 5s 时间内,荷重一定的标准钢针垂直插入试样的深度。单位为 0.1mm。针入度越大,稠度越小,试样越软;针入度越小,稠度越大,试样越硬。石油沥青的牌号是按针入度划分的。对于道路石油沥青,为适应施工时与沙石紧密黏合需要较软的沥青,所以要用高针入度的沥青。而建筑石油沥青主要用作屋顶和地下防水的胶结料和制造涂料、油毡等,则需用低针入度的沥青。

针入度指数 penetration index 简称PI。是表征沥青感温性能的指标之一,也是目前描述沥青感温性能的常用指标。可用沥青的针入度和软化点通过列线图或计算得出。PI 与沥青的胶体状态有关。当 PI<－2 时,为纯黏性的溶胶型沥青,也称为焦油型沥青。这类沥青对温度敏感性很强,在温度较高时显示明显的脆性特征。当－2<PI<2 时,为溶胶-凝胶型沥青。它对温度敏感性较小,有一定的弹性,一般道路沥青属于此类。当 PI>2 时,为凝胶型沥青。

具有很强的弹性和触变性,耐久性一般不太好,大部分氧化沥青属于凝胶型沥青。在沥青使用过程中,希望沥青的感温性尽可能小。一般 PI 值介于 -1.0~1.0 之间,沥青就具有很好的路用性能。

针入度黏度指数 penetration-viscosity number 简称 PVN。指以 25℃针入度和 135℃黏度计算得到的沥青针入度指数。用于判断道路沥青的感温性能及其所适用的交通量类型。道路沥青的 PVN 介于 -1.5~1.0 之间。PVN 值越小,表明沥青的温度敏感性越大。具体可划分为三组:A 组具有低温度敏感性,PVN=0.5~0.0,适用于重型交通;B 组具有中温度敏感性,PVN=-1.0~-0.5,适用于中等交通;C 组具有高温度敏感性,PVN=-1.5~-1.0,适用于轻型交通。

针状焦 needle coke 一种优质石油焦。是延迟焦化过程的特殊产品。为多孔固体,有银灰色金属光泽。焦孔略呈椭圆形,孔的定向均匀,表面有针状纹理结构。具有密度大、纯度高、杂质少、烧蚀量及膨胀系数较低的特点。主要用于制造炼钢用高功率和超高功率的石墨电极。所制电极具有结晶度高、密度大、热膨胀系数及电阻低等特点,可提高电炉炼钢的冶炼强度和缩短冶炼时间。也可用于制造其他高级石墨制品。可在延迟焦化装置上,用重芳烃、催化裂化澄清油或两者的混合物为原料,在特定条件下生产制得。

钉头管 studded pipe 指焊有钉头的炉管。在加热炉中,为提高对流管烟气侧的传热系数,在对流管的外壁上焊接一定数量一定规格的钉头。其主要作用是扩大加热面积,提高加热炉的热效率。钉头管使用的条件是烟气温度不得低于 380℃,最高使用温度依其所用材料而定。钉头管可用于烧油或烧气的加热炉。因容易积灰,故必须装吹灰器。也不可用于烧高黏度渣油或污油的加热炉。

乱堆填料 random packing 见"散装填料"。

每开工日桶数 barrels per stream day 简称 BPSD。表示流体物料加工装置在连续运转中所加工或生产的物料量。在炼油厂可用以衡量某一装置的处理能力及产品生产能力。

每日历日桶数 barrels per calendar day 简称 BPCD。炼油厂用以衡量石油的平均加工能力的单位。其中日历日包括停工时间在内,即全年平均值。参见"桶"。

每日桶数 barrels per day 简称 BPD。炼油厂用以衡量每日(通常指设计规定的开工日)加工石油或生产石油产品的能力。参见"桶"。

体时空速 volume hourly space velocity 简称 VHSV。指在多相催化反应中,以反应器内单位体积催化剂,每小时通过反应物的体积量所表示的空速。

体系 system 又称物系或系统。作为考察或研究对象的物质系统。是由某一确定范围内、一定量的一种或几种物质所构体,如一个反应器或容器中的溶液。体系之外,与之发生相互作用的客体称为环境或外界。如考察水与水蒸气间的转化时,水与水蒸气当成一个体系,而周围物质如容器与空气等便是环境。按体系与环境间的相互作用情况可分为三种体系:①开放体系,或称敞开体系。体系与环境之间,既有能量又有物质交换。②封闭体系。体系与环境之间只有能量交换而无物质交换。③隔离体系,或称孤立体系。体系与环境之间既没有物质交换也没有能量交换。体系与环境间以假想或实际存在的边界相隔,旨在使用热力学方法处理问题方便为原则。

体型缩聚反应 three dimensional polycondensation　缩聚反应的一种。又称三维缩聚。指参加缩聚的单体至少有一种含有两个以上的官能团,反应后生成的高聚物为向三维方向增长的支化或交联结构的体型大分子的反应。其特征是反应进行至一定时间后会出现凝胶。所得产物具有不溶不熔、耐热性好、力学性能强、尺寸稳定性好等特点。如由碱催化制得的酚醛树脂及脲醛树脂即为其中的例子。

体积平均沸点 volumetric average boiling point　石油和石油产品平均沸点的表示法之一。是油品在恩氏蒸馏的 10%、30%、50%、70%、90% 五个馏出温度的平均值。主要用于求出油品其他难于直接求取的平均沸点。参见

"平均沸点"。

体积空速 volume space velocity　见"空速"。

体积热值 volume heat value　见"质量热值"。

体积流量 volume flow capacity　见"流量"。

体缺陷 bulk defect　见"晶体缺陷"。

伸长度 degree of elongation　见"延度"。

伯尔鞍填料 Berl saddle packing　见"弧鞍填料"。

伯碳原子 primary carbon atom　见"叔碳原子"。

低压聚乙烯 low pressure polyethylene　见"高密度聚乙烯"。

低变催化剂 low temperature shift conversion catalyst　指一氧化碳低温变换过程使用的催化剂。是以铜或硫化钴-硫化钼为主体的催化剂。铜系催化剂是以氧化铜为主体。含 $CuO15.3\%\sim31.2\%$,$ZnO 32\%\sim62.2\%$,$Al_2O_3 30\%\sim40.5\%$。还原后的活性组分是细小的铜结晶,加入氧化锌及氧化铝,可使微晶铜充分分散,从而提高催化剂的活性及热稳定性。

低沸点溶剂 low-boiling solvent　沸点低于 100℃ 的一类溶剂。常见的如甲醚、乙醚、甲醇、乙醇、丙酮、苯、二氯甲烷、乙酸乙酯等。其特点是蒸发速度快、黏度低、易干燥,大多具有芳香气味。活性溶剂或稀释剂一般属于这类

溶剂。

低热值 low heat value 又称燃料低热值。指每千克燃料完全燃烧后生成的水为气态时计算出的热值。也即燃料本身的燃烧热。参见"热值"。

低硫原油 low sulfur crude 见"含硫原油"。

低温双功能异构化催化剂 low-temperature dual functional isomerization catalyst 见"异构化催化剂"。

低温转矩 low temperature torque 表示润滑脂在低温条件下使用时阻滞低速度滚珠轴承转动的程度。低温转矩可以表示润滑脂的低温使用性能。用 9.81N·cm(1000g·cm)转矩测出使轴承在一分钟内转动一周时的最低温度,作为润滑脂最低使用温度。润滑脂的低温转矩除与基础油的低温黏度有关以外,还与润滑脂的强度极限有关。低温转矩的大小对于在低温下使用的微型电机及精密控制仪表等显得特别重要。

低温变换 low temperature shift conversion 见"二段变换"。

低温泵 low temperature pump 用于输送各种液化气体(如液化石油气、液化天然气,液态氧、氮、氢等)的泵。最低使用温度可达−253℃。大多为采用机械密封的离心泵。通常采用多级叶轮及双层泵壳,多为立式结构。操作时将泵壳浸入液下,以有利于保冷。结构材料为奥氏体不锈钢、铝合金等。

低温流动性 low temperature fluidi-ty 表示石油产品在低温下能否流动的一项使用性能指标。油品在低温下失去流动性的原因有两个:含蜡量少的油品,当温度降低时黏度迅速增加,最后因黏度过高而失去流动性,这种现象称为黏温凝固;对含蜡较多的油品,当温度逐渐降低时,蜡就逐渐结晶析出,蜡晶体互相连接形成网状骨架,将液态油品包在其中,使油品失去流动性,这种现象称为构造凝固。油品并不是在失去流动性的温度下才不能使用,而是在失去流动性之前即析出结晶,影响发动机正常工作。故对不同油品规定了浊点、结晶点、冰点、凝点、倾点和冷滤点等低温流动性能的指标。

低温流动性改进剂 low temperature fluidity improver 又称柴油降凝剂。一类能降低石油及石油产品凝点、改善其低温流动性的物质。对柴油而言,只需向油中添加微量的流动改进剂便能有效地降低柴油冷滤点。因此,它是增产柴油、节能、提高炼油生产灵活性和经济效益,以及改善柴油低温性能的有效方法。低温流动性改进剂主要有:乙烯-乙酸乙烯酯共聚物、乙烯-丙烯酸酯共聚物、氯乙烯聚合物、聚丙烯酸高碳醇酯类等。国内生产和使用的柴油低温流动性改进剂主要是乙烯-乙酸乙烯酯共聚物。其中乙酸乙烯酯含量为 35%～45%。在柴油中的添加量一般为 0.01%～0.1%。

低密度聚乙烯 low density polyethylene ⫩CH₂—CH₂⫩ₙ 又称高压聚乙烯,简称 LDPE。密度为 0.910～0.925

的聚乙烯。为白色无毒颗粒,无臭、无味。稍有蜡感。其分子结构为在主链上每 1000 个碳原子带有 15～30 个短支链分子(即乙基及丁基)。与高中密度聚乙烯相比,结晶度(约 50%)及软化点(90～100℃)较低,熔体流动速率较快。具有良好的柔软性、延伸性、透明性、耐化学药品性、加工性及一定透气性。耐酸、耐碱及耐盐类水溶液,耐 60℃以下的一般有机溶剂。电绝缘性较好,但机械强度低于高密度及线型低密度聚乙烯,耐热、耐氧化及光老化性能较差。常常在制品中加入抗氧剂及抗紫外线剂。用于制造薄膜、板材、片材、管材及中空制品。通常采用高压(98～245MPa)本体聚合法制得。

低聚反应 oligomerization 旧称齐聚反应。指在控制一定反应条件及选择适宜催化剂的条件下,少数低分子单体聚合成分子量不大的过程(聚合度小于 10)。如乙烯、丙烯在磷酸、氯化铝等酸性催化剂作用下聚合成叠合汽油,乙烯在三乙基铝作用下低聚为 α-烯烃等过程。也称作烯烃低聚。

低聚物 oligomer 低聚反应的产物。通常指处于高分子和低分子中间的二聚体以上的低度聚合物。如乙烯低聚物、丙烯低聚物、苯乙烯低聚物等。低聚物能形成无定形或晶形物质,并能溶解、蒸馏。一些低聚物作为添加剂用于胶黏剂、涂料等。

低碳醇 low carbon alcohol 又称低级醇。指含碳原子数较少的醇,如甲醇、乙醇、异丙醇等。低碳醇是重要的溶剂及合成原料。

低噪声长寿命电机轴承锂基润滑脂
low noise long life electromotor bearing lithium base grease 是由脂肪酸锂皂稠化精制低凝点润滑油,并加有高效抗氧、防锈等多种添加剂制成的通用润滑脂。具有噪声低、使用寿命长等优点。广泛应用于中、小型电机轴承和家用电器设备轴承的润滑,使用温度范围为 −40～+125℃。

位阻效应 steric effect 又称空间效应。指分子中体积较大的基团之间或在两种分子相互接近时不同分子的基团之间直接的物理的相互作用引起的取代基效应。取代基的空间位阻对单体与自由基的共聚反应性有较大影响,尤其当单体上带有多个取代基时。空间位阻可使单体的反应性大为降低,以致难以进行均聚。

位置异构体 position isomer 构造异构体的一种。指分子式和碳的骨架均相同的分子,由于取代基或官能团在碳链或碳环上的位置不同而产生的异构物。如正丙醇($CH_3CH_2CH_2OH$)和异丙醇$[(CH_3)_2CHOH]$,因羟基在分子中的位置不同,而互为位置异构体。

伴生气 associated gas 见"油田气"。

皂 soap 八个碳原子以上的高级脂肪酸金属盐的总称,常指的是脂肪酸的钠皂或钾皂。具有去污、润湿、乳化及发泡等作用。钠皂、钾皂、铝皂、钙皂及复合皂是合成润滑脂的主要稠化剂。可由脂肪酸与金属氢氧化物经皂化而制得。

皂化 saponification 过去将动植物油脂的碱性水解称作皂化,其产物是高级脂肪酸盐,因用于制造肥皂而得名。现在主要指酯在碱作用下水解生成相应的酸(或盐)和醇的过程。如乙酸乙酯与氢氧化钠作用生成乙酸钠及乙醇的反应。

皂化剂 saponifying agent 指制取皂基润滑脂时所用的皂化剂。一般为氢氧化钠、氢氧化钾及氢氧化钙等碱金属和碱土金属盐类的氢氧化物。它们能直接与油脂或脂肪酸进行皂化或中和反应,生成相应的皂。

皂化值 saponification value 油脂的一项检测指标。指1g油脂(或羧酸酯)皂化所需要的氢氧化钾毫克数。由皂化值可以估计油脂等中所含脂肪酸成酯的性质和游离脂肪酸的含量,也可估计油脂的平均分子质量。当化合的脂肪酸的分子量较小或游离的脂肪酸数量较大时,测得的皂化值也较高。

皂用蜡 soap wax 石油蜡品种之一。指经空气氧化制取合成脂肪酸,进而用于生产肥皂和润滑脂的石蜡。通常由原油蒸馏的常压三线和减压二线蜡膏调合后,经发汗或脱油而制得。外观为黄色固体。熔点40～52℃。含油量不大于8%。

皂基润滑脂 soap-base grease 指用各种高分子脂肪酸金属皂稠化基础油所得的润滑脂。按所用稠化剂不同分为单皂基润滑脂、混合皂基润滑脂及复合皂基润滑脂。单皂基润滑脂有钙基、钠基、铝基、钡基及锂基润滑脂等;混合皂基润滑脂有钙-钠基、铝-钙基、锂-钙基、钼-铅基、锂-铅基润滑脂等;复合皂基润滑脂有复合钙基、复合铝基、复合锂基及复合钡基润滑脂等。

皂基稠化剂 soap-base thickener 又称金属皂基稠化剂。稠化剂的一类。指具有稠化作用的高级脂肪酸的金属皂。一般先由天然动、植物油制成脂肪酸,再与碱类或有机金属化合物在一定条件下反应制成。可分为单皂、混合皂及复合皂基稠化剂。单皂基稠化剂有钙皂、钠皂、锂皂、铝皂、锌皂、钡皂、铅皂等;混合皂基稠化剂是由两种或两种以上的金属皂形成的稠化剂,组成混合皂基稠化剂的每一种稠化剂都能单独稠化基础油形成润滑脂;复合皂基稠化剂是由脂肪酸金属皂与低分子有机酸盐类复合制成,如复合钙皂是由硬脂酸钙与乙酸钙复合制得。

返混 back mixing 指在反应器、填料塔、搅拌器等反应设备中,已反应物料与进料相混的现象。有时也指在提升管反应器中,因催化剂滑落而产生的返混现象。返混是过程连续化所伴生的现象,并会带来不利影响。如造成主反应速度降低,串连副反应速度增加,物料在设备内的停留时间不均匀,反应选择性下降等。在将过程由间歇转化为连续时,应注意采取有效措施,限制返混发生。如果反应产物具有催化作用,则返混在一定程度上也是有利的。

采样 sampling 指按规定的方法从被检验的总体物料中采集少量有代表性样品的一种行为过程或技术。通过对样品的检测,得到在容许误差内的数据,从而求得被检测物料的某一或某些特性的平均值及其变异性。均匀物料的采样,原则上可在物料的任意部位进行。对不均匀物料的采样,一般采取随机方式,对所得样品分别测定后再汇总所有样品的检测结果。

邻二甲苯 o-xylene 化学式 C_8H_{10}。又名1,2-二甲苯。二甲苯的一种异构物。无色透明液体,有芳香气味。相对密度 0.8969。熔点－25.2℃,沸点144.4℃,闪点17℃(闭杯),自燃点496℃。折射率 1.5058。蒸气相对密度3.66,蒸气压 1.33kPa(32℃)。临界温度357℃,临界压力 3.73MPa。爆炸极限 1.09%～6.4%。不溶于水,与乙醇、乙醚、苯等混溶。易燃。有毒! 高浓度对中枢神经系统有麻醉作用。蒸气及液体对皮肤、黏膜有刺激作用。用于生产邻苯二甲酸、苯酐、二苯甲酮、染料、杀虫剂等。也用作航空汽油添加剂。可由催化重整轻汽油经分馏而得,或由煤焦油的轻油分馏而得。

邻二氯苯 o-dichlorobenzene 化学式 $C_6H_4Cl_2$。又名1,2-二氯苯。无色液体,有芳香气味。易燃。有挥发性。相对密度 1.3059。熔点－17℃,

沸点 180.5℃,闪点 66℃(闭杯),自燃点648℃。蒸气相对密度 5.05,蒸气压0.133kPa(20℃)。爆炸极限 2.2%～9.2%。难溶于水,溶于乙醇、乙醚、苯等溶剂。能溶解油脂、蜡、沥青、橡胶等。用作溶剂、脱脂剂、熏蒸剂及防腐剂等,用于除去发动机零件上的炭、铅以及用作抗锈剂。也用于制造制冷剂、农药、染料等。由氯苯生产过程中的高沸点二氯苯混合物中分离而得。

邻甲苯胺 o-toluidine 化学式 C_7H_9N。又名邻氨基甲苯、2-甲基苯胺。无色或浅黄色液体。见光及暴露于空气中颜色变深。相对密度 1.008。熔点－20℃,沸点 200～202℃,闪点 85℃(闭杯)。折射率1.5688。蒸气相对密度 3.69,蒸气压0.13kPa(44℃)。自燃点 480℃。爆炸下限 1.5%。微溶于水,溶于常用有机溶剂及稀酸。呈弱碱性。受高热分解放出有毒的氧化氮气体。剧毒! 易经皮肤吸收。是强烈的高铁血红蛋白形成剂,并能刺激膀胱、尿道,导致血尿。用于制造染料、有机颜料、糖精、农药及橡胶硫化促进剂等。由邻硝基甲苯在氯化铵介质中用铁粉还原制得。

邻甲酚 o-cresol 化学式 C_7H_8O。又名邻甲基苯酚、2-甲基苯酚。无色结晶,有苯酚样气味。相对密度 1.0465。熔点 30.9℃,沸点 190.9℃,闪点 81℃(闭杯),自燃点 599℃。折射率

1.5361。蒸气相对密度 3.72，蒸气压 0.133kPa(38.2℃)。爆炸下限 1.35%。微溶于水，溶于多数常用有机溶剂及碱液。呈弱酸性，易氧化，接触空气时颜色变深。易燃。毒性与苯酚相似。可通过破损皮肤、消化道及呼吸道吸收，对皮肤、黏膜等有强刺激性及腐蚀作用。用于制造合成树脂、农药、医药、香料、增塑剂等。可由煤焦油酚分离制得。

邻苯二甲酸　o-phthalic acid　化学式 $C_8H_6O_4$。无色片状或柱状结晶。相对密度 1.593。熔点 191℃（在封管中）。急剧加热至 231℃时，熔融分解并脱水生成酸酐。稍溶于水及乙醚，溶于乙醇、丙酮，不溶于苯及氯仿。具有二元酸的性质，可进行卤化、磺化、酯化、氨化及缩合等反应。可燃。有毒！对皮肤及黏膜等有刺激性。用于制造增塑剂、合成树脂、农药、染料等。可由邻苯二甲酸酐水解而得。

邻苯二甲酸二乙酯　diethyl phthalate　化学式 $C_{12}H_{14}O_4$。无色透明油状液体，微具芳香气味，有苦涩味。相对密度 1.1175。熔点−40℃，沸点 298℃，闪点 152℃，燃点 155℃。折射率 1.4990～1.5019。微溶于水，与乙醇、乙醚混溶，溶于丙酮、苯、乙酸酯等溶剂。与脂肪烃溶剂部分相溶。与乙酸纤维素、聚苯乙烯、乙酸乙烯酯共聚物及聚甲基丙烯酸甲酯等有较好相容性。低毒！用作塑料，纤维素树

脂、醇酸树脂、丁腈橡胶及氯丁橡胶等的增塑剂。也用作聚乙酸乙烯酯乳液的增黏剂、酒精变性剂、香料留香剂等。可由苯酐与乙醇经酯化反应制得。

邻苯二甲酸二丁酯　di-n-butyl phthalate　化学式 $C_{16}H_{22}O_4$。无色透明油状液体，微具芳香气味。可燃。相对密度 1.042～1.049(25℃)。沸点 340℃，熔点−35～−40℃，闪点 171℃，燃点 202℃。折射率 14926(25℃)。微溶于水，易溶于乙醇、乙醚、丙酮、苯、乙酸乙酯及油类，有良好的溶解性及分散性。与乙基纤维素、硝酸纤维素、聚氯乙烯及乙酸乙酯共聚物等有较好相容性。低毒！用作聚氯乙烯、醇酸树脂、氯丁橡胶、硝酸纤维素、合成橡胶、油墨、胶黏剂等的增塑剂，且多用作聚氯乙烯及纤维素树脂等的主增塑剂。也用作溶剂。可由苯酐与丁醇经酯化反应制得。

邻苯二甲酸二壬酯　dinonyl phthalate　化学式 $C_{26}H_{42}O_4$。又名 1,2-苯二甲酸二壬酯。淡黄色透明油状液体。相对密度 0.966～0.979。熔点−25～40℃，沸点 205～220℃(0.13kPa)。折射率 1.484～1.486。不溶于水，溶于丙酮。用作聚氯乙烯及乙烯基树脂的增塑剂。具有挥发性低、迁移性小、耐热性好等特点。也用作色谱固定液。由邻苯二甲酸与正壬醇反应制得。

邻苯二甲酸二甲酯 dimethyl phthalate 化学式 $C_{10}H_{10}O_4$。无色透明油状液体，微具芳香气味。可燃。相对密度 1.188～1.192。熔点 0～2℃，沸点 280～285℃，闪点 149～157℃。微溶于水，溶于甲醇、甲苯、丙酮、乙酸乙酯等有机溶剂。与乙醇、乙醚混溶。遇碱水解。与乙酸纤维素、硝酸纤维素及多数合成树脂有较好相容性。低毒！对黏膜及眼睛有刺激性。用作天然及合成橡胶、纤维素树脂、乙烯基树脂等的增塑剂。在低温下易结晶、挥发性大。常与邻苯二甲酸二乙酯等并用。也用作防蚊油及驱避剂。

邻苯二甲酸二异辛酯 diisooctyl phthalate 化学式 $C_{24}H_{38}O_4$。无色透明油状液体，微具气味。相对密度 0.987。熔点－45℃，沸点 229℃（0.667kPa），燃点 246℃。折射率 1.484（25℃）。不溶于水，难溶于乙二醇、甘油，溶于乙醇、乙醚、丙酮、苯、汽油及矿物油等。与多数合成树脂有较好相容性。可用作聚氯乙烯、氯乙烯共聚物、纤维素树脂及合成橡胶的主增塑剂。增塑效能低、耐寒而耐热性稍差。但因黏性好，所以是优良增塑剂。可由苯酐与异辛醇直接酯化制得。

邻苯二甲酸二辛酯 dioctyl phthalate 化学式 $C_{24}H_{38}O_4$。无色透明油状液体，有特殊气味。相对密度 0.9861（25℃）。熔点－55℃，沸点 386℃，燃点 241℃。折射率 1.4820（25℃）。不溶于水、甘油、乙二醇及某些胺类。与多数有机溶剂混溶。耐水、耐光及耐寒性好。与聚氯乙烯、乙酸纤维素、聚甲基丙烯酸甲酯、聚苯乙烯等相容性好，而与乙酸纤维素及聚乙酸乙烯酯的相容性较差。低毒！是应用最广的通用型增塑剂。广泛用作聚氯乙烯、氯乙烯共聚物、纤维素树脂、环氧树脂、丁腈胶黏剂及密封胶等的增塑剂。具有增塑效能高、挥发性低，迁移性小、耐候性好等特点。可由苯酐与 2-乙基己醇经酯化反应制得。

邻苯二甲酸二烯丙酯 diallyl phthalate 化学式 $C_{14}H_{14}O_4$。又名1,2-苯二甲酸二烯丙酯。无色或淡黄色油状液体。相对密度 1.120。熔点－70℃，沸点 158～165℃（0.53kPa），闪点 165.5℃。折射率 1.520（25℃）。不溶于水，溶于乙醇、乙醚、苯等溶剂，部分溶于矿物油、甘油及乙二醇等。低毒！有催泪性，对黏膜及皮肤有刺激性。分子结构中有两个双键，易在自由基引发剂下聚合成高度交联的聚合物。可用作多种单体和不饱和化合物的共聚单体、聚酯树脂的催化剂、不饱和聚酯交联剂、纤维素树脂增塑剂及颜料载体等。可由邻苯二甲酸钠盐与氯丙烯经酯化反应制得。

邻苯二甲酸酐 phthalic anhydride

化学式 $C_8H_4O_3$。又名苯酐。无色针状至小片状斜方或单斜晶体。能升华。相对密度 1.527(4℃)。熔点 130.8℃,沸点 284.5℃,闪点 151.7℃(闭杯),自燃点 570℃。蒸气压 0.13kPa（96.5℃）。爆炸极限 1.7%～10.4%。易溶于热水,并水解为邻苯二甲酸,溶于乙醇、苯、吡啶。能进行酯化、磺化、氯化等反应。与二元醇或多元醇反应生成聚酯。可燃。有毒!可经呼吸道、消化道或皮肤吸收,有刺激及致敏作用。是重要有机原料之一。用于制造邻苯二甲酸酯、醇酸树脂、不饱和聚酯、医药、增塑剂、糖精、农药等。可由萘或邻二甲苯经气相氧化制得。

邻苯二胺 o-phenylene diamine

化学式 $C_6H_8N_2$。又名 1,2-二氨基苯。无色至淡黄色叶片状或棱柱状结晶。见光或暴露于空气中颜色变深。相对密度 1.27。熔点 102～104℃,沸点 256～258℃,闪点 156℃。爆炸下限 1.5%。稍溶于冷水,溶于热水、乙醇、乙醚、丙酮等。呈弱碱性。与无机酸反应生成易溶于水的盐。遇明火、高热可燃。有毒!毒性与苯胺相近。吸入蒸气或粉尘可引起鼻炎、呼吸道致敏及哮喘等症状。用于制造染料、农药、表面活性剂、显影剂及橡胶防老剂等。由邻硝基苯胺用硫化钠还原制得。

邻苯二酚 pyrocatechol

化学式 $C_6H_6O_2$。又名儿萘酚、焦儿苯酚。白色针状或片状结晶。能升华。在空气中或见光变色。相对密度 1.371(15℃)。熔点 104～105℃,沸点 246℃,闪点 127.2℃(闭杯)。蒸气相对密度 3.79,蒸气压 1.33。溶于水、乙醇、苯及碱液。可燃。粉体与空气可形成爆炸性混合物。有毒!毒性比苯酚强。蒸气对呼吸道及中枢神经系统有刺激性。用于制造感光材料显影剂、抗氧剂、紫外线吸收剂、阻聚剂、杀虫剂等。可由邻氯苯酚在碱性介质中水解制得,或由苯直接氧化而得。

邻硝基苯胺 o-nitroaniline

化学式 $C_6H_6N_2O_2$。又名 2-硝基苯胺。黄色或橙黄色片状或针状结晶。相对密度 1.442(15℃)。熔点 71.5℃,沸点 284.1℃,闪点 168℃,自燃点 521℃。微溶于冷水,溶于热水、乙醇、苯,易溶于醚、丙酮。可燃。受热易分解。暴露在空气中或光照下会生成爆炸性物质。有毒!其毒性比苯胺大,是一种强烈的高铁血红蛋白形成剂,吸入蒸气或经皮肤吸收均可引起血液中毒。用于制造农药、紫外线吸收剂、抗氧剂、染料、医药及橡胶防老剂等。由邻硝基氯苯与氨反应制得。

邻氯硝基苯 o-chloronitrobenzene

NO₂

Cl

化学式 $C_6H_4ClNO_2$。又名邻硝基氯苯。浅黄色至淡棕色针状结晶。相对密度 1.305。熔点 34～35℃，沸点 246℃，闪点 127℃(闭杯)。蒸气压 1.07kPa(119℃)。爆炸极限 1.4%～8.7%。283℃开始分解。微溶于水，溶于乙醇、乙醚、苯等。化学性质较活泼，可进行氯化、硝化、磺化等反应。遇明火、高热可燃。剧毒! 吸入蒸气或经皮肤吸收会引起中毒，导致造血及神经系统损害。用于制造农药、染料、医药橡胶硫化促进剂等。由氯苯用硝酸、硫酸混酸硝化后，经分离而得。

余气系数 excess air factor　见"过剩空气系数"。

余热 waste heat　化工生产中往往有大量的工艺气体或液体需要降温后进入下一工序，也有一些物料需要排出体系而带走相当的热量。将这种生产过程中未被利用而排放到周围环境中的热能称为余热。余热主要来自锅炉和工业炉窑排出的高温烟气、可燃性废气及废液、冷凝水及冷却水、高温液体或固体产品、化学反应余热等。在各行业中，余热占其燃料消耗总量很大的比例，而且多数未经回收。余热回收和利用是提高能源利用率和减轻环境污染的重要措施之一。

余热资源 waste heat resource　指在目前技术经济条件下，有可能回收或重复利用而尚未回收利用的那部分热能。按温度分类，可分为高温余热(≥500℃的废气及炉渣余热)、中温余热(250～500℃的烟气余热)、低温余热(≤250℃的烟气、冷却水等)；按物相状态可分为燃烧烟气或废气、化学反应热、汽液相变的冷凝热、过程冷却液余热、液体压差做功、固态产品或中间产品余热等。余热回收利用可分为直接利用及间接利用两类。直接利用方式有：锅炉加装省煤器、空气预热器，利用烟气预热或干燥入炉物料，工业窑炉加装空气或重油预热器等；间接利用方式有：用余热锅炉生产蒸汽、热水或发电，通过溴化锂吸收式制冷装置制冷等。

含水量 water content　指石油及石油产品的含水量。是大部分石油产品的限制指标。如润滑脂内的水分有两种，一种是游离水分，是不希望有的，除钙基润滑脂外，一般均不容许含有水分；另一种是结合水分，作为润滑脂结构胶溶剂，例如钙基润滑脂必须含有水做结构胶溶剂。一般皂基润滑脂如含有水会使润滑的金属部件锈蚀，并加速润滑脂酸败。参见"水含量"。

含汞废水 mercury-containing wastewater　汞俗称水银，由于具有特殊的物理化学性质，被用于氯碱、化工、电子、冶炼、农药、油漆等行业。这些行业排放的废水中常含有数量不等的汞。汞从污染源进入天然水体后，会立即与水体中的各种物质发生相互作用，底泥中的汞还会在微生物的作用下转化为甲基汞或二甲基汞。水生生物摄入的甲基汞可通过食物链危害人体。从废水中去除无机汞的方法随废水的性质而异。偏碱性含汞废水及高浓度含汞废水可用硫化物沉淀法处理；偏酸性含汞废水可采用还原法及过滤法处理；背景氯化物含量较高的氯碱厂含汞废水可用离子交换法处理；低浓度含汞废水可用活性炭吸附法处理。

含油废水　oily wastewater　含油废水主要来源于石油和油品的加工、提炼、储存和运输，机械制造加工时产生的冷却润滑液，机车废水及洗油罐废水，日化及纺织业产生的废水等。含油废水中油类的存在形态有游离态油、机械分散态油、乳化态油、溶解态油及固体附着油等多种。处理方法随其形态而异。通常可以先用隔油池回收浮油，细小的油珠及乳化态油等可采用气浮法、混凝法、过滤法、生物法等进行处理。

含油量　oil content　评定石蜡纯度的一项重要指标。指在一定试验条件下，能用丙酮-苯（或丁酮）分离出的蜡中的一种组分。在物理化学性质上，这种组分大体上相当于润滑油组分。成品石蜡中含油量一般为 1.5％左右，其中主要含有稠环芳烃类。它们在热、光作用下易氧化变质，影响石蜡的颜色、安定性及硬度等性质。因此含油量应严格控制。含油量测定方法是，将试样溶解于丁酮中，冷却至－32℃析出蜡，经过滤后，将滤液中的丁酮蒸出，称重残留油，即可计算出蜡的含油量。

含铅汽油　leaded gasoline　又称加铅汽油。指在车用汽油中加入一定量四乙基铅的汽油。汽油在气缸中正常燃烧时火焰传播速度为 $20\sim50\,\text{m/s}$，在爆震燃烧时可达 $1500\sim2000\,\text{m/s}$。为提高车用汽油的辛烷值，改善其抗爆性能，需向汽油中加入具有抗爆性能的添加剂。其中四乙基铅是一种高效的汽油抗爆添加剂。在一般直馏汽油中加入 0.1％四乙基铅，辛烷值可提高 14～17 个单位。但含铅汽油对环境及人类健康的危害极大。大气中铅含量的97％是汽车排放的。铅可通过呼吸或皮肤接触进入人体，主要影响神经系统，能使人狂噪，出现意识障碍。人们认识到含铅汽油的危害后，开始限制含铅汽油的使用。我国于 2000 年 1 月 1日全国停止生产含铅汽油，2000 年 7 月 1 日全国停止销售及使用含铅汽油。

含氧化合物　oxygen compounds　指存在于原油及油品中的含氧有机物。原油中的氧含量很少，一般为千分之几。油品中含氧化合物集中在高沸点馏分中，大部分富集在胶状沥青状物质内。含氧化合物包括酸性含氧化合物及中性含氧化合物，并以前者为主。酸性含氧化合物包括环烷酸、芳香酸、脂肪酸及酚类等，总称为石油酸。环烷酸呈弱酸性，容易与碱反应生成各种盐类，也可与许多金属作用而腐蚀设备。酚呈弱酸性，溶于水，炼油厂污水中常含有酚，导致环境污染。石油中的中性含氧化合物含量极少，包括酮、醛和酯类等。是一些复杂混合物，但可氧化生成胶质而影响油品的使用性能。

含氧酸 oxo acid 酸根中含有氧原子的酸。如硫酸（H_2SO_4）、硝酸（HNO_3）、碳酸（H_2CO_3）、磷酸（H_3PO_4）等。含氧酸中，因成酸元素价态、价键不同又可分为次酸、亚酸、正酸、原酸及高酸等。如氯的常见含氧酸是高氯酸（$HClO_4$）、氯酸（$HClO_3$）、亚氯酸（$HClO_2$）、次氯酸（$HClO$）等。

含酚废水 phenolic wastewater 含酚废水主要来自石油化工厂、树脂厂、塑料厂、炼油厂、焦化厂、合成纤维厂及绝缘材料厂等。按 pH 值不同，可分为酸性、中性及碱性含酚废水；按所含污染物的性质可分为挥发性及非挥发性含酚废水。酚类化合物是一种原型质毒物，可通过皮肤、黏膜的接触不经肝脏解毒直接进入血液循环，致细胞破坏并失去活力。当水中酚含量超过 5～10mg/L 时会引起鱼类大量死亡。用含酚废水灌溉农田，会使农作物减产或枯死。含酚废水处理应先考虑酚的回收利用。浓度大于 1000mg/L 的高浓度含酚废水可采用溶剂萃取、蒸气吹脱等方法回收酚；浓度大于 500mg/L 的含酚废水可采用萃取、活性炭吸附及焚烧法处理；浓度为 5～500mg/L 的含酚废水可采用生物法、活性炭吸附法、化学氧化法等处理。

含硫化合物 sulfur compounds 指存在于原油及油品中的含硫有机物。原油中的硫多以有机硫形态存在，极少以元素硫存在。按性质划分，含硫化合物可分为酸性含硫化合物、中性含硫化合物和对热稳定含硫化合物。酸性含硫化合物是活性硫化物，主要包括元素硫、硫化氢、硫醇等，其共同特点是对金属设备有较强腐蚀性；中性硫化物主要包括硫醚、二硫化物，它们对金属设备无腐蚀作用，但受热分解后会转变成活性硫化物；对热稳定含硫化合物主要包括噻吩及其同系物，如四氢噻吩、苯并噻吩、二苯并噻吩、萘并噻吩及苯硫酚等，它们也是非活性硫化物，对金属设备无腐蚀作用。含硫化合物不但腐蚀设备，还会使催化剂中毒，影响油品储存安定性及污染环境。炼油厂常采用碱精制、催化氧化及加氢精制等方法除去油品中的含硫化合物。

含硫原油 sour crude 原油按硫含量可分为三种。一种是国际间通用的按硫含量的多少分类；另一种是按同馏分油中的硫含量关联分类；第三种是按硫化物类型分类。其中以第一种分类方法为常用。按硫含量的多少分类，原油可分为低硫原油（硫含量<0.5%）、含硫原油（或称中含硫原油，硫含量 0.5%～2.0%）及高硫原油（硫含量>2.0%）。

含硫原油特性 sour crude properties 与其他原油比较，含硫原油具有：硫含量>0.5%、倾点低、轻馏分较多、重金属含量高等特点。原油中的硫化物主要为硫化氢、硫醇、硫醚、二硫化物、多硫化物及噻吩等。其中噻吩是较难脱除的硫化物。

含氮化合物 nitrogen compound 指

存在于原油及油品中的含氮有机物。可分为碱性含氮化合物和非碱性含氮化合物两类。碱性含氮化合物是指在冰乙酸和苯的样品溶液中能被高氯酸-冰乙酸滴定的含氮化合物。不能被高氯酸-冰乙酸滴定的含氮化合物是非碱性含氮化合物。碱性含氮化合物主要有胺、吡啶、喹啉、吲哚啉、吖啶等；非碱性含氮化合物主要有吡咯、吲哚、咔唑、卟啉等。在石油加工过程中，碱性含氮化合物可使催化剂中毒。非碱性含氮化合物性质不稳定，易被氧化和聚合成胶质，是导致石油二次加工油品变色和产生沉淀的主要原因。在石油馏分中应精制予以清除。

狄尔斯-阿尔德反应 Diels-Alder reaction 又称双烯合成。是共轭二烯烃及其衍生物与含有碳碳双键、叁键等的化合物进行1,4-加成，生成六元环化合物的反应。例如：

$$CH_2=CH-CH=CH_2 + CH_2=CH_2$$

这是共轭二烯烃的特征反应之一。通过上述反应，可由丁二烯合成一系列的环状化合物。

狄克松环 Dixon ring 又称 θ 网环。一种小颗粒高效填料。用金属丝网制成。将一定网目的金属丝网按所需尺寸切成小块，以经线围成圆周或 θ 形，中间的隔网起加强作用。一般情况下，填料的直径与高度相等。填料的压降与气速、液体喷淋量、表面张力、黏度等因素有关。因价格较贵，不宜用于 φ150mm 的塔中，主要用于实验室及小批量、高纯度产品的分离过程。

狄思他比克斯法 Distapex process 由德国鲁奇公司在阿洛素尔文 (Arosolvan) 抽提过程技术基础上发展的、用抽提蒸馏法从混合烃中分离高纯度芳烃的过程。用 N-甲基吡咯烷酮作溶剂。一般处理由一种芳烃（如苯或二甲苯）和非芳烃组成的原料。例如从含芳烃量高的轻煤焦油、裂解汽油中回收苯，及从催化重整油中回收二甲苯等。

条件黏度 conditional viscosity 在规定条件下用特定的黏度计所测得的、以条件单位表示的黏度。如恩氏黏度、赛氏黏度、雷氏黏度等。条件黏度在欧美国家广为应用。条件黏度与绝对黏度可通过专用换算图进行换算。

系统误差 systematic error 指在同一被测量的多次测量过程中，保持恒定或以可预知方式变化的测量误差的分量。这类误差表现在同一条件下对同一给定量进行多次重复测量时，其误差的绝对值按某一确定的规律变化。且这种有规律变化的误差可以表示为某一个或几个因素的函数，而这些因素的变化情况则是可以人为掌握的。按变化规律不同，系统误差可分为恒定系统误差及可变系统误差；按系统误差掌握程度则可分为已定系统误差及未定系统误差。在测量过程中，如能消除一切产生系统误差的因素，或选择适当的测量方法，使系统误差抵消而不致带入测量结果中都是消除系统误差的方法。

卵苯 ovalenes 见"八苯并萘"。

【丶】

床层反应器 bed reactor 又称筒式反应器。床层催化裂化的圆筒状反应器由密相段、稀相段和气提段三部分组成，总高度约 26～33m。密相段下部装有分布板，稀相段顶部装有两级多组旋风分离器，在汽提段内设有人字挡板和吹汽管。床层反应器使用无定型硅酸铝催化剂，除提供必要的反应空间外，还起到回收反应油气所携带的催化剂及催化剂上所吸附的油气的作用。在出现高活性分子筛催化剂后，已逐步被提升管反应器所替代。

床层裂化 bed cracking 在流化床反应器的密相床中进行的催化裂化。使用颗粒小、比表面积较大的硅酸铝催化剂。具有床层内气固混合搅拌剧烈、床层温度均匀、催化剂输送方便等特点。但催化剂活性较低、裂化反应时间较长。自出现高活性高选择性分子筛催化剂后，已逐渐被提升管催化裂化所取代。

应力腐蚀 stress corrosion 指金属在腐蚀性介质及应力联合作用下产生的一种腐蚀破坏。其腐蚀产生的裂纹形态有两种，一种是沿晶界发展，称为晶间破裂；另一种是穿过晶粒，称为穿晶破裂。也有混合型破裂，主缝为晶间破裂，支缝为穿晶破裂。预防应力腐蚀的方法有：焊接后通过热处理消除或减少应力；改进设计结构，避免应力集中；表面施加压应力；采用电化学保护；介质中加缓蚀剂或表面喷镀等。

序列结构 sequence structure 见"共聚反应"。

辛基 octyl $C_8H_{17}-$ 含有八个碳原子的烷基$[CH_3(CH_2)_6CH_2-]$。

辛基酚 octyl phenol 化学式 $C_{14}H_{22}O$。又名辛基苯酚。白色或浅玫瑰红片状固体。相对密度 0.89。熔点 72～74℃，沸点 280～302℃。不溶于水，溶于乙醇、乙醚、丙酮等。呈弱酸性。与氢氧化钠等强碱发生放热中和反应。在室温下即可发生磺化反应。可燃。用于制造非离子表面活性剂、增塑剂、抗氧剂、杀菌剂及胶黏剂等。

辛烷 octane 化学式 C_8H_{18}。共有 18 种同分异构体，较重要的有正辛烷、异辛烷、2，2，3-三甲基戊烷。其中又以异辛烷最为重要，用其作为测定汽油抗爆性能的标准（其辛烷值定为 100）。用作车用汽油、航空汽油等的添加剂。

辛烷标 octane scale 见"辛烷值标度"。

辛烷值 octane number 简称 ON。表示汽油在汽油机中燃烧时抗爆性能的指标。其大小与汽油组分的性质有关。辛烷值是实际汽油抗爆性与标准汽油抗爆性的比值。标准汽油是由异辛烷和正庚烷组成的。异辛烷的抗爆性好,人为规定其抗爆性为100;正庚烷的抗爆性差,在汽油机上容易发生爆震,其辛烷值规定为0。汽油辛烷值是在规定条件下的标准发动机中试验,通过和标准燃料进行比较来测定的,用和被测定燃料具有相同的抗爆性的标准燃料中的异辛烷的体积百分数表示。如果汽油的牌号为93,则表示该牌号的汽油与含异辛烷93%、正庚烷7%的标准汽油具有相同的抗爆性。汽油的辛烷值越大,抗爆性越好,质量也就越高。测定辛烷值的方法有马达法、研究法及道路法等。

ASTM 辛烷值 ASTM octane number 按美国材料试验学会(ASTM)所指定的试验机和试验方法测得的汽油辛烷值。

辛烷值助剂 octane promotion catalyst 又称辛烷值助催化剂。一种可提高催化裂化汽油辛烷值的助催化剂。主要成分是 ZSM-5 沸石分子筛。由于 ZSM-5 的择形作用,它对正构烷烃的裂化活性显著高于异构烷烃,从而使产物中的异构烃/正构烃明显提高,结果导致所产汽油馏分的辛烷值升高。辛烷值助剂定期加入循环催化剂系统中(一般为裂化催化剂的 0.04m%),一般可提高催化汽油马达法辛烷值 1~2 个单位,研究法辛烷值 2~3 个单位。同时,液化气收率可增加约 3%,而轻质油收率则降低 1.5%~2.5%。

辛烷值标度 octane scale 又称辛烷标。汽油辛烷值是用从 0 至 120.3 的一系列数值进行标定的。这些数值系由三种基本参数所决定:①以抗爆性极差的正庚烷的辛烷值规定为 0;②以抗爆性极好的异辛烷的辛烷值规定为 100;③在 1L 异辛烷中加入 6mL 四乙基铅的辛烷值为 120.3。

快速分离装置 rapid separation unit 又称快速分离器。是安装在提升管反应器出口的分离装置。目的是使催化裂化反应生成的油气尽快与催化剂分离,减少不必要的二次反应,提高反应选择性和目的产品收率,并降低旋风分离器入口浓度。快速分离器类型很多,分离效率一般为 70%~90%。常用的有伞帽式快速分离器、倒 L 形弯头式快速分离器、T 形弯头式快速分离器、弹射式快速分离器、垂直齿缝式快速分离器及粗旋风分离器等。

快速床 rapid bed 又称快速流化床。流化床的一种类型。在床层形成湍流床时,如再增大操作气速,固体颗粒的带出速率也在不断增加,在气速达到某一临界值时,床层密度急剧下降呈稀相。如要维持床层密度不变,必须以等同于物料被吹出的速率将物料加至床层底部,这一操作区间即称为快速床。其特点是稀密相界面消失,床层密度存在上稀下浓状态,不连续的气泡相转化为连续的气相,气固接触良好,传递速度快,气固返混小,温度均匀,设备利用率高。催化裂化装置中的烧焦罐操作就属于快速床。

间二甲苯 m-xylene 化学式 C_8H_{10}。

又名 1,3-二甲苯。二甲苯的一种异构物。无色透明液体，有强烈芳香气味。相对密度 0.867（17℃）。熔点−47.8℃，沸点 139.3℃，闪点 25℃，自燃点 528℃。折射率 1.4973。蒸气相对密度 3.7，蒸气压 1.33kPa（28.3℃）。爆炸极限 1.09%～6.4%。临界温度 343.8℃，临界压力 3.54MPa。不溶于水。与醇、醚、氯仿等混溶。易燃。有毒！吸入高浓度蒸气会产生眩晕、头痛、恶心等症状。蒸气及液体能刺激眼睛、黏膜，长期接触出现神经衰弱综合征。用于生产间苯二甲酸、间苯二甲腈、间甲基苯甲酸、医药、染料等，也用作溶剂。可由催化重整轻汽油经分馏而得。

间二氯苯 m-dichlorobenzene　化学式 $C_6H_4Cl_2$。又名 1,3-二氯苯。无色液体，有芳香气味。相对密度 1.288。熔点−24.7℃，沸点 173℃，闪点 72.2℃。折射率 1.5459。蒸气相对密度 5.08，蒸气压 1.33kPa（54.8℃）。不溶于水，溶于乙醇、乙醚、苯等溶剂。易燃。蒸气对眼睛、黏膜等有刺激性。用于制造三氯苯、间氯苯酚、二氯苯磺酸及医药、染料等。也用作油脂、蜡、沥青、树脂等的溶剂。在催化剂存在下，由间苯二胺或间氯苯胺经重氮化反应制得。

间甲酚 m-cresol　化学式 C_7H_8O。又名 3-甲基苯酚。无色至淡黄色液体，低温时结晶，有苯酚样气味。相对密度 1.034。熔点 11.95℃，沸点 202℃，闪点 86℃（闭杯），自燃点 559℃。折射率 1.5438。爆炸下限 1.06%。微溶于水，溶于多数常用有机溶剂及碱液。呈弱酸性。易氧化，与空气接触时颜色变深。可燃。毒性与苯酚相似，可通过皮肤、消化道及呼吸道吸收，对皮肤、黏膜有强刺激和腐蚀作用。是我国环境优先控制污染物之一。用于制造合成树脂、高效低毒农药、医药、香料、增塑剂等。先由甲苯与丙烯反应生成异丙基甲苯，再经空气氧化、硫酸酸解后制得。

间规立构聚合物 syndiotactic polymer　又称间规聚合物。指分子链上相邻的立体异构中心具有相反构型的聚合物。如将—C—C—主链拉直成锯齿形，使之处在同一平面上，取代基有规则地交替排列在平面的两侧，则成为间规聚合物。如间规聚丙烯：

甲基在聚合物主链的两侧有规则地交替排列。这种聚合物也是定向聚合物，具有较高的结晶性，较高的熔点、硬度及机械性能。

间规聚丙烯 syndiotactic propylene　见"间规聚合物"。

间苯二甲酸 m-phthalic acid　化学式 $C_8H_6O_2$。又名 1,3-苯二甲酸。无色针

状结晶。相对密度 1.501。熔点 345～348℃。蒸气压 0.009kPa（100℃）。能升华。微溶于水，溶于甲醇、乙醇、丙酮，不溶于苯、石油醚。具有二元羧酸的一般性质，能进行卤化、磺化、酯化及加氢等反应。易燃。低毒！对皮肤及黏膜有刺激性。用于制造醇酸树脂、不饱和聚酯树脂、感光材料、医药等。由间二甲苯催化氧化制得。

间苯二酚 resorcinol 化学式 $C_6H_6O_2$。又名雷琐辛。白色针状或板状结晶，有甜味，置于空气中逐渐变红。相对密度 1.272（15℃）。熔点 109～111℃，沸点 281℃，闪点 127℃，燃点 585℃。蒸气相对密度 3.79，蒸气压 0.13kPa（108.4℃）。爆炸下限 1.4%。溶于水、乙醇、乙醚，稍溶于苯。可燃。中等毒性。对皮肤有刺激性，并易为皮肤及胃肠道吸收而中毒。用于制造合成树脂、紫外线吸收剂、染料、炸药，也用于鉴定亚硝酸盐、硝酸盐及比色测定，医药上用作消毒防腐剂。可由间苯二磺酸经碱熔、酸化而得，或由间苯二酚水解制得。

间苯三酚 phloroglucinol 化学式 $C_6H_6O_3$。又名均苯三酚，1,3,5-苯三酚、藤黄酚。白色至淡黄色片状结晶或粉末，稍有甜味。相对密度 1.46。熔点 218～219℃。通常带 2 分子结晶水。稍溶于水，溶于乙醇、乙醚、苯、吡啶。有毒！但毒性低于 1,2,3-苯三酚。对黏膜、皮肤等有刺激性。用于制造偶氮染料、树脂、医药等。也用作橡胶稳定剂、显影剂等。可由三硝基苯经氧化、脱羧基、还原及水解制得，或由间苯二酚经催化碱熔制得。

间接水合过程 indirect hydration process 指烯烃间接水合制醇类的工艺过程，又称为二步法。当乙烯间接水合制乙醇时，先由乙烯与浓硫酸生成硫酸氢乙酯及硫酸二乙酯，然后硫酸氢乙酯、二乙酯水解生成乙醇。丙烯间接水合制异丙醇，先由乙烯与浓硫酸生成硫酸异丙酯，然后酯水解制得异丙醇。由于间接水合过程硫酸耗量大、设备腐蚀严重、废硫酸回收利用问题较大，故逐渐被直接水合过程所替代。

间硝基苯胺 m-nitroaniline 化学式 $C_6H_6N_2O_2$。又名 3-硝基苯胺。黄色针状结晶或粉末。相对密度 1.43（4℃）。熔点 114℃，沸点 305～307℃（分解）。微溶于水，溶于乙醇、苯，易溶于乙醚、丙酮。可燃。受热易分解。暴露于空气中或光照下会生成爆炸性物质。有毒！毒性比苯胺大，是一种强烈的高铁血红蛋白形成剂，吸入蒸气或经皮肤吸收均可引起血液中毒。用作冰染染料色基、染料中间体及制造有机颜料和用于有机合成。由硝基苯经混酸硝化制得间二硝基苯后，再用多硫化钠部分还原制得。

间氯苯胺 *m*-chloroaniline 化学式 C_6H_4ClN。又名间氨基氯苯。无色至浅棕色液体，遇光时颜色变深。相对密度 1.216。熔点 $-10.3℃$，沸点 230.5℃，闪点 123℃。折射率 1.5941。不溶于水，溶于乙醇、乙醚、丙酮等常用有机溶剂。呈弱碱性。与酸反应生成盐。易燃。有毒！有溶血作用及致癌作用。用于制造偶氮染料、药物、杀虫剂及颜料等。可由间硝基氯苯经硫化钠还原制得。

间氯硝基苯 *m*-chloronitrobenzene 化学式 $C_6H_4ClNO_2$。又名间硝基氯苯。浅黄色棱柱状结晶。相对密度 1.534。熔点 46℃，沸点 235.6℃，闪点 127℃（闭杯）。微溶于水，溶于乙醇、乙醚、丙酮、苯等。遇高热释出氧化氮及氯化氢等有毒气体。有毒！可经呼吸道及皮肤吸收，引起高铁血红蛋白血症。用于制造染料、医药及间氯苯胺等有机中间体。可在铁粉存在下，由硝基苯氯化制得。

间隙 gap 见"脱空"。

间歇调合 batch blending 见"油罐调合"。

间歇萃取 batch extraction 见"萃取"。

间歇精馏 batch rectification 又称不连续精馏或分批精馏。其特点是间歇操作，分批地处理原料液。即将待分离的料液一次性加入，间歇式精馏到蒸馏釜中液体达到要求的组分时为止。由于间歇精馏是一种不稳定过程，而且处理能力有限，因此主要用于小型装置。但由于其操作比较灵活，故也常用于中、小工厂及实验室中。在实际生产中，间歇精馏操作有两种方法，一种方式是维持回流比不变；另一种方式是维持馏出液组成不变。前者操作方便，所得产品组成不断变化，得到的是一定精馏时间段内的混合馏出液。后者得到稳定组成的产品，但需不断增加回流比。

间壁式换热器 wall-type heat exchanger 一类应用最广的换热器。是将冷热两种流体间用一金属壁或其他材料的壁面隔开，使两种流体通过壁面进行传热的设备。按照传热面的形状与结构特点可分为管式换热器（如套管式、螺旋管式、管壳式等）、板面式换热器（如板式、螺旋板式、板壳式等）及扩展表面式换热器（如板翅式、管翅式、强化的传热管等）。其中应用最广的是管壳式换热器。

状态 state 体系一切宏观性质的总和。当状态一定时，体系的所有宏观性质（如压强、温度、体积、黏度、密度、质量、导热系数、扩散系数等）亦一定。其中任何一种性质发生变化，状态也就发生变化。因此，体系的宏观性质与其状态间具有单值对应关系。这样，体系的各种宏观性质是它所处状态的函数，称为状态函数。即温度、压力等都是状态函数。

状态函数 state function　又称热力学函数、状态变量。指仅由状态决定的物理量。温度、压力、内能、焓、熵、自由能、体积、密度等都是状态函数。状态函数的改变值仅决定于体系的起始和终了状态,而与变化的途径无关。无论体系经过多少变化,只要体系恢复原状,则它的数值也恢复原值。热与功不是状态函数,因其随着状态变化的途径或过程的不同而有所差异。

灼烧减量 loss on ignition　指催化剂高温灼烧时所失去的水分及挥发性盐分的量。催化剂是一种多孔性易吸水的物质,如果含有较多的自由水或晶水,使用时会产生催化剂热崩现象并影响装置平稳操作。

冷回流 cold reflux　又称塔顶冷回流。精馏塔塔顶的产品蒸气经冷凝冷却后成为过冷液体,将其中一部分送回塔顶作回流。因回流以过冷状态送入塔内,故称为冷回流。塔顶冷回流是控制塔顶温度,保证产品质量的重要手段。冷却介质用水时,冷回流的温度一般不低于冷却水的最高出口温度。常用的汽油冷回流温度一般为 30~45℃。

冷却结晶 cooling crystallization　指通过降低温度创造过饱和条件进行结晶的操作。冷却降温可分为自然冷却、间壁冷却及直接接触冷却等方法。由于这种结晶方法基本上不去除溶剂,故适用于溶解度随温度降低而显著下降的物系。如 KNO_3、$NaNO_3$、$MgSO_4$ 等水溶液。参见"结晶"。

冷冻机 refrigerating machine　又称制冷机、致冷机。指压缩制冷方式所采用的压缩机,是压缩制冷设备中最重要的组成部分。冷冻机制冷剂在低温下吸取热量而蒸发,然后在压缩机内被压缩至高温高压,再经过冷凝器而放出热量,最后经节流膨胀或绝热膨胀至低温状态,从而达到冷冻目的。按冷冻机结构和工作原理上的差别,压缩制冷方式所采用的压缩机可分为往复式、螺杆式及离心式等几种类型。其中往复式制冷机是应用最广的冷冻机,如氨冷冻机、氟里昂冷冻机等。广泛用于冷藏、空调、食品及石油化工等行业。

冷冻机油 refrigerator oil　用于润滑制冷压缩机的专用润滑油。是制冷系统中影响制冷装置功效的重要组成部分,起着润滑、密封、防锈、取热等作用。是由精制润滑油基础油加入稳定剂、抗氧剂、抗泡剂等添加剂调合制得。与制冷剂共存时有优良的化学稳定性及相容性,对绝缘材料及密封材料有优良的适应性,有适宜的黏度及良好的黏温特性,并有良好的抗泡性及热氧化稳定性等。冷冻机油品种较多,使用时应根据制冷剂种类、制冷压缩机类型、蒸发器操作温度、电气绝缘性及热氧化稳定性等因素加以选择。

冷冻系数 refrigerating coefficient　又称制冷系数。评价某种冷冻循环效率的量度。它是冷冻剂自被冷物体中所取出的热量与所消耗的外界功或外界补充热量之比。对于应用最广的压缩式冷冻机而言,其值远较 1 为大。

冷冻剂　refrigerant　见"制冷剂"。

冷冻能力　refrigerating capacity　又称制冷能力。是指制冷循环中,单位时间内冷冻剂从被冷物体(如冷冻盐水)取出的热量。单位为 W 或 kW。工程计算及实际生产中,冷冻能力表达方式还有:①单位质量冷冻剂的冷冻能力,简称单位质量冷冻能力。即 1kg 冷冻剂经蒸发时从被冷物料中取出的热量,单位为 kJ/kg。②单位体积冷冻剂的冷冻能力,简称单位体积冷冻能力。即 1m³ 进入压缩机的冷冻剂蒸气的冷冻能力,单位为 kJ/m³。一般冷冻机铭牌上所标明的冷冻能力为标准冷冻能力,即标准操作温度下的冷冻能力,单位为 W 或 kW。

冷油泵　cold oil pump　常温下的油品称为冷油。冷油泵是输送温度在 20℃ 以下油品的泵。其所用泵的零件与热油泵有所差别。冷油泵的叶轮是铸铁,不能在高温下工作。热油泵的叶轮是铸钢或合金钢。冷油泵的轴承箱、盘根箱、机械密封等都有冷却机构,可防止这些部件过热。

冷氢　cold hydrogen　通入加氢裂化等加氢反应器以控制催化剂床层温度的未经加热的氢气。冷氢量系根据床层温度变化而调节。影响冷氢量大小的因素有:床层温升的变化、循环氢总流量的变化、循环氢压缩机负荷状况、新氢流量变化及反应器入口流量变化等。

冷点稀释　cold point dilution　润滑油溶剂脱蜡中的一种稀释溶剂加入方式。溶剂在油经过换冷套管已冷至低于其凝点 15～20℃ 时加入的稀释方式称为冷点稀释。而将原料油在冷却过程中第一次加入溶剂时的温度称为冷点温度。即一般冷点温度比原料油的凝点低 15～20℃。在此温度下,蜡已大部分从油中析出,并生成一定程度的结晶。这时加入溶剂,可减少蜡的含油量,提高过滤机的过滤效果,增加去蜡油的收率。

冷点温度　cold point temperature　见"冷点稀释"。

冷媒　cold medium　见"载冷体"。

冷榨脱蜡　cold pressing dewaxing　油品结晶脱蜡的方法之一。先将含蜡油冷却至希望的脱蜡凝点以下 5～10℃,使油中石蜡呈结晶析出,然后用板框式压滤机或高速离心机分离,结晶蜡停留在滤布上,同时得到脱蜡油。一般适用于柴油及轻质润滑油料的脱蜡。

冷榨蜡　cold pressed wax　用板框式冷榨机冷榨得到的蜡,一般含油量很高。可用作石蜡发汗或蜡溶剂脱油的原料。

冷滤点　cold filter plugging point　简称 CFPP。又称冷滤堵塞点。一种评定柴油极限最低使用温度的指标。是指在测定条件下,柴油试样开始不能通过滤器 20mL 时的最高温度。测定方法按 SH/T 0248 标准执行。其测定是模拟柴油在低温下通过滤清器的工作状态来设计的,测定条件近似于使用条件,所以可以用来粗略地判断柴油可能使用的最低温度。冷滤点高低与柴油的低温黏度和含蜡量有关。低温下黏度大或出现的蜡结晶多,都会使柴油的冷滤点升高。

冷箱 cold box 一种气体深冷分离的低温换热组合设备。是将高效低温换热器、低温气液分离罐及膨胀阀等安置在一个保温箱中的低温换热设备。其特点是结构紧凑,单位体积的传热面积要比一般列管式换热器大五至几十倍,传热效率高。由于采用轻质材料,质量比一般换热器轻 $1/3\sim1/2$。可用于气体和气体、气体和液体、液体和液体之间的热交换,并可用于冷凝和蒸发。物料的温度范围为 $35\sim-170℃$。广泛用于乙烯装置中。

冷壁反应器 cold wall reactor 又称冷壁结构式反应器。加氢反应器根据壳体内壁是否衬有隔热层分为冷壁结构式反应器及热壁结构式反应器。所谓冷壁结构,是为降低反应器壁温和腐蚀介质对反应器材质的损害,在反应器壳体内用非金属材料(如矾土水泥、火山灰水泥或膨胀珍珠岩等)作为隔热层(厚约 $100\sim150mm$),以保证反应器的器壁温度不大于 $260℃$。也可在壳体内制作不锈钢衬套,在衬套和器壁的环形空间中通入氢气,以降低反应器壁温度。热壁结构是在反应器壳体内表面堆焊稳定的奥氏体不锈钢作为防蚀层(约

5mm),以抵抗高温硫化氢的腐蚀。冷壁反应器制造容易,但容积有效利用系数低、装入催化剂量少;热壁反应器对焊接质量要求高。由于容积利用系数高,馏分油加氢裂化通常都用热壁反应器。

冷凝 condensation 指使气态物质经冷却而变成液态的过程。蒸气的冷凝可以通过冷却和加压的方法来实现。也即通过改变温度和改变压力,破坏原有的平衡状态可使冷凝得以进行,直到达到新的平衡状态为止。用蒸馏方法分离混合物,就是将混合物进行多次部分汽化和部分冷凝的过程。

冷凝率 condensing rate 见"平衡冷凝"。

沥青 asphalt 一种深棕色至黑色的有光泽的无定形固体或半固体物质。为稠环芳烃的复杂混合物,含有蒽、菲、嵌二萘及其他稠环芳烃化合物,常混有苯并[a]芘。不溶于乙醚、丙酮、稀乙醇等溶剂,溶于四氯化碳、二硫化碳、苯、氯仿、吡啶等。有极高的延性及粘附性、抗水性。可按其软化点、针入度、延度等三种质量指标规定其标号。沥青按其来源可分为天然沥青、矿物沥青、直馏沥青、氧化沥青及改性沥青五种。其中直馏沥青及氧化沥青都是石油加工的副产品。商品沥青可分为道路沥青及建筑沥青两大类。沥青广泛用于道路、建筑工程、木材防腐、涂料、橡胶及绝缘材料等。

沥青防水卷材 asphalt water-proofing roll-roofing 俗称沥青油毡。指用

原纸、纤维织物、纤维毡等胎体材料浸涂沥青,表面撒布粉状、粒状或膜状隔离材料而制成的可卷曲片状防水材料。高聚物改性沥青防水卷材是指以合成高分子聚合物改性沥青为涂盖层,纤维织物或纤维毡为胎体,粉状、粒状或薄膜材料为覆面隔离材料而制成的可卷曲的片状防水材料。广泛用于地下、水工及民用和工业建筑物中,具有良好的防水性能。

沥青抗剥离剂 asphalt antistripping agent 为提高沥青与集料的粘附性,增强沥青混合料的抗水损害能力而向沥青中添加的有机或无机添加剂。如高分子有机酸、胺类、消石灰、水泥等。

沥青改性剂 asphalt modified agent 指用于改善或提高沥青的路用性能,在沥青或沥青混合料中加入的天然或人工合成的有机或无机材料。常用的改性剂有橡胶改性剂(如丁苯橡胶、氯丁橡胶、三元乙丙橡胶及废橡胶粉等)、塑料改性剂(如聚乙烯、聚丙烯、乙烯-乙酸乙烯酯共聚物等)及热塑性弹性体改性剂(如苯乙烯-丁二烯-苯乙烯共聚物、苯乙烯-异戊二烯-苯乙烯三嵌段聚合物)等。

沥青软化点 asphalt softening point 见"软化点"。

沥青质 asphaltene 石油沥青的组分之一。为黑褐色粉末,加热不熔化,但可分解为气体和焦炭。溶于苯、二硫化碳及四氯化碳等,不溶于乙醇及汽油。石油中的沥青质和胶质都是含硫、氮、氧等的稠环化合物,是石油沥青中的硬组分,在沥青中起着稠化剂的作用。沥青质可改善沥青的高温性能,但沥青质过多,会使沥青的延度减小,并易于脆裂。在各种沥青产品中,由于胶质的塑性及粘附性,使沥青质稳定地胶溶于沥青体系中。

沥青的当量脆点 equivalent brittle point of asphalt 指使沥青的针入度为 1.2(0.1mm)时的温度。用于表征沥青结合料低温抗裂性能的指标。当量脆点与沥青中的蜡含量有密切关系。

沥青的哑铃调合法 dumb-bell blending of asphalt 一种沥青各组分重新搭配调合生产高质量沥青的方法。先以戊烷为溶剂将沥青分为 4 个组分(饱和分、芳香分、胶质和沥青质),然后将这些组分每两个一组进行重新组合。其中饱和分及芳香分是沥青的软化剂,可使胶体系易于稳定;胶质有良好的塑性及粘附性,能对沥青质起到胶溶作用,提高沥青延度;沥青质可改善沥青的高温性能。用调合法生产沥青可扩大生产沥青的油源、提高沥青生产灵活性、剔除沥青中有害组分、提高沥青质量。

沥青的感温性能 susceptibility of asphalt 表示沥青对温度变化的敏感程度。与道路沥青的路用性能密切相关。表征道路沥青感温性能的指标有沥青的针入度指数、沥青针入度黏度指数、黏温指数及沥青等级指数等。改善沥青感温性能的主要方法有:①选择适合于生产沥青的原油。环烷基原油的含蜡量少，较适合于生产感温性能良好的道路沥青；②在一定温度下对沥青通空气进行适当氧化；③适当加入改性添加剂，如炭黑、硫黄粉及高分子聚合物等。

沥青乳化液 asphalt emulsion 见"乳化沥青"。

沥青试验数据图 bitumen test data chart 简称 BTDC 图。指将沥青的针入度、软化点、脆点和黏度作为温度的函数描绘在同一坐标图上，用以表征石油沥青常规试验性质之间的相互关系。BTDC 图可用来区分不同类型的沥青，比较和鉴别不同类型沥青的黏温特性，确定沥青的当量软化点和当量脆点等指标，确定沥青混合料的最佳拌和温度及最佳碾压温度。

沥青氧化 asphalt blowing 一种沥青生产方法。是将软化点低、针入度及温度敏感性大的减压渣油或溶剂脱油沥青或它们的调合物，在一定温度下通入空气进行氧化，使其组成发生变化，软化点升高，针入度及温度敏感性减小，以达到沥青规格指标和使用性能要求。经空气氧化得到的固体沥青也称作氧化沥青。通过改变原料组成和氧化条件，即调整氧化深度，可生产道路沥青、建筑沥青及其他专用沥青。一般浅度氧化主要用于生产道路沥青，而深度氧化则用于生产建筑沥青或高软化点沥青等专用沥青。

沥青氧化工艺 asphalt blowing process 分为间歇氧化（釜式氧化）及连续氧化工艺。连续氧化又称塔式氧化，是目前主要沥青氧化工艺。具有生产能力高、产品质量好、氧化时间短、生产成本低及设备投资少等特点。我国的塔式氧化工艺分为单塔氧化流程，双塔连续氧化、三塔串联、分段氧化流程，塔、釜联合流程等。

沥青氧化塔 asphalt blowing tower 氧化沥青装置的主要设备。为中空的筒形反应器，其长径比为 4～6，个别可达 8 左右。为提高气液两相接触面，也可在氧化塔中设置 3～4 层栅板。原料入塔开口设上、中、下 3 处。塔内设有空气分布管、气液相注汽及注水喷头。塔顶设有饱和器或直冷式部分冷凝器，尾气经饱和器或冷凝器将携带的氧化馏出油冷凝分离后，去尾气焚烧加热炉。

沥青脆点 asphalt breaking point 衡量沥青低温下使用性能的指标。是沥青由弹性态变为脆性态的温度，故又称沥青脆化温度。测定方法是，在一薄金属片的一面涂以沥青，使之成为厚约 0.5mm 的均匀薄膜，以 1℃/min 的速度降温，同时每分钟将金属以一定的速率和一定的曲率弯曲一次。沥青最初发生裂缝时的温度即为其脆点。单位为℃。脆点高的沥青在低温下易转变为脆硬的玻璃态，很易发生开裂；脆点低，沥青抗开裂能力强，低温使用性能好。

沥青基原油 asphalt base crude oil 见"环烷基原油"。

沥青溶解度 asphalt solubility 指

石油沥青试样在三氯甲烷、四氯化碳或苯等溶剂中可溶物质含量的质量百分数,是沥青质量指标之一。用于鉴定沥青在生产过程中是否经受过剧热,或是在氧化过程中是否产生局部过氧化的情况。测定时用相当于试样量 20 倍的溶剂溶解,将可溶物与不溶物分离,将不溶物烘干并称重,试样质量减去不溶物质量即得到可溶物的质量。不溶物主要为油焦炭及炭青质。

汽化 vaporization　又称气化。液体转变为气体的过程。如水加热变为蒸汽,油加热转变为油气等。在任何温度下,液体表面都在蒸发,温度越高,蒸发也越快。所有蒸馏操作都首先经过汽化的过程。

汽化段 vaporization zone　见"进料段"。

汽化热 heat of vaporization　又称蒸发热。指由单位质量物质在一定温度下由液态转化为气态所吸收的热量。单位为 kJ/kg。物质的汽化热随压力及温度的升高而逐渐减小,至临界点时,汽化热等于零。如不特殊说明,物质的汽化热通常是指在常压沸点下的汽化热。纯物质蒸发时温度无变化,相应地可称为蒸发潜热或汽化潜热。石油馏分的常压汽化热可根据平均相对分子质量、中平均沸点及相对密度三个参数中的两个,从相关汽化热图中查得。

汽化率 vaporization rate　见"闪蒸"。

汽化潜热 vaporization latent heat

见"汽化热"。

汽车自动传动油 automotive automatic transmission oil　见"自动传动液"。

汽车防冻液 automobile antifreezing fluid　又称防冻液。一种含有特殊添加剂的冷却液,主要用于液冷式发动机的冷却系统。一般由基础液和添加剂组成。基础液包括水和乙二醇(或二甘醇),添加剂有防锈剂、防霉剂、pH 值调节剂、抗泡剂及着色剂等。优质汽车防冻液应具有防冻、防锈、防沸腾、节能及防止结水垢等功能。防冻液本身为无色透明的液体,为了区分和辨别并防止误食,市售防冻液常加入染色剂。车辆应按规定使用防冻液。不应在冬季时使用,夏季时放掉停用。这样不但浪费资源,也不利于发动机及冷却系统正常防蚀及有效工作。

汽车尾气 automobile exhanst gas　又称汽车废气。指通过汽车排气管、曲轴箱、油箱及汽化器等处排出的废气。汽车尾气中的有害成分或污染物主要为一氧化碳、碳氧化合物、氮氧化物、硫化物、苯、黑色烟尘微粒及油雾等。汽车尾气是目前增长最快的大气污染源。它能形成光化学烟雾,使居民中患慢性呼吸道疾病的人增加,并可引发头痛、头晕等症状,严重时会增加冠心病发病率。目前排放法规限制的是尾气中的一氧化碳、烃类及氮氧化物含量,而尚未限制的有害成分有甲醛、乙醛、丙烯醛、苯、丁二烯及乙酰甲醛等。

汽车尾气催化转化器 automobile

exhaust catalytic converter 控制汽车尾气排放污染的措施主要有机内净化及机外控制两类技术。在汽车排气尾管安装催化转化器净化排放气体的方法，是最为有效的机外排气净化方法。催化转化器由壳体、减振密封层、蜂窝载体及催化剂四部分组成。其中催化剂是催化转化器的核心部分，也是决定催化转化器性能的主要指标。催化剂依其组成及作用不同，大致分为二效催化剂（铂、钯为活性组分）、三效催化剂（铂、钯及铑为活性组分）及稀土氧化物催化剂等。使用催化转化器的车辆要求使用无铅燃料，因为铅会使催化剂中毒而失效。

汽车制动液 automobile brake fluid 又称刹车液或刹车油。用于汽车液压制动系统中传递压力的液体。按其生产原料分为醇型、矿物油型及合成型三种。其中又以合成制动液的性能较好、使用最广。制动液的质量对保证液压系统工作的可靠性起着十分重要的作用。要求制动液有较高的沸点和较低的蒸发损失，有适宜的高低温黏度和较好的润滑性，良好的低温流动性、热安定性、化学稳定性及水解安定性等。分别参见"醇型刹车液"、"矿物油型刹车液"、"合成型刹车液"。

汽车油槽车 automobile tank car 又称汽车（油）罐车或油罐车。专用于公路运输散装油品的油罐车。由卧式圆柱型或椭圆柱型油罐安装于卡车底盘上而成。载重量为3～20t。其特点是机动灵活、装运方便，特别适用于短线、小批量油品以及近距离无铁路、无水路运输条件地区的石油运输。按装运油品的性质，罐可分为轻油、润滑油、重油、液化石油气、液体沥青、化工产品等类型。

汽车通用锂基润滑脂 automobile universal lithium base grease 是由12-羟基硬脂酸锂或12-羟基硬脂酸锂与硬脂酸锂稠化中黏度矿物油，并加有抗氧、防锈等添加剂而得的浅黄色至褐色油膏。具有良好的抗水性、机械安定性、氧化安定性及防锈性。使用温度范围为−30～120℃。为汽车通用润滑脂。适用于车辆轮毂轴承和底盘节点等的润滑，以及其他机械的滚动轴承和滑动轴承的润滑。与钙基润滑脂相比，其润滑期可延长约2倍。

汽轮机 steam turbine 又称蒸汽透平、蒸汽轮机。是将蒸汽的能量转换为机械功的旋转式动力机械。是蒸汽动力装置的主要设备之一。包括驱动汽轮机和发电汽轮机两大类。机种很多，按结构分为单级汽轮机及多级汽轮机；按热力特性分为凝汽式、供热式、背压式、抽汽式和饱和蒸汽汽轮机等类型；按工作压力分为低压、中压、高压、超高压、超临界压力汽轮机等。汽轮机广泛用于石油、化工、建材、冶金、轻纺等工业部门及各类电站。

汽轮机油 steam turbine oil 旧称透平油。通常包括蒸汽轮机油、燃气轮机油、水力汽轮机油及抗氧汽轮机油等。主要用于汽轮机和相联动机组的滑动轴承、减速齿轮、调速器和液压控制系统的润滑。是由润滑油基础油加入抗氧、防锈、抗泡、抗乳化或抗氨等添加剂调制而成的不同牌号的产品。品种较多。优良的汽轮机油应具有良好的抗氧化安定性、抗乳化性、抗泡性、水解安定性、防锈性及过滤性，并具有较好的黏温特性及清洁度。使用时应根据汽轮机的类型选择汽轮机油的品种，并根据轴转速选择油品的黏度等级。

汽油 gasoline 轻质石油产品的一大类。无色或淡黄色液体。沸点 40～200℃。主要成分为 C_5～C_{12} 脂肪烃和环烃类，并含有少量的芳香烃和硫化物。其中正己烷含量约为 5%。易挥发、易燃、易爆。自燃温度 415～530℃。蒸气与空气形成爆炸性混合物，爆炸极限 1.3%～6%。不溶于水，易溶于苯、二硫化碳。依用途可分为车用汽油、航空汽油及溶剂汽油等；依制造过程，可分为直馏汽油、热裂化汽油、重整汽油、裂解汽油、加氢裂化汽油、焦化汽油等。主要用作汽油机的燃料，也用作去脂剂、清洗剂及溶剂。长时间吸入低浓度汽油蒸气会出现慢性汽油中毒，表现为神经衰弱综合症，如头晕、失眠、记忆力下降等。可由石油经分馏而得，或由石油重质馏分经裂化而得。

汽油加氢精制 gasoline hydrorefining 指汽油加氢脱除氮、硫及金属杂质等的加工过程。直馏汽油一般经加氢精制作为催化重整原料，其作用是脱除原料油中对重整催化剂有害杂质（如硫、氧、氮、烯烃及砷、铅、铜和水分等），改进安定性；焦化汽油加氢精制后可作为乙烯裂解原料，或作为重整原料等。催化裂化汽油加氢精制主要是为降低硫含量，并适当降低烯烃含量。

汽油发动机 gasoline engine 简称汽油机。一种主要以汽油为燃料的内燃机。其特点是燃料与空气的混合物在气缸内由电火花点火燃烧。故又称为点燃式发动机。点燃式发动机的设计有二冲程及四冲程两大类。二冲程发动机便宜、轻便、单位气缸容积能产生较大的输出功率，广泛应用于小型摩托车、小型发电设备。目前轿车和大型车辆装备的汽油发动机都是四冲程的，工作过程分为吸气、压缩、膨胀、排气四个冲程。四冲程发动机排放的颗粒物通常较少，而二冲程发动机的碳烟排放物比较明显。汽油发动机经适当改造也可用其他燃料，如天然气、液化石油气、乙醇及氢气等。

汽油机 gasoline eugine 见"汽油发动机"。

汽油机润滑油 gasoline engine oil 俗称车用机油。用于润滑以汽油为燃料的内燃机的润滑油。系由原油常减压蒸馏所得润滑油馏分油、丙烷脱沥青的轻脱油馏分油经精制所得到的润滑油基础油，添加特殊性能的添加剂调合而成。润滑部位主要有活塞与气缸壁、主轴承、连杆轴销、活塞销、凸轮与挺杆等。汽油机油具有较高的黏度指数，良好的启动性、高温清净性和低温分散性，同时也具有良好的抗氧化、防腐蚀、抗磨及防锈等性能。多数气缸油可南、北通用，冬、夏通用。

汽油的气液比 gasoline vapor-liquid ratio 指在标准仪器中，液体燃料在规定温度和大气压力下，蒸气体积与液体体积之比。是用以评定汽油蒸发性的指标。气液比是温度的函数，可用它预测汽油气阻倾向，是比馏程及蒸气压指标更能反映气阻倾向的指标。

汽油的蒸气压 gasoline vapor pressure 指在标准仪器中测定的 38℃ 下汽油的饱和蒸气压。是反映在燃烧系统中产生气阻的倾向和发动机启动难易程度的指标。同时还可相对地衡量汽油在储存、运输过程中的损耗倾向。蒸气压越大，蒸发性也就越强，因而发动机易于冷启动，但产生气阻的倾向也增大，蒸发损耗加大；反之，则燃料不能迅速蒸发，启动困难。汽油的蒸气压要根据地区、季节及用途进行调整。夏季使用蒸气压较低的汽油，冬季则用较高蒸气压的汽油。航空汽油的蒸气压应比车用汽油的低。

汽油胶质 gasoline gum 汽油在储存和使用过程中形成的黏稠、不易挥发的褐色胶状物质。它与原油中的胶质在元素组成和分子结构上都不相同。主要为油品中的烯烃，特别是二烯烃、烯基苯、硫酚、吡咯等不安定组分。通常用作评定汽油安定性指标的实际胶质，是指溶于汽油，通过蒸发残留下来

的胶质，并以 100mL 试油中所得残余物的质量(mg)来表示。胶质沉积于油箱、管路，会影响发动机的正常运行。

汽油调合料 gasoline blending stock 又称汽油调合组分。调制成品汽油所用的各种汽油组分和高辛烷值组分。汽油是一种由多种调合组分调合而成的混合物。按硫含量及脱硫难度不同，汽油调合可分为三类。第一类几乎不含硫，包括重整油、烷基化油、甲基叔丁基醚、丁烷及异构化油。这类油可直接调入超低硫汽油中。第二类主要是轻直馏石脑油，如果来源于含硫原油，则由于硫含量较高，需经脱硫。第三类包括催化裂化石脑油、焦化石脑油及蒸气裂化石脑油等。其中以催化裂化石脑油为汽油主要调合组分，但其硫含量也较高。

汽油敏感度 sensitivity of gasoline 又称汽油辛烷值敏感度。指发动机的工作条件对汽油抗爆性的感应性。以标准的汽油研究法辛烷值与马达法辛烷值之差值表示。由于汽油的研究法辛烷值比马达法辛烷值要高，所以一般为正值。富含烷烃的烷基化汽油的敏感度小，富含芳烃的重整汽油的敏感度大，而含烯烃高的叠合汽油的敏感度最大。

汽油清净剂 gasoline detergent additive 一种多功能汽油添加剂。加入到汽油中可以起到抑制发动机进气系统和供油系统沉积物或者带走沉积物的作用。它具有除掉气化器和曲轴箱系

统的油泥积炭,减少油泵及喷嘴的磨损,防止火花塞结焦,提高无铅汽油的润滑性,改善汽车尾气排放,降低燃油消耗,减少对大气污染等效能。汽油清净剂的主要成分是胺基和酰胺基类高分子表面活性剂。其典型组分是氨基酰、聚乙醚及聚丁烯酰胺、聚丁烯二酸酰胺、羟基聚氨基甲酸酯等。为了改善其性能还加有少量抗氧剂、防腐剂,金属钝化剂及破乳剂等。

汽油添加剂 gasoline additive 改善汽油性能的物质。可使汽油具有更好的蒸发性、安定性、抗腐性和其他要求的性质,以满足汽油经济性和环保性能的要求。汽油添加剂主要包括抗爆剂、抗氧防胶剂、助燃添加剂、金属钝化剂、辛烷值增进剂等。

汽油馏分 gasoline fraction 馏程为初馏点至 205℃ 的石油馏分。汽油的馏程按照 GB 6536—1997 规定的简单蒸馏进行测定,能大体表示该汽油的沸点范围和蒸发性能。同一种原油蒸馏得到的直馏汽油馏分,其终馏点温度越低,抗爆性越好。而商品汽油一般由辛烷值较高的催化裂化汽油和催化重整汽油以及高辛烷值的组分调合而成。

汽缸油 cylinder oil 又称蒸汽气缸油。用于润滑蒸汽机气缸、活塞、气阀、连杆的润滑油。根据蒸汽机工作温度高、负荷重、直接与蒸汽接触,并受其冲洗等特点,气缸油除具有良好的润滑性外,还应具有较高的黏度和闪点,有良

好的耐水性及粘附性。根据工作介质状态不同,气缸油可分为饱和气缸油和过热气缸油;根据所用基础油不同,气缸油可分为矿物油型及合成油型。

汽蚀 cavitation 发生在泵装置、水轮机等水力机械中的一种腐蚀破坏现象。如离心泵是靠液体高速旋转叶轮甩向四周,一旦叶轮入口处压力低于工作介质在此温度下的饱和蒸气压时,液体会汽化形成气泡。当气泡流到泵内的高压区域时,便会急速破裂,凝结成液体,于是大量液体便以极高速度向凝结中心冲击,并产生响声和剧烈振动。在冲击点上会产生数十兆帕至数百兆帕的压力,冲击频率可达数万赫兹。在此压力下叶轮外径附近的材料会受到疲劳破坏。从点蚀开始直到出现严重的蜂窝状空洞,严重时产生断裂,使泵不能正常工作。这一现象则称为汽蚀现象。

汽液平衡 vapor-liquid equilibrium 指汽相和液相间的相平衡。处于密闭容器中的液体,在一定温度和压力下,从液面逸向汽相空间的分子数与由汽相空间返回到液体的分子数相等时,液相与汽相建立一种动态平衡,称为汽液平衡。汽液平衡关系是精馏、冷凝汽化、蒸发等化工过程计算的基础。

汽液平衡常数 vapor-liquid equilibrium constant 在一定温度及压力下,多组分混合物达到汽液平衡状态时,任一组分在汽相中的摩尔分数与在液相中的摩尔分数的比值均为常数,称为该

组分在该温度和压力下的气液平衡常数。相平衡常数是石油蒸馏过程相平衡计算时最重要的参数。

汽提 stripping 一种使用蒸气或惰性气体从混合物中脱除（或吹出）轻馏分的过程。如在原油常压塔底通入一定量的过热蒸气，降低塔内油气分压，使一部分带下来的轻馏分蒸发；又如从含溶剂的油脱除溶剂，从裂化催化剂上脱除附着的油等。

汽提法 vaporizing extract process 用于脱除废水中的溶解性气体及某些挥发性物质的方法。常用于含 H_2S、HCN、NH_3、CS_2 等气体和甲醛、苯胺、挥发酚及其他挥发性有机物的工业废水处理。其原理是将空气或蒸汽等载气通入水中，使载气与废水充分接触，致使废水中的溶解性气体和某些挥发性物质向气相转移，从而达到脱除水中污染物的目的。

汽提段 stripping section 原油分馏塔进料口以下的塔段。常压蒸馏塔汽提主要是为降低塔底重油中 350℃ 以内馏分的含量以提高直馏轻质油品的收率，同时减轻减压蒸馏塔的负荷。减压蒸馏塔底汽提的目的则主要是降低汽化段的油气分压，从而在所能达到的最高温度和真空度之下提高减压塔的拔出率。

汽提塔 stripper 用于汽提过程的塔器。汽提介质可以是蒸汽，也可以是其他惰性气体。如在原油常压蒸馏时，为了控制和调节侧线产品质量和改善产品间的分离效果，常在常压塔的旁边设置若干个汽提塔。侧线产品从常压塔中部抽出，进入汽提塔上部，从该塔下部注入蒸汽进行汽提。又如润滑油精制和溶剂脱蜡过程中的溶剂汽提塔，加氢生成油的脱气汽提塔等。

汽提蒸汽 stripping steam 原油蒸馏中用于汽提的蒸汽。汽提蒸汽用量与需要提馏出来的轻馏分含量有关。国内一般采用汽提蒸汽量为被汽提油品量的 2%～4%，侧线产品汽提馏出量约为油品的 3%～4%，塔底重油的汽提馏出量约为 1%～2%。过多的汽提蒸汽会增加精馏塔的气相负荷及塔顶冷凝的能耗。炼油厂采用的汽提蒸汽一般为压力 0.3～0.4MPa、温度 400～450℃ 的过热蒸汽。

沃森因数 Watson factor 见"特性因数"

沉砂池 mod sump 指采用物理法将砂粒从废水中沉淀分离出来的预处理设施。其作用是从污水中分离出相对密度大于 1.5 且粒径为 0.2mm 以上的颗粒物质，主要为无机性的砂粒、砾石和少量密度较大的有机性颗粒，如种子、果核皮等。常见的沉砂池有平流沉砂池、竖流沉砂池、曝气沉砂池及旋流沉砂池等类型。沉砂池一般设置于泵站提升设备前，以便减轻对水泵、管道等的磨损。

沉降分离 settlement separate 一种非均相系分离方法。是利用连续相与分散相的密度差异，借助某种机械力的作用,使颗粒和流体发生相对运动而得以分离。根据机械力的不同,可分为重力沉降、离心沉降及惯性沉降等。

沉降槽 settling tank 见"重力沉降"。

沉降器 settler 利用物质间密度差进行分离的设备。常用于气-固、液-固及液-液等分离。如催化裂化装置的沉降器是用碳钢焊制成的圆筒形设备,上段为沉降段,下段是汽提段。沉降段内装有多级旋风分离器。沉降器的作用是使来自提升管的油气和催化剂分离。油气经旋风分离器分出所夹带的催化剂后经集气室去分馏系统,由提升管快速分离器出来的催化剂靠重力在沉降器中向下沉降,落入汽提段。

沉浸式蛇管换热器 submeged coil heat exchanger 见"蛇管换热器"

沉淀池 settling tank 是利用重力沉降作用将密度比水大的悬浮颗粒从水中去除的处理构筑物。是废水处理中应用最广泛的设施之一。按池内水流方向不同,可分为平流式沉淀池、辐流式沉淀池及竖流式沉淀池。按工艺布置不同,可分为初次沉淀池及二次沉淀池。前者是一级污水处理厂的主体构筑物,或作为二级污水处理厂的预处理构筑物,设在生物处理构筑物的前面;后者设在生物处理构筑物的后面,用于沉淀去除活性污泥或腐殖污泥。

沉淀法 precipitation method 是在溶液状态下将不同化学成分的物质混合,在混合溶液中加入适当沉淀剂制备出前驱体沉淀物,再将此沉淀物过滤、干燥及焙烧,从而制得相应的高纯超细粉体的方法。生成颗粒的粒径取决于沉淀物的溶解度。溶解度越小,颗粒的粒径也越小,而且颗粒的粒径会随溶液过饱和度的减少呈增大趋势。沉淀法可分为直接沉淀法、均匀沉淀法及共沉淀法。直接沉淀法是仅用沉淀操作从溶液中制备氧化物微晶的方法,即溶液中的某一金属阳离子发生化学反应而形成沉淀物,可制得高纯氧化物微粉;均匀沉淀法是不另加沉淀剂,由溶液内部自身缓慢生成沉淀,所得产物均匀且制备重复性好;共沉淀法可用于制备两种以上金属复合氧化物粉体。沉淀法常用于制备单组分及多组分催化剂或氧化铝载体等。

沉淀法催化剂 precipitated catalyst 一种用沉淀法制备的催化剂。分为分步沉淀、均匀沉淀、共沉淀等方法。通常是在搅拌下将沉淀剂加到含金属盐类的溶液中生成沉淀物,然后经沉淀老化、分离、过滤洗涤、干燥及焙烧后制成催化剂。广泛用于制取石油化工催化剂。

沉淀滴定法 precipitation titration 是以沉淀反应为基础,利用沉淀剂标准溶液进行滴定的滴定分析法。能生成沉淀的反应很多,但能用于滴定分析的沉淀反应并不多。目前常用的沉淀滴定法是"银量法",即利用生成难溶性银盐的反应进行沉淀滴定的方法。用它可以测定 Cl^-、Br^-、I^-、CN^-、CNS^-、

Ag^+ 及含卤素的有机化合物等。在银量滴定法中,由于测定条件和选用指示剂的不同,可分为莫尔法、佛尔哈德法及法扬司法等。

完全燃烧 complete combustion 见"燃烧产物"。

补充精制 additional treatment 润滑油经过溶剂精制、溶剂脱蜡后,仍会含有未被除净的硫化物、氮化物、环烷酸、胶质和残留的极性溶剂。为使基础油的抗氧化安定性、光安定性、腐蚀性、抗乳化性、透光度及颜色等质量指标合格,需进一步精制除去这些物质。这一工序则称为补充精制,工业上常用的补充精制有加氢补充精制及白土补充精制两种方法。参见"加氢补充精制"及"白土精制过程"。

初馏 forerunning 又称预分馏。①对原油常压蒸馏前进行的预分馏。目的是分离出一部分轻组分,使加热系统中压力降及泵出口压力降减小,减轻常压塔负荷,减少汽油损失,同时还可分出原油中所含少量水分及腐蚀性气体,使常压塔操作平稳。②对重整原料油的预分馏。目的是将原料混合物切割成不同沸点范围的馏分,根据不同生产方案的需要,重整原料预分馏可分为单塔蒸馏、双塔蒸馏及单塔开侧线等流程。③对芳烃抽提蒸馏的预分馏。目的是将单一的芳烃馏分浓集于相近沸点馏分中。

初馏点 initial boiling point 指试样在规定条件下蒸馏时,从冷凝管末端落下的第一滴馏出物的瞬间温度,一般用摄氏温度表示。石油产品的初馏点是指油品在馏程实验测定时馏出第一滴凝液时的温度,它代表某一馏分油中多种烃类中最轻烃的沸点。

初馏塔 primary tower 又称预分馏塔。进行原油预分馏的塔器,为板式塔。原油经换热至 $200\sim250℃$ 后进入初馏塔,使原油汽相部分分离,液相部分经常压炉加热后入常压塔。塔顶分离出重整原料或轻汽油,侧线一般不出产品,但可根据开一侧线作中段回流,或抽出部分馏分送入常压蒸馏塔侧部。对于大处理量的常减压装置一般都设有初馏塔,而对原油轻组分含量不高、含硫量低、脱盐脱水效率高或处理量少的常减压装置可以不设初馏塔。

【ㄷ】

灵活焦化 flexicoking 是由流化焦化与焦炭气化组成的联合工艺过程。在工艺上与流化焦化相似,但多设了一个流化床气化炉。把在反应器中生成的焦炭送入气化炉,使其与空气在高温($800\sim950℃$)下反应生成含有 H_2、CO、CO_2、N_2、H_2O、H_2S 等的煤气。灵活焦化过程除生成焦化气体、液体外,还生产煤气,但不生产石油焦,解决了焦炭问题,但由于所产生的大量低热值煤气炼油厂自身消耗不了,且灵活焦化过程的技术和操作复杂,投资费用高,近年来并未获得广泛应用。

灵敏度 sensitivity 指被测定物质的含量或浓度改变一个单位时分析信号的变化量,表示仪器对被测定量变化的反应能力。也即灵敏度是仪器输出信号变化与被测定组分浓度变化的比值。其值越大,仪器越敏感,在被测定组分浓度稍有微小变化时,仪器就会产生足够的响应信号。如仪器的输入/输出是线性特性,则仪器的灵敏度是常数;如呈非线性特性,则在整个量程范围内灵敏度都是变数。如仪器的输入/输出具有相同的单位,则灵敏度就是放大倍数,如具有不同的单位,则灵敏度是转换系数。

层流 laminal flow 流体在管内流动时,其质点沿着与管轴平行的方向作直线运动,质点之间互不混合。因此,整个管的流体就如同一层一层的同心圆在平行地运动。这种流动称为层流或滞流。管内流体的平均流速等于管中心处最大速度的 0.5 倍。雷诺数 $Re <$ 2000。参见"湍流"。

尿素 urea 化学式 CH_4N_2O。又名脲、碳酰胺、碳酰二胺。纯品为无臭、无味的棱柱状或针状

$$H_2N-\overset{\overset{\textstyle O}{\|}}{C}-NH_2$$

白色结晶。含有杂质时,略带微红色。相对密度 1.335。熔点 132.7℃,加热至超过熔点时,开始出现异构化,形成氰酸铵,接着分解成氰酸和氨,易溶于水、液氨,也溶于醇类。常温时尿素在水中会缓慢水解,先转化为甲胺,继而形成碳酸铵,最后分解为氨和二氧化碳。尿素在强酸溶液中呈弱碱性,能与酸作用生成盐类。也能与直链有机化合物作用形成配合物。无毒。农业上用作高养分及高效固体氮肥,长期施用不会使土壤板结。是制造脲醛树脂、聚氨酯、氰尿酸、缩二脲等的原料,也用作发泡剂、脱蜡剂、保湿剂等。先由二氧化碳和氨反应生成氨基甲酸铵,再经脱水而得。

尿素包合法 urea adduction process 又称尿素铬合法。指尿素与正构烷烃生成包合物结晶的过程。是利用石油馏分中的正构烷烃能与尿素形成包合物,而异构烷烃、环烷烃和芳烃不能与尿素包合的原理,使正构烷烃从石油馏分中分离出来的方法。工业上尿素脱蜡工艺即是利用油品中的正构烷烃与尿素在 20~25℃下的异丙醇水溶液中反应产生固体包合物,而这种包合物在较高温度下(70℃左右)又能分解为尿素及正构烷烃,实现尿素与正构烷烃分离。在此过程中,异丙醇作为活化剂,其水溶液既能溶解尿素又能溶解油品,使尿素与原料油充分接触,同时异丙醇又作为稀释剂能加快包合物分离速度和便于物料输送,故这一脱蜡工艺又称为异丙醇尿素脱蜡。

尿素脱蜡 urea dewaxing 油品脱蜡方法的一种。是利用尿素和油料中的直链烷烃(正构烷烃)与带有短分支侧链的直链烷烃相互作用,形成固体包合物,再用过滤方法将固体包合物与油料分离的方法。包合物经加温分解回

收尿素,重复使用。此法又可分为干法及湿法两种。干法是在加有活化剂下直接使用固体尿素;湿法是使用尿素的溶液,所用溶剂有乙醇、异丙醇、二氯乙烷等。尿素脱蜡主要适用于低黏度油品,如轻柴油馏分。可获得凝点很低的油品,同时可获得碳原子较少的液体石蜡。

改良克劳斯过程 modified Claus process 一种改良克劳斯法硫黄回收工艺过程。可分为硫黄回收直流法及硫黄回收分流法。硫黄回收直流法是将全部酸气直接送入燃烧炉中部分燃烧和转化,经余热锅炉回收热量后,再经过二至三段转化从酸气中回收硫黄的方法。适宜于处理含硫化氢在 25%~30%以上的酸气,硫黄回收率可达 95%左右。其工艺特点是严格按化学当量要求配给空气量,使酸气中全部烃类完全燃烧,而硫化氢只有 1/3 氧化成 SO_2,以便与剩余的 $2/3H_2S$ 反应生成硫黄。硫黄回收分流法是将部分酸气在燃烧炉中完全燃烧,再与未燃烧的 2/3 酸气混合,经二至三段催化转化从酸气中回收硫黄的方法。适宜于处理硫化氢含量为 15%~25%的酸气,硫黄回收率只能达到 92%左右。其工艺特点是将 1/3 的酸气在燃烧炉内严格按化学当量要求配给空气量进行完全燃烧,使硫化氢全部生成 SO_2,经余热锅炉回收热量后与其余的 2/3 酸气混合,通过催化反应生成硫黄。

改性沥青 modified asphalt 指在石油沥青中加入改性剂并采用专门的制备方法生产的一类沥青产品。所用改性剂有无机物、有机物及合成高分子材料等。常用高分子材料有聚乙烯、聚丙烯及合成橡胶等。通过改性可提高沥青耐气候老化性,改善高温及低温性能,提高在路面铺装体中承受反复荷载的能力,延长使用寿命。

改性沥青防水卷材 modified asphalt water-proofing roll-roofing 又称聚合物改性沥青防水卷材、改性沥青油毡。是以改性沥青作涂盖材料,用聚酯毡、玻纤毡等薄毡作胎体增强材料,用片岩、彩色砂、矿物质、合成材料膜或金属箔等作覆面材料的一类新型防水卷材。由于在沥青中加入一定量的聚合物,不但使沥青自身固有的低温易脆裂、高温易流淌的缺陷得到改善,同时增强了沥青的弹性、憎水性及粘结性等性能。

改性沥青油毡 modified asphalt felt 见"改性沥青防水卷材"。

改性乳化沥青 modified emulsifying asphalt 指以乳化沥青为基料,以高分子聚合物(常用橡胶胶乳)为改性剂,同时添加适量分散稳定剂或其他适量助剂,在一定工艺条件下制备而成的具有某种特征的稳定沥青橡胶混合乳液。有时也称为橡胶改性乳化沥青。它既有橡胶改性沥青的特性,同时又保留了乳化沥青的优点。可用于高等级路面的日常养护、桥面铺筑、隧道防护、地下建筑及屋面防水等工程中。

陆上终端 land terminal 指建造在

陆地上,用于处理海上油气田或海气田群开采出的油、气、水或其混合物的初加工厂。一般设有原油或轻油脱水与稳定、天然气脱水、轻烃回收和污水处理,以及原油、轻油、液化石油气储运等生产设施,并有供热、供排水、供变电等配套的辅助设施与生活设施。

阿洛索尔文抽提过程 Arosolvan extraction process 由德国鲁奇公司开发的一种芳烃分离过程。是用 N-甲基吡咯烷酮及乙二醇混合溶剂为抽提溶剂,通过溶剂液-液抽提从催化重整油、蒸气裂解汽油等分离芳烃。

阻火剂 depressor 见"抑制剂"。

阻火器 flame damper 一种安装在可燃气管道上或油罐呼吸孔上的防火装置。是由一种能够通过气体的、具有许多细小通道或缝隙的材料(如金属波纹板及网等)组成的。当火焰进入阻火器后,被阻火元件分成许多细小的火焰流,由于传热效应和器壁效应,使气体被冷却,从而使火焰淬灭。按使用场所,可分为管道阻火器及放空阻火器;按结构区分,分为填料型、板型、金属网型、液封型及波纹型阻火器;按性能区分,阻火器分为阻爆燃型及阻爆轰型。前者用于阻止亚声速传播的火焰蔓延,后者用于阻止声速及超声速传播的火焰蔓延。

阻垢剂 scale inhibitor 又称防垢剂、抗垢剂。指能控制产生水垢、污垢及防止设备结垢的工艺过程助剂。如在换热器前注入阻垢剂,能在空冷管束内壁形成一层保护膜,从而防止结垢,使换热效果保持较好的水平。阻垢剂品种很多,常用的有天然高分子化合物(如单宁、纤维素及其衍生物、褐藻酸钠等)、水溶性均聚物及其盐类(如聚丙烯酸及其盐类、马来酸酐、聚丙烯酰胺)、磷酸盐类(如六偏磷酸钠,三聚磷酸钠)、有机磷酸酯(如多元醇磷酸酯、焦磷酸酯)、有机磷酸及其盐类及表面活性剂等。

阻聚作用 inhibition 见"链转移反应"。

阻聚剂 inhibitor 能迅速与链自由基反应,使链式自由基失活,导致反应停止的物质。这一过程称为阻聚。而只使部分自由基失活而导致聚合反应速率明显降低的物质称为缓聚剂。这一过程称为缓聚。阻聚和缓聚本质相同,只是程度上的不同,即缓聚是部分地阻聚。同一具有阻聚作用的化合物对不同单体的聚合可能成为阻聚剂,也可能成为缓聚剂。阻聚剂按作用机理可分为加成型、链转移型和电荷转移型。加成型主要与体系中自由基发生加成反应,典型品种有苯醌、氧、硫、硝基化合物等;链转移型主要与体系中的自由基发生转移反应,典型品种有二苯基苦基酰肼自由基(DPPH)、芳胺、酚类等;电荷转移型有氯化铁、氯化铜等。按分子类型分可分为自由基型和分子型。前者为可稳定存在的自由基,如DPPH、三苯甲基自由基等;后者则有酚、胺、苯醌、硝基化合物及含硫化合物等。

阻燃剂 flame retardant 又称防火剂。指能保护塑料、橡胶、天然或合成纤维、涂料、木材等使之不着火或使火焰迟缓蔓延的助剂或药剂。其作用有：①降低燃烧程度，抑制火焰传播速度和途径；②涂覆暴露的表面以减少氧的渗透，从而降低氧化反应速度；③形成大量不可燃气体以稀释氧的供应，并降低材料的温度；④释出捕获燃烧反应中"·OH"自由基的阻断剂，抑制自由基氧化反应；⑤催化热分解，产生固相产物或泡沫层，阻碍热传递进行。品种很多，按形态可分为液体及固体阻燃剂；按化学性质分为无机及有机阻燃剂；按阻燃元素分为锑系、磷系、硼系、铝系、钼系、卤系、氮系等阻燃剂；按是否参与制品或高分子材料的化学反应，可分为反应型、添加型及膨胀型阻燃剂。常用无机阻燃剂有三氧化二锑、磷酸氢铵、氢氧化铝等；有机阻燃剂有四溴双酚A、磷酸三苯酯、十溴联苯醚等。

附加炭 additional carbon 又称附加焦。指在催化裂化反应中，由原料中的焦炭前身物（主要是稠环芳烃）在催化剂表面上吸附、经缩合反应产生的焦炭。它与原料残炭间的关系大致是：

附加炭＝0.6×残炭（质量分数，对新鲜原料）

附着度 attached degree 指在规定条件下，乳化沥青粘附在潮湿石料上的面积占石料总面积之比。乳化沥青的质量指标之一。

劲度模量 stiffness modulus 表示沥青材料在低温下的劲度系数值，用以衡量沥青材料在低温下耐缩裂的程度。劲度模量不仅取决于沥青材料所受到的应力和产生的应变，同时也取决于温度和载荷作用时间。在夏天，温度越高，沥青材料的劲度越小，易产生过大的变形积累和车辙流动变形；在冬天，温度越低，沥青材料的劲度越大，应力松弛性能减弱，易发生温缩裂缝。此外，高速行车时载荷作用时间短，呈现较高的劲度模量，反之，劲度模量则较小。沥青结合料的劲度模量既可由试验测定，也可从诺谟图求出。

纯水 pure water 指水中的强电解质和弱电解质（如 SiO_2、CO_2 等）去除或降低到一定程度的水。其电导率一般为 $1 \sim 0.1 \mu S/cm$，电阻率 $1 \sim 10 \times 10^6 \Omega \cdot cm$，含盐量 $<1mg/L$。通常也将用离子交换树脂把水中所含的杂质（阴、阳离子）除去所得的纯水称作去离子水。但用离子交换法制备的去离子水不能去除有机物。

纳米技术 nanometer technique 指研究由尺寸在 $0.1 \sim 100nm$ 之间的物质组成的体系及其运动规律和相互作用，以及在可能的实际应用中所产生的各种技术问题。即通过微观环境下操作单个原子、分子或原子团、分子团，以制造具有特定功能材料或器件为目的的一门崭新科学技术。是与物理学、化学、材料学、生物学及电子学等高度交叉的综合性技术科学。目前，纳米技术主要包括纳米电子、纳米材料及纳米机械等领域。

纳米材料 nanomaterials 指平均粒径在纳米量级(1～100nm)范围内的固体材料的总称。其基本单元为原子团簇、纳米粒子、纳米丝、纳米管、纳米棒、超薄膜等,由于这些基本单元尺度至少有一维为纳米量级,使纳米材料具有独特的量子尺寸效应、表面效应、宏观量子隧道效应等特性。有大的比表面积,其性质既不同于单个原子和分子,也不同于普通颗粒材料,而具有普通材料所没有的特异功能,如高催化活性、超顺磁性等。纳米材料可分为纳米金属材料、纳米陶瓷材料、纳米半导体、纳米复合材料等。可用机械球磨法、还原法、共沉淀法、水热法、溶胶-凝胶法、电化学法、超声化学法、微乳液法等制备。

纳米催化剂 nanometer catalyst 又称纳米尺度催化剂。指活性组分为纳米尺寸的粒子分散在高比表面积载体上制得的催化剂。包括超细金属催化剂、过渡金属氧化物催化剂、超细分子筛催化剂、纳米膜催化剂等。纳米粒子的表面结构及电子特性有很大改变,表现出对催化氧化、还原及裂解反应都具有很高的活性及选择性,对水解制氢和一些有机合成反应也有明显的光催化活性。而纳米催化剂具有高的比表面积及表面能,活性点多,其催化活性及选择性远高于传统催化剂。如用纳米铑作光解水催化剂,其产率比常规催化剂提高2～3个数量级;用纳米镍作环辛二烯加氢催化剂,环辛烯的选择性比传

统催化剂可高8～9倍。纳米催化剂的制备方法很多,类似于纳米材料的制备。

纳塔催化剂 Natta catalyst 为改进的齐格勒催化剂。1954年意大利科学家纳塔发现用结晶的 $TiCl_3$ 代替 $TiCl_4$ 与 AlR_3 组成催化剂进行丙烯聚合,可得到高分子量、高结晶度、高熔点的聚合物。由此,纳塔首先提出了"有规立构聚合"的概念。典型的纳塔催化剂是 $TiCl_3$-$Al(C_2H_5)_3$。$TiCl_3$ 是结晶固体。反应、产物均为非均相体系。这种非均相催化剂的固体结晶表面对形成立构规整聚合物具有重要作用。尽管早期的齐格勒催化剂与纳塔催化剂相差较大,总体上仍有许多相似之处。以后经众多科学家的努力,现已发展为由周期表中第Ⅳ族-第Ⅷ族的过渡金属元素卤化物与第Ⅰ族-第Ⅱ族的金属烷基化合物、氢化物或其他化合物反应而生成的一大类催化剂。20世纪60年代以后,将其统称为齐格勒-纳塔催化剂。

纳滤 nanometer filtration 早期称松散反渗透。是用孔径为1～5nm的纳滤膜对水进行过滤。其过滤精度介于反渗透和超滤之间。操作压力小于3MPa。纳滤膜对钙、镁离子具有很高的去除率,能有效去除水中分子量在200以上、分子大小约1nm的可溶性组分。目前,纳滤广泛用于去除水中有机物。其过程是首先溶质被膜吸收(或溶解),然后溶质经扩散或对流迁移通过膜,使水得到净化。

纸色谱法 paper chromatography 又称纸上层析。液相色谱的一种。是

用滤纸作为固定相,用不与水相混溶的有机溶剂作为流动相的色谱方法。选择适当的滤纸作为滤纸条,用毛细管或微量注射器在滤纸条一端滴上样品,然后在密闭的槽中用适宜溶剂进行展开,由于各组分被溶剂载带移动的距离不同而得到相互分离的斑点,对斑点用显色法确定其位置及大小,以进行定性及定量分析。纸色谱法设备简单、操作方便。常用于石油产品、染料、医药等样品的分析。

八画

【一】

环丁砜 sulfolane 化学式 $C_4H_8SO_2$。

$$\begin{array}{c} H_2C-CH_2 \\ | \quad\quad | \\ H_2C \quad CH_2 \\ \backslash \;/ \\ S \\ /\;\backslash \\ O \quad O \end{array}$$

又名四亚甲基砜。无色固体。熔点 27.4~28.4℃。在约27℃时熔化成无色透明液体。相对密度 1.261 (30℃)。沸点287.3℃,闪点176.7℃。蒸气压 0.67kPa(118℃)。与水及绝大部分有机溶剂混溶。热稳定性好,加热至220℃时,仅有 2%分解而生成 SO_2。对芳烃的溶解度大、选择性高。毒性及腐蚀性低。是一种溶解力强的非质子型极性溶剂。常用作芳烃抽提溶剂、芳香族化合物硝基化的选择性硝化溶剂、聚合物纺丝或浇膜溶剂等。也用作脱漆剂、增塑剂及印染助剂等。可先由丁二烯与二氧化硫反应,再经加氢制得,或由环丁烯砜经催化加氢而得。

环丁砜抽提过程 sulfolane extrac-tion process 由美国壳牌公司(Shell)和环球油品公司(UOP)开发的用环丁砜作抽提溶剂,从催化重整油、蒸气裂解汽油和煤焦油中抽提芳烃的过程。与四乙二醇醚溶剂相比,环丁砜具有溶解力强及选择性好的特点,不足之处是环丁砜的价格较高且腐蚀性较强。因而两者都广泛用于芳烃抽提。

环丁烯 cyclobutene 化学式 C_4H_6。

$$\begin{array}{c} HC=CH \\ | \quad\quad | \\ H_2C-CH_2 \end{array}$$

无色可燃气体。相对密度 0.733。不溶于水,溶于乙醇、丙酮、苯等有机溶剂。具有烯属烃的性质及反应活性,用于制环丁烷及有机合成。

环丁烷 cyclobutane 化学式 C_4H_8。

$$\begin{array}{c} CH_2-CH_2 \\ | \quad\quad | \\ CH_2-CH_2 \end{array}$$

无色可燃气体。−15℃凝成液体。相对密度 0.7185 (0℃)。熔点−90.6℃,沸点 12.6℃。折射率 1.3752。不溶于水,溶于乙醇、丙酮。性质较活泼,可与氢、碘化氢等开环加成。用作纤维素醚的溶剂。可由环丁烯催化加氢制得。

1,2-环己二甲酸二乙酯 diethyl cy-clohexane-1,2-carboxylate 化学式 $C_{12}H_{20}O_2$。

$$\begin{array}{c} COOCH_2CH_3 \\ COOCH_2CH_3 \end{array}$$

无色液体,有水果香味。相对密度 1.0540。沸点 135℃ (0.21kPa)。折射率 1.4551。不溶于水,溶于乙醚、氯仿。用作润滑剂、增塑剂、防冻剂等,也用于有机合成。由邻苯二甲酸二乙酯催化加氢制得。

环己胺 cyclohexylamine 化学式

－NH₂　C₆H₁₃N。无色或浅黄色油状液体,有鱼腥气味。相对密度 0.8647(25℃)。熔点－17.7℃,沸点 134.5℃,闪点 32.2℃,自燃点 265℃。折射率 1.4565(25℃)。蒸气相对密度 3.42,蒸气压 1.17kPa(25℃)。爆炸极限 1.6%～9.4%。与水及多数有机溶剂混溶。遇明火、高热易燃。受热分解释出有毒的氧化氮烟气。蒸气对眼及呼吸道有刺激作用。易吸收空气中的二氧化碳生成碳酸盐。用于制造环己醇、环己酮、脱硫剂、橡胶硫化促进剂、抗静电剂、杀虫剂等,也用作金属缓蚀剂、油品添加剂、酸性气体吸收剂等。由苯胺催化加氢制得。

环己烯 cyclohexene 化学式 C₆H₁₀。又名四氢化苯。无色液体,有特殊刺激性臭味。相对密度 0.8098。熔点－103.5℃,沸点 83.3℃,闪点－12℃。折射率 1.4465。蒸气压 11.84kPa(25℃)。不溶于水。与乙醇、乙醚、苯、丙酮等混溶。长期暴露于空气中会氧化而生成过氧化物,在硫酸存在下会经磺化、水解而生成环己醇。催化加氢时生成环己烷。易燃。毒性与环己烷相近。吸入时有麻醉作用。用于制造环己酮、赖氨酸、氨基环己醇及医药、染料中间体等。也用作有机合成烷基化剂及石油萃取剂等。可由环己醇催化脱水,或苯部分催化加氢制得。

环己烷 cyclohexane 化学式 C₆H₁₂。又名六氢化苯。无色易挥发液体,有汽油气味。相对密度 0.7785。熔点 6.5℃,沸点 80.7℃,闪点－18.33℃(闭杯),自燃点 260℃。蒸气相对密度 2.90,蒸气压 12.919kPa(25℃)。爆炸极限 1.3%～8.0%。不溶于水,与乙醇、乙醚、丙酮、烃类溶剂等混溶,能溶解油脂、树脂、蜡、沥青等。蒸气对眼、呼吸道及黏膜有轻度刺激作用,液体接触皮肤时可引起痒感。用于制造环己醇、环己酮、己二酸、尼龙 6、尼龙 66 及增塑剂等。也用作溶剂、聚合反应稀释剂、萃取剂等。由苯经液相加氢制得。

环己酮 cyclohexanone 化学式 C₆H₁₀O。

－O　无色油状透明液体,有薄荷和丙酮样气味。有吸湿性。纯品会随存放时间延长而呈水白至灰黄色,并具刺激性臭味。相对密度 0.948。熔点－45℃,沸点 155.6℃,闪点 54℃,燃点 520℃。蒸气相对密度 3.38,蒸气压 0.667kPa(26.4℃)。折射率 1.4507。爆炸极限 3.2%～9.0%。微溶于水。与甲醇、乙醇、苯等溶剂混溶,能溶解油脂、生胶、醇酸树脂及聚氯乙烯等。与过氧化氢、硝酸混合发生剧烈反应。在氧存在下,受光照射时,会开环生成己二酸、己酸及 5-己烯醛等。高浓度蒸气有麻醉性。用于制造己内酰胺、己二酸,也用作油漆、油墨、合成树脂及橡胶的溶剂、稀释剂等。可由环己醇催化脱氢,或由环己烷催化氧化制得。

环己醇 cyclohexanol 化学式 C₆H₁₂O。

－OH　又名六氢苯酚。无色透明油状液体或晶体,有樟脑样气味。相对密度 0.9493。熔点 25.2℃,沸点 161.1℃,闪点 68℃。折射率 1.4648。蒸气压 0.13kPa(20℃)。爆炸极限 2.4%～12%。稍溶于水,与醇、醚、苯等溶剂混溶。具有伯醇的化学通性。氧化时生成己二酸,催化脱水时生成环己烯。易燃。毒性比苯要强。吸入蒸气,对中枢神经及肌肉有麻醉作用。用于制造己二酸、环己酮、己内酰胺及增塑剂、杀虫剂。也用作溶剂、干洗剂、脱脂剂等。由苯酚催化加氢或环己烷催化氧化制得。

环化作用 cyclization 又称成环反应或环化反应。指通过消除、加成、缩合或聚合等方式在分子内或分子间进行环化的反应。所生成的环状化合物可以是碳环(脂肪环或芳环)也可以是杂环。如己烷脱氢环化生成苯即为一种消除环化反应。是催化重整的主要反应之一。

环化聚合 cyclic polymerization 含非共轭双键的单体,经自由基或离子聚合,由于交替发生分子间和分子内的加成反应,而得到主链中有5～7元环的聚合物。这类反应称为环化聚合。如二烯丙基二烷基季铵盐的聚合即为其例。邻苯二甲酸二烯丙酯、马来酸二烯丙酯等单体也可进行环化聚合反应。

环化缩合 cyclic condensation 分子内或分子间通过缩合而形成环状化合物的反应。如羟基酸[HO(CH$_2$)$_n$COOH]是分子中含有羟基及羟基的化合物,其中较重要的有羟基乙酸、羟基丙酸等,

它们通过双分子缩合后可形成乙交酯或丙交酯。

环化缩聚 cyclo-polycondensation 具有双官能团的单体缩聚生成线型高聚物的反应。对于具有三官能团或四官能团的单体,一般只能生成体型不熔的产物。当官能团相对位置不同或不利于生成体型结构时,可在分子内发生缩合闭环,结果不产生体型结构,而生成带环状结构的线型高聚物。这种伴随有环生成的缩聚反应称为环化缩聚或闭环缩聚。如由均苯四酸酐与二元胺经环化缩聚制聚酰亚胺的反应。环化缩聚反应常用于制造耐热性高聚物。

环丙烷 cyclopropane 化学式 C$_3$H$_6$。无色易燃气体,有石油醚气味。相对密度 0.72(-79℃)。熔点 -127℃,沸点 -33℃。折射率 1.3799(-42℃)。爆炸极限 2.4%～10.3%。在 0.4～0.6MPa 下可液化。微溶于水,溶于乙醇、乙醚及苯等溶剂。化学性质活泼,易形成开链化合物。催化加氢生成丙烷;热解得到丙烯。也易与溴、氯、碘化氢等开环加成。易被浓硫酸吸收。用作有机合成原料。医药上用作吸入性麻醉剂。可由1,3-二溴丙烷与锌粉共热制得。

1,3-环戊二烯 1,3-cyclopentadiene 化学式 C$_5$H$_6$。无色透明易燃液体,有似萜烯气味。相对密度 0.8024。熔点 -85℃,沸点 41.5℃,燃点

640℃,闪点 25℃。折射率 1.4463。蒸气相对密度 2.3,蒸气压 58.53kPa(25℃)。不溶于水,与乙醇、乙醚、苯等溶剂混溶。化学性质活泼,常温下能自发地聚合成双环戊二烯,而在较高温度(>150℃时)又解聚成环戊二烯。有麻醉性,对皮肤及黏膜有强刺激作用。用于制造石油树脂、环戊二烯橡胶、增塑剂、医药、农药、胶黏剂等。可由环戊烯催化脱氢制得,或由轻油裂解制乙烯时的副产物 C_5 馏分分离而得。

环戊烯 cyclopentene　化学式 C_5H_8。

无色液体。相对密度 0.772。熔点 -135.1℃,沸点 44.2℃,闪点 -50℃,燃点 385℃。折射率 1.4225。蒸气压 10.1kPa(-10℃)。爆炸极限 3.4%~8.5%。不溶于水,溶于乙醇、乙醚、苯及石油醚等。化学性质活泼,能开环共聚,也能与共轭二烯烃共聚,催化加氢生成环己烷,催化氧化生成环戊二烯。有毒!强烈刺激黏膜及皮肤,溅入眼中会引起角膜混浊。主要用于制造环戊烯橡胶,也用于制造环醇、环醛、环戊二醇、戊二醛及医药等。存在于裂解气碳五馏分中。也可由环戊二烯选择加氢或环戊醇催化脱水制得。

环戊烷 cyclopentane　化学式 C_5H_{10}。

无色透明液体,有苯样气味。易燃易挥发。相对密度 0.7457。熔点 -93.8℃,沸点 49.3℃,闪点 -37℃。折射率 1.4068。蒸气相对密度 2.42,蒸气压 42.37kPa(25℃)。爆炸极限 1.4%~8.0%。

不溶于水,与乙醇、乙醚、苯等混溶。天然存在于石油中。是化学性质最稳定的环烷烃。有麻醉性,对中枢神经系统有抑制作用。用作溶剂、杀虫剂、催眠剂。作为不破坏大气臭氧层的新型制冷剂及发泡剂,可替代氟氯烃类制冷剂及发泡剂。可由石油碳五馏分中分离而得,或由环戊二烯催化加氢制得。

环加成反应 cycloaddition　又称加成环化反应。一种生成环状结构产物的加成反应。如由一个共轭双烯与另一个烯类化合物进行 1,4-加成反应;在催化剂作用下,两个低分子烯烃化合并环化生成芳烃化合物的反应;乙烯基单体光致四中心环化反应等。

环芬 cyclophane　由一个或多个芳环和一条或多条碳链组成环外有环的多环烃化合物。当芳环为苯时称为环芬,如 命名为[4]对环芬;当芳环为萘时称萘芬,如 命名为[2·0](7,1,7′,1′)二萘芬。环芬型分子接受体因其具有至少由一个芳环通过至少一个脂族连接物架桥的结构,而可构成一个十分多样的化合物庞大家族。能在水溶液中结合荷电的有机客体,也可在有机溶剂中结合非极性的有机客体。

环状化合物 cyclic compound 分子中含有闭环结构的有机化合物。按组成环的元素分为碳环化合物及杂环化合物。碳环化合物中含有完全由碳原子组成的环，它又可分为脂环族化合物（如环戊烷、环己烯）及芳环化合物（如苯、萘）；杂环化合物分子中，具有由碳原子和其他杂原子（氧、氮、硫等）共同组成的环状结构（如呋喃、吡啶）。

1,5-环辛二烯 1,5-cyclooctadiene 化学式 C_8H_{12}。无色液体。相对密度 0.881（25℃）。熔点 -70℃，沸点 150.8℃，闪点 35℃，燃点 270℃。折射率 1.4905。蒸气压 0.67kPa（20℃）。不溶于水，溶于苯、氯仿。分子结构中有双键。可进行加氢、氧化、卤化、加成、聚合等反应。加氢生成环辛烷或环辛烯；开环氧化得到辛烯二酸。为不饱和聚酯及醇酸树脂的重要原料。与卤素加成得到的四氯环辛烷，是重要的阻燃剂。易燃。低毒！对皮肤有刺激性，易引起过敏或皮炎。用于制造辛内酰胺、辛二酸、环辛烷及合成橡胶、涂料等。可在催化剂存在下，由1,3-丁二烯环化二聚制得。

1,3,5,7-环辛四烯 1,3,5,7-cyclooctatetraene 化学式 C_8H_8。无色至黄色易燃液体。相对密度 0.926。熔点 -4.7℃，沸点 140.5℃。折射率 1.5381。不溶于水，溶于乙醇、苯、丙酮。缺少芳香性，显示出多烯烃的活泼化学性质。易与

氢、卤素等起加成反应，并易氧化及聚合。用于制造合成纤维、药物、香料、生物碱等。可在催化剂存在下由乙炔聚合而得，或由环辛二烯催化脱氢制得。

环炔烃 cyclic alkyne 见"脂环烃"

环烃 cyclic hydrocarbon 见"闭环烃"

环氧乙烷 epoxyethane 化学式 C_2H_4O。又名氧化乙烯、噁烷。一种最简单的环醚。

常温下为无色气体，有醚样气味。低于12℃时为无色易流动液体。液体相对密度 0.8711。熔点 -111.3℃，沸点 10.7℃，闪点 -20℃。折射率 1.3597（7℃）。燃点 429℃。蒸气压 145.91kPa（20℃）。爆炸极限 3.6% ~ 78%。易溶于水及乙醇、乙醚、丙酮等多数有机溶剂。化学性质活泼，可进行水合、氧化、氨化、还原及聚合等反应。气体易燃易爆。有毒！为人类可疑致癌物。重要化工原料。用于制造乙二醇、乙醇胺、非离子表面活性剂、增塑剂等。也用作消毒剂、抗冻剂、熏蒸剂等。由乙烯直接催化氧化制得。

环氧乙烷水合法 ethylene oxide hydration method 指环氧乙烷和水按一定配比进行液相无催化水合反应过程。反应温度 150 ~ 200℃，压力 1.5 ~ 2.0MPa。环氧乙烷生产乙二醇有液相酸催化水合法及加压水合法两种。因前者设备腐蚀严重，故加压水合法是工业广泛采用的方法。加压水合法是一种非催化水合，为加快反应速度，在较高

加压及较高温度下进行。虽乙二醇产率稍低（约为 85%），但设备腐蚀小，副产物二乙二醇、三乙二醇的用途广泛。

环氧丙烷 propylene oxide 化学式

$$CH_3—CH\underset{O}{——}CH_2 \quad C_3H_6O。$$

又名氧化丙烯、1,2-环氧丙烷。无色气体，有醚样气味。相对密度 0.8304。熔点 −112.13℃，沸点 34.24℃，闪点 −35℃（闭杯），燃点 420℃。折射率 1.3664。蒸气相对密度 2.0，蒸气压 71.73kPa（25℃）。爆炸极限 2.3% ～ 36.0%。溶于水，与醇、醚、酮等有机溶剂混溶。也能溶解乙酸纤维素、虫胶等。化学性质十分活泼。与水反应生成 1,2-丙二醇。极易燃。遇高热、明火及氧化剂有燃烧、爆炸危险。为可疑致癌物。可经呼吸道、皮肤等进入体内。为重要化工原料，用于制造丙二醇、丙烯醇、合成甘油、非离子表面活性剂、增塑剂、油田破乳剂等。可先由丙烯经次氯酸化制得氯丙醇，再经碱皂化而得。

环氧丙烷橡胶 propylene oxide rubber 聚醚橡胶的一种。是由环氧丙烷在络合催化剂作用下，经配位负离子聚合而得到的无定形弹性体。为饱和型，需用有机过氧化物硫化。如与带有不饱和双键的单体共聚，即可制得能以硫黄硫化的不饱和型环氧丙烷橡胶。可溶于苯、甲苯及酮类。环氧丙烷橡胶有优良的回弹性（与天然橡胶相似）、耐寒性、耐臭氧性能。其脆性温度为 −65℃，可在 120℃ 下长期使用。耐油性接近丁腈橡胶。耐水、碱及稀酸，但不耐浓酸、四氯化碳。在非极性溶剂中溶胀。主要用于制造汽车、航空、机械及石油工业中用的动态配件，如减震器、隔震器、驱动耦合器、燃油管、冷却剂管等。也用于制造薄膜、海绵，尤适于制造要求耐油、耐寒的制品。

环氧树脂 epoxy resin 在分子中含有两个以上环氧基 $—(CH\underset{O}{——}CH)—$，并在适当的化学试剂存在下形成三维交联网状固化物的化合物的总称。种类很多，其分子量属低聚物范围。为区别固化后的环氧树脂，有时也称其为环氧低聚物。按化学结构可分为缩水甘油醚类（如双酚 A 型环氧树脂、双酚 F 型环氧树脂、双酚 S 型环氧树脂等）、缩水甘油酯类、缩水甘油胺类、脂环族环氧树脂、环氧化烯烃类、新型环氧树脂（如酰亚胺环氧树脂）等。其中以双酚 A 型环氧树脂应用最广。按室温下所处状态可分为液态及固态环氧树脂。环氧树脂能溶于丙酮、环己酮、甲苯等。常用固化剂为多胺、芳族二胺及芳族酸酐等。环氧树脂具有良好的黏接性、电绝缘性、耐药品性及机械性能。广泛用于制造胶黏剂、涂料、玻纤增强剂、防腐衬里、绝缘材料等。

环氧树脂胶黏剂 epoxy resin adhesive 俗称万能胶。是以环氧树脂为基料，添加固化剂等配制而成的一种热固性胶黏剂。按使用形式分为双组分型及单组分型。双组分胶黏剂在使用前一直将环氧树脂和固化剂分别包装，使用时按规定比例混匀后进行黏接;单组分胶粘剂是将固化剂与环氧树脂混合配制,使用时在热、光或化学作用下使固化剂活性激发,从而黏接固化。与其他胶黏剂比较,环氧树脂胶黏剂具有应用范围广、不含挥发性溶剂、低压粘接、固化收缩小、耐化学药品、耐湿及有优良的电绝缘性等优点。其主要缺点是对结晶性或极性小的聚合物(如聚烯烃、有机硅)粘接性差、抗剥离性及韧性不良,部分固化剂有毒及刺激性。常用固化剂有胺类、酸酐及酰胺等。广泛用于金属、陶瓷、玻璃、塑料及混凝土等的粘接。

环氧氯丙烷 epichlorohydrin 化学式 C_3H_5ClO。又名 3-氯-1,2-环氧丙烷。

$$CH_2 \!-\! CHCH_2Cl$$
$$\diagdown O \diagup$$

无色油状液体,有类似氯仿气味。相对密度 1.1806。熔点 $-57.2℃$,沸点 $116.1℃$,闪点 $40.6℃$,自燃点 $415.6℃$。折射率 1.4382。蒸气相对密度 3.29,蒸气压 2.186kPa($25℃$)。爆炸极限 $3.8\%\sim21\%$。微溶于水,与乙醇、乙醚、苯、氯仿等混溶。化学性质活泼。与醇及苯酚反应生成醚,加热时可以自聚。可燃。剧毒! 皮肤接触有刺激作用,严重时可出现水泡和溃疡。用于制造甘油、环氧树脂、氯醇橡胶、表面活性剂、玻璃钢、增塑剂、农药等。也用作溶剂。先由丙烯经高温氯化制得烯丙基氯,再经次氯酸化、环化而得。

环球法 ball and ring method 又称环球法试验。将试样(如沥青或热塑性塑料)置于规定尺寸的铜杯内,上置直径 9.53mm,质量(3.50 ± 0.05)g 的钢球。于水或甘油浴中,以每分钟(5 ± 0.5)℃的加热速度升温至试样软化,钢球下沉至与相距 25.4mm 的支承板面接触时的温度,即为试样的软化点。单位为℃。

环球法软化点 ball and ring softening point 用环球法测定的试样软化点。参见"软化点"。

环球油品公司连续再生铂重整过程 UOP CCR platforming process 又称 UOP 连续铂重整。是美国环球油品公司开发的轴向重叠式连续重整工艺。反应器叠置在同一个轴线上,催化剂依次从上部反应器靠自重流入中部和下部反应器。从下部反应器流出到再生器再生后,依靠气力输送送回到上部反应器,构成脉冲式近于连续化的过程。从而使系统中催化剂活性始终保持在一个稳定的高水平上,而再生器始终处于再生的操作状态。这种重整过程的生产效率高、操作周期长,适用于大型催化重整装置。

环烯烃 cyclic olefin 一种不饱和脂环烃。分子中碳环的碳原子含有 C=C 双键结构,如环戊二烯、环己烯等。存在于石油裂解产品及煤焦油中。

环烷烃 naphthenic hydrocarbon 一种饱和的脂环烃。分子中的碳原子均以单链相连,其余碳价与氢原子结合,碳原子相互连接成环状。只含一个环的环烷烃的分子通式为 C_nH_{2n}。除单环外,环烷烃还有双环、多环,大多数还有长短不等的烷基侧链。环烷烃是原油的主要组分之一,含量仅次于烷烃,主要是环戊烷及环己烷的同系物。单环环烷烃主要存在于轻汽油等低沸点石油馏分中,重汽油中含有少量双环环烷烃,煤油、柴油馏分中除含有单环环烷烃外,还含有双环及三环环烷烃。环烷烃的性质与烷烃相似,但更活泼性,在一定条件下同样可发生氧化、卤化、硝化、热分解等反应。还可在一定条件下脱氢生成芳烃,是生产芳烃的重要原料。

环烷基 cycloalkyl 环烷烃分子失去一个氢的结构单位。如环丙基(□)、环丁基(◇—)、环戊基(◇—)、环己基(⬡)等。

环烷基原油 naphthene base crude oil 按烃类组成分类的一种原油。其特性因数 K 值为 10.5～11.5。这类原油含环烷烃较多。所产汽油的辛烷值较高,柴油的十六烷值较低,润滑油含蜡较少,凝点及黏度指数均较低。由于渣油中含沥青较多,故又称沥青基原油。孤岛原油属于这一类。

环烷基润滑油 naphthene base lubricating oil 由环烷基原油制得的润滑油。其特点是黏度高,热稳定性及低温性能均较好,电气性能良好。适宜于作电气用油和在重负荷下使用的高黏度润滑油的基础油,用以调制冷冻机油、齿轮油、压缩机油等。但黏度指数低,黏-温性能较差,不适宜作内燃机油。我国按原油类别的不同,制订出润滑油基础油的规格,其中有以环烷基原油生产的环烷基基础油系列。

环烷基基础油 naphthene base oil 见"环烷基润滑油"。

环烷酸 naphthenic acid 又称环烷烃羧酸。化学通式 $C_nH_{2n-1}COOH$。为环烷烃(主要为五碳环)的羧基衍生物。常在石油产品精制时分出,有特殊气味。工业品为深色油状混合物。相对分子质量 180～350。溶于烃类溶剂,不溶于水。在原油的酸性氧化物中,以环烷酸含量最高,约占原油酸性氧化物的 90% 左右。在原油馏分中,沸点为 250～350℃的中间馏分中环烷酸含量最高。环烷酸对金属有腐蚀作用。用于制造环烷酸盐及合成洗涤剂,也用作油漆催干剂、木材防腐剂等。

环烷酸皂 naphthenic soap 又称环烷皂。是由环烷酸与金属反应生成的盐。能溶于油性树脂及有机溶剂。用于制造肥皂,也用作乳化剂、油漆催干剂、润滑油添加剂。参见"环烷酸"及相关词条。

环烷酸钴 cobalt naphthenate 紫色半固体黏稠物或棕褐色无定形粉末。不溶于水,溶于乙醚、苯、丙酮、松节油及松香水等,稍溶于乙醇。易燃。有毒!对皮肤有刺激性。用作油漆面漆催干剂。常与钙、铅、锰等催干剂并用,使涂层表面干燥。也用作丙烯酸酯、不饱和聚酯等胶黏剂的固化剂及定向聚合催化剂等。由环烷酸经碱皂化制得的环烷酸钠溶液与硫酸钴反应制得。

环烷酸铅 lead naphthenate 黄色半透明树脂状黏稠物。熔点约 100℃。不溶于水,溶于乙醇、苯、松节油、松香水等。是一种聚合型油漆催干剂,能促进涂膜底层干燥,常与钴、锰催干剂并用,并对颜料有润滑分散作用。也用作木材防腐剂、杀虫剂。还用作润滑油添加剂,与硫化油复合,用作铅型抗磨添加剂,常用于工业齿轮油。

环烷酸锌 zinc naphthenate 又名萘酸锌。琥珀色黏稠状液体或固体。液体含锌 8%~10%,固体含锌 16%,呈碱性。不溶于水,溶于苯、丙酮、松节油及松香水等。低毒! 明火易燃。对皮肤有刺激性。用于调制润滑防锈两用油和封存防锈油。也用作丙烯酯及不饱和聚酯类胶黏剂的固化剂,油漆及油墨的催干剂,木材防腐剂,织物防水剂,杀菌剂等。由环烷酸钠与硫酸锌反应制得。

环境刑事法律责任 environmental criminal legal liability 是指因违反环境法律或有关刑事法律而严重污染或破坏环境,造成财产重大损失或人身伤亡,构成犯罪所应承担的刑事方面的法律责任。承担刑事责任者既可以是法人单位及法人代表和直接责任人员,也可以是其他公民,同时也包括环保行政管理机关及其所属机构的公务人员。

环境行政法规 administrative regulation of environment 是由国务院制定并公布或者经国务院批准而由有关主管部门公布的有关环境保护的规范性文件。主要包括两部分内容:一部分是为执行环境保护基本法和单行法而制定的实施细则或条例,如大气污染防治法实施细则、水污染防法实施细则、征收排污费暂行办法等;另一部分是对环境保护工作中出现的新领域或尚未制定相应法律的某些重要领域所制定的规范性文件,如结合技术改造防治工业污染的几项规定。

环境行政法律责任 environmental administrative legal liability 指违反环境保护行政管理法律、法规的单位和个人所应承担的法律责任。承担行政责任者既可以是法人单位及其领导人员和直接责任人员,同时也包括环保行政部门管理机关及其所属机构的公务人员。追究环境行政责任的要件是行为有违法性(即行为人违反了法律、法规的有关规定)、行为有危害结果(即违法行为所造成的污染及破坏环境的后果)、行为人有主观过错。追究环境行政责任的形式可分为行政处罚及行政处分等。

环境危机 environmental crisis 指由于人类的社会和生产活动不当,致使环境受到严重污染,生态环境破坏,以及人口压力加大,资源面临枯竭等一系列环境问题而对人类生存和发展造成的威胁与危险。

环境产业 environmental industry 环境产业的狭义内涵是指环保产业,它由环保工业、环境工程与软件服务和自然生态保护产业三方面构成；广义的环境产业按功能和技术特点可分为末端污染物控制类产业、洁净技术类产业、洁净产品类产业及环境功能服务类产业等四类。

环境污染 environmental pollution 简称污染。是指人类在工农业生产和生活消费过程中向自然排放的、超过其自然环境消纳能力的有害物质或有害因子，致使环境系统的结构与功能发生变化而引起的一类环境问题。如大气污染、水体污染、噪声污染、固体废物污染等问题。导致环境污染的主要因素是人为因素，如工业生产排放的废物和余能进入环境以及不合理的开发利用自然资源等，都会带来环境的污染及干扰。

环境污染纠纷 environmental pollution disputes 是指因环境污染引起的单位与单位之间、单位与个人之间的矛盾和冲突。纠纷的起因是由于单位或个人在利用环境和资源的过程中违反环保法律规定，污染和破坏环境，侵犯他人的合法权益而引起的。至于企业、事业单位内部因环境保护引起的环境污染则属于工厂内部劳动保护关系，不能称为环境污染纠纷。环境污染纠纷是非对抗性的矛盾，是一种民事侵权纠纷，主要通过双方当事人自行协商解决、环境执法行政机关调解处理，或由司法处理。

环境污染事故 environmental pollution accident 指由于违反环境保护法律法规的经济、社会活动与行为，以及意外因素的影响或不可抗拒的自然灾害等原因致使环境受到污染，国家重点保护的自然保护区及野生植物受到破坏，人类生活及健康受到危害，社会经济及人民财产受到损失，造成不良社会影响的突发性事件。环境污染事故按性质分为违法污染事故及意外污染事故；按环境要素可分为水污染事故、大气污染事故、噪声污染事故、固体废物污染事故、放射性污染事故等；而按环境污染及破坏程度，可分为一般环境污染与破坏事故、较大环境污染事故、重大环境污染事故及特大环境污染事故等。

环境污染物 environmental pollutant 简称污染物。指进入环境后使环境的正常组成、状态、性质及结构发生变化，直接或间接有害于人类健康、生存和发展的物质。人为污染物主要来自工业生产产生的废气、废水、废渣及生产噪声，农业生产中过量使用农药、化肥及生产中产生的废弃物以及交通运输工具排放的尾气、扬尘及产生的噪声，日常生活中产生的生活污水、垃圾及燃煤产生的废气等。污染物按其性质可分为化学污染物、物理性污染物及生物污染物等。其中又以化学污染物的数量多、危害性大。

环境诉讼 environmental suit 指当公民、企业事业单位或其他组织的环境权益受到侵害时，依法向人民法院提出诉讼，要求保护其合法权益和人民法院依法审理环境纠纷的活动。和传统诉讼一样，环境诉讼按法律性质可分为环境民事诉讼、环境行政诉讼及环境刑事诉讼。环境诉讼是一种解决环境纠纷、追究环境法律责任、惩罚环境犯罪，维护受害人环境权益的有效途径，是环境问题与传统诉讼结合的产物。但因环境问题的特殊性，环境诉讼在实施时必须更多地考虑环境效益及环境保护，从而使环境诉讼与传统诉讼有一定的区别。

环境责任原则 principle of personal environmental responsibility 又称为"谁污染谁治理，谁开发谁保护"原则。是指在生产和其他活动中，造成环境污染和资源破坏的单位和个人，应承担治理污染、恢复环境质量的责任。其基本思想是明确污染者、利用者、开发者、破坏者等的治理污染和保护环境的经济责任。其具体体现为，结合技术改造防治工业污染，对工业污染实施限期治理，实行征收排污费制度和资源有偿使用制度，明确开发利用环境者的义务和责任等。

环境质量标准 environmental quality standard 是国家权力机构为保障人群健康、维护生态环境及保障社会物质财富，并考虑技术、经济条件，对环境中有害物质和因素所作的限制性规定。按制定环境质量标准的部门，分为国家环境质量标准及地方环境质量标准两级。国家环境质量标准包括《环境空气质量标准》、《生活饮用水水质标准》、《城市区域环境噪声标准》、《工业企业厂界噪声标准》、《室内空气质量标准》、《放射防护规定》等。

环境审计 environmental audit 指对特定项目的环境保护情况，包括组织机构、管理、生产及环保设施运转与排污等情况进行系统的、有文字记录的、定期的客观的评定。按审计范围可分地区（城市）一级的环境审计，工厂、工艺特定污染物的环境审计；按审计的目标可分为提高环境管理效率、有效控制污染、提高环保资金使用效率、减少事故而进行的审计；按审计目的可分审查环境法规执行、废物减量法、实施清洁生产等。其中又以企业清洁生产审计应用较广。

环境保护 environmental protection 指采取行政的、法律的、经济的、技术的多方面措施，运用现代环境科学理论和方法，防治环境污染和破坏，合理开发利用自然资源，保持和发展生态平衡，保障人类社会经济与环境健康协调发展。

环境保护经济效益 economic benefit of environmental protection 指采用环境保护措施后，环境质量得到改善所带来的可以用货币计量的效益。可分为直接经济效益及间接经济效益。直接经济效益是指采用各种环境保护措施后直接取得的经济效益；间接经济效益是指通过环境保护活动使环境得以改善而带来的效益，即减少的环境污染或破坏所造成的经济损失。

环境保护催化剂 catalyst for environmental protection 简称环保催化剂。指用直接或间接的方式处理有毒有害物质,使之无害化或减量化,以保护和改善周围环境所用的催化剂。也即通常所指用于治理"三废"的催化剂。按其用途一般分为汽车尾气净化催化剂及工业环保催化剂两大类。前者包括柴油机尾气净化催化剂及各种车用尾气净化催化剂;后者包括工厂烟道气脱硫及脱硝用催化剂、硝酸尾气处理催化剂、挥发性有机化合物燃烧催化剂及废水湿式氧化处理催化剂等。

环境费用 environmental costs 为维护环境质量而需支付的费用。通常包括以下两项费用:①社会损害费用。亦称"污染损害和防护费用"。包括环境受到污染和生态平衡遭到破坏对社会造成的各种经济损失,以及为避免污染危害而采用的必要防护措施的费用。②污染控制费用。包括控制和消除污染而支付的治理费用和用于环境管理、环境监测及环境科学研究等方面的费用。

环境监测 environmental monitoring 指运用物理、化学等各种定性及定量的方法,间断地或连续地对环境系统中污染物及其在环境中的性质、变化、影响进行观察,测定、分析的活动。按监测目的可分为监视性监测、仲裁监测、污染事故监测、研究性监测等;按测定介质可分为水质污染监测、大气污染监测、土壤污染监测、生物污染监测、固体废物污染监测及能量污染监测等;按污染因素的性质可分为化学毒物监测、卫生监测、热污染源监测、噪声和振动污染监测、光污染监测、电磁辐射污染监测、放射性污染监测及富营养化监测等。

环境监察 environmental supervise 指专门的执法机构对任何企业、组织及个人贯彻执行环境保护法律法规的情况依法实施监督,并对违法行为进行处理的执法行为。监察的手段可以是法制的、经济的和行政的。环境监察机构进行的执法行为有:对污染治理设施运转情况进行检查、排污许可证执行情况检查、"三同时"执行情况检查、生态环境监察、排污申报费核定、污染破坏事件及污染纠纷的调查取证、排污费征收及管理等。

环境催化 environmental catalysis 是利用催化剂来控制造成环境污染的化合物排放的化学过程。也包括那些应用催化剂生产少污染的产物及能减少废物和不副产污染物新化学过程。由于催化剂可以大大降低反应活化能、显著降低处理污染物的费用,拓宽消除污染物的途径,因此,环境催化在污染预防及污染末端处理上都具有独特的作用及重要性。

环境噪声 environmental noise 指在工业生产、交通运输、建筑施工及其他人类活动中所产生的干扰周围生活环境的声音。从环境保护的角度而言,凡是干扰人的休息、学习及工作的声音,即人们不需要的、使人烦躁的声音都是环境噪声。如机器的轰鸣声、机动车的马达声、鸣笛声及人的嘈杂声等。按照国家标准规定,住宅区的噪声,白天不能超过 50dB,夜间应低于 45dB。超过这一标准,便会对人体产生危害。

环管反应器 cyclo-tube reactor 一种用于聚乙烯、聚丙烯生产的新型反应器。其结构为一台首尾相连的带有换热夹套的单管热交换器,并由四根立管和一台轴流循环泵组成。操作时,物料用循环泵输送,能形成湍流而减少滞流,强化传热。环管反应器的特点是单位体积传热面积大、传热系数高、单位体积产量大、单程转化率高。

环糊精 cyclodextrin 又称环状糊精、环链淀粉。是淀粉在淀粉酶作用下生成的环状低聚糖的总称。由 6、7、8 个葡萄糖单体通过 $\alpha-1,4$ 糖苷键连接而成的环糊精分别称为 α-环糊精、β-环糊精、γ-环糊精。它是一种晶体。分子的立体结构像一个中空圆筒,两端直径大小不同。上部宽口一侧连接—OH 基,下部窄口一侧连接有—CH_2OH 基。因而呈现强亲水性,可溶于水。筒体内部含有—CH 和糖苷结合的—O—原子而呈疏水性,油性物质进入空腔可形成包合物。形成的包合物能溶于极性溶剂,故可用作相转移催化剂。利用环糊精分子空腔的包结作用,还可除去被包合物的臭味、苦味、赋予其缓释性等。可用作稳定剂、抗氧剂、缓释剂、除臭防腐剂等。

环醚 cyclic ether 又称内醚。组成环的原子除碳原子外,还有氧原子的化合物的总称。可由二元醇分子的两个羟基缩去一分子水而得。最重要的环醚有环氧乙烷、环氧丙烷、四氢呋喃、二噁烷、三噁烷等。

现场总线技术 fieldbus technique 现场总线是智能测量和控制设备之间的一种数字、双向、多节点通信线路。是一种致力于工业自动化的网络。现场总线技术是集散控制系统(DCS)向着全数字化系统发展的结果。它用现场总线这一开放的、具有可互操作的网络将现场各控制器及仪表设备互联,构成现场总线控制系统,同时控制功能彻底下到现场,降低了安装成本及维护费用。它允许多个设备连接到单一的现场总线上,允许各种信息相互交流,允许控制功能分布于现场,做到控制分散、危险分散、信息集中和操作监视集中。现场控制系统有望成为 21 世纪控制系统的主流产品。

表压 gauge pressure 以大气压力为基准的流体指示压力。压力表指示的设备内压力即为表压。而设备内的绝对压力则为表压加上当时当地的大气压力,即表压 = 绝对压力 - 大气压力。

表观孔隙率 apparent porosity 见"孔隙率"。

表观体积 apparent volume 指测定多孔性催化剂体积时,将催化剂装入测量量筒并拍打至体积不变后所测得的体积。它由三部分组成,即催化剂堆积时颗粒间的空隙体积、催化剂颗粒内部孔隙的体积、催化剂颗粒骨架所具有的体积。这三者之和即为催化剂的总表观体积。

表观体积密度 apparent bulk density 见"堆积密度"。

表观密度 observed density 见"视密度"。

表面自由能 surface free energy 又称表面能。指液体或固体表面分子受其内部分子的吸引,其合力不能抵消,因而表面具有的能量。对于液体,表面能和表面张力实际是一样的;固体的表面能和液体的表面能相类似,来源于固体表面的分子和内部分子环境不同,固体表面分子能量较高,表面能测定也十分困难。一般测定方法有溶解热法、劈裂功法、接触角法等,它们各适用于不同性质的固体。

表面张力 surface tension 处于液体表面的分子受到周围分子的作用力是不均衡的,其合力指向液体内部,导致液体有尽量缩小其表面积的倾向。表面张力定义为,垂直于液体表面任一单位长度并沿着该表面切线方向使表面收缩的力。单位为 N/m。液体的表面张力与液体的化学组成、温度、压力以及与所接触的气体性质等有关。烃类等纯化合物中,当温度及碳原子数相同时,芳香烃的表面张力最大,环烷烃次之,烷烃最小。烃类的表面张力均随温度的升高而降低,温度趋近临界温度时,表面张力趋近于零。

表面活性剂 surface active agent 又称界面活性剂。简称活性剂。是一能显著改变(通常是降低)液体表面张力的物质。它具有奇特的化学结构:同一分子中既有亲水基团,又有亲油基团。亲水基团是可溶于水的基,又称亲水基;亲油基团是不溶于水的长碳链烷基,称为亲油基或疏水基。当溶于水时,根据极性相同相吸、极性相异相斥原理,其亲水基与水相吸引而溶于水,其亲油基与水相斥而离开水。其结果使表面活性剂分子吸附在两相界面上,导致两相的界面降低。种类很多。按其在水中能否离解及离解后所带电荷的类型,可分为非离子型、阳离子型、阴离子型及两性离子型表面活性剂。广泛用作乳化剂、洗涤剂、分散剂、润湿剂、柔软剂、起泡剂等。

表面能 surface energy 见"表面自由能"。

BET 表面积 BET surface area 用 BET 法测得的催化剂或固体吸附剂的比表面积。参见"BET 吸附方程"。

规整填料 structured packing 又称结构式填料。是一种在填料塔内按均匀的几何图形规则、整齐地堆砌的填料。由于填料堆砌时人为地规定了填料层中气、液的流路,减少了沟流和壁流的现象,大大降低了压降,提高了传热、传质的效果。根据结构可分为丝网波纹填料及板波纹填料。前者是由厚度为 0.1~0.25mm,相互垂直排列的不锈钢丝网波纹片叠合组成的盘状规整填料;后者是用金属波纹板、塑料波纹板或陶瓷波纹板代替波纹丝网而制成。

直流微分反应器 direct flow differential reactor 见"微分反应器"。

直接电位法 direct potential method 见"电位分析法"。

直馏 straight run 指原油常压蒸馏或常减压蒸馏。以区别于石油烃二次加工后的蒸馏过程。由原油蒸馏中直接得到的石油成品油称为直馏产品，如直馏汽油、石脑油、煤油、柴油、溶剂油等。直馏产品一般具有较好的化学稳定性，不易产生变色、沉淀及胶质等。

直馏瓦斯油 straight-run gas oil 由原油蒸馏时得到的除汽油、煤油以外的中间馏分油。从常压蒸馏塔及减压蒸馏塔得到的分别称为常压瓦斯油及减压瓦斯油。可用作催化裂化、加氢裂化及裂解制烯烃的原料油。

直馏石脑油 straight-run naphtha 指从原油蒸馏塔塔顶直接蒸出的石脑油。主要用作重整及化工原料。参见"石脑油"。

直馏汽油 straight-run gasoline 指从原油常压蒸馏塔塔顶直接蒸出的汽油。一般不含烯烃，安定性好，但因辛烷值低，只能用作汽油部分调和组分。通常经加氢精制后用作重整原油，以生产高辛烷值汽油或芳烃。

直馏柴油 straight-run diesel oil 指从原油常压蒸馏塔侧线直接取得的柴油。通常比二次加工柴油有较高的十六烷值，较低的烯烃及芳烃含量。其热安定性及储存安定性较好，但凝点较高。

直接水合过程 direct hydration process 指烯烃直接与水作用生成醇类的过程。如由乙烯水合生产乙醇，丙烯水合生产异丙醇等。反应可在气相或液相中进行，而以气相水合法为主。原料烯烃主要采用高纯度的乙烯或丙烯。所用催化剂为有无机酸系催化剂、氧化物系催化剂及杂多酸系催化剂，更多使用的是磷酸负载于硅藻土、硅酸铝等惰性载体上制得的催化剂。直接水合过程不同于间接水合过程，不存在硫酸腐蚀性及稀酸回收处理等问题。

直接接触式换热器 direct contact heat exchanger 又称混合式换热器。换热器的一种类型。是指冷热两种流体在器内直接混合进行热量交换的设备。这类换热器的结构简单、价格较低，常制作成塔状，如喷淋塔、泡沫冷却器等。

直接数字控制系统 direct digital control system 简称DDC系统。计算机过程控制的一种方式。是计算机配以适当的输入输出设备，取代模拟调节器，直接对几十个以至上百个控制回路进行自动巡回检测和数字控制。是微型机在工业上应用最普遍而基本的一种方式。DDC系统的优点是，计算机完全替代了模拟调节器，把显示、记录、报警和设定值设计等都集中在操作控制台上，方便操作。但要求工业控制计算机的可靠性很高，否则会直接影响生产。

苯 benzene 化学式 C_6H_6。最简单的

芳香族化合物。无色透明易挥发液体,有强烈芳香气味。相对密度 0.879。熔点 5.53℃,沸点 80.1℃,闪点 -11.1℃(闭杯)。蒸气相对密度 2.77,蒸气压 13.33kPa(26.1℃)。折射率 1.4979。自燃点 562.2℃。爆炸极限 1.4%~7.1%。微溶于水,与乙醇、乙醚、四氯化碳等溶剂混溶。加热至 700℃ 时发生裂解,生成碳、氢及少量甲烷和乙烯。按来源及制法不同,可分为石油苯、焦化苯。高浓度苯对中枢神经系统有麻醉作用。长期接触苯对造血系统有损害,引起慢性中毒。对皮肤、黏膜有刺激、致敏作用。是重要化工原料。用于生产乙烯、苯酚、苯胺、烷基苯及塑料、橡胶、纤维、医药、农药、香料等。也常用作溶剂、萃取剂及脱漆剂。石油苯由直馏汽油经催化重整、溶剂抽提及芳烃精馏而制得。焦化苯可从煤焦油或焦炉气的轻油中分离获得。

苯乙烯 styrene 化学式 C_8H_8。又名乙烯基苯。无色至浅黄色油状液体,有芳香气味。天然存在于苏合香、可可及茶等中。相对密度 0.9059。熔点 -30.6℃,沸点 145.2℃,闪点 31℃(闭杯),燃点 490℃。折射率 1.5467。蒸气相对密度 3.6,蒸气压 1.33kPa(30.8℃)。爆炸极限 1.1%~6.1%。微溶于水,溶于乙醇、乙醚、苯等溶剂。化学性质活泼,可自聚。也易于与丙烯腈、丙烯酸酯类及乙酸乙烯酯单体共聚。易燃。对眼、皮肤及黏膜有刺激作用,吸入高浓度气体有麻醉作用。用于制造聚苯乙烯、丁苯橡胶、热塑性弹性体、离子交换树脂、胶黏剂、涂料等。可由苯与乙烯在催化剂存在下反应制得,或由乙苯催化脱氢而得。

1,2,4-苯三酸 1,2,4-benzenetricarboxylic acid 又名 1,2,4-苯三甲酸、苯偏三酸。白色结晶。熔点 238℃。溶于乙醇,不溶于丙酮、苯、氯仿,微溶于四氯化碳。脱水成酐。用于制造合成树脂、增塑剂、胶黏剂等。由偏三甲苯氧化制得。

1,2,4-苯三酸酐 1,2,4-benzenetricarboxylic anhydride 又称 1,2,4-苯三甲酸酐、苯偏三酸酐。白色或微黄色针状结晶。液体相对密度 1.34(180℃)。熔点 163℃,沸点 240~245℃(1.87kPa)。溶于热水、丙酮、乙酸乙酯。微溶于苯、四氯化碳。分子内有羧基和酸酐,性质活泼。与水作用生成酸,与醇作用生成酯。用于制造聚酯树脂、聚酰亚胺树脂及增塑剂等。由 1,2,4-苯三酸脱水制得。

苯-甲苯-二甲苯 benzene-toluene-xylene 简称 BTX。指石脑油催化重整中所生成的苯、甲苯及二甲苯的混合物。是催化重整过程中最重要的产品。

苯甲酰化剂 benzoylating agent 见

"酰化剂"。

苯甲酰氯 benzoyl chloride　化学式 C_7H_5ClO。无色透明液体，有刺激性臭味。相对密度 1.212。熔点 -1℃，沸点 197.2℃，闪点 88℃，燃点 600℃。折射率 1.5537。蒸气相对密度 4.88，蒸气压 0.133kPa(32.1℃)。溶于乙醚、苯、氯仿等。遇水、乙醇及氨水逐渐分解，分别生成苯甲酸、苯甲酸乙酯及苯甲酰胺。与氢氧化钠反应生成苯甲酸钠。可燃。有毒！对皮肤、黏膜及眼睛有强刺激性。用于制造过氧化苯甲酰、过氧化苯甲酰叔丁酯及染料、医药、农药及紫外线吸收剂等。由苯甲酸与氯气反应制得。

苯甲酸 benzoic acid C_6H_5COOH　化学式 $C_7H_6O_2$。又名安息香酸。最简单的芳香酸。白色鳞片状或针状结晶，有苯或苯甲醛的气味。相对密度 1.266(15℃)。熔点 122℃，沸点 249℃，闪点 121～131℃，自燃点 571℃。折射率 1.5397。蒸气相对密度 4.21。100℃升华，370℃时分解为苯及二氧化碳。微溶于冷水、石油醚，溶于热水，易溶于乙醇、乙醚、苯等，也溶于挥发或非挥发性油。遇明火、高热可燃。对皮肤有轻度刺激性，蒸气对上呼吸道、眼睛有刺激性。用于制造苯甲酸、苯甲酸酯、增塑剂、农药、香料等。也用作防腐剂、杀菌剂、防锈剂等。由甲苯氧化或邻苯二甲酸催化脱羧制得。

苯甲醇 phenyl carbinol　化学式 C_7H_8O。又名苄醇。无色透明液体，稍有芳香气味。相对密度 1.0454。熔点 -15.3℃，沸点 205.4℃，闪点 100.6℃，燃点 436.1℃。折射率 1.5392。蒸气压 13.2Pa(20℃)。爆炸极限 1.3%～13%。稍溶于水，与乙醇、乙醚、氯仿等混溶。也能溶解明胶、香豆酮树脂。具有伯醇的反应性能。氧化生成苯甲酸，脱氢生成苯甲醛。可燃。低毒！用作高沸点溶剂，医药上用作防腐剂、麻醉剂，作为定香剂用于配制香皂、日用化妆香精等，也用于制造圆珠笔油、增塑剂等。可在碱催化剂存在下，由苄基氯加热水解而得。

苯甲醛 benzaldehyde　化学式 C_7H_6O。又名苦杏仁油。无色至浅黄色油状液体，有苦杏仁味及挥发性。相对密度 1.0458。熔点 -26℃，沸点 179.1℃，闪点 73.9，燃点 192℃。折射率 1.5455。蒸气相对密度 3.66。微溶于水，与乙醇、乙醚、氯仿混溶。与空气接触会氧化生成苯甲酸。易燃。低毒！对皮肤、眼睛有刺激性。对中枢神经有抑制作用。用于制造肉桂酸、肉桂醛、苯甲酸、三苯甲烷染料、苯偶姻、麻黄素等。由二氯化苄经水解制得，或由苯甲醇氧化而得。

苯并三唑 1,2,3-benzotriazole　化学式 $C_6H_5N_3$。又名1,2,3-苯并三氮唑、苯并三氮杂茂。无色至浅粉色针状结晶。熔点

98～100℃,沸点204℃(2kPa)。微溶于水,溶于乙醇、苯、氯仿等有机溶剂。在空气中易氧化而逐渐变红。遇高热、明火可燃,燃烧时产生 CO、CO_2 及氧化氮气体。粉体与空气可形成爆炸性混合物。有毒!粉末对呼吸道有刺激作用。用作紫外线吸收剂、高分子稳定剂、工业循环水缓蚀剂。也是有效的金属减活剂,用于齿轮油、汽轮机油、变压器油等。由邻苯二胺经亚硝酸钠重氮化、环合制得。

苯并[a]芘 benzo[a]pyrene 化学式 $C_{20}H_{12}$。又称3,4-苯并芘。为无色至浅黄色针状结晶。熔点179℃,沸点495℃。不溶于水,微溶于乙醇,溶于苯、乙醚。广泛存在于环境中,是已发现的200多种多环芳烃中最主要的环境和食品污染物。它主要是含碳燃料及有机物热解的产物。煤、石油、天然气、木材等不完全燃烧、喷洒沥青、汽车尾气及香烟烟雾等常会有一定数量的苯并[a]芘散发在空气中,炼焦、化工、合成橡胶等工厂排出的废气及废水中也含有一定量的苯并[a]芘进入环境中。苯并[a]芘可经呼吸道、消化道及皮肤进入机体,对人类及动物具有很强的致癌性,并具有致畸性及遗传毒性。

苯环 benzene ring 又称芳香环。由六个碳原子组成的环状分子结构,且碳原子间以单键和双键交替连接。芳烃一般是指分子中含有苯环结构的烃,是一种高度不饱和烃。苯环较易进行取代反应,而难进行加成和氧化反应。

苯胺 aniline $C_6H_5NH_2$ 化学式 C_6H_7N。又名氨基苯、阿尼林油。无色或浅黄色油状液体,有强烈刺激性气味。相对密度1.0217。熔点−6.4℃,沸点184℃,闪点76℃(闭杯),燃点617℃。折射率1.5863。蒸气相对密度3.22,蒸气压2kPa(77℃)。爆炸极限1.2%～8.3%。稍溶于水,与多数常用有机溶剂混溶。呈碱性。可进行烷基化、重氮化、卤化、磺化、硝化、氧化、缩合等反应。是重要有机化工原料,用于制造染料、医药、抗氧剂、香料、炸药等。也用来测定油品的苯胺点,从而判定其芳烃含量和油品的基本性能。由硝基苯用铁粉还原制得,或由硝基苯气相加氢还原制得。

苯胺点 aniline point 指相等体积的石油产品和苯胺相互溶解时的温度。是衡量轻质石油产品溶解性能的指标。常用苯胺作溶剂,测定油品或某些烃类在苯胺中的溶解度。当苯胺与试油在较低温度下混合时分为两层,加热试油时在苯胺中的溶解度增大,继续加热至两相刚好达到完全互溶、而界面消失时的混合液温度即为苯胺点(也称为临界溶解温度)。苯胺点的高低与油品的化学组成有关。各族烃类苯胺点高低顺序为:烷烃>环烷烃>烯烃>芳香烃。油品的苯胺点越高,其所含的烷烃越多;苯胺点越低,其所含的芳香烃越多。

苯酐 phthalic anhydride 见"邻苯二甲酸酐"。

苯酚 phenol 化学式 C_6H_6O。又名

石炭酸。无色或白色结晶,有特殊气味。不纯品在光和空气作用下变为粉红色。相对密度 1.0576。熔点 42～43℃,沸点 181.7℃,闪点 79℃,自燃点 715℃。折射率 1.5418(41℃)。蒸气压 0.13kPa(40.1℃)。爆炸极限 1.3%～9.5%。溶于水,10%水溶液呈粉红色,为弱酸性。与乙醇、乙醚、苯等互溶。苯酚芳环上可进行卤化、硝化、磺化、烷基化、酰基化等反应,生成相应的化合物。可燃。误服可引起中毒,对皮肤、黏膜有强刺激及腐蚀性,可经皮肤吸收而引起全身中毒。用于制造合成树脂、双酚 A、苯胺、己内酰胺、烷基酚、染料、医药等,也用作润滑油精制的选择性抽提溶剂、被污染物品表面消毒剂等。可由异丙醇氧化制得,或由煤焦油中分离而得。

苯潜含量 benzene potential content 指重整原料油中的 C_6 环烷烃全部脱氢转化成苯的量,加上原料油中原有的苯量,总共占原料油的质量百分数。计算式为:

$$苯潜含量(m\%)=C_6 \text{ 环烷}(m\%)\times\frac{78}{84}+苯(m\%)$$

苯磺酰氯 benzene sulfonyl chloride 化学式 $C_6H_5ClO_2S$。又名氯化苯磺酰。无色透明液体或斜方晶系结晶。相对密度 1.3842(15℃)。熔点 14.5℃,沸点 251～252℃(分解),闪点>112℃。折射率 1.5520。蒸气压 9.05Pa(25℃)。不溶于水,溶于乙醇、乙醚、苯。化学性质活泼,能与氨、胺、醇反应分别生成苯磺酰胺、苯磺酸酯。遇明火、高热可燃,并产生有毒的二氧化硫、氯化氢烟气。有强烈的刺激作用及致敏作用。用于制造磺胺类药物、染料、农药等。也用作分离与鉴定伯胺、仲胺及叔胺的试剂。由苯与氯磺酸反应制得。

苯醌 p-benzoquinone 化学式 $C_6H_4O_2$。又名对苯醌、1,4-苯醌。金黄色单斜晶系棱柱状晶体,有特殊刺激性气味。室温下能升华。相对密度 1.318。熔点 115.7℃,沸点 239℃,自燃点 560℃。蒸气压 0.01kPa(25℃)。微溶于水,溶于乙醇、乙醚、苯及碱溶液。分子具有共轭结构,能被氧化,也能还原转变为对苯二酚。光照下会缓慢分解。高毒!皮肤接触后,局部有色素减退、红肿、坏死。高浓度蒸气可引起角膜水肿、溃疡。用作苯乙烯、乙酸乙烯酯及不饱和聚酯等单体的阻聚剂。也用作抗氧剂、橡胶防老剂、照相显影剂等。由苯胺或对苯二酚氧化而得。

苯磺酸 benzene sulfonic acid 化学式 $C_6H_6O_3S$。无色针状或叶片状结晶。无水物熔点 50～51℃,含 1.5 个结晶水者熔点 43～44℃。沸点 137℃(分解)。属强酸。易潮解。易溶于水、乙醇,微溶于苯,不溶于乙醚。对皮肤、眼睛及黏膜等有刺激性。因难于储存,故常制成盐类(如苯磺酸钠)。用于制造苯酚、间苯二酚及染料、医药、农药等的中间体。可由苯经发烟硫酸磺化制得。

苛刻度系数 severity cofficient 见"强度系数"。

茂金属催化剂 metallocene catalyst 又称金属茂催化剂。指由过渡金属（多为ⅣB族钛、锆、铪）或稀土金属元素与至少一个环戊二烯基（简称为茂）或环戊二烯衍生物配体组成的一类有机金属配合物为主催化剂，以烷基铝氧烷或有机硼化物作助催化剂组成的催化体系。是最新一代的烯烃聚合催化剂。与传统的齐格勒-纳塔催化剂相比，其特点是：催化活性高；由于为均相体系，几乎所有催化剂均为活性中心；改变催化剂结构可以有效地控制产物的分子量及分子量分布、共聚组成、支化度、密度等指标。由于具有超高活性，每克锆可得到2亿克以上的聚乙烯，以及制成几乎所有类型的聚烯烃产品。根据组成及结构特征，目前比较成熟的茂金属催化剂有双茂金属催化剂、单茂金属催化剂、阳离子茂金属催化剂、载体茂金属催化剂、茂稀土催化剂等。茂金属催化剂的主要缺点是用作助催化剂的甲基铝氧烷用量太大、催化剂价格较高。

茚 indene 化学式 C_9H_8。一种稠环

芳烃。相对密度 0.9968。熔点 $-1.8℃$，沸点 181.6℃，闪点 78.33℃。折射率 1.5786。不溶于水，溶于苯、丙酮、二硫化碳，与乙醇、乙醚混溶。在空气中易氧化及聚合。遇浓硫酸生成聚茚。用于制造库马隆-茚树脂、杀虫剂，也可与其他液态烃混合作涂料溶剂。可由煤焦油的轻油馏分中分离而得，也可由乙炔合成制得。

英特洛克斯金属填料 Intalox metal ring packing 见"金属鞍环填料"。

英特洛克斯鞍填料 Intalox saddle packing 见"矩鞍填料"。

范德华力 Van der Waals′ force 存在于分子之间的一种较弱的作用力。气体分子在较低温度下，能凝聚成液体和固体，主要靠分子间的作用力。其能量约为十几至几十 $kJ \cdot mol^{-1}$，相当于化学键能的十几分之一或几十分之一。而且只有当分子间距小于 500×10^{-12} 时，这种力才能起作用。1873 年，荷兰物理学家范德华（J. D. Van der Waals）在研究气体性质的时候，注意到分子间的作用力，因此分子间力又称为范德华力。范德华力包括取向力、诱导力及色散力。当极性分子相互靠近时，由于极性分子间的取向而产生的分子间引力称作取向力；在极性分子与非极性分子相互靠近时，由于诱导偶极而产生的作用力称作诱导力；在非极性分子相互靠近时，由于分子的瞬时偶极异极相邻、互相吸引，这种吸引力称作色散力。

取代反应 substitution reaction 通常指有机化合物分子中氢原子被其他

原子或原子团所替代的反应。如在三氯化铁催化剂作用下，苯与卤素反应，苯环上的氢原子被卤原子取代，生成卤原子取代的苯。广义的取代反应称为置换反应。泛指任何一个原子或原子团被另一种原子或原子团所取代的反应，如：$CH_3Cl + NaOH \longrightarrow CH_3OH + NaCl$。

取代氯化 substituted chlorination 烃分子中一个或几个氢原子被氯取代生成氯代烃的反应。是最重要的工业氯化过程。可在气相或液相中进行。取代可发生在脂肪烃的氢原子上，亦可发生在芳香烃的苯环和侧链的氢原子上。为强放热反应。按自由基机理进行，一般不可能生成单一的氯代烃，而会生成多氯代烃。取代氯化典型的例子是甲烷与氯的逐级取代氯化制取一氯甲烷、二氯甲烷、三氯甲烷及四氯化碳的反应。

取代酸 substituted acid 羧酸的烃基中含有其他取代基（X、OH、NH_2 等）的酸。例如卤代酸（如氯乙酸）、羟基酸（如乳酸）、氨基酸（如甘氨酸）等。广泛用于制药、香料、溶剂等工业。

取向力 oriented force 见"范德华力"。

杯芳烃 calixarene 一种多环芳烃。

（A）

是由苯酚与甲醛经缩合反应生成，在苯酚的 2，6 位以亚甲基相连的大环低聚物。因分子形状与希腊圣杯相似，故得名杯芳烃。命名时常写成杯[n]芳烃。其中 n 为苯环的数目，苯环上的取代基放在前面，如所述（A）化合物称为对甲基杯[4]芳烃。杯芳烃与冠醚及环糊精一样具有穴状结构，能通过非共价键与离子以及中性分子形成。在杯状结构的底部有规律地排列着酚羟基，具有亲水性；而杯状结构上部是由疏水基团围成的空穴，具有亲油性。也具有高度的热稳定性及化学稳定性。杯芳烃及其衍生物是优良的相转移催化剂，有的比鎓盐及聚醚类有更好的催化活性，而且用量可更少。

杯脂 cup grease 见"钙基润滑脂"。

板式塔 plate tower 指沿着塔的整个高度内装有许多塔板，相邻塔板间有一定间距、气-液两相在塔板上相互接触而进行传质和传热的设备。在塔内，液体靠重力自塔顶流向塔底，气体靠压差自塔底向上以鼓泡或喷射的形式穿过塔板上的液层，逐级呈逆流接触，两相的组分浓度沿塔板呈阶梯式变化。可分为有降液管塔及无降液管塔两大类。前者在塔板上有供液体流动的降液管，板上液层高度可由溢流堰高度调节，具有塔板效率高、操作弹性大的特点，常用的有泡罩塔、筛板塔、浮阀塔等；后者省去降液管结构，气液两相同时逆流穿过塔板上的筛孔，其特点是压降小、处理能力大、结构简单，但塔板效率及操作弹性不如有降液管塔。

板式换热器 plate heat exchanger 间壁式换热器的类型之一。是由具有一定形状波纹的金属板作为传热面的换热设备。主要由波纹板片、密封垫片及压紧装置三部分组成。压紧装置将一系列周边衬有垫片的波纹板片夹在一起,靠密封垫片使板与板之间形成一定间隙,构成板片间流体通道。冷热流体在板片间交替流过,通过板片进行换热。其特点是传热系数高(在同样流速下可为管壳式换热器传热系数的 3～5 倍)、结构紧凑、占地小、维修方便、可根据需要调整板片数目。对于常用垫片,使用温度一般不超过 300℃,压力不超过 1MPa(特殊的可达 2.5MPa)。如不用垫片而采用焊接结构,使用压力可提高到 5MPa。

板波纹填料 corrugated sheet packing 又称波纹板填料。一种规整填料。其结构与丝网波纹填料结构相同,只是用金属波纹板、塑料波纹板或陶瓷波纹板替代波纹丝网。可克服丝网波纹填料价格较高而又易填塞的缺点,具有价格较低、刚度较大、压降小、处理能力大的优点。

板框过滤机 frame filter press 一种由多块滤板和滤框交替排列组装成的过滤设备。滤板与滤框间夹有滤布或滤纸。板和框的 4 个角端均开有圆孔,组装压紧后构成四个通道,可供滤浆、滤液及洗涤液通过。过滤时将过滤物料用泵或压力送进滤机,液体通过滤布沿板框沟槽流出,固体物料则存留在板框空间,待板框空间填满固体物料时停止进料。先用空气吹干,然后旋开压紧装置、卸除滤饼、洗布。重装后进入下一轮操作。板框压滤机结构简单、过滤面积大并可任意改变、允许压差大、适应范围广。但劳动强度大、洗涤不均匀、生产效率低。采用自动板框压滤机可以减轻劳动强度。

构型 configuration 指分子中所有原子或基团在空间的特定排列形式。是分子中具有刚性结构的部分。它包括键角、键长等表达数据,描述一个分子的静态立体化学。

构型异构体 configuration isomer 分子式或成分相同,而构型不同的分子称作构型异构体。它包括几何异构体及旋光异构体。在通常条件下,构型异构体之间不能或很难直接相互转换。参见"几何异构体"、"旋光异构体"。

构造异构体 constitution isomer 分子中原子的连结次序及键合性质称为构造。而由于分子中原子或基团连接次序不同所产生的异构体称为构造异构体。它又可分为碳架异构体、互变异构体、位置异构体、价键异构体及官能团异构体。

构造凝固 structure freezing 见"黏温凝固"。

构象 conformation 分子中的取代原子或基团绕碳-碳单键旋转时所形成的空间特定排列形式或三维图形。如环己烷可以形成船式及椅式构象;

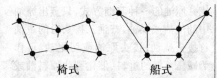

椅式　　　　　　船式

构象分析 conformational analysis 计算有机化合物分子中构象态的种类及其物理化学性质的方法。构象不同,基团间的排斥力不同,能量高低不同。由于构象异构体相互之间的能量差值太小,难以分离。但在一定条件下,能以一定组成比例存在于构象转化的平衡体系中。达到平衡时,各种构象在整个构象中所占的百分比例称为构象分布。构象数目是无限的。在构象分布中,通常只有少数低能量的稳定构象含量比较多。为简化起见,在构象分析时,通常只考虑几个能量低的稳定构象。

构象异构体 conformation isomer 在有机化合物分子中,因碳链单键的自由旋转运动产生的一系列空间特定排列形式的构象,互为构象异构体。从理论上说,一个可能形成的化合物可以存在无数构象异构体。但实际存在的构象异构体是对应于旋转-能量曲线上各极小值的一系列较稳定的构象。如正丁烷分子中 C_2—C_3 轴自由旋转所形成的三种较稳定的构象异构体中都是交叉构象:

（Ⅰ）　　　　（Ⅱ）　　　　（Ⅲ）

其中以（Ⅰ）式代表的异构体能量最低。

事故池 accident tank 均质调节池的一种类型。一些化工、石油等排放高浓度废水的工厂,在其污水处理厂中都设置事故池,用于储存事故排水。以预防短时间内排出大量 pH 值波动很大的高浓度有机废水直接进入废水处理系统,影响废水系统正常运行。事故池一般设置在废水处理系统主流程之外,与生产废水排放管道相连接,可将储存的高浓度废水连续或间断地以较少流量引入生物处理系统中,不影响废水系统正常运行。事故池有效容积很大,有的甚至达到 1000m³ 以上。

刺激性气体 irritant gas 是指对眼睛、呼吸道黏膜和皮肤具有刺激作用的一类气体,多具有腐蚀性。其中大多数是化学工业的原料及副产品。种类很多,常见的有氯气、氨气、光气、氮氧化物、氟化氢、氯化氢、二氧化硫、三氧化硫及臭氧等。有些物质在常温下并非气体(如硫酸、三氯化磷),但可以通过蒸发、升华及挥发后形成蒸气和气体作用于机体。

矿产资源 mine resources 自然资源的一类,为地质成矿作用的产物。是一种不可更新的资源,也是人类生产及生活资料的主要来源。按其经济用途分为:①能源矿产资源,如煤、石油、天然气、油页岩及铀、钍等核燃料;②金属矿产资源,它又可分为黑色金属及有色金属两类,主要为铁、锰、铝、铜、钛、锌、镁等;③非金属矿产资源,如石墨、石棉、硫、磷、砷等。

矿物油 mineral oil 又称矿油。指以原油的减压馏分或减压渣油为原料，经脱沥青、脱蜡和精制等过程制得的油料，是润滑油及润滑脂的主要基础油。

矿物油型刹车液 mineral oil brake fluid 是以深度脱蜡的精制柴油馏分为基础油，加入增黏剂、抗氧剂、防锈剂调合制得的刹车液。可在 $-50 \sim +150$℃ 温度范围内使用，对金属无腐蚀。但对一般橡胶有溶胀作用，而且水溶性差，在高温下水汽化产生气阻影响制动效果，不能确保车辆行车安全，包括我国在内的许多国家已逐渐淘汰这类制动液。

矿物润滑油 mineral lubricating oil 指由矿物基础油加入必要的添加剂所制得的润滑油。是当前应用最为广泛的润滑油，约占全部润滑油产量的 97%。如车辆润滑油、液压油、齿轮油、汽轮机油、压缩机油、冷冻机油、真空泵油、轴承油、导轨油等。矿物润滑油的原料来自石油中沸点 300℃ 以上的馏分，主要为 $C_{20} \sim C_{40}$ 的各种烃类化合物，多数为烷烃、环烷烃及芳烃，还含有少量烯烃及含硫、氮、氧等非烃类化合物。

矿物蜡 mineral wax 指从石油、泥炭、褐煤等取得的蜡。如石油蜡、矿地蜡、蒙旦蜡、纯矿地蜡、石蜡等都属于矿物蜡。

矿物燃料 fossil fuel 见"化石燃料"。

拔头 topping 又称拔顶、拔顶蒸馏。原油的一种蒸馏方式，只蒸出原油中的汽油或煤油、柴油。拔头后的重油称拔头残油、拔头原油或切尾油，可作为减压蒸馏的进料、催化裂化原料油或直接用作锅炉燃料油。

拔头气 tops from crude distillation 见"拔顶气"。

拔头油 topped oil 重整原料在进入反应系统之前，需经预分馏将原料中不适宜重整反应的过轻、过重组分分离出去。从预分馏塔塔顶拔出的 70℃ 以前的馏分称作拔头油，可用作蒸汽裂解过程或异构化过程的原料。如将拔头油进一步分馏，切取 $60 \sim 70$℃ 馏分，可用作香花溶剂油及油脂抽提溶剂。

拔头原油 topped crude 又称初底油。指初馏塔底油或常压蒸馏塔底的重油。

拔头塔 topping tower 指原油拔头装置中的蒸馏塔，常指原油装置中的常压蒸馏塔。

拔头装置 topper 指只蒸出原油中的汽油或煤油及柴油的蒸馏装置，仅包括常压蒸馏塔及其相关的附属设备。

拔头馏分 tops 指由原油拔头装置或原油常压蒸馏装置分馏出沸点低于 70℃ 的轻馏分油的总称。用作溶剂油、汽油掺合组分或石油化工裂解原料。

拔顶气 tops from crude distillation 又称拔头气。指由常压蒸馏塔顶蒸出的少量轻烃。其组成及数量与原油的性质有关，一般为 $C_1 \sim C_4$ 的烷烃，不含烯烃。是裂解生产烯烃的优良原料，也可压缩后用作燃料。

抽余油　raffinate oil　见"芳烃抽提过程"。

抽提　extraction　见"萃取"。

抽提剂　extractant　见"萃取剂"。

抽提塔　extractor　又称抽提器。用于抽提操作的塔器。常指液-液接触进行抽提(或萃取)的设备。有筛板抽提塔、填料抽提塔、喷淋抽提塔、搅拌抽提塔等。通常是将密度较大的溶剂由塔顶部进入塔内,靠重力向下流动,与密度较小的中部引入的向上流动的原料进行逆流接触,由于塔板的作用使传质过程多次进行。

抽提蒸馏　extraction distillation　又称萃取蒸馏。利用加入溶剂或萃取剂以增大关键组分之间的相对挥发度的特殊蒸馏方法。即向系统中加入比原有任何组分沸点都高的溶剂,改变关键组分之间的相对挥发度,使挥发度相对地变大的组分由塔顶馏出,挥发度相对地变小的组分与加入的溶剂随塔釜抽提物一起离开蒸馏塔。抽提蒸馏不同于一般常规蒸馏及一般的液-液溶剂抽提过程。它是以液-液传质过程来分离体系中的某些组分,虽然加入了溶剂,但仍以蒸馏方式进行。用于不能或难于用常规蒸馏方法进行分离的场合。例如以 N-甲酰基吗啉为溶剂用抽提蒸馏分离纯苯的过程。

担体　supporter　见"载体"。

拉乌尔定律　Raoult's law　溶液的气液平衡定律。法国人拉乌尔在1886年提出:在一定温度下,稀溶液中溶剂的蒸气压等于纯溶剂的蒸气压与其摩尔分数的乘积。此定律还可适用于化学结构相似、相对分子质量接近的不同组分所形成的理想溶液,其中每个组分在气相中的分压都等于该组分在此温度下的饱和蒸气压与其在溶液中的摩尔分数的乘积。利用拉乌尔定律,可计算在任一温度下不同浓度溶液的蒸气压。

拉丝性增强剂　stringiness reinforcer　用于提高润滑脂的粘附性或增强低黏度矿物油制得的润滑脂粘附力的添加剂。通常为一些高分子聚合物,如聚异丁烯、聚甲基丙烯酸酯、硅油、天然橡胶、松香、沥青、蜂蜡及铅皂等。

拉西环　Raschig ring　是1914年由拉西(Raschig)发明的一种填料,仍是填料塔的一种常用填料。为一个外径和高度相等的空心圆柱体,其壁制得越薄越好,材质可用金属、陶瓷、塑料等。常用外径为25～80mm,金属环壁厚为0.8～1.6mm,瓷环壁厚为2.5～9.5mm。填装时,直径小于50mm的采用乱堆方式装填,直径大于50mm时可以乱堆,也可整堆。拉西环构造简单、价格低。主要缺点是液体分布性能不好、气体通过能力差、传质效能低。目前其应用在逐渐减少。

拌热保温　heat tracing　指利用伴热介质对管内介质加热以补充在输送过程或停留期间的热损失,维持所需的操作温度,但不考虑管内介质的升温。常用伴热介质有蒸汽、热水、热载体及电热等四种。管内介质温度在 95℃ 以下时,应选用 0.3～0.6MPa 的蒸汽伴热;温度在 95～150℃ 之间时,应选用 0.7～0.9MPa 的蒸汽伴热;输送介质温度在 150℃ 以上的管道,可选用热载体作伴热介质,常用的热载体有:重柴油、馏程大于 300℃ 的馏分油、联苯-联苯醚及加氢联三苯等;当管内介质温度需有效控制时,可采用电伴热。通常,加套管的伴热介质温度,可等于或稍高于被伴热介质的温度,但不宜高于 50℃。

择形裂化 shape selective cracking
见"催化脱蜡"。

择形催化 shape-selective catalysis
指受催化剂孔结构控制的催化作用,具有择形催化功能的催化剂称为择形催化剂,如 ZSM-5 分子筛、磷酸铝分子筛、丝光沸石等。择形催化剂多数为具有特殊孔结构及孔径的天然或人工合成的硅铝酸盐晶体,催化反应主要在晶体内表面及孔道壁上进行。催化剂既具反应物选择性,又具产物选择性,可有选择地使某种反应分子通过孔道进行反应,也可使与孔道尺寸相当的产物分子离开孔道而形成最终产物。如以 ZSM-5 为催化剂,由二甲苯异构化制取对二甲苯,甲苯歧化制取对二甲苯及苯等都是择形催化转化过程。

择形催化剂 shape selective catalyst
见"择形催化"。

转子流量计 rotameter 是由一根自下而上逐渐扩大的垂直锥形玻璃管(或金属管),和一只放在锥形管内随流体流量大小可以上、下移动的转子所组成。当流体流过锥形管时,转子在流体中浮起并旋转,在上升推力与重力和浮力平衡时即悬浮在一定的高度,指示相应的流量。转子位置越高,环隙流通截面越大,流量也越大。按锥形管材料不同可分为玻璃管转子流量计及金属管转子流量计。具有结构简单、显示直观、工作可靠等特点,适合于检测中小管径、较低雷诺数、低流速的液体或气体的流量。

转化 reforming 一种常用制氢方法。工业制氢方法很多。如煤或焦炭的水煤气法、渣油或重油的部分氧化法、轻烃水蒸气转化法、炼厂富氢气体净化分离法、电解水法等。而轻烃水蒸气转化法以其工艺成熟可靠、投资低廉、对环境污染少、操作方便而占主导地位。轻烃水蒸气转化法是以天然气、炼厂干气、石脑油馏分等为原料,在水蒸气及催化剂存在下,经高温催化转化的过程。为当前广泛采用的制氢方法。

转化炉 reforming furnace 水蒸气转化制氢装置的关键设备。是以烃类、水蒸气为原料,通过转化反应生产氢气的反应式加热炉。为一个多管并流的外热式反应器,每根炉管即为一个直接火焰加热的反应器。其炉管也称为转化管,管内装有催化剂,工艺介质(轻烃及水蒸气)一边吸热,一边进行着复杂的化学反应。原料气入口温度一般为 450～550℃,转化气出炉温度 760～

880℃，炉膛温度高达 1000℃以上。按燃烧器的布置分类，有顶烧转化炉、侧烧转化炉及梯台式转化炉，国内常用的是前两种转化炉。

转化率 conversion rate 衡量催化反应深度的综合指标。指在一定温度、压力及空速（即单位时间通过单位体积催化剂换算成标准状态下的原料气体积量）下，原料转化的百分率。当催化裂化反应的反应深度以转化率表示时，若以原料油量为100，则：

$$转化率 = \frac{100 - (未转化的原料)}{100} \times 100$$

工业上也常用下式表示催化裂化反应的转化率：

$$转化率 = \frac{气体 + 汽油 + 焦炭}{100} \times 100$$

转光剂 light conversion agent 一种新型塑料助剂。指能主动地将对作物生长不利的近紫外光及对作物几乎无用的黄绿光转变成蓝光或红橙光的功能性助剂。含有转光剂的农用温室塑料大棚薄膜或地膜称为转光膜。使用转光膜可改善作物光照条件，调节棚内温度、加大光合作用、促进作物生长。转光剂多为含有发光中心的稀土离子或含有 π 电子的有机类物质，受激后可产生低能级的电子跃迁，激发出不同波长的荧光，可将对作物生长不利的近紫外光及对作物光合作用影响不大的绿光转换成有效光成分。按材料性质，转光剂可分为稀土无机转光剂（如 CaF_2：Eu^{2+}、$BaMgAl_{10}O_{17}$：Eu^{2+}）、稀土有机配合物转光剂及有机荧光颜料转光剂等。

转盘萃取塔 rotating disc extractor 一种有外加能量的萃取塔。主要结构特点是在塔体内壁上设有若干等间距的固定环，而在塔的中心旋转轴上水平地安装若干圆形转盘，每个转盘正好位于两相邻固定环中间。操作时重液、轻液分别从塔的上部、下部进入，电动机带动转盘旋转，使两液相随之转动，在液流中产生相当大的速度梯度和剪切应力，剪切应力使连续相产生强烈的水平方向漩涡并使分散相形成小液滴，从而增加了两相接触面积和湍动程度，提高传质效率。转盘塔操作方便、传质效率高、结构也不复杂，广泛用于丙烷脱沥青、糠醛精制润滑油、废水脱酚等过程。

转筒干燥器 roller dryer 又称旋转式干燥器。一种连续式干燥器。主体是略带倾斜并能回转的钢制圆筒体。转筒外壁装有两个滚圈。转筒由腰齿轮带动，缓缓转动，转速一般为 $1 \sim 8 r/min$。湿物料由转筒较高的一端加入，干燥介质由出口端进入，与物料呈逆流接触。随着转筒的转动，不断被其中的抄板抄起并均匀地洒下，以便湿物料与干燥介质均匀接触，同时物料在重力作用下不断向出口移动。废气从进料端排出。按物料与热载体的接触方式可分为直接加热式、间接加热式及复合加热式。具有生产能力大、气体阻力小、操作方便等特点，可用于干燥粒状和块状物料。其主要缺点是设备笨重、建造费用高。

由于物料在干燥器内停留时间较长,不适合对湿度有严格要求的物料。

转鼓式真空过滤机 drum type vacuum filter 一种连续操作的过滤设备。其主体部分是一个卧式转鼓,直径为0.3～5m,长度为0.3～7m,表面有一层金属网,网上覆盖滤布,鼓的下部浸入浆料中,转筒沿径向分成若干个互不相通的扇形格,每个扇形格端面上的小孔与分配头相通。当转鼓低速转动时,由于鼓内为负压,不断地将浆液经滤布吸入鼓内。凭借分配头的作用,转筒在旋转一周的过程中,每个扇形格可顺序完成过滤、洗涤、卸除滤饼等操作。具有操作连续化、自动化、生产能力大、适应性强的特点。但结构复杂、过滤面积小、洗涤不充分、滤饼含液量较高(10%～30%),也不适宜处理高温悬浮液。

软化水 demineralized water 是指将水的硬度(主要指水中钙、镁离子)去除或降至一定程度的水。水在软化过程中,仅硬度降低,而总盐量不变。

软化剂 softener 又称橡胶软化剂。指在橡胶加工过程中为改善其加工性能和使用性能而加入的一种操作配合剂或助剂。按其对聚合物所起作用有些类似于增塑剂。但增塑剂主要用于塑料,而软化剂则大多来源于天然性物质,可增大胶料的柔软性及塑性,降低胶料黏度和混合时温度,改善混合性及分散性,提高硫化胶的拉伸强度、伸长率及耐磨性。按作用方式可分为化学软化剂及物理软化剂;按来源可分为石油系软化剂(如环烷油、芳烃油、石蜡、机械油等),煤焦油系软化剂(如煤焦油、库马隆树脂、煤沥青等),脂肪油系软化剂(如植物油、硬脂酸等),松油系软化剂(如松焦油、松香妥尔油等)。

软化点 softening point ①衡量沥青耐热程度的指标。一般用环球法测定。在环球法的测定条件下,沥青被加热软化,在钢球荷重下变形并下坠至下承板时的温度即为沥青的软化点。软化点高说明沥青耐热性好,但延性差、粘结力也差,易变硬变脆;软化点低,表明沥青对温度的敏感性大,延性及粘结性好,但易变形。②在一定负荷及升温速率下,热塑性塑料试样加热至变形达到规定值时的温度。有维卡软化点、环球式软化点等试验方法。

软硬酸碱理论 hard and soft acids and bases 简称 HSAB。1963 年皮尔逊(Pearson)在研究配合物稳定性基础上指出,路易斯酸和路易斯碱所形成配合物的稳定性依赖于电负性及极性,由此提出软、硬酸碱概念。根据路易斯酸碱性质的差异将其分为硬、软及交界三大类。由此可分为硬酸、软酸、交界酸及硬碱、软碱、交界碱(分别参见各项)。按软、硬酸碱理论,"硬亲硬、软亲软,软硬交界不分亲近"。即硬酸易与硬碱结合,软酸易与软碱结合,各自形成稳定化合物,而硬酸与软碱、软酸与硬碱则难以形成稳定的化合物。这一经验规则可以用来解释一些化学现象,如预测配位化合物的稳定性,取代反应的方向性、催化反应机理等。

软酸 soft acid 广义酸碱之一。作为电子对受体的路易斯酸。如体积大，正电荷低或等于零，极化性高，对外层电子的束缚力低，则称为软酸。它们可以是正离子或分子，如 Ag^+、Cu^+、Au^+、Hg^+、Pd^{2+}、Cd^{2+}、Pt^{2+}、Br_2、I_2、$Mn(O)$ 等。

软碱 soft base 广义酸碱之一。作为电子对给予体的路易斯碱。如给予体原子电负性低、极化性高、半径较大，对外层电子吸引力也较弱，则称软碱。如 H^-、CN^-、I^-、SCN^-、CO、C_6H_6、C_2H_4、RSH、RS^-（R 为烷基）等。

卧式离心泵 horizental centrifugal pump 见"离心泵"。

卧式罐 horizontal tank 又称卧式圆筒形油罐。指卧式安装的圆柱形或椭圆形油罐。其结构包括筒体及封头两部分。可承受较高的正压和负压（0.01～4MPa）。适于作液化气及低沸点油品的储罐。常用于小型分配油库、农村油库、城市加油站或企业附属油库。在炼油厂、石油化工厂也广泛用作工艺罐、放空罐及计量罐等。

卧管立式炉 horizental pipe straight-up furnace 见"立式炉"。

【非】

非干性油 non-drying oil 又称不干性油。指暴露于空气中不受氧化或几乎不受氧化作用而不能干燥成膜的植物油，如蓖麻油、花生油、椰子油等。

非水溶剂 non-aqueous solvent 指除水以外的溶剂，包括有机溶剂及无机溶剂。常用的有机溶剂有脂肪烃、芳香烃、卤代烃、醇、醛、酯、醚、含氮化合物等；无机溶剂有液氨、液态二氧化碳、强酸、熔融盐、液态金属等。因大多数物质只能溶解在非水溶剂中，许多化学反应也是在非水溶剂中进行的，故可用作反应溶剂、萃取溶剂、选矿溶剂及分析溶剂等。

非水溶液 non-aqueous solution 见"溶液"。

非水滴定 non-aqueous titration 又称非水溶液滴定。指在非水介质中完成滴定分析。是为解决水难溶的有机酸、碱、极弱的酸及碱，以及在水中不能进行的多元酸、碱的分步滴定和混合酸的分别滴定问题，而采用在水以外的各种溶剂中进行滴定的一种容量分析法。可用于酸碱滴定或氧化还原滴定，滴定时可用指示剂或电位法确定终点。

非电解质 non-electrolyte 在水溶液中或在熔融状态下不能电离成离子的化合物。除酸类和酰胺类外，大多数有机化合物及非金属卤化物都是非电解质，如甘油、乙醇、蔗糖、四氯化碳等。非电解质是以共价键结合的。它们的水溶液或熔融物均不能导电。

非对称膜 asymmetric membrane 又称各向异性膜。一种分离膜。其孔结构随深度而变化，横断面具有不对称结构。一体化非对称膜通常是用同种材料制成的,一层为厚度 $0.1\sim0.5\mu m$ 的多孔或致密皮层,另一层为厚度 $50\sim150\mu m$ 的多孔支撑层。支撑层结构具有一定强度,在较高的压力下也不会产生很大的形变。有时,也可在多孔支撑层上覆盖一层不同材料的致密皮层构成复合膜。非对称膜的分离主要或完全由很薄的皮层决定。其传质阻力小,透过速率较对称膜高得多。工业应用的非对称膜以非对称聚合物膜为主。

非均相系 inhomogeneous system 又称多相系。指两个或两个以上相共同存在的物系。如雾(气-液相)、烟尘(气-固相)等气体非均相系,悬浮液(液-固相)、乳浊液(两种不同的液相)等液体非均相系,以及两种不同固体构成的固体非均相物系等。在非均相系中,有一相处于分散状态,称为分散相(或分散质),如烟尘中的尘粒;另一相包围分散相而处于连续状态,称为连续相(或分散介质),如悬浮液中的液相。

非均相系分离 inhomogeneous system separation 指将非均相系中的分散相及连续相分离开的操作。如氨水和二氧化碳反应生成含碳酸氢铵的悬浮液,通过离心或过滤方法可将液体及固体分离。非均相分离可分为气固分离及液固分离。可用连续相及分散相的分离,回收有价值的物质以及除去下一工序有害的物质。分离操作所用设备有离心机、过滤机、旋风分离器及袋滤器等。

非均相催化 inhomogeneous catalysis 见"多相催化"。

非均相催化氧化 inhomogeneous catalytic oxidation 又称多相催化氧化。指气态或液态有机原料在固体催化剂作用下,以气态氧作氧化剂,将原料氧化为其他有机产品的过程。所用原料主要为烯烃及芳烃,其次为醇类或烷烃。与均相催化氧化比较,具有反应温度较高、反应过程的影响因素较多、系统内传热过程复杂等特点。重要的非均相催化氧化过程有烷烃催化氧化(如正丁烷氧化制顺酐)、烯烃直接环氧化(如乙烯环氧化制环氧乙烷)、烯丙基催化氧化(如丙烯氨氧化制丙烯腈)、芳烃催化氧化(如苯氧化制顺酐)、醇的催化氧化(如甲醇氧化制甲醛)及氧氯化(如乙烯氧氯化制二氯乙烷)等。

非极性分子 non-polar molecule 分子中正负电荷中心重合的分子。如 H_2、N_2、O_2 等分子是由非极性键构成,分子内正负电荷中心重合,故它们是非极性分子。参见"极性分子"。

非极性溶剂 non-polar solvent 指介电常数低的一类溶剂,如石油烃、苯、二硫化碳等。容易溶解非极性物质,也能溶解油溶性酚醛树脂、香豆酮树脂等。主要用于制造清漆。

非极性键 non-polar bond 见"共价键的类型"。

非质子酸 Lewis acid 见"路易斯酸"。

非沸石分子筛 non-zeolite molecular

sieve　见"沸石分子筛"。

非选择性叠合　non-selective polymerization　见"叠合"。

非烃化合物　non-hydrocarbon compound　指存在于原油中的有相当数量的非烃类有机物。主要包括含硫、含氧、含氮化合物以及胶状沥青物质。这类化合物中的分子中除含有碳氢元素外，还含有氧、硫、氮等。其元素含量虽然很少，但组成化合物的量一般占原油总量的 10% ～ 20%，有的甚至高达60%。它们大多会对原油的加工及产品质量带来不利影响，在原油的炼制过程中应尽量将其除去。

非活化吸附　non-activated adsorption　见"活化吸附"。

非弹性凝胶　non-elastic gel　又称刚性凝胶。由刚性质点（SiO_2、V_2O_5、TiO_2、Fe_2O_3 等）溶胶所形成的凝胶。因这类凝胶脱水干燥后再置于水中加热时，一般不形成原来的凝胶，故又称其为不可逆凝胶。习惯上，凝胶一词常狭义地指非弹性凝胶。

非离子(型)表面活性剂　non-ionic surfactant　表面活性剂的一类。在水中不生成离子的表面活性剂。其亲水基主要由聚氧乙烯基$\leftarrow C_2H_4O \rightarrow_n H$ 构成，另外一部分是以多醇（如甘油、季戊四醇、山梨醇、葡萄糖等）为基础的结构。这类表面活性剂大多具有良好的乳化、润湿、渗透、起泡、稳泡、抗静电及洗涤等作用，且无毒，在水中稳定性好，并可和其他表面活性剂并用。主要类别有聚乙二醇类、多元醇型、聚醚、烷基醇酰胺及烷基多苷等。大多呈液态或浆、膏状。它与离子型表面活性剂的不同之处在于，随温度升高，很多非离子型表面活性剂的溶解度降低甚至不溶。这类表面活性剂用途广泛，可用作润湿剂、洗涤剂、乳化剂、增稠剂、杀菌剂、消泡剂及矿物浮选剂等。

非离子(型)乳化沥青　non-ionic emulsified asphalt　见"乳化沥青"。

非离子型破乳剂　non-ionic demulsifying agent　一种在水中不能电离成离子的化学合成破乳剂。可分为低分子型及高分子型。低分子非离子型破乳剂有烷基酚聚氧乙烯醚、脂肪醇聚氧乙烯醚、斯盘类及吐温类非离子表面活性剂等。这类破乳剂能耐酸、碱、盐，但破乳效果不如高分子型。高分子型非离子破乳剂主要是环氧乙烷、环氧丙烷嵌段共聚物，也即聚醚型破乳剂。根据所用引发剂不同，环氧乙烷及环氧丙烷的加成数和比例不同，以及羟基交联和封闭情况不同，可制得不同的聚醚型破乳剂。

非酸式氢　non acid hydrogen　见"酸式氢"。

非碱性含氮化合物　non-alkaline nitrogen compound　见"含氮化合物"。

叔丁胺　*tert*-butylamine　化学式 $C_4H_{11}N$。又名 1,1-二甲基乙胺。无色透明液体，易挥发，有氨味。相对密度 0.6958。熔点 $-72.7℃$，沸点 $44.4℃$，

$$CH_3-\underset{\underset{CH_3}{|}}{\overset{\overset{CH_3}{|}}{C}}-NH_2$$

闪点－8.9℃,自燃点380℃。蒸气相对密度2.5,蒸气压45.32kPa(25℃)。爆炸极限1.7%～8.9%。与水、乙醇、乙醚等混溶。易燃。受热分解出有毒的氧化氮烟气。有毒! 蒸气对眼睛、皮肤及黏膜等有刺激性,可致肺水肿。用于制造医药、农药、染料等。也用作橡胶硫化促进剂、杀菌剂、润滑油添加剂等。可在硫酸存在下,先由叔丁醇与尿素缩合,再经碱解而得。

叔丁醇　*tert - butyl alcohol*　$(CH_3)_3COH$　化学式$C_4H_{10}O$。又名2-甲基-2-丙醇、三甲基甲醇。无色正交晶系棱柱状结晶,有少量水存在时则为液体。有类似樟脑气味。相对密度0.7887。熔点25.6℃,沸点82.5℃,闪点8.9℃(闭杯)。折射率1.3878。蒸气相对密度2.55,蒸气压5.33kPa(24.5℃)。爆炸极限2.3%～8.0%。与水、乙醇、乙醚混溶。毒性介于乙醇与丙醇之间。对皮肤及黏膜有轻度刺激性。用作提高汽油辛烷值的添加剂、矿物浮选剂、防冻剂及溶剂等。也用于制造医药、香料及变性酒精等。由异丁烯催化加氢制得。

叔氢原子　*tertiary hydrogen atom*　见"叔碳原子"。

叔碳原子　*tertiary carbon atom*　在烷烃分子中,因分子构造不同,分子内各碳原子不尽相同,与之相连的氢原子也就不完全相同。不同的碳原子和氢原子其性质不尽相同,因此,烷烃分子中的碳原子,按其所连接的碳原子数目的不同,可分为四类:只与一个碳原子相连的碳原子,称作伯碳原子,或一级碳原子,常用1°表示(甲烷的碳原子属于伯碳原子);与两个碳原子相连的,称作仲碳原子,或二级碳原子,常用2°表示;与三个碳原子相连的,称作叔碳原子,或三级碳原子,常用3°表示;与四个碳原子相连的,称作季碳原子,或四级碳原子,常用4°表示。而与伯、仲、叔碳原子相连的氢原子,分别称作伯、仲、叔氢原子。

齿轮泵　*gear pump*　是由两个齿轮啮合在一起组成的泵,一个是主动齿轮,另一个是从动齿轮。运行时,被吸进的液体充满齿坑,并随着齿轮向外沿壳壁被输送到高压空间,通过两个齿轮互相啮合,将齿坑内的液体挤出而排到出口管路内。此时封闭空间逐渐增大,形成了负压区,入口液体在大气压力或入口管道压力作用下被迫流入泵的吸入口。具有结构简单、自吸能力较好、出口流量较为稳定、运行可靠等特点。常用作燃料油泵、润滑油泵。

齿轮油　*gear oil*　用于润滑齿轮传动装置的润滑油。其作用有:①减少齿轮及轴承的磨损,以延长使用寿命;②降低摩擦,以减少功率损失;③分散热量,降低工作温度;④防止腐蚀及生锈;⑤减少噪声,降低齿轮之间的冲击和振动;⑥冲洗污染物,减少磨粒磨损。按用途分为车辆齿轮油及工业齿轮油。前者用于各种车辆的变速器、驱动桥、转向器等齿轮传动机构的润滑;后者用于各种工业机械的传动齿轮及蜗轮蜗杆的润滑,按使用场合不同又可分为工业闭式齿轮油及工业开式齿轮油。

齿轮润滑 gear lubrication 齿轮传动用于机械工程设备的运动及动力传递,其传递功率范围大、传动效率高,可传递任意两轴之间的运动和动力。为避免齿轮工作面间形成直接摩擦而需用润滑剂将工作面隔开,以保持齿轮机构的工效和延长使用寿命。齿轮润滑的最大特点是既有流体动力润滑和弹性流体润滑,又有边界润滑。润滑剂的作用是在齿轮的齿与齿之间的接触面上形成牢固的吸附膜,以保证正常润滑及防止齿面间的咬合。因此,所用润滑剂应具有良好的油性、极压性、热氧化安定性、抗磨性及抗腐蚀性能。

歧化反应 disproportionation 是指在反应中,在一定条件下,相同的分子(或离子)由于相互传递原子团或离子而使分子(或离子)的一部分被氧化,另一部分被还原的反应。如不含 α-活泼氢的醛在浓氢氧化钠溶液中,一分子醛被氧化成羧酸(盐),一分子醛被还原成醇的反应(又称坎尼扎罗反应);甲苯在氢型丝光沸石催化剂存在下发生歧化(烷基转移)生成苯和二甲苯。工业上利用歧化反应来制取季戊四醇。

歧化终止 disproportionation termination 见"链终止"。

迪麦克斯脱沥青过程 Demex deasphalting process 是美国环球油品公司开发的渣油脱沥青技术。其主要特点是:①以丁烷为主溶剂,相对于丙烷脱沥青,溶剂蒸气压低,易加压液化;②采用外混合-内沉降工艺,减压渣油与溶剂经三级混合后,从抽提器中上部进入进行沉降分离;③采用超临界技术回收溶剂,约 85% 溶剂不经过蒸发,溶剂经换热后循环使用,能耗低;④生产方案灵活,可生产两种或三种产品。

国际标准化组织 International Organization for Standardization 简称 ISO。一个全球性的非政府组织,是国际标准化领域中十分重要的组织。其任务是促进全球范围的工业标准化及其有关活动,以利于国际间产品与服务的交流,以及在知识、科学技术、经济活动中发展国际间的相互交流及合作。ISO 成立于 1946 年,总部设在瑞士日内瓦。

固化剂 curing agent 是促进可溶的线型结构高分子化合物互相交联,固化成不溶的体型结构高分子化合物的一类助剂。它也是一种交联剂,品种很多。需按不同的树脂类型选用不同品种的固化剂。如环氧树脂使用胺类、有机酸酐类及咪唑类固化剂;酚醛树脂常用六亚甲基四胺作固化剂;橡胶常用联苯胺、萘胺、邻氨基酚等作固化剂;不饱和聚酯选用过氧化环己酮等过氧化物作固化剂;涂料中常用氨基树脂作固化剂等。

固有误差 intrinsic error 见"基本误差"。

固体废物 solid waste 指在人类生产、生活和其他活动中产生的、丧失原有利用价值或虽未丧失利用价值但被抛弃或放弃的固态、半固态及置于容器中的气态物品，以及法律、法规规定纳入固体废物管理的物品、物质。按化学性质可分为有机废物及无机废物；按形状可分为固体废物及泥状废物；按其危害状况可分为有害废物及一般废物。我国根据固体废物管理的需要而将固体废物分为工业固体废物、城市生活垃圾及危险废物三大类。

固体流态化 fluidization of solid 见"流态化"。

固体润滑剂 solid lubricant 见"润滑剂"。

固体超强酸 solid superacid 指酸强度函数 $H_0 \leqslant -11.94$ 的固体酸。固体超强酸的酸强度是指其酸中心给出质子或接受电子对的能力，可以采用酸强度函数 H_0 来表达。在所测量的样品中加入少量指示剂 B（一种极弱的碱），B 与质子 H^+ 结合后生成共轭酸 BH^+，而具有不同的性质（如颜色等）。根据酸碱反应达到平衡时的 $[B]/[BH^+]$ 值，则可求得 H_0：

$$H_0 = pKa + \log[B]/[BH^+]$$

式中，Ka 是化学反应 $BH^+ \longrightarrow B + H^+$ 的平衡常数。H_0 可正可负。H_0 越大，酸越弱；H_0 越小，酸越强。100% H_2SO_4 的 $H_0 = -11.94$。$H_0 < -11.94$ 的酸则称为超强酸。

固体溶解度 solid solubility 见"溶解度"。

固体酸 solid acid 指具有 B 酸或 L 酸中心的固体物质，如合成分子筛、酸性白土、阳离子交换树脂等。检验固体酸的性质主要包括三个方面：首先是酸中心类型，是 B 酸或是 L 酸；第二是酸强度，即测定表面酸中心的酸强度；第三是酸的浓度，也即测定酸中心的表面密度。参见"布朗斯台酸"及"路易斯酸"。

固体酸载体 solid acid carrier 指具有质子酸中心或路易酸中心的固体物质。如硅铝酸盐（包括合成的无定形硅酸铝、分子筛、黏土等）、氧化物（如氧化铝、氧化镁、二氧化硅等）、卤化物（如氯化铝、氯化锌等）等。它们可用作加氢、脱氢、异构化及催化裂化等的催化剂载体。

固体酸烷基化 solid acid alkylation 指用固体酸替代硫酸、氢氟酸等液体酸作催化剂的烷基化过程。目的在于减少设备投资、简化油酸分离过程和安全及环境保护。目前处于研究开发阶段的固体酸烷基化催化剂主要有金属卤化物（如 $AlCl_3$、BF_3 等）催化剂、分子筛（如 USY、MCM-22、ZCM 等）催化剂、超强酸（如 SO_4^{2-}/ZrO_2）催化剂、杂多酸（如 $Cs_{2.5}H_{0.5}PW_{12}O_{40}$）催化剂、液体酸固载化催化剂等。

固体酸催化剂 solid acid catalyst 指催化功能来源于固体表面存在的酸性中心的催化剂。如氧化铝、天然沸石、分子筛、活性白土、阳离子交换树脂、二氧化钛、硫酸镁、Zr 的磷酸盐等。

用于烃化、异构化、催化裂化、甲苯歧化等反应过程。

固体碱 solid base 指具有 B 碱或 L 碱中心的固体物质。如氧化镁、阴离子交换树脂等。检验固体碱的性质主要是碱中心类型(是 B 碱或是 L 碱)、表面碱中心的碱强度、测定碱中心的表面密度等。参见"路易斯酸"及"布朗斯台酸"。

固体碱催化剂 solid base catalyst 指催化功能来源于固体表面存在的碱性中心的催化剂。如负载于氧化铝或硅胶上的碱(如 KOH)、负载于氧化铝上的胺、碱金属或碱土金属氧化物、阴离子交换树脂、用碱金属或碱土金属交换的分子筛等。常用于双键转移、异构化、烷基化、烃的部分氧化及聚合等反应过程。

固钒剂 vanadium demobilization additive 见"捕钒剂"。

固定床 fixed bed 又称填充床。指固定在进行多相过程的设备或反应器内,不随流体流动或处于静止状态的固体颗粒物料层。如加氢精制反应器内的催化剂床层、固定床离子交换塔中的离子交换树脂层、固定床吸附器中的吸附剂颗粒层等。床层的压降随流体速度的增加而增大。

固定床反应器 solid-bed reactor 指流体通过静止不动的固体物料所形成的床层进行化学反应的设备。以气-固反应的固定床反应器最常见。主要是一个圆筒形容器,内装气体分布板或栅

板等分配装置,固体物料或催化剂放置其上,气体由下部经过分布板或其他分配装置均匀地通过固定床而发生反应。根据床层多少可分为单段式及多段式两种类型。单段式一般为高径比不大的圆筒体,结构简单,造价便宜;多段式是在圆筒体反应器内设置多个催化剂床层,在各床层之间可采用多种方式进行反应物料的换热,其特点是便于调节及控制反应温度。

固定床催化反应器 fixed bed catalytic reactor 在多相催化反应中使用固体催化剂的催化反应器。催化剂在床层内保持固定不动的状态。反应物料通过分布板或其他分配装置均匀地通过催化剂床层进行催化反应。根据物料流向可分为轴向反应器及径向反应器。石油化工的多相催化反应大多数是在固定床反应器内进行的。

固定床催化剂 fixed bed catalyst 各类固定床反应过程中所用催化剂的统称。如固定床乙烯氧氯化制二氯乙烷催化剂、固定床加氢脱硫催化剂等。一般催化剂的粒度较大,强度较高。催化剂的形状有球形、圆柱形、齿球形、三叶草形及片状等。大多采用挤出成型法制得。

固定床催化重整过程 fixed bed catalytic reforming process 又称半再生式催化重整过程。指催化剂在反应器内固定不动的催化重整过程。其特点是当催化剂运转一定时期后,活性下降而不能继续使用时,需就地停工再生(或

换用异地再生好的或新鲜的催化剂），再生后重新开工运转。如以生产芳烃为目的的铂铼双金属半再生式重整、麦格纳重整等都属于这类重整过程。

固定相 stationary phase 在色谱柱内不能移动而能起分离作用的物质。分为两类：一类为具有吸附活性的多孔固体物质（也称固体吸附剂）；另一类是能起分离作用的液体物质（称为固定液）。固定液要涂渍在载体上。常用的固体吸附剂有硅胶、活性炭、石墨化炭黑、碳分子筛、氧化铝、分子筛及高分子多孔小球等。固体固定相适用于分析永久性气体、烃类气体及高沸点混合物等。

固定液 stationary liquid 在气相色谱或气-液色谱中，以薄膜状涂渍在载体表面作固定相起分离作用的那层液体。气相色谱固定液约有数百种，主要由高沸点有机物所组成。对固定液的要求是：①热稳定性好、蒸气压低、在色谱操作温度下呈液态；②试样各组分在固定液中有足够的溶解性；③选择性高，对不同物质保留时间差别明显；④在柱温下对分析试样组分要具有化学惰性。

固定管板式换热器 fixed tube-sheet heat exchanger 管壳式换热器的一种类型。为管束两端的管板都固定在外壳上不能移动的换热器。其优点是结构简单紧凑、可承受较高压力、造价低、管程清洗方便，管子损坏时容易进行堵管或更换。缺点是管束与壳体的壁温或材料的线膨胀系数相差较大时，壳体和管束会产生较大的热应力。适用于壳侧介质清洁且不易结垢、并能进行清洗，以及管、壳程两侧温差不大或温差较大但壳侧压力不高的场合。

固相合成 solid phase synthesis 指先将底物或催化剂锚合在某种固相载体（如交联聚苯乙烯）上，再与其他试剂反应，生成的化合物连同载体一起过滤、淋洗，然后与试剂及副产物分离。这个过程能多次重复，可以连接多个重复单元或不同单元，最终产物通过解脱试剂从载体上解脱下来。也即固相合成采用过量的反应试剂以使反应进行完全，再通过过滤分离出纯的产物。

固相缩聚 solid phase polycondensation 又称固态缩聚。指在原料（单体及聚合物）熔点或软化点以下进行的缩聚反应。大致分为以下三种方法：①反应温度低于单体熔点，无论是单体还是反应生成的聚合物均为固体；②反应温度高于单体熔点，而低于缩聚产物熔点，反应分两步进行，先由单体以熔融缩聚或溶液缩聚方式形成预聚物，然后在固态预聚物熔点或软化点之下进行固相缩聚；③进行体形缩聚反应及环化缩聚反应。固相缩聚主要特点是：①反应速率低、表现活化能大，反应时间会长达几十小时；②有明显自催化作用；③为非均相反应，是一种扩散控制过程；④可制得高分子量、高纯度及高熔点的缩聚物。

固-液萃取 solid-liquid extraction 见"浸取"。

固溶胶 solid sol 见"胶体"。

易挥发物 highly volatile matter 见"挥发度"。

易碳化物 carbonizable substances 定性评定化妆用蜡及食品用蜡精制深度的一项质量指标。表示蜡中是否含有一定毒性的含硫、氮的低分子芳烃及烯烃等物质,而将蜡中的这些物质统称为易碳化物,在化妆用蜡及食品用蜡中必须精制除去。测定方法是将蜡样在 $70℃ \pm 0.5℃$ 的恒温条件下,与浓度为 94.7% 无氮硫酸反应,将反应后的酸层颜色与标准比色液作比较,如酸层颜色不深于标准色液,则判定为合格。如不合格,则需进一步精制。

易燃固体 inflammable solid 指燃点较低,遇明火、受热撞击或与某些物质接触时,会引起强烈燃烧的固体物质。按其危险性又可分为一级易燃固体及二级易燃固体。一级易燃固体的燃点低、易燃烧,燃烧时极为猛烈,并会产生毒性物质,如赤磷、闪光粉、硝基化合物等;二级易燃固体的燃点较高,燃烧时速度较慢,燃烧产物毒性较少,如硫黄、镁粉、硝化纤维素等。

易燃液体 inflammable liquid 指闪点在 $45℃$ 以下,常温下以液体状态存在的一些液体物质。根据闪点不同又分为一级易燃液体及二级易燃液体。一级易燃液体为闪点 $28℃$ 以下的液体,如乙醇、乙醛、甲苯、乙苯等;二级易燃液体为闪点在 $28℃$ 以上、$45℃$ 以下的液体,如丁醇、松节油等。

呼吸 breathing 指油罐气体空间因罐内液位或外界温度变化而引起的排气或吸气现象。因进油或出油造成液位变化所引起的呼吸称为大呼吸;因白天与夜晚造成外界温度变化而引起的呼吸称为小呼吸。大呼吸或小呼吸都可引起油品蒸发损失。

呼吸阀 breather valve 一种用来降低常压储罐内挥发性液体的蒸发损耗,并用来保护储罐免受超压或真空破坏的安全设施。其内部结构实质上是由一个低压安全阀(即呼气阀)和一个真空阀(即吸气阀)组合而成的,故称其为呼吸阀。常用的呼吸阀有阀盘式呼吸阀(或称重力式呼吸阀)及先导式呼吸阀。当储罐内介质的闪点 $\leqslant 60℃$ 时,应设置呼吸阀。压力稍高时可采用阀盘式呼吸阀;低压工况下,应首先选用先导式呼吸阀。

呼吸损耗 breathing loss 又称呼吸损失。指由于油罐的呼吸所造成的油品蒸发损失。分为大呼吸损耗及小呼吸损耗。通常指"小呼吸损耗",即油品在油罐中静止储存时,由于昼夜温度变化而引起的呼吸损耗。参见"小呼吸损耗"及"大呼吸损耗"。

罗茨泵 Root's pump 一种容积式转子泵。其转子是一对始终处于啮合状态的表面圆滑的叶轮,转子的啮合线及转子外缘与泵体之间形成动密封,把泵的吸入腔和排出腔隔开。同时一个转子长轴的两端和泵体间还形成一个与进油腔和排油腔均隔断的密封室。

转子转动 180°,啮合点位置便运行一周,此时两个转子分别输送出两个密封室容积,液体随旋转被带到排液腔而送入输液管线。罗茨泵具有低转速、高效率、流量大、真空度高、寿命长、消耗功率小、不用引油的特点,适用于输送温度在 200℃ 以下的石油及石油产品,也适用于输送润滑油及重油等黏性较大的油品。

罗茨流量计 Root's flowmeter 见"腰轮流量计"。

罗茨鼓风机 Root's blower 见"旋转式鼓风机"。

【N】

钒污染 vanadium pollution 又称钒中毒。指裂化催化剂受裂化原料中的钒金属作用所引起的催化剂中毒。钒在氧环境下生成 V_2O_5。V_2O_5 对催化剂的破坏作用有:① V_2O_5 熔点低,在正常再生条件下会熔融而破坏催化剂活性中心,使催化剂产生永久中毒;②气态 V_2O_5 与水蒸气结合形成钒酸 $[VO(OH)_3]$,会侵入沸石晶体发生水解反应,破坏沸石晶体结构,使催化剂失活;③钒可与钠协同作用,在催化剂表面形成低熔点氧化共熔物,覆盖催化剂表面,减少活性中心,降低催化剂的热稳定性。加入金属钝化剂,可以减轻钒对催化剂的毒害。

钒含量 vanadium content 指油品中有机钒化合物所含钒的总量。钒是原油中含量最高的微量金属。我国原油大多数为低硫陆相成油,其钒含量较镍含量还少。各种原油的常压和减压馏分中的钒含量都很少,而 95% 以上的钒是以钒卟啉等络合物的形式集中在减压渣油中。因此不需要对馏分油进行脱钒处理,而对减压渣油进行催化加工时则需进行脱钒,因钒沉积于催化剂表面会降低催化剂的活性及选择性。此外,含钒的油品在燃气透平中燃烧时会使叶片产生烧蚀。

制冷 refrigeration 又称冷冻。指降低物体温度的过程。工业生产中的冷冻操作(人工制冷)是将物料温度降低到比水和空气这些天然冷却剂的温度还要低的一种单元操作过程。其原理是先利用冷冻剂从低温物体中不断地取出热量,然后用机械方法或其他方法将冷冻剂所吸收的热量传递到高温环境中,冷冻剂在冷却系统中循环使用。凡冷冻范围在 -100℃ 以内的,称为普通冷冻,若冷冻至更低的温度,则称为深度冷冻。人工制冷一般通过低沸点液体气化、节流或减压等途径来实现,而常用的制冷方法有压缩制冷、吸收制冷及喷射制冷等。制冷操作广泛用于裂解气分离、润滑油脱蜡及制氧等过程。

制冷机 refrigerating machine 见"冷冻机"。

制冷系数 refrigerating coefficient 见"冷冻系数"。

制冷剂 refrigerant 又称冷冻剂或制冷工质。是在制冷系统中不断循环并通过其本身的状态变化以实现制冷的工作介质。通常是低沸点液体。它在低温下汽化以吸收热量,而在高温下冷凝放出热量。其性质直接关系到制冷装置的制冷效果、经济性及安全性。常用的制冷剂有氟氯烷、氨、丙烷、溴化锂、氯甲烷等。制冷剂应具有难燃、低毒、稳定、单位制冷量大、价格低廉、易于获得等特点。

制冷能力 refrigerating capacity 见"冷冻能力"。

制氢 hydrogenation production 指氢气生产。随着对燃料清洁生产要求的日益提高,炼油厂对氢气的需求日益增大。现代氢气生产的发展趋势是:①公用工程化。像其他供水、供电等公用工程一样,氢气生产也将成为炼厂不可缺少的公用工程项目。②大型及超大型化,以降低生产及运行成本。③产品多样化。除生产氢气外,多种经营,如联产甲醇、液体 CO_2 等。④地域化。除满足本厂的氢气需求外,也可向其他炼厂提供氢气。⑤高度可靠性,确保安全可靠运行。⑥原料劣质化。随着氢气需求量不断扩大,考虑采用以减压渣油、石油焦、脱油沥青甚至煤炭作为制氢原料。

制氢工艺 hydrogen production process 生产氢气的工艺技术。工业生产氢气的方法有轻烃水蒸气转化法、煤或焦炭的水煤气法、渣油或重油的部分氧化法、以甲醇为原料的蒸气重整法、炼厂富氢气体净化分离法及电解水法等。其中以天然气、炼厂干气及石脑油馏分等为原料的轻烃水蒸气转化制氢工艺,以其工艺成熟可靠、原料来源丰富、投资低廉、操作方便占有主导地位,是国内外炼油企业普遍选择的工艺。

制氢装置 hydrogen manufacturing unit 生产氢气的装置,包括脱硫、转化、变换、脱碳酸、甲烷化、锅炉等系统。装置中的设备大多处于中压、高温、临氢及弱酸状态。相对于其他装置,制氢工艺是一种比较特殊、复杂的化工工艺过程。存在着易燃、易爆、有毒、有害、高温、中压、腐蚀性强等许多潜在的危险因素。因此,制氢装置运行中易出现事故,需特别加强制氢装置的安全运行管理。

垂度 verticality 指在规定条件下,黏附在试验板上的沥青试样受热产生蠕变下垂的距离。单位为 mm。是沥青的质量指标之一。

刮刀卸料离心机 knife discharge centrifuge 一种自动离心机。一般为卧式,根据物料的不同分为过滤式及沉降式两种。卸料借助于刮刀的作用。刮刀装在转鼓内,且不随转鼓转动,但可上下移动而将滤渣刮除。其优点是在转鼓全速运转时,能自动循环,间歇地进行进料、分离、洗涤滤渣、甩干、卸料、洗网等操作,且生产能力大而费人工较少,能过滤和沉降某些不易分离的悬浮液,适应性较强。缺点是刮刀寿命短,刮刀卸料对部分物料造成破损,不适于要求产品晶形颗粒完整的情况。

刮板流量计　scrape flowmeter　一种容积式流量计。是通过壳体内腔的刮板转动将流体从进口排到出口并进行计量。可分为凸轮式及凹线式两种。前者主要由转子、刮板、凸轮、滚柱及壳体组成;后者主要由转子、刮板、连杆及壳体组成。刮板流量计的压损小,在测量不同黏度和带有固体颗粒的液体时,均能保证计量精度,运行时振动及噪声均很小,适合于含有机械杂质的中等或大流量的测量。

季戊四醇　pentaerythritol　$C(CH_2OH)_4$　化学式 $C_5H_{12}O_4$。白色或淡黄色粉状结晶。相对密度 1.399。熔点 262℃,沸点 276℃(4.0kPa)。折射率 1.548。能升华。缓慢溶于冷水。溶于乙醇、甘油、乙二醇、甲酰胺等。不溶于丙酮、苯、乙醚及石油醚等。加热时会聚合,在 130℃ 及减压下会分解,同时升华。能被一般有机酸酯化,与硝酸反应生成季戊四醇硝酸酯。用于制造涂料用醇酸树脂、增塑剂、炸药、农药、表面活性剂及润滑油等。可由甲醛与乙醛在催化剂存在下缩合制得。

季铵盐　quaternary ammonium salt　又称四级胺盐。可用通式$(R_4N)^+X^-$(R 为四个相同或不同的烃基,X 为卤素原子或酸根)表示的含氮有机化合物。为阳离子型表面活性剂的一大类。为白色结晶固体。具有盐的通性。易溶于水,水溶液导电。与强碱反应生成含有季铵碱的混合物。典型的季铵盐表面活性剂有十六烷基三甲基溴化铵、十二烷基二甲基苄基溴化铵等。具有强烈的防霉杀菌性能,用作纤维柔软剂、消毒剂、防水剂、相转移催化剂、乳化剂、石油破乳剂等。可由叔胺与卤代烷反应制得。

季铵碱　quaternary ammonium hydroxide　氢氧化铵(NH_4OH)分子中氮的四个氢原子被四个相同或不同的烃基所取代的有机化合物。通式为 $R_4N^+OH^-$(R 为烃基)。季铵碱是强碱,其强度与氢氧化钠、氢氧化钾相当。易溶于水。遇酸反应生成季铵盐,受热时分解。氢氧化四甲铵$[(CH_3)_4N^+OH^-]$是最简单的代表物,受热时生成三甲胺及甲醇。可由季铵盐与氢氧化银反应制得。

季碳原子　quaternary carbon atom　见“叔碳原子”。

物料平衡　material balance　见“物料衡算”。

物料衡算　material balance　又称质量衡算、物料平衡。指将质量守恒定律应用于任意系统的物料质量衡算关系。即在稳定状态下,系统中输入质量应等于输出质量。其表示式为:

$$\Sigma G_入 = \Sigma G_出 + \Sigma G_损 + \Sigma G_累$$

式中,$\Sigma G_入$ 为所有进料质量之和;$\Sigma G_出$ 为全部产物质量之和;$\Sigma G_损$ 为损失物料之和;$\Sigma G_累$ 为积累物料之和。物料衡算按其计算范围可分为单元操作(或单个设备)物料衡算、全流程物料衡算;按操作方式可分为间歇操作过程、连续操作过程、稳定态过程、非稳定态过程、带反应过程或无反应过程的物料衡算等。通过物料衡算可计算出原料消耗定额,产品及副产品产量以及三废生成量,从而作出能量平衡及经济效益分析。

物理吸收 physical absorption 见"吸收"。

物理吸附 physical adsorption 在固体表面以分子间力(范德华力)相互作用而产生的一类吸附。与化学吸附不同,其吸附的热效应(放热)小,近于液化热,且不需要活化能。故吸附速率较快,无选择性。一般在吸附质沸点附近即可进行吸附,可呈单分子层,亦可呈多分子层。吸附过程中吸附质和吸附剂的结构特性基本不变,吸附是可逆的。物理吸附可以改变反应物在催化剂表面的浓度,通过浓度的改变影响反应速度,但对反应速度常数基本上不产生影响。

物理交联 physical crossling 见"交联反应"。

物理发泡剂 physical foaming agent 见"发泡剂"。

物理性污染 physical pollution 指由声、光、电磁、热、振动等物理因子所产生的污染。如光污染、噪声污染、热污染、电磁辐射污染等。引起物理性污染的声、光、电磁、热在环境中是永远存在的,它们本身对人无害,只是在环境中的量过高或过低时,才造成污染。与化学性污染相比,物理性污染的特点是:①污染是局部性的,区域性或全球性污染现象较少见;②在环境中不会有残余物质存在,当物理性污染源消失或停止运转后,污染也会立即消失。

物理性爆炸 physical explosion 见"爆炸"。

物理萃取 physical extraction 见"萃取"。

侧线回流 side reflux 见"循环回流"。

侧线馏分 side cut 指由精馏塔不同层位的中间塔板上抽出的不同沸点范围的馏分。如原油蒸馏装置的常压塔的侧线馏分,常一线出喷气燃料、灯用煤油、溶剂油等,常二线出轻柴油、乙烯裂解原料;减压塔的侧线馏分,减一线出重柴油、乙烯裂解原料等。

侧基 side group 见"高分子链"。

侧链 side chain 见"高分子链"。

质子 proton 组成物质的基本粒子之一。是氢原子的原子核,也就是氢离子(H^+)。带正电,电量与电子所带电量相等。其质量为 1.673×10^{-27} kg,荷电量为 1.602×10^{-9} C。在分子上加入氢离子的反应称为质子化。

质子化 protonation 见"质子"。

质子溶剂 protonic solvent 能提供质子与溶质分子以氢键缔合或形成锌离子的一类溶剂。一般为含有氨基或羟基的化合物,如 $C_2H_5NH_2$、C_2H_5OH、CH_3COOH 及 H_2O 等。质子溶剂属于极性溶剂,有催化作用,能促进离子形成,可使极性溶质分子形成不稳定的活性中间体,如碳正离子。

质子酸 Brönsted acid 见"布朗斯

台德酸"。

质均相对分子质量　mass-average relative molecular mass　见"平均相对分子质量"。

质量平均沸点　mass average boiling point　石油和石油产品平均沸点的表示法之一。以各组分的质量分数与各自馏出温度的乘积之和表示的平均沸点。用于求油品的真临界温度。参见"平均沸点"。

质量收率　mass yield　见"收率"。

质量空速　mass space velocity　见"空速"。

质量热值　mass heat value　喷气燃料的热值分为质量热值和体积热值两种。单位质量燃料完全燃烧时所放出的热量称为质量热值，单位为 kJ/kg；单位体积燃料完全燃烧时所放出的热量称为体积热值，单位为 kJ/m³。参见"热值"。

质量热容　mass heat capacity　又称比热容。过去称比热。指单位质量的物质温度升高 1K 时所需吸收的热量。单位为 kJ/(kg·K)。同一种物质其质量热容大小与加热时的条件（如温度、压强及体积变化等）有关，而且同一种物质在不同的物态下质量热容也不相同。在体积不变时，温度升高 1K 时所需吸收的热量称为定容质量热容；在压强不变时，温度升高 1K 时所需的热量称为定压质量热容。液体油品的质量热容随温度升高而增大，压力的影响可以忽略；液体的质量热容则有等容质量热容及等压质量热容之分。

质量流速　mass flow rate　单位时间内流体流过管道单位截面积的质量。单位为 kg/(m²·s)。它等于质量流量与管道截面积之比，也等于流速与流体密度的乘积。气体在等截面的管道中流动时，如质量流量不变，则质量流速也不变。但气体密度会随温度、压强而变化，因此其流速是变化的。

质量流量　mass flow capacity　见"流量"。

质量流量计　mass flowmeter　主要用于测量流体质量流量的仪表，可分为三种类型：①直接式，即流量计的输出信号直接反映质量流量；②推导式，即分别检测流体体积流量和密度，再通过乘法器的运算得到反映质量流量的信号；③温度、压力补偿式，即检测流体体积流量、温度、压力，并根据流体密度和温度、压力的关系，通过计算求得流体密度，然后与体积流量相乘得到反映质量流量的信号。质量流量计可直接测量质量流量，可有效克服被测介质的状态、性质变化的影响，省去繁琐的换算及修正，是一种发展中的流量测量仪表。

质量硫容　mass sulfur capacity　见"硫容"。

质量衡算　mass balance　见"物料衡算"。

质谱　mass spectrography　通过一定的方法，将被分析的物质所形成的带电质点按它们的质量与电荷的比值（质荷比)的顺序排列成谱,被检测和记录下来,即为质谱。质谱不是光谱,而是带电粒子的质量谱。质谱测定结果经计算机处理后,以棒状图(或数据列表形式)表示的谱图称为质谱图。质谱图是一种二维图谱,横坐标为离子的质荷比,纵坐标为离子流的强度。质谱图中的各质量离子峰代表被测物质的属性,质谱峰越高,表明该峰对应的离子数量越多,即离子流强度越大。

质谱分析 mass spectral analysis 是先使被分析物质的中性分子转变成快速运动的带电粒子(即正或负离子),然后利用电磁学原理使离子按质荷比进行分离并形成谱图的检测分析方法。所使用仪器称为质谱仪,主要由离子源、质量分析器、检测器、进样系统、真空系统、电子控制系统及数据处理系统所组成。质谱分析是石油及化工产品组成定性、定量分析的重要手段。

质谱图 mass spectrum 见"质谱"。

往复式压缩机 reciprocating compressor 又称活塞式压缩机。主要部件是气缸及活塞。它利用活塞在气缸中作往复运动所形成的可变容积来压缩和输送气体。其主要特点是压力范围广泛、输气不连续、气体压力有脉冲、运转时有振动。结构形式很多。根据气缸位置可分为卧式、立式、对称平衡型及角式压缩机;按排气量可分为微型($\leqslant 1 m^3/min$)、小型($1 \sim 10 m^3/min$)、中型($10 \sim 100 m^3/min$)及大型($>100 m^3/min$)压缩机;按排出气体压力可分为低压($<0.98MPa$)、中压($0.98 \sim 9.8MPa$)、高压($9.8 \sim 98MPa$)及超高压($>98MPa$)压缩机;根据压缩气体类型可分为空气、氮气、氢气、氨气、乙炔、乙烯等压缩机。广泛用于石油化工各部门。

往复泵 reciprocating pump 利用活塞的往复运动来输送液体的泵。活塞往复运动时将能量直接以静压能的形式传送给液体,由于液体不可压缩,在活塞压送液体时,可使液体承受很高的压强,从而获得很高的扬程。按作用方式可分为单作用泵和双作用泵;按结构不同,分为单缸泵及双缸泵;按原动力不同,分为蒸汽往复泵和电动往复泵;按活塞构造不同,分为活塞式往复泵和柱塞式往复泵;按泵的安装位置,分为立式往复泵和卧式往复泵。

往复振动筛板塔 reciprocating vibration sieve plate column 一种外加能量的液-液萃取设备。其结构特点是塔内无溢流的筛板不与塔体相连接,而是固定在一根中心轴上,中心轴由塔外的曲柄连杆机构驱动,以一定的频率和振幅往复运动。当筛板向上运动时,筛板上侧的液体经筛孔向下喷射;当筛板向下运动时,筛板下侧的液体经筛孔向上喷射。从而可大幅度增加相际接触面积及湍动程度,提高传质效率。具有操作方便、结构可靠、传质效率高的特点,广泛用于中小型石油化工厂。

径向反应器 radial-flow reactor 流体沿催化剂床层半径方向流动的反应

器。外形为圆筒形。反应器中心部位有两层中心管,内层中心管壁钻有许多小孔,外层中心管壁开有许多矩形小槽。沿反应器外壳壁四周排列着多孔衬筒(又称扇形筒),扇形筒与中心管之间的环形空间是催化剂床层。反应原料从反应器顶部进入壳体和扇形筒的环形空间,穿过筒孔,沿径向通过催化剂床层,反应生成物由中心管导出。其特点是床层压降低、阻力小,可使用细颗粒催化剂,允许高空速操作,处理量大,但加工制造比较复杂。

乳化作用 emulsification 简称乳化。指在乳化剂存在和搅拌作用下,互不相溶的液体(如油脂不溶于水)均匀地分散在水里形成稳定的乳状液的过程。单凭搅拌,纯净的油和水不能形成稳定的乳状液,只有加入表面活性剂之类的乳化剂,并通过外力,才能使互不相溶的油相体系形成乳状液,使油高度分散于水中。工业上常利用乳化作用制备各种乳状液。

乳化沥青 emulsified asphalt 又名沥青乳化液。一种可用于道路路面冷施工的沥青产品。先将道路沥青加入一定量的乳化剂和水进行混合,再经沥青乳化装置或胶体磨乳化而制得沥青乳化液。按使用的乳化剂类型不同可分为阴离子型、阳离子型及非离子型乳化沥青。乳化沥青可以在常温下储存、运输和施工。在施工时不用加热。与普通沥青相比,不仅可以简化操作,还可节约沥青用量,减少环境污染。而且路面牢固,车辆行驶不打滑,刹车性能好。除用于铺路外,也可用于防水、防渗等建筑工程。

乳化剂 emulsifying agent 指在分子中同时含有亲水基团和亲油基团,能使互不相溶的液体形成稳定乳状液的一类物质。它能降低液体的界面张力,使互不相溶的液体易于乳化,分散相以细微液滴形式(粒径在 $0.1\mu m$ 至几十μm 之间)均匀稳定地分布于连续相中。一般乳状液外观呈乳白色不透明液体。其中内相为水,外相为油的乳状液称为油包水型;将内相为油,外相为水的乳状液称为水包油型。乳化剂种类很多,各种用途不同的乳状液需加入不同的乳化剂。按性质及来源不同,乳化剂可分为表面活性剂、高分子型化合物、天然产物类及固体粉末等几大类。其中以表面活性剂类乳化剂应用最广。表面活性剂类乳化剂按其亲水基团的性质,可分为离子型及非离子型两大类。其中离子型又可分为阳离子型、阴离子型及两性离子型乳化剂三类。石油中的沥青质、环烷酸及胶质等属于天然产物类乳化剂。

乳化性 emulsibility 指油(品)与水形成乳化液的能力。与油的组成及性质有关。如重质油比轻质油易乳化,含环烷酸、胶质等天然乳化剂的汽轮机油的基础油易乳化。不同油品对乳化性的要求有所不同。内燃机油、油膜轴承油不希望有乳化性,而饱和气缸油、船用气缸油、切削油、轧制油及乳化液压油等则极需要有乳化性。

乳化油 emulsifying oil ①又称调水油、皂化溶解油。指由矿物油和石油酸按一定比例混合，经皂化后所制得的淡褐色或深褐色液体或半固体。使用时与水按一定比例混合成稳定的白色乳浊液，供金属切削时作冷却润滑液。②含油污水中，废油与水形成"水包油"型乳状液。这部分油不易除去，必须反相破乳之后才能将其除去。污水中处于这种状态的油称为乳化油。

乳化炸药 emulsified dynamic 一种用乳化技术制备的油包水型乳胶类抗水工业炸药。是以氧化剂水溶液的微细液滴为分散相，悬浮于有分散气泡或空心玻璃微球或其他一些多孔材料的似油相材质构成的连续介质中，形成的一种油包水型的特殊乳化体系。所用氧化剂可以是硝酸钠、硝酸钾、高氯酸铵等；形成连续相的碳质燃料组分是柴油、煤油、石蜡、凡士林等；形成分散相的敏化气体组分可以是呈包覆体形式的空气或封闭性夹带气体的固体微粒（如空心树脂或玻璃微球）。按爆轰敏感度可分为雷管敏感的乳化炸药和非雷管敏感的乳化炸药；按使用目的分为岩石型及安全型乳化炸药；按产品形态分为药卷品、袋装品、散装品、乳胶溶液产品、乳胶与铵油炸药的掺和产品等。乳化炸药具有优良的爆炸及抗水能力，可用于露天矿、地下矿、煤矿及水下等爆破作业。

乳化蜡 emulsified wax 一种水包油型乳状液。是以蜡为分散相，水为连续相，加入乳化剂及助剂，用高剪切乳化机分散成微细粒子所得乳化蜡产品。所用石蜡是微晶蜡及 58 号半精炼石蜡等。所用表面活性剂主要为阴离子型及非离子型表面活性剂，如高级脂肪醇硫酸酯类、脂肪酸甘油酯等。根据用途不同可分为农业用乳化蜡、纤维板用乳化蜡、轻工用乳化蜡、车用防护蜡、纺织用乳化蜡等。广泛用于纺织、皮革、脱模、材料保护、造纸、陶瓷等行业。

乳状液 emulsion 又称乳浊液、乳液。指一种或几种液体以微液滴形式分散在另一种不相混溶的液体中构成的具有相当稳定性的多相分散体系。其中一种液体为分散介质，又称连续相或外相，另一种液体为分散相，又称为不连续相或内相。乳状液外观多呈乳状。这种分散体系由于两液相的界面增大，在热力学上是不稳定的，通常需加入乳化剂使其稳定。常见的乳状液一相是水，另一相是与水不相混溶的有机相（通常称油相）。外相是水，内相为油的乳状液称作水包油型乳状液，常以 O/W 表示；而外相是油，内相是水的乳状液称为油包水型乳状液，常以 W/O 表示。石油的乳状液则大多数为油包水型乳状液。

乳浊相 emulsion phase 见"聚式流态化"。

乳胶 latex 见"胶乳"。

乳液聚合 emulsion polymerization 指单体在水介质中，由乳化剂分散成乳液状态进行的聚合反应。基本配方由单体、水、水溶性引发剂及乳化剂四组分构成。其优点是：①以水为介质，环保安全，胶乳黏度低，便于传热及连续生产；②聚合速率快，可在较低温度下聚合，产物分子量高；③胶乳可直接使用，如水乳漆、黏接剂；其主要缺点是：①在生产固体产品时，需经洗涤、脱水、干燥等工序，成本较高；②产品中留有乳化剂杂质较难除净。广泛用于制造丁苯、丁腈、氯丁等胶状或粉状合成橡胶，以及丁苯、聚乙酸乙烯酯、丙烯酸酯类等胶乳制品。

受阻胺 hindered amine 含有基团

RN⟨⟩ 的一类化合物的总称。主要是哌啶衍生物，如 4-苯甲酰氧基-2,2,6,6-四甲基派啶、双(2,2,6,6-四甲基哌啶基)癸二酸酯、4-(对甲苯磺酰胺基)-2,2,6,6-四甲基哌淀、三(1,2,2,6,6-五甲基-4-哌啶基)亚磷酸酯等。它们都是性能优良的光稳定剂，可有效地提高高分子材料的耐紫外线性。

受阻胺光稳定剂 hindered amine light stabilizer 见"光稳定剂"。

受阻酚 hindered phenol 含有左侧

图示基团的一类化合物的总称。是邻位上具有产生空间位阻效应的酚类。常用作高分子材料的抗氧化添加剂。具有不变色、不污染产品的特点。如 2,6-二叔丁基对甲酚、2,4,6-三叔丁基苯酚、四(4-羟基-3,5-二叔丁基

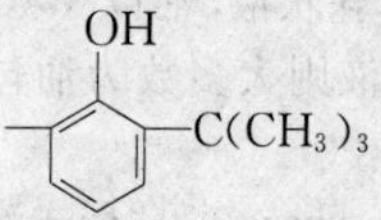

苯基丙酸)季戊四醇酯等。

受热自燃 heat autogeneous ignition 见"自燃"。

金红石 rutile 化学式 TiO_2。四方晶系，常具有完好的四方柱状或针状晶形，集合体呈粒状或致密块状。常见为暗红色、褐红色、黄色。性脆。相对密度 4.18～4.25。硬度 6～6.5。熔点 1830～1850℃。不溶于水及酸，但溶于硫酸、热磷酸及强碱。金红石的主要成分是 TiO_2。TiO_2 是一种 N 型半导体，具有水的光电催化分解作用。因此，TiO_2 可作为光催化剂，处理含卤代芳烃、有机酸、酚类等废水及空气中的有机污染物。利用金红石的光催化活性，可制成光催化材料，也用于制造钛白粉、钛合金、四氯化钛及硫酸氧钛等。

金属切削液 metal cutting fluid 又称切削液。金属切削加工是利用带刃的切削刀具，在切削机床上将工件的多余金属切去，使工件获得需要的形状和尺寸。切削液的主要作用是润滑、冷却及清洗，同时还应有较好的防锈、抗腐蚀、消泡作用，并且无毒、无刺激性。大致可分为非水溶性(油基)液和水溶性(水基)液两大类。油基切削液以矿物油为主要成分，并加入适量油溶性添加剂制成。其优点是润滑性好、使用寿命长、不受细菌侵入影响；缺点是冷却性差，高温下易挥发。水基切削液由表面活性剂与各种油溶性或水溶性添加剂及一定量的水制成。具有散热快、成本低等特点，但易受细菌影响，排放废水

处理量大。

金属加工油剂　metal working oils
指在金属加工工艺过程（如切削加工、成型加工及热处理等）中所使用的润滑冷却材料或工作介质的总称。主要包括金属切削液、金属成形加工润滑剂、热处理油及清洗剂等。

金属有机化合物　organometallic compound　又称有机金属化合物。金属原子直接和碳原子相连而成的有机化合物。常见的有 R-M、R-M-X（R 为烃基，M 为金属，X 为卤素）两类，如四乙基铅、烷基铝、格氏试剂等。多数有毒。性质活泼，有的在空气中易自燃，有的易被活泼氢化合物（如水、醇等）分解，易与醛、酮等发生加成反应。原油中含有镍、钒、铜、铁等多种金属有机化合物，它们常以配合物的形式存在于原油的渣油中。

金属成形加工润滑剂　metal forming lubricant　金属成形加工是利用加工设备的锤头、砧块、冲头或通过模具对坯料施加压力以获得所需形状及尺寸制件的加工方法。在成形过程中用于摩擦面间润滑、冷却的材料或介质，称为金属成形加工润滑剂。其作用是减轻模具磨损、降低动力消耗、提高加工效率和改善制件表面粗糙度及防止表面受氧化锈蚀。品种很多。按工艺类型不同，可分为锻造、挤压、冲压、轧制拉拔、挤拉及压铸润滑剂等。按其工况条件，每种基本类型又可细分为若干类。如挤压润滑剂又分为热挤压、温挤压及冷挤压润滑剂。按润滑剂组成，可分为矿物油型、乳化油型、固体润滑剂型等。

金属皂　metal soap　指除钠皂、钾皂、铵皂以外的钙、镁、铝、钡、铅、锌、镉、锂、锶、锰等脂肪酸盐的总称。金属皂中的金属离子可以是一种，也可以是二种或三种。按金属离子的不同可分为碱金属皂、碱土金属皂、高价金属皂及有机碱皂等。用途广泛。如硬脂酸锂、硬脂酸钙用作润滑脂的稠化剂，硬脂酸钡用作金属加工的润滑剂，硬脂酸镉用作聚氨酯塑料加工的脱模剂、熟化活化剂，硬脂酸铁是沥青组分的阻燃剂，硬脂酸镍是聚丙烯等合成纤维的染色助剂等。可由熔融法及复分解法制得。熔融法是将脂肪酸与金属氧化物或金属弱酸盐共热至熔点以上反应制得；复分解法是将碱金属皂水溶液与可溶性金属盐水溶液混合后经复分解反应制得。

金属钝化剂　metallic passivator　又称钝化剂。①是抑制活性金属（如铜、铁、镍、锰等）对汽油、喷气燃料等轻质油品氧化起催化作用的物质。作用机理是金属钝化剂与金属离子反应，形成螯合物，使金属处于不能促进氧化作用的钝化状态。常用的金属钝化剂是 N，N'-二亚水杨基-1,2-丙二胺。②在重油催化裂化中，用来抑制油中所含重金属（镍、钒、铜等）影响催化剂活性的物质。常用的是锑的有机化合物。通过金属锑与平衡剂上镍的相互作用，生成锑镍合金，从而抑制镍的活性，降低镍等金属的有害作用。使用金属钝化剂可提高催化装置的轻油收率,降低焦炭及氢气产率。

金属指示剂 metal indicator 又称配位指示剂、络合指示剂。配位滴定法中所用的一种指示剂。常用的有铬黑丁、酸性铬蓝 K、钙指示剂、二甲酚橙等。金属指示剂也是一种配位剂,能与某些被测金属离子形成配合物而呈现与原来不同的颜色。如当用乙二胺四乙酸配合剂进行滴定时,它能从指示剂配合物中夺取金属离子而游离出原指示剂,因而可用溶液颜色突变或光学方法指示滴定终点。

金属氧化物催化剂 metallic oxide catalyst 以金属氧化物为主要活性组分的固体催化剂。常为复合氧化物,也即多组分的氧化物,如 $Bi_2O_3 - MoO_3$、$V_2O_5 - MoO_3$、$TiO_2 - V_2O_5 - P_2O_5$ 等。金属氧化物催化剂可用于烃类选择性氧化、氮氧化物还原、烯烃歧化、氧化脱氢及聚合等反应。但主要催化的反应类型是烃类选择性氧化。其特点是,反应系高放热,有效的传热、传质十分重要,要考虑防止催化剂的飞温。

金属清洗剂 metal cleaner 用于清洗金属零部件、工件及发动机部件等表面油脂及污垢的一类石油化学制品。按组成不同,可分为溶剂型清洗剂、水基清洗剂及复合型清洗剂。溶剂型清洗剂的主要成分为汽油、柴油、煤油及卤代烃;水基清洗剂主要成分是表面活性剂、水及少量防锈剂;复合型清洗剂主要为表面活性剂与一些溶剂的复配物。水基清洗剂因不燃、无毒、对环境污染少,是今后的发展方向。

金属硫化物催化剂 metallic sulfide catalyst 以金属硫化物为主要活性组分的固体催化剂。主要用于含硫化合物的氢解反应,也用于加氢脱硫、加氢脱氮、加氢脱金属等加氢精制过程。被加氢原料气不必预先进行脱硫处理。常用的金属硫化物有 MoS_2、WS_2、NiS_2、$Co-Mo-S$ 等。这类催化剂的抗毒能力较强,但活性较低,需要较高的反应温度。

金属键 metallic bond 在金属晶体中,由高速自由运动的电子将金属原子和离子结合在一起的化学键。在晶体中这些自由电子好像为许多原子或离子所共有,因而可将金属键看作是一种改性的共价键。但它与共价键不同之处是,金属键没有饱和性及方向性。金属有许多共同特性,如金属有颜色和光泽,有良好的导电性及传热性,有好的机械加工性能等,就是因为金属普遍具有上述的内部结构特性所致。

金属催化剂 metal catalyst 以金属为主要活性组分的固体催化剂。通常是将 Pt、Pd 等贵金属及 Ni、Co、Fe、Mo、W 等活性组分负载于载体上,以提高活性组分的分散性和均匀性,增加催化剂的强度和耐热性。常用的载体有氧化铝、硅胶、硅藻土等。除负载型金属催化剂外,还有合金催化剂、非负载型催化剂等。金属催化剂是应用最广泛的一类多相催化剂,特别是过渡金属催化剂,大量用于加氢、脱氢、氧化、异构化、环化、氢解等反应。

金属鞍环填料 Intalox metal ring packing 又称英特洛克斯金属填料。一种鞍形填料。最早由美国 Norton 公司开发,国内在 20 世纪末期研制出这类填料。这种填料将开孔环形填料和矩鞍填料的特点相结合,既有类似于开孔环形填料的圆环、环壁开孔和内伸的舌头,又有类似于矩鞍填料的圆弧形通道,并具有流体的通量大、压降低、滞留量小、传质性能好等特点。与金属鲍尔环相比较,其通量提高 15%~30%,压降降低 40%~70%,效率提高 10% 左右。在散装填料中应用广泛。

刹车液 brake fluid 见"汽车制动液"。

肼 hydrazine 化学式 N_2H_4。又名联氨、无水肼。无色油状液体或白色单斜晶系结晶,有氨样强烈气味。相对密度 1.011 (15℃)。熔点 1.4℃,沸点 113.5℃,闪点 52.2℃,自燃点 270℃。折射率 1.4644。有吸湿性,在空气中发白烟。蒸馏时如有痕量空气存在,或受金属离子影响,都会引起爆炸。与水、甲醇、乙醇、丙酮等混溶,不溶于乙醚、苯。强热时分解为氮、氢及氨。呈碱性,与无机酸反应生成盐,在碱性溶液中是强还原剂。腐蚀性极强,能侵蚀玻璃、橡胶、软木等。用于制造医药、农药、染料、发泡剂。也用作火箭燃料、水处理剂、交联

剂等。可由水合肼脱水而得。

肽 peptide 见"肽键"。

肽键 peptide bond 具有左侧图中所列结构的键,为一个氨基酸分子的氨基与另一个氨基酸分子的羧基脱水缩合而成的化学键。因缩合产物为肽,故得名。它是酰胺基团中羰基上的 π 电子与相邻的 C—N 键中 N 原子上的弧对电子共同组成三中心四电子的离域 π 键。肽键使 C—N 间具有双键成分,键距缩短。聚酰胺分子中也含有肽键。

饱和水蒸气 saturated steam 在一定压力下,水沸腾时产生的蒸汽称为饱和水蒸气,或温度等于对应压力下饱和温度的蒸汽称为饱和水蒸气。一般在平衡状态下,汽水混合物中的水蒸气是饱和水蒸气。

饱和烃 saturated hydrocarbon 烃分子中碳原子间以单键相连,碳原子的其余价键都为氢原子所饱和的化合物,如烷烃、环烷烃。饱和烃的碳链较稳定,不会发生加成、聚合反应,只能起取代反应。

饱和脂环烃 saturated alicyclic hydrocarbon 见"脂环烃"。

饱和脂肪酸 saturated aliphatic acid 见"脂肪酸"。

饱和液体 saturated liquid 见"饱和蒸气"。

饱和硫容 saturated sulfur capacity 见"硫容"。

饱和氯容　saturated chlorine capacity　见"氯容"。

饱和湿度　saturated humidity　见"湿度"。

饱和蒸气　saturated vapor　在一定温度下,当容器中的液体与其上部空间的气体达到平衡时,即气液两相处于稳定的共存状态时其平衡汽相称为饱和蒸气,平衡液相称为饱和液体。这时从液体表面蒸发出的分子数与从气相返回液面的分子数相等。饱和蒸气及饱和液体是相平衡计算中的重要内容。

饱和蒸气压　saturated vapor pressure　见"蒸气压"。

饱和溶液　saturated solution　指在一定温度和压力下,一定量的溶剂不能再溶解某种溶质的溶液。饱和溶液的特点是:①溶质溶解量已达到溶解度允许的最大量;②在温度、溶剂不变时,未溶解的溶质不再增多或减少;③饱和溶液里存在着溶解平衡,并且是相对稳定的;④温度一定时,饱和溶液的质量分数是一定的。

贫气　lean gas　指含液态烃极少或几乎不含可回收液态烃的石油气、炼厂气及天然气等。$C_3 \sim C_4$ 以上的重质气体含量一般为 $50 \sim 150 g/m^3$。

贫油　lean oil　见"富油"。

【丶】

变压吸附　pressure swing adsorption　一种用固定吸附剂床对气体混合物进行提纯的工艺过程。常用于低浓度氢气的提纯。是以多孔性固体吸附剂(如分子筛、活性炭、活性氧化铝、硅胶等)内部表面对气体分子的物理吸附为基础,在两种压力状态之间工作的可逆物理吸附过程。其基本依据是:混合气体中杂质组分在高压下具有较大的吸附能力,在低压下又具有较小的吸附能力,而理想组分氢无论是高压或低压下都具有较小的吸附能力的原理。先在高压下增加杂质分压,以便使其尽量多地吸附于吸附剂上,使吸附容量小的氢得以提纯,然后杂质在低压下脱附,使吸附剂再生。具有操作简单、氢气纯度高的特点。所得氢气纯度一般为 99%～99.999%。

变压器油　transformer oil　电气绝缘油的一种。是由原油常减压蒸馏切割的变压器油料馏分油经深度精制所得基础油加入抗氧剂等调合制得。具有良好的电气性能、抗氧化安定性及冷却性能,介质损耗小、闪点高。分普通变压器油和超高压变压器油两类。普通变压器油适用于 330kV 以下的变压器和有类似要求的电器设备中,作为冷却和绝缘介质。其中 10 号油适用于长江以南地区,25 号油适用于黄河以南地区,45号油适用于黄河以北地区。超高压变压器油适用于 550kV 变压器和有类似要求的超高压变电系统的电器设备中,作为冷却和绝缘介质,25 号油适用于黄河以南地区,45 号油适用于黄河以北地区。

变性燃料乙醇　denatured fuel alcohol 又称变性酒精。指通过专用设备、特定工艺生产的高纯度无水酒精。经过变性处理（混有甲醇）后，仅供混配汽油专用，不能食用。因甲醇对人体毒害极大，变性酒精常加入着色剂以防作药用或饮用。

变温吸附 temperature swing adsorption 一种用固定床吸附剂对气体混合物进行提纯的工艺过程。是在较低温度下进行吸附，在较高温度下吸附剂的吸附能力降低从而使吸附的组分脱附出来。即利用温度变化来完成循环操作。常用于原料气净化、废气脱除或回收低浓度溶剂、气体干燥以及废液处理等。

变换气 converted gas 见"一氧化碳变换"。

变换率 rate of transformation 指一氧化碳在变换反应器中，经变换反应了的一氧化碳的百分数。变换率 x 可用下式计算：

$$x\% = \frac{y_1 - y_2}{y_1(1 + y_2)}$$

式中，y_1 及 y_2 分别为变换前和变换后气体中的一氧化碳百分浓度（干基）。

变频器 convertor 指将电压和频率固定不变的交流电变为电压或频率可变的交流电的装置。其基本结构由整流器、中间电路、逆变器及控制电路所组成。分类方法有多种，按主电路工作方式可分为电压型变频器及电流型变频器；按工作原理，可分为 V/f 控制变频器、转差频率控制变频器及矢量控制变频器等；按其用途，可分为通用变频器、高性能专用变频器、高频变频器、单相变频器及三相变频器等。应用极广，几乎所有用到电动机的场所，都可能用到变频器。如用于电动机控制的变频器，既可改变电压，又可改变频率；用于荧光灯的变频器，可用于调节电源供电频率；用于计算机的变频器可用于抑制反向电压、频率的波动及电源的瞬间断电等。

剂油比 catalyst-oil ratio 又称催化剂对油的比例。指在催化裂化过程中，催化剂循环量与总进料量之比：

剂油比＝催化剂循环量(t/h)/
　　　　总进料量(t/h)

剂油比实际反映了单位催化剂上有多少原料油进行反应，并在其上沉积焦炭。剂油比提高，催化剂循环量增加，使待生剂与再生剂的炭差减小，相应提高了催化剂的有效活性中心和反应转化率，有利于增加汽油中的芳烃含量。但剂油比增加，会使焦炭产率升高。因此，剂油比与原料油性质及生产方案有关，一般适宜的剂油比为 3～7。对汽油方案，剂油比为 5～7；对柴油和渣油裂化方案，剂油比为 3～5。

放空 blow-down 按工艺操作或安全要求，将器内或管内介质排泄进入大气或指定的承受放空介质的设备内。一般在系统试压、开工、切换、扫线、事故超压及检修时均需进行放空。放空系统包括放空管线、放空罐或放空池等。

放空火炬 blow-down flare 用以烧掉放空可燃气体的设施。通常为一根立管或类似烟囱状的圆筒,顶端引火,燃烧火焰形如火炬。参见"火炬"。

放空系统 blow-down system 见"放空"。

放空阻火器 vent flame damper 安装在储罐或槽车的放空管道上,用以防止外部火焰传入储罐或槽车内的防火装置。可分为管端型及普通型。管端型放空阻火器的一端与大气相通,为防止炭尘及雨水进入,顶部安装由温度控制开启的防风雨帽,为阻爆燃型。普通型放空阻火器的两端与管道相连,通过下游管道与大气相通,又可分为阻爆燃型及阻爆轰型。

放热反应 exothermic reaction 化学反应中生成物的总能量和反应物的总能量常不相等。因此,反应进行时常伴随有放热或吸热现象。前一类型的反应称作放热反应,如燃烧、聚合等反应;后一类型的反应称作吸热反应,如重整、裂化等反应。

废气 waste gas 工业、农业、交通运输及人类生活活动中排出的各种有害气体的总称。种类很多,如含氟废气、含硫废气、有机废气、汽车排放尾气、工业及民用燃料燃烧排放的烟尘等。大量废气的排放会严重污染大气,对人体健康、植物、器物及大气能见度等都会产生严重影响。

废水 waste water 指废弃外排的水,包括工业废水及生活污水。工业废水指工业生产过程中排出的一切液态废弃物,其组成及性质复杂,污染程度较重;生活污水是人类生活活动过程中排出的废水,包括厨房洗涤、洗浴、洗衣及厕所等产生的废水。其主要成分为生活废料及人的排泄物,一般不含有毒物质,但含大量细菌及病原体。参见"污水"。

废水一级处理 waste water primary treatment 也即废水的初级处理,一般是用物理化学的方法去除废水中的漂浮物及悬浮状态的污染物,调节废水pH值,减轻废水的腐化程度和后续处理工艺的负荷。污水一级处理后一般达不到排放标准,常作为二级生物处理的预处理过程。一级处理所用设施主要包括格栅、沉沙池、沉淀池、均质调节池等,必要时还需设置事故池及隔油池。

废水二级处理 waste water secondary treatment 又称二级生物处理或生物处理。设在废水一级处理之后,目的是除去水中呈胶体和溶解状态的有机污染物质,使出水的有机污染物含量达到排放标准。二级处理的工艺按BOD的去除率可分为:①不完全的二级处理。它可去除75%左右的BOD(包括一级处理),出水的BOD可在60mg/L以下,主要采用高负荷生物滤池等设施。②完全的二级处理。它可去除85%～95%的BOD,出水的BOD可在10mg/L以下,主要使用活性污泥法。

废水三级处理 waste water tertiary treatment 又称废水深度处理或高级

处理。是以废水回收和再利用为目的，进一步去除常规二级处理未能脱除的污染物质，包括残留的微细颗粒物、溶解性有机物、无机盐类（如氮、磷、重金属等）、色素、细菌及病毒等。三级处理根据出水的不同回用要求而采用不同的方法，如混凝沉淀法、活性炭吸附法、超滤法、电渗析、反渗透、离子交换法等。

废热锅炉 waste heat boiler 利用生产过程中的余热或废热来产生蒸汽的设备。根据所利用余热的温度和热量不同，有低压及中压废热锅炉。常用热源有加热炉烟气、转化气、高温重油等。如制氢系统中的废热锅炉装置有转化气废热锅炉、烟气废热锅炉及中变气废热锅炉等。

废催化剂 waste catalyst 指炼油、石油化工、化肥等行业，用于催化反应的催化剂因中毒或失去活性而从反应装置中取出而废弃的催化剂。废催化剂中常含有 Cu、Ni、Co、Cr、W 等有色金属，有的还含有 Pt、Pd、Ag、Rn 等贵金属，有的也含有 V、Zn 等有毒金属。废催化剂的常规回收方法有：①干法。是将废催化剂与还原剂及助熔剂一起加热熔融以金属或合金形式回收。②湿法。将废催化剂的主要组分用酸或碱溶出后再经分离精制而得。③兼有以上两种方法的干湿结合法。④废催化剂的活性组分与载体不分离，而是调整活性组分的比例后又返回原反应器中重新使用。

盲板 blind plate 一种用于完全隔离生产介质的部件。使用目的在于防止由于切断阀关闭不严而影响生产，甚至造成事故。一般分为 8 字盲板、插板以及垫环。盲板设置在要求隔离或切断生产介质的部位，如设备接口处、切断阀前后或两个法兰之间。通常推荐使用 8 字盲板。对于打压试漏、吹扫等一次性使用的部件亦可使用插板。

闸阀 gate valve 又称闸板阀。阀体是一个垂直于流体流向的平板（闸板），在阀杆的带动下，沿阀座密封面作升降运动，以实现开通或切断管内流体的作用。结构形式有楔式、平行式及弹性闸板等。其优点是流体阻力小，流体可以两个方向流动，闭启省力，操作直观；缺点是结构较复杂，体积较大，密封面易损伤。一般作为切断阀使用，多用于水、汽、油品及腐蚀性介质等流体输送管道的闭启。

炉黑 furnace black 见"炭黑"。

炉管 furnace tube 是管式加热炉形成传热表面的最重要组成部分。它长期处于高温、高压和腐蚀性介质中运行，选用材料必须考虑管材金属的使用温度、耐温性能及耐腐蚀能力等因素。如常减压装置炉管材质主要依据原油含硫量进行选择。当加热介质含硫量 $<0.5\%$ 时，常压炉一般选用碳钢炉管；含硫量 $\leqslant 0.5\%$ 时，对流段选用碳钢炉管，辐射段选用 Cr5Mo 炉管，或全部选用 Cr5Mo 炉管。减压炉一般全部选用 Cr5Mo 炉管。

炉膛　furnace hearth　见"辐射室"。

炉膛温度　firebox temperature　炉膛是加热炉的燃烧空间。炉膛温度是指炉膛内最高温度点的温度。对管式加热炉,通常指挡墙顶的温度,即烟气离开辐射室时的温度。炉膛温度高有利于辐射传热,但太高后会使炉管热强度高,易使炉管结焦和烧坏。因此,炉膛温度是确保加热炉长期安全运转的一个重要指标。增加辐射管面积可以降低炉膛温度,但要求受热均匀适量。过多增加辐射管,其处理量并不能与炉管成比例增加,反而会浪费钢材。

炉膛热强度　firebox heat intensity　又称体积热强度。指燃料在炉膛内燃烧时,每 $1m^3$ 炉膛空间在 1h 内所放出的热量。当炉膛尺寸确定后,多烧燃料必然会提高炉膛热强度。相应地,炉膛温度也会提高,炉管的受热量也会增多,炉管表面热强度也增大。其上限受炉管最大允许热强度所限。

炔基　alkynyl　炔烃分子中去掉一个或几个氢原子而形成的基团。如乙炔基 $CH\equiv C-$ 。参见"烃基"。

单元操作　unit operation　炼油及石油化工过程中具有独立性、可自成单元的操作过程。如流体输送、蒸馏、蒸发、结晶、萃取、吸收、过滤、结晶、干燥、离心分离、沉淀等过程。每种单元操作当用于不同的化工过程时,虽具有某些不同之处,但都具有一定的共性。

单分子反应　unimolecular reaction　指只有一个反应物分子参与的基元反应。如经过碰撞而活化的单分子反应(如乙烷分解为甲基)及异构化反应等。单分子反应历程中存在着诸多问题,如反应活化能从何而来? 单分子反应的高能活化分子如由分子间碰撞而来,为何有时表现为一级反应,有时又为二级反应? 为解决上述问题,并解决定量或半定量计算反应动力学参数,相应出现一系列单分子反应速率理论。如林德曼(Lindemann)时滞论、谢尔伍德(Hinshelwood)理论、斯莱德(Slater)理论等。

单向阀　one-way valve　见"止回阀"。

单动滑阀　single acting slide valve　见"滑阀"。

单体　monomer　通过反应能够形成聚合物中结构单元的小分子化合物的统称。按聚合反应分为三类:①含不饱和键的单体(如乙烯、丙烯等)可进行加成聚合反应;②环醚、环内酯、环内酰胺等环状单体(如环氧丙烷、己内酰胺等)可进行开环聚合;③可进行缩聚、消除聚合等逐步聚合的单体(如己二胺、己二酸等)。聚合物的名称习惯常按单体来源命名,如乙烯、氯乙烯的聚合物分别称为聚乙烯、聚氯乙烯。

单位能耗　unit energy consumption　简称单耗。指单位产量或单位产值的某种能源消耗量。可分为单位产量能耗及单位产值能耗:

$$单位产量能耗=\frac{某种能源的总消耗量}{产品的总产量}$$

其单位为千克标准煤/单位产量;

单位产值能耗 = $\dfrac{某种能源的总消耗量}{产品的净产值}$

其单位为千克标准煤/万元产值。

上述某种能源既包括一次能源（如煤、石油、天然气等）也包括二次能源（如电、蒸汽、煤气、焦炭及石油产品等）。各种能源均折算为千克标准煤。

单位 GDP 能耗 unit GDP energy consumption 又称万元 GDP 能耗。指每产生万元 GDP（国内生产总值）所消耗掉的能源。单位是吨标准煤/万元。单位 GDP 能耗是反映能源消费水平和节能降耗状况的主要指标。它是一次能源供应总量与国内生产总值的比率，也是一种能源利用效率指标。它表明一个国家经济活动中对能源的利用程度，反映经济结构和能源利用效率的变化。

单皂基润滑脂 monosoap - base grease 指用一种金属皂作稠化剂制成的润滑脂。主要包括一价碱金属皂基脂、二价碱土金属皂基脂及三价金属皂基脂。是润滑脂类产品的主要部分。工业上大量生产和应用的有钙基润滑脂、钠基润滑脂及锂基润滑脂等，产量较少的有钡基润滑脂及铝基润滑脂等。

单环芳烃 mononuclear aromatic 见"芳香烃"。

单板效率 single plate efficiency 见"塔板效率"。

单齿配位体 monodentate ligand 在配合物中，当用无机化合物的分子或离子作配位体时，一般只有一个原子（如 NH_3 分子中的 N 原子）作配位原子，这种只有一个配位原子的配位体称作单齿配位体。而有机化合物的分子和酸根负离子也能与金属离子形成配合物，这些有机物分子或酸根负离子往往含有一个以上的配位原子，这种含有一个以上配位原子的配位体称为多齿配位体。如乙二胺（$NH_2-CH_2-CH_2-NH_2$）分子中的两个 N 原子都是配位原子。

单组分萃取 one-component extraction 原料混合物中只有一种欲分离的组分 A 被萃取剂萃取，或其他组分虽同时被萃取剂萃取，但不影响对 A 组分的质量要求，这类萃取称为单组分萃取。其基本原理及操作流程与吸收类似。

单相反应 homogeneous reaction 见"均相反应"。

单面辐射炉管 single side radiant heater tube 管式加热炉在辐射室内靠炉墙或炉顶排列的炉管，只有一面接受火焰及高温烟气的辐射热，故得名。其另一面接受炉壁的反射热。因此炉管受热不匀，面向火焰部分热强度大，背面部分热强度小。其处理量比双面辐射加热炉小。但因其结构简单，故仍为炼油厂广泛使用。

单段加氢裂化 one-stage hydrocracking 又称一段加氢裂化。指采用单一催化剂（或多催化剂组合）、单反应器的加氢裂化技术。最初系用于制取石脑油，而随催化剂及工艺的开发进展，更适合于最大量生产中间馏分油。其主要特征是在一个反应器内装填单个或组合加氢裂化剂，在处理量很大时，也可使用两个以上反应器并列操作，但其基本原理不变。所用催化剂具有较强的抗有机硫、氮的能力，有良好的中馏分油选择性。并具有流程简单、操作容易、投资相对较少等特点。

单段再生　one-stage regeneration　催化裂化催化剂的再生技术之一。即只采用一个流化床再生器来完成全部再生过程。为湍流床再生。如对分子筛催化剂，单段再生温度多在 650～700℃之间，甚至可达 730℃。单段再生的主要优点是流程简单、操作方便、能耗低。但与两段再生相比，单段再生的烧焦速率低、再生剂含碳量高、再生烟气的水蒸气分压大、会使催化剂水热减活。

单段串联加氢裂化　one-stage series hydrocracking　又称一段串联加氢裂化。是将加氢精制催化剂及加氢裂化催化剂串联在一个高压反应系统、中间没有其他单元操作或只有换热单元的加氢裂化技术。原料油在第一反应器（精制段）经过深度加氢脱氮后，其反应流出物直接进入第二反应器（裂化段）进行加氢裂化。由于单段串联加氢裂化工艺流程所使用催化剂不同（如分子筛类型、含量及活性金属组分等不同），使这类催化剂反应特性各异，但共同特点是反应活性高、选择性好、能满足不同目的产品生产要求。

单铂（重整）催化剂　monoplatinum reforming catalyst　以金属铂为活性组分、氧化铝为载体的重整催化剂。是我国第一代重整催化剂。铂含量为 0.1%～0.7%。一般还含有 0.4%～1.0% 的卤素。催化剂的脱氢活性、稳定性及抗毒物能力常随铂含量增多而提高，芳烃产率和汽油辛烷值也随之增高，焦炭量相应减少。但含铂量过高并不能继续提高芳烃产率。酸性组分卤素的作用是促进异构化及加氢裂化反应。单铂催化剂主要适用于较低苛刻条件下操作（反应压力 2.5MPa 左右），在较低压力下，这种催化剂的稳定性较差。在现代催化重整装置中，单铂催化剂已被淘汰，为双金属及多金属催化剂所替代。

单效蒸发　single-effect evaporation　蒸发操作的一种。前一效的二次蒸汽直接冷凝而不再利用称为单效蒸发。如将几个蒸发器按一定方式组合起来，把前一个蒸发器的二次蒸汽作为后一个蒸发器的加热蒸汽使用，使蒸汽得到多次利用的蒸发过程称为多效蒸发。多效蒸发可以减少加热蒸汽的消耗量。单效蒸发能耗大，只适合于小批量生产或间歇生产的场合。参见"多效蒸发"。

单塔流程　one tower scheme　在催化裂化装置的吸收稳定系统中，吸收、解吸过程在一个塔内进行的称作单塔流程（塔的上段为吸收段，下段为解吸段），吸收、解吸过程分别在两个塔内进行的称作双塔流程。单塔流程的主要优点是流程简单、冷凝冷却负荷较低；缺点是吸收要求低温、高压，解吸要求高温、低压，两个相反的过程难以在同一塔内满足要求,使操作难以平稳,影响吸收效率。双塔流程较复杂,但吸收和解吸条件可分别调节,避免相互干扰,可提高吸收率和解吸率。

单程转化率 single pass conversion 指反应物一次通过反应器催化剂床层时所得到的转化率。在有循环物料参加的反应过程中,指总进料(新鲜原料及循环物料总和)一次通过反应器催化剂床层时得到的转化率。单程转化率是催化反应速度及反应时间的直接反映,在考察反应动力学时,都采用单程转化率。

单程裂化 once-through cracking 见"回炼操作"。

单程裂化率 crack-per-pass 见"裂化深度"。

单晶体 single crystal 指其内部原子或分子完全由同一种周期方式排布的单个完善晶体。缺陷甚少,如石英硅等单晶体。而由许多取向不同的单晶体聚集而成的固体,称为多晶体,如金属材料、硫化物及盐类等。有一些晶体是由极微小的单晶体组成,其晶体棱长只有十几或几十个晶胞的棱长,因而具有比表面积高、吸附性能强、表面活性突出等特点,这些晶体称为微晶体。如炭黑就是石墨微晶。

单键 single bond 化合物分子中两个原子间以共用一对电子而形成的共价键。常用一条短线表示。如烷烃分子中碳与碳(C—C)及碳与氢(C—H)间都以单键相结合。含单键的有机化合物具有饱和性,只能起置换反应,不会起加成或聚合反应,一般情况下也不和多数氧化剂起氧化反应。

净辛烷值 clear octane number 汽油未添加烷基铅抗爆剂前的辛烷值,也即净汽油的辛烷值。汽油的辛烷值越高,抗爆性越好。

净汽油 gasoline neat 用作加铅汽油与不加铅汽油抗爆性比较试验用的无铅汽油。净汽油的辛烷值也称为净辛烷值。

净热值 net caloric value 见"热值"。

法国石油研究院连续重整过程 IFP continuous reforming process 一种径向并列式连续催化重整工艺。是法国石油研究院开发的连续重整过程。其再生过程与 UOP 连续铂重整再生过程一样,也包括催化剂输送及催化剂再生过程。但所用反应器采用并列配置,安装较方便,从而降低投资成本。催化剂从每一个反应器的底部送到下一个反应器或再生器的顶部,然后催化剂靠重力流过每一个反应器或再生器。氢气或氮气用作催化剂输送的载体,周而复始完成催化剂的输送及再生,保持工作的催化剂有良好的活性。该工艺可以各种类型的石脑油为原料,生产高辛烷值的重整油、芳烃及液化石油气。

浅色油 pale oil 经精制至呈浅黄色的润滑油。以往指中性油经水蒸气蒸馏或减压蒸馏所得的馏出油,现主要指浅色中性油。

油开关油 oil switch oil 见"断路器油"。

油气联合燃烧器 oil-gas combined burner 燃烧器的一种。是设置有油喷嘴及燃料气喷嘴,能单独烧油或单独烧燃料气,也可油气混烧的部件。当油气混烧时,要求油气总的发热量不大于燃烧器允许的最大发热量,以免因空气供给不足而产生不完全燃烧。

油气储运 oil-gas storage and transfer 指油和气的储存与运输。是炼油及石化工业内部联接产、运、销各环节的纽带,包括矿场油气集输及处理、油气的长距离运输、各转运枢纽的储存和装卸、终点分配油库(或配气站)的营销、炼油厂和石化厂内部的油气储运。

油气集输过程 oil-gas gathering and transportation process 是为满足油气开采和储运要求,将分散的油井产物,分别测得各单井的原油、天然气和采出水的产量后,汇集、处理成出矿原油、天然气、液化石油气及天然汽油,经储存、计量后输送给用户的油田生产过程。对于海洋石油开采过程中的油气集输过程,主要是在海上平台将海底开采出来的原油和天然气,经采集、油气水初步分离与加工处理、短期储存、装船运输或经海底管道外输的过程。油气集输过程既保持原油开采及销售之间的平衡,又使原油、天然气、液化天然气及天然汽油产品的质量合格。

油田气 casing-head gas 又称伴生气。指与石油共生的天然气。包括气顶气(在油层中积聚在已被天然气饱和的石油顶上的过剩天然气)及溶解气(以溶解状态存在于原油中的天然气)。即从油藏中与原油同时采出,并从中提取液态烃后的剩余气体。其特征是乙烷以上的组分含量较非伴生气高,有的还含有氮、硫化氢及二氧化碳等非烃类气体。可用于制造液化石油气,也可用作燃料及化工原料。

油田化学品 oil field chemicals 石油勘探开发过程中所用化学品的统称。种类很多。其应用遍及石油勘探、钻采、集输和注水等所有工艺过程,在石油勘探开发中占有重要地位,也是提高采收率和保证石油勘探开发顺利进行的关键。按化学性质油田化学品可分为矿物产品、天然材料及其改性产品、合成有机化学品及无机化学品;按用途可分为通用化学品、钻井用化学品(如杀菌剂、缓蚀剂、消泡剂、絮凝剂、堵漏剂、解卡剂、降黏剂、表面活性剂等)、油气开采用化学品(如助排剂、破胶剂、降滤失剂、稠化剂、防蜡剂、调剖剂等)、提高采收率化学品(如增溶剂、稠化剂、高温起泡剂、助表面活性剂等)、油田集输用化学品(如破乳剂、减阻剂、流动改进剂,抑泡剂、管道清洗剂等)、油田水处理用化学品(如黏土稳定剂、助滤剂、浮选剂、除油剂、除氧剂、防垢剂等)。

油母质 kerogen 见"干酪根"。

油吸收法 oil absorption process 一种从催化裂化干气或裂解气中回收

乙烯的方法。先用吸收剂(如碳三或碳四馏分)吸收碳二以上组分,然后用精馏法将各组分逐一分离。此法所需低温条件可在-40℃以上,使制冷系统大为简化,可以降低投资。但由于油吸收法采用大量吸收剂的循环,因而能耗较大,而且一般不能获得氢气产品,因此逐渐被深冷分离法所取代。仅适用于小规模分离。

油库 oil reservoir 凡是用于接收、储存和发放原油或石油产品的企业和单位都称为油库。它是协调原油生产、加工及成品油供应或运输的纽带,是国家石油储备和供应的基地。按管理体制和经营性质可分为独立油库和附属油库;按运输方式分为水运油库、陆运油库及水陆联运油库;按石油产品性质可分为原油油库,成品油油库,轻油、润滑油、重油油库,综合油库等。油库储油必须考虑石油的火灾危险性。

油驳 oil barge 见"油船"。

油环润滑 ring lubrication 一种循环润滑方式。套在轴上,静止时油环下部浸在油槽内,在环和轴同时旋转时将润滑油从油槽带到轴颈上,并挤到轴承端头进行润滑,然后又重新流入油槽。其特点是结构简单、耗油量小、机器运转后可自动给油。适用于转速 3000r/min 以内的水平轴,对于润滑直径小于10mm 的水平轴承,或机械作摆动运动时不能采用这种方式润滑。

油轮 cargo tank 见"油船"。

油性 oiliness 润滑油在金属表面形成吸附膜的性质。润滑油在金属表面形成的吸附膜厚度越大,强度越高,表明其油性越好。它反映了润滑油在较高负荷和较低转速的苛刻条件下的润滑能力。油品油性的强弱与所含极性分子的性质有关,不同类型的分子,其极性不同,在金属表面的吸附能力也不同。润滑油品中极性基团成分在金属表面上的吸附能力按以下顺序排列为:

伯胺＞羧酸＞醇＞酯

润滑油的油性可以通过加入油性添加剂进行改善。

油性添加剂 oiliness additive 又称油性改进剂,简称油性剂。指加入润滑油中能增加油膜强度、减少摩擦系数、提高抗磨损能力的添加剂。它通过范德华力或化学键力在摩擦副的金属表面上形成牢固的吸附膜,防止金属直接接触,从而减少摩擦系数和减少磨损。常用的油性剂有脂肪酸及二聚酸(如油酸、硬脂酸、二聚亚油酸)、脂肪醇(如月桂醇、油醇)、脂肪酸皂(如油酸铝、硬脂酸铝、硬脂酸铅)及酯类(如油酸丁酯、油酸单甘油酯及油酸环氧酯等)。

油型气 oil type gas 又称油成气。指干酪根成熟阶段与石油一起形成的石油伴生气(湿气)、凝析气以及干酪根过熟阶段由它和液态烃裂解形成的裂解气。不同类型的干酪根生气能力也不同。腐泥型干酪根富含长链脂肪结构,裂解时形成液态烃和湿气,可提供重烃气和部分甲烷气;腐殖型干酪根富含芳香结构和含氧基团，其上带有短脂肪链，裂解时主要形成 CH_4、CO_2 和少量重烃气。

油泵 oil pump 输送石油及其产品的主要机械设备。其作用是为管路中的油品提供动力（机械能），使它们能克服管路各种摩擦阻力与位差，完成油品从某一设备输送到另一设备。种类很多。按泵的工作原理，分为叶片泵和容积泵两大类，其中应用最广的是离心泵和往复泵。而按输送油品温度，可分为冷油泵和热油泵两类。

油品 oils 指石油及由石油经过炼油厂加工所得各种石油产品的总称。

油品分析 oil analysis 指用统一规定的或公认的试验方法，分析检验油品的理化性质和使用性能的测试方法。油品分析是油品生产的"眼睛"，是进行生产装置设计、保证产品质量和安全生产、提高油品产量和增加品种、完成生产计划的基础及依据，也是油品安全储运、正确使用油品及对油品质量进行仲裁的依据。

油品调合 oil blending 见"调合"。

油品装卸台 oil loading rack 又称装卸油台。指在炼油厂、油库及石油港口等设置的供汽车、火车、船舶装卸油品的栈台。一般按油品性质分类设置。可分为轻油、重油、润滑油、液化气、液体沥青、化工产品等装卸台。要求安全设施齐全。装卸台有通过式及旁靠式。选用何种形式应根据车位多少、自动化程度、装卸油品种类等因素而确定。一般的油品装卸台由装、卸油鹤管及其操纵装置、送油管或集油管以及相应的抽、送油泵等组成。

油毡沥青 felt asphalt 用于制造防水油毡的石油沥青。外观为黑色固体，具有良好的黏附性及延性。可分为浸渍用沥青及面料沥青。前者为低软化点石油沥青，用于浸渍油毡内层纸张；后者为高软化点沥青，软化点一般大于90℃。使用时可加入适量滑石粉等填充料。油毡沥青系由减压渣油经丙烷脱沥青所得沥青或调入减压渣油经氧化而制得。

油浆 slurry oil 指在催化裂化过程中由分馏塔底抽出的带有少量催化剂粉末的渣油。部分可作为回炼油浆送回反应器回炼。由于油浆中稠环芳烃含量较多，生焦率很高，当再生器烧焦量达到极限，又不想降低装置原料处理量时，常将一部分油浆经冷却后送往油罐。这一操作俗称甩油浆。甩油浆可减少生焦率，降低再生温度。外甩的油浆经分离出催化剂粉末后，可用作加氢脱硫、加氢裂化等的原料，或用作生产针状焦的优质原料。

油浆阻垢剂 slurry oil antifoulant 添加于油浆中阻止油浆发生凝聚、沉积的助剂。外观为棕红色或琥珀色液体，pH值5～7，与油互溶。加入油浆中具有清净分散性、抗氧化性、抗腐蚀性、阻聚性及钝化金属表面等性能。能与油浆中金属离子螯合，生成稳定的络合物，使金属离子不能引发自由基链反应，阻止其对多环芳烃、胶质、沥青质的脱氢反应，减少有机垢及无机垢的生成。

油脂 oil and fat 油和脂的总称。即常温下为液态、半固态和固态的憎水物质的总称。是从生物体内取得的脂肪。常温下呈液态的称油，呈半固态或固态的称脂。分为动物油脂和植物油脂两大类。油脂的主要成分是脂肪酸的三甘油酯，还含有少量游离脂肪酸、磷脂、甾醇、色素及维生素等。油脂有油腻性，不溶于水，溶于烃类、醇类、酮类、醚类及酯类等有机溶剂。可在催化剂作用下高温水解成脂肪酸及甘油，遇钙、钠、钾的氢氧化物时能皂化成金属皂和甘油。还可进行磺化、硫酸化、卤化、氧化、氢化、聚合等反应。广泛用于制造肥皂、甘油、脂肪酸、乳化剂、油漆、油墨及润滑剂等。通常采取压榨、萃取、熬煮等方法制取。

油脂的皂化 saponification of oils 指油脂在碱的作用下被水解及中和成脂肪酸的过程。常用于生产一些特殊脂肪酸盐。如涂料工业中用此法生产不饱和脂肪酸盐；洗涤剂工业中用此法生产钠盐、钾盐等。还可用此法制备一些特殊的盐，如用作塑料加工助剂及润滑油添加剂的脂肪酸的钙盐、铅盐、锌盐等。

油船 tanker 油船是海运与河运原油及成品油的装载工具。按有无自航能力可分为油轮及油驳两类。油轮自带动力设备，除能航运外，还可依靠自身动力进行油品装卸作业。它又分为海运油轮及内河油轮两种。海运油轮多在万吨以上，主要用于原油海上运输。我国原油油轮主要为5万～7万吨级。成品油油轮均在3.5万吨级以下。油驳是指不带动力设备、不能自航的油船，它的航行须带拖船牵引或顶推。船上油品要依靠油库或码头上的加热设备和油泵来装卸，载重量只有几千吨。按用途也分为海上油驳及内河油驳两类。江河采用油驳装运油品，不受航道和吃水深度限制，可常年满载航行，因而运费低、经济性好。

油（类） oils 常温下为液态的憎水性物质的总称。具有可燃性。可分为动物油、植物油、矿物油及合成油四大类。其主要成分变化很大。矿物油的主要成分是碳氢化合物，如石油、页岩油、煤炼油等。大多数有挥发性，可以蒸馏或分馏，加工制成汽油、柴油及润滑油等。除部分特种合成油外，其余的油都是碳氢化合物的衍生物。

油基切削液 oil-base cutting fluid 见"金属切削液"。

油漆沥青 paint asphalt 一种高软化点（125～140℃）的氧化石油沥青。它可以溶于溶剂，并与干性油互溶。可配制成各种沥青漆，用作耐水、耐酸碱的涂料。也可用作绝缘油漆的原料及绝缘胶的代用品。适用于制造沥青漆的沥青应该是纯正黑色、有光泽、有较强的粘附力，并要求其中的油分和蜡的含量少，不然会影响漆层的质量。油漆沥青可由天然原油蒸馏所得减压渣油经氧化制得。

油漆溶剂油　paint thinner　用作油漆稀释剂及溶剂的石油溶剂油。由石油经预处理及常压蒸馏而制得。如 200 号油漆溶剂油为微黄色液体，101.325kPa 下初馏点≥135℃，干点≤230℃，闪点(闭杯)≥30℃。它能溶解酚醛树脂漆料、醇酸调合树脂等。广泛用作油性漆、酚醛漆、醇酸漆等的溶剂。

油酸　oleic acid　$CH_3(CH_2)_7CH=CH(CH_2)_7COOH$　化学式 $C_{18}H_{34}O_2$。又名顺式十八碳-9-烯酸、十八烯酸。无色透明油状液体。低温下为晶体。暴露于空气时颜色变深，有像猪油的气味。以甘油酯的形式天然存在于动植物油脂中。相对密度 0.8905(20℃)。熔点 13.4℃，沸点 223℃(1.333kPa)。折射率 1.4582。闪点 372℃。黏度 25.6mPa·s(30℃)。不溶于水，溶于苯、氯仿，与甲醇、乙醇、乙醚等混溶。加热至 80～100℃分解。用于制造油酸酯类及油酸盐类，也用于制造增塑剂、合成树脂、农药乳化剂、矿物浮选剂及印染助剂等。可先将动植物油脂水解，再经热压和固体脂肪酸分离，然后精制而得。

油酸丁酯　butyl oleate　化学式
$$CH_3(CH_2)_7CH=CH(CH_2)_7\overset{\displaystyle O}{\overset{\|}{C}}OC_4H_9$$
$C_{22}H_{42}O_2$。又名 9-十八烯酸丁酯。浅黄色油状透明液体(低于 12℃时呈不透明状)，微有脂肪的气味。相对密度 0.8704(15℃)。沸点 227～228℃(2kPa)，熔点－26.4℃，闪点 193℃，燃

点 224℃。折射率 1.4480(25℃)。不溶于水，与乙醇、乙醚、矿物油及植物油混溶。用作纤维素树脂、合成树脂、合成橡胶及溶剂型涂料的增塑剂，高聚物交联剂，防水剂，润滑剂等。也用于制造环氧树脂固化剂、表面活性剂。可由油酸与丁醇经酯化反应制得。

油槽车　tank car　又称铁路油罐车。一种散装油品铁路运输的专用车辆。由罐体及其附件、底架、转向架、自动装置、牵引缓冲装置等组成。罐体均有人孔、人孔盖、外梯、内梯、操作平台及护栏等附件。按装运油品类别可分为轻油罐车、黏油罐车及液化气罐车。目前国内主型罐车的有效容积为 50m³ 及 60m³ 两种，罐长度 10m 左右。

油燃烧器　oil burner　见"燃油燃烧器"。

油罐　oil tank　储存原油和石油产品的容器。按几何形状分立式圆柱形油罐、卧式圆柱形油罐、双曲率油罐(即滴形油罐)三大类。而以立式圆柱形金属罐应用最广。立式圆柱形油罐按结构形式，可分为锥顶油罐、悬链式油罐、拱顶油罐、浮顶油罐、内浮顶油罐等。

油罐车　tank truck　见"汽车油槽车"。

油罐调合　tank blending　又称间歇调合、油罐调和。一种油品调合方法。是将待调合的组分油、添加剂等，按所规定的调合比例，分别送入调合罐内，再用泵循环、电动搅拌等方法将其均匀混合成为产品。其优点是操作简单，不

受装置馏出口组分油质量波动的影响。目前多数炼油厂采用此法调合。缺点是需要数量较多的组分罐、调合时间长、易氧化、油品损耗大、能耗多、调合比不精确。

泡沫灭火剂 fire foam agent 指能与水混溶,并能通过化学反应或机械方法产生灭火泡沫的灭火药剂。主要用于扑救一般可燃、易燃液体火灾及一般固体火灾。按产生泡沫机理,可分为化学泡沫灭火剂及空气泡沫灭火剂两大类。泡沫灭火剂产生的泡沫是一种体积较小、表面被液体包围的气泡群,相对密度一般为 0.001~0.5,远小于一般可燃、易燃液体,可漂浮在液体表面形成一个泡沫覆盖层,使燃烧物与空气隔开,达到窒息灭火的目的。

泡沫除尘器 foam washer 一种湿法除尘设备。其外壳为圆形或方形筒体,中间设有水平筛板而将除尘器分为上下两室。水或其他液体从上室的一侧靠近筛板处进入,并水平流过筛板,气体由下室进入,穿过筛板与板上液体接触,在筛板上形成一泡沫层,泡沫层内气液混合剧烈,形成良好的捕尘条件。气体中较大的尘粒被从筛板泄漏下来的液体带出并由器底排出;而微小的尘粒则在通过筛板后被泡沫层所截留,并随泡沫液经溢流板流出。

泡沫塔 foam column 筛板塔的类型之一。泡沫是由不溶性气体分散在液体或熔融固体中形成的分散物系。泡沫塔是在泡沫状态下操作的一种筛板塔。将气体流速提高到足以使塔内形成鼓泡层、泡沫层或雾沫层以达到强化传质的效果。泡沫塔常用于烟气洗涤除尘,酸性气体吸收等过程。

泡沫塑料 foam plastics 又称微孔塑料。是以合成树脂为基材制成的内部具有无数微小气孔的轻质高分子合成材料。由于气固两相分散情况不同,可分为闭孔及开孔两类。在闭孔泡沫塑料中,气体充填在聚合物构成的互不连通的格子内,有漂浮性;在开孔泡沫塑料中,气体充填在聚合物构成的互相连通的格子内,无漂浮性。按所用树脂不同,可分为酚醛泡沫塑料、环氧泡沫塑料、聚氨酯泡沫塑料、聚苯乙烯泡沫塑料及聚氯乙烯泡沫塑料等。按泡沫塑料的硬度可分为硬质、半硬质及软质三种。将泡沫塑料压缩使其变形达到 50%,减压后残余变形大于 10%的为硬质泡沫塑料,残余变形 2%~10%的为半硬质泡沫塑料,残余变形小于 2%的为软质泡沫塑料。泡沫塑料广泛用于制造保温及隔音材料、衬垫、人造革、衬里、塑料鞋及建筑材料等。

泡沫稳定剂 foam stabilizer 又称匀泡剂。一种发泡助剂。是可以稳定泡沫结构及改进发泡质量的一类助剂。它可以增加各组分的互溶性,起着乳化泡沫物料、降低发泡物料的表面张力、使之可产生大量小气泡并控制小气泡分布均匀、自动修复孔壁的薄弱处使之不破泡的作用,达到稳定泡沫和调节泡孔的目的。泡沫稳定剂属于表面活性剂一类,有非硅系化合物及有机硅化合物两类。主要品种有多元醇、磺化脂肪醇、磺化脂肪酸及有机硅等。多用于液体树脂,如聚氨酯、酚醛树脂等。聚氨酯泡沫塑料用的泡沫稳定剂大多为聚醚改性有机硅表面活性剂。

泡点 bubbling point 在一定压力下,将油品或液体混合物加热至刚开始出现第一个气泡的温度,称为该油品或液体混合物的泡点温度,或称平衡气化0%的温度。简称泡点。继续加热直至油品或液体混合物全部气化。气态油品在一定压力下冷凝出现第一个液滴的温度,称为露点温度,或平衡气化100%的温度。简称露点。泡点、露点与混合物的组成有关,也与系统压力大小有关。在恒温条件下逐步降低系统压力下,当液体混合物开始气化出现第一个气泡的压力称为泡点压力;而在恒温条件下增大系统压力,当气体混合物开始冷凝出现第一个液滴的压力则称为露点压力。

泡点温度 bubbling point temperature 见"泡点"。

泡点方程 bubble point equation 在原油蒸馏时,在常压塔操作中侧线抽出温度可近似看作为侧线产品在抽出搭板油气分压下的泡点温度,而塔顶温度则可近似看作塔顶产品在塔顶油气分压下的露点温度。

泡点方程是表征液体混合物组成与操作温度、压力条件关系的数学方程式,其算式为:

$$\sum K_i x_i = 1$$

露点方程是代表气体混合物组成与操作温度、压力条件关系的数学方程式,其算式为:

$$\sum y_i / K_i = 1$$

式中,x_i、y_i 分别代表 i 组分在液相或气相的摩尔分率,K_i 代表系统中的组分数目。

泡帽 bubble cap 见"泡罩"。

泡罩 bubble cap 又称泡帽。泡罩塔板的主要构件。有圆形泡罩及条形泡罩两种,多数为圆形。外形如反扣的杯状罩,在壁面开有许多齿缝,其形状有矩形、梯形、三角形。泡罩内有固定在塔板上的升气管,气相通过升气管进入泡罩空间,再以一定的喷出速度由齿缝喷出,与塔板上的液体形成鼓泡接触进行传质过程。常用的泡罩直径有 $\phi 50$、$\phi 80$、$\phi 100$ 及 $\phi 150mm$ 等多种。

泡罩塔 bubble cap tower 使用泡罩塔板的板式塔,也是工业应用最早的板式塔。主要由泡罩、升气管、溢流堰、降液管及塔板等部件组成。其气液接触元件是泡罩,泡罩有圆形及条形两大类。泡罩塔的优点是操作弹性大,在负荷波动范围大时,仍能保持稳定操作及较高分离效率,气液比也较大,不易堵塞;其缺点是结构复杂,造价高,气相压降大以及安装维修麻烦。由于各种新型塔板的出现,近来泡罩塔已几乎被浮阀塔及筛板塔所替代,只是在生产能力变化大、操作稳定性要求高的场合可考

虑 使用泡罩塔。

泡罩塔盘 bubble cap trap 又称泡帽塔盘。是在塔盘板上开许多圆孔,每个孔上焊接一短的升气管,管上罩一个泡罩,泡罩四周开有齿缝。操作时,液体由上层塔盘经降液管流入下层塔盘,然后横向流过塔盘板,流入下一层塔盘板;气体从下层塔盘上升进入升气管,通过环形通道再经泡罩的缝隙散到泡罩间的液层中。由于这种塔盘结构复杂、造价高、安装维护麻烦,已逐渐为其他高效新型塔盘所取代。

沸石 zeolite 沸石类矿物的总称。是一类含水的钙、钠、钡、钾、锶的铝硅酸盐矿物。化学通式为 $A_m B_p O_{2p} \cdot nH_2O$。式中 A 为 Ca、Na、K、Ba、Sr 等阳离子,B 为 Al 和 Si;p 为 Al 或 Si 的原子数,m 为阳离子数,n 为水分子数。品种很多,常见的有斜方沸石、丝光沸石、菱沸石、钙沸石、钠沸石、浊沸石等。晶体多呈纤维状、柱状或毛发状等。相对密度 $2.0 \sim 2.8$。晶格由硅氧四面体形成的四方、五方或更复杂的晶环所构成。微孔结构丰富,能选择吸附大小不超过孔径的分子。自身的阳离子易被其他阳离子交换,从而可调节其表面酸性、吸附性及催化性能。可用作吸附剂、干燥剂、催化剂及载体、洗涤助剂、软化剂等。

沸石分子筛 zeolite molecular sieve 沸石的名称很不统一,可以称作沸石、分子筛、沸石分子筛、分子筛沸石及晶体铝硅酸盐等。由于具有分子筛作用的物质除沸石外,还有其他物质,而且也不是所有沸石都能用作分子筛,所以严格地分,分子筛可分为沸石分子筛及非沸石分子筛两类。从应用上看,已往所用的分子筛大部分是沸石分子筛;而从分子筛材料的发展看,新出现的分子筛品种则大部分是非沸石分子筛,其中主要是磷铝系列的分子筛。

沸点 boiling point 物质沸腾时的温度或在液体中形成气泡而转变为气体的温度。也就是当液体的蒸气压等于标准大气压,液体出现沸腾时的温度。通常所说的物质沸点,是指大气压为 101.3kPa 的标准压力下的数值。对于纯物质,在一定压力下,它的沸点是一定的。对于像石油馏分那样的复杂混合物,在加热过程中,随着轻组分的不断挥发,液相组成也不断变化。轻组分的不断减少和重组分不断富集,液相的沸点也会不断上升。

沸点上升 boiling point rising 又称沸点升高。当在溶剂中溶入不挥发性溶质时,则该溶液的沸点比纯溶剂要高,这种现象称为沸点上升。其原因是溶液的蒸气压小于纯溶剂的蒸气压之故。

沸程 boiling range 见"馏程"。

沸腾床 fluidized bed 见"流化床"。

沸腾床干燥器 boiling bed dryer 见"流化床干燥器"。

沸腾床反应器 fluidized bed reactor 见"流化床反应器"。

沸腾燃烧锅炉 boiling combustion

boiler　见"流化床锅炉"。

波纹板填料　corrugated sheet packing　见"板波纹填料"。

波美度　Baumé gravity　法国化学家安东尼·波美(Antoine Baume)发明的一种用密度计测量液体相对质量的方法。分为轻液(其相对密度较水要小者)用及重液(其相对密度较水要高者)用两种。前者是将10%的食盐溶液作为0°Bé,将纯水作为10°Bé,其间分为10等分;后者是将15%的食盐溶液作为15°Bé,将纯水作为0°Bé,其间分为15等分。其与相对密度$d_{15℃}$的关系如下:

轻液用$d_{15℃}=140/(130+Bé)$

重液用$d_{15℃}=145/(145-Bé)$

波美度密度计　Baumé hydrometer　用于测量液体波美密度的仪器。用玻璃制作。上部为一长形玻璃管段,上面标有玻美度。测量时,先将被测液体试样注入量筒内,然后放入密度计,根据密度计在试样液体中浮沉高低,由液面与长管上的刻度相交处,即可读出液体在测量温度时的玻美度数。

定向结晶法　orientation crystallization method　见"熔融结晶"。

定向聚合　stereospecific polymerization　又称有规立构聚合。凡是能形成立构规整聚合物为主的聚合过程都称为定向聚合。在规整聚合物中,如果它的分子链可以只用一种构型重复单元以单一的顺序排列表示,则称其为有规立构聚合物。聚合反应过程中立体定向程度取决于单体分子相对于前一个单体单元以相同的立体构型还是以相反的立体构型加成的速率之比。定向聚合可以是配位聚合、离子型聚合及自由基聚合。配位聚合基本上属定向聚合,而离子型及自由基聚合只有在某些特定条件下才是定向聚合。

实摩尔平均沸点　true molar average boiling point　石油和石油产品平均沸点表示法之一。是以各组分摩尔分数和相应的沸点乘积之和表示的平均沸点。用于求烃类混合物或油品的临界温度及偏心因素。参见"平均沸点"。

实际胶质　existent gum　指100mL燃料在试验规定的热空气流中,经蒸发、氧化、聚合、缔合所生成的胶质量。用mg/100mL表示。是评定发动机燃料在发动机进气管路及进气阀件上生成胶状沉淀物倾向的指标。实际胶质的测定方法是,模拟点燃式发动机气化器的工作条件而制定的。测得的实际胶质包括两部分:一部分是油品储存时生成的可溶性胶质,过滤不能除去;另一部分是油品中存在的不安定组分在测定条件下反应生成的胶质。实际胶质高,燃料在进气系统中会生成较多的沉积物,使发动机不能正常工作,行程里程缩短。我国车用汽油要求实际胶质不大于5mg/100mL,四个月后要求不大于10mg/100mL。目前,实际胶质的测定已推广成为评定各种液体燃料安定性的质量指标之一。

实沸点　true boiling point　简称TBP。又称真沸点。指由实沸点蒸馏设备所测得的油品馏出温度。由于实沸点蒸馏的分馏精确度较高,其馏出温度与馏出物的实际沸点相近,故可以近似反映原油中各组分沸点的真实情况。

实沸点蒸馏　true boiling point distillation　是在实验室用一套分离精度较高的间歇式常压、减压蒸馏装置,把原油按照沸点由低到高的顺序切割成许多窄馏分,并作各窄馏分的性质分析。主要用于原油评价。国内所用实沸点蒸馏装置主要由塔Ⅰ及塔Ⅱ两部分组成。塔Ⅰ是用来对原油从初馏到400℃的馏分进行常减压蒸馏;塔Ⅱ是用来对塔Ⅰ蒸馏结束后釜内残油进行深切割,其最终切割温度可达500～550℃。目前,在作原油评价时,气体色谱模拟法还不能完全代替实验室的实沸点蒸馏。

实沸点蒸馏曲线　true boiling point distillation curve　实沸点蒸馏是按每馏出3％或每隔10℃切取一个窄馏分,计算每馏分的收率及总收率。按馏出温度与馏出油体积百分数绘制的关系曲线,即为原油的实沸点蒸馏曲线。是设计计算原油蒸馏装置的基本依据之一。

空气分离　air separation　简称空分。是在低温下先将空气中各组分(氧、氮、氩等)液化,然后用精馏方法分离各组分的过程。所用装置称为空分装置。由于空气中各组分的临界温度很低,故需用深度冷冻的方法才能使其液化。采用的深冷循环有林德(Linde)、克劳德(Claude)、海兰特(Hevlandt)等高压循环法及卡波查(Kapitza)低压循环法等。

空气压缩机　air compressor　又称空压机。用于压缩或输送空气的机器。应用极为广泛,是采矿、机械制造、石油化工、建筑、冶金、纺织、农业、交通等行业不可缺少的动力设备。参见"压缩机"。

空气压缩机油　air compressor oil　又称空压机油。用于润滑空压机气缸、活塞环、轴承、曲柄连杆及曲轴箱系统的润滑剂。是由精制的润滑油基础油,加入专用添加剂调合制得。具有适宜的黏度及良好的黏温性能,并具有良好的氧化安定性、防腐防锈性、油水分离性、消泡性及抗积炭倾向性等。按压缩机结构形式又分为往复式空压机油和回转式空压机油两类,而按基础油种类又分为矿物油型空压机油及合成型空压机油两类。空压机油不得用于氧气或氯气压缩机上,以免发生爆炸。

空气污染　air pollution　指由于人类活动和自然过程引起某些物质进入大气中,达到了一定浓度和持续时间,并因此危害了人体舒适、健康及福利。所谓的物质,可以指空气携带的任何自然的或人为的化学元素、混合物及化合物等,它们以气体、液滴或微细颗粒的形式存在于大气中。空气污染更多地指局部地区(如厂区、车间等)污染,与区域性大气污染有一定区别。

空气冷却器　air cooler　又称空冷器。一种用空气作冷却介质的冷却设备。由管束、风机、机架及百叶窗构成。

管束是空冷器的主要部件,由翅片管、管箱、框架组成;风机是空冷器的供风装置,保证空气以适当的流量通过管束,使管内工艺流体的温度控制在允许范围内;构架用以支承空冷器上的所有部件;百叶窗可使空冷器免受雨、雪及阳光辐射等影响,同时具有调节风量的作用。空冷器按通风方式可分为鼓风式及引风式,按管束布置可分为水平式、立式及斜顶式,按冷却方式可分为干式、湿式及干湿联合式。多用作塔顶冷凝冷却器,可节约大量工业用水,减少工业地区的水质污染。

空气泡沫灭火剂 air fire foam agent 泡沫灭火剂的一种。是通过药剂与空气在泡沫灭火器中进行机械混合而生成的,泡沫中所含的气体为空气。根据泡沫的发泡倍数可分为低倍数泡沫、中倍数泡沫及高倍数泡沫三类。根据低倍数泡沫发泡剂的类型及用途,可分为蛋白泡沫、氟蛋白泡沫、水成膜泡沫、合成泡沫和抗溶性泡沫5种类型。而中、高倍数泡沫灭火剂属于合成泡沫的类型,是以合成表面活性剂为基料,发泡倍数高、发泡量大。

空气喷气发动机 air jet engine 见"喷气发动机"。

空心毛细管柱色谱 hollow capillary column chromatography 见"柱色谱法"。

空时收率 space time yield 见"时空收率"。

空速 space velocity 又称空间速度。指单位时间内通过催化剂的原料量与反应器内催化剂藏量的比值。以质量为单位的称质量空速,以 20℃液体体积为单位的称体积空速。其量纲是时间的倒数。空速的高低决定了反应时间的长短。空速越高,反应时间越短。所以,空速是反映反应器处理能力的一个重要指标。而对某一反应而言,反应速率越快,空速变化对其影响越少,反之,反应速率越慢,空速变化对其影响越大。

空塔速度 superfical velocity 又称表观速度。指在操作条件下通过塔器(精馏塔、吸收塔等)横截面的流体速度。即用流体流量除以塔器横截面积而得。由于流体流量的表达方式有体积流量、质量流量及摩尔流量,所以相应的空塔速度表示方式有空塔线速度、空塔质量速度及空塔摩尔速度等。其单位分别为 m/h、$kg/(m^2 \cdot h)$ 及 $kg \cdot mol/(m^2 \cdot h)$ 等。空塔速度是衡量塔器负荷的一项重要数据。

官能团 functional group 又称功能团、功能基。有机化合物分子结构中能反映特殊性质的原子团。如乙胺($CH_3CH_2NH_2$)、乙二胺($H_2NCH_2CH_2NH_2$)、苯胺($C_6H_5NH_2$)中的氨基(—NH_2),乙酸(CH_3COOH)、草酸(HOOC—COOH)、苯甲酸(C_6H_5COOH)中的羧基(—COOH)都是官能团。除烷烃没有官能团外,其他各类有机化合物都有一个或多个官能团。这些官能团与其他化合物反应可生成化学键的活性基团。在有机合成中往往将引入或消除官能团作为该反应的名称,如脱羧基反应、乙酰(基)化反应、烷基化反应等。

官能团异构体 functional group isomer　构造异构体的一种。具有相同分子式的分子,由于所含官能团不同而产生的异构体。如乙醇(CH_3CH_2OH)和二甲醚($H_3C-O-CH_3$),乙醇中含有羟基,二甲醚中含有醚键,故两者互为官能团异构体。

官能度 functionality　指有机化合物分子结构中能反映出其特殊性质,并具有反应性能的原子团的数目。按其数目为1、2、3等分别称为单官能度、双官能度、三官能度化合物。如多元醇有机化合物是指-OH基的数目。官能度的多少能决定它们发生反应后生成聚合物的结构。如二官能度单体聚合,得到线型聚合物;多于二官能度的单体聚合,得到支化或体型聚合物。

试剂 reagent　又称化学试剂、试药。用于化学反应、分析化验、教学实验及试验研究等的纯化学物质。按化学组成或用途可分为10类,即无机试剂、有机试剂、基准试剂、特效试剂、仪器分析试剂、生化试剂、指示剂和试纸、高纯物质、标准物质和液晶;按纯度分为高纯(特纯、超纯)、光谱纯、分光纯、基准、优级纯、分析纯及化学纯等七种。其质量标准分为国标(GB)、部标(HG)和企标(HG/Q)。对通用试剂制订有四种规格:①优级纯或一级品,符号GR,主成分含量高,杂质含量低,主要用于精密的科学研究及测定工作;②分析纯或二级品,符号AR,主成分含量略低于优级纯,杂质含量略高,用于一般科学研究及重要的测定;③化学纯或三级品,符号CP,品质较分析纯差,但高于实验试剂,用于工厂、教学实验的一般分析工作;④生化试剂,符号BR,用于生物化学实验。

试纸 indicator paper　浸过指示剂或试剂的干小纸条的总称。用以检验溶液酸碱性或离子或某种化合物的存在。如广泛pH试剂、精密pH试纸、石蕊试纸、碘化钾淀粉试纸等。

试样 test sample　指向给定试验方法提供所需要的产品的代表性物料,也即供试验用的代表样品。根据产品性状不同,试样可分为液体(如汽油、原油)、固体(如石蜡、沥青)、粉末(如硫黄、碳酸钠)、膏体(如凡士林、润滑脂)及气体(如乙烯、丙烯)等多种。

视密度 observed density　又称表观密度。用密度计测定密度时,在某一温度下所观察到的密度计读数。单位为g/cm^3或kg/m^3。主要石油产品的视密度均可通过专用换算表查出标准状态下的密度,从而算出产品的标准体积或质量。当测量温度为(20 ± 5)℃范围内变化时,视密度ρ_t与标准密度ρ_{20}的换算关系为:

$$\rho_{20}=\rho_t+r(t-20)$$

式中　t——测量温度;

　　　r——平均密度温度系数,

$(g/cm^3)/℃$。表示温度变化1℃时密度变化的平均数值，可由专用换算表查得。

【ㄐ】

建筑沥青 architectural asphalt 主要用于屋面或地下设施防水等建筑工程的石油沥青。按针入度分为10号、30号及40号三个牌号。这类沥青含胶质、沥青质多，含炭青质、游离碳和机械杂质少，粘附性及溶解性好，有良好的抗水防潮性、抗氧化性，不易发生脆裂。除用于建筑工程外，也可用于生产建筑用包装纸、油毡纸。是以天然原油的减压渣油为原料，经氧化釜高温通风连续氧化、成型而制得。

弧鞍填料 Berl saddle packing 又称伯尔鞍填料。一种鞍形填料。形状如同马鞍。一般用陶瓷制造。其特点是表面全部敞开，不分内外，液体在表面两侧均匀流动，表面利用率高，流体阻力小。传质效率比拉西环高。由于其形体对称，装填时容易重叠，致使部分表面重合，降低传质效率，而且强度较差，容易破碎，工业上已应用不多。

降解 degradation 高分子材料在制备、加工、储存和使用过程中会受环境因素影响而发生化学反应，从而导致外观和性能变化，直至最终失去使用价值的现象。降解时可能出现斑点、裂纹、粉化、收缩、变色等外观变化，并伴随发生物理性能、力学性能及化学性能等变化。影响高分子材料降解的内在因素有组成与结构聚集状态，外界因素有光、热、氧、臭氧、电场及微生物等。有时为加工需要或回收单体，也用人为方法对高聚物进行有控制的部分降解。

降解塑料 degradation plastics 又称可降解塑料。是指一类其制品的各项性能可满足使用要求，在保质期内性能不变，而使用后在自然环境条件下，能降解成对环境无害物质的塑料。根据其降解方法不同，可分为光降解塑料及生物降解塑料。光降解塑料是根据塑料中高分子碳链受到紫外线作用可缓慢分解这一特性，在聚合时加入易受紫外线分解的单体或者加入可吸收紫外线加速碳链断裂的添加剂而生产的塑料，如乙烯-一氧化碳共聚物制造的塑料；生物降解塑料是在聚合时加入易生物降解的物质（如淀粉），使塑料在天然条件下能被生物所降解，如聚乳酸类塑料。

降凝剂 pour point depresant 又称倾点下降剂。指能降低油品凝点和改善油品低温流动性能的添加剂。广泛用于调制各种深色润滑油（如机械油、变压器油、齿轮油、冷冻机油等），也用于柴油及重油。其作用机理是使油品中的石蜡包含能力减少，防止石蜡结晶增大，或与石蜡形成共晶体使其难以形成三维网状结构，从而阻止油品凝结而保持流动性。降凝剂种类很多，常用的有烷基萘、烷基酚、聚 α-烯烃、聚甲基丙烯酸酯、聚乙酸乙烯酯等。润滑油中石蜡含量小于3%时,降凝剂使用效果最好;石蜡含量增加,则降凝效果会下降。此外,润滑油黏度越低,降凝剂效果也越好。

限期治理污染制度 system of treating environmental pollution within a prescribed time 我国《环境保护法》第二十九条规定,对造成环境严重污染的企业事业单位限期治理。被限期治理的企业事业单位必须如期完成治理任务。第三十九条规定,对经限期治理逾期未完成治理任务的单位,除依据国家规定加收超标排污费外,可以根据所造成的危害后果处以罚款,或责令停业、关闭。限期治理制度是强化环境管理的重要措施。通过限期治理,可以优先解决重点污染源,消除污染危害,有利于改善工厂和群众的关系,有利于社会安定及提高经济效益和社会效益。

参考电极 reference electrode 又称参比电极。在电化学中,测量一个电极的电位时,总是以另一个电极为标准,并与之组成测量电池,然后用补偿法测定该电池的电动势,从而求得被测电极的电位。用来提供标准的电极称为标准电极。标准电极应符合可逆性、重现性及稳定性好等条件。常用的参考电极有甘汞电极、银-氯化银电极、铊汞齐电极、$Hg/HgSO_4$ 电极和氧化还原参比电极等。

线性低密度聚乙烯 linear low density polyethylene 又名低压低密度聚乙烯,简称LLDPE。是乙烯与少量 α-烯烃的共聚物。乳白色颗粒。外观与低密度聚乙烯相似。其分子量分布窄,分子结构与高密度聚乙烯接近。主链为线型结构,并有少量短支链,短支链长度决定于共聚单体。结晶度低于高密度聚乙烯而高于低密度聚乙烯。相对密度 $0.918 \sim 0.940$。熔点 $120 \sim 125℃$。使用温度范围高于低密度聚乙烯,耐低温性优于低密度及高密度聚乙烯。抗拉及抗撕裂强度、抗冲击性、耐蠕变性及耐环境应力均优于低密度聚乙烯。主要用于制造吹塑薄膜,也用于制造汽车零部件、储罐、工业容器、管材、电线电缆等。系由乙烯与 α-烯烃用低压气相法(或溶液法、淤浆法等)聚合制得。

线型聚合物 linear polymer 又称线性高分子。分子链中重复的结构单元以共价键按线型结构连接成的链状聚合物。分子主链旁可以有侧基但不是支链。如线型聚苯乙烯虽有许多苯基侧基,但仍为线型聚合物。骨架原子都是碳原子的,称为线性碳链聚合物;分子主链骨架原子除碳原子外,还有氮及氧原子的,称为线型杂链聚合物。线型聚合物受热可以熔融,为热塑性聚合物。也可溶解在适当的溶剂中。

线型缩聚反应 linear condensation polymerization 缩聚反应的一种。又称双官能团缩聚。指参加缩聚的单体分子都具有两个官能团,反应后生成的高聚物为向两个方向增长的线型高分子的反应。二元酸与二元醇缩聚成聚酯、二元酸与二元胺缩聚成聚酰胺的反应都属线型缩聚反应。缩聚反应是可逆反应。单体结构、原料用量比、反应温度及压力、催化剂等因素对反应都会有影响。

线缺陷 line defect 见"晶体缺陷"。

组分 component ①又称独立组分。确定平衡体系中所有各相组成所需要的最小数目的独立物质。如体系仅有单一组分,则称为单组分体系。②指混合物或溶液中的各个成分。如食盐溶液的氯化钠和水。

组合干燥 composite drying 见"多级干燥"。

细度 fineness 表示合成纤维、天然纤维或纱线粗细程度的指标。有两种表示方法:一是用直径、截面积、宽度等表示;二是用千特(ktex)、特(tex)、分特(dtex)、毫特(mtex)表示。1000m长的纤维重1g为1tex。过去,我国棉麻纤维习惯上采用公制支数;羊毛采用直径或品质支数;蚕丝和化学纤维用旦表示;毛纱、麻纱、化纤纱、绢丝用公制支数(Nm)表示;棉纱用英制支数(Ne)表示。从1986年起,纺织纤维和纱线的细度的法定计量单位与国际标准一致,用特克斯、分特克斯表示,简称特、分特。羊毛的细度单位仍采用品质支数表示。

细菌脱蜡 biological dewaxing 见"生物脱蜡"。

终止剂 terminator 又称聚合终止剂、链终止剂。是能与引发剂(或催化剂)或增长链迅速起反应,从而有效地破坏其活性,使聚合反应终止的物质。适时终止聚合反应,可获得分子量均匀、分子结构稳定的高品质聚合产品。

终止剂除起着消除体系活性中心的作用外,还兼有防止老化的作用。工业上许多防老剂往往也是终止剂。种类很多。一般为能与自由基结合生成稳定化合物的一类物质,如醌、硝基、亚硝基、芳基多羟基化合物及许多含硫化合物等。如高温乳液聚合常用对苯二酚、对叔丁基邻苯二酚等作终止剂。

终止剂技术 terminator technique 一种催化裂化反应终止技术。其目的是防止离开反应器的油气(如汽油、柴油)进一步转化成非目的产物。它是在提升管末端增设一组终止剂入口,通过加入冷态的难裂解组分,迅速降低系统的温度,从而大幅度降低反应速度。注入的终止剂通常有直馏汽油、催化裂化粗汽油、重柴油、酸性水等。终止剂技术操作简单。但使用终止剂后,终止在降低二次反应的同时也终止了稠环芳烃等难裂化组分的反应,使生焦量增大。同时也会增加反应器及分馏塔的负荷,对装置内的流化有一定影响。

终端速度 terminal settling velocity 见"带出速度"。

终馏点 end boiling point 见"干点"。

九画

【一】

玻璃化温度 glass transition temperature 又称玻璃化转变温度。指晶态或晶态高聚物的非晶区开始出现链段运动或链段被冻结的温度,也即高聚物由高弹态转变为玻璃态的温度。常用T_g表示。其值大小受聚合物主链、侧基结构、分子量大小及分布、升温速度及外力作用情况等影响。T_g是高聚物的特征温度,是非晶态(或无定形)高聚物作为塑料使用的最高温度,是作为橡胶使用时的最低温度。聚合物达到玻璃化温度时,许多物理性质(如比容、折射率、比热容、介电损耗等)都会发生急剧变化。聚合物的T_g可用膨胀计法、波谱法及介电测量等方法测定。

玻璃纤维 glass fiber 主要成分为二氧化硅及某些金属氧化物的无机纤维。按成分及性能可分为无碱、中碱、高碱及特种玻璃纤维;按形态可分为连续玻璃纤维,定长玻璃纤维及玻璃棉等。直径几微米至几十微米。可加工成纱、布、带、毡、管壳及板等。具有耐热、不燃、不腐、抗张强度高、吸湿性小、电绝缘性好等特点。用于制作窗纱、渔网、玻璃布人造革、特种防护服、过滤材料,也可与塑料制成玻璃钢。

玻璃纤维增强塑料 glass-fiber reinforced plastics 俗称玻璃钢。以树脂作基材、玻璃纤维或玻璃布为增强骨架的复合材料。能显著提高塑料的机械强度、耐热性及耐蠕变性。可将长束、玻璃布、短切纤维等玻璃纤维,以纵向、双向或多向方式排列于树脂中,经注模、固化而成。根据所使用树脂不同,可分为玻璃纤维热固性塑料及玻璃纤维热塑性塑料两大类。常用热固性树脂有不饱和聚酯、环氧树脂、酚醛树脂等;常

用热塑性树脂有尼龙、聚砜、聚苯醚等。用于制造船体、车身、雷达罩、储槽、螺旋桨、化工容器及机械部件等。

玻璃态 glassy state 无定形高聚物的力学三态之一。又称普弹状态。指无定形或非晶态高聚物在低温(玻璃化温度以下)时或频率较高的交变应力作用下所处的力学状态。在此状态下,体系的黏度很大,无论是整个分子链的活动还是链段的内旋转都已冻结,受力时以普弹形态为主。即加外力时,形态变化很微;去除外力后形变瞬间回复。高聚物显得刚硬,类似于小分子玻璃的力学状态。聚氯乙烯、聚苯乙烯等塑料在常温下呈玻璃态,处于玻璃态的高聚物受热后,一般可转变成高弹态,转变温度称为玻璃化温度T_g;继续受热,则自高弹态转变为黏流态,转变温度称为黏流温度T_f;当温度升到分解温度时,高聚物开始分解。当冷却时,自黏流态经高弹态,最后回复到玻璃态,即:

$$\text{玻璃态} \underset{}{\overset{T_g}{\rightleftharpoons}} \text{高弹态} \underset{}{\overset{T_f}{\rightleftharpoons}} \text{黏流态}$$

玻璃钢 glass-fiber reinforced plastics 以树脂作基材、玻璃纤维或玻璃布为增强骨架的复合材料。可代替钢材用于制造船体、火车车厢、汽车车身、储槽、化工设备及建筑材料等。参见"玻璃纤维增强塑料"。

玻璃棉 glass wool 由熔融玻璃制成的疏松絮状短细玻璃纤维,其长度及细度随制法的不同而异。纤维直径一般为$3\sim12\mu m$,长度为$25\sim100mm$,密度$2.4\sim2.7g/cm^3$。按成分可分为无碱

棉、有碱棉、高硅氧棉等；按纤维直径可分为超细玻璃棉（小于 3μm），细玻璃棉（3～6μm），玻璃短棉（直径 12μm）。具有良好的耐腐蚀性及电绝缘性，导热系数小，不易燃，无毒，能隔热和吸声。用作工业设备及建筑的隔热、吸声、减振、及绝缘材料。可由熔融玻璃用蒸汽或燃烧器喷吹法制取。

封闭体系 closed system 见"体系"。

标准十六烷 standard cetane 即十六烷。测定柴油十六烷值的标准燃料。十六烷值 100±2。参见"十六烷"。

标准正庚烷 standard normal heptane 即正庚烷。测定汽油辛烷值的标准燃料。辛烷值 0±0.2。参见"正庚烷"。

标准异辛烷 standard isooctane 即 2,2,4-三甲基戊烷。测定汽油辛烷值的标准燃料。辛烷值 100±1。参见"异辛烷"。

标准状况 standard conditions 又称标准情况。指温度为 273.15K（0℃）及压力为 101.325kPa（1 标准大气压、760mmHg）下的状况。以为比较气体体积时有统一的标准。通常讲气体的密度时，除有特别注明外，也都是指在标准状况下的密度。标准状况与标准状态的概念不同。后者又称标准态，是在化学热力学中，为计算物质热力学函数（如吉布斯自由能的变化值）而选定的一种用于相互比较的状态。

标准状态 standard state 又称标准态。计算热力学性质的参考态。常用

于两个方面：①为便于计算各种系统的热力学函数而规定的某些特定状态。热力学中有些物理量（如熵、焓、内能等）难以确定绝对值，而是考察其状态改变时的热力学量的变化。确定某种状态为标准态，通过与其比较可得到状态热力学物理量的相对值。②相平衡计算时，选取标准态可使计算过程简化。如计算逸度时，常取与体系具有相同温度及 100kPa 下纯组分的理想气体状态作为标准态。

标准物质 reference material 简称 RM。指具有一种或多种足够均匀且已很好地被确定其特性量值的物质或材料。常指有证标准物质。可用于校准仪器、评价测量方法或确定物质的特性量值等。我国的标准物质分为一级标准物质和二级标准物质两个级别，共 13 个类别。分别是钢铁、有色金属、建筑材料、核材料与放射性、工程技术、地质、高分子材料、化工产品、能源、物理学与化学、环境、食品、临床化学与医药等。一般工作场所可选用二级标准物质；对实验室认证、方法验证、产品评价与仲裁可选用高水平的一级标准物质。

标准油 standard oil 见"标准煤"。

标准密度 standard density 石油产品在标准温度（20℃）下的密度，常用 ρ_{20} 表示。一般手册中未做标注的密度数据也常指 20℃时液体或固体的密度。

标准蒸发器 standard evaporator 见"中央循环管式蒸发器"。

标准煤 standard coal 为便于统

计,国际上习惯将每千克发热量7000千卡(29307.6千焦)的煤炭称作标准煤;而将每千克发热值为10000千卡(41868千焦)的燃料油称为标准油。标准油与标准煤的换算关系为:

1千克标准油＝1.4286千克标准煤

标准溶液 standard solution 经准确配知的或已准确知道某种元素、离子、化合物或基团浓度的溶液。标准溶液在产品检验中主要用作检测产品中杂质项目的标准,检测产品含量(主体)的标准,测定产品使用性能的标准,检验产品用仪器性能的检定,以及环境检测用标准等。

标准摩尔生成热 standard molar heat of formation 见"生成热"。

标准燃料 standard fuel 用于测定汽油辛烷值及柴油十六烷值的参照燃料。分为正标准燃料及副标准燃料。正标准燃料有标准正庚烷、标准异辛烷及标准十六烷;副标准燃料为由石油产品调配制得的代替标准燃料。

相 phase 在体系内物理和化学性质完全均匀的一部分。空气虽是混合物,但由于其内部完全均匀,因而是一个相。任何气体都能无限混合,体系内不论有多少气体都只有一个相。液体视其互溶程度可以是一相、两相或更多的相。固体一般是一种固体便构成一相。如两块晶体相同的硫黄是一个相,而不同硫黄的两块晶体则是两个相。相与相之间在指定的条件下有明显的界面,可用机械方法将其分开。如溶剂萃取过程中互相溶的两个液相,一个是萃取相,另一个是萃余相。

相平衡 phase equilibrium 又称多相平衡。表达平衡条件下温度、压力及相组成的关系。一个多组分的多相体系,平衡条件是:各相的温度相等(热动平衡条件)、各相的压力相等(机械平衡条件)、任一组分在各相中的化学势相等(相平衡条件)。如有化学反应发生,则应满足化学平衡条件。化工热力学主要研究二元或多元物系的相平衡,如气液平衡、气固平衡、液液平衡、液固平衡等。相平衡也是传质分离过程计算的基础,只有具有足够的相平衡数据才能准确地计算精馏、萃取、吸收等单元过程。

相加性 additivity 见"加和性"。

相对保留时间 relative retention time 见"保留时间"。

相对挥发度 relative volatility 见"挥发度"。

相对密度 relative density 指物质在给定温度下的密度与标准温度下标准物质的密度比值。对气体或蒸气,通常指一定体积物质的质量与同温度、同压力下等体积纯干燥空气的质量之比;对液体或固体,指一定体积的物质在 t_1 温度下的质量与等体积纯水在 t_2 温度下的质量之比。对于液体油品,我国是以油品在 20℃ 时的单位体积质量与同体积的纯水在 4℃ 时的质量之比作为油品的标准相对密度,以 d_4^{20} 表示。国际标准(ISO)规定以 15.6℃ 的纯水作为标准物质,15.6℃时的油品的相对密度为 $d_{15.6}^{15.6}$。可利用专用换算表或计算,将 $d_{15.6}^{15.6}$ 换算成 d_4^{20}。

相对密度指数 relative density index 又称比重指数。美国石油协会用相对密度指数(API°)表示石油的相对密度。相对密度指数与相对密度的关系为:

$$API° = 141.5/d_{15.6}^{15.6} - 131.5$$

式中,$d_{15.6}^{15.6}$ 为国际标准(ISO 标准)相对密度。

API°与 $d_{15.6}^{15.6}$ 及 d_4^{20} 可由专用换算表求得。

相对湿度 relative humidity 又称蒸汽饱和度。湿度的一种表示方法。指在同温度和同压强下实际空气或气体所含水蒸气的质量与完全饱和空气的水蒸气含量的比值。也即实际蒸汽分压与饱和蒸汽压之比。用百分数表示。相对湿度可用来衡量湿空气的不饱和程度,能反映空气吸水能力的大小。

相对黏度 relative viscosity 又称比黏度。流体的相对黏度是指流体的绝对黏度与同温度下水的绝对黏度之比。对于高分子溶液,在同一温度下测得的溶液黏度与纯溶剂黏度之比为黏度比,又称为相对黏度。

相似黏度 similarity viscosity 润滑脂在一定温度下的黏度随着剪切速度的变动而变化,这种黏度称为相似黏度。单位为帕斯卡秒(Pa·s)。润滑脂的相似黏度不依从牛顿液体流动定律,

是随其剪切速度的增加而降低,剪切速度越高,结构骨架破坏越严重,相似黏度的降低也就越大。当剪切速度继续增加,润滑脂相似黏度接近基础油的黏度时便不再变化,此时的相似黏度依从牛顿液体流动定律。这种润滑脂相似黏度与剪切速度的变化规律称为黏度-速度特性。

相转移催化 phase transfer catalysis 一种克服非均相体系溶解性差的有机合成新方法。是通过加入催化剂量的第三种物质(即相转移催化剂)或采用具有特殊性质的反应物,使一种反应物从一相转移到另一相中,并且与后一相中的反应起反应,从而变非均相反应为均相反应的作用。如含 A 物质的水溶液与含 B 物质的非水溶液(如有机溶剂或油)混在一起,由于水与有机溶剂或油不相溶,故 A 与 B 很难进行反应。而加入相转移催化剂后能使 A(B)反应物从所在的相转移到 B(A)反应物的所在相,并使两者相遇而发生反应。相转移催化技术开始只能应用于一些典型的烷基化反应,目前已扩展至有机合成的绝大多数领域。如置换反应、氧化反应、缩合反应、加成反应、酰基化反应、酯化反应、偶联反应等。

相转移催化剂 phase transfer catalyst 相转移反应中所用的催化剂。在相转移催化作用中,有机相中的反应与另一相(通常是水相或固相)中试剂发生化学反应,是借助于相转移催化剂与反应物所形成的离子对在相间转移来

实现的,催化剂起着一种负载转移的媒介作用。多数相转移催化反应要求将阴离子转移到有机相。常用相转移催化剂分为以下几类:①锜盐类。如季铵盐、季磷盐、季钟盐、季锑盐、季锍盐等。②聚醚。如链状聚乙二醇及其醚(开链聚醚)。③冠醚(一种大环多醚化合物)及环糊精。④杂多酸。⑤三相相转移催化剂等。

相图 phase diagram 又称状态图。表达体系温度、压力及组成关系的曲线图。是根据实验数据给出的表示相变规律的各种几何图形。从这种几何图形上,可以直观地看出多相体系中各种聚集态和它们所处的条件(温度、压力、组成等)。按所组成的相来区分,可分为气液平衡相图、汽液平衡相图、液液平衡相图、液固平衡相图等;按组元数来区分,可分为单组元、二组元、三组元物系相图等。其中以二组元物系相图为常见,如蒸气压-组成图、汽液平衡泡点露点-组成图等都是二组元物系相图。

相变 phase change 物理聚集状态发生的变化。如气液相的变化、液固相的变化、固体不同晶型之间的转变等。

相变石蜡 phase change paraffin 见"相变材料"。

相变材料 phase change material 又称相变储能材料。指通过物质发生状态变化储存能量的材料。相变通常要伴以较大的热量变化,如 0℃的冰融化为 0℃的水需要很多的热量输入。相变材料作为储能载体可用于智能建筑的智能恒温、太阳能应用中的能量存储及交换技术等。按相变方式可分为固-固相变材料及固-液相变材料;按材料组成可分为无机类和有机类(包括高分子类)相变材料。无机类相变材料主要为结晶水合盐、金属合金等;有机类固-液相变材料有石蜡类、脂肪酸、脂肪酸酯及多元醇等。其中相变石蜡的主要组成是正构烷烃。我国的原油多数是石蜡基原油,含有较多的正构烷烃,适合于制造相变石蜡。利用相变石蜡的储热(冷)能力,可起到调节温度、节能、保护电子器件等作用。

相变热 heat of phase change 一种物质发生相态变化时所吸收的热量,包括升华热、晶相转变热、蒸发热、凝固热、熔融热等。当过程中存在相态变化时,过程的热效应(或焓变)主要是相变热。

相律 phase rule 表征平衡体系中自由度数(F)、相数(P)、组分数(C)以及影响体系平衡状态的外界因数的数目这四者相互关系的规律。其数学表达式为:$F=C-P+2$。其中数字"2"指只考虑温度和压力这两个影响体系平衡的外界因数。如需考虑其他几个外界影响因素(如电场、重力场等)时,则相律的表达式为:$F=C-P+n$。相律在研究多相平衡体系时具有指导作用。

相容剂 compatibility agent 又称增容剂、助容剂、界面剂。一种新颖塑料助剂。指借助于分子间的键合力,使不相容的两种高分子材料在共混加工过程中结合在一起,从而形成相容共混体系的一类化合物。它与偶联剂不同在于:偶联剂主要用于无机材料和有机材料之间,而相容剂则主要用于有机材料之间。按分子量大小不同,相容剂可分为低分子相容剂(如有机过氧化物)及高分子相容剂(嵌段或接枝共聚物);按作用特征,相容剂可分为非反应型及反应型相容剂;按结构不同,相容剂可分为嵌段共聚物及接枝共聚物。如氯化聚乙烯可用作聚乙烯及聚氯乙烯共混物的相容剂;马来酸酐改性聚丙烯可用作尼龙与聚丙烯共混物的相容剂等。

柱色谱法　column chromatography　是将色谱填料装填在色谱柱管内作固定相的色谱方法。色谱柱用玻璃管或金属管制成。固定相装在管内的称作填充柱色谱;如固定相附着在管内壁上,中心是空的,则称作空心毛细管柱色谱;如先将固定相装在玻璃管内,然后将玻璃管拉制成所需粗细(内径为 $0.25\sim0.5mm$)的毛细管柱,则称填充毛细管柱色谱。柱色谱法具有高效、简便及分离容量较大等特点,常用于复杂样品分离及纯化。

柱塞泵　plunger pump　一种往复泵。以柱塞作往复运动。当柱塞向后移动时,泵缸内容积扩大,压力降低,排出阀关闭,吸入阀打开,泵吸入液体;当柱塞向前运动时,泵缸内容积缩小,压力增大,吸入阀关闭,排出阀打开,泵排出液体。但柱塞上没有活塞环,不与液缸壁接触,而是靠两者的紧密配合达到密封。其主要特点是:产生的扬程可以相当高,流量与排出压力几乎无关,具有自吸能力,流量不均匀时会产生脉动。常用作黏稠液体的高压输送。

ABS 树脂　ABS resin　又名丙烯腈-丁二烯-苯乙烯共聚物。是由丙烯腈、丁二烯及苯乙烯三种单体经乳液聚合或其他方法制得的苯乙烯系热塑性工程塑料。其性能决定于三种单体的组成及制备方法。通常三种单体的大致比例为:丙烯腈 $25\%\sim30\%$,丁二烯 $25\%\sim30\%$,苯乙烯 $40\%\sim50\%$。按配料组成不同,ABS 树脂可分为通用型、中抗冲型、高抗冲型、耐低温抗冲型、耐热型、阻燃型、透明型及耐候型等品种。ABS 树脂具有高抗冲性、高刚性、高耐油性、耐低温性、耐化学药品性,机械强度及电气性能优良,易于加工、涂装及着色,还可进行喷镀金属、电镀、焊接、热压和黏接等二次加工。其最大应用领域是汽车、电子电器及各种器具,如制造仪表板、内装饰板、车身外壳、保险杠、电视机外壳、卫生洁具及排水管材。

荧光　fluorescence　一些物质受外来光线或电子、高能粒子等的照射而发射的一种冷光。因这一现象多见于萤石,故得名。会发荧光的物质有固体、液体及气体。发光原理是物质中单线态的电子激发态以辐射能形式释放激发能回到单线态的基态,其辐射能即为荧光。荧光的寿命很短,一般为纳秒(ns)数量级。如油品吸收某一激发光时,引起能级跃迁,发出波长比激发光长的光线,使油品呈现荧光色彩。

荧光分析 fluorescence analysis 仪器分析中光学分析法之一。系利用某些物质被激发光照射后能发出荧光的现象,测量荧光的强度以确定物质的含量。通常以紫外光为激发光源,在一定条件下,如紫外光源强度不变,则所发射的荧光强度与被测物质组分的浓度成正比。用于有机物、无机物及生物等的分析及矿物检测,进行荧光分析的仪器称为荧光光度计。

荧光增白剂 fluorescent whitening agent 能吸收日光或其他光源中的紫外线,发出蓝到紫色荧光,从而使染物或织物获得增白效果的物质。主要是苯并咪唑、联苯胺、香豆素等的衍生物。除用于纺织品的增白外,也可用于造纸、塑料、油脂、洗涤剂等行业。荧光增白剂对紫外线极为敏感,其化学结构易被破坏,因此用荧光增白剂处理的织物不宜在日光下暴晒。

带出速度 carrying velocity 又称终端速度或颗粒带出速度。在流化床中,当上升气流速度等于颗粒自由沉降速度时,则颗粒悬浮于气流中而不沉降;当上升气流的速度稍大于沉降速度时,床层内的颗粒会被逐渐带出。故流化床的颗粒带出速度即等于颗粒在静止气体中的沉降速度。该速度是密相流化床操作的理论最高速度极限,也是气力输送的最低极限。

带式过滤机 belt filter 又称水平带式真空过滤机。主要由移动的水平橡胶长带构成。平带是具有特殊面的环形橡胶带,在带的下方设置吸气箱以代替转鼓真空过滤机的分配头吸取滤液及洗涤液。滤布紧贴在橡胶带上,并靠橡皮绳密封。橡胶带上开有许多扁圆形孔以通过滤液,料液由进口端送至滤带上,而在出口端进行洗涤、干燥及压紧。具有单位过滤面积处理能力大、洗涤效果好、滤布再生快,且适于多级逆流洗涤等优点;缺点是单位过滤面积所占空间大、橡胶带易磨损。适于滤饼需要多次洗涤及含粗颗粒的高浓度滤浆的过滤。

耐酸泵 acid proot pump 用于输送酸液及强腐蚀性介质的泵。按输送介质性质及工作条件,可选用玻璃钢、耐酸陶瓷、工程塑料、不锈耐酸钢、高硅铸铁等材料制作,有离心泵、磁力泵、隔膜泵等多类型。

面缺陷 planar defect 见"晶体缺陷"。

研究法 research method 测定汽油辛烷值的一种方法。测试装置是一台可以连续调变压缩比的单缸四行程发动机(ASTM-CFR发动机),机上装有测量爆振强度的仪器(包括信号发生器、爆振仪和爆振表),在600r/min转速下将待测汽油与已知辛烷值标准燃料进行对比评定,来测定汽油的抗爆性能。评定结果用研究法辛烷值表示。

研究法辛烷值 research octane number 简称RON。用研究法测得的辛烷值。即表示发动机在600r/min的转速下运转时的抗爆性能。它代表车辆在常有加速的情况下低速行驶时汽油的抗爆性能。优质汽油研究法辛烷值一般为 96～100,普通汽油为 90～95。由于其测定条件不如马达法苛刻,研究法测定的辛烷值比马达法高 5～10 个单位。

砂子炉裂解 sand cracking 在流化床裂解法中以砂子为热载体裂解烃类原料制取烯烃的方法。裂解反应系统是由固体热载体(砂子)和气体(烃类气体和烟气)组成的流化循环系统。反应器为蓄热式密相流化床。原料油在裂解反应器中与热载体进行热交换,使油气中大分子碳氢化合物进行断链和脱氢反应,从而得到含有低分子烯烃的裂解气体。其特点是所用原料范围广,从乙烷、丙烷、汽油、煤油,到粗柴油及原油等均可作为原料,不仅可生产低级烯烃,还副产大量辛烷值高的汽油、苯、二甲苯等。但因设备及工艺操作复杂,砂子循环量大,设备磨损严重,废砂处理困难等原因,此法逐渐被管式炉裂解所替代。

泵 pump 用于将原动机的机械能转化为压力能的设备。能将液体抽出或压入容器,也可使液体循环流动于管道中或送到高处。按结构可分为叶片式泵(如离心泵、轴流泵、混流泵)、容积泵(如往复泵、转子泵)及特殊型泵(如电磁泵、射流泵)等;按用途,可分为气泵、水泵及油泵等。

残炭 carbon residue 指在规定条件下,油品在裂解时所形成的残留物。也即在特定设备中,试样油于空气不足的情况下受强热作用,使油品中的多环芳烃、沥青质、胶质、树脂质等受热氧化并进一步缩合而成具有光泽的鳞片状的焦炭状物质。其结果用质量百分数表示。不含添加剂的石油产品其残炭呈鳞片状而有光泽;而含有添加剂的油品,其残炭质地较硬、呈钢灰色,并难以从坩埚壁上脱落。残炭是油品中胶状物质和不稳定化合物含量的间接指标,残炭越大,表示油品中不稳定的烃类及胶状物质就越多。残炭是评定重质燃料油、润滑油、传热油、轻柴油 10% 蒸余物的积炭生成倾向的指标。残炭的测定方法有三种:康氏残炭、电炉法残炭及兰氏残炭。

残炭值测定 carbon residue test 指在特定的仪器及规定试验条件下,对试样油进行裂解,计算残留在容器内的残炭值。测定残炭的方法有康氏残炭、电炉法残炭及兰氏残炭。在上述三种方法中,兰氏残炭测定法未被采用;电炉法残炭测定法具有操作简单的特点,多用于控制分析和可比性结果的测定上;康氏残炭测定法应用年代较久,且为国际上通用。分别参见"康氏残炭"、"兰氏残炭"、"电炉法残炭"。

残留物百分数 percentage residue 简称残留物。指测定油品馏程时,蒸馏结束后蒸馏瓶内残留的物质。测定时待蒸馏瓶冷却后,将其内容物倒入 5mL 量筒中,并将蒸馏瓶悬垂在 5mL 量筒上,让瓶排油,直至 5mL 量筒内容物的体积不再增加为止,该测得的体积即为残留体积。以百分数或 mL 表示。

拱顶罐 dome roof tank 又称拱顶油罐。一种立式圆柱形钢板焊接制成的常压油罐。球顶平底,顶部无梁。主要承受油品静压。设计压力一般为:正压 2.16kPa(220mmH₂O),负压 1.77kPa(180mmH₂O)。容量可达 10000m³。主要用于储存低蒸气压油品,如柴油、润滑油、燃料油、渣油、液体沥青、石蜡以及闪点大于或等于 60℃的各种馏分油。储存热油时,其油温不得超过 200℃。

挥发分 volatile content 指试样中气化放出的挥发性成分的含量。通常是在隔绝空气条件下加热,由质量减少率与水分之差来求得。以质量百分数表示。试样种类及测定条件不同,所得测定值也有所不同。

挥发物 volatile matter 指常温下容易挥发的、具有较高蒸气压的物质。如涂料在规定条件下通过挥发释放出的物质。

挥发性 volatile 液态物质在低于沸点的温度条件下转变成气态的能力,以及一些气体溶质从溶液中逸出的能力。具有较强挥发性的物质大多是一些低沸点的液体物质。如乙醇、丙酮、二硫化碳、苯和氨水等。这些物质储存时,应密闭保存并远离热源,防止受热挥发加快。

挥发性有机物 volatile organic compounds 简称 VOC。一般指常温下饱和蒸气压大于 133.32Pa 或沸点在 50～250℃的有机化合物,常温下可以蒸气的形式存在于空气中。大气中约有数百种挥发性有机物,主要有 $C_5 \sim C_{14}$ 的烷烃、烯烃、萜烯、苯及苯系物、氯代烃、氯代芳烃、低分子量的酮、醇、酯、醛等。已知许多挥发性有机物具有神经毒性、肾毒性、肝毒性及致癌性。其来源有些是天然排放的(如海洋排放的二甲基硫),但多数是人为排放的。主要来自工业生产排放的废气、化石燃料利用及燃烧过程中排出的气体及机动车尾气等。

挥发度 volatility 纯液体(或固体)的挥发度可用一定温度下的蒸气压来表示。蒸气压高的物质易挥发,蒸气压低的不易挥发。具有较高蒸气压的物质称为易挥发物,蒸气压较低的物质称为难挥发物。对于混合液体,两组分的挥发度之比称为相对挥发度。挥发度用来衡量液体气化倾向的大小。各组分挥发度的差异是用蒸馏方法分离混合物的根本依据。相对挥发度越接近于 1,两组分的分离越困难。

指示电极 indicating electrode 能反映出某种离子浓度变化的电极。如铂电极、玻璃电极、离子选择性电极。在多数电分析方法中,指示电极作为一种响应激发信号和待测溶液组分之间关系的传感器,在测试过程中并不引起待测溶液主体组分浓度发生明显的变化。但在测量过程中,不能有电流流过指示电极,否则电极表面离子的浓度将会发生变化。

指示剂 indicator 一类能因存在某种化合物或介质特性（如酸碱性、氧还原电位等）而改变自己颜色的化学试剂。除在化学分析中用来指示反应终点以外，也直接用以检验溶液的 pH 值或气体中某些有害物质的存在。常用的有酸碱指示剂、氧化还原指示剂、金属指示剂、沉淀指示剂及吸附指示剂等。

轴向反应器 axial-flow reactor 一种常用的固定床反应器。外形为圆筒状，反应器内装有催化剂，其上方及下方均装有惰性瓷球以防止操作波动时催化剂层跳动而引起催化剂破碎，同时也有利于流体均匀分布。反应物料自上而下或自下而上呈轴向流动，通过催化剂床进行反应。与径向反应器相比较，其催化剂床层较厚，压降较高、流体阻力较大。因此，希望反应在较低压力下进行时，这种反应器不太适用。

轴承 bearing 用以支承旋转轴或其他运动体，引导转动或移动运动并承受由轴或轴上零件传递而来的载荷的一类零部件。广泛用于机械、汽车、石化、轻纺、电机、矿山等工业的设备及仪器上。种类很多，按运动元件摩擦性质不同，可分为滚动轴承和滑动轴承两类。滚动轴承按其滚动体种类不同，分为球轴承和滚子轴承，并按轴承所能承受载荷的主要作用方向分为向心轴承和推力轴承。滑动轴承按负荷方向不同，分为轴颈轴承和推力轴承。而按润滑方法不同，分为静压润滑轴承和动压润滑轴承。

轴承油 bearing oil 是指锭子（或主轴）、轴承、连轴器所用润滑油的统称。一般是以精制或深度精制矿物油为基础油，加入各种添加剂调合制得的。具有合适的黏度和黏温性能，并具有良好的抗氧化安定性、防锈性、抗乳化性及润滑性。滑动轴承一般使用普通矿物润滑油和润滑脂作为润滑剂，特殊情况下可选用合成油、水和其他液体。而重载荷应采用较高黏度的油，轻载荷采用低黏度油。滚动轴承的润滑有油润滑及脂润滑两类，一般选用润滑脂润滑，当受某种条件限制时（如齿轮箱中的滚动轴承）则选用润滑油润滑，所用润滑油有矿物油基及合成油基润滑油。

轴封 axle sealing 旋转的泵轴或泵的活塞杆和静止的填料函之间的密封。轴封是为了防止高压液体从泵体中漏出或外界空气漏入泵体内而设置，常用轴封有填料密封、机械密封、浮动环密封及迷宫式密封等。

轴流式通风机 axial ventilator 见"通风机"。

轻石脑油 light naphtha 见"石脑油"。

轻关键组分 light key component 见"关键组分"。

轻关键馏分 light key fraction 见"关键馏分"。

轻汽油 light gasoline 见"石脑油"。

轻汽油醚化 light gasoline etherification 指在催化剂作用下催化裂化轻汽油

馏分中的 $C_5 \sim C_7$ 活性烯烃,与甲醇进行醚化反应生产混合醚类含氧化合物的过程。所得到的混合醚类含氧化合物可用作辛烷值改进剂和优质汽油的调合组分。由于显著降低催化裂化汽油的烯烃含量和间接降低汽油的硫含量,所以对于催化裂化装置能力大且催化裂化汽油烯烃含量高的企业,轻汽油醚化比异戊烯单独醚化生产甲基叔戊基醚具有更明显的优势。

轻质油 light distillate 又称轻馏分或轻质馏分油。泛指从原油中蒸出的沸点为 370℃ 以下的馏出油,如汽油馏分、煤油馏分、柴油馏分等。

轻质烃馏分 light ends 指含碳七以下的轻质烃。有时也指碳三及碳四馏分。也指包括汽油、轻煤油等在内的轻质油品。

轻质碳酸钙 light calcium carbonate 见"碳酸钙"。

轻油 light oil 在不同行业中有不同含义:①在炼油工业中通常指化工轻油(石脑油)、汽油、煤油、喷气燃料、柴油等轻质石油产品;②在焦化工业中指炼焦油分馏时在 170℃ 以下蒸出的馏分,再经分馏可得到苯、甲苯及二甲苯等产品。

轻油收率 light oil yield 反映原油加工深度的一项指标。即炼油厂各加工装置所生产的汽油、煤油及轻柴油三种油品的总产量占所加工原油量的百分比。

轻油炉 light oil heater 又称轻油加热炉。是在双炉热裂化装置中用于轻油裂化的管式加热炉。主要生产汽油。与重油炉相比,轻油炉具有较多的裂化炉管,操作温度较高,以便油料在炉管中达到一定的裂化深度,从而提高裂化的单程转化率。

轻组分 light component 在双组分蒸馏操作中,将相对挥发度大的组分称为轻组分或易挥发组分,相对挥发度小的组分称为重组分或难挥发组分。在多组分蒸馏中,将相对挥发度比轻关键组分大的组分称为轻组分,而把相对挥发度比重关键组分小的组分称为重组分。精馏操作时,轻组分主要进入塔顶馏出液,重组分则主要进入塔釜残液。

轻度裂化 mild cracking 又称浅度裂化。指重油或宽馏分油在较低温度下缓和裂化的过程,如重油减黏裂化是典型的轻度裂化过程。

轻烃水蒸气转化过程 light hydrocarbon steam reforming process 又称水蒸气转化过程。是以天然气、炼厂气、石脑油馏分等气体烃或轻油为原料,在水蒸气及催化剂存在下,高温催化转化制氢过程。整个反应在转化炉列管式变温催化剂床层内进行,它包括烃的裂解、脱氢、加氢、转化、变换、甲烷化等一系列反应,生成 CO、CO_2、H_2 及 CH_4 等转化气体。经进一步净化后可获得 95%～99.9%(体积分数)的氢气。烃类的水蒸气转化反应,当不用催化剂时,即使在 1000℃ 条件下反应也很缓慢;而采用催化剂时,在较低温度(450～

800℃)下反应也能快速进行。常用催化剂以金属镍为活性组分,以钾碱为抗积炭助剂。

轻柴油 light diesel oil 通常指180～370℃的石油馏分。为淡黄色液体。具有十六烷值适当,黏度、低温流动性、燃烧性及雾化性好,点火迅速,对机件无腐蚀等特性。按质量分级,分为优级品、一级品、合格品;按凝点分10号、5号、0号、—10号、—20号、—35号、—50号等七个牌号。选用轻柴油的依据是使用时的温度。柴油汽车主要选用0号、—10号、—20号、—35号及—50号。如果使用温度低于所选用的柴油牌号,发动机的燃油系统就可能结蜡,堵塞油路,影响发动机正常工作。

轻馏分 light fraction 在原油蒸馏中所得到的第一个液态产品称为轻馏分,而将终馏点在250℃以下的馏出油称为轻馏出油。

【 丨 】

背压 back pressure ①流动系统出口或流动系统后部的压力,也即维持流体流过系统或设备的压力;②发动机中与活塞运动相反而引起动力损失的压力;③挤塑成型时,挤塑机前端安装的栅板及口模限制了融体通路,料筒内的压力变高,这种以反向挤压力作用于物料的压力称为背压;④蒸汽透平、蒸汽机排出蒸汽压力大于大气压时,其表压称为背压。

战略性公路研究计划 Strategic Highway Research Program 简称SHRP。是在美国各州公路工作者协会(AASHTO)、美国运输研究委员会(TRB)及美国联邦公路管理局(FH-WA)共同领导下,历时五年半(1987年10月～1993年3月)完成的研究项目。其关于沥青研究项目的主要成果是:①1993年公布了建立在路用性能基础上的全新的道路石油沥青规格标准;②建立了在路用性能基础上的沥青混合料规范;③提出了沥青混合料配比设计和分析系统,提供了高性能沥青路面软件包。

10%点 ten per cent point 见"馏出温度"。

点污染源 point pollution sources 指污染物集中在一点或排放范围相对较小,可当作点看待的排放源,如工厂的污水排放口等。点污染源排放的污染物可以进行集中治理,相对比较容易处理。

点蚀 pitting corrosion 见"孔蚀"。

点效率 point efficiency 见"塔板效率"。

点流速 point flow rate 见"流速"。

点缺陷 point defect 见"晶体缺陷"。

临界压力 critical pressure 指在临界状态时,与临界温度对应的压力。也即纯物质的气体在临界温度时,使其液化所需要的最小压力,当高于此温度时,无论加多大压力,也不能使其液化。

临界压缩因子 critical compressibility factor 见"压缩因子"。

临界体积 critical volume 物质处于临界状态时的体积。常用单位质量所占的体积表示，即临界比容。是临界密度的倒数。它是一定质量液体所能占有的最大体积。

临界条件 critical condition 见"临界状态"。

临界状态 critical state 又称临界条件、临界点。指液态物质与其蒸气两种状态平衡共存的一个边缘状态，在这种状态下，液态密度和它的饱和蒸气密度相同，因而界面消失。但此状态只能在一定温度及压力下实现。物质处于临界状态时的温度称为临界温度，处于临界状态时的压力称为临界压力。而一定量物质所占体积称为临界比容或临界摩尔体积，如用密度表示就是临界密度。在临界点附近的一定区域称为临界区。在临界区内，流体会产生很多奇异的性质，并被用于分离（超临界流体萃取）。

临界胶束浓度 critical micelle concentration 简称 CMC。又称临界胶团浓度。指溶液中表面活性剂分子能形成胶束的最低浓度。是表征表面活性剂分子大小的重要参数之一。表面活性剂浓度低于 CMC 时，其组分以单体形式存在于溶液中；当浓度达到 CMC 时，原来以单体形式存在的表面活性剂分子会聚集在一起形成胶束；而当浓度大于 CMC 时，其分子以单体和胶束的动态平衡存在于溶液中，此时再增加表面活性剂，其单体分子浓度不再增加，而只增加胶束数量。表面活性剂水溶液的表面张力随着浓度的增加而降低，达到 CMC 时，其水溶液的表面张力不再下降。由此可知，CMC 是表面活性剂水溶液表面张力达到最小值的临界浓度。CMC 值与表面活性剂分子结构特点、性质、温度等因素有关。

临界流化点 critical fluidization point 见"临界流化速度"。

临界流化速度 critical fluidization velocity 又称最小流化速度或起始流化速度。当流体自下而上地通过固体物料或催化剂层时，床层由固定床变为流化床时的转折点称为临界流化点，所对应的流体流速则称为临界流化速度。此时床内颗粒由彼此接触转到脱离接触的状态，而且流体流速再增加，床层压降基本上保持不变。

临界常数 critical constant 又称临界参数。指临界温度、临界压力、临界摩尔体积及临界密度的总称。

临界温度 critical temperature 对于纯物质，系指该物质气体加压液化时所允许的最高温度。对于多组分的混合物，其液化或气化温度（即露点和泡点）随压力不断提高而升高，两者温度差逐渐减小，最后成为一点（露点曲线与泡点曲线的交点），此点的温度即为混合物的临界温度，对应的压力即为临界压力。混合物组成不同，其临界温度及临界压力也不同。

临界密度 critical density 物质在临界状态时的密度。这时物质的液态密度与它的饱和蒸气密度相同，因而两态界面消失。

临界溶解温度 critical solation temperature 溶剂萃取，在温度较低时，溶剂与油为部分互溶，形成溶剂溶解部分油和油溶解部分溶剂的两相，两相之间存在一明显的界面。随着温度的改变，两相互溶的情况亦随之改变。当温度上升时，溶剂对油和油对溶剂的溶解度均增加，两相的组成也逐渐接近。当达到某一温度时两相组成相同，界面消失而成为一个液相。此时的温度称为临界溶解温度。

临氢降凝 hydrodefreezing 见"催化脱蜡"。

临氢重整 hydroforming 在氢气压力下进行的催化重整过程。主要由脂肪烃脱氢和芳构化反应而生成芳烃。其芳烃产物可供抽提苯、甲苯、二甲苯等。通过临氢重整，可将低辛烷值直馏汽油转化为高辛烷值汽油，或从石脑油制取苯、甲苯、二甲苯等芳烃。

界面自由能 interface free energy 又称界面能。任何两个相之间的邻界称为界面。界面能是指气-液、液-液、液-固、固-固相界面面积增加一个单位时所需的能量。单位为 J/m^2。和液体的表面能相似，各种相界面上的分子所处的环境和内部分子所处的环境不同，其能量也不同。

界面张力 interface tension 指每增加一个单位液-液相界面面积时所需的能量，单位为 N/m^2。与液体的表面张力相似，两个液相界面上的分子所处的环境和内部分子所处的环境不同，其受力情况和能量状态也不同。温度及压力对界面张力都有影响，而以温度的影响更大些。油水体系中少量的表面活性剂会影响其界面张力，可增加或降低其界面膜的强度。利用表面活性剂的原油破乳就是其中的一种应用。

界面活性剂 surface active agent 见"表面活性剂"。

界面缩聚 interfacial polycondensation 单体处于不同的相中，在相界面处发生的缩聚反应称为界面缩聚。为非均相聚合体系。反应速度快，一般为不可逆反应。反应速率为扩散控制过程，易制得高分子聚合物。按相态可分为液-液界面缩聚及气-液界面缩聚；而按操作工艺可分为不进行搅拌的静态界面缩聚及进行搅拌的动态界面缩聚。许多界面缩聚体系中加入相转移催化剂（如鎓盐类、季铵盐等），可使水相（甚至固相）的反应物转入有机相以促进两分子间的反应。界面缩聚主要用于实验室及小规模合成聚酰胺、聚砜、含磷缩聚物及耐高温缩聚物。

哑铃调合 dumb-bell blending 一种油品调合方法。即不使用中间组分，而由高黏度组分与低黏度组分直接调合成所需要黏度的产品。其调合效果会优于使用中间组分。如用戊烷脱沥青所得到的富含沥青质的脱油沥青（硬组分)与富含芳香分的脱沥青油(软组分)进行调合,可生产出比蒸馏法所生产的沥青性能要好得多的优质道路沥青。

哑铃燃料 dumb-bell fuel 含中间馏分量极少的轻、重馏分汽油的混合物。其蒸馏曲线与常规汽油的蒸馏曲线不同。即在此中间馏分范围的蒸馏曲线很陡,汽油蒸发量的少量变化就会导致蒸馏温度急剧改变。即汽油的中间馏分少,加速性能不佳。

品度值 performance number 简称 PN。又称品值。表示航空汽油抗爆性的一项指标。指燃料在富油混合气的条件下(空气过剩系数 $\alpha=0.60\sim0.65$)在单缸发动机中,所能发出的最大功率与用异辛烷(品度值定为 100)工作时所能发出最大功率的比值百分数。品度值可在富油混合气条件下用增压航空法测得。对航空汽油而言,除要求辛烷值外,还要求品度值。品度值与辛烷值关系如下:

马达法辛烷值(MON)>100 时:品度值=100+3(MON-100);

马达法辛烷值(MON)<100 时:品度值=2800/(128-MON)。

燃料的品度值越高,表示它在富油混合气条件下工作时所发出的功率越大,抗爆性越好。

响应 response 指系统的输出因输入作用而引起随时间变化的过程。它表征一个系统的动态特性。在不同领域,响应时间的具体定义有所不同。在色谱分析中,响应时间是指以一定浓度的试样连续通过检测器,得到一个输出信号,当试样浓度突然变化,输出信号达到新平衡条件的 63.2% 时所需要的时间。而响应值是指被分离的组分通过检测器时所产生的信号值,一般以电压(mV)或电流(A)表示。

响应时间 response time 见"响应"。

响应值 response value 见"响应"。

炭青质 carbene 又称炭青烯。在规定条件下,不溶于甲苯而溶于二硫化碳的沥青组分称为炭青质;不溶于二硫化碳而溶于喹啉的沥青组分称作似炭青质,也称似炭烯。

炭青烯 carbene 见"炭青质"。

炭堆积 carbon build-up 在催化裂化过程中,催化剂需不断地在再生器进行烧焦再生。当生焦能力超过烧焦能力时,催化剂上的焦炭量会像滚雪球一样越积越多,这种现象称为炭堆积,简称炭堆。形成炭堆积时会使催化剂活性下降、再生催化剂颜色变黑、回炼油增多,严重时系统藏量上升。发生炭堆时,需采用降低生焦量、降低反应器进料量、减少回炼油及提高烧焦能力等措施来处理。

炭黑 carbon black 又称烟黑。外观疏松的纯黑或灰黑色细粉,粒径在 $10\sim500\mu m$ 之间。主要成分是元素碳,表面含有少量氧、氢、硫等元素。化学性质稳定。不溶于水、酸、碱及有机溶剂。耐光、耐候性极佳。有极高的着色力及遮盖力。可吸收可见光,反射紫外光。也具有较大的比表面积及较好的导电性。按生产方法可分为炉黑、槽黑及热裂黑三类;按用途及使用特点可分为橡胶用炭黑、色素炭黑及导电炭黑。用作橡胶补强剂及着色剂,塑料中用作光屏蔽剂,也用作油墨、涂料、纸张等的着色剂。炉黑是以天然气或高芳烃油在反应炉中经不完全燃烧制得;槽黑是以天然气为主要原料,以槽钢为火焰接触面而制得;热裂黑是以天然气、焦炉气或重质液态烃为原料,在无氧、无焰条件下经高温热裂解制得。

骨架密度 skeletal density 见"真密度"。

骨架催化剂 skeleton catalyst 一种用特殊方法制备的催化剂。是将金属活性组分和载体铝或硅先制成合金形式,然后将制好的催化剂再用氢氧化钠溶液溶解其中的铝或硅,得到由活性组分构成的骨架状物质。具有多孔和大比表面积。最常用的骨架催化剂是骨架镍催化剂。其中镍含量占 40%～50%。此外还有骨架钴、骨架铜催化剂等。常用于加氢反应。

【J】

钙钠基润滑脂 calcium-sodium base grease 一种混合皂基润滑脂。是由动植物油钠钙皂稠化润滑油制得的润滑脂。其稠化剂是由钠皂(约占 2/3)和钙皂(约占 1/3)组成的。性能介于钙基润滑脂与钠基润滑脂之间。即耐温性比钙基润滑脂好,但不及钠基润滑脂;耐水性比钠基润滑脂好,但不及钙基润滑脂。可用于不

太潮湿条件下的滚动轴承润滑,如小型电动机和发电机滚动轴承。上限工作温度为 80～100℃,但不宜在低温下使用。

钙基润滑脂 calcium base grease 又称软黄油。是由动植物油钙皂稠化润滑油而制得的润滑脂。是早期生产的一种润滑脂,一度成为最主要的润滑脂产品。由于其使用温度范围较窄,高温仅 60℃,故产量逐年下降。钙基润滑脂的主要特性是耐水性好、耐温性差、使用寿命较短,但有良好的剪切安定性及触变安定性,在使用中经搅动而再静止时,润滑脂仍能保持在摩擦表面上而不被甩出。适合用在潮湿或易与水接触而温度又不高的摩擦部位的润滑,如用于润滑中小电机、水泵、汽车、纺织机械等中转速、中负荷的滚动及滑动轴承。因它主要是置于压油杯内使用,故又称作"杯脂"。

钛酸酯偶联剂 titanate coupling agent 偶联剂的一类。主要成分是各种钛酸酯类化合物。其结构独特,对聚烯烃类热塑性聚合物与无机填充剂具有良好的偶联效能。按与中心钛原子相结合的亲水基团及亲油基团的不同,可分为四类:①单烷氧基类。适合于不含游离水,只含结合水的干燥填料体系(如碳酸钙、氢氧化铝等),如三异硬脂酰基钛酸异丙酯。②单烷氧基焦磷酸酯类。适合于含湿量较高的填料体系(如滑石粉、陶土等),如三(二辛基焦磷酰氧基)钛酸异丙酯。③螯合型。适合于高湿填料和含水聚合物体系(如硅酸

铝、水处理玻璃纤维、炭黑等），如二（二辛基磷酰氧基）钛酸乙二酯。④配位型。是在四烷基钛酸酯上附加了亚磷酸酯。既改进耐水性又具有含磷化合物的功能。适用于环氧树脂、聚氯乙烯、聚氨酯、聚酯等。

钝化剂 passivator 见"金属钝化剂"。

钡-铅基润滑脂 barium-lead base grease 是以脂肪酸钡皂和铅皂稠化低凝点润滑油而制得的混合皂基润滑脂。外观为浅黄色至深棕色油膏。具有优良的抗水性、极压性及低温安定性。使用温度-60～+80℃。可用于与水接触、在低温下工作的中、小负荷机械的润滑。也可用作仪器仪表的防锈防护。

钡基润滑脂 barium base grease 是由脂肪酸钡皂稠化中黏度精制润滑油制得的润滑脂。外观为光滑细腻的黄色至暗褐色油膏。具有良好的抗水性、黏附性、耐压性及防护性。几乎不溶于醇、甘油等有机溶剂。是一种优良的防水、防溶剂及密封防护材料，使用温度可达100～110℃。适用于油泵、水泵及船舶推进器等摩擦部位的润滑。添加适量二硫化钼的制品，可作矿山机械等重负荷机械的润滑。但钡基润滑脂的胶体安定性较差，不宜长期储存。

钡-铝基润滑脂 barium-aluminium base grease 是由脂肪酸钡皂和铝皂稠化低凝点润滑油而制成的混合皂基润滑脂。外观为浅褐色至褐色均匀油膏。具有良好的抗水性、密封性及低温安定性。

可用于与水接触的机械以及作为仪器仪表的润滑，也可用于与海水接触的仪表、金属和连接结构的防护及润滑。

钯催化剂 palladium catalyst 又称钯触媒。以贵金属钯为主活性组分的催化剂。常用浸渍法将氯化钯或钯黑负载于氧化铝、活性炭、沸石等载体上，经干燥、活化后制得。有的也加有少量其他第二或第三组分，以改善催化剂的选择性。用于裂解汽油加氢除炔烃、乙烯氧氯化过程中氯化氢除炔烃等反应过程。

钯基膜 palladium-based membrane 一种由钯合金制成的无机致密膜。对氢、氧、一氧化碳、乙烯等气体有较强吸附作用，尤对氢有较大亲和力。可用于不饱和烃加氢、脱氢、脱氢-氧化及重整等反应，减少贵金属纯钯的用量。

钢丝绳润滑脂 rope grease 是以残渣蜡膏稠化高黏度汽缸油，并添加防锈剂及填充剂而制得的低熔点耐水性防护润滑脂。分钢丝绳麻芯脂及钢丝绳表面脂两种。钢丝绳麻芯脂是固体烃稠化高黏度润滑油，并加有石油磺酸盐添加剂所制成，适用于钢丝绳麻芯的浸渍和润滑；钢丝绳表面脂是用重馏分的石油脂类和地蜡并添加防腐剂和黏附性能改善剂等所制成，适用于钢丝绳表面长期封存防锈，也兼有一定润滑作用。两者主要应用于钢丝绳生产厂。为延长钢丝绳使用寿命及减摩防锈，在工作中钢丝绳表面还应定期补充和涂抹油脂。

钠基润滑脂　sodium-base grease 是由天然动植物油钠皂稠化中等黏度润滑油制得的润滑脂。其主要特性是：①滴点高，可在 80℃ 或高于此温度下较长时间内工作；②易溶于水，遇水会乳化变质，耐水性差，不能用于潮湿环境或与水及水蒸气接触的部件，但因能吸水蒸气，故可延缓水蒸气向金属表面的渗透，而且有较好的防锈性；③钠皂聚结体呈粗大纤维结构和良好的拉丝性，可用于振动较大、温度较高的滚动或滑动轴承上，尤适用于低速、高负荷机械的润滑。

选择性　selectivity　①指催化剂的选择性，即当某反应物可转化成多种产物时，它能加速生成目标产物反应的程度；②使用某种溶剂或催化剂时，使物理或化学过程向某一特定方向进行的特性，如选择性溶剂抽提，选择性催化氧化等。

选择性中毒　selective poisoning　催化剂毒类型之一。指一种催化剂中毒后，可能失去对某一反应的催化活性，而对另一反应仍有催化活性的现象。有时，工业上选择性中毒有一定经济意义。如乙烯在银催化剂上氧化生成环氧乙烷时，也会发生深度氧化副产物 CO_2 及 H_2O，如在原料中加入微量二氯乙烷选择性地毒化银催化剂上促进副反应的活性中心，就可提高产物环氧乙烷的收率，抑制副产物的生成。

选择性加氢　selective hydrogenation　①在催化加氢反应中，被加氢的化合物分子中有两个以上官能团，只要求一个官能团有选择性加氢，而另一官能团仍旧保留的加氢反应过程。如苯乙烯加氢在铜系催化剂存在下，只使侧链上双键加氢而得到产物乙苯，而在镍系催化剂存在下，可同时使侧链上双键和苯环上进行加氢，得到产物乙基环己烷。即同一反应物，选择不同催化剂，所得产物也不同。②在加氢精制过程中，所用催化剂只允许混合物中一种或几种物质加氢，而对另一些组分不发生或极少发生加氢反应。如裂解汽油中含芳烃、二烯烃、烯烃以及硫、氧、氮等杂质，进行加氢精制时，不允许苯环加氢，而其他化合物则可选择加氢除去。

选择性溶剂　selective solvent　在一定温度下某种溶剂对油品中各种组分具有不同的溶解能力，利用这种溶解能力的差异进行组分的基本分离，这种溶剂称为选择性溶剂。如环丁砜能选择性地溶解芳烃，也能溶解一些非芳烃，对芳烃的溶解能力为：苯＞甲苯＞二甲苯＞重芳烃。

选择性叠合　selective polymerization　见"叠合"。

氟化　fluorination　有机化合物分子中引入氟原子的反应。用氟直接进行氟化时，反应很激烈，有机物易被破坏。因此工业上常采用间接氟化法。如用 HF 及其他高价氟化物的氟化法。通过氟化可得到许多重要含氟化合物，如聚四氟乙烯、聚三氟氯乙烯、氟橡胶等。氟原子的引进是先生成含氟单体，如三氟氯乙烯、全氟乙烯、氟丁二烯等,然后将单体进行聚合。

氟化磷腈橡胶 fluoropolyphosphonitrile rubber 一种氟化烷氧基磷腈弹性体,是一种新型的以磷和氮原子为主链的半无机合成橡胶。相对密度 1.75。玻璃化温度－68℃。具有优良的耐油性、耐低温性和电性能,良好的耐候性、耐臭氧性及耐霉性。在－74℃下使用不变脆。但耐热性比其他氟橡胶差,价格也较高。主要用于制造耐燃料油、液压油及润滑系统的密封件及其他配件,尤适于航空航天、舰艇等军工部门及汽车行业。

氟里昂 freon 现多称氟氯烃或氟氯烷。为甲烷和乙烷的氟氯衍生物的混合物。是一类用于制冷剂、发泡剂及分散剂的化工原料,主要品种有 F-11、F-12、F-13、F-14、F-21、F-22、F-113、F-114、F-152 等。常温下都是无色气体或易挥发液体,稍有香气。具有耐热性、不燃性、低毒性及化学稳定性,可与空气以任何比例混合而不产生爆炸,也不与酸和氧化剂作用。氟氯烃在大气对流层中不光解,扩散到平流层中光解出氯原子而与臭氧反应以致破坏臭氧层。因氟氯烃对大气臭氧层有破坏作用,1974 年后已逐步禁用。

氟树脂 fluororesin 聚合物结构中含有氟原子的热塑性树脂的总称。由相应的含氟单体均聚或共聚制得。这类聚合物以 C—C 链为主链,在链侧或支链上连接有一个或一个以上的氟原子,甚至于全部是氟原子。可用作塑料、橡胶及纤维等,其中以氟塑料的用途最广,也可制成耐高温材料、涂料及胶黏剂等。常见品种有聚四氟乙烯、四氟乙烯-六氟丙烯共聚物、聚三氟氯乙烯、聚氟乙烯、聚偏氟乙烯、乙烯-三氟氯乙烯共聚物、乙烯-四氟乙烯共聚物等。其中聚四氟乙烯约占总产量的 80％以上。氟树脂的耐热性、耐化学药品性、耐候性、不黏性、不吸水性及电绝缘性等均优于其他合成树脂。

氟润滑油 fluorlube 含氟合成润滑油的统称。分为氟碳油、氟氯碳油及全氟聚醚油等类型。均具有分解温度高、润滑性好、抗氧化及抗腐蚀等特点。其中,氟碳油及氟氯碳油的黏温性较差。

氟硅橡胶 fluorosilicone rubber 又称硅氟橡胶、聚甲基乙烯基三氟丙基硅氧烷橡胶。是在甲基乙烯基硅橡胶的分子侧链上引入氟烷基或氟芳基而制得的聚合物。具有优良的耐油、耐溶剂性,工作温度范围为－50～250℃。在常温及高温下对各种燃料油、润滑油、液压油等都有良好的稳定性,但价格较高。主要用于军工、汽车工业、石化、电气及医药等行业上的特殊耐油、耐溶剂的制品,如 O 形圈、垫片、胶管、密封件、密封剂、胶粘剂等。

氟氯烃 fluorochlorohydrocarbon 见“氟里昂”。

氟氯碳油 fluorolube 一种合成润滑油基础油。无色透明液体。有多种牌号,具有优良的热稳定性、化学稳定性及耐腐蚀性。用作润滑油可在常压 200℃ 以下环境中使用。适用于与强腐蚀介质接触的齿轮等机械设备、仪器仪表的润滑及陀螺仪表的灌充液。尤适用于作防腐蚀、防爆隔离液及液氧泵、氧气压缩机润滑油。可由三氟氯乙烯单体在溶剂及链转移剂存在下经调聚制得，或由聚三氟氯乙烯树脂热裂解而得。

氟塑料 fluoroplastics　分子中含有氟原子的塑料的总称。有时也将氟树脂称为氟塑料。常见品种有聚四氟乙烯、聚三氟氯乙烯、聚氟乙烯、氟塑料-30、氟塑料-40、聚偏氟乙烯等。有优良的耐热、耐寒、耐化学药品及电绝缘性等，摩擦系数低、渗透性小、几乎不吸湿、不易着火。用于制造耐腐蚀及耐热化工设备、泵、阀、管道、密封材料及机械零部件等。

氟碳化合物 fluorocarbon　又称氟代烃。烃分子中一个或多个碳原子被氟原子取代的有机化合物。可分为氟代烷、氟代烯、氟代芳烃等。其中氢原子全部被氟原子取代的产物称为全氟化碳。低碳原子数的氟碳化合物一般为无色无味的液体或气体，性质比较稳定，不易发生亲核取代、氧化等反应。工业上用作冷剂及合成材料。可由氟化氢对烯烃的双键进行加成或由卤代烷与无机氟化物反应而得。

氟碳表面活性剂 fluorocarbon surfactant　又称氟表面活性剂。主要指表面活性剂碳氢链中的氢原子全部被氟原子取代的全氟化合物。也包括疏水基部分含有碳氟链的表面活性剂。氟表面活性剂的碳氟链与一般表面活性剂的碳氢链不同之处是：其疏水作用比碳氢链强，而且碳氟链不但疏水，还能疏油。因此这类表面活性剂不但能降低水的表面张力，也能降低碳氢化合物液体（或有机溶剂）的表面张力。按极性基不同，氟碳表面活性剂也可分为阴离子型、阳离子型、非离子型及两性型。氟碳表面活性剂耐高温、不怕强酸、强碱，有很高的化学稳定性及表面活性。常用于制造高效灭火剂，制造防水又防油的纺织品、纸张及皮革。用于镀铬电解槽中，可防止铬酸雾逸出，保障操作人员健康。

氟碳油 fluorocarbon oil　又称氟代烃油。无色或淡黄色油状液体。具有良好的热稳定性、润滑性能及阻燃性。但黏度指数较低，不宜作内燃机油。适用于与强腐蚀介质接触的齿轮油以及陀螺仪表的灌充液。是由石油馏分用金属高价氟化物气相氟化，将烃中氢原子全部用氟原子取代而得。

氟碳润滑脂 fluorocarbon grease　以氟碳化合物为稠化剂的润滑脂。所用氟碳化合物有聚四氟乙烯、四氟乙烯-六氟丙烯共聚物及全氟聚苯等。氟碳润滑脂具有良好的耐高低温性、机械安定性、化学惰性及润滑性。可延长轴承运转寿命。用全氟聚苯稠化全氟醚油制成的润滑脂，可在 300℃ 以上使用。氟碳稠化剂的缺点是：密度较大，稠化剂用量较多，价格也较昂贵。主要用于与元素氯、氟和其他有强氧化、强腐蚀性物质接触的设备及机件中。

氟橡胶 fluoro rubber 指在主链或侧链的碳原上含有氟原子的一种高分子弹性体。目前大量应用的是23型和26型氟橡胶。23型氟橡胶是由偏氟乙烯与三氟氯乙烯在常温及3.3MPa压力下用悬浮法制得的橡胶共聚物,是最早开始工业生产的氟橡胶品种。但由于加工困难,除用于强酸(如发烟硝酸)场合外,其余多为26型氟橡胶所替代。26型氟橡胶是目前最通用的氟橡胶,主要品种有氟橡胶-26及氟橡胶-246。前者是偏氯乙烯与六氟丙烯的共聚物,后者是偏氟乙烯、六氟丙烯及四氟乙烯的三元共聚物。氟橡胶具有特高的耐热、耐溶剂、耐油、耐候、耐臭氧等特性。在200℃的高温下几乎不变形。对有机液体(各种油类、燃料、溶剂)、浓酸(硝酸、硫酸、盐酸)、高浓度过氧化氢及其他强氧化剂作用的稳定性,均优于其他橡胶。用于航空航天、原子能、汽车、炼油、化工、仪器仪表等部门,制造密封圈、衬垫、薄膜、防护衣、电线电缆及胶管等。

氟醚橡胶 fluoroether rubber 一种全氟甲基乙烯基醚-四氟乙烯弹性体。是由四氟乙烯、全氟甲基乙烯基醚及全氟(3-苯氧基正丙基)乙烯基醚经乳液共聚制得。商品名为Kalrez。是一种完全不含C—H键的全氟醚橡胶,含氟量高达70%。其耐热稳定性和耐化学药品性与聚四氟乙烯一样优异。由于侧链有—OCH$_3$结构,破坏了聚四氟乙烯的结晶性,故几乎可承受各种化学试剂的侵蚀,并可在288℃下长期使用,短期使用温度高达315℃。电性能也很好。但耐寒性差、加工困难、价格较高。用于航空航天、原子能、炼油、化工等部门,制造耐高温、抗强腐蚀介质的密封件和橡胶制品。

氢气 hydrogen 化学式H$_2$。无色、无臭、无味可燃性气体。气态氢相对密度0.0694,液态氢相对密度0.070(-252℃)。熔点-259.14℃,沸点-252.87℃,自燃点500℃。临界温度-239.9℃,临界压力1.297MPa。爆炸极限4%～75.6%。是最轻的气体。很难液化,在各种液体中溶解甚微。能与许多金属及非金属直接化合,高温下可将许多金属氧化物还原成金属或低级氧化物。用于有机化合物加氢及制造合成氨、甲醇。也用于汽油、煤油、柴油、馏分油、润滑油的加氢精制及渣油加氢改质过程。还用作燃料、还原剂等。制法很多,工业上常用的有烃蒸气催化转化法、烃热分解法、电解水法等。

氢化 hydrogenation 又称催化氢化、催化加氢。指分子氢在催化剂存在及加热、加压下与有机化合物的不饱和键(C=C、C≡C、N=N、O=O等)上发生的加成反应。伴随着"裂解"的氢化作用则称为"氢解"。参见"催化加氢"、"氢解"。

氢化油 hydrogenated oil 见"硬化油"。

氢分压 hydrogen partial pressure

指在某一系统或某一设备中氢气的分压。其值等于总压力乘以气相中氢的摩尔分率。在加氢精制过程中,氢分压提高可抑制结焦反应,降低催化剂失活速率,同时又可提高脱硫、脱氮及脱金属效率。提高整个系统的压力,提高循环氢流量及氢的纯度,以及提高废氢排放量等措施可以提高系统中的氢分压。

氢油比 hydrogen-to-oil ratio 是加氢精制及加氢裂化等氢加工过程中的一个操作参数。工业装置中通用的是体积氢油比,是指工作氢标准状态体积流量与原料油体积流量之比。氢气量为循环气流量与循环气中氢浓度的乘积。如:

加氢精制反应器氢油比＝精制反应器入口循环氢流量/新鲜进料体积

加氢裂化反应器氢油比＝(精制反应器入口循环氢流量＋裂化反应器入口循环氢流量＋精制反应器冷氢流量)/(新鲜进料体积＋循环油体积)

在操作压力、温度及空速等相同的条件下,提高氢油比,氢分压提高,有利于抑制催化剂积炭。但氢油比过大,会造成原料在反应器内停留时间减少,从而使转化率下降。

氢氟酸 hydrofluoric acid 化学式HF。氟化氢含量 60% 以下的水溶液,为无色发烟易流动液体。工业品的氟化氢含量为 40%～60%,最高浓度可达75%。有刺激性气味。为中等强度的酸。38.2% 水溶液为二元共沸物,沸点112.2℃。腐蚀性极强,能侵蚀玻璃、硅酸盐,生成气态的四氟化硅。可溶解除金、铂以外的大部分金属。极易挥发,置于空气中冒白烟。不燃。蒸气极毒!蒸气、液体均对黏膜及皮肤有强烈刺激和腐蚀作用,并可向深部组织渗透。用于制造无机氟化合物、含氟树脂,也用作烷基化装置的催化剂,以及用于玻璃蚀刻、酸洗铜等。由硫酸分解萤石制得氟化氢,再经水吸收而得。

氢氟酸烷基化 hydrofluoric acid alkylation 是以氢氟酸为催化剂,轻质异构烷烃(主要为异丁烷)及轻质烯烃(C_3～C_5 烯烃,以混合丁烯为主)为原料,生产烷基化油的方法。由于氢氟酸烷基化的副反应不如硫酸法剧烈,故反应温度可高于室温,而且氢氟酸对异丁烷的溶解力也较大,因此不必像硫酸烷基化那样采用冷冻的方法来维持反应温度,从而简化工艺流程。氢氟酸烷基化工艺可分为菲利普斯公司(Phillips)法及环球油品公司(UOP)法。我国目前引入的装置全部采用菲利普斯公司开发的氢氟酸烷基化工艺。其工艺过程主要由原料干燥脱水、烷基化反应、分馏、产品精制、氢氟酸再生及三废处理等几部分组成。反应温度 27～43℃,反应压力 0.5～0.8MPa,反应烷烯比12～15：1,酸烃比 5.2：1。

氢侵蚀 hydrogen attack 一种因原子氢渗透到金属内部所引起金属破坏的现象。可分为低温型氢侵蚀及高温型氢侵蚀。低温型氢侵蚀是钢材在有水溶液或处于湿环境下发生的。被认为是电化学腐蚀。金属电化学反应生成的原子氢先渗透到金属内,然后结合为分子氢,并形成鼓泡。高温型氢腐蚀是高温氢侵入低碳钢内,是在无水溶液的情况下发生的。高温氢分子可扩散到钢的内部产生氢脆及氢蚀。在含有硫化物、砷化合物、氰化物及磷离子等的湿环境中,常会引起金属的氢鼓泡现象。预防氢鼓泡的方法是选用镇静钢替代沸腾钢,及采用氢渗透低的奥氏体不锈钢,或使用橡胶、塑料保护层等。

氢烃比 hydrogen-to-hydrocarbon ratio　在加氢精制及加氢裂化等氢加工过程中指氢油比。参见"氢油比"。

氢活化 hydrogen rejuvenation　指在一定操作条件下通入氢气,以除去催化剂上的重质胶状物,恢复催化剂部分活性的操作。但这种操作不能除去催化剂上残留的焦炭。

氢蚀 hydrogen corrosion　又称氢腐蚀。在高温高压下通过化学反应所引起的一种金属氢侵蚀。当钢材长期与高温、高压氢气接触时,氢原子或氢分子会通过晶格和晶间向内扩散,并与钢中的碳化物(如渗碳体)发生化学反应生成甲烷,引起钢材内部脱碳。甲烷气不能从钢中扩散出去而聚积在晶间形成局部高压及应力集中,致使钢材产生微小裂纹或起泡。随着接触时间加长,无数裂纹相连,而使钢材的强度及韧性下降,失去原有的塑性而变脆。与氢脆不同的是,氢蚀是永久的脆化,是不可逆的。

氢给体 hydrogen donor　又称氢授体、授氢体。①指在一定条件下能从分子中释放出活性氢以供反应需要的物质,如四氢化萘加热时脱氢转化为萘,而释出的氢可供烯烃加氢饱和反应之用;②生物体内氧化还原反应体系中,氢分子或脱去氢质子而被氧化的物质,如乳酸发酵过程中的3-甘油醛酸。

氢氧化钠 sodium hydroxide　化学式 NaOH。又名苛性钠、烧碱。纯品为无色透明斜方晶系结晶。市售品有固体及液体两种。纯品相对密度 2.130。熔点 318.4℃,沸点 1390℃。蒸气压 0.13kPa(739℃)。液体烧碱为无色透明液体,纯度为 30%～45%。易溶于水,溶液呈强碱性。也溶于乙醇、甘油。吸湿性强,在潮湿空气中,易吸收二氧化碳及水分而逐渐变成碳酸钠。化学性质活泼,与酸反应生成盐和水。对皮肤、黏膜有强刺激性及腐蚀性。是重要化工原料,用于制造各种钠盐、肥皂、纸浆、医药及日用化工产品,也用作中和剂及精炼石油等。由电解食盐浓溶液制得。

氢氧化钾 potassium hydroxide　化学式 KOH。又名苛性钾。白色半透明斜方晶系结晶。工业品为灰白、蓝绿或淡紫色片状或块状固体。相对密度 2.044。熔点 360℃(无水物 380℃),沸点 1320℃。易潮解,溶于水,水溶液呈强碱性。也溶于乙醇、甘油。在空气中吸收二氧化碳转化成碳酸钾。能腐蚀铝、锌、铁、镍等金属。对皮肤、黏膜有强刺激性及腐蚀性。用于制造各种钾盐、钾肥皂、草酸等,也用作干燥剂及钻井液的碱度调节剂、催化剂等。由电解浓氯化钾溶液而得，或由碳酸钾与石灰反应制得。

氢脆 hydrogen embrittlement 由氢作用引起的材料性能下降现象。是由于分子氢在高温高压下部分分解为原子氢，或是氢气在湿的腐蚀性气体中经过电化学反应而生成氢原子。这些氢原子渗透到钢材内部后，使钢材晶粒间的原子结合力降低，造成钢材的延伸率及断面收缩率降低，强度发生变化，出现材料脆化现象。一般来说，材料的强度越高，对氢脆的敏感性越强，氢脆的危害性也越大。

氢能源时代 hydrogen era 指以氢能作为主要能源的时代。氢是一种燃料，它的热值比石油、天然气、煤炭都要高。燃烧时无烟尘，是一种清洁的可再生能源。氢可由水电解制取，也可以天然气、煤、生物质等为原料制取。展望未来，氢能源时代将具有以下特点：①以氢气作为替代化石燃料的能源，石油、煤炭、天然气则主要用作化工原料；②电能将由各种类型的氢燃料电池供电；③以氢燃料电池为动力的汽车替代内燃机动力汽车；④消除相关的能源污染及噪声污染，实现无污染无噪声的绿色环境。目前阻碍氢实现规模化商业应用的两个关键问题是廉价的制氢技术及安全储运技术。

氢硫基 hydrosulfuryl 见"巯基"。

氢氰酸 hydrocyanic acid 化学式HCN。又名氰化氢。无色透明易挥发液体，具苦杏仁气味。相对密度0.6876。熔点 $-13.4℃$，沸点25.7℃，闪点 $-18℃$（96%），自燃点535℃（96%）。蒸气相对密度0.93，蒸气压53.33kPa（9.8℃）。爆炸极限5.4%～46.6%（96%）。与水、乙醇、甘油、乙醚、苯等混溶。为弱酸，与碱反应生成盐。气态氢氰酸一般不发生聚合，液态氢氰酸或其水溶液，受光、热或有铁屑存在时会发生聚合，并放出大量热，可引起爆炸。储存时要求含水量小于1%，并加入少量无机酸作稳定剂。剧毒！蒸气可经皮肤吸收，抑制呼吸酶，造成细胞内窒息。用于制造丙烯腈、丙烯酸树脂、丁腈橡胶、医药、农药等。由氰化钠水溶液与硫酸反应制得。

氢解 hydrogenolysis 氢化反应的特殊形式。是烃类和分子氢在特殊催化剂及较高温度及压力下发生伴随着"裂解"的氢化反应。这种特殊的氢化也称"破坏加氢"。在氢解反应中，C—C键断裂，生成低分子烃类，其最终产品是甲烷。与石油高温裂解不同的是，氢解不缩聚生焦，只生成低分子烃类，因而可提高汽油收率。

氢解-比色法 hydrogenolysis-colorimetric method 一种石油及其产品中硫含量分析方法。测定时将试样注入裂解管中，与增湿的高温空气流混合，在高温（1300℃）下加氢裂解，使其中的硫定量转化为硫化氢，裂解气经乙酸溶液增湿后与预先用乙酸铅溶液浸渍过的试纸接触，反应生成黑色硫化铅，测量试纸变黑所引起的反射度的变化速率，即可计算出硫含量。适用于测定轻质石油产品中小于 1mg/kg 的硫含量。检测下限可达 25ng/kg。

氢鼓泡 hydrogen blistering 见"氢侵蚀"。

氢键 hydrogen bond 已经和电负性很大的原子形成共价键的氢原子，还能和另一个电负性很大的原子形成第二个键，这第二个键称作氢键。如以 X—H 表示氢原子的第一个强极性共价键，以 Y 表示另一个电负性很大的原子，以 H……Y 表示氢原子的第二个键，则氢键的通式可表示为：

$$X—H……Y$$

H_2O 分子可以缔合，表明水分子间有氢键存在，即

$$H—O……H—O……H—O$$
$$\quad|\qquad\qquad|\qquad\qquad|$$
$$\quad H\qquad\qquad H\qquad\qquad H$$

氢键具有饱和性及方向性。当化合物中的氢原子与一个 Y 原子形式氢键后，就不能和第二个 Y 原子形成氢键，这就是氢键的饱和性；在 X—H……Y 形成氢键时，只有 X—X……Y 三个原子在一条直线上作用力最强、这就是氢键的方向性。氢键的键能一般在 40kJ·mol^{-1} 以下，与分子间力为同一数量级。分子间氢键的形成，增强了分子间的作用力。这就是 H_2O、NH_3 的沸点比同族元素的氢化物沸点要高的原因。

氢碳比 hydrogen-carbon ratio 指在烃类化合物中所含氢元素与碳元素的质量比。以 H/C 值表示。随着 H/C 值减小，烃类由气体逐步变为液体及固体。甲烷的 H/C 值在所有烃类中是最高的。根据制氢原料选择的技术经济原则，应尽量选择氢碳比高的轻质烃作原料，以提高产氢量。天然气的烃类组分以甲烷为主，因此，天然气是理论产氢量最高的烃类原料。如使用石脑油为原料比使用天然气为原料，其原料成本会提高 50％左右。

氢燃料汽车 hydrogen fnel automobile 以氢气为能源的汽车。用氢气作发动机燃料的汽车具有洁净无污染、能源转化率高、噪声低、续驶里程可与汽油车相当、使用安全等特点。对于汽油发动机只需稍加改造，就可燃烧氢气，是未来最有希望的交通工具。目前氢燃料汽车的主要问题是氢气制造成本太高、携带不便、单位容积热值低及易发生早燃等。但随着技术的进步，以及石油资源的减少，氢燃料汽车将会快速发展。

香蕉油 banana oil 俗称香蕉水。由乙酸戊酯等配制而成的具有香蕉味的混合液。无色透明，易挥发。在硝基漆制造中用以溶解硝酸纤维素等。也用作降低喷漆黏度的稀释剂。

重力沉降 gravitational sedimentation 指在重力作用下使流体与颗粒之间发生相对运动而得以分离的操作。重力沉降可分离含尘气体，也可分离悬浮液。常用的重力沉降设备有降尘室及沉降槽。降尘室是凭借重力除去气体中尘粒的沉降设备。它实际上是一

个尺寸较大的空室,含尘气体从入口进入后,容积突然扩大,流速降低,粒子在重力作用下发生重力沉降;沉降槽是用来处理悬浮液以提高其浓度或得到澄清液的重力沉降设备,通常用于分离颗粒不是很小的悬浮液。可分为连续及间歇操作两种方式。

重瓦斯油 heavy gas oil 原油常压蒸馏中沸点范围大于350℃的瓦斯油馏分及减压蒸馏中沸点范围在350~550℃之间的瓦斯油馏分。减压瓦斯油在炼厂中常用作催化裂化、加氢裂化、热裂化或润滑油等的原料。

重石脑油 heavy naphtha 见"石脑油"。

重关键组分 heavy key component 见"关键组分"。

重关键馏分 heavy key fraction 见"关键馏分"。

重芳烃 heavy aromatics 见"石油重芳烃"。

重时空速 weight hourly space velocity 简称 WHSV。指催化反应中,以反应器内单位质量催化剂每小时通过反应物的质量表示的空间速度。

重质中性油 heavy neutral oil 一般指在 37.8℃ 条件下运动黏度大于 $108mm^2/s$ 的中性油。为精制、脱蜡的馏分润滑油。主要用于调合重质润滑油或多效润滑油。

重质油 heavy distillate 又称重馏分或重质馏出油。指从原油中蒸出石脑油、汽油、煤油、柴油等馏分后所余沸

点为 370~540℃ 的重馏分。用作裂化及焦化原料,锅炉燃料以及制造润滑油的原料。

重质原油 heavy crude oil 见"渣油"。

重质润滑油 heavy lubricating oil 通常指在 100℃ 条件下运动黏度大于 $10mm^2/s$ 的高黏度润滑油。由重馏分润滑油及残渣润滑油调合制得。如齿轮油、汽缸油、航空润滑油等。

重质液体石蜡 heavy liquid paraffin 见"液体石蜡"。

重质碳酸钙 heavy calcium carbonate 见"碳酸钙"。

重质燃料油 heavy fuel oil 由热裂化残油或直馏残油直接制得的高黏度、高凝点燃料油。一般为重柴油以后的油料(不包括重柴油)。主要用作炼厂加热炉或锅炉用燃料。

重金属 heavy metal 一般指相对密度大于 5 的金属。如铜、镍、钴、镉、锌、锡、铅、锑、钼、铝、铋、汞等。含在原油中的重金属常指镍、铜、铁、钒等。

重金属污染 heavy metal pollution ①指裂化原料油中镍、钒、铁、铜等重金属盐类,在反应过程中分解沉积在催化剂表面上,造成催化剂活性、选择性下降的现象;②指含有重金属离子的污染物进入水体、土壤及大气中所造成的污染的总称。参见"污染指数"。

重油 heavy oil 在不同行业中有不同含义:①在炼油工业指常减压蒸馏的渣油经减黏或适当调入其他馏分油和

二次加工重油的黑褐色黏稠状液体,主要用作工业燃料;或是由直馏柴油与催化柴油、回炼油等经碱洗精制后再加入适量添加剂制得的黄色可燃性液体,主要用作船用发动机燃料;②在煤化工中通常指煤焦油或煤液化产物中230℃以上的馏分,可用于提取芴、苊、甲酚、喹啉等化工产品或用作木材防腐剂。

重油炉 heavy oil healer 又称重油加热炉。一种加热反应炉。是在双炉热裂化中用于将重循环油进行热裂化的管式加热炉。主要生产轻循环油,作轻油炉进料。一般进口温度为475~485℃,进口压力为3.4~4.4MPa。但炉管加热段与反应段的划分不如轻油炉明显。

重油部分氧化 heavy oil partial oxidation 是以重油或渣油为原料,在无催化剂条件下,以氧气和水蒸气为气化剂,在高温下(1300~1400℃)使重油与氧气燃烧,同时发生烃类裂解反应,裂解产物与燃烧产物(CO_2 及 H_2O)在高温下与甲烷进行转化反应,进而获得以氢气和一氧化碳为主体的合成气。是一种加压下进行非催化部分氧化反应制取合成气的方法。

重油催化裂化 heavy oil catalytic cracking 见"渣油催化裂化"。

重组分 heavy component 见"轻组分"。

重沸器 reboiler 见"再沸器"。

重复结构单元 repeating structure unit 见"链节"。

重结晶 recrystallization 见"再结晶"。

重柴油 heavy diesel oil 密度较大的一类柴油。为黄色、易燃液体。与轻柴油比较,十六烷值较低、凝点较高、黏度较大。按其在 50℃ 条件下的运动黏度,分为 10 号、20 号、30 号三个牌号。适于作中速及低速柴油机燃料,也可用作锅炉燃料。系由原油常减压装置生产的直馏重柴油,或与催化裂化生产的重柴油等按比例调合制得。

重量分析 gravimetric analysis 一种经典的化学分析法,是根据试样减轻的质量或生成物的质量来确定被测组分含量的方法。可分为气化法、沉淀法、电解法、萃取法等,常用的是气化法及沉淀法。气化法是通过用加热、燃烧或用其他方法使被测组分气化或挥发,根据试样减轻的质量计算出该组分的含量。或用某种吸收剂吸收挥发出的气体,根据吸收剂增加的质量计算该组分的含量。沉淀法是利用沉淀反应使被测组分转化为难溶化合物,经分离得到有固定组成的物质,再经称量计算出被测组分的含量。

重铬酸钠 sodium bichromate 化学式 $Na_2Cr_2O_7 \cdot 2H_2O$。又名红矾钠。橙红色单斜晶系结晶。相对密度 2.348(25℃)。易溶于水,不溶于醇。水溶液呈酸性。加热至 86.4℃ 时失去结晶水成无水物。无水物为橙色棱柱状或针状结晶。相对密度 2.52(13℃)。熔点 356.7℃。400℃ 时分解放出氧气,并生成铬酸钠及三氧化铬。为强氧化剂,可将浓盐酸中的氯离子氧化成氯气。接触油品、溶剂油等易燃物会燃烧。剧毒! 对皮肤、黏膜有刺激及腐蚀作用。用于制造含铬催化剂、铬酸酐、颜料、药物、木质素磺酸盐等。也用作氧化剂、媒染剂、防腐剂等。先由铬铁矿、纯碱及白云石混合燃烧生成铬酸钠,再经硫酸处理而得。

重铬酸钾 potassium dichromate 化学式 $K_2Cr_2O_7$。又名红矾钾。橙红色三斜晶系板状结晶。相对密度 2.676(25℃)。熔点 398℃。折射率 1.738。有三种变体。常温下是稳定的 α 变体;269℃ 时转变为 γ 变体,体积增大5.2%;冷却后变成常温下稳定的 β 变体;再加热至 255℃ 时又转变为 γ 变体,体积减小 0.1%。610℃ 时分解,并放出氧气。水溶液呈酸性。为强氧化剂,接触油品、溶剂油等可燃物会燃烧。有毒! 对皮肤、黏膜有刺激性及腐蚀性。溶于硫酸后的混合溶液称为洗液,可有效溶解油脂。用作有机合成催化剂、媒染剂等,也用于制造铬酸盐、颜料、炸药、瓷釉等。重铬酸钾溶液常用于比色测定煤油等轻质油品的颜色。由重铬酸钠与氯化钾或硫酸钾反应制得。

重烷基化油 heavy alkylate 指在酸催化剂作用下,烯烃与异构烷烃反应生成工业异辛烷过程中,经分馏切取主要组分工业异辛烷后,所余的 180~300℃馏分副产物。可用作柴油组分。

重氮化反应 diazotization 芳香胺与亚硝酸作用生成重氮盐的反应。亚硝酸易分解。工业上常用亚硝酸钠与无机酸(硫酸、盐酸)作用生成亚硝酸,作为亚硝酸的来源。反应通式为:

$$Ar-NH_2 + NaNO_2 + 2HX \rightarrow$$
$$ArN_2^+ X^- + 2H_2O + NaX$$

式中,X 可以是 Cl、Br、NO_3、HSO_3 等。芳香胺称作重氮组分,亚硝酸称作重氮化剂。重氮化反应是放热反应,须及时移除反应热。一般在 0~10℃ 进行,温度过高,会使亚硝酸分解,同时加速重氮化合物的分解。

重氮化合物 diazo compound 当化合物分子中含有两个 N 原子直接相连的基团—N=N—时,若该基团两端都和碳原子相连,则称其为偶氮化合物,如偶氮苯(C_6H_5—N=N—C_6H_5);如两个相连的氮原子只有一端与碳原子,而另一端不与碳原子相连,则称其为重氮化合物,如重氮氨基苯(C_6H_5—N=N—NH—C_6H_5)。重氮化合物的性质大多比较活泼,是重要的有机合成中间体及试剂。

重氮盐 diazo salt 重氮化合物中最重要的一类。其中烃基一般为芳基。$ArN_2^+ X^-$ 重氮盐由重氮正离子和强酸的负离子构成。具有类似铵的性质,一般可溶于水,呈中性,可全部离解成离子,不溶于有机溶剂。干燥的重氮盐极不稳定,受热或摩擦、撞击会剧烈分解放出氮气而发生爆炸。在低温水溶液中,重氮盐可稳定存在几个小时,故工业上一般不分离出重氮盐结晶,而用其水溶液直接进行下一步反应。重氮盐的重氮基易被卤原子、羟基、氰基、氢及烷氧基等取代,也可在芳胺环上偶合反应制备偶氮化合物或偶氮染料。可由芳伯胺(ArNH₂)与亚硝酸钠在低温下加入酸制得。

重整 reforming 指烃类分子重新排列成新的分子结构,而不改变分子大小的加工过程。在催化剂存在下进行的重整过程称为催化重整,如铂重整、铂铼重整。其目的是用以生产高辛烷值汽油或化工原料(如芳香烃),同时产大量氢气作为加氢工艺的氢气来源。在热的作用下进行的重整过程称为热重整。其实质是高温裂化,以获得较小分子的烷烃、烯烃及环烷烃脱氢生成芳香烃等。目前,热重整基本上已被催化重整所取代。

重整气 reforming gas 石脑油或重整反应转化为芳烃过程中产生的气体。主要为富氢气体及轻质烷烃(甲烷至丁烷)。由于重整气体被氢气所饱和,故不含烯烃。

重整反应器 reforming reactor 催化重整反应过程的主要设备。由换热器、加热炉、反应器、分离器、泵及压缩机等组成。加热炉是反应所需热量的主要来源;而重整反应器是进行重整反应的主要设备。按反应器类型来分,半再生式重整装置采用固定床反应器,连续再生式重整装置采用移动床反应器。固定床反应器按其结构不同又分为轴向式反应器和径向式反应器。在轴向式反应器中,油气由上至下轴向流过催化剂床层;在径向式反应器中气体由外隙径向通过装催化剂的网状内筒后,由中心管引出,因此床层压降比轴向式反应器低。连续再生式重整装置的反应器及再生器也都采用径向式。

重整转化率 reforming conversion rate 又称芳烃转化率。指重整转化过程产物中所得到的芳烃产率与原料中芳烃潜含量的比值,即

$$重整转化率 = \frac{重整生成油中芳烃产率}{原料油中芳烃潜含量} \times 100\%$$

影响重整转化率的因素有原料性质及组成、催化剂性能、反应压力及温度、氢油比及空速等。

重整油抽余油 reformate raffinate 指用溶剂液-液抽提法分离重整油的芳烃时,从抽提塔顶部得到的抽余油。主要由饱和烷烃构成,芳烃和环烷烃含量很低,不饱和烃含量极少,所含溶剂等杂质也很少。是极好的蒸汽裂解制乙烯装置的原料,也可用于制造橡胶溶剂油、植物油抽提溶剂及香花溶剂油等。

重整原料油 reforming feed stock 重整催化剂比较昂贵,易被多种金属及非金属杂质中毒而失去催化活性,为保证重整装置正常运转,目的产品收率高,必须选择适当的重整原料并予以精制处理。传统的重整原料是直馏石脑油(原油蒸馏初馏点180℃至200℃的馏分)。为弥补重整原料油的来源不

足，也使用加氢裂化石脑油、焦化石脑油、催化石脑油等二次加工石脑油作为重整原料油。在选择重整原料油时要考虑其馏分组成、族组成及杂质含量等指标。

重整催化剂 reforming catalyst 指能在石脑油重整过程中加速烃类分子重新排列成新的分子结构，而本身并不发生变化的物质。重整催化剂的发展，主要经历了非铂金属氧化物催化剂、单铂催化剂、含铂双或多金属催化剂三个阶段。目前广泛使用的重整催化剂是双功能催化剂，由金属组分（主要是铂以及添加的铼或锡、铱以及钛、铝、铈等助金属）为反应提供脱氢活性中心，由卤素和载体（常为氧化铝）提供酸性中心。催化剂既具有加氢、脱氢活性，又有异构化及环化活性。

重整催化剂失活 reforming catalyst deactivation 指重整催化剂在使用过程中，由于某些吸附质优先吸附在催化剂的活性部位上，形成很强的吸附键，使催化剂不能再参与对反应原料的吸附和催化作用。引起失活的原因很多，如催化剂表面上积炭、卤素流失、长时间处于高温下引起铂晶粒聚集使分散度减小以及受毒物中毒等。在正常操作中，催化剂活性下降主要是由于积炭而引起的。

重整催化剂再生 reforming catalyst regeneration 使失活的重整催化剂恢复活性以供重新使用的过程。再生过程主要包括烧焦、氯化、更新等过程。烧焦是用含氧的氮气烧去催化剂上的积炭，烧焦温度约为450℃；氯化是在烧焦结束后向催化剂补充失掉的氯，并使长大了的铂晶粒重新分散，提高铂的分散度；更新是在氯化完成后，在510℃下补氧进行氧化更新，其作用是更新氯化铂的表面，阻滞铂晶粒凝聚，保持铂的表面积和活性并保证氯和催化剂在活性状态下结合。

重整催化剂的组成 composition of reforming catalyst 现代重整催化剂由基本活性组分、助催化剂及酸性载体三部分组成。基本活性组分是铂、钯、铱、铑等金属。铂有很强的吸引氢原子能力，催化剂的脱氢活性、稳定性及抗毒能力随铂含量增加而增强。但当Pt含量接近1%时，再提高铂含量也无益处。工业催化剂的含铂量大多为$0.2\%\sim0.3\%$。所用助催化剂主要是铼、锡。目前，铂-铼双金属催化剂已取代单铂催化剂。铼可以提高催化剂的容炭能力和稳定性。铼与铂的含量比一般为$1\sim2$。铂-锡重整催化剂在高温下和低压下都有良好的选择性及再生功能，而且锡比铼价格便宜，新鲜剂及再生剂不必预硫化，近来已广泛用于连续重整装置。酸性载体由含卤素（Cl、F）的γ-Al_2O_3所组成。卤素为催化剂提供酸性中心，可以增强催化剂对异构化和加氢裂化等酸性反应的催化活性。

重整催化剂的种类 species of reforming catalyst 工业用重整催化剂分为非贵金属催化剂及贵金属催化剂两大

类。非贵金属催化剂有 Cr_2O_3-Al_2O_3、MoO_3-Al_2O_3 等，由于其活性不如贵金属催化剂，目前工业上已基本淘汰；贵金属催化剂按其所含金属的种类分为单金属催化剂（如铂催化剂）、双金属催化剂（如铂铼催化剂、铂铱催化剂）、以铂为主体的三元或四元多金属催化剂（如铂铱钛催化剂、铂铱铝铈催化剂）。单铂催化剂在工业装置中已被淘汰，实际使用的主要是两类催化剂，即主要用于固定床重整装置的铂铼催化剂和用于移动床连续重整的铂锡催化剂。

重整催化剂氯化 reforming catalyst chlorination 全氯型重整催化剂活化操作过程之一。于催化剂烧焦再生后进行，在 490℃下通入含氯 1%～2% 的空气，至催化剂被氯饱和为止（一般为 4h）。氯化的作用除补充催化剂烧焦过程中失掉的氯，保持催化剂的酸性平衡外，还能使长大的铂晶粒重新分散，提高铂的分散度，恢复催化剂的活性。氯化结束后，还应进行氧化更新（500℃下补氧），以阻滞铂晶粒凝聚，保持铂的表面积和活性，并保证氯和催化剂在活性状态下结合。

重馏分 heavy cut 见"重质油"。

复合反应 complex reaction 见"复杂反应"。

复合皂基润滑脂 complex soap-base grease 是用脂肪酸皂与低分子有机酸盐的复合物稠化润滑油所制得的润滑脂。所用脂肪酸皂可以是天然脂肪酸（如牛油、猪油）皂及合成脂肪酸皂；所用低分子有机酸盐一般是不大于 8 个碳原子的低分子有机酸盐，如甲酸盐、乙酸盐、丙酸盐、苯甲酸盐等。这类润滑脂品种很多，性质随所含金属元素而异。但其共同特点是滴点高、耐温性好，有优良的胶体安定性及机械安定性，使用寿命长，是一种多效润滑脂。

复合钙基润滑脂 complex calcium grease 是用脂肪酸钙皂与低分子酸钙盐复合物稠化润滑油制得的复合皂基润滑脂。其中用天然脂肪酸钙皂制备的常称为复合钙基润滑脂，而用合成脂肪酸钙皂制备的称为合成复合钙基润滑脂。两种复合钙基润滑脂所用低分子酸盐均为乙酸盐。复合钙基润滑脂具有滴点高，耐热性好，有良好的极压性、流变性、剪切安定性、胶体安定性及抗水性。其主要缺点是在常温及高温条件下，表面易吸水硬化。因此，包装要严密。可用于冶金轧钢机、机械加工热处理等滚动轴承的润滑，也可用于与少量水汽接触的机械摩擦部位及温度不超过 180℃的部位润滑。

复合钡基润滑脂 complex barium grease 是用脂肪酸钡皂和低分子有机酸钡盐（如乙酸钡）的复合物稠化润滑油而制得的复合皂基润滑脂。具有滴点高、机械安定性及胶体安定性好、抗水能力强及优良的耐高温性等特点。可用于 150℃或略高的滚动轴承和机械摩擦部位润滑，也可作钙基、钠基及钙钠基润滑脂的代用品，用于相应部位的润滑。但由于皂分较高、摩擦阻力较大以及价格较高等原因,其产量有限。

复合破乳剂 complex demulsifying agent 指通过破乳剂之间的协同作用,由两种或两种以上破乳剂进行复配而得的破乳剂。通过复配效应不仅可有效地提高破乳效果,还可根据不同用途及复配比例开发出新破乳剂品种。例如酚胺类聚环氧乙烷环氧丙烷醚类与多烯多胺聚环氧乙烷环氧丙烷醚类复配,比单一组分破乳剂的破乳能力大大提高。

复合铝基润滑脂 complex aluminium grease 是采用硬脂酸铝皂和苯甲酸铝皂复合物稠化润滑油制成的多效复合皂基润滑脂。外观为浅褐色至暗褐色软膏。具有滴点高、耐热性好、不溶于水、稠化能力高、耐极压性及机械安定性好的特点,并有良好的流动性及泵送性。使用温度可达120℃。可用于轻中负荷机械设备的滚动和滑动轴承润滑,也可用于自动集中给脂系统的润滑。

复合锂基润滑脂 complex lithium grease 是由硬脂酸或12-羟基硬脂酸锂皂与二元酸锂盐的复合物在一定条件下稠化不同类型的基础油而制得的多效通用润滑脂。所用二元酸有己二酸、癸二酸、壬二酸及硼酸等。它比普通锂基润滑脂有更高的滴点,并有优良的机械安定性、抗水性、胶体安定性及抗磨极压性能。有较长的高温轴承使用寿命,可在200℃下较长时间内使用。当加入适量抗氧、防锈及极压添加剂

时,使用性能可进一步提高。广泛应用于轧钢厂炉前辊道轴承、汽车轮轴承、重型机械及各种高温抗磨轴承以及齿轮、蜗轮、蜗杆等润滑。

复合添加剂 compounded additive 又称多效添加剂。由两种或两种以上不同性能的添加剂在一定条件下调制而成的添加剂产品。如用于燃料油的复合添加剂,可在使用过程中满足多种性能要求,如兼有清净、抗氧、防腐、防冰、分散、防沉积、润滑等多种作用。如汽油复合添加剂的组成有含氨基烷基磷酸酯的煤油溶液或甲醇溶液、咪唑啉类、丁二酰亚胺,并加入适量乙二醇、二甲基甲酰胺及表面活性剂。目前,复合添加剂已成为添加剂研制开发的一个主要方向。

复杂反应 complex reaction 又称复合反应。同时进行若干个化学反应的总称。复杂反应不是经过简单的一步反应就直接完成,而是通过生成中间产物,经过许多步来完成的反应。常见的复杂反应有可逆反应、平行反应、链反应、连串反应等。

保护反应器 protecting reactor 见"前置反应器"。

保留时间 retention time 又称滞留时间。在色谱流出曲线上,被分离样品组分从进样开始到出现色谱峰最大值所需的时间称为保留时间。常以 min 为时间单位。在一定的固定相及色谱操作条件下,任何一种物质都有一确定的保留时间,用作组分定性分析的标

志。而扣除了死时间后的保留时间称为相对保留时间。

保留体积 retention volume 又称滞留体积。指在色谱分析中,被分离样品组分从进料开始到柱后出现该组分浓度最大值时通过流动相的流出体积。常用 mL 为单位。用作组分定性分析的标志。扣除了死体积后的保留体积称为校正保留体积。

保留指数 retention index 一种利用保留值作为定性依据的参数。通常以色谱图上位于待测组分两侧的相邻正构烷烃的保留值为基准,用对数内插法求得。若将每个正构烷烃的保留指数规定为其碳原子数乘以 100,则待测组分 X 的保留指数 I_X 可按下式进行计算:

$$I_X = 100\left[Z + \frac{\lg V_x - \lg V_z}{\lg V_{z+1} - \lg V_z}\right]$$

式中　V_x、V_z、V_{z+1},分别为待测物质和正构烷烃的净保留体积;

　　　z、$z+1$,分别为相邻的两个正构烷烃的碳原子数。

将由上式计算出待测组分的保留指数值,与文献数值相对照即可进行定性分析。

保留值 retention value 又称滞留值。色谱分析中,保留时间、保留体积、保留距离等的总称。在固定相及色谱条件一定的情况下,任何一种物质都有一定的保留值。因此保留值可作为一种定性指标。文献中提供了许多化合物的保留值、相对保留值和保留指数,可为定性提供参考数据。

促进剂 accelerator 能增大化学反应速度的物质。如橡胶硫化促进剂能加快硫化反应速度,缩短硫化时间;如固化剂能促进胶黏剂、涂料等的固化反应;而石油化工中广泛使用的催化剂也属于促进剂。

俄歇电子能谱法 Auger electron spectroscopy 简称 AES。是通过测量俄歇电子的强度与能量从而获得固体表面成分等信息的仪器分析方法。当用 X 射线或电子束轰击固体样品时,样品中原子内层电子在被逐出的同时,产生一个空穴,而外层的电子会跃迁向内层的空穴,并释放出能量。该能量又使同层或更高一层的另一电子电离,这个被电离的电子就是俄歇电子。用能谱仪可以测量出俄歇电子的能量,对照俄歇电子能量表,便能确定样品表面的成分。AES 很适合于薄膜材料的表面与界面分析,如用于催化剂活性研究、表面污染分析、量子力学理论研究等。

待生催化剂 spent catalyst 又称待生剂。指因结焦或积炭而失活的催化剂。为充分利用催化剂,可对失活催化剂进行烧焦再生,使催化剂基本恢复活性。再生的方法主要有两种,一种是器内再生,即催化剂不卸出,直接采用含氧气体介质再生;另一种是器外再生,是将失活催化剂从反应器中卸出后,用专用设备或送到专门的再生工厂进行再生。

衍生物 derivative 一类有机化合

物分子中的氢原子或基团被其他原子或基团取代而衍生的较复杂的另一类化合物。通常可由简单的有机化合物经简单的化学过程而获得。如氯甲烷（CH_3Cl）、氯仿（$CHCl_3$）、甲醇（CH_3OH）、甲醛（$HCHO$）及甲酸（$HCOOH$）等都是母体甲烷（CH_4）的衍生物。

顺-2-丁烯 *cis*-2-butene 化学式 C_4H_8。

无色易燃气体。相对密度 0.6213。熔点 —139.3℃，沸点 3.72℃，闪点 —37.7℃，燃点 323.89℃。折射率 1.3931。蒸气压 213.316kPa（25℃）。临界温度 155℃，临界压力 4.2MPa。爆炸极限 1.7%～9.7%。不溶于水，溶于苯、乙醇、乙醚。低毒！有弱麻醉性及刺激作用。具有典型的烯烃的化学性质，可进行加成、异构化等反应。用于生产聚丁烯及合成烷基化汽油等。也是液化石油气组分。可由高温裂解石油气分离而得。

顺丁烯二酸 *cis*-butenedioic acid $HOOCCH=CHCOOH$ 化学式 $C_4H_4O_4$。又称马来酸、失水苹果酸。白色单斜晶系棱状晶体。工业品略带黄色，略有涩味。相对密度 1.596。熔点 130～131℃。约 138℃分解。溶于水、乙醇、乙醚及丙酮等。微溶于苯。受热时易失水而成顺丁烯二酸酐。化学性质活泼，能进行加成、自聚、共聚、酰化、卤化、水合、加氢、烷基化等反应。用于制

造不饱和聚酯、涂料、增塑剂、荧光增白剂等。也用作油及油脂的防腐剂。可由苯、丁烷或丁烯经催化氧化而得。

顺丁烯二酸酐 *cis*-butenedioic anhydride 化学式 $C_4H_2O_3$。又各顺酐、马来酸酐、失水苹果酸酐。无色斜方晶系针状或片状结晶。相对密度 1.480。熔点

52.8℃，沸点 202℃，闪点 110℃，燃点 447℃。蒸气相对密度 3.4，蒸气压 0.133kPa（40℃）。爆炸极限 1.4%～7.1%。60～80℃时能升华。溶于水生成顺丁烯二酸酐，溶于醇类生成酯，也溶于丙酮、甲苯、氯仿等有机溶剂。化学性质活泼，能进行加氢、加成、水合、异构化及聚合等反应。易燃。对皮肤、黏膜有刺激性，吸入后可引起鼻炎、咽喉炎及气管炎等。用于制造不饱和聚酯、1,4-丁二醇、γ-丁内酯、醇酸树脂、增塑剂、农药等。由苯或丁烯、丁烷催化氧化制得。

顺丁橡胶 *cis*-1,4-polybutadiene rubber 见"顺-1,4-聚丁二烯橡胶"。

顺-1,4-聚丁二烯橡胶 *cis*-1,4-polybutadiene rubber 又称顺丁橡胶，由丁二烯聚合制得的合成橡胶。丁二烯聚合时有 1,4-键合、1,2-键合。1,4-键合时还有顺式及反式两种结构。工业聚丁二烯橡胶往往是上述几种结构的无规共聚物。按顺-1,4 结构含量多少，分为高顺式（顺-1,4 含量 95%～99%），中高顺式（顺-1,4 含量 90% 左右）及低顺

式(顺-1,4 含量 35%～40%)等。顺丁橡胶的耐磨耗性优异、回弹性高、生热低、低温性能好、耐屈挠性能强。主要缺点是撕裂强度较低、抗切割性差、抗湿滑性能低。主要用于制造轮胎胎面、胎侧和胎体等各种部件,也用以制造胶带、胶管、胶鞋及工业制品。在轮胎中使用时多与天然橡胶及丁苯橡胶并用。溶于矿物油或某些溶剂后可用作橡胶腻子添加剂及漆布浸渍剂等。

顺序分离流程 serial separation scheme 裂解气深冷分离工艺流程之一。是按裂解气烃分子中碳原子数由小到大的顺序进行分离,即先脱除甲烷、氢,再脱除乙烷、乙烯,然后脱除丙烷、丙烯、丁烷及丁烯等。这种流程对原料适应性较强,无论裂解气轻、重均可进行分离。

顺酐 cis-butenedioic anhydride 见"顺丁烯二酸酐"。

顺磁式氧分析器 paramagnetic oxygen analyzer 又称磁氧分析器。是根据氧气的体积磁化率比一般气体高得多,在磁场中具有极高顺磁特性的原理制成的一类测量气体中氧含量的仪器。常用的有热磁对流式、磁力机械式及磁压力式氧分析器等几种类型。常用于烟气中含氧量的分析。

脉冲式萃取塔 pulsed extractor 又称脉冲式抽提塔。萃取设备的一种。塔身与一般填充塔相似,但在塔的下部设有脉冲发生器,借助于脉冲发生器产生的脉动,能使轻重液体在塔内流动的同时叠加上下脉冲运动,从而扩大湍流、增强传质效率和提高分离效率。如脉冲筛板萃取塔、脉冲填料萃取塔等。

脉冲填料萃取塔 pulsed packed extractor 一种在塔的下部设有脉冲发生器的液-液萃取设备。塔身与一般填料塔相似,脉动可由往复泵或用压缩空气来实现。重液由塔顶进入,由塔底排出;轻液由塔下部进入,从塔顶排出。塔内液体借助于脉动的能量而扩大湍流和提高传质速率。因乱堆填料在脉冲长期作用下会产生有序重排而产生沟流,故需设置适当的内部再分布器。

脉冲筛板萃取塔 pulsed sieve plate extractor 一种外加能量使液体分散的液-液塔式萃取设备。其结构与气液传质过程的无溢流筛板塔相似,轻、重液体均穿过塔内筛板呈逆流接触。在工作段中装置组成筛板。由脉动装置(活塞泵或隔膜泵)使塔产生频率较高、冲程较小的脉冲液流,并将其引入塔底,使全塔液体作往复脉动,加快在筛孔中的接触传质。脉冲液流在筛板间作高速相对运动产生涡流,类似搅拌作用,促使液滴细碎和均布。具有结构简单、传质效率高、密闭性好、萃取剂用量少等特点,可处理含有固体粒子的料液。

食品用石蜡 paraffin wax used for food 是以原油经过常减压蒸馏所得润滑油馏分为原料,经溶剂脱蜡或压榨脱蜡、发汗或溶剂脱油,再经白土精制或加氢精制而得。外观为白色固体结晶,色泽纯白,含油量低,无气味,无毒性,符合食品、医药卫生法规要求。有良好的热稳定性、密封性、可塑性及一定的强度和韧性。按精制深度食品用石蜡又可分为食品石蜡及食品包装石蜡。按其熔点不同可分为 52 号、54 号、56 号、58 号、60 号、62 号等六个牌号。食品石蜡适用于食品及药品组分,以及热载体、脱模、压片、打光等直接接触食品和药物的用蜡,也用于口香糖、泡泡糖及用作食物的消泡剂;食品包装石蜡质量标准低于食品石蜡,主要用于与食品间接接触的容器、包装材料、浸渍用蜡及药物封口和涂敷用蜡等。

食品包装用蜡 food packing wax 见"食品用石蜡"。

【丶】

亲水-亲油平衡 hydrophilic-lipophilic balance 指表面活性剂的亲水基及亲油基在大小和强度上的平衡关系。表征这种平衡程度的定量数字称为亲水-亲油平衡值,简称 HLB 值。HLB 值获得方法有实验法及计算法两种,而以后者较为方便。HLB 值是相对于某个标准所得的值而无绝对值。一般以石蜡的 HLB 值为 0,油酸的 HLB 值为 1,油酸钾的 HLB 值为 20,十二烷基硫酸钠的 HLB 值为 40 作为标准。由此得到阴、阳离子型表面活性剂的 HLB 值为 1~40 之间,非离子型表面活性剂的 HLB 值在 1~20 之间。HLB 值越大,亲水性越强。HLB<10 的为亲油性的,HLB>10 的为亲水性的。

亲水-亲油平衡值 hydrophilic-lipophilic balance value 简称 HLB 值,参见"亲水-亲油平衡"。

亲水基团 hydrophilic group 表面活性剂分子结构一般是由极性基及非极性基构成的,具有不对称结构。它的极性基团易溶于水即具有强的亲水性质,称作亲水基团。常见的有羧基($—COO^-$)、磺酸基($—SO_3^-$)、硫酸酯基($—OSO_3^-$)、醚基($—O—$)、羟基($—OH$)、氨基($—NH_2$)、磷酸酯基($—OPO_3^-$)等。非极性基团不溶于水,而与油的亲和力强,称作亲油基团,也称憎水基团、疏水基团。亲油基团一般是由长链烃基所构成,常见的有 $C_8 \sim C_{20}$ 的直链烷基、$C_8 \sim C_{20}$ 的支链烷基、烷基苯基、烷基萘基、聚硅氧烷基、长链全氟烷基、高分子量聚环氧丙烷基等。一般碳链越长,亲油性越强。

亲电反应 electrophilic reaction 亲电试剂进攻底物中电荷密度大的部位而得到电子生成新化学键的反应。属于离子反应。由亲电试剂进攻而发生的加成反应称为亲电加成反应。典型的例子是乙烯与溴的加成生成 1,2-二溴乙烷的反应。能与烯烃发生亲电加成的试剂有卤素、无机酸、有机酸、酸催化的水等,并可用以制备卤代物、醇、醚、酯等产物。由亲电试剂进攻富电子底物发生取代反应称作亲电取代反应。如苯环上的碳原子较易受亲电试剂进攻而发生取代反应。苯及其同系物在苯环上所发生的卤化、硝化、磺化等反应均属于亲电取代反应。

亲电加成反应 electrophilic addition reaction 见"亲电反应"。

亲电取代反应 electrophilic subsitution reaction 见"亲电反应"。

亲电试剂 electrophilic reagent 能在反应物中接受电子或与其他反应物共享原子属于该化合物的电子的试剂。在化学反应中是一个缺电子的带正电荷的反应物。可以是正离子或中性分子。通常为路易斯酸和布朗斯台德酸。如 H^+、H_3O^+、Br_2、I_2、HCl、HBr、$HOCl$、SO_3、BF_3、H_2SO_4、$AlCl_3$ 等。

亲油基团 lipophilic group 见"亲水基团"。

亲核取代反应 nucleophilic substitution reaction 见"亲核试剂"。

亲核试剂 nucleophilic reagent 在结构上带有负电荷或未共用电子对的试剂(如 OH^-、CN^-、ROH、H_2O、NH_3 等)。它们能提供电子与反应物的缺电子部分形成新的化学键。由亲核试剂对显正电性的碳原子的进攻而引起的取代反应称为亲核取代反应。反应通式为：

　　　$:Nu^- + R-X \rightarrow R-Nu + X^-$

式中，Nu^- 为亲核试剂，X^- 为反应中被取代的基团(又称离去基团)。在卤代烷亲核取代反应中，碳卤键断裂的难易程度依次为 $C-I > C-Br > C-Cl > C-F$。氟代烷难发生取代反应。

API 度 API degree 即 API 比重。用 °API 表示。欧美在商业上习惯用 API 度表示原油的轻重。按相对密度分类，国际上通常将 °API ≥ 32($d_{15.6}^{15.6} \leq 0.8654$)的原油称为轻质原油，°API 为 20～32($d_{15.6}^{15.6}=0.8654～0.9340$)的原油称为中质原油；°API 为 10～20($d_{15.6}^{15.6}= 0.9340～1.000$)的原油称为重质原油；°API≤10($d_{15.6}^{15.6} \geq 1.000$)的称为特重原油。

恒压过滤 constant pressure filtration 指在恒定压差下进行的过滤。这时，随着过滤进行，滤饼厚度逐渐增大，阻力随之上升，过滤速率则不断下降。而维持过滤速率不变的过滤则称为恒速过滤。为了维持过滤速率恒定，必须相应地增大压差，以克服由于滤饼增厚而上升的阻力。由于压差要不断变化，维持恒速过滤的操作难度较大，工业生产中一般采用恒压过滤。

恒沸点 azeotropic point 见"恒沸混合物"。

恒沸混合物 azeotropic mixture 又称共沸混合物、共沸物、恒沸物。一些液体混合物在某组成时，其平衡气相组成与液相组成相等，其沸点不因精馏或蒸发而改变，气-液相组成也始终保持恒定，二元物系相对挥发度等于1，这样的液体混合物则称为恒沸混合物，而相应的沸点称为恒沸点或共沸点，产生这种现象称为恒沸或共沸现象。恒沸现象在化工生产中较为常见。例如，在 101.325kPa 下，95.57%的乙醇溶液是恒沸混合物，其恒沸点为 78.13℃。

恒沸蒸馏 azeotropic distillation 见"恒沸精馏"。

恒沸精馏 azeotropie rectification 如在二组分的恒沸混合物中加入第三组分(称为共沸剂或夹带剂),该组分能与原料液中的一个或两个组分形成新的恒沸液(该恒沸物可以是二组分的,也可以是三组分的;可以是最低恒沸点的塔顶产品,也可以是难挥发的塔底产品),从而使原料液能用普通精馏方法予以分离,这种精馏操作称为恒沸精馏。由于精馏是一种高级形式的蒸馏,故又称恒沸蒸馏或共沸蒸馏。

恒速过滤 constant velocity filtration 见"恒压过滤"。

阀 valve 又称阀门。一种装在液体或气体管道上可使流体转向、调节流量的装置。种类及形式很多。常见的有截止阀、闸板阀、球心阀、球阀、针形阀、旋塞阀、蝶形阀、膜式阀等。按阀的驱动方式可分为电动阀、气动阀、液动阀等。

炼厂气 refinery gas 指石油加工过程中各加工装置所产生气体的总称。主要包括催化裂化气、加氢裂化气、热裂化气、焦化气、减黏裂化气、重整气等。由于加工工艺不同,各种炼厂气的组成区别很大。如催化裂化气含 C_3、C_4 烃较多;热裂化气和焦化气含 C_1、C_2 烃较多;加氢裂化气不含烯烃,而含异构烷烃的量较多;重整气的氢气含量达 $80\%\sim90\%$,同时还含少量 $C_1\sim C_3$ 的气体烃。炼厂气中含有大量可利用的组分,既可用作民用及工业用燃料,也可进一步通过烷基化或叠合过程生产高辛烷值汽油组分。从炼厂气中回收的乙烯、丙烯、丁烷、丁烯是石油化学工业的基本原料。

烃 hydrocarbon 又称碳氢化合物。指由碳和氢两种元素组成的有机化合物的总称。种类繁多,按分子结构和性质分为脂肪烃与芳香烃。脂肪烃按碳链形状分为脂(开)链烃及脂环烃。脂链烃又分烷烃、烯烃及炔烃;脂环烃则又分为环烷烃、环烯烃、多环烃、桥环烃等。芳香烃是芳香族化合物的母体,其中最简单的是苯。天然气、石油分馏产物、天然橡胶等主要成分都属烃类。石油中的烃类主要有烷烃、环烷烃及芳香烃,当进行后续加工时还会产生烯烃。烃也广泛用作燃料、溶剂及用作有机合成和制作高分子材料的原料。

烃化 alkylation 见"烷基化"。

烃化油 alkylate 见"烷基化油"。

烃氧基 alkoxy 是醇或酚分子中的羟基上去掉氢原子后形成的基团。通常指烷氧基,也包括芳氧基。由醇得到的是脂烃氧基(RO—),由酚得到的是芳烃氧基(ArO—)。烃氧基除存在于醇、酚、醚、酯外,也存在于醇盐及酚盐中。

烃类热裂解 hydrocarbon pyrolysis 裂解是以石油烃为原料,利用烃类在高温下不稳定、易分解及断链的原理,在隔绝空气和高温(600℃以上)条件下,使原料发生深度分解等多种化学转化的过程。石油烃类裂解原料一般都是各族烃的混合物,主要含有烷烃、环烷烃及芳烃,有的还含有极少量烯烃。在高温裂解时会产生断链、脱氢、异构化、脱烷基、聚合、缩合、脱氢环化及结焦等多种反应。烃类热裂解的主要目的是生产乙烯,同时可得到丙烯、丁二烯以及苯、甲苯、二甲苯等产品。裂解产物是一种多组分混合物,为制得单一组分的主要产品,需净化及分离。热裂解方法很多,依传热方式不同,可分为管式炉裂解法、固体热载体裂解法、液体热载体裂解法、气体热载体裂解法及部分氧化裂解法等。其中以管式炉裂解法技术最为成熟,应用最广泛。用管式炉裂解法生产的乙烯占世界乙烯产量的99%以上。

烃类族组成分析 hydrocarbon group analysis 测定石油馏分中烷烃、烯烃、环烷烃及芳烃含量的定量分析方法。根据馏分轻重不同而有不同测定方法。如汽油馏分中的烃族组成(烷烃、环烷烃及芳烃)可用气相色谱法、苯胺点法及液相色谱法等测定;煤柴油馏分及减压馏分的烃族组成(饱和烃、轻芳烃、中芳烃、重芳烃等)可用质谱法或液相色谱法测得;减压渣油是原油中沸点最高、分子量最大的部分,其中非烃化合物含量也最多。减压渣油的族组成常用四组分分析法测定。参见"四组分分析法"。

烃类蒸气转化 hydrocarbon steam conversion 是在常压或加压条件下,以天然气或石脑油为原料制合成气的方法。工业上主要采用加压法。分两段进行,即一段转化及二段转化。一段转化是将烃类与蒸气的混合物流经外供热的管式炉管内催化剂床层,使管内大部分烃类转化为 H_2、CO 及 CO_2,CH_4 的平衡含量为 8%～10%。然后将此高温(850～860℃)气体送入二段转化炉,并在此处送入合成氨原料气所需的加 N_2 空气,以便转化气氧化并升温至 1000℃左右,使 CH_4 的残余含量降至约 0.3%,从而获得合格的合成气。

烃基 hydrocarbon radical 烃分子中去掉一个或几个氢原子形成的基团。脂烃基常以 R^- 表示。由脂烃分子得到的脂烃基,可分为烷基、烯基、炔基、乙烯基、乙炔基等;由芳烃分子得到的芳烃基(常用 Ar 表示)有苯基、甲苯基等;由烷烃分子去掉两个氢原子形成的烃基为亚烃基,如亚甲基、亚乙基等;从芳烃分子去掉两个氢原子形成的烃基为亚芳基,如亚苯基;从烷烃分子去掉三个氢原子形成的烃基为次烃基,如次甲基、次乙基等。

烃基润滑脂 hydrocarbon base grease 一种用固体烃类稠化剂(如石蜡、地蜡)稠化制得的润滑脂。它与皂基润滑脂不同,一般在较低温度下(50～60℃)就会熔化,但熔化而再冷却后,仍不失去其性能。烃基润滑脂具有较高的化学安定性及防水性。主要用于防护金属表面和机械零件,使之免受腐蚀。也可在较低温度及较小负荷下起润滑作用。

烃基稠化剂 hydrocarbon base thickener 稠化剂的一类。常用烃基稠化剂有石蜡、地蜡及石油脂三种。它们在温度高时能分散在基础油中，而温度低时则能形成网状结构骨架，使基础油被稠化而失去流动性，成为油膏状。用烃基稠化剂制成的润滑脂，抗水性好、不分油、防护性能好，但耐温性能差，使用温度一般在60℃以下。

美国矿务局关联指数 US Bureau of Mines correlation index 见"芳烃关联指数"。

差示扫描量热法 differential scanning calorimetry 简称DSC。热分析法的一种。是在程序控制温度下，测量被测物质和参比物的功率差与温度关系的一种技术。差示扫描量热仪所记录到的曲线称作差示扫描量热曲线，简称DSC曲线。其纵坐标为热流率，横坐标为温度或时间。可用于测定反应热、比热、高聚物的热历程、玻璃化温度等。与差热分析相比，其优点是测量较准确，而且即使在试样有热效应发生时，试样也处于等速升温或降温的状态；其不足之处是仪器的最高使用温度为725～750℃，比差热分析可达1500℃的温度要低。

差压式流量计 differential pressure flowmeter 又称节流式流量计。是利用测量流体流经节流装置所产生的静压差来显示流量大小的测量仪表。由节流装置、引压管路及差压计三部分组成。节流装置是使流体产生收缩节流的元件和压力引出的取压装置的总称，用于将流体的流量转化为压力差，常用节流装置有孔板、喷嘴、文丘里管等，而以孔板应用最广；引压管路是连接节流装置与差压计的管线，是传输差压信号的通道；差压计用于测量差压信号，并将此压差转换成流量指示记录下来。常用的差压计有双波纹管差压计和差压变送器等。差压式流量计常用于测量气体、蒸气及液体的流量。

差热分析 differential thermal analysis 简称DTA。热分析法的一种。是将试样放置在可程序控制的温度环境下，根据样品在加热或冷却过程中所发生的热效应来进行分析、鉴定的一类技术。广泛用于测定熔点、相变点、分解点及玻璃化温度等。

差热曲线 differential thermal analysis curve 由差热分析仪所记录的曲线。纵坐标为试样与参比物的温度差(ΔT)，横坐标为温度(T)或时间(t)。当试样在加热或冷却过程中发生任何物理或化学变化时，其所释放或吸收的热量会使试样温度高于或低于参比物温度，从而在差热曲线上可得到吸热峰或吸收峰，成为鉴别不同物质的依据。

前加氢 front-end hydrogenation 用催化加氢法脱除裂解气中的炔烃有前加氢及后加氢两种工艺技术。在脱甲烷塔之前进行加氢脱炔称为前加氢，即氢气和甲烷尚没有分离之前进行加氢除炔。所用氢气是由裂解气中带入的，不需外加氢气，故又称作自给加氢。

在脱甲烷塔之后进行加氢脱炔称为后加氢，即先将裂解气中所含氢气、甲烷等轻质馏分分出，再对分离所得的 C_2 馏分和 C_3 馏分分别进行加氢的过程。所需氢气由外部供给。由于后加氢选择性高，乙烯几乎不损失，加氢原料中所含乙炔、丙炔和丙二烯的脱除均能达到指标要求，催化剂使用周期长，故目前更多厂家采用后加氢方案，并使用钯系催化剂。

前脱乙烷流程　fore-deethane flow scheme　裂解气深冷分离工艺流程之一。先以乙烷和丙烯作为分离界限，将裂解气分为轻、重两种馏分。轻馏分含乙烷、乙烯、甲烷及氢等；重馏分含丙烯、丙烷、丁烯、丁烷及碳五以上的烃。然后将这两种馏分各自进行分离，分别获得所需的烃类。这种流程最适合 C_3、C_4 烃含量较多而丁二烯含量少的气体。

前脱丙烷流程　fore-depropane flow scheme　裂解气深冷分离工艺流程之一。先以丙烷及丁烯为分离界限，将裂解气分为轻、重两种馏分。轻馏分含丙烷及比丙烯更轻的组分；重馏分含丁烷、丁烯等碳四及比碳四更重的组分。然后将这两种馏分各自进行分离，分别获得所需的烃类。这种流程可处理较重的裂解气，更适合于分离含碳四烃较多的裂解气。

前脱氢　fore-dehydrogen　裂解气精馏分离的一种流程。是将干燥后的裂解气在预冷过程中进行分凝，通过分凝方法将裂解气中大部分氢和部分甲烷分离。由此不仅可减少进入脱甲烷塔的甲烷量，更使 H_2/CH_4 大幅下降，从而可显著改善脱甲烷塔操作，提高乙烯回收率。这种工艺流程称为前脱氢工艺流程。从上世纪 60 年代后期开始，大中型乙烯装置广泛采用这种工艺流程。

前置反应器　fore reactor　又称保护反应器。指在主催化反应器之前设置的，以预先脱除反应器进料中的某些有害杂质，使催化剂活性免受损害的反应器。如设置在催化重整反应器之前的加氢脱砷反应器。

逆向合成法　retrosynthesis　指在设计合成路线时，由准备合成的化合物（常称为目标分子）开始，向前一步一步地推导到需要使用的起始原料。是一个与合成过程相反的途径。应用逆向合成分析法设计合成路线，先是依据有机化学基本理论对所需合成的目标分子进行结构分析，然后运用逆向的切断、连接、重排和官能团的转换等方法，将目标分子进行简化、拆分，最终推断出可能的合成路线。这种合成方法不仅促进了有机合成化学的发展，也有助于用计算机辅助有机合成工作。

总压强　total pressure　见"分压强"。

总收率　total yield　见"收率"。

总板效率　total plate efficiency　见"塔板效率"。

总转化率　total conversion　指以新鲜原料为基准计算的转化率。如催化裂化反应总转化率为：

$$总转化率 = \frac{气体 + 汽油 + 焦炭}{新鲜原料} \times 100\%$$

总质量收率　total mass yield　见"收率"。

总挥发性有机物　total volatile organic compounds　简称 TVOC。指环境监测中以氢焰离子检测器测出的非甲烷烃类物质的总称。种类很多(参见挥发性有机物)。但有些有机化合物(如丙烯酸)因其反应性或对热的不稳定性不易从吸附剂上回收,也不易用色谱分析法进行分析,故不能包括在挥发性有机化合物的分类中。因此采用一个量化指标——总挥发性有机物来表示室内空气污染水平。TVOC 是一类重要的空气污染物,不同浓度的 TVOC 对人体健康的影响包括头痛、眩晕、记忆损伤及刺激眼睛、呼吸道等。

总氨　total ammonia　见"醇氨比"。

总积炭量　total carbon deposition　又称总积焦量、总炭。指催化裂化反应过程中沉积在催化剂上的焦炭总量。所产生的焦炭包括催化炭、附加炭、可汽提炭及污染炭等四种类型。这些焦炭会沉积在催化剂的表面上,覆盖催化剂上的活性中心,使催化剂的活性和选择性下降。

总胶质　total gum　见"胶质"。

总需氧量　total oxygen demand　简称 TOD。指水中的还原性物质,主要是有机物质在燃烧中变成稳定的氧化物时所需要的氧量。TOD 值反映几乎全部有机物质经燃烧后变成 CO_2、H_2O、SO_2、NO 等所需要的氧量。它比生化需氧量(BOD)、化学需氧量(COD)及高锰酸盐指数更接近于理论需氧量值,是评价水体污染物的一个综合性指标。

浊点　cloud point　评定航空汽油、喷气燃料等低温流动性能的指标之一。指在试验条件下将试样油冷却到出现混浊时的最高油温。单位为℃。这时由于油品中出现许多肉眼看不见的微小晶粒,使其不再呈现透明状态。浊点越高,油品的低温性能越差。参见"黏温凝固"。

测速管　Pitot tube　见"毕托管"。

测量不确定度　uncertainty in measurement　指仪器的指示值与被测量真值接近的程度。即因测量误差的存在,对测量值不能肯定的程度。测量误差由系统误差和随机误差两个分量合成。测量不确定度主要来自随机误差。随机误差不可能完全消除,而且产生的原因很多,故测量结果总是存在随机不确定度。测量不确定度主要用于精密测量,如在标准气体、高纯气体及一部分标准仪器中使用该性能指标。

洗涤剂　detergent　用于清洗或洗净过程的一大类产品。有较强的润湿、乳化、分散及去污能力。通常由主要组分、表面活性剂、辅助组分及助洗剂等组成。按原料来源分为肥皂(来自天然原料)及合成洗涤剂;按用途分为工业洗涤剂、家用洗涤剂及公共设施洗涤剂;按所用必要组分表面活性剂的类型分为阳离子型、阴离子型、两性离子及非离子型洗涤剂等；按形态分为洗衣粉及液体洗涤剂等；按生物降解能力可分为降解能力差的硬性洗涤剂及可生物降解的软性洗涤剂。

活化 activation ①在固体催化剂制备过程中，将钝态催化剂经煅烧或还原、硫化、氧化等处理后变为活泼态催化剂的过程；②用酸处理白土、用高温蒸汽处理活性炭，以提高它们吸附能力的过程；③化学反应中，通过加入某种活化剂，或通过增加外部能量（如加热、高能射线辐照、超声波等），使普通分子变为活化分子而加速反应进程的过程。

活化吸附 activated adsorption 化学吸附的一种。按吸附活化能区分，化学吸附可分为活化吸附及非活化吸附。活化吸附需要活化能，过程进行较慢，故又称其为慢化学吸附；非活化吸附无需活化能，过程进行很快，故又称其为快化学吸附。如乙烯、乙炔在钯、铂、铁上的吸附是快化学吸附，而在铝上的吸附则是慢化学吸附。

活化能 activation energy 在化学反应过程中，起反应的分子会发生电子云重新排布，产生化学键的形成和断裂，进而转化为反应产物。反应物分子要发生反应，必须先处于活化状态。使普通分子变为活化分子所需要的最小能量，即活化分子所具有的平均能量与全部分子平均能量的差值，即称为活化能。单位为 kJ/mol。在一定温度下，活化能越大，反应越慢，活化能越小，反应越快。催化剂能大幅度提高反应速度，而本身不在主反应的化学计量式中反映出来，就在于它能降低反应的活化能。

活性中心 active center 指在催化剂表面上能发生催化作用的质点或活性区域。吸附及化学反应主要在这些部位发生。它可能是表面上某些尖端或边缘部分，也可能是具有晶格缺陷的某些区域。活性中心也可由单个或多个相互连接的表面原子所构成。有些催化剂，如氧化物及硫化物催化剂等，只有在特定晶相中才有活性，则称此晶相为活性相。

活性白土 activated clay 又称漂白土、活性漂土。白色粉末。无臭、无味、无毒。主要成分为 SiO_2、Al_2O_3，并含有少量 Fe_2O_3、MgO、CaO 等。具有多孔结构，有较大的比表面积和良好的选择吸附能力。能将极性物质首先吸附在微孔中，而对非极性物质的烷烃吸附能力弱，并对胶质和沥青质有很好吸附作用。可用于汽油、煤油、柴油、石蜡、润滑油、白油及凡士林油等的脱色精制，还可用作催化剂、填充剂及分散剂，核工业中用于处理放射性废料及制造军用消毒粉。可由膨润土经稀硫酸活化后，再经水洗、干燥制得。

活性污泥 activated sludge 有机废水经过一段时间曝气后，水中会产生一种絮状体，这种絮状体就是活性污泥。它是由好氧菌为主体的微生物群体形成的絮状绒粒，绒粒直径一般为 0.02～0.2mm，含 水 率 一 般 为 99.2%～

99.8%。活性污泥由有机物及无机物两部分组成。其组成比例因处理污水的不同而异,一般有机成分占75%~85%,无机成分为15%~25%。有机成分主要由生长在其中的微生物组成。同时还吸附着微生物的代谢产物及被处理废水中含有的各种有机物及无机污染物。此外还有原生动物及后生动物等微型动物。

活性污泥法 activated sludge process 一种广泛应用的废水好氧生物处理技术。是以悬浮状的活性污泥为主体,利用活性污泥中悬浮生长型好氧微生物氧化分解污水中的有机物质的污水生物处理技术。活性污泥能够吸附污水中的有害物质,并将有机污染物氧化分解。生活在活性污泥上的微生物以有害物质为食物进行新陈代谢,获得能量并大量繁殖,从而使水中的有害物质得到去除,污水得到净化。

活性单体 active monomer 见"反应性单体"。

活性剂 active agent 见"表面活性剂"。

活性组分 active component 固体催化剂中真正起催化作用的组分。是催化剂的主要成分。工业催化剂可以是一种活性组分,如乙烯氧化制环氧乙烷催化剂的活性组分是单一物质银;多数催化剂是含有一种以上的活性组分,如丙烯氨氧化制丙烯腈催化剂使用钼、铋、铁等多种活性组分。活性组分可通过混合、浸渍等方式负载在载体上。

活性沸石 activated zeolite $M_m Me_n[Al_p Si_q O_2(p+q)] \cdot r H_2O$($M$为碱金属离子,$Me$为碱土金属离子)又名改性天然沸石。粉白色或灰白色颗粒,颗粒度20~60目。堆密度0.95~1.10kg/L。无毒,具有较强的吸附性。能和阳离子进行交换,可吸附水合离子中直径小于0.3nm的阳离子或基团。钙交换容量≥10mg Ca^{2+}/g。用作离子交换剂、水质软化剂、干燥剂及催化剂载体等。由天然沸石经酸处理、碱中和、改型、干燥及焙烧制得。

活性炭 activated carbon 一种无臭无味、外观呈黑色的微晶碳素材料。具有多孔结构及巨大的比表面积,比表面积可达500~1700m²/g,微孔半径小于2nm,大孔有效半径1000nm。不溶于任何有机溶剂。按外观形态可分为粒状、颗粒状、球形、纤维状、圆柱状及无规则颗粒状等;按用途可分为工业炭、糖用炭、药用炭及特殊炭等。是优良的吸附剂、催化剂或催化剂载体。广泛用于液体及气体精制、水净化、空气净化、烟气脱硫、黄金提取、糖液脱色等。是以木炭、果壳或优质煤等为原料,经破碎、过筛、催化剂活化、漂洗、烘干等过程而制得。

活性氧化铝 activated alumina 化学式Al_2O_3。氢氧化铝在不同温度下加热脱水可生成多种晶型的氧化铝。而将$r\text{-}Al_2O_3$或$x\text{-}Al_2O_3$、$\eta\text{-}Al_2O_3$、$r\text{-}Al_2O_3$的混合物称为活性氧化铝。是一种多孔性、高分散度的固体粉末。有很大的比表面积（150～400m²/g）。其微孔结构具有催化作用要求的特性，如吸附性、表面酸性及热稳定性等。化学性质稳定，微溶于酸及碱水溶液。不溶于水。广泛用作各种催化剂的载体，也用作催化剂、吸附剂、干燥剂、除臭剂及水处理剂等。可由氢氧化铝在不同温度下焙烧制得。

活性硫化物 active sulfide 石油及石油气中在常温下即具有腐蚀性的硫化物，如元素硫、硫化氢及硫醇等。这类硫化物的化学性质活泼，对设备腐蚀严重，有毒性，有臭味，污染环境。活性硫化物在低于 350℃ 馏分中含量并不多，但对设备的腐蚀十分严重。

活性聚合 living polymerization 指无链转移、无链终止、引发反应比生长反应快得多的聚合反应，反应终了聚合链仍是活性的。这种未终止的聚合物阴离子称作活性聚合物。活性聚合的主要特点是：单体 100％ 转化后，再加入同种单体，仍可继续聚合；体系内大分子数不变，分子量相应增加；所有活性中心同步增长，分子量分布很窄；在一定条件下加入其他种类单体，可形成嵌段共聚物。活性聚合最早是用萘钠在四氢呋喃中引发苯乙烯聚合时发现的，并成功地用于制备嵌段丁苯弹性体。

活性聚合物 active polymer 见"反应性聚合物"。

活性漂土 active earth 见"活性白土"。

活性镍还原法 activated nickel reducing method 又称镍还原法。一种测定石油产品中硫含量的方法。分为镍还原-容量法及镍还原-比色法。镍还原-容量法是先将试样与活性镍催化剂反应，使试样中的硫定量转化为硫化镍，然后用盐酸使硫化镍分解，硫转化为硫化氢后逸出，用碱性丙酮溶液吸收，以双硫腙为指示剂，用乙酸汞标准溶液滴定。此法用于测定硫含量为 10mg/kg 以上的轻质油品，其准确度较好。镍还原-比色法是先将试样与活性镍催化剂反应生成硫化镍，然后加入盐酸与硫化镍反应，放出的硫化氢用乙酸镉溶液吸收，加入混合显色剂，以亚甲基蓝的形式在 667nm 波长处进行比色测定。此法适用于测定重整原料油中 0.1～3mg/kg 范围内的硫含量。

活度 activity 用于表示实际溶液有效浓度的一种热力学函数。由于实际溶液与理想溶液的行为有偏差，从而引进活度的概念。活度可以当作实际溶液对理想溶液的校正浓度，故有时也称作有效浓度。实际溶液的浓度乘以一个校正项（称为活度系数，为活度与摩尔浓度的比值）就得到活度。当溶液的活度系数为 1 时，活度等于浓度，该溶液为理想溶液。

活度系数 activity coefficient 见"活度"。

活塞泵 piston pump 是利用活塞的上、下运动来输送液体的泵。它有两个逆止阀，当吸入液体时，活塞向上，泵体内形成负压,这时出液侧的逆止阀在自重和压差的作用下自动关闭,进液侧的逆止阀打开,液体进入泵体内;当液体受到挤压后活塞向下降落,由于泵内压力升高,迫使进液逆止阀关闭,出液逆止阀打开,液体被排出。适用于小容量、高扬程下使用。尤其是电动活塞的压力可以很高。

派雷克斯过程 Parex process 又称UOP对二甲苯吸附分离过程。是美国环球油品公司(UOP)开发的一种特殊的 C_8 芳烃分离技术。其原理是采用先进的吸附剂(ADS-7、K-Ba-X 或 K-Ba-Y型分子筛)从 C_8 芳烃中吸附分离对二甲苯。由于吸附剂具有与对二甲苯相同的吸附性能,因而能将对二甲苯从吸附剂上解吸,再经精馏分离后制得纯对二甲苯产品。

染色剂 dyeing agent 指为便于石油产品的识别和管理、防止中毒和避免错用,以及改善油品色调、减少光化学反应而在油品中加入的油溶性染料。汽油染色的目的是表明含有四乙基铅抗爆剂,使用时要注意防止中毒,同时也根据不同的染色区分不同的汽油标号;煤油染色主要为美化商品,并减弱光化学作用;润滑油染色主要为便于识别和区分品种牌号,以防错用或误用,便于发现漏油或混油的污染。常用的染色剂有油红 6B、杜邦油橙、油黄 3G、油橙 SS、油红 RC、苏丹青、荧光染料 74 和 75 等。

室温硫化硅橡胶 room temperature vulcanizing silicone rubber 是指不需要加热,在室温下即可硫化的硅橡胶。它是分子量较低有活性端基或侧基的稠状液体,全部都以胶料形式在市场上出售。按商品包装形式分为单组分胶及双组分胶。前者是基础胶、填料、交联剂、催化剂在无水条件下混匀后密封包装,使用时挤出与空气中水分接触,经缩合交联成弹性体;后者是将基础胶和交联剂或催化剂分开包装,使用时按一定配比混合后进行硫化缩合反应。具有耐氧化、耐高低温、耐臭氧、耐潮湿、生理惰性及优良电绝缘性等特点,而且使用方便,就地成型。广泛用于电子、电器、仪器、汽车运输、航空、建筑、化工等部门,作为灌注、包封、粘接、绝缘、防潮等应用。

室温熔融盐 room temperature melting salt 见"离子液体"。

突发性环境污染事故 sudden environment pollution accident 指突然发生、来势凶猛、在瞬时或短时间内大量地排放污染物质,对环境造成严重污染和破坏,给人民的生命和国家财产造成重大损失的恶性事故。具有形式多样性、发生突然性、危害严重性及处理处置难度大等特点。根据污染物的性质及常发生的污染事故,可分为以下几类:①易燃性爆炸物(如石油液化气、苯)的泄漏爆炸污染事故;②剧毒农药(如有机磷农药、有机氯农药)及有毒化学品(如液氯、硝酸)的泄漏、扩散污染事故;③油田井喷、油轮触礁或与其他船只相撞发生的溢油事故；④核电厂火灾、核反应堆爆炸、放射性物质等泄漏产生的核污染事故；⑤非正常大量排放有毒有害废水造成的环境污染事故等。

穿透硫容　penetrating sulfur capacity　见"硫容"。

穿透氯容　penetrating chlorine capacity　见"氯容"。

穿流式塔板　dual-flow tower　又称无溢流型塔板。即无降液管的塔板。板上全部为开孔区。气液同时从孔中相向穿越通过。常用的有开孔为栅缝的栅板式及开孔为筛孔的筛板式。操作时，板上的液体被上升蒸气所搅动而形成泡沫层，进行两相间的传质作用。与泡罩塔相比，生产能力可提高50%以上，而且压强小、结构简单。特别适用于减压蒸馏，也可用于吸收及除尘、洗涤等场合。

诱导力　induced force　见"范德华力"。

诱导期　induction period　又称感应期。汽油的质量指标之一。将100mL汽油放入充满压力为686.5kPa氧气的氧弹中，于100℃温度下，保持压力未下降的时间（即油样未被氧化生胶、氧气未被消耗）称为诱导期。单位为min。规定 $70^{\#} \sim 97^{\#}$ 汽油的诱导期不低于480min。诱导期是保证汽油在储存中不致迅速变质生胶或增加酸度的指标。诱导期越长，汽油性质越稳定，生胶倾向越小，抗氧化安定性越好。影响汽油诱导期的主要因素是汽油中的二烯烃

和一些不安定的含极性的原子以及极性官能团的化合物。

冠醚　crown ether　$\lbrack CH_2-CH_2-O\rbrack_n$　又称环醚聚。一种大环多醚化合物。其结构特征是分子中含有三个以上 $-CH_2-CH_2-O-$ 的结构单元，因其结构形状像王冠故称冠醚。冠醚的环中含有9～60个碳原子、3～20个氧原子，每2个碳原子有一个氧原子相隔，有的含有氧原子和硫原子。冠醚的名称用 m-冠-n 表示，m 代表成环的总原子数，n 为其中所含的氧原子数。如应用最多的18-冠-6（可命名为1,4,7,10,13,16-六氧环十八烷）的结构式为：

饱和冠醚为无色黏稠液体或低熔点固体。含芳烃的冠醚为无色结晶。难溶于水、醇及一般有机溶剂，易溶于二氯甲烷、氯仿、吡啶。冠醚的结构和它的空穴大小、电荷分布及所带的官能团有关，并对反应物表现出不同的性质。用途很广。可用作相转移催化剂、螯合剂、表面活性剂及从废水中分离回收重金属等。可由二羟基醚与二卤代醚反应制得，如18-冠-6可用二缩三乙二醇与1,2-二(2-氯乙氧基)乙烷在氢氧化钾作用下制得。

【ㄆ】

屏蔽泵　canned-motor pump　是由

泵和屏蔽电机组合而成的绝对不漏的整体型的电动泵。结构特点是泵与电机直联,并置于同一密封壳体内,在电机转子线圈与定子线圈之间用薄壁圆筒屏蔽套加以隔离,使电机定子与被输送的液体隔离。适用于输送不含固体颗粒的有毒、易燃易爆、腐蚀性、放射性及贵重的液体。因不使用机械密封或填料函,故又称无密封泵。

费-托法 Fischer-Tropsch process 又称费歇尔-托普斯法、费-托合成。是由德国科学家费歇尔及托普斯于1923年发明的。用氢和一氧化碳混合气体,在高温高压和镍、钴、铑催化剂作用下合成烃和烃的氧化物的过程。可用于制备液体燃料及石蜡等。为煤制油的一个重要方法。

除尘器 dust collector 又称除尘设备。是从含尘气体中分离并捕集粉尘、炭粒、雾滴的装置。其作用是净化从吸尘罩或产尘设备中抽出的含尘气体,回收分离其中的固体微粒,避免污染大气。根据在除尘器中是否采用液体进行除尘或清灰,可分为干式除尘器及湿式除尘器两大类。前者是指不用水或其他液体捕集和分离空气或气体中粉尘粒子的除尘器;后者是借含尘气体与液滴或液膜的接触、撞击等作用,使尘粒从气流中分离出来的设备。常用除尘器有重力与惯性除尘装置、旋风除尘装置、湿式除尘装置、过滤除尘装置、袋式除尘装置、静电除尘装置等。

除沫器 entrainment separator 又称除雾沫器。指从气液中除去所夹带雾滴的设备。常用于塔器或蒸发器的顶部。尤其在空塔气速较大、塔顶溅液现象严重,以及工艺过程不允许出塔气体夹带雾滴时,设置除沫器,可减少液体夹带损失,确保气体纯度和后续设备的正常操作。常用除沫器有折流板除沫器、丝网除沫器、旋流体除沫器、链条型除沫器、多孔材料除沫器及玻璃纤维除沫器等。在分离要求不严的条件下也可用干填料层作除沫器。

除氧剂 oxygen scavenging compound 除去水中溶解氧的一类助剂。工业用水及锅炉给水中常含有一定量溶解气体,其中溶于水的氧具有高度腐蚀性。在油田产出的水中,溶解氧也是促进腐蚀的有害成分。除去水中溶解氧的方法有机械除氧、热力除氧、电化学除氧及化学除氧等。其中化学除氧法是在锅炉给水系统中先用机械或热力除氧等方法稳定地控制住水中的溶解氧量,再加入除氧剂除去残留溶解氧。而对油田产出水中的溶解氧则可直接在水中投入适量除氧剂加以除去。除氧剂是一类能与水中溶解氧反应的物质。单用除氧剂有亚硫酸盐类(如亚硫酸钠、亚硫酸氢钠)、联氨类(如联氨、水合肼)及其他类(如单宁、酰肼等)。

除焦 decoking 见"清焦"。

除湿干燥 dehumidification drying 见"热泵干燥"。

癸二酸 sebacic acid HOOC(CH$_2$)$_8$-COOH 化学式 C$_{10}$H$_{18}$O$_4$。又名皮脂

酸、辛烷二羧酸。白色鳞片状或针状结晶。天然存在于蓖麻油中。相对密度1.207（25℃）。熔点 134.5℃，沸点294.5℃（13.3kPa）。折射率 1.422（133.3℃）。脱羧温度350～370℃。熔点时升华。工业品为白色粉末，略具脂肪酸的气味。微溶于水，易溶于醇类、酯类及酮类等溶剂。因含有两个羧基，故能生成两个系列的盐、酯、酰胺等。用于制造癸二酸酯类增塑剂、表面活性剂及高温润滑油等，也用作粉末涂料交联剂、聚乙烯改质剂。由蓖麻油经皂化、酸化、中和、酸析而制得。

癸二酸二丁酯 dibutyl sebacate $H_9C_4OOC(CH_2)_8COOC_4H_9$ 化学式 $C_{18}H_{34}O_4$。无色至淡黄色透明油状液体。相对密度 0.9360。熔点－10℃，沸点349℃，闪点178℃。折射率 1.4397。微溶于水，溶于醇、醚、酮、苯等溶剂。与聚氯乙烯、聚苯乙烯、乙基纤维素、酚醛树脂、脲醛树脂等许多树脂相容。可燃。蒸气对黏膜、眼睛等有刺激性。用作合成树脂及橡胶的耐寒增塑剂及配制香料。在催化剂存在下，由癸二酸与丁醇反应制得。

癸二酸二辛酯 dioctyl sebacate

$$
\begin{array}{l}
\quad\quad\ C_2H_5 \\
\quad\quad\ | \\
COOCH_2CH(CH_2)_3CH_3 \\
| \\
(CH_2)_8 \\
| \\
COOCH_2CH(CH_2)_3CH_3 \\
\quad\quad\ | \\
\quad\quad\ C_2H_5
\end{array}
$$

化学式 $C_{26}H_{50}O_4$。又名癸二酸二（2-乙基己）酯。无色至淡黄色透明油状液体。相对密度 0.913～0.919。熔点－55℃，沸点 248℃（0.533kPa），闪点215℃。折射率 1.4490～1.4510（25℃）。不溶于水。与醇、醚、酮、苯等溶剂混溶，能溶解硝酸纤维素、聚苯乙烯、聚氯乙烯等。可燃。蒸气有刺激性。用作聚氯乙烯、氯乙烯共聚物等的耐寒增塑剂。常与邻苯二甲酸酯类并用。也用于制造酯类合成润滑油。可在硫酸催化下，由癸二酸与辛醇反应制得。

癸基 decyl 含有 10 个碳原子的烷基$[CH_3(CH_2)_8CH_2—]$。由癸酸$[CH_3(CH_2)_8COOH]$的羧基上减去一个羟基所形成的基团$[CH_3(CH_2)_8CO—]$称为癸酰基。

癸烷 n-decane $CH_3(CH_2)_8CH_3$ 化学式 $C_{10}H_{22}$。又名正癸烷。无色液体。相对密度 0.73。熔点－29.7℃，沸点 174.1℃，闪点 46℃，自燃点 205℃。蒸气相对密度 4.9，蒸气压 0.133kPa（16.5℃）。折射率 1.4119。爆炸极限0.6%～5.5%。不溶于水，与乙醇、乙醚、丙酮等溶剂混溶。易燃。遇明火或高热能引起燃烧或爆炸。用作中沸点石油烃类溶剂、干洗剂、仪器清洗剂等。

结构式填料 structured packing 见"规整填料"。

结构单元 structure unit 见"链节"。

结构型助催化剂 structure type promoter 见"助催化剂"。

结构胶黏剂 structural adhesives

见"胶黏剂"。

结构预聚物 structural prepolymer 指官能团结构比较清楚,位置相对明确的特殊设计的预聚物。一般都是线形聚合物,分子量可从几百到几千不等。自身一般不能进一步交联,通常需要加固化剂才能进行第二阶段的交联固化。与无规预聚物相比,结构聚合物有许多优点。主要是在预聚阶段、交联阶段及产品结构都容易控制。环氧树脂、不饱和聚酯树脂、热塑性酚醛树脂,以及制聚氨酯用的聚醚二醇和聚酯二醇都是重要的结构预聚物。

结构族组成分析 structural group analysis 又称环分析。石油馏分结构的分析方法之一。由于分子量大及分子结构复杂,对渣油之类的重质馏分,难以用族组成方法来说明它究竟是芳烃族或是环烷烃族。结构族组成表示方法是将复杂分子看作是由芳香环、环烷环、烷基侧链这三种基本结构单元组成的,并可以用某种结构参数来表示这三种结构单元在分子中所占的百分数。为此,发展了一类用油品的若干物理性质关联其结构族组成的方法。包括以折射率、密度、分子量为基础的 n-d-M 法,以折射率、密度、黏度为基础的 n-d-γ 法,以及以折射率、密度、苯胺点为基础的 n-d-A 法等。其中以 n-d-M 分析法最为常用。

结构凝固 structure freezing 见"黏温凝固"。

结晶 crystallization 物质从液态或气态形成晶体的过程。化工生产中,为对固体物质进行精制,常使其先溶解于溶液后再呈结晶状析出。这种结晶操作是精制固体物质有效而经济的方法。结晶方法主要分为排除一部分溶剂的结晶与不排除溶剂的结晶两大类。前者是使溶剂一部分蒸发或气化,溶液浓缩达到过饱和而结晶,适用于溶解度随温度的降低而变化不大的物质的结晶,如 NaCl、KCl 等;后者是使溶液冷却达到过饱和而结晶,适用于溶解度随温度降低而显著减小的物质的结晶,如 KNO_3、$MgSO_4$ 等。按具体操作情况,又可将排除一部分溶剂的结晶方式分为蒸发式、气化式及真空(绝热蒸发)式;而不排除溶剂的结晶方式则多为水冷却式或冷冻盐水冷却式。

结晶习性 crystal habit 见"晶体"。

结晶水 crystal water 以分子形式存在于晶体水合物晶格中的水。根据水的作用及存在形式可分为:①结构水,指水用以填补晶体结构中的空间,并以氢键与其他分子结合,如胆矾 $CuSO_4 \cdot 5H_2O$ 中有一个 H_2O 分子起着这种作用;②配位水,指在晶体中水作为配位体和正离子配位,如钾明矾 $KAl(SO_4)_2 \cdot 12H_2O$;③骨架水,指作为构建晶体的主要组成骨架,如天然气水合物 $8M \cdot 46H_2O$(M 为 CH_4 等气体分子),水合物主体分子间以氢键相互结合形成的笼形点阵结构,将客体分子包络在其中形成非化学计量的化合物,客体分子与主体分子间以范德华力相互作用而形成稳定的水合物结构。通常，晶体水合物在加热时会失去结晶水，但物质的化学性质不变。

结晶水合物 crystal hydrate 含有结晶水的化合物。如纯碱（$Na_2CO_3 \cdot 10H_2O$）、胆矾 $CuSO_4 \cdot 5H_2O$、芒硝 $Na_2SO_4 \cdot 10H_2O$、石膏 $CaSO_4 \cdot 2H_2O$。结晶水化合物受热易失去结晶水。

结晶点 crystalling point 油品出现浊点后，继续冷却试样油，出现肉眼可辨针状结晶时的最高温度。单位为℃。是评定航空汽油、喷气燃料低温流动性能的指标之一。结晶点越高，油品的低温性能就越差。在较高温度下析出结晶，就会堵塞过滤器，妨碍甚至中断供油。参见"浊点"。

结晶脱蜡 crystalline dewaxing 油品脱蜡方法之一。先将油品冷冻降温，使油中蜡析出，然后通过过滤等方法分离油和蜡。属于这类脱蜡方法的有冷榨脱蜡及溶剂脱蜡等。

结晶蜡 crystal wax 从柴油及较轻质润滑油馏分中分离出的石蜡。通常馏分越重，所含石蜡的结晶越细。结晶条件不同，所得结晶蜡状态也有所不同。在蜡浓度较低及缓慢冷却时，生成的是片状结晶；在蜡浓度较高及急速冷却时，生成的是纤维状或针状蜡。

结晶器 crystallizer 用于使物质进行结晶的设备。按操作方式不同，分为间歇式结晶器及连续式结晶器。前者结构简单、结晶质量好、操作方便，但设备利用率较低，操作劳动强度大。后者结构复杂、操作控制要求高、消耗动力大，但生产能力大，产品质量稳定。按改变溶液组成的方法不同，结晶器又可分为移除部分溶剂（浓缩）结晶器、不移除部分溶剂（冷却）结晶器及其他结晶器。结晶器一般都装有搅拌器。通过搅拌会使晶体颗粒保持悬浮和均匀分布于溶液中，提高溶质质点扩散速度，加速晶体长大。

结焦 carbon deposit 见"催化剂结焦"。

给电子共轭效应 electron-donating conjugative effect 见"共轭效应"。

给脂泵 grease pump 一种供脂设备。主要采用柱塞泵。按驱动方式不同，可分为手动、电动及气动三种。通常将脂罐、给脂泵及其驱动装置、换向阀等组装在一起构成润滑脂站。由给脂泵将润滑脂从脂罐送入脂枪，再从脂枪送入润滑点。用于大型机械设备的润滑。

络合物 complex 见"配位化合物"。

络合剂 complexant 见"配位剂"。

络合指示剂 complex indicator 见"金属指示剂"。

络合催化 complex catalysis 见"配位催化"。

络合催化剂 complex catalyst 见"配位催化剂"。

络合滴定法 complexometric titration 见"配位滴定法"。

绝对湿度 absolute humidity 见"湿度"。

绝对黏度 absolute viscosity　将两个平行平面的间隔作为单位距离,中间充满液体,当一个平面相对于另一个平面以单位速度作平行运动时,作用在这两个平面的单位面积上的内摩擦力即绝对黏度。动力黏度及运动黏度都属绝对黏度。

绝热反应 adiabatic reaction　见"绝热过程"。

绝热反应器 adiabatic reactor　指具有良好保温绝热层,与外界没有热交换的反应器。如重整、加氢裂化等需在高温下进行的一些反应器。

绝热压缩 adiabatic compression　气体在与外界没有热交换的情况下进行的压缩过程。如将压缩机气缸保温绝热,使其与外界基本没有热量交换,此时气体在压缩机中被压缩,由于过程进行很快,热交换量不大,常可看作是作绝热压缩。气体在绝热压缩时压缩机消耗的功全部转换为气体能量的增加,即气体温度及压力的升高。

绝热过程 adiabatic process　系统在与外界没有热交换的情况下所进行的各种物理或化学过程。即系统的改变完全是由于功的传递而引起的。如在化工生产过程中,在隔热良好的情况下进行的反应,或者反应非常快速,来不及进行热交换的反应过程,可称为绝热反应。具有良好保温绝热的反应器称为绝热反应器。流体在压缩机或泵中的压缩、节流膨胀,由于速度极快,亦可近似看作绝热过程。

绝热积分反应器 adiabatic integral reactor　见"积分反应器"。

绝热膨胀 adiabatic expansion　气体在与外界没有热量交换的情况下进行的压力降低(膨胀)过程。是冷冻、液化或降温中所必须的热力学过程。可分为不作外功的节流膨胀和作外功的等熵膨胀。前者设备简单,目前一般冷冻中主要选用节流膨胀降温或液化。

绝缘击穿电压 insulating breakdown voltage　见"击穿电压"。

绝缘击穿强度 insulating breakdown strength　见"绝缘强度"。

绝缘沥青 insulating asphalt　一种用于电力工程及电器工业的石油沥青。具有良好的绝缘性、黏附性、耐老化性及低温可塑性,冬季不脆裂、夏季不流失。按软化点可分为 70 号、90 号、110号、130 号、140 号、150 号等 6 个牌号。可用于浇灌室外高低压电缆的终端匣、接线匣、分路匣、铁路讯号电缆及变压器内外绝缘体等。系由原油经减压蒸馏的重馏分油,加入甘油、松香等调制而成。

绝缘胶 insulating gel　由原油常减压蒸馏的减压重馏分油,加入松香、甘油等调合制成的电气绝缘材料。分 7号、8 号、9 号三种牌号。适用于灌注电缆接头、分线盒及作加强电缆的填充物。

绝缘强度 insulating strength　又称绝缘击穿强度、介电击穿强度、介电强度。衡量电器用油绝缘性能的指标之一。指在规定条件下,电器用油被击穿时的电压除以施加电压时两电极间的距离所得的商。即单位厚度的油所能承受的击穿电压。单位为 kV/cm。油的绝缘强度越高,其绝缘性能也越好。电器用油在使用过程中会因氧化生成有机氧化物等极性物质,使击穿电压降低。因此对运行中的绝缘油应定期作绝缘强度试验,以防止油品老化变质而发生安全事故。

十画

【一】

珠光剂 pearlescing agent 见"着色剂"。

框式搅拌器 gate agitator 是桨式搅拌器的变形。在水平桨叶之外又增设了垂直或倾斜的桨叶,构成框形。框的宽度一般为反应器筒体内径的 2/3。转速一般为 15～80r/min。其结构强度较高,搅拌效果优于桨式搅拌器。适用于液体黏度较大,对搅拌要求不高的反应过程。

格氏试剂 Grignard reagent 又称格林尼亚试剂。获 1912 年诺贝尔化学奖的格林尼亚发现金属镁与许多卤代烃的醚溶液反应,生成了一类有机合成的中间体——有机金属镁化合物,即格氏试剂。在格氏试剂分子中,镁原子以共价键与碳原子相连。由于成键电子对移向电负性较大的碳原子,故格氏试剂中的烃键是一种高活性的亲核试剂,

能发生加成、偶合、取代等反应。格氏试剂与某些含活泼氢化合物(水、醇、酸等)、CO_2、羰基化合物(醛、酮)及金属或非金属卤代物($SiCl_4$、$HgCl_2$)等的反应称为格林尼亚反应。常用以制备烃类、醇、醛、酮、酸等物质。

格林尼亚反应 Grignard reaction 见"格氏试剂"。

格栅填料 grid packing 一种规整填料。是以条状单元体经一定规则组合而成的网络结构。具有多种结构形式,有金属、陶瓷、塑料等格栅填料。如金属格栅填料呈蜂窝状,由金属薄板冲压连接,根据填料塔入孔大小制成块片,在塔内组装而成;塑料格栅填料是由塑料板经过一定的加工工艺,根据塔径和入孔大小用金属构件连接组装而成。格栅填料的比表面积较低,主要用于压降小、负荷大及防堵等场合。

校正因子 correction factor 又称绝对校正因子。其物理意义是单位色谱峰面积所代表的组分含量,用 f 表示。它与峰面积的乘积正比于物质的量。即进入检测器中组分的量与检测器产生的相应色谱峰面积之比的关系可用下式表示:

$$f = Q/A \quad \text{或} \quad Q = fA$$

式中,Q 为试样组分的量;A 为试样组分的峰面积。

由于测定校正因子的绝对值很困难,故在测定校正因子时,规定一个组分作标准物,求出其他组分与标准物两者校正

因子的比值,即相对校正因子。在实际工作中多使用相对校正因子。

校正保留体积　corrected retention volume　见"保留体积"。

核磁共振　nuclear magnetic resonance　一种记录于外磁场中磁核能级之间跃迁的技术。原子核是由质子和中子组成的带有正电荷的粒子。有的原子核具有自旋运动,有一定旋进频率,并有几种能级,能吸收一定频率的电磁波而产生能级跃进,称为核磁共振。而核磁共振谱可为化合物鉴定提供许多信息。如由化学位移可判断磁核的类型,如在氢谱中,可判断甲基氢、芳氢等;由偶合常数和自旋-自旋裂分可判断磁核的化学环境,如在氢谱中,可判定碳甲基是与—CH_2—相连或是与苯环相连等。

根　radical　带负电荷的单原子或原子团,如氯根(Cl^-)、硫酸根(SO_4^{2-})、乙酸根(CH_3COO^-)等。参见"原子团"。

莫来石　mullite　化学式 $3Al_2O_3 \cdot 2SiO_2$。又名富铝红柱石。一种链状结构硅酸盐,无色,含杂质时带玫瑰红色或蓝色。斜方晶系,晶体呈柱状或针状。结构中的[SiO_4]及[AlO_4]四面体呈无序排列。Al 与 Si 的比例为 $1.5 \sim 2.1$。相对密度 $3.156 \sim 3.158$。硬度 $6 \sim 7$。熔点 $1920 ℃$。不溶于水,溶于酸。莫来石也可人工合成,可由适当比例的氧化铝与高岭土混合物,或含合适比例 Al_2O_3 与 SiO_2 的铝土矿石煅烧而成。具有耐高温、热膨胀系数小、导热性中等特点。可用作耐高温催化剂载体。纳米莫来石粉可用作加氢反应催化剂,也用于制造高温测量管、化学陶瓷制品、实验室器皿及电真空器件等。

莫莱克斯过程　Molex process　又称正构烷烃吸附分离过程、模拟移动床分子筛脱蜡过程。是美国环球油品公司(UOP)开发的一种连续吸附分离技术。是从混合物中用分子筛吸附分离正构烷烃的过程。采用模拟移动床逆相逆流操作。所用原料为煤油馏分和终馏点为 $330 ℃$ 的轻柴油。主要生产碳原子数分布在 $n\text{-}C_6 \sim n\text{-}C_{10}$、$n\text{-}C_{10} \sim n\text{-}C_{13}$、$n\text{-}C_{11} \sim n\text{-}C_{14}$ 的液体石蜡。其中 $n\text{-}C_6 \sim n\text{-}C_{10}$ 的液体石蜡主要用于生产增塑剂,$n\text{-}C_{10} \sim n\text{-}C_{13}$ 的液体石蜡主要用于生产直链烷基苯磺酸盐,$n\text{-}C_{12}\text{-}n\text{-}C_{14}$ 的液体石蜡主要用于生产脂肪醇。此方法不适用于生产干点在 $280 ℃$ 以上的重质液体石蜡。

恶臭　odor　指由固体物质、液体、气溶胶及气体等散发出的令人不快的气味。恶臭属大气污染的一种形态。产生恶臭的物质很多,主要有硫化氢、硫醇、胺类、酚类、醛类等。它们在很低浓度(约 1×10^{-9})就会使人感觉到。处理较难。恶臭能直接刺激人的嗅觉,影响人的精神情绪,长期接触高浓度的恶臭物质能引起咳嗽、支气管炎、肺炎,重则会导致中毒。防治恶臭的方法有物理法及化学法两种。物理法是用其他物质将其冲淡或稀释,以降低其臭味浓度;化学法是通过氧化、吸附等反应使恶臭物质的臭味减轻或转变成无臭物质。

载气 carrier gas 在气相色谱分析中用作流动相的气体。其作用是以一定流速携带气体样品或气化后的样品蒸气一起进入色谱柱进行分离,再将被分离后的各组分载入检测器进行检测,最后流出色谱系统放空或收集。因此,作为载气要求其不能与分析样品和固定相发生反应,并与所使用的检测器匹配。常用的载气有氢气、氮气、氦气、氩气及二氧化碳等。

载体 supporter 又称担体。①在催化剂制备中,指能负载活性组分和提高催化剂有效表面积的多孔性物体,常用的有活性氧化铝、硅胶、活性炭、硅藻土等;②在色谱分析中,指负载固定液的载体,通常具有大的比表面积、形状规则、化学惰性,并具有较大的机械强度。

载冷体 cold carrier 又称冷媒。一种将冷量传递给被冷物料,又将从被冷物料吸取的热量送回制冷装置并传递给冷冻剂的媒介物。工业制冷过程可分为直接制冷及间接制冷。直接制冷是冷冻剂直接吸取被冷物料的热量,而使被冷物料温度降到所需的低温;间接制冷是在制冷装置中先将某中间物料冷冻,然后再将冷冻了的中间物料分送至需要低温的工作点。此中间物即为载冷体。载冷体循环流动于制冷装置与需要冷量的工作之间。利用载冷体可以实现集中供冷。常用的载冷体有空气、水及盐水等,而以冷冻盐水应用广泛。

载荷添加剂 load-carrying additive 指能改善油品润滑性能、减少机件磨损、节省能量和延长机械使用寿命的添加剂。分为油性剂及极压添加剂两类。它们大多具有很高的表面活性,能在金属表面形成吸附膜,防止金属表面间直接发生接触或卡咬,起到减少摩擦或提高抗磨性的作用。常用于配制汽车齿轮油、工业齿轮油、抗磨液压油、极压润滑脂等。参见"油性剂"及"极压添加剂"。

起始流化速度 initial fluidization velocity 见"临界流化速度"。

真空计 vacuum gange 用于测定小于大气压的压力(即负压或真空度)的测压仪表。常用的有弹簧管真空表、热电真空计、电离真空计等。

真空过滤 vacuum filtration 见"过滤"。

真空冷却结晶 vacuum cooling crystallization 是让溶液在较高真空度下绝热蒸发,使部分溶剂除去,溶液则因溶剂气化带走部分潜热而降低温度,从而创造过饱和条件产生结晶。此法实质上是冷却与蒸发两种效应联合作用来形成过饱和度。适用于具有中等溶解度物系的结晶,如 KCl、$MgBr_2$ 等水溶液。是大规模结晶操作中首先选用的方法。参见"结晶"。

真空泵 vacuum pump 指对容器进行抽气使之获得真空的机器。其作用是从容器或真空室中抽除气体分子,降低气体压力,使之达到要求的真空度。按结构特征可分为机械式容积真空泵(如往复式、旋片式、滑阀式真空泵)、射流式真空泵(如喷射式真空泵、扩散泵)及其他类型真空泵(如分子泵、离子泵、冷凝泵等);按气体的干湿可分为干式和湿式真空泵;按极限压强可分为低真空泵($<1.33Pa$)、中真空泵($1.33\sim0.01Pa$)、高真空泵($10^{-2}\sim10^{-6}Pa$)及超高真空泵($>10^{-6}Pa$)。用于减压蒸馏、真空蒸发、真空镀膜等。

真空泵油 vacuum pump oil 一种真空获得设备的专用润滑油。在真空泵中,真空泵油不仅作为获得真空的介质,还对机械摩擦点起润滑、冷却和密封作用。是由精制润滑油基础油调合成所需黏度后,加入抗氧剂等添加剂调合而成。具有良好的抗氧化安定性、较低的饱和蒸气压,低的极限压强,较好的抽气速率,良好的抗乳化性、抗腐蚀性。可分为机械真空泵油、蒸气喷射泵油及真空密封油等。使用时应根据真空泵的结构特点、工作环境及真空度高低选择真空泵油。

真空度 vacuum degree 当被测流体内的绝对压力小于当地大气压时,使用真空表对其进行测量的读数。常用于减压蒸馏中抽真空程度的量度。真空度与绝对压强之间的关系为:

真空度=大气压力-绝对压强

真空度单位是Pa。工业上真空度被称为负压。真空度越高,表明绝对压力越低。真空度最大值等于大气压力。

真空润滑脂 vacuum grease 指用于真空设备或机械的润滑和密封的润滑脂。如7501号真空硅脂是由白炭黑稠化较高黏度的硅油并加入结构改善剂制成的,适用于真空度达 $133\mu Pa$(10^{-6}mmHg)真空系统的润滑与密封,使用温度范围为$-40\sim+200℃$。

真空蒸发 vacuum evaporation 见"蒸发"。

真空蒸馏 vacuum distillation 见"减压蒸馏"。

真沸点 true boiling point 见"实沸点"。

真密度 true density 又称骨架密度。多孔性催化剂密度的表示方法之一。指单位表观体积内所含催化剂的质量。而表观体积仅指催化剂颗粒的骨架体积,是从总表观体积中扣除所测得的催化剂颗粒间空隙体积与颗粒内部孔隙体积之和求得的。当用氦进行测量时,则称作氦置换密度。真密度、颗粒密度及堆积密度存在如下关系:真密度>颗粒密度>堆积密度。

盐 salt 由金属阳离子(包括NH_4^+)和酸根阴离子组成的化合物。按组成不同,分为正盐(酸与碱完全中和的化合物,如Na_2SO_4)、酸式盐(碱中和酸中部分氢离子的产物,如$NaHCO_3$)、碱式盐[酸中和碱中部分氢氧根离子的产物,如$Cu_2(OH)_2CO_3$]、复盐[电离时有一种酸根离子和两种或两种以上的阳离子的盐,如明矾、$KAl(SO_4)_2\cdot12H_2O$]、配位复盐[电离时有配离子生成的盐,如 $Na_3(AlF_6)$];按酸根的不同可分为含氧酸盐及无氧酸盐。此外还可分为无机盐及有机盐。盐能与金属发生置换反应,生成新盐和新金属。盐也可与酸、碱及盐等发生反应。

盐析 salting out ①指溶液中加入无机盐类而使溶解物质析出的过程。如在制皂工业中,在皂液中加入食盐,皂液中的水经盐饱和后即与皂分离析出;②指加入多量电解质使大分子化合物絮凝或凝结成沉淀的现象。其作用包括对大分子物电荷的中和及去溶剂化等方面。

盐析剂 salting-out agent 见"盐析结晶"。

盐析结晶 salting-out crystallization 在待沉淀的溶液中加入盐类或其他物质以降低溶质的溶解度从而析出溶质的结晶方法。所加入的物质称作盐析剂。它可以是固体、液体或气体,但必须能与原来的溶剂互溶,又不能溶解要结晶的物质,且和原溶剂要易于分离。如向硫酸钠盐水中加入氯化钠可降低 $Na_2SO_4 \cdot H_2O$ 的溶解度,从而提高 $Na_2SO_4 \cdot H_2O$ 的结晶产量;向有机混合液中加水(水析),使其中不溶于水的有机溶质析出等。盐析的优点是直接改变固液相平衡,降低溶解度,可在较低温度下操作,适用于热敏性物质提取,并可提高产品纯度。其主要缺点是:为了处理母液,分离溶剂和盐析剂常需配置回收设备。

盐效应精馏 salt effect rectification 又称溶盐萃取精馏。特殊精馏的一种。是用可溶性盐代替萃取剂作为萃取精馏分离剂的精馏方法。这种方法实施的首要条件是盐应溶于待分离混合液。除低级醇及酸外,盐在有机液体中的溶解度都不大,故盐效应精馏目前主要用于乙醇-水物系。如在乙二醇溶剂中加入氯化钙或乙酸钾等盐类形成混合萃取剂制取无水乙醇。

盐酸 hydrochloric acid 化学式 HCl。又名氢氯酸。是氯化氢气体溶解在水中而成的溶液。有刺鼻的酸味。相对密度 1.187。熔点 $-114.8℃$,沸点 $-84.9℃$。工业品是约含氯化氢 31% 的水溶液,相对密度 1.154。蒸气相对密度 1.26。在空气中发烟。与水混溶,也易溶于乙醇、乙醚。属无机强酸,能与许多金属、金属氧化物、碱类及盐类起化学反应。对皮肤和黏膜有强刺激性及腐蚀性。长期接触会引起慢性鼻炎、支气管炎。重要化工原料,广泛用于化工、精细化工、医药、食品、印染等行业。先由食盐水溶液电解制得氯气和氢气,再使氯气在氢中燃烧生成氯化氢,冷却后用水吸收即得盐酸。

翅片管 finned tube 用于换热、冷却、冷凝等设备,外部带有翅片的管子。翅片的作用是增加管子的传热面积,提高传热效率。按翅片制造方式可以分为铸造式、挤压式、缠绕式等;按翅片的形状可分为具有径向翅片的翅片管和沿管长方向的纵向翅片管。前者常用作管束,其材质为铝或铜;后者用在两种流体的平行流动,材质可以是碳钢或不锈钢。

翅片管换热器 fin-type heat exchanger 又称管翅式换热器。以带翅片的管子作为传热件的换热设备。其特点是换热管外或管内装有金属翅片。常用于气体的加热或冷却。翅片既可提高传热面积,又增加了气体流动时的湍动程度,提高传热效率。工业上常用作空气冷却器。用空气代替水,不仅可在缺水地区使用,即使在水源充足的地方也较经济。

配分子 complex molecule 见"配位化合物"。

配合物 coordination compound 见"配位化合物"。

配合物的组成 composition of complex 配合物的组成示意如下:

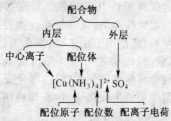

配离子是配合物的特征组分。它的性质和结构与一般离子不同,因此常将配离子用方括号括起来。方括号内是配合物内层,不在内层的其他离子是配合物的外层。中心离子是配合物的形成体,它位于配离子或配分子的中心。它们大多是过渡元素的离子(如 Fe^{3+}、Co^{2+}、Ni^{2+}、Cu^{2+} 等)。在配离子或配分子内与中心离子(或原子)结合的负离子或中性分子称为配位体。配位体中具有孤电子对并直接与中心离子结合的原子称为配位原子。如上述 NH_3 是配位体,NH_3 中的 N 原子是配位原子。在配离子中与中心离子直接结合的配位原子的数目称作中心离子的配位数。配合物分子是电中性的。

配合剂 compounding agent 指为制得具有一定物理机械性能的制品,或为改善加工性能,而与原料树脂或橡胶配合使用的物质。配合剂种类很多,可以是固态(或粉末状)也可以是液态的无机或有机原材料。其作用十分复杂。常用的合成树脂配合剂有增塑剂、增强剂、热稳定剂、发泡剂、助燃剂、抗氧剂、防静电剂、防霉剂等;常用的橡胶配合剂有硫化剂、硫化促进剂、硫化活化剂、防老剂、补强剂、增塑剂等。

配位反应 coordination reaction 又称络合反应。指一定数目的阴离子或中性分子通过配位键与中心金属离子紧密结合,生成配位离子或分子的反应。如银离子与氨配位生成银氨配离子 $[Ag(NH_3)_2]^+$。

配位化合物 coordination compound 简称配合物,有时又称络合物。指含有配离子或配分子的化合物。一个正离子(或原子)和一定数目的中性分子或离子以配位键结合形成的能稳定存在的复杂离子或分子称作配离子或配分子。习惯上也将配离子称为配合物。配离子是配合物的特征组分。其性质和结构与一般离子不同，因此常将配离子用方括号括起来。方括号内是配合物的内层（或称内界），不在内层的其他离子是配合物的外层（或称外界）。配合物的内层又由中心离子、配位体组成。参见"配合物的组成"。

配位阴离子聚合 coordination anionic polymerization 是以配位阴离子催化剂使乙烯或 α-烯烃进行的聚合反应。其催化剂是一类由两种或两种以上的过渡金属配合物组成的以阴离子增长机理进行聚合的催化剂。催化剂两个组分混合时，过渡金属被还原为活性价态，并形成桥键配合物，而单体与过渡金属配位，构成配位键后使单体活化。反应过程中，催化剂活性中心与单体始终保持配位络合。利用催化剂引发单体配位聚合，可调节聚合物立构规整性，制得有较好有规立构的制品。

配位体 ligand 见"配合物的组成"。

配位剂 complexant 又称络合剂。指能提供配位体（或含有可作配位体的离子）的化学试剂，如 NH_3、CO、$NH_2CH_2CH_2NH_2$（乙二胺）、KSCN（硫氰化钾）、EDTA（乙二胺四乙酸的二钠盐）等。

配位指示剂 coordination reagent 又称络合指示剂。用于指示配位终点的滴定试剂。以金属指示剂为常用，如铬黑T、二甲酚橙等。

配位效应 coordination effect 又称络合效应。当金属离子 A 与某种试剂发生配位、氧化还原或沉淀等反应时，如有另一配合剂 B 存在，而 B 能与 A 形成配合物，则 A 与该试剂的反应（常称为主反应）将受到 B 与 A 反应（常称为副反应）的影响。这种由于其他配合剂存在使金属离子参加主反应的能力降低的现象称为配位效应。

配位催化 complex catalysis 又称络合催化。在有机合成反应中，利用形成配合物所起的催化作用称为配位催化。所使用的催化剂，称作配位催化剂（又称络合催化剂）。配位催化剂的活性高、选择性好、不需要高温高压。如在乙烯氧化制乙醛反应中，乙烯在常温常压下，以 $PdCl_2$ 为催化剂，通过形成配离子 $[Pd(C_2H_4)Cl_3]^-$，可以氧化为乙醛。配位催化的许多过程，如氧化、加氢、脱氢、羰基合成、聚合等反应已广泛用于工业生产。

配位催化剂 complex catalyst 见"配位催化"。

配位催化氧化 coordination catalytic oxidation 见"均相催化氧化"。

配位数 coordination number 配位化合物的配离子中与中心离子直接结合的配位原子的数目。如 $[Cu(NH_3)_4]^{2+}$ 中，Cu^{2+} 离子的配位数为 4。中心离子配位数的多少与中心离子和配位体的性质（电荷、核外电子排布、离子半径）及形成配合物的条件有关。参见"配位化合物"。

配位滴定法 complexometric titration method　又称络合滴定法。是依据形成配位化合物的反应进行滴定的容量分析方法。配位剂与被测离子生成稳定的配位化合物，到达终点时，稍微过量的配位剂能使指示剂变色。元素周期表中大多数金属元素都能用配位滴定法测定。用于配位滴定的配合反应应具有以下条件：①生成的配合物应该稳定，其稳定常数不小于 10^8；②生成的配合物，其配位数要一定，即组成应该一定；③配合反应进行的速度要快，并且要有能明确显示理论终点的指示剂。配合反应中常用的配位剂是 EDTA，而配位滴定中终点的显示则常采用金属指示剂。

配位聚合 coordination polymerization　又称插入聚合。是指单体分子的碳-碳双键先在过渡金属催化剂的活性中心的空位上配位，形成某种形式的配合物（常称 σ-π 配合物），随后单体分子相继插入过渡金属-碳键中进行增长。因配位聚合的活性中心是阴离子，故也称配位阴离子聚合。配位聚合催化剂主要有齐格勒-纳塔催化剂、π 烯丙基过渡金属型催化剂及烷基锂引发剂等。常见的单体是烯烃或双烯烃。乙烯在接近常压条件下经配位聚合得到高密度聚乙烯；α-烯烃和二烯烃配位聚合可得到立构规整聚合物和其他方法难以得到的性能优良的聚烯烃。多数含氧、氮等供电子基团和极性大的含卤素单体可使催化剂失活，不适合配位聚合。

配位键 coordination bond　又称配位共价键、配价键。共价键的一种。是由一个原子单独提供一对电子形成的共价键。在形成共价键时，共用电子对通常由成键的两原子分别提供，但有时共用电子对也可由一个原子单独提供而为两个原子共用。在配位化合物及许多无机化合物的分子或离子中都存在着配位键。配位键具有共价键的一般特性。但由于共用电子对是由一个原子单方提供的，故配位键是极性共价键。

配离子 complex ion　见"配位化合物"。

速度式流量计 velocity flowmeter　是以测量管道内流体的流速为依据的流量计。当被测流体以某一流速沿管道流动时，通过置于管道中的测量系统输出一个与流速有关的信号，由此通过计算可以得出流过管道的流量，常见的有涡轮流量计、电磁流量计、涡旋流量计、超声波流量计及水表等。

速率控制步骤 rate-controlling step　又称速率限制步骤。简称速控步骤。复杂反应中的每一个基元反应都可称为一个"步骤"，各个步骤的速率不一定相等，有快有慢，只有达到定态后各步的速率才相等，在此之前，各个步骤中可能有一个步骤进行得最慢，对总反应的速度起着控制作用，这一步骤称为速率控制步骤。

砷 arsenic 元素符号 As。俗称砒。以灰、黄、黑三种同素异形体存在。①灰色砷,也称金属砷,是具有金属光泽的斜方晶系结晶,相对密度 5.727(25℃),熔点 817℃(约 3.6MPa 下),沸点 610℃;②黄色砷,为黄色透明的软蜡状等轴结晶,相对密度 1.97,熔点 815℃(加压下);③黑色砷,为黑色无定形块状物,性脆,相对密度 4.7。不溶于水,溶于硝酸、热碱液。用于制造砷酸盐、硬质合金、媒染剂、杀虫剂等。砷及砷化物是贵金属催化剂及加氢、脱氢催化剂的致毒物质。这些毒物的化合物中心元素都有孤对电子,它易与Ⅷ族的金属相结合,形成强吸附键,毒化活性中心,使催化剂中毒。砷中毒为不可逆中毒。可燃。剧毒! 人误服或吸入粉尘均会中毒。纯品砷可用碳还原三氧化二砷制得。

砷中毒 arsenic poisoning 见"砷"。

破坏加氢 destructive hydrogenation 见"氢解"。

破乳化 demulsification 又称破乳、反乳化作用。指乳状液完全被破坏,油水彻底分层的现象。破乳通常分为两步。第一步是分散的液珠互相聚集成絮团,这时原先的液珠仍存在,其个数和大小并未发生变化,但絮团比单个液珠上浮或下沉的速度快,因而促使分层加速。聚集过程往往是可逆的,搅动时可使絮团重新分散成液珠。第二步是聚集的液珠聚并成较大液珠,这是一个不可逆的过程,将导致液珠数目减少而平均直径不断增加,最后使乳状液发生油水相完全分离。破乳方法有:①加入破乳剂破坏乳化剂的乳化作用;②用不能形成坚固保护膜的表面活性剂顶替原乳化剂;③加入电解质或反效乳化剂;④采用加热、超声波、外加电场或强离心力等物理方法。

破乳化时间 demulsifying time 汽轮机油的一项特定质量指标。指在规定的试验条件下,先将水蒸气吸入试样油中使其形成乳状液,然后在一定温度下测定试样油与冷凝水完全分离所需的时间。以 min 为单位。破乳化时间短,表明油水乳化分离快,汽轮机油的抗乳化能力强;破化时间长,则油水乳化液分离慢,说明油的抗乳化能力不强。当水浸入汽轮机油系统后,油逐渐乳化而形成乳化液,从而破坏油膜,影响设备安全运行,严重时损坏设备。

破乳化性 demulsibility 又称抗乳化性。指乳状液的油水组分相互分离的能力。对油品而言,系指石油产品从油水乳化液中分离的能力。可用破乳化时间来表示。破乳化时间越长,则破乳化性也就越差,表明油水乳化液分层很慢。汽轮机在使用中,常有冷凝水从轴封等处漏入润滑系统,因而要求汽轮机油和水容易分离,即要求汽轮机油具有很好的抗乳化性,以便及时排除游离水。

破乳化值 demulsification number 又称抗乳化值。表示石油产品从油水乳状液中分离能力的量度值。可用破乳化时间来表示。为汽轮机油的特定质量指标，和黏度具有同等重要意义。通过测定汽轮机油的破乳化时间，可判别此油是否符合规格，要不要换油。

破乳剂 demulsifying agent 指能使乳状液完全解体的一类助剂。其作用是改变乳状液界面性质，减少液滴表面电荷使界面膜强度降低，从而使稳定的乳状液变为不稳定，最后形成两相分离。破乳剂种类很多，可分为无机酸（如盐酸）、无机盐（如硫酸铁、硫酸亚铁、氯化钙）、高分子絮凝剂（如聚丙烯酸钠、聚丙烯酰胺）及表面活性剂（如季铵盐、咪唑啉盐、硫酸化油、烷基苯磺酸盐、聚氧乙烯聚氧丙烷基醇醚）等。

原子发射光谱法 atomic emission spectroscopy 简称 AES。是利用不同物质的原子在受到热能、光能或电能作用下发射特征光谱来进行定性与定量分析的一种仪器分析方法。一次可同时确定 70 多种元素定性的结果。其依据是以确认谱线波长为基础，检测元素的特征谱线。所用仪器称为原子发射光谱仪。适用于环境保护、地质及金属材料等试样的分析。

原子光谱分析法 atomic spectroscopy 简称原子光谱法。是依据原子光谱的波长和强度进行元素定性和定量分析的方法。包括原子吸收光谱法、原子发射光谱法及原子荧光光谱法等。具有灵敏度高、干扰少、测定精度高、测量元素广等特点。

原子吸收光谱法 atomic absorption spectroscopy 简称 AAS。又称原子吸收分光光度法。是利用处于基态的气态原子对光辐射共振线的吸收进行元素定量分析的一种仪器分析方法。所用仪器称作原子吸收光谱仪。其优点是灵敏度高，火焰法可达到 $\mu g \sim ng$ 级，石墨炉法可达 pg 级；分析速度快，自动进样的 AAS 仪器可在 30min 内测定 50 个以上的试样；可测元素范围广，周期表中可测元素已达 70 多个。其主要不足是元素同时测定尚有困难，对未知样品的定性分析不方便，对非金属元素的灵敏度不高。主要用于在已知组成的样品中进行特定元素的定量分析。

原子团 atomic group 由两种或两种以上原子结合组成的化学基团。往往以一个整体参与化学反应。主要包括根、基、官能团、自由基及复杂离子等，如 NO_3^-、$-OH$、$-NH_2$、$\cdot CH_3$、TiO^{2+} 等。根和基均指化合物中存在的原子或原子团，以离子键与其他组分结合者为根，以共价键与其他组分结合者为基。根与基均以母体化合物命名，如硝酸根（NO_3^-）母体为硝酸，氨基（$-NH_2$）母体为氨。

原子荧光光谱法 atomic fluorescence spectrometry 简称 AFS。发射光谱法的一种。是通过测量元素原子蒸气在辐射能激发下所发射的原子荧光强度进行元素定量分析的方法。是用高强度的特征谱线照射样品形成原子蒸气，其中待测元素的基态原子将吸收特征谱线的光能，由基态跃迁至激发态,同时发射出与吸收光波波长相同或不同的荧光。用检测器检测出荧光强度,便可求得待测元素的含量。可用于废气、废水等监测分析,也用于油品中微量元素测定等。

原电池 primary cell 又称一次电池。指借助于氧化还原反应,将化学能转变为电能的装置。原电池由两个半电池组成,每个半电池都由同一元素的两种价态的物质组成。如在铜锌原电池中,即是由 Zn 和 ZnSO₄ 溶液组成的半电池与由 Cu 和 CuSO₄ 溶液组成的半电池所组成的。该原电池中电流的产生是由于锌失去的电子沿着导线作定向流动的结果。在原电池中,电子流出的极称为负极,电子流入的极称为正极。如在铜锌原电池中,锌是负极,在负极上发生氧化反应,铜是正极,在正极上发生还原反应。正、负极上发生的反应统称为电极反应。原电池只能用来放电而不能再充电。是一种相对便宜的组装电源。

原油 crude oil 从油井中采出的未经加工的石油。为石油的基本类型。按密度分类可分为轻质原油(相对密度小于 0.82)、中质原油(相对密度 0.82~0.9)、重质原油(相对密度 0.9~1.0)及稠油;按含硫量分类,可分为低硫、含硫及高硫原油;按含蜡量分类,可分为低蜡原油、含蜡原油及高蜡原油;按特性因数分类,可分为石蜡基原油、中间基原油及环烷基原油。原油的主要成分为链烷烃、环烷烃、芳香烃等。烃类占

原油成分的97%~99%。其他还含有硫化物(如硫醇)、有机氮化物(如吡啶)、含氧化合物及金属有机化合物。

原油加工方案 crude processing plan 指根据原油评价分析结果,在原油加工之前确定原油的加工方案。根据原油性质和产品要求,原油加工方案一般可分为燃料型、燃料-润滑油型、燃料-化工型。燃料型是一种传统的燃料油加工流程。除生产重整原料、汽油组分、煤油、柴油和燃料油外,减压馏分油和减压渣油通过催化裂化或加氢裂化等二次加工获得。轻质油收率可达 80%以上。在此方案中减压塔是燃料型,不生产润滑油组分原料。燃料-润滑油型是除了生产用作燃料的石油产品外,部分或大部分减压馏分油和减压渣油还用于生产各种润滑油产品。燃料-化工型是除生产重整原料、汽油组分、裂化原料及燃料油外,还生产化工原料及化工产品(如烯烃、芳烃及聚合物单体等)。在大型的石油化工联合企业中,多采用燃料-化工型加工方案。

原油评价 crude evaluation 指通过各种试验、分析,取得对原油性质的全面了解。原油因产地不同其性质差异极大,即使是同一油田中不同油井所产原油,其性质也存在较大差异。为合理利用石油资源和取得最佳经济效益,需对不同性质的原油和不同产品的要求,考虑不同的加工方案和工艺流程。原油评价结果是确立加工方案的基本依据。原油评价包括一般性质分析(如密

度、黏度、凝点、含蜡量、沥青质、胶质、残炭、水分、含盐量、灰分、元素分析、微量金属等)、常规评价(包括原油的实沸点蒸馏数据和窄馏分性质)及综合评价(包括将原油切割成汽油、煤油、柴油馏分以及重整原料、裂解原料和裂化原料等馏分,测定及其性质,进行汽油、柴油和重馏分油的烃族组成分析和润滑油、石蜡及地蜡的潜含量测定)。

原油破乳剂 crude demulsifying agent 绝大部分开采出的原油都含有水,并以乳状液的形式存在。能使原油破乳脱水的化学剂称作原油破乳剂。因乳化原油有油包水型及水包油型,故原油破乳剂也可分为油包水型破乳剂及水包油型破乳剂。油包水型破乳剂又可分为低分子破乳剂(如脂肪酸盐、烷基硫酸酯盐、平加型及吐温型表面活性剂)、高分子破乳剂(如聚氧乙烯聚氧丙烯烷基醇醚、聚氧乙烯聚氧丙烯丙二醇醚等);水包油型破乳剂有盐酸、氯化钠、氯化钙、甲醇、聚乙二醇、十四烷基三甲基氯化铵、聚氧丙烯三甲基氯化铵等。

原油脱水 crude dehydration 将乳化原油破乳、沉降、分离,使原油含水率符合出矿原油标准的过程称为原油脱水。而使原油中易挥发轻组分变成蒸气并导走,所剩原油中轻组分减少,蒸气压降低,使原油饱和蒸气压符合出矿原油标准,这一工艺过程称为原油稳定。其目的在于减少原油在运输及储存过程中的损失。

原油脱钙剂 crude decalcifying agent 指脱除原油中以钙为主的有机金属化合物的一种助剂。钙为原油中的主要金属杂质之一,对原油加工及其产品均有不同程度危害。如钙盐会腐蚀设备,钙沉积在催化剂表面会影响催化剂活性,钙进入石油沥青及石油焦产品中会影响石油产品质量,钙在换热设备上结垢会影响传热并增加能耗。脱钙剂大都是螯合沉淀类药剂。使用时,将脱钙剂单独或与破乳剂一起溶于电脱盐注水中,溶于水的脱钙剂与原油中的有机钙化合物作用,使钙离子形成螯合物溶于或分散到水中,随着水相与油相的分离达到原油脱钙目的。由于镁、铁的性质与钙相似,脱钙同时也将镁、铁脱除。

原油脱盐 crude desalting 指原油加工前的脱盐。原油中含有水、盐类(氯化钠、氯化镁、硫酸盐等),也含有胶质、沥青质等天然乳化剂。为防止设备腐蚀及影响传热效果,在加工前需将其加以脱除。原油电脱盐主要通过加入破乳剂,破坏其乳化状态,在电场作用下,使微小水滴聚成大水滴,使油水分离。由于原油中大部分盐类溶于水,因此脱盐脱水同时进行。

原油蒸馏 crude distillation 指用蒸馏的分法将原油分离为不同沸点范围油品(称为馏分)的过程。是石油加工最基本的过程。它是一种物理加工过程,原油中的各种化合物在蒸馏加工过程中并不发生变化。原油的常减压蒸馏通常包括三个工序:①原油预处理。

即进一步脱除原油中的水和盐。②常压蒸馏。在接近常压下蒸馏出汽油、煤油、轻柴油、重柴油等直馏分。塔底残余物为常压渣油(即重油)。③减压蒸馏。在 8kPa 左右的绝对压力下,将常压渣油蒸馏出重质馏分油作为润滑油料、裂化原料或裂解原料。塔底残余物为减压渣油。当原油轻质油含量较高时,也可只包括原油预处理和常压蒸馏两个工序。

原油添加剂 crude additives 指在石油勘探、钻采、集输、水处理及为提高采收率所用的化学药剂。参见"油田化学品"。

原油稳定 crude stabilization 见"原油脱水"。

原料能耗 feed energy consumption 指在石油化工生产中,作为物料参与生产的主流程直至得到最终产品所消耗的能源。如催化重整中的石脑油,合成氨生产中的原料轻油等。

套管式换热器 double tube heat exchanger 一种应用较广的间壁式换热器。是由两种大小不同的标准管连接或焊接而成的同心圆套管。根据换热要求,可将几段套筒连接起来组成换热器。每一段简称为一程,每程的内管依次与下一程的内管用 U 形肘管连接,外管之间也由管子连接。其程数可按传热面大小增减。换热时,一种流体走内管,另一种流体走外管之间的间隙,内管的壁面为传热面,一般按逆流方式换热。其优点是结构简单、制造方便、能耐较高压强、有较高的传热系数;缺点

是单位传热面的金属消耗量大,检修及清洗较麻烦。适用于高温、高压、中小流量、传热面要求不大的场合。

套管结晶器 double-pipe crystallizer 炼油厂润滑油生产的一种专用设备,主要用于润滑油溶剂脱蜡装置。其主要作用是冷却含蜡原料油和溶剂组成的混合溶液,取走溶液降温和蜡结晶所放出的热,并保证蜡有一定的时间在套管结晶器内从原料油中结晶析出并不断地被及时送出。在结构上一般由给冷部分、换热部分及刮蜡输送部分所组成。每台套管结晶器由 8~12 根套管组成,用一台电机经减速器带动,转速一般为每分钟十几转。操作时,原料油走内管,冷却剂走外管,内管中心钢轴装有刮刀,用来刮除管壁上的蜡,以提高传热系数。按所用冷却剂不同,分为换冷套管结晶器及氨冷套管结晶器。前者以过滤系统的冷滤液为冷却剂来取热,后者是以冷冻系统的氨液为冷却剂来取热。

逐步聚合 step polymerization 随着反应时间的延长,分子量逐步增大的聚合反应。多数缩聚与聚加成反应属于逐步聚合。其特征是低分子转变成高分子是缓慢逐步进行的,每步反应的速率和活化能大致相同。两单体分子反应形成二聚体;二聚体与单体反应形成三聚体;二聚体相互反应形成四聚体。反应早期,单体很快聚合成二、三、四等低聚物。短期内单体转化率很高,但反应基团的反应程度却很低。随后,

低聚物继续相互缩聚,分子量缓慢增加,直至基团反应程度很高,分子量达到较高数值,最终形成高聚物。在逐步聚合中,只有一种单体参加的反应称为均缩聚;两种带有不同官能团的单体共同参与的反应称为混缩聚;在均缩聚中加入第二单体或在混缩聚中加入第三甚至第四单体进行的缩聚反应称为共缩聚。逐步聚合是合成高分子化合物的重要方法之一。常见的聚合物(如聚酯、聚酰胺、聚氨酯、环氧树脂等)及工程塑料(如聚砜、聚碳酸酯、聚苯醚等)都是通过逐步聚合制得的。

捕钒剂 vanadium demobilization additive　又称固钒剂、金属捕集剂。一种应用于催化裂化装置的捕钒助剂。它与催化裂化主催化剂一起流化,但因含有能与原料油中的金属钒化合物强烈反应的物质,且能利用钒易在催化剂之间迁移的性质将其固定在捕钒剂上,从而减轻钒对催化剂的毒害,使催化剂能维持较高活性。捕钒剂能捕获钒,并使钒以无破坏作用的形式固定下来。典型捕钒剂的活性组分为氧化稀土,并加入少量氧化镁。其比表面积比催化裂化催化剂要小,但堆密度稍大且较耐磨损,使用时加入量较少,一般不会对催化裂化装置流化状态产生影响。

振动筛 oscillating screen　是依靠筛面振动及一定的倾角来满足固体物料筛分操作的机械。因筛面作高频率振动,颗粒更易于接近筛孔,并增加了物料与筛面的接触和相对运动,有效地防止筛孔的堵塞。一般由筛、电机、振动器或偏心轮及支承装置等组成。有惯性振动筛、偏心振动筛、自定中心振动筛及电磁振动筛等类型。振动筛结构简单紧凑、使用方便,是应用较广的一种筛分机械。

热 heat　又称热量。当体系与环境间有温差存在时,能量就以热的形式进行交换。因此,热力学中所指的热,就是因温差而传递的能量,并用符号 Q 表示热。若体系吸热,则 $Q>0$,为正值;若体系放热,则 $Q<0$,为负值。热的单位为焦耳。

热力学函数 thermodynamic function　见"状态函数"。

热力学第一定律 first law of thermodynamics　即能量守恒定律。是热力学基本定律之一。该定律表明:一个体系在某一确定的状态有一定的能量,体系的状态发生变化时,其能量变化完全由始态和终态所决定,与状态变化的具体途径无关。当体系从始态 A 经一过程到达终态 B 时,体系内能的增量为

$$\Delta U=U_B-U_A$$

它等于体系从环境吸收的热量 Q 和环境对体系作的功 W,即:

$$\Delta U=U_B-U_A=Q+W$$

热力学第一定律也可表示为:不依靠外界供给能量,本身也不减少能量,却能不断地对外做功的第一类永动机是不可能实现的。

热力学第二定律 second law of

thermodynamics 热力学基本定律之一。是关于在有限空间及时间内，一切与热运动有关的物理及化学过程都有不可逆性这一事实的总结。它有以下几种表达方式：①不可能把热从低温物体传到高温物体，而不引起其他变化；②不可能从单一热源吸取热量使之完全转变为功，而不发生其他变化；③在孤立系统内实际发生的过程中，总使整个系统的熵的数值增大；④一种能够从单一热源吸热，并将吸收的热全部变为功而无其他变化的第二类永动机是不可能制成的。以上各种表达方式是等价的，即以一个说法为前提，另一个说法就是必然的结果。

热力学第三定律 third law of thermodynamics 热力学的基本定律之一。是人类对低温物理化学过程进行研究所得出的规律。通常有以下三种表述方法：①在热力学温度趋向于绝对零度时，凝聚体系在等温过程中的熵变趋向于零；②在绝对温度等于零度时，任何纯物质完美晶体的熵等于零；③不可能利用有限的操作使一物体冷却到热力学温度的零度，即绝对零度不能到达。以上三种表达方式是一致的，是互为推论的关系。

热力学第零定律 zeroth law of thermodynamics 又称热平衡定律。如果两个热力学系统同时与第三个热力学系统达到热平衡，则这两个系统也必定达到热平衡。这种由经验产生的一般规则是一切测定温度方法之依据。因

为极其重要，故称之为热力学第零定律。据此认为相互成热平衡的体系其温度相等，即温度是决定体系间能否达到热平衡的热力学状态函数。

热力除氧 thermodynamic deoxygen 一种利用蒸汽脱除水中溶解氧的方法。为防止水中溶解氧对钢铁的氧化腐蚀，需对蒸汽的脱盐水先进行脱氧。其方法是将蒸汽引入除氧器与水混合加热，随着水温的提高，水面上蒸汽的分压力就升高，而其他气体的分压就降低，当水加热到沸点时，水面上蒸汽的分压几乎等于液面上的全压，其他气体的分压力则趋于零，于是溶解于水中的气体就从水中析出而被除去。

热分析 thermal analysis 是将试样放置在可程序控制温度的环境中，检测和研究各种物质的物理性质与温度之间变化关系的一类分析技术。方法很多，如热重法、差热分析、差示扫描量热法、热机械分析、放射热分析、热光学法等。

热平衡定律 law of thermal equilibrium 见"热力学第零定律"。

热电阻 thermistor 又称热敏电阻。一种利用导体的热电阻值随温度而变化的特性制成的测温元件。目前使用的金属热电阻材料有铜、铂、镍、铁等。其中铜、铂两种材料已标准化。热电阻温度计主要由感温元件、内引线及保护套管组成，广泛用于-200~850℃范围的温度测量。热电阻测温的优点是信号可以远传、灵敏度高、无需冷端温度

补偿、稳定性好；其缺点是需要电源激励，有自热现象，影响测量精度。

热电偶 thermocouple 见"热电偶温度计"。

热电偶温度计 thermocouple thermometer 又称热电温度计。指利用热电偶的热电效应的一类温度计。两种不同金属导线组成闭合环路连结时，当两接点间温度不同时，在回路中将产生热电势，此现象即为热电效应。而将由两种不同材料构成的热电变换元件称作热电偶。在热电偶闭合回路中接入测量仪表即成热电偶温度计。测温范围一般为－100～1600℃。按结构形式可分为普通型及铠装型热电偶；按制造电偶的材料可分为贵金属热电偶（主要为铂铑-铂类热电偶）及廉价金属热电偶〔如镍铬-镍硅（铝）热电偶、镍铬-康铜热电偶，铜-康铜热电偶、铁-康铜热电偶等〕。热电偶温度计具有测温范围宽、性能稳定、结构简单、测量精度高等特点，是目前应用最广的温度测量仪表。

热加工 thermal processing 一种原油二次加工过程。主要靠热力的作用，将重质原料油转化成气体、轻质油、燃料油、焦炭，或改善重质油的某项质量（如黏度、凝点）等的加工过程。主要包括热裂化、减黏裂化及焦化等过程，其共同特点是：原料油在高温下进行一系列化学反应，其中最主要的反应是裂解反应及缩合反应。前者使大分子烃类裂解成小分子烃类；后者使不饱和烃及某些芳香烃缩合成比原料分子还大的重质产物。

热对流 heat convection 见"对流传热"。

热处理 heat treatment 是将固态金属或合金材料加热到适宜温度后保温，随后在选定的工艺条件下冷却，以改变其内部组织，获得所要求的力学性能。特别是能显著提高金属的机械性能，提高材料的强度和使用寿命。常用热处理方法有退火、正火、淬火、回火、调质、时效等。其中又以淬火是关键步骤。它是将工件加热到相变温度以上，保温后在淬火介质中急冷，以得到马氏体组织的热处理方法。目的是提高工件的硬度和耐磨性。但淬火后，组织不稳定，内应力很大，韧性降低，需经回火处理（即将淬火后的工件加热到适当温度，保温后缓慢或快速冷却），以消除内应力，提高韧性。

热处理油 heat treatment oil 是热处理工艺过程中使金属或合金工件冷却所用的介质。分为淬火油及回火油。淬火油是淬火工艺过程中所用的冷却介质，是热处理工艺的主要类型；回火油是回火工艺中所使用的介质。按应用不同（如是普通淬火还是表面淬火、整体淬火等），可分成热处理油、热处理水基液、热处理熔融盐、热处理气体等类型。热处理油主要以精制的石蜡基油为基础油，添加催冷剂、抗氧剂等添加剂调合制得。使用时应根据热处理工艺条件、材料性质、淬透性、形状复杂程度及要求变形量等因素加以选择。

热机 heat engine 在两个不同温度热源间工作并使从高温热源所吸之热部分转变为功的机器,如内燃机、蒸汽机等。热机中工质进行的循环过程称作热机循环。在一个热机循环过程中,将所作之功 W(为负值)除以从高温热源所吸之热 Q_1,即为热机效率,并以 η 表示:

$$\eta = -W/Q_1 = 1 + Q_2/Q_1$$

式中,Q_1 是从高温热源所吸收的热(为正值),Q_2 是向低温热源释放的热(为负值)。所以,热机效率永远小于 1。在温度分别为 T_1 与 T_2 两热源间进行循环的热机以卡诺循环的热机效率最大。这一结论也称为卡诺定理。

热机效率 heat engine efficiency 见"热机"。

热回流 heat reflux 见"内回流"。

热传导 heat conduction 见"传导传热"。

热传导油 thermal conductional oil 又称导热油、传热油、有机热载体。在高温加热或低温冷却工艺中用作传热介质的油品。有 SD 系列及 YD 系列两类产品。SD 系列是由原油常减压蒸馏切割的润滑油馏分经精制制得的基础油,加入高温抗氧剂及防锈、清净分散剂等调合制得的;YD 系列是以芳烃及甲苯等为原料,经合成、水洗、精馏等工艺制得的。具有比热容高、传热性能及热氧化安定性好、毒性及气味小等特点。适用于带有强制循环的密闭式液相加热系统作为热传导介质。不同牌号使用的最高温度不同。广泛用于石化、轻工、医药、纺织及食品等行业。

热导检测器 thermal conductivity detector 又称热导池检测器。是基于试样组分和载气的热导系数差异较大,当含有试样组分的载气通过热导池时,热导池内的气体组成会发生变化,引起热敏元件上的温度发生变化,因此热敏元件的电阻值也相应发生变化,导致电桥产生不平衡电位,并以电压信号输出得到该组分的色谱峰。其灵敏度取决于载气与被测组分热导系数的差值,差值越大,灵敏度越高。热导检测器的结构简单、性能稳定,几乎对所有物质都给出响应信号,尤适于无机物及有机物的气体分析。

热污染 thermal pollution 指在能源消耗及能量转换过程中有大量化学物质(如 CO_2)及热蒸汽排入环境,使局部环境或全部环境发生增温,并可能对人类及生态系统产生直接或间接危害的现象。工业生产过程产生的废热、人类活动排放的温室气体、城市热岛效应及森林减少等因素是引起环境热污染的主要因素。因此,热污染多发生在城市、工业区域或火力发电厂、原子能发电厂等能源消耗大的地区或场所。热污染会破坏区域性自然环境的热平衡,引起大气或水体热污染,破坏原有的生态平衡,引起疾病流行。

热安定性 thermal stability 指石油产品抵抗热影响,而保持其性质不发生永久变化的能力。是某些油品(如喷气燃料、柴油、汽轮机油等)的重要质量指标之一。由于超音速飞机在大气层中高速飞行而摩擦生热,机体温度上升,因而要求燃料有较好的热安定性及热氧化安定性。评定其热安定性的方法有动态法及静态法。

热固性树脂 thermosetting resin 合成树脂的一大类。是具有立体型结构的高分子缩聚型化合物。分子链中含有多官能团大分子。在有固化剂存在和受热、加压或光照等条件下,可发生化学变化而交联成不溶不熔的三维网状结构树脂。如酚醛树脂、环氧树脂、不饱和树脂、醇酸树脂、氨基树脂、有机硅树脂等。与热塑性树脂相比,其硬度高、耐热性好、电绝缘性优良。通常采用模压、浇铸及层合等方法成型,也用于制造胶黏剂及涂料等。

热性质 heat property 指石油及其产品的质量热容、熔值、汽化热等热性质。在石油加工工艺的设计计算和装置核算中经常要用到油品的热性质,通过热性质可以计算石油及其产品的热效应大小。

热降解 thermal degradation 指聚合物在热的作用下所发生的降解反应。热降解首先由弱的化学键开始,如聚乙烯中最弱的化学键为 C—C 键,则受热时首先发生 C—C 键断裂。根据分子链的断裂情况,热降解可分为以下三类:①解聚。是聚合的逆反应,聚合物受热时,主链发生均裂,形成自由基,之后聚合物的链节以单体形式逐一从自由基端脱除,发生解聚。②无规断裂。即大分子链可能在任何部位直接发生断链,使聚合度迅速下降。如聚乙烯的热降解,分子量及力学性质都下降很快,但质量变化不大。③取代基或侧基脱除。有些聚合物(如聚氯乙烯、聚丙烯腈等)受热不高时,主链可暂不断裂,而脱除侧基,使聚合物强度变差、颜色变深。

热泵 heat pump 能从温度较低的热源吸取热量再向温度较高处排放的装置。是一种热功转换的逆向循环。其主要特征是:①能将热量从低温热源传向高温热源;②高温热源是生产、生活需用热量的场所,而低温热源则是低温余热或环境介质;③以消耗少量外功来获得较多热量,并供高温热源所用。热泵的类型很多,有压缩式热泵、蒸汽喷射热泵、吸收式热泵及半导体热泵等。它们所消耗的外功可分别由热能、电能及机械能转换而得。热泵主要用于空调及向建筑物供暖。在化工生产中,热泵主要用于蒸发及精馏,并分别称为热泵蒸发及热泵精馏。前者的特点是借压缩机的绝热压缩或借蒸汽喷射压缩,将蒸发器所产生的二次蒸汽的压力和饱和温度提高,并送回原蒸发器用作加热蒸汽;后者是利用热泵来提高塔顶蒸汽的品位,使之能作为再沸器热源,从而回收塔顶低温蒸汽的潜热,起到节能效果。

热泵干燥 heat pump drying 又称除湿干燥。一种节能干燥技术。与传统热风干燥的区别在于空气循环方式及干燥室空气降湿方式不同。热泵干燥时空气在干燥室与热泵干燥机间进行闭式循环。它利用热泵干燥机的制冷系统,使来自干燥室的湿空气降温降湿。热泵干燥机的制冷系统由压缩机、蒸发器、膨胀阀及冷凝器等部件组成。湿空气由蒸发器内部的低压制冷剂吸收空气的热量由液态变为气态,空气因降温而排出其中的大部分凝结水。蒸发器的低压制冷蒸汽由压缩机升压变为高压制冷蒸汽后送至冷凝器。当脱湿后的干冷空气流经冷凝器时,内部的高压制冷蒸汽因冷凝而放出热量,外部的空气则被加热为热风后又回到干燥室继续干燥物料。从冷凝器流出的高压制冷液经膨胀阀降压后流入蒸发器继续下一个循环。热泵干燥具有节能、安全、无污染等特点,适用于热敏性物料。但干燥温度低(40~60℃之间),干燥周期长,在电价高的地区会受到一定限制。

热泵蒸发　heat pump evaporation 又称热压缩蒸发或自蒸发压缩蒸发。是通过压缩机对蒸发器所产生的二次蒸汽(乏汽)的绝热压缩作用提高二次蒸汽的压力与饱和温度,随后又返回原蒸发器的加热室作为加热蒸汽使用。按二次蒸汽再压缩的方法可分为机械压缩及喷射泵压缩。在机械压缩中,由于利用了二次蒸汽的大量潜热,故除启动阶段外,正常操作时基本上不需另行供给加热蒸汽,便可进行蒸发。这对电

能价格较低的地区是较为适用的。热泵蒸发的经济效益除决定于压缩功对热能价格比以外,还决定于蒸发器加热蒸汽温度和蒸发温度差。为减少压缩功的消耗,此温度差一般限于5~10℃。

热泵精馏　heat pump distillation 精馏过程中,将温度较低的塔顶蒸汽经压缩后提高其能量等级,并作为塔底再沸器的热源,称为热泵精馏。按蒸汽压缩方式,热泵精馏可分为蒸汽压缩机式及蒸汽喷射泵式。蒸汽压缩机式是借助于压缩机把低温位蒸汽转变为高温位蒸汽并加以利用;蒸汽喷射泵式是利用高压蒸汽(0.8MPa以上)从喷嘴处高速喷出时所产生的卷带抽吸作用,将低温位的蒸汽吸入,混合形成中压蒸汽,从喷射器中喷出后作为热源使用。由于热泵精馏是靠消耗一定的机械能来提高低温蒸汽的能位并加以利用,因此消耗单位机械能所能回收的热量是一项重要的经济指标,称为性能系数。由于热泵精馏需要进行压缩,也需消耗机械能,故其推广应用受到限制。但对沸点差小的混合物分离体系和回流比高的分离过程宜采用热泵精馏。

热虹吸式再沸器　thermosiphon reboiler 见"再沸器"。

热重分析　thermogravimetric analysis 简称TGA。是在程序控制温度下测量物质的质量与温度关系的一种技术。测定时将试样放在热天平上,按预定程序加热或冷却试样,并连续对试样进行称重,记录温度变化过程中试样的

质量,从而得到一条样品随温度变化的曲线,即为热重曲线,简称 TG 曲线。热重分析可用于催化剂积炭量及表面酸性、氧化铝的相定量、化工产品中挥发性含量等的测定。热重分析还可与差热分析、库仑分析、电热分析、差示扫描量热法等分析技术联用,开拓分析应用范围。

热点温度 heat point temperature 指催化剂层内温度最高一点的温度。它反映催化反应进行时的温度变化情况,需严格加以控制。热点温度应根据不同型号的催化剂和催化剂在不同时期的活性及当时的操作条件,进行适当的变动。如催化剂初期活性较好,热点温度可维持低一点,热点温度位置在上部。当催化剂使用后期,随着活性衰退,热点温度应相应提高,以加快反应速度,使热点温度逐渐下移。在实际操作中,在保持反应稳定的前提下,应尽可能将热点温度维持低一些,以延长催化剂使用寿命和减少高温引起的腐蚀。

热点温度下移 hot temperature down moving 指催化反应时,催化剂层的热点温度下移现象。引起热点温度下移的原因有:①催化剂长期处于高温或温度波动大的操作状态,导致活性下降;②毒物影响致使上层催化剂活性下降,热点下移;③有些需经还原的催化剂,由于催化剂还原不好,上层催化剂活性较差,热点下移;④反应器内部构件上部有损坏,产生漏气,也会使热点下移;⑤操作不当,或循环气量过大,而使上层温度下降,导致热点下移等。

热效应 heat effect 体系在物理的或化学的等温过程中所吸收或放出的热量。常用符号 Q 表示。可分为等压热效应及等容热效应。前者是体系起始态和终了态的压力相等,后者是体系的起始态和终了态的体积相等。热效应随反应性质不同,而有反应热、溶解热、燃烧热、生成热、中和热、汽化热、稀释热等。热效应的符号通常以吸热为正值,放热为负值。

热效率 thermal efficiency 指加热炉、锅炉等在热过程中实际利用的热量与所消耗燃料的燃烧热量的比值。用百分数表示。提高加热炉热效率的措施有:保证燃料完全燃烧、降低过剩空气系数、烟气余热回收利用及防止炉管结焦等。

热容量 heat capacity 简称热容。任何一种物质(通常指均相和组成不变的体系)在一定条件下温度升高 1K 所吸收的热量。常用符号 c 表示。热容与放热或吸热过程的条件有关。等压过程时为等压热容(或称恒压热容),等容过程时称为等容热容(或称恒容热容)。热容随温度而变化,并与物质的量有关。当物质的量为 1 摩尔时,则为摩尔等压热容或摩尔等容热容。

热通量 heat flux 表示传热设备传热性能的一项强度指标。为单位时间、单位面积所传递的热量。

热值 heat value 又称发热量。指在规定条件下,单位质量的可燃物完全燃烧时所放出的热量。如 1kg 碳完全燃烧产生 32.7917MJ 的热,即为碳的热值。同样,石油燃料燃烧后放出的热量就是该石油燃料的热值。由于石油燃料的燃烧是燃料中各类烃的不同数目的碳和不同数目的氢的混合燃烧,燃烧后的生成物水(H_2O)的状态会影响燃烧热量的多少。因此,将未考虑石油燃料中水分汽化(相变)时所吸收的热量,称其为石油燃料的最低发热值(也称作净热值)。即在计算最低发热值时考虑了燃料中含有的以及燃烧生成的全部水分汽化所需消耗的热量。例如,燃烧 1kg 氢,放出 120.9MJ 的热量是氢的最低发热值(已考虑到 9kg 生成水变为水蒸气时所吸收的热量);而放出 142.8996MJ 的热量则是氢的最高发热值(未考虑到 9kg 生成水变为水蒸气时所吸收的热量)。

热裂化 thermal cracking 一种原油二次加工方法。是以常压重油、减压馏分油或焦化蜡油等重质油为原料,经在高温下裂化,以生产汽油、柴油、燃料油及裂化气为目的工艺过程。有单炉裂化、双炉裂化及减黏裂化等多种热裂化工艺流程。热裂化在我国石油炼制技术的发展过程中,曾起过重要作用。但由于热裂化轻质油产率低、质量差等原因,逐渐被催化裂化所取代。但减黏裂化由于其产品有特殊用途,目前仍为重油深加工的重要手段。近来,重油轻质化工艺在不断发展,热裂化工艺也有新的进展。如采用高温短接触时间的固体流化床热裂化技术,可处理高金属含量、高残炭的劣质渣油原料。

热量衡算 heat balance 又称热量平衡。计算能量平衡的一种方法。对任何一个生产过程,其输入的热量应为输出热量与损失热量之和。由热量衡算可知道过程的热量利用及消耗情况。热量衡算与物料衡算、汽液平衡之间相互影响、相互制约。如在精馏操作中常以控制物料平衡为主,相应调节热量平衡,最终达到汽液平衡的目的。

热裂化气 thermal cracking gas 高温热裂化过程产生的气体。一般含 C_1、C_2 烷烃较多,含 C_3、C_4 烯烃及异构烃较少。利用价值低于催化裂化气。其 C_3、C_4 烯烃可作为叠合原料,用于生产叠合汽油。

热裂黑 thermal black 见"炭黑"。

热量传递 heat transfer 见"传热"。

热氧化安定性 thermal oxidation stability 指石油产品抵抗氧和热的作用而保持其性质不发生永久变化的能力。是润滑油使用性能指标之一。测定方法是:在规定温度下使薄层润滑油在金属表面上进行氧化,测出生成 50% 工作馏分和 50% 漆状物组成的油性残留物所需的时间。

热氯化法 heat chlorination method 见"氯化"。

热塑性树脂 thermoplastic resin 相对于热固性树脂的一大类合成树脂。可反复受热软化(或熔化),而冷却后又凝固变硬的树脂。大多为线型高分子。

在软化状态下能受压进行模塑加工,冷却至软化点以下能保持模具形状,整个过程不发生化学反应,故能反复受热和冷却。常用的有聚乙烯、聚氯乙烯、聚丙烯、聚苯乙烯、丙烯酸系树脂等。这类树脂可用注塑、吹塑、挤塑等加工方法进行成型加工。

热塑性塑料 thermoplastics 以热塑性树脂为主要成分,并添加各种加工助剂、填料配制而成的一类塑料。是高分子材料中的主要类型。它们一般具有链状的线型结构和在特定温度范围内反复加热软化和冷却硬化的特点。其中应用最广、产量最大的是聚乙烯、聚氯乙烯、聚丙烯、聚苯乙烯四大通用塑料。除此之外,工业上重要的热塑性塑料有丙烯酸系塑料、纤维素塑料等。

热聚合 thermal polymerization 单体分子在热引发下,激发活化成自由基而进行的聚合。烯类单体能自引发聚合的并不多,主要是苯乙烯及甲基丙烯酸甲酯两种单体。即使充分纯化,在完全暗的条件下仍能发生聚合。工业上,苯乙烯的热聚合已用于生产聚苯乙烯,产物纯度高,是优良的电绝缘材料。

热管 heat pipe 一种高效传热元件。是在密封的管子内充以适量的工作液体(作为工质)而制成。其工作原理是:当热源对其一端加热时,工作液体自热源吸热而气化,蒸气在压差作用下,高速流向另一端,向冷处放出潜热而冷凝,将热量传给管外冷流体,冷凝液在重力作用或内壁的多孔物质(吸液芯)的毛细抽吸力作用下,从冷端返回热端。如此循环不已,便将热量不断地由高温处传向低温处。具有传热率高、结构紧凑、无运动部件、维修简单等特点。但制造技术要求高,难度大。按结构形式可分为吸液芯热管、重力式热管及离心式热管;按工作温度可分为深冷热管($< -200℃$)、低温热管($-200 \sim 50℃$)、常温热管($50 \sim 250℃$)、中温热管($250 \sim 600℃$)及高温热管($> 600℃$)。

热管式反应器 heat pipe reactor 指将热管技术有效地与反应器相结合的一种特殊反应器。其主要特点是利用热管的等温性能使反应器内催化剂床层的轴向和径向温度分布均匀,从而使反应始终保持在适宜的反应温度区进行,提高转化率和减少副反应发生。同时,热管又能及时补充反应热或导出反应热,使反应平稳进行。如在乙苯脱氢中(反应温度 $560 \sim 600℃$),与列管式等温反应器相比较,热管式反应器的乙苯转化率及苯乙烯产率都有显著提高。

热管换热器 heat pipe heat exchanger 用热管作为换热元件的换热器。多为箱式结构,由许多热管元件组合成一个箱形,隔板将加热段和冷却段隔开,以形成冷热介质的通道。通常两种换热介质在隔板两侧作逆向流动。一般热管外壁上装有翅片,以强化传热效果。工作液体有氮、氧、甲烷、氨、丙酮、银、钾、钠、锂等。管子材质有铝、铜、镍、不锈钢、玻璃管等。热管换热器具有传热能力大、热阻小、结构简单、工作可靠等特点。特别适用于低温差传热的场合。

热熔胶黏剂 hot-melt adhesive 又称热熔胶。指在室温下呈固态,加热熔融成液态,涂布、润湿被粘物后,经压合、冷却,在几秒钟内完成粘接的胶黏剂。具有固化速度快、不含水及其他任何溶剂、胶层耐水抗湿、粘接对象广泛、可反复熔化粘接等特点。品种很多。按化学组成可分为聚烯烃类、乙烯及其共聚物类、聚酯类、聚酰胺类、聚氨酯类、苯乙烯及其嵌段共聚物类热熔胶黏剂等;按主要用途可分为建筑用、包装用、木材加工用、制鞋用、纺织用、电子电器用、汽车用、机械设备备用及医疗用热熔胶黏剂等。广泛用于书刊装订、包装热封、建筑装饰、家具制造、黏合衬等领域。

热稳定剂 heat stabilizer 能抑制高分子材料在加工、使用及储存过程时受热降解的一类助剂。由于这类助剂对聚氯乙烯及含氯聚合物尤为重要,通常所说的热稳定剂主要是指聚氯乙烯及氯乙烯共聚物所用的一类稳定剂。其作用在于能捕捉螯合聚合物中有害的金属氯化物,吸收、中和氯化氢,同时也能俘获自由基,抑制氧化反应。种类很多,常用的热稳定剂有铅类热稳定剂(如碱式硫酸铅、亚磷酸铅、硬脂酸铅等)、金属皂类热稳定剂(如钙、镉、锌的皂类)、有机锡类热稳定剂(如二月桂酸二丁基锡)、有机锑类热稳定剂(如硫醇锑盐类、巯基羧酸酯锑类等)、稀土类热稳定剂(如硬脂酸镧、月桂酸镧等)及其他热稳定剂等。

热稳定含硫化合物 heat stability sulfur compound 见"含硫化合物"。

热稳态盐 heat stable salt 指用胺液进行干气或液化气脱硫处理时,H_2S和CO_2在与胺液反应生成盐类后,可通过加热方法解吸出来,但有些酸性气体与胺液发生的反应不具有可逆性,这些胺盐不能从系统中解吸出来,故称为"热稳态盐"。常见的热稳态盐有甲酸盐、乙酸盐、草酸盐、硫酸盐、硫代硫酸盐及硫氰酸盐等。热稳态盐的形成不但会消耗部分胺液,使用于吸收H_2S的原胺液量减少,而且其沉积物还易产生腐蚀作用。

热壁反应器 hot wall reactor 与内壁衬有绝热材料的冷壁反应器不同,热壁反应器是内壁不衬绝热材料层的反应器。因反应器的壁温较高,故器壁材料选用耐高温、抗氢气及硫化氢腐蚀的合金钢,并有严格的焊接要求。馏分油固定床加氢裂化常采用这类反应器,具有反应器容积有效利用系数高的特点。

热耦精馏 thermocouple distillation 在精馏塔中,两相流动是靠冷凝器提供液相回流和再沸器提供气相回流来实现的。对多塔而言,如从某一塔内引出一股液相物流直接作为另一塔的塔顶回流,或引出气相物流直接作为另一塔的气相回流,则在某些塔中可省掉冷凝器或再沸器,从而直接实现热量的耦合。所谓热耦精馏即为以气液互逆流动接触来直接进行物料输送和能量传递的流程结构。热耦精馏塔是由主塔和副塔组成的复杂塔代替常规序列精馏体系，副塔可省去再沸器及冷凝器，既可节省投资，又可降低能耗。但这种精馏的两塔连接部分要求压力相等，而且对气液流向的匹配有一定限制。分离难度越大，对气液分配偏离的灵敏度越大，则操作越难以稳定，需要精心设计。工业中并未得到广泛应用，只有在易分离体系中推荐采用这种精馏技术。

换热器 heat exchanger 两种温度不同的流体进行热量交换，使一种流体降温而另一种流体升温的换热设备。按用途可分为加热器、冷却器、蒸发器、重沸器等；按其传热特征，可分为直接接触式换热器、间壁式换热器及蓄热式换热器等三类，其中以间壁式换热器应用最广。换热设备是石油化工、炼油、轻工、制药、食品等工业广泛使用的通用设备之一。

【丨】

柴油 diesel oil 又称柴油机燃料。一种轻质石油产品，为压燃式发动机（即柴油机）燃料，是 $C_{11} \sim C_{20}$ 的复杂烃类混合物。主要由原油蒸馏、催化裂化、加氢裂化及焦化等过程生产的柴油馏分调配而得。分为轻柴油（沸点范围约 $180 \sim 370$℃）和重柴油（沸点范围约 $350 \sim 410$℃）两大类。评定柴油性能的指标有凝点、冷滤点、十六烷值、闪点

等。广泛用于各种柴油汽车、拖拉机、船舶、牵引机、矿山、钻井等设备的高速柴油机燃料。使用柴油发动机的汽车要注意根据使用地的环境温度来选择适当牌号的油品，气温低应选取凝点较低的轻柴油，反之，则选用凝点较高的轻柴油。

柴油加氢精制 diesel hydrorefining 指柴油馏分经加氢精制生产优质柴油或优质柴油调和组分的过程。催化裂化柴油经加氢精制不仅能显著降低硫、氮含量，改善其安定性，还可在催化剂作用下使双环及三环芳烃部分开环而不发生脱烷基反应，提高十六烷值。焦化柴油经加氢精制可降低硫、氮含量，改善油品的颜色和储存安定性。不同的加氢精制方法使用不同的加氢精制催化剂及工艺操作条件。

柴油机 diesel engine 又称柴油发动机、压燃式发动机。指以柴油为燃料的内燃机。根据发动机转速不同可分为高速（转速大于 1000r/min）、中速（转速 $500 \sim 1000$r/min）及低速（转速 $100 \sim 500$r/min）柴油发动机。高速柴油发动机使用轻柴油为燃料，中速及低速柴油发动机以重柴油为燃料。与汽油发动机相比，柴油发动机具有热功率高、功率大、耗油少、加速性能好、发动机经久耐用、所用燃料易被其他燃料代替等特点。其缺点是结构复杂、转速较低、比较笨重。尽管如此，仍是目前使用最广泛的内燃机。大量用于载重汽车、公共汽车、拖拉机、牵引机、机车、船舶、军用

及矿山机械上作为动力设备。

柴油降凝剂 diesel pour point reducer 见"低温流动改性剂"。

柴油机润滑油 diesel engine oil 用于润滑以轻柴油为燃料的内燃机的润滑油。是由原油常减压蒸馏所得润滑油馏分油与丙烷脱沥青的轻脱油馏分油，经精制所得到的润滑油基础油，加入适量高效添加剂调合而成的。其润滑方式与润滑部件与汽油机相同，但工作条件更为苛刻。产品具有较高的黏度指数，良好的低温启动性和清净分散性，并具有较好的抗氧化安定性，以及良好的抗磨损、抗腐、抗泡及抗擦伤等性能。有多种牌号，多数可冬夏通用、南北通用。

柴油指数 diesel index 简称 DI。又称狄塞尔指数。是表示柴油抗爆性的另一种方式，是和柴油的苯胺点及密度相关联的参数。计算式为：

$$DI = \frac{(1.8t_A + 32)(141.5 - 131.5d_{15.6}^{15.6})}{100d_{15.6}^{15.6}}$$

式中 t_A—柴油的苯胺点；

$d_{15.6}^{15.6}$—柴油的相对密度。

柴油指数在数值上与十六烷值相近，数值越大，柴油的燃烧性能越好。十六烷值指数和柴油指数的计算简捷、方便，很适用于生产过程的质量控制。但不允许随意替代用标准试验机所测定的试验值，柴油规格指标中的十六烷值必须以实测为准。

柴油添加剂 diesel-fuel additive 改善柴油品质及使用性能的添加剂。如提高柴油安定性的稳定剂、改进柴油低温流动性的流动性改进剂、改善柴油发火性能的十六烷值改进剂、降低排烟密度的消烟剂及防腐杀菌剂、着色剂、助燃剂等。

监测控制与数据采集系统 supervisory control and data acquisition system 简称 SCADA 系统。由调度中心通过数据通信系统对远程站点的运行设备进行监测和控制，以实现数据采集、设备控制、测量、参数调节以及各类信号报警等功能的分散型综合控制系统。是生产过程自动化和生产管理自动化中有效的计算机控制系统之一，特别适用于分散、偏远、无人值守及大空间跨度生产过程的控制。

峰底 peak base 见"色谱峰"。

峰面积 peak area 见"色谱峰"。

峰高 peak height 见"色谱峰"。

峰宽 peak width 见"色谱峰"。

晕苯 coronene 见"六苯并苯"。

恩氏蒸馏 Engler distillation 一种常用测定油品馏分组成的经验性标准方法。取 100mL 试样，在恩氏蒸馏装置中按规定条件加热蒸馏。当冷凝管流出第一滴冷凝液时的气相温度称初馏点。温度逐渐升高，组分由轻到重逐渐馏出，依次记录馏出液为 10mL、30mL 直至 90mL 时的气相温度，分别称之为 10%点、30%点……90%点。当气相温度升高到一定数值时，流出液不再上升而开始回落，这个最高的气相温度称终馏点。油品从初馏点到终馏点的温度范围称馏程或沸程。低温范围的馏分为轻馏分,高温范围的馏分为重馏分。蒸馏温度与馏出量间的关系即为馏分组成,是油品的重要质量指标。恩氏蒸馏是一种简单蒸馏,分馏程度很低,只能用于油品馏程的相对比较,或大致判断油品中轻重组分的相对含量。

恩氏蒸馏曲线 Engler distillation curve 在油品恩氏蒸馏中,根据馏分组成数据,以馏出温度为纵坐标,馏出体积百分数为横坐标作图所得到的曲线称为恩氏蒸馏曲线。曲线的斜率表示从馏出量10%到馏出量90%之间,每馏出1%,沸点升高的平均度数。斜率体现出馏分沸程的宽窄,馏分越宽,斜率越大。

恩氏黏度 Engler viscosity 又称恩格勒黏度。指一定量试样在规定温度下从恩氏黏度计中流出200mL所需的时间秒数与同体积20℃的蒸馏水从恩氏黏度计中流出的时间秒数(即恩氏黏度计水值)之比。用°E 或 E_t 表示。运动黏度与恩氏黏度可通过专用换算表进行换算。

恩氏黏度计 Engler viscosity meter 又称恩格勒黏度计。一种测定油品黏度的毛细管流出型黏度计。用于测定恩氏黏度。最大测定范围1.5～3000mm²/s,常用测定范围6～300mm²/s;使用温度范围0～150℃,常用温度范围20～100℃。当测定黏度小的石油产品时,所测黏度不太准确。主要用于测定重油的黏度。

圆形滤叶加压过滤机 pressure filter with cycloid filter leaves 滤叶为圆形的加压过滤机。是由许多圆形滤叶组装而成。滤叶由金属多孔板或金属网状板制成,外罩过滤介质。滤叶安装在能承压的水平圆筒机壳内,机壳分为上下两半。过滤时将机壳密闭,用泵将悬浮液压送到机壳中,滤液穿过滤叶上的过滤介质,经排出管流至总汇集管导出机外,滤渣沉积在介质上。其优点是密闭过滤、生产能力大、过滤及洗涤效率较高、装卸简单。缺点是更换过滤介质较复杂,造价较高。

圆筒炉 cylindrical furnace 一种立式圆筒形的管式加热炉。辐射室为一圆筒,辐射盘管沿炉墙四周垂直排列。对流室为一方箱,位于辐射室之上,对流盘管垂直或水平排列,烟囱安装在对流室上部。燃烧器位于炉的底部,火焰竖直向上喷射,火焰和炉管平行且等距离,因而在同一水平截面上各炉管的热强度呈均匀分布。是石油化工厂应用最广的炉型。其优点是占地面积小、结构简单、制造及施工方便、热效率高。但不适用于热负荷大的场合。

【J】

钴-钼催化剂 cobalt-molybdate catalyst 广泛用作加氢精制及加氢脱硫的催化剂。其活性组分是氧化钼、氧化钴,载体是活性氧化铝。催化剂的最佳活性组分被认为是由不可还原的钴所

促进的 MoS_2。因此钴-钼催化剂在投入正常使用前，需进行预硫化，将氧化态的活性组分变成硫化态的金属硫化物。经硫化后的催化剂具有使用寿命长、热稳定性好、抗结炭能力强、氢耗量低等特点。

钼酸铵 ammonium molybdate 化学式 $(NH_4)_6Mo_7O_{24}\cdot4H_2O$。又名仲钼酸铵、四水合钼酸铵。无色或浅黄绿色单斜晶系柱状结晶。相对密度2.498。90℃时失去一个分子结晶水，190℃分解为三氧化钼、氨及水。溶于水、酸及碱。在热水中分解。在空气中会分解，并放出一部分氨。遇氢或湿气会被还原，并被分解为金属钼。钼酸铵的无水物 $(NH_4)_2MoO_4$，亦称正钼酸铵，只存在于含过量氨的溶液中。在结晶和干燥过程中易失去氨，而使产品中含有过量的钼酸。有毒！用于制造加氢、脱氢、加氢脱硫、异构化及氧化等有机合成及石油化工用催化剂、助催化剂。也用于制造钼及钼化合物。由三氧化钼与氨水反应而得，或由钼酸溶液与氢氧化铵反应制得。

铁路内燃机车油 railway internal combustion engine oil 又称铁路柴油机油。用于润滑铁路机车柴油机的润滑油。是由原油常减压蒸馏的润滑油馏分油和丙烷脱沥青的轻脱油馏分油经精制后所得润滑油基础油，加入适量高效复合添加剂调合制得的。分为一代油、二代油、三代油、四代油、五代油等油种。产品具有较高的黏温特性、良好的清净分散性、抗氧化安定性，以及有良好的抗磨损、抗擦伤、抗腐蚀、抗泡及碱保持等性能。

铁路油罐车 railway tank car 见"油槽车"。

铁路柴油机油 railway diesel oil 见"铁路内燃机车油"。

铁路润滑脂 railway grease 俗称硬干油。是用脂肪酸钠皂稠化汽缸油，并添加少量极压添加剂而制成的润滑脂。外观为绿褐色至黑褐色半固体纤维状。具有优良的润滑性能及抗极压性能，适用于机车大轴摩擦部分、缆车索道、铁路弯段及其他高速高压的摩擦界面的润滑。

铂网催化剂 platinum net catalyst 一种氨氧化制硝酸用催化剂。主要活性组分是铂，另外还添加少量的铑和钯以提高铂催化剂的活性和强度，特别是高温强度。标准网是由 $\phi0.09mm$ 或 $\phi0.06mm$ 铂合金丝织成不同直径的 1024 孔/cm^2 的圆形或六边形网。为含 92.5% Pt-3.5% Rh-4% Pd 的三元网。为降低铂网的成本近来开发了添加稀土元素的铂-铑-钯四元合金网，含12% Pd。新铂网催化剂表面光滑，具有银白色光泽，但活性较差，使用前需经活化。活化后的网丝呈疏松状，粗糙、无光泽，并具有高催化活性。

铂重整 platforming 使用铂催化剂的催化重整过程。是以石脑油为原料，在 450～520℃、1.5～2MPa 及 Pt-Al_2O_3 催化剂作用下进行。使用固定床反应器。铂重整工艺是现代催化重整的工艺基础,自1949年美国环球油品公司建成投产第一套铂重整工业装置,至1967年美国雪弗隆公司成功发明 Pt-Re/Al₂O₃ 双金属重整催化剂,是铂重整发展时期。工业装置大多数采用固定床半再生式工艺。

铂重整反应 platforming reactions 在铂催化剂存在及一定条件下,烃类分子结构重新排列的反应。包括六元环烷的脱氢反应、五元环烷的异构脱氢反应、烷烃环化脱氢反应、异构化反应及加氢裂化反应。除以上五种主要反应外,还有烯烃饱和及缩合生焦等反应。在以上反应中,前三种都是生成芳烃的反应,有利于生产高辛烷值汽油;异构化反应可提高汽油辛烷值;加氢裂化反应生成较小的烃分子,使液体产品收率下降。在实际生产中,为获得较高的芳烃产率,应采用高温条件和较低的反应压力,以利于烷烃的脱氢反应。

铂耗 platinum consumption 指生产 1t 100% 硝酸,铂催化剂网所损失铂的质量。铂网上铂的损失是由氧化挥发及气流冲刷造成的。据统计,铂损耗约占硝酸生产成本的 3%～5%。铂耗与铂网的组成及结构有关。通常铂铑合金网的铂耗比纯铂网的铂耗低,而铂钯网的铂耗却高于纯铂网 10% 左右;人字形斜纹网比井字形平纹网的铂耗小;较细的网丝,其铂耗较粗网大。当网目一定时,如线径太粗则因自由截面减小而使气流速度增

大,就会使铂耗增大。一般新网比旧网的铂耗损失大,但旧网长期使用后铂耗会越来越大。

铂铱催化剂 platinum-iridium catalyst 一种双金属重整催化剂。是以铂为主体并引入第二组分铱的铂铱系列催化剂。具有催化活性高、稳定性好、使用寿命长的特点。由于铱具有很强的环化脱氢能力,从而使催化剂活性提高,而铱又有很强的氢解能力,会导致催化剂选择性下降。因此在引入铱的同时还需要加入第三种金属组分(如钛)作为抑制剂,以改善催化剂的选择性及稳定性。因此,单独的铂锡催化剂已很少使用。

铂铼催化剂 platinum-rhenium catalyst 一种半再生重整催化剂。是以铂为主体并加入铼的双金属催化剂。与单铂催化剂相比,具有稳定性、选择性及再生性能好,使用寿命长,可在低压、高温、低氢油比的苛刻条件下操作等特点。较早系列的铂铼催化剂的 Pt/Re 比为 1.0 左右,称为等铼铂比催化剂,Pt 含量为 0.25%～0.375%;新一代的铂铼催化剂,Pt/Re 比为 0.5 或 <0.5(称为高铼铂比催化剂),Pt 含量减少,但容炭能力更强,催化剂稳定性提高。

铂族元素 platinum element 周期表第Ⅷ族元素的总称。包括钌、铑、锇、铱、钯、铂六个元素。熔点均在 1500℃ 以上,性质稳定。因其在自然界中蕴藏量很少,故又称作稀有贵金属。绝大部

分以游离态存在于自然界,主要矿石为以铂为主的白金矿,以及少量的锇铱矿。也有极少量以硫化物、锑化物或砷化物的形式存在于镍钴矿或铜矿中。铂族元素由于其独特的催化活性及化学惰性,在很多反应中用作催化剂。

铂黑 platinum black 一种非结晶铂。为高度分散的多孔性黑色粉状物,摩擦时有金属光泽。相对密度 $15.8\sim17.6$。不溶于任何一种单一酸,溶于王水。分散在空气中可燃烧。对氢、氧、乙烯、一氧化碳等有很强的吸附能力。可将其沉积在多孔性载体或石棉中用作催化剂,也用于制造铂黑电极及气体点火装置。可用 Mg 或 Zn 还原铂盐溶液,或通过加热 $PtCl_2$、KOH 和乙醇的水溶液制得。

铂锡催化剂 platinum-tin catalyst 一种双金属重整催化剂,是以铂为主体并加入锡的铂锡系列催化剂。除锡以外,也可以加入锗、铅等,工业上应用较多的是铂锡催化剂。具有价格低、活性及稳定性好、水热稳定性强、使用寿命长等特点。工业上的连续重整装置主要使用铂锡催化剂,可在低压、低氢油比及较高的催化剂循环速率条件下使用。

铂催化剂 platinum catalysts 是以铂为主要活性组分也可含有少量其他助催化剂,负载于氧化铝等载体上所制得的一类贵金属催化剂。铂对 H_2、O_2、C_2H_2、C_2H_4、CO 等气体均有较强化学吸附能力,在接近常态条件下具有很强的加氢活性,对一般官能团和苯环等的加氢均有效。广泛用作重整、不饱和烃加氢、氨氧化、气体脱除一氧化碳及氮氧化物处理等的催化剂。

铅中毒 lead poisoning 指人体摄入铅或铅化合物所引起的中毒。由于铅广泛存在于环境中,机体可通过大气、饮水、食品等途径摄入铅。长期接触加铅汽油或长期吸入使用加铅汽油的汽车尾气的人群易引起铅中毒。早期症状为神经衰弱,中毒较深时出现神经系统损害和多发性神经炎引起的末梢神经不完全性瘫痪,严重时会引起铅毒性脑病。急性中毒症状是消化系统严重损害。我国规定环境中铅的最高允许浓度:大气日均 $0.0007\mu g/m^3$,地面水 $0.1mg/L$,饮用水 $0.05mg/L$。

铅污染 lead pollution 指由铅及其化合物对环境引起的污染。使用含铅汽油作为燃料的机动车是空气铅污染的主要来源;水体中的铅主要来源于大气向水面降落的铅污染物、飘尘及排放的含铅工业废水;土壤中的铅污染物源于大气降尘、含铅废渣、含铅污水灌溉等;饮水中的铅可能来自河流、岩石、大气沉降及含铅管道污染;食品中的铅来源于接触食品的容器、包装材料、食品添加剂及动植物原料等。铅不是生命必需元素,铅和铅化合物对人体都有毒性。

铅携带剂 lead scavenger 见"乙基液"。

矩鞍填料 Intalox saddle packing

又称英特洛克斯鞍填料。一种鞍形填料。是弧鞍填料的改进,将弧鞍的两端弧形面改为矩形面,且两面大小不等。堆积时不会套叠,液体分布均匀。一般采用瓷质材料制成。其综合性能优于拉西环而次于鲍尔环。常用于吸收操作,适用于处理腐蚀性物料。

氧气 oxygen 化学式 O_2。无色、无臭气体。气体相对密度 1.10535,液态氧相对密度 1.14(－183℃)。熔点－218.9℃,沸点－182.97℃。临界温度－118.95℃,临界压力 5.08MPa。能被液化及固化,液态氧及固态氧均呈淡蓝色。能助燃,但不自燃。不易溶于水,微溶于乙醇及其他有机溶剂。常温时性质不活泼,高温时能与许多元素直接化合成氧化物。为强氧化剂。与汽油、煤油等可燃物或易燃物、还原剂反应,可引起燃烧或爆炸。液氧接触油脂、油品、氢气等易燃物会发生爆炸。用于金属焊接及切割。也用于烃类氧化,制造环氧乙烷、乙二醇等。液态氧用作液氧炸药及火箭推进剂。可由分离空气制取氧气,或电解水同时制取氧及氢气。

氧化反应 oxidation reaction 见"催化氧化"。

氧化石蜡 oxidized wax 以高锰酸钾为催化剂,在 130~160℃ 高温下用空气氧化石蜡而得的产品。氧化石蜡经加入 NaOH 溶液皂化,经分离出不皂化物,再经酸化得到混合脂肪酸。再进行精馏,依据切割精细程度可获得各种混合酸馏分,如 $C_1 \sim C_4$,$C_6 \sim C_8$,$C_7 \sim C_9$,$C_{10} \sim C_{16}$,$C_{17} \sim C_{20}$ 等。

氧化安定性 oxidation stability 指油品在常温和液相条件下抵抗氧化的能力。如氧化安定性不好的汽油,在储存及输送过程中易发生氧化反应,生成胶质,使汽油的颜色变深,甚至会产生沉淀,严重影响发动机正常工作。参见"安定性"。

氧化还原反应 oxidation-reduction reaction 凡是反应前后元素的氧化数发生改变的反应都称作氧化还原反应。元素氧化数升高的过程称作氧化;氧化数降低的过程称作还原。氧化还原反应的实质是电子的转移,氧化数的改变是由电子转移所引起的,失去电子的过程叫氧化,获得电子的过程叫还原。氧化和还原总是相伴而生,且得失电子的总数是相等的。而将失去电子(氧化数升高)的物质称作还原剂,还原剂使另一种物质还原,本身被氧化,其反应产物称作氧化产物;得到电子(氧化数降低)的物质叫作氧化剂,氧化剂使另一种物质氧化,本身被还原,其反应产物称作还原产物。

氧化-还原(引发)体系 oxidation-reduction system 通过氧化-还原反应产生自由基的体系。特点是室温下即可用于单体引发聚合。用于水溶液聚合和乳液聚合的水溶性氧化-还原引发体系的氧化剂组分有过氧化氢、过硫酸盐、氢过氧化物等;还原剂则有无机还原剂(Fe^{2+}、Cu^{2+}、$NaHSO_3$、

Na_2SO_3、$Na_2S_2O_3$ 等）及有机还原剂（醇、胺、草酸、葡萄糖等）。油溶性氧化-还原引发体系的氧化剂有氢过氧化物、过氧化二烷基、过氧化二酰等；还原剂有叔胺、环烷酸盐、硫醇、有机金属化合物（如三乙基铝、三乙基硼等）。过氧化二苯甲酰/N,N-二甲基苯胺是常用体系。

氧化还原滴定法 oxidation reduction titration method 将氧化剂或还原剂作为标准溶液（滴定剂），以氧化还原反应为基础的容量分析方法。氧化还原滴定的依据是氧化性物质和还原性物质之间发生的氧化还原反应，其实质是反应物之间有电子转移。常用的氧化剂有高锰酸钾、重铬酸钾、硫酸铈、溴酸钾、碘等标准滴定溶液；常用的还原剂有硫代硫酸钠、硫酸亚铁铵、草酸等标准滴定溶液。在氧化还原滴定中，习惯上也用标准溶液的名称给滴定方法命名。常用的方法有高锰酸钾法、重铬酸钾法、碘量法、溴酸盐法及铈量法等。适用于分析具有氧化性或还原性物质，也可以间接测定一些与氧化剂或还原剂发生定量反应的物质。广泛用于直接或间接测定许多无机物质及有机物质。

氧化沥青 blown asphalt 见"沥青氧化"。

氧化剂 oxidant 能氧化其他物质而自身被还原的物质。是倾向于得电子的物质，即通常是一些氧化数容易降低的物质可作氧化剂。常用的氧化剂有活泼的非金属单质（如 O_2、Cl_2、I_2等）以及元素处在高价态的离子或分子（如 MnO_4^-、$Cr_2O_7^{2-}$、HNO_3）及浓硫酸等。

氧化降解 oxidative degradation 由于氧的作用使聚合物聚合度降低的过程。暴露于空气中的聚合物易发生氧化降解，使聚合物的分子量、黏度、强度下降，产生变色、发脆等。降解反应过程主要是自由基链式反应。含不饱和键、支链、无定型或结晶度低的高分子材料易发生氧化降解。聚合物中加入抗氧剂可以减缓氧化降解过程。

氧化胺 amine oxide 是氧与叔胺分子中的氮原子直接化合的氧化物。是一类阳离子型表面活性剂。按其结构可分为长链脂肪族氧化胺、芳香族氧化胺及杂环氧化胺等三类。其中 N,N-二甲基烷基氧化胺是这类表面活性剂中最大宗产品。氧化胺对油脂有优异的溶解能力，并具有乳化增溶性、去污增效性、增稠性、抗硬水性及抑菌性等，而且对皮肤无刺激性，常用于配制厨房洗涤剂、化妆品、防霉剂、杀菌剂等。可用过氧化氢作氧化剂氧化叔胺而制得。

氧化脱氢 oxidative dehydrogenation 在催化剂作用下，有机化合物脱氢接着氢被氧化成水的反应。如正丁烯氧化脱氢生成丁二烯和水；异戊烯氧化脱氢生成异戊二烯和水等。脱氢反应由于受化学平衡的限制，转化率不可能很高。如在脱氢反应过程中,将生成的氢气移出,则平衡会向脱氢方向移动,提高平衡转化率。在氧化脱氢过程中,氧与氢的结合不仅可使平衡向脱氢方向移动,而且放出的热量可补充反应所需的热量。

氧化裂解法 oxidative pyrolytic process 是原料烃与氧气或空气混合燃烧或部分燃烧所产生的热量,直接供给原料烃裂解制取烯烃的方法。可分为部分氧化法及完全氧化法。部分氧化法,又称自热裂解法,是以一部分原料烃燃烧,产生的热量提供给其余部分原料进行裂解;完全氧化法又称火焰裂解法,是以燃料气与氧或空气完全燃烧,产生高温燃烧气向原料烃提供热量使其裂解。与其他裂解法比较,氧化裂解法具有热量直接利用,热效率高、接触时间短、可高温操作和联产乙烯、乙炔等特点。

氧化锆氧分析器 zirconium oxide oxygen analyzer 电化学式氧分析器的一种。在一片高致密的氧化锆固体电解质的两侧,先用烧结的方法制成几微米到几十微米厚的多孔铂层作为电极,再在电极上焊上铂丝作为引线,就构成了氧浓差电池。检测时在电池左侧通入参比气体(空气),右侧通入被测气体(烟气),当两侧气体中氧浓度不同时,即产生电动势。电动势的大小与氧浓度的差异呈直线关系,通过测定电动势即可查出烟气中的氧含量。采用氧化锆分析器监测烟气中的氧含量,将空气过剩系数控制在合理的范围之内,可以达到经济燃烧并减少环境污染的目的。

氧化锌脱硫 zinc oxide desulfurization 一种以氧化锌为脱硫剂的脱硫方法。常用于制氢原料气的脱硫预处理。其脱硫作用存在着吸附及催化转化两种机理。其吸附机理是:氧化锌对硫化氢和简单的低分子有机硫化物有较强的吸附作用,而且生成的硫化锌十分稳定;其催化转化机理是:一些有机硫化物在一定温度下由于氧化锌和硫化锌的催化作用而分解成烯烃和硫化氢,硫化氢又被氧化锌所吸收。氧化锌有较高的硫容,吸收后转化成硫化锌。因硫化锌不能再生,故只能定期更换新鲜氧化锌。

氧化锌脱硫剂 zinc oxide desulfurizer 一种转化吸收型脱硫剂。主要活性组分为 ZnO。由于 ZnO 在 400℃才具有活性,而在此温度下烃类可能发生裂解而生成碳。为降低 ZnO 脱硫温度,常在 ZnO 中加入适量 CuO、MnO_2 及 MgO 等。可用于天然气、油田气、合成气、变换气等的脱硫净化。但氧化锌失活后不能再生。

氧化聚合 oxidative polymerization 又称脱氢聚合。指在高温或有氧化剂存在下,含有可发生氧化、脱去氢原子的化合物形成自由基中间体,反复偶合而聚合成高聚物的反应。如在二叔丁基过氧化物存在下,二苯基甲烷(C_6H_5—CH_2—C_6H_5)在 150℃可脱氢生成高分子

量的聚二苯基甲烷 $\pm C(C_6H_5)_2\pm_n$。

氧桥 oxygen bridge　在沸石分子筛晶体结构中将硅氧四面体或铝氧四面体连接起来的氧原子。四面体通过氧桥(即共用顶点)相互连接才形成链或环,进而构成三维空间的骨架。由 4 个四面体形成的环称作四元环,依次还构成五元环、六元环、八元环、十元环及十二元环等。

氧弹法 bomb method　一种用于测定润滑油、重质燃料油等重质石油产品中硫含量的方法。测定方法是将试样装入氧气压力为 $3\sim3.5MPa$ 的氧弹中燃烧,使试样油中的有机硫化合物定量地转化为三氧化硫。用蒸馏水洗出,再用氯化钡沉淀。由生成的硫酸钡沉淀的质量,计算硫的含量。用此法测得的硫含量也称作氧弹法硫含量。

氧弹法硫含量 sulfur by bomb method　见"氧弹法"。

氧弹热量计法 bomb calorimeter method　一种石油产品热值测定方法。是将一定质量的试样油在控制条件下,于充有压缩氧气的氧弹热量计中进行燃烧,放出的热量经氧弹壁传至量热容器中的水,使水的温度升高。已知水的质量及其比热容,并用精密温度计测量出水在燃烧前后的温度差,对热化学及热传导进行适当校正后,按公式计算出油的热值。

氧氯化反应 oxychlorination　在催化剂作用下,烃同时发生氧化与氯化生成氯化烃和水的反应。如乙烯氧氯化制二氯乙烷、甲烷氧氯化制氯甲烷、二氯乙烷氧氯化制三氯乙烯及四氯乙烯等都属于氧氯化反应。所用催化剂大多为金属氯化物。烃的氧氯化反应有加成氧氯化及取代氧氯化两种类型。烯烃的氧氯化为加成氧氯化,甲烷、乙烷等烷烃的氧氯化为取代氧氯化。烷烃的取代氧氯化比烯烃的加成氧氯化困难,发展较迟。

氧鎓盐 oxonium salt　见"鎓盐"。

氨气 ammonia　化学式 NH_3。常温常压下为无色气体,有强烈刺激性气味。相对密度 0.5967。熔点 $-77.75℃$,沸点 $-33.42℃$,自燃点 $630℃$。爆炸极限 $16\%\sim25\%$。临界温度 $132.4℃$,临界压力 $11.2MPa$。常温下加压即可液化,也易固化成雪状固体。易溶于水,其水溶液称为氨水。也溶于乙醇、乙醚、丙酮等。氨水一般含氨 $28\%\sim29\%$,最浓的氨水含氨 35.28%。氨加压液化所得无色液体称为液氨,相对密度 0.7710 $(0℃)$。液氨的压力降低时,则气化成氨气逸出,同时吸收周围大量的热。高温下分解成氮和氢,有还原性,可被氧化成氮或一氧化氮。易燃,遇明火、高热会引起燃烧爆炸。对眼睛、呼吸道及黏膜有强刺激及腐蚀作用。用于制造氨水、液氨、硝胺、硫胺、硝酸、尿素、丙烯腈等,也用作制冷剂、溶剂。在催化剂存在下,由氮和氢合成而得。

氨水 aqua ammonia　见"氨气"。

氨合成催化剂 ammonia synthesis

catalyst 用于氨合成的催化剂。以磁铁矿为主要原料,经熔融法制得的熔铁催化剂。主要活性组分为 Fe_3O_4,总 Fe 含量为 $66\% \sim 73\%$。以 K_2O、Al_2O_3、CaO 为主要促进剂,有的还含有 MgO、CeO_2、BaO 等助剂。使用温度 $300 \sim 500^{\circ}C$。催化剂寿命可长达 $5 \sim 10$ 年。传统氨合成熔铁催化剂的 Fe^{2+}/Fe^{3+} 为 $0.5 \sim 0.7$,氧化态结晶相主要是 Fe_3O_4,$Fe_{1-x}O$ 相很少。近来研究认为,具有维氏体(Wustite)结构的 $Fe_{1-x}O$ 比 Fe_3O_4 具有更高的活性,并开发了氧化态的结晶相为 $Fe_{1-x}O$,Fe^{2+}/Fe^{3+} 为 $4 \sim 9$ 的 A301 系列催化剂。其组分中氧含量低、铁含量较高,易于还原,催化活性有大幅度提高。

氨氧化 ammoxidation 在催化剂作用下,$R-CH_3$ 烃类化合物(R 为氢、烷基、芳基)与氨和氧反应生成腈类的反应。常为强放热反应。典型的例子是丙烯氨氧化制造丙烯腈。所使用催化剂有 P-Mo-Bi-Fe-Co 五组分催化剂及 P-Mo-Bi-Fe-Co-Ni-K 七组分催化剂。

氨解反应 ammonolysis reaction 氨与有机化合物发生复分解而生成伯胺的反应。反应通式为:

$$R-Y+NH_3 \rightarrow R-NH_2+HY$$

式中,R 可以是脂烃基或芳基,Y 可以是羟基、卤基、磺酸基或硝基。氨解有时也称胺化或氨基化,但氨与双键加成生成胺的反应则只能称作胺化而不能称氨解。广义上,氨解和胺化还包括所生成伯胺进一步反应生成仲胺和叔胺的反应。氨解和胺化所用的反应试剂可以是液氨、氨水、气态氨或含氨基的化合物(如尿素)。氨水和液氨是氨解反应最重要的氨解剂。氨解反应常用于制备含不同碳原子的胺化合物及阳离子、非离子表面活性剂的原料,也用于制备聚氨酯单体的合成原料。

氨解剂 ammonolysis agent 见"氨解反应"。

氨-硫酸铜法 ammonia-cupric sulfate method 一种测量发动机燃料中硫醇性硫含量的方法。其原理是基于氨-硫酸铜溶液为深蓝色,与硫醇反应后生成铜的硫醇化合物为无色。当用深蓝色的氨-硫酸铜溶液滴定试样油时,开始由于生成铜的硫醇化合物,蓝色消失,当滴定至水层有蓝色出现,并振荡 5min 之后仍不消失时为终点,记录消耗氨-硫酸铜溶液体积,就可计算出燃料油中硫醇性硫的质量百分数。这种方法测定简单,但因为高度分支的硫醇

(如 $R-\overset{\overset{\displaystyle R_1}{|}}{\underset{\underset{\displaystyle R_2}{|}}{C}}-SH$)不易与 $Cu(NH_3)_4^{2+}$

反应,故使测定结果偏低。因此对高度分支的硫醇应采用电位滴定法测定。

造气 gas making 又称固体燃料气化或煤的气化。指用氧或含氧气化剂对煤或焦炭等固体燃料进行热加工,使

其转化为可燃性气体的过程。气化所得的可燃性气体称为煤气，进行气化反应的设备称为煤气发生炉。

积分反应器 integral reactor 当反应物系连续流过反应器时，沿着催化剂床层的轴向和径向有显著的浓度梯度和温度梯度，催化剂床层各部位具有不同的反应速度。如果反应器与外界绝热，称为绝热积分反应器。在积分反应器中，反应物是沿着催化剂床层轴向各部位转化率的积分结果。其优点是转化率较高，所得结果比较准确，与工业反应器的数据较接近。缺点是因转化率高，反应热效应显著，床层难以恒温。

透平油 turbine oil 见"汽轮机油"。

透平流量计 turbine flowmeter 见"涡轮流量计"。

透射电子显微镜 transmission electron microscope 简称 TEM。是一种以波长极短的电子束作为照明源，以透射电子为成像信号，具有原子尺度分辨能力，能同时提供物理和化学分析所需功能的电子光学仪器。工作时，电子枪产生的电子束经1～2级聚光镜会聚后照射到试样观察微区上，入射电子与试样物质相互作用，由于试样很薄，绝大部分电子能穿透试样，其强度分布与所观察试样区的形貌、结构一一对应。透射出的电子经过放大后投射到荧光屏上，从而显示出与试样形貌、结构相对应的图像。广泛用于观察材料的晶体结构，是纳米材料研究的有效工具之一。

特性因数 characterization factor 又称 K 值。表征原油及石油馏分化学组成性质的一种指标。其定义为：

$$K = \frac{1.216\sqrt[3]{T}}{d_{15.6}^{15.6}}$$

式中，T 为平均沸点，$d_{15.6}^{15.6}$ 为相对密度。K 值由相对密度和平均沸点计算得到，或由计算特性因数的诺谟图求出。K 值有 UOP K 值和 Watson K 值两种。K 值高，原油的石蜡烃含量高；K 值低，原油的石蜡烃含量低。K 的平均值，烷烃约为 13，环烷烃约为 11.5，芳烃约为 10.5。K 为 10.5～11.5 的为环烷基原油，K 为 11.5～12.1 的为中间基原油，K 大于 12.1 的为石蜡基原油。K 值高低也能说明原料油品的裂化性能及生焦倾向。K 值越高，越易进行裂化反应，而且生焦倾向也越少。反之，K 值越低，就越难以进行裂化，而且生焦倾向也越大。

特种工程塑料 special engineering plastics 指与通常的工程塑料相比，具有更耐高温、耐腐蚀、自润滑、耐磨耗、抗疲劳、抗蠕变等特殊性能的塑料。如氟塑料、聚砜、聚苯硫醚、聚醚醚酮、聚酰亚胺、聚苯酯、聚芳酯等。广泛用于航空航天、化工、汽车、电子、建筑等领域。

特种石油蜡 special petroleum wax 又称特种蜡。是一种具有特殊性能为满足特殊用途而生产的石油蜡产品。一般是以石油蜡为基础原料进行深加工,包括采取切取窄馏分、补充深度精制、调和、添加辅助材料等物理改性和氧化、酸化、酯化等化学改性手段,不同程度地改变其物理状态、化学组成、晶体结构及分子量分布等,以达到改善其膨胀收缩、光泽、强度、耐冲击、抗老化及电性能等。如感温蜡、高韧性蜡、生物切片用蜡、影片用字母蜡、电镜用蜡、汽车用蜡、橡胶防护蜡、复合包装用蜡等。

特种合成橡胶 special synthetic rubber 见"合成橡胶"。

特种沥青 special asphalt 见"专用沥青"。

特殊精馏 special rectification 一种使难以用普通精馏分离的液体混合物得以分离的精馏方法。当某些液体混合物,组分间的相对挥发度接近于1或形成混合物,以至于不宜或不能用一般的蒸馏或精馏方法进行分离,而从技术上、经济上又不适于用其他方法分离时,则需采用特殊精馏方法,如膜蒸馏、催化精馏、恒沸精馏、萃取精馏、盐效应精馏等。

K值 K value 见"特性因数"。

pH值 pH value 指用氢离子浓度的负对数值来表示溶液酸碱性强弱的数值。即 $pH = -\lg[H^+]$。pH值只适合用于表示溶液中$[H^+]$或$[OH^-]$小于或等于1mol/L的稀溶液的酸碱性。如溶液中$[H^+]$或$[OH^-]$浓度大于1mol/L,则直接用$[H^+]$或$[OH^-]$表示。$[H^+]$和pH值的对应关系如下图:

pH值测定 measurement of pH 测定溶液pH值的方法。测定溶液pH值的简便方法是酸碱指示剂法及pH试纸法。酸碱指示剂是一些属于有机物的弱酸或弱碱,它们在不同的pH值范围内能呈现不同的颜色,从而可判断溶液的pH值。常用的酸碱指示剂有百里酚蓝、甲基橙、酚酞、甲基红、中性红等。pH试纸是由浸有酸碱指示剂或指示剂混和物的滤纸制成的,在遇到不同酸度的溶液时会显示出不同的颜色。根据显色的色调和深浅,通过与标准色板进行比较来判别溶液的pH值。测定溶液pH值的精确方法是利用pH计(又称酸度计)测定。pH计是利用电位法测定溶液中氢离子浓度指数的仪器。当一对电极(一个指示电极如玻璃电极、一个参比电极如甘汞电极)浸在待测溶液中时,会因氢离子浓度的不同而产生不同的电位差值,从而在仪器上显示出待测溶液的 pH 值。

倾点 pour point 又称流动极限。是评定油品低温流动性能的指标之一。指在规定条件下,将试样油冷却到不能继续流动时的最低温度。单位为℃。同一油品的倾点要比凝点稍高一些,一般高 1～3℃。

倾斜式 U 形管压差计 inclined U shape manometer 见"液柱压力计"。

臭气单位 odor unit 指单位体积任何浓度的臭气,用若干倍量的无臭空气稀释到无臭时,其所用无臭空气的体积即为臭气单位。如臭气单位为 1000 的废气,以 100m³/s 的量排出,则要将其稀释成无臭气体所必需的空气量为:$1000 \times 100 = 100000$m³/s。

臭味计 odorimeter 测定天然气或油品中增味剂的强度和持久性的仪器。

X 射线分析 X-ray analysis X 射线是一种短波长的电磁辐射波,波长介于紫外线和 γ 射线之间。当用 X 射线照射物质时,将发生透过、散射、衍射或吸收后发射出次级 X 射线,或激发原子核外电子生成光电子,由此构成了 X 射线分析方法。有 X 射线衍射分析法及 X 射线荧光分析法、X 射线光电子能谱法。

X 射线光电子能谱法 X-ray photoelectron spectroscopy 简称 XPS。一种基于光电效应的仪器分析方法。当一定能量的单色 X 射线照射到样品表面而和待测物质发生作用时,光子将全部能量转移给样品原子中的某一轨道电子,可以使该电子受激而发射出来成为

光电子。此时光子的一部分能量用来克服轨道电子的结合能,其余的能量便成为发射出的光电子所具有的动能和原子的反冲动能。通过测量激发出的光电子动能及光电子信号强度随能量的分布,就可获得 X 射线光电子能谱图。XPS 主要用于固体样品的表面分析,能对样品中除氢、氦之外的所有元素进行定性及定量分析。广泛用于催化材料、超导材料及聚合物材料的研究开发。

X 射线荧光分析 X-ray fluorescence analysis 是基于对 X 射线荧光波长与强度进行定性和定量的分析方法。当 X 射线照射物质时,除发生散射和吸收现象外,还能产生荧光 X 射线。由于 X 射线荧光产生于原子内层电子的跃迁,这种跃迁只能产生特征 X 射线谱线。而特征 X 射线波长与元素的原子序数有确定的关系。根据荧光 X 射线的波长可确定物质的元素组成;根据待测元素波长的荧光 X 射线强度,可测知其含量。广泛用于石油产品及催化剂中多种金属及非金属元素的定性和定量分析。

X 射线衍射分析 X-ray diffraction analysis 绝大部分固体无机物及部分有机物是分子和原子有序排列的晶体。X 射线衍射分析是利用晶体对 X 射线的衍射效应进行分析测定的方法。根据试样的晶体状态,可分为单晶 X 射线衍射法及多晶 X 射线衍射法。常用于合成分子筛的结晶度分析。

脂环烃 alicyclic hydrocarbon 分子中含有碳环结构且性质与脂肪烃相似的碳氢化合物。根据分子中碳环多少可分为单环脂肪烃（如环戊烷、环己烯）、二环脂肪烃（如十氢化萘）及多环脂肪烃（如金刚烷）。而按碳环是否饱和来分，碳环饱和的称作饱和脂环烃，又称作环烷烃（如环己烷）；碳环不饱和的称作不饱和脂环烃（如环己烯）。其中含有 C═C 双键的称作环烯烃（如环戊二烯），含有 C≡C 叁键的称作环炔烃（如环辛炔）。脂环烃及其衍生物广泛存在于自然界。与开链烃一样，脂环烃也能进行卤代、加氢、氧化等化学反应。

脂环族化合物 aliphatic cyclic compound 又称脂环化合物。具脂肪族化合物的一般性质和环碳结构的化合物。成环的相邻两个碳原子之间可以通过单键、双键或叁键相连。根据脂环的结构和性质可分为脂环烃及其衍生物，如脂环酮、脂环酸、脂环醇等。

脂环酸 alicyclic acid 脂环化合物的一种。是由脂环烃基与羧基连接而成的一元羧酸。如存在于油品中的环烷酸，即是环烷烃的羧基衍生物，其碳环以五碳环为主。环烷酸多数是一元酸，具有羧基的通性，与金属反应成盐。用于制造环烷酸盐。

脂杯 grease cup 又称润滑脂杯。一种安置在润滑点上，装有润滑脂的杯。用螺丝将杯盖往下拧，润滑脂即可进入润滑点。是一种简便易行、效果良好的干油润滑方法，可根据润滑点不同结构、不同部位，采用适应的脂杯固定在设备润滑点上，达到润滑目的。

脂枪 grease gun 又称黄油枪。一种储脂筒式的供脂设备。它能将润滑脂通过润滑点上的脂嘴挤到摩擦副上，其注油嘴要与每个润滑点上脂嘴相匹配。可分为手动脂枪及机动脂枪。前者又有螺旋式、推压式及杠杆式等几种类型。常用于工业设备及汽车等的润滑。

脂肪胺 aliphatic amine 见"胺"。

脂肪烃 fatty hydrocarbon 见"脂族烃"。

脂肪族化合物 aliphatic compound 又称开链化合物。分子中碳-碳原子相连成链而无环状结构的烃及其衍生物。为有机化合物基本类型之一。因油脂具有这种结构，故得名。按碳链的结构和性质分为含单键的饱和脂肪族化合物及带有双键或叁键的不饱和脂肪族化合物。前者为烷烃及其衍生物，后者为烯烃、炔烃及其衍生物。

脂肪酸 aliphatic acid 羧基（—COOH）与脂烃基（R）相连的酸。通式为 RCOOH。根据脂烃基的不同，可分为饱和脂肪酸及不饱和脂肪酸。饱和脂肪酸是含有饱和烃基（即碳原子间只含有单键）的酸，如甲酸、乙酸、硬脂酸等；不饱和脂肪酸是含有不饱和烃基的酸，如油酸、丙烯酸等。低碳数的脂肪酸是有刺激气味的无色液体，易溶于水;中碳数的脂肪酸是微溶于水的油状液体;高碳数的脂肪酸是不溶于水的蜡状固体。很多脂肪酸的甘油三酯是油脂的主要成分,因而可从油脂经水解制得。

脂肪酸甘油酯 glycerin fatty acid esters 见"甘油脂肪酸酯"。

脂肪醇 aliphatic alcohol 羟基与脂肪烃基连接的醇类的总称。通常称含有1至2个碳原子的醇类为低级醇,3至5个碳原子的为中级醇,6个碳原子以上为高级醇。低级醇及中级醇常用作溶剂及化工原料;高级醇用于制造合成洗涤剂、增塑剂及药品,也用作润滑油添加剂。

脂烃基 aliphatic group 又称脂肪烃基或脂族烃基。脂肪烃分子中去掉一个或几个氢原子后的烃基,如烷基、烯基。

脂族烃 aliphatic hydrocarbon 又称脂肪烃、开链烃、脂烃。分子中碳原子成开链连接的烃。包括烷烃、烯烃、炔烃。

脂罐 grease drum 在脂润滑系统中用以储存润滑脂的容器。其容量取决于给脂泵的能力,一般为给脂能力的100~250倍。为使润滑脂更易进入给脂泵,应将脂罐安装在给脂泵的上方。

脆化温度 brittle temperature 见"脆点"。

脆性 brittless 指材料在外力作用下直至破坏仍不出现塑性变形的性质,或材料在冲击负荷下变形很小而发生破坏的性质。这种材料则称为脆性材料,如玻璃、沥青等。

脆性材料 brittle material 见"脆性"。

脆点 brittle point 又称脆化温度、脆折点。①指温度逐渐降低时,玻璃态高聚物或树脂转变成玻璃样呈脆性破坏时的温度,用以表征塑料或树脂的耐寒性;②沥青由弹性态转变为脆性态的温度。是衡量沥青低温使用性能的一项指标。

胶团 micelle 见"胶束"。

胶束 micelle 又称胶团。表面活性剂在水溶液中自发形成的有序聚集形式。当水中的乳化剂浓度很低时,乳化剂以分子状态溶于水中。其亲水基团伸向水层,亲油基团伸向空间。随乳化剂浓度增加,水相表面张力急剧下降。当乳化剂浓度增加到一定程度时,水相表面张力降低突然变为缓慢,溶液中形成了由50~100个乳化剂分子组成的聚集体,此即为胶束。而这时的乳化剂浓度称为临界胶束浓度。表面活性剂胶束作为微反应器可以浓集或排斥某些反应,从而可加速或抑制某些化学反应。这种由胶束引起的催化作用称为胶束催化。胶束催化主要应用于有机亲核反应、自由基反应及离子反应。影响胶束催化的主要因素有表面活性剂和反应底物的结构、反离子的性质、盐及其他添加剂的浓度及性质等。

胶束催化 micelle catalysis 见"胶

束"。

胶体 colloid 一种物质的特种状态。指在一种体系中,其中一个相是由大小为 1~100nm 的微小粒子组成,这些粒子分散于另一相中。这种即使在显微镜下也观察不到的微小粒子则称为胶体粒子,含有胶体粒子的体系称为胶体体系。习惯上,将分散介质为气体的胶体体系称为气溶胶(如烟尘);分散介质为液体的胶体体系称为液溶胶或溶胶,如介质是水的称为水溶胶(如硅溶胶);以固体为分散介质,以液体、固体或气体为分散相的胶体体系称为固溶胶(如珍珠、泡沫橡胶)。液溶胶常用于制备催化剂及载体。

胶体分散体系 colloidal dispersion system 一种分散度很高的多相分散体系。分散相粒子的半径介于 $10^{-9} \sim 10^{-7}$m。分散程度很高,并具有明显的界面。分散相与分散介质之间因存在巨大的分界面而具有很高的表面自由焓,体系处于热力学不稳定状态,小粒子能自发地相互聚结成大粒子,大粒子易于沉降并与分散介质分离而聚沉。胶体分散体系按分散介质不同可分为液溶胶、固溶胶及气溶胶。

胶体石墨润滑脂 colloidal graphite grease 见"石墨烃基润滑脂"。

胶体安定性 colloid stability 表示润滑脂在储存中避免胶体分散,防止液体润滑油从脂中析出的能力。它表明脂中的润滑油与稠化剂结合的稳定性,结合好而不易分出油或分出油少,表明胶体安定性好。析油量测定有润滑脂压力分油测定法及润滑脂漏斗分油测定法。润滑脂压力分油测定法是在 15~25℃,在规定仪器中用荷重 1000g ±10g 的作用,在 30min 内压出的油量称为析油量。用 m% 表示。此法适用于常温润滑脂。漏斗分油测定法是在漏斗紧贴一张滤纸,利用滤纸的毛细作用及提高温度(50℃ 或 75℃)的方法来加速油的析出,经 24h 后,测定析出油的量称为析油量。用 m% 表示。此法适用于高温润滑脂。

胶体体系 colloid system 见"胶体"。

胶体粒子 colloid particle 见"胶体"。

胶体磨 colloid mill 又称胶态磨。是由磨头部件、底座传动部件及电动机组成的研磨机。常见的是立式胶体磨。其关键部件是动静磨片。按处理物料性质不同,磨片有不同形状。运转时磨盘齿形斜面呈相对运动,其中一个高速旋转,另一个静止。当流体或半流体物料通过高速相对运动的定齿与动齿之间时,物料受到强大的剪切力、摩擦力及高频振动等复杂力的作用力,完成物料的研磨、乳化、粉碎及均质。是一种高效均化设备。

胶质 gum 指油品在储存及使用过程中形成的黏稠性、不挥发的胶状物质。在元素组成及分子结构上与原油中的胶质都不相同。它主要是由油品中的烯烃(特别是二烯烃)、硫酚、吡啶等不安定组分氧化缩合而成的。根据其溶解度的不同可分为三种类型:①不可溶胶质或称沉渣。可通过过滤分离。②可溶性胶质。可通过蒸发的方法使胶质作为不挥发物质分离,测定实际胶质就是用这种方法。③黏附胶质。黏附于容器壁上的不溶性胶质。它与不可溶胶质共存,但不溶于有机溶剂中。以上三种胶质合称为总胶质。

胶乳 latex 又称乳胶。原先指天然橡胶的胶乳。现主要指高分子化合物的微粒分散在水中所形成的稳定的水乳体系的总称。可分为橡胶胶乳及合成树脂胶乳两大类。胶乳可能会对搅拌、研磨、泵送、喷涂等过程产生的剪切力敏感,因此必须具备一定的机械稳定性。胶乳可用以制造胶黏剂、涂料、海绵及浸渍制品等。

胶黏剂 adhesives 又称黏合剂。指通过表面黏结力和内聚力将各种材料黏合在一起,并且在结合处有足够强度的物质。通常由基本原料和必需的辅助物料或助剂所组成。种类很多。按胶黏剂中主要组分结合剂的种类可分为无机胶黏剂(如磷酸盐型、硅酸盐型)及有机胶黏剂(又可分为天然及合成胶黏剂);按黏接强度可分为结构型胶黏剂(用于金属结构部件黏接)、非结构型胶黏剂(用于黏接强度要求不太高的非结构部件黏接)、次结构胶黏剂(黏接强度介于结构型胶黏剂及非结构型胶黏剂之间);按用途分为通用胶黏剂及特种胶黏剂(如高温胶、热熔胶、光敏胶、导电胶等);按外观形态分为乳液型、溶液型、膏糊型、粉末型、胶带型等胶黏剂。

胶溶剂 peptization agent 又称结构改性剂。润滑脂中具有胶溶作用的物质。是一些极性较强的半极性化合物,如有机酸、醇及多元醇、醚、胺等化合物。只有水这种极性化合物是唯一例外的胶溶剂。如水化钙基润滑脂含有少量水作为胶溶剂,一旦失去水,脂的结构就会完全破坏。在一些皂基润滑脂中甘油作为胶溶剂,其含量可以调节润滑脂的稠度、分油和纤维结构。锂基润滑脂中添加的少量环烷酸皂、钙基润滑脂中添加的乙酸钙等都是起着胶溶剂作用的添加剂。

胶凝 gelation 又称凝胶化。①指溶胶或高分子溶液在适当条件下转变为凝胶的过程。对于氢氧化铝、氢氧化铁等溶胶,胶凝作用可看作是聚沉过程的一个特殊阶段。加入适量电解质,体系失去了聚结稳定性,但不生成沉淀而形成凝胶。如硅酸钠溶液中加入一定量酸即成凝胶。这时大分子链间形成骨架,将溶剂包藏在网眼内。②对于高分子溶液,当交联反应发生到一定程度时,体系黏度变得很大,难以流动,反应及搅拌产生的气泡无法从体系中溢出,产生凝胶或不溶性聚合物明显生成的现象称作凝胶化。出现凝胶化时的反应程度称作凝胶点。产生凝胶化现象时,同时含有不溶性交联高分子及溶解性的支化高分子,不能溶解的部分称作凝胶,能溶解的部分称作溶胶。

胺 amine 氨(NH_3)分子中部分或全部氢原子被烃基取代的衍生物。被一个、两个或三个烃基取代时,分别称为伯胺(RNH_2)、仲胺(R_2NH)及叔胺(R_3N)。胺又根据氮原子上所连接的烃基不同,分为脂肪胺(如甲胺、二甲胺)及芳香胺(如苯胺)。氮原子上只连接脂肪烃基的称作脂肪胺;氮原子上连有芳基的称作芳香胺。根据分子中氨基的数目,又可分为一元胺(如$CH_3CH_2NH_2$)、二元胺[如$H_2N(CH_2)_6NH_2$]。还有相当于氢氧化铵和铵盐的化合物,分别称为季铵碱[如$(CH_3)_4N^+$ OH^-]、季铵盐[如$(CH_3)_4N^+X^-$]。低级胺具有类似氨的气味,易溶于水;高级胺不易挥发,几乎无味;芳香胺为无色液体或固体,毒性较大。

胺化 amination 分子中引入氨基(—NH_2)的过程。如氯苯在高温、加压及催化剂存在下,与氨反应生成苯胺;二氯乙烷与氨反应生成乙二胺等。胺化是生成胺类化合物的一个重要过程。

航空发动机油 aviation engine oil 又称航空润滑油。用于润滑涡轮航空发动机及活塞式航空发动机的润滑油。是由原油常减压蒸馏的润滑油馏分油和丙烷脱沥青的轻脱油馏分油,经精制,先按其黏度要求以一定比例调合,再加入专用添加剂制得的。用于航空活塞式发动机润滑油的牌号主要是20号航空润滑油;用于航空涡轮发动机润滑油的牌号有8号航空防锈润滑油、8A号喷气机润滑油、8B号合成喷气机润滑油等牌号。航空润滑油具有良好的高温抗氧化性和低温流动性,良好的清净分散性及黏温特性,储存安定性好,能保证发动机良好润滑,长期存放不变质。

航空汽油 aviation gasoline 活塞式航空发动机用的汽油。通常由基础油、高辛烷值组分、异戊烷并加入适量抗氧剂组成。按辛烷值分为100号、95号及75号三个牌号。100号及95号航空汽油用于有增压器的大型活塞式航空发动机;75号航空汽油用于无增压器的小型活塞式航空发动机。航空汽油除抗爆性外,对蒸发性、发热值及储存安定性能等均比车用汽油的要求高。

航空煤油 aviation kerosene 见"喷气燃料"。

航空燃料 aircraft fuel 飞机发动机(活塞式发动机及涡轮式发动机)所用的燃料。通常指喷气燃料、航空煤油、航空汽油等。

釜式反应器 still reactor 见"搅拌式反应器"。

釜式再沸器 still reboiler 见"再沸器"。

【丶】

高分子化合物 macromolecular compound 又称大分子化合物、高聚物。一般把相对分子质量在 10^4 以上的分子称为高分子。高分子的分子量可高达 $10^4 \sim 10^7$。绝大多数是许多分子量不同的同系混合物。按来源分为天然高分子化合物（如蛋白质、纤维素、淀粉等）及合成高分子化合物（如合成树脂、合成橡胶等）；按化学结构分为链状的线型高分子化合物（如线型聚乙烯、线型聚苯乙烯）及网状的高分子化合物（如硫化橡胶）。高分子化合物在常温或高温下具有一定的塑性、弹性或机械强度，能在某些溶剂中溶胀，在光、热、化学品等作用下会发生老化、降解等变化。在一定条件可制成薄膜、纤维，也用于模塑成型。

高分子合金 polymer alloy 又称聚合物合金、聚合物共混物、共混聚合物。指由两种或两种以上聚合物进行机械或物理混合、互穿聚合物网络、接枝与嵌段所得共聚物等多相聚合物的统称。均相合金的性质常服从性能加和原理，而多相合金的力学性质主要由连续相的性质决定。多数高分子合金属于多相结构。共混是制备高分子合金的主要方法。如聚苯醚有高的模量、强度及耐热性，但其软化点高、熔体黏度大、加工困难，如与聚苯乙烯或高抗冲聚苯乙烯共混，在改善加工性能同时又降低了成本，成为五大工程塑料之一。共聚是制备高分子合金的另一有效途径。它可将两种或多种互不相溶的大分子链段连接到一起，制得的共聚物既是一种高分子合金，也可以是一种相溶剂。参见"互穿聚合物网络"。

高分子表面活性剂 macromolecular surfactant 指相对分子质量在数千以上同时具有表面活性的高分子化合物。按其亲水基团的性质可分为阴离子型、阳离子型及非离子型三类；按其来源可分为天然的、半合成的及合成的三类。天然类有海藻酸钠、咕吨树胶、壳聚糖、玉米淀粉等；半合成类有羧甲基纤维素、乙基纤维素、阳离子淀粉等；合成类有丙烯酸共聚物、聚乙烯吡咯烷酮、聚乙烯醇、聚丙烯酰胺等。与普通的低分子表面活性剂相比，高分子表面活性剂降低表面张力的能力和渗透力均较弱，但在保护胶体作用、分散作用及絮凝作用方面有其独特优点。常用作胶体保护剂、分散剂、防静电剂、金属离子螯合剂、凝胶化剂、增黏剂等。

高分子试剂 macromolecular reagent 指在参与化学反应过程中发生电子转移、元素价态变化的高分子试剂。常见的高分子试剂包括高分子氧化还原剂、高分子卤化试剂、高分子烷基化试剂、高分子酰基化试剂、高分子酰胺化试剂，以及用于蛋白质合成的高分子载体等。高分子药物属于高分子试剂范围，只是在人体内进行反应。与低分子试剂比较，高分子试剂具有不溶、稳定性好、对反应选择性高、可就地再生重复使用、生成物容易分离提纯等特点。

高分子链 polymer chain 由一种或多种原子通过共价键连接而成的链状高分子称为高分子链。其中贯穿于整个分子的链称为主链，主链边上如有短的链，称为侧链，主链边上带的基团称为侧基，主链两端的基团称为端基。如主链全部由碳原子以共价键相连，则称碳链高分子或碳链聚合物，如聚乙烯、聚氯乙烯；如主链由两种或两种以上的原子（如氧、氮、硫、碳）以共价键相连接，则称杂链高分子或杂链聚合物，如聚醚、聚酯；如大分子主链中没有碳原子，主要由硅、硼、铝和氧、氮、硫、磷等原子组成，但侧基多数是甲基、乙基、苯基等有机基团时，则称为元素有机高分子或元素有机聚合物。

高分子催化剂 macromolecular catalyst 指含有催化活性基团的高分子。由高分子母体和催化活性基团组成。将催化活性基团与交联高分子相接，称为固定化。催化活性基团只起催化作用而不参与反应，或参与反应后恢复原状。因属液-固催化反应，产物容易分离，催化剂可循环使用。高分子催化剂反应设备类似于固定床或色谱柱，催化剂装在器内，使液态低分子反应物流过，流出的即为生成产物。催化剂还具有选择性高、低毒、污染少等特点。如苯乙烯型阳离子交换树脂可用作酸性高分子催化剂，用于酯化、烯烃水合、苯酚烷基化、醇的脱水、酰胺水解等反应；带季铵型羟基的聚苯乙烯高分子可用作碱性催化剂，用于活性亚甲基化合物与醛、酮的缩合。

高压分离器 high pressure separator 一种在高压下操作的油气分离器。如在加氢精制装置中，在较高压力下将纯度较高的循环氢气体从冷却到45℃以下的油气水混合物中分离出来循环利用，避免循环氢带液，同时还可脱除反应流出物中的部分水分，使反应得以实现气体单独循环。但为装置安全操作，高压分离器的液位控制十分重要。液位调节不稳定易导致气液分离不完全。

高压加氢裂化 high pressure hydrocracking 一种深度转化的加氢裂化过程。操作压力一般≥10MPa。可将重质、劣质原料油进行加氢裂化，得到高芳烃潜含量的石脑油、高质量的航空燃料、优质柴油及芳烃关联指数值低的尾油。但设备投资及操作费用较高。

高压聚乙烯 high pressure polyethylene 见"低密度聚乙烯"。

高吸水性树脂 high water absorbent resin 又称吸水性树脂。一种含有强亲水性基团并有一定交联度的功能高分子材料。其吸水能力可达自身质量的几十倍甚至上千倍，并具有优异的保水性能，在受压条件下也不易失去水分。种类很多，按所用原料，可分为天然淀粉类、纤维素类及合成树脂类,其中合成树脂类包括聚丙烯酸盐系、聚乙烯醇系,聚氧化乙烯系等;按反应类型可分为接枝共聚、羟甲基化以及水溶性高分子交联等;按产品形状可分为粉末状、颗粒状、薄片状及纤维状等。广泛用于农林园艺及土壤改良和保水、生理卫生用品、医用材料、化妆品、食品及涂料等方面。

高级醇 higher alcohol 又称高碳脂肪醇。含六个碳原子以上的脂肪醇。较重要的有正庚醇、正辛醇、正壬醇、正癸醇、十二醇、十八醇、鲸蜡醇等。常用于制造表面活性剂、洗涤剂、增塑剂及酯类合成润滑油。如高级醇硫酸酯钠盐可用作洗涤剂、乳化剂、染色助剂等;高级醇磷酸盐可用化乳化剂、抗静电剂、抗蚀剂等。

高抗冲聚苯乙烯 high impact polystyrene 见"聚苯乙烯"。

高纯气体 high purity gas 指纯度≥5N的气体。而纯度≥6N的气体则称为超纯气体(N为英文 nine 的缩写,表示其纯度百分比中有几个"9")。如高纯氮(优级品)的纯度≥99.9996%;高纯氧(优级品)的纯度≥99.999%;高纯氩(优级品)的纯度≥99.9996%;超纯氢的纯度≥99.9999%。在线仪表使用的高纯气体常用40L钢瓶盛装。

高纯氢 high purity hydrogen 指氢纯度为99.999%的电解氢。通常化工厂生产的电解氢分为工业氢(氢纯度为99%)、纯氢(氢纯度为99.99%)、高纯氢(氢纯度为99.999%)和超纯氢(氢纯度为99.9999%)四级。由于工业氢含较多的 CO 及 CO_2,不适于作催化重整的开工氢气;由于高纯氢纯度高、杂质少,而且催化剂的还原速度快、还原效果好,常用作催化重整装置的开工用氢气。

高岭土 kaolin 又名瓷土、白陶土。一种以高岭石族矿物为主要成分的黏土类矿物。主要成分为 $Al_2O_3 \cdot 2SiO_2 \cdot 2H_2O$。相对密度2.2～2.6。属单斜晶系,呈微细的鳞片状或板状。晶体由硅氧四面体及铝氧四面体所组成,通过共同氧原子组成一个结构单元层。纯净的高岭土为白色,因含铁、镁、钙、钾、钡等杂质而呈灰白、浅黄、微红或褐色。具可塑性及滑腻感。干燥后有吸水性。常温下难溶于酸及碱中。煅烧后洁白。用作吸附剂、填充剂、催化剂载体、砂轮粘接剂等。也用于制造陶瓷、耐火材料等。通常系将采出的高岭土矿石经粉碎、分级、漂白、干燥后制成产品出售。特殊高岭土可经高温煅烧制得。

高性能沥青路面 superior performing asphalt pavements 简称 SUPERPAVE。是美国战略性公路研究计划(SHRP)中关于沥青的研究成果的总称。其主要内容包括:①沥青及沥青混合料路用性能规范;②沥青的试验方法及设备;③沥青混合料的配比设计、性能试验方法及沥青路面的性能预测;④沥青混合料的水敏感性及其各项路用性能预测；⑤沥青样品的制备及其条件。

高沸点组分 higher boiling component 见"重组分"。

高沸点溶剂 high-boiling point solvent 沸点范围在 150～200℃的一类溶剂。如苄醇、环己醇、糠醇、异佛尔酮、乳酸乙酯、丁酸丁酯、二甘醇-甲醚等。其特点是溶解能力强，蒸发速度慢，用作涂料溶剂时，涂膜流动性好，可防止沉淀及涂膜发白。

高速流化床 high velocity fluid bed 又称快速床。流化催化裂化催化剂的床层类型之一。一般用于再生器。因器内气体线速度达到 1.2～3m/s，比其他类型床层高得多，故称为高速流化床。也由于在高气速下，催化剂粒子分散好、气-固接触充分、烧焦强度大、速度快，故又称其为快速床。

高速旋转机械密封 high-speed rotary mechanical seal 指密封端面的平均线速度超过 30m/s 的机械密封。主要用于高速泵及离心压缩机的密封。其特点是：密封结构采用多弹簧、静止式、平衡型密封；消耗功率较大，搅拌功率大于密封端面的摩擦功率，静环组件的追随性不良，泄漏量较大；安装技术要求高，尤其是动环端面和轴的垂直度需控制在 5μm 以内，而且机器本身的安装技术要求也较高，如轴的串量不大于 0.3mm，运行中振动要小。

高热值 high heat value 又称燃料高热值。是每公斤燃料完全燃烧后所生成的水已冷凝为液态时计算出的热值，也即包括燃料的燃烧热和燃烧所生成水蒸气的冷凝热。参见"热值"。

高效再生 high-efficiency regeneration 又称烧焦罐再生。催化裂化过程中的一种高效催化剂再生技术。实际是一种高速床再生方法，其核心设备是烧焦罐。再生部分由烧焦罐、稀相管、再生器三部分组成。烧焦罐位于再生器下部，两者同轴，由稀相管将其连在一起。待生催化剂进入烧焦罐底部与主风混合，气固相并流向上，以 1.3～3m/s 的线速度经过烧焦罐。烧焦罐采用 CO 完全燃烧的操作方式，操作温度一般约 700℃，约 90% 的焦炭在烧焦罐中烧掉，其余部分在稀相管中烧掉。由于 CO 必须在 700℃ 以上的高温才能快速燃烧，因此这种再生技术对设备材质及催化剂抗高温性能的要求都较高。

高效液相色谱法 high performance liquid chromatography 简称 HPLC。又称高压液相色谱法或高速液相色谱法。指用高压泵来输送流动相、选用粒度小于 10μm 的高效固定相，并配置实时检测器，实现全部色谱分离过程自动化的分析测试方法。其特点是分析速度快，柱效高，检测灵敏度强，可以分离不可挥发或受热后不稳定的有机物。它与气相色谱法配合，几乎可对绝大部分有机物进行分离测试。所用仪器称作高效液相色谱仪。主要由流动相的液体压力输送系统、色谱柱分离系统、检测系统及数据处理和记录系统等组成。高效液相色谱法按其柱中的填料类型和分离机理不同,可分为以硅胶为填料的吸附色谱法,以化学键合固定相为填料的分配色谱法,以高分子多孔凝胶为填料的凝胶色谱法,以高效微粒离子交换剂为填料的离子(交换)色谱法等。

高效雾化喷嘴 high-efficiency atomizing nozzle 重油催化裂化的关键技术之一。一种原料油雾化机件。催化裂化原料油经预热后,由喷嘴喷入提升管反应器中,与催化剂接触并反应。原料的雾化效果和在提升管混合区内的分布状况会直接影响原料的转化和产物分布,高效雾化也是提高轻油收率、降低焦炭产率的关键。高效雾化喷嘴具有以下特性:①雾化粒径细小而均匀,雾滴直径接近催化剂平均粒径(60μm);②原料油雾化均匀,并能与催化剂快速而充分接触,既能穿透上升的催化剂流,又不至于喷在器壁上引起结焦;③喷嘴压降小,利于节能;④结构简单、性能可靠、耐冲蚀,操作弹性大。目前,按雾化机理,高效雾化喷嘴可分为喉管类雾化喷嘴、靶式类进料雾化喷嘴、气泡雾化喷嘴及旋流式雾化喷嘴等类型。

高弹性 elastomer 见"弹性体"。

高弹态 elastomeric state 无定形高聚物的力学三态之一。高聚物产生高弹形变的状态。线性非晶态聚合物当温度处于玻璃化温度及黏流温度之间时,体系的黏度渐降,成为兼有固态及液态双重性质的高弹态。表现出两个特征:一是在较小的外力作用下,可产生很大的形变(有时超过1000%,如拉伸橡皮筋),外力解除后,能够恢复原状,这种形变称为高弹形变;二是形变的产生和恢复都需一定时间,这称为松弛现象。处于高弹态的高聚物,长链大分子呈卷曲状,基本冻结不能移动,但链段仍能移动。高弹形变的实质就是链段伸缩的结果。塑料的拉伸、弯曲、吹制及冲压等就是在高弹态下进行的。参见"玻璃态"。

高清洁汽油 high clear gsoline 是以93号无铅汽油为基础,加入一定比例多效汽油清洁复合添加剂而制得的新品种汽油。与无铅汽油或普通汽油相比,高清洁汽油除了能满足市售汽油的各项质量指标要求外,还具有增强各种沉积物能力、降低排气污染、提高经济性等特点。高清洁汽油适用于各种汽油发动机的车辆,尤其适用于电控燃油喷射发动机车辆。

高密度聚乙烯 high density polyethylene $\fbox{CH_2—CH_2}_n$ 又称低压聚乙烯。简称HDPE。为白色无毒粉末或颗粒。无臭、无味。熔点约131℃。相对密度0.946~0.967。分子结构以线型为主,支链极少。结晶度80%~90%。脆化温度-70℃,使用温度可达 100℃。具有优良的耐化学药品性。常温下不溶于任何有机溶剂。硬度、抗拉强度及抗蠕变性能优于低密度聚乙烯。电绝缘性、耐寒性及韧性均较好,但略差于低密度聚乙烯。耐热氧化性及抗紫外线性能较差。常需在制品中加入抗氧剂及抗紫外线剂。主要用于制造日用品及工业用品,如瓶、桶、玩具、管材、包装带、纤维等。工业上在催化剂存在下,于常压或几兆帕压力下,用淤浆法、溶液法或气相流化床法由乙烯聚合制得。

高硫原油 high sulfur crude 见“含硫原油”。

高温再生 high temperature regeneration 催化裂化催化剂的一种高效再生技术。是采用提高再生温度来降低再生催化剂含碳量的方法。如对分子筛催化剂,单段再生的温度多在 600～700℃ 之间,甚至可达 730℃。再生温度对烧炭反应速率的影响十分显著,提高再生温度是提高烧炭速率的有效手段。但温度过高不但会引起催化剂水热减活,还需采用耐热性能好的设备衬里。

高温润滑脂 high temperature grease 适用于高温工作摩擦部位润滑的一类润滑脂。如由复合皂基酯用经表面改性的膨润土、石墨、硅胶等无机物或用酞菁铜、聚四氟乙烯、有机脲等有机物为稠化剂制得的非皂基润滑脂,具有良好的热安定性及剪切安定性,可在较高温度下工作。如聚脲基润滑脂即具有在 250℃ 下工作也不会有聚合物生成的典型特性。

高锰酸钾 potassium permanganate 化学式 $KMnO_4$。俗称灰锰氧。深紫色斜方晶系柱状结晶,有金属光泽。相对密度 2.703。加热至 200～240℃ 时分解并放出氧气。难溶于冷水,易溶于热水。溶于甲醇、丙酮、液氨。遇乙醇、过氧化氢分解。水溶液不稳定,会缓慢分解生成二氧化锰沉淀。为强氧化剂。高锰酸钾溶液与苯、油品、甘油或有机物接触时易发生爆炸。高浓度时对皮肤有腐蚀性。口服会腐蚀口腔和消化道。用作催化剂、助催化剂、硫化氢气体脱除剂、油脂及树脂等的漂白剂、水及空气净化剂、消毒剂、除臭氧剂及氧化剂等。由软锰矿粉先用氢氧化钾氧化成锰酸钾,再经电解氧化成高锰酸钾。

高聚物 high polymer 见“聚合物”。

离子 ion 带电荷的原子、原子团或分子,如 K^+、F^-、S^{2-}、O_2^{2-}、NO_3^- 等。由原子或分子得到或失去电子而成。按离子所带电荷的性质可分为正离子(阳离子)或负离子(阴离子);按离子组成情况分为简单离子及复杂离子。离子存在于溶液、气体及离子晶体中。正、负离子总是同时存在,以保持体系和物质的电中性。离子的性质与其相应的原子、分子有很大差异。如 Cl^- 具有无色无氧化性,而氯气(Cl_2)则呈浅绿色且有强氧化性。

离子化合物 ionic compound 见"离子键"。

离子对 ion-pair 见"反离子"。

离子交换 ion exchange 某物质与盐类的水溶液接触时,所发生的该离子进入溶液中,溶液中的离子进入该物质的现象。离子交换有阳离子交换及阴离子交换两大类。如沸石分子筛可通过阳离子交换而改进其吸附及催化性能。沸石的离子交换可在水溶液中进行,也可在有机溶剂中进行,其交换反应为:

$$Na_{(z)} + M_{(s)} \rightleftharpoons M_{(z)} + Na_{(s)}$$

z 表示沸石相,s 表示溶液相,$M_{(s)}$ 是溶液中取代沸石钠离子($Na_{(z)}$)的交换离子。重要的合成沸石多数是钠型。交换开始时,反应主要向右进行,随着沸石相金属离子 M 的增多及钠离子减少,便达到交换平衡。

离子交换吸附 ion exchange adsorption 溶液中的离子被带有电荷的固体吸附剂吸附,同时伴随发生吸附剂上原有离子被解吸下来进入溶液的现象。如膨润土具有很大的比表面积、孔容,对气体、水分及某些有机化合物有很强的吸附性,并且有离子交换特性。将膨润土加入某种电解质溶液中,在一定条件下,膨润土层间的金属离子能与吸附的离子进行离子交换。

离子交换色谱法 ion exchange chromatography 液相色谱法的一种。是利用不同组分对离子交换剂亲和力的不同而达到分离的一种色谱方法。其固定相主要是聚苯乙烯和多孔硅胶作基质的离子交换剂。尤适合于稀土元素、铀、钍、锆等无机离子的分离与提纯。

离子交换剂 ion exchange agent 指能进行离子交换的物质。可分为无机质类及有机质类两种。无机质类又可分为天然离子交换剂(如黏土、沸石、海绿砂)及人造离子交换剂(如分子筛);有机质类又可分为碳质(如磺化煤)及合成树脂类。合成树脂类又可分为阳离子交换树脂、阴离子交换树脂等。

离子交换树脂 ion exchange resin 分子中含有活性基团而能与其他物质进行离子交换的树脂。大多是苯乙烯与二乙烯基苯的高分子共聚物,也有的是丙烯酸系共聚物或苯酚甲醛的缩聚物。按分子中含有酸性基团或碱性基团,可分为阳离子交换树脂及阴离子交换树脂;按酸性或碱性基团的强弱不同,分为强酸性树脂、强碱性树脂、弱酸性树脂、弱碱性树脂;按聚合物单体不同,可分为苯乙烯类、丙烯酸类、环氧类、酚醛类、乙烯基吡啶类;按用途不同,可分为工业级、分析级、双层床用树脂、移动床用树脂等。离子交换树脂的性能因制造工艺、原料配方及所用交联剂等的不同而不同,选用时一般应选用交换容量大、容易再生及使用耐久的树脂。

离子交换容量 ion exchange capacity 又称离子交换树脂交换容量。指单位离子交换树脂中可交换离子的多少,是离子交换树脂的一项重要技术指标。

将离子交换树脂中所有的活性基团都变成可交换离子后，将这些可交换离子全部交换下来的容量称为全交换容量，用 mmol/g（干）树脂或 mmol/mL 树脂来表示。对同一种离子交换树脂，其全交换容量是一固定值。离子交换树脂在运行条件下的有效交换容量称作工作交换容量，常用 mol/m³ 树脂表示。工作交换容量与工作条件有关，如进水离子浓度、交换终点等。

离子交换膜　ion exchange membrane　又称离子选择透过性膜。是由离子交换树脂或含有离子交换基团的大分子物质制成的膜片。不溶于酸、碱及多数有机溶剂。按膜中活性基团的分布均一程度，可分为均相膜、半均相膜及异相膜；按膜本身的电性能，可分为阳离子交换膜及阴离子交换膜。常用的膜材料有聚乙烯、聚丙烯、聚氯乙烯等的苯乙烯接枝高分子。常用于海水淡化、气体分离、稀有金属分离及污水处理等。

离子型表面活性剂　ionic surfactants　表面活性剂溶于水后，凡能离解成离子的称作离子型表面活性剂，凡不能离解成离子的称作非离子型表面活性剂。而离子型表面活性剂按其在水中生成的表面活性离子的种类，又可分为阳离子型表面活性剂、阴离子型表面活性剂及两性表面活性剂。某些具有特殊功能或特殊组成的表面活性剂，则不按子性及非离子性划分，而是根据其特殊性列入特殊表面活性剂类中。

离子（型）聚合　ionic polymerization　由离子活性种引发的链式聚合反应。按离子电荷性质不同，可分为阳离子聚合、阴离子聚合及配位聚合。大多数烯类单体都能进行自由基聚合，但离子聚合对单体有较大选择性。通常带有氰基、羰基等吸电子基团的烯类单体（如丙烯腈、甲基丙烯酸甲酯等）有利于阴离子聚合；而带有烷基、烷氧基等供电子基团的烯类单体（如异丁烯）有利于阳离子聚合；而带苯基、乙烯基等的共轭类单体（如苯乙烯、丁二烯等），则能进行阴离子或阳离子聚合。因离子聚合引发剂易被水破坏，故多采用溶液聚合，而且溶剂的性质有较大影响。因此需考虑单体、引发剂、溶剂三组分对聚合速率、聚合物立构规整性的综合影响。

离子液体　ionic liquid　又称室温离子液体、室温熔融盐、非水离子液体、液态有机盐等。是在室温及相邻温度下完全由离子组成的有机液体物质。由庞大的有机阳离子和相对小型的无机或有机阴离子组成。如硝酸乙基铵 $[(EtNH_3)NO_3]$（Et 为乙基）。品种很多，大体可分为 $AlCl_3$ 型离子液体、非 $AlCl_3$ 型离子液体及其他特殊离子液体等三类。前两类的区别主要是负离子不同。最后一类是指针对某一性能和应用设计的而有特殊结构的离子液体。离子液体的阳离子主要有咪唑离子、吡啶离子、季铵离子等三类。离子液体具有对热稳定、不挥发、不氧化、不爆炸、低毒等性能。在分离工程中,可用作气体吸收剂及液体萃取相;在化学反应中作反应介质或催化剂;在电化学中作电解质。还可用作质谱基质、色谱固定相及用作润滑剂等。

离子键 ionic bond　又称电价键。原子得失电子后,生成的阴、阳离子之间靠静电作用形成的化学键称作离子键,由离子键结合形成的化合物称作离子化合物。电负性较小的金属元素的原子易失去电子,电负性较大的非金属元素的原子易得到电子。如金属钠在氯气中燃烧时,钠原子易失去电子成为钠离子,氯原子获得电子成为氯离子。当带有相反电荷的 Na^+ 和 Cl^- 接近时,先由静电吸引产生吸引力,进一步接近时,离子的电子云的斥力逐渐增强。当这两种力达到平衡时,即组成离子键。离子键的特征是既无方向性,又无饱和性。如 NaCl 晶体中,钠离子(或氯离子)可吸引任何方向的氯离子(或钠离子)形成相同的离子键。

离心分离 centrifugal separation 用比重力场更强的离心力场分离流体中悬浮的固体颗粒或液滴,或将利用惯性离心力分离非均相混合物的操作统称为离心分离。其分离效率比重力沉降及一般过滤大得多。按离心力产生方式不同,离心分离设备分为两种类型:①旋流分离器。是将高速流动的非均相混合物切向导入圆筒形容器内,使其在筒内高速旋流运动而产生惯性离心力,工业上广泛应用的旋风式分离器及旋液式分离器就属于此类;②离心机。通过离心机高速旋转使其内的物料产生惯性离心力从而进行固液分离或液液分离。

离心分离因素 centrifugal separation factor　衡量离心机分离性能的重要指标。它是粒子在离心场中所受的离心力与其在重力场中所受的重力之比(也即离心场强度与重力场强度之比),常用 K_c 表示。K_c 越大,分离也就越快,分离效果越好。工业用离心分离机的 K_c 值一般为 100～20000,超速管式分离机的 K_c 值可高达62000,分析用超速分离机的 K_c 值最高达 610000。

离心机 centrifuge　是利用离心力分离液体与固体颗粒或液体与液体的混合物中各组分的机械。主要部分是一个绕本身轴线高速旋转的圆筒(称转鼓)。悬浮液或乳浊液加入转鼓后,被带动与转鼓同速旋转,在离心力作用下将密度不同的组分分离,并分别排出。按结构及分离要求,离心机可分为过滤离心机、沉降离心机及分离机三类。按离心分离因素 K_c 大小又可分为常速离心机($K_c < 3000$)、高速离心机($3000 < K_c < 50000$)及超高速离心机($K_c > 50000$)。离心机主要用于将悬浮液中的固体颗粒与液体分开,或将乳浊液中两种密度不同、又互不相溶的液体分开。也可用于排除湿固体中的液体,特殊的超速管式分离机还可分离不同密度的气体混合物。

离心式压缩机　centrifugal compressor　是利用叶轮的旋转，使气体质点产生离心力来提高气体压力，并将气体从某处送到另一处的机器。由机壳、叶轮、进气室、扩压器及排气室等组成。其特点是转速高、输气量大、供气均匀、连续运转可靠、压缩气体不与油接触，特别是其直接用蒸汽驱动，可大大降低动力成本。目前，石油化工厂使用的大型压缩机中，除要求压力特别高的以外，有离心压缩机取代往复式压缩机的趋势。但离心压缩机的单机效率比往复式压缩机低，而且在小气量和高压力使用场合，离心压缩机仍受到限制。

离心式通风机　centrifugal ventilator　见"通风机"。

离心式鼓风机　centrifugal blower　利用离心力作用来输送气体的鼓风机。气流产生的表压为 15～300kPa。其作用原理与离心泵相似，叶轮装在蜗形机体内，但鼓风机的外壳直径与宽度较离心泵大，叶轮上叶片数目也较多，转速也较高。通过叶轮转动产生的离心力将气体抛至叶轮的外圆周，经排出口排出。单级鼓风机的出口表压多在 30kPa 以内，多级离心鼓风机可达300kPa。

离心沉降　centrifugal sedimentation　是依靠惯性离心力的作用而实现沉降分离的操作。与重力沉降相比，离心沉降的分离效率高、沉降速度大，但设备复杂，需要消耗能量。离心沉降设备主要分为两类：一类有动件，通过动件的转动产生离心力，如离心机；另一类无动件，是通过运动的物料产生离心力，如旋风分离器及旋液分离器。

离心泵　centrifugal pump　是由原动机（电动机或汽轮机）通过轴带动叶轮旋转（一般为 1450r/min 或 2900r/min）所产生的离心力输送液体的泵。类型很多。泵轴直立安装的称作立式离心泵；泵轴水平安装的是卧式离心泵；泵轴安装一个叶轮的离心泵称作单级离心泵；泵轴安装两个或两个以上叶轮的离心泵称作多级离心泵；液体从两侧进入泵体的离心泵称作双吸泵；工作压力在 1MPa 以下、1～6MPa 及6MPa 以上的离心泵分别称作低压、中压及高压离心泵。离心泵结构简单、运行平衡、流量均匀、压力波动不大，除输送液体外，也可用于输送含固体悬浮物的流体，广泛用于炼油及石油化工企业。

离去基团　leaving group　见"亲核试剂"。

离析　segregation　指在混合物料中由于物性相同而发生某一类分子集聚的现象。在聚合物改性沥青中，由于基质沥青与聚合物改性剂的分子量差异很大，两者不能很好相容，在热储存过程中，或储存过程未进行搅拌，就会出现聚合物从沥青中分离出来的现象。这种现象称为离析。在规定条件下，改性沥青试样上、下部分的软化点之差,称作离析温差,用℃表示。离析温差可用于表征改性沥青的热储存稳定性。

离析温差 segregation temperature difference 见"离析"。

离域键 nonlocalized bond 指含有两个以上原子之间所形成的共价键。有多种类型:①共轭π键,含有3个或3个以上原子的共轭体系中的大π键,如1,3-丁二烯分子中的π-π共轭键;②缺电子多中心键,分子中价电子对的数目少于键的数目所形成的共价键,如乙硼烷分子中的硼-氢-硼两电子三中心键;③富电子多中心键,分子中价电子对的数目大于键的数目所形成的共价键,如二氟化氙中的四电子三中心键;④π-配键,配体的π-电子向受体金属所形成的配位键;⑤夹心键,夹心配合物中共轭π键向中心离子的配位键,如二茂镁中的夹心键。

紊流 turbulent flow 见"湍流"。

竞聚率 reactivity ratio 又称单体竞聚率。指在二元共聚体系中,当单体A及单体B共聚时,单体A的自由基(如A·)与该单体自身加成反应速率($K_{A·A}$)与另一单体B加成反应速率($K_{A·B}$)的比值。若用r_A表示单体A的竞聚率,则:

$$r_A = \frac{K_{A·A}}{K_{A·B}}$$

竞聚率是共聚中最重要的参数。由于竞聚率反映了单体进行自聚或共聚的能力,因而也是反映单体和活性中心相对活性的重要参数。可由两种单体竞聚率乘积$r_A r_B$对共聚行为进行分类:当$r_A r_B = 1$时为理想共聚;当$r_A r_B = 0$时为交替共聚;当$r_A > 1$,$r_B > 1$时为嵌段共聚;当$r_A < 1$,$r_B < 1$时为非理想恒比共聚。

疲劳磨损 fatique wear 又称表面疲劳磨损、接触疲劳或点蚀等。指当两接触表面作滚动或滚动-滑动复合摩擦时,在交替接触压应力作用下,表层产生弹性及塑性变形,以及发热等现象,导致表层材料疲劳而出现裂缝,并分离出颗粒、碎片而剥落所造成的磨损。这类磨损常出现在滚动形式的摩擦机件上,如滚动轴承、齿轮、凸轮以及钢轨与轮箍等。改善摩擦副的材质、减少接触点的接触应力和采用合适的润滑剂可以延缓疲劳磨损的产生。

烧蚀 ablation 指由高温燃气引起的腐蚀现象。喷气燃料在燃烧过程中,对燃烧室内的火焰筒有烧蚀现象,涡轮及尾喷管等也常会受到燃烧产物的腐蚀。烧蚀的外观特征是腐蚀处呈深圆坑,圆坑上积有毛状结晶碳,严重时腐蚀坑连成一片,甚至蚀穿火焰筒壁。由于广泛使用镍铬合金制造发动机燃气系统部件,镍的催化作用可使碳氢化合物在高温下分解产生活泼碳,并形成有一定结构的碳晶体。这种碳晶体在微细的缝隙中成长,其产生的压力足使合金基体局部解体,产生麻点状凹坑,引起烧蚀。

烧结负荷 weld point 又称烧结点。指在用四球摩擦试验机测定润滑剂承载能力时,使钢球发生烧结的负荷。烧结负荷 P_D 可用来表示润滑剂的极压性,是表示润滑剂的极限工作能力的数值。其大小主要与油品中的极压添加剂有关,如普通矿物润滑油的 P_D 值一般 1372N(140kg)以下,而加入极压抗磨剂的润滑油的 P_D 值可达到 2940N(300kg)以上。参见"四球摩擦试验机"。

烧焦 coke burning ①指除去催化剂上积炭的一种方法。如重整催化剂用含氧的氮气烧去催化剂上的积炭;加氢催化剂用蒸汽作载气除去催化剂上的积炭等。积炭的催化剂如同焦炭一样,呈黑色或黑褐色。烧焦处理后,焦炭变成无色的 CO 及 CO_2,从而使催化剂恢复本色。②炼油炉或裂解炉管内壁结焦也常用烧焦的方法除去。

烧焦强度 coke-burning intensity 指裂化催化剂在再生器中烧焦的强烈程度。可用再生器内单位催化剂藏量(t)在单位时间(h)内烧掉焦炭数量(kg)表示,单位为 kg/(t·h)。烧焦强度与催化剂含碳量、再生器床层结构及再生工艺条件等因素有关。

烧焦罐 coke-burning drum 流化催化裂化催化剂两段再生过程的专用设备。为一圆筒形容器,内部构件只有主风分布管、待生催化剂和循环催化剂入口,其出口与稀相烧焦管相连接,分前置烧焦罐与后置烧焦罐。待生催化剂先进入烧焦罐,后进入再生器的形式为前置烧焦罐;待生催化剂先进入再生器,后进入烧焦罐的形式称作后置烧焦罐。催化剂在罐内高温、高氧含量及高流速下进行高强度焦再生后,可使催化剂的焦炭大部分被烧掉。

烧焦罐再生 coke-burning drum regeneration 见"高效再生"。

烟气轮机 flue gas turbine 又称烟气透平膨胀机。是催化裂化装置上再生烟气的能量回收装置。工作时,以具有一定压力的高温烟气为动力,通过膨胀作用,推动烟气轮机的转子旋转,将烟气的压力能转换为烟气轮机的机械能,带动主风机或发电机等设备工作或发电。可回收的能量与烟气通过烟气轮机时的压力降及入口温度、入口烟气量等有关。烟气轮机按叶片的级数可分为单级、双级和多级三种类型。

烟气脱硫 flue gas desulfurization 脱除高硫燃料燃烧烟道气中二氧化硫的过程。是控制二氧化硫污染的最有效途径。已开发的技术有 100 多种,工业化应用的有十几种。按使用脱硫剂的形态可分为干法、半干法及湿法;按反应产物的处理方法可分为回收法及抛弃法;按气体净化原理可分为吸收法、吸附法及催化转化法等。

烟气催化脱硫 flue gas catalytic desulfurization 一种应用催化剂的烟气脱硫过程。可分为催化二氧化硫氧化脱硫法及催化硫化氢、二氧化硫还原脱硫法两类,通常又有干法及湿法之分。催化二氧化硫氧化脱硫法是用钒、活性炭、镁铝铁复合氧化物等催化剂,先将 SO_2 氧化成 SO_3,再经水或硫酸等溶剂吸收后脱除硫;催化硫化氢、二氧化硫还原法是使二氧化硫在还原剂(如 H_2、CO、NH_4^+、CH_4 等)的作用下,在脱硫催化剂(如钴-钼催化剂)上选择性地还原为元素硫,其工艺简单,而且固态硫的回收利用均很方便。

烟囱 stack 一种常见排烟设施。其作用是将烟气排入高空,减少地面的污染。当加热炉采用自然通风燃烧时,可利用烟囱形成的抽力将外界空气吸入炉内供燃料燃烧。按材质分为砖烟囱、钢筋混凝土烟囱及钢烟囱。砖烟囱一般不高于 50m,壁较厚,内外壁温差大,设计或施工不当易产生裂纹;钢筋混凝土烟囱对热应力适应性较强,可高达 150m 以上;钢烟囱的抗地震性能较好,但易受烟气腐蚀。它有带衬里和不带衬里的两种,烟气温度应不高于 500℃,否则所需衬里过厚,或超出钢壳使用温度范围。

烟点 smoke point 又称无烟火焰高度。指喷气燃料或灯用煤油在规定试验条件下燃烧时,生成无烟火焰的最大高度。单位为 mm。是煤油类产品的重要质量指标之一。烟点高,表示煤油的芳烃含量少,发烟性低及燃烧性好。

烟道 flue 指烟气从燃烧室进入烟囱的通道。而烟风道是指供空气和烟气流动的通道。烟道气是燃料燃烧后从烟道和烟囱排放出的气体,主要成分是二氧化碳、氮、氧、水,还可能含有二氧化硫、一氧化碳及未完全燃烧的烃类气体。

烟道气 flue gas 见“烟道”。

烟道挡板 flue damper 又称烟囱挡板。安装在加热炉烟道或烟囱中,是用以调节炉膛压力的可转动的蝶形板。有密封式及不密封两种。目前新设计或改造的加热炉,大多采用密封式挡板。它又分为单轴式、双轴式、三轴式及四轴式几种。当烟气最高温度≤450℃时,挡板材质为碳钢;当最高温度大于 450℃ 而小于 750℃ 时,可采用 18Cr-8Ni 合金钢;当烟气温度大于 750℃ 而小于 950℃ 时,采用 25Cr-12Ni 合金钢。

粉尘爆炸 explosion of dust 指粉尘在一定浓度下因受热或火源引起的爆炸。能引发爆炸的浓度称为爆炸浓度。可以引起爆炸的最高浓度称作爆炸上限,最低浓度称作爆炸下限。为预防粉尘爆炸,应加强生产车间通风,控制粉尘浓度低于爆炸下限。在有爆炸危险性粉尘的场合,应避免高温、明火、电火花及撞击。对有些与水接触会引起自燃或爆炸的粉尘,应避免与水或有可能发生反应的液体接触。

粉焦量 powdered coke content 指石油焦产生粉焦的量。粉焦为形状极不规则的固体粒子,难以测定其粒径来衡量粉焦的粒度及粒度分布。一般使用标准筛来测定粉焦粒度和数量的多少。测定时将焦炭试样放在孔眼为25mm的筛子上过筛,称量通过筛子的粉量,计算其对试样质量的百分数即为粉焦量。粉焦量除与焦炭本身性质有关外,也与生产方法及运输条件等因素有关。粉焦量过多会增加运输损耗以及使用上的不便。

浆式搅拌器 paddle agitator 将一片或多片长方形桨叶焊接或用螺栓固定在轴上的搅拌器。按桨叶形式可分为平直叶式和折叶式两种。桨叶总长一般为反应器筒体内径的 $1/3\sim2/3$,桨叶宽度约为长度的 $5\%\sim10\%$。转速一般为 $15\sim80$r/min。物料最高黏度20Pa·s。由于桨叶水平安装,转速也较慢,物料搅动不剧烈,只能产生水平液流。当反应器内物料液层较深时,可在搅拌轴上安装多层桨叶,以使液层上下各处物料均匀混合。结构简单、制造方便,适用于物料不需要剧烈搅动混合的反应过程。

准确度 accuracy 又称精确度、精度。指在正常使用条件下,描述仪器的指示值与被测量真值的一致程度。常用测量误差来表示。测量误差表示方法有多种,分析仪器中常用相对误差或绝对误差来表示。

涡轮式搅拌器 turbine agitator 运动部分为涡轮的搅拌器。按涡轮结构可分为开式和盘式。叶片一般由扁钢制成,形状有平直、弯曲及扇形等。焊接或以螺栓连接于圆盘上。开式涡轮常用的叶片数为 2 叶和 4 叶;盘式涡轮一般为 6 叶。涡轮直径为反应器筒体内径的 $1/5\sim1/2$,多数为 $1/3$。其工作原理与离心泵类似。当涡轮旋转时,液体由轮心吸入,在离心力的作用下经轮叶间的通道被甩向涡轮外缘,再沿切线方向被高速甩出,使液体剧烈地搅拌。转速一般为 $300\sim1000$r/min。由于有较大的剪切力,可使流体微团分散得很细。多用于液体相对密度大、低黏度至中等黏度流体的混合、液-液分散、液-固悬浮,以及促进良好的传热、传质和化学反应。不适于搅拌黏稠状的浆糊体。

涡轮流量计 turbine flowmeter 又称透平流量计。一种速度式流量计。是通过置于流体中的涡轮的转速来反映流量大小的流量计。它由涡轮流量变送器和流量积算仪组成。可实现瞬时流量和累积流量的计算。当被测液体流经涡轮叶片时,涡轮受冲击便旋转。涡轮的转速随流速而变化,在一定的流量范围及一定的流体黏度下,叶轮的转速与流量成正比。通过与流量成正比例的脉冲电信号的变化,可由流量积算仪进行计数和显示。具有体积小、结构紧凑、测量精度高、反应速度快、安装维修方便等特点。适用于洁净介质(如成品油、液化气、天然气)的测量。涡轮轴承磨损,不适用于带固体颗粒流体的测量。

涡轮喷气发动机 turbojet engine 见"喷气发动机"。

涡流扩散 eddy diffusion 见"扩散"。

消声器 muffler 一种在允许气流通过的同时,也能有效地阻止或减弱声能向外传播的装置。是降低空气动力性噪声的主要技术措施。通常安装在空气动力设备(如鼓风机、空压机)的气流通道或进气、排气口上。一个性能好的消声器,可使气流噪声降低 20～40dB(A)。消声器的形式很多,主要有阻性消声器、抗性消声器、阻抗复合式消声器、微孔板消声器等。

消泡剂 antifoaming agent 又称抗泡沫添加剂、抗泡剂、防沫剂。指能降低水、溶液、悬浮液等表面张力,抑制泡沫生成或使已有泡沫减少或消失的物质。一般是挥发性小、扩散力强的油类或表面活性剂。种类很多,有油型、溶液型、乳液型、粉末型及复合型等。广泛用于采油、涂料、水处理、洗涤、印染等操作过程。内燃机油、液压传动油齿轮箱油等循环系统的搅拌比较激烈而易产生泡沫,泡沫形成除造成溢流或排气带出损失外,还会使油压或油面降低减少润滑油供给,严重时会烧毁机件。为防止或减少油品起泡一般都加入很少量消泡剂,以防止泡沫产生或浸入泡沫膜而使泡沫破裂。润滑油常用消泡剂有甲基硅油、二甲基硅油等。

消除反应 elimination reaction 又称消去反应。指在一个化合物的分子中消除两个原子或基团,产生一种新的化合物的反应。如从卤代烷分子中脱去小分子生成烯烃的反应,称为卤代烷的消除反应。如被消除的两个原子或基团连在同一个原子上,称为 α-消除反应;如被消除的两个原子或基团连在相邻的两个原子上,则称为 β-消除反应。α-消除反应可用于制备卡宾(carbene)类化合物,而 β-消除反应是最常见的一种消除反应。

海泡石 sepiolite 化学式 $Mg_8[Si_{12}O_{30}](OH)_4 \cdot 12H_2O$。一种纤维形态的多孔性含水镁质硅酸盐。呈白色、灰色、绿白色、黄色。斜方晶系。常成软性致密的白土状或黏土状,有时成纤维状。有滑感及涩感。相对密度 1～2。硬度 2～2.5。理论组成:SiO_2 55.68%,MgO 24.85%,H_2O 19.7%。分子含 4 个结晶水,其余为沸石水。具有阳离子交换性,阳离子交换容量可达 20～45mmol/100g,也能吸附超过自身质量 2～2.5 倍的水。由于表面存在着 Si-OH 基,对有机分子有强的亲和力。其表面特征及微孔结构,有利于有机反应中的正碳离子化反应,并具有酸碱协同催化及分子筛择形催化作用,可用作催化剂及催化剂载体。也用作填充剂、过滤剂、脱色剂、除臭剂及增稠剂等。

海绵焦 sponge coke 一种海绵状焦炭。呈无定形,多孔如海绵状。是由含树脂、沥青质较多的渣油焦化生成的石油焦。煅烧成石墨后的热膨胀系数大、强度差、密度低,不适于制造电极。一般用作燃料。

浮头式换热器 floating head exchanger 又称内浮头式换热器。管壳式换热器的一种类型。两端管板中只有一端管板通过法兰与外壳固定,另一端管板可相对壳体自由移动,称为浮头。浮头由管板、钩圈及端盖组成,是可拆连接,管束可从管体内抽出,管束受热时可以自由膨胀而不产生热应力。其优点是适应性强,管间和管内清洗方便,可在较高温度及压力下使用;缺点是结构复杂、材料消耗量大、制造成本较高。适用于壳体和管束之间壁温差较大或壳程介质易结垢的场合。

浮动舌形塔盘 floating tab type tray 见"喷射式塔盘"。

浮顶罐 floating roof tank 具有浮顶的油罐。按油罐壳体是否封顶,浮顶油罐可分为外浮顶油罐(也称敞开式浮顶油罐、简称浮顶油罐)及内浮顶油罐两种形式。外浮顶油罐是将浮顶装在上部开口的立式金属圆筒形油罐的液面之上的油罐。所谓的罐顶只是漂浮在油罐内油面上随油面的升降而升降的圆形浮盘,其外径比罐壁内径小 400～600mm,用以装设密封装置,以防止这一环状间隙的油面产生蒸发损耗;内浮顶罐是在拱顶罐内增加一个浮顶。油罐有两层顶,外层为与罐壁焊接连接的拱顶,内层为能沿罐壁上下浮动的浮顶。外浮顶罐的浮顶直接暴露于大气,油品易受灰尘污染,多用于储存原油;内浮顶罐受风沙、灰尘影响小、蒸发损失低,常用于储存航空汽油、航空煤油、溶剂油、汽油等轻质油品。

浮阀塔 floating valve tower 一种新型板式塔。是在筛板塔基础上,在每筛孔处安装一个可以上下浮动的阀体,当筛孔气速高时,阀片被顶起、上升,孔速低时,阀片因自重而下降。阀体可随上升气量的变化而自动调节开度。阀片的形状有圆形、条形等。其优点是生产能力大、操作弹性大、塔板效率较高、雾沫夹带较小、塔盘结构较泡罩塔盘简单、制造费用低;其缺点是当气速较低时会有塔板漏液,浮阀阀片也有卡死及吹脱的可能。由于其综合性能较高,浮阀塔是当今炼油及化工上应用最广泛的塔型之一。

浮阀塔盘 floating valve tray 在塔盘板上开许多圆孔,每个筛孔上都装有一个带三条腿的可上下浮动的阀。阀的类型很多,有圆形阀及条形的角阀等,常用的是圆形。其中,最常用的是F-1型。此外,有 V 型、A 型及十字型等。材料可以用碳钢、耐酸钢、不锈钢等。又可分轻阀和重阀两种。轻阀重25g,由 1.5mm 薄板冲压而成;重阀重33g,由 2mm 薄板冲压而成。阀孔直径39mm。阀片有三条带钩的腿,插入阀孔后将其腿上的钩扳转 90°,可防止被气体吹走。操作时,气、液两相的流程与泡罩塔相似。蒸气从阀孔上升,顶开阀片,穿过环形缝隙,然后以水平方向吹入液层,形成泡沫,加强气液接触。

涂料 coatings 旧称漆或油漆。指能涂敷于底材表面并形成坚韧连续漆膜的呈流动状态或粉末状态的物质的总称。涂料固化与胶粘剂的固化相似,是一个包括化学反应固化与物理的溶剂挥发、熔融体凝固的固化过程。其基本组成为成膜物质(可来自植物的油料、天然树脂及合成树脂)、颜料、溶剂及助剂(包括增塑剂,乳化剂,分散剂,固化剂等)等四类。涂料品种很多,按成膜物质类别分为天然树脂清漆、沥青涂料、环氧树脂涂料、火漆等;按成膜物质分散状态分为无溶剂型、溶剂型、乳胶型涂料及粉末涂料等;按涂料作用分为底漆、面漆、防火漆、防腐漆等;按漆膜外观分为大红漆、有光漆、皱纹漆、锤纹漆等;按用途分为建筑用、船舶用、汽车用涂料等。

涤纶 Dilun 聚对苯二甲酸乙二酯纤维在我国的商品名。相应的国外商品名有:达克纶(Dacron,美国)、特丽纶(Terylene,美国)、泰脱纶(Tetoron,日本)。参见"聚酯纤维"。

流化床 fluidized bed 又称沸腾床。当容器中流体速度增加到一定程度时,容器内的颗粒开始悬浮于流体中并向各个方向运动,状如沸腾液体的流化状态。当线速度再增加时,床层高度增加,空隙率增大。但床层总压降不变,约等于单位面积床层的质量。处于这一状态的床称为流化床。

与固定床相比较,具有传热传质效率高、压降小、可保持温度均匀避免产生过热等优点。根据流化状态不同,又可分为散式流化床、鼓泡床、湍动床、快速床、腾涌床等。

流化床干燥器 fluidized bed dryer 又称沸腾床干燥器。将湿物料由加料器加入流化床内,热空气通过空气分布板进入床层与物料接触,并使物料处于流态化。由于物料上下翻滚,互相混合,与热空气接触充分,从而使物料快速干燥。干燥后的物料由溢流口连续排出,废气由流化床顶部排出,并经旋风分离器回收细粉。流化床干燥器具有结构简单、物料在器内停留时间短、干燥速率快、热能利用率高等特点。多用于干燥粒径为 0.003～6mm 的物料。其主要缺点是热空气通过分布板和物料层的阻力较大,风机能耗较大。

流化床反应器 fluidized-bed reactor 又称沸腾床反应器。是指由于受反应物料的推动,固体催化剂颗粒始终处于流化状态的反应器。多用于气固反应过程。当原料气通过反应器催化剂床层时,原料气在处于流化的催化剂表面进行化学反应。反应器一般由壳体、内部构件、催化剂装卸设备、气体分布构件、气固分离装置及传热部件等构成。根据床层结构可分为圆筒式、圆锥式及多管式等类型。具有气固湍动及混合剧烈、传热效率高、反应速度快、床层温度均匀等特点,便于实现连续化及自动化操作。但流化床催化剂的磨损较大,设备内壁的磨损也较严重。

流化床锅炉 fluidized bed boiler 又称沸腾燃烧锅炉,简称沸腾炉。一种能够燃用包括石煤和煤矸石在内的各种低质煤的锅炉。是将煤破碎至一定大小颗粒(小于 10mm),空气通过布风板将厚度约为 500mm 的料层吹至一定高度,使其在炉膛内上下翻腾,煤粒在高温沸腾层中燃烧,层内温度一般为 850～1050℃。燃尽的灰渣由溢流口排出炉外。具有燃烧强度及热强度高、燃料适应性强、炉灰渣可综合利用(如生产水泥及灰渣砖等)、烟气中氮氧化物含量少等特点。一般工业锅炉不能燃用的低质燃料,都能在流化床锅炉内稳定地燃烧,甚至可燃用含碳量在 15% 的炉渣。

流化焦化 fluid coking 是将氢碳比很低,含硫、含重金属高的渣油轻质化,生产气体、轻质油和焦炭的连续工艺过程。其特点是:在反应器内由灼热的焦炭粉末(20～100 目)形成流化床,焦炭在反应器和加热器之间连续循环,部分焦炭在加热器内燃烧以提供裂化反应所需热量。如选择低残炭值、低重金属含量的原料及适当的操作条件,可使焦炭产率很低甚至实现"无焦焦化"。与延迟焦化相比,具有连续操作、处理能力大、液体产品收率较高及环保效应好等优点。但由于存在技术较复杂,新建装置投资较大,焦粉及大量低热值煤气应用等问题,其发展受到限制。

流动吸附色谱法 flow adsorption chromatography 一种测定催化剂比表面积的方法。是以 BET 吸附方程为基础,测定所用流动气体是一种吸附质和一种惰性气体的混合物。常以 N_2 作吸附质,以惰性气体 He 作载气。N_2、He 混合气以一定比例通过样品,其流出部分用热导池及记录仪检测。当将样品放入液氮中时,样品对 N_2 发生吸附而 He 则不吸附,记录纸上出现一个吸附峰;如将液氮移去,则 N_2 从样品上脱附出,并在记录纸上出现一个与吸附峰相反的脱附峰。再按一般色谱定量法,在混合气中注入一定体积的纯 N_2 进行校正,可计算出在此 N_2 分压下样品的吸附量。改变 N_2、He 的组成则可测出几个不同 N_2 分压下的吸附量。将测定数据代入 BET 公式,即可计算出样品的比表面积。

流动注射分析法 flow injection analysis 简称 FIA。是在物理和化学非平衡的动态条件下进行分析测试的方法。是在管路系统中提供一个流速恒定的载流,将一定体积的试样溶液迅速注射到载流中,形成一个"试样塞"。由对流和扩散作用,"试样塞"被分散成为一个具有浓度梯度的试样带。然后与载流中某些组分发生化学反应,形成某种可以检测的物质,并随载流进入检测器,记录仪连续记录检测信号。具有设备简单、操作方便、适应性强、分析精度高等特点。广泛用于化工产品分析、水质分析及环境监测等。

流体动压润滑　fluid clynamic pressure lubrication　见"流体润滑"。

流体润滑　fluid lubrication　又称液体润滑。是在摩擦副的摩擦面被一层具有一定厚度，并可以流动的流体层隔开的润滑。此时摩擦面间的流体层，称为流体润滑的润滑膜层。流体润滑膜层具有流动性、有一定的流体压力、流体层需达到一定厚度等特点。根据流体润滑膜产生方式，分为流体静压润滑、流体动压润滑及弹性流体动压润滑等类型。通过外部油泵提供的压力实现流体润滑的方式称为流体静压润滑，润滑中，利用油的压力和流动的冲力将支承的轴顶起，形成轴与轴套间的流体油层；通过轴承的传动或摩擦而在楔形间隙中的滑动而产生油压自动形成油膜的方式称作流体动压润滑；弹性流体动压润滑是在流动油层已存在的前提下，摩擦面对油层挤压并伴随着金属表面和润滑油性质变化的过程，主要存在于齿轮和滚动轴承的润滑中。流体润滑的摩擦系数低、磨损小。其不足是流动液体层的形成需特定的条件，流体层易于流失，承受负荷的能力有限。

流体静压润滑　fluid static pressure lubrication　见"流体润滑"。

流态化　fluidization　又称流化、固体流态化。由于流体流过速率的增大，使固体颗粒层由静止状态转变为类似流体状态的现象或操作。借助于固体流态化完成某种过程的技术则称为流态化技术。流态化有气-固流态化及液-固流态化之分，而以气-固流态化应用更为广泛。在工业应用中，流态化一般是在容器内进行的，如流化反应器、再生器、沉降器等。通常将容器和呈现流化状态的颗粒一起称为流化床。流态化技术广泛用于炼油、石油化工、冶金、轻工等工业的催化反应、干燥、浸渍、焙烧、吸附、气化等过程。

流速　flow rate　单位时间内流体在流动方向流过的距离。单位为 m/s。流体流经管道截面上各点的流速不同，管道中心处的流速最大，越靠近管壁，流速越小，在管壁处流速为零。流体在截面上某点的流速称为点流速；流体在同一截面上各点流速的平均值称为平均流速，简称流速。

流量　flow capacity　又称流率。指单位时间内流经管道（或设备）任一截面的流体数量。可分为瞬时流量及累积流量。瞬时流量是指单位时间内流经某一有效截面的流体体积（称体积流量）或流体质量（称质量流量）；累积流量是指某一段时间内流经某截面的流体数量的总和，也可用体积和质量来表示。测量瞬时流量的仪表称为流量计，一般用于生产过程的流量监控及设备状态监测；测量累积流量的仪表称为计量表，一般用于计量物质消耗、产量核定及贸易结算。

流量计　flow meter　见"流量"。

流量测量仪表 flow measuring instrument 一类可以指示、测量流体流量的检测仪表。按流量测量原理可分为速度式流量计、容积式流量计及质量式流量计。速度式流量计是以流体在管道内的流动速度作为测量依据的流量仪表,常用的有差压计流量计、转子流量计、电磁流量计、靶式流量计及涡轮流量计等;容积式流量计是利用流体在流量计内连续通过的标准体积数作为测量依据,进行累积流量测量的仪表,如椭圆齿轮流量计、腰轮(罗茨)流量计、刮板流量计等;质量式流量计是以流过流体的质量流量为测量依据的流量仪表,如热式质量流量计、补偿式质量流量计、振动式质量流量计等。

流滴剂 flow-drop agent 又称防雾剂。指为防止塑料薄膜使用时产生雾害的一类助剂。聚乙烯、聚氯乙烯等聚合物树脂制成的农用薄膜用于温室或大棚中时,土壤或作物叶面蒸腾所产生的水蒸气会在薄膜表面遇冷凝结成水滴,水滴会减少光照强度、使湿度增加,影响作物生长;包装膜内侧产生的雾珠会影响商品可视性,并导致商品受损或变质。添加流滴剂的薄膜、片材在一定期限内具有流滴性,可使产生的雾滴沿棚膜下流。流滴剂按加入方式可分为内添加型及外涂型,前者是在配料时加入到树脂中,多数为具有亲水基及疏水基的表面活性剂,如斯盘-20、斯盘-60 等;后者是溶于有机溶剂或水中后,涂布于塑料制品表面,使用简单,但耐久性较差,如甘油单油酸酯。

润滑 lubrication 用来减少机械零件摩擦与磨损的一种重要手段。通常是利用润滑剂在摩擦表面形成一层具有低摩擦阻力的润滑膜层,来减少摩擦件的摩擦和磨损。根据形成润滑膜层的状态和性质,润滑可分为流体润滑及边界润滑两大类型。其中,流体润滑按形成方式不同又分为流体动压润滑、流体静压润滑及弹性流体动压润滑;而边界润滑又可分为吸附膜边界润滑和反应膜边界润滑。

润滑剂 lubricant 用来降低摩擦或使表面润滑的物质。具有降低摩擦系数、减少磨损、导热冷却、传递动力、净化摩擦表面、隔离密封及阻尼减振等基本功能,从而维持机械的正常运行和延长机械寿命。润滑剂共分气体、液体、半固体及固体四大类。气体润滑剂出现较晚,主要用于超高速的精密设备或超精密仪器上;液体润滑剂即矿物润滑油及合成润滑油,其用途最广,产量最大;半固体润滑剂即各种润滑脂,又称黄油,其中含 80% ~ 90% 的润滑油;固体润滑剂(如石墨、二硫化钼)主要用于超高真空、超低温、强辐射、高温及高负荷等特殊条件下的润滑。

润滑油 lubricating oil 液体润滑剂的总称。用于机械设备的摩擦部位,除起到良好的润滑作用外,还具有冷却、保护、密封、清洁等作用。按来源分为矿物润滑油及合成润滑油两大类。我国润滑油的石化行业标准、石化企业标准甚多,有 500 余种。国家标准涉及的润滑油有汽油机油、柴油机油、内燃机车柴油机油、重负荷车辆齿轮油、工业齿轮油、液压油、合成制动液、全损耗系统用油、汽轮机油、空气压缩机油、冷冻机油、蒸汽气缸油、变压器油、电容器油、航空喷气机润滑油、20 号航空润滑油等。

润滑油白土精制 lube oil clay treating 见"白土精制过程"。

润滑油加氢 lube oil hydrogenation 用加氢的方法生产润滑油的总称。包括润滑油加氢处理、润滑油加氢补充精制、润滑油加氢脱蜡等过程。其主要作用是改善润滑油基础油的黏温性能。与润滑油溶剂精制工艺相比较,加氢处理工艺具有基础油收率高、质量好、工艺灵活性大等特点。

润滑油的组成 composite of lubricating oil 润滑油由基础油及各类添加剂所组成。其中基础油占 70%～95%,添加剂占 5%～30%。常用基础油分为矿物油及合成油两大类。使用的添加剂有抗氧剂、抗磨剂、抗腐蚀剂、防锈剂、清净分散剂、抗泡沫剂、乳化剂、极压剂、金属钝化剂、黏度指数改进剂等。添加剂为各种极性化合物、高分子聚合物和含有硫、磷、氯等活性元素的化合物。其与基础油配伍后,可改善和提高基础油的物化性能。

润滑油调合 lube oil blending 又称润滑油调和。指按工艺配方要求,将所有基础油和添加剂按一定的比例混合均匀,使其达到成品油质量指标的过程。其目的是调整润滑油产品的黏度、黏度指数、倾点、密度及颜色等质量指标。调合过程中加入添加剂,还可改变基础油本身的氧化安定性、热安定性、极压性及色度等。调合的方法有压缩空气搅拌、泵循环、机械搅拌及管道调合等。

润滑油型防锈油 lube type anti-rust oil 又称防锈润滑两用油。一类具有防锈与润滑双重功能的防锈油。是由矿物基础油、防锈剂、清净分散剂、抗氧抗腐剂等组分调制而成的。按用途不同,可分为防锈液压油,防锈内燃机油,轻、中、重负荷防锈润滑油等。适用于机床、内燃机、轻武器、精密仪器等零部件、轴承的防锈。

润滑油型减压塔 lube type vacuum tower 原油减压蒸馏塔的类型之一。主要为后续的加工过程提供润滑油料,其分馏效果的优劣直接影响到其后的加工过程和润滑油产品的质量。对馏分的分馏要求较严格,对分馏精确度的要求与原油常压分馏塔差不多。塔的设计计算也与常压塔大致相同,一般有 3～4 个侧线抽出线。

润滑油型减压蒸馏 lube type vacuum distillation 指以生产润滑油原料为主的减压蒸馏装置。主要为后续润滑油加工过程提供原料。润滑油型减压蒸馏的分馏精确度要求,远高于燃料油型减压蒸馏。对润滑油料的质量要求不仅黏度要合适,而且要求残炭低、色度浅、馏程范围窄,并尽可能提高减压蜡油收率。

润滑油基础油 lube base oil 用于调制润滑油的主要油料的统称。对润滑油的性能起主导作用。可分为矿物油及合成油两大类。矿物基础油采用原油提炼,是通过润滑油加工工艺而得到的润滑油高、低黏度组分。合成基础油的化学成分包括高沸点、高分子量烃类和非烃类等的混合物。其组成一般为烷烃、环烷烃、芳烃、环烷基芳烃以及含氧、含硫、含氮有机化合物和胶质、沥青质等非烃类化合物。润滑油基础油根据原油性质及黏度指数分类,还根据使用范围分类,分为通用基础油和专用基础油。通用基础油按照黏度指数高低分为低黏度指数(LVI)、中黏度指数(MVI)、高黏度指数(HVI)、很高黏度指数(VHVI)及超高黏度指数(UHVI)等五类。

润滑油脱蜡 lube oil dewaxing 指由润滑油馏分或残渣油原料中除去固态烃(石蜡、地蜡),以降低油品的凝点,同时得到蜡的过程。参见“脱蜡”。

润滑油添加剂 lube oil additive 用于汽轮机油、内燃机油、齿轮油、液压传动油及各种工业润滑油的添加剂。按其作用机理可分为清净分散剂、抗氧抗腐蚀剂、极压抗磨剂、油性剂、防锈剂、抗泡剂、降凝剂、黏度指数改进剂等。由于内燃机油在润滑油中占的比例较大,故使用的添加剂数量大、品种多,其用量约占添加剂总量的 1/4 或更多。其中用量最多的是清净分散剂、黏度指数改进剂、抗氧抗腐剂及降凝剂等。

润滑脂 grease 又称黄油。是将稠化剂加入到液体润滑油中形成的一种稳定的半流体至固态状产品。为改善其性能,还加入赋予某些特性的添加剂和填料。主要用于机械的摩擦部位,起润滑及密封作用。润滑脂具有塑性,即在低负荷时呈现固体的性质,而在某个临界负荷时,润滑脂开始变形,呈现液体的性质,去掉负荷后,又恢复固体的性质。润滑脂按所用稠化剂类型可分为皂基润滑脂、烃基润滑脂、无机润滑脂及有机润滑脂等。

润滑脂杯 grease cup 见“脂杯”。

润滑脂的组成 composite of grease 润滑脂是由基础油、稠化剂、添加剂及填充剂等组成。一般含 70%～90% 的基础油、5%～30% 的稠化剂、10% 左右的添加剂及少量的填充剂等。每一组分都赋予润滑脂某些特性。各组分的比例和制脂工艺对润滑脂的性能有直接影响。其中稠化剂往往决定润滑脂的耐温性及防水性能,而润滑性及耐磨性则主要决定于基础油和添加剂。

润滑脂强度极限 strength limit of grease 又称润滑脂极限剪应力。指润滑脂开始流动或塑性变形时的应力。系在试验温度下测出润滑脂在塑性螺纹管内发生位移时的应力，再经换算所得应力。润滑脂强度极限取决于所选用的稠化剂与含量，并与制脂工艺条件有关。润滑脂强度极限是温度的函数，温度越高，润滑脂强度极限值越小；温度下降，强度极限值变大。

润滑脂填充剂　grease filler　又称润滑脂填料。指可以改善润滑脂润滑性、增强密封性和防护性、提高润滑脂强度、减少从摩擦部件中甩出润滑脂量、提高热安定性和减少摩擦系数的固态微分散物质。常用的填充剂有石墨、二硫化钼、氮化硼等。它们对金属有很强的吸引力，在边界摩擦的条件下有优异的润滑性能，当压力增高或其他原因使摩擦面间的润滑剂被挤出时，留在金属面的填充剂仍有润滑作用。但填充剂不能改变润滑脂的结构特性，故不能代替润滑剂内的稠化剂。

润滑脂添加剂　grease additive　指为改善润滑脂某方面使用性能（如防锈性、抗氧性、极压及抗磨性等）而添加的少量物质。主要有抗氧剂、防锈剂、极压剂、油性剂、胶溶剂、防水剂、拉丝性增强剂等。添加剂加入量虽然不多（约为10%），但会影响润滑脂的潜在应用质量和实用价值。

润滑脂稠化剂　grease thickener　润滑脂中重要的特征组分。其作用主要是将流动的液体润滑油增稠成不流动的固体或半固体状态。是被相对均匀地分散而形成润滑脂结构的固体颗粒，在润滑剂液体中被表面张力或其他物理力所固定而形成润滑脂结构。它与基础油一样，决定着润滑脂的一系列性能。稠化剂可分为皂类及非皂类两大类。皂类稠化剂主要为脂肪酸金属皂，如钙皂、钠皂、锂皂、钡皂、锌皂等；非皂类稠化剂有烃类、石蜡、地蜡、二氧化硅、改性膨润土、脲类、酰胺、酞菁类颜料及高聚物等。

浸没燃烧裂解法　submerged combustion pyrolytic process　部分氧化裂解法的一种。是部分原料烃经燃烧，产生的热量提供给其余部分原料进行裂解的方法。燃烧器浸没在反应器裂解原料油面之下。将与纯氧混合的燃料油从燃烧器高速喷出。经电火花点火，产生的火焰温度（可高达1500℃）使四周原料油发生裂解反应，生成的裂解产物被油层冷却并以鼓泡形式逸出。此法具有设备紧凑、投资小、热效率高的特点，但需大量纯氧，操作要求严格。

浸没燃烧蒸发器　submerged combustion evaporator　一种利用浸没于液面下的火焰将溶液加热的蒸发器。是将燃料（通常是煤气或重油）与空气在燃烧室混合燃烧产生的高温烟气直接喷入被蒸发的溶液中，高温烟气与溶液直接接触使溶液快速沸腾气化，蒸发出的水分与烟气一起由蒸发器的顶部直接排出。具有结构简单、传热效率高的特点。特别适用于处理易结晶、结垢或有腐蚀性物料的蒸发,但不适用于不可被烟气污染物料的处理,而且它的二次蒸汽的利用比较困难。

浸取 leaching 又称浸出、固-液萃取。一种用溶剂浸渍处理固体混合物,以提取有用组分的方法。可分为物理浸取及化学浸取。前者是一种简单的溶解过程,即当有用组分为可溶性时,用有机溶剂或水即可完成。如以汽油或酒精为溶剂以萃取大豆中的豆油。后者是用酸、碱溶液通过化学反应使有用组分形成可溶性化合物而溶解。

浸渍法催化剂 impregnated catalyst 指采用浸渍方法将活性组分负载在载体上所制得的催化剂。大多数固体催化剂是采用浸渍法制成的。其优点是活性组分大多分散在催化剂表面,活性组分的利用率最高,而且载体及催化剂的制备可在各自最佳的条件下进行,从而获得催化剂的最好性能。这类催化剂的主要缺点是,活性组分的最大负载量受载体对浸渍液中含活性组分的吸附能力、孔容大小及浸渍液中活性组分最大浓度所限制。

宽域沥青 multiasphalt 又称广域沥青、多级沥青或工艺改性沥青。是在一定黏度范围内调整工艺流程生产的一种性能特别的沥青。其技术指标介于重交通道路石油沥青与苯乙烯-丁二烯-苯乙烯(SBS)聚合物改性沥青之间。与普通道路沥青相比较,宽域沥青具有高温性能好、抗老化性能及抗水损害能力强、施工方便等特点。可用于重交通载荷或可能出现气温特别高的地区,最适合用于因重交通载荷引起的车辙损坏路段的罩面工程。也可用作建筑防水沥青。

容积电阻系数 volume resistance factor 衡量电容器绝缘性能的指标。为导电率的倒数。单位为 $\Omega \cdot cm$。其值越大,电容器的绝缘性越好。参见"电阻率"。

容积式流量计 volumetric flowmeter 利用一定的计量室来测量流量的流量计。计量室类似于定容器具的测量装置,是流量计的壳体与内部转子之间固定的容积空间。它的容积可以经过计算或标定而准确求得。只要对转子的转动次数进行累积计数,即能求得流过流量计的体积流量。种类很多,如椭圆齿轮流量计、腰轮流量计、刮板流量计等。容积式流量计使用方便、精度高,但不适于测量含固体粒子的液体。

容量分析法 volumetric analysis 见"滴定分析法"。

容量瓶 volumetric flask 一种测量液体体积和容纳液体的容量器皿。一般可用于配制标准溶液、试样溶液和稀释浓溶液,或与移液管配合用于分取一定量体积溶液。它是一个细长颈梨形平底瓶,带有磨口玻塞或塑料塞。在其颈上有一标线。在指定温度下,当溶液液面与标线相切时,所容纳的溶液体积等于瓶上标示的体积。按其容量,可分为 25mL、50mL、100mL、250mL、500mL、1000mL 等规格。

朗格缪尔吸附等温式 Langmuir adsorption equation 朗格缪尔于 1918 年提出的单分子层吸附等温式。其基本物理模型是：①气体分子与表面空位部位碰撞而发生定位吸附；②每个吸附中心只能容纳一个吸附粒子，吸附是单分子层的；③表面吸附中心的吸附能相等，即吸附剂表面在能量上是均匀的，而且吸附分子间无相互作用；④在一定条件下，吸附与脱附之间达成动态平衡。在此基础上导出了吸附等温式：

$$\theta = kP/(1+kP)$$

式中：θ 为吸附气体的表面覆盖分率；P 为吸附气体的平衡压力；k 为吸附平衡常数。

朗格缪尔吸附等温式定量描述了表面覆盖度与吸附平衡压力的关系。但所描述的是理想吸附情况，与实际情况有一定差距。对单分子层吸附一般可用此式描述。

调节剂 modifier 见"分子量调节剂"。

调合 blending 又称调和。指将不同物料或组分均匀掺合在一起的过程。而油品调合是将性质相近的两种或两种以上的石油组分按规定的比例，通过一定的方法及设备，达到混合均匀而生产出一种新产品的过程。有时在此过程中还需加入某种添加剂以改善油品的特定性能，提高产品质量等级。油品调合也是炼油企业石油产品在出厂前的最后一道工序，是技术性很强的一项工作。调合工艺主要分为油罐调合及管道调合两种类型。

调合汽油 blended gasoline 按牌号规定要求由几种组分及若干种添加剂（如抗爆剂等）调合而成的具有多项使用性能的发动机汽油。

调合罐 blending tank 又称调和罐。用于油品组分、添加剂等调合的专用罐。按搅拌方式不同，有机械搅拌调合及泵循环搅拌调合两种形式。其中泵循环调合是用泵不断地将罐内物料从罐底部抽出，再返回调合罐，在泵的作用下形成主体对流扩散和涡流扩散，使油品调合均匀。为提高调合效率，还可在罐内增设喷嘴以形成射流混合。泵循环搅拌调和合与机械搅拌调合相比，不仅可缩短调合时间，而且可提高调合油品的质量。

调和 blending 见"调合"。

【弱】

弱电解质 weak electrolyte 指在水溶液或溶剂中只能部分电离，而大部分仍以分子状态存在的电解质。其电离过程往往是可逆的，弱电解质分子和离子同时存在，它们之间有一电离平衡。如：

$$CH_3COOH \rightleftharpoons CH_3COO^- + H^+$$

$$NH_3 \cdot H_2O \rightleftharpoons NH_4^+ + OH^-$$

弱酸、弱碱是常见的弱电解质，如氢氟酸、氢硫酸、亚硫酸、次氯酸、碳酸及各种有机酸等。

陶瓷纤维 ceramic fiber 又称耐火陶瓷纤维。由熔化的高铝矾土喷散制成的纤维状物质。平均直径 2.8μm,平均长度 100mm,使用温度可达 1200℃,可制成毡、带等。具有耐高温、耐振动、绝热、吸音及质量轻等特点。常用作窑炉保温炉衬里及设备、管道的保温材料。在加热炉炉墙中用的主要是陶瓷纤维毛毡卷。

预分馏 prefractionation 见"初馏"

预分馏塔 prefractionator 见"初馏塔"。

预加氢 prehydrogenation 指对重整原料油的加氢预精制。是在含钼、镍、钴等活性组分的催化剂作用下,对原料油中的含硫、含氮、含氧化合物进行加氢,发生 C—S 键、C—N 键、C—O 键断裂、金属化合物加氢分解,除去油中的非烃化合物(主要是硫化物、氮化物及含氧有机化合物)和金属有机化合物,使之符合重整催化剂对原料油的要求。在预加氢过程中发生的化学反应主要有脱硫、脱氮、脱氧、脱金属、烯烃加氢饱和及脱卤素等反应。反应通常在1.5~2.5MPa 压力及 260~350℃ 的温度下进行。

预加氢催化剂 prehydrogenation catalyst 用于重整原料油加氢预精制的催化剂。主要由活性组分及载体两部分组成。所用活性组分是具有加氢活性的第Ⅷ族元素 Co、Ni、Fe 及第Ⅵ族元素 W、Mo、Cr 等金属的氧化物或硫化物;所用载体有活性氧化铝、活性炭、硅藻土、硅酸铝、分子筛及活性白土等,尤以弱酸性的 γ-Al₂O₃ 载体为常用。应用较多的催化剂是 Mo-Co-Al₂O₃ 及 Ni-Mo-Al₂O₃ 等,有时在其中还加入少量氯、氟、磷等非金属化合物。

预防型抗氧剂 perventive antioxidant 又称辅助抗氧剂。指能抑制或延缓高分子链降解过程引发阶段自由基生成的物质。即在反应中可以分解过氧化物使其不形成自由基。包括过氧化物分解剂、金属离子钝化剂。常用的有硫酸酯类及亚磷酸酯类。其中亚磷酸酯是典型的氢过氧化物分解剂。反应过程中它将氢过氧化物还原成相应的醇,其自身则转化成磷酸酯。如亚磷酸三苯酯可用作聚氯乙烯、聚丙烯、聚苯乙烯及合成橡胶等的辅助抗氧剂及热稳定剂。

预转化 preforming 一种制氢方法。是指制氢的原料在绝热固定床反应器中,把重烃转化为富含甲烷、一氧化碳、二氧化碳和水蒸气的混合气。经预转化反应后可使部分烃类在进入转化炉前就进行转化,从而减少转化炉负荷,减少燃料消耗,提高处理量。另外,由于较重原料基本上都转化为甲烷,使转化炉操作条件稳定,提高制氢装置转化炉的操作可靠性。

预脱砷 pre-dearsenization 指重整原料油的预脱砷过程。采用的方法有吸附法、氧化法及加氢法等三种。其目的是脱除原料石脑油中的常量砷,剩余的微量砷,再经加氢预精制深度净化,以获得符合要求的原料油($As<1\times10^{-9}$),预防重整催化剂中毒。吸附法是利用吸附剂将原料油中的砷含量降低,常用吸附剂为经 $5\%\sim10\%$ 硫酸铜溶液浸泡的硅铝小球。一般为两个脱砷罐切换使用。此法的优点是操作简单,缺点是砷容量较低。氧化法是用过氧化异丙苯或高锰酸钾作氧化剂对砷进行选择性氧化,可脱除大多数的砷。存在问题是氧化废渣的处理比较麻烦。加氢法是采用脱砷催化剂(如镍钼、钼钴镍催化剂),在氢气存在下,将原料油中的有机砷化物加氢,砷以砷化镍的形式留在脱砷剂中,使油中的砷被脱除。

预硫化 presulfurizing 一种催化剂预处理技术。即在催化剂投用之前用二硫化碳或硫化氢等硫化剂在氢压下对催化剂进行处理。其原理是用硫使催化剂初期暂时中毒,避免剧烈反应引起的超温。在预硫化时,一小部分硫为催化剂吸附成为不可逆吸附状态,而大部分硫呈可逆吸附硫,进油后可逐渐解脱。催化剂经预硫化后,可在金属活性中心产生临时性的可控制的硫中毒,从而抑制其过度的氢解反应,以保护催化剂的活性和稳定性,改善初期选择性。双金属或多金属重整催化剂开工时都要进行这种预硫化处理。而对于加氢精制及加氢裂化催化剂,初始装入反应器时都以氧化态存在,不具有反应活性,只有以硫化物形态存在时才具有加氢活性及选择性。因而对新鲜的或再生后的加氢催化剂在使用前都应进行硫化处理。

预硫化剂 presulfiding agent 对催化剂进行预硫化的物质。通常用含硫量较高的有机硫化物作硫化剂,如硫化氢、二硫化碳、甲基硫醇、乙基硫醇、二甲基硫、二乙基硫及二甲基二硫等。选用硫化剂时应兼顾分解温度低、含硫量高、毒性低及价格低廉等因素。由于二甲基二硫具有沸点及自燃点高、分解温度低、分解后只产生少量不饱和烃,不会造成积炭等特点,是一种优良的预硫化剂。

预精制 prerefining 原料的预处理过程。目的是除去对反应或催化剂有毒害作用的物质,如砷、铅、铜、汞及硫、氮、氧等。因此重整原料预精制过程包括原料预脱砷、原料加氢预精制、原料蒸馏脱水、原料深度脱硫等。

能耗 energy consumption 又称能量消耗量。不同场合能耗的定义有所不同。如建筑能耗一般指建筑在正常使用条件下的采暖、通风、照明、空调等所消耗的总能量,但不包括生产和经营性的能量消耗。合成氨综合能耗是指合成氨工艺消耗的各种能源折算为标准煤之和与报告期合成氨产量之比。一般能耗常指单位能耗,分为单位产量(或单位产值)能耗、单位 GDP 能耗等。

能源 energy resources 指能转换成人们所需要的电能、热能、机械能等形式的能的资源。按能否再生可分为可再生能源（如太阳能、风能、水能等）及不可再生能源（如煤、石油、天然气等）；按能源形成条件，可分为一次能源及二次能源。一次能源是指自然界中以天然形式存在的能量资源（如原煤、石油、天然气、太阳能等）；二次能源是指由一次能源加工转换成其他形式的能源，也即人工能源，如煤气、汽油、电、热水等。

能源危机 energy crisis 主要指现有主要能源（化石燃料）耗尽且未找到足够的替代能源时将出现的危险局面。由于常规能源的储量有限，特别是石油，当石油资源锐减或石油出口国提高油价时，世界经济体都会受到影响。目前通常泛指的能源危机是指石油、天然气等燃料为主的能源供应发生严重恐慌。缓解及克服能源危机的主要策略是：节约能源消耗及提高能源使用效率，加快开发可再生能源（太阳能、风能等）、大力发展核电工业、开展国际间能源研究及开发合作，寻找新的能源及替代能源等。

通风机 ventilator 又称送风机。使气体产生表压不高于 15kPa（0.05MPa）的气体输送设备。主要有轴流式及离心式两类。轴流式通风机叶片形状与螺旋桨相似，气体沿轴向进入及排出，风压主要是靠叶片转动时对空气产生的升力，故压强不大而风量大，主要用于车间通风及空冷器等的通风；离心式通风机的结构与离心泵相似，是依靠机壳内高速转动的叶轮带动气体作旋转运动所产生的离心力，以提高气体的压强。按所产生风压不同，分为：①低压离心通风机，出口风压（表压）不大于 1kPa；②中压离心通风机，出口风压（表压）为 1～3kPa；③高压离心通风机，出口风压（表压）为 3～15kPa。中低压离心通风机主要作为车间通风换气用，高压离心通风机主要用于气体输送。

通用工程塑料 general purpose engineering plastics 见"工程塑料"。

通用内燃机油 universal internal combustion engine oil 指既能用于汽油发动机润滑，又能用于柴油发动机润滑的润滑油。是由原油常减压蒸馏的润滑油馏分油和丙烷脱沥青的轻脱油馏分油经精制所得润滑油基础油，加入高效复合添加剂调合而成的。有多种质量级别。由于兼有汽油机油及柴油机油的性能，可减少因油品品种繁多造成的不便，避免错用油，方便用户和生产管理。除汽、柴油机通用外，有些产品还可四季通用，即所谓双通用内燃机油。

通用合成橡胶 general purpose synthetic rubber 见"合成橡胶"。

通用级聚苯乙烯 general purpose polystyrene 见"聚苯乙烯"。

通用锂基润滑脂 universal lithium base grease 是由脂肪酸锂皂稠化矿

物润滑油,并加有抗氧、防锈等添加剂而制得的润滑脂。具有良好的抗水性、机械安定性、防腐蚀性及氧化安定性。使用工作温度范围－20～120℃。适用于汽车,电机等各种机械设备的滚动轴承、滑动轴承和其他摩擦部位的润滑。

通用塑料 general purpose plastics 习惯上将产量大、用途广、影响大、价格低的塑料统称为通用塑料。其中属于热塑性通用塑料的有聚乙烯、聚丙烯、聚氯乙烯及聚苯乙烯等四大品种;属于热固性通用塑料的有酚醛、脲醛、密胺、环氧及不饱和聚酯增强塑料等品种。

通式 general formula 表示一组同系物中各化合物分子组成中所含碳原子和氢原子数目的一般关系式。如烷烃的通式为 C_nH_{n+2},即任何烷烃,如含 n 个碳原子,则必含 $2n+2$ 个氢原子,如甲烷(CH_4)、乙烷(C_2H_6)。同理,烯烃的通式为 C_nH_{2n}。与烷烃相似,烯烃也有同系,相邻的两个同系物的分子式也相差一个 CH_2。

难挥发物 involatile matter 见"挥发度"

十一画
【一】

球形罐 spherical tank 又称球罐。一种形状如球的金属压力容器。主要用于储存特殊液态物质(如液氧、液氮)或气态物质。操作温度一般为－50～50℃,操作压力通常为 3MPa。球罐按公称容量,常见规格有 $50m^3$、$120m^3$、$200m^3$、$400m^3$ 及 $1000m^3$ 等几种,最常用的是 $400m^3$。罐体材料常用 20R、16MnR、15MnVR 等压力容器专用钢。与其他相同容量的圆筒形储罐相比,球形罐的表面积小,钢材用量少、占地面积小、罐壁受力均匀。但制造球形罐的材料必须强度好,焊接及制造安装技术要求高,制造费用也较大。

球阀 globe valve 通过旋转球芯来通、断流体的阀。可分为固定球式及浮动球式两类。阀芯均为球体。可制成直通、三通及四通等类型。具有结构简单、相对体积小、零部件少、启闭迅速、流体阻力小而通径大、操作方便等特点。由于介质压力由密封圈承受,大型高压操作较难承受,所以,一般只用作中低压小口径阀门。而对可燃、易爆介质用软密封球阀,要求具有火灾安全结构和防静电结构。

理论转化率 theoretical conversion 见"平衡转化率"

理论硫容 theoretical sulfur capaclty 指用氧化锌等脱硫剂对原料气进行脱硫时,按其化学反应方程计算出的硫容。如用氧化锌脱硫剂脱除硫化氢时所进行的反应为:

$$ZnO+H_2S = ZnS+H_2O$$

ZnO 的分子量为 81.38,硫的分子量为 32.06。因此,氧化锌脱硫剂的理论硫容＝（32.06/81.38）×脱硫剂中 ZnO 含量＝0.394×ZnO%。由于氧化锌脱硫剂中含有一定量的助剂，其实际的饱和硫容均低于理论硫容。参见"硫容"。

理论塔板 theoretical plate 又称理想塔板。指在传质分离过程中，能使气液接触达到理想程度的塔板。即进入塔板的气液两相互相接触进行传质后，在离开塔板时彼此达到了热力学的相平衡，板效率达到100%。这种情况实际上并不存在，只用作衡量实际塔板传质效率的标准。

理论塔板数 theoretical plate number 能使气液充分接触而达到相平衡的一种理想塔板的数目。计算板式塔的塔板数及填料塔的填料高度时，必须先求出预定分离条件下所需的理论塔板数。即假定气流充分接触达到相平衡，而其组分间的关系合乎平衡曲线所规定关系的板数。实际需要的塔板数为理论塔板数除以塔板的效率因数。实际塔板数总是比理论的塔板数要多。

检出限 limit of detection 见"检测限"

检测限 limit of detection 又称检出限、最小可检测变化。一种表征和评价分析仪器检测能力的一个基本指标。指能产生一个确证在样品中存在被测物质的分析信号所需的该物质的最小含量或最小浓度。在测量误差遵从正态分布的条件下，则是指能用该分析仪器以给定的置信度检出被测组分的最小含量或最小浓度。分析仪器的灵敏度越高，检测限越低，能检出的物质量值越小。以前常用灵敏度来表征分析仪器的检测限，但由于灵敏度未能考虑到测量噪声的影响，故现在推荐用检测限代替灵敏度表征分析仪器的最大检测能力。

检测器 detector 气相色谱仪的一种关键部件。是用于检测色谱柱流出组分及其量变化的器件。其检测过程是样品经色谱柱分离后，各个组分按其保留时间的不同，随载气顺序进入检测器，检测器将这些组分按时间及浓度或质量的变化转换成电信号，经放大器放大，最后给出各组分的保留时间和含量。检测器种类很多，分为浓度敏感型及质量敏感型两类。常用的有热导检测器、氢火焰离子化检测器、电子捕获检测器、火焰光度检测器及氮磷检测器等。

检测器检测限 detector detectability 是指随单位体积的载气或在单位时间内进入检测器的组分所产生的信号等于基线噪声二倍时的量，用 D 表示：

$$D＝2N/S$$

式中，N 为检测器的噪声，以 mV 或 A 表示；S 为检测器的灵敏度，指在流动相中单位浓度或单位质量某物质通过检测器时所产生的响应信号，以 $mV \cdot mL \cdot mg^{-1}$ 或 $mV \cdot mL \cdot mL^{-1}$ 表示。

桶 barrel 世界石油和能源界常用的石油标准体积计量单位。符号为 bbl。1 桶等于 42 美制加仑，约等于 35 英制加仑，约等于 159L。由于各地原油密度不同，桶折合成公吨也有差异。世界平均值为 1 吨等于 7.33 桶。国际石油贸易系以美元/桶作为油价单位。

菱沸石 chabasite 化学式 $Ca_2[Al_4Si_8O_{24}] \cdot 13H_2O$。白色、浅黄色或浅红色三方晶系晶体。相对密度 2.05～2.10。硬度 4～5。Si 与 Al 的比例在 1.6～3 之间。阳离子以 Ca 为主，一般情况是 K＞Na。脱水后的菱沸石形成三维孔道体系，笼的大小（0.67×1）nm，八员环的自由孔径（0.37×0.42）nm。对阳离子的选择交换顺序为：
$K^+＞Ag^+＞NH_4^+＞Pb^{2+} \geqslant Na^+ \geqslant Ba^{2+}＞Sr^{2+}＞Ca^{2+}＞Li^+$。具有很高的耐热性及耐酸性，受热至 700℃ 时结构不变。用作干燥剂、吸附分离剂及催化剂载体等。菱沸石可让普通石蜡分子通过，但不能让含有支链的石蜡分子通过。也可用于分离醇、醛、酮的混合物。

堇青石 cordierite 化学式（Mg，Fe）$_2$Al$_3[AlSi_5O_{18}]$。又名二色石。正交晶系块状结晶，微带蓝色或紫蓝色。风化后颜色变浅，呈黄白色或褐色。有玻璃光泽。相对密度 2.53～2.78。硬度 7～7.5。性脆。微溶于酸。晶体结构是由[SiO_4]四面体组成的六方环为基本构件单元，环间以 Al^{3+} 及 Mg^{2+} 连接。组成变化最大的是 Mg 及 Fe，常以 Mg 为主，含 Fe 为主者较少，还含有少量 Ti。结构通道中可有 H_2O、Na、K 等存在。常用作陶瓷原料、催化剂载体、低温热辐射材料、电子封装材料等。堇青石基体有适合于提高催化剂涂层与载体结合的孔结构，而且化学稳定性好，不会与催化剂涂层发生固相反应，大量用于汽车尾气催化转化器。

黄石蜡 yellow paraffin 见"粗石蜡"。

黄油 grease 见"润滑脂"。

黄油枪 grease gun 见"脂枪"。

黄蜡 yellow wax 石油蜡品种之一。常温下为黄色固体。由原油经常减压蒸馏所得蜡油，经冷榨脱蜡或酮苯脱蜡、发汗脱蜡而制得。按熔点分为 52 号、54 号两种牌号。含油量不大于 2%，色度号不大于 6。用于生产过热气缸油和降凝剂的原料。

萘 naphthalene 化学式 $C_{10}H_8$。一种含两个苯环的固体芳香族化合物。白色单斜晶系鳞片状结晶。常温下易升华。相对密度 1.162。熔点 80.2℃，沸点 217.9℃，闪点 78.9℃（闭杯），自燃点 559℃。折射率 1.5898（85℃）。蒸气相对密度 4.42，蒸气压 11.33Pa（25℃）。爆炸极限 0.9%～5.9%。不溶于水，溶于苯、甲苯、乙醇、乙醚等。与苯相比，更易进行氧化、加氢、硝化、磺化、卤代、烷基化等反应。遇明火、高热易燃。低毒！对黏膜及皮肤有刺激性。反复接触萘蒸气，可引起头痛、恶心、呕吐及血液系统损害。用于生产苯酐、萘胺、萘磺酸、染料、医药等。也用作驱虫剂、防臭剂、润滑油降凝剂等。可由煤焦油中分离或从石油烃中获得。从煤焦油中分出的称焦油萘；从原油或裂解馏分中分出的称石油萘。

萘油 naphthalene oil 见"中油"

萘烷 decalin 见"十氢化萘"

萃取 extraction 又称抽提。指利用原料中各组分在溶剂中的溶解度不同而使液体或固体混合物分离的过程。如原料是液体混合物，则称为液-液萃取或溶剂萃取；如原料是固体混合物，则称为固-液萃取、浸取或沥取。一般所说的萃取仅指液-液萃取或液-液抽提。所加入的溶剂称为萃取剂。萃取过程中，萃取剂与原料液中的有关组分不发生化学反应，称为物理萃取，反之则称为化学萃取。按操作方式可分为间歇萃取及连续萃取；按原料液与萃取剂的接触方式可分为分级接触式萃取及连续接触式（或微分接触式）萃取，其中分级接触式萃取又可分为单级萃取和多级萃取。而多级萃取又分为多级错流萃取及多级逆流萃取。

萃取剂 extractant 又称抽提剂。萃取过程所用的溶剂。它对被萃取物质具有较大的溶解能力，而对原料液中的其余部分应不溶或部分互溶。选择合适的萃取剂是保证萃取操作能正常进行且经济合理的关键。一般要求萃取剂对混合物中的欲萃取组分有较高的萃取选择性及萃取能力，不溶或难溶于被萃取溶液，并有较高的化学稳定性、热稳定性，而且毒性要小。对萃取蒸馏中选用的萃取剂，还应考虑到萃取剂应使原组分间相对挥发度发生显著变化，萃取剂的挥发性应低些。即其沸点应较原混合液中纯组分为高，且不与原组分形成恒沸液。

萃取设备 extraction equipment 又称萃取器。指液-液萃取的设备。在液-液萃取过程中，要求所用设备必须同时满足两相的充分接触（传质）和较完全的分离。由于液-液两相间密度差小，界面张力不大，为提高萃取设备的效率，通常要外加能量，如搅拌、振动、脉冲等。类型很多。根据两相接触方式不同，分为逐级接触式设备（如筛板塔、脉冲混合澄清器、逐级接触离心机等）及微分接触式萃取设备（如填料塔、喷洒塔、转盘萃取塔等）；根据有无外功加入，可分为有外加能量的萃取设备（如脉冲填料塔、转盘萃取塔、振动筛板塔、连续式离心萃取器等）及无外加能量的萃取设备（如喷洒塔、填料塔、筛板塔等）。

萃取蒸馏 extraction distillation "抽提蒸馏"。

职业病 occupational disease 一类由工作环境造成的疾病。是指企业、事业单位和个体经济组织劳动者在职业活动中，因接触粉尘、有毒有害物质及放射性物质等而引起的疾病。它具有病因明确（病因为职业有害因素）、病因大多可检测及识别、存在群体现象、早期诊断并及时治疗时预后较好等特点。职业病必须是列在《职业病目录》中、有明确的职业相关关系，按照职业病诊断标准，由法定职业病诊断机构明确诊断的疾病。

基 radical 化合物分子中具有特殊性质的一部分原子或原子团，或化合物分子中去掉某些原子或原子团后所剩下的单原子（如$-Cl$）及单原子游离基（如$Cl\cdot$）等。参见"原子团"。

基元反应 elementary reaction 又称元反应。指能在一次化学行为中完成的反应。复杂反应中的每一步骤都称为基元反应。基元反应的速度都具有简单的级数。如一级反应是反应速度只与反应物浓度的一次方成正比的反应；二级反应是反应速度与两个物质的浓度的乘积成正比的反应。但基元反应的级数一般不超过 3。两个以上的基元反应则组成复杂反应。

基本有机合成 fundamental organic synthesis 见"有机合成"。

基本误差 intrinsic error 又称固有误差。指仪器在参比工作条件（即仪器的各种影响量、影响特性所规定的一组带有允差的数值范围）下使用时的误差。由于参比工作条件是比较严格的，故这种误差更能准确反应仪器固有的性能，便于在相同条件下对同类仪器进行比较和校准。基本误差也是表征仪器准确度的基本指标。在说明书或产品样本中的绝对误差、相对误差均应理解为基本误差。

基团 radical 不作为严格区分的原子团及基的通称。

基团转移聚合 group transfer polymerization 一种活性聚合。指由引发剂上的硅（或锡、锗）烷基基团转移至单体上引起的聚合。其本质属于 Michael 反应，聚合过程同样分引发、增长及终止反应。所用单体主要是 α、β-不饱和酯、酮、腈和二取代的酰胺，使用最多的是甲基丙烯酸甲酯及丙烯酸乙酯；引发剂为带硅烷基、锡烷基及锗烷基等基团的化合物，使用最多的是烯酮硅缩醛；所用催化剂主要有阴离子型（如$HF_2{}^-$、CN^-、F_2Si^- 等阴离子）及路易斯酸型（如$ZuCl_2$、$ZuBr_2$、ZuI_2、R_2AlCl 等）。其催化机理是与单体中的羰基配位，使单体活化。基团转移聚合被认为是自由基、阳离子、阴离子及配位聚合之外的第五种连锁聚合技术。可用来制备无规或嵌段共聚物、遥爪聚合物等。

基线 base line 色谱分析中，在正常操作条件下，仅有载气通过检测器系统时所产生的响应信号曲线称为基线（正常条件下应为一条直线）。基线随时间定向的缓慢变化称为基线漂移，而由于各种因素引起的基线波动称为基线噪声。

基线漂移 baseline drift 见"基线"。

基线噪声 baseline noise 见"基线"。

基础油 base oil 用以生产润滑油或其他产品的精制油品,有矿物油、合成油及半合成油等。可以单独使用,也可与其他油品或添加剂掺合使用。是润滑油的最重要成分,在润滑油中占70%~95%。基础油根据适用范围可分为通用基础油及专用基础油。每一类基础油按黏度等级又分为不同的牌号。

基准状态 standard condition 指衡量气体体积时的一种温度压力条件。我国国家标准 GB1314—1977 规定20℃、101.325kPa 为气体基准状态。其体积单位用 m^3(标)表示。在科学研究中,通常指 0℃ 及 101.325kPa 为标准状态。一般的气体密度是指在标准状态(0℃、101.325kPa)下的密度。而在天然气工业中通常用基准状态代替标准状态。

基准试剂 primary reagent 指质量高的、作标准用的试剂。我国目前将滴定分析用的、校准酸度计用的、热值测定用的三类试剂称为基准试剂。其中前两类有国家标准。其他类作标准用的试剂称为标准试剂。目前国内有有机元素分析用标准试剂,临床化验用标准试剂,色层分析用标准试剂,气相色谱分析用标准试剂等。基准试剂是在标准物质量值基础上,通过准确的比较法定值。它比标准物质档次要低,用于一般测定中作标准。

酚油 phenol oil 见"中油"。

酚盐 phenolate 酚分子中羟基的氢原子为金属原子取代的化合物。最简单的酚盐为苯酚钠。酚盐有一定的碱性,会发生一定程度的水解,与酸作用时分解为原来的酚。烷基酚盐(如烷基酚钙)可用作润滑油的清净分散剂。

酚酞 phenolphthalein 化学式 $C_{20}H_{14}O_4$。白色或黄白色粉状结晶。相对密度 1.277。熔点 258~262℃。微溶于冷水,溶于乙醇,稍溶于乙醚。1% 乙醇溶液用作酸碱指示剂。在酸性溶液中为无色,在碱性溶液中呈红色。变色范围为 pH 值 8.2~10.0(无色→红色)。变色是由于在碱性溶液中变成下式结构引起的:

（无色）

（红色）

酚酸 phenolic acld 见"羟基酸"

酚精制 phenol refining 一种以苯酚为溶剂的润滑油溶剂精制过程。基本工艺流程包括酚抽提、从精制液和抽出液中回收酚、酚循环等。苯酚的选择性较糠醛稍差、但溶解能力较强,可用于精制馏分油和脱沥青油,脱除多环短侧链芳烃,提高油的黏度指数及氧化安定性。由于苯酚的毒性大,适用原料范围窄,近年来有逐渐被取代的趋势。

酚醛树脂 phenol-formaldehyde resin 由酚类化合物和醛类化合物缩聚制得的合成树脂。为三大热固性树脂之一。分热固性及热塑性两类。热固性酚醛树脂又称可溶酚醛树脂或一阶酚醛树脂、甲阶树脂,是一种含有可进一步反应的羟甲基活性基团的树脂,在加热或在酸性条件下可交联固化;热塑性酚醛树脂又称线型酚醛树脂或二阶酚醛树脂、乙阶树脂,需加入固化剂(如六亚甲基四胺)后才可反应形成具有三维网络结构的固化树脂。酚醛树脂有良好的耐热性、阻燃性、耐酸性,而且成型加工容易。热固性树脂多用于制造层压材塑料,改性后用于制造增塑塑料、玻璃纤维及涂料、胶黏剂等;热塑性树脂用于制造电器零件、仪表外壳等,还可用于制酚醛清漆树脂、成型材料、胶黏剂等。

酚醛树脂胶黏剂 phenolic resin adhesive 以酚醛树脂或改性酚醛树脂为基材的胶黏剂。具有黏接力强、耐热性高、耐老化性好、电绝缘性优良、耐水及耐油性强等特点。主要缺点是脆性大、剥离强度低、固化时气味大。未改性酚醛树脂胶黏剂主要有钡酚醛树脂胶、醇溶性酚醛树脂胶及水溶性酚醛树脂胶;改性酚醛树脂胶黏剂常加入热塑性树脂或橡胶等进行改性,以制得韧性好、耐热高、强度大、性能优良的结构胶黏剂,如酚醛聚乙烯醇缩醛胶黏剂、酚醛丁腈胶胶黏剂、酚醛氯丁胶胶黏剂、酚醛氟橡胶胶黏剂、酚醛环氧胶黏剂等。除用于粘接木材、泡沫塑料外,还用于飞机、汽车、船舶、拖拉机等部门。

酚醛树脂涂料 phenolic resin paint 以酚醛树脂或改性酚醛树脂为主要树脂的涂料或酚醛树脂漆。大致可分为醇溶性酚醛树脂涂料、改性酚醛树脂涂料及油溶性纯酚醛树脂涂料等三类。酚醛树脂赋予涂料以硬度、光泽、快干、耐水、耐酸碱及绝缘等性能,广泛用于木器、家具、建筑、机械、电气及防腐等领域。但酚醛树脂在老化过程中漆膜易泛黄,故不宜制造白色或浅色涂料。除单独使用外,酚醛树脂可与其他合成树脂并用,如与聚酰胺树脂并用可以涂刷印刷品、纸制品,达到光泽好、漆膜耐磨的效果。

堆密度 bulk density 又称表观体积密度、松(堆)密度、堆积密度、填充密度。指成堆固体颗粒物单位体积的质量。常用于表示固体催化剂的密度,即单位体积内催化剂的质量。测量方法是,在一容器(如量筒)中,按自由落体方式加入一定体积催化剂,然后称取催化剂的质量,经计算即得其堆密度。堆密度与催化剂的颗粒大小及形状等因素有关。催化剂的堆密度既是计算反应器床层装填量的重要数据,也常是计算催化剂价格的基准。在上述容器(或量筒)中的催化剂经机械振动或用在硬橡胶板上用手敦实至体积不变时，所读取的体积计算的密度则称为紧堆密度。

厢式干燥器 box-type dryer 外形像箱的间歇式干燥器。物料装在浅盘里，置于支架上，层叠放置。物料层厚度一般为 10~100mm。按物料性质、状态和生产能力大小，分为水平气流厢式干燥器、穿流气流厢式干燥器、真空厢式干燥器、隧道式干燥器、网带式干燥器等。厢式干燥器结构简单，适应性强，可用于干燥小批量的粒状、片状、膏状物料。主要缺点是物料不能翻动、干燥不均匀、操作条件差、劳动强度大，主要用于小规模生产及实验室使用。

硅油 silicone oil $\left[\begin{matrix} | \\ Si \\ | \end{matrix} - O - \begin{matrix} | \\ Si \\ | \end{matrix}\right]_n$

又称有机硅油。分子量较低的液态聚硅氧烷。是由含有活性官能团的有机硅单体，经水解缩聚而得的线型结构油状物。分子主链是无机结构，侧链可以是甲基、苯基、乙氧基、氯代苯基、羟基等有机基团或氢原子。按化学结构可分为甲基硅油、乙基硅油、苯基硅油、甲基含氢硅油、甲基苯基硅油、甲基氯苯基硅油、甲基羟基硅油、羟基含氢硅油、含氰硅油等。硅油为无色至淡黄色，无毒、无味。不溶于水、甲醇、乙二醇，可与苯、二甲醚、甲乙酮、四氯化硅及煤油等互溶。具有优良的耐热性、电绝缘性、耐候性、疏水性、生理惰性及较小的表面张力。广泛用作润滑剂、脱模剂、消泡剂、绝缘油、热载体、防震油、液压油等。

硅树脂 silicone resin 又称有机硅树脂、聚硅氧烷树脂。一种含有活性基团(如 Si—OH、Si—OR 等)，在加热或催化剂作用下能进一步固化成三维交联结构的支链聚硅氧烷。是由甲基三氯硅烷、苯基三氯硅烷、二甲基二氯硅烷等单体经水解溶聚制得的。属热固性树脂，其性能与 R/Si 的比值有关(R 为甲基或苯基)。比值小时，硬度较大，弹性较小；比值大时，硬度较小，弹性较大。根据不同原料及 R/Si 值，可制得一系列性能不同的树脂，外观从液状至高黏度油状，直至固状。具有优良的耐热性、疏水性、电绝缘性及耐潮、耐寒、耐臭氧等性能，但耐溶剂性较差。用于制造耐热耐候防腐涂料、胶黏剂、脱模剂、绝缘材料及绝缘漆、层压板等。

硅氧四面体 silica-oxygen tetrahedron 沸石或分子筛晶体的最基本结构单元之一。硅氧四面体(SiO_4)中，中心原子是硅，每个硅原子周围有四个氧原子。硅原子的四个化学键不是处在同一平面上，而是在空间互成一定角度，与四个氧原子结合形成立体结构。硅氧四面体中的硅原子，有时也可被铝原子取代，形成铝氧四面体(AlO_4)。因 Al 是 +3 价，周围有 4 个氧相连接，共负四价，难以保持电中性，故在铝氧四面体的附近必须有带正电荷的离子来中和它的负电荷。分子筛中以正离子状态存在的金属离子 M 的正电荷就是供中和铝氧四面体的负电荷的。人工合成的分子筛中,金属离子一般为钠离子。

硅胶 silica gal 化学式 $mSiO_2 \cdot nH_2O$。又名硅(酸)凝胶、氧化硅胶。一种坚硬无定形的链状和网状结构的硅酸聚合物颗粒。呈透明或乳白色,无臭。耐酸、耐碱、耐溶剂。但溶于氢氟酸和热的碱金属氢氧化物溶液。常用硅胶的比表面积为每克几十至几百平方米,孔半径为 $1\sim 10nm$。是典型的极性吸附剂。易吸附极性物质,难吸附非极性物质。按用途可分为干燥剂硅胶、吸附剂硅胶、催化剂载体用硅胶及特种专用硅胶等。可由硅酸钠溶液与硫酸或盐酸经胶凝、洗涤、干燥制得。硅胶的比表面积和孔径大小可因制备及后处理条件不同而有很大变化。

硅润滑脂 silicone grease 又称硅脂。是由白炭黑稠化有机硅油,并加有多种添加剂制成的润滑脂。如 7502 号硅脂适用于橡胶与金属间的密封与润滑,以及与某些化学品接触的玻璃、陶瓷或金属制阀门旋塞、接头等低速滑动部位的密封与润滑,也用于电位器的阻尼、电器的绝缘与密封、液体联轴节的填充介质等,还可用于真空度达 $133\mu Pa$ $(10^{-6}mmHg)$ 的真空系统的润滑与密封。使用温度范围为 $-54\sim +205℃$,短期可用于 $260℃$。

硅烷 silane 硅和氢组成的化合物的总称。通式 Si_nH_{2n+1}。是类似于烷烃的一类含硅化合物。主要有甲硅烷、乙硅烷、丙硅烷及丁硅烷等。物理性质与烷烃相似,但化学性质比烷烃活泼,易氧化,在空气中能自燃。遇水缓慢反应形成原硅酸和氢气。加热时分解成硅及氢。硅烷中的氢被有机基团取代,则称为有机硅烷。分子中的氢被有机基团和卤素取代,成为有机卤硅烷。其中氯硅烷是合成聚有机硅氧烷的重要单体。硅烷可由四氢化硅用氢化铝锂还原制得。

硅烷偶联剂 silane coupling agent 一类具有有机官能团的硅烷。分子中同时具有能和无机质材料(如玻璃、金属等)化学结合的反应基团,以及能与有机质材料(如合成树脂等)化学结合的反应基团。其通式为 $Y(CH_2)nSiX_3$,式中:$n=0\sim 3$;X 为可水解的基团(常为氯基、甲氧基、乙氧基、乙酰氧基等);Y 为能与树脂反应的有机官能团(如乙烯基、氨基、巯基、环氧基、氰基等)。作为偶联剂使用时,X 基首先水解形成硅醇,然后再与无机质材料表面上的羟基反应而形成化学结合,而另一端的有机官能团 Y 与有机质材料反应,形成牢固的化学结合。可用于许多无机填料,对含硅酸成分多的玻璃纤维,石英粉及白炭黑的效果最好,对氢氧化铝及陶土次之,对不含游离水的碳酸钙效果欠佳。

硅酮型制动液 silicone brake fluid 见"合成刹车液"

硅溶胶 silica sol 化学成分 $mSiO_2 \cdot nH_2O$。又名硅酸溶胶。是由硅酸的多分子聚合物形成的胶体溶液。是直径为数纳米至数十纳米的超细颗粒分散于水中的乳白色胶体溶液。SiO_2 含量为 $20\% \sim 40\%$。pH 值为 $2.2 \sim 4.0$。平均粒径 $10 \sim 20nm$。无毒。不燃。溶于氢氟酸及氢氧化钠溶液，不溶于其他无机酸。稳定期在一年以上。黏度一般小于 $10mPa \cdot s$。水能浸透处它都能浸透。耐高温，能在 $1500 \sim 1600℃$ 下使用。由于具有较大的比表面积和存在硅羟基，而具很大反应活性，可用作黏合剂、催化剂载体、毛纺助剂、玻璃纸抗粘剂、铅酸蓄电池凝固剂等。可由稀释的水玻璃经离子交换制得。

硅酸钠 sodium metasilicate 化学式 $Na_2O \cdot nSiO_2 \cdot xH_2O$。又名水玻璃、泡花碱、偏硅酸钠。有固体及液体两种。固体硅酸钠为无定形，呈天蓝色或黄绿色。无固定熔点，软化点 $>100℃$。商品很像玻璃，又能溶于水，故得名水玻璃。液体硅酸钠为无色、灰色或略带绿色的黏稠液体。由内含不同比例的氧化钠（Na_2O）及二氧化硅（SiO_2）所组成。SiO_2 与 Na_2O 的摩尔比称为模数，其性质随模数不同而不同，其黏度与模数成正比。溶于水呈碱性，遇酸分解析出硅酸的胶质沉淀。长期与手部皮肤接触，可产生接触性皮炎。用于制造硅铝催化剂、硅胶、硅溶胶、硅酸盐、分子筛、白炭黑等，也用作洗涤剂、漂白剂、防腐剂、阻燃剂等。可由纯碱与硅砂在 $1400℃$ 以上经熔融反应制得。

硅酸铝 aluminium silicate 化学式 $Al_2O_3 \cdot SiO_2$ 或 $mAl_2O_3 \cdot nSiO_2$。一种由 SiO_2 与 Al_2O_3 结合而成的复合硅铝氧化合物。可从天然矿物中得到，也可由人工合成制得。合成硅酸铝是一种无定形固体，而不是晶体，又称为无定形硅酸铝。工业合成硅酸铝有含 Al_2O_3 约 13%（低铝硅酸铝）及含 Al_2O_3 约 25%（高铝硅酸铝）两种。无定形硅酸铝表面存在 B 酸及 L 酸两种酸中心，因而是很好的催化裂化催化剂。但因其热稳定性比分子筛差，在催化裂化装置中，分子筛已逐渐取代硅酸铝催化剂。但仍是分子筛催化剂的良好载体。无定形硅酸铝由水玻璃与硫酸铝或氯化铝反应制得。

硅橡胶 silicone rubber 一种特种合成橡胶。是以聚硅氧烷为主链的弹性体，而聚硅氧烷则由 Si—O（硅-氧）链重复连接构成。品种很多，按其化学组成分为二甲基硅橡胶、甲基二烯基硅橡胶、甲基苯基乙烯基硅橡胶、氟硅橡胶、腈硅橡胶、亚苯基硅橡胶、硼硅橡胶、室温硫化硅橡胶等；而按外观形态与交联机理，可分为以聚合度 $5000 \sim 10000$ 的线型硅氧烷聚合物及以聚合度为 $100 \sim 2000$ 的液体状线型硅氧烷聚合物。硅橡胶具有耐高低温（$-100 \sim 300℃$）、耐臭氧、高透气性、防雷及优良的电绝缘性能。无味、无毒，对人体无不良影响。广泛用于航空、汽车、仪表、电气工业各部门，用于制造 O 形圈、垫片、皮碗、油封、活门、减震器、电线电缆等。也用于制造人造心脏瓣膜、人造血管、导尿管、奶嘴等医疗卫生用品。

硅藻土 kieselguhr $SiO_2 \cdot nH_2O$
一种粉状硅质沉淀岩石。主要由称为硅藻的单细胞海洋生物遗骸组成。纯硅藻土为白色，SiO_2 含量可高达 94%。一般因含杂质而呈浅灰、灰白、浅黄、浅褐或褐色等。质轻而软。具特殊多分子结构，呈圆筛状、直链状及环状等。孔隙率可达 65%～90%。相对密度 1.9～2.35。熔点 1400～1500℃。吸附能力很强，可吸附自身质量 1.5～4.0 倍的水。机械强度较低。化学稳定性好。除氢氟酸外，不溶于其他酸及水，易溶于碱。可用作泥浆添加剂、催化剂及催化剂载体、填充剂、吸附剂等。通常由采出的原土经干法或湿法提纯，或经直接煅烧后制成各种用途的产品。

推进式搅拌器 propeller agitator
又称旋桨式搅拌器。由 2～4 片螺旋推进桨构成的搅拌器。桨叶为一几何螺旋部件，通过轴套、键及螺帽等固定在轴上。桨叶的旋向可为左螺旋或右螺旋。搅拌时，流体由桨叶上方进入，自桨叶下方以圆筒状螺旋形排出。流体至釜体再沿器面返至桨叶上方，形成轴向流动。其湍流程度不高，但循环量大，可在较小搅拌功率下获得良好搅拌效果。转速一般为 400～800r/min，也可高达 3000r/min。广泛用于较低黏度的物料搅拌、乳状液搅拌及固含量低于 10% 的悬浮液的搅拌。当液层较深或液体黏度大于 10Pa·s 时，可安装双层或多层桨叶，以使液流上下翻动剧烈，并能冲刷反应器底部。

接枝共聚 graft copolymerization
在由一种或几种单体生成的聚合物主链或侧基上形成活性中心，引发单体聚合后形成聚合物支链的共聚反应。生成的产物称为接枝共聚物。按机理可分为自由基、阳离子及阴离子三类聚合。可通过高分子引发剂、大分子单体共聚等方法实现。通过主链接枝可以改善主链聚合物的某些性能。如 ABS 树脂是采用接枝共聚制得的。先将聚丁二烯橡胶溶于丙烯腈、苯乙烯混合液中，用过氧化物引发聚合，可在聚丁二烯链上形成自由基，再引发两种单体无规接枝共聚，就可获得主链为聚丁二烯、支链为苯乙烯、丙烯腈的共聚物。产物性能兼具有橡胶及塑料的特点。

接枝共聚物 graft copolymer 见"接枝共聚"

接触吸附干燥 contact adsorption drying 由两种干燥技术组合的一种干燥方法。传统的接触干燥即热传导干燥。吸附干燥也称除湿干燥。是在物料与其接触的吸附剂材料的质量浓度梯度推动下，进行湿分传递。所谓接触吸附干燥，即将固体吸附剂与被干燥物料混合，同时进行接触干燥和吸附除湿干燥的过程。当完成所期望的传质后，将两种混合料分离，固体吸附剂经再生后循环使用。

接触时间 contact time 见"停留时间"

接触焦化 contact coking 又称移

动床焦化。是以颗粒状焦炭为热载体，使原料油在灼热的焦炭表面结焦的移动床焦化过程。由于其工艺及设备结构复杂，投资及维修费用高，技术不够成熟而发展极缓慢。

接触器 contactor　一种润滑脂生产用的专用设备。是一个带夹套的压力容器，内装一个双层壁倒流筒，底部有一高速推进式叶轮。叶轮高速旋转时，迫使物料沿容器内壁与倒流筒之间的缝隙向上流动，上部物料再从倒流筒中心流向推进器叶轮，从而完成循环。导流筒具有导流与传热的双重作用。加热介质通过外层夹套和导流筒进行加热。具有传热效果好、反应时间短、物料混合均匀、生产效率高、产品质量好等特点。主要用于制备皂基，也可与调合釜联合操作组成半连续或间歇式制脂过程。

控制循环精馏 control cyclic distillation　一种节能精馏技术。是在一般的精馏系统中增设一个自动启闭的电磁阀。当电磁阀处于关闭状态时，塔内流体向下流动；当电磁阀处于开启状态时，气体向上流动。控制电磁阀的启闭时间，可以使液体和气体作周期性向下或向上流动。每一循环时间一般为 $1\sim10s$。塔内气体呈不稳定操作。当液体向下流动时，可看作活塞流，无轴向返混现象；而蒸气上升时由于能与液体充分接触，传质推动力较常规精馏要大。其塔效率可提高约一倍左右。

【 | 】

常压瓦斯油 atmospheric gas oil　简称 AGO。由原油常压蒸馏塔侧线抽出的包括轻柴油和重柴油在内的宽馏分油。沸点范围为 $200\sim380℃$。用于生产航空煤油、轻柴油及重柴油等。也用作蒸汽裂解制烯烃原料，催化裂化及加氢裂化的原料。

常压炉 atmospheric heater　见"蒸馏炉"。

常压重油 atmospheric residuum　见"渣油"。

常压渣油 atmospheric residuum　见"渣油"。

常压蒸馏 atmospheric distillation　指在常压下操作的蒸馏过程，尤指原油的常压蒸馏。常压蒸馏的作用是将拔头原油切割成具有一定沸点范围的馏分，生产石脑油、煤油、柴油馏分。也可生产分子筛脱蜡原料、溶剂油和一部分二次加工原料。是炼油厂最基本的原油加工过程。

常压蒸馏塔 atmospheric distillation tower　又称常压塔。指原油常压蒸馏塔。一般为板式塔，塔内以塔板作为基本构件。气体自塔底向上鼓泡或以喷射形式穿过塔板上的液层，使气液相密切接触而进行传质与传热，两相的组分浓度呈阶梯式变化。从塔顶馏出石脑油或汽油，塔底引出重油，介于其间的产品（如煤油、轻柴油、重柴油等）则在塔侧作为侧线产品抽出。塔底的常压重油可作减压塔进料、催化裂化原料油或调制锅炉燃料油。

常压馏出油 atmospheric distillate 又称常压馏分。指由常压蒸馏塔蒸出的各线馏出油的统称。常压蒸馏可切割出 350℃ 以前的馏分,如塔顶生产汽油组分、重整原料、石脑油;常一线出喷气燃料、灯用煤油、溶剂油、乙烯裂解原料或特种柴油等;常二线出轻柴油、乙烯裂解原料;常三线出重柴油或润滑油基础油;常压塔底出重油。

常减压蒸馏 atmospheric and vacuum distillation 原油常压蒸馏和减压蒸馏的总称。是原油一次加工的基本过程。也是炼油厂加工原油的第一个工序,在炼油厂加工总流程中具有重要作用。常减压蒸馏一般包括初馏塔、常压塔及减压塔,为三塔流程。原油经常减压蒸馏装置加工后,可得到石脑油、喷气燃料、灯用煤油、柴油及燃料油等产品。常减压装置也可为下游二次加工装置或化工装置提供质量较高的原料,如重整原料、乙烯裂解原料、催化裂化或加氢裂化原料,溶剂脱沥青或减黏裂化装置的原油等。

悬浊液 suspension 又称悬浮液。固体分散质直径介于 $10^{-7}\sim10^{-3}$ m 之间,悬浮于分散剂中形成的分散系,如泥浆、料浆等。由于悬浊液中分散的固体颗粒不溶于溶剂,且较大,导致悬浊液呈现浑浊。悬浊液中各部分的组成不均匀,稳定性较差,易出现沉淀。当在其中加入高分子化合物(如明胶)时,可提高稳定性,减缓沉淀。

悬浮床结晶法 suspension bed crystallization method 见"熔融结晶"。

悬浮聚合 suspension polymerization 单体以小液滴状悬浮在分散介质中的聚合反应。单体中溶有引发剂。一个小液滴相当于一个小本体聚合单元。从单体液滴转变为聚合物固体粒子,中间经过聚合物—单体黏性粒子阶段,需加分散剂防止粒子粘并,故悬浮聚合体系一般由单体、油溶性引发剂、水、分散剂四个基本组分构成。悬浮聚合反应机理与本体聚合相同,聚合物的粒径为 $0.05\sim2$mm(或 $0.01\sim5$mm),主要受搅拌和分散剂控制。悬浮聚合多采用间歇法,其优点是:①体系黏度低、传热及温度易控制,产品分子量及分布较稳定;②产品分子量比溶液聚合高,杂质含量比乳液聚合低;③后处理工序比乳液及溶液聚合简单,粒状树脂可直接成型。主要缺点是产物中会带有少量分散剂残留物。综合其优缺点,其应用广泛,80%聚氯乙烯、全部苯乙烯型离子交换树脂及可发性聚苯乙烯等都用本法生产。

悬筐式蒸发器 basket type evaporator 一种竖管式蒸发器。操作原理与中央循环管式蒸发器相同。它的加热室像个篮筐,悬挂在蒸发器壳体的下部,加热蒸汽从蒸发器的上部进入到加热管的管隙之间,溶液仍然从管内通过,并以外壳的内壁与悬筐外壁之间的环隙中循环,环隙截面积一般为加热管总面积的 100%~150%。其优点是溶液循环速度较大(一般为 1~1.5m/s),热损失较小,加热室可从上方取出,清洗及检修较方便。缺点是结构复杂、所需材料较多,适用于蒸发易结晶的溶液。

累积流量 cumulative flow 见"流量"。

蛇管式换热器 coil heat exchanger 一种间壁式换热器。由用肘管相互连接的直管或由盘成螺旋形的弯曲管构成。所用管材可以是钢管、铜管、有色金属管、陶质管、石墨管等。按换热方式可分为沉浸式及喷淋式两类。沉浸式蛇管换热器是将蛇管浸没在盛有液体的容器内,蛇管内通入载热体。其特点是结构简单、价格便宜、能承受高压。但传热系数较小,常用在传热量不大的反应锅中作换热装置,或用于冷却、冷凝高压下的流体。喷淋式蛇管换热器是将用肘管连接的若干直管水平排列于同一垂直面上,要冷却的流体在管内流动,管外用冷却水喷淋冷却。广泛用作冷却器。

【J】

铝矾土 bauxite 又称铝土矿。灰白色、黄色或红棕色的无定形或结晶形矿物。主要矿物成分是一水硬铝石、一水软铝石或三水铝石。化学成分主要为 Al_2O_3、SiO_2、Fe_2O_3、TiO_2 及 H_2O,五者总量占成分的 95% 以上。次要成分有 S、CaO、MgO、K_2O、MnO_2、Na_2O、有机质、碳质等。结构疏松。通常与煤矿层及铁矿层伴生。是我国主要的铝矿石,为铝的主要来源。可用作研磨材料、过滤介质、气体脱水剂及石油加工中的催化剂,也用于制造耐火材料、高铝水泥等。

铝氧四面体 alumina-oxygen tetrahedron 见"硅氧四面体"。

铝基润滑脂 aluminium base grease 是用脂肪酸铝皂稠化润滑油制得的润滑脂。外观光滑细腻、呈透明状,方便涂抹。本身不含水,也不溶于水,可用于与水接触的部位。如用于船舶机械设备、精密仪器仪表及贵重而工况缓和的机器润滑,或用作金属表面的防护和缓蚀材料。因它在 70℃ 即开始软化,故只能在低于 50℃ 下使用,而且机械安定性较差,影响其使用范围。

铝溶胶 aluminium sol 指以高纯金属铝为原料,用氯化铝或盐酸的水溶液在升高温度下将铝煮熔而制得的一种无色或淡黄色的黏稠胶体溶液。将铝溶胶作为铝源,经与六亚甲基四胺水溶液混合后滴入热油柱内,经冷却固化可制得 γ-Al_2O_3 微球载体。

铜片腐蚀试验 copper strip corrosion test 一种定性检验试样油中是否存在腐蚀金属的活性硫化物和元素硫的方法。试验时将一块磨光的标准尺寸的铜片浸入定量试样油中,恒定温度,保持一定时间。对汽油、柴油,温度恒定在 50℃±2℃,保持 3h;对喷气燃料,温度恒定在 100℃±1℃,保持2h;对润滑油,温度恒定在 100℃±2℃,保持3h。然后取出铜片,按 GB/T 5096—85 (91)规定的腐蚀标准色板分级(腐蚀标准分四级:1 级轻度变色;2 级中度变色;3 级深度变色;4 级为腐蚀),判断出试油的腐蚀性。如车用汽油铜片腐蚀(50℃、3h),不大于 1 级;1# 喷气燃料铜片腐蚀(100℃、2h),不大于 1 级;轻柴油铜片腐蚀(50℃、3h),不大于 1 级等。

铜洗　copper washing　见"铜氨液吸收法"。

铜氨液　cuprammonia　见"铜氨液吸收法"。

铜氨液吸收法　cuprammonia absorbing method　在联醇生产中,一种脱除气体中微量 CO 的方法。是在较高压力及低温下,用铜盐的氨溶液吸收 CO,并生成新的配合物。这些配合物在减压、加热的条件下分解,使溶液得以再生。通常将铜氨吸收 CO 的操作称作铜洗,铜盐的氨溶液称为铜氨液或铜液,经吸收 CO 后的气体称为铜洗气。

锌离子　oxonium ion　见"镝盐"。

银片腐蚀试验　silver strip corrosion test　一种定性检验喷气燃料中是否存在腐蚀金属的活性硫化物的方法。其目的是为确保喷气燃料腐蚀性合格,延长喷气发动机使用寿命,并防止发电机系统中的镀银配件被腐蚀。试验时是将一块磨光的标准尺寸的银片(纯度99.9%)悬挂于盛有 250ml 油样的锥形瓶中,在 50℃±1℃下保持 4h,取出银片洗净,按银片变色情况分为 0、1、2、3、4 共五级,来判别试验油品的腐蚀性。例如,1# ～3# 喷气燃料对银片腐蚀(50℃、3h),不大于 1 级。

银纹　crazing　指材料表面或内部的一些缺陷在受到应力集中作用时而引发的微细空穴,这些空穴再发展为很细的纹痕,就称为银纹。当形变进一步发展,取向伸直的分子链发生断裂时,银纹就转化为微裂缝。银纹的产生往往是高分子材料破坏的前奏。

移动床　moving bed　一种介于固定床及流化床之间的床层形式。固体颗粒从床层上部加入,依靠本身的重力逐渐向下移动,最后从底部排出。反应物料或流体与固体颗粒的接触可以是并流也可以呈逆流状态。与固定床比较,移动床可连续操作,催化剂可进行连续再生,但对固体颗粒或催化剂的强度要求较高;与流化床比较,固体颗粒或催化剂的形状及粒径不受限制,颗粒间磨损较小,但床层温度不如流化床均匀,固体颗粒与反应物料的逆向混合也较弱。移动床可用于气体超吸附分离、催化裂化、连续重整等过程。

移动床焦化　moving bed coking　见"接触焦化"。

移动床催化反应器　moving bed catalytic reactor　将移动床用于催化反应的装置。如石油馏分催化裂化反应器、石脑油移动床重整装置等。操作时催化剂通过气动输送管或机械提升管连续送到反应器顶部,反应物料与催化剂并流往下缓慢流动并进行催化反应,反应产物从底部流出。反应过程中催化剂因结炭需再生时可提升到再生塔进行再生处理。

移动床催化重整过程　moving bed catalytic reforming process　见"连续再生式催化重整"。

移液管　pipet　又称吸管。用于准确转移一定体积液体的量出式玻璃管。是一根细长而中间膨大的玻璃管,在管的上端有一圈形标线。在指定温度下吸取溶液,使弧形液面的最低点与标线相切,然后使溶液自然流出,流出溶液的体积即为移管上所标的数值。常用的移液管的容量有100mL、50mL、10mL等。

笼　cage　沸石分子筛的四面体通过氧桥互相连接成的各种不同的多员环,又通过氧桥互相连接成具有三维空间的多面体并形成沸石的骨架结构。这种具有三维空间的多面体称作晶穴、孔穴或空腔,由于它多呈中空的笼状,故常称为笼。笼的形式很多,A型、X型及Y型沸石分子筛的晶体结构中的笼主要有:①α笼。为26面体,由12个四员环、8个六员环及6个八员环组成。笼的平均有效直径为1.14nm,有效体积为0.67nm³,分子可通过八员环进入笼内。②β笼。又称方钠石笼。为14面体,由6个四员环及8个六员环组成。笼的平均有效直径为0.66nm,有效体积为0.16nm³。③γ笼。由6个四员环组成的立方体,其孔径及体积都很小,一般分子不能进入。④六方棱柱笼。是由6个四员环及2个六员环组成的六方棱柱体,笼的平均有效直径为0.25nm,一般分子不能进入。⑤八面沸点笼。也是26面体,由18个四员环、4个六员环及4个十二员环组成。笼的平均有效直径为1.25nm,有效体积为0.85nm³,其中十二员环的孔径为0.8nm,分子可从十二员环进入笼内。

α笼　α cage　见"笼"。

β笼　β cage　见"笼"。

γ笼　γ cage　见"笼"。

第一关键馏分　first key fraction　见"关键馏分"。

第二关键馏分　second key fraction　见"关键馏分"。

袋式过滤器　bag filter　又称袋滤器。是利用含尘气体穿过制成袋状而由骨架支撑起来的滤布,以滤除气体中尘粒的设备。形式有多种,含尘气体可以由滤袋内向外过滤,也可以由外向内过滤,尘粒被截留于滤袋表面。清灰操作时,开启压缩空气的反吹系统,使尘粒落入灰斗。具有除尘效率高、适应性强、操作弹性大等特点。可除去1μm以下的尘粒,常用作最后一级的除尘设备。受滤布耐温限制,不适用于高温(>300℃)气体,也不适用于带电荷的尘粒和黏结性、吸湿性强的尘粒的捕集。

袋式装填　bag loading　见"催化剂装填"。

偶合反应　coupling reaction　又称

偶联反应。指重氮盐与酚类、芳胺类作用生成偶氮化合物的反应。参与偶合反应的重氮盐称为重氮组分；酚类及芳胺类称为偶合组分。常用的酚类偶合组分有苯酚、萘酚及其衍生物；芳胺类偶合组分有苯胺、萘胺吸其衍生物等。偶合反应是一种亲电取代反应，重氮盐作为亲电试剂，对芳环进行取代。由于重氮盐的亲电能力较弱，故它只能与芳环上电子云密度较大的化合物进行偶合。偶合反应是偶氮染料、偶氮颜料等生产中一个重要反应过程。

偶合终止 combination termination 见"链终止"。

偶极矩 dipole moment 偶极矩(μ)是偶极长度(即分子内正、负电荷中心间的距离)d与正电中心或负电中心的电量q的乘积，即：

$$\mu = q \times d$$

偶极矩是矢量，方向沿着两电荷的连线，自负电荷指向正电荷。可用以衡量分子的极性。极性分子的正负电荷中心不重合，偶极矩(μ)大于零；非极性分子中正负电荷中心是重合的，偶极矩为零。如 NH_3、HCl、H_2O 的偶极矩分别为 4.29×10^{-30}、3.58×10^{-30}、6.17×10^{-30} C·m，表明 H_2O 分子的极性最强，其次是 NH_3，再次是 HCl。

偶联反应 coupling reaction 见"偶合反应"。

偶联剂 coupling agent 一类具有两性结构的物质。分子中的一部分基团可与无机物表面的化学基团反应，形成牢固的化学键；另一部分基团则有亲有机物的性质，可与有机分子反应或产生物理缠绕，从而促进无机物与有机物之间的界面结合，使两种结构与性质不同的材料牢固地结合在一起。按化学结构，可分为硅烷系、钛酸酯系、铝酸酯系、铬络合物系及其他高级脂肪酸、醇、酯等。其中以前两类更为常用，广泛用于增强或填充塑料(如玻璃纤维、滑石粉、碳酸钙等)的表面处理，用于塑料的颜料表面处理等。

偶氮二甲酰胺 azodicarbonamide

$$H_2N-\overset{\overset{\displaystyle O}{\|}}{C}-N=N-\overset{\overset{\displaystyle O}{\|}}{C}-NH_2$$

化学式 $C_2H_4N_4O_2$。又名发泡剂 AC。橘黄色结晶粉末。无臭、无味。相对密度 $1.65 \sim 1.66$。熔点 $180℃$。分解温度 $190 \sim 205℃$。自燃点 $205℃$。难溶于水，不溶于醇、汽油、苯等一般有机溶剂。溶于碱、二甲基亚砜。常温下稳定，不易燃。着火时能自行熄灭。在 $120℃$ 以上时因分解产生大量气体，在密闭容器中易发生爆炸。无毒。广泛用作聚苯乙烯、聚氯乙烯、聚乙烯、聚丙烯、ABS 树脂等塑料及橡胶的发泡剂。由联二脲与氯气反应制得。

偶氮二异丁腈 azobisisobutyronitrile

$$H_3C-\overset{\overset{\displaystyle CH_3}{|}}{\underset{\underset{\displaystyle CN}{|}}{C}}-N=N-\overset{\overset{\displaystyle CH_3}{|}}{\underset{\underset{\displaystyle CN}{|}}{C}}-CH_3$$

化学式 $C_8H_{12}N_4$。白色针状结晶或粉末。相对密度 1.10。熔点 $107℃$。加热至 70℃ 时会放出氮及含一$(CH_3)_2CCN$ 基的氰化物。100～107℃时熔融并急剧分解，放出氮及对人体有毒的有机腈化合物，同时可引起燃烧、爆炸。不溶于水，溶于乙醇、乙醚、甲苯及苯胺等。溶于丙酮时会发生爆炸。是最常用的偶氮类引发剂。其分解活化能为 125.5kJ/mol。一般在 45～65℃ 下使用。有毒！长期接触本品易引起头痛、头晕、睡眠障碍、食欲不振等。用作氯乙烯、丙烯腈、乙醇乙烯酯、甲基丙烯酸甲酯等的聚合引发剂，天然及合成橡胶、环氧树脂等的发泡剂。可由丙酮、水合肼及氰化氢反应制得。

偶氮化合物 azo compound 分子结构中含有偶氮基，并与两个烃基(R, R')相结合的化合物。通式为 $R—N=N—R'$。许多重要化合物的 R 和 R' 为芳烃基或取代芳基。偶氮基是生色基。偶氮化合物都有颜色，性质稳定，其中有些可作染料（偶氮染料），有些可作分析化学指示剂。也是重要的中间体。主要由芳胺经重氮化与酚类或芳胺偶合而制得。

偶氮基 azo radical 两个单键都与烃基的碳原子相连的 —N=N— 基团。是两个以双键结合的氮原子与碳结合的二价基团，为偶氮化合物存在的特征功能基，特别存在于偶氮染料中。

偶然误差 accldental error 见"随机误差"。

停留时间 residence time 又称接触时间。主要用于连续流动反应器，指流体微元从反应器入口到出口经历的时间，或指反应物流过反应器的时间。它不是过程的自变量。在反应器中，同时进入的物料，由于流动状况和化学反应的不同，未必在同一时间排出。物料微元体在反应器中的停留时间是各不相同的，存在一个分布，称为停留时间分布。各流体微元从反应器入口到出口所经历的平均时间称为平均停留时间。停留时间分布常用于反映物料的返混程度。在化学反应中，停留时间越长，反应深度越深。

停留时间分布 residence time distribution 见"停留时间"。

偏二氯乙烯 vinylidene chloride 见"1,1-二氯乙烯"。

偏心因子 acentric factor 又称偏心因素。反映物质分子形状、极性和大小的参数。对于小的球形分子如氩、氪、氙等惰性气体，其偏心因子 $\omega = 0$，称为简单流体。它们在高压力条件下，物质分子间引力恰好在分子中心。对于其他物质称为非简单流体，偏心因子 $\omega >$ 0。这些物质在升高压力的条件下分子间的引力不在分子中心，分子具有极性或微极性。石油馏分的偏心因子可由相关的经验式进行估算而得。在石油加工设备设计中，偏心因子可用于求取石油馏分的压缩因子、饱和蒸气压、热焓及比热容等。

假反应时间 pseudo-reaction time 即空速的倒数。在多相催化反应中，空速的大小反映了反应时间的长短。空速越大,表明单位催化剂藏量所通过的反应物量越多,反应物分子停留在催化剂上的时间就越短。故可用空速的倒数来相对地表示反应时间,并称为假反应时间(τ)

$$\tau = 1/\text{空速}$$

假反应时间不是真实的反应时间,只是用来作相对比较而已。

假临界压力 pseudo-critical pressure 见"假临界性质"

假临界性质 pseudo-critical property 又称虚拟临界性质。在各种对应状态法计算中,都需要混合物的临界温度和临界压力。但石油馏分及烃类混合物的临界点的情况很复杂,为方便起见,将混合物看作一虚拟的纯物质,其临界性质称为假临界性质。假临界性质可由纯物质临界常数获得。在假临界点相应的温度及压力即为假临界温度及假临界压力,可由纯物质的临界温度和临界压力分别按经验式求得。石油馏分的真实临界常数与假临界常数的数值不同,其工艺计算中的用途也不同。前者常用于确定传质和反应设备中的相态及允许的操作条件范围,后者则用于求取其他一些理化性质。

假临界温度 pseudo-critical temperature 见"假临界性质"。

斜发沸石 clinoptilolite 化学式 $Na_8[Al_8Si_{40}O_{96}] \cdot 32H_2O$。白色或无色,或带黄色、桃红色、灰色、褐色的单斜晶系晶体。相对密度 2.16。硬度 3.5～4。解理面上呈珍珠光泽,其他晶面上呈玻璃光泽。呈板状、片状。Si 与 Al 的比例在 4.25～5.25 之间。阳离子以 Na、K 为主,Ca 次之。具有二维孔道体系,一组为十员环,孔径为 $0.79 \times 0.35nm$;另一组为八员环,孔径为 $0.44 \times 0.3nm$。结构较稳定,加热脱水不变形,受热 750℃时结构不破坏,有较强的耐酸、耐辐射性能。用作干燥剂、吸附分离剂、催化剂及催化剂载体。当用作分子筛时可过滤个体较大的阳离子,尤其对 NH_4^+ 的选择能力特强,优于其他沸石。

斜顶炉 sloping roof furnace 一种由箱式炉演变而来的管式加热炉。炉顶由桁架式斜顶取代平顶,又可分为单斜顶及双斜顶,常用的是双斜顶炉。双斜顶炉由两个辐射室共用一个对流室,并用火墙隔开。燃烧器水平安装在辐射室侧壁,辐射炉管也水平安置在炉侧壁、炉底及斜顶。对流炉管水平安置在对流室。烟气由上往下流过对流室经地下通道进入独立设置的烟囱排出。它克服了箱式炉烟气流动的死角。由于体积大、占地面积多、热效率较低,除原有老装置使用外,新建装置已很少采用。

斜板式隔油池 tiltable plate intercepter 一种根据浅层理论发展而来的异向流分离装置。池内装有多块倾角在 45℃ 以上的斜板,板间距一般为 40mm,斜板块数由处理水量决定,所用材料可选定型聚酯玻璃钢波纹斜板。操作时,水流方向与油珠运动方向相反。废水沿板面向下流动,从出水堰排出。水中相对密度小于1.0的油珠沿板的上表面向上流动，然后由集油管汇集排出；相对密度大于1.0的悬浮颗粒沉降到斜板上表面，再沿着斜板滑落到池底部经穿孔排泥管排出。这类隔油池的效率高，需时短，可缩小池的容积。

彩色沥青　colour asphalt　由基质沥青与矿物颜料或柔性聚合物与不同颜色的颜料复配而成的彩色沥青胶结料。由于沥青属黑色石油产品，利用物理方法极难遮盖其本色而生产出色彩鲜艳的沥青，故彩色沥青多采用柔性聚合物与不同颜色的颜料复配而成。其性能与道路沥青相当。主要用于路面的彩色铺装，交通工程的安全管理及公园、体育场馆等的美化和装饰。

脱丁烷过程　debutanizing process　指从石油烃混合物中分离出丁烷（丁烯）的过程。脱丁烷塔是以脱丙烷塔底物为进料，经塔底再沸器加热，从塔顶蒸出丁烷-丁烯馏分，塔底物再进入脱异戊烷塔。脱丁烷塔多采用浮阀或泡罩塔盘。

脱火　de-firing　见"回火"。

脱丙烷过程　depropanizing process　从石油烃混合物中分离出丙烷的过程。分离在脱丙烷塔中进行。以脱乙烷塔底物为进料，塔底用再沸器加热，从塔顶蒸出丙烷-丙烯馏分，塔底物送至脱丁烷塔继续进行分离。

脱戊烷过程　depentanizing process　将碳五馏分（及更轻组分）与碳六馏分（及更重组分）分离的过程。分离在脱戊烷塔中进行。当窄馏分重整生成油进入脱戊烷塔时，由塔顶蒸出碳五馏分及更轻组分，塔底得到脱戊烷油。可用作芳烃抽提进料。

脱甲基作用　demethylation　从有机化合物中脱除甲基（—CH$_3$）的作用。如在苛刻的催化重整反应条件（高温、高压）及氢气存在下，烷烃及芳烃侧链会发生脱甲基反应生成甲烷。这种反应主要是在金属活性中心作用下发生的，因而又称氢解反应。抑制脱甲基反应的方法是对催化剂进行硫化或添加第二金属，即采用双金属催化剂使金属功能消弱。

脱甲烷过程　demethanizing process　是从裂解气中将甲烷和比甲烷更轻的组分（氢）脱除的过程。其分离界限是在甲烷和乙烷之间，包括脱甲烷、乙烯回收及富氢提取三部分。脱甲烷在脱甲烷塔中进行，塔顶蒸出甲烷-氢，塔底排出乙烯和比乙烯更重的组分。脱甲烷塔是裂解制乙烯过程中温度最低的塔，其分离效果好坏直接影响产品乙烯的质量及整个分离流程的能量消耗。

脱吸　desorption　见"解吸"。

脱吸塔　desorption tower　见"解吸"。

脱吸率　desorption efficiency　见"解吸率"。

脱沥青　deasphalting　从渣油或润滑油中分离所含沥青的过程。常压渣油可用减压蒸馏将馏分润滑油蒸出，剩留高沸点烃类及沥青，成为减压渣油。

而对减压渣油或润滑油原料,常用丙烷、丁烷等选择性溶剂使沥青沉降分出。

脱沥青油 deasphalted oil 又称脱沥青渣油、脱炭油。是减压渣油溶剂脱沥青的抽出油。残炭、重金属及硫含量较低。其性质与原油、原料减压渣油的性质及所用溶剂和脱沥青工艺过程的操作条件等因素有关。主要用于生产残渣润滑油基础油,也用作加氢裂化、催化裂化及加氢脱硫等的原料油。

脱沥青溶剂 deasphalting solvent 将减压渣油分离为脱沥青及沥青所使用的溶剂。选择合适的溶剂对装置性能及经济性有很大影响。所选用溶剂应具有以下性质:分配系数及分离系数要高、溶剂在抽提物(脱油沥青)中溶解度要小,溶剂对油分要有强的溶解能力、在使用条件下化学稳定性好、容易再生且价格低廉等。二氧化碳、硫化氢、二氧化硫、氮、氯化烷烃、低级醇类及轻质烃类等都可作为脱沥青的溶剂。其中广泛应用的是 $C_3 \sim C_5$ 的轻质烃类,多数炼油厂都能提供廉价的轻质烃类。它们的热容较小,无毒、无腐蚀性,性质稳定,在不高的压力下便可液化,在适中的温度及压力下,可脱除渣油中的沥青质。

脱附 desorbing 吸附的逆过程。指在升高温度或降低压力等条件下将吸附质从吸附剂中逸出的过程,以此获得纯净的吸附质并回收吸附剂,或用于使吸附剂再生后重复用于吸附操作。在多相催化反应过程中,产物脱附及脱附后的产物向外空间扩散,也是反应历程中必经的步骤。

脱金属 demetallization 脱除原油中各种金属的统称。原油中一般含有多种微量金属(如钒、镍、铁、铜、铅等)。它们多以有机化合物形式存在于各种石油馏分中,它们的存在对原油性质影响很大。在催化反应中,金属可以各种形式在催化剂上沉积、堵塞催化剂孔道,使其失活,还可促进焦炭的生成。对脱除轻油中的金属一般采用加氢精制的方法;对脱除渣油中的金属,有加氢脱金属法、溶剂抽提法及流化脱金属法等。

脱油沥青 deoiling asphalt 指在渣油经选择性溶剂抽提脱除沥青过程中所得的沥青。脱油沥青可用于生产道路沥青、建筑沥青、电缆沥青、活性炭、印刷油墨、碳纤维,以及用作沥青水浆燃料、黏结材料等。

脱空 gap 又称间隙或馏分脱空。指两相邻馏分中较重馏分的初馏点高于较轻馏分的终馏点的程度。用较重馏分的初馏点(或 5% 点)与较轻馏分的终馏点(或 95% 点)之温度差值来表示。在原油蒸馏切取多种馏分时,常以相邻两馏分的恩氏蒸馏曲线的间歇(或间隔)或重叠程度,来衡量分馏塔或该塔段的分馏精确度。馏分脱空,表明精馏段分馏效果好;馏分重叠,表明该塔段分馏精度差。

脱空馏分 gapped cuts 指在恩氏蒸馏中,当重馏分的初馏点高于轻馏分的终馏点时,处于此两相邻馏分的两点温度间的馏分。此馏分在原料中存在,但在恩氏蒸馏时不存在。不是蒸馏时发生跑损,而是由于精馏时分馏塔精馏效果高于恩氏蒸馏的精馏效果所致。脱空馏分宽,表明精馏段分馏效果好。

脱氢反应 dehydrogenation reaction 见"脱氢催化剂"。

脱氢环化反应 dehydrocyclization 是在具有金属功能和酸性功能的催化剂作用下,将烷烃转化成芳烃的反应过程。如正己烷生成苯、正庚烷生成甲苯、正辛烷生成乙苯或二甲苯等催化异构化反应。烷烃经过脱氢和环化反应,在催化剂酸性中心作用下重新排列成环烷烃。然后在催化剂的金属中心作用下环烷烃再经脱氢或异构脱氢,转化成芳烃。该反应是现代催化重整过程追求的目标之一,是提高汽油辛烷值与芳烃的主要反应。

脱氢催化剂 dehydrogenation catalyst 脱氢反应过程所用催化剂的泛称。种类很多。由于脱氢反应是加氢的逆反应,原则上加氢催化剂亦可选作脱氢催化剂。如 Cr_2O_3、V_2O_5、Mn_2O_5 等既可用作加氢催化剂,有时亦用作脱氢催化剂。而按反应机理,脱氢反应可分为离子机理及游离基机理,相应的催化剂亦可分为离子机理及游离基机理催化剂。离子机理脱氢需包括脱 H^- 和脱 H^+ 两步,所用催化剂应具有极化能力较大的正离子和有较多负电荷的 O^{2-}。它们大多是非过渡金属氧化物,如 MgO、CaO、Al_2O_3、Ta_2O_5、CaO、

SuO_2、Bi_2O_3、Sb_2O_3 等。游离基机理脱氢的控制步骤是脱去第一个氢的反应,所用催化剂大多是过渡金属氧化物,如 Cr_2O_3、V_2O_5、Mo_2O_3、Fe_2O_3、Co_3O_4、ZnO 等。

脱盐 desalting 从原油或天然水中除去盐类的过程。参见"原油脱盐"。

脱盐水 desalting water 是指将水中盐类(主要是溶于水的强电解质)除去或降低至一定程度的水。其电导率一般为 $1\sim10\mu S/cm$,电阻率(25℃)为 $0.1\sim10\times10^6\Omega\cdot cm$,含盐量为 $1\sim5mg/L$。

脱盐率 desalting rate 原油脱盐的效率。是原油脱盐前后含盐量的差值对脱盐前含盐量的百分率。是衡量脱盐效果的一个指标。如在设计合理及操作正常的电脱盐装置中,其一级脱盐率为 $80\%\sim90\%$,二级脱盐率为 $70\%\sim80\%$,总的脱盐率可达 90% 以上。

脱烷基化 dealkylation 指烃类在加热或催化剂作用下脱除烷基的反应。为烷基化反应的逆反应。如烷基苯在催化裂化条件下可发生脱烷基反应生成苯和烯烃;异丙苯在硅酸铝催化剂作用下于 $350\sim550℃$ 催化脱烷基成苯和丙烯。脱烷基反应的难易程度与烷基的结构有关,如不同烷基苯脱烷基顺序为:叔丁基>异丙基>乙基>甲基。也即烷基越大越易脱去,甲苯最难脱烷基。

脱烷基过程 dealkylation process 指将价值较低的或难以利用的烷基芳烃(主要为甲苯、甲基萘)的烃油在氢的

存在下脱除烷基而制取苯及萘的过程。通常分为热解法及催化法两类。后者使用催化剂，反应条件较缓和。热解法过程不使用催化剂，反应活化能大，因而比催化脱烷基过程采用更高的反应温度，提高反应压力有利于加快反应速率。所采用反应器为耐高温、耐高压的典型冷壁反应器。

脱烷基催化剂　dealkylation catalyst　指烷基芳烃脱烷基所用催化剂。如甲苯脱甲基制苯、甲基萘脱甲基制萘等反应所用催化剂，主要是周期表中第Ⅳ、第Ⅷ族中的 Cr、Mo、Fe、Co、Ni 等元素的氧化物负载于 Al_2O_3、SiO_2 等载体上所制成。为抑制芳烃裂解生成甲烷等副反应、常加入少量碱及碱土金属作助催化剂。

脱硫　desulfurization　指脱除石油气、燃料气、合成气、石油馏分及循环气中所含硫化物（如硫化氢、硫醇等）的过程。如燃料气中含有硫化氢，会腐蚀管道，形成的铁锈会堵塞火嘴，燃烧后生成的二氧化硫会污染大气；循环氢中含有较多硫化氢时会腐蚀设备，造成铁锈积累在催化剂床层上引起压降增大。根据所用脱硫剂的不同，分为干法脱硫及湿法脱硫两类。

脱硫塔　desulfurizing tower　见"湿法脱硫"。

脱硫溶剂　desulfurization solvent　湿法脱硫中用于脱硫的吸收溶剂。如炼厂气湿法脱硫所用的乙醇胺类吸收剂。脱硫溶剂应具有化学稳定性好、挥发性低、腐蚀性小、解吸热低、溶液酸气负荷大等特点。工业上选用气体净化溶剂时，除需具备以上特点外，还应考虑气体产品的要求（如选择性气体净化及有机硫脱除等），或考虑释放气能否满足下游处理装置的原料标准等。

脱氯剂　dechlorinating agent　用于脱除天然气、合成气、氢气、氮气、气态烃及石脑油等工业原料中氯化氢的一类助剂。按处理原料性质不同分为气相原料脱氯剂及液相原料脱氯剂；按使用温度不同可分为中温脱氯剂及常温脱氯剂；按反应机理，可分为物理吸附剂及化学吸收剂。物理吸附剂常采用活性炭、活性氧化铝、分子筛等比表面积大的材料，它们的内部孔道的极性较高，对极性很强的氯化氢分子就可从非极性分子的含氢气体中有效吸附分离出，但脱氯的净化度和氯容受到一定限制；化学吸收剂以 Cu、Zn、Na、Ca 等金属氧化物为活性组分，可通过所含碱性的，或与氯有较强亲和力的金属氧化物，与氯化氢反应生成稳定的金属氯化物而将氯脱除。对于性能好的脱氯剂，脱氯净化度可达 99% 以上，但化学吸收剂不能吸收有机氯。

脱漆剂　paint remover　又称除漆剂。泛指涂于涂漆底材时，可软化涂膜而使其容易除去的材料。一般由多种强溶剂，并添加少量活化剂等助剂组成。如由氯代烃、苯、酮等溶剂混合而成的液体，具有较强的溶解、溶胀漆膜的性能，可脱除物体表面的旧漆膜。

脱碳过程　decarbonization　即脱除

二氧化碳过程。脱除二氧化碳是烃类水蒸气转化制氢装置的后部工艺,是提高氢气纯度、获得合格工业氢的手段。脱碳工艺可分为物理吸收及化学吸收。前者是利用二氧化碳能溶于某种液体的特性,使其在液体中产生物理溶解后而被脱除,所用吸收剂有水、甲醇、环丁砜、碳酸丙烯酯等;后者是利用二氧化碳呈酸性的特征,使其与碱性吸收剂进行化学反应而被脱除,所用吸收剂有碳酸钾水溶液、乙醇胺水溶液、环丁砜乙醇胺溶液、氨水等。国内烃类水蒸气转化制氢装置普遍采用本菲尔德溶液吸收法及变压吸附法脱除二氧化碳。

脱模剂 releasing agent　又称脱膜润滑剂、离膜润滑剂、隔离剂等。是一种防止金属铸件、模压制品或层压制品与模具或镜面板粘连,使其易于剥离,并赋予制品以光滑表面,而向模具或镜面板上涂的一类物质。是一种特殊性能的润滑剂。可分为无机物、有机物及高聚物三类。无机物脱模剂有石墨粉、二硫化钼、滑石粉等;有机脱模剂有石蜡、脂肪酸、脂肪酸皂、乙二醇等,也常用作润滑剂;高聚物脱模剂有硅油、硅树脂聚乙烯醇、乙酸纤维素及氟塑料粉末等。

脱蜡 dewaxing　指脱除油品中所含石蜡或微晶蜡的过程。目的是降低油品的凝点,以保持良好的低温流动性,并回收蜡。是生产润滑油、低凝点柴油、航空煤油及变压器油料等不可缺少的加工过程。脱蜡方法很多,有冷榨脱蜡、分子筛脱蜡、尿素脱蜡、溶剂脱蜡、细菌脱蜡、催化临氢降凝脱蜡、异构脱蜡等。原料及产品不同,采用的脱蜡方式不同。国内石蜡生产以溶剂脱蜡为主,也有冷榨脱蜡生产石蜡。分子筛脱蜡及尿素脱蜡用于生产液体石蜡。

脱蜡助滤剂 dewaxing filter aid　又称蜡(结)晶改良剂。是溶剂脱蜡过程中用于提高过滤速度及油收率,并降低蜡中油含量的助剂。使用时无需对溶剂脱蜡工艺作大的改动,只需将脱蜡助滤剂用一管线平稳地注入到油剂混合物中即可。脱蜡助滤剂在含蜡油冷却过程中起着成核、吸附及共晶等作用,促使形成大小均匀、离散性好的颗粒蜡结晶,从而提高过滤速度。按化合物类型,脱蜡助滤剂可分为蜡-萘缩合物、无灰高聚物(如聚烯烃、聚甲基丙烯酸酯、乙烯-乙酸乙烯酯共聚物等)及有灰质金属有机化合物(如烷基水杨酸盐、硫化烷基酚盐等)。

脱蜡温度 dewaxing temperature　润滑油溶剂脱蜡过程中油与蜡结晶分离时的温度,也即进行蜡与油分离的过滤温度。脱蜡温度越低,脱蜡油的凝点也越低,低温流动性越好,但会使冷冻能耗增大。

脱蜡溶剂 dewaxing solvent　润滑油脱蜡过程所用的溶剂。具有溶油不溶蜡、降低流体黏度的作用。所用溶剂应具有以下性质:①在脱蜡温度下的黏度小,以有利于蜡的结晶;②有良好的选择性,即在脱蜡温度下,对油的溶解度大,而对蜡的溶解度小;③沸点比油、蜡均低,便于蒸发分离回收和避免在高压下操作;④凝点低,在脱蜡温度下不会结晶析出;⑤化学安定性好、无毒、无腐蚀性。目前应用最广的溶剂是甲基乙基酮(或丙酮)与甲苯(或再添加苯)的混合溶剂。

脲基润滑脂 uriedo-base grease 一种非皂基高低温润滑脂,以含脲基($NHCONH-$)的化合物为稠化剂。用作脲基稠化剂的化合物有芳基脲、四聚脲等。脲基润滑脂的特点是:有良好的耐高温性能(滴点$>330℃$),很好的氧化安定性及胶体稳定性,优良的抗水性及抗酸性气体介质的能力,抗辐射性好,使用寿命长等。其缺点是低剪切条件下稠度变化较大。此外由于异氰酸酯原料有毒,使得生产中的防护设施投资较大。

脲基稠化剂 uriedo-base thickener 见"脲基润滑脂"。

猝灭剂 quencher 见"光稳定剂"。

【丶】

毫秒裂解炉 milli-second pyrolysis-furnace 一种超短停留时间($0.05\sim0.1s$)的裂解炉。采用内径为$25\sim35mm$、壁厚约$6mm$、管长$10m$左右的炉管。其特点是被裂解物料仅在裂解炉管内以极短时间完成裂解反应,裂解时间比一般常规裂解炉快$4\sim6$倍,物料出口温度高出常规裂解炉$50\sim100℃$,

能有效抑制二次反应。是各类管式裂解炉中裂解深度最高的炉子。可裂解重质馏分油,且裂解产物分布较好,如乙烯/丙烯比、烯烃/副产饱和烃比、二烯烃/单烯烃比、炔烃/单烯烃比均增大。

毫秒催化裂化 milli-second catalytic cracking 简称MSCC。由美国UOP和BARCO分司开发的毫秒接触式重油催化裂化工艺。可高选择性地将重质进料裂化成轻烯烃、汽油和馏分油等产品。其工艺特点是:催化剂向下流动形成催化剂帘,原料油水平注入与催化剂垂直接触,实现毫秒级催化反应;反应物和待生催化剂水平移动,依靠重力作用实现油气与催化剂的快速分离,减少二次裂化,提高了目的产物的选择性;汽油和烯烃产率增加,焦炭产率减少,可提供更多的烷基化原料。

康氏残炭(值) Conradson carbon residue 又称康拉逊残炭(值)。康氏残炭测定是一种世界各国普遍应用的标准方法。此法是将一定量的试样油放入康氏残炭测定器的坩埚中,用强烈燃烧的煤气喷灯加热。在隔绝空气的条件下,严格控制预热期($11min\pm3min$)、燃烧期($17min+3min$)和强热期($7min$),使试样油蒸发、分解而燃烧掉,剩余的焦黑色残留物即为残炭。称重后,计算出残留物占试样的质量百分数,即为康氏残炭(值)。以此作为油品在使用中相对生焦倾向的指标。

族组成分析 group analysis 当不

需要或不可能进行单体化合物组成分析时,常用族组成表示石油的化学组成。如仅限于烃类则称为烃族组成。所谓族就是化学结构相似的化合物。族组成分析可分为烃类族组成分析及结构族组成分析。

旋风分离器 cyclone separator 利用惯性离心力作用从气(液)流中分离出固体颗粒的设备。主体上部为圆筒形,下部为圆锥形,配有一个切线方向的进气管,中心为净化气流的排气管,圆锥形底部装有排料管。气(液)流由切线方向的进气管以高速进入器内,受器壁约束在器内形成一个绕筒体中心向下作螺旋运动的外旋流,颗粒则在离心力作用下被甩向器壁与气流分离,并沿器壁滑落至排料口,流体则由顶部排气管排出。旋风分离器结构简单,没有运动部件,操作不受温度及压力限制。其离心分离因数在 5～2500 之间,一般可分离 $5\mu m$ 以上的固体颗粒,对 $5\mu m$ 以下的细微颗粒的分离效率较低。

旋片式真空泵 rotary vane vacuum pnmp 又称回转叶片式真空泵、旋片泵。是通过泵壳内偏心安装的插有两个旋片的转子旋转,将容器内空气连续排出的真空泵。主要由泵体、转子、旋片、弹簧及端盖所组成。主要部件浸于真空油中。转子旋转时,叶片始终将泵腔分成吸气、排气两个工作室,每旋转一周都有两次吸气、排气过程。是所有真空获得设备中产量最大、应用最普及的真空泵。其工作压强范围属于低真空泵,可以单独使用,也可用作其他高真空或超高真空泵的前级泵。广泛用于石油化工、冶金、电子、轻工及医药等行业。

旋光异构体 optical isomer 又称光学异构体或光活性异构体。构型异构体的一种。指互成镜像的一对成分相同、化学键也相同的手性分子,能对偏振光的振动平面按不同的方向旋转的异构体。如(R)-乳酸与(S)-乳酸是一对旋光异构体。

旋转式压缩机 rotating compressor 见"回转式压缩机"。

旋转式鼓风机 rotary blower 又称回转式鼓风机。最通用的型号是罗茨鼓风机。其构造与齿轮泵相似。主要由机壳和两个腰形的转子组成。工作时,依靠两个转子不断旋转,使机壳内形成两个空间,即低压区和高压区,气体由低压区进入,从高压区排出。如改变转子旋转方向,则吸入口和排出口互换。两转子之间、转子与机壳之间缝隙很小,使转子既能自由运动又无过多的泄漏。转速一定时,其风量不变。结构简单、输气均匀。但其制造精密度及安装质量要求很高,使用温度也不能过高(不超过 80～85℃)。否则会引起转子受热膨胀而卡死。

旋转黏度计 rotational viscometer 又称回转黏度计。由两个同心圆筒构成,液体试样加到两个圆筒中间。通过测定两个转动的同心圆筒间的剪应力、剪切速度可计算出动力黏度。种类较多,除旋转圆筒黏度计外,还有旋转圆锥型、旋转半球型、旋转圆板型、旋转螺旋桨型黏度计等。

旋桨式搅拌器 propeller mixer　见"推进式搅拌器"。

旋涡泵 vortex pump　由星形叶轮在带有不连贯槽道的盖板之间旋转来输送液体的泵。是一种外形如离心泵的叶片式泵。运转时,星形叶轮旋转产生的离心力将液体甩进环状通道中,并与环状通道内液体相撞击,将部分能量传递给通道内液体,发生能量交换,以至混合为同能量的液体。液体在槽道中随星形叶轮运动到了截止点,由于槽道突然被堵塞,液体就从出口孔流出。吸入口及压出口都在叶轮的外周。旋涡泵的特点是扬程高,但流量小,适宜输送黏度较低的液体和易挥发的液体,如用于输送轻质油料。

旋液分离器 hydrocyclone　又称水力旋流器。是利用离心沉降原理从悬浮液中分离固体颗粒的设备。其结构及工作原理与旋风分离器相似。但由于分离对象不同,旋液分离器分离的混合物中两相密度差较旋风分离器中两相的密度差要小。因此,沉降的推动力小。旋液分离器的锥形部分相对较长,以提高停留时间,直径相对较小,以提高离心力并最终提高分离效率。旋液分离器不仅可用于悬浮液的增浓,也可用于不互溶液体的分离、气液分离及分级。由于分离效率较低,常将几级串联使用。

商品丁烷 commercial butane　主要是由丁烷和少量丁烯组成的烃的混合物。

商品丙烷 commerciat propane　主要是由丙烷和少量丙烯组成的烃的混合物。

惯性除尘器 inertial dust collector是利用固体颗粒或液滴的惯性力分离气体非均相混合物的装置。它是在气体流动的路径上设置障碍物(如挡板),当含尘气流遇到并绕过障碍物时,颗粒或液滴便撞击在障碍物上被捕集下来,颗粒的密度与直径越大,气流转折的曲率半径越小,分离效率越高。因气体流速增大可使惯性力增大,同时也使压力损失增大并会使已捕集的微粒再次浮游,故流速不宜太大。其分离效率比降尘室略高,可作为预除尘器使用。

烯丙基氯 allyl chloride$ClCH_2CH{=}CH_2$　化学式 C_3H_5Cl。又名3-氯-1-丙烯。无色透明液体,有辛辣刺激性气味。相对密度 0.938。熔点 $-134.5℃$,沸点 $44 \sim 45℃$。折射率 1.4154。闪点 $-31℃$(闭杯),自燃点 $420℃$。爆炸极限 $2.9\% \sim 11.3\%$。微溶于水,与乙醇、乙醚、丙酮等混溶。化学性质活泼,可进行加成、氯化、水解、聚合等反应。有毒! 对眼睛及呼吸道有刺激性,也有腐蚀性及麻醉性。是重要化工原料,用于制造甘油、环氧氯丙烷、热固性树脂胶黏剂、表面活性剂等。可由丙烯高温氯化制得。

烯 丙 醇　allyl alcohol　CH_2=$CHCH_2OH$　化学式 C_3H_6O。又名丙烯醇、2-丙烯-1-醇。无色液体，有刺激性芥子气味。易燃。相对密度 0.8520。熔点 $-129℃$，沸点 97.1℃，闪点 21℃(闭杯)，燃点 378℃。爆炸极限 2.5%~18.0%。与水、乙醇、乙醚、石油醚等混溶。常温时稳定，温度超过 100℃时，有氧气存在时会形成黏稠性聚合物。化学性质活泼，能进行氧化、加成、聚合等反应。有毒！毒性相当于甲醇的 150 倍。用于制造甘油、环氧氯丙烷、1,4-丁二烯、增塑剂及医药等。由环氧丙烷催化异构化制得。

烯 烃　olefin　含有一个碳碳双键 (C=C) 的链状不饱和烃称为烯烃。可形成一个系列，比相应的烷烃少两个氢原子，分子通式为 C_nH_{2n}，系差为 CH_2。有单烯烃(含一个双键)、双烯烃(含二个双键)及链烯烃与环烯烃之分。乙烯是最简单的烯烃。烯烃化学性质活泼，在一定条件可进行加成、氧化、聚合、取代等反应。烯烃在原油中存在很少，在石油裂解产物中含有丰富的乙烯、丙烯、丁烯等低级烯烃。它们是有机合成的基础原料。

α-烯烃　α-olefin　CH_2=CH—R 指双键在分子链端部的烯烃。R 为直链或带支链的烷基。如 R 为直链烷基，则称直链 α-烯烃，可用于合成润滑油。工业上常由轻油裂解产物分离、石蜡气相裂解或乙烯低聚再经分离而得。C_3~C_6 的 α-烯烃常用作制取聚烯烃的单体

或共聚单体；C_6~C_{10} 的 α-烯烃可用于制造增塑剂；C_{12}~C_{14} 及 C_{16}~C_{18} 的 α-烯烃可用于制造合成洗涤剂。

烯烃加氢饱和　olefin hydrosaturation　指在加氢条件下将油品中的烯烃转化为烷烃，以改善产品的安定性，或为下游加工提供原料。是石油产品加氢精制的目标之一。烯烃加氢时，双烯烃比单烯烃易于加氢，正构烯烃比异构烯烃易于加氢，烃基较小和双键位置在两端的烯烃易加氢，分子中取代基越多的烯烃越难加氢。

烯烃低聚　olefin oligomerization　旧称烯烃齐聚。指乙烯、丙烯、丁烯、α-烯烃等烯烃分子，在酸性催化剂作用下，进行简单的叠加聚合过程。烯烃叠合是较强的放热反应，较低的温度对叠合反应有利。由于叠合是分子数减少的反应，故较高的压力对叠合反应有利。

烯烃醛化反应　oxo-reaction　见"羰基合成"。

烯 基　alkenyl　烯烃分子中去掉一个或几个氢原子而形成的基团，如乙烯基 CH_2=CH—。参见"烃基"。

α-烯基磺酸钠　sodium α-olefin sulfonate　CH_2=$CH(CH_2)_nSO_3Na$　简称 AOS。一种阴离子表面活性剂。是使 α-烯烃磺化、中和后的产物。活性物含量为 38%~40% 的产品，为浅黄色至黄色透明液体或糊状物。极易溶于水，有较强的发泡、洗涤、乳化、润湿及渗透等能力。其中又以 C_{16} 者的发泡力及在低硬度水中的洗涤力最高，

$C_{14}\sim C_{16}$ 者的浸透力最高，$C_{15}\sim C_{18}$ 者的降低表面张力的能力最强。有良好的生物降解性，对人畜无毒，对皮肤刺激微弱。用于配制工业洗涤剂、加酶洗衣粉、泡沫灭火剂、矿物浮选剂等。可由 α-烯烃用三氧化硫磺化后，再用氢氧化钠中和制得。

烯酮 olefin ketone $R-\underset{\underset{R'}{|}}{C}=C=O$ (R,R'可以是 H) 含有乙烯基的化合物。最简单的烯酮为乙烯酮（$H_2C=C=O$）。分子结构中含有累积的双键，化学性质活泼，易进行加成及聚合反应。

焓 enthalpy 旧称热函。是热力学中表示物质系统能量的一个状态函数。其值为体系的内能与体系的体积和压强的乘积之和：
$$H=U+PV$$
式中，H—焓；V—体系体积；P—压强；U—内能。

由于体系内能的绝对值无法测得，焓的绝对值也无法确定，只能测定焓的变化值。为便于计算，人为规定某状态下的焓值为零（该状态称为基准状态），体系从基准状态变化到某状态时发生的焓变称为该体系在该状态下的焓值。对于烃类和石油馏分，基准温度分别采用 $-17.8℃$、$0℃$。油品从某一基准温度加热到 $t℃$ 所需要的热量称为油品的焓，单位为 kJ/kg 或 kJ/kmol。油品的焓值是油品性质、温度及压力的函数。同一温度下，相对密度小及特性因数大

的油品有较高的焓值。烷烃的焓值大于芳香烃的焓值。

烷烃 alkane 又称石蜡烃。指分子结构中碳原子之间均以单键相连，碳原子的其余价键都为氢原子饱和的碳氢化合物，是饱和脂肪烃。分子通式为 C_nH_{2n+2}。存在于石油及天然气中。包括正构烷烃及异构烷烃。烷烃存在于原油整个沸点范围中，随着馏分沸点升高，烷烃含量逐渐减少，所以主要存在于低沸点馏分中。常温常压下烷烃有气态、液态及固态三种状态。$C_1\sim C_4$ 的烷烃是气态，主要存在于天然气和石油炼厂气中；$C_5\sim C_{15}$ 的烷烃是液态，C_{16} 以上的烷烃是固态。其中，$C_5\sim C_{11}$ 的烷烃存在于汽油馏分中，$C_{11}\sim C_{20}$ 的烷烃存在于煤油及柴油馏分中，$C_{20}\sim C_{36}$ 的烷烃存在于润滑油馏分中。烷烃的化学性质稳定，但在加热、加压与催化剂作用下可发生氧化、卤化、硝化、磺化、脱氢、裂解及异构化等反应。主要用作燃料、溶剂及有机合成的基础原料。

烷烃脱氢 paraffin dehydrogenation 指在催化剂作用下，从烷烃中脱除氢原子的反应。如由丙烷脱氢生成丙烯、丁烷脱氢生成丁烯、异丁烷脱氢生成异丁烯、异戊烷脱氢生成异戊二烯等都是烷烃脱氢反应。在工业生产中是生产合成橡胶，合成树脂及其他化工产品的重要过程。又如以高纯直链正构烷烃催化脱氢制得的单烯烃是合成洗涤剂生产中的重要过程。烷烃脱氢制烯烃的

催化剂大多数为 Cr_2O_3/Al_2O_3 催化剂。

烷氧基 alkoxyl 见"烃氧基"。

烷基 alkyl 烷烃分子中去掉一个氢原子后剩下的一价烃基。通常用 R— 表示。通式为 C_nH_{2n+1}。如甲基（CH_3—）、乙基（CH_3CH_2—）、正丙基（$CH_3CH_2CH_2$—）、异丙基[（CH_3）$_2CH$—]等。

烷基化 alkylation 又称烃化。指在有机化合物分子中引入烷基（如甲基、乙基）的反应。通常将烷基连接到 N、O、C 等原子上。按引入烷基在分子中连结点的不同而有 N-烷基化、O-烷基化及 C-烷基化等几种。在炼油工业中，通常将烯烃与异构烷烃或芳烃的热反应或催化反应过程称作烷基化。所用催化剂有浓硫酸、氢氟酸及无水三氯化铝等。烷基化过程的主要产物是异辛烷和其他烃类的混合物，并称其为烷基化油或烃化油。对烷基化油进行分馏切割，50～180℃ 的主要成分为各种不同结构的异辛烷馏分（称为工业异辛烷）。工业异辛烷的马达法辛烷值高达94，是理想的航空汽油与高级汽油的高辛烷值汽油调合组分。而从塔底抽出的重烷基化油也可作为轻柴油的组分。

C-烷基化反应 C-alkylation reaction 指在催化剂作用下向芳环的碳原子上引入烷基得到取代烷基芳烃的反应。如苯与长链正构烯烃烷基化制取长链烷基苯的过程。常用的烷基化剂有卤烷、烯烃，以及醇、醛、酮类等；所用催化剂主要为路易斯酸（如 $AlCl_3$、BF_3 等）及质子酸（如硫酸、氢氟酸）。

N-烷基化反应 N-alkylation reaction 向氨或胺类（脂肪胺、芳香胺）氨基中的氮原子上引入烷基，生成烷基取代胺类（伯胺、仲胺、叔胺、季胺）的反应。是制取各种脂肪族和芳香族伯、仲、叔胺的主要方法。N-烷基化产物是制备医药、表面活性剂及纺织印染助剂的重要中间体，所用 N-烷基化剂有醇和醚类（如甲醇、乙醇、乙醚）、卤烷类（如氯甲烷、碘甲烷、苄氯）、环氧化合物类（如环氧乙烷、环氧氯丙烷）、烯烃衍生物类（如丙烯酸、丙烯腈）及各种脂肪族和芳香族的醛、酮等。

O-烷基化反应 O-alkylation reaction 醇羟基或酚羟基上的氢原子被烷基或芳基取代生成二烷基醚、烷基芳基醚的反应。用于 N-烷基化反应的烷基化剂都可用于 O-烷基化。O-烷基化产物很多是一些功能性表面活性剂及重要的溶剂。由于酚羟基一般不够活泼，常需使用活泼的烷基化剂（如卤烷、硫酸酯、磺酸酯及环氧乙烷等），只在个别情况下，才使用甲醇、乙醇等弱烷基化剂。

烷基化过程 alkylation process 指在浓硫酸或氢氟酸等酸催化剂作用下，由烯烃（主要为丁烯）与异构烷烃（主要为异丁烷）反应生成烷基化油的工艺过程。根据所使用的酸性催化剂的不同，分为氢氟酸（法）烷基化及硫酸（法）烷基化。传统的烷基化工艺采用液体酸催化剂。因其对环境的影响以及对设备腐蚀等问题，有可能逐渐被环境友好的固体酸烷基化工艺所取代。固体酸烷基化工艺的关键是研制开发固体超强酸催化剂,如硫酸氧化锆超强酸催化剂。

烷基化汽油 alkylation gasoline 由丁烯或丙烯等与异构烷烃(主要为异丁烷)经烷基化而制得的汽油。主要成分为三甲基戊烷及甲基丁烷等。是航空汽油、优质车用汽油的调合组分。与其他主要汽油调合组分比较,其特点是:①辛烷值高(研究法辛烷值可达 93～95,马达法辛烷值可达 91～93),抗爆性能好;②不含烯烃及芳烃,硫含量很低;③蒸气压较低,是清洁汽油的理想调合组分。

烷基化剂 alkylating agent 指能在有机化合物分子的 N、O、C,等原子上引入烷基的物质。常用的有烯烃(如乙烯、丙烯、丁烯)、卤代烷(如氯甲烷、氯乙烷)、醇类(如甲醇、乙醇)、硫酸烷酯(如硫酸二甲酯、硫酸二乙酯)等。

烷基化油 alkylate 见"烷基化"。

烷基化催化剂 alkylation catalyst 烷基化过程所用催化剂。常用的有路易斯酸、质子酸、沸石分子筛、硅藻土及铝化合物等。常用路易斯酸多为金属卤化物,其活性顺序为:
$$AlCl_3 > BF_3 > SbCl_5 > FeCl_3 > SnCl_4 > TiCl_4 > ZnCl_2$$
常用质子酸催化剂的活性顺序为:
$$HF > H_2SO_4 > P_2O_5 > H_3PO_4 > HPO_3$$

烷基苯 alkyl benzene 化学式 C_6H_5R(R 为烷基)。常指带高碳数侧链烃的苯系物。侧链烷基常为 $C_{10} \sim C_{18}$。

不溶于水,溶于乙醇、乙醚、丙酮等有机溶剂。有毒! 对黏膜及皮肤有刺激性。主要用作制取洗涤剂的中间体。如在烷基苯的苯环上引入亲水的磺酸基团,再经碱中和,就可制得烷基苯磺酸钠。是洗涤剂中用量最大的表面活性剂,具有优良的清净性能,是内燃机润滑油的重要添加剂品种之一。也用于制造农药乳化剂烷基苯磺酸钙等。可在催化剂作用下,由苯经烷基化反应制得。

烷基苯磺酸钠 sodium alkylbenzene sulfonate $RC_6H_4SO_3Na$(R 为 $C_{10} \sim C_{18}$ 烷基) 又名石油苯磺酸钠。一种磺酸型阴离子表面活性剂。白色至淡黄色粉状或片状固体,溶于水而成半透明溶液。具有良好的洗涤性、渗透性、发泡力及润湿力,也有耐硬水,耐酸、耐碱的稳定性及抗氧化性。但对人体有刺激性及高脱脂性。用于配制洗衣粉,液体洗涤剂、脱脂剂、农药乳化剂、染色助剂等。可由烷基苯与发烟硫酸经磺化反应制得。

烷基转移过程 alkyl transfer process 指甲苯与 C_9 芳烃之间的烷基转移过程。通常指 1 分子甲苯与 1 分子三甲苯在固体酸催化剂作用下,三甲苯分子上的 1 个甲基向甲苯分子上转移而生成二分子的二甲苯的过程。工业上用于甲苯歧化过程。

烷基铅 alkyl lead 一种有机铅化合物。常用的有四乙基铅及四甲基铅。四乙基铅用作汽油抗爆剂及乙基化剂;

四甲基铅用作汽油抗爆剂及甲基化剂。

烷基萘　alkyl naphthalene

$(R=C_{60\sim66})$

棕红色稠状物。闪点不低于 180℃。一种润滑油降凝剂。具有低温下阻止石蜡结晶形成网状结构的作用，可提高低温下油品的流动性，降低油品的凝点。一般可使油品降低凝点 10～20℃。由于本身颜色较深，加入润滑油中会影响油品外观，故常用于浅度脱蜡的润滑油，如齿轮油、机械油及内燃机油等。先由氯化石蜡与萘在三氯化铝催化剂作用下缩合，再经氨精制、过滤、蒸馏而得。

烷基酚　alkyl phenol　酚经烷基化所得衍生物的总称。常见的有壬基酚、辛基酚、十二烷基酚、二壬基酚等。当烷基酚与环氧乙烷加成时，可根据最终产品的不同性能要求而改变环氧乙烷链长，制成非离子表面活性剂烷基酚聚氧乙烯(n)醚的系列产品。

烷基酚聚氧乙烯(n)醚　alkyl phenol polyoxyethylene(n) ether

（R 为烷基，$n=1\sim30$）　简称 OPE、OP、TX。非离子表面活性剂的主要品种之一。常温下为淡黄色黏稠液体或膏状体。pH 值(1% 水溶液)5～7。化学性质稳定，不怕硬水、强酸、强碱。有很强的乳化、渗透及去污性能。用作乳化剂、脱脂剂、润湿剂、净洗剂等。由脂肪醇与环氧乙烷经醚化反应制得。

烷基硫酸钠　alkyl sodium sulfate　化学式 RO—SO_3Na（$R=C_{12}\sim C_{18}$ 烷基）。又名脂肪醇硫酸钠。阴离子表面活性剂的一类。白色或淡黄色粉末或固体。具有良好的乳化、分散起泡及去污能力。常用作牙膏起泡剂、织物洗涤剂、纺织助剂、乳化剂等。其中用量最大的是 $C_{12}\sim C_{14}$ 的脂肪醇硫酸钠。可由脂肪醇与硫酸或氯磺酸作用后经中和而得。

烷基醇酰胺　alkylol amide

$$\overset{O}{\overset{\|}{R}}CN(CH_2CH_2OH)_2$$

（R 为 $C_{12}\sim C_{14}$ 烷基）　又称脂肪酸二乙醇胺、脂肪酰二乙醇胺。非离子表面活性剂的重要一类。商品名尼纳尔(Nionl)、6501。是由各种脂肪酸和不同烷醇胺反应制得。其中常用的为月桂酸与乙醇胺或二乙醇胺反应制得。这类表面活性剂均为淡黄色至琥珀色黏稠液体，低温下呈半固体。具有脱脂力强、洗净力高、泡沫丰富的优点，并有使水溶液增稠的特性。广泛用于配制洗涤剂、脱脂剂、增稠剂、柔软剂及乳化稳定剂等。

烷基磺酸钠　sodium alkylsulfonate　化学式 RSO_3Na（$R=C_{14}H_{29}\sim C_{18}H_{37}$）。又称石油磺酸钠、表面活性剂 AS。简称 SAS。一种阴离子表面活性剂。外观随活性物含量及纯度不同，可为淡黄色液体、软膏状或固体粉末。有臭味。溶于水。在碱性、中性、弱酸性溶液及硬水中均较稳定，遇浓酸分解。易生物降解，热稳定性较好，270℃ 以上分解。

即使在硬水中也有良好的润湿、乳化、分散、起泡及去污性能;有较强亲水性,对金属起缓蚀作用。广泛用作洗涤剂、分散剂、脱脂剂、乳化剂、矿物浮选剂及配制防锈油等。可由烷基磺酰氯用碱皂化制得。

着火 fire 可燃物受火源的直接作用而发生持续燃烧的现象称作着火。而可燃物开始持续燃烧所需要的最低温度,即为该物质的着火点或着火温度。当达不到着火温度时,着火就不能发生,或者仅能发生闪燃。

着火点 fire point 见"燃点"。

着色剂 colouring agent 加入塑料、橡胶、涂料、油墨、化纤、陶瓷、玻璃等物质中,可使这些物质固有颜色改变的添加物。可分为染料及颜料两大类,两者的区别主要是溶解性不同。按组成不同,着色剂可分为无机着色剂、有机着色剂、荧光增白剂及珠光剂四类。无机着色剂主要是一些无机颜料,如金属氧化物、硫化物、硫酸盐、铬酸盐等;有机着色剂包括有机颜料及染料,其中合成染料是以煤或石油制品(苯、甲苯、苯酚、蒽等)作为基本原料合成制得,其品种众多,色谱齐全,大多光泽鲜艳而耐洗;荧光增白剂是一类无色或浅色的有机化合物,它吸收人肉眼看不见的紫外光,然后发射出人肉眼可见的蓝紫色荧光,如在微黄的底物上加入这种可发出蓝紫色荧光的物质,就会呈现出悦目的白色;珠光剂是由具有较高折射率的物质构成的,在低折射率的环境介质中起

干涉滤光片的作用,合成珠光剂有碱式碳酸铅、氯化铋、酸性砷酸铅等。天然珠光剂是由片状云母粉为基料制得的。

羟基化 hydroxylation 有机化合物分子中引入羟基(—OH)的反应。引入羟基的方法有芳磺酸盐碱溶、卤素化合物水解、芳伯胺水解、重氮盐水解、硝基化合物水解、环烷氧化脱氢、芳羧酸氧化脱羧、芳环上直接引入羟基及氧化还原法等。羟基化反应可制得各种酚、醇及烯醇。其产品大量用于生产合成树脂、医药、染料、香料、农药及各种助剂等。

羟基酸 hydroxy acid 分子中同时存在羟基(—OH)及羧基(—COOH)的化合物。按羧基所连羟基的不同,分为脂肪族羟基酸(也称醇酸,如乳酸)及芳族羟基酸(也称酚酸,如水杨酸)。羟基酸具有醇(或酚)和羧酸的一般性质,同时也表现出两种官能团相互影响而产生的特性。羟基酸一般为固体或黏稠液体。由于羟基和羧基都能与水形成氢键,因而比醇和羧酸有更大的溶解度。羟基酸的另一特性是容易失水,其产物因羟基与羧基相对位置的不同而异,如乳酸脱水成交酯。

羟醛缩合 aldol condensation 见"醇醛缩合"。

剪切安定性 shear stability 指石油产品抵抗剪切作用,保持其黏度和与黏度有关的性质不变的能力。是矿物型液压油、稠化机油及加有聚合物添加剂润滑油的质量指标之一。液压油中通

常都加入黏度指数改进剂来改善其黏温性能。这类添加剂多是高分子聚合物,在剪切应力作用下其分子有趋于断裂可能,变成较小的分子,造成油品黏度下降。如液压油在流经溢流阀,节流阀的小孔及环状缝隙内都会经受剪切作用,因而要求液压油具有一定的抗剪切安定性。

粘着磨损 adhesion wear 又称粘附磨损。是摩擦副接触表面作相对运动时,由于接触点发生塑性变形或剪切,使其表面膜破裂,摩擦表面温度升高,接触点产生粘附,并引起表面擦伤及表层材料脱落的现象。其磨损量与载荷大小、滑动的距离及材料的硬度等因素有关。为提高摩擦副的抗粘着磨损能力,通常可以使用不易相互粘附的金属做摩擦副材料,增加润滑油膜的厚度,以及在润滑油脂中加入油性和极压添加剂,提高润滑油的吸附能力和油膜的强度等。

粗分散体系 coarse dispersion system 指颗粒大小在 $0.1\sim10\mu m$ 之间的多相分散体系。可按分散相与分散介质的聚集状态不同分为几种类型。如以液体为分散介质,分散相为气体的分散体系称为泡沫;分散相为液体的称为乳状液;分散相为固体的称为悬浮液。也有以气体为分散介质,分散相为固体或液体的,例如悬浮于空气中的烟或雾等分散体系。粗分散体系中分散相颗粒大,具有不透明、浑浊、分散相不能透过滤纸、难扩散、易发生沉降而与分散

介质分开等特性。

粗石蜡 crude scale wax 又称黄石蜡。是以原油经过常减压蒸馏所得润滑油馏分为原料,经溶剂脱蜡或压榨脱蜡、发汗脱油,但不经过精制脱色所得的产品。外观为黄色或浅黄色固体。按熔点分为 50 号、52 号、54 号、56 号、58 号、60 号六个牌号。主要用于橡胶制品、蓬帆布、火柴及其他工业的原材料。

粒度分布 particle size distribution 见"筛析"。

断路器油 isolator oil 又称油开关油。电气绝缘油的一种。主要用于电力部门各种断路器(油开关)等设备。是以低凝油馏分为原料,经深度脱蜡及补充精制后加入抗氧剂调合制得的。具有良好的电气绝缘性、低温性能、冷却性和抗氧化安定性,游离炭生成少、灭弧效果好、安全性高等特点。适用于 220kV 及其以下的断路器中。

断链反应 chain breaking reaction 指烷烃热转化过程的断链反应。是烷烃分子中 C—C 键断裂所致,产物分子中的碳原子数减少。其通式为: $C_nH_{2n+2}\longrightarrow C_mH_{2m+2}+C_{n-m}H_2$。$(n-m)$断链反应是强吸热反应。分子量较小的烷烃受热时,在两端 α 键上断裂比在分子中间容易,因此热裂化气体中主要成分是甲烷。随着烷烃的分子量增大,在分子中间发生断裂的几率增大。

减压瓦斯油 vacuum gas oil 简称VGO。从减压分馏塔蒸出的各线减压馏分的总称。可用于生产润滑油、变压

器油。为从原油中取得更多的汽油及柴油,多数炼厂将减压瓦斯油作为催化裂化及加氢裂化的原料。也用作蒸汽裂解制烯烃的原料,但乙烯收率较低,副产物较多。

减压炉　vacuum heater　见"蒸馏炉"。

减压渣油　vacuum residuum　从减压蒸馏塔塔底抽出的残渣油。是原油中沸点最高、分子量最大的部分,其中非烃化合物的含量也最多。可用作溶剂脱沥青、减黏裂化及焦化等的原料油,也可通过调和加工用作锅炉燃料油或加工成道路沥青。我国减压渣油的四组分具有以下特点:①饱和馏分含量差别较大,从14.3%~47.3%,相差达3倍之多;②芳香馏分含量较低,一般在30%左右;③胶质含量较高,大多在40%~50%;④庚烷沥青质含量较低,大多数小于3%。

减压蒸馏　reduced pressure distillation　又称真空蒸馏。指在减压下进行的蒸馏过程。一般用于分离在常压下加热至沸点时易于分解或难以蒸出的物质,通常在1~10kPa压力下进行。原油中350℃以上的高沸点馏分是润滑油和催化裂化、加氢裂化的原料。由于高温下会发生分解反应,在常压蒸馏时不能获得这些馏分,通过减压蒸馏可以从常压重油中蒸出沸点约550℃以前的馏分油。减压蒸馏的核心是减压蒸馏塔及它的抽真空系统。在炼油厂中,减压塔广泛采用蒸汽喷射器来产生真空。

减压蒸馏塔　reduced pressure distillation tower　又称减压塔、真空塔。指在低于大气压力下操作的分馏塔。塔内真空可由蒸气喷射泵或机械真空泵产生。与常压塔比较,减压塔具有高真空、低压降、塔径大、板数少等特点。根据目的产品不同,可分为燃料型减压塔及润滑油型减压塔。燃料型减压塔主要生产二次加工原料,对分离精度要求不高,在控制产品质量前提下,希望尽可能提高拔出率;润滑油型减压塔以生产润滑油为主,要求得到颜色浅、残炭值低、馏程较窄、安定性好的减压馏分油,不仅要有高的拔出率,还需有较高的分馏精度。

减压馏出油　reduced pressure distillate　又称减压馏分。指在减压条件下,由减压蒸馏塔蒸出的各线馏分油的统称。减压蒸馏可从常压重油中蒸出沸点350~550℃的馏分油。如减一线出重柴油、乙烯裂解原料、乙烯裂解原煤料;减二线可出乙烯裂解原料等。减压馏分油也是加氢裂化的主要原料油。

减阻剂　drag reducer　一种可降低流体在管道内流动阻力,提高输送速度和射程的添加剂。可分为水溶性及油溶性两大类,以水溶性减阻剂品种较多。水溶性减阻剂有人工合成的聚氧化乙烯、聚丙烯酰胺,天然的瓜尔豆胶、田菁粉、皂角粉等;油溶性减阻剂如聚异丁烯、烯烃共聚物、聚甲基丙烯酸酯等。水溶性减阻剂可应用于循环冷却系统、循环水系统及消防水系统等；油溶性减阻剂可用于原油及石油产品的管道输送，具有显著节能效果。

减湿 dehumidification 降低气体湿度的操作。是使水气在空气（或气体）中凝缩以降低空气（或气体）湿含量的过程。一般在喷雾室或塔中进行。将低温液体直接喷入气体中，也可应用凉水塔或类似的气液接触设备，使含湿气体与冷却面接触而将气体中的水气冷凝下来。

减摩添加剂 friction reducing additive 又称减摩剂。是在边界润滑条件下防止金属直接接触减少摩擦和磨损的添加剂。它可在摩擦表面形成定向吸附膜，降低摩擦系数。常用品种有油溶性及非油溶性两类。常用品种有多元醇脂肪酸酯、脂肪酸酰胺、脂肪酸铜皂、二硫化钼、石墨等。

减震器油 shock absorber oil 用于减震器中以减少汽车、机车振动的油品。是利用液体不易压缩的性质，来缓冲车辆在行驶中的震动。它是由低黏度、低温流动性较好的矿物润滑油添加抗氧剂、减磨剂等添加剂调合制得的。具有优良的黏温性、低温流动性、润滑性及剪切稳定性，并具有一定防锈作用。可作为各种摩托车、汽车及火车减震器用油。

减黏裂化 viscosity breaking 热裂化过程之一。是将重质黏稠减压渣油经浅度热裂化降低黏度，使之可少掺或不掺轻质油而达到燃料油质量要求的

热加工工艺。在降低黏度的同时，还可降低渣油的凝点，并副产少量气体和裂化汽油、柴油馏分等。其主在目的在于减小原料油的黏度，生产合格的重质燃料油和少量轻质油品，也可为催化裂化等其他工艺过程提供原料。减黏裂化工艺较简单，但类型颇多。按原料分类，可分为常压渣油减黏裂化、减压渣油减黏裂化、沥青减黏裂化及含蜡渣油减黏裂化等；按目的产品分类，可分为生产船用和锅炉燃料油的减黏裂化、生产最大量馏分油的减黏裂化及生产最大量中间馏分油的减黏裂化等。

减黏裂化装置 visbreaker 进行减黏裂化过程的装置。大致可分为三类：①深度减黏裂化。反应温度在440～500℃之间，除减黏渣油外，还可生产部分减黏汽油和柴油，采用加热炉或反应塔；②浅度减黏裂化。反应温度在400～440℃之间，以减少渣油黏度为目的，并产少量气体和凝缩油，有加热炉也有反应塔；③延迟减黏装置和常减压装置联合。只有反应塔而没有加热炉，反应温度较低，在370～390℃之间，生产目的与第二类情况相同。

减黏裂化渣油 visbreaking residuum 减黏裂化过程所产生的渣油。其性质随减黏裂化产品方案而异。从沸点范围分类，有>165℃（或180℃）的减黏裂化渣油，和>350℃及>500℃的减黏裂化渣油。可用作延迟焦化原料。减压渣油先经减黏裂化处理，可使渣油中的芳烃及胶质尽可能在减黏裂化反应中

发生裂化。与减压渣油直接用作延迟焦化原料相比较,可提高液体产品收率,减少气体和焦炭产率,相对地提高处理渣油的能力。

清洁生产 clean production 《中华人民共和国清洁生产促进法》中指明:"清洁生产是指不断采取改进设计、使用清洁的能源和原料、采用先进的工艺技术与设备、改善管理、综合利用措施,从源头削减污染,提高资源利用效率,减少或者避免生产、服务和产品使用过程中污染物的产生和排放,以减轻或者消除对人类健康和环境的危害"。清洁生产的核心内容是清洁的能源、清洁的生产过程、清洁的产品;清洁生产的目标是通过资源综合利用、短缺资源代用、二次资源利用及节能、降耗、节水等措施,减缓资源耗竭。同时减少"三废"排放、保护环境、保证国民经济持续发展。

清洁汽车 clean automobile 指低排放的燃气汽车(天然气、液化石油气)、混合动力汽车、电动汽车及通过多种技术手段大大降低排放污染的燃油及其他燃料汽车。区分清洁汽车的标准是排放,而不是所用燃料。提高汽车排放标准的方法除了使用清洁燃料外,还与汽车的机内净化水平、是否采用先进的电喷技术及机外净化技术等有关。对于清洁汽车其尾气排放指标应优于现行排放法规,并能达到下一阶段排放法规的要求。

清洁汽油 clean gasoline 指产品牌号为 90 号及以上规格,硫含量小于 800mg/kg,烯烃的体积分数小于 35%,芳烃含量小于 40%,苯含量小于 2.5% 的汽油。我国于 2003 年 1 月 1 日开始推广使用清洁汽油。汽油发动机润滑,尤其是电喷发动机,使用清洁汽油可以减少一氧化碳、氮氧化物及烃类的排放,减轻发动机燃油系统的积炭及机械磨损,降低油耗,发动机易启动等特点。

清洁能源 clean energy 又称无污染能源。指在人类利用过程及最终形态不对环境产生污染或者基本不产生污染的能源。如太阳能、水能、地热、风力、潮汐等,目前所指的清洁能源,主要相对于大量使用的煤炭、石油、柴油而言,指能大幅降低有害气体及温室气体排放的一类能源,如天然气、液化石油气、乙醇、甲醇及氢燃料等。

清洁柴油 clean diesel oil 指硫含量小于 800mg/kg,氧化安定性小于 2.5mg/100ml,十六烷值大于 45 的柴油。我国于 2002 年 1 月 1 日起推广使用清洁柴油。对于大中城市,还必须使用优质车用柴油,即硫含量小于 500mg/kg,二环以上芳烃限量,十六烷值进一步提高。汽车使用清洁柴油具有减少尾气排放污染、清洁汽车部件、降低油耗、改善行驶性能及延长发动机寿命等好处。

清洁燃料 clean fuel 指有害物质组分低、采用清洁生产工艺、符合绿色环保要求的燃料产品。目前,汽车使用最多的清洁燃料有清洁汽油、清洁柴油,以及近年来发展迅速的天然气、液化石油气及醇类燃料等。正在开发的清洁燃料有二甲醚、生物质能、氢气及燃料电池等。

清净分散剂 detergent dispersant 一种同时具有清净性及分散性的燃料油添加剂。主要作用是减少油的氧化沉积物,保持燃料系统清洁,分散燃料油中已形成的沉渣,使微小颗粒保持悬浮状态。可分为有灰(如烷基酚盐)及无灰(如丁二酰亚胺)两类。前者清净性较好,可在高温运转条件下有效防止油品氧化变质而生成沉积物,使发动机内部保持清洁;后者分散性较强,能在较低的运转温度下使新生成的油泥很好地分散在油中。因而有时也将它们分别称为清净添加剂及分散添加剂。常用的清净分散剂有聚异丁烯琥珀酸亚胺、酚胺、咪唑啉、磷酸酰胺、脂肪胺、丁二酰亚胺、聚醚基胺、聚甲基丙烯酸酯共聚物等。

清净添加剂 detergent additive 见"清净分散剂"。

清液高度 clear liquid head 清液是指板式塔塔板上不充气的液体。清液高度是塔板上或降液管内不考虑存在泡沫时的液层高度。用以衡量和考核气液接触程度、塔板气相压降,并用它的2~2.5倍作为液泛或过量雾沫夹带的极限条件。塔板清液高度为出口堰高＋堰上液头高＋平均板上液面差。降液管内清液高度是由管内外压力平衡所决定,包括板上清液压头、降液管阻力头及两极间气相压降头。

清焦 decoking 又称除焦。①从焦炭塔或焦化釜内清除焦炭的操作。延迟焦化装置主要采用水力除焦。它是通过水力除焦器的喷嘴喷出的高压水,形成高压射流,借助射流的强大冲击力,将石油焦切割下来。②烃类高温裂解制乙烯、丙烯时,在裂解炉管内壁上和在急冷废热锅炉换热管内壁上附着的焦炭,需定期进行清焦。

添加剂 additive 指为改进产品性能和使用效果而加入主剂中的药剂。品种很多,如抗氧剂、抗静电剂、消泡剂等。其特点是①加入量很小;②加入产品(如汽油、柴油等)中,需在产品中保持一定量才能起到应有作用;③能参与反应而起作用。如水处理剂,它不是加在产品中,但能与水中的某些杂质发生化学反应,保持其稳定性。添加剂与助剂有时不太好区分。助剂的特点是:相对于添加剂而言,加入量稍大,一般是在工艺过程中加入,如辛烷值助剂、破乳剂等。实际上,一些助剂最早便是由添加剂移植而来,因而两者常易混淆。

添味剂 odorant 见"增味剂"。

淹塔 flooding 见"液泛"。

渐次冷凝 gradual condensation 见"渐次汽化"。

渐次汽化 gradual vaporization 将混合物加热,在一定压力下当达到某一温度时,液体开始汽化,所生成的微量蒸气当即被引出冷凝,残留液体组分变重。继续升温汽化,蒸气不断形成并被引出。液相中轻组分浓度越来越低。任何时候刚汽化的微量蒸气总是与剩下的全部液体呈平衡，这种汽化方式称为渐次汽化。它可以看作是由无穷多个一次汽化所组成的。如作为鉴定石油产品规格的恩氏蒸馏及工业上用的釜氏蒸馏都属于渐次汽化。而渐次汽化的逆过程即为渐次冷凝。

混合二甲酚 xylenols mixture $(CH_3)_2C_6H_3OH$ 化学式 $C_8H_{10}O$。又名工业二甲酚。无色至棕红色透明液体或结晶。是由六种二甲酚异构体（2,3-；2,4-；2,5-；2,6-；3,4-；3,5-二甲酚）组成的混合物。相对密度 1.01～1.03。熔点20～76℃，沸点 203～225℃。微溶于水，溶于多数常用有机溶剂及碱液。可燃。有毒！对皮肤、黏膜有刺激性及腐蚀性。用于制造酚醛树脂、增塑剂、医药、农药、染料等，也用作消毒剂、润滑油添加剂、矿物浮选剂等。也可进一步分离提取各种二甲酚馏分。可由煤焦油粗酚经分馏而得。

混合发生炉煤气 mixed producer gas 见"发生炉煤气"。

混合式换热器 mixing heat exchanger 见"直接接触换热器"。

混合皂基润滑脂 mixed soap-base grease 指采用两种或两种以上不同碱金属皂所制成的润滑脂。其中所含的皂类一般都不是等量的，且以一种金属皂占主位，另一种金属皂的含量较少。其结构与性质与其所含主要金属皂制的润滑脂相似，加入第二种皂主要是为了改善润滑脂的某些性能。种类较多，主要为钙钠基润滑脂，其他常用的还有锂钙基、锂铅基、钡铅基、锂铝基等润滑脂。

混合苯胺点 mixed aniline point 由于芳烃的苯胺点很低，常将芳烃溶剂与庚烷等体积混合测定的苯胺点称为混合苯胺点。测定时，先将苯胺、正庚烷与试样油按 2：1：1 体积混合，然后逐步降低温度，当三者互溶成均一液相时的温度，即为试样油的混合苯胺点。其值低于用等体积苯胺和试样油所测得的苯胺点。常用以表示芳烃含量高、苯胺点低于常温的矿物油的芳香性。混合苯胺点越低，表示芳烃含量越高，溶解能力越强。

混合基原油 mixed base crude oil 见"中间基原油"。

混合溶剂脱沥青 mixed-solvent deasphalting 一种使用丙烷及丁烷混合溶剂的抽提过程。为适应原料的多变性和由此带来脱沥青收率的大幅度变化，要求脱沥青过程有足够的灵活性。采用丙烷及丁烷（或戊烷）等混合溶剂，既可加工轻质渣油，又可加工重质渣油，既可得到质量要求很高的脱沥青油，又可得到收率高而质量稍差的脱沥青油，以满足不同场合的要求。

混酸硝化 mixed acid nitration 见"硝化剂"。

混缩聚 mixing polycondensation 见"逐步聚合"。

液力传动油 hydraulic transmission

oil 又称动力传动液或液力传动液。常用于在液力变矩器与液力偶合器间作传动介质。用于汽车自动变速器的变矩器的液力传动油又称自动传动液或汽车自动变速器油。它用于轿车和轻型卡车的自动变速系统,使汽车能自动适应行驶阻力的变化。也可用于大型装载车的变速传动箱、动力转向系统、农用机械的分动箱等。目前我国生产的液力传动油,按 100℃ 时运动黏度分为 6 号、8 号两种,另有一种是拖拉机液压、传动两用油。6 号液力传动油主要用作轿车的自动传动液,除作动力传递介质外,还可启闭若干阀门及自动换挡,并兼有润滑和冷却作用;8 号液力传动油主要用于内燃机车、载货汽车及工程机械的液力传动系统。

液下泵 submerged pump 又称浸没泵。是泵轴加长的一种离心泵。泵体、叶轮及下段浸没在容器的液体中,电机露在外面。由于浸没在液体中,液体靠自重流入泵内,不需灌泵或装底阀。轴封要求不高。常用各种耐腐蚀材料制造,适用于输送各种腐蚀性(如酸、碱)液体。不会产生因泄漏而污染环境的问题,但效率不高。

液气比 liquid-gas ratio 指气液接触设备(如吸收塔、解吸塔、凉水塔等)中液体与气体的流量之比。对气体吸收及解吸操作可用液气摩尔流量比,或用不含溶质气体的纯溶剂与惰性气体的摩尔流量比;对调湿操作可采用水与空气的质量流量比;对精馏操作,则采用塔内液体与蒸气的摩尔流量比。液气比是影响设备高度选择的重要因素,其最佳值由经济核算决定。

液化 liquefaction 气体或固体转为液相的过程。一般常指气体变为液态的过程。在临界温度以下的气体都可以液化。临界温度较高的气体(如氨、二氧化碳、二氧化硫、乙烯、丙烯等)可在室温下经压缩而液化;临界温度极低的气体(如氢、氦、氮等)需冷却到接近绝对温度才能压缩液化。液化可用加压或冷却,或加压又冷却的方法来实现,液化时物质放出热量。一些气体烃类液化后可便于运输及储存。

液化天然气 liquefied natural gas 简称 LNG。是指天然气经预处理,脱除其中的杂质后,再通过低温冷冻工艺在 -162℃ 下所形成的低温液体混合物。主要组分是甲烷,并含有少量乙烷、丙烷、丁烷及氮等惰性组分。商业液化天然气为无色无味液体。密度约为 0.43g/cm³。燃点 650℃,热值约为 37.62MJ/m³。爆炸极限 5% ~ 15%。压缩系数为 0.74 ~ 0.82。是一种洁净和高效的能源。除用作汽车、发电厂、工业、民用燃料外,也用于制造化肥、甲醇、乙醇等化工产品。

液化石油气 liquefied petroleum gas 简称 LPG。指在常温下稍加压力就容易液化的石油炼制过程中生产的石油气。主要组分为丙烷、丙烯、丁烷、丁烯,并含有少量戊烷、戊烯和微量硫化氢杂质。不溶于水。液体相对密度 0.5 ~ 0.6,气体相对密度约 1.5 ~ 2.0。自燃点 426～537℃。爆炸极限 5%～33%。液化石油气具有辛烷值高、氢含量大、硫和氮等杂质少、热值高等优点。可用作发动机燃料、民用燃料及基本有机合成原料。它可由炼油厂石油气、油田伴生气或天然气等中分离提取而得。

液压式安全阀 fluid pressure relief valve 又称液压式呼吸阀。它与机械式呼吸阀并排安装于油罐顶部,工作压力稍高于机械式呼吸阀。它的作用在于当机械式呼吸阀运行过程中因某种原因失灵时,将起到与机械式呼吸阀同样的作用,以保证储油罐的正常呼吸确保储油罐的安全。液压式安全阀的压力比机械式呼吸阀的压力一般高 5%～10%。

液压式呼吸阀 fluid pressure breather valve 见"液压式安全阀"。

液压传动 hydraulic power transmission 见"液压系统用油"。

液压系统用油 hydraulic system oil 指液压油和液力传动油的统称。以液体为工作介质传递能量并进行控制的传动方式,称为液体传动。可分为液压传动及液力传动。虽然两者都是利用液体作为介质传递能量,但前者利用的是液体压力能,工作液体的流速不大而压力较大,故又称静压传动;而后者利用的是液体动能,工作液体的流速较大而压力相对地较小,故又称动力式液力传动。因此,液压系统包括流体静压系统和流体动力传动系统。流体静压系统所用的工作介质是液压油(液),包括液压油和汽车制动液;流体动力传动系统所用的工作介质为液力传动油(又称液力传动液或动力换挡液)。参见"液压油"及"液力传动油"。

液压油 hydraulic oil 压力系统用油的一种。在液压系统中起着能量传递、系统润滑、防腐、防锈、冷却等作用。是由润滑油基础油调合成所需黏度等级后,加入适量高效复合添加剂调合而得。不同品种的液压油所加入的添加剂种类和数量各异。液压油品种较多,一般应具备以下性能:有适宜的黏度及良好的黏温特性,有良好的抗磨性、氧化安定性、润滑性、抗泡沫性、抗燃性、抗乳化性、抗橡胶溶胀性、抗腐蚀性及过滤性,并具有热胀系数低、剪切安定性好等。广泛用于汽车、矿山机械、机床、冶金及船舶等工业。选用液压油时应先了解液压油的规格和性能,然后根据液压设备所处环境及工况进行油品品种和黏度选择。

液时空速 liquid hourly space velocity 简称 LHSV。又称液体体积时空速度。指以反应器内单位体积催化剂每小时液体进料的体积量表示的空速,即:

$$LHSV(h^{-1}) = \frac{反应器入口的总进料量(m^3/h)}{催化剂的总体积(m^3)}$$

不管实际反应条件下是否以液相存在,只要反应物为液相,即使有另一相不为液相,也可用液时空速表示反应器的生产强度。如渣油加氢反应中,用油的进料体积计算空速,并不计入气相反应物氢气。在一定条件下,空速与反应温度在一定范围内可以互补,即当提高空速而要保持一定的转化深度时,可以用提高反应温度进行补偿。而在实际操作时,调整空速要兼顾催化剂选择性及失活情况。

液体二氧化硫 liquid sulfur dioxide 见"二氧化硫"。

液体石油燃料 liquid petroleum fuel 指作为燃料以产生热和动力的液态石油燃料。品种很多,如车用汽油、航空汽油、喷气燃料(航空煤油)、灯用煤油、各种牌号的柴油、船用燃料油及锅炉燃料油等。

液体石蜡 liquid paraffin 又称液蜡。是原油蒸馏所得的煤油或轻柴油馏分经分子筛脱蜡或尿素脱蜡制得的液态正构烷烃。其烃分子的碳原子数一般为 $C_{10} \sim C_{16}$。在室温下为无色或浅黄色透明液体。不溶于水、乙醇,溶于苯、乙醚、石油醚、二硫化碳、氯仿及各种油脂。液体石蜡按馏分轻重分为轻质液体石蜡和重质液体石蜡。轻质液体石蜡一般为 $C_{10} \sim C_{15}$ 的正构烷烃混合物,重质液体石蜡是指 $C_{14} \sim C_{18}$ 的正构烷烃混合物物。轻质液体石蜡按生产工艺可分为 1 号及 2 号两个牌号;重质液体石蜡分为一级品及合格品。液体石蜡用于制造表面活性剂、农药乳化剂、塑料增塑剂、氯化石蜡及医药等产品。

液体负荷 liquid load 见"液相负荷"。

液体热载体裂解法 liquid heat support pyrolytic process 是以熔融的金属或金属盐作为热载体,原料烃通过高温熔融的热载体裂解制取烯烃的方法。按所采用的热载体不同,可分为熔盐裂解法及熔融铅裂解法。前者所用热载体有氯化钾-氯化钠、碳酸锂-碳酸钠、碳酸钡-氯化钠等。后者所用的热载体是金属铅。

液体硅酸钠 liquid sodium metasilicate 见"硅酸钠"。

液体溶解度 liquid solubility 见"溶解度"。

液体燃烧器 liquid burner 见"燃油燃烧器"。

液位测量计 liquid level gauge 又称液面计。测量容器或储罐内液位的仪表。在容器中,溶体和气体介质的分界面称作液位;两种密度不同液体介质的分界面称作界位;固体颗粒物质的堆积高度称作料位。液位、界位、料位统称为物位。测定液位的常用仪表有直读式液位计(如玻璃管、玻璃板液位计)、浮力式液位计(如浮标式、浮球式、浮筒式液位计等)、静压式液位计(如压力计、差压变送器等)。

液态烃 liquid hydrocarbon 常温常压下为液体状态的烃类的统称。有时也专指液化石油气。

液泛 flooding 又称淹塔、冲塔。是带溢流塔板操作中的一种不正常现象。分馏塔操作中,液相负荷过大、气相负荷过小或降液管面积过小,导致塔板上形成液体堆积,最后造成全塔被液体充满,破坏了正常的传热传质,分馏效果严重变坏,这种现象称为液泛。当液相流速一定时,产生液泛的气体速度称为液泛速度,这种操作状态称为液泛点。是分馏塔设计中确定空塔最大气体线速度的极限指标。通常把降液管内清液高度的最大允许值定为板间距一半时的空塔气体流速作为液泛点或液泛极限。

液泛极限 flooding limit 见"液泛"。

液泛点 flooding point 见"液泛"。

液空速 liquid space veloclty 空速的表示形式之一。其含义与液时空速相似,但不用小时作为计量单位,而是以其他时间单位表示。参见"液时空速"。

液柱压差计 liquid column manometer 又称液柱压力计。是以流体静力学原理为依据测量压力的仪器。是在U形玻璃管内灌入指示液,一端与被测流体相连,一端与大气相通,根据液柱高差直接测出被测流体的压力。所用指示液(如水银、煤油或水等),应与所测流体不互溶,其密度大于所测流体的密度。如果U形玻璃管的两端分别与两个测压点相连,而这两点压强不等,则可测出两点之间的压差。如将普通U形管压差计倾斜放置,以放大读数,此即为倾斜式U形管压差计。

液封 liquid seal 以液体为密封介质防止气体或蒸汽外流的方法。工业生产中常需要用液柱产生的压力将气体封闭在设备中,以防止气体泄漏、倒流或有毒气体逸出而污染环境。如煤气柜通常用水来封住,以防煤气泄漏。所需液封高度 h_0 可按下式计算:

$$h_0 = \frac{p}{\rho g}$$

式中,p 为器内压力(表压);ρ 为水或液体的密度;g 为重力加速度。

液面计 liquid level gauge 见"液位测量计"。

液面梯度 liquid level gradient 见"液面落差"。

液面落差 fall head 又称液面梯度。指液体横流过带溢流塔板时,为克服塔板上阻力所形成的液位差。液面落差过大,会出现上升蒸气分配不匀、液体不均衡泄漏或倾流的现象,使气液接触不良,导致塔板效率降低,操作紊乱。泡罩塔板的液面落差最大,喷射型塔板最小,筛板和浮阀塔板液面落差只在塔径较大或液相负荷过大时才增大。

液相负荷 liquid phase load 又称液体负荷。指分馏塔内流过塔板的液体量,即内回流量。对无侧线抽出的分馏塔,各塔板的液相负荷基本一致;对于有降液管的板式塔,液相负荷是指横流经过塔板,溢流过堰板,落入降液管中的液体量,也是上下塔板间的内回流量。是考察塔板流体力学状态和操作稳定性的基本参数之一。液相负荷过大,在塔板上因阻力大而形成进出塔板堰间液位落差大,造成鼓泡不匀及蒸气压降过大,在降液管内引起液泛。液相负荷再加大时,就会引起淹塔,并使分馏操作失效。

液相色谱法 liquid chromatography 流动相为液体的色谱法称作液相色谱法。早期的液相色谱法是将粒径大于 $150\mu m$ 的固定相颗粒装入较粗的玻璃管中,利用重力使流动相自上而下地流动,使加于色谱柱上部试样中的各组分在向下移动的过程中逐渐分离。其分析速度慢、分离效能低。20 世纪 60 年代末出现了高效液相色谱法后,目前的液相色谱均为高效液相色谱。

液相非均一系 liquid phase non-uniform system 又称液相悬浮系。指在液体中悬浮有不溶解物质的系统。可分为悬浮液、乳浊液及泡沫液等类型。悬浮液是由液相分散介质和悬浮于介质中的固体微粒所组成;乳浊液是由液相分散介质和悬浮于介质中的一种或数种其他液体微粒所组成;泡沫液是由液相分散介质和悬浮于介质中的气体微粒所组成。液相非均一系的形成可以是由于溶液浓缩而析出晶体,或是由于液相化学反应产生沉淀性产物,或是由于液相中存在着杂质等原因。液相非均一系可通过沉降、过滤、离心分离等方法加以分离,从而获得纯净的产品。

液相氧化反应 liquid phase oxidation reaction 见"催化氧化"。

液相预硫化 liquid phase presulfurization 见"湿法预硫化"。

液相悬浮系 liquid phase suspension system 见"液相非均一系"。

液相催化反应 liquid phase catalytic reaction 均相催化反应的一种。在液相催化反应中,反应物与催化剂形成均相的液态溶液。在化工生产中广泛应用的酸碱催化反应即为液相催化反应。如在硫酸的催化作用下,环氧乙烷水解为乙二醇;在氢氧化钠的催化作用下,环氧氯丙烷水解为甘油。

液氨 liquid ammonia 见"氨气"。

液-液萃取 liquid-liquid extraction 见"萃取"。

液晶 liquid crystal "液体晶体"的简称。即在一定温度范围内呈现于液相和固相之间的中间相的有机化合物。是一种物质的中介状态。在这种状态下,分子排列及运动有特殊的取向及规律。即液晶既有液体的流动性及表面张力,又有晶体的各向异性。当温度高于液晶相温度上限时,液晶就转变成各向同性的普通透明液体;如温度低于液晶相温度的下限,液晶就转变成普通晶体,并失去流动性。液晶的颜色及透明度,可随温度、电磁场、吸附气体等外界条件而变化。由于这一特性,广泛用于电子及仪表工业作显示材料。根据光学及流变学性质,长条分子组成的液晶可分为近晶型、向列型及胆甾型等三种。近晶型呈层状结构,每层厚度与分子长度相当,分子不能在层间移动;向列型是常用的液晶显示材料;胆甾型液晶的化学组成为胆甾醇衍生物,可用于温度指示及诊断等方面。

液氯 liquid chlorine　化学式 Cl_2。黄绿色液体。常温常压下为绿色气体。液体相对密度 1.4685（0℃）。熔点 143.9℃，沸点 −34.6℃。氯气的临界温度 143.9℃，临界压力 7.61MPa。1kg 液氯气化后得到 300L 气体氯。液氯易溶于水，也溶于碱液。氯气有强烈腐蚀性。化学性质活泼，能与大多数元素或化合物起反应。不自燃，但可助燃。日光下与其他易燃气体混合时会发生燃烧或爆炸。为强氧化剂，与水反应，生成次氯酸及盐酸。潮湿环境下，严重腐蚀铁、铜、锌、钠。剧毒！对呼吸道、黏膜有强刺激及腐蚀性。用于制造各种有机及无机氯化物、增塑剂、表面活性剂、塑料等。也用作消毒剂、杀菌剂。先由食盐溶液电解制取氯气，氯气经干燥再经冷却制成液氯。

液溶胶 sol　见"胶体"。

液膜蒸发器 film-type evaporator 又称膜式蒸发器、单程型蒸发器。主要由单程立式列管蒸发器构成，加热管很长，达 6～10m。料液仅通过加热管一次，不作循环。溶液在加热管壁呈薄膜状，蒸发速度快，物料受热时间短（数秒至数十秒），传热效率高。常用的液膜蒸发器有升膜式蒸发器、降膜式蒸发器及回转式薄膜蒸发器。这类蒸发器特别适用于黏稠和易发泡物料的蒸发浓缩。其主要缺点是结构较复杂，动力消耗大。由于受夹套加热面积的限制，只能用于处理量较少的场合。

淬火 quenching　见"热处理"。

淬火油 quenching oil　见"热处理油"。

淀粉塑料 starch-based plastics 又称淀粉基塑料。泛指其组成含有淀粉或其衍生物的塑料。是生物降解塑料的一种。以天然淀粉为填充剂的和以天然淀粉或其衍生物为共混体系主要组分的塑料都属此类。主要品种有淀粉聚乙烯醇塑料、淀粉聚乙烯塑料、淀粉聚氯乙烯塑料、淀粉糖塑料等。由于淀粉塑料的降解性能好、对环境污染小，是生物降解塑料发展较快的品种。存在问题是价格较高、湿强度较差。

深冷分离 cryogenic separation　在深度冷冻下分离石油裂解气中各组分的技术。是利用石油裂解气中各种低级烃的相对挥发度不同，用精馏法在低温下将裂解气中的氢和甲烷与其他烃分开，同时用精馏法在适当的温度下将各种烃逐一加以分离。并用净化的方法除去杂质，得到所需的高纯度乙烯及丙烯，并可回收富氢、丁二烯及芳烃等。

深层过滤 deep bed filtration　又称深床过滤。过滤方式的一种。当过滤介质为一定厚度的床层（如石英砂床）且形成的孔径较大时，固体颗粒会被截留在床层内部孔道中而不是表面上，在过滤介质的表面并不形成滤饼，这种过滤方式称过深层过滤。其起过滤作用的是床层内部曲折而细长的通道。由于介质内部通道会因截留颗粒的增多逐渐减少或变小，因此，过滤介质须定期更换或清洗再生。深层过滤常用于处理固体含量很少且颗粒直径较小(小于 5μm)的悬浮液。

深度加氢精制 highly hydrofining 又称加氢改质。润滑油加氢工艺之一。是在比加氢补充精制苛刻得多的条件下对油品进行化学改质的过程。目的是大幅度改善油品的黏温性能和脱除大量杂质,将非理想组分转化为理想组分(或易于分离的组分),用劣质原料生产出优质润滑油。一般操作压力为 6~12MPa,温度 300~430℃,空速 0.5~1.5h^{-1},氢油比(体积)大于 300:1。在此条件下,烃类的结构及组成将发生很大变化,生成油的黏度指数可以超过 130。

深度冷冻 cryogenic procees 又称深冷。达到−100℃以下低温的制冷技术。深度冷冻和普通冷冻的工作原理相同,都是利用气体在膨胀过程中的自冷作用来取得低温。差别在于制冷温度不同。工业上一般把冷冻温度不低于−100℃的称为普通冷冻,而将等于或低于−100℃的称为深度冷冻。深冷的流程长、投资高。普通冷冻与深度冷冻都要利用节流膨胀技术,但在深冷中有时还要设置膨胀机,通过膨胀机作功以获得更低的温度并可节约能耗。

深度催化裂化 deep catalytic cracking 一种流化催化裂化新工艺。是在反应温度比催化裂化温度高、而又比蒸汽裂解温度低得多的操作条件下,使用酸性催化剂进行催化反应,以制取低碳烯烃(主要是丙烯、丁烯)的过程。所用原料为重质油,如减压馏分油、或掺兑部分常压渣油、减压渣油、脱沥青油、焦化重质油等。目的产物是低碳烯烃和高辛烷值汽油,同时产出轻柴油。催化反应温度 520~600℃。所用催化剂为改性的具有五员环结构的中孔分子筛。催化裂解产物组成随所用原料及工艺条件会有所不同,大致为:干气 5%~11%、液化气 32%~47%、气油馏分 22%~32%、轻柴油馏分 10%~20%、焦炭 7%~9%。裂化气(干气+液化气)中的烯烃含量为:乙烯 9%~11%、丙烯 35%~40%、丁烯 23%~37%。

渗析 dialysis 见"电渗析"。

渗透 osmosis 低浓溶液中溶剂通过半透膜向高浓溶液扩散的现象。为阻止溶剂渗透所需的静压差称为渗透压。如溶液一方施加的压力超过渗透压,则可驱使一部分溶剂分子从溶液这一方反向通过半透膜到溶剂那一方,这一现象称为反渗透。反渗透回去的溶剂分子会随压力增加而增多。渗透现象与生命活动及生物的成长过程密切相关。工业上应用渗透与反渗透进行硬水软化、海水淡化及重金属回收等。

渗透压 osmotic pressure 见"渗透"。

渗透汽化 prevaporation 见"渗透蒸发"。

渗透蒸发 pervaporation 又称渗透汽化。是利用液体混合物中的组分在膜两侧的蒸汽分压差作用下,以不同的速率透过膜蒸发,从而实现分离的过程。其分离机制可分为三步:①被分离的液体混合物在膜表面上被选择吸附并溶解;②以扩散形式在膜内渗透;③在膜的另一侧变成气相而脱附。其特点是在渗透过程中发生由液相到气相的相变。渗透蒸发过程中多使用致密膜。其通量较小,难与常规分离技术竞争,但它具有极高的单级分离效率。可用于共沸物分离、有机溶剂脱水、水中少量有机物分离等。

密相 dense phase 见"密相流体床"。

密相区 dense phase region 见"稀相区"。

密相流化 dense phase fluidization 指流体通过床层固体颗粒时,其流速介于临界流化速度与颗粒带出速度之间的流化状态。大多数工业流化床都是在密相流化状态下进行的。

密相流化床 dense phase fluidized bed 在聚式流化床中,处于流化状态的颗粒群是连续的,为连续相(密相),而气泡是分散的,为分散相(稀相)。虽然床中稀密两相共存,但只要床层有比较明显的上界面,此床则称为密相流化床。当气速加大到上界面随着密相的消失而消失时,便成为稀相流化床(即成气力输送阶段)。在密相内部,气体流动于颗粒之间,速度很慢,几乎总是属于层流。在气泡与密相接触的界面上则发生颗粒的猛烈冲击,使泡内外的气体都发生很大湍动,有利于气-固之间

的热量与质量传递。几乎所有工业流化床都属于密相流化床。

密相输送 dense phase transport 采用气流输送固体粉状物料或催化剂的过程。常指气-固混合物的密度大于$100kg/m^3$的系统。具有气流压降大、气流流量小、颗粒与管线的磨损小等特点,适用于较短距离的输送。在流化催化裂化装置中,催化剂在反应器和再生器之间的循环就属于密相输送。

密相装填 dense phase loading 见"催化剂装填"。

密度 density 在规定温度下,单位体积内所含物质的质量。单位为kg/m^3,或g/cm^3,常用ρ表示。密度是石油及其产品的最简单而常用的物理性质指标。由于油品的体积随温度的升高而膨胀,密度随之变小,所以,密度还应标明温度。我国规定,石油及石油产品在标准温度(20℃)下的密度为标准密度,用ρ_{20}表示。而国际上的共同利益国家间合作与协商制定的标准(ISD标准)是指在15.6℃温度下测得的油品密度。遇此情况可用换算公式及专用换算表换算成20℃下的密度。

密度温度系数 density-temperature coefficient 石油产品的密度随温度的变化而变化,但以20℃下的相对密度测定值为基准。在0～50℃范围内,不同温度(t℃)的相对密度可按下式换算:

$$d_4^t = d_4^{20} - \gamma(t-20)$$

γ称为密度温度系数或油品的体积膨胀系数。可由专门的图表查得。

【ㄌ】

弹丸焦 shot coke 又称颗粒焦。石油焦之一。一种呈球形生焦。当重质、高沥青质含量的焦化原料油焦化时,尤其在低压和低循环比操作条件下,可生成粒径为 5mm 左右的球形弹丸焦,大的可如篮球。弱丸焦不单独存在,常结合成不规则的焦炭,破碎后呈小球弹丸焦散开。煅烧后的弹丸焦热膨胀系数大,不适宜作高质量的阳极材料。提高焦化压力或循环比,或向原料油中加入高芳烃含量的渣油、调入部分重油,均有助于减少弹丸焦的生成。

弹性 elasticlty 见"塑性"。

弹性式压力计 elastic type manometer 是利用各种类型的弹性元件,在被测介质的压力作用下产生弹性变形的程度来测量被测压力大小的仪表。所用弹性元件有弹簧管式弹性元件、薄膜式弹性元件及波纹管式弹性元件等。这类仪表具有结构简单、使用可靠、价格低廉等特点。测量压力范围可从几百帕到数千兆帕,是应用最广泛的一种测压仪表。其中尤以弹簧管压力表应用最广。

弹性体 elastomer 又称高弹体。接近常温时具有橡胶弹性的材料。可看作是一类在低应力下易发生很大可逆变形(伸长率可达 500%~1000%)的高分子化合物,在常温下能反复拉伸至 200%以上,除去外力后又能恢复到原来长度或形状。可分为天然弹性体(如天然橡胶)及合成弹性体(如合成橡胶)。主要是链状的线型高聚物,玻璃化温度低。

弹性体沥青防水卷材 elastomer asphalt water-proofing roll-roofing 是用热塑性弹性改性后的沥青,涂盖在经沥青浸渍后的胎基(聚酯胎或玻纤毡,或两者的复合)两面,在上面撒以细砂、矿物粒料、金属箔或聚乙烯膜等,下面撒以细砂或覆盖聚乙烯膜所制成的一种优质改性沥青防水卷材。其中以苯乙烯-丁二烯-苯乙烯共聚物改性沥青防水卷材为代表,具有良好的耐高温、耐低温及耐老化性能,优良的抗拉伸强度及断裂伸长率。除适用于一般工业与民用建筑工程的防水外,尤适用于高层建筑的屋面防水和地下工程的防水、防潮。

弹性恢复 elastic recovery 又称弹性回复。指具有黏弹性的高聚物,在去除外力后立即发生的瞬时弹性恢复或随时间变化的滞后弹性恢复。弹性恢复试验适用于评价热塑性弹性体类聚合物改性沥青的弹性恢复性能。弹性恢复性能越好,表明路面在载荷作用下产生变形的恢复速度越快,即路面的自愈能力越强。

弹性恢复率 elastic recovery rata 又称弹性回复率。表示黏弹性高聚物或改性沥青的弹性恢复相对程度。用恢复的形变量与总形变量之比表示。对沥青而言,是指在规定条件下,改性沥青标准试件拉伸到一定长度后立即从中间剪断,在规定时间内试件的长度恢复率。

弹性凝胶 elastic jelly 又称弹性冻胶。指在干燥时体积缩小,但仍保持弹性而不发脆,可以拉长而不破裂的凝胶。可分为以水为介质的弹性凝胶(如动植物组织中的蛋白凝胶)和以有机液体为介质的弹性凝胶(如人造塑料及橡胶等)。弹性凝胶的干胶在水中加热溶解后,在冷却过程中使胶凝成凝胶。此凝胶经脱水干燥又成干胶,并可反复进行。

弹热值 bomb calorific value 指石油产品用氧弹式量热计所测得的热值,单位为焦耳(J)。参见"氧弹热量计法"。

随机误差 random error 指在同一被测量物的多次测量过程中,以不可预知的方式变化的测量误差的分量。即在实际测量条件下,对同一被测量物的多次测量过程中,其误差的绝对值和符号的变化时大时小,时正时负。故又称其为偶然误差。在实际测量中,如能尽可能测量多次,并取得多次测量结果的算术平均值作为最终测得值,则可减少或消除随机误差。

维尼纶 Vinylon 见"聚乙烯醇纤维"。

维纶 weilun 见"聚乙烯醇纤维"。

绿色化学 green chemistry 又称环境友好化学或清洁化学。指化学家通过对化学规律的进一步认识,发展新的技术和方法,避免和减少对人类健康、生态环境有害的原料、催化剂、溶剂和试剂的使用,同时也要求在生产过程中不产生有害的副产物及废物。绿色化学的理想目标是实现生态环境与化学化工生产协调发展,将反应物的原子全部进入产物中,从而实现废物的零排放。从经济观点看,它能合理地利用资源及能源,降低生产成本;从环境观点看,它从源头上减少和消除污染。

绿色产品 green product 又称环境意识产品。指生产过程及其本身节能、节水、低毒、低污染、可再生,可回收的一类产品。它是绿色科技应用的最终体现。其主要特点是以市场调节方式来实现环境保护。不仅产品本身的质量要符合环境、卫生及健康标准,其生产、使用和处置过程也要符合环境标准,不产生环境污染。同时还需特别重视产品使用完结后的回收处理问题,尽量使产品的零部件能翻新和重新使用,或者能安全环保地处理掉。公众以购买绿色产品为时尚,企业以生产绿色产品作为获取经济利益的途径。

绿色设计 green design 又称生态设计。指以绿色技术为原则进行的产品设计。目的在于节约资源、减缓世界矿产资源的枯竭速度。实际上是一种拆卸设计的设计思想,如在设计新产品时尽量使之容易拆卸以便在回收时可以分别处理和翻新改造。与传统设计不同的是,绿色设计要求设计人员在设计时必须按环境保护的准则选用合理的原材料、结构和工艺,并把降低能耗、易于拆卸、易于再生利用和保护生态环境与保证产品的性能、质量、寿命及成本的要求列为同等的设计目标,并保证在生产过程中能够顺利实施。

绿色材料 green material 又称环境材料或环境意识材料。指在生产、使用、报废及回收处理再利用过程中,能节约资源和能源,保护生态环境和劳动者本身,易回收且再生循环利用率高的材料或材料制品。与传统材料相比,绿色材料更着重考虑材料的研究、应用、发展与环保、资源、能源之间的协调。目前对绿色材料的研究及应用主要限于材料的回收和重复利用技术,减少"三废"的材料技术与工艺,环境净化材料,生物降解塑料及光降解塑料等。

绿油 green oil 指在用催化加氢法脱炔进行石油裂解气预处理时,由乙炔加氢、聚合副反应生成的油状或固体低聚物。绿油的生成会使催化剂受到污染而活性下降、乙烯收率降低。反应温度高、氢炔比小时易产生过量的绿油。因此,控制温升十分重要。

综合能耗 comprehensive energy consumption 指工厂或企业所消耗的各种能源的总量,包括一次能源、二次能源和耗能工质(如压缩空气、水、氧气等)的消耗量。它又可分为单位产量综合能耗和单位产值综合能耗,并可用下式表示:

$$单位产量综合能耗=\frac{各种能源的总耗量}{产品的总产量}$$

$$单位产值综合能耗=\frac{各种能源的总耗量}{产品的净产值}$$

综合磨损值 composite wear value 又称负荷-磨损指数。指在用四球摩擦试验机测定润滑剂承载能力时,在烧结负荷以下若干次数负荷的算术平均值。表示润滑剂从低负荷至烧结负荷整个过程的平均抗磨性能。是润滑剂抗极压能力的一个指数。参见"四球摩擦试验机"。

十二画

【一】

联苯 biphenyl 化学式 $C_{12}H_{10}$。又名联二苯。含两个苯环的芳香烃。无色或略带黄色鳞片状结晶,有独特香气。相对密度 0.992(73℃)。熔点 71℃,沸点 255℃,闪点 113℃(闭杯)。折射率 1.588(77℃)。蒸气压 1.191Pa(25℃)。不溶于水,溶于乙醇、乙醚、苯等溶剂。具升华性。化学性质与苯相似。可进行氯化、硝化、磺化等取代反应。可燃。长期接触可引起头痛、恶心及肝功能障碍。用作有机热载体、染色载体及用于制造染料、高能燃料等。也用作水果包装纸的浸渍剂。可由苯热解脱氢制得,或由煤焦油分离而得。

联氨 hydrazine 见"肼"。

联醇 combined methanol 我国自行开发的一种甲醇与合成氨配套的新工艺,在合成氨生产的同时联产甲醇,故得名联醇。联醇生产是在 10.0～13.0MPa 压力下,采用铜基催化剂,串联在合成氨工艺中,用合成原料气中的

CO、CO₂、H₂ 合成甲醇。其特点是能充分利用现有合成氨装置，只需增添甲醇合成与精馏两套设备就可生产甲醇。因此投资省、经济效益好。

焚烧 incineration 又称焚化。一种采用燃烧方法处理固体废物、废液及废气的方法。它利用高温在短时间内将废物烧成灰烬。由于处理后的生成物只是少量的无机灰，所以卫生条件好，焚烧产生的热量还可以回收利用。焚烧的废物应具有可燃性，放射性废物及易爆炸的物质不能进行焚烧处理。适合焚烧处理的废物有废溶剂、废油、废脂、废塑料，废橡胶，含卤素、硫、磷、氮化合物的有机废物及含酚废物，含有害化学物质的固体废物及废液，含蜡废物，制药废物及城市生活垃圾等。

焚烧炉 incinerator 进行焚烧处理的设备。根据处理废物的形式，可分为固体废物焚烧炉、液态废物焚烧炉及气态废物焚烧炉等；根据炉型可分为立式多段炉、回转窑焚烧炉、流化床焚烧炉及电焚烧炉等。根据不同炉型，还配置有物料输送装置、气体强制流装置、尾气处理装置等。

椭圆齿轮流量计 oval gear flowmeter 一种容积式流量计。以椭圆齿轮与外壳间的空腔作为计量室的流量计。它在壳体内装有一对互相啮合的椭圆齿轮，在流量计进、出口两端压力差的作用下，这对齿轮交替地相互运动，并各自绕轴作非匀速旋转。随着两个齿轮主从关系的交替变换，被测液体就以

新月形计量室的容积为单位，一次一次地被排出。因此，只要将椭圆齿轮的转数传输给计算器的指针和数字轮，就能测出被测介质流经流量计的总量。常用于成品油类的计量。

超分子 supermolecule 见"主-客体化学"。

超分子模板合成 supermolecular templeting synthesis 指以表面活性剂等聚集体的超分子体系为模板合成各种形态材料的方法。如以微乳液为模板制取微米级网状结构磷酸钙材料。利用超分子模板法可制备从介观到宏观大小并具有复杂形态的新材料。所制得材料的结构、性能与所用超分子模板的性质及形态密切相关。

超加和性 super-additivity 又称超加和效应。指不同添加剂或药剂复合使用后，其所起的功效超过简单加和水平。也即配方中各种添加剂复合后不但各自的性能水平得到提高，而且各添加剂之间又有促进及增效作用。

超共轭体系 super-conjugative system 见"共轭体系"。

超声波式液位计 supersonic wave liquidometer 是利用超声波在液面上反射和透射传播特性测量液位的仪表。根据测量方法不同，分为透射式超声波液位计及反射式超声波液位计。前者是利用有液位或无液位时声阻抗的不同作为超声液位开关，并由此产生开关量信号，作为液位高、低限报警信号或联锁信号使用；后者是通过测量入射波

和反射波的时间差,从而计算出液位高度。

超声波流量计 supersonic flowmeter 是通过检测流体流动时对超声波的作用来测量流体流量的一种速度式流量仪表。常用的有时差式及多普勒式两种。时差式超声波流量计是依据声波在流体中传播时,顺流方向声波的传播速度会增大、逆流方向声波的传播速度则会减小的原理制作的。利用传播速度之差与被测流体流速之间的关系,即可测得被测流体的流量。多普勒式超声波流量计是依据声学上的多普勒效应制造的。超声波流量计的阻流管内无阻流元件,无额外压力损失,可有效降低能耗,特别适用于大管径、大流量测量。适合在天然气长距离输送、气体分配及控制方向使用。

超纯气体 extra-pure gas 见"高纯气体"。

超临界流体 supercritical fluid 高于临界温度及临界压力的物态。既不是液体,也不是气体,但兼有液体的高密度及气体的低黏度以及具有接近气体扩散能的高流动性流体。在临界点附近,它具有很高的溶解能力及扩散传质特性。由于超临界流体突破一般流体的范畴,有可能成为一种特殊溶剂。常用的超临界流体有二氧化碳、乙烯、乙烷、丙烯、丙烷、氨、正戊烷及甲苯等,尤以二氧化碳更为常用。

超临界流体色谱法 supercritical fluid chromatography 简称SFC。是以超临界流体作流动相,以固体吸附剂或键合在载体上的有机高分子聚合物作为固定相的色谱方法。超临界流体是物质在高于临界压力和临界温度时的一种状态,它不是气体,也不是液体,而又具有液体和气体的某些性质,具有气体的低黏度、液体的高密度以及介于气、液之间较高的扩散系数等特征。超临界流体色谱法是气相色谱法及液相色谱法的补充,可以分析气相色谱难气化的不挥发性样品,同时具有比高效液相色谱更高的效率,分析时间更短。还可与质谱、傅里叶红外光谱等仪器在线联用。

超临界流体萃取 supercrititcal fluid extraction 简称超临界萃取。以超临界流体为溶剂,从液体或固体中萃取分离某种组分的技术。由于二氧化碳有临界温度低(31.3℃)、临界压力低(73.87×10^5 Pa),并具有惰性、无毒、来源广等特点,是最常用的溶剂。为了提高某种组分的萃取选择性,有时在溶剂中还加入一些夹带剂。超临界流体萃取可从天然产物中萃取有效成分,并保持其天然活性,具有操作方便、萃取速率快、生产过程同时高压灭菌、不产生"三废"、二氧化碳可循环使用等特点。特别适用于热敏性,易氧化及高沸点物质的萃取,如从咖啡中提取有害的咖啡因。在食品医药、生物技术、环境保护及化学反应工程等方面也已得到应用。但由于其采用高压,能耗较大,目前工业化应用还不是太多。

超强酸 superacid 又称超酸、魔术酸。是指酸强度比100％的硫酸还要强的酸。100％硫酸的酸强度函数H_0约为-11.94，所以$H_0\leqslant-11.94$的酸都是超强酸。可分为B酸及L酸两种。无论是B酸还是L酸，只要酸强度比100％硫酸强的都属于强酸，前者属超强B酸，后者属超强L酸。超强酸既有气体超强酸、液体超强酸，又有固体超强酸。由于液体超强酸（如HF、FSO_3H）存在着产物与催化剂分离困难、腐蚀性强、热稳定性差等不足，故其应用受到限制。

超滤 ultra-filtration 一种以压差为推动力的膜层过滤技术。利用孔径为$0.001\sim0.1\mu m$的过滤膜对水进行过滤，操作压力在0.5MPa以下，过滤精度介于微滤及纳滤之间，可分离水中直径为$0.005\sim10\mu m$、分子量大于500的大分子化合物和胶体，能有效去除水中的悬浮物、胶体、细菌、病毒及部分有机物。所用过滤膜分为卷式、板框式、管式及中空纤维式等。膜的材质除乙酸纤维素、聚丙烯腈、聚砜、聚砜酰胺等有机材料外也可采用玻璃中空纤维及陶瓷等无机材料膜。超滤可用于处理电泳漆废水、乳化油废水、印染废水等，也可用于果汁浓缩、酒精提纯及制取电子工业用超纯水等。

超稳稀土Y型分子筛 ultrastable rareearth Y-zeolte 一种经高温热处理或脱铝补硅等处理而得的稀土Y型分子筛。比稀土Y型分子筛具有更好的结构稳定性及水热稳定性。作为固体酸催化剂使用具有较高活性，是催化裂化催化剂的基本组分。不仅用于重质油的催化裂化，也是较重馏分油的中压加氢裂化催化剂的酸性组分。用于生产优质柴油、航空煤油及石脑油等。先由水玻璃，偏铝酸钠、硫酸铝及导向剂经水热合成法制得结晶，再用稀土盐进行离子交换制得。

散式流化床 particulate fluidized bed 见"散式流态化"。

散式流态化 particulate fluidization 又称散式流化。固体流态化的一种类型。当流体流速逐步增大到临界流化速度以上和颗粒带出速度以下时，固体颗粒脱离接触，但分布均匀，床层平稳而逐渐膨胀，颗粒间充满液体，在流速恒定时，床层压降无明显起伏，流体在颗粒间均匀穿过并具有平衡的床层界面。这时的流化状态称为散式流化，该床层则称为散式流化床。典型的散式流化床为液-固体系。

散装填料 dumped packing 又称乱堆填料、颗粒填料。指在填料塔内以无规则或乱堆为主装填的填料，也可以整砌装填，常为有一定外形结构的颗粒体。根据其形状可分为环形填料（如拉西环、鲍尔环、阶梯环）鞍形填料（如弧鞍填料、矩鞍填料）及金属鞍环填料等。

博士试验（法） doctor test 又称亚铅酸钠试验。一种用博士溶液定性检查汽油、煤油、喷气燃料、石脑油、苯类产品中是否含有硫化氢、硫醇的方法。测定时，先将10mL试样与5mL博士溶液放入带磨口塞的 25mL 量筒内,然后剧烈振荡混合 15s。如混合物颜色未发生变化或变成黄色,表明试样中不含硫化氢及过氧化物。接着向混合物中加入少量硫黄粉,使试样和博士溶液的界面上盖上一薄层硫黄,再剧烈振荡 15s,静置 1min,观察两相界面上硫黄的颜色变化。如界面上呈橘红色、棕色或黑色,则表示有硫醇存在。如试样油中含有硫化氢,它会与博士溶液反应生成黑色的硫化铅而对分析产生干扰。这时需加入氯化镉溶液,使之与硫化氢生成硫化镉沉淀而除去。如试样油中含有过氧化物,则试验结果无效。

博士溶液 doctor solution 将乙酸铅或氧化铅溶于氢氧化钠溶液所形成的亚铅酸钠溶液。用博士试验法及博士脱臭法配制。配制时将 25g 乙酸铅(含 3 个结晶水)溶解在 200mL 脱离子水中。将此溶液过滤后加到溶有 60g 氢氧化钠的 100mL 水中,然后在沸水中加热 30min,冷却后用水稀释成 1L。将此溶液储存在密闭容器中。

塔 tower 是炼油、石油化工及化学工业等生产中最重要的设备之一。用于使气-液或液-液相之间进行充分接触,达到相际传热及传质的目的。常用于精馏、吸收、解吸、汽提、冷却等操作。塔的种类及形式很多。按操作压力分为常压塔、减压塔及加压塔等;按单元操作分为精馏塔、吸收塔、解吸塔、萃取塔、干燥塔、反应塔等;按内部提供传质的接触方式分为填料塔、泡罩塔、浮阀塔、筛板塔、栅板塔等。

塔式反应器 tower reactor 介于釜式及管式反应器之间的一类反应器。高径比约为 8～30。主要用于气-液反应,常用的塔式反应器有鼓泡塔、填料塔及板式塔等。鼓泡塔为圆筒体,直径一般不超过 3m,底部装有气体分布器,顶部装有气液分离器,塔体外部或内部装有各种传热部件;填料塔是在圆筒塔体内装有一定厚度的填料层及液体喷淋、液体再分布及填料支承等装置;板式塔是在圆筒塔体内装有多层塔板和溢流装置,在各层塔板上维持一定的液体量,气体通过塔板时,气液相在塔板上进行反应。塔式反应器的动力消耗少,适宜于大规模生产。

塔板 column plate 又称塔盘。在板式塔内供气液两相接触进行传热传质的主要构件,是塔的核心部件。一般为圆形,可根据不同要求安装筛孔、浮阀、泡罩等气液接触构件。在塔板上,根据气速不同,气液接触情况可分为鼓泡接触(气体以一个个气泡形态穿过液层上升)、蜂窝状接触(随气速提高,液层变为蜂窝状)、泡沫接触(气速进一步加大时,气液呈泡沫状态接触)及喷射接触(气体高速穿过塔板,传质及传热过程在气体和液滴的外表面间进行)。前三种情况,在塔板上的液体是连续相,气体是分散相,而在喷射接触时,气体处于连续相,液体变为分散相。

塔板开孔率 open ratio of plate 指塔板上开孔总面积与塔截面积之比。

塔板上都有上升气通道,如筛板的筛孔、浮阀板的阀孔、泡罩板的升气孔等。当考虑开孔率时,应区分是基于什么面积计算的。塔板开孔率是塔板的一个重要参数。在塔的气液相负荷一定时,开孔率过大会造成漏液;开孔率过小会造成严重的雾沫夹带。不同塔板的开孔率常按推荐值决定。

塔板效率 plate efficiency 指总板效率、单板效率及点效率的总称。是衡量板式塔每层塔板上传质平均效果的一个尺度。①总板效率。又称全板效率。指实际塔板的分离能力和理论塔板的分离能力之比。它简单地反映整个塔内所有塔板的平均效率。设计中为便于求实际板层数,都采用总板效率。②单板效率。又称默弗里(Murphree)效率。是指气相或液相经过一层实际塔板前后的组成变化与经过一层理论塔板前后组成变化的比值。也即实际塔板的分离能力与理论塔板的分离能力之比。一般塔板效率应小于1。③点效率。指某层塔板上任一点处的局部效率。也即塔板上某一点的默弗里效率。

塔顶回流 top reflux 又称顶回流。精馏塔的一种常用回流操作。是从塔顶塔板蒸出的物料,经冷凝后部分地返回塔的最上一层塔盘,使以下各层塔盘都有内回流,满足塔中要有液相回流的要求,以控制塔顶温度,从而控制塔顶馏出物的沸程。参见"回流"。

塔顶循环回流 top cycling reflux 一种塔顶回流方式,是从塔顶第3~4层塔板抽出的液体经冷却后,返回塔的最上一层塔板,代替塔顶冷回流。具有回收余热及使塔中气液相负荷均匀的作用。缺点是会影响该段塔板的分馏效率。主要用于塔顶馏出物含有大量不凝气或塔顶热负荷很大的操作情况。参见"循环回流"。

塔底回流 tower bottom reflux 精馏塔的一种回流方式。又称塔底循环回流。是将塔底物料分出一部分进行冷却后,再返回塔中。如在催化分馏塔中,进料是从反应器来的高温过热油气并夹带一些催化剂粉末。通过塔底回流即可从塔底部取出大量热量供回收利用,降低塔中、上部的负荷,还可冲洗掉油气中的固体颗粒,防止发生塔板堵塞现象。参见"回流"。

塔底油 tower bottom oil 由塔底泵从分馏塔底抽出的油。一般均为渣油,油的温度较高,并含有机械杂质。如常压渣油、减压渣油及裂化渣油等。

塔盘 tray 见"塔板"。

塔效率 tower efficiency 指塔的工作效率。影响塔效率的主要因素有:①混合物气液两相的物理性质,如黏度、相对挥发度、扩散系数、表面张力等;②操作变量,如温度、压力、气速、回流比等;③精馏塔结构,如出口堰高度、液体在塔板上的流程长度、板间距、降液部分大小及结构、阀或筛孔的结构、排列与开孔率及填料结构等。

硬干油 hard dry oil 见"铁路润滑脂"。

硬水 hard water 含有较多可溶性钙盐、镁盐的水称为硬水。含有钙的碳酸盐[$Ca(HCO_3)_2$]及镁的碳酸盐[$Mg(HCO_3)_2$]较多的水称为暂时硬水,它经煮沸能将 Ca、Mg 离子除去;含有钙、镁的硫酸盐或氯化物的水称为永久硬水,这种水用煮沸的方法不能将 Ca、Mg 离子除去。水的硬度是水的一种质量指标。通常用 1L 水中含有 $CaCO_3$(或相当于 $CaCO_3$)的质量,即 $CaCO_3$ mg·L^{-1}来表示水的硬度。如饮用水要求 $CaCO_3$ 含量在 450mg·L^{-1}以下。一般硬水可以饮用。但在工业生产中,会给生产及产品质量带来不良影响,故须先进行软化处理。

硬化油 hardened oil 又称氢化油。指由精炼过的含不饱和脂肪酸较高的液体脂肪(如菜籽油、棉籽油、鱼油等),在催化剂(如镍)存在下经加氢而制得的固体或半固体脂肪。氢化后常有特殊气味,需经脱臭及除去残留催化剂。用于制造人造奶油,起酥油及制皂等。

硬石蜡 hard paraffin 指含油量较少、熔点在48℃以上的工业用石蜡或商品蜡。按外观分为白蜡及黄蜡;按熔点分为多种牌号。用于制造蜡烛、火柴浸渍剂、电绝缘材料、包装纸等。

硬质沥青 hard pitch 一种主要用作型煤(煤球)和电极黏结剂的沥青。外观为黑色片状固体,软化点较高,质硬而脆。除用作黏结剂外,也可用于生产优质冶金焦炭,是一种优于煤的固体燃料。系由减压渣油加热后经裂解及缩合反应所得到的熔融态沥青,在制片机上用水冷却制得的固体沥青碎片。

硬酸 hard acid 广义酸碱之一。作为电子对受体的路易斯酸,因体积小、正电荷高、极化性低、电负性强,故对外层电子的束缚力很强,则称为硬酸。它们可以是正离子或分子,如 H^+、Li^+、Na^+、K^+、Be^{2+}、Mg^{2+}、Ca^{2+}、Cr^{2+}、Al^{3+}、Ti^{4+}、CO、SO_3、BF_3 等。

硬碱 hard base 广义酸碱之一。作为电子对给予体的路易斯碱,因给予体原子的电负性高、极化性低、半径较小,故该原子对外层电子吸引力强,则称为硬碱。如 F^-、OH^-、H_2O、NH_3、NO_3^-、O^{2-}、CO_3^{2-}、ClO_4^-、N_2H_4、CH_3COO^-、RNH_2(R 为烷基)。

硝化反应 nitration reaction 有机化合物分子中引入硝基(—NO_2)而生成硝基化合物的反应。如苯经硝化制取硝基苯。常用的硝化剂为浓硝酸或浓硝酸与浓硫酸的混合物。按硝基取代位置的不同,硝化产物主要为硝基化合物、硝胺及硝酸酯。硝化反应具有不可逆、强放热,非均相及易燃易爆等特点。硝化是制造染料、医药、农药、香料、炸药等生产过程中的一重要过程。

硝化剂 nitration agent 指能生成硝酰正离子(NO_2^+)的反应试剂。它是以硝酸或氮的氧化物(N_2O_5、N_2O_4)为主体,与强酸(H_2SO_4、$HClO_4$ 等)、有机溶剂(CH_3CN、CH_3COOH 等)或路易斯酸(如氟化硼)等物质组成的。常用的硝化剂有不同浓度的硝酸、硝酸与硫酸的混合物、硝酸盐和硫酸以及硝酸的乙酸酐混合物等。其中混酸是应用最广的硝化剂，是浓硝酸与浓硫酸的混合物，常用的比例为1∶3。与硝酸比较，混酸硝化具有硝化能力强、氧化性低、硝酸利用率高、反应温度及反应过程容易控制及价格低廉等特点。其主要缺点是酸性太强、极性太大，一些极性小的或不耐酸的有机化合物不能用混酸进行硝化。

硝基 nitro- $-N\!\!\rightarrow\!\!O$ （上方有O，双键）又称硝酰基。硝酸（HO—NO₂）分子失去羟基后所形成的基团（—NO₂）。是硝基化合物的特性功能基。是强极性与强负电性基。硝基与含碳的基团结合，即成为硝基化合物，如硝基甲烷（CH_3NO_2）、硝基苯（$C_6H_5NO_2$）。

硝基甲烷 nitromethane CH_3NO_2 无色透明油状液体，有芳香气味。易燃。相对密度1.1371。熔点−28.6℃，沸点101℃，闪点44℃，燃点418℃。爆炸下限7.3%。难溶于水，与乙醇、乙醚、丙酮、四氯化碳等混溶，也能溶解油脂、蜡、树脂、染料。化学性质活泼，能发生卤代、缩合、还原等反应。有较高毒性。激烈碰撞时有爆炸危险。是一种极性溶剂，也是制造农药、染料及表面活性剂等的中间体，还用于制造炸药及火箭燃料等。由甲烷经气相硝化或由氯乙酸钠与亚硝酸钠反应制得。

硝基苯 nitrobenzene 化学式 $C_6H_5NO_2$。又名人造苦杏仁油。无色至浅黄色油状液体，有苦杏仁味。相对密度1.2037。熔点5.8℃，沸点211℃，闪点87.8℃（闭杯），燃点482℃。折射率1.5562。蒸气相对密度4.25，蒸气压0.13kPa（44.4℃）。爆炸下限1.8%。微溶于水，与乙醇、乙醚、苯等混溶，也能溶解油类、纤维素醚等。遇明火、高热可燃烧爆炸。自身具有爆炸性，但需要三硝基苯甲硝胺作为引爆剂。剧毒！可经呼吸道或皮肤吸收，在体内氧化生成对硝基酚，再经还原生成对氨基酚，可引起高铁血红蛋白血症及肝损害。用于制造苯胺、联苯胺、偶氮苯、医药、染料等，也用作溶剂。由苯用硫酸及硝酸的混合酸经硝化而得。

硝酸 nitric acid 化学式 HNO₃。又名硝镪水。纯品为无色透明发烟液体，工业品一般呈黄色。相对密度1.5027（25℃）。溶点−42℃，沸点83℃（无水）。蒸气相对密度2.17，蒸气压4.4kPa（20℃）。与水互溶，也溶于乙醚。见光分解产生 N_2O、H_2O、O_2，使溶液呈黄色。为无机强酸及强氧化剂，除金、铂、铑、钽及铱以外，几乎可与所有金属反应。与乙醇反应可引起爆炸。腐蚀性极强，溅于皮肤能引起烧伤及局部皮肤黄染。长期接触可引起慢性鼻炎、支气管炎。重要化工原料，广泛用于化肥、精细化工、化纤、制药、冶金等行业。也用于制造氧化铝载体。由氨用空气催化氧化成二氧化氮，溶于水而得60%左右的硝酸。90%～100%的浓硝酸可由稀硝酸脱水制得。

硝酸异辛酯 isooctyl nitrate $(CH_3)_2CHONO_2$ 化学式 $C_8H_{17}NO_3$。又名硝酸-2-乙基己基酯。无色至浅黄色液体。相对密度 0.96(16℃)。闪点 72℃。折射率 1.4321。加热至 130℃时会发生爆炸。与硫化物、氢化物等还原剂发生剧烈反应,并会引起爆炸。主要用作柴油十六烷值改进剂。由异辛醇与硝酸作用制得。

硝酸钴 cobaltous nitrate 化学式 $Co(NO_3)_2 \cdot 6H_2O$。红色单斜晶系柱状结晶。相对密度 1.87(25℃)。熔点 55～56℃。56℃时失去三个分子结晶水而成三水合物,高于 74℃时分解成一氧化钴并放出氧化氮气体。一般不能完全脱水,只有在特殊条件下才能制得无水硝酸钴。易溶于水及乙醇,微溶于氨水,水溶液为红色。具氧化性。对皮肤有刺激性,能引起皮炎或溃疡。用于制造含钴催化剂、环烷酸钴、钴颜料、染发药水、维生素 B_{12} 等,也用作油漆催干剂及氰化物中毒的解毒剂。由金属钴与硝酸反应制得。

硝酸钾 potassium nitrate 化学式 KNO_3。又名硝石、钾硝、火硝。常温下为无色透明结晶或粉末。相对密度 2.109(16℃)。熔点 334℃。折射率 1.335。400℃时分解成亚硝酸钾,并放出氧气。继续加热则生成氧化钾,并放出氮氧化物气体。易溶于水,溶解度随温度升高而增加。也溶于甘油、液氨。不溶于无水乙醇及乙醚。为强氧化剂。用于制造含钾催化剂、钾盐、焰火、火柴、玻璃等,也用作助催化剂、氧化剂、助熔剂、玻璃澄清剂等。农业上用作化肥。由硝酸钠或硝酸铵与氯化钾反应制得。

硝酸银 silver nitrate 化学式 $AgNO_3$。无色透明斜方晶系片状结晶,有苦味。相对密度 4.352(19℃)。熔点 212℃。207～209℃时熔化成明亮的淡黄色液体。444℃时分解生成金属银,并放出氧化氮气体。易溶于水及氨水,不溶于浓硝酸。化学性质活泼,能与硫化氢反应生成黑色硫化银。纯品对光稳定,在有机物存在时,易被还原成黑色金属银,为氧化剂。对皮肤及黏膜有强刺激性及腐蚀性,长期接触可发生原发性银沉着症。用于制造含银催化剂、其他银盐、染发剂、医药、照相胶片乳剂感光材料、导电胶黏剂、银锌电池等。由银块或银铜合金与硝酸反应制得。

硝酸镍 nickel nitrate 化学式 $Ni(NO_3)_2 \cdot 6H_2O$。又名六水合硝酸镍。青绿色单斜晶系板状结晶。相对密度 2.05。熔点 56.7℃,沸点 136.7℃。易溶于水及氨水。在 56.7℃时脱水成三水合物,95℃时转变成无水盐,高于 110℃时分解成碱式盐,继续加热生成棕黑色三氧化二镍及绿色氧化亚镍的混合物。有毒!长期接触能引起湿症、丘疹及慢性支气管炎等症状。用于制造含镍催化剂、其他镍盐、颜料、蓄电池等。由金属镍或氧化镍与硝酸反应制得。

硫 sulfur 元素符号 S。又称硫黄。黄色结晶或粉末。分结晶型硫和无定形硫。结晶型硫又有许多同素异形体，主要为斜方硫（或称 α-硫，是由 S_8 环状分子结晶而成）及单斜硫（或称 β-硫，也由 S_8 环状分子组成）。在一定温度下斜方硫与单斜硫可以相互转换。无定形硫主要为弹性硫（又称 γ-硫）。自然条件下只有 α-硫是稳定的，通称自然硫。熔点 112.8℃（α-硫）、119.25℃（β-硫）。相对密度 2.07（α-硫）、1.96（β-硫）。沸点 444.67℃（α-硫、β-硫）。结晶硫易溶于二硫化碳、苯、煤油、松节油等，微溶于醇、醚，不溶于水。化学性质活泼，能与除金、铂以外的各种金属直接化合，生成金属硫化物。遇浓硝酸及王水则氧化成硫酸。易燃。用于制造硫酸、硫酸盐、二硫化碳及硫化物等，也用于制造火柴、杀虫剂、焰火及橡胶制品。硫及硫化物是使铂重整催化剂及加氢还原反应铁催化剂的中毒物质。可由自然硫矿石中提取。

硫化 vulcanization 指向有机化合物分子中引入元素硫，以改变其使用性能的过程。如橡胶在室温或加热下与硫黄反应，可使橡胶分子交联形成网状或体型结构。硫化是橡胶加工最后一道工序，硫化后的橡胶称为硫化胶。橡胶硫化后塑性变小、弹性及强度增大、溶解度变小，成为具有实用价值的橡胶制品。又如矿物油或脂肪油硫化后可增加其抗磨及极压性能。硫化方法有冷硫化、室温硫化、热硫化、高频电流硫化、辐射硫化等。

硫化异丁烯 isobutenyl sulfide

$$CH_3-\underset{\underset{S}{\displaystyle|}}{\overset{\overset{\displaystyle CH_3}{|}}{C}}-CH_2-S-S-CH_2-\overset{\overset{\displaystyle CH_3}{|}}{\underset{\underset{}{|}}{C}}-CH_3$$

化学式 $C_8H_{16}S_3$。又名硫烯。橘黄或琥珀色透明液体。相对密度 $1.05\sim1.20$。闪点 ≥110℃。运动黏度 $5\sim11mm^2/s$（100℃）。可燃。蒸气与空气能形成爆炸性混合物。不溶于水。溶于矿物油、润滑油。具有良好的极压抗磨性和抗冲击负荷性能。是硫磷型齿轮油中必用的含硫主剂，用于调配不同规格的齿轮油、金属加工用油、润滑脂及抗磨极压油。由硫黄与异丁烯经加合反应制得。

硫化剂 vulcanizator ①用于使烃类或油脂硫化，以增加其抗磨性能的物质，如硫黄、一氯化硫、多硫化钠等；②能使橡胶分子链起交联反应的物质，以改善橡胶的定伸应力、弹性、硬度、拉伸强度等。按化学组成及结构，可将硫化剂分为元素硫、过氧化物、醌类、胺类、金属氧化物、硫黄给予体（如秋兰姆的二硫化物）等。

硫化物 sulfide 硫与其他元素形成的化合物。有金属硫化物、非金属硫化物及有机硫化物等。自然界存在着许多硫化物的矿石。几乎所有原油都含有硫化物，石油馏分中也存在着硫化物。不同类型的硫化物在各馏分中的分布不同。如汽油馏分中的硫化物以硫醇为主，煤油和柴油馏分中的硫化物以硫醚为主,重质馏分油和渣油中的硫化物几乎都是噻吩及其衍生物。

硫化油 sulfurized oil 已与硫或含硫化合物(如一氯化硫)反应的油。如硫化的矿物油具有较大的油膜强度及载荷能力;由异丁烯与一氯化硫反应制得的硫化异丁烯是优良的极压抗磨添加剂。

硫化氢 hydrogen sulfide 化学式 H_2S。无色有臭鸡蛋味的气体。相对密度 1.1906(空气＝1)。熔点 $-85.8℃$,沸点 $-60.7℃$,闪点 $-60℃$,自燃点 260℃。蒸气压 2026.5kPa(25.5℃)。爆炸极限 4%～46%。溶于水、乙醇、二硫化碳、四氯化碳。在水中溶解度不大,其水溶液称作氢硫酸,呈弱酸性,不稳定,易被水中溶解的氧氧化而析出硫。硫化氢在空气中燃烧时,带有淡蓝色火焰,有强还原性。遇明火或高热能引起燃烧或爆炸。是一种窒息性气体及神经毒物,对眼和呼吸道有刺激及腐蚀作用。长期接触低浓度硫化氢可引起神经衰弱综合征及植物神经紊乱等。是天然气脱硫及石油加工过程中回收的酸性气体。可用于制造硫黄、金属硫化物,分离和鉴定金属离子。可由稀硫酸与硫化铁作用制得。

硫化促进剂 vulcanization accelerator 指在橡胶硫化时,添加于胶料中,能加快胶料硫化速度、降低硫化温度、缩短硫化时间、减少硫化剂用量,并能改善硫化胶物理机械性能的物质。按促进效能可分为超促进剂、半超促进剂、中等促进剂、弱促进剂等;按化学结构可分为噻唑类、次磺酰胺类、秋兰姆类、二硫化氨基甲酸盐类、胍类、黄原酸盐类、酰胺类及硫脲类等。选择硫化促进剂时应考虑的性能有:焦烧时间长、硫化时间短、硫化曲线平坦、无硫化还原、无污染性、分散性好、不喷霜、不渗移、无毒无臭等。

硫含量 sulfur content 指油品中所含游离硫及硫的衍生物(硫化氢、硫醇、硫醚、二硫化物、噻吩及其同系物、含硫添加剂等)中所含硫的总量。以质量百分数表示。如汽油馏分中的硫约占原油硫含量的 0.8% 以下;柴油馏分中的硫约占原油硫含量的 6%～15.5%。油品中含硫影响使用性能、污染大气、腐蚀石油加工装置及容器、使油品发生恶臭及着色,还会使催化剂中毒等。因此一般都要严格控制其含量。

硫转移催化剂 sulfur transforming catalyst 又称硫转移助剂。添加在催化裂化催化剂系统中,用以吸附在再生器中产生的硫氧化物(SO_x),并形成硫酸盐,再在反应器中还原为硫化物,硫化物在汽提段中水解生成硫化氢,从而降低再生烟气中硫化物排放所添加的催化剂或助剂。工业上使用的固体硫转移助剂大致可分为氧化铝基、铝酸镁尖晶石和水滑石基三大类。其中铝酸镁尖晶石的主要成分为氧化镁、氧化铈、氧化铝及五氧化二矾。

硫穿透 sulfur penetration 在制氢原料气用氧化锌脱硫剂进行脱硫过程

中,会逐渐形成饱和区(上层)、吸收区(中层)及清净区(下层)三个区。随着脱硫的进行,饱和区在不断扩大,吸收区则基本不变,但位置却逐渐向床层出口移动,直至清净区消失。当吸收区移至出口处时,出口气中开始含硫。当硫含量增至大于工艺要求的净化度指标时,就称为硫穿透。硫穿透后,如果是单反应器使用,就需立即更换脱硫剂。

硫容 sulfur capaclty 又称硫容量。指用氧化锌等脱硫剂对原料气进行脱硫时,每单位质量新鲜脱硫剂所能吸收硫的数量。如20%硫容就是每100kg新鲜脱硫剂吸收20kg的硫。也称为质量硫容。在一定实验条件下,单位质量脱硫剂所能吸收硫的最大质量,称为饱和硫容。即当进脱硫剂和出脱硫剂的原料气中的硫含量相等时,脱硫剂不能再吸收硫,此时卸下的脱硫剂所测得的硫容即为饱和硫容。而在一定使用条件下,脱硫剂在确保工艺净化度指标时所能吸收硫的质量,称为穿透硫容。即当出口气中硫含量出现大于工艺净化度指标时,立即卸下全部废脱硫剂,取平均代表样所测定的硫容,即为穿透硫容。在一般产品说明书中会提供其在一定使用条件下的质量穿透硫容。

硫黄回收分流法 sulfur recovery by split through process 见"改良克劳斯过程"。

硫黄回收直流法 sulfur recovery by straight through process 见"改良克劳斯过程"。

硫脲 thiourea $S=C(NH_2)_2$ 化学式 CH_4N_2S。又名硫代碳酰二胺。白色至浅黄色有光泽斜方或针状结晶,有氨的气味。相对密度1.405。熔点176~178℃。150~160℃升华(真空中)。溶于水、乙醇、吡啶。高于熔点时分解,并释出氧化氮、氧化硫等有毒气体。具还原性。分子结构及化学性质与尿素相似,均能与烃类形成配位体。可燃。用于正构烷烃与支链烷烃的分离,也用作金属缓蚀剂、印染助剂、橡胶硫化促进剂,以及用于制造合成树脂、医药等。由硫氢化钙与氰氨化钙制得。

硫酸 sulfuric acid 化学式 H_2SO_4。纯品为无色无臭油状液体。相对密度1.836(98%)。熔点10.36℃(100%),沸点338℃(98.3%)。蒸气相对密度3.4,蒸气压0.13kPa(145.8℃)。340℃左右分解为三氧化硫和水。工业品因含杂质而呈黄、棕色。为无机强酸。能与水混合成不同浓度的溶液。稀释硫酸时,只能将硫酸慢慢倾入冷水中,绝不能把水注入硫酸中,以防产生爆沸。具有强氧化性及腐蚀性,对皮肤、黏膜等组织有强烈的刺激及腐蚀作用。大量用于制造硫酸铵、过磷酸钙及硫酸盐产品,也用于油品精制及作为烷基化装置的催化剂,有机合成中用作脱水剂及磺化剂,并广泛用于精细化工、纺织、印染等行业。工业硫酸主要用接触法及塔式法制造。

硫酸化 sulfating 是醇与硫酸作用,使硫原子与氧原子相连形成 O—S

键的反应。硫酸化产物为烷基硫酸酯(ROSO₂OH)或其盐(ROSO₂ONa)。醇类脱水生成烯烃是硫酸化的主要副反应。硫酸化过程中易发生分解、聚合、氧化等副反应,故硫酸化通常在低温下进行。反应生成物中会残存有原料油脂及副产物,组成复杂。常见的硫酸化过程有长碳链的高级醇($C_{12} \sim C_{18}$)经硫酸化制取阴离子型表面活性剂、天然不饱和油脂(如蓖麻子油)和脂肪酸酯经硫酸化制取硫酸化油。

硫酸化油 sulfated oil 先用硫酸处理脂肪油(如菜籽油、蓖麻油等),再经碱中和而制得的可溶性油。含有—OSO₃Na基。由蓖麻油制得的常称为太古油或土耳其红油。具有乳化、润滑、分散等功能,用作金属切削油、农药乳化剂、纤维上色剂等。

硫酸水合法 sulfuric acid hydration process 见"丙烯水合法"。

硫酸烷基化 sulfuric acid alkylation 是以硫酸为催化剂的烷基化过程。是由烯烃(主要为丁烯)与异丁烷在浓硫酸作用下生成支链烷烃的反应,生成的油称为烷基化油。可用作汽油的高辛烷值调合组分。硫酸法烷基化装置可分为时控釜式、反应流出物制冷式,以及自冷式或阶梯式等三种。其中斯特拉特科(Stratco)公司的反应流出物制冷式硫酸烷基化工艺在许多国家得到采用(包括我国的多套硫酸法烷基化装置)。其整个工艺由反应部分,制冷压缩,流出物精制及产品分馏,化学处理等四部分组成。反应操作条件为:温度4~8℃,压力 0.42MPa(表压),酸烃比(体)1:1,进料中异丁烷对烯烃的比率为8.3:1。

硫醇 mercaptan 化学式 RSH。一种由氢硫基(—SH)与脂肪烃基(—R)相连接的有机化合物。是具有强烈臭味的无色气体或液体。与其他硫化物一起存在于原油中。硫醇类包括甲硫醇(CH₃SH,无色气体)、乙硫醇(C₂H₅SH,无色液体)、丙硫醇(C₃H₇SH,无色液体)、丁硫醇(C₄H₉SH,无色液体)。硫醇与硫化氢相似,具有弱酸性,溶于氢氧化钠溶液,微溶于水。虽然大多数硫醇的毒性不太大,但恶臭味十分强烈。它能影响汽油的硫感受性,通常汽油、煤油脱臭主要是脱硫醇。

硫醇性硫 mercaptaneous sulfur 指以硫醇形式存在于油品中的硫。硫醇性硫主要存在于轻质油品中。由于硫醇性硫具有活性,是促进油料形成胶质,腐蚀有色金属和侵蚀塑性材料的主要硫来源。因此,在油料产品标准中,如汽油、灯用煤油、轻柴油、喷气燃料等油品,对硫醇性硫含量都有一定的要求。硫醇性硫含量测定法有氨-硫酸铜法、电位滴定法及博士试验法等。

硫鎓盐 sulfonium salt 见"鎓盐"。

硫醚 sulfur ether 可看作是硫化氢分子中的两个氢原子被烃基取代的产物,或看成是醚分子的氧原子被硫原子取代的产物。其通式为R—S—R。硫醚在自然界中虽然很少,但分布广泛,多数存在于石油及石油产品中。其中以石油的中质馏分中含量最多,约占含硫化物的50%或更多。汽油、煤油和柴油中均含有此类硫化物,但不似硫醇有臭味。硫醚是无色液体或固体,不溶于水,溶于某些有机溶剂。可氧化,最初的氧化产物是亚砜,进一步氧化可得砜。

裂化 cracking 指在加热、加压或在催化剂作用下,将大分子的烃类裂解为较小的烃分子和缩合成分子质量较大的烃类的化学反应。目的是将重质油裂化生成汽油、煤油、柴油等馏分,提高轻质油品收率。一般将反应温度在600℃以上进行的过程称为裂解,而反应温度在600℃以下进行的过程称为裂化。按裂化过程是否使用氢气或催化剂,可分为热裂化、加氢裂化、催化裂化等。

裂化气 cracking gas 石油裂化过程产生的气体。有热裂解气、减黏裂化气、催化裂化气、加氢裂化气等。不同裂化过程所生成的气体组成也不相同。热裂解气含乙烯、丙烯、甲烷、乙烷较多,主要用于分离乙烯、丙烯;催化裂化气含 C_3、C_4 烃较多,其中含烯烃较多,是炼油厂烯烃的主要来源;加氢裂化气基本上都是饱和烃,又以 C_3、C_4 烃的含量较高,可用作烷基化原料。

裂化炉 cracking furnace 指热裂化装置中的加热炉。有圆筒炉、立式炉、无焰炉等多种类型。安装在裂化炉内供原料油加热及进行裂化反应的炉管均为耐高温合金炉管。通常分为对流段和辐射段,对流段为加热炉管,辐射段为加热及裂化炉管。

裂化深度 cracking severity 烃类裂化反应所进行程度。与所采用的温度、压力及反应时间等工艺条件有关。裂化深度常用单程裂化率表示。裂化原料(新鲜原料+循环油)一次通过裂化炉管的产率即为单程裂化率。裂化深度越深,裂化产物越多。但裂化深度过大会导致炉管结焦和生成过多的气体,故应根据裂化原料及产品要求来选择裂化深度。

裂隙腐蚀 crevice corrosion 见"缝隙腐蚀"。

裂解 pyrolysis 又称高温热解、高温裂解。指石油烃在高温(700～800℃,有时甚至高达 1000℃ 以上)下,使具有长链分子的烃断裂成各种短链的气态烃和少量液态烃,以提供有机化工原料的方法。裂解也是深度裂化。其过程比较复杂,生成的裂解气主要含有乙烯、丙烯、丁二烯等。同时副产物为氢、甲烷、液化气、裂解汽油、裂解燃料油等。将裂解产物分离可得到合成纤维、塑料、橡胶等工业所需的多种原料。

裂解反应选择性 selectivity of pyrolysis reaction 裂解反应中生成目的产物(如乙烯、丙烯)的数量占总反应物数量的份额。为计算方便,工程上也常用裂解产物中甲烷质量收率与目的产物质量收率之比表示裂解反应的选择性。影响裂解反应选择性的因素主要有原料性质及工艺操作条件。

裂解瓦斯油　pyrolysis gas oil　又称裂解粗柴油。是烃类裂解制乙烯、丙烯时的副产物。富含萘及其衍生物等芳烃。馏程约为200～300℃。可用作炉用燃料油，或用作脱烷基制萘的原料，不能用作柴油机的燃料。

裂解气　pyrolysis gas　石油烃裂解生产低级烯烃过程中生成的气态产品。是一种多组分的气体混合物，主要是甲烷、乙烯、乙烷、丙烯、丙烷及 C_4、C_5、C_6 等烃类。此外，还含有氢气和少量杂质（如硫化氢、炔烃、二氧化碳、一氧化碳及水分等）。其具体组成随裂解原料、裂解方法和裂解条件不同而异。如需得到高纯度的单一烃（如乙烯、丙烯等），应对裂解气进行净化及深冷分离。

裂解气分离装置　pyrolysis gas separation unit　是将裂解气分离获得所需烃类产品的装置。主要由三部分组成：①压缩及制冷系统。其作用是对裂解气进行加压、降温，以保证分离过程顺利进行。②净化系统。其作用是提高产品纯度，通常设有脱酸性气体、脱水、脱炔及脱一氧化碳等工艺过程。③精馏分离系统。其核心是深冷分离。目的是将各组分进行分离，并将乙烯、丙烯产品精制提纯。其由脱甲烷塔、乙烯及丙烯精馏塔等一系列塔器所构成。但不同的精馏分离方案及净化方案可以构成不同的裂解气分离流程。其主要差别在于精馏分离烃类的顺序和脱炔烃的安排，共同特点是先分离不同碳原子数的烃，再分离相同碳原子数的烷烃及烯烃。

裂解气净化　pyrolysis gas purification　一种从裂解气中脱除含量较少的气相杂质的预处理过程。包括酸性气体（CO_2、H_2S 及其他气态硫化物）脱除、裂解气深度干燥及脱炔烃与一氧化碳等。其目的是为裂解气深冷分离创造条件。尤其是当用于生产聚合级乙烯、丙烯时，对杂质含量的控制十分严格，必须对裂解气进行净化，才能使产品达到所要求的规格。

裂解汽油　pyrolysis gasoline　又称热解汽油。用石油烃裂解炉制取乙烯、丙烯时副产的液态产物。是从裂解产物中切割出的 C_6～C_8 馏分，其中富含芳烃。因其沸程和所含烃类的碳原子数与汽油馏分相似，故得名。是芳烃抽提的重要来源。但因含有较多不饱和烃及杂质，故在抽提前需进行预分馏及两段加氢。一段低温液相加氢选择性地除去高度不饱和烃（如链状共轭双烯、环状共轭双烯及苯乙烯等）；二段高温气相加氢除去其中所含硫、氮、氧等有机杂质，并使其余单烯烃加氢后作为芳烃抽提原料，制取苯、甲苯及二甲苯等。

裂解汽油加氢　pyrolysis gasoline hydrogenation　分为裂解汽油一段及二段加氢。一段加氢催化剂有贵金属钯催化剂及非钯催化剂，非钯催化剂包括镍催化剂、钴-钼催化剂及钼-钴-镍催化剂等，载体为氧化铝；二段加氢催化剂以钼、钴、镍等为主活性组分。其载体均为氧化铝。各公司开发的一、二段加氢催化剂的工艺条件有所不同。一般一段加氢为低温液相反应,二段加氢为高温气相反应,均在加压下反应。

裂解炉　pyrolysis furnace　为石油烃裂解制烯烃提供热源用的核心设备。按裂解工艺、所用原料及目的产品不同而有多种形式,如管式裂解炉、砂子裂解炉、蓄热炉、氧化裂解炉、毫秒裂解炉等。

裂解深度　pyrolysis seversity　裂解反应进行的程度。由于裂解反应的复杂性,难以用一个参数定量地描述裂解深度。工程上衡量裂解深度的参数有:原料转化率、甲烷收率、乙烯对丙烯的收率比、甲烷对乙烯或对丙烯的收率比、液体产物的含氢量和氢碳原子比、裂解炉出口温度及裂解深度函数等。

裂解燃料油　pyrolysis fuel oil　烃类裂解副产物中沸点在200℃以上的重组分。其中将沸程为200℃～360℃的馏分称为裂解轻质燃料油,相当于柴油馏分,但大部分为杂环芳烃,尤以烷基萘含量较高,可作为脱烷基制萘的原料;沸程在300℃以上的馏分称为裂解重质燃料油,相当于常压重油馏分,是生产炭黑的良好原料。裂解燃料油的热值与其氢含量有关。一般轻质燃料油的热值为39400～41000kJ/kg;重质燃料油的热值为38500～40200kJ/kg。其硫含量与裂解原料的硫含量有关。石脑油裂解时,裂解原料总硫量的10%～20%聚集于裂解燃料油中;柴油裂解时,则有50%～60%的硫富集于裂解燃料油。

提升管　riser　在催化裂化装置中,借助气体介质(蒸汽、空气或油气)的提升力将催化剂提升至高处所用的管子。提升管反应器的提升管有直立式及折叠式两种。直立式提升管是一根直立的管子,从沉降器汽提段插入沉降器内;折叠式提升管设置在沉降器外,其上部拐90°直角插入沉降器稀相段。大多数反应器采用上粗下细的变径提升管,由下而上依次为预提升段、进料段和裂化反应区。提升管的有效长度决定于油气反应时间,一般为2～3s。

提升管反应器　riser reactor　催化裂化装置中的主要反应器。提升管反应器主要由反应器及沉降器组成。因使用分子筛催化剂,全部反应都在提升管内完成,沉降器只起沉降催化剂的作用。按催化裂化装置的两器布置形式不同,提升管反应器主要分为高低并列式装置的直立式提升管反应器及用于同轴式装置的折叠式提升管反应器。其基本结构都是由预提升段、反应段、进料段、快速分离及辅助管线等组成。目前所用提升管反应器内径范围为φ200～1400mm,长度为25～41m。在提升管出口均设置快速分离器,以使生成的油气尽快与催化剂分离,减少不必要的二次反应。

提升管裂化　riser cracking　指催化裂化原料油在稀相输送的提升管中进行的催化裂化反应。高温再生催化剂在提升管底部与裂化进料混合,使其油气化,呈稀相高速通过提升管反应器进行催化裂化反应,反应后的油气与催化剂在提升管出口分离器中快速分离后被引出,待生催化剂由沉降器落入汽提段后进入再生器再生。提升管裂化使用分子筛作催化剂,催化剂活性高、选择性好,催化剂与油气接触反应时间短,从而减少二次反应,使产品分布改善,焦炭和干气的产率减少,轻质油收率提高,液态烃中烯烃含量增加,并具有操作弹性好、处理量大、生产灵活性好、生焦率低等特点。

提升管催化裂化装置 riser catalytic cracker 使用最广的催化裂化装置。所使用催化剂为分子筛。为适应分子筛催化剂的性能要求,出现许多强化再生的技术,使反应-再生系统形式各具特色。按反应-再生设备相对位置和结构不同,有高低并列式提升管催化裂化、同轴式提升管催化裂化及烧焦罐提升管式催化裂化等。新建催化裂化装置多为高低并列式,反应器比再生器高,允许再生压力比反应压力高20~40kPa。提升管多为直立式。两器间催化剂循环采用斜管输送。待生催化剂从沉降器进入再生器的方式为上进式,再生催化剂从再生器底部的溢流管引出。

提馏段 exhausting section 连续精馏塔进料段下方直至塔底部分称为提馏段。进料的液相部分与精馏段底部下流的液体一起进入提馏段,液流与逆流而上的汽相回流在塔板上接触,经逐级传质传热,最后液相中轻组分逐渐被提出,重组分则被提浓,在塔底得到提浓的重组分。汽相回流是提馏段操作的必要条件,如果提馏段没有液相回流,液体会穿流而过,重组分就得不到提浓。

插入聚合 insertion polymerization 见"配位聚合"。

搅拌 agitate 使两种或多种不同的物料在彼此之中互相分散而达到均匀混合的操作。其目的是:①使参与反应的物料的质点互相密切接触,强化物质传递,从而提高反应速率;②促进器壁与流体之间的传热,防止局部过热或过冷;③促进颗粒或粉状物料的溶解及分散,增强液-固间的接触反应;④使两种或两种以上互不相溶的液体通过搅动而形成乳状液、悬浮液等。在液体介质中的搅拌,按进行方式可分为机械搅拌及气流搅拌。前者是以机械搅拌器来实现的,后者是将空气或氮气通入液体介质,借气体的鼓泡作用而获得的。

搅拌式反应器 stirring-type reactor 又称釜式反应器。由壳体、搅拌器、传热部件及传动装置等组成的一种反应设备。其主要特征是搅拌。可使各反应物混合均匀,使气体在液相中充分分散,使液-液相保持悬浮或乳化,使固体粒子在液相中均匀地悬浮。可用于气-液相、液-液相及液-固相反应。如需加热可在夹套或将蛇管通入加热蒸汽,如需冷却可通入冷却水。可根据需要采用桨式、锚式、涡轮式、框式等搅拌器。

反应结束后可打开盖子清洗内部表面。广泛用于聚合、硝化、磺化等反应过程。

搅拌器 agitator 又称搅拌桨。是提供过程所需要的能量和适宜的流动状态以实现搅拌操作的一种设备。它通过自身的旋转将机械能传递给流体，一方面使搅拌器附近区域的流体造成高湍流的混合区，同时产生一股高速射流推动全部液体沿一定途径在釜体内循环流动。这种循环流动的途径称为流型。釜体内的流型与搅拌器形式、釜体内构件几何特征、流体性质及搅拌器转速等因素有关。搅拌器的形式很多，按桨叶形状，可分为桨式、推进式、涡轮式、螺带式、框式及特种搅拌器等。

辅助抗氧剂 auxiliary antioxidant 见"预防型抗氧剂"。

暂时性中毒 temporary poisoning 见"可逆中毒"。

暂时硬水 temporary hard water 见"硬水"。

【丨】

紫外分光光度法 ultraviolet spectro-photometry 见"分光光度法"。

紫外及可见分光光度计 ultraviolet-visible spectrophotometer 见"分光光度法"。

紫外线吸收剂 ultraviolet ray absorbent 见"光稳定剂"。

辉光值 luminometer number 评定喷气燃料燃烧性质的指标之一。是在标准仪器内测定火焰辐射强度的一个相对值。即在规定条件下，将试样油与辉光值定为 100 的异辛烷和辉光值定为 0 的四氢化萘进行比较所得的相对值。辉光值反映燃料燃烧时的辐射强度，用它可以评定燃料生成积炭的倾向。辉光值与燃料的化学组成有关。当烃类碳原子数相同时，各种烃类辉光值大小顺序为烷烃＞环烷烃、烯烃＞芳烃。生炭性强的燃料（如富含芳烃的燃料），辉光值小；生炭性小的燃料，辉光值大。

辉光强度 luminous intensity 指燃料燃烧时辉光火焰的辐射强度。常用辉光值来衡量辉光强度的大小，燃料的辉光值越高，其辉光强度越低。

装填密度 packing density 指在不加任何外力下，将固体催化剂颗粒以自然方式装填入反应器中的密度。常以单位表现体积内所含催化剂的质量表示（kg/m^3 或 g/L）。

最小可检测变化 minimum detectable change 见"检测限"。

最小回流比 minimum reflux ratio 精馏操作的一个极端条件。一定理论塔板数的精馏塔要求一定的回流比来实现规定的分离度。在指定的进料状况下，如分离度要求不变，逐渐减少回流比，则所需理论塔板数也需逐渐增加。当回流比减小到某一限度时，所需理论板数要增加无限多，这时回流比的最低限度称为最小回流比。精馏的实际操作是在最小回流比与全回流之间进行，即采用的塔板数要适当地多于最小理论塔板数,回流比也要适当地大于最小回流比。操作回流比一般取最小回流比的 1.1～2.0 倍。

最小流化速度 minimum fluidization velocity 见"临界流化速度"。

最大工作压力 maximum working pressure 是指正常工作过程中可能出现的工作压力与其对应的工作温度的组合中最苛刻的条件下的压力及温度,分别称为最大工作压力及最高工作温度。设备或管道设计压力不得低于最大工作压力。

最大无卡咬负荷 maximum nonseizure load 又称临界负荷(P_B)。指在用四球摩擦试验机测定润滑剂承载能力时,摩擦副不出现显著磨损时润滑剂所能承受的最大负荷。它表示的性质是油膜的强度。在此负荷以前,摩擦面间能保持较完整的油膜,磨损很小,磨痕直径基本同于同负荷下不发生摩擦时钢球的变形压痕直径;当负荷增大超过 P_B 时,油膜开始破裂,材料出现显著磨损。参见"四球摩擦试验机"。

最可几孔径 most probable pore size 见"孔径分布"。

最低发热值 lowest heat value 见"热值"。

最高工作温度 maximum working temperature 见"最大工作压力"。

最高发热值 highest heat value 见"热值"。

量油尺 dipper stick 用于测量油罐内液体高度或空间高度的专用尺。是由尺砣、尺架、尺带、挂钩、摇柄及手柄等部件组成的。使用前应检查油尺是否合格,使用后应擦净、收卷好、放在固定的尺架上。油品交接计量使用的量油尺检定的周期最长不超过 6 个月。

喷气发动机 jet engine 一种单位功率发动机质量较小的连续燃烧型的内燃机。所使用的燃料称为喷气燃料。根据燃料燃烧所需的氧化剂不同,可分为空气喷气发动机及火箭发动机两类。前者利用空气中的氧作为氧化剂使燃料燃烧,因而只能用于大气层中飞行的飞机;后者将在大气层外飞行,需自带氧化剂。空气喷气发动机又可分为涡轮喷气发动机、涡轮螺旋桨喷气发动机及冲压式发动机。其中又以蜗轮喷气发动机较为广泛。喷气发动机具有飞行高度高、速度快、质量轻等优点。所用喷气燃料应具有较高的热值,良好的燃烧性能及雾化性能,适当的蒸发性能,良好的热安定性及低温性能,并具有良好的润滑性及洁净、无腐蚀性等特点。

喷气燃料 jet fuel 又称喷气式发动机燃料、航空涡轮油、燃气涡轮燃料。是喷气式飞机上的航空涡轮发动机的燃油。为一种轻质石油产品。主要由原油蒸馏的煤油馏分经精制加工,有时还加入添加剂制得。也可由原油蒸馏的重质馏分油经加氢裂化生产,沸程范围为100～300℃。按生产方法可分为直馏喷气燃料及二次加工喷气燃料两类;按馏分的宽窄、轻重又可分为宽馏分型、煤油型及重煤油型。喷气燃料的质量有严格规定,对性能的主要要求是:有良好的燃烧性、适当的蒸发性、较高的热值和密度、良好的安定性及低温性、无腐蚀性、良好的洁净性、较小的起电性和着火危险性、适当的润滑性等。

喷洒塔　spray extraction column 又称喷淋塔、喷洒式萃取塔。一种结构最简单的液-液萃取设备。塔内无任何构件,只是在塔的上、下设有分散管,塔的两端各有一个澄清室,以供两相分层。操作时,重液由塔顶的分散管进入塔内,作为连续相充满全塔,最后由塔底流出;轻液由塔下部的分散管以液滴形式通过连续相向上流动,最后聚集在塔顶流出。这种设备结构简单、造价低、易于维修,但由于两相的接触面积小,传质效率低、轴向返混现象严重等问题,使其应用已日趋减少。

喷射式真空泵　ejector vacuum pump 又称喷射泵、喷射器。利用流体流动时能量变化以达到输送流体的装置。主要由喷嘴、吸入室及扩压器三部分构成。高压工作流体从喷嘴高速喷出,在喉部吸入室产生负压,从而使被抽流体不断进入与工作流体混合,然后通过扩压室将压力稍升高输送出去。由于工作流体连续喷射,吸入室持续保持真空,于是不断地抽吸和排出被抽流体。根据工作介质不同,可分为液体喷射泵(以水为工作介质)、气体喷射泵(以非可凝性气体为工作介质)及蒸气喷射真空泵(以水、油等蒸气为工作介质)。是一类产生真空及维持真空的设备。

喷射式塔盘　jet tray 一种斜向开孔的塔盘。它使气流在塔盘上沿水平方向或倾斜方向喷射,既可减轻夹带,又可通过调节倾斜角度改变液流方向,减少液面梯度和液体返混。它可分为舌形塔盘及浮动舌形塔盘两类。舌形塔盘是在塔盘上冲制许多舌形孔,舌片翘起与水平方向呈 20°夹角,舌孔方向与液流方向一致,气体从舌孔中喷射而出,气、液两相并流流动进行接触。具有压降小、结构简单、安装方便等特点。但因塔的负荷弹性较小,塔板效率较低,使用受到限制。浮动舌形塔盘是综合舌形和浮阀的优点而开发的一种塔盘。由于其舌片可以浮动,因此,塔盘的雾沫夹带小,操作弹性增大、板效率提高。其主要缺点是舌片易损坏。

喷射泵　ejector pump 见"喷射式真空泵"。

喷淋式蛇管换热器　spray type coil heat exchanger 见"蛇管式换热器"。

喷淋式湿式空冷器　spray wet type air cooler 见"湿式空冷器"。

喷雾干燥器　spray dryer 先用雾化器将原料液分散为雾滴,再用热气体(空气、过热水蒸气或氮气)干燥雾滴而获得产品的一种干燥设备。用于溶液、乳浊液、悬浮液及浆状液等的干燥。干燥产品可制成粉状、颗粒状、空心球或团粒状。将料液分散为雾滴的雾化器是喷雾干燥的关键部件,常用的雾化器有气流式,压力式及旋转式雾化器。喷雾干燥的特点是干燥时间极短,一般为

3～5s。适用于高热敏性物料和料液浓缩过程中易分解的物料干燥。其主要缺点是设备庞大、能量消耗大、热效率较低。由于其可按需要调整工艺条件，获得适宜的固体颗粒的粒度范围，故常用于制备微球催化剂及载体。

喷嘴 nozzle 见"雾化燃烧器"。

喹啉 quinoline **化学式** C_9H_7N。又名苯并吡啶、氮（杂）萘。无色液体，有特殊讨厌的气味。有吸湿性，在空气中放置变黄。相对密度1.09。熔点$-15℃$，沸点237.7℃，闪点99℃（闭杯）。折射率1.6268。易溶于热水。与乙醇、乙醚混溶。呈弱碱性，与强酸能生成水溶性盐，化学反应性类似于吡啶。存在于煤焦油中，但含量很少。其同系物是能从石油中分离并鉴定出的一种碱性氮化合物。用于制药及合成染料，也用作树脂的溶剂及标本的防腐剂。可从焦油中的洗油或萘油中提取而得。

晶体 crystal 具有化学组成均一的固体。组成它的粒子（原子、分子或离子）在空间骨架的结点上对称排列，形成有规则的结构。物质由原子、分子或离子所组成，当这些微观粒子在三维空间按一定的规则排列，形成空间点阵结构时，就形成晶体。冰、金刚石，岩盐等都是晶体。其基本特征是具有方向性，即在各个方向上的物理性质（如导热性、导电性）是不同的。构成晶体的微观粒子所形成的最小单元称为晶格，按晶格空间结构的不同晶体可分为不同的晶系，如单斜晶系、立方晶系等。同一物质在不同条件下可形成不同的晶系，或成为两种晶系的混合物。如熔融的硝酸铵在冷却过程中可由立方晶系变成斜方晶系等。而微观粒子的规则排列可按不同方向发展，即各晶面以不同的速率生长，从而形成不同外形的晶体。各晶面的相对成长率称为结晶习性。改变结晶温度、pH值、溶剂种类或添加剂的存在会因改变结晶习性而得到不同的晶体外形。

晶体分类 classification of crystal 按照晶体结构单元重复周期的大小和方式可分为单晶、多晶、微晶及液晶等；按构成晶体的微观粒子的种类及作用力的属性，可分为原子晶体（如金刚石、石墨）、金属晶体（如金属镍、金属钯）、离子晶体（如氯化钠晶体、金红石）及分子晶体（如干冰、碘晶体）。

晶体结构 crystal structure 指晶体中的微粒（原子、分子或离子）在空间作有序排列的周期性结构。可用晶胞中原子的分布图形及文字来描述。主要包括晶体的化学组成、晶体的晶系和空间群、晶胞参数（a、b、c 和 α、β、γ）及晶胞内所含分子数目，各微粒在晶胞内所在位置的坐标，各微粒的配位数、键长、键角及化学键关系等。如氯化钠（NaCl）晶体结构，为立方晶系、面心立方点阵形式，Na^+ 与 Cl^- 离子交替地规则排列，在空间 a、b、c 三方向上，最近两个 Na^+

（或 Cl⁻）离子之间的距离为 562.8×10^{-12}（pm），每个 Na^+ 离子周围对称排列着 6 个 Cl^- 离子并按八面体方式配位等。国际上表达这种结构形式的记号为 B1 型。数以百计的二元化合物（如硫化物、氧化物等）都采用这种结构形式。

晶体缺陷 crystal defect 指晶体中所有偏离理想点阵结构的现象。可分为以下几种类型：①点缺陷。约为一个原子尺度范围的缺陷，包括空位、杂质原子、间隙原子、变价原子、错位原子及色心（由能使晶体带色而得名）等。②线缺陷。晶体沿某一条线附近的原子排列与理想点阵结构偏离所形成的缺陷。位错是最重要的线缺陷，它是晶体呈现镶嵌结构的根源。③面缺陷。整层原子平面错开偏离正常点阵结构所形成的缺陷。常出现在堆积层错、晶粒及双晶的界面、晶畴的界面上。④体缺陷。晶体内由空洞、包裹物、沉积物等形成的缺陷。晶体缺陷对晶体的物理化学性能有较大影响。

晶系 crystal system 按照晶体所具有的特征对称元素所进行的分类。其中对称轴包括旋转轴、反轴及螺旋轴；对称面包括镜面及滑移面，共有立方、六方、四方、三方、正交、单斜、三斜七个晶系。其中立方晶系的对称性最高，称为高级晶系；六方晶系、四方晶系及三方晶系的对称性次之，称为中级晶系；正交晶系、单斜晶系及三斜晶系的对称性最低，称为低级晶系。

晶间腐蚀 intergranular corrosion 发生于金属材料内部晶粒边界上的腐蚀。腐蚀从表面沿晶界深入内部，外部看不出腐蚀迹象。主要由于晶界沉积了杂质，或因某一化学元素增多或减少而引起。由于腐蚀会引起突然破坏，是一种最危险的腐蚀形式。控制奥氏体不锈钢晶间腐蚀的方法有淬火处理、加入与碳素的亲和力比铬更强的元素（如 Ti、Nb），将碳含量降低到 0.03% 以下等。

晶相转变热 heat of crystalline phase transition 又称转变热。同一种化合物或高聚物可具有多种不同晶体结构的晶型，当外界条件改变时，从一种晶型转变为另一种晶型所放出或吸收的热，相当于该两种晶型所含热能的差值。

晶面 crystal face 组成晶体多面体的平面。晶体或晶胞中不同方向的晶面，原子密度、原子的排列不同，因而具有不同的物化性质。这对固体催化剂的研究尤为重要。当对一个晶体选定晶轴后，根据晶面和 3 个晶轴截距的倒数关系，推出 3 个互质的整数 h、k、l，加上圆括号成 (h, k, l)，用来标记晶面，称为晶面指标。它是国际上通用的一种标志晶面的符号，也称米勒（Miller）指标或米勒指数。例如氯化钠是立方晶体，其 6 个晶面指标分别为：(100)、$(\overline{1}00)$、(010)、$(0\overline{1}0)$、(001)、$(00\overline{1})$。

晶面指标 crystal face indices 见"晶面"。

晶胞 crystal cell 又名单胞。按照晶体内部结构的周期性及对称性，划分出的一个大小和形状完全相同的平行六面体或平行四边形（二维晶胞），作为晶体结构的基本重复单元。晶胞是晶体结构的缩影，其组成、结构和对称性等方面均与晶体一致。对晶胞除用晶胞参数描述其大小和形状外，还应表示出所包含的微粒的分布情况。即表示出微粒的分散坐标、晶棱指标及晶面指标等。晶胞又可分为素晶胞、复晶胞及正当晶胞。只含有一个结构单元的晶胞称素晶胞（如只含一个 Na^+ 和 Cl^- 菱面体）；含有两个或两个以上结构单元的晶胞称复晶胞；正当晶胞是指在满足晶体结构对称性前提下所划分出的最小晶胞。

晶胞参数 cell parameter 又称晶胞常数，点阵参数。描述晶胞大小和形状的参数。它有 6 个数：a、b、c、α、β、γ。a、b、c 表示晶胞三条边的边长，其长度不一定相等，也不一定互相垂直；α、β、γ 表示晶胞三条边之间的夹角。由于不同晶系所选择的正当晶胞的形状不同，因而所使用的晶胞参数的数目不同。如立方晶系 $a=b=c$，$\alpha=\beta=\gamma=90$℃，因而可用一个晶胞参数 a 表示。氯化钠的立方晶胞 $a=564\times10^{-12}$（pm），因此它的晶胞是一个边长为 564×10^{-12}（pm）的立方体；对六方晶系 $a=b\neq c$，$\alpha=\beta=90°$，$\gamma=120°$，则六方晶系的晶体，晶胞参数可用 a 和 c 表示。

晶浆 crystal slurry 见"晶核"。

晶格 crystal lattice 见"晶体"。

晶核 crystal nucleus 溶质从溶液中结晶出来的初期所产生的微晶。即晶核是过饱和溶液中首先生成的微小晶体粒子。围绕着晶核逐渐成长即形成晶体。溶液在结晶器中结晶出来的晶体和剩余的溶液构成的悬混物称为晶浆，去除晶体后所剩的溶液称为母液。结晶过程中，由于含杂质的母液会以表面黏附或晶间包藏的方式夹带在固体产品中，故在对晶浆进行固液分离后，再用适当的溶剂对固体进行洗涤，以除去由于黏附和包藏母液所带来的杂质。

嵌段共聚物 block copolymer 又称嵌段聚合物。先由两种单体单元各自组成长序列链段，再彼此经共价键结合的共聚物。根据大分子链上链段的多少可以分为二嵌段共聚物（如苯乙烯-丁二烯共聚物），三嵌段共聚物（如苯乙烯-丁二烯-苯乙烯共聚物）、多嵌段共聚物等。对由 M_1、M_2 两种单体组成的二嵌段共聚物可表示为：

～～～$M_1M_1M_1M_1M_1M_1M_2M_2M_2M_2M_2M_2$～～～

它兼有两单体 M_1 及 M_2 均聚物的性质。

【Ｊ】

链引发 chain initation 又称链引发反应。为链式反应的第一阶段。是在光、热、放射线等各种外界因素作用下使单体产生活性中心的过程。活性中心有自由基、正离子、负离子等。形成自由基的方法应用最多的是采用引发剂。

其引发反应分为两步：第一步是引发剂分解，形成初级自由基。是吸热反应，反应活化能高，反应速率小。第二步为初级自由基与单体反应形成单体自由基。是放热反应，反应活化能低，反应速率大。其中引发剂分解是控制整个链反应速率的关键一步。

链节 chain element 又称重复结构单元、重复单元。聚合物中化学组成相同的最小单位。如聚氯乙烯的化学结构式通常写为：$A \substack{\\ \text{—}CH_2\text{—}CH\text{—} \\ | \\ Cl} {}_n B$

（A 和 B 为端基）

括号内的化学结构称为结构单元。由于聚氯乙烯分子链可以看成为结构单元的多次重复构成，故括号内的化学结构也可称为重复单元或链节。其中 n 代表重复单元的数目，称为聚合度。聚合物的分子量可由重复结构单元分子量乘以平均聚合度而得。

链式反应 chain reaction 又称链反应、连锁反应。在进行得极缓慢的反应物中，引入活性大的自由基（如 H·、Cl·），使其产生若干活性中心，可使反应迅速以链式进行而形成新的化合物，直至活性中心全部消耗为止。链反应包括链引发、链增长及链终止三个基本步骤。在链增长阶段，能发生链转移而产生分枝结构。

链式聚合 chain polymerization 按链式反应机理进行的聚合。聚合过程可明显地分为链引发、链增长及链终止等几个相继的反应，各个步骤的反应速率及活化能相差很大。链式聚合需要有活性中心。按活性中心种类不同，可分为自由基聚合、离子型聚合及配位聚合等。

链条油 chain oil 用于润滑链条传动装置的润滑油。除润滑链条的链接部分外，还具有防腐、防锈、清洗、降低链条运转噪声的作用。按用途可分为食品级链条油、高温链条油、低温链条油、热定型机指定链条油等；按所用基础油性质不同，有矿物油型、合成油型及半合成油型三种。矿物油型链条油有良好的润滑性及抗氧化性，闪点较高，价格低廉，但挥发损耗大，高温时易产生烟雾；合成型链条油有优异的高温稳定性及极低的蒸发损失，洁净性好，有优良的抗磨、防锈性能，适于高温场合使用。

链转移反应 chain transfer reaction 链自由基除与单体进行聚合反应或与另一链自由基发生双基终止反应外，还能与体系中某些分子作用发生终止反应。如从单体、溶剂、引发剂或已形成的大分子上夺取一个氢或其他原子而终止，将电子转移给失去原子的分子而成为新自由基，继续新链的增长。这种反应称为链转移反应。向低分子链转移的结果，将使聚合物分子量降低；向大分子转移一般发生在叔氢原子或氯原子上，结果是叔碳原子上带独电子，进一步引发单体聚合，形成支链。自由基向某些物质转移后，如形成稳定自由基，则不能再引发单体聚合，最后失活终止，产生诱导期,这一现象称作阻聚作用。

链转移剂 chain transfer agent 见"分子量调节剂"。

链炔烃 alkine 又称炔属烃、炔烃、分子中含有一个三键的脂肪烃。通式为C_nH_{2n-2}。最简单的链炔烃是炔烃。具有十分活泼的化学性质,易进行加成、缩合等反应。

链终止 chain termination 又称链终止反应。指链式反应中活性中心消失,生成稳定大分子的过程。自由基活性很高,难以孤立存在,易相互作用来终止链增长过程。反应结果是两个链自由基同时失去活性,因此也称双基终止或双分子终止。双基终止又可分为偶合终止及歧化终止。两个链自由基的独电子相互结合形成共价键,生成一个大分子链的反应称为偶合终止;歧化终止是某自由基夺取另一自由基的氢原子或其他原子而终止的方式。歧化终止的结果是大分子的聚合度与链自由基的结构单元数相同。每个大分子只有一端是引发残基,另一端为饱和或不饱和基,两者各半,以何种终止方式为主,与单体种类和聚合条件有关。

链终止剂 chain terminator 见"终止剂"

链终止型抗氧剂 chain-breaking antioxidant 又称链破坏型抗氧剂。指能阻断自动氧化连锁过程的物质。它可以使自由基转变为非活性的较稳定的化合物,从而中断自由基的氧化反应历程。主要有仲芳胺、受阻酚、苯醌类及叔胺类等品种。可用作塑料、橡胶等高分子材料的抗氧剂。

链段 segment 高分子链中能够独立运动的最小单位。通常由几个到几十个单体单元构成。一个高分子链可看作由很多链段组成的自由旋转链。有时也指高分子链中具有某一结构的部分,如聚醚链段、聚酯链段、亚甲基链段等。

链烃 chain hydrocarbon 见"开链烃"。

链碳原子 chain carbon atom 指正构烷烃、异构烷烃、环烷烃以及环烷环、芳环上的侧链中所含的碳原子。为含四个价电子的碳原子。当由链碳原子构成的环烷环自由基缩合成大分子(焦炭)时,向三维的立体方向扩展。焦炭呈球结构,其在热、电、光等物理性质上呈各向同性。

链增长 chain propagation 又称链增长反应。链式反应的步骤之一。指链引发反应形成的单体自由基,可与第二个单体发生加成反应,形成新自由基;新的自由基的活性并不衰减,继续与单体连锁加成,形成结构单元更长的链自由基。链增长反应的特点是强放热、活化能低、反应速率极快。聚合反应中单体几乎全部消耗在这一过程中,并决定了生成的聚合物分子结构。聚合物活性键主要以"头-尾"相连,间有"头-头"或"尾-尾"键接。

锂钙基润滑脂 lithium-calcium base grease 一种混合皂基润滑脂。是以脂肪酸锂皂稠化中黏度润滑油,并加入钙皂而制得的润滑脂。兼有锂基和钙基润滑脂的特性;抗水性强,在湿度大的工作条件下仍有良好的润滑性能,机械安定性及胶体安定性也较好,防锈性能优于锂基脂但价格较低。适用于精密机床、仪器仪表、纺织及机械等的润滑。

锂铅基润滑脂 lithium‐lead base grease 是以脂肪酸锂皂稠化高黏度润滑油,并加入铅皂和磺酸钡添加剂而制成的混合皂基润滑脂。外观为淡黄色油膏。锂皂是主要稠化剂,而铅皂的耐压耐磨性好,磺酸钡具有防锈性,因此是一种具有极压防锈特性的润滑脂。工作温度$-20\sim100℃$。可用于冶金机械设备集中给油系统的润滑,以及矿山、中小型灌注式减速机齿轮的润滑。

锂基润滑脂 lithium base grease 是以脂肪酸锂皂稠化中黏度润滑油并添加抗氧基所制成的一种多用途润滑脂。具有滴点高、抗水性强、化学安定性及机械安定性好等特点,并兼有钙基、钠基、钙钠基润滑脂的主要特点。可应用于飞机、汽车、机床等几乎各种机械设备的滚动和滑动摩擦部位的润滑,能在$120℃$左右环境下长期使用。由于性能优越,其品种、产量及系列化程度都在迅速提高。常用品种有通用锂基润滑脂、汽车通用锂基润滑脂、极压锂基润滑脂、低噪声长寿命电机轴承锂基润滑脂、半流体锂基润滑脂等。

锅炉 boiler 是使燃烧产生的热能把水加热或变成蒸汽的热力设备。主要由"锅"、"炉"及保证正常运行所必须的附件、仪表附属设备等三部分组成。"锅"是锅炉设备中的水、汽系统,主要包括汽包、水冷壁、联箱、过热器、省煤器等;"炉"是锅炉设备中的风、燃料、烟气系统,包括燃烧设备,炉墙、烟道、空气预热器,排烟除尘设备等;附件、仪表、附属设备包括安全阀、压力表,水位计、测温仪表、除氧给水系统、通风系统及除灰排渣系统等。锅炉种类很多,按容量可分为大、中、小型锅炉;按蒸汽压力可分为低压、中压、高压、超高压、亚临界及超临界锅炉;按燃料种类及能源来源可分为燃煤、燃油、燃气、废热及原子能锅炉等;按用途可分为电站、工业、机车及船舶锅炉等。

锅炉阻垢剂 boiler scale inhibitor 加到锅炉给水中,以防止炉管结垢和腐蚀的药剂。种类很多。主要由无机聚磷酸盐、聚羧酸盐及有机磷酸盐,以及由它们复配而成。如在给水中加入磷酸三钠后,由于磷酸三钠能与钙、镁等离子形成松散的水垢,不附在汽包壁上,能定期从排污管将其排除,从而减少了形成坚硬水垢的可能。

巯离子 sulfonium ion 见"镒盐"。

锐钛矿石 anatase 化学式TiO_2。四方晶系。外观有褐、黄、浅紫、灰黑等颜色,金属光泽。相对密度$3.82\sim3.97$。硬度$5.5\sim6.5$。锐钛矿的形成条件与金红石相似,但没有金红石稳定。而在光催化活性上,锐钛矿具有比金红石更好的性能。锐钛矿通常具有较小的晶粒尺寸,较大的比表面积和对

O_2、H_2O 有更强的表面吸附能力。采用金红石及锐钛矿两种矿物组成的混合晶型比单一晶体呈现更高的催化活性。尤以 30% 金红石及 70% 锐钛矿组成的混合晶型的光催化活性最高。可用作光催化材料及制造无机抗菌材料。

氰乙基化 cyano-ethylation 又称氰乙基化反应。指丙烯腈与具有活性氢的化合物（如 $R-NH_2$、NH_3、$R-OH$ 等）发生亲电子加成作用,由 β-氰乙基（$-CH_2CH_2CN$）取代活性氢化合物中氢原子的一种反应。是丙烯腈与醇、硫醇、胺、氨、酰胺、醛、酮的反应。如丙烯腈和醇制取烷氧基丙胺的反应:

$$CH_2=CHCN + ROH \longrightarrow RO(CH_2)_2CN$$
$$\overset{H_2}{\longrightarrow} RO(CH_2)_2NH_2$$

氰化物 cyanide 含氰基（$-CN$）的化合物。如氰化钠、氰化钾、亚铁氰化钾等。活泼的氰化物为易溶于水的无色结晶;较不活泼的氰化物大多难溶于水。氰化物为剧毒物质,吸入、口服、皮肤接触均能引起中毒。氰化物广泛用于金属电镀、贵金属提炼、矿石浮选及农药、染料生产等。

氰基 cyanogen group 又称氰根。由碳原子和氮原子组成的一价基团,以 $-CN$ 或 $-C\equiv N$ 表示。是无机氰化物（如氰化钠）及有机腈类（如乙腈）的官能团。氰基的电子结构与 $-C\equiv C-$ 相似,因氮原子的电负性比碳原子大,使氰基成为强极性基团。氰基在一定条件下可转变成 $-CH_2NH_2$、$-CONH_2$、$-COOH$ 等基团。一般含氰基的化合物都有毒。

氰基乙酸 cyanoacetic acid $CNCH_2COOH$ 化学式 $C_3H_3O_2N$。白色有吸湿性结晶。熔点 66℃,沸点 108℃（2.0kPa）。加热至 160℃ 分解。溶于水、乙醇、乙醚。水解时生成丙二酸。用于有机合成。由一氯乙酸钠与氰化钾溶液反应制得。

氰酸 cyanic acid 化学式 HOCN。可以两种形式存在: $H-O-C\equiv N$ ［（正）氰酸］、$H-N=C=O$（异氰酸）。游离的氰酸是两者的混合物,因两者互变异构,未曾分开,但其酯类有两种形式。氰酸为无色液体,有辛辣气味及强催泪性,极易挥发。相对密度 1.14。熔点 -86℃,沸点 23.5℃。溶于水同时分解成二氧化碳和氨。快速加热能引起爆炸。不稳定,放置能聚合成三聚氰酸及三聚异氰酸。有毒! 可由固体三聚氰酸加热分解制得。

氯乙烯 vinyl chloride $CH_2=CHCl$ 化学式 C_2H_3Cl。又名乙烯基氯。常温常压下为无色气体,有醚样气味。易液化。液体相对密度 0.9106。熔点 -159.7℃,沸点 -13.9℃,闪点 -50℃,燃点 472℃。折射率 1.4046。临界温度 142℃,临界压力 5.67MPa。爆炸极限 3.6%~26.4%。微溶于水,溶于乙醇、苯等溶剂。易燃。在光、热或过氧化物等作用下,易发生聚合。也可与丙烯酸、丙烯腈、乙烯、乙酸乙烯酯等共聚。对人体有麻醉作用,并对肝、肾及神经系统有毒害。主要用于生产聚氯乙烯,也用于制造胶黏剂、涂料等。可由1,2-二氯乙烷高温裂解制得。

氯乙烷　chloroethane　CH₃CH₂Cl　化学式 C_2H_5Cl。又名乙基氯。无色气体，有醚样气味。气体相对密度2.23，液体相对密度0.9239（0℃）。熔点－138.3℃，沸点12.4℃，闪点－50℃（闭杯），燃点519℃。蒸气压134.66kPa（20℃）。临界温度187.2℃，临界压力5.268MPa。爆炸极限3.16%～14.8%。微溶于水，与乙醇、乙醚、苯等溶剂混溶，能溶解树脂、蜡、硫、磷等。低毒！有轻度麻醉性，高浓度损害肝、肾。用于制造四乙基铅、乙基纤维素、乙基咔唑等。也用作溶剂、冷冻剂、杀虫剂及局部麻醉剂。可由乙烯与氯化氢经加成反应制得，或由乙烷热氯化制得。

氯乙酰氯　chloroacetyl chloride　ClCH₂COCl　化学式 $C_2H_2Cl_2O$。无色至微黄色液体，有辛辣刺激性气味。相对密度1.4202。熔点－22.5℃，沸点106℃。折射率1.4541。蒸气压6.26kPa（20℃）。遇水分解，并放出氯化氢腐蚀性气体。溶于乙醚、苯、四氯化碳及氯仿等有机溶剂。不燃。毒性很强。蒸气对眼睛、黏膜及呼吸道等有强腐蚀性，吸入时可引起肺水肿。用于制造染料、农药、荧光增白剂等。也用作制冷剂、萃取剂及润滑油添加剂等。可由氯乙酸与三氯化磷反应制得。

氯乙酸　chloroacetic acid　ClCH₂COOH　化学式 $C_2H_3ClO_2$。又名一氯乙酸。一种卤代酸。无色或淡黄色结晶，有刺激性气味。相对密度1.4043（40℃）。沸点187.85℃。折射率1.4330（60℃）。蒸气压0.027kPa（25℃）。爆炸下限8.0%。有α、β、γ、及δ四种晶型。其熔点分别为63℃、56.2℃、52.5℃及42.75℃，工业品熔点61～63℃。易溶于水及乙醇、苯等溶剂。酸性比乙酸强，有强腐蚀性。遇明火、高热可燃，释出氯化氢、光气及一氧化碳等有毒气体。剧毒！可经皮肤、呼吸道、消化道吸收。用于制造合成树脂、染料、医药等，也用作羧甲基化剂、金属浮选剂、除草剂。在硫黄催化剂存在下，由冰乙酸与氯气反应制得。

氯乙醇　ethylene chlorohydrin　ClCH₂CH₂OH　化学式 C_2H_5ClO。又名2-氯乙醇。无色透明液体，有乙醚样气味。易燃，有挥发性。相对密度1.2045（15℃）。熔点－67.5℃，沸点128.7℃，闪点57.2℃（闭杯），燃点425℃。蒸气相对密度2.78，蒸气压0.653kPa（20℃）。折射率1.4419。爆炸极限4.9%～15.9%。与水、苯、乙醇混溶。具有一般醇类及烷基氯化物的通性。有毒！吸入高浓度蒸气会引起呕吐、眩晕、昏迷等症状，严重时可致死。用于制造乙二醇、环氧乙烷、环氧丙烷、聚硫橡胶等，也用作溶剂。由次氯酸与乙烯经加成反应制得。

2-氯-1,3-丁二烯　2-chloro-1,3-butadiene　CH₂=CClCH=CH₂　化学式 C_4H_5Cl。又名氯丁二烯。无色可燃液体，有辛辣味。易挥发。相对密度

0.9583。溶点－130℃，沸点 59.4℃，闪点－20℃。折射率 1.4583。爆炸极限 2.5％～12％。微溶于水，与乙醇、乙醚等混溶。化学性质活泼，易发生加成与聚合。除自聚外，可与苯乙烯、丙烯腈、丁二烯及异戊二烯等共聚。储存时应加入阻聚剂。有毒！有强烈刺激性及麻醉性。主要用于制造氯丁橡胶，也用于制造 1,4-丁二醇、四氢呋喃等。可先由乙炔二聚成乙烯基乙炔，再与氯化氢加成制得。

1 - 氯丁烷 1 - chlorobutane $CH_3CH_2CH_2CH_2Cl$ 化学式 C_4H_9Cl。又名正丁基氯。无色易燃液体。相对密度 0.8862。熔点－123.1℃，沸点 78.4℃，闪点－6.7℃，燃点 460℃。折射率 1.4021。爆炸极限 1.85％～10.10％。几乎不溶于水，溶于甲醇、乙醚、丙酮等多数有机溶剂。能溶解油脂、蜡、天然橡胶及多种橡胶。遇水分解放出氯化氢，受热时会产生剧毒的光气。对皮肤有刺激性及轻度麻醉作用。用作溶剂、脱蜡剂、烷基化剂等。由正丁醇与盐酸反应而得。

氯丁橡胶 chloroprene rubber 又称氯丁二烯橡胶。由 2-氯-1,3-丁二烯经乳液自由基聚合制得的合成橡胶。硫调型氯丁胶也称为通用型或 G 型，是在合成时用硫黄或秋兰姆作调节剂，分子链中有多硫键；非硫调型氯丁橡胶也称 W 型，制造时用硫醇作调节剂，分子中不含硫黄。氯丁橡胶中的反式-1,4-结构约占 80％以上，平均分子量约 10 万。相对密度 1.23。玻璃化温度－50～－40℃。具有优良的耐老化、耐热、耐光性能，特别是耐臭氧性能仅次于丁基橡胶及乙丙橡胶，在 90～110℃下可使用 4 个月之久。对氨水、乙酸、硝酸、磷酸等化学试剂有较高稳定性。其耐水性优于一般合成橡胶，但在低温下易结晶，致使弹性下降。由于相对密度较高，使用同体积的橡胶时，氯丁橡胶的用量最多。用于制造电缆，运输带、胶管、垫圈、防腐衬里、密封圈等。也用于制造胶黏剂、涂料等。

氯气 chlorine gas 见"液氯"。

氯化 chlorination 化合物分子中引入氯原子生产氯的衍生物的反应过程。氯化过程的主要产物是氯代烃。工业上生产氯化烃的氯化方法主要有：①热氯化法。是以热能激发氯分子，使其离解成氯自由基，进而与烃类分子反应生成各种氯衍生物。如丙烯氯化制取 2-氯丙烯。②光氯化法。是以光子激发氯分子，使其解离成氯自由基，进而实现氯化反应，常在液相中进行。如二氯甲烷在紫外光线照射下氯化生成三氯甲烷及四氯化碳。③催化氯化法。是利用催化剂降低反应活化能从而促使氯化反应进行。可分为均相催化氯化及非均相催化氯化两种。前者如苯氯化制氯代苯，后者如乙炔与氯化氢加成制取氯乙烯。两者所用催化剂都是金属氯化物，如氯化铁、氯化铜、三氯化锑、氯化汞等。

氯化石蜡 chlorinated paraffin 简

称氯蜡。是 C_{10}~C_{30} 石蜡烃经不同程度氯化所得,含氯量为 20%~74% 的一类石蜡衍生物的统称。具有与聚氯乙烯类似的结构。系列产品很多,通常以氯含量分类型命名。国内主要产品有氯化石蜡-42,氯化石蜡-52 及氯化石蜡-70。除氯化石蜡-70 为固体外,其余为无色或黄色油状液体。不溶于水及低级醇、甘油、乙二醇,溶于氯化溶剂、芳香烃、酮、醚及矿物油等。氯化石蜡-42、52 主要用作聚氯乙烯辅助增塑剂,也用作润滑油的极压抗磨剂、油漆稳定剂等;氯化石蜡-70 是含氯量最高的产品,主要用作聚乙烯、聚苯乙烯、聚酯及合成橡胶的阻燃剂,也用作润滑油抗磨添加剂、木材防腐浸渍剂、光亮剂等。

氯化剂 chlorinated agent 在氯化过程中向作用物输送氯的试剂。常用氯化剂有氯气、盐酸、次氯酸及次氯酸盐、光气、三氯化磷、五氯化磷、金属及非金属氯化物等。工业上主要使用氯气、盐酸(氯化氢)、次氯酸及次氯酸盐作氯化剂。如在乙烯液相氯化生成氯乙醇反应中,氯化剂为次氯酸(HClO),将乙烯双键打开后碳链的一端接上氯,另一端接上羟基,生成氯乙醇。

氯化氢 hydrogen chloride 化学式 HCl。无色有刺激性气味的气体。在潮湿空气中与水蒸气形成盐酸滴而呈现白雾。相对密度 1.6392(0℃)。熔点 -114.8℃,沸点 -84.9℃。蒸气相对密度 1.27,蒸气压 405kPa(17.8℃)。临界温度 51.4℃,临界压力 8.37×10^5 Pa。极易溶于水而成盐酸,也溶于乙醇、乙醚、苯。氯化氢中的 Cl^- 具还原性,但 HCl 较难被氧化。干燥的氯化氢不与锌、铁反应。用于制造盐酸、聚氯乙烯、氯丁橡胶、1,2-二氯乙烷及无机氯化物等。也用作催化剂、缩合剂等。由电解食盐水所产生的氢气及氯气直接合成而得。

氯化铈 cerous chloride 化学式 $CeCl_3 \cdot 6H_2O$。又名三氯化铈、氯化亚铈。白色至淡黄色六方晶系结晶。溶点 96℃。易溶于水,溶于乙醇、甲酸、磷酸三丁酯。加热至 220℃ 时成无水物 ($CeCl_3$)。无水氯化铈的相对密度 3.92。熔点 848℃。沸点 1727℃。用于制造石油裂化催化剂、有机合成催化剂、铈化合物及金属铈,也用作织物染色展开剂、皮革助鞣剂及助染剂等。由氢氧化铈经酸溶、浓缩、结晶、干燥而制得。

氯化铝 aluminium chloride 化学式 $AlCl_3$。又名三氯化铝、无水氯化铝。无色或白色六方晶系结晶或粉末。工业品因含杂质而呈黄、灰、棕或绿色。相对密度 2.44(25℃)。溶点 186~190℃ (253kPa),沸点 170.4℃(41kPa)。常压下升华温度 180.6℃。蒸气为缔合的二聚体(Al_2Cl_6)。易溶于水,水溶液呈酸性。溶于乙醇、乙醚、氯仿。易吸收空气中水分并水解生成氯化氢。有水时,接触皮肤会剧烈灼烧皮肤,属路易斯酸。能引发乙烯、丁烯、氯丙烯等的剧烈聚合反应,也能引发环氧乙烷重排或聚合。用作石油化工及有机合成的酸催化剂,也用于制造医药、香料、洗涤剂等。由金属铝直接氯化或由氯化氢与氧化铝反应制得。

氯化铜 cupric chloride 化学式 $CuCl_2 \cdot 2H_2O$。又名氯化高铜、二氯化铜。蓝绿色单斜晶系结晶或粉末。相对密度 2.54。易吸湿潮解。易溶于水,水溶液呈酸性。溶于醇及氯化铵溶液。110℃ 时失去结晶水而成无水物 $(CuCl_2)$。无水物为棕黄色结晶粉末。相对密度 3.054。熔点 498℃。沸点 993℃。对铁、铜、不锈钢等金属有腐蚀作用。粉尘刺激眼睛,并引起角膜溃疡。用作乙烯氧氯化制二氯烷、乙烯液相氧化制乙醛及烃类脱氢等的催化剂,也用作脱硫剂、脱臭剂、木材防腐剂、玻璃着色剂、净水消毒剂及杀虫剂等。由氧化铜或碳酸铜与盐酸反应制得。

氯化氰 cyanogen chloride 化学式 CNCl。无色液体。相对密度 1.186。熔点 −6.5℃,沸点 12.5℃。溶于水、乙醇、乙醚。性质活泼,与氨或胺类作用生成氨基氰;与氢氧化钠作用生成氰酸钠;与醇类作用生成三聚氰酸酯。剧毒! 蒸气对皮肤、眼睛及黏膜有强刺激性。可由氯气与氰化钾反应制得。

氯化镍 nickel chloride 化学式 $NiCl_2 \cdot 6H_2O$。绿色或草绿色单斜棱柱状结晶。相对密度 1.921。熔点 80℃。易溶于水、乙醇。水溶液呈微酸性,易潮解。加热至 140℃ 以上时失去全部结晶水而成无水物 $(NiCl_2)$。无水氯化镍为黄色鳞状晶体。相对密度 3.55,973℃ 升华。溶于水、乙醇、乙二醇及氨水。商品氯化镍除六水合物、无水物外,还有四水合物。有腐蚀性,经常接触,可发生接触性皮炎或过敏性湿疹。用于制造镍盐,催化剂,隐显墨水,干电池,也用于镀镍及用作防毒面具的氨吸收剂。由金属镍与浓盐酸反应制得。

氯化镧 lanthanum chloride 化学式 $LaCl_3 \cdot 6H_2O$。白色带微绿色结晶。熔点 70℃。空气中易潮解。易溶于水,并稍有水解,溶于乙醇、甲酸。加热时部分水解生成氢氧化镧,500℃ 以上时生成氧化镧,在氯化铵存在下于 150℃ 左右脱水,制得无水氯化镧。无水物为白色粉末。相对密度 3.84。熔点 860℃,沸点 1000℃。易潮解。用于制造石油裂化稀土 Y 型分子筛催化剂、汽车尾气净化催化剂、金属镧及储氢合金材料等。医药上也用作抗血凝及抗动脉硬化药物。由提取铈后的混合轻稀土溶液中萃取而得。

2-氯丙烯 2-chloropropylene 化学式 C_3H_5Cl。又名异丙烯基氯。无色液体。相对密度 0.931。熔点 −138.6℃,沸点 22.5℃,闪点 −34℃。折射率 1.404(6.5℃)。蒸气相对密度 2.63。爆炸极限 4.5% ～16.0%。不溶于水。溶于乙醇、乙醚等有机溶剂。易燃。遇明火、高热会引起燃烧爆炸。对皮肤有强刺激性,对中枢神经系统有抑制作用。用于有机合成,也用作冷冻剂。

3-氯-1-丙烯 3-chloro-1-propene CH_2=CH—CH_2Cl 化学式 C_3H_5Cl。又名烯丙基氯。无色透明液体。相对密度 0.9376。熔点 -134.5℃，沸点 45.1℃。蒸气相对密度 2.64，蒸气压 48.89kPa(25℃)。折射率 1.4157。闪点 -32℃。爆炸极限 2.9%～11.2%。微溶于水，与乙醇、乙醚、石油醚等混溶。有毒！易燃。化学性质活泼，能发生氧化、水解、氨化、酯化及聚合等反应。用于制造环氧氯丙烷、甘油、丙烯醇、合成树脂、表面活性剂及医药等。可由丙烯经高温气相直接氯化制得。

1-氯丙烷 1-chloropropane $CH_2ClCH_2CH_3$ 化学式 C_3H_7Cl。又名丙基氯。无色透明液体，有类似氯仿的气味。相对密度 0.8899。熔点 -122.8℃，沸点 46.5℃，闪点<-20℃。折射率 1.3879。蒸气相对密度 2.71，蒸气压 40kPa(25.5℃)。爆炸极限 2.6%～11%。微溶于水，溶于乙醇、乙醚、苯等溶剂。易燃。有刺激性。化学性质活泼，能和碱金属反应生成格氏试剂，也能发生亲核取代反应。用作有机合成中间体、溶剂及烷基化试剂等。在氯化锌作用下，由1-丙醇经氢氯化反应制得。

2-氯丙烷 2-chloropropane $CH_3CHClCH_3$ 化学式 C_3H_7Cl。又名异丙基氯、氯化异丙烷。无色透明液体，有类似乙醚气味。相对密度 0.8617。熔点 -117.6℃，沸点 35.3℃，闪点 -32℃。折射率 1.3777。蒸气相对密度 2.71，蒸气压 40kPa(25.5℃)。爆炸极限 2.8%～10.7%。微溶于水，溶于乙醇、乙醚。极易燃，燃烧时生成光气等有毒气体。有较强麻醉作用，对肝、肾有损害。用作油类及脂肪的溶剂，也用于制造异丙胺、农药等。由丙烯与无水氯化氢反应制得。

氯丙酮 chloroacetone CH_3COCH_2Cl 化学式 C_3H_5ClO。又名一氯丙酮。无色液体，有极强的刺激性气味和催泪性。相对密度 1.123(25℃)。熔点 -44.5℃，沸点 119℃。微溶于水，溶于乙醇、乙醚、氯仿。用作催泪剂、杀虫剂。也用于制造染料、药物。由丙酮氯化后经分馏而得。

氯丙醇 chloropropanol CH_3CH(OH)CH_2Cl 化学式 C_3H_7ClO。有1-氯-2-丙醇、2-氯-1-丙醇、3-氯-1-丙醇三种异构体，较重要的是1-氯-2-丙醇(又称α-氯丙醇)。无色液体，略有醚的气味。相对密度 1.115。沸点 127.4℃，闪点 51℃。折射率 1.4394。蒸气压 653.2Pa(20℃)。溶于水、乙醇、乙醚。性质活泼，与氢氧化钙作用生成1,2-环氧丙烷，与氨作用生成异丙醇胺。易燃。受强热分解产生有毒氯化物气体。用于制造环氧丙烷、丙二醇等。可由丙烯与次氯酸反应制得。

氯甲烷 chloromethane 化学式 CH_3Cl。又名甲基氯。常温常压下为无色气体，有乙醚气味。易液化。气体相对密度 1.74，液体相对密度 0.920。熔点 -97.7℃，沸点 -23.73℃，闪点低于

0℃,燃点 632℃。爆炸极限 8.1%～17.2%。微溶于水,溶于乙醇、苯、环已烷等溶剂。燃烧时生成二氧化碳和氯化氢,与氨反应生成甲胺、二甲胺及三甲胺等。易燃。有毒! 对中枢神经有刺激性及麻醉作用。是重要的甲基化剂,用于制造甲基纤维素、甲硫醇,氯仿等。也用作溶剂、制冷剂、发泡剂等。由甲烷高温氯化制得。

氯代烃 chlorohydrocarbon 指烃的氯取代化合物。即脂肪烃、脂环烃和芳烃中的一个或多个,甚至全部氢原子被氯取代生成的化合物。工业上重要的氯代脂肪烃有氯乙烯、二氯乙烷、二氯乙烯、氯甲烷、四氯化碳、四氯乙烯、氯丁二烯等。氯代烃大量用作溶剂,也是合成有机产品及精细化工产品的重要中间体和聚合物的单体。用于氯代烃生产的化学反应主要包括取代氯化、加成氯化、氢氯化、氧氯化、氯化物裂解及脱氯化氢等。其中,取代氯化、加成氯化及氧氯化是主要方法。

氯纶 Lulun 见"聚氯乙烯纤维"。

氯苯 chlorobenzene 化学式 C_6H_5Cl。又名一氯代苯。无色透明液体,有类似杏仁气味。有挥发性。易燃。相对密度 1.1063。熔点 $-45.6℃$,沸点 132℃,闪点 29.4℃,自燃点 638℃。折射率 1.5248。蒸气相对密度 3.9,蒸气压 1.33kPa(20℃)。爆炸极限 1.83%～9.23%。难溶于水,与乙醇、乙醚、苯等混溶。能溶解油脂、天然橡胶及树脂。低毒! 对皮肤和黏膜有刺激性,对中枢神经系统有抑制及麻醉作用。用于制造苯酚、苯胺、二氯苯及医药、染料、香料等。也用作溶剂、干洗剂及传热介质。由苯经催化氯化制得。

氯铂酸 chloroplatinic acid 化学式 $H_2PtCl_6 \cdot 6H_2O$。又名铂氯氢酸、六氯合铂酸。红棕色或橙黄色结晶,吸湿性很强。相对密度 2.431。熔点 60℃。溶于水、乙醇、乙醚。110℃部分分解,150℃时开始生成金属铂,360℃时生成四氯化铂并释出氯化氢气体。灼烧时制得海绵铂。用于制造铂重整催化剂及其他含铂催化剂,也用于制造氯铂酸盐及其他铂的化合物。由铂溶于王水中制得。

氯铂酸铵 ammonium chloroplatinate 化学式 $(NH_4)_2PtCl_6$。又名氯化铂铵、六氯铂酸铵。黄色或橙黄色立方结晶。相对密度 3.065。微溶于水,不溶于乙醇、乙醚。在盐酸中发生水解。可被活泼金属及其他还原剂直接还原为金属铂,加热即分解为铂黑。在较低温度下分解则得到灰黑色海绵铂。用于制造铂催化剂、海锦铂,也用作测定铂的试剂及用于镀铂。可由氯铂酸与氯化铵反应制得。

氯容 chlorine capacity 又称氯容量。指用钙系、铜系、改性氧化铝系等脱氯剂原料气进行脱氯时,每单位质量新鲜脱氯剂所能吸收氯的数量。如20%氯容就是每 100kg 新鲜脱氯剂吸收 20kg 的氯。氯容是脱氯剂质量的重要指标之一。它关系到脱氯剂的使用寿命及经济效益。当含氯原料（如HCl）经脱氯剂床层后，在脱氯剂出口检出氯（Cl⁻）时，根据精度要求定义为穿透。此时脱氯剂上所含（Cl⁻）的质量与脱氯剂的质量比，称为穿透氯容。穿透氯容与脱氯剂床层的高径比、物料空速等因素有关。当脱氯剂出口气的含氯浓度与进口原料气中氯的浓度相等时，脱氯剂上所含氯（Cl⁻）的质量与脱氯剂的质量比称为饱和氯容。通常，在脱氯剂产品说明上会提供其在一定使用条件下的穿透氯容。

氯萘 chloronaphthalene 化学式 $C_{10}H_7Cl$。萘的氢原子被氯原子取代的产物。按氯化反应程度，可含一个或多个氢原子，最多可达 8 个。常见的有 1-氯萘（又称 α-氯萘）。为无色至淡黄色油状液体，有挥发性及杂酚油的气味。相对密度 1.1938。熔点 -2.3℃，沸点 259.3℃，闪点 132℃。折射率 1.6332。蒸气压 0.13kPa。不溶于水，溶于乙醇、苯、石油醚、二硫化碳及乙醚等溶剂。可燃。有毒！用于制造 1-萘酚及有机中间体。也用于配制乙基液及用作高沸点溶剂。可由萘催化氯化制得。

氯醇法 chloro-alcohol method 一种生产环氧乙烷和环氧丙烷的经典方法。包含两个基本反应：①乙烯与次氯酸反应生成氯乙醇或氯丙醇；②氯乙醇或氯丙醇加碱水解、环化，生成环氧乙烷或环氧丙烷。此法具有技术简单，乙烯消耗定额低等特点，曾长期被工业采用。但在生产过程中要消耗大量的氯和碱，同时还有大量的氯化钙废液产生，造成环境污染。目前此法已逐渐为乙烯直接氧化法所取代。

氯磺化聚乙烯橡胶 chlorosulfonated polyethylene rubber 是由低密度或高密度聚乙烯经氯化和氯磺酰化而制得的一种特种合成橡胶。是一种强度低、有黏性的聚合物。相对密度约为 1.1。易溶于芳香烃及氯代烃溶剂，在酮、酯、环醚中的溶解度较低，不溶于酸、脂肪烃、一元醇及二元醇。其性能决定于原料聚乙烯的分子量、氯和硫的相对含量。其基本特性为：耐臭氧、耐天候、耐化学药品性极优，耐不变色性及耐热性好，连续使用温度 120~140℃。因含有氯而具耐燃性。其不足之处是：压缩永久变形大、低温弹性差、耐油性不如丁腈橡胶。主要用于制造电线电缆护套、软管、防水涂层、设备衬里、橡胶地板及汽车用零部件等。

氯磺酸 chlorosulfonic acid 化学式 HSO_3Cl。无色或淡黄色油状液体，有刺激性臭味。相对密度 1.753。熔点 -81~-80℃，沸点 151~152℃（分解）。175℃分解为硫酸和硫酰氯。遇水湿气剧烈反应，分解成氯化氢和硫酸。溶于四氯乙烷、氯仿、二氯乙烷、乙酸等，不溶于二硫化碳、四氯化碳。能与无水硫酸及发烟硫酸相结合，是含有相当弱的 S—Cl 键的强酸。加热时产生硫酰氯、氯及二氧化硫。腐蚀性极强，对皮肤、黏膜及眼睛有强刺激性。主要用作磺化剂及氯化剂。用于制造糖精、染料、农药、洗涤剂、橡胶等。可由氯化氢与三氧化硫反应制得。

氯醚橡胶 epichlorohydrin rubber 聚醚橡胶的一种。是由环氧氯丙烷均聚或由环氧氯丙烷与环氧乙烷共聚制得的一种特种橡胶。溶于氯苯、硝基苯、环己酮、四氢呋喃、二甲基甲酰胺等，不溶于一般溶剂。相对密度 1.27～1.38。具有优良的耐油，耐酸碱、耐气候及耐臭氧性能，减震性及耐气体渗透性好，并具有良好的黏合性及加工性能。用于制造密封圈、油封件、变压器隔膜、消音减震材料、油罐衬里、耐油胶管、胶板、印刷胶辊及电缆护套等。

氮气 nitrogen 化学式 N_2。无臭无味气体。气体相对密度 0.96737，液态氮相对密度 0.8081。熔点 $-209.86℃$，沸点 $-195.8℃$。临界温度 $-147.1℃$，临界压力 $3.394×10^3 kPa$。化学性质极不活泼。稍溶于水，微溶于乙醇，溶于液氨。约占空气体积的 4/5。不燃。常压下无毒。作业环境中氮气浓度增高，氧气相对减少时，会引起单纯窒息作用。用于制造氨、硝酸、氰化物、有机胺等，也是常用惰性保护气体。液氮可用作冷源或冷冻剂。工业上用空气分离制取氮气。

氮含量 nitrogen content 指油品中所含氮化合物（主要为吡啶及喹啉的衍生物）中含氮的总量。以质量百分数表示。油品中的吡咯类及吲哚类化合物

是不稳定的，容易氧化和聚合而生成棕褐色胶状物质，使油品颜色变深和产生沉淀。此外，油品燃烧时，所含氮化合物也会转化生成氮氧化物（NO_x）而污染大气。加氢脱氮即为石油产品的精制过程之一。

氮氧化物 nitrogen oxide 化学式 NO_x。是 NO、N_2O、NO_2、N_2O_3、N_2O_4、N_2O_5 等含氮气体的化合物的总称。也是大气中常见的污染物。是一种温室气体。城市中 NO_x 主要来源于石油、天然气、煤等燃料的燃烧，硝酸厂，冶炼厂及汽车排出的废气等，尤以汽车尾气所占比例最高。NO_x 中以 NO、NO_2 对大气污染最严重。NO 为无色无味气体，难溶于水，吸入后会直接到达肺的深部，损害肺支气管的纤毛上皮细胞及肺泡，引起肺水肿。NO 在空气中能与氧或臭氧生成 NO_2。NO_2 是红褐色有特殊刺激臭味的气体，易溶于水，其毒性比 NO 高 4～5 倍。NO_2 与烃类共存时，在强日光照射下，可发生光化学反应，产生光化学烟雾。

短波式油水界面仪 short wave oil-water boundary meter 是基于同一频率的电磁波通过不同介质时，介质所吸收的能量不同的原理而制作的油水界面测量仪表。由变送器及显示仪表所组成。主要用于原油脱水器、三相分离器、缓冲沉降罐等波动范围较小的油水界面检测，或储油罐底水高度测量。其测量精度不是很高，只宜作范围指示或控制之用。

短程蒸馏 short-path distillation 见"分子蒸馏"。

智能仪表 intelligent instrumentation 指含有微计算机或微处理器的仪表和测试装置。它不但能进行物理量的测量,而且拥有对数据的存储、运算、逻辑判断及自动化操作等功能;具有一定的智能作用,有些仪表还具有专家推断、分析与决策的能力;具有准确性高,可靠性好的特点;还具有数据处理及多点测控、有多种输出形式及数字通信等功能。品种很多,按结构及使用目的分为:①智能化测量仪表。它能实现测量或对测量结果进行分析、计算,并将处理结果输出显示和打印记录。②智能化控制仪表。除具有智能化测量仪表功能外,还可对某种控制规则进行运算而得到控制量,并输出至被控对象。③智能化执行仪表。它接受测量及控制仪表信号,并进行分析、计算,转换为机械动作信号,实现被控对象的调节。

程序升温脱附法 programmed temperature desorption method 一种测定固体催化剂表面酸度及酸强度的分析方法。是根据酸性催化剂表面碱吸附物(如吡啶)的脱附活化能不同,脱附温度也不同的基本原理,对其各阶段的温度和时间进行设置,按不同脱附温度区,定量测定催化剂表面酸度及酸度分布。该法不仅具有不受样品颜色限制,能在接近实际条件下,定量测定催化剂表面总酸度和酸度分布的能力,而且操作简单、数据重复性好。

稀土金属 rare earth metal 元素周期表第Ⅲ族副族(ⅢB)元素钪、钇及镧系元素的合称(有时不包括钪)。通常分为铈组(镧、铈、镨、钕、钷、钐)及钇组(铕、钆、铽、镝、钬、铒、铥、镱、镥、钇)。并可将镧到钇称为轻稀土金属,钆到镥称为重稀土金属。多为银色光泽金属,性质较软,易溶于稀酸。能形成稳定的配合物及微溶于水的草酸盐、碳酸盐、磷酸盐及氢氧化物。用于制造催化剂、陶瓷、玻璃及电子元器件。

稀相 dilute phase 见"密相流化床"。

稀相区 dilute phase region 在聚式流化床中,由于上升气泡的崩破,将固体颗粒抛入上层空间,因而在床层界面以上形成一个随高度上升、颗粒密度逐渐降低的稀相区;而床层界面以下颗粒密度大,空隙率小,称为密相区。密相床层由颗粒相与气泡相所组成。在流化催化裂化装置中,稀相区位于反应器、再生器上端,越靠上部催化剂的密度越小,气体流速慢,催化剂磨损小,并有利于沉降;密相区位于反应器、再生器下端,气体流速快、催化剂密度大,是进行裂化反应或烧焦的主要场所。

稀相流化床 dilute phase fluidization bed 见"密相流化床"。

稀相输送 dilute phase transport 又称气动输送、气力输送。是通过气体的流动来推动固体颗粒前进的输送过程。可分为压送式及吸引式两种。稀相输送的气-固混合物的密度一般小于

$100kg/m^3$,颗粒在流体中形成悬浮状态的稀相,管线中的空隙率一般在0.95以上。在催化裂化工艺中,提升管反应器、烧焦管的稀相管、催化剂的加料管和卸料管等处都属于稀相输送。稀相输送也常用于输送矿砂、煤粉、塑料粉等。

稀释比 dilution ratio ①表示溶剂溶解能力的数值。其值为稀释剂加入量(滴定至出现浑浊为止)与溶剂量之比。比数越大,即稀释剂加入量越多,溶剂的溶解能力越强。一些有机溶剂的稀释比可从相关的表格中查得。②指润滑油溶剂脱蜡时各次稀释溶剂量与原料量的比值。工业上常采用三次稀释,目的是减少蜡的含油量,降低溶液黏度,改善蜡结晶条件,提高脱蜡油收率。

稀释热 heat of dilution 在等温等压下,向定量溶液中加入定量溶剂所产生的热效应。常用稀释前后的焓变来表示。可分为积分稀释热及微分稀释热。稀释热的数值与温度、压力及溶质和溶剂的种类和数量有关。

等电点 isoelectric point 又称等离子点、等电pH。一种物质在电场中不呈现电泳现象的状态。此时动电位为零。通常以pH表示。在等电点以上任一pH值,分子带静负电荷,在电场中向阳极迁移;在等电点以下任一pH值,分子带静正电荷,在电场中向阴极迁移。当胶粒处于等电点时,不仅在电场中无电泳现象,而且很易发生聚沉。以内盐形式存在的两性表面活性剂在外电场中既不向阳极迁移,也不向阴极迁移,与这种无迁移状态相应的溶液的pH值即为两性表面活性剂的等电点。两性表面活性剂在溶液中显示出的等电点性质,是它与其他类型表面活性剂的最根本区别。

等规聚丙烯 tactic propylene 见"全同立构聚合物"。

等规聚合物 tactic polymer 见"全同立构聚合物"。

等板高度 height equivalent of a theoretical plate 简称HETP。又称当量理论板高度。是衡量填料塔分离性能的一种量度。指相当于一块理论塔板或一个理论级分离能力所需填料层的高度。也即填料层高度除以理论级数所得值。其大小与系统的物性、填料的形状及尺寸、操作条件等因素有关。等板高度越小,分离效能越高。炼厂常用的50mm英特洛克斯填料的等板高度为560~740mm。填料尺寸越大则其等板高度也增加。

等离子体 plasma 对气态物质给予能量,则气态原子中价电子可以脱离原子核成为自由电子,原子则变为正离子,原来由单一原子组成的气态变为由电子,正离子和中性粒子组成的混合体,宏观上呈中性,称为等离子体。通常与物质的气、液、固并列称为物质的第四态——等离子态。可大致分为高温(热)和低温两类。用于有机反应的是低温等离子体,多由13.56MHz射频低气压辉光放电产生,其能量为2~

5eV,恰好与有机化合物的键能(2.5～5eV)相当。等离子体可能引起的反应有：直接引发聚合、非传统聚合及高分子化学反应等。

等离子体聚合 plasma polymerization 通过辉光放电或电晕放电产生的等离子体为低温等离子体,利用其中电子、粒子、自由基及其他激发态分子等活性粒子使单体聚合的方法称为等离子体聚合。几乎所有有机化合物及一些无机气态物质(如 CO、H_2、NH_3 等)都能进行等离子体聚合。由于活性中心种类多,因而产物结构复杂,支链多,甚至可形成三维网状结构。产物多为薄膜状、密度大、机械强度高、无针孔,并有良好的耐药品性及耐热性。是制取功能性高分子膜的有效方法之一。可用于制备分离膜,光刻胶膜,传感器的导电分子膜等。

等离子裂解法 plasma pyrolytic process 是以高温等离子体作热源进行烃类裂解制取烯烃的方法。裂解装置分为等离子体发生、烃类原料裂解和裂解气急冷等三部分。等离子体发生装置由阴极及阳极构成。裂解反应室连接在等离子发生器上。进入的原料烃在此与高温等离子流接触,经裂解反应生成含乙炔、乙烯的混合气,经急冷后进入处理系统。与其他方法比较,此法所得裂解气中乙炔浓度较高,并含有相当量的氢和甲烷。流程简单,投资低,但耗电量大,电极烧损速度快。

等黏温度 equiviscous temperature 简称 EVT。是道路沥青在路面铺装作业时的一项重要指标。指在一定范围内某温度下的沥青黏度或达到某一黏度时的温度。由等黏温度可确定不同沥青的最佳拌和温度和确定最佳碾压温度。

筛分 screening 是一种物料通过筛面按粒度大小而分成不同粒级的作业。工业应用中,筛面的筛孔尺寸一般为 $0.25～2.5mm$。它又可分为干法筛分及湿法筛分。常与粉碎相配合。按筛分作业的目的不同,还可分为准备筛分、检查筛分及最终筛分。准备筛分又称预先筛分,是按下一工序要求将粒状原料分成不同粒级的筛分;检查筛分又称控制筛分,是从产物中分出粒度不合格产物的筛分;最终筛分又称独立筛分,是将块状产品分成大、中、小块状及粉状等多种产品,以满足不同用户需要。

筛分组成 screen composition 见"筛析"

筛孔效应 sieve effect 指晶体分子筛以其结构中固有的筛孔大小为临界条件,对反应物分子所进行的有选择性的分离、吸附及催化能力。影响筛孔效应的因素有分子筛结构、吸附分子的性质及温度条件等。

筛目 screen mesh 又称筛孔、筛号。标志筛孔尺寸大小的一种称呼。各国的标准规格有所不同,有的按每英寸长度上的筛孔数来表示,如 100 筛孔数/英寸的筛子数称为 100 目筛;有的按每平方厘米上的筛孔数表示,如2500筛孔数/cm² 的筛子称为2500孔筛;也有直接按筛孔大小表示的,如将筛孔宽度为0.8mm筛子,称为08号筛等。筛孔数越大,则筛号也越大。

筛号 screen mesh 见"筛目"。

筛析 screen analysis 对粉体试样或微球催化剂用标准筛按粒度范围进行分级的方法。将粉状物料置于筛孔尺寸大小依次递减的一套标准筛子上,经振动一定时间后,物料按粒度大小分别留在各层筛子上,分别称重后,所得各级质量占总质量的百分数即为筛分组成,或称粒度分布。如对流化催化裂化的微球催化剂,较适宜的筛分组成是:0～40μm 的细粉含量为10％～15％,40～80μm 颗粒占70％左右,而＞80μm 的粗粒含量为15％～20％。

筛板塔 sieve plate tower 一种应用历史较久的板式塔之一。塔内装有若干层筛板塔盘。与泡罩塔的差别在于取消了泡罩及升气管,直接在塔盘板上开很多小直径筛孔。筛板塔盘上分为筛孔区、无孔区、溢流堰及降液管等部分。气液接触情况与泡罩塔相似。液体从上层塔盘的降液管流下,横向流过塔盘,越过溢流堰经降液管流入下一层塔盘,塔盘上依靠溢流堰保持其液层高度。蒸气自下而上穿过筛孔时,被分散成气泡,在穿越塔盘上液层时,进行气液两相间的传热与传质。筛板塔结构简单、造价低、生产能力大、板效率高、压降小。缺点是小孔径筛板易堵塞,不适于处理脏的、黏性大的和带固体粒子的料液。

筛板塔盘 sieve plate tray 一种在塔盘板上开有许多小孔的塔盘,小孔形状如筛,并装有溢流管或不装溢流管。筛孔直径可由3～8mm 到10～25mm。筛孔通常按正三角形排列,孔间距 t 与孔径 d 的比值通常采用2.5～5,最佳值为3～4。操作时,液体从上层塔盘经降液管流下,横向流过塔盘,进入本层塔盘降液管流入下一层塔盘;气体则自下而上穿过筛孔,分散成气泡,与穿过筛板上的液层进行相际间传质、传热。由于上升气体具有一定的压力和流速,对液体有"支撑"作用,故一般情况液体不会从筛孔中漏下。

筛板萃取塔 sieve plate extractor 一种逐级接触式液-液萃取设备。是依靠两液相密度差,在重力作用下两液相进行分散并逆向流动。塔的结构及塔内两液相流动状况,与气液传质过程所采用的筛板塔类似。即轻相从塔底进入,从塔顶流出,重相则相反,两液相在塔板上呈错流流动,只是两液相的紧密接触及快速分离要比气液两相困难得多。工业用筛板萃取塔的板间距为150～600mm。筛板上的筛孔直径通常为3～9mm,孔间距可取孔径的3～4倍。这类设备的传质效率较高,特别适用于所需理论级数少,处理量大,且物料有腐蚀性的萃取过程。

筒式反应器 cylinder reactor 见"床层反应器"。

集中润滑 servo-lubrication 又称中央润滑。是通过中心润滑器、分送管道分配阀，按一定时间发送定量油、脂到各润滑点进行润滑的方式。主要用于有大量润滑点、使用同一种润滑油或少数几种润滑油的大型车间或工厂。具有管理方便、可靠性好、节约投资等特点。

集总动力学模型 lump kinetic model 一种催化裂化反应动力学模型。即按复杂的裂化原料和裂化产品中各类分子的动力学特性，将反应体系划分为若干集总组分，在动力学研究中把每个集总作为虚拟的单一组分来考察，建立集总动力学模型。我国根据所用原油性质及催化裂化的操作方式建立了十一集总催化裂化反应动力学模型。参见"十一集总"。

集装式机械密封 integrated mechanical seal 是将普通的机械密封、轴套和密封压盖预先组合成一个整体，将其安装到泵上后，不作任何调整（包括弹簧的压缩量），只固定轴套和压盖，再将部分分式卡环取下，即可投入使用的一种机械密封。事先组装，容易保证密封的安装质量，可减少因安装不良引起的失效。

集散控制系统 distributed control system 又称分散控制系统，分布式控制系统。是基于保持集中监督、操作与管理，而将集中控制的危险性分散的思想构成的计算机分级控制系统。一般是将多台微型机（编程控制器及集散系统）或小型机用通信网络连接在一起，对被控生产过程的各个工艺设备实现分散控制。不仅可做到地理位置上的分散，还可实现功能的分散，从而提高系统的可扩展性和可靠性。与单机集中控制相比，即使其中一台计算机出现故障，也不会导致整个系统瘫痪。成套的 DCS 系统一般由控制站、操作站及数据传输通道组成，同时配以丰富的系统软件及工具。由于可靠性高，能适应恶劣的工业环境，编程方便，已广泛用于工业生产控制。

焦化 coking 又称焦炭化。是以贫氢重质残油（如减压渣油、裂化渣油及沥青等）为原料，在高温（400～500℃）下进行深度热裂化反应的一种热加工过程。反应产物有气体、汽油、柴油、蜡油及焦炭。焦化的工艺方法有釜式焦化、平炉焦化、接触焦化、流化焦化、延迟焦化及灵活焦化等。其中，釜式及平炉焦化均为间歇操作。由于技术落后，劳动强度大，早已被淘汰。焦化既是处理渣油的手段之一，又是惟一能生产石油焦的工艺过程，在炼油工业中占有重要地位。

焦化瓦斯油 coker gas oil 一般指焦化过程 350～500℃的馏出油，国内通常称为焦化蜡油。参见"焦化蜡油"

焦化气体 coking gas 延迟焦化过程所产生的气体产品。其产率约占延迟焦化原料的 7%～9%。其中，含有氢气、烷烃、烯烃及 H_2S、N_2、CO、CO_2 等杂质。具体组成随所处理原料及所用工艺条件而异。一般具有以下特点：①甲烷含量较高；②含有一定量液化石油气,除 C_3、C_4 外,还含有少量 C_5；③C_4 烷烃中正构烷烃含量比异构烷烃高；④含一定量的 H_2S、CO 及 CO_2。通常用作燃料或用作制氢原料。

焦化汽油　coker gasoline　延迟焦化过程馏出油中相当于汽油的馏分,在典型操作条件下,焦化汽油产率为 8%～15%。焦化汽油的特点是烯烃含量较高,安定性较差,马达法辛烷值较低,含有硫、氮等非烃化合物。经过稳定后的焦化汽油只能作为半成品,必须进行精制,脱除硫化氢和硫醇后才能用作成品汽油的调合组分。焦化重汽油组分经过加氢处理后可作为催化重整的原料。

焦化柴油　coker diesel oil　减压渣油焦化过程馏出油中相当于柴油的馏分。在典型操作条件下,焦化柴油产率为 26%～36%。其特点是十六烷值较高,含有一定量的硫、氮和金属杂质。其含量与焦化原料油种类有关。焦化柴油均含有一定量烯烃,性质不安定,必须进行加氢精制或电化学精制增加其安定性,才能作为柴油调合组分。焦化柴油的质量优于催化裂化柴油。

焦化原料油　coker raw oil　焦化原料油是根据炼油厂的总流程,即上游装置可供的渣油、重油种类和数量,后继装置对焦化液体产品的质量要求和炼油厂对焦炭的质量要求确定的。常用焦化原料油有减压渣油(有时也可使用常压重油)、减黏裂化渣油、溶剂脱沥青

装置的脱油沥青、热裂化焦油、裂解渣油、催化裂化澄清油、煤焦油沥青及炼厂废渣等。选择焦化原料时,应仔细了解原料的性质,以预测焦化产品的产率及质量。

焦化装置　coker　完成焦化过程的生产装置。在重质油热加工工业中,焦化装置主要有釜式焦化、平炉焦化、延迟焦化、灵活焦化及流化焦化等五种。前两者由于工艺技术落后、间歇生产、能耗大已逐步淘汰,而延迟焦化、流化焦化、灵活焦化都是已经工业化的装置。其中尤以延迟焦化应用最广。

焦化蜡油　coker gatch　由减压渣油延迟焦化所得的重馏出油。在典型操作条件下,焦化蜡油产率为 20%～30%。与相应原油的减压馏分油相比,其硫含量、氮含量和碱性氮含量都较高,而饱和烃含量却较低,多环芳烃含量也较高。主要用作催化裂化原料或调和燃料油,也可用作加氢裂化装置的进料组分。

焦化馏出油　coker distillate　渣油焦化过程中未成焦的烃,即焦化装置所得的各种液体产品。它可经分馏塔切割成焦化油、焦化柴油、焦化蜡油等馏分油。焦化馏出油的质量及性质与所采用的原料油有较大关系。

焦油型沥青　tar type asphalt　见"针入度指数"。

焦油萘　tar naphthalene　见"萘"。

焦炭　coke　一种含固定碳很高、含挥发物很低的物质。分煤焦及石油焦

两大类。煤焦是由黏结性的烟煤在焦炉内经隔绝空气加热至950℃左右制得的。按用途不同分为冶金焦、铸造焦、气化焦、铁合金焦、电石焦及有色金属冶炼用焦等。石油焦是以减压渣油等为原油经延迟焦化而制得的黑色或暗灰色固体石油产品。按其显微结构形态不同可分为海绵焦、针状焦及蜂窝焦等。焦炭广泛用于炼铁、铸造、造气、电石生产及制造电极、石墨等。

焦炭塔 coke tower 延迟焦化装置的一种主要设备。实际上是一个反应器而不是真正意义上的塔。为一个大的容器,既为原料渣油提供焦化反应的场所,又储存反应的固体产物(焦炭)。如在一炉二塔流程中,一个塔处于生焦过程,另一塔处于除焦过程,两塔轮流切换进行周期性操作。

奥氏气体分析仪 Orsat gas analyzer 一种用化学法分析混合气体组成的仪器。由量气管及多种吸气管组成,以梳形管连接。用水准瓶将样气送至量气管,并把进样气依次送入各吸收瓶。气体中各组分被不同吸收剂所吸收,从而测得各组分组成。常用氢氧化钾或氢氧化钠溶液吸收二氧化碳;用溴水或发烟硫酸吸收不饱和烃;用焦棓酸钾或焦棓酸钠溶液吸收氧;用酸性或碱性的氯化亚铜溶液吸收一氧化碳。最后,用燃烧法测定氢,百分差是氮。

循环回流 circulating reflux 指从精馏塔内抽出热油,经换热器冷却至某一温度后又再送回塔内的回流方式。循环回流不仅对装置的节能有重要作用,而且可使塔内气、液相负荷均匀。根据热油抽出位置不同,可分为塔顶循环回流、中段循环回流及塔底循环回流。大、中型石油精馏塔几乎都采用中段循环回流。它是在塔中部设置一、二个循环回流,即可使塔内各部分气、液相负荷趋于均匀,使塔径缩小,也可提高设备处理能力,还有利于热量的利用回收。这种中段回流也称作侧线回流或中间馏分回流。

循环比 recycle ratio 见"回炼比"。

循环系数 recycle coeffcient 见"回炼比"。

循环油 recycle oil 见"回炼油"。

循环经济 cyclic economy 一种建立在物质不断循环利用基础上的经济发展模式。是把清洁生产和废弃物的综合利用融为一体的经济,本质上是一种生态经济。它要求运用生态学规律来指导人类社会的经济活动,把物质、能量进行梯次和闭路循环使用,在环境方面表现为低污染排放,甚至零污染排放。相对于传统经济的高消耗、高污染、低利用,循环经济则表现为低消耗、低污染、高利用率及高循环率。建立循环经济社会,将促进产业结构的重大变革和实现经济活动的生态化转向,也是实现可持续发展战略必然的选择。

循环润滑系统 cyclic lubricating system 见"工业润滑系统"。

循环裂化 recycle cracking 见"回炼操作"。

遥爪聚合物 telechelic polymer 见"反应性聚合物"。

腈 nitrile R—C≡N 含有氰基(—CN)的有机化合物。R 为脂烃基的为脂肪腈,如乙腈;R 为芳烃基的为芳腈,如苯甲腈。低碳数的腈为液体,高碳数的腈为固体。有特殊臭味。有毒!但毒性较氢氰酸要弱。腈类是中性物质,经酸或碱水解得到酰胺或羧酸;经硝化或氢化成伯胺。因此腈是有机合成的中间体。

腈纶 jinglun 见"聚丙烯腈纤维"。

【丶】

焙烧 calcination 又称煅烧。指成型后已经干燥的制品在加热炉内按一定升温速度进行加热的热处理过程。按加热温度,300℃以下称为低温焙烧,300~700℃为中温焙烧,700℃以上为高温焙烧。焙烧是固体催化剂或载体的制备工序之一。焙烧目的有:①通过热分解反应除去物料的易挥发组分及化学结合水,使其转化为需要的化学组成,形成稳定的结构;②通过焙烧时发生的再结晶过程,使催化剂的活性组分或载体获得一定的晶型、晶粒大小、孔结构及比表面积;③通过微晶烧结,提高机械强度。

焙烧炉 calcinator 又称煅烧炉。用于焙烧固体催化剂、载体及陶瓷制品的设备。实验室常用的是高温炉(马弗炉)。工业上常用的有回转窑、传送带窑炉、高温隧道窑、流化床焙烧炉等。通常根据制品性质及所需焙烧温度来选择适用的窑炉类型。

就地再生 in-situ regeneration 见"催化剂再生方式"。

普通装填 regular loading 见"催化剂装填"。

道尔顿定律 Dalton's law 又称气体分压定律。英国人道尔顿提出:理想气体混合物的总压力等于其各组分的分压之和。即系统中各组分气体的分压等于混合气总压力乘以该气体在混合气中所占的摩尔分数。道尔顿定律能准确地用于压力低于 0.3MPa 的气体混合物。

道路沥青 road asphalt 主要用于铺路的石油沥青。常温下为黑色固体。具有良好的粘结性,其防腐、防潮、绝缘、热稳定性及低温性能都较好,并具有一定弹性。按针入度可分为 200 号、180 号、140 号、100 号甲、100 号乙、60 号甲、60 号乙等 7 个牌号。延度是道路沥青最有价值的指标之一,延度越高,所铺道路的耐久性越好。除铺筑道路外,道路沥青也可用于屋面防水及制造绝缘材料和油毡。道路沥青可由减压渣油经丙烷脱沥青所得脱油沥青与减压渣油或糠醛抽出油等调合制得。

道路法辛烷值 road octane number 又称行车辛烷值。一种车用汽油辛烷值表示方法。与马达法或研究法均是在实验室中用单缸发动机在规定条件下测定辛烷值的方法不同,道路法辛烷值是用汽车进行实测,或在全功率试验台上模拟汽车在公路上行驶的条件下进行测定。这样测定的辛烷值比较符合实际。但道路法辛烷值的测定相对费时、费事,且由于车型、气候、驾驶技术、测试水平的限制,测试数据往往不够精确。因而在实际上常采用经验公式,根据马达法和研究法的测定数据按下式进行计算:

道路辛烷值 = 30.97 + 0.306RON + 0.364MON

式中,RON 表示研究法辛烷值,MON 表示马达法辛烷值。

渣油 residual oil 又称残渣油。原油蒸馏塔抽出的塔底油或蒸发塔的塔底油。如常压蒸馏塔底油称常压渣油或常压重油;减压蒸馏塔底油称减压渣油;热裂化蒸发塔底油称裂化渣油。渣油是原油中最重的部分,含有大量胶质、沥青质和各种稠环烃类。原油中的硫、氮、重金属以及盐分等杂质也大量集中在渣油中。除上述原油炼制过程中所产生的塔底油,以下油品也属重质原油或渣油:①API 比重指数小于 20(相对密度>0.9340)的常规原油;②二次采油所得的非常规原油,即所谓"稠油";③油砂、天然沥青及页岩油。我国某些油区原油的渣油在原油中占相当大的比重,合理加工这部分重质油料对实现原油深加工有重要意义。

渣油加氢处理 residuum hydrotreating 为了脱除重油、渣油中的硫、氮、金属和胶质、沥青等杂质,对生成油具有加氢改质效果的加氢过程。可处理的原料包括常压重油、减压渣油及脱沥青油等。主要的质量指标是硫、金属、残炭值和沥青质含量。加氢处理装置一般包括反应、分馏、富氢气体及干气脱硫、氢气提浓及催化剂预硫化等工艺,并可根据原料性质及工艺目的使用多种催化剂。其中脱金属催化剂为大孔径(15~20nm)低钴-钼的硅铝催化剂;脱硫用催化剂为孔径范围为 8~10nm 的钴-钼或镍-钴催化剂等。

渣油加氢裂化 residuum hydrocracking 以常压或减压渣油为原料的加氢裂化过程。可分为固定床技术、沸腾床技术及浆液床技术等。其中固定床及沸腾床技术比较成熟,都建有工业装置。沸腾床还可加工劣质渣油、重质油、油砂沥青等,具有调整原料油的灵活性。浆液床加氢技术使用一种细粉状或液体均相添加剂,可用于重质原油及劣质减压渣油的改质和转化,但建成的工业装置较少。

渣油减黏裂化 residuum visbreaking 以渣油为原料的减黏裂化过程,常用原料油有常压重油、减压渣油、高含蜡渣油及脱油沥青等。减黏裂化产品性质与原料的黏度、硫含量、氮含量及金属含量等有关。其过程包括先在加热炉中将渣油加热至高温,然后经过设在炉管内和(或)外设的反应区,在适宜的温度、压力下进行缓和的热裂化,接着向加热炉(或反应塔)出料中注入急冷油使反应终止,最后把生成油分离成需要的产品。由于操作简便、对原料的适应性强，至今仍然是一种重要的渣油加工工艺。可获得气体、石脑油、瓦斯油、柴油及减黏渣油等产品。

渣油超临界抽提过程　residual oil supercritical extraction process　简称ROSE过程。是由凯尔-麦吉(Kerr-Me-Gee)炼制公司开发的常压重油或(和)减压渣油的溶剂超临界抽提脱沥青和胶质的过程。它是在次临界下进行溶剂(如丁烷、正戊烷)抽提，然后在超临界下进行溶剂回收。有三段法及两段法两种工艺，新建装置以两段抽提为主。其主要特点是利用超临界流体的性质实现胶质的分离和溶剂的回收，以代替常规的蒸发回收。根据脱沥青体系和操作条件的变化，有85%~93%的抽提溶剂可在不经过蒸发，不发生相变的情况下将溶剂冷却到合适程度后实现循环使用，可节能40%~50%。

渣油焦化　residuum coking　以渣油为原料的焦化过程。常用焦化原料油有减压渣油、减黏裂化渣油、热裂化焦油、催化裂化澄清油、裂解渣油、溶剂脱沥青装置的脱油沥青等。焦化工艺是主要的渣油转化工艺。减压渣油的轻质化和预处理，生产适宜的催化裂化原料并减少催化裂化的生焦量已成为焦化过程的主要目的之一。近来，焦化过程也可为加氢裂化提供原料油。焦化工艺包括延迟焦化、流化焦化、灵活焦化等多种工艺过程。我国的渣油加工以延迟焦化工艺为主，延迟焦化装置由焦化、分馏(包括气体回收)、焦炭处理及放空系统几个部分组成。在典型操作条件下，延迟焦化过程的产品收率为：焦化汽油8%~15%(质)；焦化柴油26%~36%(质)；焦化蜡油20%~30%(质)；焦化气体(包括液化石油气及干气)7%~10%(质)，焦炭产率16%~23%(质)。

渣油催化裂化　residual oil catalytic cracking　又称重油催化裂化。即以渣油(重油)为原料油的催化裂化。所加工的原料油包括重瓦斯油、常压重油、焦化或减黏裂化的重油、减压渣油等。这些重质油的特点是残炭值高，镍、钒、钠等金属含量较多，沸点高而黏度大，硫及氮含量高，由于生焦量大，镍、钒等金属会毒害催化剂活性中心，使催化剂活性下降。因而对原料油要有所选择，对含重金属高的原料需预处理以提高其裂化性能，或限制渣油掺入量。所使用的催化剂也应具有耐高温、抗金属污染的特性。渣油催化裂化包括一系列十分复杂的反应(一次、二次催化裂化、再裂化、以及一定程度的热裂化)，生成产品包括气体(干气和液化石油气)、汽油、轻柴油和中间产品重循环油及油浆等。

渣油溶剂脱沥青　residuum solvent deasphalting　一种劣质渣油预处理过程，是用一种选择性混合溶剂(如丙烷、丁烷、戊烷等)抽提除去渣油中沥青稠环化合物、金属、硫、氮等杂质的过程。所得脱沥青油基本上不含沥青质，金属含量及残炭值较低,硫、氮等杂质含量也比原料渣油要低,可用作催化裂化或加氢裂化的原料油,也是制取光亮油、汽缸油等重质润滑油的优质原料。由于脱沥青工艺过程简单,不需使用昂贵的催化剂,在燃料型炼油厂的渣油转化流程中具有重要作用。

滞流 viscous flow 见"层流"。

湍动床 turbulent bed 见"湍流流化床"。

湍流 turbulent flow 又称紊流。流体在管内流动时,其质点不是沿着与管轴平行的方向作平滑运动,而是作不规则的杂乱运动,各质点的运动速度在大小和方向上随时都会发生变化,并相互碰撞产生大大小小的旋涡,这种流动就称为湍流。对于稳定的湍流,其平均流速约为最大流速的0.8倍。从雷诺数值也可判断流体流动的型态。流体在圆形直管内流动时,当雷诺数 $Re < 2000$ 时属于层流;$Re > 4000$ 时一般为湍流;Re 在 $2000 \sim 4000$ 时,处于过渡状态,可能是层流或是湍流,与外界条件有关。

湍流流化床 turbulent fluidized bed 又称湍流床。湍动床是介于鼓泡床与快速床之间的一种流化床类型。当鼓泡床进一步提高操作气速时,由于气泡不稳定性而使气泡分裂产生更多小气泡,床层循环加剧,气泡分布更为均匀且难以识别,表面夹带颗粒量大增,使床层表面界面模糊不清,床层密度的波动也十分严重,气固两相间有更好的接触,许多气固流化床催化反应属于湍流床行为。

湿气 wet gas 含有相当量 C_3、C_4 以上烃类的气体,或水蒸气、游离水和(或)液烃等组分的含量高于管输标准的天然气。一般油田气均为湿气,炼油厂未经吸收处理的富气也是湿气。

湿式空冷器 wet type air cooler 空气冷却器的一种。分为增湿型及喷淋型两种型式。增湿型湿式空冷器是在空气入口处喷水(水不喷在翅片管上),使水在增湿室中蒸发,从而降低空气入口湿度。空气相对湿度越小,增湿效果越好;反之,空气湿度越大,增湿效果越小。因此,对于空气相对湿度较大的地区,增湿空冷收效不显著。喷淋型湿式空冷器是将雾状水直接喷到翅片表面上,喷水方向与空气流动方向一致,并保证翅片管能被充分润湿,靠水在翅片表面上蒸发而强化传热,提高传热系数,使介质出口温度接近环境温度。参见"空气冷却器"。

湿式减压蒸馏 wet reduced pressure distillation 又称湿式真空蒸馏。即炼油厂通常采用的在蒸馏塔顶抽真空、在塔底吹蒸汽的原油减压蒸馏过程。蒸汽可以降低油气分压,提高馏出率,但它也加大了塔顶一级冷凝冷却器的负荷,多消耗大量冷却水,这会多产生含油含硫工业废水。为消除这些缺点,国内许多减压蒸馏装置的减压系统已采用干式减压蒸馏工艺替代湿式减压蒸馏。

湿法预硫化 wet method presulfurization　又称液相预硫化。加氢催化剂预硫化方法之一。即在氢气存在下，用含有硫化物的烃类或馏分油在液相或半液相状态下硫化，所用硫化物有二硫化碳、二甲基硫醚、二甲基二硫化物等。湿法预硫化的优点是进油阶段有预湿过程，硫化物易吸附在催化剂表面，在升温分解时产生的硫化氢能与金属氧化物反应而完成硫化过程，而且馏分油可携带部分热量而减轻超温风险；其缺点是需要消耗较多的馏分油，硫化结束后需加以处理。对于有较强裂化性能的催化剂，由于硫化用油在高温时可能发生裂解，甚至超温。因此湿法硫化比较适合于裂化性能很小的加氢精制催化剂。

湿法脱硫　wet method desulfurization　脱硫方法的一种，即使用脱硫溶剂作为脱硫剂的方法。常用于净化含硫化氢或其他硫化合物浓度较高的气体。常用脱硫溶剂有一乙醇胺、二乙醇胺、三乙醇胺、甲基二乙醇胺及复合型脱硫剂等。湿法脱硫通常在脱硫塔中进行，脱硫塔是一种吸收塔。可以是填料塔或板式塔，影响湿法脱硫效果的主要因素有操作压力、温度、溶剂浓度及循环量、酸气负荷等。

湿度　humidity　在湿空气中，单位质量干气所带有的水汽质量，称为湿空气的湿含量或绝对湿度，简称湿度。当湿空气中的水汽分压等于该空气温度下的纯水的饱和蒸汽压时，表明湿空气被水汽饱和，此时空气的湿度称为饱和湿度。在一定总压下，饱和湿度随温度的变化而变化，对一定温度的湿空气，饱和湿度是湿空气的最高含水量。

湿球温度　wet-bulb temperature　是由湿球温度计置于湿空气中测得的温度。湿球温度计的感温球用湿纱布包裹，湿纱布的下端浸在水中（感温球不能与水接触），使湿纱布始终保持湿润。湿球温度是大量空气与少量水接触的结果，其实质是湿空气与湿纱布中水之间传质和传热达到平衡或稳定时，湿纱布中水的温度。饱和湿空气的湿球温度等于其干球温度，不饱和湿空气的湿球温度总是小于其干球温度。湿空气的相对湿度越小，两温度的相差越大。

湿基含水量　humid-basis water content　湿物料含水量的表示方法之一。指单位质量湿物料所含水分的质量，也即湿物料中水分的质量分数。用 w 表示湿基含水量时，可写成：

$$w = \frac{湿物料中水分的质量}{湿物料的总质量}$$

单位为 kg 水/kg 湿物料。

温度裕量　temperature allowance　又称温度裕度。指在选取设计金属材料温度时所需考虑的一部分温度的富裕量。通常需包括工艺流体、烟气流动的不均匀分配、操作未知因素及设计误差等因素。设计金属材料温度时，通常包括最高计算管壁金属温度或当量管壁金属温度加温度裕量。

温室气体　greenhouse gases　指能

引起温室效应的气体,包括二氧化碳、一氧化碳、甲烷、臭氧、氧化亚氮、氯氟烃等多种气体。这些气体对太阳短波辐射极少,而对长波辐射有强烈作用,使过多的能量被保留在大气中而不能正常地向外层空间辐射,导致地面和大气的平均温度升高。宛如温室的塑料棚,使室内产生增温和保温,形成温室效应。温室效应可造成海平面上升,气候反常、土地干旱、沙漠化面积扩大等多种严重后果。而二氧化碳是大气中主要的温室气体,二氧化碳带来全球气候变化问题已促使世界各国共同采取措施削减二氧化碳的排放。

滑阀 slide valve 指催化裂化装置使用的特殊自动调节阀。是保证反应器和再生器安全生产及催化剂正常输送的关键设备。有单动和双动两种类型。单动滑阀只有一个阀板,可进行单向开启与关闭。安装在催化剂的循环管路上,用以调节催化剂的流通量。正常操作时处于全开位置,当发生事故时,才自动关闭,切断两器之间的联系,以保障设备安全。双动滑阀有两个阀板,可同时进行双向开启或关闭,安装在再生器集气室出口的烟气管线上。正常操作时,可通过阀的开度来控制再生器的压力和调节两器的压差。其特点是操作灵便、调节精度高、误差小。

游离水 free water ①又称自由水。指湿物料中在一定的干燥条件下可以用干燥方法去除的那一部分水分;②悬浮在油中,可用吸附、沉降、过滤、离心分离或其他物理方法脱除的水。

游离基 free radical 见"自由基"。

游离基聚合 free radical polymerization 见"自由基聚合"。

游离硫 free sulfur 又称元素硫。指以元素形态存在的溶解的或析出的硫。硫在自然界中除以硫黄形式存在以外,大部分以硫化物和硫酸盐形式存在。在石油中硫的化合物经氧化分解后所生成的元素硫具有腐蚀性,并可对铜片的腐蚀程度进行检测。

游离酸 free acid 物料中所含活性氢原子未被置换的酸。如游离酸含量是白土用硫酸活化后,碱中和、水洗程度好坏的指标。要求白土中游离酸的含量越低越好。游离酸含量高,易造成精制油的酸值增加,腐蚀性不合格。在润滑脂中也含有游离酸,特别是低分子有机酸。多数是矿物油氧化或皂的分解产物。

游离碱 free alkali 未参加反应的碱。即存在于物料中的其氢氧基团(—OH)未被置换的那部分碱。在润滑脂中含有游离碱,少量游离碱的存在对抑制皂的水解有利,过多时则会引起皂的凝聚。

富马酸 fumaric acid 见"反丁烯二酸"。

富气 rich gas ①指含液化气组分较多的石油气(C_3、C_4 以上的重质气体含量在 $150g/m^3$ 以上),或指含有能以液体形式回收烃类凝液的天然气,即乙烷的摩尔分率超过 0.10,或丙烷的摩尔分率超过 0.035 的天然气;②在气体吸收过程中指被吸收前的气体混合物。

富油 fat oil 在炼厂气或天然气吸收装置中,由气体吸收塔底抽出的富含轻质组分的吸收液。富油经脱吸塔脱除所吸收的轻质组分后,即为贫油。贫油一般供循环使用。

裙座 skirt support 塔体常用的裙座支承。根据承受载荷情况不同,可分为圆筒形及圆锥形两类。圆筒形裙座制造方便,经济上合理,应用广泛。但对于受力情况较差、塔径小且很高的塔,常采用圆锥形裙座。不论是圆筒形还是圆锥形裙座,均由裙座筒体、基础环、地脚螺栓座、人孔、排气孔、引入管通道及保温支承圈等组成。一般可用普通碳素钢制造,但在低于或等于 $-20℃$ 的环境温度下使用时,裙座筒体材料应选用 16Mn 合金钢。

【 ⺫ 】

强电解质 strong electrolyte 指在水溶液或溶剂中几乎能完全电离的电解质。强酸、强碱及大多数盐都是强电解质。它们的电离过程几乎是不可逆的。如

$$HNO_3 \Longrightarrow H^+ + NO_3^-$$
$$Na_2SO_4 \Longrightarrow 2Na^+ + SO_4^{2-}$$

强电解质与弱电解质只是相对而言。由于溶剂不同,有些物质在水溶液中呈强电解质性质,而在其他溶液中又呈弱电解质性质。如 KI 是离子晶体,当它溶于水时呈现强电解质性质,而当它溶于乙酸时却变成弱电解质。

强制润滑 forced feed lubrication 又称压力润滑。一种闭路循环润滑方式。是用油泵将润滑油送到各润滑部位。可分为不循环润滑、循环润滑、集中润滑及油雾润滑等方式。与其他润滑方式相比,强制润滑具有可靠性高、润滑效果好、给油量丰富、机件的冷却效果强等特点。广泛用于大型、重载、高速、精密、自动化的各种机械设备上。

强制循环蒸发器 forced-circulation evaporator 用泵或喷射器使溶液按一定方向循环加热以提高传热和蒸发效率的蒸发设备。循环速度一般为 $1.5\sim3.5m/s$。操作时溶液由泵自下而上地送入加热室内,并在此流动过程中因受热而沸腾,产生的气液混合物高速进入蒸发室内,室内的除沫器(挡板)促使其进行气液分离,蒸气自上部排出,液体沿循环管下降被泵再次送入加热室而循环。其优点是传热系数高,在相同生产量下,蒸发器的传热面积较小,主要缺点是动力消耗较大。

强度系数 strength factor 又称苛刻度系数,表示催化裂化操作条件苛刻程度的数值。以下式表示:

　　　　强度系数＝剂油比/空速

在其他条件相同情况下,改变剂油比和空速,可改变强度系数。当强度系数越大时,反应条件越苛刻,裂化深度也越大,转化率越高;当强度系数降低时,裂

化深度减弱,转化率降低。如同时提高或降低剂油比和空速,使强度系数不变,则裂化深度不变,转化率也基本不变。

疏水基团 hydrophobic group 见"亲水基团"。

疏水器 steam trap 见"管路疏水阀"。

疏相装填 loose loading 见"催化剂装填"。

隔油池 grease trap 一种处理含油废水的专用构筑物。类型有平流式隔油池及斜板式隔油池两种。大多采用平流式。含油废水通过配水槽进入平面为矩形的隔油池,沿水平方向缓慢流动,油品随之上浮水面,并由集油管流入脱水罐。而在隔油池中沉淀下来的重油及其他杂质,通过排泥管进入污泥管中。经过隔油处理的废水则溢流入排水渠排出池外,进行后续处理。隔油池可用于炼油、石化、焦化及毛纺等工业排放的含油废水处理,可去除废水中处于漂浮及粗分散状态的密度小于1.0的油类物质。

隔热保温 thermal insulation 指为了减少设备、管道及其组成件在工作过程中向周围环境散热,或从周围环境中吸热,而在外表面采取的包覆措施。其目的是减少热损失、节约能源、满足工艺要求、保持生产能力、防止烫伤等。选用隔热保温材料时,应优先选择导热系数小,密度小,造价低、易施工的材料,同时应综合比较,选用经济效益较高者。常用隔热保温材料有:岩棉制品

(0~250℃),微孔硅酸钙(≤550℃),硅酸铝纤维制品(≤900℃),聚氨酯泡沫塑料(-65~80℃),聚苯乙烯泡沫塑料(-65~70℃),泡沫玻璃(-196~400℃)。

隔离体系 isolated system 见"体系"。

隔膜式压缩机 diaphragm type compressor 又称膜式压缩机。往复式压缩机的一种。在气缸中设置金属膜片,将气缸与油缸完全隔开。油缸活塞往复运动,周期性地改变油缸中的油压,推动膜片也作往复运动,从而改变气缸容积,使气体进行吸气、压缩、排气、膨胀循环。其特点是气缸不需润滑,密封性很高,气体不与油液接触。较适用于输送强腐蚀性及有毒、易燃气体。受膜片变形程度限制,其输气量较小。

隔膜泵 diaphragm pump 属于活塞和隔膜并用的一种泵。主要由泵体、活塞、弹性隔膜及阀构成。因活塞往复运动隔膜也随之作往复运动,从而吸入及排出液体。弹性隔膜由耐磨性橡胶塑料或金属制成。泵阀使用球形或其他形状的止逆阀。由于隔膜将输送流体与活塞分开,不会对活塞产生腐蚀。适合于输送强腐蚀性液体、悬浮液及污水等。

隔膜阀 diaphragm valve 是一种用挠性隔膜进行启闭的阀门。它通过一块橡胶隔膜将阀体的流道与阀杆和阀盖隔开,阀杆与隔膜的中央凸出部分相连接,通过阀杆上下运动,隔膜也随之

伸缩,从而使流路启闭。具有结构简单、流体阻力小、便于检修等特点。适用于输送温度较低的酸性介质及带悬浮状物质。

巯基 sulfhydryl　又称氢硫基、硫羟基。氢与硫两种元素组成的一价基团(—SH),也可视为羟基(—OH)中氧原子被硫取代的基团。为弱酸性与弱极性基,无机化合物中的氢硫化物(如NaSH)及有机化合物的硫醇(如甲硫醇,CH_3SH)及硫酚(如苯硫酚,C_6H_5SH)等分子中都含有这种基团。含巯基的有机化合物都呈弱酸性,并具臭味。

巯基乙酸 mercaptoacetic acid $HSCH_2COOH$　化学式 $C_2H_4O_2S$。又名硫代乙醇酸。无色透明液体,工业品为无色至微黄色,纯品有类似乙酸气味。相对密度1.3253。熔点$-16.5℃$,沸点79.5℃($1.33kPa$)。折射率1.5030。不溶于石油醚,与水、甲醇、丙酮、苯等混溶。易被空气氧化。化学性质活泼,能进行加成、酯化、酰胺化及成盐等反应。在氨碱性条件下和铁呈紫红色配合物。可用作比色试剂,亦可作钨、锡的显色剂。由于能和各种金属离子形成稳定的螯合物,故在碱性介质中常用作铜、银、锌、镉、锡、汞、铊、铅等金属离子的掩蔽剂。也用于制造巯基乙酸盐或酯。可由氯乙酸与硫氢化钠或硫代硫酸钠反应制得。

絮凝剂 flocculant　凡是用来将水溶液中的溶质、胶体或悬浮物粒子凝聚成絮状物沉淀的物质都称作絮凝剂。而在工业用水处理中,则将混凝沉降过程的水处理剂统称为絮凝剂。品种很多。按化合物类型可分为无机絮凝剂,有机絮凝剂及微生物絮凝剂三大类。无机絮凝剂是水处理中用量最大的品种,它又可分为铝系(如硫酸铝、铝酸钠)、铁系(如硫酸亚铁、三氯化铁)及其他类(如聚硅氯化铝、硫酸铝铵等);有机絮凝剂以聚丙烯酰胺系列应用最广。

絮凝物 floc　悬浮或沉积在油品或液液中的簇状或絮片状物质。水的存在会导致絮凝物的生成。

缓冲溶液 buffer solution　能抵抗外加的少量酸、碱或稀释而保持本身的pH值基本不变的溶液。一般是由具有同离子效应的弱酸和弱酸盐或弱碱和弱碱盐组成的。如 $CH_3COOH + CH_3COONa$,$NH_3·H_2O + NH_4Cl$,$NaHCO_3 + Na_2CO_3$,$H_3PO_4 + NaH_2PO_4$ 等都可以配成缓冲溶液。在电渡、制药及工业分析中广泛应用缓冲溶液。

缓和加氢裂化 mild hydrocracking　简称MHC。新近发展的一种操作条件缓和、进料范围广、产品范围灵活的中压加氢裂化技术。工艺流程与加氢裂化相同。反应器压力8MPa以下,适合用于处理常规原油的重馏分油。单程转化率大多为$10\% \sim 40\%$,产品为少量石脑油、部分柴油馏分及60%以上的尾油。尾油可用作蒸汽裂解制乙烯原料或优质催化裂化的原料。

缓蚀剂 corrosion inhibitor 又称腐蚀抑制剂。指对金属表面能起防护作用的物质的总称。缓蚀剂对金属保护作用的机理有三种类型：①电化学机理。即缓蚀剂通过加大腐蚀的阳极或阴极的阻力来减缓介质对金属的腐蚀。②吸附膜机理。即缓蚀剂通过物理或化学吸附方式与金属活性中心结合，阻断介质与金属活性中心接触而达到保护金属的目的。③成相膜机理。即缓蚀剂在金属表面通过氧化或沉积作用形成保护膜，阻断介质与金属接触而起到保护金属的作用。缓蚀剂品种很多，按化学组成可分为无机缓蚀剂（如硝酸盐、亚硝酸盐、铬酸盐、磷酸盐等）及有机缓蚀剂（如胺类、有机硫化合物，有机磷化合物，羧酸及其盐类）。

缓聚 retardation 见"阻聚剂"。

缓聚剂 retarder 见"阻聚剂"。

缔合 association 不引起化学反应，在同种或异种分子之间发生的可逆结合现象。常发生在极性分子之间。如 $xH_2O \Longleftrightarrow (H_2O)x(x=2、3、4\cdots)$。分子间形成氢键是产生缔合的主要原因，而极性分子间偶极的相互作用也会引起分子的缔合。缔合是可逆放热反应，升高温度会减弱分子的缔合倾向。缔合的逆过程是缔合物离解成单个分子。缔合化学吸附也是气体分子化学吸附在过渡金属表面的一种方式，如有孤对电子的一氧化碳分子可缔合化学吸附在金属表面。

十三画

【一】

鼓风机 blower 使气体产生表压为 $15\sim300kPa(0.15\sim3$ 大气压$)$的气体输送设备。主要分为离心式鼓风机及旋转式鼓风机两类。离心式鼓风机的风量大，但当排压和管道阻力有变化时，风量也随之变化；旋转式鼓风机的流量则较为稳定。参见"离心式鼓风机"及"旋转式鼓风机"。

鼓泡床 bubbling bed 见"聚式流态化"。

蒽 anthracene 化学式 $C_{14}H_{10}$。无色片状结晶，纯品带紫蓝色荧光。有强刺激性。相对密度 $1.252(25℃)$。熔点 $217℃$，沸点 $340℃$，闪点 $121℃$（闭杯），自燃点 $540℃$。折射率 $1.5948(90℃)$。蒸气相对密度 6.15，蒸气压 $0.133kPa(145℃)$。不溶于水，微溶于乙醇、乙醚，溶于热苯、氯仿、二硫化碳。是一种含三个环的稠环芳烃，化学性质较活泼。易氧化。加热时升华。有毒！对眼睛，呼吸道有刺激性。用于制造蒽醌、单宁及工程塑料、杀虫剂等。可由煤焦油蒽油馏分中分离精制而得。

蒽醌 anthraquinone 化学式 $C_{14}H_8O_2$。

又名 9,10-蒽酮，9,10-二氧代蒽。黄色针状结晶。相对密度 $1.438（4℃）$。熔点 $286℃$，沸点 $377℃$，闪点 85℃。约 450℃分解。微溶于水,难溶于乙醇、苯、溶于热的浓硫酸、四氯化碳,而不能溶于稀硫酸。可利用这一特性精制蒽醌。易升华。不易被氧化,能被溴化、磺化及硝化。加氢可生成蒽氢醌,经空气氧化又生成蒽醌,同时放出过氧化氢。工业上用此法来生产双氧水。对皮肤、黏膜及眼睛等有刺激性。主要用于制造染料。蒽醌的二磺酸钠盐与碳酸钠、钒酸钠水溶液可用于气体脱硫化氢。可由蒽催化氧化或由苯酐与苯反应制得。

蓄热式换热器 regenerative heat exchanger 又称再生式换热器、蓄热器。是借助热容量较大的固体填料(如多孔格子砖、卵石等)作蓄热体,先让高温流体流过填料,将热量蓄积在蓄热体中,然后让低温流体流过填料而将蓄积的热量带走,通过对填料反复加热和冷却,使不同温度的两种流体进行热量交换。这类换热设备必须用两台换热器轮流操作,以维持生产连续进行。设备结构紧凑、造价低、单位体积传热面积大。但冷热流体会出现少量混合,造成相互污染。适用于高温气体热量的利用和冷却。

蓄热炉 regenerative furnace 蓄热炉裂解用的高温炉。由燃烧室、反应室及急冷器所组成,反应室内用高温耐火氧化铝砖砌成格子式通道。炉型较多,按炉筒数量可分为单筒和双筒;按燃烧气和裂解气的流向可分为单向顺流、单向逆流、双向顺流及双向逆流等形式。由于蓄热炉是在一定周期内加热和裂解交替进行的,为使操作连续进行,即比较连续地给出裂解气,一般由两台蓄热炉组成一组。即一组加热,另一组裂解,然后,以相反次序进行。

蓄热炉裂解 regenerative furnace pyrolysis 是以蓄热砖为热载体使石油烃裂解制烯烃的技术。先用燃料燃烧,将蓄热炉内的蓄热砖加热至高温,通入水蒸气吹扫烟道气,然后通入裂解原料及水蒸气进行裂解。当砖温降至一定值时,停止进料,用蒸汽吹扫裂解气,再用燃料加热升温,如此反复进行裂解及加热。此法优点是可用易得的耐火材料供蓄热,无需特殊钢材,而且应用范围广,可用于裂解乙烷、轻油、重油及原油等。此法的缺点是能耗大,裂解收率低,污水量大,间歇操作。

蓄热器 regenerative heat exchanger 见"蓄热式换热器"。

蒙脱石 montmorillonite 又称微晶高岭石。一种水化硅酸盐矿物。成分一般为 $(Na, Ca)0.33(Al, Mg)_2(Si_4O_{10})(OH)_2 \cdot nH_2O$。单斜晶系。相对密度 2～3。硬度 1～2。白色或灰白色,有滑腻感。晶体结构是由 Si—O 构成的四面体结构,或是由 Al—(O·OH) 构成的八面体层状结构。由于层间有 K^+、Na^+、Ca^{2+}、Mg^{2+}、Al^{3+}、H^+、Li^+ 等交换阳离子存在,故属于天然无机阳离子交换剂类。其最大阳离子交换量约为人工合成有机阳离子交换剂的四分之一。除阳离子交换性外,其还具有膨胀性、吸附性、悬浮性、触变性及化学稳定性。广泛用作悬浮剂、增稠剂、絮凝剂、填充剂及脱色剂等。经改性的交联蒙脱石可制造催化裂化用分子筛。通过有机插层-聚合,可制取各种蒙脱石/聚合物复合材料;钛柱撑蒙脱石可用作有机污染物的光催化降解材料。

蒸气 vapor 液态物质气化或固态物质升华而得到的气态物质。是在临界温度以下呈气相的物质形式,因此可在温度保持不变的情况下,通过压缩体积的方法将其变为液体(液化)或固体(凝华)。在密闭容器中,当外部条件不变时,蒸气与其液体总是处于平衡状态。

蒸气压 vapor pressure 饱和蒸气压的简称。指在某一温度下一种物质的液相与其上方的气相呈平衡状态的压力。如果液体是水,称水蒸气压力。如20℃时,水的蒸气压是2.4kPa。蒸气压表示某液体在一定温度下的蒸发和气化能力,蒸气压越高的液体也越容易气化。蒸馏就是利用液体混合物在同一温度下具有不同蒸气压这一特性,使混合物分离提纯的。

蒸发 evaporation 借加热作用使溶液中一部分溶剂汽化而使溶液获得浓缩的过程。溶液中溶剂的汽化可分为在沸点时的汽化与低于沸点时的汽化,前者的速率远高于后者,故工业上的蒸发都在沸腾状态下进行。按蒸发时溶液表面压强不同,可分为常压蒸发、加压蒸发及真空蒸发等。由于蒸发时的压强越低,溶液的沸腾温度越低,故对热敏性物料或不宜与氧气接触的物质常采用真空蒸发。而进行蒸发的必要条件是热能的不断供给和所生成的蒸汽不断排除。蒸汽的排除,一般采用冷凝法,有时也采用惰性气体带走法。

蒸发残渣 evaporation deposits ①油品在大气中蒸发后所得的残留物,常以百分含量表示。用以判断油品在储存和运输过程中蒸发损失的倾向。②过滤后的水样在105~110℃下蒸干所得的残渣量。系蒸发过程中水中的碳酸氢盐转变成的碳酸盐,或在该温度下未能除尽的某些湿成分和结晶水。

蒸发段 evaporation section 见"进料段"。

蒸发度 evaporativity 润滑脂使用时的蒸发损失。润滑脂蒸发度试验是将盛满润滑脂(1mm厚)的蒸发皿放入专用恒温器内,在规定温度下保持1h后测定脂的质量损失。蒸发度主要取决于所采用基础油的种类、馏分组成和分子量,不同种类和不同黏度(馏分组成及分子量不同)的基础油,制成润滑脂的蒸发度也有所不同。测定高温、宽温度范围或高真空条件下使用的润滑脂及使用低黏度基础油制成的润滑脂,可以定性地表示润滑脂的上限使用温度。

蒸发结晶 evaporative crystallization 是通过溶液在常压(沸点温度下)或减压(低于正常沸点)下蒸发,以创造过饱和条件而进行的结晶操作。主要适用于溶解度随温度降低而变化不大的物系或具有逆溶解度变化的物系,如氯化钠及无水硫酸钠等溶液。由于此法耗能较大,加热面上易形成污垢,故除上述两类物系外,其他物系一般不用此法。参见"结晶"。

蒸发损失 evaporation loss 指石油产品在受热、受压及时间等因素影响下所导致的油气损失,用以判断轻馏分在加热、储存、运输等过程中因蒸发而损失的倾向。如石油沥青蒸发损失测定,是将试样在160℃温度下,连续加热5h后的质量损失。以占试样质量的百分率表示。蒸发损失试验可表明沥青在加热条件下与空气接触后的性质,从而预测其稳定程度。加热损失越大,表明在熔化沥青时对环境的污染程度越大。

蒸发热 heat of evaporation 见"汽化热"。

蒸发塔 evaporation tower 见"闪蒸塔"。

蒸发潜热 evaporation latent heat 见"汽化热"。

蒸汽气缸油 steam cylinder oil 见"汽缸油"。

蒸汽往复泵 steam reciprocating pump 是以高压蒸汽为动力推动气缸活塞,而气缸活塞又直接带动泵缸活塞而工作的一种往复泵。有单缸及双缸两类。具有结构简单,操作及维修方便,出口压力较高,可输送黏稠液体等特点。常用于输送黏度较高的石油产品。

蒸汽饱和度 steam saturated degree 见"相对湿度"。

蒸汽透平 steam turbine 见"汽轮机"。

蒸汽蒸馏 steam distillation 见"水蒸气蒸馏"。

蒸汽疏水阀 steam trap 又称蒸汽疏水器、疏水器、汽水分离器。用以自动排除蒸汽加热设备或蒸汽管道中凝结水的设备。种类很多,按作用原理,可分为热动力型、热静力型及机械型疏水阀。热动力型疏水阀可分为圆盘式、脉冲式及迷宫式疏水阀;热静力型疏水阀可分为液体或固体膨胀式、膜盒蒸汽压力式、波纹管压力式及双金属片式疏水阀;机械型疏水阀可分为自由浮球式、杠杆浮球式、倒吊桶式、杠杆钟形浮子式疏水阀等。疏水器的作用只是排出系统中的凝结水,而不使蒸汽排出,应根据工作特性、凝结水排量、使用压力、温度及连接方式等因素选用合适的类型。

蒸汽裂解法 steam pyrolytic process 石油烃类在高温(750℃以上)和水蒸气存在的条件下发生分子断裂和脱氢反应,并伴随少量聚合、缩合等反应的过程,通常在管式加热炉内进行。烃类原料和水蒸气经预热后进入加热炉炉管,被加热至750～900℃并发生裂解,裂解气经急冷及深冷分离后获得各种裂解产品。原料可以是石脑油、轻柴油、液态烃及重柴油等。主要目的是制取乙烯,副产品有丙烯、丁二烯等低分子烯烃,以及苯、甲苯、二甲苯等轻质芳烃和少量重质芳烃。其特点是采用水蒸气作稀释剂,可减少烯烃聚合和防止炉管结焦。

蒸气喷射泵　steam ejector　又称蒸汽喷射器。是以水蒸气为工作介质的喷射泵。单级泵的极限真空度约为6.7kPa，采用多级串联，可获得更高的真空度。可用于抽除含有粉尘等不太洁净的气体或含有大量可凝性气体的液体。参见"喷射式真空泵"。

蒸馏　distillation　一种分离不同化合物的方法。其基本原理是利用液体混合物中各组分的沸点差异，使其气化和冷凝。在每一次气化过程中，气相中都含有更多的低沸点化合物；而在每次冷凝中，液相中会有更多高沸点化合物，经过多次气化和冷凝可将低沸点化合物与高沸点化合物分开。蒸馏方法很多，按操作压力可分为常压蒸馏、减压蒸馏、真空蒸馏及加压蒸馏等；按加料是否连续可分为连续蒸馏及间歇蒸馏；按分离物性，可分为萃取蒸馏、恒沸蒸馏、水蒸气蒸馏及分子蒸馏等；按蒸馏方式不同，有釜式蒸馏及塔式蒸馏等。

蒸馏切割　distillation cuts　分批收集馏出液的操作。间歇蒸馏过程中，其馏出液的组成呈连续变化。初始馏出液含有较多的轻组分，随着蒸馏不断进行，馏出液中重组分逐渐增加，因而常将馏出液分批加以收集。

蒸馏炉　distillation furnase　用于原油蒸馏的管式加热炉，分为常压炉及减压炉。常压炉是常减压蒸馏装置中用于加热常压蒸馏塔进料油的加热炉，多采用圆筒炉的形式，炉管常采用铬钼钢或低合金钢；减压炉是用于常减压蒸馏装置或减压蒸馏过程的原料加热炉，与常压炉相比，具有炉管热强度较低及炉管阻力小等特点。其常采用变径炉管方式，即在炉管的出口段一次或二次放大炉管直径，并采用大口径转油线，以防止发生局部过热，使油料发生裂化。

蒸馏釜　distillation still　指在蒸馏过程中用于蒸发液体、产生蒸气的加热器。结构形式有立式圆筒形和卧式圆筒形。一般与蒸馏塔组合使用，直接安装于塔的下方或塔底近旁。加热方式分为列管式、蛇管式和夹套式。常用间接蒸气加热。蒸馏釜与再沸器有一定区别，再沸器常指置于塔底近旁的釜，但有时也将二者统称为蒸馏釜。

靶式流量计　target type flowmeter　由置于管道中心线上的圆形"靶"片和转换机构组成的一种流量计。由流动介质对靶产生的推动力，通过传力杆传出的电压信号或气动信号而测得流体流量值。按结构不同分为夹装式、法兰式及插入式。具有结构简单、安装方便、抗振动及抗干扰能力强的特点。适用于测量高黏度、低液速流体及含悬浮颗粒流体（如原油、渣油、沥青等）的流量。

填充毛细管柱色谱　packed capillary column chromatography　见"柱色谱法"。

填充色谱柱　packed chromatographic column　又称填充柱。指可以填充固体固定相也可填充液体固定相的色谱柱。参见"色谱柱"。

填充床 packing bed　见"固定床"。

填充柱色谱 packed column chromatography　见"柱色谱法"。

填充塔 packed tower　见"填料塔"。

填料 packing　①指塔填料。是填料塔内的填充物,为填料塔的核心部件。常具有较大的比表面积。其作用是增加气-液或液-液两相的接触面积,提高其湍动度,以利于传质及传热。常用填料可分为散装填料和规整填料两大类,构造材料有金属、塑料、陶瓷、石墨等。②指塑料、橡胶、皮革等材料中的填充物或填充料。③指填料箱或填料函内所用密封填料。

填料函 stuffing box　又称填料箱。一种接触式密封装置。由箱体、填料、衬套、压盖、压紧螺母等零件组成。装在转动轴与机体连接处。用于装填料,以防止介质泄漏。常用的填料有石棉绳、石墨石棉、尼龙、聚四氟乙烯及石棉浸渍聚四氟乙烯等。

填料函式换热器 stuffing box heat exchanger　又称外浮头式换热器。管壳式换热器的一种类型。其结构特点与浮头式换热器相似,浮头部分露在管体之外,在浮头与壳体的滑动接触面处采用填料函式密封结构,使管束在壳体轴向可自由伸缩,从而避免产生热应力。结构较浮头式换热器简单,制造方便,造价较低,管束可从壳体抽出,容易清洗。但因填料处易产生泄漏,故一般适用于操作压力 4MPa 以下场合,使用

温度也受填料物性限制,不适用于易燃、易爆、易挥发、有毒及贵重的介质。

填料塔 packed tower　又称填充塔。是塔内装有填料,气、液两相在润湿的填料表面进行传质和传热的塔设备。填料是填料塔的核心部件,可为气、液两相接触提供表面积。可分为散装填料及规整填料两大类。前者常用于直径小于 1m 的塔,后者可用于大直径塔。气体沿塔上升,液体沿塔而下。与板式塔相比较,具有结构简单、压力降小,且可用各种材料制造等特点。但对于易焦化、易聚合、易结晶及较脏的物料,不是太适用。

填料萃取塔 packed extraction tower　又称填料抽提塔。一种结构与气液系统使用的填料塔相似的塔式萃取设备。重液由塔的上部连续进入,由塔底引出;轻液由塔的底部连续进入,由塔顶引出。填料通常用栅板或多孔板支承。为防止沟流现象,填料尺寸不应大于塔径的 1/8。常用填料有拉西环、鲍尔环及鞍型填料等。通常,陶瓷材料易被水溶液润湿,塑料填料易被多数有机溶剂润湿,而金属材料无论对水或对有机溶剂均能润湿。填料萃取塔结构简单,造价低廉,操作方便,适合于处理腐蚀性料液。尽管其传质效率较低,在工业上仍有一定应用。

填料密封 packing seal　一种靠压紧填料,使轴(或轴套)旋转表面与固体填料的紧密接触而达到密封的一种动密封。通常由填料函、软质填料及压盖

所组成,具有结构简单、装拆方便、成本低廉等特点。缺点是磨损快、使用寿命短、密封性能差,已逐渐被各种结构形式的机械密封所替代。

酮 ketone $R—\overset{\overset{\textstyle O}{\|}}{C}—R'$ 羰基的两个单键分别和两个相同或不同的烃基相结合而成的化合物。R,R′均为脂烃基的称脂肪酮;其中一个或两个为芳烃基的称芳香酮。两个烃基连成闭合环的称环酮(如环己酮)。酮类的化学性质和醛类一样,可进行羰基加成反应,也能与氢、羟氨、醇、格氏试剂等发生加成或缩合反应。但不能被弱氧化剂所氧化。许多酮是优良的溶剂及重要的中间体。可由仲醇脱氢或氧化制得。

酮苯脱蜡过程 ketone-benzol dewaxing process 应用最广的润滑油溶剂脱蜡过程。是利用苯-甲苯等混合溶剂对原料中的油、蜡有不同的溶解能力,在原料冷却过程中逐次加入溶剂,降低原料黏度,改善其流动性,并使蜡形成均匀而密实的结晶,以便用过滤方法将油蜡分离,再用酮苯溶剂溶解蜡,使蜡中的油含量进一步降低。过滤分离出的滤液、蜡液和蜡下油液,分别送至回收系统,利用溶剂与油、蜡、蜡下油的沸点差别,将溶剂回收并循环使用,得到脱去溶剂的油、蜡及蜡下油。所用混合溶剂有丙酮-苯-甲苯、丙酮-甲苯、丁酮-甲苯、甲基异丁基酮-甲苯、二氯乙烷-二氯甲烷以及丙酮等。以丁酮-甲苯混合溶剂应用最广。

C-酰化 C-acylation 是在芳环上引入酰基以制取芳酮或芳醛的反应过程。该过程主要包括 Friedel-Craffs 酰基化反应,以及通过某些具有正碳离子活性的中间体对芳烃进行亲电取代反应,然后分解转化为酰基的间接酰化反应。所用酰化剂有甲酸、乙酸酐、乙酰氯、乙酰乙酸乙酯等;所用催化剂主要是路易斯酸及质子酸。

N-酰化 N-acylation 是胺类化合物与酰化剂作用,在氨基的氮上引入酰基生成酰胺衍生物的反应。所用胺类化合物可以是脂肪胺或芳香胺,常用的酰化剂有羧酸、酸酐、酰氯及羧酸酯等。N-酰化的一个作用是提高胺类化合物在化学反应中的稳定性或使芳香族亲电取代反应发生在氨基的邻位、对位,以满足合成工艺要求;另一作用是引入酰基后可改变原化合物的性质及功能,如染料分子中的氨基酰化前后的色光、染色性能和牢度指标都会发生变化。

O-酰化 O-acylation 是醇或酚分子中的羟基氢原子被酰基取代的反应。因生成的产物是酯,故又称酯化反应。几乎所有用于 N-酰化的酰化剂都可用于酯化。工业上常用羧酸作为酰化剂与醇在催化剂存在下进行酯化反应,也可根据需要采用酸酐、酰氯作为酰化剂,还可选用酯交换等方法制得酯。低级酯是良好的溶剂,分子量较高的酯类常用于制造增塑剂、表面活性剂、合成润滑油等。

酰化反应 acylation 有机化合物分

子中与碳原子、氮原子、氧原子或硫原子相连的氢被酰基（RCO—）所取代的反应。碳原子上的氢被酰基取代的反应称作 C-酰化；氨基氮原子上的氢被酰基取代的反应称作 N-酰化；羟基氧原子上的氢被酰基取代的反应称作 O-酰化。

酰化剂 acylating agent　向有机化合物引入酰基（RCO—或 ArCO—）所用的试剂。常用的酰化剂有羧酸（如甲酸、乙酸）、酸酐（如乙酸酐、顺酐）、酰氯（如乙酰氯、苯甲酰氯）、羧酸酯（如乙酸乙酸乙酯、氯乙酸乙酯）、酰胺（如 N,N-二甲基酰胺、尿素）等。引入乙酰基的试剂（如乙酸酐、乙酰氯）称为乙酰化剂；引入苯甲酰基的试剂（如苯甲酰氯）称苯甲酰化剂。

酰卤 acyl halide　又称卤化酰。羧酸分子中的羟基（—OH）被卤素原子 X 取代后的生成物。通式是 RCOX。其中以酰氯应用最广。重要的化合物有乙酰氯及苯甲酰氯。酰氯的性质活泼，易和水、醇、氨（或胺）等发生水解、醇解和氨解反应，分别生成羧酸、酯和酰胺，并放出氯化氢。酰卤也是有机合成中常用的酰化剂。

酰胺 amide　羧酸分子中羟基（—OH）被氨基（—NH_2）或取代氨基（—NHR'，—NR_2'）置换的衍生物。最简单酰胺的通式为 $RCONH_2$。除甲酰胺是液体外，其他酰胺都是无色结晶固体。化学性质活泼，可被水解成为羧酸，还原时生成胺，脱水时生成腈，醇解时生成酯，也可进一步酰基化生成二酰

二胺。重要的酰胺有二甲基甲酰胺、乙酰苯胺等。具有环状结构的酰胺类称内酰胺，如己内酰胺是制造尼龙 6 的单体。酰胺是制造腈、胺等的重要中间体。因酰胺有良好的结晶性及敏锐的熔点，常用于鉴定胺类与羧酸。可由羧酸铵盐加热脱水或羧酸酯胺化制得。

酰胺稠化剂 amide thickener　见"酰胺（盐）润滑脂"。

酰胺（盐）润滑脂 amide（salt）grease　以酰胺类化合物为稠化剂的润滑脂。常用酰胺稠化剂有 N-烷基对苯二甲酸酰胺钠盐及 N-烷基对苯二甲酸酰胺钠、钾混合盐。酰胺润滑脂有良好的高低温性能（滴点＞250℃），机械安定性，抗水性及较长的轴承运转寿命。由于酰胺稠化剂分子结构中含有苯环，因而具有良好的抗辐射性能。优于锂基润滑脂及复合钙基脂。品种也较多。酰胺润滑脂的缺点是制备工艺较复杂，成本较高。与锂基润滑脂相比，外观不够光滑细腻，轴承的噪声降低值稍差，故不宜用于制备低噪声密封轴承润滑脂。

酰基 acyl　通式 $R{-}\overset{\displaystyle O}{\overset{\displaystyle \|}{C}}{-}$。是羧基的两价之一与含碳的基团结合而成的一价基团。为羧酸去掉羟基后剩余的部分。其名称依原来的羧酸而定，如乙酸、丙烯酸、苯甲酸去掉羟基后剩余部分分别称作乙酰基（$CH_3CO{-}$）、丙烯酰基（$CH_2{=}CHCO{-}$）、苯甲酰基（$C_6H_5CO{-}$）。

酰基化合物　acyl compound　见"羧酸化合物"。

酯　ester　由酸和醇脱水生成的化合物。根据酸根的不同，可分为无机酸酯及有机酸酯。无机酸酯是由醇与无机酸生成的酯，如由乙醇与浓硝酸反应制得的硝酸乙酯；有机酸酯是由醇与有机酸（也即羧酸）生成的酯，通式为 $RCOOR'$（R 及 R' 分别为羧酸分子及醇分子中的烃基）。重要的有乙酸乙酯、乙酸乙烯酯。酯类一般是中性物质，水解生成醇和酸。其沸点比分子量相近的羧酸低，难溶于水，易溶于有机溶剂。碳数低的酯常是有香味的液体，可用作香料或溶剂；高碳数的酯是蜡状固体（如油脂、蜡），可用作工业及食品原料。

酯化反应　esterification reaction　见"O-酰化"。

酯化值　ester value　又称酯价。指将 1g 试样油中所含脂肪酸酯全部皂化时所需氢氧化钾的毫克数。通常由皂化值减去酸值求得。

酯交换法　ester exchange process　是将一种容易制得的酯与醇、酸或另一种酯反应以制取所需要的酯的一种方法。当用直接酯化不易获得良好效果时，常采用酯交换法，它又以酯-醇交换法、酯-酸交换法最为常用。酯-醇交换法是将一种低碳醇的酯与一种高沸点的醇或酚在催化剂存在下加热，可以蒸出低碳醇，而得到高沸点醇（或酚）的酯。如由间苯二甲酸二甲酯与苯酚在钛酸丁酯催化剂存在下经酯交换反应可制得间苯二甲酸二苯酯。酯-酸交换法是通过酯与羧酸的交换反应生成另一种酯。如在浓盐酸催化下，由己二酸二乙酯与己二酸反应生成己二酸单乙酯。

酯型制动液　ester brake fluid　见"合成刹车液"。

酯-酸交换法　ester-acid exchange process　见"酯交换法"。

酯-醇交换法　ester-alcohol exchange process　见"酯交换法"。

感铅性　lead susceptibility　又称受铅性。指 1kg 汽油中加入一定量四乙基铅后辛烷值增高的程度。汽油的感铅性与汽油的性质有关。各种烃和汽油感铅性的高低顺序为：异构烷烃与含烷烃高的直馏汽油＞环烷烃及催化裂化汽油＞芳烃及高芳烃组分＞含烯烃较多的热裂化汽油＞醇及醇-汽油混合物。

碘甲烷　iodomethane　化学式 CH_3I。又名甲基碘、碘代甲烷。无色透明液体，有特殊气味。相对密度 2.2863（17℃）。熔点 -63.8℃，沸点 42.5℃。折射率 1.538。蒸气相对密度 4.89，蒸气压 54.36kPa（20℃）。微溶于水，与乙醇、乙醚及四氯化碳等混溶。遇光或曝露于空气中，因分解游离出碘而变为褐色。有毒，吸入蒸气可引起肺、肝及神经中枢障碍等。大量用于有机合成中的甲基化试剂及制药，也用于制造格利雅试剂。可在红磷存在下，由碘和甲醇反应制得。

碘值　iodine number　又称碘价。指在规定条件下和 100g 油品起反应时所消耗的碘的克数。是表示石油产品安定性的指标之一。从测得碘值的大小可以说明油品中的不饱和烃含量多少。石油产品中不饱和烃越多，碘值就越高，油品安定性也越差。如航空煤油要求在储运时安定性好，如油中的不饱和烃含量高（碘值高），在空气及较高温度作用下，易产生胶状沉淀，引起显著的质量变化。碘值也用来表示油脂、蜡、脂肪酸等不饱和程度，不饱和程度越大，碘值也越高。如干性油的碘值在130以上，半干性油的碘值在100～130之间，不干性油的碘值在100以下。又如椰子油为8～10；再生油为83～93；亚麻油为170～204。轻质石油产品的碘值常用碘-乙醇法进行测定。即用过量的碘-乙醇溶液与试样中不饱和烃进行加成反应，用硫代硫酸钠溶液进行滴定，以100g试样所吸收碘的克数表示碘值。

碘量法 iodimetry 又称碘量滴定法。氧化-还原滴定法的一种，常用于分析天然气中的硫化氢。测定时先用过量的乙酸锌溶液吸收气样中的硫化氢，生成硫化锌沉淀，再加入过量的碘溶液以氧化生成的硫化锌，过剩的碘用硫代硫酸钠溶液滴定。

雷氏秒 Redwood second 又称雷德伍德秒。表示油品黏度的一种方法。在规定温度下用雷氏黏度计所测得50mL试样油流出黏度计细孔所需时间（以秒为单位）来表示的黏度。

雷氏黏度 Redwood viscosity 又称雷德伍德黏度。指在规定温度下，一定体积的试样油从雷氏黏度计细孔流出50mL所需要的时间。单位为雷氏秒（s）。雷氏黏度又可分为雷氏1号（用Rt表示）及雷氏2号（用RAt表示）。

雷氏黏度计 Redwood viscosimeter 又称雷德伍德黏度计。一种测定油品黏度的细孔式式黏度计。所测得数据为条件黏度。测定在规定温度下50mL试样油从该黏度计的细孔流出所需的时间（以s为单位），作为该试样油的黏度。按黏度计细孔大小不同分为雷氏1号及雷氏2号黏度计。流出时间超过2000s，必须用雷氏2号黏度计。主要用以测定牛顿型流体、燃料油及润滑油的雷氏黏度。

雷达式液位计 radar type liquidometer 通过测量电磁波到达液体表面并反射回接收天线的时间来进行液位测量的仪表。它采用非接触测量方式，无活动部件，可靠性高，安装方便，适用于高黏度、易结晶、强腐蚀及易燃易爆介质液位的测量，特别适用于大型立罐和球罐等液位的测量。

雷德蒸气压 Reid vapor pressure 又称雷氏蒸气压、雷德法饱和蒸气压。用雷德法饱和蒸气压测定器，在37.8℃及液体燃料与其平衡的蒸气体积之比为1∶4的条件下所测得的燃料最大蒸气压力。适用于评定发动机燃料的蒸发强度、启动性能、生成气阻的倾向以及在运输贮存时轻馏分损失的倾向等。雷德蒸气压大，表示含轻组分多，蒸发强度大，启动性能好。但因雷德蒸气压过大会形成气阻，而且蒸发损失加大，所以轻质油料的雷德蒸气压均有限值。

零级反应 zero-order reaction 反应速率与反应物浓度的零次方成正比的反应。也即反应速率不随时间而变，完全不受反应物浓度影响的化学反应。如氨在金属催化剂上的催化分解反应只与催化剂的用量有关。

雾化蒸汽 atomizing steam 用于雾化燃烧器的蒸汽。通常使用的蒸汽压力为 0.5~0.88MPa。其缺点是消耗蒸汽多、噪声大；其优点是雾化良好、火焰形状稳定且刚直有力、抽吸力大、负荷调节范围宽、可烧重质渣油。

雾化燃烧器 atomizing burner 又称雾化器、喷嘴。用于加热炉内的液体燃料使之雾化的部件。通常采用蒸汽、空气或机械方法进行雾化。炼油厂常用的为蒸汽雾化。雾化器的作用是使燃料油和雾化蒸汽在喷嘴内充分混合，由喷嘴喷出形成圆锥形的油雾层，从而与空气混合燃烧。

雾沫夹带 entrainment 指在板式分馏塔操作中，上升蒸汽从某一层塔板夹带雾状液滴到上层塔板的现象。雾沫夹带会使低挥发度液体进入挥发度较高的液体内，降低塔板效率。雾沫夹带的大小以单位质量蒸汽所夹带的液体质量表示。一般规定它的上限为 0.1kg/kg蒸汽，并按此值来确定蒸汽负荷上限及确定所需塔径。影响雾沫夹带的因素有蒸汽垂直方向速度、塔板形式及板间距、液体表面张力等。

辐射干燥 radiant drying 干燥方法的一种。热能以电磁波的形式由辐射室发射至湿物料表面，被湿物料吸收后转变为热能将湿物料中的湿分汽化并除去的干燥方式，如红外线干燥。辐射干燥生产强度大，产品洁净且干燥均匀，但能耗较大。

辐射传热 radiant heat transfer 热的物体发出辐射能并在周围空间传播而引起的传热。它是一种通过电磁波传递能量的方式。也即物体将热能转变成辐射能，以电磁波的形式在空中进行传送，当遇到另一个能吸收辐射能的物体时，就被部分或全部吸收并转变为热能。辐射传热不仅是能量的传递，同时还伴有能量形式的转换。与传导传热及对流传热的根本区别是，辐射传热不需要任何介质作媒介，也可在真空中传播。

辐射室 radiant chamber 是加热炉内主要靠辐射作用将燃烧器发生的热量传给辐射管内介质的那一部分空间，也即炉膛。辐射室的热负荷约占全炉的 70%~80%。因辐射室内的炉管，通过火焰或高温烟气进行传热，以辐射热为主，故称之为辐射管。由管壁吸收辐射，再传给管内介质或油品。烃类蒸气转化炉、乙烯裂解炉的反应和裂解过程全部在辐射室内完成。

辐射聚合 radiation polymerization 不加引发剂而以高能辐射线引发单体的聚合。所用辐射线有 γ 射线、X 射线、β 射线、α 射线、中子射线等。其中

以 γ 射线的能量最大,穿透力强,可使反应均匀,而且操作容易,应用最广。辐射聚合可在较低温度下进行,生成的聚合物无外加物质,吸收无选择性,反应速度易控制,并可进行固相聚合。几乎所有单体都可进行辐射聚合,工业上应用较多的是乙烯、甲基丙烯酸甲酯、乙酸乙烯酯、含氟单体、氯乙烯及丙烯酸等单体。

辐射管 radiant tube 见"辐射室"。

输油管道 oil pipeline 指输送原油或成品油的管线。主要由管子、阀门、管架、泵以及用于计量、控制、保护等的相关部件组成。按长度可分为内部输油管道及长距离输油管道。后者也称长输管道、干线输油管道,长度可达数千千米。

【丨】

路易斯酸 Lewis acid 又称非质子酸。按照酸碱电子理论,指凡能接受电子对的分子、离子或原子团称为酸(即路易斯酸,简称 L 酸);凡能给出电子对的分子、离子或基团称为碱,(即路易斯碱,简称 L 碱)。所以,L 酸是电子对接受体(简称受体),而 L 碱是电子对给予体(简称给体或授体)。按照这一定义,许多阳离子及中心原子电子结构不饱和的分子(如 $AlCl_3$、BF_3)都是酸,而许多配体及阴离子都是碱。电子理论的酸碱反应是碱的未共用电子对通过配位键跃迁到酸的空轨道中。反应产物是两者的加合物,称为酸碱配合物。由于电子理论的酸碱范围十分广泛,应用又多,故又将 L 酸称为广义酸、L 碱称为广义碱。

路易斯碱 Lewis base 见"路易斯酸"。

蜂蜡 bees wax 又称蜜蜡、黄蜡。是由蜜蜂腹部四对蜡腺分泌出的一种动物蜡,经精制而得。为无定形物质,颜色从浅黄、玫瑰色至深棕色等。相对密度 $0.953 \sim 0.970$。熔点 $62 \sim 65 ℃$。是脂肪酸酯、脂肪醇、游离脂肪酸及碳氢化合物的混合物。常温下不溶于水和矿物油,而溶于植物油,溶于乙醚、氯仿及四氯化碳。广泛用于上光剂、印刷油墨、食品包装、化妆品制造等领域。由于天然蜂蜡来源有限,也有向石蜡分子中引入含氧基团,增强蜡分子极性、改善乳化性及表面活性,使蜡的理化性能接近天然蜂蜡。

置信度 degree of confidence 指在进行统计假设检验时,作出统计判断所具有的可信程度。在分析检测中,通常取置信度为 99.7%,有时也取置信度为 95%。

置换反应 replacement reaction 见"取代反应"。

置换型防锈油 displacement type anti-rust oil 指能够置换(或中和)残留于加工零件、半成品,或制成品平面上的少量水分或汗迹的一类防锈油。是由矿物油、油溶性磺酸盐(如石油磺酸钡、十二烯基丁二酸)、水溶性磺酸盐

（如石油磺酸钠、磺化蓖麻油）、溶剂（如汽油、煤油及醇、酮等）、少量水及其他辅助添加剂调制而成。使用时可带油操作，不必清洗。可按任何比例稀释。主要用作钢、铸铁、有色金属等制件的工序间及中间品的防锈，其浓缩品也可用作长期封存防锈。

【J】

锚式搅拌器 anchor agitator 运动部分的外形像船锚的搅拌器。其外形与反应器下半部分的内壁形状接近，搅拌器外缘与反应器内壁面的空隙很小，约为 5mm 左右。转动时，除搅拌物料以外，还能及时刮去反应器壁上的沉积物，以利于传热。转速一般为 $15 \sim 80 r/min$。适用于黏度在 100Pa·s 以下的流体搅拌。当流体黏度在 $10 \sim 100 Pa \cdot s$ 时，可在锚式桨中间加一横桨叶，即为框式搅拌器，以增加容器中部的混合。

锥入度 cone penetration 表示脂（石油脂、润滑脂）在外力作用下耐剪切性能的指标，或衡量脂的柔软性和稠度的指标。是在 25℃温度及 5s 时间内，荷重一定的标准圆锥体垂直沉入试样中的深度，单位为 0.1mm。锥入度越大，稠度越小，试样越软；反之，锥入度越小，稠度越大，试样越硬。锥入度是划分润滑脂牌号的依据。由锥入度可了解润滑脂的抗挤压及抗剪断的能力，以及在受外力作用下产生流动的难易程度。

锦纶 6 Jinlun 6 见"聚己内酰胺纤维"。

σ 键 σ bond 见"共价键类型"。

π 键 π bond 见"共价键类型"。

键长 bond distance 形成共价键的两原子核间的平均距离。采用 X 射线衍射法、电子衍射法等现代仪器测试方法可以测定各种键的键长。如乙烷中碳-碳键键长为 1.533×10^{-10} m。一般情况下，键长越短，成键的两原子核间的作用力越强，该键也越牢固。

键角 bond angle 分子中同一原子形成的两个共价键之间的夹角。键角决定了分子的空间构型，也影响着分子的极性。如甲烷的键角为 109.5°；丙烷的键角为 112°。

键能 bond energy 指在 100kPa、298K(25℃)的条件下，将 1mol 气态分子 AB 中的化学键断开，使其断裂成两个气态中性原子 A 和 B 所需的能量。单位是 $kJ \cdot mol^{-1}$。如 H_2 分子键能是 $436.0 kJ \cdot mol^{-1}$。即在指定压力、温度下，由 $H—H = H + H$ 要吸收 436.0kJ·mol^{-1}能量。这种能量即为 $H—H$ 的键能。键能越大，表示化学键越牢固，含有该键的分子越稳定。

稠化剂 thickener 指添加于油料中能增加油料稠度和改善其使用性能的物质，尤指添加于润滑脂中的重要特征组分。稠化剂是润滑脂中不可缺少的固体组分，其含量约占润滑脂的 5% ~ 30%。其作用是将流动的液体润滑油增稠成不流动的固体至半固体状态。

可分为皂基、烃基、有机及无机稠化剂四大类。种类不同，将对润滑脂的性能起着重要影响。

稠环化合物 fused ring compound 由两个或两个以上的碳环或杂环以共有环边而形成的多环有机化合物。如萘、蒽等为稠环芳烃；嘌呤等为稠杂环化合物；吲哚、吖啶等为苯稠杂环化合物。润滑油馏分及重油中含有稠环化合物，润滑油溶剂精制主要为脱除这类化合物。

稠环芳烃 condensed aromatics 多环芳烃的一类。指两个或两个以上环状碳氢化合物公用两个相邻碳原子形成的具有芳香性的多环化合物。如茚、萘、蒽、芴、菲、䓛等。它们是稠环芳香族化合物的母体，环上或环内原子可被其他原子取代衍生出许多化合物。油品中含有多环芳烃。如煤油及柴油馏分中含有双环芳烃，润滑油馏分中含有三环芳烃，润滑油溶剂精制抽出油及催化裂化油浆中含有较多的稠环芳烃。稠环芳烃中有相当一部分属致癌物质，如3、4-苯并芘、苯并蒽、二苯并蒽等。

稠油 heavy oil 黏度大于 50mPa·s，相对密度大于 0.934 的原油。稠油中加入一定量黏度较小的稀油（如煤油、柴油及轻质油等），可使稠油中的胶质、沥青质含量相对减少，黏度降低。

稠度 consistency 指可塑性物质（如沥青、润滑脂）受力后抵抗变形的程度，是可塑体的一种特性。稠度指标用针入度表示。针入度越大，稠度越小，表示试样越软；反之，针入度越小，稠度越大，试样越硬。

简易蒸馏 simplified distillation 是汉倍尔蒸馏的改进形式。所用填料是由镍铬丝制成的环状链条填料，相当于几块塔板。简易蒸馏共分三段。第一段为常压蒸馏，将初馏点～200℃的馏分切割为若干个窄馏分；第二段为1.33kPa下减压蒸馏，将常压为200～450℃的馏分切割为若干窄馏分；第三段为小于 0.267kPa 压力下的减压蒸馏。简易蒸馏的收率与实沸点蒸馏很接近，也具有设备简单、操作方便、分析时间短、用油量少等特点，适用于对原油进行简单评价。

简易蒸馏曲线 simplified distillation curve 指在简易蒸馏时，以馏出温度为纵坐标，馏出油质量百分比为横坐标作图得到的曲线。由简易蒸馏曲线可推算出汽油、煤油、柴油的近似收率，并由两个关键馏分的密度，可初步确定原油的基属。

简单蒸馏 simple distillation 又称微分蒸馏。一种间歇蒸馏过程。蒸馏装置由蒸馏釜、冷凝器及馏出液接受器组成。将液体混合物放在蒸馏釜中加热，在一定压力下当达到某一温度时，液体开始气化，所生成的微量蒸气当即被引出冷凝成为馏出液，继续加热液体，温度继续上升，蒸气不断地形成并被引出冷凝。在蒸馏过程中，釜液中易挥发组成的浓度不断降低，馏出液的浓度也随之下降。馏出液可分阶段收集，一直蒸至所需要的程度时停止操作。简单蒸馏是渐次汽化过程,分离效果优于平衡汽化,但总的分离程度不高,一般用于混合物的初步分离或在实验室中使用。

催干剂 drier 又称干料、快干剂、燥油。指能加速油、油漆、油墨及清漆等氧化、聚合而干燥成膜的一类物质,也是油漆或油墨的重要助剂之一。催干剂有金属氧化物、金属盐及金属皂等。而按催干剂的作用,可分为氧化催干及聚合催干两类。钴、锰催干剂等属于氧化催干剂,铅、铁催干剂等属于聚合催化干剂。催干剂不同于固化剂,它一般不参与涂膜的组成,其用量仅需适当即可。那些通过不饱和油类的氧化聚合而成膜干燥的各种涂料或油墨,不论是常温干燥还是烘干,都可使用催干剂来加快干燥速度。

催化反应 catalytic reaction 在催化剂作用下所进行的化学反应。可分为均相催化反应及非均相催化反应。前者是反应物与催化剂处于同一相所进行的反应;后者又称为多相催化反应,是催化剂为固态、反应物为气相或液相的反应。

催化反应工程 catalytic reaction engineering 化学反应工程的一个分支科学。主要研究工业催化反应器的基本原理及考察反应器中所进行的催化反应过程。如研究催化反应机理,建立反应动力学模型;分析反应器的传热、传质规律及对反应结果的影响;考察工业催化器操作特性及催化剂失活原因等。

催化加氢 catalytic hydrogenation 指在催化剂作用下,分子氢被活化与某些化合物相加成的反应。工业上常用的催化加氢反应有:①不饱和键加氢,如乙炔加氢生成乙烯;②催化还原氢,如 CO 与 H_2 反应生成甲醇;③加氢分解,如甲苯氢解生成苯及甲烷。催化加氢应用广泛,通过催化加氢可获得重要的基本有机化工产品(如苯加氢制环己烷,苯酚加氢制环己醇,硝基苯加氢制苯胺等)。催化加氢也广泛用于裂解气中乙烯及丙烯的精制、裂解汽油精制、苯的精制等。

催化自氧化反应 catalytic auto-oxidation 见"自动氧化反应"。

催化作用 catalysis 将催化剂加快反应达到化学平衡的速度,控制化学转化方向的作用称作催化作用。涉及催化剂的反应称为催化反应。催化作用的基本特征是:①催化剂只能加速热力学上可以进行的反应,而不能加速热力学上无法进行的反应;②催化剂只能加速反应趋向平衡,而不能改变平衡的位置(平衡常数);③催化剂对反应具有选择性,可使反应有选择性地向某一所需方向进行;④催化剂能改变化学反应的速率,其自身并不进入反应产物。根据催化剂作用状况,可分为多相催化作用及均相催化作用。

催化汽油 catalytic gasoline 见"催化裂化汽油"。

催化完全再生 catalytic complete regeneration 催化裂化催化剂的一种高效再生技术。是借助于 CO 助燃剂使 CO 在较低的温度下完全燃烧变成 CO_2，提高烧焦强度的方法。CO 助燃剂是一种能提高 CO 在再生器密相段中燃烧速率的催化剂。与高温再生相比，本法的优点是：稀相温度降低，密相温度提高，既可降低再生剂碳含量，又可避免高温引起的设备损坏和催化剂减活。目前多数催化裂化装置都使用 CO 助燃剂，以提高再生效果。

催化剂 catalyst 指在反应物系中，加入某种物质能使反应速率（加速或减速）明显变化，而该物质在反应前后的数量及化学性质不发生变化，这种物质称为催化剂。石油化工所用催化剂主要为固体催化剂，是由活性组分、助催化剂及载体组成的。活性组分是催化剂的主要成分，可由一种或多种物质所组成，它们可以是金属、半导体或绝缘体。助催化剂是催化剂的辅助成分，可以是一种或多种，除有促进活性组分的功能外，也有促进载体功能。载体是活性组分的分散剂及支持体，是负载活性组分的骨架。衡量催化剂的主要性能是活性、选择性及使用寿命。

催化剂比表面积 catalyst specific surface 见"比表面积"。

催化剂中毒 catalyst poisoning 催化剂在使用过程中，由于微量外来物质（毒物）的存在而引起活性及选择性迅速下降的现象。工业生产中催化剂毒物通常来自原料，或是制备过程中混入，或是来自其他方面的污染。中毒原因主要是所含毒物强吸附在活性中心，或者与活性中心起化学作用，形成别的物质，使活性中心中毒。因此对相同类型的反应，毒物可能是相同的。如对加氢反应的金属催化剂，毒物为周期表中ⅤA 族（N、P、As、Sb）及ⅥA 族（O、S、Se、Te）的非金属化合物，以及 d 电子亚层中至少含 5 个电子的金属离子。对于金属催化剂，某些金属及其盐类的混入可能引起中毒，如 Hg、Pb、Bi、Sn、Zn、Cd、Cu、Fe 等都可能对铂或钯催化剂引起中毒。

催化剂孔体积 catalyst pore volume 见"孔体积"。

催化剂孔径分布 catalyst pore size distribution 见"孔径分布"。

催化剂失活 catalyst deactivation 指催化剂在使用过程中，因积炭、中毒、结构变化而导致催化剂活性或选择性逐渐下降甚至丧失的现象。引起催化剂失活的原因较多，但可归结为积炭堵塞、金属凝聚或熔结、自身结构变化、毒物积累而中毒等因素。可分为暂时失活及永久失活。如积炭等引起的暂时失活可通过再生方法使其恢复活性；而催化剂比表面积、孔结构等变化引起的失活往往是不可逆的，为永久失活，需要更换新催化剂。

催化剂再生 catalyst regeneration 又称催化剂再活化。使失活催化剂恢复其催化活性的处理方法。催化剂在使用过程中，活性必然会下降，当失活是由于催化剂表面碳沉积或被副反应生成的树枝状物遮盖活性表面引起时，可通过再生，完全或部分地恢复原始活性。再生方法可根据催化剂性质不同而有所不同。如 Al_2O_3、ZnO、Cr_2O_3、硅酸铝等热稳定性好的催化剂，可在空气或氧气中用燃烧的方法除去含炭杂质。为避免温度过高，常用氮气或水蒸气将气体稀释。也可用适当浓度的酸或碱浸渍催化剂表面的处理方法进行催化剂再生。

催化剂再生方式 mode of catalyst regeneration 工业催化剂再生方式可分为器内再生及器外再生两种方式。器内再生又称就地再生。即催化剂不从反应器取出，直接用含氧气体介质进行再生。其缺点是装置停工时间长，再生条件难控制、催化剂活性恢复不够理想，而且还会腐蚀设备及污染环境。器外再生，是将催化剂从反应器中取出后，在另设的装置上进行烧焦再生或送交专业再生工厂进行再生。其优点是装置停工时间短，再生条件控制好，催化剂活性恢复较好（可达到新剂的90%～98%），而且再生安全、污染少。一般企业大多采用器外再生法。

催化剂污染指数 catalyst fouling index 表示催化剂受重金属污染的程度。重金属（如铁、镍、铜、钒等）在裂化催化剂上的沉积会降低催化剂的活性及选择性。其中影响最大的是镍，其次是钒。污染指数的定义是：

污染指数＝0.1(14Ni＋4V＋Fe＋Cu)

其中 Ni、V、Fe、Cu 分别表示催化剂上金属镍、钒、铁、铜的含量（10^{-6}），各符号的系数表示其污染影响程度的相对大小。污染指数低于 200 的催化剂是较为干净的，高于 1000 则为污染严重的催化剂。沸石分子筛裂化催化剂具有较强的抗重金属污染能力，有的已能抗($Ni＋V$)达 $10000×10^{-6}$ 的重金属污染。

催化剂寿命 catalyst life 指在反应运转条件下，催化剂活性及选择性能连续使用的时间，或指活性下降后经再生处理而使活性又恢复的累计使用时间。在实际生产中也用单位质量催化剂自始至终所能处理的原料总量来表示催化剂寿命。不同催化剂使用寿命各不相同，寿命长的可用十几年，寿命短的只能用十几天。相对来说，催化剂寿命长，表示使用价值高。但也需从经济上综合考虑。与其长时间在低活性下操作，不如在较短时间内有很高活性。特别对失活后易再生的催化剂及可以低价更新的催化剂更是如此。

催化剂寿命曲线 life curve of catalyst 指催化剂使用过程中其活性随时间而变化的曲线图。可分为三个部分：①成熟期。即一些催化剂的活性并不是在开始使用时达到最佳，而是经一定诱导期后，逐步增加并达到最佳点。②稳定期。经过成熟期后，活性趋于稳定并在相当长时间内保持不变，稳定期的长短一般就代表催化剂的寿命。③累进衰化期或称衰老期。随着使用时间增长，催化剂因吸附毒物或因过热而产生结构变化等原因,催化剂活性下降,以至活性完全消失。

催化剂还原 catalyst reduction 许多金属催化剂不经还原无活性。如合成氨主催化剂 Fe_3O_4 在还原前无活性,只有用 H_2 或 N_2-H_2 气体将催化剂中的 Fe_3O_4 还原成金属铁($Fe_3O_4 + H_2 \rightarrow 3Fe + 4H_2O$),还原反应产物铁以分散很细的 α-Fe 晶粒的形式存在于催化剂中,构成氨合成催化剂的活性中心。

催化剂的分类 classification of catalyst 催化剂的品种及牌号很多。按催化反应体系的物相均一性,分为多相催化剂、均相催化剂及酶催化剂;按催化剂的作用机理,分为酸碱型催化剂、氧化-还原型催化剂、配合型催化剂;按催化剂的元素及化合态,分为金属催化剂,氧化物或硫化物催化剂,酸、碱、盐催化剂,金属有机化合物等;按所催化的单元反应类型不同,分为氧化、加氢、脱氢、裂化、异构化、烷基化、羰基化、芳构化、水合、聚合等众多催化剂;按催化剂的来源,可分为非生物催化剂(天然矿物及合成产物等)及生物催化剂;按工业类型分,可分为炼油、有机化工及石油化工、无机化工、环境保护及其他催化剂等。

催化剂毒物 catalyst poison 能引起催化剂活性下降甚至消失的物质。如重整原料中的 As、S、N、Pb、Cu 等物质均可使重整催化剂中毒。催化剂毒物的毒化机理大致分为两类:一类是毒物强烈地化学吸附在催化剂活性中心

上,从而减少了活性中心的浓度;另一类是毒物与活性中心发生化学作用转变为无活性物质。反应不同,毒物种类也不同。毒物与催化反应系统之间存在着选择关系,不同的物质对不同的催化剂起毒化作用。即使对同一催化剂,一种物质将毒化某一反应而不影响另一反应。因此,在工业生产中,对一定反应来说,了解哪些是催化剂毒物,对防止催化剂中毒、延长催化剂使寿命是十分重要的。

催化剂骨架密度 catalyst skeletal density 见"真密度"。

催化剂钝化 catalyst passivation 加氢裂化催化剂(特别是高分子筛含量的裂化催化剂)硫化后,具有很高的活性,在进原料油以前,须采取相应的措施对催化剂进行钝化,以抑制过高的活性,防止和避免进油过程中可能出现温度飞升现象,确保人身和设备安全,预防催化剂损坏。在进料以前,进馏分较轻、饱和烃含量较高的低氮油及在裂化反应器中注无水液氨统称为催化剂钝化过程。注氨使裂化催化剂钝化的机理是,氨分子可被吸附在催化剂微孔中,并在一段时间内占据其中,使得油品暂时无法与催化剂接触而起反应。

催化剂选择性 catalyst selectivity 评定催化剂性能的重要指标之一。通常催化剂除加速希望发生的反应外,还伴随着副反应,一般希望催化剂在一定条件下只对其中一个反应起加速作用。这种专门对某一种反应起加速作用的

性能就称为催化剂的选择性,并可用下式表示:

$$选择性 = \frac{消耗于目的生成物的原料量}{原料总的转化量}$$

催化剂有优异的选择性就有可能合成出某一特定产品,而且可节省原料消耗和减少反应后处理工序。活性高的催化剂选择性不一定高,当两者不能同时满足时,应根据工业生产过程的要求综合考虑。如反应原料昂贵或产物与副产物很难分离,应选用高选择性催化剂。

催化剂活化 catalyst activation 通过高温焙烧或在活化气体(如氢气、空气或一定硫化物浓度)作用下,对催化剂进行还原、氧化、硫化等处理过程。催化剂活化的目的是使其化学组成经过热分解、相变或氧化还原转化等过程,将处于钝态的催化剂转变为较稳定的活性状态。选择焙烧温度及活化气体,是活化效果好坏的主要因素。而它又取决于催化剂类型、化学组成及制备条件等因素。

催化剂活性 catalyst activity 表示催化剂催化功能大小的重要指标。催化剂活性越高,促进原料转化的能力越大,在相同的反应时间内会取得更多的产品。催化剂活性一般用目的产物的产率高低来衡量。但为方便起见,常用在一定反应条件下,即在一定温度、压力和空速下,原料转化的百分率来表示活性,并简称为转化率。反应物 A 的转化率为:

$$X_A = \frac{已转化反应物 A 的摩尔数}{通过催化床层的反应物 A 的摩尔数} \times 100\%$$

用转化率来表示催化剂活性并不十分确切,因为反应的转化率并不和反应速度成正比,而且表示催化剂活性还有其他一些方法,但这种方法比较直观,为工业生产所常用。

催化剂活性分布 activity distribution in catalyst 指催化剂颗粒内的活性组分分布规律。根据浸渍法制备催化剂的条件不同,催化剂颗粒中活性组分分布可分为四种类型:①均匀分布。活性组分浓度各处相等。②"蛋壳"分布。活性组分主要分布在载体表面上。③"蛋黄"分布。活性组分集中在载体颗粒中心。④"蛋白"分布。活性组分集中于远离载体颗粒中心和外表面的某一区域,其分布介于"蛋壳"分布与"蛋黄"分布之间。通常将后三种分布情况称为活性组分的不均匀分布。各用于不同的反应情况。

催化剂结焦 catalyst carbon deposit 简称结焦或碳沉积。指催化剂表面上产生碳沉积并引起活性衰退的现象。结焦的产生是由于反应过程中某些组分的分子经脱氢聚合形成不挥发性高聚物,进而脱氢形成氢含量很低的焦类物质沉积在催化剂表面及孔道上,其危害是降低了内表面利用率,引起活性衰退。由烃造成的结焦可分为:①酸结焦。即在催化剂酸部位上发生的结焦,如固体催化剂通过酸催化聚合反应生成结焦。②脱氢结焦。即在催化剂脱氢部位上发生的结焦,如金属催化剂上烃分解生成碳或含碳原子团。③离解结焦。即在离解部位上的结焦,如烃的水蒸气转换反应中,在镍催化剂上一氧化碳和二氧化碳生成的结焦。结焦是催化剂失活最普遍的形式,一般可以再生,是一个可逆过程。

催化剂烧焦　catalyst coke burning　见"烧焦"。

催化剂预硫化　catalyst presulfurization　见"预硫化"。

催化剂强度　catalyst strength　指催化剂成型、焙烧后所具有的一种物理性质。借以表示催化剂颗粒在使用过程中,抵抗摩擦、冲击、重力作用和温度、相变应力作用的能力。通常,催化剂强度的测定方法是根据使用条件而定。固定床用催化剂常用抗压强度来衡量,而流化床用催化剂常用磨损强度来衡量。影响催化剂强度的因素有化学组成、孔结构、制备条件、成型及焙烧工艺条件等。

催化剂堆密度　catalyst bulk density　见"堆密度"。

催化剂装填　catalyst loading　指将催化剂装入反应器的方法。可分为普通装填及密相装填两种。普通装填又称疏相装填、袋式装填。是用很长的帆布袋或金属舌片管从反应器顶部向反应器床层输送催化剂。装填简单易行,为许多企业所采用。密相装填是将催化剂在反应器内沿半径方向呈放射性规整地排列,从而减少催化剂颗粒间的空隙,提高装填密度,可比普通装填法多装 10%～25% 的催化剂。与普通装填相比,密相装填具有催化剂装填量大、床层装填均匀、床层径向温度均匀等特点,可提高加工能力、延长反应周期及提高产品质量。

催化剂停留时间　catalyst residence time　指在催化裂化反应中,藏量与催化剂循环量之比,即

催化剂停留时间＝藏量(t)/催化剂循环量(t/h)

　　停留时间一般用 min 表示。

催化剂密度　catalyst density　表示催化剂密度的方法有堆密度、颗粒密度、真密度等。分别参见"堆密度"、"颗粒密度"及"真密度"。

催化剂碳含量　carbon of catalyst　指催化剂表面上的碳沉积物。催化剂使用过程中会由积炭使其活性降低或失去活性。催化剂的含碳量是判别催化剂需要再生和烧焦的重要指标,同时是催化裂化工艺标定热平衡计算中不可缺少的数据。由催化剂碳含量可调整原料油配比及调整操作参数等。测定催化剂碳含量的方法有燃烧-容量法、硫碳仪法及元素分析仪法等。

催化剂稳定性　catalyst stability　指在使用条件下催化剂保持其活性及选择性的能力。通常包含活性稳定性及选择性稳定性两种含义。活性稳定性是指催化剂在高温苛刻的反应条件下长期具有一定水平的活性,能经受开车、停工时的温度变化,并保持稳定的化学组成及物相;选择性稳定性是指反应初期的催化剂选择性与运转末期的

催化剂选择性相差不大,有良好的化学稳定性及抗毒性能。

催化剂藏量 catalys tinventory ①流化床反应器的分布板上密相床内经常保持的催化剂量;②催化裂化装置中,再生器与反应器各自保持有一定的催化剂量,两器内经常保持的催化剂总量称为藏量。

催化炭 catalytic carbon 又称催化焦,反应炭。指在催化裂化反应过程中,由烃类在催化剂活性中心上反应时生成的焦炭。其氢碳比较低(H/C 约 0.4)。催化炭随反应转化率的增大而增加。催化炭也可用下式计算:

催化炭=总炭-附加炭-可汽提炭

式中 总炭——再生时烧去的焦炭中的总炭量;

附加炭——由原料中的残炭造成的焦炭中的炭,它不是催化反应所生成,附加炭=新鲜原料量×新鲜原料的残炭×0.6%;

可汽提炭——吸附在催化剂表面上的油气在进入再生器前未汽提干净,而在再生器内与焦炭同样烧掉所形成的炭,可汽提炭=催化剂循环量×0.02%。

催化重整 catalytic reforming 一种石油二次加工过程。是以含 C_6～C_{11} 烃的石脑油为原料,在催化剂及氢压作用下通过脱氢芳构化等反应生成高辛烷值汽油及轻芳烃(苯、甲苯、二甲苯)的过程,同时副产氢气作为石油炼厂加氢装置(如加氢精制、加氢裂化)的用氢来源。按所用催化剂分类,可分为铂重整、铂铼重整及多金属重整等;按催化剂再生方式分类,可分为固定床半再生重整、循环再生重整,连续再生重整及低压组合床重整等。

催化重整的基本反应 primitive reaction of catalytic reforming 催化重整的目的是将低辛烷值的原料变成高辛烷值汽油或用直馏汽油生产芳烃。在催化重整条件下进行的基本反应有:①五元环烷烃在催化剂酸性中心作用下,通过异构化反应转化为六元环烷烃,进而可以脱氢转化为芳烃;②直链烷烃在催化剂酸性中心作用下,通过异构化反应转化为异构烷烃;③在催化剂作用下,烷烃经脱氢和环化反应生成环烷烃,环烷烃继而经脱氢或异构脱氢转化为芳烃;④烷烃的加氢裂化反应;⑤芳烃经脱烷基化反应转变为较轻的芳烃⑥烃类深度脱氢引起的积炭反应。

催化重整装置 catalytic reforming unit 进行催化重整的工业装置。有多种分类方法:①按原料馏程,可分为窄馏分重整及宽馏分重整两类;②按反应床层状态,可分为固定床、移动床及流化床重整;③按催化剂类型,可分为铂重整、双金属重整及多金属重整;④按催化剂的再生形式,可分为半再生式、循环再生式及连续再生式等工艺类型。目前工业应用的催化重整工艺主要分为固定床重整工艺及移动床重整工艺。其中固定床重整工艺又分为固定床半再生式及固定床循环再生式;移动床重整工艺又分为轴向重叠式和水平并列式。催化重整装置虽有不同类型,但除使用的催化剂及再生方式不同外,其余部分基本相同。我国现有的催化重整装置,在数量上大部分是固定床半再生式重整装置,而从加工能力来看,新建的连续再生重整装置已超过半再生重整装置的加工能力。

催化活性 catalytic activity 指在给定反应条件下,于单位时间内,单位体积(或质量)催化剂促进反应物转化为某种目的产物的作用强弱。有单程收率、原料转化率、比活性、时空收率等多种表示方法。

催化柴油 catalytic diesel oil 见"催化裂化柴油"。

催化氧化 catalytic oxidation 是在催化剂作用下,以生产石油化工产品及中间体为目的氧化过程。其所涉及的氧化反应有:在反应物分子中直接引入氧(如 $CH_2{=}CH_2 + \frac{1}{2}O_2 \longrightarrow CH_3CHO$);反应物分子脱去氢,脱下的氢被氧化为水(如 $C_2H_6 + \frac{1}{2}O_2 \longrightarrow CH_2{=}CH_2 + H_2O$);反应物分子脱去氢,氢被氧化为水,并同时添加氧(如 $CH_2{=}CH-CH_3 + O_2 \longrightarrow CH_2{=}CH-CHO$

$+ H_2O$);两个反应物分子共同失去氢,氢被氧化为水(如 $2C_6H_5CH_3 + O_2 \longrightarrow C_6H_5-CH{=}CH-C_6H_5 + 2H_2O$);降解氧化反应(如 $C_2H_5OH + 3O_2 \longrightarrow 2CO_2 + 3H_2O$)。按反应物相态不同,可将氧化反应分为气相氧化及液相液化。气相氧化反应是将有机化合物的蒸气与空气(或氧气)的混合气在高温下通过催化剂,使有机物适度氧化,以生产目的产物的过程,常用于制取醛、羧酸、酸酐等;液相氧化反应是指烃类在催化剂作用下通过空气(或氧气)进行氧化的过程,如异丙苯液相氧化制苯酚。

催化脱氢 catalytic dehydrogenation 在催化剂作用下,有机化合物中脱除氢原子的反应。主要有烷烃脱氢、烯烃脱氢、烷基芳烃脱氢及醇类脱氢等类型。前三种为烃类脱氢,在石油化工生产中十分普遍。如正丁烷脱氢制 1,3-丁二烯、异戊烯脱氢制异戊二烯、乙苯脱氢制苯乙烯等。脱氢反应可用于生产合成橡胶、合成树脂、化工溶剂等重要化工产品。

催化脱蜡 catalytic dewaxing 在催化剂存在下进行油品脱蜡的过程。可分为加氢降凝及择形裂化两种不同途径。加氢降凝又称为临氢降凝,是将油品在较高温度及压力下,通过催化剂的作用使其与氢气发生加氢异构化和氢裂化反应,使其中凝点较高的正构烷烃转化为凝点较低的异构烷烃,如柴油及润滑油的临氢降凝;择形裂化是使用 ZSM-5 或丝光沸石等具有特殊吸附及选择能力的分子筛催化剂,对油品中的正构烷烃进行选择加氢裂化,以获得低凝点柴油或喷气燃料等。

催化裂化　catalytic cracking　是以减压馏分油、焦化柴油和蜡油等重质馏分油或渣油为原料,在常压和500℃左右,在酸性催化剂存在下,发生一系列化学反应,转化生成裂化气、汽油、柴油等轻质产品和焦炭的过程。催化裂化装置的处理量约占原油加工量的30%,是最主要的二次加工过程。催化裂化工艺发展的前期曾采用固定床和移动床反应器,现已全部采用流化床反应器,称为流化催化裂化。所用催化剂也由天然白土催化剂、合成硅酸铝催化剂发展为超稳 Y 型沸石分子筛催化剂。催化裂化是按正碳离子机理进行的,其主要反应包括:①分解,使重质烃转变为轻质烃;②异构化;③氢转移;④芳构化;⑤缩合、生焦反应等。催化裂化各产品产率和组成大致为:气体产率10%～20%,汽油产率30%～50%,柴油产率不超过40%,焦炭产率5%～7%。催化裂化汽油是车用汽油的主要组成部分,目前,我国催化裂化汽油约占车用汽油的80%。

催化裂化气　catalytic cracked gas　催化裂化过程产生的气体,主要包括从 C_1～C_4 的 11 种烃类,如甲烷、乙烷、乙烯、丙烷、丙烯、正丁烷、异丁烷、正丁烯及异丁烯等。其中:C_1～C_2 的气体为干气,占气体总量的 10%～20%;C_3～C_4 的气体为液化气,其中烯烃含量可达

50%。干气中除 C_1～C_2 组分外,还含有少量氢气、硫化氢和惰性气体,一般作燃料气用。液化气可用作化工原料及生产高辛烷值汽油的原料,也可用作民用燃料。

催化裂化反应器　catalytic cracking reactor　催化裂化装置的关键设备之一。其作用主要有:①提供原料油与催化剂接触空间,并能控制一定的接触时间及反应温度;②回收离开反应器的油气所携带的催化剂;③将反应结焦的待生催化剂再生之前,先经过热蒸汽汽提,以回收催化剂表面所吸附的油气。目前催化裂化反应器有床层反应器及提升管反应器两种类型,其中以提升管反应器为主,床层反应器应用很少。

催化裂化分馏系统　catalytic cracking fractionation system　指在催化裂化反应过程中,将反应-再生系统的产物进行初步分离,得到部分产品和半成品的工艺过程。其主要任务是将来自反应-再生系统的高温油气脱过热后,根据各组分沸点的不同切割为富气、汽油、柴油、回炼油和油浆等。同时可利用分馏塔各循环回流中高温位热能作为稳定系统各再沸器的热源以降低装置能耗。部分装置还对分馏塔顶油气的低温位热源进行合理利用。

催化裂化再生器　catalytic cracking regenerator　催化裂化装置的关键设备之一。其主要作用是提供催化剂再生烧焦的场所,用主风(或氧气)烧掉催化剂的积炭,恢复催化剂的活性及选择

性,并利用高效旋风分离器实现烟气与催化剂的分离。常用再生器有大筒再生器、大小筒再生器及燃焦罐式再生器等。大筒再生器主要用于密相段线速为 0.3~0.8m/s 的低速床常规再生;大小筒再生器主要用于密相段线速为 0.8~1.2m/s 的高速床常规再生;烧焦罐式再生器是使用流化床作为低藏量的烧炭区,接着为一高速输送的提升管换热区,使烟气和再生剂的温度均匀,再生效率高。

催化裂化助剂 catalytic cracking additive 以少量添加于催化裂化过程中,用以提高催化剂再生性能、抗重金属污染能力及产品选择性等使用性能的物质。广泛采用的有一氧化碳助燃剂、金属钝化剂、油浆阻垢剂、汽油辛烷值助剂、结焦抑制剂、降烯烃助剂、硫转移助剂等。

催化裂化汽油 catalytic cracked gasoline 又称催化汽油。催化裂化过程所产的汽油组分。催化裂化的汽油产率高,约为 35%~45%,不饱和烃含量少,异构烷烃与芳烃含量高,故化学稳定性好,辛烷值高(可达 70~80),抗爆性好。其辛烷值远高于热裂化汽油。可用作航空汽油与高辛烷值汽油的基本组分。目前,我国催化裂化汽油约占车用汽油的 80%。

催化裂化原料 catalytic cracking stock 可用作催化裂化的原料包括原油经蒸馏分离出的 350~550℃ 的直馏馏分油、常压渣油和减压渣油,也有二次加工的馏分油,如焦化蜡油、脱沥青油、润滑油脱蜡膏和蜡下油及抽出油等。评价催化裂化原料性质的指标有密度、残炭、重金属含量、氮含量、硫含量、馏程和正庚烷不溶物,更进一步的评价包括族组成分析。其中对催化裂化反应影响最大的是残炭、重金属含量、氮含量和硫含量。残炭影响反应生焦量,重金属、氮含量及硫含量会影响催化剂的活性及选择性。

催化裂化柴油 catalytic cracked diesel oil 又称催化柴油。催化裂化过程所产的轻柴油组分。其含有大量芳烃,密度大,十六烷值低(一般为 25~40),使用性能差,需要与直馏柴油调合后才能使用。重油催化裂化和掺炼重油催化裂化轻柴油除十六烷值更低外,含硫、氮、胶质也较多,油品颜色深,安定性差,易氧化产生沉淀,需经过加氢精制或加氢改质与直馏柴油等调合才能满足产品质量要求。

催化裂化装置 catalytic cracking unit 是为了提高原油加工深度,生产高辛烷值汽油、轻柴油和液化气的二次加工生产装置。一般由反应再生系统、分馏系统和吸收稳定系统三部分组成。在处理量较大、反应压力较高的装置中,常设有再生烟气能量回收系统。其中的核心部分是反应再生系统,主要由反应器和再生器所构成。不同类型的催化裂化装置其主要差别在于有不同类型的反应-再生装置。它可分为床层裂化反应-再生装置及提升管裂化反应-

再生装置两大类。由于分子筛催化剂的突出特点,新建的装置都采用分子筛提升管裂化反应-再生装置。

催化裂化塔底油裂化助剂 catalytic cracking tower bottom additive 指为了控制和加速催化裂化分馏塔底油进一步裂化使之轻质化而使用的一种助催化剂。它随裂化主催化剂一起流动,其加入量一般不超过主催化剂的 10%,以尽量减少对主催化剂的稀释作用。其主要成分是含有少量稀土的高酸性无定型硅铝。通过控制助剂的酸中心类型及强度,可使油浆大分子适度裂化,而又尽量减少小分子烃和焦炭的产率,从而提高轻质油品的收率。

催化裂化催化剂 catalytic cracking catalyst 早期使用的催化裂化催化剂是天然白土催化剂。近期广泛采用的催化剂分为无定形硅酸铝催化剂及结晶形硅酸铝催化剂两大类。无定形硅酸铝催化剂又称作普通硅酸铝催化剂。其主要成分是 SiO_2 及 Al_2O_3。按 Al_2O_3 含量多少又分为低铝和高铝催化剂。用于早期的床层反应器流化催化裂化装置。结晶形硅酸铝催化剂又称沸石催化剂或分子筛催化剂,它比无定形硅酸铝催化剂有更高的活性及选择性,可大幅度提高汽油产率和装置处理能力,已逐步取代了无定形硅酸铝催化剂。目前使用的分子筛主要是 Y 型分子筛,其中又分为 ReY、ReHY、HY、USY 等类型。主要用于现代提升管催化裂化装置。

催化裂化澄清油 catalytic cracking clarified oil 除去催化剂的催化裂化油浆称为催化裂化澄清油。与直馏渣油比较,它属于高芳烃含量渣油,密度较大,一般超过水的密度,芳烃含量超过 50%。可用作延迟焦化原料,是生产针状焦的主要原料。

催化裂解法 catalytic pyrolytic process 是在催化剂存在下进行烃类裂解制取烯烃的方法。裂解过程使用催化剂可降低反应温度,缓和反应过程,减少结炭。催化剂是以耐高温的氧化硅、氧化铝等为载体,表面涂以金属氧化物(如氧化镁、氧化锆、氧化钛)及含铜、锰、钒、镉等金属的活性组分。催化裂解法所得裂解产物随所用催化剂、裂解原料及反应温度等不同而有所不同,一般是烯烃中的乙烯产率较低,丙烯及丁烯的产率较高。

催化氯化法 catalytic chlorination method 见“氯化”。

催化蒸馏 catalytic distillation 是含催化反应、精馏分离于一体,通过反应蒸馏塔来实现的一种新的化工过程。反应蒸馏塔由只具有分离作用的普通精馏塔段和同时具有分离作用的反应蒸馏塔段构成。反应蒸馏塔段通常是将装有催化剂颗粒的“催化剂构件”搁置在塔器中,使反应和分离同时进行。塔的类型可以是填料塔或板式塔,但结构上要能满足液固相反应过程的一些特定要求,使液体反应物料能与构件内的催化剂充分接触并不断更新表面。

填料塔的催化剂构件除具有催化反应功能外,还同时具有分离能力;而板式塔的催化剂构件只具有催化反应功能,分离由筛孔塔盘来完成。催化蒸馏技术具有转化率高、选择性好、能耗低、产品纯度高等特点,在甲基叔丁基醚生产中已获得良好的效果。

催化叠合 catalytic polymerization 见"叠合"。

催冷剂 colder 一种能提高金属热处理油冷却速度的添加剂。热处理油是金属零件热处理用的冷却介质。要求具有良好的冷却性及热氧化安定性,高的闪点及燃点,黏度及水含量低,淬火工件表面光亮等特性。催冷剂是由无灰分中、低分子油溶性高聚物组成的,能最大限度地提高淬火油的淬火冷却能力,并具有较高的热稳定性及热氧化安定性,可使经保护加热的工件淬火后表面光亮。常用的有无规聚丙烯、三元乙丙共聚物、丙烷脱沥青油等。

储存安定性 storage stability 指油品在储存过程中质量不易发生变化的性质及其变化程度。不同油品常有不同的试验鉴定方法。如汽油储存安定性测定,是将一定体积的试样在93℃下储存16h,测定其吸氧量和生成的总胶质,以不安定指数值表示其储存安定性。其值越小,则储存安定性越好。

微分反应器 differential reactor 指当反应物系连续流过反应器时,沿着催化剂床层的轴向和径向没有显著的浓度梯度和温度梯度,催化剂床层各部位反应速度都相同的反应器。与积分反应器相比,在微分反应器中反应物转化率极小。根据反应物系流动方式不同,微分反应器可分为直流、外循环及内循环三类。当反应物系以高空速连续流过反应器而不循环时,称为直流微分反应器;当反应物系借助于循环泵在微分反应器外循环时,称为外循环微分反应器;当反应物系借助于微分反应器内的循环泵而循环流动时称为内循环微分反应器。

微分蒸馏 differential distillation 见"简单蒸馏"。

微反活性试验 micro-activity test 又称微反应器活性试验、微反活性测定法。一种测定分子筛裂化催化剂催化活性的方法。由于所用反应物及催化剂量都很少并采用微型化反应器,故称其为微反活性测定法。如将标准原料油以一定空速注入装填有少量催化剂的微型反应器中,使其在规定温度下进行裂化反应,由此测得的质量转化率即为分子筛催化剂的微反活性,或称为微反活性指数。

微反活性指数 micro-activity index 见"微反活性试验"。

微孔塑料 cellular plastics 见"泡沫塑料"。

微动磨损 fretting 两个作相对微振幅振动的受载表面间所产生的磨损。其多发生在机械连接处的零件上,是一种微动疲劳与微动腐蚀并存的复合式磨损。包括粘着磨损、磨料磨损、氧化磨损及疲劳磨损等多种形式的磨损。

微针入度 micro-penetration 使用小型针入计测得的润滑脂针入度,适用于测定少量润滑脂样品。微针入度(B)与一般针入度(A)的换算关系式为:A=3.75B+24。

微库仑滴定 microcoulometric titration 一种库仑滴定技术。是利用电生滴定剂来测定被测物质。即滴定试剂是用电解法在溶液中产生的,计量制备滴定试剂所消耗的电量(微库仑),就可确定滴定试剂的用量。主要用于检测含硫、氮、卤素等化合物。如测定铂重整原料油中的硫含量、轻质石油产品中的氮含量及氯含量等。

微乳液 microemulsion 又称微乳状液。指两种互不相溶的液体在表面活性剂作用下形成的热力学稳定、各向同性、外观透明或半透明、分散相质点为球形且粒径在 1～100nm 范围内的分散体系。微乳液有油包水(W/O)及水包油(O/W)两种类型。其形成机理是;表面活性剂可使油/水界面张力(γ)降低至 1～10mN/m,形成普通乳液,当再加入助表面活性剂(如 $C_5 \sim C_8$ 脂肪醇)时,γ 可以大幅下降至 $10^{-5} \sim 10^{-3}$ mN/m,甚至瞬时 $\gamma < 0$,迫使体系自发扩张界面,表面活性剂与助表面活性剂相继吸附在新界面上,直至 γ 微大于或等于零。这种瞬时负界面张力使体系形成微乳液。当微乳液滴碰撞而聚集时,会使界面面积减少而产生瞬时界面张力,阻碍微乳液的凝聚,从而形成微乳液的动态平衡稳定体系。微乳液可用于石油的三次采油,降低油水界面张力,提高采油率。也用于纳米材料的制造。

微乳液法 microemulsion method 又称反相胶束法。一种制备纳米材料的液相化学法。它是指两种互不相溶的溶液在表面活性剂作用下形成微乳液,也即由双亲分子将连续介质分割成微小空间形成微型反应器,反应物在其中反应后生成固相物。如利用油包水型(W/O)微乳液体系,金属盐类可以溶解在水相中,形成以油相为连续相,中间分散着非常小而均匀的水核,以这些水核为微型反应器,经沉淀反应产生十分微小而均匀的超细金属粉。微乳液法所得纳米微粒的粒径分布窄、分散性及稳定性好,而且装置简单、操作容易,可用于制备纳米催化材料、超细半导体粒子、超细超导材料等。

微乳催化 microemulsion catalysis 指在微乳液中发生的类似胶束催化的现象。通过试剂和产物的分隔和浓缩,微乳和胶束聚集体可以催化或抑制化学反应。如对硝基苯二磷酸酯的碱性水解反应,在非离子体系中反应进行得很慢,而在由阳离子表面活性构成的微乳液中该反应可快速进行。

微乳液聚合 microemulsion polymerization 一种制备小粒径乳胶的乳液聚合方法。传统乳液聚合最终乳胶粒径为 100～150nm,乳液不透明,呈乳白色,为热力学不稳定体系。而微乳液粒径为 8～80nm,属于纳米级微粒,经特殊表面活性剂体系保护,可成为热力学稳定体系,各向同性,清亮透明。与常规聚合物乳液混用,更能优势互补。微乳液聚合配方的特点是:单体用量少(<10%)、乳化剂很多(>单体量),并加有大量助乳化剂(如戊醇),乳化剂与助乳化剂形成复合胶束和保护膜,并使水的表面张力大为降低,因而使单体分散成微液滴。

微波 microwave 是频率为 $3 \times 10^2 \sim 3 \times 10^5$ MHz(相当于波长为 1m $\sim$ 1mm)的电磁波,属于无线电中波长最短的波段,亦称超高频。微波最常用的频率为 (2450 ± 50) MHz(相当于波长 120mm),进入分米波段。该频率与化学基团的旋转振动频率接近,可以活化基团,促进化学反应。当含水分的物质受到微波辐射时,水分子在超高频电磁场中反复交变极化,使分子热运动加剧,并产生电磁能向热能转换,物质被加热。

微波干燥 microwave drying 以微波发生器产生的电磁波为热源,对物料进行加热干燥的方法。物料在微波场中,其内部的电介质吸收电磁能并转换成热能,使物料中的湿分向外迁移而达到干燥的目的。微波干燥所用频率一般为 300MHz 以上。其特点是:①具有穿透性。微波能对绝大多数非金属材料穿透到相当的深度,热从被加热物料内部和靠近表面处同时产生,因此干燥速度快,干燥均匀。②具有选择性。物料吸收微波的强度随介电常数由高至低逐次下降,而水的介电常数特别大,

故水能强烈吸收微波,很适于含水物料的干燥。微波干燥热效率高、干燥器体积小,广泛用于化工、医药、食品、造纸等领域。也可用于催化剂干燥。

微波引发聚合 microwave initiated polymerization 指以微波发生器产生的电磁波引发单体的聚合。微波具有热效应及非热效应双重作用。热效应是交变电场中介质的偶极子诱导转动滞后于频率变化而发生的,因分子转动摩擦而引起内加热,加热速度快,受热均匀。这种热效应曾用于橡胶硫化及环氧树脂固化,缩短硫化或固化时间。微波可加速化学反应,使聚合速率提高数倍至几千倍不等。这不仅有热效应的影响,非热效应起着更重要的作用。如苯乙烯、丙烯酸、丙烯酰胺等都可在微波作用下进行共聚或接枝共聚。

微型反应器 micro-reactor 指将反应器制作得很小,使催化剂装填量尽量少(一般为 0.01~1.0g),以克服床层的浓度梯度,这种形式的反应器称为微型反应器。常用于实验室的催化剂活性评价,容易实现微分反应。

微晶体 microcrystal 见"单晶体"。

微锥入度 micro-cone penetration 采用组合尺寸为标准圆锥体四分之一的小锥体测得的润滑油锥入度。适用于测定少量润滑脂的样品。微锥入度(B)与一般锥入度(A)的换算关系式为: A=3.75B+24。

微悬浮聚合 micro-suspension polymerization 单体液滴及产物粒径介于

0.2～2μm 的聚合方法。传统的悬浮聚合单体液滴直径一般为 50～2000μm，产物直径与液滴粒径大致相同，因此，微悬浮聚合体系需采用特殊复合乳化体系，而由离子型表面活性剂(如十二烷基硫酸钠)和难溶助剂(如 C$_{16}$ 长链脂肪醇或长链烷烃)组成。复合物可使单体-水的界面张力降得很低，稍加搅拌，就可将单体分散成亚微米级的微液滴并防止聚并。从反应机理看，引发和聚合均在微液滴内进行，与传统悬浮聚合相近，但产物粒径更接近乳液聚合产品，故微悬浮聚合兼有悬浮聚合及乳液聚合的一些特征。

微球催化剂 microspherical catalyst 一类外观呈微球状的流化床催化剂。通常是将含活性组分的浆液，经喷雾干燥成型而制得有一定粒度分布的微球催化剂。如用于流化催化裂化的微球硅酸铝催化剂，其直径为 20～100μm；用于乙烯氧氯化制氯乙烯的微球催化剂，其直径为 30～80μm。

微晶蜡 micro-crystalline wax 又称地蜡。为减压渣油提炼润滑油时的副产品。是以减压渣油为原料，经脱沥青、脱油所得蜡膏，再经精制而成的。其组分除正构烷烃外，还含有大量高分子异构烷烃和带有长链的环烷烃。与石蜡相比，在硬度、针入度相同时微晶蜡的熔点和分子量高，折光指数、相对密度和熔化后黏度都比石蜡大，收缩率和表面张力小。微晶蜡的挠性、柔韧性好，在受力情况下倾向于塑性流动而不断裂或粉碎。滴点和针入度是微晶蜡的主要质量控制指标。按产品颜色，微晶蜡可分为优级品、一级品及合格品三个等级；按产品的滴熔点分为 70 号、75 号、80 号、85 号及 90 号五个牌号。广泛用作润滑脂稠化剂组分、橡胶助剂，以及用于制造热熔胶、油墨、涂料、化妆品及医药等。

馏分 fraction 又称馏出液、馏分油、馏出油。指用蒸馏的方法将原油或液体混合物按沸点的高低切割为若干个部分。也即按沸点不同而从蒸馏塔顶或塔身某高度处的馏出产物。馏分常冠以石油产品的名称(如汽油馏分)。原油的馏分组分一般包括汽油馏分(轻油或石脑油馏分)、煤柴油馏分(常压瓦斯油)、减压馏分(润滑油馏分或减压瓦斯油)及减压渣油等。

馏分油 distillate oil 见"馏分"。

馏分油加氢精制 distillate hydrore-fining 指在氢压下对直馏汽油、二次加工汽油、煤油、喷气燃料、柴油等进行催化改质的总称。直链石脑油馏分加氢精制的作用是脱除原料油中对重整催化剂有害的杂质(如硫、氮、氧、砷、铅、铜等)后可作为催化重整原料；催化裂化汽油加氢精制的作用是降低含硫量，适当降低烯烃含量；灯用煤油加氢精制的作用是降低含硫量、脱除臭味、减少饱和部分芳烃以及改善燃烧性能；喷气燃料加氢精制的作用是降低硫、氮含量，以减少对设备元件的腐蚀和改善储存安定性，降低芳烃含量，从而减少对机械零件的损害；柴油加氢精制的目的是生产优质柴油或优质柴油的调和组分。

馏分燃料 distillate fuel 原油蒸馏中按沸程分开的各种馏分油的总称。可分为汽油机燃料（如车用汽油、航空汽油）、柴油机燃料（如轻柴油、军用柴油、重柴油、船用燃料油）、喷气发动机燃料（如航空煤油）及锅炉燃料（如舰用燃料油）。

馏出液 distillate 见"馏分"。

馏出温度 distill-off temperature 指在油品馏程测定时馏出液达到某一体积百分数时的气相温度。如馏出液体积为10%时的气相温度即称10%馏出温度或简称10%点。汽油各点馏出温度是其使用性能好坏的主要指标。10%馏出温度越低，发动机越易启动，并且启动时间短，消耗燃料量少。但轻组分太多，易产生气阻。50%馏出温度越低，发动机从预热到正常工作所需的时间就短，变速越容易。但50%馏出温度太低，则燃料热值低，发动机功率小。90%馏出温度越高，重质组分越多，燃料燃烧不易完全，排气时和废气形成油滴状排出，同时也会增大油量消耗，加大机件磨损。

馏程 distillation range 又称沸程。指液体混合物或油品在蒸馏试验中从初馏点到终馏点的温度范围。即试样馏出的整个温度范围。从馏程数据可大致判断出油品轻重馏分所占比例及蒸发性能的好坏。

腰轮流量计 Root's flowmeter 又称罗茨流量计。一种容积式流量计。是由测量主体和表头两部分组成。测量主体内有一对截面呈"8"字形的柱状转子（腰轮）。腰轮在转动过程中，腰轮之间、腰轮与壳体之间，始终保持接触状态，并将流体从进口排到出口。由于腰轮与壳体所形成的封闭空间（计量室）的容积一定，通过测出腰轮的转数及转速，就可测得流体的累积流量及瞬时流量。按腰轮数不同，可分为单（对）腰轮式及双（对）腰轮式流量计；按流量显示方式可分为就地显示及远传显示两种。具有测量精度高、可靠性好、测量范围宽（$0.1 \sim 2500 \text{m}^3/\text{h}$）的特点，可用于气体、液体及含有微小颗粒的流体的测量。

腾涌 slugging 又称节涌。一种固体流化状态。当流化床高径比很大、直径又较小时，通过颗粒层的气泡在上升过程中可能聚并长大到占据整个床层截面，将床层分割成气固相隔的几段，使固体颗粒呈柱塞状一节节地往上移动，至某一位置时发生崩塌而像雨淋似的落下，这种现象就称为腾涌或节涌。当流化床的床径较大时，就不会发生腾涌现象。

腾涌床 slugging bed 见"聚式流态化"。

触变剂 thixotropic agent 赋于涂料、胶黏剂等触变性的物质。如有些胶黏剂在涂胶时，要求黏度低，而在加压叠合时又要求有较高黏度，以减少胶层边缘的流胶现象。如在胶黏剂中加入适量白炭黑或膨润土等触变剂,既能显著提高胶液的黏度,搅动时,胶液又具有良好的流动性。

触变性 thixotropy　将浓度相当大的 $Fe_2O_3 \cdot xH_2O$ 置于试管中静置一些时间,即成半固体状态,将试管倒置,样品并不流出。如将试管激烈摇动,又可恢复到原先的流体状态。这种现象可任意重复。把这种摇动或搅动时变成流体,静置后又变成半固体的性质称作触变性。铝溶胶、涂料、润滑脂、沥青流体及泥浆等都有触变性。涂料因有触变性才不致使新刷的油漆立即从器壁上流下来。

触变胶体 thixotrope　具有触变性能的胶体,如用于制造氧化铝载体的铝溶胶。

鲍尔环 Pall ring　填料塔用的环形填料。是拉西环的改进型。在拉西环的侧壁上开出两排长方形的窗孔,被切开的环壁一侧仍与壁面相连,另一侧向环内弯曲,形成内伸的舌形,各舌叶的侧边在环中心相搭。通常用金属或塑料制成。同样尺寸与材质的鲍尔环与拉西环相比较,其相对效率要高出30%左右。在相同压降下,鲍尔环的处理能力比拉西环增加50%以上,而在相同的处理能力下,鲍尔环填料的压降仅为拉西环的一半。

解吸 desorption　又称脱吸。是吸收的相反过程。指吸收质由溶剂中分离出来转入到气相的过程。通常解吸的方法有加热升温、降压闪蒸、用惰性气体或蒸气脱气、精馏等。进行解吸操作的塔器称为解吸塔或脱吸塔。

解吸率 desorption efficiency　又称脱吸率或解吸效率。表示某组分被解吸的程度。在气体解吸过程中,设解吸塔入口与出口的溶质浓度分别为 x_2、x_1,与出口液体中的气相浓度平衡的液体浓度为 x_1^*(浓度均为摩尔分数),则 $(x_2-x_1)/(x_2-x_1^*)$ 为解吸效率。

解吸塔 desorption tower　见"解吸"。

解聚 depolymerization　聚合物的一种降解方式。指链状聚合物在热、催化剂、解聚剂等作用下分解为单体的过程。解聚从聚合物末端开始,失去单体的同时生成自由基,可看作是聚合反应中链增长过程的逆过程。如聚甲基丙烯酸甲酯在高温下可转变为单体。

解聚效应 depolymerization effect　在共聚反应中,体系单体浓度及共聚组成会随反应的进行而不断变化。在一定反应温度下,当某种单体浓度低于它的平衡值时,以此种单体为聚合物的端基将发生降解,进而导致该种单体在共聚物中的组成降低。这种现象称为解聚效应。如在通常反应温度下,乙烯基单体的解聚倾向很小,而 α-甲基苯乙烯的聚合上限温度仅为 $61℃$,解聚倾向严重。

【丶】

新己烷 neohexane　见"2,2-二甲基

丁烷"。

新戊烷 neopentane 化学式 C_5H_{12}。

$$H_3C-\underset{\underset{CH_3}{|}}{\overset{\overset{CH_3}{|}}{C}}-CH_3$$

又名 2,2-二甲基丙烷。无色气体或易挥发液体。液体相对密度 0.613。沸点 9.5℃,熔点 -16.6℃。折射率 1.3476。爆炸极限 1.4%～7.5%。不溶于水,溶于乙醇。极易燃。马达法辛烷值 83。用作汽油高辛烷值调合组分。

新配方汽油 reformulated gasoline 指掺有一定量醚类化合物的汽油。甲基叔丁基醚、乙基叔丁基醚、叔戊基甲基醚等醚类化合物能与烃类互溶,有较高的辛烷值及良好的化学稳定性,蒸气压也较低,掺入汽油中有助于降低汽油机排放废气中的污染物含量,从而使醚类成为新配方汽油的关键组分。目前最常用的是甲基叔丁基醚。美国对新配方汽油的一般要求是氧含量最低为 2%、苯含量最高为 1.0%、无铅、NOx 的排放不比普通汽油增加。

新氢 fresh hydrogen 加氢裂化操作时,加入加氢系统中作为补充消耗的新鲜氢气。新氢一般含有氢气、惰性气体及轻烃,其组成主要取决于生产方法。由于新氢比系统中的循环氢纯度高,因而除补充消耗外,还具有维持系统中氢的浓度和氢分压的作用。新氢纯度不但对氢分压有直接影响,而且对循环氢纯度和氢耗量有很大影响。

新能源 new energy 指相对于常规能源而言的,为新近开发利用或正在研究开发的一类能源,如太阳能、风能、地热能、海洋能、氢能、核能及生物质能等。这些能源大多是非燃料能源及可再生能源,在开发利用过程中对环境污染小,储量大,有的甚至是用之不竭的。但这些能源的能量密度相对较小,在大规模利用时还存在许多技术上的难题需要解决。

煤气 coal gas 由固体燃料(煤、焦炭等)或液体燃料(如重油)经干馏或气化等过程所得到的可燃性气体的总称。干馏煤气可分为高温、中温及低温三种。主要成分是烷烃、烯烃、芳烃、CO、H_2 等可燃气体,并含有少量 CO_2、N_2 等非可燃气体。热值较高。气化煤气按所用气化剂不同,可分为空气煤气、水煤气、半水煤气、混合煤气等,主要成分是 CO、H_2,并含有较大量的 CO_2、N_2。其热值较低。煤气可用作燃料或化工原料。

煤气化 coal gasification 指将煤炭在高温下通过与气化剂(空气/氧气和蒸汽或 CO_2、H_2)发生一系列化学反应转化成煤气的过程。通过煤炭气化,可将煤中的碳和氢转化成 CO、H_2、CO_2 和 CH_4 等气体,可用作燃料或化工原料。气化方法很多,按操作方式可分为常压气化及加压气化;按煤在炉内状况可分为固定床(或称移动床)气化、流化床气化、气流床气化、熔渣(熔盐)床气化;按气化反应类型可分为热力学过程气化及催化过程气化等。

煤加氢 coal hydrogenation 指往煤中加氢使煤中的碳氢比(11～15)降低到

接近石油的碳氢比(6～8),使原来煤中含氢少的高分子固体物转化为含氢多的液、气态化合物。如将细煤粉与重油和氢混合后加热至400℃,再在催化剂(钴、钼、铁等)存在下高压加氢,可制得液体烃,经分馏可得到汽油、柴油等轻质燃料油。

煤与焦炭制甲醇方法 synthetic methanol by coal and coke 指以煤与焦炭为原料生产甲醇的方法。其工艺过程包括燃料气化、气体脱硫、变换、脱碳、甲醇合成、精馏等。先用蒸汽或氧气对煤与焦炭进行热加工,使其在煤气发生炉中进行气化。气化所得粗原料气经脱硫后再通过变换,使过量的一氧化碳变换为氢气和二氧化碳,再经脱碳工序除去过量的二氧化碳。所得合成气在一定温度、压力及催化剂存在下合成甲醇,粗甲醇经精馏后制得甲醇产品。

煤间接液化 indirect liquefaction of coal 见"煤液化"。

煤直接液化 direct liquefaction of coal 见"煤液化"。

煤的干馏 dry distillation of coal 指煤隔绝空气热解,释出水分,挥发分及吸附气体,产生煤气、焦油和焦炭(或半焦)的过程。按干馏终点温度不同,分为低温干馏(500～600℃)、中温干馏(700～800℃)及高温干馏(900～1000℃)。一般炼焦生产属于高温干馏范畴。它主要指有黏结性的烟煤在焦炉内隔绝空气加热到950℃左右,经干馏、脱吸、熔融、黏结、固化等阶段生产

冶金焦炭,同时副产煤气、高温焦油及其他各种化学品。

煤的气化 coal gasification 见"造气"。

煤的流化床气化 fluidized gasification of coal 又称煤的沸腾床气化。是向上移动的气流使煤料在空间呈沸腾状态的气化过程。生产过程中气化剂以一定速度由下而上通过煤粒床层,使煤料浮动并互相分离,当气流速度增大到一定程度时,床层犹如沸腾的水泡一样。典型的流化床气化炉是温克勒(Winkler)常压流化床气化炉。粒度为小于10mm的煤经给料机送入煤气炉,蒸汽和氧气由喷嘴送入炉内,炉温为800～950℃,煤在炉内停留时间以分计。因煤入炉后很快达到高温蔚蓝色,故无焦油及酚产生。当气化剂以氧气-蒸汽为介质时可生产供化工合成的原料气;当以空气-蒸汽为介质时可生产低热值的燃料气。

煤油 kerosene 又称灯油,一种轻质石油产品。为复杂的烃类(碳原子数为10～16)混合物。属于原油中180～310℃的直馏馏分油,或二次加工经过精制的、不含热裂化组分的馏分油。相对密度约0.8。主要用于照明、生活炊事、取暖,也可用作溶剂及洗涤剂。根据用途不同,分为灯用煤油、炉用煤油、矿灯煤油、信号灯煤油及荧光探伤煤油等。煤油具有良好的点燃性、吸油性、洁净度,使用安全,着火危险性较小。评定煤油的性能指标主要有点灯试验、烟点、馏程、浊点、硫含量、闪点、色度、运

动黏度及铜片腐蚀等。

煤油加氢精制　kerosene hydrorefining　指煤油馏分（喷气燃料）加氢脱除硫、氮等有害物质的加工过程。硫化物是煤油馏分中常见的含量较高的非烃化合物，加氢精制的作用主要是降低硫、氮含量，以减少对设备腐蚀及改善储存安定性，同时可降低芳烃含量，改善燃烧性能。灯用煤油经加氢精制可降低含硫量、脱除臭味，并通过饱和部分芳烃改善燃烧性能、增大无烟火焰高度。

煤-油共炼技术　coal-oil co-refining process　是将煤和石油渣油同时加氢转化成烃、中间油，并产生少量的 $C_1 \sim C_4$ 气体的过程。为煤炭直接液化派生的一种技术。其工艺特点是采用流化床催化反应器、高活性加氢裂化催化剂和两段工艺，煤和渣油先与循环溶剂混合制成煤油浆，然后顺次通过两个加氢裂化反应，在第二个反应器进行深度加氢和脱除杂原子反应，生成轻、中馏分油。

煤型气　coal type gas　又称煤成气。指含煤岩系中腐殖型有机质在煤化作用过程中形成的天然气，为一种多成分的混合气。一般为干气，也可能有湿气或凝析气。其中烃类气体以甲烷为主，重烃含量少。煤成气中常具有较高的汞丰度，这是由于腐殖型有机质对汞有较大的吸附能力，平均汞含量为 700ng/ m^3。

煤基多联产　coal base multiple co-production　指以煤气化技术为核心，集成多种煤炭转化技术为一整体，以同时获得多种高附加值化工产品及其他二次能源（如燃料、蒸汽、电能等）的煤高效转化系统。它不是煤化工与电力工艺的简单组合，而是具有高效、灵活、洁净转化、经济的许多单元工艺的有机集成、耦合。

煤液化　coal liquefaction　是以煤为原料加工转化以制取液体烃类为主要产品的技术。可生产汽油、柴油、液化石油气、苯、甲苯、乙烯等化工产品。分为煤直接液化及煤间接液化两大类。狭义的煤直接液化是指煤在适当的温度和压力下经催化加氢裂化转化成液体烃类及少量气体烃，脱除煤中氮、氧及硫等杂原子的过程；广义的煤直接液化还包括煤的溶剂萃取、煤的低温干馏和煤油共炼技术。煤的间接液化是以煤基合成气（$CO + H_2$）为原料，在一定温度及压力下，定向地催化合成烃类燃料油和化工原料的工艺，包括煤气化制取合成气及其净化、变换、催化合成以及产品分离及改质加工等过程。

煅烧焦　calcined coke　见"生焦"。

羧基　carboxyl　羧酸分子中的官能团，以—COOH 或 $-\overset{\displaystyle O}{\overset{\|}{C}}-OH$ 表示。在形式上可看成是由羰基（=CO）与羟基（—OH）组成的一价原子团。但羧基的性质并非为羰基与羟基的简单加和。其中的羰基在羟基影响下变为不活泼，不能与 $NaHSO_3$ 等亲核试剂进行加成

反应,而羟基却比醇容易离解而显示弱酸性,羧基中的羟基能被卤素、—NH$_2$等基团置换而形成酰卤、酰胺等。

羧基化 carboxylation 有机化合物分子中引入羧基(—COOH)的反应。羧基为羧酸的功能基,它使羧酸具有中等酸性与强极性,发生氢键缔合以二聚体形式存在。引入羧基的方法有羧酸衍生物(如酰卤、酸酐、酯和酰胺)的水解及醇、醛、酮类化合物的氧化等。

羧酸 carboxylic acid RCOOH 又称有机酸。烃基与羧基(—COOH)相连接的化合物。通式中的 R 代表烃基或氢。除甲酸(HCOOH)外,所有羧酸均可看成是烃分子中的氢原子被羧基取代而形成的化合物。羧基是羧酸的官能团。羧基与脂肪烃基相连的羧酸称作脂肪酸。脂肪酸按烃基中是否含有不饱和键而分为饱和脂肪酸(如乙酸)及不饱和脂肪酸(如丙烯酸)。羧基与芳香烃基相连的羧酸称作芳香酸(如苯甲酸)。按分子中所含羧基的数目,羧酸又分为一元酸、二元酸、三元酸等。二元和二元以上的羧酸统称为多元酸。羧酸为弱酸,能与碱起中和反应,与醇起酯化反应。广泛用于制造药物、染料、香料、表面活性剂及高分子材料。

羧酸衍生物 carboxylic acid derivative 是羧酸分子中羧基中的羟基被卤素原子(X)、酰氧基 $\left[R-C{<}^{O}_{O^-} \right]$、烷氧基(—OR′)或氨基(—NH$_2$)所取代的化合物,分别称为酰卤、酸酐、酯及酰胺。羧酸及其衍生物都含有酰基 $\left[R-C{<}^{O} \right]$,因此也将它们统称为酰基化合物。羧酸衍生物易发生水解、醇解及氨解,是 H$_2$O、ROH、NH$_3$ 分子中的一个氢原子被酰基取代。它们都是典型的亲核取代反应,在有机合成中有广泛应用。

塑性 plasticity 又称可塑性。固体材料在不大的外力作用下发生变形,除去外力后物体完全恢复到原先的形状。这种性质称为弹性,具有这种性质的材料称为弹性体。如材料在外力作用下发生弹性变形,当应力超过某一值时,应力不再增加,形变仍继续增大,外力撤去后,形变不能恢复的现象则称为塑性。塑性是某些塑料、树脂及沥青材料等的一种属性。

塑性体沥青防水卷材 plastomer asphalt water-proofing roll-roofing 指用热塑性塑料改性沥青涂盖在经沥青浸渍后的胎基(聚酯胎或玻纤毡,或两者的复合物)两面,在上面撒以细砂、矿物粒料、金属箔或聚乙烯膜等;下面撒以细砂、或覆盖聚乙烯膜所制成的一种沥青防水卷材。也包括无规聚丙烯、聚氯乙烯、非晶态聚 α-烯烃等改性沥青防水卷材。主要用于一般工业及民用建筑工程的防水,尤适用于高温或有强烈太阳辐照地区的建筑物防水。

塑料 plastics 以合成树脂或天然高分子化合物为基料,再与填料、增塑剂、稳定剂、染料、颜料等多种辅助材料混合后,经一定加工方法所制得具有特定性能的可塑性材料,统称为塑料。当塑料再经加热变成熔融流体后,用多种加工方法使其在设定形状的模具内加工成型,即可制成各种形状的塑料制品。塑料品种很多,按其受热后性能变化可分为热塑性及热固性塑料;按其用途可分为工程塑料、通用塑料及特种塑料;按其组分性质可分为纤维素塑料、蛋白质塑料及合成树脂塑料等。广泛用于国民经济各个部门。有时将塑料、树脂及聚合物三词同义混用,实际上,树脂及聚合物应指不加助剂的基本材料,而塑料是加有各种特定性能助剂的材料。

塑解剂 piptizer 又称塑炼促进剂、化学增塑剂。指通过化学作用增强生胶塑性效果、缩减塑炼时间的物质。其作用机理一般有两种方式:一种是塑解剂自由基夺取橡胶分子上的氢原子而形成橡胶自由基,从而引发橡胶的自由氧化降解反应,使其分子量降低,塑性增加;另一种是塑解剂分解生成的自由基与橡胶断裂所生成的自由基反应,从而破坏其活性,不能再相互结合,也使分子量降低而塑性增加。常用塑解剂有五氯硫酚、五氯硫酚锌盐、二甲苯基硫酚及高分子量油溶性磺酸等。

数字仪表 digital instrument 又称数字显示仪表。一类以数字形式显示被测量值的仪表。由测量元件、测量电路、放大器、模-数转换器、计数器、数字显示器等组成。可先将被测量值变成电流、电压、位移等模拟量,然后转换成数字量,并以数字形式显示被测量值。如数字温度显示仪,可直接接受热电偶或热电阻信号,以实现温度测量值的数字显示。

数均相对分子质量 number-average relative molecular mass 见"平均相对分子质量"。

数据采集和处理系统 data acquisition and processing system 计算机过程控制的一种应用方式。是利用计算机进行数据检测处理的系统。先将生产过程中的各种参数经一次仪表发送、信号统一、模-数转换而定时地巡回采集到计算机中,再由计算机数据进行分析和处理,如数字滤波、仪表校正、计算处理等。当出现异常时能发出声光报警,也可按人工请求随机打印和选点显示。

滤布 filter cloth 过滤介质的一种。是工业上应用最广的织物介质。包括由棉、麻、丝、毛等天然纤维和由各种合成纤维制成的织物,以及由玻璃丝、金属丝等编织成的网。可截留的最小微粒直径为 $5\sim65\mu m$。滤布的选择视所过滤粒子大小、液体腐蚀性、操作温度,以及对强度和耐磨性的要求而定。

滤饼 filter cake 见"过滤"。

滤饼过滤 cake filtration 过滤方式的一种。是利用滤饼本身作为过滤隔层的一种过滤方式。由于滤浆中固体颗粒的大小很不一致,在过滤开始阶段,会有部分细小颗粒从介质孔道中通过而使滤液浑浊。随着过滤的进行,颗粒便会在介质的孔道上发生架桥而被拦截,并在过滤介质的上游一侧形成滤饼,同时滤液也变为澄清。因此,在滤饼过滤中,起主要过滤作用的是滤饼而不是过滤介质。滤饼过滤要求能够迅速形成滤饼,常用于分离固体含量较高的悬浮液。

滤浆 feed slurry 见"过滤"。

滤液 filtrate "过滤"。

溴化锂 lithium bromide 化学式LiBr。白色立方晶体或粒状粉末。相对密度 3.464(25℃)。熔点 547℃,沸点1265℃。易溶于水、乙醇,溶于乙醚、丙酮,微溶于吡啶。易吸湿潮解。大剂量服用可引起中枢神经系统抑制,长期吸入会导致皮肤斑疹及中枢神经系统紊乱。浓度为50%左右的溴化锂水溶液可用作吸收式制冷剂,既可直接利用49~69kPa(表)的低压蒸汽,也可用80~120℃热水及工业的废热、废气。可用于平衡石油及石油化工厂多余的低压蒸汽、凝结水来制取工艺用冷冻水,也用于医药、照相、电池等行业。由氢氧化锂与氢溴酸经中和反应而得。

溴价 bromine number 见"溴值"。

溴值 bromine number 又称溴价。指在规定条件下和100g油品起反应时所消耗的溴的克数。是表示石油产品安定性的指标之一。从测得溴值的大小可以说明油品中的不饱和烃含量多少。石油产品中不饱和烃越多,溴值就越高,油品的安定性也越差。溴值的测定按石油产品溴值测定法进行。由于溴比碘活泼,所以当试样中含不饱和烃少时用溴测定比较灵敏。但因溴不仅能与不饱和烃进行加成反应,也能发生取代反应,所以测定结果会略高。目前多用碘值表示油品中不饱和烃(烯烃)的含量。

溴指数 bromine index 指在规定条件下和100g油品起反应时所消耗的溴的毫克数。是表示石油产品安定性的指标之一。石油产品中不饱和烃越多,溴指数就越高,油品的安定性也越差。

溶质 solute 溶解于溶剂中的物质。对于双液系而言,常将含量较少的物质作为溶质,含量较多的作为溶剂。而对固体或气体溶于液体时,常将固体或气体作为溶质。

溶剂 solvent 又称溶媒。指在化学组成上不发生任何变化并能溶解其他物质(如气体、液体或固体)的液体,或者与固体发生化学反应并将固体溶解的液体。溶解生成的均匀混合物体系称为溶液。在溶液中过量的成分称为溶剂,量少的成分称为溶质。按溶剂性质,有极性与非极性、挥发性与非挥发性、质子与非质子溶剂之分。工业上所说的溶剂常指能溶解油脂、蜡、树脂而形成均匀溶液的单一化合物或两种以上组成的混合物。水是应用最广泛的溶剂,除水之外的溶剂称为非水溶剂。

溶剂分解反应 solvolysis reaction 有机化合物在各种溶剂的影响下发生的复分解形成新化合物的反应。以水、醇、氨及羧酸等溶剂应用最广，并分别分为水解反应、醇解反应、氨解反应及酸解反应等。

溶剂比 solvent ratio 指在溶剂精制过程中加入的溶剂量与原料油量之比。有体积比与重量比之分，工业上多用体积比。是溶剂处理过程的重要参数之一。在精制过程中，一般是将非理想组分抽出，理想组分留在提余油中，然后分别蒸出溶剂，得到精制油与抽出油。当溶剂比增大时，溶剂量增加，非理想组分的溶解量增加，同时，对理想组分的溶解量也会增加，而且回收系统负荷也增大。适宜的溶剂比，应根据溶剂、原料性质、产品质量要求等因素，通过实验来确定。

溶剂抽提 solvent extraction 见"溶剂萃取"。

溶剂油 solvent oil 指对某些物质起溶解、洗涤、萃取作用的轻质石油产品。其馏程较窄、组分轻、蒸发性强、易燃易爆。溶剂油大都是各种烃类的混合物。按化学结构分，溶剂油可分为链烷烃、环烷烃、烯烃和芳香烃四类。其中烯烃类溶剂因化学性质活泼，安定性差，基本上没有使用。按沸点分类，溶剂油可分为低沸点（＜100℃）、中沸点（100～150℃）及高沸点（＞150℃）溶剂油。而常用的分类法是按溶剂油的用途分类：馏程60～90℃的称为石油醚，馏程75～120℃的称为溶剂汽油，馏程60～160℃的称为橡胶溶剂油，馏程140～200℃的称为油漆溶剂油，馏程

150～300℃的称为溶剂煤油。溶剂油种类繁多，性质、规格及用途也各不相同，通常需视不同用途加以选择。一般要求溶剂油具有溶解性好、挥发性均匀、无色、无毒、无味等特性。

溶剂选择性 solvent selectivity 指在一定温度条件下溶剂对不同烃类的溶解能力的差异。如某溶剂对芳烃的溶解能力越强，表明该溶剂对芳烃的选择性越好。这种按烃类种类（如芳烃与非芳烃）不同表明在溶剂中的选择性差异，又称作分类选择性。如丁砜溶剂对各种烃类的选择性顺序大致为：芳烃＞环烷烃＞烯烃＞链烷烃。许多溶剂处理过程，都是以溶剂选择性为依据的。

溶剂脱沥青 solvent deasphalting 是根据油和蜡易溶于某种溶剂，而对于沥青质、胶质则难溶或几乎不溶解的原理，靠密度差而将渣油中的沥青和胶质分离的过程。所用溶剂有丙烷、丁烷及戊烷等，而以丙烷使用更广泛。脱沥青油，除作生产高黏度润滑油基础油的原料外，还可用作催化裂化及加氢裂化原料。脱油沥青经氧化或调合后可制得高质量的沥青产品。溶剂脱沥青是一种劣质渣油的预处理过程，是重油轻质化的重要手段之一。

溶剂脱油 solvent deoiling 一种含油蜡脱油制取石蜡的方法。过程与酮苯脱蜡过程相似，并可在同一种装置中进行，只是改变溶剂组成及过滤温度等工艺条件而已。参见"酮苯脱蜡

过程"。

溶剂脱蜡 solvent dewaxing 油品结晶脱蜡的方法之一。是润滑油脱蜡的常用方法。在结晶脱蜡时,为了克服低温下体系黏度过大、石蜡结晶细小、过滤速度慢、石蜡结晶中夹带油引起油品收率下降等问题,常加入对油和蜡有选择性的混合溶剂。即在"溶油不溶蜡"的作用下,降低温度使蜡结晶析出并长大晶粒,通过过滤分离回收溶剂后,得到低凝点的脱蜡油和高熔点的蜡。在溶剂脱蜡中常用的溶剂有酮类和芳香烃混合物,如丙酮-苯-甲苯混合溶剂、丁酮-苯-甲苯溶剂等。因此常将溶剂脱蜡称为酮苯脱蜡。工业上广泛使用的是丁酮-甲苯混合溶剂。

溶剂萃取 solvent extraction 又称溶剂抽提。是在液体混合物中加入与其不完全混溶的液体溶剂,形成液-液两相,利用液体混合物中各组分在两液相中溶解度的差异而达到分离的目的。所加入的溶剂称为萃取剂。如溶剂脱蜡、溶剂脱沥青、重整油溶剂芳烃抽提等。参见"萃取"。

溶剂萃取精馏 dissolving salt extract rectification 见"盐效应精馏"。

溶剂稀释型防锈油 solvent diluted anti-rust oil 指含有挥发性溶剂(如汽油、煤油、苯等)的一类防锈油。无需加热就可进行浸涂,溶剂挥发后,即在施涂表面形成一层均匀的保护油膜。防锈油由成膜剂、防锈剂及稀释剂三部分组成。所用成膜剂主要有沥青、石蜡、叔丁基甲醛树脂、醇酸树脂、三聚氰胺甲醛树脂、萜烯树脂、氧化石油脂及其钡皂;防锈剂主要有石油磺酸钡、石油磺酸钠、十二烯基丁二酸、二壬基萘磺酸钡、环烷酸锌、苯并三氮唑等;稀释剂主要是挥发性溶剂,如汽油、煤油、甲苯、丙酮、香蕉水、水等。这种防锈油适用于黑色金属、有色金属的封存防锈,以及机械产品及零部件的防锈等。

溶剂精制 solvent refining 是指借助液-液抽提方法,用极性的选择性溶剂从减压馏分(润滑油馏分)或减压渣油的脱沥青油中,除去短侧链的多环芳烃及胶质等非理想组分,以改善其黏-温性质、氧化安定性,并降低其残炭值,同时还可除去大部分含硫、含氧及含氮化合物。溶剂精制也可用于处理柴油,将其中的多环芳烃抽出以提高其十六烷值及降低其残炭值。工业上常用的溶剂有糠醛、酚、N-甲基吡咯烷酮。它们对润滑油原料中各组分溶解能力大小的次序是:胶质>多环短侧链芳烃>少环长侧链芳烃>饱和烃。其他溶剂还有二甲基亚砜、二甲基甲酰胺、液体二氧化硫等。

溶胶 sol 见"胶体"。

溶胶-凝胶法 sol-gel process 先形成溶胶再转变成凝胶的过程,溶胶是固态胶体质点分散在液体介质中的体系,凝胶则是由溶胶颗粒形成的含有亚微米孔和聚合链的三维网络,分散介质填充在它的空隙中的体系。其过程包括前驱体(无机盐、金属盐、有机金属醇盐等)的水解、缩合、胶凝、老化、干燥及热处理等步骤。该法具有制品均匀性好、粒径分布窄、纯度高、操作简单,并可制取传统方法难以制备的纳米颗粒或反应物种等特点。适用于氧化物及过渡金属化合物的制备。如用于制备氧化铝、氧化锆、尖晶石、莫来石等纳米微粒。

溶胶-凝胶型沥青　sol-gel type asphalt　见"针入度指数"。

溶液　solution　一种或几种物质以直径小于 10^{-9} m 的微粒被分散在另一种物质中形成的均匀、稳定的分散系。溶液由溶质和溶剂组成,是一种混合物。溶质是被溶剂溶解的物质,可以是气体、液体或固体;溶剂具有一定的溶解溶质的能力,最常用的溶剂是水。通常,对未指明溶液的溶剂,则认为是以水为溶剂形成的溶液。而酒精、苯、四氯化碳等也是常用的溶剂,以它们作溶剂所形成的溶液被称为非水溶液。

溶液聚合　solution polymerization　单体和引发剂或催化剂溶于适当的溶剂中进行的聚合反应。以水为溶剂时,即为水溶液聚合。自由基聚合、离子型聚合以及缩聚反应均可以溶液聚合方式进行。溶液聚合为均相聚合体系,与本体聚合相比,其特点是溶剂的加入有利于导出聚合热及降低体系黏度,减弱凝胶效应。其不足之处是加入溶剂后易引起诸如诱导分解、链转移之类的副反应。溶剂的加入还会降低单体及引发剂的浓度,导致反应速率比本体聚合要低。溶液聚合主要适用于直接使用

溶液的产物,如涂料、胶黏剂、合成纤维纺丝液、浸渍剂等。如乙酸乙烯酯、丙烯酸酯等的溶液聚合。

溶液缩聚　solution polycondensation　单体、催化剂在溶剂中进行的缩聚反应。按反应温度分为高温溶液缩聚及低温溶液缩聚。反应温度低于 100℃ 时为低温溶液缩聚。由于反应温度低,要求单体有较高的反应活性。溶剂的存在有利于热交换,缩聚反应过程平稳,被溶解或溶胀的大分子链处于伸展状态,分子量提高,而同溶剂不互溶的小分子,能有效地排除在缩聚反应体系之外。但溶剂的引入也会产生一些副反应,选用溶剂时要特别注意。溶液缩聚的工业应用规模仅次于熔融缩聚,聚芳酰亚胺、聚砜、聚苯醚等工程塑料都是采用本法生产的。

溶解度　solubility　指在一定温度及压力下,溶质溶解于一定量溶剂中的最高量。溶解度可用溶液中溶质的摩尔分率、质量分率或体积分率表示,也可用单位体积溶液中溶质的质量或摩尔数,或用单位溶剂中溶质的质量、摩尔数表示。溶质可以是固体、液体或气体,并相应地称为固体溶解度、液体溶解度及气体溶解度。溶解度会随温度变化而改变,温度上升时,溶解度可减少也可增加。在炼油及化工中,常用溶解度的差异来进行物质分离。

溶解度曲线　solubility curve　以纵坐标表示物质的溶解度,横坐标表示溶液的温度,根据物质在不同温度时的溶

解度在坐标上绘制的曲线就是该物质的溶解度曲线。而将多种物质的溶解度曲线绘制在同一坐标系中，便组成溶解度曲线图。从溶解度曲线图可反映某物质在不同温度时的溶解度，也可比较不同物质在相同温度时溶解度的差异，并可看出物质的溶解度随温度变化的趋势。利用溶解度曲线图提供的数据可进行相关计算和选择合适的结晶方法。

溶解氢耗量 dissolved hydrogen consumption 指在加氢过程中，溶解于高压液体物流中而带往低压系统的氢耗量。在加氢裂化装置中，涉及的物流主要包括：热高压分离器液体、冷高压分离器液体、冷高压分离器的含硫污水、循环氢脱硫塔的富溶剂、循环氢压缩机入口缓冲罐的排放液等。这部分氢气量被油、水、溶剂溶解带入低压系统。带走的氢量取决于操作压力、温度及油、水、溶剂的流量等因素。

溶解热 heat of solution 在等温等压下，1摩尔物质溶解于溶剂中形成溶液时发生的热量变化。溶解时有热量放出，溶解热为正值；溶解时吸收热量，溶解热为负值。溶解热的大小与温度、压力及溶剂的种类、用量有关。溶质在溶剂中扩散而溶解时，必须克服溶质微粒之间的作用力（离子键或共价键或分子间作用力），这一过程需吸收热量；溶质微粒与溶剂微粒结合过程则会放出热量。当吸热大于放热时，溶解热是负值。如硝酸钾溶于水时，溶液温度明显下降。如溶解过程中放热大于吸热，溶解热是正值，如氢氧化钠溶于水时，溶液温度明显升高。

溶解氧 dissolved oxygen 指溶解于水中的分子态氧。天然水中氧的主要来源是大气溶于水中的氧，其溶解量与温度、压力及水中的含盐量有密切关系。水体中溶解氧含量的多少也能反映水体遭受污染的程度。当水体受有机物污染时，由于氧化污染物质需要消耗氧，使水中溶解氧逐渐减少。严重污染时，溶解氧会接近于零。这时厌氧菌便会滋长繁殖，导致有机污染物的腐败而发臭。当水中溶解氧低于 $3 \sim 4mg/L$ 时，许多鱼类会呼吸困难，继续减少时，则会窒息死亡。此外，溶解氧对于生化处理过程中活性污染和生物膜的生长和活性都有很大影响。所以，溶解氧是一项重要水质控制指标。

溶解能力 solvency 指溶剂溶解物质的能力，即溶质被分散和被溶解的能力。在水溶液中一般用溶解度来衡量，但仅适用于溶解低分子结晶化合物。对于有机溶剂的溶液，尤其是高分子物质，溶解能力常包含将物质分散成小颗粒的能力、溶解物质的速度、将物质溶解至某一种浓度的能力、与稀释剂混合组成混合溶剂的能力等。烃类溶剂溶解聚合物或树脂的能力通常为：芳香烃＞环烷烃＞正构烷烃＞异构烷烃。工业上判别溶剂溶解能力的方法有稀释比法、恒黏度法、黏度-相图法、贝壳松脂-丁醇试验、苯胺点试验等。

塞阀 slug valve 同轴式催化裂化装置中使用的一种特殊阀门。是一种由圆锥体和管子短节组成的特殊阀。一般垂直安装在再生器或沉降器的底部,用于控制调节待生催化剂和再生催化剂循环量、再生器汽提段料位。有空心塞阀及实心塞阀两种类型。塞阀长度一般为 4300～7000mm,喉管的直径为 150～970mm,质量一般为 2000～6000kg。塞阀磨损均匀,可通过杆管和阀塞垂直行程的加长来补偿因磨损增加的间隙,延长操作周期。

塞莱克索尔过程 Selxol process 一种使用聚乙二醇二甲醚为溶剂的气体精制过程,可同时除去气体中 CO_2、H_2S、硫氧碳化物及硫醇等。该溶剂对设备无腐蚀性,稳定性好,无毒,不降解,不挥发,选择性强。塞莱克索尔脱碳工艺,通过其所用溶剂物理吸收 CO_2,同时通过闪蒸和空气汽提再生溶剂,从而不需任何外界热量,是一种低能耗的脱碳工艺。

福尔马林 formalin 见"甲醛。"

【フ】

缝隙腐蚀 crevice corrosion 又称裂隙腐蚀、间隙腐蚀。发生在缝隙内(如焊缝、铆缝、垫片或沉积物下面),由于滞留液体的浓度和溶氧量与设备中其他地方液体的浓度和溶氧量不同,这种溶液浓度差或溶液氧浓度差就会形成浓差电池,从而引起腐蚀。其破坏形态为沟缝状,严重时可穿透,也是孔蚀的一种特殊形态。在含 Cl^- 溶液中最易发生这类腐蚀。防止缝隙腐蚀的有效办法是消除缝隙。

叠合 polymerization 在一定温度及压力下,两个或两个相同或不同烯烃分子进行加成结合成较大烯烃分子的反应。如丙烯及丁烯可以低聚为较大分子的异构烯烃。以炼厂气的烯烃为原料,在催化剂(如固体磷酸)作用下通过叠合反应,生产高辛烷值汽油组分或石油化工原料等的过程称作叠合工艺,或称催化叠合(表示与低分子烯烃聚合生成高分子化合物的反应)。可分为非选择性叠合及选择性叠合。前者是用未经分离的 C_3～C_4 液化气作原料,目的产品是高辛烷值汽油的调合组分;后者是将分离出的单一丙烯或丁烯为原料,生产某种特定的产品或高辛烷值汽油组分。如丙烯选择性叠合生产四聚丙烯,异丁烯选择性叠合生产异辛烯。

叠合汽油 poly-gasoline 以炼厂气的烯烃(丙烯、丁烯)为原料,经热叠合或催化叠合进行非选择性叠合反应所得汽油馏分。其研究法辛烷值较高,具有良好的调合性能,可作为高辛烷值汽油组分。但叠合汽油中大部分是烯烃,安定性差,与车用汽油调合用量不宜太多。单独使用或储存时需加入防胶剂。

叠合物 polymer 叠合反应的产物。如以丙烯为原料经催化叠合可制得四聚丙烯,再如异丁烯经选择性叠合可得到高辛烷值的异辛烯。通常,由叠合反应产生的烯烃产物还会进一步与原料烯烃反应生成分子量更大的烯烃,需对反应条件进行有效控制。

十四画
【一】

静电 static electricity   指两种不同物质在相互摩擦或碰击而产生的滞留在物体表面的电荷。液体在流动、搅拌、沉降、过滤、喷射、摇晃、飞溅、冲刷、灌注等过程中都可能产生静电。这种静电常会引起易燃液体和可燃液体的火灾或爆炸。静电的危害大体上有使人体受电击、影响产品质量和引起火灾或爆炸。防止静电危害主要有控制并减少静电产生、消散静电、封闭静电、防止静电发生放电及控制生产环境等措施。

静电除尘器 static precipitator   又称静电沉降器。是利用高压不均匀直流电场的作用分离气体非均相物系的装置。操作时,使含有悬浮尘粒或雾滴的气体通过高压不均匀直流静电场(通常在 20kV 以上),处于电场强度大的区域的气体分子发生电离,产生正负电荷。这些电荷附着于悬浮粉尘粒或液滴上使之带电(或称为荷电),带荷电后的粒子或液滴在电场力作用下,向着电性相反的电极运动,到达电极后又恢复至中性,并吸附在电极上,经振动或冲洗落入捕集斗中。静电除尘的分离效率极高(可达 99.99%),处理量大,阻力较少。但设备费及运转费用都较高,安装及维护管理要求严格。在除尘要求极高时可采用这种设备。

静态混合器 static mixer   一种新型混合器。由外壳、混合单元内件及连接法兰三部分组成。流体通过时,在混合内件作用下,使二股或多股液流被不断分流、剪切、旋转,最后达到充分混合。适用于炼油、石油化工、精细化工、塑料等部门,用于液-液、气-液、液-固、气-气等的混合及乳化、中和、吸收、萃取、反应、塑料配色等工艺过程。具有结构紧凑、体积小、效率高、能耗低等特点。

模板聚合 templet polymerization   指能与单体或增长链通过氢键、静电键合、电子转移、范德华力等相互作用的模板(聚合物、胶束或低分子晶体等),事先放入聚合体系所进行的聚合反应。其聚合过程是不饱和单体先与起模板作用的聚合物进行复合,然后在模板上进行聚合,最后形成的聚合物从模板上分离出来。生成的聚合物能够反映出模板的某些信息。如将丁二烯溶解在脲或硫脲中,经冷冻后,脲结晶,单体形成包结络合物并规则地排列在晶腔中,经辐射聚合可得到纯反式聚丁二烯。

模拟移动床 simulation moving bed   一种吸附分离技术。其工作原理是:在移动床中使固体吸附剂在床内固定不动,而将物料进出口点连续向上移动,其效果与保持进料口不动而固体吸附剂连续自上而下移动的情况是相同的。利用这一原理设计的吸附分离装置称作模拟移动床。模拟移动床吸附分离法用于对二甲苯与各异构体混合物分离时,具有对二甲苯单程回收率高、液相操作简单、条件缓和、过程经济等特点。

截止阀 shut-off valve 又称球形阀。其结构形式与节流阀基本相同,都是向下闭合式阀门。阀瓣由阀杆带动,沿阀座中心线作升降运动。所不同的是阀瓣形式,截止阀的阀瓣是圆盘形;节流阀的阀瓣是圆锥形或针形。它在开启过程中可以较小地改变流道截面积,以达到调节流量及压力的目的。截止阀的优点是密封性能较好,可用于精密控制流量的场合。其缺点是结构复杂,流体阻力较大,常用于压缩空气、蒸汽和真空等气体或液体管线上,不宜用于含结晶或沉淀的流体输送。

聚乙二醇 polyethylene glycol

$HO\!\!-\!\!\left[CH_2\!\!-\!\!CH_2\!\!-\!\!O\right]_n\!\!H$ (n 为聚合度) 又名聚乙二醇醚、聚甘醇。是平均分子量为 200～2000 的乙二醇聚合物的总称。按分子量不同,可从无色透明黏稠液体(分子量 200～700)到白色脂状半固体(分子量 1000～2000)直至坚硬的蜡状固体(分子量 3000～20000)。相对密度 1.124～1.150。工业品因平均分子量范围不同而有各种牌号,其物理性质也有所不同。液体聚乙二醇可与水混溶。溶于乙腈、氯仿、二氯乙烷及热苯等有机溶剂。不溶于脂肪烃、甘油、乙二醇、矿物油。常温下稳定,具有水溶、润滑、难挥发、低毒等特性。能为脂肪酸酯、醇酸及聚酯涂料等提供亲水性。用于制造兼有亲水性及亲油性的非离子表面活性剂,也可用作润滑剂、保湿剂、增溶剂、缓释剂、软化剂、增塑剂、乳化剂、分散剂等。可在催化剂存在下由环氧乙烷与水或乙二醇反应制得。

聚乙炔 polyacetylene $-\!\!\left[CH\!\!=\!\!CH\right]_n\!\!-$ 最简单的聚炔烃。是用齐格勒-纳塔催化剂进行乙炔聚合得到的暗黑色立体规整结晶聚合物。有顺式及反式两种结构。线型高分子量聚乙炔为不溶不熔的、对氧敏感的结晶性高分子半导体。有很高的导电性,但在空气中缓慢氧化而使导电性下降。是正在开发中的一种功能高分子材料,已成功用于制造太阳能电池、半导体材料等。

聚乙烯 polyethylene $-\!\!\left[CH_2\!\!-\!\!CH_2\right]_n\!\!-$ 以乙烯为单体经不同聚合方法制得的聚合物的通称。为无臭、无味、无毒的白色蜡状半透明材料。具有优良的耐低温性、化学稳定性、耐磨性及电绝缘性。按计算,纯结晶聚乙烯的密度约为 $1.0\,g/cm^3$,纯无定形聚乙烯的密度约为 $0.855\,g/cm^3$,工业生产的聚乙烯树脂相对密度为 0.915～0.917。其主要品种可分为以下几类:高压、低密度聚乙烯,线型低密度和中等密度聚乙烯,高密度聚乙烯,超高分子量聚乙烯,改性聚乙烯等。聚乙烯主要用于制造包装材料与农用薄膜、电缆、容器、高频绝缘材料、注塑日用品等。

聚乙烯纤维 polyethylene fiber 一种聚烯烃纤维。商品名为乙纶。产品有两类:①普通型聚乙烯纤维。由一般低压聚乙烯熔融纺丝制得,大分子链为线型,很少支链,结晶度85%以上,相对密度0.94~0.96,熔点124~138℃,软化温度100~115℃。②高强高模量聚乙烯纤维。是以超高分子量聚乙烯为原料,以石蜡油、煤油、十氢萘等为溶剂,用凝胶纺丝法制得。聚乙烯纤维的化学稳定性及低温稳定性好、吸湿率低、光滑、耐光,但不耐高温。主要用于制造渔网、绳索、工业滤布、包装袋等。

聚乙烯蜡 polyethylene wax

$\pmb{+CH_2-CH_2+_n}$ 又名合成蜡、低分子量聚乙烯,聚乙烯低聚物。白色或微黄色粉末或颗粒。分子量500~5000。相对密度0.920~0.936,软化点60~120℃。常温下不溶于多数溶剂。加热时溶于苯、甲苯、二甲苯及三氯乙烯等溶剂。可与石蜡、蜂蜡、石油树脂、矿物油及无水羊毛脂等共溶。与聚乙烯有良好相容性,也有优良的耐化学药品性及电绝缘性。无毒。用作聚氯乙烯等塑料的润滑剂、橡胶加工分散剂,也用于制造热熔胶、地板蜡、脱模剂及油墨等。可由乙烯聚合制得。

聚乙烯醇 polyvinyl alcohol

$\pmb{+CH_2CHOH+_n}$ 一种不由单体聚合而通过聚乙酸乙烯酯部分或完全醇解制得的水溶性聚合物。白色粉末状、絮状或片状固体。相对密度1.21~1.31。熔点228~256℃。玻璃化温度60~85℃。产品牌号中,常将平均聚合度的千位数及百位数放在前面,将醇解度的百分数放在后面。如聚乙烯醇1788,即表示聚合度为1700,醇解度为88%。溶于热水,不溶于汽油、甲醇、丙酮等一般有机溶剂。有一般醇的性质,可进行酯化、醚化、磺化、缩醛化等反应,加热至130~140℃时性质基本不变,300℃时分解成水、乙酸、乙醛等。1%~5%水溶液稳定,浓度更高时,静置后会出现凝胶,加热可使凝胶消失。用于制造聚乙烯醇缩醛、胶黏剂、纸张涂层、乳化剂、织物处理剂、合成纤维、薄膜等。

聚乙烯醇纤维 polyvinyl alcohol fiber
又称聚乙烯醇缩甲醛纤维。我国商品名为维纶,习称维尼纶。是由成纤高聚物聚乙烯醇为原料纺得初生丝后,再经与甲醛发生甲醛化后制得。由于聚乙烯醇大分子上的羟基部分地被封闭,使纤维具有较好的耐热性及较好的玻璃化温度,耐酸、耐碱、耐霉变及日晒。可用于制造轮胎帘子线、帆布、服装制品、包装材料及绳索等。

聚乙烯醇缩甲醛 polyvinyl formal

$$+(CH_2CH)_x+(CH_2CH\ CH_2\ CH)_y+$$
$$\quad\ |\qquad\qquad |$$
$$\quad OH\qquad\ O-CH_2-O$$
$$\qquad +(CH\ CH)_z+$$
$$\qquad\qquad |$$
$$\qquad\quad OCOCH_3$$

聚乙烯醇缩醛的一种。白色至微黄色颗粒。有热塑性。相对密度约为1.24。热变形温度65~75℃,软化点约190℃。吸水率约1%。溶于甲酸、乙酸、丙酮、酚类及糠醛等溶剂。具有良好的耐水、耐化学试剂、耐油及黏接性能。最高使用温度130~165℃。可燃,燃烧时冒黑烟。用于制造耐磨耗的高强度漆包线涂料、人造革表面涂层、合成纤维、胶黏剂、内墙涂料、泡沫塑料等。可由聚乙烯醇与甲醛缩合制得。

聚乙烯醇缩醛 polyvinyl acetal

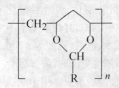

（R＝H、CH₃、C₃H₇等）聚乙烯醇缩醛化产物的总称。是聚乙烯醇侧链上的部分羟基，在强酸催化剂存在下和醛类缩合生成的一类树脂。其性能与醛的种类、聚乙烯醇的分子量、水解度及缩醛化程度有关。常用的有聚乙烯醇缩甲醛、聚乙烯醇缩乙醛、聚乙烯醇缩甲乙醛、聚乙烯醇缩丁醛等。其共有的特点是具有较好的耐热耐光性、耐磨性、电性能，并有较高的机械强度及黏结性。广泛用于制造胶黏剂、增塑剂、涂料、绝缘材料、纸张及纺织物涂层等。

聚乙酸乙烯酯乳液 polyvinyl acetate emulsion 又称聚醋酸乙烯酯乳液。是由乙酸乙烯酯单独聚合或和丙烯酸酯、苯乙烯、甲基丙烯酸等乙烯基单体进行共聚所得的乳液的总称。含乙酸乙烯酯30%～50%，pH值4～6，粒径在100～1000nm。通常是以聚乙烯醇为保护剂经乳液聚合制得。具有优良的透明性、黏结性及耐光性。主要用于涂料、胶黏剂、纤维及纸加工、印染浆等。均聚物乳液的耐水性及耐候性较差，韧性低；共聚物乳液有优良的耐水性及弹性，成膜后的漆膜韧性好。

聚乙酸乙烯酯树脂 polyvinyl acetate resin ⁅CH₂—CH⁆ₙ | COOCH₃ 又称聚醋酸乙烯酯树脂。简称PVAc。热塑性透明树脂。无臭、无味、无毒。相对密度1.19。玻璃化温度25～28℃。不溶于水、乙醚、丁醇，溶于苯、酮类、乙酸。是由乙酸乙烯酯聚合得到的聚合物，包括均聚物及以乙酸乙烯酯为主要成分的共聚物。均聚物为串珠状粉末或溶液，主要用途是醇解后制聚乙烯醇。由溶液聚合或乳液聚合所得溶液或乳浊液可用于制造胶黏剂、涂料、织物整理剂等。

聚丁二烯 polybutadiene 以1,3-丁二烯单体聚合制得的聚合物的统称。丁二烯可按1,4-聚合与1,2-聚合进行反应，从而可得四种不同结构的聚合物，即顺式-1,4聚丁二烯、反式-1,4聚丁二烯、等规-1,2聚丁二烯及间规-1,2聚丁二烯。由于聚合反应体系及工艺条件不同，上述结构在聚丁二烯链段中的比例也各不相同，从而又形成性质各异的异构体以及相应的工业产品。可选择适合的催化剂，制造所需结构类型的聚合物。

聚1-丁烯 poly 1-butene ⁅CH₂—CH⁆ₙ | C₂H₅ 一种等规度稍低于聚丙烯的等规聚合物。相对密度约0.91。结晶度50%～55%。软化温度120～130℃，玻璃化温度－10～－36℃。分子结构与聚丙烯类似，只是侧链基团不同。它既具聚乙烯的冲击韧性，又有聚丙烯的抗裂纹和抗环境应力开裂性、抗蠕变性，也稍有橡胶特性。可在－30～100℃长期使用。常温下可耐大多数无机酸、碱、轻油、洗涤剂等。易为热而浓的氧化性酸所侵蚀。用于制造管材、板材、密封件、电器材料等。由1-丁烯催化

聚合制得。

聚己二酰己二胺 polyhexamethyleneadipamide

$$-[NH-(CH_2)_5-NH-CO-(CH_2)_4-CO]-_n$$

又称尼龙-66,聚酰胺-66。是由己二胺和己二酸所生成的尼龙66盐在280℃缩聚制得的一种脂肪族聚酰胺。为半透明或不透明的乳白色热塑性树脂。相对密度1.13～1.15。熔点260～265℃。干燥情况下玻璃化温度50℃。具有优良的耐磨性、刚性、耐低温性。自润滑性仅次于聚四氟乙烯、聚全氟乙丙烯及聚甲醛。有自熄性、耐热性较好。耐无机稀酸,不耐浓无机酸。可用注塑、挤塑、烧结、增强等方法加工。用于制造轴承架、管子、汽车及电器零件、电器外壳、薄膜等,大量用于纤维生产。

聚己二酰己二胺纤维 polyhexamethyleneadipamide fiber 又称聚酰胺66纤维。我国的商品名为锦纶66,习称尼龙66。由聚己二酰己二胺通过直接或间接纺丝制得初生丝,再经后处理加工制成的一种聚酰胺纤维。相对密度1.14。公定回潮率为4.5%。熔融温度245℃。软化温度235℃。其耐热性优于尼龙6,但耐光性较差。产品形式多为长丝。用于制作轮胎帘子线、降落伞伞绸及袜子、丝布、室内装饰品等。

聚己内酰胺 polycaprolactam
$$-[NH(CH_2)_5CO]-_n$$ 又称尼龙6,聚酰胺6。半透明或不透明乳白色热塑性树脂。是以己内酰胺为原料,经水解开环而得 ω-氨基己酸,再经聚合制得。相对密度1.12～1.14。熔点215～225℃。干燥情况下玻璃化温度70℃。其性能随不同生产方法而有所不同。按聚合机理可分为水解聚合、碱性阴离子催化聚合、固相聚合及插层聚合等,工业上主要采用水解聚合法生产。尼龙6具有优良的耐磨性、自润滑性、自熄性、耐油性及耐低温性。但尺寸稳定性较差。可用注塑、挤塑、浇铸、烧结、增强等各种加工方法加工成型。广泛用于制造齿轮、仪表外壳、软管、电缆护套、耐油容器及吹膜、纺丝等。

聚己内酰胺纤维 polycaprolactam fiber 又称聚酰胺6纤维。我国的商品名称作锦纶6,习称尼龙6。相对密度1.12～1.14。公定回潮率4.5%。熔融温度215～225℃,软化温度180℃。制品的耐磨性及弹性较好,但耐光性较差。由聚酰胺6切片经熔融纺丝加工处理制得的。用于制造轮胎帘子线、绳索、渔网及袜子、丝巾等。

聚丙烯 polypropylene 在催化剂作用下,由单体丙烯聚合制得的聚合物。由于
$$-[CH_2-CH]-_n$$
$$\quad | \quad$$
$$\quad CH_3$$
单体链段中含有不对称碳原子,按甲基在空间结构和排列不同,而有等规聚丙烯、间规聚丙烯及无规聚丙烯三种立体异构体。聚丙烯为无臭、无味、无毒的乳白色热塑性树脂,是仅次于聚乙烯、聚氯乙烯的第三大合成树脂。工业生产的聚丙烯要求等规聚丙烯含量在95%以上。聚合方法有间歇式液相本体法、液相气相组合式连续本体法、淤浆法等。所用催化剂主要是钛系齐格勒-纳塔型催化剂。按是否含有共聚单体、乙烯、1-丁烯等,以

及其应用范围划分为若干牌号。广泛用于制造汽车零件、家用电器、电线电缆、管道、容器、薄膜、打包带、编织袋等。

聚丙烯的全同指数 isotacticity index of polypropylene 见"立构规整度"。

聚丙烯腈 polyacrylonitrile 简称 PAN。由丙烯腈单体

$$\begin{CH_2-CH\}_n \quad CN$$

聚合制得的高分子化合物。白色粉末。相对密度 1.14～1.15。软化温度 220～230℃。溶于强极性的有机溶剂及无机溶剂(如硝酸、硫氰酸钠、氯化锌、溴化锂等盐类溶液),不溶于一般常用溶剂。通常采用溶液聚合法制得。根据所用溶剂不同又可分为均相及非均相溶液聚合。均相溶液聚合所得聚合液可直接用于纺丝,制得聚丙烯腈纤维。工业上较少用单纯的丙烯腈聚合体,常加入丙烯酸甲酯、甲基丙烯酸甲酯、亚甲基丁二酸、丙烯磺酸钠等单体与丙烯腈共聚而成的聚合物作为聚丙烯腈纤维的原料。

聚丙烯腈纤维 polyacrylic nitrile fiber 指用聚丙烯腈纺得的纤维。国外商品名奥纶,我国俗称腈纶。通常是将聚丙烯腈溶于二甲基甲酰胺等溶剂中,经湿法或干法纺丝制得。为改进纤维的染色等性能,一般用丙烯腈与其他单体共聚,由溶液聚合制得的产物,经过滤、脱泡后即可直接用于纺丝。腈纶的长纤维像茧丝,短纤维像羊毛,伸长率20%～28%,吸水率0.9%。手感柔软温暖,弹性好,耐光及耐候性优良。一般制成短纤维,可以纯纺或与羊毛混纺,用于制作纺织品、针织品、毛毯和帐篷等。

聚丙烯酰胺 polyacrylamide 由丙烯

$$\begin{CH_2-CH\}_n \quad CONH_2$$

酰胺单体聚合制得的线型聚合物。常温下为坚硬的玻璃状固体。由于制备方法及组成不同,产品有白色粉末、胶液、胶乳、半透明颗粒及薄片等。系列产品可分为非离子型、阴离子型及阳离子型三类。固体产品的相对密度 1.302(23℃),玻璃化温度 153℃,软化温度 210℃。200～300℃时酰氨基分解生成氨和水,500℃时形成原质量的 40%黑色薄片。溶于水,水溶液黏度随聚合物分子量增加而提高。除溶于乙酸、丙烯酸、甘油、乙二醇等少数极性溶剂外,一般不溶于有机溶剂。主要用于油田三次采油,每注入 1t 丙烯酰胺,可产出 150t 原油。也用作水处理絮凝剂、造纸增强剂、分散剂、阻垢剂、增稠剂等。

聚丙烯酸 polyacrylic acid 化学式

$$\begin{CH_2-CH\}_n \quad COOH$$

$(C_3H_4O_2)_n$ 由丙烯酸经自由基聚合得到的聚合物。由于分子链段充分伸展而呈现很高的溶液黏度。无色或淡黄色黏稠液体。易溶于水,也溶于甲醇、乙醇、乙二醇、二甲基甲酰胺等极性溶剂。但不溶于丙酮、饱和烷烃、芳烃等非极性溶剂。呈弱酸性,能与水中钙、镁等金属离子形成稳定的配合物。300℃以上易发生分解。用作分散剂、增稠剂、絮凝剂、水处理阻垢剂、成膜剂等。可由丙烯酸在过硫酸铵引发剂作用下聚合而得。

聚丙烯酸钠 sodium polyacrylate

$$\underset{\begin{array}{c}\text{COONa}\\ \left[H_2C-CH\right]_n\end{array}}{}$$

化学式 $(C_3H_3NaO_2)_n$。又名丙烯酸共聚物。商品有粉状品及液状品两种。粉状品为无色至白色无味粉末。吸湿性极强，遇水膨润，经过透明的凝胶态而成黏稠液体。为高分子电解质，水溶液呈碱性。易溶于碱液。液状品为无色或淡黄色黏稠液体，呈微碱性。易溶于水，不溶于乙醇、丙酮等有机溶剂。无毒。具有凝聚性、增稠性、增黏性、保水性及分散性等多种特性。广泛用作增稠剂、增黏剂、分散剂、阻垢剂、成膜剂、吸水剂等。可由丙烯酸与氢氧化钠中和而得。

聚甲基丙烯酸酯 polymethacrylate

$$\underset{\begin{array}{c}\text{CH}_3\\ \left[CH_2-C\right]_n\\ C=O\\ O-R\end{array}}{}$$

指由不同碳数的甲基丙烯酸烷基酯单体，在引发剂和分子量调节剂存在下，通过溶液聚合所得的均聚物。具有良好的稠化能力及黏温性改进效果，烷基大于碳十二的兼有降凝作用。但易水解，抗机械剪切性较差。可用作润滑油黏度指数改进剂，调制航空液压油、液力传动油、低凝液压油、多级内燃机油、车用齿轮油等。

聚甲醛 polyacetal $\left[CH_2O\right]_n$
又名聚氧化亚甲基。是将甲醛碳氧双键打开而相互加成获得的聚合物。工业产品有均聚甲醛及共聚甲醛两类。均聚甲醛是由甲醛或三聚甲醛均聚而得。中等分子量的均聚甲醛，相对密度142，熔点175℃。共聚甲醛是由三聚甲醛和少量共聚物单体（如二氧五环）共聚而得。相对密度1.41，熔点165℃。聚甲醛是一种无支化的线型高分子。其制品外观呈白色，有光泽，极似白色象牙。有优良的物理机械性能，是塑料中机械性能最接近金属的品种，有较高的弹性模量、刚性及耐冲击强度。除强酸、强碱及有机卤化物外，对其他化学品稳定，可在 $-40\sim100℃$ 下长期使用。但耐燃性较差。是一种可部分替代铜、铝、锌、钢等的工程塑料，用于制造各种零部件、齿轮、导轨、轴承等。

聚四氟乙烯 polytetrafluoroethylene
$\left[CF_2-CF_2\right]_n$ 无臭、无味、白色粉末或颗粒。相对密度 $2.1\sim2.3$。熔点327℃。热分解温度415℃。长期使用温度 $-250\sim260℃$。加热至400℃以上时会分解出有毒气体。能耐许多腐蚀性介质，至今尚未有一种能在300℃以下溶解它的溶剂，故有"塑料王"之称。是一种优良的自润滑材料。其制品表面光滑而呈蜡状，极疏水，对水的接触角为 $114°\sim115°$。平均吸水率小于 0.01%。有优良的耐寒性、耐老化性、电绝缘性及难燃性，也不受湿气、霉菌、紫外线、虫、鼠等的侵蚀。但其抗蠕变性稍差。广泛用作工程塑料及制造医用器具、耐腐蚀衬里等。可由四氟乙烯经悬浮聚合或分散聚合制得。

聚加成反应 polyaddition reaction
由两个或两个以上官能团的单体重复加成而生成高分子化合物的反应，但不放出低分子。如二异氰酸酯和乙二醇或二胺加成聚合生成聚氨酯或聚脲就是典型例子。在这种类型的聚加成反应中,所用的两种成分的摩尔比必须严格控制为 1:1。

聚对苯二甲酸乙二醇酯 polyechylene terephthalate

$$\left[\begin{array}{c} O \\ \| \\ C \end{array} \bigcirc \begin{array}{c} O \\ \| \\ C \end{array} - O - (CH_2)_2 - O \right]_n$$

简称 PET。对苯二甲酸乙二醇酯的缩聚物。俗称聚酯。相对密度 1.28。玻璃化温度 $80 \sim 120 \text{℃}$。熔点约 258℃。室温下具有优良的机械性能及耐摩擦磨损性,耐化学性及电性能良好,吸水性低,但热机械性能与冲击性能较差。工业上主要用于制造聚酯纤维——涤纶,也用于制造薄膜、瓶、磁带及用作工程塑料。可由对苯二甲酸经直接酯化或酯交换制得。

聚(亚烷基)二醇油 polyalkylene glycol oil 一类合成润滑油。常用的有聚二醇及聚二醇醚。根据聚二醇分子的聚合度及醚基不同,可制成水溶性或油溶性,或一半亲水一半亲油的产品。其不仅具有良好的润滑性能,还具有凝固点低,黏温性及氧化安定性好,能与多种其他润滑油相容性好,对橡胶及金属都很稳定的特点。广泛用作极压齿轮油、阻燃液压油、航空仪表油、压缩机油、真空泵油及低温润滑脂基础油等。

聚亚烷基醚 polyalkylene ether 又称聚乙二醇醚。聚醚的一种。是以环氧乙烷、环氧丙烷、环氧丁烷及四氢呋喃等开环均聚或共聚制得的线型聚合物。结构通式为:

$$R_1 - O - \left[\begin{array}{c} R_2 \\ | \\ CH - CH_2 - O \end{array} \right. \left. \begin{array}{c} R_3 \\ | \\ CH_2 - CH \end{array} \right]_x O \right]_n R_4$$

$(n = 2 \sim 500)$

其中:R_1、R_2、R_3、R_4 可以是氢或烷基;当 $x = 1$ 时,$R_2 = R_3 = H$ 称为环氧乙烷均聚醚;$R_2 = R_3 = CH_3$ 称为环氧丙烷均聚醚;$R_2 = CH_3$,$R_3 = H$ 称为环氧乙烷-环氧丙烷共聚醚;$R_2 = CH_3$,$R_3 = C_2H_5$ 称为环氧丙烷-环氧丁烷共聚醚。这类聚醚除具有优良的润滑性能及较高的黏度外,还具有凝点低(有的能达 -65℃)、黏温特性及抗氧化性好,黏度指数在 $135 \sim 180$ 之间,与其他合成润滑油混溶性好及对金属和橡胶稳定等特点,是工业上应用最广泛的一类合成润滑油,可用于制造涡轮喷气发动机润滑油、齿轮油压缩机润滑油、难燃液压油、橡胶工业用润滑油及制动液等。

聚式流化床 aggregative fluidized bed 见"聚式流态化"。

聚式流态化 aggregative fluidization 又称聚式流化。一种气-固流化体系。当气体以超过临界流化速度通过固体颗粒所组成的床层时,气体会以鼓泡形式穿过颗粒层,床层则形成两个非均一相,即由成团湍动的固体颗粒组成的连续相(又称乳浊相或颗粒相)和由夹带少量微细颗粒的气泡所组成的不连续相(又称气泡相)。当气泡在床面附近崩破时,床层压降会产生明显起伏,这时的流化状态称为聚式流态化,该床层则称聚式流化床。由于这时部分气体从颗粒间逸出,汇集成气泡,以大量气泡形式穿过床层,故又称为鼓泡床。在床层高度较大而床径较小的条件下,气泡直径等于床层直径而形成气节时,这时的床层则称为腾涌床或节涌床。

聚合 polymerization 指由低分子单体合成聚合物的反应。按聚合过程中单体-聚合物的结构变化可分为缩聚反应、加聚反应及开环聚合反应;按聚合机理及化学动力学,将聚合反应分为逐步聚合及连锁聚合两类;按单体品种,可分为均聚反应及共聚反应。单体聚合又可分气相、液相及固相三种聚合方法,而以液相聚合应用最广。按其是否使用溶剂和所用的介质,可分为本体聚合、溶液聚合、悬浮聚合及乳液聚合等。

聚合引发剂 polymerization initator 见"引发剂"。

聚合汽油 polybenzine 又称聚合物汽油。是由裂化气或炼厂气的富烯烃(如丙烯、丁烯)经聚合或叠合反应所得的汽油馏分。辛烷值较高,是良好的高辛烷值汽油组分。但烯烃含量较高,安定性差。可适量与车用汽油调和,用作高辛烷值组分。

聚合物 polymer 由单体通过聚合反应形成的有许多重复结构单元以共价键连接而成的较大分子量的化合物。当分子量不大或在 $10^3 \sim 10^4$ 时称为低聚物或齐聚物,分子量接近 10^4 称为准聚物,分子量大于 10^4 时称为高聚物或聚合物;按聚合反应历程划分,由加聚反应得到的产物称加聚物,经缩聚反应得到的产物称缩聚物;按参加反应单体种类分,只由一种单体聚合所得产物称为均聚物,由两种或两种以上单体共同聚合得到的产物称为共聚物。如进一步按不同单体在大分子链上的排布方式划分,共聚物可分为无规、嵌段、交替及接枝共聚物等。而按主链元素组成,可将聚合物分为碳链聚合物、杂链聚合物、元素有机聚合物及无机高分子聚合物;而按分子链的形状,聚合物又可分为线形、支化形、星形、梳形、梯形、半梯形、树枝状和交联型等。

聚合物合金 polymer alloy 见"高分子合金"。

聚合物改性沥青 polymer modified asphalt 以聚合物(如苯乙烯-丁二烯-苯乙烯共聚物、聚乙烯、氯丁橡胶等)作改性剂制得的沥青。其改性作用包括相容性改性、溶胀网络改性、胶体结构变化改性及增强改性等。聚合物改性沥青主要用于新建高等级公路沥青路面的铺筑、道路养护、机场道面及桥面等特殊铺装、生产建筑防水用沥青卷材及沥青防水胶等。

聚合物改性沥青防水卷材 polymer modified asphalt water-proofing roll-roofing 见"改性沥青防水卷材"。

聚合物降解反应 polymer degradation 聚合物在化学因素或物理因素影响下分子链的主链断裂,引起聚合度降低、分子量变小的反应。引起降解的化学因素有氧、水、化学品及微生物等,而物理因素有热、机械力、光、超声波及辐射等。在有些场合是有目的地使聚合物降解,如天然橡胶的塑炼、废旧塑料制品的解聚制取燃料及单体、淀粉等水解成葡萄糖、废弃聚合物的微生物降解等。聚合物在使用过程中受物理或化学因素影响引起力学性能变坏的现象俗称老化,其中主要的反应是降解,有时也伴随交联。

聚合油 polymerized oil 指由低分子直链 α-烯烃聚合而制得的聚烯型合成烃润滑油。按聚合度不同,可分为低、中、高聚合油。与矿物油相比,具有黏度指数高、低温流动性好、热氧化安定性优良等特点。常用作航空液压油、发动机油、齿轮油及润滑脂的基础油、汽轮机油等。

聚合终止剂 polymerization terminator 见"终止剂"。

聚合热 heat of polymerization 又称聚合反应热焓。聚合反应中的热效应,即聚合焓变。也即由 1 摩尔单体聚合成 1 摩尔重复单元时热焓的差值。聚合热随测定方法或单体和聚合体的状态不同而变化。一般通过测定单体和聚合体的燃烧热,或用生成热的半经验法则求得。

聚异丁烯 polyisobutylene 又名聚

$$\left[\begin{array}{c} CH_3 \\ | \\ C-CH_2 \\ | \\ CH_3 \end{array}\right]_n$$

异丁烯合成不干性油。是在低温下进行淤浆聚合所制得的低、中、高分子量聚合物的总称。分子量低的是非挥发性黏稠液体,耐氧化,不透水蒸气及其他气体,具有憎水性,可用作润滑油黏度指数改进剂,调配二冲程油及各种润滑油,也可用作黏合剂、增塑剂、脱模剂、分散剂等;分子量高的聚异丁烯是高黏度液体或橡胶状固体,可用作润滑油增黏剂、密封剂及供制造合成橡胶。

聚异丁烯橡胶 polyisobutylene rubber 由异丁烯聚合制得的一种饱和线型聚合物。依据数均分子量的大小分为低分子量聚异丁烯(相对密度 0.83～0.9)及高分子量聚异丁烯(相对密度 0.84～0.94)。溶于天然橡胶所用的溶剂,不溶于乙醇、丙酮。由于聚合物内无双键,故不能用通常的硫黄硫化,而需用特殊的过氧化物硫化交联。具有很高的弹性,极好的耐老化性、气密性及电绝缘性。有很高的填充能力,可混入大量填料,可以任何比例与其他橡胶共混,以增加黏性、柔性及耐老化性等。低分子量聚异丁烯橡胶主要用于胶黏剂基料、口香糖胶料、增黏剂、填缝腻子、表面保护层等;高分子量聚异丁烯橡胶主要用于密封材料、绝缘材料、胶板、衬里及树脂或橡胶的改性剂等。

聚异戊二烯橡胶 polyisoprene rubber 是以异戊二烯为单体,应用有规立构催化体系,在溶液中聚合制得的合成橡胶。不同催化体系所得聚合物的分子量及特性有所不同。如采用齐格勒-纳塔催化剂(三烷基铝/卤化钛)制得的聚异戊二烯橡胶,顺式-1,4 结构含量为 96%～97%,数均分子量在 25 万～50 万之间,较易结晶,高温下强力高、成型粘接性大;采用有机锂催化剂制得的聚异戊二烯橡胶,顺式-1,4 结构含量 92%～93%,数均分子量为 250 万,弹性好,生热低,易于注压成型。聚异戊二烯橡胶因其结构性能与天然橡胶相似,可部分或全部替代天然橡胶使用,故又称合成天然橡胶,是一种综合性能很好的通用型合成橡胶。能基本代替天然橡胶,用于轮胎、胶带、胶管、鞋及其他工业制品,尤适于制造食品用及医药卫生制品,橡胶筋等日用制品。

聚芳酯 polyarylate 分子主链上带有芳香环及酯键的聚合物的通称。通常是指双酚 A 聚芳酯。是以双酚 A 与对(间)苯二甲酸混合物缩聚形成的一类聚酯无定形树脂。相对密度 1.2。热变形温度 170～173℃,热分解温度 443℃。可采用注射、挤出、吹塑等热熔融加工方法加工成制品,具有优良的耐冲击性、回弹性、电性能及良好的耐候性、阻燃性。对一般有机药品、稀酸、油脂类稳定,但不耐氨水、浓硫酸及碱,易溶于卤代烃及酚类。是发展较快的工程塑料之一。主要用于耐高温的电气、电子及汽车用元件及零部件,医疗器械。也可在溶液中成膜及纺丝制成薄膜及纤维。由于单独用对苯二甲酸或间苯二甲酸与双酚 A 缩聚制得的聚芳酯,熔点及玻璃化温度较高,结晶度高,脆性大,故采用对位和间位的对苯二甲酸混合物进行缩聚,可制得综合性能优良的聚芳酯。

聚苯乙烯 polystyrene 由苯乙烯聚合制得的无定形热塑性树脂,是四大通用塑料之一。按结构可分为 20 多类。工业上常用的有通用级聚苯乙烯(GPS)、发泡级聚苯乙烯(EPS),高抗冲聚苯乙烯(HIPS)及苯乙烯共聚物等。GPS 主要采用自由基连续本体聚合或加有少量溶剂的溶液聚合法生产。分子量 10^5～$4×10^5$。具有刚性大、透明性好、电绝缘性优良,吸湿性低,易成型等特点。EPS 采用自由基悬浮聚合,引发剂为过氧化苯甲酰,85～90℃下反应,产物用低沸点烃类发泡剂(如戊烷)浸渍制成可发性珠粒。当受热至 90～110℃时,体积增大至 5～50 倍。成为泡沫塑料。HIPS 是由苯乙烯与顺丁或丁苯橡胶经本体-悬浮法自由基接枝共聚制得,具有良好的抗冲击强度,可用于制造电器仪表外壳,汽车零部件、玩具等。苯乙烯共聚物主要有苯乙烯-丙烯腈共聚物(主要用于透明制品及橡胶酸性制品)及苯乙烯-马来酸酐共聚物(主要用于汽车发泡材料)。

聚苯硫醚 polyphenylene sulfide

$$-\left[\!\!\begin{array}{c}\end{array}\!\!\right.\!\!\!\!-S-\!\!\left.\!\!\begin{array}{c}\end{array}\!\!\right]_n$$ 又名聚亚苯基硫醚。
简称 PPS。一种热塑性工程塑料。白色或微黄色粉末。相对密度 1.362。熔点 288℃,玻璃化温度 150℃。热变形温度超过 260℃。热稳定性优良,空气中可于 280℃以下连续使用,热稳定性优于聚四氟乙烯;耐化学腐蚀性优异,对有机酸、酯、酮、醇、芳香烃、氯代烃及无机酸、碱、盐均稳定,溶于氯代联苯;对玻璃、陶瓷及钢、铝、镍等金属均有良好黏接性,并有优良的自熄性。用于制造耐高温、耐腐蚀的阀门、叶轮、汽车零件、开关等。也用于制造防腐涂料、高温胶黏剂及绝缘材料等。可在极性溶剂存在下,由二氯苯与硫化钠反应制得。

聚苯醚 polyphenylene oxide 又称聚 2,6-二甲基-1,4-苯醚、聚亚苯基氧,

CH₃ 简称 PPO。一种热塑性工程塑料。相对密度 1.06。玻璃化温度 210℃,熔点 >300℃,分解温度 350℃,热变形温度 173℃(1.82MPa),脆化温度-170℃,连续使用温度-160～190℃。抗拉强度 75～82MPa。具有优良的耐高温蠕变性,良好的耐酸、耐碱、耐盐水性,吸湿性及成型收缩率低,有自熄性,介电性能优良,制品在高压蒸汽中反复蒸煮性能不变。但熔体黏度大,流动性差,热塑成型性较差,溶于脂肪烃及芳烃溶剂。特别适用于潮湿、有负荷、电绝缘及尺寸稳定等性能要求较高的场合。如无声齿轮,精密机械及钟表零件,电器开关、化工用泵件、阀座及管道等。也可制作外科手术器械及食具等。可在催化剂存在下,由 2,6-二甲酚缩聚制得。

聚砜 polysulfone 分子主链上含有砜基及芳香环(苯环)的高聚物的统称。

结构通式为:$R-\overset{\overset{\displaystyle O}{\|}}{\underset{\underset{\displaystyle O}{\|}}{S}}-R'$(R,R'均为含有芳香环的基团)。主要品种有双酚 A 聚砜、聚芳砜(又称聚苯砜)及聚醚砜(又称聚苯醚砜)。其中又以双酚 A 聚砜的应用最广。通常所说的聚砜即指双酚 A 聚砜,又名双酚 A-4,4'-二苯基砜,简称 PSF。为带琥珀色的热塑性工程塑料。相对密度 1.24。玻璃化温度 196℃,热变形温度 175℃(1.86MPa),长期使用温度-100～150℃。有优良的耐热性、耐寒性、高温抗蠕变性及介电性能。除浓硫酸及浓硝酸外,耐其他酸、碱及脂肪烃溶剂。但在酯类及酮类溶剂中会溶胀,耐候性及耐紫外线性能稍差。用于制造耐高温及高强度机械零部件、电器制件、管道、阀门及各种容器等。可由二甲基亚砜、双酚 A 钠盐及二氯二苯砜等缩聚制得。

聚氨酯 polyurethane 又称聚氨基甲酸酯。指在大分子主链上含有-NH-COO-特征基团的聚合物。是由二元或多元异氰酸酯与二元或多元醇反应制得的,为由长链段原料与短链段原料聚合得到的嵌段共聚物。一般

长链二元醇构成软段,而硬段则由多异氰酸酯及扩链剂构成。其分子结构中,除含有氨基甲酸酯基团外,不同制品中还含有酯基、醚基、脲基、芳环、缩二脲及脂链等基团中的一种或多种。其制品品种繁多。通过对反应物及反应方式的调节,聚氨酯已成为一种硬度上由柔软弹性体到刚性塑料的材料。具有柔软、耐磨、耐油、耐臭氧、耐辐射、耐化学腐蚀、低模量、高强度、易成型及低玻璃化温度(−40∼−60℃)等特点。在材料工业中占有重要地位。广泛用于制造硬质及软质泡沫塑料、合成橡胶、合成纤维、胶黏剂、涂料、防水材料、铺地材料等。

聚氨酯泡沫塑料 polyurethane foam 由大量微细孔及聚氨酯树脂孔壁经络组成的多孔性聚氨酯多孔性材料。是聚氨酯材料中用量最大的品种,在聚氨酯制品中所占比例达 50% 以上。在各类泡沫塑料制品中,聚氨酯泡沫塑料也占 50% 以上。与其他泡沫材料相比较,聚氨酯泡沫塑料除密度小以外,对软泡沫塑料而言,还具有泡孔均匀、无臭、透气等特点;对硬泡塑料而言,有高绝缘、耐老化、与金属及大部分非金属有很强粘接性等特点。根据所用原料品种不同及配方变化,可以制成不同密度、不同性质的软质、半硬质及硬质聚氨酯泡沫塑料。广泛用于制造床垫、座垫、缓冲材料、保温隔热材料、过滤材料及吸声材料等。

聚偏氯乙烯 polyvinylidene chloride

$\text{+CCl}_2\text{—CH}_2\text{+}_n$ 1,1-二氯乙烯的聚合物。是用过氧化物或偶氮化合物为引发剂,引发 1,1-二氯乙烯单体聚合所得的聚合物。相对密度约 1.9。熔点约 212℃,软化点 185∼200℃,分解温度 210∼225℃。具有吸水性小、蒸汽及气体渗透性低、耐磨性强、电绝缘性优良、不易燃等特点。是一种强韧、坚硬的热塑性材料。但因结晶度较高,难溶于多数有机溶剂,对热不稳定,难于成型加工,故其均聚物很少使用。常与氯乙烯、丙烯腈单体共混改性后使用,用于制造薄膜、管材、纤维、模塑件等。

聚脲 polyurea 主链含重复 —NH(CO)NH— 基团的一类聚合物的总称。可用通式

+RHN—C—NH+_n 表示,式中 R=
$\qquad\quad \|$
$\qquad\quad \text{O}$

$(CH_2)_m(m=6∼11)$。相对密度 1.32。玻璃化温度 81℃,软化点 180∼200℃。不溶于一般溶剂,能耐 15% 盐酸、30% 硝酸、30% 硫酸、28% 氨水。有较好的耐热性、耐化学药品性及韧性。适于纺制纤维及用作工程塑料。可由二异氰酸酯与二元胺反应制得。

聚脲润滑脂 polyurea grease 是以聚脲(如聚三脲)作稠化剂稠化低凝点润滑油,并加有抗氧、防锈、防腐、极压等添加剂制成的润滑脂。聚脲不含金属离子,对基础油不会起催化氧化作用,并具有良好的抗辐射和耐热性能。聚脲润滑脂具有优异的高温热安定性,

高滴点(超过 250℃),良好的抗水和蒸汽的安定性,优良的泵送性、抗辐射性及抗振动性。适用于高温条件下的发动机磨损部位、机轮轴承、航空工程机件等的润滑,也可用于冶金行业连铸机、连轧机及超高温摩擦部位的集中润滑。

聚烯烃 polyolefin 烯烃聚合物的总称。是由乙烯、丙烯及丁烯、戊烯、甲基戊烯等 α-烯烃类单体经均聚或共聚制得的热塑性聚合物。如聚乙烯、聚丙烯、聚丁烯、聚异丁烯、乙烯-乙酸乙烯酯共聚物等。聚烯烃具有相对密度小、耐药品性及电绝缘性能好、耐水性优良、加工成型容易等特点。由于原料丰富、价格低廉,是一类产量大、应用广的高分子材料。

聚烯烃纤维 polyolefin fiber 碳链类合成纤维中的一类。指以聚烯烃为成纤高聚物原料制得的纤维,主要品种有等规聚丙烯纤维及聚乙烯纤维。具有良好的亲油性及疏水性。由于其原料丰富、价格便宜,在成品纤维中的产量仅次于聚酯及聚酰胺纤维。广泛用于制作各种工业用品及室内装饰品,而用于制作服装用品的量则很少。

聚 α-烯烃油 poly α-olefin oil 简称PAO。由低分子直链 α-烯烃聚合制得的聚烯烃型合成烃油。外观为水白色或淡黄色透明液体。包括从低黏度到高黏度,再到超高黏度指数的系列产品。不同厂家生产的产品其性能有所差异。具有黏度指数高、黏温性能好、热氧化安定性优良、低温流动性好、无毒、无刺激性、抗泡性能优良等特点。用作合成润滑油,可用于调制汽轮机油、高低温航空润滑油、高低温润滑脂基础油内燃机油、齿轮油、高压开关油、轿车发动机油等。可以 α-烯烃为原料,先经催化聚合,再经加氢精制及减压蒸馏制得。

聚烯烃类合成润滑油 polyolefin synthetic lubricanting oil 是以烯烃低聚物为基础油的合成润滑油的总称。基础油包括 α-烯烃低聚油、乙烯低聚油、聚丁烯及苯乙烯低聚油等。在聚烯烃类合成润滑油中,尤以聚 α-烯烃油的黏度指数高、低温流动性好、化学稳定性优良,其应用最广。

聚硫橡胶 polysulfide rubber 一种特种合成橡胶。是在主链上含有硫原子(构成—S—C—或—S—S—键)的合成橡胶的总称。其分子键是饱和的。通常是由二卤代烷(如二氯乙烷或二氯乙醚)或其混合物与碱金属或碱土金属的多硫化物(如四硫化钠、五硫化钙等)缩聚制得的。具有良好的耐油、耐溶剂、耐老化性,低的透气性,良好的低温屈挠性和与其他材料的粘接性。商品有固态胶、液态胶、水分散体(胶乳)三类,而以液态聚硫橡胶产量最大。固态聚硫橡胶用于制造不干性密封赋子、耐油胶管、油槽衬里、飞机整体油箱内衬及用作硫黄水泥材料的增韧剂等;液态聚硫橡胶可用作固体燃料火箭推进剂弹性燃料胶黏剂,电气、仪表、建筑用密封材料,大中小容器、槽罐等的防腐衬里等。也用作多种树脂的改性材料。

聚氯乙烯 polyvinyl chloride 简称 PVC。由氯乙烯单体聚合而成的热塑性树脂。

$$-\!\!\!\begin{array}{c} CH_2\!-\!CH_2 \\ | \\ Cl \end{array}\!\!\!-_n$$

其产量仅次于聚乙烯而居第二位。外观为白色无定形粉末。密度 $1.35\sim1.45g/cm^3$，表现密度 $0.45\sim0.65g/cm^3$。工业生产方法有悬浮法、乳液法、本体法、溶液法及微悬浮法等。悬浮法 PVC 树脂颗粒大小 $60\sim150\mu m$，本体法为 $30\sim80\mu m$，乳液法为 $1\sim50\mu m$，微悬浮法为 $20\sim80\mu m$。与聚乙烯树脂相比较，由于其碳氢链中引入氯元素而具难燃性，在火焰上可燃烧，离火即自熄。常温下耐磨性超过硫化橡胶，并具有优良的抗化学腐蚀性、抗渗透性、电绝缘性。在 $80℃$ 时开始软化，$100℃$ 以上开始分解，颜色逐步变黑。由于其性价比优越，所以以 PVC 树脂为基料，和增塑剂、填料、稳定剂、改性剂等混合后经塑化、成型加工而成的 PVC 塑料，广泛用于制造防水卷材、密封材料、电线电缆、管材、板材、农膜、塑钢门窗等。

聚氯乙烯纤维 polyvinyl chloride fiber 一种含氯合成纤维。国内商品名氯纶。是由氯乙烯的聚合物纺丝制得的。相对密度 $1.39\sim1.40$。熔融温度 $200\sim210℃$，起始热收缩温度 $90\sim100℃$，软化温度 $65\sim70℃$。通常使用温度小于 $40\sim50℃$。产品主要为短纤维。具有优良的阻燃性。由于耐热性及染色性较差，主要用于制造阻燃纺织用品、室内装饰用布、工作服及过滤布等。也可与聚丙烯腈纤维混纺制作人造毛皮，与黏胶纤维混纺制作合成革等。

聚酰亚胺 polyimide 一种耐热的氮杂环聚合物的总称。是主链上含有酰亚氨基（—CO—N—CO—）的聚合物。通常指环亚胺和芳环构成的聚合物。具有一系列产品，品种较多，大致可分为全芳香族聚酰亚胺、热塑性聚酰亚胺、热固性聚酰亚胺等三类。具有良好的耐辐射性、耐高温性及耐溶剂性，电绝缘性好，机械强度高。可在 $260℃$ 的大气中长期连续使用，短期使用温度可达 $430℃$。化学稳定性及抗氧化性都较好，不溶于有机溶剂，不受酸的作用。但在强碱、沸水及蒸汽的连续作用下会遭受破坏。用作摩擦部件时，通常用二硫化钼、石墨及等对其进行改性。用于制造模塑材料、高温下抽真空的容器密封件、填料等，也用于制造合成纤维。

聚酰胺 polyamide 见"聚酰胺树脂"。

聚酰胺纤维 ployamide fiber 指由多种二元羧酸和二元胺，或由 ω-氨基酸类经缩聚合成的聚酰胺为原料所制得的一类合成纤维的总称。是杂链类合成纤维中的一类。商品名为尼龙或锦纶。品种繁多，其中聚酰胺 6 及聚酰胺 66 是两个主要品种。具有良好的力学性能，断裂强度是普通合成纤维中最高的，且弹性、耐磨性及多次变形性好，染色性及耐碱性也较好。用于制造车辆及飞机用的轮胎帘子线、降落伞用的伞绸、绳索、渔网、袜子等。

聚酰胺树脂 polyamide resin 是在大分子链重复结构中含有酰胺基团（—CO—NH—）的线型热塑性树脂的总称。简称聚酰胺，俗称尼龙。在用作纤维时，亦称锦纶。是一种应用极广的工程塑料。种类较多，工程上常用的有尼龙6、尼龙66、尼龙610、尼龙1010及MC尼龙等。其共同特点是机械强度高，抗压强度为60～90MPa，抗拉强度为50～65MPa，抗剪切强度为40～60MPa。它们的熔点也较高，与其他塑料不同的是，具有明显的熔点，不随温度升高而逐渐变软，如尼龙6的熔点为215℃。有良好的抗腐蚀性，不与弱碱、醇、酯、酮、汽油、油脂等作用。耐磨性优于铜和普通钢材，并有一定自润滑性及抗霉性。主要缺点是蠕变较大，有吸水性。用于制造轴承、齿轮等摩擦部件，也用于制造合成纤维、塑料、胶黏剂等。

聚酯 polyester 聚合物主链上含有酯基 $\left[\begin{array}{c} O \\ \| \\ -C-O- \end{array}\right]$ 的一类高聚物的总称。通常由缩聚方法聚合制得。种类很多。包括脂肪族聚酯及芳香族聚酯，饱和聚酯及不饱和聚酯，线形聚酯及体形聚酯等。其代表产品有：①线型饱和脂肪族聚酯。如聚酯二元醇，用作聚氨酯的预聚物。②线形芳香族聚酯。如涤纶聚酯。用作合成纤维及工程塑料。③不饱和聚酯。主链中留有双键的预聚物，与苯乙烯掺混，可用于增强塑料。④醇酸树脂。属于线型或支链型无规预聚

物，由多元醇与二元酸缩聚而成。残留基团可进一步交联固化，用作涂料。

聚酯多元醇 polyester polyols $OH-\left[ROOCR'COORO\right]_n H$ 一种低分子量的聚酯。用于聚氨酯的制造，如制造高强度聚氨酯弹性体、聚氨酯胶黏剂等。基本无毒性，易于吸湿。用于制备聚氨酯的聚酯多元醇主要有：①聚酯多元醇。系由二元羧酸与二元醇（或二元醇与三元醇的混合物）经脱水缩聚制得。②聚ε-己内酯。是ε-己内酯在起始剂存在下打开内酯环所制得的线型聚ε-己内酯。③聚碳酸酯二醇。是由1,6-己二醇和二苯基碳酸酯在氮气保护下加热，经酯交换缩聚而制得。

聚酯纤维 polyester fiber 指以各种二元醇与芳香族二羧酸经缩聚生成的聚酯为原料，经熔融纺丝所制得的合成纤维的总称。如聚对苯二甲酸乙二酯纤维（又称涤纶）、聚对苯二甲酸丙二酯纤维、聚对苯二甲酸丁二酯纤维、聚-2,6-萘二甲酸乙二酯纤维等。其中聚对苯二甲酸乙二酯纤维是目前世界上产量最大的合成纤维品种，为其主要品种。因此常将聚酯纤维称为涤纶。主要用于制作衣物及床上用品、室内装饰品等，也用于制作轮胎帘子线、工业滤布、渔网等。

聚酯树脂涂料 polyester resin coating 由二元或多元醇和二元或多元酸缩聚制得的聚酯树脂为成膜物质的涂料。分为饱和及不饱和两类。先由二元醇与间苯二甲酸制得饱和聚酯树脂，

再用它制成涂料,具有耐热性好、漆膜强度高的特点。由二元醇(如乙二醇)与不饱和二元酸(如顺酐)反应制得的直链高聚物,能溶解在苯乙烯中制造无溶剂的不饱和聚酯涂料,具有漆膜光泽丰富,耐化学性能优良的特点。常用于高档木器家具涂装。

聚酯润滑油 polyester lubricanting oil 又称聚酯油。合成润滑油的一大类。是以分子中含有 2 个以上羧酸酯基的化合物为基础润滑油的总称。分为双酯和多元醇酯两类。双酯类合成润滑油是以己二酸、壬二酸、庚二酸、癸二酸等二元羧酸与异丁醇、2-乙基己醇、异十三醇等有支链的醇所构成的双酯类。具有倾点低、闪点高、耐热好、黏度指数高等特点,但抗氧化性及化学稳定性较差。多元醇酯类润滑油是以新戊烷为骨架的多元醇和 $C_1 \sim C_{18}$ 的脂肪族一元羧酸构成的酯类。具有耐热性好、倾点低、闪点高、黏度指数高、生物降解性好等特点,但对水解稳定性较差。聚酯油广泛用作航空发动机润滑油、压缩机油、液压油、润滑脂用基础油及金属加工油等。

聚羧酸盐 polycarboxylate 一种主链中含有离子键的聚合物。如聚丙烯酸钠、聚癸二酸钙、丙烯酸-马来酸共聚物等。是一类阴离子型水溶性高分子化合物。分子中多含有亲水和疏水基团,因此具有表面活性。表现在对钙、镁离子的螯合能力比磷酸盐更强,并具有良好的污垢粒子分散粒力及对 pH 缓冲能力。

聚碳酸酯 polycarbonate 是大分子链中含有碳酸酯($—O—R—O—\overset{\underset{\|}{O}}{C}—$)重复单元的线型高聚物的总称。其中 R 可为脂肪族、脂环族、芳香族或混合型的基团,由此可分为脂肪族、芳香族等各种类型的聚碳酸酯。是一类重要的工程塑料。其中最有实用价值的是双酚 A 型聚碳酸酯。相对密度约 1.2。玻璃化温度 149℃,在 220～230℃呈熔融态,热分解温度＞310℃,可在－60～－120℃下长期使用。透光率为 85％～90％。具有优良的机械性能及电绝缘性能,抗冲击性好,韧性高,蠕变小,尺寸稳定,吸水率低。但不耐碱、胺、酮及芳烃,长期在沸水中易引起开裂及水解。可加工成管、板、薄膜及型材等。广泛用于电器、机械、汽车、航空等行业。用于制造齿轮、凸轮、防弹玻璃、座舱罩等。可由双酚 A 及碳酸二苯酯经酯交换及缩聚制得。

聚醚 polyether 由醚与环氧化合物经聚合而得的一类聚合物的总称。分子主链中含有醚基团($—R—O—R'—$,R 和 R′ 为烷基)。包括脂肪族聚醚和芳香族聚醚两类。品种很多,代表性的有:用作工程塑料的聚甲醛、聚苯醚、聚苯醚砜;用作表面活性剂的聚环氧乙烷、聚环氧丙烷、环氧乙烷-环氧丙烷嵌段共聚物等;用作聚氨酯原料的三羟基聚醚、四羟基聚醚等;用于制造胶黏剂及涂料的聚羟基醚树脂等。合成聚醚的方法有羰基化合物加成聚合、环醚开环聚合、二醇自身缩合或与其他化合物缩合等。

聚醚多元醇 polyether polyols HO—(RO)ₙH 是一种羟基封端的低分子量线型或支化聚合物。分子量从数百到数千。为清澈透明或淡黄色液体，具吸湿性。是以低分子量多元醇、多元胺或活泼氢的化合物为起始剂，与氧化烯烃在催化剂作用下开环聚合而得。常见的有聚醚二元醇、聚醚三元醇、聚醚四元醇及聚醚五元醇等。主要用作聚氨酯合成的预聚体，所得聚氨酯比用聚酯多元醇所得产物有更好的可回复性及耐水解性。多用于制弹性垫料。

聚醚纤维 polyether fiber 聚合物分子主链上含有醚键—R—O—R′—（R，R′为亚烃基）的合成纤维。具有良好的抗静电性、耐疲劳性及尺寸稳定性。耐磨性及折皱恢复性强于聚酯纤维。耐碱不耐酸。断裂强度高，聚甲醛纤维为其代表性品种。用于制造轮胎帘子线、降落伞、绳索等，也可制作民用纺织品。由醚或环氧化物经聚合、纺丝制得。

聚醚润滑油 polyether lubricanting oil 又称聚醚油。是以由醚键连接亚烷基或亚苯基所形成的聚合物或低聚物为基础油的合成润滑油的总称。其通式为：A—(R—O)ₙRH（A为OH或H；R为亚烷基或亚苯基）。其中由亚烷基形成的聚醚-聚氧亚烷基化合物构成的聚醚油称为聚二元醇合成润滑油。具有黏度指数高、润滑性好、倾点低、不生成油泥、基本无毒等特点。用于刹车油、液压油、高温润滑油及金属加工液等。

聚醚酯纤维 polyether-ester fiber 又称聚对苯二甲酸乙氧酯纤维。国外商品名为荣辉。聚酯纤维的一种。相对密度1.34。熔点223～228℃，软化点197～202℃。公定回潮率0.4%～0.5%。溶于有机酚类溶剂。性能与天然纤维相接近，耐候性较好，仅次于腈纶。染色性比普通聚酯好，能直接用分散性染料及偶氮染料进行染色。但吸水性差。产品主要为长丝。用于制作仿丝服装用品。先由对羟基苯甲酸甲酯与乙二醇反应制得对氧乙基苯甲酸甲酯，经熔融缩聚制得成纤高聚物，再经熔融纺丝制得。

聚醚橡胶 polyether rubber 一种特种橡胶。是由含环氧基的环醚化合物（环氧烷烃）经开环聚合制得的烃聚醚弹性体。其主链呈醚型结构，无双键存在，侧链一般含有极性基团或不饱和键，或两者都有。主要品种有氯醚橡胶、共聚氯醚橡胶、不饱和型氯醚橡胶、环氧丙烷橡胶、不饱和型环氧丙烷橡胶等。这类橡胶具有优良的耐油、耐溶剂、耐酸碱、耐气候及耐臭氧性能，气体透过性也很小。用于制造汽车、飞机的各种机械配件，如垫圈、密封圈、隔膜等，也用于制造耐油胶管、燃料胶管、胶板、印刷胶辊及充气制品等。

聚醚醚酮　polyetheretherketone

一种半晶态芳香族工程塑料。是由两个醚键和酮基与苯环交互构成的线型高分子聚合物。相对密度 $1.256 \sim 1.32$。具有良好的热稳定性,其玻璃化温度 $143℃$,结晶熔融温度 $334℃$,长期使用温度 $200℃$,热分解温度为 $520℃$。具有良好耐化学稳定性、韧性、耐磨性及抗疲劳性、自润滑性及低的可燃性等。还可采用填充、共混、交联、接枝等方法制成塑料合金及复合材料。可代替金属制造发动机内罩、汽车轴承、刹车片、活塞环、密封件、飞机及火箭发动机的零部件等。

酸　acid　指在水溶液中电离出的阳离子全部是氢离子的化合物。按物质种类,分为无机酸及有机酸;按酸的元酸,分为一元酸(如盐酸)及多元酸(如硫酸);按酸性强弱,分为强酸及弱酸;按有无氧化性,分为氧化性酸(如次氯酸)及非氧化性酸(如磷酸)。酸与碱能发生中和反应生成盐和水;非强氧化性酸能与金属发生置换产生氢气;酸也能使指示剂变色(如使石蕊试液变红,使甲基橙试液变红)。

B 酸　Brönsted acid　见"布朗斯台德酸"。

L 酸　Lewis acid　见"路易斯酸"。

酸化　acidify　在溶液或混合物中加入酸,使溶液的酸性增加,或使其 pH 值降至 7 以下而呈酸性的过程。

酸处理　acid treating　见"酸精制"。

酸式氢　acid hydrogen　指在一切水溶液中以氢离子(H^+)状态存在的氢。如各种酸及酸式盐中的氢。因石油烃中所含的氢不能在溶液中电离产生氢离子(H^+),故称为非酸式氢。

酸式盐　acid salt　碱中和酸中部分氢离子所形成的化合物。即除含有金属离子(包括 NH^+)和酸根离子以外,还含有一个或几个能被碱中和的氢离子的盐类。如碳酸氢钠、磷酸二氢钾等。根据酸式盐的组成及溶于水可能发生的变化,又可分为多元强酸的酸式盐及多元弱酸的酸式盐。前者如 $NaHSO_4$,这种盐溶于水时,能完成电离,使溶液呈强酸性;后者如 NaH_2PO_4,这一类盐溶于水时,酸式酸根离子同时发生水解和电离,因水解与电离程度的差异,而导致溶液显出不同的酸、碱性。

酸性　acidity　指酸所具有的性质或溶液的 pH 值 <7 的性质。除酸以外,具有酸性的物质还可以是盐、氧化物、单质的水溶液,如 $NaHSO_4$、$AlCl_3$、SO_3、Cl_2、NO_2 的水溶液显酸性,但这些物质不是酸。酸性强弱是指溶液中 $[H^+]$ 多少,$[H^+]$ 多,则溶液的酸性强,$[H^+]$ 少,则溶液的酸性弱。也可用 pH 值表示其溶液的酸性强度,pH 值小于 7 时呈酸性反应。pH 值越小,酸性越强,溶液酸度越大。

酸性中心　acid center　见"酸性部位"。

酸性气 sour gas 又称含硫气。泛指含硫化氢或其他腐蚀性硫化物的天然气或炼厂气。使用前应脱除这些硫化物。

酸性含硫化合物 acidic sulfur compound 见"含硫化合物"。

酸性废水 acidic waste water pH值<7而呈酸性反应的废水。常来自制酸厂、金属及油品酸性车间、电镀车间及酸泵房地面冲洗水等。对于成分简单、浓度较高（10％以上）的酸性废水，应回收利用。一般酸性废水可进行中和处理。中和处理法有酸碱废水相互中和、投药中和及过滤中和等。投药中和常用的药剂有石灰、碱液、电石渣等。

酸性组分 acidic component 指双功能催化剂中具有酸性功能的活性组分。如重整催化剂的酸性组分由添加的氯组元及氧化铝载体所构成，它们具有促进重整催化剂的异构化及裂解性能。

酸性部位 acid site 又称酸性中心。指能给出质子或接受电子对的表面部位。是酸性催化剂结构中起酸性催化作用的部位。如分子筛是一种固体酸催化剂，酸性起源于硅氧四面体（SiO_4）中心的四价硅被配位数相同的三价铝同晶取代，从而产生一个负电荷，三价铝须吸引一个质子以保持电中性，并和电离羟基连接构成 B 酸（即质子酸）中心。加热时 B 酸脱水成乙酸（即路易斯酸）中心。

酸度 acidity 指中和 100mL 石油产品中的酸性物质所需的氢氧化钾毫克数，以 mgKOH/100mL 油表示。多用于汽油、煤油、柴油等轻质产品。酸度与酸值都用于表示油品对金属的腐蚀性和油品的精制深度或变质程度。通过对油品酸度及酸值的测定，可以判断酸性物质（如有机酸、酚类化合物及无机酸等）的含量多少。酸度或酸值越高，油品中所含的酸性物质就越多，对金属的腐蚀性也就越大。酸度或酸值大的柴油会使发动机积炭增加；润滑油在使用一段时间后，由于油品受到氧化逐渐变质，表现为酸值增大。为了不使油品中的酸性物质含量过大而腐蚀设备和影响机械的正常工作，石油产品标准中对各种油品的酸度（或酸值）均有严格规定。

酸度计 acidimeter 见"pH 值测定"。

酸烃比 acid-hydrocarbon ratio 又称酸稀释比。烷基化反应中进入反应器的循环酸（氢氟酸或硫酸）量与进入反应器的总烃量之比。如氢氟酸法烷基化的酸烃比（体）为 5.2：1；硫酸法烷基化的酸烃比（体）为 1.5～1.8：1。

酸根 acid radical 一个酸分子减去可取代氢后的剩余部分，或是酸（或盐类）存在于晶体结构或水溶液中的负离子都称为酸根。如硫酸根（SO_4^{2-}）、氯根（ClO_2^-）、乙酸根（$C_2H_3O_2^-$）、氰根（CN^-）、氯根（Cl^-）等。

酸酐 acid anhydride 由酸脱去所含水后生成的物质。分无机酸酐及有机酸酐两类。无机酸酐是由简单的含氧酸脱去所含水而生成的酸性氧化物。如硫酸酐是硫酸分子脱去一分子水所生成的三氧化硫(SO_3);两个硝酸分子脱去一个水分子生成的五氧化二氮(N_2O_5)为硝酸酐。有机酸酐有乙酸酐[$(CH_3CO)_2O$]、邻苯二甲酸酐[$C_2H_4(CO)_2O$]等。通常,酸酐遇水后即生成原来的酸。

酸值 acid number 指中和1g石油产品中酸性物质所需的氢氧化钾毫克数,以 mg KOH/g 表示。多用于润滑油及石蜡等产品的测定。酸值与酸度都用于表示油品对金属的腐蚀性和油品的精制深度或变质程度。参见"酸度"。

酸蛋 acid egg 一种压力下输送液体用的蛋形密闭受压容器。液体从容器上部流入,当流至一定程度时,关闭液体进口阀,打开液体出口阀,然后用压缩空气或其他惰性气体将液体从容器底部的出口管道压送到使用地点。为间歇操作,无运动部件,使用安全。适用于输送腐蚀性及有毒液体。

酸量 acid quantity 又称酸密度、酸浓度。对液体酸是指单位体积内所含的酸量。固体酸的酸量是指单位表面积上酸位的量。按实际需要可采用不同的单位。如单位质量或单位表面积样品上酸位的量,记以 mmol/g 或 mmol/cm^2。又如对分子筛样品,可用单位晶胞上的酸位数表示。测定酸量最常用的方法是正丁胺滴定法,此外还有气态碱吸附法及热测定法等。而这些方法测得的都是包括 B 酸及 L 酸在内的酸量。

酸量法 acidimetry 见"酸碱滴定法"。

酸稀释比 acid dilution ratio 见"酸烃比"。

酸强度 acid strength 见"固体酸强度"。

酸强度函数 acid strength function 见"固体超强酸"。

酸雾 acid fog 酸性雾的总称。包括盐酸、硫酸、硝酸等无机酸及甲酸、乙酸、丙酸等有机酸形成的酸雾。为大气中重要的二次污染物,对环境有酸化作用,使生态环境遭受损害。城市大气中的酸雾主要是硫酸雾及硝酸雾。大气中过高浓度的二氧化硫、氮氧化物等被空气中的水吸收而形成酸雾。

酸催化剂 acid catalyst 又称酸性催化剂。呈酸性,能从反应物夺去带有电子对的氢负离子($H:^-$)或向它提供质子(H^+)的催化剂。多数是固体酸(如分子筛),也有液体酸(如硫酸)。是石油化工中用量最大的一类催化剂,烃类催化裂化、烯烃催化异构化、芳烃及烯烃的烷基化、烯烃和二烯烃的低聚、共聚及高聚等都是在酸催化剂作用下进行的。

酸解 acidolysis 溶剂分解反应的一种。是由酯、酸酐、酰氯、酰胺等羧酸衍生物和另一种羧酸作用而形成相应新的酯、酸酐、酰氯及酰胺的分解反应。如利用苯甲酰氯酸解可制取不易得到的酰氯：

$$C_6H_5COCl + CH_2{=}CHCOOH \Longleftrightarrow$$

$$CH_2{=}CHCOCl + C_6H_5COOH$$

酸碱处理 acid-alkali treatment 见"酸碱精制"。

酸碱平衡 acid-base palance 指双功能催化剂的酸性组分与碱性组分之间的平衡。如重整催化剂的酸性组分为载体氧化铝及卤化物,碱性组分为铂等金属。前者都具有异构化性质,后者具有脱氢性质。只有两者处于某种平衡状态时,才能获得最佳的重整转化率。

酸碱指示剂 acid-base indicator 是能以颜色的改变,指示溶液酸碱性的物质。这些物质一般是有机弱酸或有机弱碱。它们在不同氢离子浓度的溶液中,能显示不同的颜色。因而可根据它们在溶液中显示的颜色来判断溶液的pH值。常用的有甲基橙、酚酞、石蕊、中性红、溴酚蓝、甲基红、甲基蓝等。

酸碱值 acid and base number 酸值与碱值的泛称。分别参见"酸值"、"碱值"。

酸碱催化 acid-base catalysis 见"酸碱催化剂"。

酸碱催化剂 acid-base catalyst 催化作用的起因是由于反应物分子与催化剂之间发生了电子对转移,出现化学键的异裂,形成了高活性中间体(如碳正离子或碳负离子),从而促进反应进行。因该类催化剂常为酸或碱,故得名。酸是质子给体(H⁺)或电子对受体,碱是电子对给体或质子受体。酸可从有机分子中夺去带有电子对的氢负离子(H：)或向它提供质子,使它变为活泼的碳正离子;碱可使有机分子脱去一个质子生成活泼碳负离子。酸碱催化分为均相及多相两类。酸碱催化剂是石油化工中用途最广的一类催化剂,其中酸催化剂比碱催化剂应用广泛。酸催化剂有液态的,如硫酸、磷酸、杂多酸等,也有固态的,称为固体酸催化剂,如氧化铝、分子筛、硅酸铝等。

酸碱精制 acid-alkali refining 又称酸碱处理。最早出现的一种油品精制方法。指用浓硫酸处理油品后再以碱中和油品中的余酸和进一步脱除油品中的硫化氢、硫醇的处理方法。工艺过程一般有预碱洗、酸洗、碱洗、水洗等步骤。依需精制油品的种类、杂质含量及精制产品的质量要求,决定某一步骤是否需要。如只有当所处理油品中的硫化氢含量较大时才需进行预碱洗。酸碱精制多用于处理汽油、煤油、柴油及轻质润滑油等油品。酸碱精制后油品的稳定性优于单一碱精制或酸精制油品的稳定性。

酸碱滴定法 acid-base titration method 是利用已知浓度的酸或碱的标准溶液滴定试样溶液中碱或酸的容量分析法。因其依据是酸碱之间的中和反应,故又称中和滴定法。其反应实质是 H⁺ 离子和 OH⁻ 离子结合生成难电离的水,从而使溶液中的[H⁺]呈规律性的变化,并借助于指示剂的变色来确定理论终点。当用标准酸溶液滴定碱时称碱量法；而用标准碱溶液滴定酸时称酸量法。酸碱滴定法适用于测定酸、碱以及能和酸、碱进行定量反应的物质，广泛用于成品分析及中间控制分析。

酸精制 acid refining 又称酸处理、酸洗。指用浓硫酸对油品进行处理。通过硫酸与油品中的某些烃类或非烃类化合物进行化学反应，或以催化剂形式参与化学反应，可以除去油品中的胶质、碱性氮化物、大部分环烷酸、硫化物等非烃类化合物，以及烯烃、二烯烃等，从而提高油品安定性及改善色泽。多用于处理热裂化、焦化、催化裂化过程得到的汽油、煤油、柴油及轻质润滑油等。

碱 base 旧称盐基。指在水溶液中电离出的阴离子全部是氢氧根离子的化合物。根据碱在溶液中电离产生的氢氧根离子数目，可分为一元碱（如氢氧化钠）、二元碱（如氢氧化钙）及多元碱（如氢氢化铁）；按碱性强弱可分为强碱、中强碱及弱碱；按水溶性可分可溶性碱及不溶性碱。碱溶液能使指示剂变色（如使紫色石蕊试液变蓝、使无色酚酞试液变红），能与酸发生中和反应生成盐和水，碱与盐反应时生成新盐和新碱（或生成两种新盐），碱受热分解时生成碱性氧化物和水。

B碱 Brönsted base 见"布朗斯台德酸"。

L碱 Lewis base 见"路易斯碱"。

碱处理 alkali treatment 见"碱精制"。

碱式盐 basic salt 酸中和碱中部分氢氧根离子所形成的化合物。即除含有金属离子和酸根离子外，还含有一个或几个能被酸中和的氢氧根的盐类。如碱式碳酸铜[$Cu_2(OH)_2CO_3$]、硝酸氧铋($BiONO_3$)。一般碱式盐的溶解度不大，其水溶液也不一定呈碱性，如碱式硝酸铋呈弱酸性或中性。

碱性 alkalinity 指碱所具有的性质或溶液的pH值＞7的性质。溶液的碱性强度可用pH值表示，当pH值大于7时呈碱性反应，pH值越大，碱性越强，碱性反应越显著。

碱性含氮化合物 alkaline nitrogen compound 见"含氮化合物"。

碱值 alkali 中和1g石油产品中的碱性物质所需的盐酸毫克数。碱值与酸值常用以表示石油产品的纯净度。

碱量法 alkalimetry 见"酸碱滴定法"。

碱熔 alkali fusion ①芳香族磺酸盐在高温下与熔融的苛性碱作用，使磺基被羟基所置换的反应。反应通式为：
$$ArSO_3Na + 2NaOH \longrightarrow$$
$$ArONa + Na_2SO_3 + H_2O$$
生成的酚钠用无机酸酸化后即转变为酚。是工业上制备酚类的最早方法。常用的碱溶剂是氢氧化钠，而当需更活泼的碱熔剂时，则可使用氢氧化钾。②用纯碱与不溶于酸或水的矿物共熔，以制取可溶性钠盐的过程。

碱熔剂 alkali fusion agent 见"碱

熔"。

碱精制 alkali refining 又称碱处理、碱洗。指用氢氧化钠溶液对汽油、煤油、柴油等轻质油品的处理。其目的有两个方面:一是在油品酸洗前进行预碱洗,以除去油品中的硫化氢、石油酸类、酚类、低分子硫醇等有腐蚀性的酸性化合物;二是采用酸碱精制时,中和在酸洗时产生的而留在油中的酸性物质,如磺酸、酸性硫酸酯等。

碳一化工 C_1 chemical industry 见"碳一化学"。

碳一化学 C_1 chemistry 凡包含一个碳原子的化合物(如 CH_4、CO、CO_2、HCN、CH_3OH 等)参与反应的化学称为 C_1 化学;涉及 C_1 化学反应的工艺过程和技术称为 C_1 化工。碳一是含碳化合物中碳含量最少的物质,其共同特点是有毒、易燃、易爆。在一定条件下,均能发生化学反应,生成一系列化工产品,是有机化工及精细化工生产的重要原料之一。

碳二馏分 C_2 fraction 从裂解气分离出的含有两个碳原子的烃类混合物。是除甲烷外最简单的烃类化合物,主要成分是乙烷、乙烯,并含有少量乙炔。乙烯是石油化工基础原料,可生产许多重要的有机产品;乙烷可送回重新裂解生产乙烯或用于生产卤代烷。碳二馏分可不经分离直接用于制造氯乙烯等产品。

碳三馏分 C_3 fraction 主要指从裂解气中分离出的含有三个碳原子的烃的混合物。主要成分是丙烯、丙烷,还含有少量丙炔及丙二烯等。可用深冷分离法、精馏法等进行分离。丙烯是重要化工原料,可生产许多有机产品;丙烷可送回重新裂解生产乙烯、丙烯或用作化工原料。

碳四烯烃 C_4 olefin 指分子式为 C_4H_8 的单烯烃异构体及丁二烯的统称。没有天然来源,主要来自炼厂催化裂化、石脑油裂解及天然气的碳四馏分。烯烃分子含有双键,性质十分活泼,可进行加成、取代、氧化、低聚及聚合等多种化学反应,是现代石油化工产业重要的基础原料。

碳四馏分 C_4 fraction 指含有四个碳原子的烃的混合物。主要成分是 1-丁烯、异丁烯、丁二烯、顺-2-丁烯、反-2-丁烯、正丁烷、异丁烷等。碳四馏分主要来自以下四个方面:①来自炼厂的蒸馏、热裂化、加氢裂化、催化裂化、催化重整、焦化装置等,其含量随原料来源、装置生产方案而异,其中以丁烷及异丁烷含量较高;②油品裂解制乙烯联产碳四烃,组成中丁二烯含量高,烷烃含量低;③油田气中的碳四烃,组成基本为饱和烃,其中碳四烷烃约占 1%~7%;④其他来源,如乙烯低聚制 α-烯烃时可得到 1-丁烯,产量约占 α-烯烃产量的 6%~20%。碳四馏分主要用于制造合成橡胶,其主要衍生物产品是烷基化汽油、聚丁烯、烷基酚等。

碳四馏分分离法 C_4 fraction separation process 石油烃裂解联产的碳四馏

分含有二十种以上的碳三至碳五烃及少量丙二烯、炔烃。这些馏分的沸点十分接近，有些还能形成共沸混合物，其分离十分困难。早期从碳四馏分中分离丁二烯的方法是化学吸收法及糠醛萃取精馏法。由于经济上不合理或因能耗较大等原因已淘汰。目前国内常用的碳四抽提丁二烯的方法，有以乙腈为溶剂的乙腈法抽提丁二烯及以二甲基甲酰胺为溶剂的二甲基甲酰胺法。

碳四馏分氧化法 C₄ fraction oxidation process　指在 V-P-O 系催化剂作用下，碳四馏分与空气经流化床气相氧化生产顺丁烯二酸酐的过程。反应温度 340～360℃，空速 2000～5500h⁻¹。催化剂以 V-P 为主要组分，有代表性的催化剂如 V-P-K-Fe，原子比为 1∶1.9∶0.2∶0.1。V-P催化剂属酸性催化剂，添加适量的碱金属钾的氧化物，可调节催化剂氧化中心的酸度，使氧化能力缓和，抑制副产物生成，提高顺酐收率。

碳五馏分 C₅ fraction　主要指用轻油裂解制取乙烯时，从副产液体中分离出的含五个碳原子的烃的混合物。其组成和数量与裂解所用原料、裂解深度有关。主要成分是环戊二烯、异戊烷及异戊二烯。碳五馏分组成复杂，数量也不少。其利用分为两类：一类为混合综合利用，如加氢后调油、加氢后作裂解原料、异构化等；另一类为分离成单组分再利用，如分离为异戊二烯、环戊二烯、间戊二烯、戊烯、异戊烯等，用以合

成橡胶、合成树脂、医药等。

碳化钙 calcium carbide

化学式 CaC₂。俗称电石。工业品为灰色或黑褐色不规则的硬性固体。新断裂面带光泽，暴露于空气中因吸收水分失去光泽而呈灰白色。相对密度 2.22（18℃）。熔点 2300℃。工业产品电石中碳化钙含量一般为 80% 左右。其熔点约为 2000℃。化学性质活泼，遇水激烈分解产生乙炔气和氢氧化钙残渣。可与氢、氮和氨等气体反应生成多种气体和含钙物质。能导电，纯度越高，导电性越好。粉末对皮肤有灼伤作用，吸入体内会伤害呼吸系统。用于制造有机合成重要原料乙炔。乙炔气用于金属焊接及切割。与氮气作用生成的石灰氮可用作肥料。电石还可用作钢铁工业的脱硫剂。可由焦炭、无烟煤及生石灰混合后在电石炉中煅烧而得。

碳阳离子 carbenium ion　又称碳正离子、正碳离子。指带正电荷的三价碳原子。通常可用两种方法形成：①直接裂解，即与碳原子相连的原子或原子团带着一对成键电子裂解出去，使碳原子带正电荷；②质子或其他带正电荷的原子团与不饱和体系的一个原子加成，使其相邻的碳原子带正电荷：

$$-C=Z+H^+ \longrightarrow -C^+-Z-H$$

碳阳离子通常为寿命很短的活泼中间体，可按多种方式进行反应，既可得到稳定的反应产物，也可生成其他阳离

子。在以碳阳离子为活性中心的阳离子聚合反应中，有亲电加成、重排反应、或与具有电子对的阳离子结合出现终止反应等类型。

碳阴离子 carbanion 又称碳负离子。指含有未共享电子对的三价碳原子。通常可用两种方法形成：①直接裂解，即与碳原子相连的原子或原子团不带着它的一对成键电子裂解出去；②阴离子和碳-碳双键或叁键加成，阴离子加在双键中的一个碳原子上，使另一个碳原子带负电荷：

$$-C=C- \; + \; Y^- \longrightarrow -\overset{|}{\underset{|}{C}}-\overset{|}{\underset{|}{C}}-Y$$

阴离子有多种反应。在阴离子聚合反应中的阴离子反应主要有亲核加成、亲核取代、重排反应等。

碳纤维 carbon fiber 一种高强度、高模量、耐高温、碳含量高于90％的无机高分子纤维。其中碳含量大于99.9％的称为石墨化纤维。是以聚丙烯腈、沥青、聚乙烯醇、聚氯乙烯等不熔或经处理后变为不熔的纤维作前驱体，在惰性气体保护下于高温裂解成为纤维状的碳素材料而制得。单丝直径5～10μm，具有乱层石墨结构。相对密度1.6～2.15。拉伸强度1～4.5GPa。碳纤维的轴向强度和模量很高，无蠕变，耐化学腐蚀，抗疲劳，热膨胀系数小，X射线透过性好。但其耐冲击性较差，易损伤。一般不单独使用，常作为增强材料与树脂、金属、陶瓷等制成高性能复合材料，用于制造火箭、飞机、汽车、化工、电子及体育用品，也可用于制作屏蔽电波等的除静电材料。

碳沉积 carbon deposit 见"催化剂结焦"。

碳氢比 carbon hydrogen ratio 石油产品中所含碳和氢的质量比。是决定石油产品性质的要素之一。重质油的碳氢比高，轻质油的碳氢比低。油品在加氢、焦化等工艺过程中，通过变化油品中的碳氢比而获得有价值的轻质油。碳氢比也用于计算重油的热值。

碳氢化合物 hydrocarbon 见"烃"。

碳架异构体 carbon skeleton isomer 构造异构体的一种。指分子式相同的化合物由于碳原子的连接顺序不同而产生的异构体。如戊烷（C_5H_{12}）的三种异构体：正戊烷（$CH_3CH_2CH_2CH_2CH_3$）、异戊烷［（CH_3）$_2CHCH_2CH_3$］、新戊烷［（CH_3）$_4C$］。它们互为位置异构体。

碳素材料 carbon material 指由元素碳构成的材料。根据碳原子集合形式不同而呈各种各样的功能及形态。碳素材料包括原料型碳素材料（如焦炭、炭黑、活性炭等）、烧结型碳素材料（如石墨电极、电解板、碳素耐火材料）、均质型碳素材料（如热解石墨、玻璃炭）、可挠性碳素材料（如碳纤维、碳膜）、修饰碳素材料（如石墨层间化合物）。制造碳素材料的工业原料有煤、石油、天然石墨，而以石墨为最佳原料。碳素材料主要用作导电材料（如电极）、结构材料（如机械密封）、耐火材料、耐磨及润滑材料、吸附剂以及用于制造铸模及新型复合材料等。

碳链类纤维 carbon-chain fiber 又称碳链类合成纤维。指用大分子主链上全由碳原子所组成的碳链高分子物质制得的纤维。主要有聚氯乙烯纤维（氯纶）、聚丙烯纤维（丙纶）、聚丙烯腈纤维（腈纶）、聚乙烯醇纤维（维纶）、聚乙烯纤维（乙纶）、含氟纤维（氟纶）等。与杂链纤维不同，这类纤维的化学稳定性好，分解温度低，不能用熔融纺丝法制得。

碳链聚合物 carbon chain polymer 见"高分子链"。

碳酰氯 carbonyl chloride 见"光气"。

碳酸钙 calcium carbonate 化学式 $CaCO_3$。分为轻质碳酸钙及重质碳酸钙两种。轻质碳酸钙又称沉淀碳酸钙。白色粉末，无臭无味，有无定形及结晶形两种形态。相对密度 $2.7\sim2.95$。折射率 1.65。难溶于水及醇，溶于酸并放出 CO_2。800℃开始分解为氧化钙及二氧化碳。重质碳酸钙为粒状不规则的白色粉末。相对密度 2.71。熔点 1339℃。加热至 825℃开始分解为 CaO 及 CO_2。遇酸释出 CO_2。用作催化剂及催化剂载体、中和剂、脱酸剂、钙质强化剂等。塑料、橡胶、造纸、涂料等行业广泛用作填充剂及白色填料。轻质碳酸钙是以石灰石及煤为原料，采用碳化法制得。重质碳酸钙用干法或湿法将石灰石粉碎制得。

磁氧分析器 magnetic oxygen analy-zer 见"顺磁式氧分析器"。

【颗】

颗粒相 particulate phase 见"聚式流态化"。

颗粒活性白土 activated clay particle 一种粒度为 $0.25\sim0.84$mm 的颗粒状活性白土。堆密度 $0.65\sim0.80$g/mL，比表面积 >250m^2/g。可用于除去喷气燃料、煤油、汽油、石蜡等产品中所含的不饱和烃、硫化物及有色物质等，改善油品色泽和降低油品中不饱和烃的含量。可由膨润土经硫酸活化、水洗、干燥而制得。

颗粒带出速度 particulate carrying velocity 见"带出速度"。

颗粒密度 particle density 多孔性催化剂密度的一种表示方法。是指测量扣除催化剂颗粒与颗粒之间的体积所求得的密度。也即单位表观体积内含有的催化剂质量。而表观体积仅指催化剂骨架所具有的体积与催化剂颗粒内部孔隙所占体积之和。它可由催化剂总表观体积扣除催化剂颗粒与颗粒之间的空隙而求得。由于催化剂颗粒之间的空隙体积常用汞置换法测得，故用这种方法得到的密度也称作汞置换密度。

颗粒焦 granular coke 见"弹丸焦"。

颗粒填料 granular packing 见"散装填料"。

蜡 wax 一种有机化合物的复杂混

合物。为脂肪酸和一羟基脂肪醇的化学酯类,可能存在多种化学结构。按来源可分为动物蜡、植物蜡、矿物蜡及合成蜡。按形状可分为固体蜡、液体蜡、结晶蜡及非结晶蜡等。蜡有憎水和拒水的特性,与油、脂肪、树脂和沥青等在一起,即形成一大组能为脂肪溶剂所溶解的物质。蜡比脂肪硬、脆,熔点较高,且没有油腻感。蜡比树脂及树胶有更多的晶体结构,但几乎没有液体受过度冷却后出现玻璃状外观,也没有树脂和树胶所特有的贝壳状断面。不同种类的蜡,不仅化学组成及物理性质不同,而且在亲液和疏液的平衡上,在溶剂中溶解的程度上也不相同。蜡的用途很广,用于制造蜡烛、上光剂、蜡纸、模型、润滑脂、纸制品涂层、复写纸、鞋油、化妆品及医药等。

蜡下油 foots oil　又称下脚油。用发汗法从含油蜡制取石蜡过程中流出的软蜡油,或在酮苯脱蜡过程中一段脱油的滤液经溶剂回收后所得到的蜡下油。为油与低熔点石蜡的混合物,常用作裂化原料。参见"发汗法"。

蜡油 wax oil　由常减压蒸馏装置减一线、减二线、减三线及减四线所抽出的含蜡馏分油或二次加工(如延迟焦化)所得到的焦化重馏出油等。一般不作为产品,可用作裂化原料油。

蜡(结)晶改良剂 wax crystal modifier　见"脱蜡助滤剂"。

蜡液 wax solution　在酮苯脱蜡过程中,从过滤机分离出的含油蜡与溶剂的混合液。参见"酮苯脱蜡过程"。

蜡膏 paraffin jelly　见"医药凡士林"。

【J】

镁碱沸石 ferrierite　化学式 $Na_{1.5}Mg_2[Al_{5.5}Si_{30.5}O_{72}] \cdot 18H_2O$(阳离子主要为 Mg、Na、K)。斜方晶系,晶体为长板形、针状。相对密度 $2.14\sim2.21$。折射率 1.479。硬度 $3\sim3.25$。天然镁碱沸石的硅铝摩尔比常为 12 左右。结构中的五员氧环通过十员氧环及六员氧环相连,再围成十员及八员氧环开孔的直筒形孔道。它属于双孔道体系沸石。吸附的最大分子为乙烯。用作催化脱蜡催化剂、丁烯异构化催化剂及催化剂载体等。

稳态流动 steady flow　流体在流动时,任一截面处的流速、流量和压强等与流动有关的物理量只随位置不同而不同,但不随时间而变化的流动称为稳态流动或稳定流动。如任一截面处的流速、流量和压强等与流动有关的物理量既随位置不同而不同,也随时间而变化,则称为不稳态流动或不稳定流动。工业生产中的流体流动多数是不稳定流动。

稳定汽油 stabilized gasoline　见"稳定塔"。

稳定性 stability　见"安定性"。

稳定重整油 stabilized reformate　见"稳定塔"。

稳定原油 stabillized crude 见"稳定塔"。

稳定塔 stabilizer 从原油或汽油等油料中脱除轻质烃(碳四及更轻组分),以改善油料储存稳定性,减少挥发损失的过程称为稳定。用作稳定的分馏塔称为稳定塔。常指汽油稳定塔。稳定塔一般具有较多塔板,并在较高压力及较大回流比下操作。经稳定塔脱去气体烃或部分轻组分的原油则称为稳定原油;经稳定塔脱除碳三、碳四及部分碳五馏分,使蒸气压符合规格标准的汽油则称为稳定汽油;通过稳定塔脱除碳四及碳四以下气体后的重整油则称为稳定重整油。

管式反应器 tubular reactor 由多根细管串联或并联而构成的一种反应器。混合好的气相或液相反应物从管道一端进入,连续流动,连续反应,最后从管道另一端排出。其结构特点是反应器的长度和直径之比较大,一般可达50~100。常用的有直管式、U形管式、盘管式及多管式等几种。具有传热面积大、反应物在管内流动快、停留时间短等特点。可以用于连续或间歇生产,也可用在高温高压下操作,如石脑油分解转化管式反应器、烯烃叠合反应器等。

管式加热炉 tube heating furnace 又称加热炉。炼油厂及石油化工厂的重要供热设备。一般由辐射室、对流室、余热回收系统、燃烧器及通风系统组成。是利用燃料在炉膛内燃烧时产生的高温火焰与烟气作为热源,加热炉管中高速流动的物料,使其在管内进行化学反应,或达到后续工艺过程所要求的温度。按外形可分为箱式炉、斜顶炉、圆筒炉、立式炉等;按工艺用途分为常压炉、减压炉、催化炉、焦化炉、制氢炉、沥青炉等;按传热方式分为纯辐射炉、纯对流炉、对流-辐射炉等;按炉室数目分为双室炉、多室炉、三合一炉等。常用的加热炉有圆筒炉、立管立式炉及卧管立式炉等。

管式再生 tubular regeneration 催化裂化过程中一种新式再生技术。催化剂烧焦、再生采用了提升管(又称管式再生器)。提升管的表观线速为3~10m/s。为保持提升管内催化剂呈活塞流,管上部线速较高,下部线速较低。烧焦用的主风分成3~4股从提升管的不同部位注入,以控制烧焦管内的催化剂密度及氧浓度。在管式再生器内烧掉的焦炭占总焦炭量的80%左右,剩余焦炭和CO在烧焦管顶部的湍流床中烧掉,再生催化剂含碳量小于0.05%,随再生催化剂带入反应系统的烟气量很少。

管式炉法含硫量 sulfur by tube furnace method 又称石英管法含硫量。指用管式炉法测得的原油、润滑油、渣油及焦炭等石油和石油产品的硫含量。先将试样放置在石英管中,在规定条件下使试样在空气流中燃烧,生成的二氧化硫和三氧化硫用含稀硫酸的过氧化氢溶液吸收,并被氧化成硫酸,然后用含指示剂的氢氧化钠溶液滴定,再计算出硫的质量百分数。试样燃烧是否完全、燃烧产物是否被充分吸收,是用此法测定含硫量是否正确的关键因素。

管式炉裂解 tube-still pyrolysis 一种最早的烃类裂解制烯烃的工业方法。是以气态烃、石脑油、瓦斯油等为原料,以水蒸气为稀释剂,在870～930℃高温下进行裂解,主要产品为乙烯,副产丙烯、丁烯及高芳烃含量裂解汽油。早期的管式裂解炉为水平排列辐射管的箱式炉,由于停留时间长、副反应多、结焦量大,逐渐为立式管式裂解炉所替代。20世纪70年代开发的立式管式裂解炉,停留时间缩短至0.3～0.4s。80年代经进一步改进炉管结构,停留时间可缩短到0.1s以下,即所谓"毫秒裂解炉"。随着裂解时间缩短,裂解深度逐步提高,乙烯及丙烯等收率也明显增加。

管式高速离心机 tubular-bowl ultracentrifuge 又称管式超速离心机。整机是由细长的管状机壳和转鼓等部件构成。转鼓直径为70～160mm。长度与直径比一般为4～8。转速可达8000～10000r/min,离心分离因数可达15000～60000。操作时,料液经进料管流入底部空心轴后进入鼓底,并利用圆形挡板将其分配到鼓的四周。液体在鼓内被加速至转鼓速度,在管内自下而上的流动过程中,因受离心力作用,依密度不同而分成两个液层。外层为重液,内层为轻液,到达顶部时分别由轻、重溢流口流出。分离细粒子悬浮液时,

液体经转鼓头上的孔排出,固体微粒沉积于鼓壁上,停车后用人工卸除。其优点是结构紧凑、密封性能好,分离强度可比普通离心机高8～34倍;缺点是容量小、生产能力低,需人工卸渣。一般用于油类脱水、果汁澄清等。

管式裂解炉 tube-type pyrolysis furnace 用于管式炉裂解的主要设备。类型虽较多,但结构上主要由炉管、管架、燃烧器、炉墙及炉架等部件组成。传热方式均属于辐射对流式,并由进行裂解反应的辐射段和预热原料的对流段所组成。辐射段及对流段都装有单程或多程炉管。辐射段即燃烧室,装有采用气体或液体燃料的燃烧器,由它供给管内原料烃裂解反应所需的热量。炉型可分为立管裂解炉及横管裂解炉两大类。立管裂解炉大致又可分为立管侧壁燃气裂解炉、立管梯台式裂解炉、立管方箱式裂解炉、立管多区式裂解炉;横管裂解炉大致也可分为横管方箱式裂解炉、横管底烧立式裂解炉、横管侧壁燃气裂解炉等。炉型发展的总趋势是:充分利用辐射传热,提高辐射管热强度及炉管受热均匀性,即向着高裂解温度和短停留时间的深度裂解方向发展,以达到增加烯烃收率、扩大生产规模和获得更有选择性的产物分布的目的。

管壳式换热器 shell-and-tube heat exchanger 又称列管式换热器。一种应用最广的间壁式换热器。主要由壳体、换热管、管板、折流板、内外封头等部件组成。换热管以一定的排列形式

固定在管板上,成为管束。管板固定在壳体端部,折流板引导流体以错流方式流过管束,并起着支承管束的作用。换热时,一种流体在管内流动,另一种流体在管束和壳体之间的空隙流动,管束的表面积就是传热面积。按结构特点又可分为固定管板式、浮头式、U 形管式、填料函式和釜式再沸器等五类。这类换热器具有结构坚固、制造容易、操作弹性大、可靠程度高等特点,适用于冷却、冷凝、加热、蒸发、废热回收等用途。

管束 tube bundle 由许多平行安置的管子与管板所组合部件。主要供传热用,如列管式换热器内部的管束、空气冷却器的管束等。它与壳体联结,可制成不可拆卸的(如固定管板式)及可拆卸的(如 U 形管式、浮头式等)。

管板 tube sheet 又称花板。列管式换热器中用于固定列管传热管束的平板。管子插入平板的孔内,用胀管器进行胀接。当冷、热流体温度相差不大时,可采用固定管板的结构形式,即两端管板与壳体焊接制成固定管板式换热器;当冷、热流体温度相差较大,壳壁与管壁的温差也大时,可使两端的管板中有一端不与壳体相连,制成管束连同浮头可在壳体内自由伸缩的浮头式换热器。

管程 tube pass 指流体在列管式换热器管束内流动的路程。为了提高流速,可采用多管程。但管程数过多将导致流动阻力增大,平均温差下降。同时由于隔板占据一定面积,使管板上可利用的面积减少,设计时应综合考虑。根据换热器的使用条件,有单程、双程、四程等结构。当采用多管程时,一般应使各程管数大致相同。

管道 pipeline 又称管路。用于输送、分配、排放、计量及控制流体介质的管式设备。是由管道组成件与管道支承件组成的。管道组成件是用于连接或装配管道的元件,它包括管子、管件、法兰、垫片、阀门、膨胀接头、挠性接头、紧固件、过滤器、分离器、疏水阀及耐压软管等;管道支承件是管道安装件及附着件的总称。安装件是将负荷从管子或管道附着件上传递到支承结构上的元件,包括吊杆、斜拉杆、支撑杆、链条、导轨、托架、垫板等;附着件是用焊接、螺栓连接或夹紧等方法附装在管子上的零件,包括管吊、夹子、紧固夹板及裙式管座等。

管道支承件 pipeline strut member 见"管道"。

管道过滤器 pipeline filter 一种清除流体中固体杂质的管道附件。具有保护工艺设备与特殊管件(如燃油喷嘴、压缩机、泵等)、防止杂物进入设备或堵塞管件,起到稳定生产运行、保障安全生产的作用。按结构形式,可分为网式过滤器、线隙式过滤器、烧结多孔材料过滤器、磁滤式过滤器、纸质或化纤过滤器等。而按用途,可分为永久性过滤器及临时性过滤器。前者是与所保护的设备同时投入正常运行,后者只是在开工试运转或停车较久后开车时试用。

管道设计压力 pipeline design pressure　指在工作条件下,管系中可能遇到的工作压力和工作温度组合中最苛刻条件下的压力。其主要确定原则是:管道设计压力不得低于最大工作压力;装有安全泄放装置的管道,其设计压力不得低于安全泄放装置的开启压力;与设备相连接的管道,其设计压力不小于所连接设备的设计压力等。

管道防腐沥青 pipeline protecting asphalt　一种高软化点专用沥青。主要用于输油、输气、供水等金属管线防腐的保护涂层。按输送介质不同分为 2 个牌号。1# 适用的介质温度低于 50℃,2# 适用的介质温度为 51～80℃。对管道防腐沥青的性能要求是:与金属表面有良好的黏附性,具有高的软化点及低的温度敏感性,对环境介质有良好的承受能力,用于内涂层的防腐沥青应能承受水存在下的腐蚀,且不对水质产生毒害。

管道阻火器 pipeline flame damper　安装在密闭管路系统中,用以防止管路系统一端的火焰蔓延到管路系统的另一端的防火装置。分为阻爆燃型及阻爆轰型。管道阻火器的设置场合是:输送有可能产生爆燃或爆轰的爆炸性混合气体的管道,在接收设备的入口处设置;输送能自行分解爆炸并引起火焰蔓延的气体物料的管道,在接收设备的入口处设置。

管道组成件 pipeline assembly parts　见"管道"。

管道泵 pipe-line pump　直接安装于输液管道上的一种立式离心泵。其泵体、机座及底座合为一体,外形有些像电动阀门。体积小、结构简单,常用于液体的接力输送。安装不正确、流道堵塞或泵吸入管漏气等因素可造成泵不出液等故障。

管道调合 pipeline blending　又称连续调合、管道调和。一种油品调合方法。是自始至终将所用的各组分和添加剂按预定比例送入管道内,通过管道内安装的混合器混合均匀成为合乎质量指标的成品油。调合的油品从管道另一端出来,可直接灌装或进入成品油罐储存。整个调合过程是在仪表或计算机的控制下完成的。其优点是节省调合时间、减少动力消耗、避免环境污染、消除重新调合、保存产品质量。

管道输送 pipeline transportation　指利用专用输油管线来输送石油的运输方式。可分为原油管道输送及成品油管道输送。其优点是输送量大、运费低、能耗小、较安全可靠、损耗率低、受气候环境影响小、投资及占地面积少、对环境污染小。主要缺点是:对于大量、单向、定点运输不灵活;经济性受运输量影响;有极限量限制,如泵性能、管道强度、安全温度等因素制约输油量。实际上所有石油储运及加工过程都涉及到管道输送,如炼油厂各装置之间、中间产品及产品的传输、油罐区内罐与罐之间的传输等。

管路 pipeline 见"管道"。

膜 membrane 从广义上说,膜是两相之间的一个不连续区间。可以是气相、液相和固相,也可以是它们间的组合。厚度可从几微米、几十微米至几百微米之间。膜具有分离功能,即不同物质可选择透过。其种类及功能繁多。按结构及用途可分为反渗透膜、电解析膜、微孔滤膜、超滤膜及液膜等。按材质不同可分为尼龙膜、聚四氟乙烯膜、乙酸纤维素膜、硝化纤维素膜、陶瓷膜、金属膜等。主要用于海水淡化、纯水制造、工业废水处理,以及医药、食品、化工等行业的分离提纯等。

膜反应器 membrane reactor 指将具有分离功能的膜与反应过程结合在一起的反应器。种类很多。大致可分为惰性膜反应器与催化膜反应器两大类,其中应用更多的是催化膜反应器。其中无机膜催化反应器的典型代表是靶膜反应器。有机膜催化反应器的典型代表是酶膜反应器。催化膜反应器又称膜催化反应器,其特点是:①将反应和分离组成一个单元过程,减少物料分离装置;②反应物分子通过膜内吸附、渗透、扩散等过程的活化,可提高反应转化率及选择性;③对于催化加氢反应可无需设置精制工序,而当反应生成物为氢气时,可免去提纯工序;④对于可逆反应,可通过膜的分离作用,将产物从系统中分离出去,从而提高反应转化率。

膜分离技术 membrane separation technique 利用膜对不同物质分子具有选择渗透作用而进行气体或液体分离的方法。分离推动力有两侧的压力差、浓度差及电位差等。按其应用方式可分为:①膜过滤。多孔固体膜的一侧是待分离物质的流体相,另一侧是分离所得物质的流体相,分离推动力是两侧压力差。按通过膜而分离出的物质性状及分子大小,又可分为微滤、超滤及反渗透等。②膜渗透。物质不是直接穿过膜孔,而是先在膜中溶解后再经扩散而通过膜。③渗析。即溶质、离子等以浓度差或电位差作推动力透过半透膜的方法。半透膜的细孔能让杂质的分子或离子通过,而不让较大的胶体粒子通过,从而达到分离的目的。④液膜分离。即用具有相同功能的液态膜来代替固体膜进行物质分离。膜分离过程具有不发生相变、能耗低、不消耗化学试剂及添加剂、不污染产品、可在常温下进行等特点。

膜式蒸发器 film type evaporator 见"液膜蒸发器"。

膜组件 membrane module 指将一定面积的膜以某种形式组装在一起的器件。在其中实现混合物的分离。它包括膜元件、壳体、内连接件、端板及密封圈等。主要有板框式膜组件、螺旋卷式膜组件、管式膜组件、中空纤维膜组件等类型。在实际应用中,可以通过膜组件的不同配置方式来实现对溶液分离的不同质量要求。

膜催化反应器 membrane catalytic

reactor 见"膜反应器"。

【丶】

腐蚀 corrosion 指材料的表面(也有材料内部)与周围介质发生化学反应或电化学反应或物理变化而受到破坏的现象。腐蚀常会引起材料的机械性能、表面性能或设备的使用性能劣化,严重的会引起安全事故。油品引起设备或机械腐蚀的原因很多,主要是由于油品中含有少量的硫及其化合物、水溶性酸碱、有机酸以及某些添加剂等,与金属材料产生化学反应或电化学反应而引起的。油品腐蚀除对设备、管线及机泵产生危害外,腐蚀产物还会影响催化剂活性、增大设备高温部位的油品结焦和催化剂积炭,甚至影响产品质量。

腐蚀抑制剂 corrosion inhibitor 见"缓蚀剂"。

腐蚀试验 corrosion test 指在规定条件下,测试油品对钢、铜、铝、铅、银等金属的腐蚀作用的试验。一般对汽油、柴油、喷气燃料、煤油等轻质油品用铜片作为腐蚀试件。腐蚀试验的基本原理是腐蚀性介质、水溶性酸碱、有机酸。特别是活性硫化物与金属在一定条件下发生化学或电化学反应,其腐蚀生成物一般是有颜色的,或者能溶于油品或者经过化学反应酸洗很容易除去。根据金属表面颜色变化的深浅、有无腐蚀斑点和腐蚀度(单位面积、规定时间内的腐蚀量)的大小来判别油品的腐蚀性能。

腐蚀速率 corrosion rate 指因腐蚀介质的作用,金属在单位时间内所损失的质量。通常可用两种方式表示:一种是 $g/(m^2 \cdot h)$,即在一定时间内单位面积金属损耗的质量;另一种是 mm/a,即以单位时间内的厚度损耗来表示。无论用哪种方式表示腐蚀速率,都是指均匀腐蚀的情况。而对发生局部腐蚀或晶间腐蚀的情况,上述表示方式都不能作为判断金属耐蚀性的依据。

腐蚀品 corrosion substance 指能灼伤人体组织并对金属等物品造成损害的固体或液体。即与皮肤接触 4h 内出现可见坏死现象,或温度在 55℃ 时,对 20 号钢的表面均匀年腐蚀率超过 6.25mm/a 的固体或液体。腐蚀品因具有酸性、或碱性、或氧化性、或吸水性,而有强烈腐蚀性,能腐蚀人体、金属、有机物及建筑物。按化学性质不同,腐蚀品可分为酸性腐蚀品(如硫酸、盐酸、硝酸)、碱性腐蚀品(如氢氧化钠,乙醇钠)及其他腐蚀品(如二氯乙醛、苯酚钠、氯化铜等)。

腐蚀度 corrosion degree 发动机润滑油的规格指标之一。是在强化条件下,模拟润滑油在使用过程中生成的有机酸性物质和过氧化物对金属的腐蚀倾向,评定润滑油中腐蚀性物质对发动机零件的腐蚀作用。测定方法是:在规定条件下,将纯度 99.95%～99.98% 的铅片浸入 140℃ 试样油中,随即提升到空气中,以 15～16 次/min 的速度反复进行,使铅片表面上热润滑油与空气接触而被氧化,经50h试验后,铅片被腐蚀而质量减轻。通过计算可得发动机润滑油的腐蚀度。腐蚀度以 g/m² 表示。

腐蚀疲劳 corrosion fatigue 　材料在交变应力及腐蚀性介质综合作用下所发生的破坏现象。其特征是有许多溶蚀孔,裂缝通过蚀孔,可有若干条,方向与应力垂直,是典型的穿晶腐蚀或晶间腐蚀,没有分支裂缝,裂缝边呈现锯齿形。振动部件,以及由于温度变化产生周期性热应力的换热器管和锅炉管等都易产生腐蚀疲劳,并使材料的强度急剧下降。

腐蚀裕量 corrosion allowance 　又称腐蚀裕度。指设备或管材等在腐蚀性介质中运行时,为确保在使用年限内安全运行所允许腐蚀的厚度。一般由腐蚀速率与设备或管材设计寿命的乘积来表示。

腐蚀磨损 corrosion wear 　当摩擦在腐蚀性环境中进行时,金属表面主要在化学或电化学作用下的磨损过程称为腐蚀磨损。它是腐蚀与摩擦两个过程共同作用的结果。根据与材料发生作用的环境介质的不同,可分为氧化腐蚀磨损及特殊介质腐蚀磨损。氧化腐蚀磨损是与氧作用产生的,其损坏特征是在金属的摩擦表面沿滑动方向呈现匀细磨痕,磨损产物常是呈红褐色小片状的 Fe_2O_3 和灰黑色丝状的 Fe_3O_4,滑动轴承易出现这种氧化磨损现象;特殊介质腐蚀磨损是在摩擦过程中,零件金属表面受到酸、碱、盐介质的腐蚀而造成的磨损现象。其磨损机理与氧化磨损相似,但磨损速度较快。添加抗腐蚀剂及使用抗酸、抗碱的润滑脂是减少腐蚀磨损的有效措施之一。

端面密封 end face sealing 　见“机械密封”。

端基 end group 　见“高分子链”。

熔化热 heat of fusion 　见“熔融热”。

熔体流动指数 melt flow index 　又称熔体指数、熔融指数。一种反映热塑性树脂熔体流动特性及平均分子量大小的指标。为聚合物重要性能之一。是在特定温度及负荷下,试样每10min通过标准口模的质量。其单位为 g/10min。一般数值越大,树脂的分子量越小,熔融时的流动性及加工性越好,但拉伸强度降低。

熔点 melting point 　又称凝固点。纯晶体物质熔化时的温度,也即该物质的固态和液态可以平衡共存的温度。对同一晶体物质,其熔点与外压有关。在相同外压下,纯物质晶体的熔点与其液相凝固时的凝固点相同。对油品之类的复杂混合物,遇冷时逐渐失去流动性,没有明确的凝固温度。塑料及玻璃之类非晶体则不存在熔点。

熔融结晶 melting crystallization 是在接近析出物熔点温度下,从熔融液体中析出组成不同于原混合物的晶体的结晶过程。可分为三种操作方式:①定向结晶法,即在冷却表面上从静止的或熔融体滞流膜中徐徐析出晶层;②悬浮床结晶法,是在带搅拌容器中从熔融体中快速析出晶体粒子,该粒子开始悬浮于熔融体中,然后再经纯化、熔融后排出;③区域熔融法,是将待熔化的固体材料(锭材)顺序局部加热,使熔融区从一端到另一端通过锭材,以纯化材料提高结晶度。前两种方法主要用于有机物的提纯、分离以获得高纯度产品,第三种方法专用于高分子材料加工及单晶制造。

熔融热 heat of fusion 又称熔化热、熔融焓。在一定温度及压力下,物质从固态变为液态过程中所吸收的热量。纯物质熔融时温度无变化,称为熔融潜热。熔融是物质由规则排列转化为不规则排列的过程,其热值大小与分子间力有关,缺乏实验值时,难以估算。

熔融指数 melt index 见"熔体流动指数"。

熔融裂解法 fused salt pyrolytic process 见"液体热载体裂解法"。

熔融缩聚 melt polycondensation 指在体系中只有单体和少量催化剂,在单体和聚合物熔点以上(一般高于熔点10~25℃)进行的缩聚反应。熔融缩聚反应通常在200~300℃下进行,反应温度比链式聚合要高得多。因此在缩聚反应中会发生各种副反应,如环化、裂解、氧化降解、脱羧等反应。为此,在反应体系中通常需加入抗氧剂并在惰性气体保护下进行。间歇法或连续法合成涤纶,酯交换法合成聚碳酸酯、聚酰胺等,采用的都是熔融缩聚。

精白蜡 fully refined wax 见"全精炼石蜡"。

精细化工产品 fine chemicals 指研究开发、制造技术密集度高、具有专门功能、附加值收益大、批量小、品种多的一类化学品的统称。它是在近代化学工业转向以石油、天然气为主要原料,新合成技术不断涌现,在原来的农药、染料、医药、涂料等为主体的精细化工行业基础上,研制出如表面活性剂、油品添加剂、油田化学剂、水处理剂、胶黏剂、特种化学试剂、高分子材料加工助剂等多种专用化学品。

精细水煤浆 fine coal water slurry 是由经超细粉碎并经过深度分选的超纯煤制备的一种水煤浆。具有像普通水煤浆一样的流动性、稳定性及可雾化性,灰分极低,燃烧速度快,燃煤效率高。初步试验表明,通过采用旋流燃烧方法,精细水煤浆在小容量燃烧器中的燃烧强度接近柴油。目前正致力于将其作为柴油的替代燃料应用于电力型燃油锅炉、柴油机及燃气轮机等。

精细有机合成 fine organic synthesis 见"有机合成"。

精脱硫 fine desulfurization 指将天然气、合成气、焦炉气等原料气中的总硫(无机硫+有机硫)脱除至$<0.1mL/m^3$。能达到上述脱硫精度的脱硫剂则称为精脱硫剂。原料气中的无机硫一般以H_2S形态存在,有机硫则为COS(氧硫化碳或羰基硫)及CS_2。此时的精

脱硫是将原料气或工艺气中的总硫($H_2S + COS + CS_2$)脱除至 <0.1mL/m^3,即将原料气中的 H_2S,COS,与 CS_2 分别脱除到 <0.03mL/m^3。精脱硫对保护高效催化剂、吸附剂、提高产品质量、避免设备腐蚀及防止环境污染都有重要作用。

精脱硫剂 fine desulfurizing agent 见"精脱硫"。

精馏 rectification 又称精密分馏。一种分离液相混合物的常用方法。是一种高级形式的蒸馏。在一个设备内,通过回流操作,使气液相多次逆流接触,进行两相间扩散、传质、传热,并经多次汽化、冷凝,将挥发生成混合物中各组分有效分离的过程。要使精馏过程顺利进行,必须具备以下条件:①混合物中各组分间挥发度存在差异,相对挥发度要小于1;②汽液两相接触时必须存在浓度差及温度差;③精馏塔内要有塔板或填料,以提供汽液充分接触的场所;④必须要有塔顶部的液相回流及底部的汽相回流,以保证有效地进行传热、传质。精馏有连续式及间歇式两种,现代石油化工装置中大部分采用连续式精馏。

SRV 精馏 distillation with secondary reflux and vaporization 具有附加回流和蒸发的精馏过程的简称。是综合了中间再沸、中间冷凝及热泵精馏技术发展而成的一种精馏方法。其基本原理是将精馏段与提馏段分开,使精馏段的压力高于提馏段,精馏段相应位置的

温度也随之高于精馏段,利用精馏段与提馏段之间的温差进行热交换,将回收的热量用于过程本身,且减少了塔顶冷凝器与塔釜再沸器的热负荷,从而提高了热力学效率。与常规精馏相比,可节约能耗50%以上。但因结构复杂、投资较大、操作控制较困难,其应用受到限制。同时也因其节能潜力大,正日益受到人们关注。

精馏柱 rectification column 一般指实验室或小型装置进行微分精馏时所用的间歇式小型精馏塔。

精馏段 rectifying section 又称提浓段、分馏段。指连续精馏塔进料口以上至塔顶部分或间歇精馏塔本身。其作用在于将来自进料和提馏段的蒸汽,依次与精馏段各层塔板上的内回流液体接触,将汽相中轻组分提浓,在塔顶得到高纯度轻组分。液相回流是精馏段操作的必要条件,没有液相回流,汽相会穿进精馏段而直达塔顶,失去提浓作用。工业上常将塔顶抽出的汽相进行冷凝冷却成液体,其中一部分打回塔内作液相回流,其余作为塔顶产品。

精馏塔 rectification tower 进行精密分馏操作的塔器。完整的精馏塔由精馏段、提馏段及进料段三部分构成。塔内装有塔板或填料,供汽液两相进行热量及质量交换。在塔中,由于汽液的相对密度差,自然形成了汽相向上而液相向下的逆向流动过程。原料随所处的状态不同,可由塔的上、中、下部进入塔内。塔顶汽相馏出物为轻组分浓度

高的产品,塔底液相为重组分浓度高的产品。塔顶由冷凝器提供液相回流,塔底由再沸器提供汽相回流。常用精馏塔分为板式塔及填料塔两类。板式塔是沿着塔的整个高度内装有许多塔板,汽、液两相在塔板上相互接触进行传质和传热。填料塔是塔内装有填料,汽、液两相在填料表面进行传质和传热。

漂白土　fuller's earth　见"活性白土"。

滴形油罐　emispheroid tank　又称双曲率油罐、类球形油罐。一种承压金属油罐。罐顶和罐底为球形,罐体为扁壶形。用于储存汽油等挥发性油品,但承受压力比球形罐要低。

滴油润滑　drip fees lubrication　是将油装在滴油式油杯中,利用油的自重一滴一滴地向摩擦部位滴油进行润滑的方式。它对摩擦表面供油量是限量的、可调节的,而且结构简单。其缺点是油量不易控制,机械振动、温度及液面的变化都会改变滴油量。

滴定　titration　见"滴定分析法"。

滴定分析法　titrimetric analysis　又称容量分析法。是利用标准溶液滴定被测试液,由指示剂判断化学计量点,根据标准溶液的浓度和滴定时耗用的体积来计算被测组分含量的方法。在滴定分析中所使用的已知准确浓度的试剂溶液称"标准溶液"或称滴定剂。将标准溶液从滴定管加到被测物质溶液中的操作过程称作滴定。当加入的标准溶液与被测组分的物质的量数相等时,反应达到了化学计量点。反应的化学计量点一般利用外加试剂颜色的改变来判别,这种外加试剂称作指示剂。在滴定过程中,指示剂正好发生颜色变化的转折点称为滴定终点。滴定终点与化学计量点不一定恰好符合,由此造成的分析误差称为终点误差。按滴定过程所利用的反应不同,可分为中和滴定法、氧化还原滴定法、配位滴定法及沉淀滴定法等。

滴定剂　titrant　见"滴定分析法"。

滴定管　burets　滴定分析时准确测量标准溶液体积所用的仪器。为具有刻度的细长玻璃管。按其容积大小及刻度值不同,可分为常量、半微量、微量滴定管;按其构造,可分为普通滴定管及自动滴定管;按其用途,可分为酸式滴定管及碱式滴定管;按其颜色,可分为普通透明滴定管和棕色滴定管等。

滴定终点　titration end point　见"滴定分析法"。

滴点　drop point　又称滴落点。指润滑脂在规定条件下加热时,从标准仪器的脂杯中滴下第一滴液体(或流出液柱 25mm 长)时的温度。它反映在该温度下润滑脂已由半固态转变为液态。润滑脂的滴点和稠化剂的相转变温度有关。由无机和有机稠化剂制成的润滑脂的滴点较高,烃基润滑脂的滴点较低。滴点是润滑脂规格中的重要指标,用它可大致区别不同类型的润滑脂,粗略估计其最高使用温度以及检验润滑脂的质量。但滴点本身没有严格的物理意义。因为润滑脂本身并没有确切的熔点,只是在一个温度范围内逐渐软化,所以,滴点的测定是有条件的。

滴流床反应器 trickle bed reactor 一种气、液、固三相同时接触的反应器。固相多为催化剂。气体和液体自上而下同时流过催化剂床层,可比液体单独通过床层时分布更均匀,并扩大气液接触面积,同时可使液体在较大流速下操作而不发生液泛。特别适用于要求反应物在反应器停留时间较短以避免发生副反应的反应体系。滴流床反应器也是一种固定床反应器,常用于加氢精制、加氢裂化等反应过程。

滴落点 dropping point 见"滴点"。

滴熔点 drop melting point 评定地蜡(石油蜡)耐热变形程度的指标。即在规定条件下,将已经冷却的温度计垂直插入试样中,使试样黏附在温度计球上,然后将其置于试管中,通过水浴加热时试样熔化直至从温度计球部滴落第一滴为止,此时温度计的温度读数即为试样的滴熔点。单位为℃。滴熔点是确定微晶蜡牌号的依据,如75#微晶蜡的滴熔点为72～77℃。

滴漏 weeping 见"漏液。"

漏液 weeping 又称滴漏。在一些板式塔操作中,当气体流速不大时,由于塔板上的液体位头大于气体的承托力,塔板上的液体会由升气孔漏到下一层塔板上,这种现象称为漏液。塔板漏液使部分液体未与气体充分接触而短路漏至下一块塔板,从而降低塔板效

率。少量漏液不影响塔正常操作。通常允许的漏液量为进板液体量的1%～10%。但漏液大到影响塔的分馏效果时,即为塔的气速下限。

漏液点 weeping point 指在板式塔操作时,不致产生漏液的允许最低开孔气速。气速低于此点,板上液体开始滴漏。漏液点与液体表面张力、开孔大小、塔板厚薄、液体对板的润滑性及总孔面积等因素有关。一般以漏液点作为蒸汽负荷或开孔气速的下限。

赛氏比色计 Saybolt chromometer 又称赛波特比色计。一种用于测定浅色石油产品颜色的标准比色计。它由目镜、光学系统、试样玻璃管、标准玻璃管及反射玻璃管等构成。用于测定未染色的车用汽油、航空汽油、喷气燃料、煤油、石脑油、白油及石油蜡等油品的色度。以试样油柱高所呈现的颜色与标准色板相比,测定油样的色号。

赛氏色度号 Saybolt color 又称赛波特色(度)号。指用赛波特比色计测得的浅色石油产品的颜色标度。赛波特色号范围从＋30到－16共有47个标准色板号。＋30为最浅色板号,－16为最深色板号。试样油的色号数值越大,颜色越浅。如一般汽油色度在＋30～＋25之间,煤油色度在＋25～＋18之间。

赛氏重油黏度 Saybolt Furol viscosity 又称赛氏弗洛黏度。指在规定温度下,60mL试样油通过赛波特重油黏度计的小孔所需要的时间。单位为s。

它所测定的是条件黏度,可通过公式或图表换算成运动黏度。

赛氏通用黏度 Saybolt universal viscosity 指在规定温度下,60mL 试样油通过赛波特通用黏度计的小孔所需要的时间。单位为 s。它所测定的是条件黏度,可通过公式或图表换算成运动黏度。

赛氏通用黏度计 Saybolt universal viscosimeter 见"赛氏黏度计"。

赛氏黏度 Saybolt viscosity 又称赛波特黏度。由赛氏黏度计测得的油品黏度。也即一定体积的试样,在规定温度 37.8℃、98.9℃ 或 50℃ 下,从赛氏黏度计流出 60mL 试样所需的时间。单位为 s。赛氏黏度通常分为赛氏通用黏度及赛氏重油黏度。未注明时常指赛氏通用黏度。

赛氏黏度计 Saybolt viscosimeter 又称赛波特黏度计。一种测定油品黏度的毛细管黏度计。是在规定温度下用一定体积的试样油流过黏度计的流出小孔的时间来相对地表示油样的黏度。可分为赛氏通用黏度计及赛氏重油黏度计。赛氏通用黏度计是具有小流出孔的赛氏黏度计,用于测定一般非特重油品的黏度;赛氏重油黏度计是具有大流出孔的赛氏黏度计,用于测定高黏度油品(如重质燃料油、齿轮油)的黏度。赛氏黏度计所测定的是条件黏度,可用公式或图表换算成运动黏度。

蜜胺 melamine 见"三聚氰胺"。

【ㄙ】

缩合 condensation 在缩合剂或催化剂、光或热的作用下,两个或两个以上分子间通过生成新的碳-碳、碳-杂原子或杂原子-杂原子键,从而形成较大的单一分子,同时失去比较简单的无机或有机分子(如 H_2O、HX、ROH)的反应。如两个乙醛分子在碱液存在下缩合成丁烯醛,并放出一个分子水;两个尿素分子在加热下,缩合成缩二脲,放出一个分子氨。缩合反应能提供由简单的有机物合成复杂有机物的许多合成方法。广泛用于制造医药、农药、香料、染料等。

缩合剂 condensation agent 指能引起缩合反应的试剂,有盐、酸、碱、金属、醇钠等。常用的缩合剂有 $AlCl_3$、$ZnCl_2$、H_2SO_4、NaOH、HCl、Na、Mg、Cu、E_tONa、$NaNH_2$、HF 等。缩合剂的选择决定于缩合反应的类型、反应物性质、反应条件及所需要脱去的物质。

缩聚反应 polycondensation reaction 又称缩合聚合反应,简称缩聚。指具有二官能团以上的单体经多次重复缩合反应,彼此连接在一起,消除小分子副产物生成高分子的反应。除形成缩聚物外,还有水、醇、氨或氯化氢等低分子副产物产生。如己二胺和己二酸缩聚成聚己二酸己二胺(尼龙-66)是缩聚反应的典型例子。常见的许多高分子材料(如聚酯、聚碳酸酯、酚醛树脂、有机硅树脂等)都是缩聚物。根据缩聚物分子结构不同,可分为线型缩聚物及体型缩聚物。仅有二官能团的单体,缩聚时大分子向两个方向增长,得到的是线型聚合物;而多数含二官能团以上的单体,缩聚时大分子向三个方向增长,得到的是体型缩聚物。其多具热固性。

缩聚物 polycondensate 见"缩聚反应"。

缩醛 acetal RCH(OR$'$)$_2$ 又称醛缩醇、醛缩二醇。指烃分子中一端碳原子上的两个氢被两个烷氧基取代的化合物。是两个醇分子在醛基上缩合的产物。缩醛难溶于水,易溶于乙醇、乙醚。对碱较稳定。在酸存在下,受热易水解而成原来的醇和醛。由含醇基的高分子化合物和醛类缩合而成的树脂称为缩醛树脂,常见的有聚乙烯醇缩甲醛、聚乙烯醇缩乙醛、聚乙烯醇缩丁醛等。主要用作胶黏剂。

缩醛树脂 acetal resin 见"缩醛"。

十五画
【一】

槽黑 channel black 见"炭黑"。

橡胶防护蜡 rubber anti-ozonant wax 石油蜡品种之一。浅色固体。滴熔点66～72℃。含油量不大于3%。色度号不大于2。运动黏度(100℃)6～8mm^2/s。是由原油的减压馏分经糠醛精制、酮苯脱油、加氢补充精制并成型制得的。具有适宜的异构烷烃含量和合理的碳数分布,有良好的附着性,并具有良好的抗臭氧作用。可延缓橡胶轮胎胚面龟裂、延长使用寿命。适用作天然或合成橡胶制品的抗臭氧剂。

橡胶改性乳化沥青 rubber modified emulsifying asphalt 见"改性乳化沥青"。

橡胶配合剂 rubber compounding agent 见"配合剂"。

橡胶软化剂 rubber softener 见"软化剂"。

橡胶溶剂油 rubber solvent oil 无色透明液体。易燃、易挥发。初馏点不低于80℃。98%馏出温度不高于120℃。芳烃含量不大于30%。溴值不大于0.31g Br/100g。对天然橡胶溶解性高,化学安定性好。用作橡胶加工用溶剂。由原油直馏馏分或催化重整抽余油,经分馏、精制而得。

橡塑共混类沥青防水卷材 rubber-plastic blend adphalt water-proofing roll-roofing 是以橡胶、树脂共混改性沥青为浸渍涂盖层,以聚脂毡为胎体制得的防水卷材。具有防水综合性能强,延伸性能及低温柔性好,用铝箔作反光保护层而对阳光的反射率比白色涂层反射率高,耐老化性能好等特点。尤适用于工业与民用建筑屋顶的单层外露防水层施工。

增味剂 odorant 又称添味剂。添加于石油产品中而具有特殊气味的化合物,如甲硫醇、乙硫醇等。添加的目的是为掩盖或除去某种气味,或使无臭油品发生某种气味以示警戒。乙硫醇是具有强烈蒜臭味的液体,常用作石油气、天然气的加臭剂,以作为这些气体泄漏的警报气。

增容剂 compatibility agent 见"相容剂"。

增强剂 reinforcing agent 又称增强材料。指加入到塑料、密封材料、胶黏剂及复合材料中能大幅度改善其物理-机械性能的一类物质。品种很多,大致可分为纤维类、晶须、无机纳米材料、复合增强材料、特殊粉状及片状填料等。纤维类增强材料包括无机纤维(如玻璃纤维、石棉纤维、碳纤维等)、有机纤维(如聚乙烯、聚丙烯、聚酯、聚酰胺纤维等);晶须为针状或毛发状结晶物质,常用的有氧化铝、碳化硅、氮化硅晶须等;无机纳米材料有纳米二氧化硅、纳米碳酸钙、纳米二氧化钛、纳米氧化锌等。增强材料必须能与所用的树脂牢固结合,才能获得良好的增强效果。如塑料的增强需通过偶联、酸洗等表面处理,才可使增强材料与合成树脂有效结合,获得较好的增强效果。

增强塑料 reinforced plastics 用合成树脂作为黏结剂,将各种增强材料(如玻璃纤维、石棉纤维、碳纤维、陶瓷纤维及织物等)及其他加工助剂(如偶联剂、染色剂、抗氧剂等)经成型加工制得的高强度复合塑料。如增强尼龙、玻璃纤维增强聚丙烯等。常用合成树脂有环氧树脂、酸醛树脂、不饱和聚酯树脂、三聚氰胺树脂等。增强塑料广泛用于汽车、机械、化工、建筑、宇航等方面。

增湿 humidification 增加气体湿度的操作。即气化水分于空气(或气体)中以增加空气(或气体)湿含量或使水冷却的过程。增湿的方法有:向空气中直接通入水蒸气、直接喷洒水滴使其全部蒸发;使空气与水接触;混入另一股湿度较大的空气等。工业上常用的增湿器有气体饱和塔、凉水塔、空气调湿喷雾室、喷雾塔及喷水池等。

增湿型湿式空冷器 wetted air cooler 见"湿式空冷器"。

增塑剂 plasticizer 能使高分子化合物或高分子材料增加塑性的物质都可称作增塑剂。在塑料、橡胶工业中常指能增加加工成型时的可塑性和流动性能,并能使成品具有柔韧性的有机物质。在涂料、合成胶黏剂工业中,指能增加涂料、胶黏剂的流动性并使涂层、粘合层具有柔韧性等的物质。其增塑作用是由于增塑剂分子插入到高分子聚合物分子链之间,使聚合物分子链间的引力削弱,从而增加分子链的移动性和柔软性,降低聚合物分子链的结晶性。种类很多,大多是高沸点,低挥发度、与高分子聚合物相容性好而又不发生化学反应的小分子物质。按化学结构可分为邻苯二甲酸酯类、脂肪族二元酸酯类、磷酸酯类、环氧化合物类、聚酯类、含氧化合物类、多元醇酯类、脂肪酸酯类等。

增稠剂 thickening agent 能使分散液体系或高分子溶液的黏度或稠度增加的物质。广泛应用于涂料、胶黏剂、化妆品、洗涤剂、油墨、印染、橡胶、油料及食品等领域。增稠可在水相或油相中进行,两者增稠机理不同。水相增稠是指增稠剂溶于水后使水的黏度明显增加的过程。其增稠机理是增稠剂与水形成氢键,从而在分子内包裹大量水,而大大减少了液相中自由状态的水,导致体系黏度增大。油相增稠是靠增稠剂本身在溶剂中溶解后形成极高黏度,或是增稠剂从体系中吸收大量溶剂,从而使黏度升高。增稠剂种类很多,大多属于亲水性高分子化合物。按来源可分为动物类、植物类、矿物类、合成类或半合成类。常用的有淀粉、糊精、明胶、多糖类衍生物、膨润土、甲基纤维素、干酪素,聚丙烯酸钠,聚乙烯醇等。

增溶作用 solubilization 见“增溶剂”

增溶剂 solubilizer 有机物质(如乙苯)很难溶于水,但加入少量表面活性剂,可显著增加其溶解度,这种现象称为增溶(作用)。能产生增溶作用的表面活性剂称为增溶剂,被增溶的有机物称为被增溶物或增溶溶解质。增溶作用与表面活性剂胶束存在着密切关系。表面活性剂浓度在临界胶束浓度以下及以上时被增溶物在溶剂中所增加溶解的部分称为增溶量。影响增溶作用的主要因素是:表面活性剂结构、被增溶物性质及操作温度等。增溶在工业上有多种用途,如在石油工业中,利用表面活性剂[如 $C_{8\sim9}$ 烷基酚聚氧乙烯(15)醚]的增溶作用可提高石油采收率。

增黏剂 viscosity increaser 指能增加或改善天然橡胶、合成橡胶、胶乳、胶黏剂、热熔胶、压敏胶、油墨、涂料等的表面黏性、柔韧性及操作性的一类物质。是分子量为几百至几千,软化点为 $60\sim150℃$ 的一类无定形热塑性聚合物的总称。其玻璃化温度常高于室温,因此在常温下是固体,加热熔融,冷却后又变回固体。种类很多,按其来源可分为天然树脂及合成树脂两大类。天然树脂主要有松香及其衍生物、萜烯树脂、氢化萜烯树脂等;合成树脂主要有 C_5 石油树脂、C_9 石油树脂、二甲苯树脂、香豆酮-茚树脂等。

醋酸纤维 acetate fiber 又称醋酯纤维。一种纤维素酯纤维。相对密度 1.32。熔化温度 $230\sim235℃$,软化温度 $210\sim215℃$。醋酸纤维素经干纺或湿纺、后处理得到其长丝、丝束或短纤维产品。一般只能用分散染料染色。手感柔软并富有弹性。长丝用于制造妇女服饰、领带及外衣用里子布等;丝束大量用于制作香烟过滤嘴;短纤维与毛、棉混纺后用于制作各种服装。

醇型刹车液 alcoholic brake fluid 是由精制蓖麻油与约等量低碳醇(乙醇或丁醇)调制成的无色或浅黄色透明液体。这类制动液的沸点较低,炎热季节或山区行车易产生气阻,使制动失灵;在 $-25\sim-28℃$ 时则会有沉淀析出而堵塞管路,而且对金属部件腐蚀大,易造成车辆事故。我国已规定停止生产、销售及使用这类刹车液。

醇氨比 alcohol-ammonia ratio　在联醇生产中粗甲醇(含甲醇99%)与合成氨之比。由于联醇工艺与合成氨生产串联,故其生产能力以总氨(指合成氨与粗甲醇之和)产量来表示。在总氨不变时,甲醇生产能力用醇氨比来表示。醇氨比可通过改变原料气中 H_2/CO 的比例来加以调节。

醇类燃料 alcohols fuel　又称醇类汽油。一般指甲醇、乙醇等有机含氧化合物与石油燃料掺和使用的燃料。如在汽油中掺入20%乙醇或15%甲醇的含醇汽油用 E20 汽油和 M15 汽油表示。含醇清洁汽油是一种新工艺配方汽油,它既能保持石油燃料基本性质,不必改造发动机,又能减少有害气体排放,减少污染。单独使用醇类作为车用发动机燃料的开发工作正在进行中。

醇酸 alcoholic acid　见"羟基酸"。

醇酸树脂 alkide resin　见"聚酯"。

醇醛缩合 aldol condensation　又称羟醛缩合。指在酸或碱的催化作用下,含有 α-氢原子的醛或酮与另一分子醛或酮进行缩合,生成 β-羟基醛或酮类化合物的反应。β-羟基醛或酮经脱水消除便成 α,β 不饱和醛或酮。如:

$$CH_3CHO + HCH_2CHO \longrightarrow$$

$$\begin{array}{c} OH \\ | \\ H_3C-C-CH_2CHO \\ | \\ H \end{array}$$

酸、碱都可以催化醇醛缩合。常用的碱性催化剂是 $NaOH$、KOH 水溶液、$Ba(OH)_2$、K_2CO_3、氨基钠等;常用的酸性催化剂是硫酸、盐酸、对甲苯磺酸等。醇醛缩合反应广泛用于接长碳架及制备 α,β-不饱和羟基化合物。

醇醚型制动液 alcohol ether brake fluid　见"合成型刹车液"。

【I】

噎塞速度 choking velocity　在利用气相输送固体颗料或催化剂时,当气速降低到出现腾涌时的速度称为噎塞速度,这时颗粒在管内的密度及单位管长的压降急剧增大,气流不足以支撑固体颗粒,引起管道受堵及输送中止。噎塞速度与固体颗粒或催化剂的筛分组成及密度等因素有关。如微球催化剂用空气提升时的噎塞速度为 1.5m/s。参见"腾涌"。

【J】

镍还原比色法 nickel reducing-colorimetic method　见"活性镍还原法"。

镍还原法 nickel reducing method　见"活性镍还原法"。

镍还原容量法 nickel reducing-volumetric method　见"活性镍还原法"。

镍含量 nickel content　指油品中有机镍化合物中所含镍的总量。镍是原油中所含的微量元素之一。我国原油中的镍含量较其他微量元素如钒、铁、铜等要高得多。但各种原油的常压和减压馏分中的镍含量都很低，而95％以上的镍是以镍卟啉等配合物的形式集中在减压渣油中。因镍是催化剂的毒物，故对减压渣油进行催化加工时往往要进行脱镍。

镒盐　onium salt　含有电负性元素（O、N、S、P 等）最高正价离子的有机盐类化合物。以通式 Q⁺X⁻ 表示。可分为氧镒盐（R₃O⁺X⁻）、硫镒盐（R₃S⁺X⁻）及磷镒盐（R₄P⁺X⁻）等。氧镒盐又称锌盐，R₃O⁺ 为氧镒离子（又称锌离子）；硫镒盐又称锍盐，R₃S⁺ 为硫镒离子（又称锍离子）；磷镒盐又称鏻盐，PR₄⁺ 为磷镒离子（又称鏻离子）。NR₄⁺X⁻ 为氮的镒盐，习惯称为季铵盐，NR₄⁺ 称季铵离子。季铵盐是使用较广的一种相转移催化剂，常用的有四丁基溴化铵、三辛基甲基氯化铵、三甲基苄基氯化铵、十六烷基三甲基溴化铵等。

箱式炉　cabinet　一种老式管式加热炉。炉体呈长方形或方形。炉内的辐射室、对流室用隔墙隔开。燃烧器水平安装在辐射室炉侧壁，烟气经对流室由烟囱排出。由于体积大、炉管受热不均匀、热效率低，在一般炼厂已很少使用，只在一些老炼厂还有使用。

【丶】

摩托车四冲程汽油机油　motorcycle four strike gasoline engine oil　用于摩托车四冲程汽油发动机的专用润滑油。

是由深度精制的石蜡基础油加入专用添加剂调合制得。是用于润滑发动机、离合器、传动装置三部分的油品，适用于润滑嘉陵、幸福、南方等四冲程摩托车，具有清洗性优良，可保持发动机清亮光洁、润滑抗磨性好、节省能耗，延长发动机使用寿命等特点，四冲程摩托车在燃油、环保排放上有明显的优势，今后将成为摩托车的主导品种。

熵　entropy　熵一词源于希腊文，意思是指出方向，是一个重要的热力学函数，用于判断过程进行的方向性及限度。常用符号 S 表示，单位为 J/K，因次是能量/温度。熵是分子无规则运动程度的量度。其变化值仅与始、终态有关，而与过程性质无关，与物质的量有关，是有加和性的广度量。如对同一物种，低温时呈晶态，分子有序排列，熵值低；高温时呈液态，分子杂乱无章运动，熵值高。当由晶态熔化为液态，熵增加。利用熵变可判别过程的性质，即任何自发过程都是向总熵变大于零的方向进行，而且总熵不断增加。过程进行的极限是达到平衡态，总熵达到最大。

羰基　carbonyl　由碳和氧两种元素组成的二价原子团（＞C＝O）。分子中含有羰基的化合物，称作羰基化合物，醛和酮分子内部含有羰基，它们都属于羰基化合物。由于醛、酮类羰基化合物中的羰基具有较大偶极矩，性质较活泼，易起加成反应。如与氧反应生成醇、与亚硫酸氢钠发生亲核加成反应生成亚硫酸氢盐加成物。

羰基化反应 carbonylation 又称羰基化作用。是一氧化碳与许多金属和非金属反应生成含羰基的化合物。如CO与氯气反应生成光气;与硫反应生成硫化羰;与溴、氟、硒反应生成碳酰溴、碳酰氟及硒化羰等;CO和乙烯、水蒸气在羰基镍存在下反应生成丙酸。而羰基合成是烯烃、CO和H_2的反应的一种变化形式,是制造醛(醇)类的有效方法。

羰基化合物 carbonyl compound 见"羰基"。

羰基合成 oxo-synthesis 又称烯烃醛化反应。指烯烃、一氧化碳和氢在催化剂作用下生成醛的反应。乙烯通过羰基合成可制得丙醛,含三个碳原子以上的烯烃可以得到直链和支链的两种醛,但以直链为主。利用羰基合成法,可从烯烃得到多一个碳原子的醛,醛经催化加氢可以制得伯醇,所以羰基合成也是生产伯醇的重要途径之一。工业上主要用于从丙烯生产,丁醛及异丁醛,再经催化加氢制得丁醇及辛醇。

羰基配合物 carbonyl complex 又称羰基络合物。由金属原子与几个羰基配位而成的配位化合物,如四羰基镍、五羰基铁、六羰基钼、八羰基二钴等。都有挥发性,蒸气极毒!受热时易放出一氧化碳。是羰基化、异构化等有机合成催化剂。

羰基镍 nickel carbonyl 化学式Ni(CO)$_4$,又名四羰基镍。无色挥发性液体,有煤烟气味,相对密度1.318(17℃)。熔点-25℃。沸点43℃。闪点<4℃。自燃点480℃。爆炸极限2%~34%。蒸气压53.3kPa(25.8℃)。不溶于水,溶于乙醇、乙醚、苯等多数有机溶剂。在空气中能自燃。遇热或接触酸、酸雾会释出高毒烟雾。能腐蚀多种金属及塑料。剧毒!为人类致癌物。人暴露在低浓度羰基镍的环境下会出现头晕、呕吐及咳嗽,吸入高浓度羰基镍时会出现抽筋、昏迷甚至死亡。用于制造有机合成催化剂或制造高纯镍。含镍催化剂再生后卸剂时,进入反应器内时有发生羰基镍中毒的可能。

憎水基团 hydrophobic group 见"亲水基团"。

潮解 deliquescence 某些易溶于水的物质吸收空气中的水蒸气,在晶体表面逐渐形成溶液或全部溶解的现象,暴露于空气中的表面越大,空气的湿度越大潮解速率也越快。氯化钙、氯化镁、三氯化铁、氢氧化钠等都为易潮解物质,粗盐易潮解,精盐不易潮解,这是因为粗盐中含有少量氯化镁、氯化钙等杂质所致。

澄清池 clarifier 一种将絮凝混合、反应过程与絮体沉淀分离三个过程综合于一体的水处理构筑物。主要用于去除原水中的悬浮物和胶体颗粒。常用澄清池有脉冲式、悬浮式及机械搅拌式。在澄清池中,污泥被提升并使之处于均匀分布的悬浮状态,在池中形成高浓度的稳定活性污泥层。原水在澄清池中由下而上流动,污泥层由于重力作用在上升水流中处于动态平衡状态。当已经投加混凝剂的原水通过污泥层时，利用接触絮凝原理，原水中的悬浮物被污泥层截留下来使水获得澄清，具有处理效果好、生产效率高、药剂用量节约和占地面积少等特点。

澄清油 clarified oil 催化裂化分馏塔底油浆经沉降分离掉催化剂粉末后的油。因多环芳烃含量较大（50%～80%），不适宜作裂化循环油。但可用作焦化原料油，特别适于生产针焦。也可用作商品燃料油的调合组分，或用作加氢裂化的原料。

鹤管 crane 一种鹤颈似的装置，可绕垂直轴作水平方向摆动。是罐车装卸油品的专用设备。其一端与地面油罐相连的汇油管固定连接，另一端与罐车活动连接或直接由罐顶入孔插入罐车内。特点是灵活可调，可手动或气动操作，以达到固定油罐与罐车的连接。种类很多。按作业性质可分为装油鹤管、卸油鹤管、装卸油鹤管；按鹤管口径大小可分为小鹤管及大鹤管；按驱动方式可分为手动、气动、电机驱动及气缸活塞杆驱动等；按密闭性可分为敞开式及密闭式鹤管等。

额外蒸汽 extrasteam 见"二次蒸汽"。

十六画
【一】

螯合剂 chelant 能和中心离子形成

螯合物的配位剂称为螯合剂。相应的反应称为螯合反应。螯合剂多为分子中含有两个或两个以上给电子基团的物质，其中乙二胺四乙酸的二钠盐（EDTA）是广为常用的螯合剂。

螯合物 chelate 又称内配合物、内络合物。是由多齿配位体与中心离子形成的环状配合物。可以是中性分子，如二氨基乙酸铜，也可以是带电荷的离子，如二乙二胺铜（Ⅱ）离子。多数螯合物具有五元环或六元环，性质稳定。多于或少于五元、六元的螯合物都不稳定，一般也少见到。元素周期表系中所有的金属离子以及部分非金属离子都能形成螯合物。螯合物的稳定性强，几乎不溶于水而溶于有机溶剂，且一般具有不同的颜色，能明显地表现出各种元素的特性。

螯合反应 chelate reaction 见"螯合剂"。

螯合树脂 chelate resin 指具有螯合官能团，对特定离子具有选择性螯合能力的树脂。螯合基团是一类含有多个配位原子的功能基团，最常见的配位原子是具有给电子性质的元素，主要为 O、N、S、P、As、Se 等。螯合树脂种类很多，常见的有 β-二酮螯合树脂、酚类螯合树脂、羧酸型螯合树脂、冠醚型螯合树脂、含氨基螯合树脂及含硫原子螯合树脂等。螯合树脂对多种金属离子有浓缩及富集作用，除作为离子交换树脂外，还用作催化剂、抗静电剂及光敏材料。可由含有螯合基团的单体通过聚合方法制得,或用接枝反应将螯合基团引入天然或合成高分子骨架上制得。

薄层色谱法　thin layer chromatography　又称薄层层析。液相色谱法的一种。是将固体吸附剂粉末均匀地涂布在玻璃片、塑料片或铝箔上制成薄层作为固定相,以适当溶剂作为流动相(称作展开剂),并按纸色谱法进行显色操作的色谱方法。具有设备简单、操作方便、测量迅速的特点。广泛用于有机化合物及无机离子的分离。

薄膜烘箱试验　thin-film oven test　指在强化条件下,预测沥青因受热和空气作用下的抗老化性能试验。如道路沥青施工时常需加热至150℃与石子拌和,在受热及空气中氧的作用下会使沥青的硬度增大、延度下降、软化点升高,所以需预测沥青在受热氧化时的抗老化性能。试验是将放在金属盛样器中厚度约为3.2mm的沥青薄膜在163℃烘箱中加热5h,然后测定加热前后沥青的理化性质(如针入度,延度等),确定热和空气对沥青质量的影响。

薄膜蒸发器　thin film evaporator　一种用于黏度较高溶液的蒸发设备。外形为垂直式圆筒,圆筒外壁焊有多层夹套,夹套内可通入加热介质,如蒸汽、热水或导热油来加热器内物料,筒体内的转子由一台电动机通过两级圆柱齿轮带动,其转速可依据物料性质设计。转子上端有滚球轴承承受径向力及轴向力,下端有滑动轴承承受径向力。溶液从薄膜蒸发器进入筒体,固定在转子上的分布器将溶液均匀地分布到加热筒体内表面使其蒸发。蒸出的蒸气由上部排气口排出后至冷凝收集系统。难挥发的物料在极短时间内被转子上的刮板刮至底部,由出料口排出。由于溶液在器内停留时间很短,尤适用于热敏性物料的蒸发。

醚化　etherification　指在催化剂作用下由醇类与烯烃反应生成醚类含氧化物的过程。在炼油工业中,常用甲醇或乙醇与烯烃反应制取高辛烷植的醚类化合物,用作优质汽油的调合组分。如由甲醇与异丁烯经醚化制取甲基叔丁基醚;由乙醇与异丁烯经醚化制取乙基叔丁基醚等。醚化反应有均相及非均相反应。均相反应选用无机酸(如硫酸、氢氟酸、磷酸、杂多酸)或有机酸(如苯磺酸)等为催化剂;非均相反应采用固体超强酸、分子筛及离子交换树脂等为催化剂,其中以离子交换树脂应用更广泛。

磺化反应　sulfonation reaction　指在有机化合物分子中引入磺酸基($-SO_3H$)、磺酸盐基(如$-SO_3Na$)或磺酰卤基($-SO_2X$)的化学反应。引入磺酰卤基的反应又称为卤磺化反应。这些基团可以和碳原子相连生成C—S键,得到磺酸化合物;也可和氮原子相连生成N—S键,得到N-磺酸盐(氨基磺酸盐)。磺化反应通常在浓硫酸和发烟硫酸中进行。如反应需要在非质子溶剂中进行,常用三氧化硫作为磺化反应的亲电试剂。磺化是有机合成中的一个重要过程,磺化产物中最重要的是阴离子表面活性剂及离子交换树脂等。许多芳磺酸衍生物本身就是染料、药物、农药等。

磺化剂 sulfonating agent　进行磺化反应一些物质。常用的磺化剂有浓硫酸、发烟硫酸、氯磺酸、磺酰氯及三氧化硫。硫酸是最温和的磺化剂,用于大多数芳香族化合物的磺化;氯磺酸是较剧烈的磺化剂,常用于有机中间体的制备;三氧化硫是最强的磺化剂,反应中常伴有副产物砜的生成。

磺化油 sulfonated oil　用浓硫酸处理矿物油,再经各种金属碱中和制得的可溶性油。具有一SO_3Na基。其碱金属(钾、钠)盐可用作清净剂、防锈剂、乳化剂;碱土金属(钙、钡、镁)盐可用作发动机的清净剂,铅盐可用作润滑脂的极压剂。

磺化煤 sulfonated coal　由煤与发烟硫酸或浓硫酸作用制得的黑色粒状多孔性物质。具有吸水能力,吸水后体积膨胀 $10\%\sim15\%$。是一种离子交换剂。其结构中所含磺酸基团($-SO_3H$)与煤上的碳氢分子相连,能与水中的阳离子进行交换,从而除去水中的阳离子。交换后可用食盐或盐酸使其再生。可用作锅炉水软化剂(除去 Ca^{2+}、Mg^{2+} 等)、有机反应(如烷基化、酯化、水解等反应)催化剂、钻井泥浆添加剂、工业废水处理剂、制备活性炭原料,以及湿法冶金中回收 Ni、Ga、Li 等金属。

磺基 sulfo radical　见"磺酸基"。

磺酸 sulfonic acid　磺基($-SO_3H$)与烃基或卤素原子等相连接的化合物($R-SO_3H$)的总称。如甲磺酸(CH_3SO_3H)、苯磺酸($C_6H_5SO_3H$)、氯磺酸($ClSO_3H$)等。多数为晶体。有强酸性,可与碱生成盐。易溶于水。是有机合成的重要中间体,可通过磺基进一步引入其他基团,制取酚、磺酰胺及腈等产品。芳香族磺酸也是合成染料、药物、洗涤剂及石油添加剂等的重要中间体。

磺酸盐 sulfonate　由磺酸生成的盐类。常为琥珀色至深褐色。由 R-H 经磺化、中和等过程制得。R-H 为支链烷烃、芳烃、脂肪酸酯、聚醚、烷基酰胺及油脂等。磺化剂为发烟硫酸、浓硫酸、三氧化硫等。中和剂为氢氧化钠、乙醇胺等。按原料不同,可分为石油磺酸盐(天然磺酸盐)及合成磺酸盐;按金属种类不同分为磺酸钠、磺酸钙、磺酸钡;按碱值高低分为中性或低碱值、中碱值、高碱值及超碱值磺酸盐。磺酸盐具有酸中和能力强、防锈性及高温清净性好的特点,并具有一定的增溶及分散能力。常用作润滑油添加剂。

磺酸基 sulfonic group—SO_3H　又称磺基。硫酸去掉一个羟基(—OH)形成的基团。磺基与烃基或卤素原子等相连,如苯磺酸($C_6H_5-SO_3H$)、氯磺酸($ClSO_3H$)。磺酸基是强极性基团。由于有机化合物分子中引入磺基后,可使磺化产物具有水溶性、酸性、表面活性(乳化、润湿、发泡等特性)或对纤维的亲和力,所以通过磺化反应可赋予已有物质新的特性。广泛用于合成表面活性剂、水溶性染料、食用香料、药物及离子交换树脂等。

【l】

器内再生 in-situ regeneration 见"催化剂再生方式"。

器内预硫化 in-situ presulfurizing 一种加氢催化剂的预硫化方法。即将催化剂以金属氧化物形态装入装置的反应器内进行硫化的方法。可分为湿法预硫化及干法预硫化两种。硫化结束后，装置即可以投料开车。参见"干法预硫化"、"湿法预硫化"。

器外再生 ex-situ regeneration 见"催化剂再生方式"。

器外预硫化 ex-situ presulfurizng 一种加氢催化剂的预硫化方法。即预硫化不在装置反应器内进行，而是在外设的硫化设备或在催化剂生产厂进行。器外预硫化的一种方法是先在一沸腾床反应器内用硫化氢和氢气对催化剂进行预硫化，使催化剂的活性金属转为硫化物，再在另一个反应器中进行气体钝化，以防止预化后的催化剂被氧化。在装填催化剂时不必采取保护措施，加氢装置可以直接进原料油开工操作，而无需进行特殊处理。器外预硫化可以缩短催化剂硫化时间，缩短开工时间，开工现场不需再准备硫化剂，可相对减少环境污染。

噻吩 thiophene 化学式

C_4H_4S。又名硫杂环戊二烯、硫代呋喃。无色透明液体。易挥发。相对密度 1.0648。熔点 $-38.3℃$，沸点 84.2℃，闪点 $-1.1℃$。折射率 1.5289。蒸气相对密度 2.9，蒸气压 10.6kPa(25℃)。爆炸极限 1.5%～2.5%。不溶于水，溶于醇、醚、苯等溶剂。与苯一样，能发生烷基化、卤化、硝化、磺化等核上取代反应。易燃，燃烧时产生二氧化硫气体。用于制造药物、染料、增塑剂、荧光增白剂等，也用作溶剂及萃取剂。原油中噻吩类化合物一般占其含硫化合物的一半以上，主要存在于中沸馏分尤其是高沸馏分中。由于其环结构十分稳定，即使到 450℃ 也不破坏，因此，油品中的噻吩硫较硫醇硫或硫醚硫更难脱除。

默弗里效率 Murphree efficiency 见"塔极效率"。

【J】

膨胀式温度计 expansion thermometer 依据物体受热体积膨胀的原理制作的温度计。可分为液体膨胀式温度计及固体膨胀式温度计两类。液体膨胀式温度计常见的是酒精温度计及水银温度计。酒精温度计用于测量低温，水银温度计测量范围为 $-80～+600℃$。固体膨胀式温度计可分为杆式及双金属片式两种。它们的测量精度不太高，主要用于工程上作温度指示。

膨胀阀 expansion valve 见"节流

阀"。

膨润土 bentonite 主要化学成分 $Al_2O_3 \cdot 4SiO_2 \cdot nH_2O$。一种含水合硅酸铝的天然黏土矿物。矿物组成主要为蒙脱石，含量达 85%～90%，还含有少量长石、石膏、硫酸钙及石英等。一般为白色或淡黄色，因杂质而呈浅白、黄绿、黑色等。相对密度 2.4～2.8。熔点 1330～1430℃。按蒙脱石层间阳离子种类和含量，可分为钠基、钙基、镁基及钙-钠基等膨润土类型。常见的是钙基及钠基膨润土。吸湿性极强，最大吸水量可达其体积的 8～15 倍，吸湿后其体积膨胀可达 30 倍。分散于水中呈胶体悬浮液，并有黏性、触变性及润滑性。有较强的离子交换能力。加热至 100～250℃失去层间水，500～800℃时失去晶格水，约 1200℃转变成莫来石。用作石油加工的处理剂及脱色剂、增稠剂、吸附剂、填充剂、高温润滑脂及密封润滑脂的稠化剂等。可由原矿石经干法或湿法加工制成一定细度的产品。

膨润土润滑脂 bentonite grease 是以季铵盐类或氨基酰胺类覆盖的膨润土作为稠化剂稠化润滑油而制得的润滑脂。是无机润滑脂的主要品种。具有热安定性高，极压性能良好、剪切安定性及胶体安定性较好等特点。适用于高温、高负荷、低转速机械的润滑，使用温度短期可达 250℃。但在高温下长期使用会产生发干等现象，而且防护性较差，遇水易产生乳化现象。

【丶】

磨损 wear 指相互接触的物体在相对运动时，表层材料不断发生损耗的过程。磨损是摩擦副运动所造成的，即使是经过润滑的摩擦副，也不能从根本上消除磨损。磨损、老化与断裂是导致机械零件损坏和失效的三个主要因素。按磨损产生的原因和磨损过程的本质，磨损主要可分为黏附磨损、磨料磨损、疲劳磨损、腐蚀磨损及微动磨损等类型。分别参见各项。

磨损指数 attrition index 又称磨损率。一种表征流化床细颗粒催化剂的相对强度的磨损指标，是将催化剂试样在磨损强度分析仪中通入高速空气流进行磨损试验后所得的测定值。如将一定量微球催化剂在分析仪中经高速气流冲击 4h 后，所生成的小于 $15\mu m$ 的细粉质量占大于 $15\mu m$ 的催化剂质量的百分数即为该催化剂的磨损指数。常用的磨损指数测定方法有鹅颈管法及直管法，用直管法测定的数值一般大于鹅颈管法。

磨料磨损 abrasive wear 当接触表面作相对运动时，由硬质颗粒或较硬表面上的微凸体，在摩擦过程中引起的表面擦伤与表层材料脱落。这类磨损是最常见的磨损现象，往往是混入到摩擦面间灰尘、泥砂、铁锈以及发动机中的焦末等造成的。为减少这类磨损，对机械摩擦副特别要注意保持摩擦面、润滑系统以及润滑油的清洁,防止混入杂质颗粒。

燃气涡轮燃料 turbo fuel 见"喷气燃料"。

燃气燃烧器 gas burner 见"气体燃烧器"。

燃灯法 lamp method 一种适用于测定雷德蒸气压不高于 80kPa 的轻质石油产品(汽油、煤油、柴油等)硫含量的方法。其基本原理是:试样油的硫化物在测定器的灯中完全燃烧生成二氧化硫,用碳酸钠水溶液吸收生成的二氧化硫,再用盐酸滴定剩余的碳酸钠,间接测定硫,并计算出油中含硫量。用此法测得的硫含量称作燃灯法硫含量。

燃灯法硫含量 sulfur by lamp method 见"燃灯法"。

燃油燃烧器 oil burnef 又称油燃烧器、液体燃烧器。是通过雾化过程将液体燃料雾化成细小微粒,进入燃烧器火道和炉膛,在高温辐射下被加热气化和裂解,然后在气态下燃烧。雾化方式主要有机械雾化及蒸汽雾化两种。锅炉用燃料多采用机械雾化;炼油厂管式炉因使用的燃料油多为黏度较高的重质油,几乎都采用内混式蒸汽雾化。在内混式蒸汽雾化燃烧器中,燃料油经内管中心孔射入混合室,蒸汽走外套管经油孔周围的一组小孔喷入混合室,并以一定角度冲击油流而形成乳浊液,充分混合的油-蒸汽乳浊液则以极高的速度从混合室的喷孔中喷出,达到良好的雾化效果。

燃点 fire point 又称着火点。不论是固态、液态还是气态物质,如与空气共同存在,当达到一定温度时,与火源接触就会燃烧,移去火源后还继续燃烧不少于 5s 时间,这时,可燃物质的最低温度就称作燃点。燃点与自燃点不同,前者要引火,而后者不要引火。燃点、自燃点、闪点都是衡量易燃物品在储存、运输、保管及使用过程中安全程度的指标。就油品而言,油品越轻,燃点、闪点越低,而自燃点越高;油品越重、燃点、闪点越高,自燃点越低。

燃料 fuel 指能通过化学或物理反应(或核反应)释放出能量的物质。按状态可分为固体燃料(如煤、焦炭、木柴等)、液体燃料(如汽油、柴油、重油等)及气体燃料(如煤气、天然气、沼气等);按来源可分为化石燃料(如煤、石油、天然气)、人造燃料或合成燃料(如合成汽油、乙醇等)及核燃料等。目前使用最广的是化石燃料。

燃料-化工型炼油厂 fuel-chemicals type refinery 采用燃料-化工型原油加工方案的炼油厂。其特点是除生产重整原料、汽油组分、裂化原料、燃料油之外,还生产化工原料及化工产品,使炼油厂向炼油-化工综合企业发展。蒸馏装置通常采用常减压蒸馏方案,塔顶石脑油作为重整原料制取芳烃;轻质油一部分作燃料,一部分裂解制烯烃;重馏分油作为催化裂化的原料生产轻质燃料。所用减压塔也是燃料油型的。

燃料电池 fuel cell 化学电源的一

种。是一种直接将化学能转换为电能的电池。它是将氢氧两种元素通过电极反应直接转换成电流。氧气可以直接从空气中提取,而氢气则可从汽油、甲醇、天然气等燃料提取,故得名燃料电池。其特点是反应过程中不涉及燃烧,能量转换率高达 $60\%\sim80\%$,实际使用效率则是普通内燃机的 2~3 倍。而且还具有燃料多样化,排气干净,噪声低,对环境污染小等特点。是一种极有发展前途的绿色能源。目前按所使用的电解质不同,已开发的燃料电池有碱型燃料电池、质子交换膜型燃料电池、直接甲醇型燃料电池、磷酸盐型燃料电池、熔融碳酸盐型燃料电池及固体氧化物型燃料电池等。

燃料油 fuel oil 指用于炉内燃烧以产生热量或用于发动机以产生动力的液体石油产品的统称。但通常用来表达重油。它是由直馏渣油、减黏渣油或加柴油调合而成的,主要用作船舶锅炉燃料、加热炉燃料、冶金炉和其他工业用炉的燃料。国产燃料油分为 $1^{\#}$、$2^{\#}$、$4^{\#}$、轻 $4^{\#}$、轻 $5^{\#}$、重 $5^{\#}$、$6^{\#}$、$7^{\#}$,共计八个牌号。$1^{\#}$、$2^{\#}$ 是馏分燃料油,适用于家庭和工业小型燃烧器上使用;$4^{\#}$ 轻、$4^{\#}$ 是重质馏分燃料油,适用于要求该黏度范围的工业燃烧器上;其他四个牌号是黏度和流程范围递增的残渣燃料油,适用于工业燃烧器。

燃料型炼油厂 fuels refinery 采用燃料型原油加工方案的炼油厂。主要产品是用作燃料的石油产品,除了生产部分重油燃料油外,减压馏分油和减压渣油通过各种轻质化过程转化为各种轻质燃料。一般不生产润滑油料。随着石油资源的紧缺,单纯生产燃料油的炼油厂越来越少,大多炼油厂在向炼油-化工原料综合型方向发展。

燃料型减压塔 fuels type vacuum tower 原油减压蒸馏塔的类型之一。从塔中抽出的减压馏分油系用作加氢裂化、催化裂化等的原料,用于生产汽油、柴油、煤油等轻质油品。由于不生产润滑油组分原料,故对塔的抽出馏分的分馏要求不十分严格,馏出线较少,可以大大减少内回流量。塔的高度较低,可大幅度地减少塔板数以降低从汽化段至塔顶的压降。常采用填料塔或低压降塔板,以取得较多的裂化原料。

燃料-润滑油型炼油厂 fuel-lube type refinery 又称完全型炼油厂。系采用燃料-润滑油型原油加工方案的炼油厂。其特点是除生产重整原料、汽油组分、煤油、柴油和燃料油之外,部分或大部分减压馏分油和减压渣油还被用于生产各种润滑油产品,也具有生产润滑油的系列装置。这类炼油厂的原油蒸馏流程必须是常减压蒸馏流程,其中减压塔是润滑油型减压塔。

燃料添加剂 fuel additive 又称燃料油添加剂。指用于发动机燃料和锅炉燃料油以改善使用性能、达到省油和环保的一类油品添加剂。其主要作用有:①改善发动机使用性能,增强动力;②改善燃烧条件,促进燃烧及时、完全,降低燃料消耗,从而减少尾气有害物排放;③延缓油品氧化变质速度,延长油品使用寿命;④清洁燃油杂质,防止油路堵塞,减少发动机内积炭、漆膜形成,促进发动机正常工作。种类很多,主要有抗爆剂、防水剂、抗氧防胶剂、抗静电剂、抗磨剂、抗烧蚀剂、流动改进剂、防腐剂、消烟剂、助燃剂、十六烷值改进剂、清净分散剂、热安定剂及染色剂等。

燃烧 combustion 是一种同时伴有发光、发热的激烈的氧化反应。其特征是发光、发热并生成新物质。燃烧必须同时具备以下三个条件:①有可燃物(如木材、石油)存在;②有助燃物(如空气、氧气)存在;③有导致燃烧的能源(如明火、撞击、光等)。有时具备了三个条件也不一定就会燃烧,只有当三个条件同时存在,且都有一定的量或浓度时才会燃烧。对于已进行着的燃烧,如消除其中任何一条件,燃烧便会终止。这就是灭火的基本原理。由于燃烧的物质及其形态不同,燃烧所处的环境不同,燃烧可分为闪燃、着火、自燃和爆炸等类型。

燃烧产物 combustion product 指经燃烧或热解作用而产生的全部物质。也即可燃物质燃烧时生成的气体、固体及蒸气等物质。燃烧产物按其燃烧的完全程度可分为完全燃烧产物及不完全燃烧产物。物质燃烧后产生不能继续燃烧的新物质(如 CO_2、SO_2、水蒸气等),这种燃烧称为完全燃烧,其产物为完全燃烧产物;物质燃烧后产生还能继续燃烧的新物质(如 CO、甲醇、丙酮、未烧尽的碳),则称作不完全燃烧,其产物即为不完全燃烧产物。燃烧产物特别是烟雾对人的影响很大,会使人中毒或窒息而死亡。

燃烧极限 flammability limit 见"爆炸极限"。

燃烧热 heat of combustion 又称燃烧焓。是在等温等压条件下,1 摩尔物质完全燃烧时发生的热量变化(热效应)。完全燃烧是指被燃烧的物质中各种元素通过燃烧生成了稳定的化合物。从燃烧热可以计算反应热。反应热等于各反应物燃烧热的总和减去各产物燃烧热的总和。从燃烧热也可以计算生成热。

燃烧焓 enthalpy of combustion 见"燃烧热"。

燃烧器 burner 俗称火嘴。供加热炉燃烧气体或液体燃料以产生热量的设备。它可将燃料和空气按照所需混合比和流速在湍流条件下集中送入炉内,以确保和维持点火及燃烧条件。包括喷嘴、配风器及燃烧道三部分。按使用燃料不同,分为燃料油燃烧器、燃料气燃烧器及油-气联合燃烧器;按供风方式不同,分为自然通风燃烧器及强制通风燃烧器等;按燃烧方式可分为预混式、外混式及半混式燃烧器;按燃料雾化方式,分为机械雾化燃烧器、空气或蒸汽雾化燃烧器、联合雾化燃烧器等。如在常减压装置加热炉中常用的燃烧器为强制通风、油-气联合燃烧器。

激光拉曼光谱法 laser Raman spectrometry 当一束入射光通过样品时，会产生向各个方向散射的光。用检测器收集与入射光垂直的散射光，进行处理、放大和记录就能得到拉曼光谱。由于普通光源产生的散射光强度很低，故对拉曼光谱的应用受到限制。因激光的亮度极高、方向性极强、单色性极好、相干性极佳，故激光是拉曼光谱仪的最好光源。激光拉曼光谱法是应用激光光源的拉曼光谱法。其灵敏度比常规拉曼光谱可提高 $10^4 \sim 10^7$ 倍。可用于有机化合物的定性及定量分析、催化剂研究、无机化合物和配合物的结构分析等。

凝析油 condensate 又称凝析液。一种在油田产油层中既可以呈液体存在也可以成凝析油蒸气存在的烃。由不同比例的丙烷、丁烷、戊烷及更重一些的馏分组成，少含或不含乙烷或甲烷。其气体成分通常随着油井产出流体温度降至地面操作温度而变为液体。外观为水白色、淡黄色或浅蓝色。相对密度一般在 $0.5626 \sim 0.7796$ 之间。

凝固点 freezing point 液体物质凝固时的温度，即液体在一定压力下与晶体达到相平衡时的温度。不同液体有不同的凝固点。轻质石油产品冷至开始出现浑浊时的最高温度为浊点。继续冷却到油中出现结晶时的最高温度为凝固点。溶液的凝固点随组成而变。对于纯物质，如晶体晶型一定，则凝固点与熔点相同；如为溶液则可以不同。

凝固点降低 freezing point depression 见"冰点降低"。

凝点 freezing point 石油及石油产品是一种复杂的混合物，遇冷时逐渐失去流动性能，没有明确的凝固温度。因此，人为规定，将试样油在规定条件下冷却到不能继续流动时的最高温度为其凝固点，简称凝点。单位为℃。凝点的实质是油品低温下黏度增大，形成无定形的玻璃状物质而失去流动性，或是含蜡油品的蜡大量结晶，连接成网状结构，结晶骨架把液态的油包在其中，使其失去流动性。同一油品的浊点要高于冰点，冰点高于凝点。

凝点逆转性 pour inversion 见"凝点稳定性"。

凝点稳定性 pour stability 又称凝点逆转性。指在油品中降凝剂加到一定量后其降凝效果反而变小甚至发生凝点回升的现象。

凝胶 gels 溶胶或高分子溶液在温度、电解质浓度等外界条件变化时所形成的一种半固态特殊分散体系。凝胶中大分子链形成空间网状骨架结构，将溶剂或气体包藏于结构的孔隙之中。这时体系失去流动性并显示出固体的某些力学性质（如弹性、强度）。但在受力或搅动时，结构易于破坏，体系变成可以流动。按分数相质点性质及所形成的结构强度，可分为弹性凝胶及刚性凝胶。橡胶、明胶等柔性线型高分子属于弹性凝胶；二氧化硅、五氧化二钒等无机物则属于刚性凝胶。根据含液量多少,又可分为冻胶及干凝胶。动物胶冻、凝固的血液等含液量 90% 以上,属于冻胶;硅胶、干明胶等含液量很少,属于干凝胶。

凝胶色谱法 gel chromatography 见"高效液相色谱法"。

凝胶点 gel point 见"胶凝"。

凝胶型沥青 gel type asphalt 见"针入度指数"。

凝胶效应 gel effect 又称自动加速效应。指自由基聚合中,因体系黏度增大使大分子的自由基的运动速度逐渐减慢,链终止(大分子间的作用)也变慢的效应。但链增长反应包括许多单体分子和一个自由基之间的作用。它受体系黏度增加的影响远小于链终止反应。其结果是使产物分子量不断增大,黏度也很快增大,会造成大量聚合热迅速释出,使聚合反应温度难以控制,发生自动加速和爆炸性反应,并影响聚合物分子量等。

凝聚剂 coagulant 又称凝结剂或聚沉剂。在胶体溶液中能引起凝聚或凝结作用的物质。常是一些盐类电解质,其离子能中和悬浮粒子的相反电荷而引起凝聚或凝结作用。种类很多,应用很广。大致分为两类:①无机电解质。主要为一些酸类、碱类及盐类,如明矾、石膏、硫酸铝、酸性白土等。②有机凝聚剂。如环氧氯丙烷-N,N-二甲基-1,3-丙二胺共聚物、聚二甲基二烯丙基氯化铵及聚丙烯酰胺等。

十七画

【一】

藏量 holdup 在移动床或流化床催化裂化装置中,催化剂不断地在反应器和再生器之间循环,但在任何时间,两器内各自保持有一定的催化剂量。反应器或再生器内经常保持的催化剂量称为藏量。对流化床反应器,是指分布板以上的催化剂量。

磷酸 phosphoric acid 化学式 H_3PO_4。又名正磷酸。纯品为无色透明黏稠液体或斜方晶系柱状结晶。相对密度 1.834(18℃)。熔点 42.35℃,沸点 213℃。加热至 213℃ 时失去 1/2 分子水而成焦磷酸,300℃ 时转变为偏磷酸。工业品为无色透明或略带浅色的稠状液体,分为 85% 及 75% 两种规格。相对密度 1.65～1.81(85%)、1.58(75%);熔点 21℃(85%)、17.5℃(75%);沸点 154℃(85%)、135℃(75%);蒸气压 0.75kPa(75%)。易溶于水,溶于乙醇。酸性比硫酸、盐酸及硝酸要弱,但较乙酸、硼酸要强。不燃。皮肤接触可出现皮肤炎症,吸入蒸气可引起鼻咽发干、鼻黏膜萎缩。用于制造化肥、磷酸盐、陶瓷、玻璃等。也用作烯烃叠合催化剂。生产方法有热法及湿法两种。热法先由黄磷氧化燃烧生成 P_2O_5,再溶于水制得。湿法用酸分解磷矿石制得。

磷酸三乙酯 triethyl phosphate

$(C_2H_5O)_3P{=}O$　化学式 $C_6H_{15}O_4P$。无色透明液体，微带水果香气。相对密度 1.0682。熔点 $-56.4℃$，沸点 $216℃$，闪点 $117℃$。折射率 1.4055。蒸气压 0.133kPa(39.6℃)。溶于水，加热时缓慢水解，生成磷酸二乙酯。与乙醇、乙醚、丙酮等常用溶剂混溶。不溶于石油醚。常温下稳定。受热分解并产生有毒的磷氧化物。遇氯化氢时，生成氯代乙烷、磷酸二乙酯等。难燃。对皮肤有轻度刺激性，高浓度时有麻醉作用。用作合成树脂及橡胶增塑剂、硝酸纤维素等高沸点溶剂、异构化及聚合用催化剂、环氧树脂固化剂、阻燃剂、润滑油极压添加剂、消泡剂等。由无水乙醇与三氯氧磷反应制得。

磷酸三丁酯　tributyl phosphate
化学式 $C_{12}H_{27}O_4P$。

$$\begin{matrix} C_4H_9O \\ C_4H_9O\!-\!P{=}O \\ C_4H_9O \end{matrix}$$

又名磷酸正丁酯。无色透明液体。相对密度 0.978。熔点 $<-80℃$，沸点 $289℃$（分解），闪点 $146℃$。折射率 1.4215(25℃)。微溶于水，溶于多数有机溶剂及烃类，不溶或微溶于甘油、乙二醇及胺类。易燃。中等毒性，对眼睛、皮肤及黏膜等有刺激性。用作乳液、胶黏剂及混凝土等的消泡剂，稀土元素萃取剂，聚氯乙烯、氯化橡胶及乙酸纤维素的增塑剂，橡胶阻燃剂及涂料、油墨的溶剂等。由正丁醇与三氯氧磷反应制得。

磷酸三甲苯酯　tricresyl phosphate

$$\left[\left(\begin{matrix} \\ CH_3 \end{matrix}\right)\!\!-\!O\right]_3 P{=}O$$

化学式 $C_{21}H_{21}O_4P$。又名磷酸三甲酚酯、增塑剂 TCP。无色或淡黄色透明油状液体。无臭、略有荧光。相对密度 1.162。熔点 $-34℃$，沸点 $265℃$（1.33kPa），闪点 $230℃$。折射率 1.5575。不溶于水，溶于醇、醚、苯等有机溶剂。毒性较大，受热分解产生有毒的氧化磷烟气，与氢化物等强还原剂反应生成有毒的磷化氢。有阻燃性，并具有水解稳定性好，耐油性、耐候性、耐霉菌性强，挥发性低，电绝缘性好等特点。常用作乙烯基树脂及硝酸纤维素的增塑剂，合成橡胶及树脂漆的阻燃性增韧剂，在含铅汽油中作为气缸沉积物改进剂，也用于调制齿轮油及抗磨液压油。可先由亚磷酸三甲苯酯与氯气反应，再经水解而得。

磷酸三辛酯　trioctyl phosphate

$$\begin{matrix} & C_2H_5 \\ & | \\ [CH_3(CH_2)_3\!-\!CHCH_2O]_3 P{=}O \end{matrix}$$

化学式 $C_{24}H_{51}O_4P$。又名磷酸三(2-乙基己)酯。微具气味的浅色液体。相对密度 0.924。熔点 $<-70℃$，沸点 $220\sim250℃$（0.66kPa），闪点 207。折射率 1.4434。难溶于水，溶于乙醇、乙醚、丙酮，与汽油、矿物油混溶。用作乙烯基树脂、合成橡胶等的阻燃性增塑剂。用作聚氯乙烯的耐寒增塑剂时，低温性优于己二酸酯类。用于合成润滑油。由2-乙基己醇与三氯氧磷反应制得。

磷酸三苯酯 triphenyl phosphate

$$\left[\bigcirc\!\!-\!\!O\right]_3PO$$ 化学式

$C_{18}H_{15}O_3P$,无色或白色针状结晶或粉末,无臭,略具潮解性。相对密度 1.185 (25℃)。沸点 245℃(1.467kPa),熔点 48.4~49℃,闪点 223℃。折射率 1.563 (25℃)。不溶于水,溶于乙醇,易溶于乙醚、苯、丙酮、氯仿等溶剂。有阻燃性。挥发性低。用作工程塑料、酚醛树脂层压板、乙酸纤维素薄膜的阻燃性增塑剂,合成橡胶的柔软剂,耐汽油剂等。也用于制造磷酸三甲酯。先由苯酚与三氯化磷、氯气反应生成氯代磷酸三苯酯,再经水解制得。

磷鎓盐 phosphonium salt 见"鎓盐"。

【丨】

瞬时流量 instantaneous flow 见"流量"。

螺杆式压缩机 screw compressor 回转式压缩机的一种,常指双螺杆压缩机;主要部件为一对转子、机体、传动件和密封件等。按运行方式可分为无油和喷油两种类型。无油螺杆压缩机中,阴、阳螺杆间不直接接触,相互间有一定间隙,通过配对螺杆的高速旋转而达到密封气体和提高气体压力的目的;喷油螺杆压缩机中则是在运转时向机内喷入少量润滑油,起到润滑、密封、冷却和降低噪声的作用。这类压缩机的特点是转速高、质量轻、振动小、工作性能稳定,排气量几乎不随排气压力变化,也不受气体密度的影响。无油型机可输送含有固体微粒、液滴等的气体。其缺点是消耗功率大、螺杆加工工艺要求高、排气量小、噪声较大,排气压力较往复式压缩机低。

螺杆泵 screw pump 由两个或三个螺杆啮合在一起所组成的泵。按互相啮合的数目,可分为单螺杆泵(螺杆与外壳啮合)、双螺杆泵及三螺杆泵。主要用于输送各种黏性液体,也可输送含少量杂质颗粒的液体。与齿轮泵相比,螺杆泵运转无噪音,使用寿命长,流量均匀,自吸能力较强,在泵内流道表面存在液膜的情况下启动时,不用灌泵。

螺带式搅拌器 helical ribbon agitator 运动部分为具有一定螺距的螺旋带的搅拌器。螺旋带用带钢或角钢制成,并焊接于轴套上,再借螺栓及平键与中轴相固接。外径几乎与搅拌釜内壁相贴,以利于刮除釜内壁所黏附的物料。运转时,内螺旋迫使液体向下运动,外螺旋则迫使液体由下而上运动,从而强化物料的混合。适用于搅拌黏度极高,以及易黏附于器壁的物料。

螺旋板式换热器 spiral plate heat exchanger 一种间壁式换热器。是由焊在中心隔板上的两块金属薄板卷制而成。两薄板之间形成螺旋形通道,两端用盖板焊死。两种流体分别在两通道内流动,隔着薄板进行换热。其中一种流体由外层的一个通道流入,顺着螺旋通道流向中心,最后由中心的接管流出;另一种流体则由中心的另一个通道流入,沿螺旋通道反方向向外流动,最后由外层接管流出。两种流体在换热器内作逆流运动。其特点是结构紧凑、单位体积设备的传热面积大、污垢不易沉积;缺点是制造复杂,操作压力及温度不能太高,操作压力在 2MPa 以下,温度不超过 400℃。

【 丿 】

镩离子 phosphonium ion 见"镩盐"。

黏附率 adherence ratio 在规定条件下,沥青或绝缘胶试样黏附在金属表面上的面积占金属总面积的百分数,为沥青或绝缘胶的质量指标之一。

黏度 viscosity 黏度是流体(一般指的是液体)流动时内摩擦力的量度。即是液体分子在外力作用下发生相对运动时,在分子内部产生的一种摩擦阻力,它阻碍液体分子的运动。液体的这种性质称作液体的黏滞性,也称黏性。黏度是评定油品流动性的指标,是油品尤其是润滑油的重要质量指标。黏度的表示方法很多,可归纳分为绝对黏度和条件黏度两类。绝对黏度分为动力黏度和运动黏度两种;条件黏度有恩氏黏度、赛氏黏度、雷氏黏度等,在欧美各国较为通用。

黏度比 viscosity ratio 指油品在两个规定温度下所测得较低温度下的运动黏度与较高温度下的运动黏度之比值。黏度比越小表示油品黏度随温度变化较小,黏温特性好。一般润滑油黏度比是指 50℃运动黏度与 100℃运动黏度的比值。适用于对黏度比较接近的油品黏温性质作比较,如两种油品的黏度相差很大,用黏度比来比较则不准确。

黏度指数 viscosity index 简称 VI。是指油品黏度随温度变化这一特性的一个约定量值,也是国际上通用的一种表示油品黏温特性的方法。是一个无量纲的相对比较值。VI 越大,表示油品的黏温特性越好。在 VI 测定中选定两种标准油作为比较的基准。一种油的黏温特性很好,定其黏度指数为 100;另一种油的黏温特性很差,定其黏度指数为 0。只要测出试样油在规定温度下的运动黏度,就可由通用的 VI 计算公式算出该油品的黏度指数,或由专用的图表查得。

黏度指数改进剂 viscosity index improver 指用于提高润滑油黏度指数和改善黏温性质的添加剂。为了满足机械高,低温运转时对黏度的要求,常向润滑油中加入黏度指数改进剂。多为分子构造很长、分子量很大的油溶性聚合物。在较高温度时,分子呈线卷伸展,流体力学体积增大,导致油品分子内摩擦增加,其黏度增大;在较低温度下,则相反,液体力学体积变小,使油品分子内摩擦和黏度减小,由此改进油品的黏温性能。常用的有聚异丁烯、聚甲基丙烯酸甲酯、乙烯-丙烯共聚物、聚丁基乙烯基醚等。

黏度-速度特性 viscosity-velocity characteristics 见"相似黏度"。

黏重常数 viscosity-gravity constant 简称 VGC。是由黏度与相对密度组成的复合常数，反映油品的黏度与密度之间的关系。在石化行业，常用 VGC 反映润滑油特性，其表示式为

$$VGC = \frac{d_{15.6}^{15.6} - 0.24 - 0.038 \lg r_{100}}{0.7455 - 0.011 \lg r_{100}}$$

式中　$d_{15.6}^{15.6}$ 为试样油的相对密度；

　　　r_{100} 为试样油在 100℃时的运动黏度或赛氏通用黏度。

一般用石蜡基原油生产的润滑油，VGC 较小，黏温性较好；用环烷基原油生产的润滑油，VGC 较大，黏温性较差。

黏流态 viscous flow state 无定形高聚物的力学三态之一。又称塑性态。指无定形或非晶态高聚物处于黏流温度或在较大外力作用下所处的力学状态。此状态下，体系成为黏度较大的流体，受外力时，形变随时间而逐渐发展，呈显著的松弛特性；去外力后，不能恢复原状，造成永久变形，又称为塑性变形。在黏流态下，由于温度较高，高分子链及链段都可移动，黏流形变是由整个分子链相互滑移所引起。同时还伴有高弹变形，分子的构象也发生改变，塑料成型几乎都在黏流态或黏流温度附近进行。参见"玻璃态"。

黏流温度 viscous flow temperature 见"玻璃态"。

黏弹性 viscoelasticity 材料在外力作用下既可以产生弹性变形，又可以产生黏性流动的性质称为黏弹性。该材料则称为黏弹性体。它包括黏弹（性）固体及黏弹（性）流体。黏弹固体，又称黏弹性材料，是既具弹性又具黏性的固体，如高分子材料、沥青材料；黏弹流体是兼有黏性及弹性效应的流体，在流动中具有应力松弛、蠕变等特别现象，聚合物熔体、聚合物胶乳属于此类。

黏弹性体 viscoelastic body 见"黏弹性"。

黏弹（性）固体 viscoelastic solid 见"黏弹性"。

黏弹（性）流体 viscoelastic fluid 见"黏弹性"。

黏温系数 viscosity-temperature coefficient 简称 NWZ。又称黏度-温度系数。表示润滑油黏温特性的指标之一：

$$NWZ = \frac{v_0 - v_{100}}{v_{50}}$$

式中，v_0、v_{50}、v_{100} 分别为试样油在 0℃、50℃及 100℃时的运动黏度或赛氏通用黏度。润滑油黏温系数低，表明油的黏温特性好，黏度随温度变化小。但这种表示方法只能反映一定范围的黏温特性，超出此范围则不准确。而且有些油品在 0℃的黏度很难测准。故常用黏度指数表示油品黏温特性。

黏温指数 viscosity-temperature susceptibility 简称 VTS。表示沥青的黏度随温度而变化的程度。VTS 越小，表示沥青的温度敏感性也越小。黏温

指数除用于判断道路沥青的感温性能之外,还可求出不同沥青在最佳黏度下的等黏温度,从而保证在沥青混合料推铺后有足够的碾压时间,从而提高沥青混合料的稳定度。

黏温特性 viscosity - temperature characteristics 又称黏温性质。是指油品或流体的黏度随温度变化的性质。当温度升高时,油品的黏度减小,当温度降低时,黏度则增大。有的油品的黏度随温度变化小,而有的则变化大,随温度变化小的油品的黏温特性好。黏温特性是润滑油的重要质量指标。为了使润滑油在温度变化的条件下能保证润滑作用,要求润滑油的黏度随温度变化的幅度不要过大。如石蜡基润滑油的黏度随温度变化小,其黏温特性好。油品的黏温特性常用的有两种表示法:一种是黏度比(即在两个不同温度下的运动黏度的比值);另一种是黏度指数,黏度指数高,表示油品黏度随温度变化比较小。

黏温凝固 viscosity - temperature freezing 油品凝固的一种现象。对于含蜡少的油品,随着温度下降,其黏度增加。当黏度增加到一定程度时就会变成无定形的黏稠玻璃状物质而失去流动性,这种现象称为黏温凝固。当冷却含蜡较多的油品时,随着温度下降,油品中高熔点的烃类在油品中的溶解度降低,当达到其饱和状态时,就会以结晶状态析出。最初析出的是肉眼观察不到的细微晶粒,使原来透明的油品

变为混浊,这时的最高温度就是浊点。进一步降温时,蜡的结晶生成网状的结构骨架,把液态的油包在其中,致使全部油品失去流动性,这种现象称为结构凝固或构造凝固。

【丶】

糠酸 furoic acid 见"呋喃甲酸"。

糠醇 furfuryl alcohol 化学式 $C_5H_6O_2$。又名 2 - 呋喃甲醇。无色至淡黄色液体,微有芳香气味,有苦辣味。相对密度 1.1296。熔点 - 147℃,沸点 170℃,闪点 75℃(闭杯),燃点 391℃。蒸气相对密度 3.37,蒸气压 0.08kPa (25℃)。爆炸极限 1.8%～6.3%。与水混溶,溶于乙醇、乙醚、丙酮等多数有机溶剂,也能溶解油脂、天然树脂。对碱稳定,在酸性物质作用下可聚合成黑色聚合物。有毒! 对眼睛有强刺激作用,对中枢神经系统有抑制作用。用于制造呋喃树脂、糠醇-脲醛树脂、乙酰丙酸等,也用作溶剂、分散剂。可在催化剂存在下,由糠醛加氢制得。

糠醛 furfural 化学式 $C_5H_4O_2$。又名 2 - 呋喃甲醛。无色透明液体,有若杏仁味。相对密度 1.1598。熔点 - 36.5℃,沸点 161.7℃,闪点 68.3℃,燃点 316℃。临界温度 397℃,临界压力 5.5MPa。蒸气相对密度 3.3(空气＝1)。爆炸下限 2.1%。微溶于水,与乙醇、乙醚等混溶。

不稳定,在空气中易氧化变色,受热易于分解并生成胶状物质。与水能形成共沸物,共沸点为 97.45℃。有毒! 呼吸过多糠醛气会感到头晕,对皮肤有刺激,也有一定杀菌能力。用于制造四氢呋喃、糠醇、顺酐等化工产品,也用于制造药物、香料,还用作润滑油精制溶剂、萃取剂、浮选剂等。可由玉米芯、棉籽壳用稀硫酸水解而得。

糠醛抽提 furfural extraction 润滑油糠醛精制工艺过程中的抽提部分。是以糠醛为溶剂,抽提出油料中所含多环芳烃、烯烃、环烯烃及其他不稳定物质,以改善润滑油的黏度指数和安定性。糠醛的价格较低、来源充分、毒性低、与油不易乳化而易于分离,是应用广泛的抽提溶剂。

糠醛树脂 furfural resin

以糠醛为主要原料制得的一种呋喃树脂。一般是深色液体或固体。在酸的作用下能固化为体型结构,呈不溶不熔状态。具有优良的耐化学药品性、电绝缘性、耐热性。但耐水性及粘接性能较差。用玻璃纤维可提高其机械强度。用于制造板、管等制品及机械零件等。也用作设备衬里涂层以及用作砂的黏合剂制造精密铸造壳体。可由糠醛与乌洛托品反应制得。

糠醛精制 furfural refining 一种以糠醛为溶剂的润滑油溶剂精制过程。基本工艺流程包括糠醛抽提、从精制液和抽出液中回收糠醛、糠醛循环等。主要设备为转盘抽提塔。其具有处理能力大、抽提效率高、适应性强及结构简单等优点。参见"转盘抽提塔"。

【フ】

翼阀 flutter valve 工业流化床催化反应器内旋风分离器料腿密封装置的类型之一。由与分离器料腿相同直径的直管段、倾角为 25°～34° 的斜管及用吊环吊在直管段上的垂直翼板所组成。翼阀的作用是既要使料腿能顺利下料,又能保持料腿内有一定的催化剂料封高度,以防止反应气体反窜。

十九画以上

曝气 aeration 为了使活性污泥法处理废水正常进行,将空气中的氧强制溶解到混合液中去的过程。曝气的作用有:①产生并维持空气或氧气有效地与水接触,在生物氧化作用不断消耗氧气的状况下保持水中一定的溶解氧浓度;②产生足够的搅拌作用,促使水的循环流动,以使活性污泥与废水充分接触混合;③使活性污泥处于悬浮状态。曝气的方法有鼓风曝气法及机械曝气法两种。有时两种方法联合使用,某些情况下也可采用射流曝气。曝气池是生物法处理废水的主要设备。是一种人工构筑的露天废水自净化设施。按废水在曝气池内的流态,可分为推流式曝气池、完全混合式曝气池及循环混合式曝气池等。

曝气池 aeratcon basin 见"曝气"。

曝气器 aerator 实现曝气的一种装置。是废水处理时将压缩空气喷入废水中的设备。如鼓风曝气系统由鼓风机、曝气器(空气扩散装置)和一系列的连通管道组成。鼓风机将空气进行压缩形成一定压力,通过管道输送到安装在曝气池底部的曝气器。压缩空气经过扩散形成不同尺寸的气泡,气泡在移动过程中将空气中的氧转移到曝气池混合液中。

爆轰 detonation 见"爆燃"。

爆炸 explosion 物质发生一种急剧的物理变化或化学变化,能在瞬间放出大量能量,同时产生巨大声响的现象。根据引起爆炸的原因,爆炸可分为物理性爆炸及化学性爆炸。前者是物质因状态或压力发生突变而产生的爆炸现象,如容器内液体因过热气化而引起的爆炸;后者是由于物质发生剧烈的化学反应,产生高温、高压而引起的爆炸。如环氧乙烷、乙烯等分解性气体或某些炸药等的分解爆炸,可燃性气体或粉尘与空气形成的混合物受热时产生的爆炸等。爆炸对生产设施、建筑物及环境具有很大破坏力,并可引发火灾。

爆炸反应 explosive reaction 反应速率达到无限大的反应。可分为热爆炸反应及支链爆炸。热爆炸反应是由于在一个小的有限空间内发生强烈放热反应,反应热一时无法散发,促使温度骤升,温度升高又使反应速度按指数规律增加,同时又放出更多热量,其结果是使反应速度无止境地加快,最后导致剧烈的燃烧及爆炸;支链爆炸是由于存在支化链反应,当支链发展所产生的自由基速度超过链中断过程自由基在器壁表面上的销毁速度时,反应速度猛烈增快,最后导致燃烧或爆炸。

爆炸性混合气体 explosive compound gas 凡是受到高热、摩擦、冲击等外力作用或其他物质激发,能在瞬间或极短时间内发生剧烈的化学变化而使压力急剧上升,同时伴有巨大声响和放出大量热量的现象,称为爆炸。产生爆炸的这种气体混合物称为爆炸性混合气体。输送有可能产生爆燃的爆炸性混合气体时要在管道上设置阻火器。

爆炸极限 explosive limit 又称燃烧极限。指一种可燃性气体、蒸气或粉尘和空气的混合物能着火或引燃爆炸的浓度范围。其最低浓度称为爆炸下限,最高浓度称为爆炸上限,上下限的浓度值范围称为爆炸极限范围。浓度低于或高于这一范围都不会发生爆炸。爆炸极限通常用可燃气体、蒸气在混合气中的体积百分比(%)表示;粉尘爆炸极限取决于其颗粒的大小,用 mg/m^3 表示。爆炸极限是评价可燃性气体、蒸气、粉尘能否发生爆炸的重要参数,爆炸极限范围越宽,爆炸的危险性越高。

爆破片 rupture disk 见"爆破片装置"。

爆破片装置 rupture disk device 由爆破片(或爆破片组件)和夹持器(或支承圈)等装配组成的压力泄放安全装置。当爆破片两侧压力差达到预定温度下的预定值时,爆破片即刻动作(破裂或脱落),泄放出压力介质。在爆破片装置中,爆破片是能够因超压而迅速动作的压力敏感元件,用以封闭压力,起到控制爆破压力的作用。

爆震 detohation 又称敲缸。指燃料在发动机中燃烧不正常,机身强烈震动,并发出金属敲击声,排气管冒黑烟,发动机功率下降,严重时导致机件损坏的现象。汽油机爆震现象的产生是因为汽油中含有较多的自燃点的易氧化烃类,使烃类自燃点下降,未燃区产生过多的过氧化物,气缸温度升高超过自燃点时,便在气缸内产生多个燃烧中心而自燃,从而引起爆震;柴油机爆震现象的产生是由于柴油质量不好(十六烷值低或柴油机压缩比小),含自燃点低的易氧化烃类少,喷入气缸的柴油不易氧化;过氧化物准备不足,迟迟不能自燃,从而使滞燃期延长,使喷入气缸的柴油积累过多,一旦自燃开始,便同时燃烧,使气缸温度迅速上升、压力急剧升高,燃烧以爆炸方式进行。

爆震计 detonation meter 一种测定燃料爆震强度的仪器。是根据气缸内压力的变化测出爆震强度所用的仪表。其将压力转换成电信号,经放大后显示出测定值。

爆燃 deflagration 爆炸性混合气体的火焰在管道内以低于声速传播的燃烧过程称为爆燃。而爆炸性混合气体的火焰在管道内以高于声速传播的过程则称为爆轰。

露点 dew point ①多组分气体混合物在指定压力下开始冷凝的温度称为露点温度,在指定温度下开始冷凝的压力称为露点压力,两者统称为露点。在表示露点温度时,如没有规定压力,一般指常压(101.3kPa)。纯物质的露点就是沸点。参见"泡点"。②使不饱和的湿空气在总压和湿度不变的情况下冷却降温达到饱和状态时的温度。未达到饱和的湿空气,其露点恒低于湿球温度。如湿空气已达到饱和状态,则其干球温度、湿球温度与露点三者相同。

露点方程 dew point equation 见"泡点方程"。

露点压力 dew point pressure 见"露点"。

露点腐蚀 dew point corrosion 当含水蒸气的气体混合物或烟气的温度低于水蒸气的露点时,气体混合物或烟气中的水蒸气会冷凝下来,和气体中的酸性气体(如 SO_2、SO_3、HCl、H_2S 等)一起对金属表面(如设备、管道)产生化学腐蚀及电化学腐蚀,称为露点腐蚀。常发生于空气预热器的管子表面、蒸馏塔顶塔盘、烟道及其对流部位等。预防露点腐蚀的措施有:选用耐腐蚀材料、进行表面防腐处理、加强保温措施等。

主要参考文献

1. 朱洪法主编. 实用化工辞典[M]. 北京:金盾出版社,2004

2.《英汉石油大辞典》编委会编. 英汉石油大辞典[M]. 北京:石油工业出版社, 2001

3. 朱洪法主编. 催化剂手册[M]. 北京:金盾出版社,2008

4. 梁文杰主编. 石油化学[M]. 北京:石油大学出版社,2005

5. 林世雄主编. 石油炼制工程[M]. 北京:石油工业出版社,2000

6. 朱洪法、朱玉霞主编. 工业助剂手册[M]. 北京:金盾出版社,2007

7. 朱洪法主编. 精细化工常用原材料手册[M]. 北京:金盾出版社,2005

8. 韩崇仁主编. 加氢裂化工艺与工程[M]. 北京:中国石化出版社,2001

9.《石油炼制与化工》编辑部编. 催化裂化新技术[M]. 北京:中国石化出版社, 2004

10. 朱洪法编著. 催化剂载体制备及应用技术[M]. 北京:石油工业出版社,2002

11. 朱洪法、刘丽芝编著. 石油化工催化剂基础知识[M]. 北京:中国石化出版社, 2010

12. 李春年编著. 渣油加氢工艺[M]. 北京:中国石化出版社,2002

13. 程玉明、方家乐编. 油品分析[M]. 北京:中国石化出版社,2001

14. 陈俊武主编. 催化裂化工艺与工程[M]. 北京:中国石化出版社,2005

15. 朱洪法主编. 环境保护辞典[M]. 北京:金盾出版社,2009

16. 黄文轩编著. 润滑油添加剂应用指南[M]. 北京:中国石化出版社,2003

17. 朱洪法主编. 简明英汉化学化工词典[M]. 北京:石油工业出版社,2006

18. 朱洪法、刘丽芝编著. 催化剂制备及应用技术[M]. 北京:中国石油出版社, 2011

词目英文索引

索引按第一个字母的顺序排列,第一个字母相同时,按第二个字母顺序排列,依次类推。外文字母前的数字、希文字母及 o-、m-、p-、N-、N'-、cis-、sec-、$tert$-等字母均不作词首排列。

【A】

【B】

【C】

【D】

【E】

【F】

【G】

【H】

【I】

【J】

【K】

【L】

【M】

【N】

【O】

【P】

【S】

【T】

【U】

【V】

【W】

【X】

【Y】

【Z】